4桁の原子量表（2021）

（元素の原子量は，質量数12の炭素（^{12}C）を12とし，これに対…

本表は実用上の便宜を考えて，国際純正・応用化学連合（IUPAC）で承認された最…学会原子量専門委員会が独自に作成したものである．本来，同位体存在度の不確定…に起こりうる変動や実験誤差のために，元素ごとに異なる．従って，個々の原子量…有効数字の桁数が大きく異なる．本表の原子量を引用する際には，このことに注意…

なお，本表の原子量の信頼性は亜鉛の場合を除き有効数字の4桁目で±1以内で…天然で特定の同位体組成を示さない元素については，その元素の放射性同位体の質量数の…た．従って，その値を原子量として扱うことはできない．

原子番号	元素名	元素記号	原子量	原子番号	元素名	元素記号	原子量
1	水素	H	1.008	60	ネオジム	Nd	144.2
2	ヘリウム	He	4.003	61	プロメチウム	Pm	(145)
3	リチウム	Li	6.941†	62	サマリウム	Sm	150.4
4	ベリリウム	Be	9.012	63	ユウロピウム	Eu	152.0
5	ホウ素	B	10.81	64	ガドリニウム	Gd	157.3
6	炭素	C	12.01	65	テルビウム	Tb	158.9
7	窒素	N	14.01	66	ジスプロシウム	Dy	162.5
8	酸素	O	16.00	67	ホルミウム	Ho	164.9
9	フッ素	F	19.00	68	エルビウム	Er	167.3
10	ネオン	Ne	20.18	69	ツリウム	Tm	168.9
11	ナトリウム	Na	22.99	70	イッテルビウム	Yb	173.0
12	マグネシウム	Mg	24.31	71	ルテチウム	Lu	175.0
13	アルミニウム	Al	26.98	72	ハフニウム	Hf	178.5
14	ケイ素	Si	28.09	73	タンタル	Ta	180.9
15	リン	P	30.97	74	タングステン	W	183.8
16	硫黄	S	32.07	75	レニウム	Re	186.2
17	塩素	Cl	35.45	76	オスミウム	Os	190.2
18	アルゴン	Ar	39.95	77	イリジウム	Ir	192.2
19	カリウム	K	39.10	78	白金	Pt	195.1
20	カルシウム	Ca	40.08	79	金	Au	197.0
21	スカンジウム	Sc	44.96	80	水銀	Hg	200.6
22	チタン	Ti	47.87	81	タリウム	Tl	204.4
23	バナジウム	V	50.94	82	鉛	Pb	207.2
24	クロム	Cr	52.00	83	ビスマス	Bi	209.0
25	マンガン	Mn	54.94	84	ポロニウム	Po	(210)
26	鉄	Fe	55.85	85	アスタチン	At	(210)
27	コバルト	Co	58.93	86	ラドン	Rn	(222)
28	ニッケル	Ni	58.69	87	フランシウム	Fr	(223)
29	銅	Cu	63.55	88	ラジウム	Ra	(226)
30	亜鉛	Zn	65.38*	89	アクチニウム	Ac	(227)
31	ガリウム	Ga	69.72	90	トリウム	Th	232.0
32	ゲルマニウム	Ge	72.63	91	プロトアクチニウム	Pa	231.0
33	ヒ素	As	74.92	92	ウラン	U	238.0
34	セレン	Se	78.97	93	ネプツニウム	Np	(237)
35	臭素	Br	79.90	94	プルトニウム	Pu	(239)
36	クリプトン	Kr	83.80	95	アメリシウム	Am	(243)
37	ルビジウム	Rb	85.47	96	キュリウム	Cm	(247)
38	ストロンチウム	Sr	87.62	97	バークリウム	Bk	(247)
39	イットリウム	Y	88.91	98	カリホルニウム	Cf	(252)
40	ジルコニウム	Zr	91.22	99	アインスタイニウム	Es	(252)
41	ニオブ	Nb	92.91	100	フェルミウム	Fm	(257)
42	モリブデン	Mo	95.95	101	メンデレビウム	Md	(258)
43	テクネチウム	Tc	(99)	102	ノーベリウム	No	(259)
44	ルテニウム	Ru	101.1	103	ローレンシウム	Lr	(262)
45	ロジウム	Rh	102.9	104	ラザホージウム	Rf	(267)
46	パラジウム	Pd	106.4	105	ドブニウム	Db	(268)
47	銀	Ag	107.9	106	シーボーギウム	Sg	(271)
48	カドミウム	Cd	112.4	107	ボーリウム	Bh	(272)
49	インジウム	In	114.8	108	ハッシウム	Hs	(277)
50	スズ	Sn	118.7	109	マイトネリウム	Mt	(276)
51	アンチモン	Sb	121.8	110	ダームスタチウム	Ds	(281)
52	テルル	Te	127.6	111	レントゲニウム	Rg	(280)
53	ヨウ素	I	126.9	112	コペルニシウム	Cn	(285)
54	キセノン	Xe	131.3	113	ニホニウム	Nh	(278)
55	セシウム	Cs	132.9	114	フレロビウム	Fl	(289)
56	バリウム	Ba	137.3	115	モスコビウム	Mc	(289)
57	ランタン	La	138.9	116	リバモリウム	Lv	(293)
58	セリウム	Ce	140.1	117	テネシン	Ts	(293)
59	プラセオジム	Pr	140.9	118	オガネソン	Og	(294)

†：市販品中のリチウム化合物のリチウムの原子量は 6.938 から 6.997 の幅をもつ．
＊：亜鉛に関しては原子量の信頼性は有効数字4桁目で±2である．
© 2021 日本化学会 原子量専門委員会

レイナーキャナム 無機化学

Geoff Rayner-Canham・Tina Overton 著
西原 寛・高木 繁・森山広思 訳

東京化学同人

DESCRIPTIVE INORGANIC CHEMISTRY

Fourth Edition

本書はアメリカ合衆国において W. H. Freeman 社（New York および Basingstoke）から出版され，その著作権は W. H. Freeman 社が所有する．© 2006 by W. H. Freeman and Company.
First published in the United States by W. H. FREEMAN AND COMPANY, New York and Basingstoke. Copyright 2006 by W. H. Freeman and Company. All rights reserved.

本書の構成

- 第 1 章　原子の電子構造：総論 …………………………………… 1
- 第 2 章　周期表の概観 ……………………………………………… 11
- 第 3 章　共有結合 …………………………………………………… 26
- 第 4 章　金属結合 …………………………………………………… 52
- 第 5 章　イオン結合 ………………………………………………… 59
- 第 6 章　無機熱力学 ………………………………………………… 72
- 第 7 章　溶媒と酸塩基挙動 ………………………………………… 87
- 第 8 章　酸化と還元 ………………………………………………… 107
- 第 9 章　周期性 ……………………………………………………… 123
- 第 10 章　水素 ………………………………………………………… 145
- 第 11 章　1 族元素：アルカリ金属 ………………………………… 158
- 第 12 章　2 族元素：アルカリ土類金属 …………………………… 173
- 第 13 章　13 族元素 ………………………………………………… 186
- 第 14 章　14 族元素 ………………………………………………… 203
- 第 15 章　15 族元素 ………………………………………………… 235
- 第 16 章　16 族元素 ………………………………………………… 265
- 第 17 章　17 族元素：ハロゲン …………………………………… 292
- 第 18 章　18 族元素：希ガス ……………………………………… 311
- 第 19 章　遷移金属錯体序論 ……………………………………… 318
- 第 20 章　遷移金属の性質 ………………………………………… 337
- 第 21 章　12 族元素 ………………………………………………… 371
- 第 22 章　有機金属化学 …………………………………………… 378
- 第 23 章　希土類元素およびアクチノイド元素 ………………… 404
- 付録 …………………………………………………………………… 415
- 和文索引 ……………………………………………………………… 441
- 欧文索引 ……………………………………………………………… 451

目　次

第1章　原子の電子構造：総論 ……………………………………………………………………… 1
コラム　原子吸光スペクトル ……………… 2
1・1　シュレーディンガー波動関数とその重要性 ……… 2
1・2　原子軌道の形 ………………………… 3
1・3　多電子原子 …………………………… 5
1・4　イオンの電子配置 …………………… 8
1・5　原子の磁気的性質 …………………… 9

第2章　周期表の概観 ………………………………………………………………………………… 11
2・1　現代の周期表の構成 ………………… 12
2・2　元素の存在 …………………………… 13
2・3　元素とその同位体の安定性 ………… 14
コラム　原子核の殻モデルの起源 ……… 15
2・4　元素の分類 …………………………… 16
コラム　薬剤無機化学：はじめに ……… 18
2・5　周期的性質：原子半径 ……………… 18
2・6　周期的性質：イオン化エネルギー … 21
2・7　周期的性質：電子親和力 …………… 22
コラム　アルカリ金属陰イオン ………… 23
2・8　元素の生化学 ………………………… 23

第3章　共有結合 ……………………………………………………………………………………… 26
3・1　共有結合の理論 ……………………… 26
3・2　分子軌道法入門 ……………………… 27
3・3　第1周期元素の二原子分子の分子軌道 … 28
3・4　第2周期元素の二原子分子の分子軌道 … 29
3・5　異核二原子分子の分子軌道 ………… 31
3・6　ルイス理論の概説 …………………… 32
3・7　非整数の結合次数 …………………… 33
3・8　形式電荷 ……………………………… 33
3・9　原子価殻電子対反発則（VSEPR則） … 34
3・10　原子価結合法 ………………………… 37
3・11　共有結合のネットワークを形成する物質 ……………………………………… 38
3・12　分子間力 ……………………………… 39
コラム　電気陰性度の起源 ……………… 41
3・13　分子の対称性 ………………………… 42
3・14　対称性と振動スペクトル …………… 45
3・15　放射捕獲：温室効果 ………………… 46
3・16　共有結合と周期表 …………………… 48

第4章　金属結合 ……………………………………………………………………………………… 52
4・1　金属結合 ……………………………… 52
4・2　結合のモデル ………………………… 52
4・3　金属の構造 …………………………… 54
4・4　単位格子 ……………………………… 55
4・5　合金 …………………………………… 56
コラム　形状記憶合金：来るべき世界 … 57

第5章　イオン結合 …………………………………………………………………………………… 59
5・1　イオンのモデルとイオンのサイズ … 59
5・2　分極と共有結合性 …………………… 60
5・3　水和塩 ………………………………… 62
5・4　イオン結晶の構造 …………………… 62
5・5　化学結合連続体 ……………………… 67
コラム　コンクリート：新しい未来をもった古い材料 ……………………………… 69

第6章　無機熱力学 …………………………………………………………………………………… 72
6・1　化合物生成の熱力学 ………………… 72
6・2　イオン性化合物の生成 ……………… 76
6・3　ボルン・ハーバーサイクル ………… 77
6・4　イオン性化合物の溶解過程における熱力学 … 78
6・5　共有結合性化合物の生成 …………… 80
コラム　水素経済 ………………………… 81
6・6　熱力学的因子 vs 速度論的因子 ……… 82

第7章　溶媒と酸塩基挙動··········87

- 7・1　溶 媒··········87
- 7・2　ブレンステッド・ローリー酸··········90
- コラム　制 酸 剤··········92
- 7・3　ブレンステッド・ローリー塩基··········93
- 7・4　酸塩基挙動の傾向··········93
- コラム　シアン化物イオンと熱帯魚··········94
- 7・5　酸化物の酸塩基反応··········96
- コラム　超酸と超塩基··········97
- 7・6　ルイス理論··········98
- 7・7　ピアソンの硬い酸塩基・軟らかい酸塩基の法則（HSAB則）··········98
- 7・8　HSAB則の応用··········100
- 7・9　生物学的役割··········102

第8章　酸化と還元··········107

- 8・1　酸化還元の用語··········107
- 8・2　酸化数の規則··········107
- 8・3　電気陰性度からの酸化数の決定··········108
- 8・4　酸化数と形式電荷の間の違い··········109
- 8・5　酸化数の周期的な変化··········109
- 8・6　酸化還元反応式··········110
- コラム　生物学的化学合成：海底での酸化還元の化学··········111
- 8・7　半反応の定量的側面··········112
- 8・8　熱力学関数としての電極電位··········112
- 8・9　ラティマー（還元電位）図··········113
- 8・10　フロスト（酸化状態）図··········114
- 8・11　プールベ図··········115
- コラム　テクネチウム：最も重要な放射性医薬品··········117
- 8・12　酸化還元合成··········118
- 8・13　生物学的役割··········118

第9章　周 期 性··········123

- 9・1　族の傾向··········123
- 9・2　結合における周期性··········125
- 9・3　共有結合性化合物における等電子系列··········127
- 9・4　酸塩基性における傾向··········128
- 9・5　第n族元素と第$(n+10)$族元素の類似性··········129
- 9・6　イオン性化合物における同形··········131
- コラム　化学トポロジー··········132
- 9・7　斜めの関係··········133
- コラム　新物質：地球化学の限界を超えて··········134
- コラム　リチウムとメンタルヘルス··········135
- 9・8　"ナイトの動き（桂馬飛び）"の関係··········135
- 9・9　前期アクチノイドの関係··········137
- 9・10　ランタノイドの関係··········137
- 9・11　"コンボ"元素··········138
- 9・12　擬 元 素··········140
- 9・13　生物学的役割··········141
- コラム　タリウム中毒：二つの歴史的事件··········142

第10章　水　素··········145

- 10・1　水素の同位体··········145
- 10・2　核磁気共鳴··········146
- コラム　化学における同位体··········147
- 10・3　水素の性質··········147
- コラム　三水素イオンを求めて深宇宙を探る··········149
- 10・4　水素化物··········149
- 10・5　水と水素結合··········151
- コラム　水——新しい驚異の溶媒··········153
- 10・6　クラスレート（包接化合物）··········153
- コラム　太陽系のどこかに生命はいるのか？··········155
- 10・7　水素結合の生物学的役割··········155
- 10・8　元素の反応フローチャート··········156

第11章　1族元素：アルカリ金属··········158

- 11・1　族の傾向··········158
- 11・2　アルカリ金属化合物の特徴··········159
- 11・3　アルカリ金属塩の溶解性··········160
- 11・4　リチウム··········161
- コラム　モノ湖··········162
- 11・5　ナトリウム··········164
- 11・6　カリウム··········164
- 11・7　酸 化 物··········165

11・8	水酸化物 …………………………166	11・12	炭酸水素ナトリウム …………………169
11・9	塩化ナトリウム …………………167	11・13	アンモニアとの反応 …………………169
11・10	塩化カリウム ……………………167	11・14	生物学的役割 …………………………169
コラム	塩の代用品 …………………168	11・15	元素の反応フローチャート …………170
11・11	炭酸ナトリウム …………………168		

第12章　2族元素：アルカリ土類金属 …………………………………………………… 173

12・1	族の傾向 …………………………173	12・9	セメント ………………………………179
12・2	アルカリ土類金属化合物の特徴 …174	12・10	塩化カルシウム ………………………180
12・3	アルカリ土類金属塩の溶解度 …174	12・11	硫酸カルシウム ………………………180
12・4	ベリリウム ………………………175	コラム	バイオミネラリゼーション：新しい学際
12・5	マグネシウム ……………………176		領域の"最前線" ……………………181
12・6	カルシウムとバリウム …………177	12・12	炭化カルシウム（カルシウムカーバイド）
12・7	酸化物 ……………………………177		………………………………………181
12・8	炭酸カルシウム …………………178	12・13	生物学的役割 …………………………182
コラム	ドロマイト（白雲石）はどのようにして	12・14	元素の反応フローチャート …………183
	形成されたか？ ……………179		

第13章　13族元素 ………………………………………………………………………… 186

13・1	族の傾向 …………………………186	13・6	アルミニウム …………………………193
13・2	ホウ素 ……………………………187	13・7	ハロゲン化アルミニウム ……………197
13・3	ホウ化物 …………………………188	13・8	硫酸アルミニウムカリウム …………197
13・4	ボラン類 …………………………188	13・9	スピネル ………………………………198
コラム	無機繊維 ……………………189	13・10	生物学的役割 …………………………199
コラム	ホウ素中性子捕捉療法 ……192	13・11	元素の反応フローチャート …………199
13・5	ハロゲン化ホウ素 ………………192		

第14章　14族元素 ………………………………………………………………………… 203

14・1	族の傾向 …………………………203	14・11	メタン …………………………………217
14・2	炭素 ………………………………204	14・12	シアン化物 ……………………………217
コラム	バックミンスターフラーレンの発見	14・13	ケイ素 …………………………………217
	……………………………208	14・14	二酸化ケイ素 …………………………219
14・3	炭素の同位体 ……………………208	14・15	ケイ酸塩 ………………………………220
14・4	炭素の広大な化学 ………………209	14・16	アルミノケイ酸塩 ……………………222
14・5	炭化物 ……………………………209	14・17	シリコーン ……………………………224
コラム	モアッサナイト：ダイヤモンドの代用品	コラム	無機ポリマー …………………225
	……………………………210	14・18	スズと鉛 ………………………………226
14・6	一酸化炭素 ………………………211	14・19	スズと鉛の酸化物 ……………………226
14・7	二酸化炭素 ………………………212	14・20	スズと鉛のハロゲン化物 ……………227
コラム	二酸化炭素：超臨界流体 …213	14・21	テトラエチル鉛 ………………………228
14・8	炭酸塩と炭酸水素塩 ……………214	14・22	生物学的役割 …………………………228
14・9	硫化炭素 …………………………215	コラム	TEL：歴史的事例 ……………229
14・10	ハロゲン化炭素 …………………215	14・23	元素の反応フローチャート …………231

第15章　15族元素　　235

- 15・1　族の傾向 235
- 15・2　窒素の変則的な性質 236
- 15・3　窒素分子 237
- コラム　噴射剤と爆薬 238
- コラム　最初の窒素分子化合物 239
- 15・4　窒素の化学の概観 239
- 15・5　窒素の水素化物 240
- コラム　ハーバーと科学倫理 241
- 15・6　窒素イオン 243
- 15・7　アンモニウムイオン 244
- 15・8　窒素酸化物 245
- 15・9　ハロゲン化窒素 248
- 15・10　亜硝酸および亜硝酸塩 249
- 15・11　硝酸 249
- 15・12　硝酸塩 250
- 15・13　リンの化学の概観 251
- 15・14　リンとその同素体 252
- 15・15　ホスフィン 253
- コラム　ナウル：世界で最も豊かな島 254
- 15・16　リンの酸化物 254
- 15・17　リンの塩化物 255
- 15・18　一般的なリンのオキソ酸 255
- 15・19　リン酸塩 256
- 15・20　生物学的役割 258
- コラム　パウル・エールリッヒと"魔法の弾丸" 259
- 15・21　元素の反応フローチャート 260

第16章　16族元素　　265

- 16・1　族の傾向 265
- 16・2　酸素の特異な性質 266
- 16・3　酸素 266
- コラム　酸素同位体と地質学 267
- 16・4　共有結合性酸素化合物の結合 269
- 16・5　酸化物の傾向 270
- 16・6　混合金属酸化物 271
- 16・7　水 271
- コラム　ペロブスカイトを利用した新しい顔料 272
- 16・8　過酸化水素 273
- 16・9　水酸化物 273
- 16・10　ヒドロキシルラジカル 274
- 16・11　概説：硫黄の化学 274
- 16・12　硫黄とその同素体 275
- コラム　宇宙化学：木星の月"イオ"には硫黄が豊富 276
- 16・13　硫化水素 277
- コラム　ジスルフィド結合と髪 278
- 16・14　硫化物 278
- 16・15　硫黄酸化物 279
- 16・16　亜硫酸塩 280
- 16・17　硫酸 281
- 16・18　硫酸塩と硫酸水素塩 282
- 16・19　他の酸素–硫黄陰イオン 283
- 16・20　硫黄ハロゲン化物 284
- 16・21　硫黄–窒素化合物 285
- 16・22　セレン 285
- 16・23　生物学的役割 286
- 16・24　元素の反応フローチャート 287

第17章　17族元素：ハロゲン　　292

- 17・1　族の傾向 292
- 17・2　フッ素の特異な性質 293
- 17・3　フッ素 294
- コラム　フッ素添加水 295
- 17・4　フッ化水素とフッ化水素酸 296
- 17・5　塩素 297
- 17・6　塩酸 298
- 17・7　ハロゲン化物 298
- 17・8　塩素酸化物 300
- 17・9　塩素のオキソ酸とオキソアニオン 301
- コラム　水泳プールの化学 302
- 17・10　ハロゲン間化合物とポリハロゲン化物イオン 303
- コラム　過臭素酸イオンの発見 304
- 17・11　生物学的役割 305
- 17・12　元素の反応フローチャート 307

第18章　18族元素：希ガス……311

- 18・1　族の傾向……311
- 18・2　ヘリウムの特異な性質……312
- 18・3　希ガスの利用……312
- コラム　軽い希ガス元素の化合物をつくることはできるだろうか？……313
- 18・4　希ガス化合物の概略……313
- 18・5　キセノンフッ化物……314
- 18・6　キセノン酸化物……315
- 18・7　生物学的役割……315
- 18・8　元素の反応フローチャート……316

第19章　遷移金属錯体序論……318

- 19・1　遷移金属……318
- 19・2　遷移金属錯体……319
- 19・3　立体化学……319
- 19・4　遷移金属錯体における異性……320
- コラム　白金錯体とがん治療……322
- 19・5　遷移金属錯体命名法……323
- 19・6　遷移金属化合物の結合理論の概要……324
- 19・7　結晶場理論……325
- 19・8　結晶場理論の成功例……328
- 19・9　電子スペクトル……330
- コラム　地球と結晶構造……331
- 19・10　熱力学的因子と速度論的因子……331
- 19・11　配位化合物の合成……332
- 19・12　配位化合物とHSAB則……333
- 19・13　生物学的役割……334

第20章　遷移金属の性質……337

- 20・1　遷移金属概観……337
- 20・2　4族：チタン，ジルコニウム，ハフニウム……339
- 20・3　5族：バナジウム，ニオブ，タンタル……340
- 20・4　6族：クロム，モリブデン，タングステン……340
- コラム　海床の採鉱……346
- 20・5　7族：マンガン，テクネチウム，レニウム……346
- 20・6　8族：鉄，ルテニウム，オスミウム……349
- 20・7　9族：コバルト，ロジウム，イリジウム……356
- 20・8　10族：ニッケル，パラジウム，白金……358
- 20・9　11族：銅，銀，金……359
- 20・10　元素の反応フローチャート……365

第21章　12族元素……371

- 21・1　族の傾向……371
- 21・2　亜鉛とカドミウム……371
- 21・3　水銀……373
- 21・4　生物学的役割……374
- コラム　歯科用水銀アマルガム……375
- 21・5　元素の反応フローチャート……376

第22章　有機金属化学……378

- 22・1　有機金属化合物の命名法……378
- 22・2　電子数の数え方……379
- 22・3　有機金属化学用の溶媒……379
- 22・4　主族元素の有機金属化合物……380
- コラム　グリニャール試薬……381
- コラム　ウェッターハーンの死……385
- 22・5　遷移金属の有機金属化合物……385
- 22・6　遷移金属カルボニル錯体……387
- 22・7　単純な金属カルボニル錯体（カルボニル配位子しかもたない錯体）の合成と性質……389
- 22・8　遷移金属カルボニル錯体の反応……391
- 22・9　他のカルボニル錯体……391
- 22・10　ホスフィン配位子の錯体……392
- 22・11　アルキル，アルケン，およびアルキン配位子の錯体……393
- 22・12　アリル配位子と1,3-ブタジエン配位子の錯体……394
- コラム　本の保存……395
- 22・13　メタロセン……396
- 22・14　η^6-アレーン配位子の錯体……397
- 22・15　シクロヘプタトリエンとシクロオクタトリエン配位子の錯体……397
- 22・16　フラクショナリティー……398
- 22・17　工業用触媒に用いられる有機金属化合物……398

第23章 希土類元素およびアクチノイド元素 ……………………………………… 404

- 23・1 希土類元素の特性 …………………… 405
- コラム 超伝導 ……………………………… 406
- 23・2 アクチノイドの性質 ………………… 407
- 23・3 ウランの採取 ………………………… 408
- コラム 天然の原子炉 ……………………… 409
- 23・4 濃縮ウランと劣化ウラン（減損ウラン） ……………………………………… 409
- 23・5 超アクチノイド元素（超重元素） …… 411

付　録 ……………………………………………………………………………………… 415

- 付録1　代表的な無機化合物の熱力学的性質 …… 415
- 付録2　代表的なイオンの電荷密度 ……………… 426
- 付録3　代表的な結合エネルギー ………………… 427
- 付録4　代表的な金属のイオン化エネルギー …… 428
- 付録5　代表的な水和エンタルピー値 …………… 428
- 付録6　代表的な非金属の電子親和力 …………… 429
- 付録7　代表的な格子エネルギー値 ……………… 429
- 付録8　代表的なイオン半径値 …………………… 429
- 付録9　代表的な元素の標準半電池電極電位 …… 430
- 付録10　各元素の電子配置 ………………………… 438

和文索引 …………………………………………………………………………………… 441

欧文索引 …………………………………………………………………………………… 451

記述無機化学とは？

　記述無機化学*（descriptive inorganic chemistry）は，伝統的にいろいろな元素の単体と化合物の性質を取扱ってきた．そして今，無機化学のルネッサンスを迎えている中で，化合物の性質は，化学式や構造の説明に加えて化学反応の理解とも密接に結びつけられている．さらに無機化学は，もはや独立した学問分野ではなく，科学全般およびわれわれの生活への応用にかかわる必須な科学知識になっている．この関連付けによる理解をより広げるために，われわれは無機化合物の多くの特徴やさまざまな応用について積み上げて来た．

　記述無機化学は，多くの大学で，2,3年生を対象に教えられている．そのようにして，学生たちは重要で興味深い元素の単体や化合物の基本的性質にふれ，そこで得た知識は，将来，基礎化学・応用化学分野だけにとどまらず，薬学，医学，地学，環境科学などの分野へ進む場合にも役に立つ．記述無機化学は，つぎのステップとして3,4年生での理論的原則，法則や分光学により重点をおいた講義に引き継がれる．実際に，理論化学の講義内容は化合物の具体的知識の土台の上に組立てられており，記述無機化学を学んでいなければ，せっかく学んだ理論は不毛で，面白みがなく，見当違いなものになる．

　教育はよく"左右に揺れる振り子"にたとえられるが，このことは無機化学によく当てはまる．1960年代までは，無機化学はもっぱら記憶することを必要とするまったく純粋に記述的な学問であった．1970,1980年代は上級レベルの教科書が理論的な原則・法則に焦点を当てた．そして今日，化合物の記述が非常に重要になってきた．それは従来型の事実の記憶ではなく，事実どうしの関連付けであり，さらに可能なら，その根底にある原則への関連付けである．学生たちは，基礎学識として近代的な記述無機化学を体得する必要がある．したがって，今後，講義を担当する化学者たちがこの"新しい記述無機化学"を認識してくれることを確かめていきたい．

---

*　Descriptive inorganic chemistry（ここでは記述無機化学とした）は本書の原題にもなっている．米国では，元素や化合物の性質や分類を記述する学問や科目を，theoretical inorganic chemistry（理論無機化学）と区別して，descriptive inorganic chemistry とよぶようである．日本では特に記述無機化学という概念を用いないので，本書の日本語版のタイトルも単に"レイナーキャナム無機化学"とした．

序

無機化学は学問的な興味をはるかに超える存在である．それはわれわれの生活において重要な位置を占めている．

無機化学は面白い．それ以上に，興奮をよぶ．21世紀の科学技術の多くは天然および合成材料によって支えられ，さらにその多くが無機化合物によって支えられている．無機化学はわれわれの日常生活のどこにでも入り込んでいる．家庭用品，一部の医薬品，交通（車両そのものと燃料の合成の両方），電池技術，および医療に利用されている．産業の観点からすれば，われわれの経済を動かすのに必要なのは，鉄鋼から硫酸，ガラスやセメントに至るまでさまざまな化学品の製造である．また，環境化学とは，大きく捉えれば，大気，水，および土壌の無機化学の問題である．最後に，われわれの星である地球，太陽系，および宇宙に関する無機化学という深遠な問題が存在する．

この本では，興味深く，重要で，特徴的な元素単体や化合物の性質を選んで，それに焦点を当てるように工夫している．しかしながら，無機化学を理解するには，それらの知識をその根底にある化学的原則と結び付け，その結果，化合物の存在と挙動を説明できることが不可欠である．そのために，約半分の章が原子の理論，結合，分子間力，熱力学，酸塩基挙動，および酸化還元の性質に関する基本概念を，化合物の性質や分類を記述するための序曲・準備として概観している．

この第4版では，つぎのような大改訂が行われている．

第3章 共有結合

一般的な要望に応えて，対称性に関するつぎの三つの新たな節，"分子の対称性"，"対称性と振動スペクトル"，"放射捕獲：温室効果"を加えた．

さらに，分子間力の節を補充した．

第5章 イオン結合

この章の後半を再編成した．特に再編成した節は"イオン結晶の構造"である．改訂した節"化学結合連続体"では結合の三角図と結合の四面体図の両方を記述している．

第6章 無機熱力学

この章はそのトピックへのよりわかりやすい導入を行うために，改訂した節，"化合物生成の熱力学"から始まる．

第7章 溶媒と酸塩基挙動

この改題した章は，新しい節"溶媒"で始まる．そこでは無機反応における溶媒の種類と性質を述べるが，一般化学の講義と大幅に重なる部分は除いた．ラックス・フラッド理論

の簡単な解説もこの章に加えた．

第8章 酸化と還元
新しい節"酸化還元合成"を加えた．

第10章 水　素
"クラスレート（包接化合物）"の節を拡充し，重要性が増しているガスハイドレートを説明した．

第11〜16章
これらの各章は，節の数を減らすように再構成し，よりわかりやすい流れに変えた（たとえば，第15章は29節から21節に減らした）．

第13章 13族元素
拡充した節"ボラン類"では，説明をより充実させた．

第14〜17章
これらの4章の記述では，単体や化合物の挙動の説明をするのに，結合エネルギーデータを利用することに力点を置いた．

第20章 遷移金属の性質
"6族：クロム，モリブデン，タングステン"と"7族：マンガン，テクネチウム，レニウム"の節は，トピックス間の関連性をよく示すために再構築した．

第23章 希土類元素とアクチノイド元素
改訂した節，"超アクチノイド元素（超重元素）"では最近の元素の発見を反映させた．

ビデオクリップ
"記述無機化学（descriptive inorganic chemistry）"とは，文字通り，目に見える化学のことである．目に見えるようにする以上に化学反応を理解する方法はあるだろうか．そこで，この版では，少なくとも50個のインターネットによるビデオクリップによって，化学反応を体験できるようにしている．左上に示したアイコンで，本の中のどの反応がビデオクリップにあるかを示している．（次ページ"ウェブサイト"参照．日本語版読者の将来にわたる無条件の使用は保証されていない．）

要　点
各章では，そこでの要点を示すチェックリストで締めくくっている．

コラム
"化学トポロジー"を追加した．そこでは，コンピューター技術が元素間の新しい関係を見つけるのに利用できることを示している．他のコラムは改訂した．

補足資料

入手可能で適切な文献のリストはウェブサイト，www.whfreeman.com/rayner4e で見つけることができる．

補　遺

学生用解答マニュアル 0-7167-6177-7 に，本書の中の奇数番号の問題すべての解答を示している．（日本語版は出版されていない．）

ウェブサイト：www.whfreeman.com/rayner4e につぎのものを掲載する（ウェブサイトは原出版社により予告なく変更されることがある．また，日本語版読者には利用できないものもある．）

- 新しい無機化学の目に見える事象（ビデオ）
- 本中のすべての絵（図，表，式など）（教師サイド；日本では使用できない）
- 実　験
- 追加のウェブ情報源と学習手段
- 付　表
- ビデオクリップ

この本は，記述無機化学に対するわれわれの熱意を次世代に伝えるために書いた．したがって，教師と学生の両方の読者の方々からご意見をいただければ，ありがたい．追加や改訂する事項についての示唆もいただきたい．現在のこちらの e-mail は grcanham@swgc.mun.ca と T.L.Overton@hull.ac.uk である．

訳者まえがき

　化学は昔から，物理化学，有機化学，無機化学，分析化学に分けられてきた．今でも，それらを軸に大学の講義のカリキュラムが組まれている．私も大学2年生の時から専門の講義を受けたが，その中で無機化学のわかりにくさは群を抜いていた．もともと暗記の不得意な私には，100を超える元素の化学，そしてそのほとんどは実際に見たり触れたりしたこともないものをただ覚えることなど，できるわけがなかった．それが，なぜかその元素たちの魅力にはまって，今では無機化学を研究し，教える立場になっている．学生時代から30年が過ぎ，その間にいろいろな物質に出会い，また直に触れなくても，それぞれの元素，化合物，物質にまつわるストーリーを聞いてきた．そうしている間に，しだいに無機化学の面白さにひかれ，いつの間にか，すっかり無機化学のとりこになっている．学生時代は博物学的と思い込み，全体を鳥瞰できず満足感を味わえなかった無機化学が面白くなった理由は，個々の物質や現象について得てきた理解や知識の間の連携ができるようになったからだろう．その自分の経験をもとに，今，大学での講義で無機化学を教えるとき，一番初めに，聴講している学生につぎのように話す．"元素とは将棋の駒のようなものです．今は将棋を指すにあたって，まず，それぞれの駒の動きと将棋のルールを覚えましょう．それがわかったら，駒の動きを組合わせてみましょう．それは楽しいゲームです．そして，将棋の駒より数が多く，一個一個が奥深い性質をもつ元素を駒として用いるゲームは，果てしない知の喜びにつながります．ですから，今はその将来の喜びを夢見て，元素の性質と無機化学のルールを一つずつ理解していきましょう．"

　"レイナーキャナム　無機化学"を最初に読んだとき，目から鱗が落ちる感じだった．これまでの無機化学の教科書にない面白さがあった．元素間の類似性と差異，そしてそれらが実世界の成り立ち，構造，現象，変化にどのようにかかわっているかが見事に描かれている．そして他の本では理解に時間がかかっていた元素の性質の連係を，読み進めていくうちに，自然に理解させてくれる．適所にバランスよく配置されているコラム（短編実話）は，頭をリフレッシュさせるとともに，別の角度から化学の理解を助け，化学を身近なものに感じさせてくれる．この本の著者，レイナーキャナム博士がいかに多くの化学やそれにまつわる自然現象を熟知しているか，そしてその知識や情報を整理し，斟酌して，教科書として読者に理解しやすいように構成しているかに感服する．この本には，無機化学にとどまらず，周辺の科学との関連性も十分に描かれている．是非，この本を最後まで一通り読んで，"科学の知識欲"を満足させる爽快感を味わってほしい．

　この本の翻訳は東京化学同人の住田六連氏からお話をいただき，2007年5月に最初の打合わせを行い，東京大学理学部の同じ佐々木研究室（無機合成化学講座）の先輩，後輩である森山広思博士（1，2章），高木　繁博士（3～15，23章）と3名で分担した．3人とも大学での教育，研究のわずかの合間を縫って翻訳に取組んだため，思うように進行せ

ず，編集を担当された東京化学同人の伊藤直孝氏には大変なご迷惑をかけた．当初の予定より完成が1年遅れになったが，その間，辛抱強く翻訳作業を励ましていただき，さらにこの本全体を通して，原著の間違いや3人の訳のミスの指摘や語句の統一などにも奮闘していただいた．心から感謝申し上げる．

2009年2月

訳者を代表して　西　原　寛

謝　辞

　この本の第4版の発刊に際して，すばらしい力量を発揮してくれたW. H. Freemanのチームに深く感謝する．また，この第4版の編集者Jessica FiorilloとJenness Crawford（そしてこのプロジェクトに再参加したMary Louise Byrd）ならびに，第3版の編集者Jessica FiorilloとGuy Copes，第2版の編集者Michelle JuletとMary Louise Byrd，そして特にこの本の初版を果敢にも私に依頼してくれたDeborah Allenにお礼を申し上げる．すばらしい編集陣の一人一人から激励や，補助，援助をいただいた．

　この版を査読してくれたつぎの方々——特に頂戴した批判やコメントは大変ありがたかった——にも感謝の意を表する．Rachel Narehood Austin (Bates College), Leo A. Bares (the University of North Carolina—Asheville), Karen S. Brewer (Hamilton College), Robert M. Burns (Alma College), Do Chang (Averett University), Georges Dénès (Concordia University), Daniel R. Derringer (Hollins University), Carl P. Fictorie (Dordt College), Margaret Kastner (Bucknell University), Michael Laing (the University of Natal, Durban), Richard H. Langley (Stephen F. Austin State University), Mark R. McClure (the University of North Carolina at Pembroke), Louis Mercier (Laurentian University), G. Merga (Andrews University), Stacy O'Reilly (Butler University), Larry D. Pedersen (College Misercordia), Robert D. Pike (the College of William and Mary), William Quintana (New Mexico State University), David F. Rieck (Salisbury University), John Selegue (the University of Kentucky), Melissa M. Strait (Alma College), Daniel J. Williams (Kennesaw State University), Juchao Yan (Eastern New Mexico University), およびArden P. Zipp (the State University of New York at Cortland).

　第3版を査読してくれたつぎの方々にも感謝の意を表す．François Caron (Laurentian University), Thomas D. Getman (Northern Michigan University), Janet R. Morrow (the State University of New York at Buffalo), Robert D. Pike (the College of William and Mary), Michael B. Wells (Cambell University). そして特にJoe Takats (the University of Alberta) には第2版に対する包括的な批評をしていただいたことに感謝したい．

　第2版を査読してくれたつぎの方々にも感謝の意を表す．F. C. Hentz (North Carolina State University), Michael D. Johnson (New Mexico State University), Richard B. Kaner (the University of California, Los Angeles), Richard H. Langley (Stephen F. Austin State University), James M. Mayer (the University of Washington), Jon Melton (Messiah College), Joseph S. Merola (Virginia Technical Institute), David Phillips (Wabash College), John R. Pladziewicz (the University of Wisconsin, Eau Claire), Daniel Rabinovich (the University of North Carolina at Charlotte), David F. Reich (Salisbury State University), Todd K. Trout (Mercyhurst College), Steve Watton (the Virginia Commonwealth

University），および John S. Wood（the University of Massachusetts, Amherst）．

　同様に，初版を査読してくれたつぎの方々にも感謝の意を表す．E. Joseph Billo（Boston College），David Finster（Wittenberg University），Stephen J. Hawkes（Oregon State University），Martin Hocking（the University of Victoria），Vake Marganian（Bridgewater State College），Edward Mottel（the Rose-Hulman Institute of Technology），および Alex Whitla（Mount Allison University）．

　個人的につぎの方々に感謝する．Geoff Rayner-Canham は，これまでの経歴に大きな影響を与えてくれた3名の先生や指導者，Briant Bourne（Harvey Grammar School），Margaret Goodgame（Imperial College, London University），および Derek Sutton（Simon Fraser University）に特にお礼を申し述べたい．そして絶えず支え，励ましてくれた妻，Marelene に永遠なる謝意を表す．

　Tina Overton は，すばらしい助言によって内容を向上させ，イラストを手伝ってくれた同僚の Phil King に感謝する．また何カ月もこのプロジェクトに生活時間を費やすことを許し，耐えてくれた家族の Dave, John と Lucy にお礼を述べたい．

献　辞

　化学とは人類の努力の賜物であり，新発見は分子の世界を探検したいと思う情熱にあふれた個人やグループの研究の成果である．読者の皆さんには，そのようにして形作られた無機化学の魅力を私たちと共有するようになってほしい．私たちはこの本を2人の人物に捧げたいと思う．その2人は，理由はまったく異なるが，ノーベル賞という永遠の名誉を受けることができなかった偉大な化学者たちである．

モーズリー　Henry Moseley（1887〜1915）

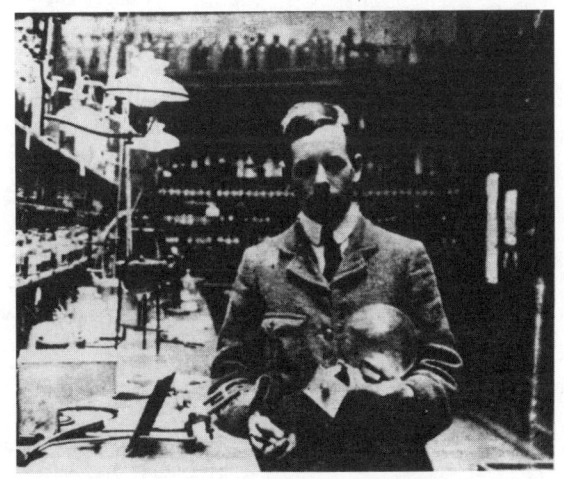

　メンデレーエフが周期表の発見者として認識されているが，彼が作ったバージョンは原子量の増加を基礎としていた．しかし，元素の性質と周期表における位置を一致させるためには，順番を逆にしなければならない場合がいくつか含まれていた．周期表にずっと確固たる根拠を与えたのは英国の科学者，モーズリーである．彼は，電子の衝突によって，それぞれの元素が，固有の波長をもつX線を発生することを発見した．この波長は各元素に特有な整数値と関連した数式に適合した．現在，その整数値は陽子数であることがわかっている．元素の原子番号を確立したことによって，化学者たちは，ついに周期表の基本的な構成を知ることとなった．モーズリーは第一次世界大戦中にガリポリの戦いで戦死した．すなわち，20世紀の最も優れた科学の才能をもつ人物の一人が27歳でこの世を去ったのである．著名な米国人科学者のマリケン（Robert Mulliken）はつぎのように述べた．"欧州戦争がもたらしたものは，この若い命を奪い去ってしまったことだけである．それだけで，歴史上最も憎むべき，最も償えない犯罪になってしまった．"残念なことにノーベル賞は，亡くなった人には与えられない．1924年，43番目の元素の発見が発表され，それはモズレウム（moseleyum）と命名された．しかし，皮肉なことにこの発表はモーズリーが開拓したまさにその方法によって間違いであることが証明された．

マイトナー　Lise Meitner（1878〜1968）

　1930年代に，科学者たちはウランのような重元素の原子に亜原子粒子を衝突させて新

元素をつくり,周期表を拡張することに挑んでいた.オーストリアの科学者マイトナーは,新元素の合成の研究を行っていたドイツの研究チームで,ハーン(Otto Hahn)とともにリーダー格を務めていた.彼女らは,9種の新元素を発見したと考えていた.その発見を発表した直後に,マイトナーは祖先がユダヤ人であるとの理由でドイツを追われることとなり,スウェーデンに滞在した.ハーンは彼女に新元素の一つは化学的にはバリウムのように振舞うと報告した.姪の物理学者,フリシュ(Otto Frisch)と有名な"雪道の散歩"をしていたとき,マイトナーはちょうど水滴のように原子核が二つに分裂することに気がついた.生成した元素がバリウムのように振舞うのは当然だ,それはバリウムだからだ! そして核分裂の概念が誕生したのだった.彼女はハーンに自分の提案を伝えた.ハーンがこの成果に関する研究論文を書いたとき,マイトナーとフリシュの多大な貢献にほとんど言及しなかった.その結果,ハーンと彼の仲間のストラスマン(Fritz Strassmann)がノーベル賞を受賞した.マイトナーの天才のひらめきはまったく無視されたのである.つい最近になって,マイトナーは彼女の名前にちなんで,109番元素がマイトネリウム(meitnerium)と名付けられることによって,その業績にふさわしい賞賛を得ることになった.

補足資料

- J. L. Heibron, "H. G. J. Moseley", University of California Press, Berkeley (1974).
- M. F. Rayner-Canham, G. W. Rayner-Canham, "Women in Chemistry: Their Changing Roles from Alchemical Times to the Mid-Twentieth Century", Chemical Heritage Foundation, Philadelphia (1998).
- R. L. Sime, "Lise Meitner: A Life in Physics", University of California Press, Berkeley (1996).
- M. E. Weeks, H. M. Leicester, "Discovery of the Elements", 7th Ed., Journal of Chemical Education, Easton, Pennsylvania (1968).

DESCRIPTIVE INORGANIC CHEMISTRY

1 原子の電子構造: 総論

無機化学物質の挙動を理解するには, 化学結合の基礎を学ばねばならない. 結合は, とりもなおさず構成要素である原子中の電子の挙動とかかわっている. そこで, 無機化学の学習のはじめに, 原子モデルおよびそのモデルを原子・イオンの電子構造へ適用するところから概説しよう.

ニュートン[a]は, "うっかり教授" の典型だったので, 彼が何かを発見した, ということ自体, 驚きである. 彼は毎朝食べる卵のゆで時間を計っていた. ある朝, メードは, 彼が沸騰した鍋の横に立って片手に卵を握りしめ, 鍋底に置かれた時計をじっと見つめていたのを目撃したそうだ! しかし, その彼が, 1700年ごろにプリズムを通った太陽光が連続的な可視スペクトルを与えたのを発見して, 原子の電子構造の研究を始めたのである (図1・1).

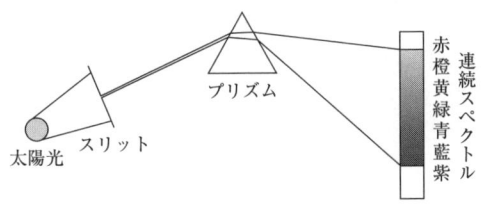

図1・1 プリズムが白色光を可視スペクトルの波長に分ける.

その後, (ブンゼンバーナーの) **ブンゼン**[b]は, 炎とガスからの光の放出を研究した. ブンゼンは, 放射スペクトルが, 単に連続的でなく, 色線が集合したもの (線スペクトル[c]) であることを発見した. 彼は, それぞれの化学元素が独特な特徴をもつスペクトルを示すことに気づいた (図1・2). その後ほかの研究者たちによって, 実際に水素原子ではスペクトルの何本かの組合わせ, すなわち紫外領域に一組, 可視領域に一組, そして赤外領域には数組, というように電磁スペクトルにいくつかのスペクトル線群があることが示された (図1・3).

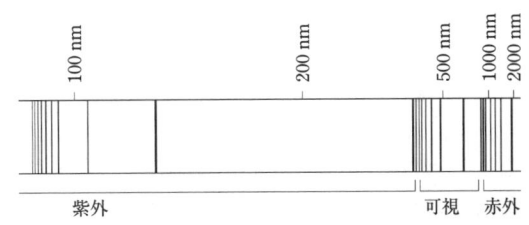

図1・3 水素の線スペクトル

この線スペクトルの説明は, 原子の**ボーアモデル**[d]の功績の一つである. 1913年にボーア[e]は, 電子は原子核のまわりの軌道と対応するある一定のエネルギー準位しかもつことができない, と提案した. 彼は, **量子数**[f]と名付けた整数に一つ一つの準位を定義した. この変数の値は, 1から∞の範囲にわたる. 原子が炎や電子放電からのエネルギーを吸収すると, 電子はある量子準位からつぎの高い準位に遷移する, と主張した. 励起された電子は, すぐさま, 原子核に近い低い準位に戻り, その際に光が放出される. 放出された光の波数は, 初めと終わりの量子準位のエネルギー差に比例する. 電子が, 最も低いエネルギー準位を占有するとき, **基底状態**[g]にある, といわれる. 1個以上の電子が十分なエネルギーを吸収して原子核から離れたとき, **励起状態**[h]にある, といわれる.

それぞれの準位にある電子のエネルギーは, つぎの式によって表される.

$$E = -R_H \left(\frac{1}{n^2} \right)$$

ここで E は, 電子エネルギーを, n は量子数を, R_H は, 水素の**リュードベリ定数**[i]を表す. こうして, 放出される光のエネルギーは, 初めと終わりのエネルギーの差から計

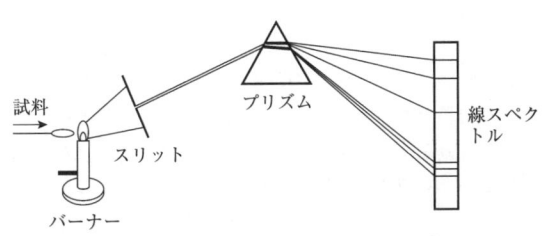

図1・2 元素が炎中で加熱されると線スペクトルが生じる.

---

a) Isaac Newton b) Robert Bunsen c) line spectrum d) Bohr model e) Niels Bohr f) quantum number
g) ground state h) excited state i) Rydberg constant

原子吸光スペクトル

太陽のように光る物体は電磁放出の連続スペクトルを放出すると予想される．しかし，19世紀初めには，ドイツ人科学者フラウンホーファー[a]は，太陽の可視スペクトルが何本かの黒色帯を含むことに気づいた．後に，研究者たちによって，この帯は，太陽上の"気圏"中の冷却した原子による特定波長の吸収であることがわかった．このような原子中の電子は基底状態にあり，より高い準位へ遷移するためのエネルギーに対応する放射光を吸収していることになる．この"負"のスペクトルの研究がヘリウムの発見に結びついた．このようなスペクトルの研究は，星の化学組成を研究する宇宙化学においても依然として重要である．

1955年には，オーストラリアとオランダの二つの科学者グループが，極低濃度での元素の発見に，光吸収法が使えそうだと気づいた．各元素は，それぞれ異なるエネルギー分裂レベルの差に対応する特定の吸収スペクトルを示す．光源からの光がある元素の気化試料を通過するとき，さまざまなエネルギー分裂に対応する特定波数の光が吸収される．原子の濃度が高ければ高いほど，より多くの光が吸収されることになる．光の吸収と原子の濃度との比例関係は，**ベールの法則**[b]として知られている．この方法の感度はきわめて高く，ppm濃度は容易に決定でき，原子によっては，ppbのレベルまで検出できる．この電子のあるエネルギー準位から別の準位への遷移だけを用いる"原子吸光スペクトル"は，現在では化学，冶金学，地学，医学，犯罪科学，ほか多くの科学分野で使われる分析手法となっている．

算することができる．光の波長には，$E=h\nu$ と $c=\lambda\nu$ の関係がある．ここで h は**プランク定数**[c]，ν は振動数，c は光速，λ は放出された光の波長である．

しかし，ボーアモデルにはいくつも欠陥があった．たとえば，多電子系原子のスペクトルには，予測された単純なボーアモデルよりも多くの線があった．また，ボーアモデルでは，輝線スペクトルが磁界で分裂する現象（**ゼーマン効果**[d]とよばれる現象）を説明できなかった．まもなく，このような現象を説明するのに，まったく別のモデルである量子力学的モデルが提案された．

1・1 シュレーディンガー波動関数とその重要性

さらに洗練された原子構造の量子力学的モデルが，ド・ブロイ[e]によって導かれた．ド・ブロイは，電磁波が粒子（光子[f]）の流れとして扱われるのと同様に，動いている粒子は波動のような特徴をもつことを示した．したがって，電子は，粒子としても，波としても表すことができる．この波動–粒子の二面性を使ってシュレーディンガー[g]は，原子核のまわりにある電子の動きを表すのに偏微分方程式を用いた．一電子原子を表すこの式は，電子の波動関数 Ψ と系の全エネルギー E と位置エネルギー V の関係を表している．2次微分項は，デカルト座標系 x, y, z に沿った波動関数を示し，m は電子の質量，h はプランク定数である．

$$\frac{\partial^2 \Psi}{\partial x^2}+\frac{\partial^2 \Psi}{\partial y^2}+\frac{\partial^2 \Psi}{\partial z^2}+\frac{8\pi^2 m}{h^2}(E-V)\Psi = 0$$

この方程式の誘導と解法は，物理化学の領域に属するが，解そのものは，無機化学にきわめて重要である．だが，波動方程式は単なる数学的な式である，ということを常に心にとめておこう．原子を構成する粒子の現象を考える際に，具体的なイメージが必要だからという理由でこの答えに意味が与えられたのである．われわれがマクロな世界に対応するように想像したイメージは，原子を構成する粒子の現実とは，ぼんやりとしか似ていないのである．

シュレーディンガーは，この方程式の真の意味は，原子核のまわりのある場所で電子が見いだされる確率を表す波動関数の二乗，Ψ^2 にある，と主張した．波動方程式には，多くの解がある．それぞれの解が異なる軌道を表し，その軌道内の電子分布の確率もまた違う．それぞれの軌道は，n, l, m_l という3個の整数の組合わせによって決められる．ボーアモデルにおける整数と同様に，これらの整数は量子数とよばれる．

もともとの理論から導かれた3個の量子数のほかに，4番目の量子数を，後の実験結果を説明するために定義する必要があった．この実験では，磁場中を水素原子のビームが通過する際に，半分の原子は，ある方向へそれ，残りの半分は反対方向へそれる，ということがわかったのである．他の研究者たちが，この現象は二つの異なる電子スピン配向の結果であると提案した．あるスピンの電子をもつ原子はある方向へ，逆スピンの電子をもつ原子は反対方向へそれる．このスピン量子数は，m_s という記号で表された．

量子数のとりうる値は，つぎのように定義される：

---

a) Josef von Fraunhofer   b) Beer's law   c) Planck constant   d) Zeeman effect   e) Louis de Broglie   f) photon
g) Erwin Schrödinger

n は，**主量子数**[a] で，1から∞の正の整数

l は，**方位量子数**[b] で，$n-1$ から 0 の整数

m_l は，**磁気量子数**[c] で，$+l, -l+1, \cdots, 0, \cdots, l-1, l$ の整数

m_s は，**スピン量子数**[d] で，$+1/2$ か $-1/2$

主量子数が1のときは，n, l, m_l の値はそれぞれ 1, 0, 0 と決まるが，主量子数が2のときは，n, l, m_l は4種の組合わせが可能である ($2, 0, 0; 2, 1, -1; 2, 1, 0; 2, 1, +1$)．この状態を，図1・4に図示した．この量子数の組合わせに見合う電子軌道を識別するために，主量子数 n と方位量子数 l の値を使う．よって，$n=1$ のときは，1s 軌道しかないことになる．

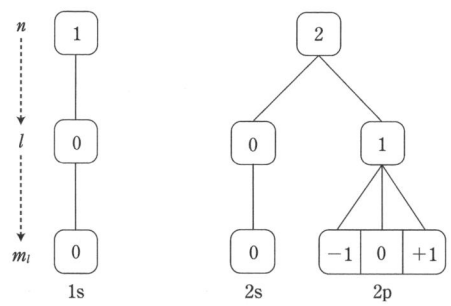

図1・4 $n=1$ と $n=2$ での量子数の可能な組合わせ

$n=2$ のときは，1個の 2s 軌道と（m_l の値 +1, 0, -1 に応じて）3個の 2p 軌道がある．文字 s, p, d, f は，スペクトル線の種類 (sharp "鋭い", principle "主要な", diffuse "拡散した", fundamental "基礎的な") の頭文字に由来する．この対応を，表1・1に示す．

表1・1 方位量子数 l と軌道の名称との対応

l 値	軌道の名称
0	s
1	p
2	d
3	f

主量子数 $n=3$ のときは，9種類の量子数の組合わせがある（図1・5）．これらの組は，1個の 3s, 3個の 3p, 5個の 3d 軌道に対応している．同様に $n=4$ のときは，1個の 4s, 3個の 4p, 5個の 4d, 7個の 4f 軌道に対応し，16種類の量子数の組合わせをもつ（表1・2）．理論的には，同様のパターンが続くが，後にわかるように，f 軌道は，周期表の元素において，電子的に基底状態にある原子の上限の軌道である．

シュレーディンガー波動方程式は，原子中の電子群を表現する絶対的な式として通用しているが，実際はそうではない．§2・5で論じるように，この方程式は大きな分子ではものすごい速度で動く電子があることを考慮していな

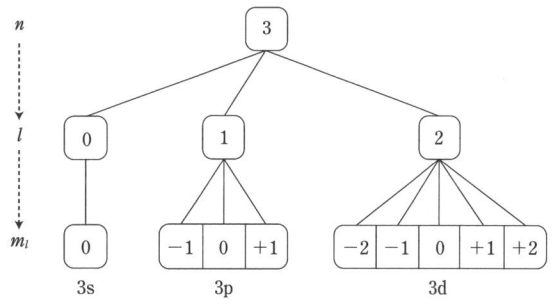

図1・5 $n=3$ の量子数の可能な組合わせ

い．この運動の結果，相対論的効果が電子質量に影響を及ぼす．この問題を説明するためにはシュレーディンガー方

表1・2 方位量子数 l と軌道の数との対応

l 値	軌道の数
0	1
1	3
2	5
3	7

程式を修正することが必要だが，1928年に英国の物理学者ディラック[e] は，相対性理論の問題を考慮に入れた波動方程式を提案した．ディラック方程式では，用いられる4組の量子数のうち主量子数 n だけがシュレーディンガー方程式と同様の意味をもつ．ディラック方程式から導かれる軌道は，その形さえもシュレーディンガー方程式のものとは異なっている．しかし，この教科書は無機化学全般を記述する教科書なので，単純で広く使われているシュレーディンガー方程式から得られる軌道の特徴を説明することにする．

1・2 原子軌道の形

波動方程式の解を紙に表そうとしても，簡単ではない．実際にそれぞれの完全な解を表すには，非現実的な四次元のグラフ用紙が必要である．現実的な解決法としては，波動方程式を動径部分と角度部分の二つの部分に分ける．

波動方程式から派生する3組の量子数は，それぞれ軌道の違う部分を表す:

主量子数 n は，軌道の大きさを表す．

---

[a] principal quantum number [b] angular momentum quantum number [c] magnetic quantum number
[d] spin quantum number [e] P. A. M. Dirac

方位量子数 l は，軌道の形を表す．
磁気量子数 m_l は，軌道空間の方向性を表す．
スピン量子数 m_s は，ほとんど物理的な意味はなく，単に，2個の電子が同じ軌道を占有することを許している．

主量子数と（それよりは寄与が少ないものの）方位量子数の値が電子のエネルギーを決定する．電子は，実際に回転しているわけではないが，あたかも回っているような挙動を示し，回転体に予測されるように磁気的な性質をもつ．

軌道図[a] は，ある一定の場所，時間に電子が見いだされる確率を表す．別の見方をすれば，一定時間における電子の存在場所を示すことになる．電子が最も長く存在する領域を**電子密度**[b] が高い領域という．

1・2・1 s 軌 道

s軌道は，原子核のまわりに球対称である．主量子数が大きいほど電子は原子核から離れたところに見つかる，すなわち軌道が広がっている．s軌道の特徴は，原子核の近くあるいは原子核中でさえ電子が見つかる確率が0でないことである．s軌道電子の貫入は，原子半径に重要な役割を果たし（第2章を参照），原子構造研究のために重要である．実際に，メスバウアー分光法[c] の測定技術は，原子核エネルギーに対するs軌道密度変化の効果に基づいている．

図1・6では，原子の1s, 2s軌道の形（角度関数[d]）を同一スケールで比較している．2s軌道は，1s軌道の4倍の大きさである．どちらの場合にも，小さな原子核は，球の真ん中に位置している．これらの球は，99％の確率で電子を見いだす可能性のある領域を示している．電子の見つかる可能性が0になるのは原子核からの距離が無限の場合なので，100％の確率を表すことはできない．

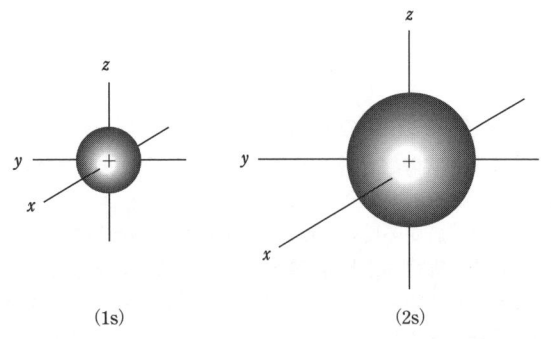

図1・6　1s, 2s軌道の形の表示．〔D. A. McQuarrie, P. A. Rock, "General Chemistry", 2nd Ed., W. H. Freeman, New York, p.322（1991）より転載〕

軌道中に電子が見つかる確率は，（存在確率は波動関数の二乗から導かれ，負の二乗は常に正なので）常に正[e] である．しかし，原子の結合について議論するときには，もとの波動関数の符号（正か負か）が重要である．したがって，それぞれの原子軌道を表すときに，波動関数の記号も重ね書きにすることが慣例となっている．s軌道の場合は，符号は正である．

1s軌道と2s軌道のサイズに大きな違いがあることに加えて，2s軌道は原子核からある程度離れており，電子密度0の球面が原子核から離れたところにある．電子が見つかる確率が0の面のことを，**節面**[f] という．主量子数が1大きくなると，節面の数も1個増える．動径密度分布を原子核からの距離の関数として表したグラフでは，節面をはっきり視覚化できる．図1・7は，1s, 2s, 3s軌道を表しており，主量子数が大きくなるほど電子が原子核より遠ざかることを示している．この曲線の下部の面積はどの軌道でも同じである．

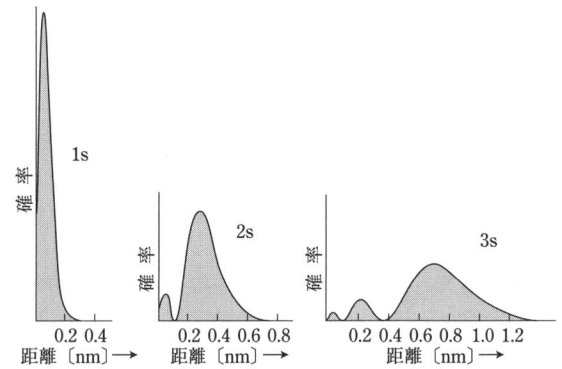

図1・7　水素原子の1s, 2s, 3s軌道の電子に関する，核からの距離に対する動径電子密度分布関数

s軌道の電子は，p, d, f軌道の電子とは，つぎの二点で大きく異なる．第一に，s軌道だけが原子核から全方向に同じように変化する電子密度をもつ．第二に，s軌道の電子は原子核の位置に有限の確率で存在する．他のすべての軌道では原子核位置に節をもつ．

1・2・2 p 軌 道

s軌道と違い，p軌道は球対称ではない．実際に，p軌道は，2個のローブ[g]（電子が存在する"耳たぶ"形状の空間）から成り立っていて，その中心に原子核がある．三つのp軌道があるので，デカルト座標系に基づいて，p_x, p_y, p_z と名づける．図1・8は三つの2p軌道を表す．高い電子密度をもつ軸に直交して，原子核を横切る節面がある．たとえば，p_z 軌道は xy 面上に節面がある．波動関数

---

a) orbital diagram　b) electron density　c) Mössbauer spectroscopy　d) angular function　e) positive　f) nodal surface
g) lobe

の符号に関しては，一つのローブが正で，もう一つが負になる．

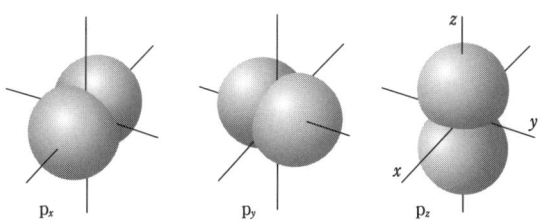

図 1・8 2p$_x$, 2p$_y$, および 2p$_z$ 軌道の形状の表示〔L. Jones, P. Atkins, "Chemistry: Molecules, Matter, and Change", 3rd Ed., W. H. Freeman, New York, p.231 (1977) より転載〕

電子密度を 2s と 2p（2p については電子密度の高い軸に沿った）軌道についての動径関数として比較すると，2s 軌道の方が 2p 軌道よりも原子核近くに多くの電子密度をもつことがわかる（図 1・9）．逆に 2s 軌道の 2 番目の極大値の方が，2p 軌道の最大値よりも原子核から離れたところにある．しかし，最大電子密度の平均距離は両軌道で等しい．

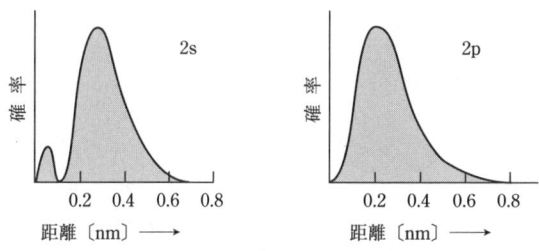

図 1・9 水素原子の 2s, 2p 軌道の電子に関して，核からの距離に対する動径電子密度分布関数

s 軌道と同様に p 軌道も主量子数が増加するほど，節面の数が増える．それゆえ，3p 軌道は，厳密には 2p 軌道とは似ていない．しかしながら，特定の方位量子数についての軌道の形の違いの精細は基礎的な無機化学ではほとんど問題にならない．

1・2・3 d 軌 道

5 種の d 軌道はさらに複雑な形状をもつ．このうちの 3 種はデカルト座標軸の中間に位置しており，他の 2 種は座標軸に沿った方向にある．すべての軌道において，原子核は座標軸の交点（すなわち原点）にある．3 種の軌道おのおのが 2 組の座標軸間に 4 個のローブをもつ（図 1・10）．これらの軌道は d$_{xy}$, d$_{yz}$, d$_{xz}$ である．他の 2 種の d 軌道 d$_{z^2}$, d$_{x^2-y^2}$ を図 1・11 に示す．d$_{z^2}$ 軌道は，付加的なドーナツ型の高い電子密度が xy 面上あること以外は，いささか p$_z$ 軌

道に似ている（図 1・8）．d$_{x^2-y^2}$ 軌道は d$_{xy}$ 軌道に似ているが，45° 回転している．

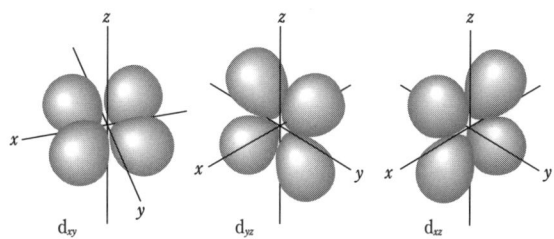

図 1・10 3d$_{xy}$, 3d$_{yz}$, および 3d$_{xz}$ 軌道の形状の表示〔L. Jones, P. Atkins, "Chemistry: Molecules, Matter, and Change", 3rd Ed., W. H. Freeman, New York, p.232 (1977) より転載〕

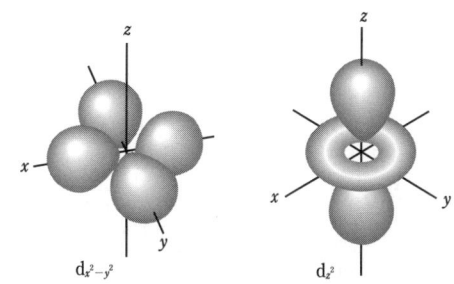

図 1・11 3d$_{x^2-y^2}$, 3d$_{z^2}$ 軌道の形状の表示〔L. Jones, P. Atkins, "Chemistry: Molecules, Matter, and Change", 3rd Ed., W. H. Freeman, New York, p.232 (1977) より転載〕

1・2・4 f 軌 道

f 軌道は d 軌道よりさらに複雑である．7 種の f 軌道があり，4 種は六つのローブをもつ．他の 3 種のうち，二つは 8 個のローブをもち，一つは d$_{z^2}$ 軌道に似ているが二つのドーナツ型の環をもつ．通常これらの軌道が結合にかかわることはまれであり，ここで詳細に考察するには及ばない．

1・3 多電子原子

多電子原子モデルでは，電子は構成原理[a] によって軌道間に電子が配分される．この単純な考え方では，一つの原子の電子はすべて基底状態にあり，できるだけ低いエネルギー状態を占有し，それによって原子全体の電子エネルギーを最小にする．このようにして，原子の電子配置はその元素がもつ全電子数まで 1 個ずつ電子を加えることにより記述できる．

電子配置を構築するまえに，2 番目の規則，**パウリの排他原理**[b] を考慮しなければならない．この規則に従うと，一つの原子当たり 2 個の電子が 4 種の量子数の同じ組合わ

---

a) Aufbau (building-up) principle　　b) Pauli exclusion rule

せをもつことはできない．つまり，一つの原子について 3 種の量子数の組が一つの軌道を規定し，それぞれの軌道には，$m_s = +1/2$，$m_s = -1/2$ の 2 個の電子を配置することができる．

1・3・1 s 軌道の充填

最も簡単な電子配置は水素原子である．構成原理によって，一つの電子が 1s 軌道に入る．これが水素原子の基底状態である．エネルギーが加わることによって，より高いエネルギー状態に電子を押上げる．このような電子配置を励起状態という．水素原子の基底状態の図（図 1・12）では，片矢印が電子スピンの方向を示すのに使われる．この電子配置を $1s^1$ と書き，肩付きの 1 はその軌道の電子数を示す．

図 1・12　水素原子の電子配置*

2 電子原子（ヘリウム）では，2 番目の電子は 1s 軌道に入る（図 1・13 a）か，さらに高いエネルギー軌道である 2s 軌道に入る（図 1・13 b）かの選択がある．2 番目の電子が 1s 軌道に入るのは当然のように思われるが，それほど単純ではない．2 番目の電子が 1s 軌道に入ると，その軌道にすでに入っている電子と同じ空間を占めることになる．そのために生じる電子間の反発は同一の軌道を占めることを妨げる．ヘリウムにおいては，この電子間の反発力を上回るのに必要とされる**電子対形成エネルギー**[a]は，およそ $3\,\mathrm{MJ \cdot mol^{-1}}$ である．しかしながら，原子核近くに高い確率で軌道を占有することによって，2 番目の電子はもっと大きな核の引力を受けることになる．核の引力は電子間反発よりも大きい．よって実際の電子配置は $1s^2$ となる．ここで，電子対を形成する方がエネルギー的に安定な場合にのみ，電子対が形成されるという点は強調しておこう．

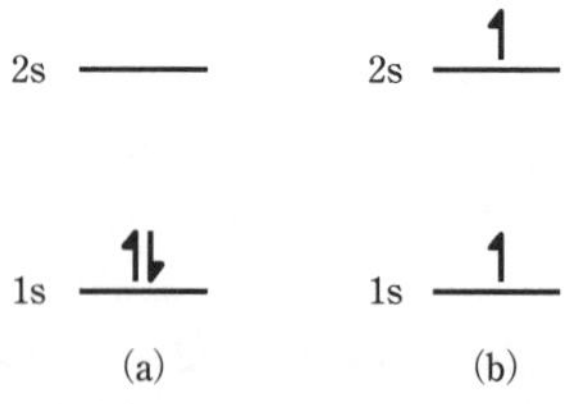

図 1・13　ヘリウム原子における二つの可能な電子配置

リチウム原子においては，1s 軌道は 2 個の電子で満たされており，3 番目の電子はつぎの高さのエネルギー軌道，すなわち 2s 軌道に入らなければならない．このようにしてリチウムは $1s^2 2s^1$ の電子配置をとる．多電子系においては，同じ主量子数の s 軌道と p 軌道のエネルギー差は，電子対形成のエネルギーよりは常に大きいので，ベリリウムの電子配置は $1s^2 2s^1 2p^1$ ではなく $1s^2 2s^2$ になる．

1・3・2　p 軌道の充填

ホウ素は 2p 軌道を用いて電子配置が満たされる最初の元素となる．ホウ素原子は電子配置が $1s^2 2s^2 2p^1$ である．三つの p 軌道は縮退している（つまり同じエネルギーをもつ）ので，どの軌道に電子が入るのかを決めるのは困難である．

炭素は基底状態で p 軌道に電子をもつ 2 番目の原子である．炭素原子における 2 個の 2p 電子の配置にはつぎの三つの可能性がある（図 1・14）：(a) 2 個の電子が一つの軌道に入る，(b) 平行スピンをもつ 2 個の電子が別々の軌道に入る，(c) 2 個の電子が向かい合ったスピンで別々の軌道に入る．電子間反発に基づくと，(a) の可能性は直ちに退けられる．他の二つの可能性のどちらかの決定はそれほど自明ではなく，量子論の深い知識が必要である．実際に，もし，2 個の電子が平行スピンをもつならば，これらが同一空間を占める確率は 0 である．しかしながら，これらのスピンが逆方向ならば，空間内で同一の領域を占有する確率が 0 ではなく，その結果，いくばくかの電子間反発をもたらし，エネルギーが不安定化する．したがって，平行スピン状態の (b) が最も安定なエネルギー状態になる．不対電子が平行スピンを好むことは，**フント則**[b] として公式化されている．すなわち，一組の縮退軌道を満たすとき，スピン対をつくらない電子の数を最大になるようにし，これらの電子は平行スピンをもつ．

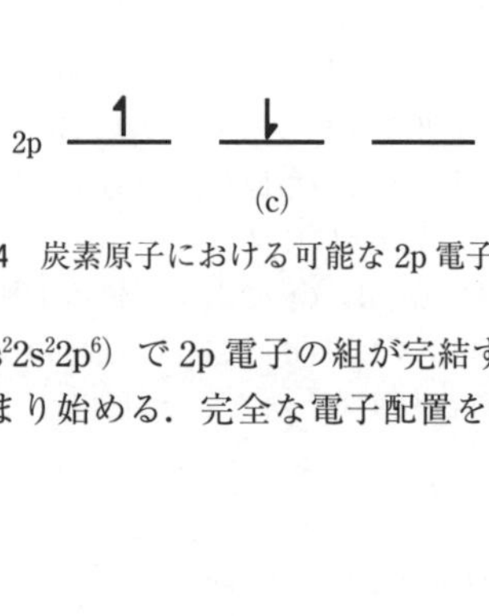

図 1・14　炭素原子における可能な 2p 電子の配置

ネオン（$1s^2 2s^2 2p^6$）で 2p 電子の組が完結すると，3s と 3p 軌道が埋まり始める．完全な電子配置を書くよりも，

---

a) pairing energy　　b) Hund's rule
*［訳注］電子配置は，教科書によっては ⇵ や ⇅ のように表しているものもある．

短縮形が用いられる．この記載法では内殻の電子は，その電子配置をもつ希ガスの記号で表示される．したがって，電子配置が$1s^22s^22p^63s^2$と書き表されるマグネシウムは，ネオンの希ガス殻をもち，その電子配置は[Ne]$3s^2$と表すことができる．希ガス殻の表記の優位な点は最外殻の電子（価電子）を強調していることであり，化学結合に関与するのは，これらの電子である．ここまでで，周期表の二つの短周期（行），すなわち第2周期のリチウムからネオン，第3周期のナトリウムからアルゴンの電子配置の解析までを終えることにする（図1・15）．

原 子	電子配置	原 子	電子配置	原 子	電子配置
Sc	$4s^23d^1$	Y	$5s^24d^1$	Lu	$6s^25d^1$
Ti	$4s^23d^2$	Zr	$5s^24d^2$	Hf	$6s^25d^2$
V	$4s^23d^3$	Nb	$5s^14d^4$	Ta	$6s^25d^3$
Cr	$4s^13d^5$	Mo	$5s^14d^5$	W	$6s^25d^4$
Mn	$4s^23d^5$	Tc	$5s^24d^5$	Re	$6s^25d^5$
Fe	$4s^23d^6$	Ru	$5s^14d^7$	Os	$6s^25d^6$
Co	$4s^23d^7$	Rh	$5s^14d^8$	Ir	$6s^25d^7$
Ni	$4s^23d^8$	Pd	$5s^04d^{10}$	Pt	$6s^15d^9$
Cu	$4s^13d^{10}$	Ag	$5s^14d^{10}$	Au	$6s^15d^{10}$
Zn	$4s^23d^{10}$	Cd	$5s^24d^{10}$	Hg	$6s^25d^{10}$

1・3・3 d 軌道の充填

3p軌道が満たされると（アルゴン），3d軌道と4s軌道とが詰まり始める．両軌道のエネルギーレベルは非常に近いので，単純な軌道エネルギー準位の概念は役に立たない．最も重要なのは，単一の電子の最低エネルギーではなく，すべての電子間反発の数を最も少なくする電子配置である．カリウムでは，電子配置は[Ar]$4s^1$であり，カルシウムでは[Ar]$4s^2$である．プロトンと電子の数を増やすにつれてこの微妙なバランスがどのように変化するかを示すために，3族から12族までの元素における最外殻電子を右段上に示す．これらの電子配置そのものはそれほど重要ではないが，nsと$(n-1)d$がエネルギー的にいかに近いかを示している．

一般に，各遷移金属の最安定状態の全エネルギーは，まずs軌道を満たし，残りの電子がd軌道を占有することにより得られる．しかしながら，ある元素では，最安定エネルギーは，s電子の1個あるいは2個ともd軌道に移ることによって得られる．最初の遷移金属系列をみると，半分満たされたクロム，あるいは全部満たされた銅にこの傾向がみられる．2番目の遷移金属系列でパラジウムと銀はともに$4d^{10}$電子配置をとりやすいが，パラジウムの場合には，2個の電子間の反発によってs^1電子配置をとることもある．

ランタン（La）からイッテルビウム（Yb）までの元素では，6s，5d，4f軌道はすべて似通ったエネルギーであるため，状況はもっと流動的になる．たとえばランタンは[Xe]$6s^25d^1$の電子配置をもつが，つぎの元素であるセリウムは[Xe]$6s^25d^14f^1$の電子配置をもつ．この系列で最も興味深い電子配置はガドリニウムであり，その電子配置は予測される[Xe]$6s^24f^8$ではなく，[Xe]$6s^25d^14f^7$である．この電子配置は，近接した軌道が同様なエネルギーをもつとき，電子配置を決めるのに電子間反発が重要であるという証拠である．同様な複雑な挙動はアクチニウム（Ac）からノーベリウム（No）までの元素で起こり，7s，6d，5f軌道が似たエネルギーをもつ．

dおよびfブロック元素を通じて，電子配置に小さな変動はあるが，充填の順序はつぎのように首尾一貫している．

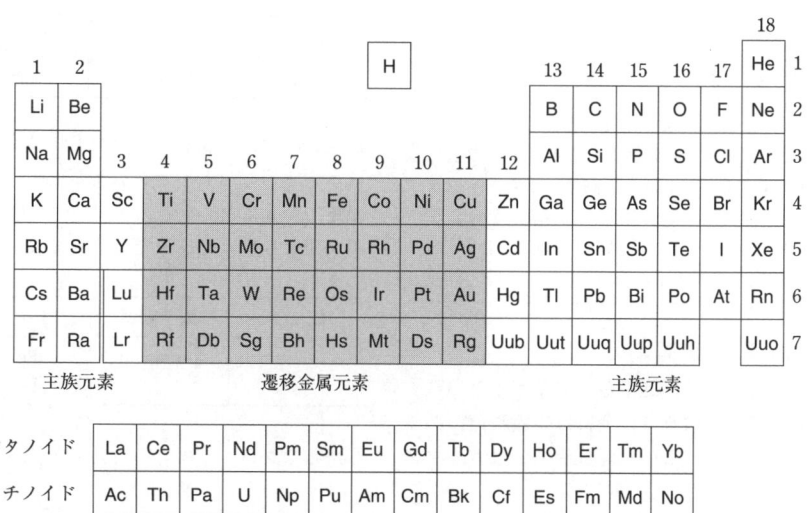

図1・15 周期表の基本的特徴．上部の数字は元素の属（列）を示し，右側の数字は周期（行）を示す．

1s 2s 2p 3s 3p 4s 3d 4p 5s 4d 5p 6s 4f 5d 6p 7s 5f 6d 7p

この順序を図1・16にも示す．同じ主量子数のs, p, d, f 軌道間のエネルギーの差は，主量子数 $n=2$ を超えると非常に大きくなり，つぎの主量子数の軌道とエネルギー的に重なってくるため，軌道はこの順で満ちていく．図1・16 は充填の順を示しているのであり，特定の元素に関する順序を示しているわけではないことに注意しよう．たとえば，亜鉛より重い元素では，3d軌道の電子は 4s 軌道の電子よりもエネルギー的にはるかに安定である．したがって，この時点で，3d軌道は"内殻"の軌道になり，化学結合に何の役割ももたない．このような事実から，正確な軌道の順序はあまり重要ではない．

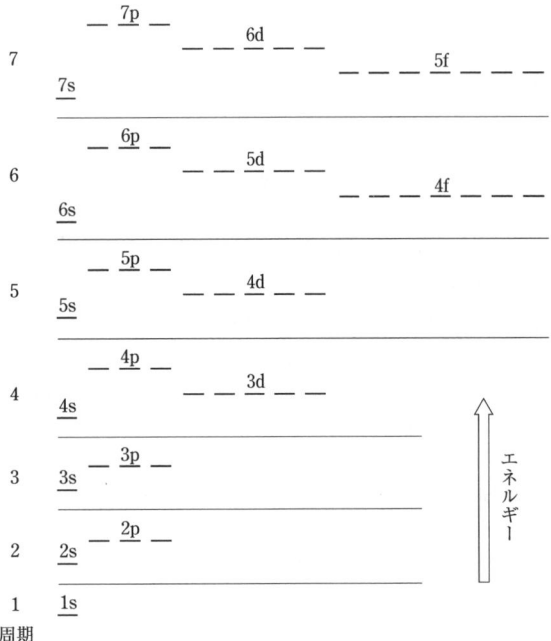

図1・16 電子充填のための原子軌道の相対的エネルギーの描写

地球上ではすべての原子は基底状態にあるが，星間ではそうではない．水素原子で $n=253$ もの高準位から $n=252$ への遷移が，宇宙の星間領域で観測されている．そのような水素原子においてはボーア半径は 0.34 mm にもなり，（理論的には）目で見える大きさになる．

1・4 イオンの電子配置

前周期主族元素においては，通常存在するイオンの電子配置は容易に予測できる．つまり，金属は外殻軌道にあるすべての電子を失いやすい．この状況はナトリウム，マグネシウム，およびアルミニウムイオンの等電子系列[a]（等しい電子配置）として説明できる．

原　子	電子配置	イオン	電子配置
Na	[Ne]3s^1	Na$^+$	[Ne]
Mg	[Ne]3s^2	Mg^{2+}	[Ne]
Al	[Ne]3s^{2}3p^1	Al^{3+}	[Ne]

非金属は外殻軌道を満たすために電子を獲得する．この状況は，窒素，酸素，フッ素の陰イオンで示される．

原　子	電子配置	イオン	電子配置
N	[He]2s^{2}2p^3	N^{3-}	[Ne]
O	[He]2s^{2}2p^4	O^{2-}	[Ne]
F	[He]2s^{2}2p^5	F$^-$	[Ne]

後周期主族元素の中には異なった電荷をもつ2種のイオンを形成するものもある．たとえば，鉛は Pb^{2+} および（まれに）Pb^{4+} を形成する．2+ の電荷は 6p 電子のみを失い，4+ は 6s および 6p 電子を失った結果だと説明できる．

原　子	電子配置	イオン	電子配置
Pb	[Xe]6s^{2}4f^{14}5d^{10}6p^2	Pb^{2+}	[Xe]6s^{2}4f^{14}5d^{10}
		Pb^{4+}	[Xe]4f^{14}5d^{10}

高い方の主量子数の電子が先に失われることに注意してほしい．この規則はすべての元素にあてはまる．遷移金属では，金属陽イオンが生成するとき，常にs電子が最初に失われる．言い換えると，金属陽イオンでは 3d 軌道は 4s 軌道よりもエネルギー的に低く，2個の電子損失を示す 2+ の電荷をもつイオンは，遷移金属および12族金属に共通にみられる．たとえば，亜鉛は常に 2+ の電荷のイオンを生成する．

原　子	電子配置	イオン	電子配置
Zn	[Ar]4s^{2}3d^{10}	Zn^{2+}	[Ar]3d^{10}

鉄は 2+ および 3+ の電荷をもつイオンを形成する．下表に示すように 3+ イオンの形成は，（五つのd軌道に6個の電子が入る 2+ イオン状態での）唯一のd電子対の電子間反発をも避けた結果だと考えてよい．

原　子	電子配置	イオン	電子配置
Fe	[Ar]4s^{2}3d^6	Fe^{2+}	[Ar]3d^6
		Fe^{3+}	[Ar]3d^5

しかしながら，イオンの電荷を予測するために，原子の電

---

[a] isoelectronic series

子配置から多くのことを読み取ろうとするのは危険である．ニッケル，パラジウム，白金の系列はこのことを示しており，原子では異なる電子配置をとるのに，通常のイオン電荷とそれに対応する電子配置は似通っている．

原　子	電子配置	イオン	電子配置
Ni	[Ar]$4s^2 3d^8$	Ni^{2+}	[Ar]$3d^8$
Pd	[Kr]$5s^0 4d^{10}$	Pd^{2+}, Pd^{4+}	[Kr]$4d^8$, [Kr]$4d^6$
Pt	[Xe]$6s^1 5d^9$	Pt^{2+}, Pt^{4+}	[Xe]$5d^8$, [Xe]$5d^6$

1・5 原子の磁気的性質

電子配置の議論において，不対電子をもつ原子があることを見てきた．原子中の不対電子の存在は，磁気的性質から容易に決めることができる．もし，スピンを対にした電子のみを含む原子が磁場中に置かれると，その磁場から弱く反発を受ける．この現象は**反磁性**[a]とよばれる．逆に，不対電子を1個以上含む原子は磁場によって引きつけられる．この現象は**常磁性**[b]とよばれる．磁場への不対電子の引力は，その原子中のスピン対をつくっているすべての電子の斥力の和よりも何倍も大きい．

常磁性を簡単に説明するために，電流が電線を流れると磁気モーメントを生じるのと同じイメージで，電子を軸上で回転して磁気モーメントを生じる粒子だとみなす．この永久磁気モーメントはより磁場の強い部分に引力を生じることになる．電子がスピン対を形成すると，磁気モーメントは互いに打消し合う．その結果，対になった電子は磁場の力線方向に弱く反発し合う．常磁性物質では，通常はランダムに配向している電子スピンの中に，印加した磁場に対して並ぶものがある（図1・17aおよび1・17b）．磁場中で物質に引力をもたらすのはこの配列である．共有結合化合物および遷移金属化合物の議論の中で再びこの現象を取上げる．

かなり一般的な第三の磁気的挙動として**強磁性**[c]がある．強磁性物質では，磁場がなくても不対電子は隣の電子スピンと平行に配列する．これらの互いに配列したスピンのグループは**磁区**[d]とよばれる．磁場を印加することによって，すべての磁区は磁場に対して配向する（図1・17cおよびd）．この配列は常磁性よりもはるかに強く，永続的である．

強磁性はdあるいはf軌道に不対電子をもつ元素単体中（あるいは化合物にも）に見いだされる．これらの軌道の電子は近傍の軌道中の電子と弱く相互作用しているはずであり，その効果が現れることになる．この現象は後周期3dあるいは4fブロック元素にのみ現れる．強磁性物質を加熱すると，**キュリー温度**[e]に達するまでに，原子振動は磁区を破壊し，その温度で弱い常磁性挙動に変わる．4種の金属のみが強磁性を示し，0℃以上でキュリー転移を示す．それは，鉄，コバルト，ニッケル，およびガドリニウムである．

第四の磁気的挙動は**反強磁性**[f]である．反強磁性は，近接する原子間の相互作用が反平行の配列をもたらすことを除いては，強磁性と似ている．したがって，反強磁性物質が常磁性挙動に変化する**ネール温度**[g]までは，常磁性効果より磁場への引力が弱いと予測される．

反強磁性の特別なケースとして，反対方向のスピン数がバランスしておらず，一方向に正味の磁化をもたらす場合がある．これは**フェリ磁性**[h]とよばれる．最もありふれたフェリ磁性物質はFe_3O_4であり，鉄(II) 鉄(III)の混合酸化状態である．この酸化物は**フェロ流体**[i]—磁性流体—の磁性構成要素である．これらの流体は磁場に引きつけられる．実際，バルク流体中でコロイド状の酸化鉄粒子は磁場に引きつけられる．フェロ流体は界面活性剤（界面活性剤は酸化物が凝集，沈降するのを防いでいる）の存在下，液体アンモニア中で塩化鉄(II)と塩化鉄(III)との反応によって容易に合成される．

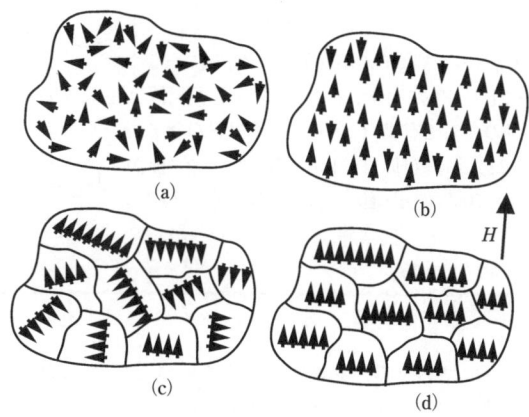

図1・17 印加磁場がない場合（a），ある場合（b）の常磁性物質の挙動および印加磁場がない場合（c），ある場合（d）の強磁性物質の挙動．

$$2\,FeCl_3(aq) + FeCl_2(aq) + 8\,NH_3(aq) + 4\,H_2O(l)$$
$$\longrightarrow Fe_3O_4(s) + 8\,NH_4Cl(aq)$$

---

a) diamagnetism　　b) paramagnetism　　c) ferromagnetism　　d) magnetic domain　　e) Curie temperature
f) antiferromagnetism　　g) Néel temperature　　h) ferrimagnetism　　i) ferrofluid

要　点

- 原子中の電子の性質は4種の量子数によって決まる．
- 方位量子数によって定義される，さまざまな軌道（s, p, d, f）の形がある．
- 原子の基底状態において電子は最低エネルギーの軌道を満たす．
- 遷移金属では，nsと$(n-1)d$軌道のエネルギー準位は非常に似通っている．
- 陽イオンの生成では，一番高い主量子数の軌道の電子が最初に失われる．
- 磁場中の常磁性挙動は不対電子の存在を示している．

基本問題

1・1 つぎの用語を定義しなさい．(a) 節面，(b) パウリの排他原理，(c) 常磁性．

1・2 つぎの用語を定義しなさい．(a) 軌道，(b) 縮退，(c) フント則．

1・3 図1・5に主量子数$n=3$での量子数の系図を示す．同様なやり方で$n=4$での量子数の系図をつくりなさい．

1・4 m_lが（理論的に）+4の値をもつ場合のnの最小値を求めなさい．

1・5 $n=5, l=1$ をもつ軌道を定義しなさい．

1・6 $n=6, l=0$ をもつ軌道を定義しなさい．

1・7 量子数nは，軌道の性質とどのように関連づけられるか？

1・8 量子数lは，どのように軌道の性質と関連づけられるか？

1・9 炭素原子で2個の電子が平行スピンをとって異なるp軌道に入り，他の配置をとらないのかを簡潔に説明しなさい．

1・10 ベリリウムはなぜ$1s^22s^12p^1$ではなく，$1s^22s^2$の基底状態の電子配置をとるのかを簡潔に説明しなさい．

1・11 (a) ナトリウム，(b) ニッケル，(c) 銅について希ガス殻の基底状態の電子配置を書きなさい．

1・12 (a) カルシウム，(b) クロム，(c) 鉛について希ガス殻の基底状態の電子配置を書きなさい．

1・13 (a) K，(b) Sc^{3+}，(c) Cu^{2+}について希ガス殻の基底状態の電子配置を書きなさい．

1・14 (a) Cl，(b) Co^{2+}，(c) Mn^{4+}について希ガス殻の基底状態の電子配置を書きなさい．

1・15 タリウムイオンの通常の電荷を予測しなさい．その理由を電子配置に基づいて説明しなさい．

1・16 スズイオンの通常の電荷を予測しなさい．その理由を電子配置に基づいて説明しなさい．

1・17 銀イオンの通常の電荷を予測しなさい．その理由を電子配置に基づいて説明しなさい．

1・18 ジルコニウムイオンがとりうる最も高い電荷を予測しなさい．その理由を電子配置に基づいて説明しなさい．

1・19 図1・14と同じ図を用いて，(a) 酸素，(b) マグネシウム，(c) クロム原子の不対電子の数を決めなさい．

1・20 図1・14と同じ図を用いて，(a) 窒素，(b) ケイ素，(c) 鉄原子の不対電子の数を決めなさい．

1・21 113番元素に想定される電子配置と生成する可能性のある2価陽イオンの電子配置を書きなさい．

1・22 水素類似原子はつぎのどの化学種か？
(a) He^+，(b) He^-，(c) Li^+，(d) Li^{2+}

応用問題

1・23 f軌道のあとはg軌道である．g軌道はいくつ存在するか？ g軌道をもつ，最も低い主量子数nは何か？ d軌道およびf軌道の様式に基づいて，g軌道の充填が始まる最初の元素の原子番号は何か？

1・24 物理化学の教科書を用いて，ディラック波動関数についてさらに情報を得，シュレーディンガー波動方程式と比較しなさい．

1・25 f軌道に関してさらに進んだ無機化学の教科書を用いて情報を得，共通する特徴を述べなさい．f軌道間では，どのように異なるか述べなさい．

1・26 §1・3でガドリニウムはランタノイド様式からはずれた電子配置をもつことが述べられている．アクチノイドでは，どの元素が同様なはずれを示すか？ その電子配置はどのようになるか？

1・27 いささか哲学的な質問になるが，電子が存在しないとしても軌道は存在するか，議論しなさい．

2 周期表の概観

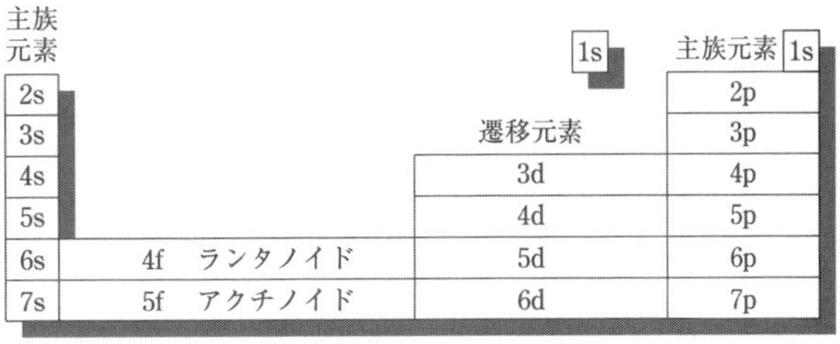

私たちが無機化学を理解しようとするときには，たいていの場合，その理解の基礎となる骨組みとなるのが周期表である．この章で，後続の章における各族の詳述に必要な基礎情報を提供する．

主族元素				1s
2s			主族元素	1s
3s		遷移元素		2p
4s		3d		3p
5s		4d		4p
6s	4f ランタノイド	5d		5p
7s	5f アクチノイド	6d		6p
				7p

化学元素のグループ分けに関する研究が事実上始まったのは，1817年，ドイツの化学者ドーバーライナー[a]の研究である．彼はカルシウム，ストロンチウム，バリウムのような性質に類似点がある3種の元素から成るさまざまなグループが存在することを指摘した．彼はこれらのグループを"三元元素[b]"と名づけた．その後50年ほどたって，英国の精糖業者だったニューランズ[c]は，原子量が増加する順に元素を配置すると，その性質が8元素おきに繰返されることに気がついた．ニューランズはこのパターンを"オクターブ則"とよんだ．当時，科学者たちはすべてを説明できるような物理的法則の一元化を探究していたので，元素の構成を音楽的な尺度と関連づけることは自然なことに思われる．残念なことに彼の提案は時の化学者からは嘲笑を浴びたのである．

数年後，ロシアの化学者メンデレーエフ[d]は同様の概念を独立に（音楽とは結び付けず）発見し，予言的ツールとしてのこの法則を用いる決定的な進歩を成し遂げた．しかしメンデレーエフの業績は，ドイツの化学者マイヤー[e]の周期的な関係についての報告が出版されるまでは，ほとんど顧みられなかった．マイヤーはメンデレーエフが同様なアイデアを最初に持っていたことを認めている．

メンデレーエフとマイヤーは現代の周期表をとても理解できないだろう．メンデレーエフは，当時知られていた元素を原子の質量が増加する順に8列に仕分けすることを提案した．彼はおのおのの周期の8番目の元素は同様な性質をもっていると主張した．Ⅰ族からⅦ族元素では2亜族をもち，Ⅷ族では4亜族をもつ．彼の図案の一つの構成を図2・1に示す．元素の性質の様式がこの表に合うことを証明するためには，空いたところをそのままにしておく必要があった．メンデレーエフは，この空いた場所が未知の元素に対応すると考えた．そしてこの未発見の元素が，同族の近隣元素の化学に基づいて予言できるのではないかと考えた．たとえば，ケイ素とスズの間の未発見元素を，メンデレーエフはエカケイ素[f]（Es）と名づけ，ケイ素とスズの中間的な性質をもつと予言した．表2・1に，15年後に発見されたゲルマニウムの性質と，メンデレーエフの予言を比較する．

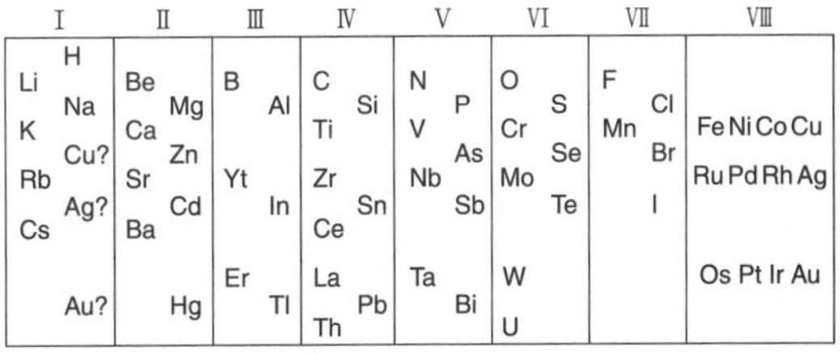

Ⅰ	Ⅱ	Ⅲ	Ⅳ	Ⅴ	Ⅵ	Ⅶ	Ⅷ
H							
Li	Be	B	C	N	O	F	
Na	Mg	Al	Si	P	S	Cl	Fe Ni Co Cu
K	Ca		Ti	V	Cr	Mn	
Cu?	Zn	Yt	Zr	Nb	Mo	Br	Ru Pd Rh Ag
Rb	Sr	In	Sn	Sb	Te	I	
Ag?	Cd						
Cs	Ba	Er	Ce				
Au?	Hg	Tl	La Pb	Ta Bi	W		Os Pt Ir Au
			Th	U			

図 2・1 周期表に関するメンデレーエフの構想

表 2・1 エカケイ素に関するメンデレーエフの予言と実際のゲルマニウムの性質

元 素	原子量	密度 $[g \cdot cm^{-3}]$	酸化物の式	塩化物の式
エカケイ素	72	5.5	EsO_2	$EsCl_4$
ゲルマニウム	72.3	5.47	GeO_2	$GeCl_4$

しかしながら，メンデレーエフの周期表には重要な問題点が三つあった．

1. 原子量の増加する順序に従って正しく配置していても，対応する性質をもつべき同族内の元素どうしの関係にふさわしくないものがある．たとえば，ニッケルとコバルトの順や，ヨウ素とテルルの順は，逆転しなければならなかった．

2. ホルミウムおよびサマリウムのように，収まるべき場所がない元素が見いだされている．これが特に混乱を招く問題だった．

3. 同族内の元素でありながら，化学的反応性がまったく異なることがある．この差異は，とりわけ第一番目の族にみられ，アルカリ金属は非常に反応性が高く，貨幣鋳造金属（銅，銀，金）は反応性が非常に低い．

---

a) Johann Döbereiner　b) triad　c) John Newlands　d) Dmitrii Ivanovich Mendeleev　e) Lothar Meyer　f) eka-silicon

現在，よく知られているように，メンデレーエフの周期表にはもう一つ大きな欠陥があった．彼の時代に元素のグループ分けを本当に確立するためには，少なくとも1個の元素を発見する必要があった．その元素，希ガスは当時まったく知られていなかったので，周期表にその場所は存在していなかった．一方，メンデレーエフの周期表の中にはまったく誤っているものもある．これは，8個で行（周期）が繰返すように元素をあてはめようとしたからである．もちろん現在では，周期は8個にそろっているわけではなく，規則正しく増加して，各行は上から順に2, 8, 8, 18, 32, 32 元素をもつことがわかっている．

メンデレーエフの周期表から現代の考え方へ進化するためにきわめて重要な研究成果が，この本の献辞に述べているように，英国の物理学者モーズリー[a]によって出された．分光学的測定に由来する原子番号の順に元素を配置することによって，原子量に基づいた周期表の不規則性を取除くことができ，元素が本来あるべき周期表内の場所が正確に決定された．

2・1 現代の周期表の構成

現代の周期表では，元素は原子番号（陽子数）が増加する順に配置されている．長年周期表には多くの図案が存在してきたが，最も一般的な二つは長周期型と短周期型である．長周期型（図2・2）はすべての元素を原子番号順に示している．

新しい周期では，常に新しい主量子数のs軌道に最初の電子が入ることになる．各周期の元素の数は，これらの軌道を充填するのに必要な電子の数に対応する（図2・3）．一つの周期においては，p軌道の主量子数は，s軌道の主量子数に等しいが，d軌道は一つ少なく，f軌道は二つ少ない．

各族は同じ電子配置をもつ元素を含む．たとえば，1族のすべての元素は，外殻電子 ns^1（nは主量子数）をもつ．同族内の元素は似た性質をもつが，すべての元素にはそれぞれの個性があると実感することが重要である．それゆえ，窒素とリンは同族の上下に連続した元素であるにもかかわらず，窒素ガスは非常に不活性だが，リンは空気中の酸素と自発的に反応するほど高活性である．

長周期型周期表はかなり細長い形になり，かつランタンからイッテルビウムおよびアクチニウムからノーベリウムは同じような化学的挙動を示すので，短周期型では，この2組の元素をその他の元素だけから成る周期表の下方に示し，空きスペースがなくなるようにしている．図2・4にこのコンパクトな短周期型周期表を示す．

国際純正・応用化学連合（IUPAC）の勧告に従って，主族元素族と遷移元素族に1から18の番号を付ける．この方式はローマ数字と文字を混合して使う旧方式に置き換わりつつある．その理由は，旧方式が北米とその他の国々で，番号付けに差異があるために混乱を招くからである．たとえば，北米ではⅢBはスカンジウムを含む族をさすが，他の国々ではこの名称をホウ素から始まる族に使用した．数字の指定はランタン（La）からイッテルビウム（Yb）までのシリーズおよびアクチニウム（Ac）からノーベリウム（No）までのシリーズの元素には用いない．そ

Li	Be																													H										He
Na	Mg																															B	C	N	O	F	Ne
K	Ca																															Al	Si	P	S	Cl	Ar
Rb	Sr																			Sc	Ti	V	Cr	Mn	Fe	Co	Ni	Cu	Zn	Ga	Ge	As	Se	Br	Kr
Cs	Ba																			Y	Zr	Nb	Mo	Tc	Ru	Rh	Pd	Ag	Cd	In	Sn	Sb	Te	I	Xe
Fr	Ra	La	Ce	Pr	Nd	Pm	Sm	Eu	Gd	Tb	Dy	Ho	Er	Tm	Yb	Lu	Hf	Ta	W	Re	Os	Ir	Pt	Au	Hg	Tl	Pb	Bi	Po	At	Rn
		Ac	Th	Pa	U	Np	Pu	Am	Cm	Bk	Cf	Es	Fm	Md	No	Lr	Rf	Db	Sg	Bh	Hs	Mt	Ds	Rg	Uub	Uut	Uuq	Uup	Uuh		Uno

図2・2 長周期型周期表

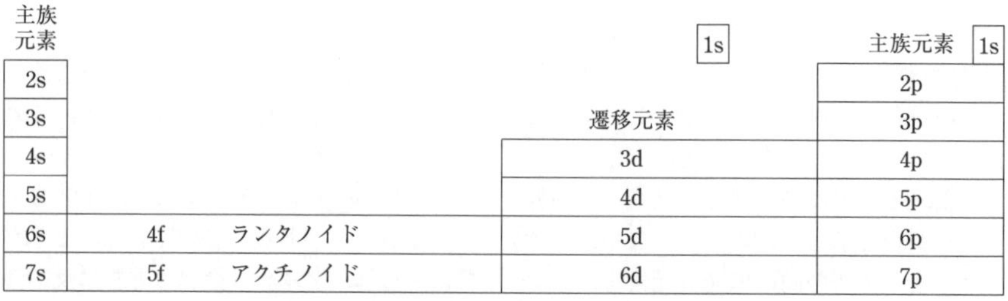

主族元素						
					1s	主族元素 1s
2s						2p
3s				遷移元素		3p
4s				3d		4p
5s				4d		5p
6s		4f	ランタノイド	5d		6p
7s		5f	アクチノイド	6d		7p

図2・3 周期表における電子の軌道充填の順序

---

a) Henry Moseley

れは，それぞれのシリーズでの元素の類似性の方が縦の族での類似性よりもはるかに大きいためである．

1族と2族および13から18族は**主族元素**[a]を表しており，これらの族はsおよびp軌道が充塡されることに対応する．4族から11族は，d軌道が充塡されることに対応し，**遷移金属**[b]に分類される．主族元素の族の方が化学的，物理的性質が広範囲にわたるので，本書では主族元素の記述に多くのページを割いている．12族元素は遷移金属に入れられることが多いが，他の遷移金属とは化学的性質がきわめて異なるので，独立して扱う．主族元素には特定の名称が付けられている族がある．それらは**アルカリ金属**[c]（1族），**アルカリ土類金属**[d]（2族），**カルコゲン**[e]（まれに16族に使われる用語），**ハロゲン**[f]（17族）および**希ガス**[g]（18族）である．11族の元素は**貨幣鋳造金属**[h]とよばれることがある．

4f軌道の充塡に対応する元素のグループは**ランタノイド**[i]とよばれ，5f軌道の充塡に対応する元素は**アクチノイド**[j]とよばれる．これらの元素は慣習的にlanthanideおよびactinideと称されてきたが，-ideという語尾は，より厳密にいえば，酸化物イオンoxideや塩化物イオンchlorideのように陰イオンを意味する．IUPACは数年間，lanthanonおよびactinonという名称を提案していたが，-onという語尾は，非金属に好んで用いられる（lanthanoidとactinoidはすべて金属元素である）ので，現在では-oidの語尾が推奨されている．3族元素，スカンジウム（Sc），イットリウム（Y），ルテチウム（Lu）の化学は，遷移金属の化学よりランタノイドの化学に近い．この理由から，これら3種の元素は，ランタンからイッテル

ビウムのランタノイドと一緒に議論される（第23章を参照）．実際に，3族元素およびランタノイド元素を合わせて，**希土類元素**[k]とよばれる[†]．

元素は電子構造によって周期表に配置されているが，ヘリウム（$1s^2$）は例外である．化学的類似性（図2・3を参照）から，他のns^2配置をもつ元素すなわちアルカリ土類金属の場所に位置づけるよりも，他の希ガス（ns^2np^6電子配置）と同じ位置に置かれる．水素はさらに問題である．周期表の版の中には，1族または17族，あるいはその両方に位置づけているものもあるが，その化学はアルカリ金属やハロゲンとは異なっている．そのため，水素はそのユニークな性質から，周期表で固有の位置に置かれる．

2・2 元素の存在

なぜ多数の元素が存在するのかを理解し，それらの元素の存在量の分布を説明するためには，宇宙の起源に関して，最も広く受入れられている理論に目を向ける必要がある．これはビッグバン理論であり，宇宙は唯一の点から始まったと考える．およそ1秒後に宇宙は存在するようになり，温度は10^{10} Kに低下し，陽子と中性子の存在を可能にした．ひき続く3分間に，水素-1，水素-2，ヘリウム-3，ヘリウム-4，ベリリウム-7，リチウム-7が生成した．（ハイフンの後の数字は，その同位体における陽子と中性子の合計である質量数[l]を示す．）最初の1〜2分後には，宇宙は膨張し，核融合反応が起こりうる温度以下まで冷却された．この時点で，現在も真実とされているように，宇宙の大部分は水素-1およびヘリウム-4で構成されていた．

	1	2											13	14	15	16	17	18
																		He
	Li	Be											B	C	N	O	F	Ne
	Na	Mg	3	4	5	6	7	8	9	10	11	12	Al	Si	P	S	Cl	Ar
	K	Ca	Sc	Ti	V	Cr	Mn	Fe	Co	Ni	Cu	Zn	Ga	Ge	As	Se	Br	Kr
	Rb	Sr	Y	Zr	Nb	Mo	Tc	Ru	Rh	Pd	Ag	Cd	In	Sn	Sb	Te	I	Xe
	Cs	Ba	*	Lu	Hf	Ta	W	Re	Os	Ir	Pt	Au	Hg	Tl	Pb	Bi	Po	At	Rn
	Fr	Ra	**	Lr	Rf	Db	Sg	Bh	Hs	Mt	Ds	Rg	Uub	Uut	Uuq	Uup	Uuh		Uuo

ランタノイド*	La	Ce	Pr	Nd	Pm	Sm	Eu	Gd	Tb	Dy	Ho	Er	Tm	Yb
アクチノイド**	Ac	Th	Pa	U	Np	Pu	Am	Cm	Bk	Cf	Es	Fm	Md	No

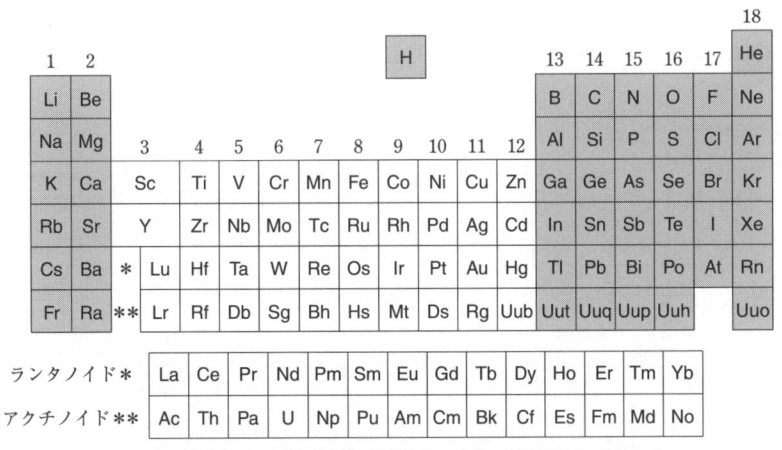

図2・4 族番号を示す短周期型周期表．主族元素は灰色で表した．

---

a) main group element　b) transition metal　c) alkali metal　d) alkaline earth metal　e) chalcogen　f) halogen
g) noble gas　h) coinage metal　i) lanthanoid　j) actinoid　k) rare earth element　l) mass number
† 4種のランタノイド元素は，それらが最初に発見されたスウェーデンの小さな町，Ytterbyにちなんで名づけられた．これらの元素はイットリウム（yttrium），イッテルビウム（ytterbium），テルビウム（terbium）およびエルビウム（erbium）である．

重力効果で原子が小さな空間に凝縮され，実際にこの圧縮は発熱的な核反応をひき起こすのに十分だった．これらの空間全体を恒星とよぶ．恒星では，水素原子核が核融合を起こし，ヘリウム-4 を与える．現在の宇宙のおよそ 10% のヘリウムは恒星内の水素の核融合に起因するものである．比較的大きい恒星では，時間がたつにつれて，ヘリウム-4 が増加し，また付加的な重力による崩壊により，ヘリウム原子核が結合してベリリウム-8，炭素-12，酸素-16 を生成した．同時に崩壊しやすいヘリウム-3，ベリリウム-7，リチウム-7 は壊変する．たいていの恒星においては，生成される原子のうち，酸素-16 と痕跡量のネオン-20 が最も大きい（最も高い原子番号）．しかしながら，きわめて質量の大きい恒星では，その温度は 10^9 K，その密度はおよそ 10^6 g·cm^{-3} にまで上昇する．このような高温においては，炭素や酸素における原子核の高い正電荷どうしの膨大な反発力が打消され，鉄にいたるまで，すべての元素の生成が可能になる．しかしながら，鉄が限界点である．なぜなら鉄より重くなると反応（融合）は，発熱的ではなく吸熱的になるからである．

さらに質量の大きい元素が恒星の中心に集積し，核反応エネルギーがもはや莫大な重力エネルギーと均衡を保てなくなると，壊滅的崩壊が 2, 3 秒という短時間で起こる．われわれが超新星として観察するものは，この短時間の爆発であり，吸熱的な核反応では（26 個の陽子より大きな）元素を形成するのに十分な自由エネルギーがある．宇宙の歴史の初期に起こった超新星からすべての元素が宇宙に拡散している．われわれの太陽系，さらにわれわれ人間を形成する元素も，このような元素なのである．したがって，作詞家や詩人が"われわれは星くずだ"というのも，実にうなずけることである．

2・3 元素とその同位体の安定性

宇宙では，安定な元素は 80 種にすぎない（図 2・5）．これらの元素においては，1 個または複数個の同位体が自発的放射壊変を起こさない．鉛より重い元素には安定同位体はなく，鉛より軽い元素ではテクネチウムとプロメチウムが放射性同位体としてだけ存在する．ウランとトリウムは放射性元素のみが存在するが，$10^8 \sim 10^9$ 年におよぶ半減期はほぼ地球の年齢と同程度に長いために，地球上にかなり豊富に見いだされる[†]．

安定元素の数に限りがあるという事実は，原子核が正電荷をもつ陽子を含むことを思い起こせば理解できる．第 1 章で論じた電子間に働く反発力のように，陽子間にも反発力が働く．

中性子は陽子の正電荷を隔てるものとして単純に考えることができる．表 2・2 は，陽子の数が増加すると，各元

表 2・2　よくみられる同位体における中性子/陽子比率

元　素	陽子の数	中性子の数	中性子/陽子比率
水　素	1	0	0.0
ヘリウム	2	2	1.0
炭　素	6	6	1.0
鉄	26	30	1.2
ヨウ素	53	74	1.4
鉛	82	126	1.5
ビスマス	83	126	1.5
ウラン	92	146	1.6

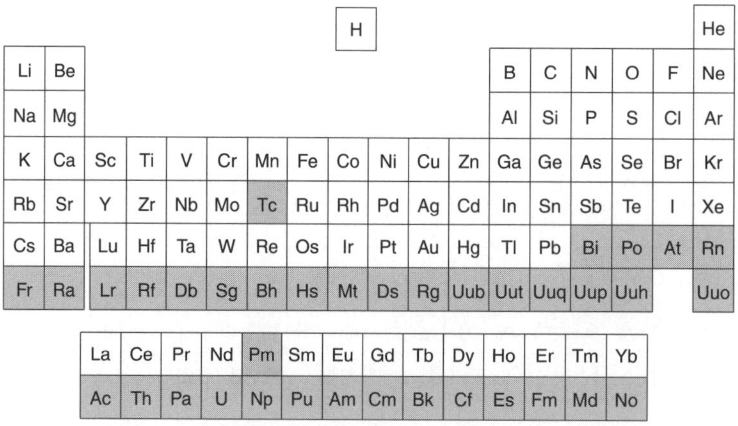

素の最もよくみられる同位元素の中の中性子数がよりすみやかに増加することを示している．ビスマスより重くなると，核の正電荷の数は，原子核の安定性を維持するには大きくなりすぎ，反発力が優勢になる．

図 2・5　放射性同位体のみをもつ元素（灰色で表した元素）

[†] 放射性元素の最長の半減期は，ビスマスの 1.9×10^{19} 年である．これは，宇宙の年齢の 1.3×10^{10} 年に匹敵するほどの長さである．

原子核の殻モデルの起源

電子のエネルギー準位に関するボーアの研究よりかなり後になって，核には構造があるかもしれないという提案が出された．最も重要な研究を成し遂げたのは多分メイヤー[a]であろう．メイヤーは1946年に，宇宙における種々の元素の存在率を研究していた．そこで，彼女は周期表の中である特定の核が，その近傍の元素の存在量よりもはるかに豊富なことに気がついた．それらの特定の核の存在率の高さは，安定性の高さを反映しているはずである．彼女は，この安定性が，陽子と中性子がちょうど固体中心にあるのではなく，電子のようなエネルギー準位で体系化されていると考えることによって説明できることを見いだした．

メイヤーは，自分の考えを発表したが，まだその描像は完全ではなかった．彼女は，各エネルギー準位を満たす核子の数がなぜ2，8，20，28，50，82，126であるかについて理解できなかった．3年間この問題に取組んだ後のある晩，彼女にひらめきが湧き起こり，理論的に量子準位および副準位を導出することができた．そして，別の物理学者イェンゼン[b]は核の殻モデルに関するメイヤーの考えを読んで，彼女とまったく同じ理論的な結果に同じ年に独立にたどり着いた．メイヤーとイェンゼンは，出会って共同して原子の原子核構造に関する著書を執筆した．メイヤーとイェンゼンは，よき友人になり，原子核構造に関する彼らの発見の功績によって，1963年にノーベル物理学賞を共同受賞した．

原子核に関してより進んだ理解を得るために，核の量子モデル（または原子の殻モデル）を導入する．ボーアが電子をいくつかの量子レベルに存在するものとして考えたように，陽子と中性子（これらはまとめて**核子**[c]とよばれる）のいくつかの層を思い浮かべることができる．すなわち，原子核の中では，陽子と中性子は独立に，主量子数 n に対応するエネルギー準位を満たす．しかし，角運動量である方位量子数 l は，電子のようには制限を受けない．実際，核子では，充填される順は，1s，1p，2s，1d… のように始まる．おのおのの原子核エネルギーのレベルは，電子と同じように磁気量子数の規則によって制御されるので，一つのs準位，三つのp準位と五つのd準位がある．双方の核子は，ともに $+1/2$，あるいは，$-1/2$ のスピン量子数をもつ．

これらの規則を用いると，満たされた量子準位[d]は電子では 2，10，18，36，54，86 であるのに対して，核子では 2，8，20，28，50，82，126 であることがわかる．それゆえ，最初の満たされた量子準位は $1s^2$ 配置であり，つぎが $1s^2 1p^6$，そのつぎの配置が $1s^2 1p^6 2s^2 1d^{10}$ になる．これらの準位は陽子と中性子によって独立に満たされる．電子の量子準位のように，満たされた核子[e]の準位は，特別な安定性を与えることが理解できる．たとえば，鉛より重い天然に存在するすべての放射性元素では，壊変によって鉛の同位体が生成する．それらはすべて82個の陽子をもっている．

満たされたエネルギー準位の影響は，安定同位体の存在様式に表れる．スズは陽子を50個もち，最も多数（10）の安定同位体をもつ．同様に中性子82個の同位体をもつ元素（同中性子核[f]，陽子の数は異なるが中性子の数が同じである原子核）は7種あり，中性子50個の同位体をもつ元素は6種ある．

一方の核子について満たされた量子準位をもつことで原子核が安定になるならば，両方の核子について満たされた準位をもつ核――いわゆる二重に満たされた魔法の核[g]――は，はるかに安定になると予想できる．このことは実際によくあてはまる．特に，陽子と中性子の $1s^2$ 電子配置によるヘリウム-4は宇宙で2番目によくみられる同位元素であり，ヘリウム-4核（α粒子）は多くの核反応で放出される．同様に，地球上で酸素の99.8％を構成しているのは，つぎの二重に満たされた核（酸素-16）である．カルシウムについては，その97％がカルシウム-40であり，この傾向に従っている．表2・2からわかるように，中性子数は陽子数よりも急速に増加する．それゆえ，つぎの二重に安定化した同位元素は鉛-208（82の陽子と126の中性子）である．これは，鉛の最も重い安定同位体であるとともに，自然界に最もよくみられる同位体である．

原子物理学者も，二重に満たされた魔法の核に魅力を感じてきた．これらのうちの5種は，よく確立した安定核であり，これらはヘリウム-4（2p, 2n），酸素-16（8p, 8n），カルシウム-40（20p, 20n），カルシウム-48（20p, 28n）と鉛-208（82p, 126n）である（pは陽子，nは中性子を示す）．これらに加えて，放射性のニッケル-56（23p, 28n）とスズ-132（50p, 82n）が，以前から知られている．中性子の豊富なヘリウム-10（2p, 8n）は1993年に合成さ

---

a) Maria Goeppert Mayer　　b) Hans Jensen　　c) nucleon　　d) completed quantum level　　e) completed nucleon　　f) isotone
g) doubly magic nucleus

れた．一方その翌年に，陽子の豊富なスズ-100（50p，50n）の合成が報告された．他のスズの同位体での中性子/陽子比1.4という平均値より，スズ-100の1.0はかなり低い．さらに，スズ-100における半減期の秒にわたる長さは，他のスズ同位体で予想されるミリ秒よりはかなり長い．1995年中性子豊富なニッケル-78（28p, 50n）の合成によって，原子核の殻が完全に埋まることによって安定性が付与されることが示された．

最も新しく追加された二重に安定化している魔法の核の例は，2000年のニッケル-48（28p, 20n）の合成である．現在までに見いだされた最も低い中性子/陽子比率をもつこの同位体の存在（および，少なくとも0.5 μs以上の比較的長い半減期）を説明できるのは，核の殻モデルのみである．さらに広範な重要性をもつのは，この同位体の合成によって，考えられるすべての二重に安定化している原子核のリストが完成することである．とりわけ，同一元素で3種の二重に安定化した魔法の同位体をもつのはニッケルだけであるが，その3種の同位体，ニッケル-48（28p, 20n），ニッケル-56（28p, 28n），ニッケル-78（28p, 50n）がすでに得られている．ニッケル-48の合成によって，二重に安定化した魔法の核対の唯一の知られている例，カルシウム-48（20p, 28n）とニッケル-48（28p, 20n）も与えられた．これによって，核科学者たちは，2種の関連した核種で核子エネルギー準位を比較することができる．

スピン対の形成は，電子の振舞いと異なる核子の重要な要因である．実際，273種の安定核のうち，陽子と中性子をともに奇数個ずつもつものはたった4種にすぎない．陽子を偶数個もつ元素は，安定同位体を多くもつ傾向がある．一方，陽子を奇数個もつ元素は，1種またはせいぜい2種の安定同位体しかもたないという傾向がある．たとえば，セシウム（55個の陽子）は，たった1種しか安定同位体をもたない．一方，バリウム（56個の陽子）は7種の安定同位体をもつ．ビスマスより軽くてかつ放射性同位元素しか存在しない元素であるテクネチウムとプロメチウムは，両方とも陽子数は奇数である．

原子核中で陽子を偶数個もつ核の安定性が大きいことは，地球上での元素存在率と関連づけることができる．原子番号が増えるにつれて，元素存在率が減少するだけなく，奇数個の陽子をもつ元素は偶数個の陽子をもつ元素のおよそ10分の1になる（図2・6）．

2・4 元素の分類

元素の分類には多くの方法がある．もっとも明らかなのは，SATPとよばれる**標準状態**[a]（標準的な周囲温度（25 ℃）と圧力（100 kPa）．旧標準である0 ℃, 101 kPa圧のSTPと混乱しないようにしてほしい）での相である．

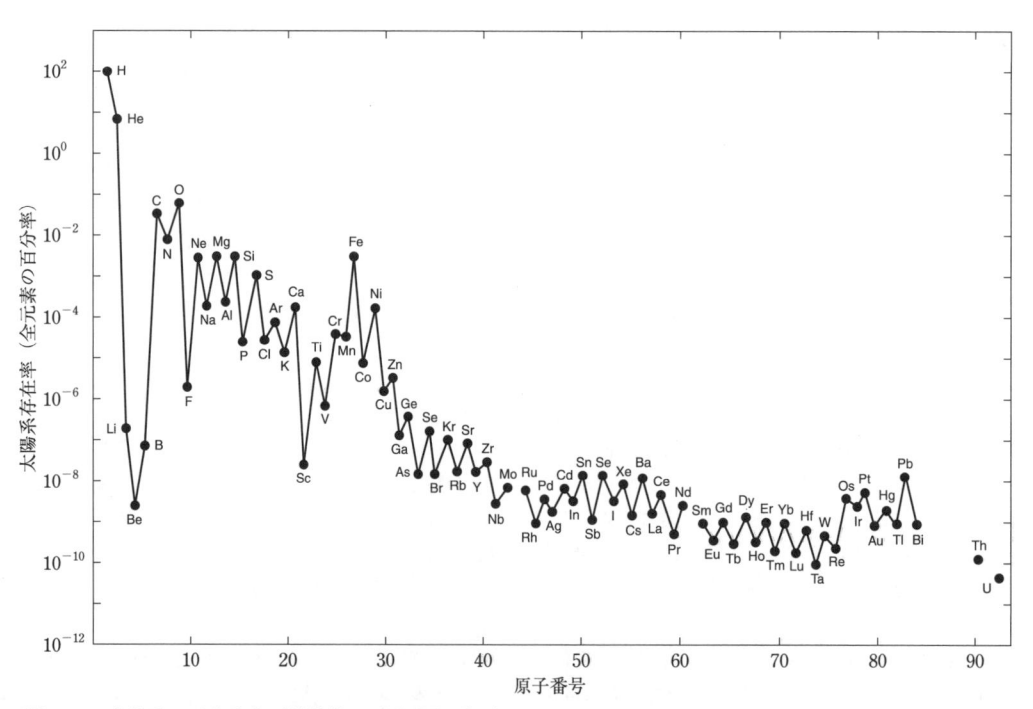

図2・6 太陽系の元素分布（対数軸の百分率表示）〔P. A. Cox, "The Elements", Oxford University Press, p.17（1989）より引用〕

---

a) standard ambient temperature and pressure

すべての元素の中で，SATPでは，2種の元素が液体で11種の元素が気体（図2・7）である．2種の金属の融点（m.p.）が標準温度よりわずか上にあるので，正確に温度を定めることは重要である．それらは，セシウムの m.p. 29 ℃ とガリウムの m.p. 30 ℃ である．また，非常に放射性の強いフランシウムは室温で液体である可能性がある．しかし，研究されてきた原子の数は少なすぎて，そのバルクとしての特性が確かめられてはいない．

もう一つの非常に一般的な分類法では，二つのカテゴリー，金属と非金属，に分ける．しかし，金属とはどのようなことを意味するのだろうか？　光沢をもつ表面はよい基準とはならない．なぜならば，非金属とされるケイ素とヨウ素はその二つの例であり，非常に光沢のある表面をもつ．鉱物の黄鉄鉱 FeS_2（fool's gold として知られる）のように，化合物でさえも金属的に見えるものがある．密度もまた金属のよい指針とはならない．リチウムは水の密度の 1/2 であるが，オスミウムはリチウムの40倍の密度をもつ．硬度もまた同じく根拠の弱い指針である．アルカリ金属は非常に軟らかいからである．シート状に平滑にされる性質，**展性**[a]，あるいは，ワイヤー状に引延ばされる性質，**延性**[b]は，金属に共通する性質としてしばしば引用されるが，遷移金属はきわめてもろい．高い熱伝導性は，金属とよばれる元素に共通しているが，ダイヤモンドは非金属でありながら，単体の中では最も高い熱伝導性をもつ．したがって，その基準もまた有効ではない．

三次元的な高い電気伝導性が金属の最もよい基準である．炭素の同素体であるグラファイトは二次元的に高い伝導性をもつので，金属伝導は二次元ではなく三次元と規定しなくてはならない．最も電気伝導性の高い金属（銀）と最も低い金属（プルトニウム）では 10^2 の違いがある．プルトニウムでさえ，最も伝導性のある非金属元素のおよそ 10^5 倍もある．しかし，もっと正確に述べるには，圧力 100 kPa，25 ℃ の SATP 条件を規定しなければならない．なぜなら，18 ℃ 以下では，安定なスズの同素体は電気伝導性をもたない．さらに，容易に得られる圧力の下でヨウ素は電気伝導性をもつ．より特徴ある物理的基準は，電気伝導性の温度依存性である．というのは，金属の伝導性は温度が増加するにつれて減少するが，非金属の伝導性は逆に増加する．

しかしながら，化学者にとって元素の最も重要な特徴は化学的挙動である．とりわけ，共有結合の形成しやすさと陽イオン生成の容易さである．しかし，どのような基準が使われようとも，金属-非金属の区別のちょうど境界に落ち着く元素もある．その結果，たいていの無機化学者たちが合意しているのは，ホウ素，ケイ素，ゲルマニウム，ヒ素，およびテルルをあいまいな状況にあるとして，半金属[c]（図2・8）として分類することである．それらは，以前は，メタロイド[d]とよばれていた．

元素の分類を三つのカテゴリーに増やしてもまだ，かなり単純化した状況である．境界線に近いところに，金属のサブグループがあり，それらは金属より半金属に典型的とされる化学的挙動を示す．それは特に，陰イオン種を形成する挙動である．これらの**化学的な弱金属**[e]は，ベリリウム，アルミニウム，亜鉛，ガリウム，スズ，鉛，アンチモン，ビスマス，およびポロニウムの9種である．陰イオン種の一例として，アルミニウムを選ぶことができる．第13章でみるように，アルミニウムは強い塩基性溶液中では，アルミン酸塩 $Al(OH)_4^-(aq)$（ときには $(AlO_2^-(aq)$ とも表記される）を形成する．他の化学的な弱金属も同様に，ベリリウム酸塩，亜鉛酸塩，ガリウム酸塩，スズ酸塩，鉛酸塩，アンチモン酸塩，ビスマス酸塩，ポロニウム酸塩を形成する．

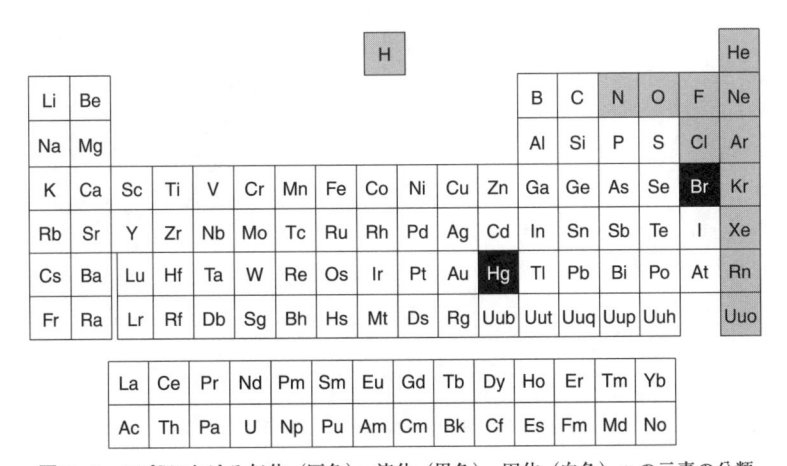

図2・7　25 ℃ における気体（灰色），液体（黒色），固体（白色）への元素の分類

---

a) malleability　　b) ductility　　c) semimetal　　d) metalloid　　e) chemically weak metal

薬剤無機化学：はじめに

　無機化学は，二つの方法で直接われわれの生命に影響を及ぼす．第一に，この欄および後の章で述べるように，生体組織が機能するために多くの元素が必要とされる．第二に，無機元素と無機化合物が，最古の時代から薬として使われてきた．本書においては繰返し，薬剤としての無機化合物の使用例をあげるが，ここで概要を示しておくことは有用だろう．

　多くの無機化合物が，長年にわたって薬として使われてきた．ヨーロッパ諸国で流行した習慣は，温泉町で"温泉水を飲む"ことだった．温泉水はミネラル分をたくさん含んでいる場合もあった．たとえば，フランスのVichyの水（現在，ペットボトルとして入手可能である）はマグネシウムイオンが豊富であり，通じ薬となりうる．したがって，その水はごく少量しか飲んではいけない．固体の塩，硫酸マグネシウム七水和物 $MgSO_4 \cdot 7H_2O$ も同じ効果をもつ．それが最初に発見された英国の町にちなんでエプソム塩という名称がつけられた．19世紀には，英国のある病院では，患者たちに年間2.5トンも使用していた！

　文化によっては，土を食す（通常は粘土）ものもある．第14章で論じるように，粘土はミネラル分の複雑な化学種である．粘土の一つの形態は，その吸収能力で知られている物質のカオリンである．胃の不調を抑える数種類の錠剤はカオリンを使用している．それは，摂取された有害な細菌によって生産される毒素を表面に吸着すると考えられている．ほかにも，痕跡量必要な栄養分を供給することができる粘土や土がある．しかし，持続的な粘土摂食は，粘土が胃の内側を覆い，栄養分の吸着を妨げる可能性があるので勧められない．また，多くの天然の粘土は，高濃度の有害な元素（たとえば鉛）を含む．

　無機医薬品化学は，きわめて奇妙な状況において現れることもある．たとえば，鉱物の鶏冠石（二硫化ヒ素 As_2S_2）から作られる像は，中国の道教宗教の熱狂的信者に人気があった．この像を手にすることは，健康を回復させると思われていた．このような特殊な事例は，信仰よりも化学が貢献したといえるだろう．というのは，熱帯地域の多くの人々は体内寄生虫で苦しんでおり，そして，像を手にすることによって皮膚を通してヒ素が吸収された．吸収されたヒ素は寄生虫を殺すのに十分であるが，道教信者を殺すのには至らなかったということになる．この本では，多くの最近の薬への無機化合物の応用に関するいくつかのトピックスについて言及することにしよう．

制酸剤（第7章）
放射性医薬品としてのテクネチウム（第8章）
双極性障害の処置薬としてのリチウム（第9章）
ホウ素中性子捕獲療法（第13章）
抗菌薬としてのビスマス（第15章）
抗がん剤としての白金錯体（第19章）
関節リウマチの治療薬における金（第20章）

2・5 周期的性質：原子半径

　最も系統的な周期的性質の一つは原子半径である．原子の大きさとはどのような意味であろうか？　電子は確率的な存在として定義されているので，原子に対する真の境界は存在しない．それにもかかわらず，原子半径を定義できる二つの一般的方法がある．**共有結合半径**[a]　r_{cov} は，同一

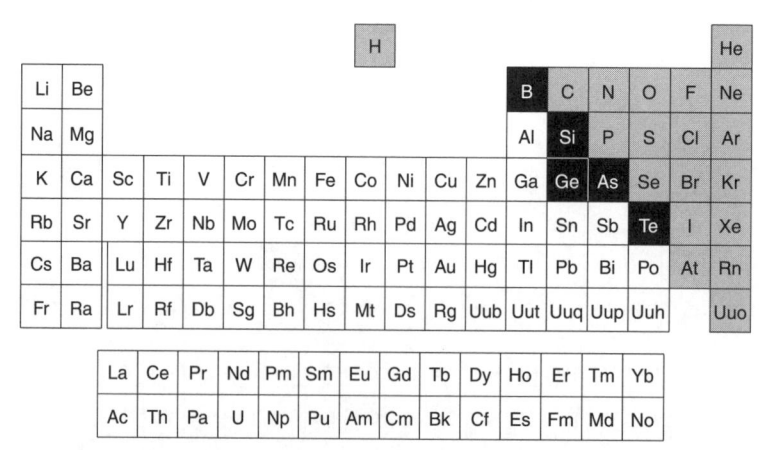

図2・8　金属（白色），半金属（黒色），および非金属（灰色）元素の分類

---

a) covalent radius

の元素が単結合で結合している核間距離の半分と定義される. **ファンデルワールス半径**[a] r_{vdw} は, 近接する二つの分子間距離の半分と定義される (図 2・9). さらに金属元素では, **金属結合半径**[b] を, 固体金属における近接する 2 個の原子の間の距離の半分として測定することが可能である.

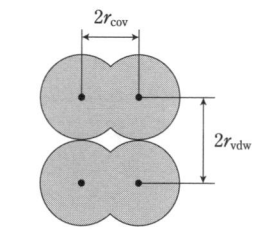

図 2・9 共有結合半径 r_{cov} とファンデルワールス半径 r_{vdw} の比較

共有結合半径は実験的な値であり, 異なる測定法の組合わせから得られる値にはかなりのぶれがある. 数値の中には, 単にその傾向を外挿して得られたものもあることも認識しておいてほしい. たとえば, 多くの一般化学の教科書はすべての希ガスの共有結合半径をあげている. しかしながら, ヘリウム, ネオン, およびアルゴンの単離可能な化合物は合成されていないので, これらの値は, たかだか大まかな見積もり, ないし理論値であることは明白である. 同様に, 金属元素の共有結合半径は有効性が限られているので, その値として単に金属結合半径が引用されていることも多い. 図 2・10 には 17 族元素および第 2 周期の非金属, 半金属, および弱金属[c] に関して, できるだけ信頼性の高い共有結合半径をあげた (単位はピコメートル, 10^{-12} m). 数値は出典によって異なってはいるが, 傾向は常に同じであり, 例外なく, 周期の左から右に移るにつれて原子半径は減少し, 族を下るにつれて増加する[†].

Be	B	C	N	O	F
106	88	77	70	66	64
					Cl
					99
					Br
					114
					I
					133

図 2・10 典型元素および短周期の共有結合半径 (pm)

これらの傾向を説明するためには, 原子のモデルを調べなければならない. リチウムから始めよう. リチウム原子は 3 個の電子をもち, その電子配置は $1s^2 2s^1$ である. 原子の見かけの大きさは, 電子を含む最外殻軌道, この場合には 2s 軌道の大きさで決定される. 2s 軌道の電子は, 陽子の完全な引力から 1s 軌道の電子によって遮蔽される (図 2・11). このようにして, 2s 電子の感じる**有効核電荷**[d] Z_{eff} は 3 よりもはるかに小さく 1 に近くなる. 1s 軌道の電子は 2s 軌道を完全には遮蔽しないが, 2s 軌道と 1s 軌道の重なりゆえに, Z_{eff} は 1 よりわずかに大きくなる. 実際には, その値は 1.3 電荷単位と見積もることができる.

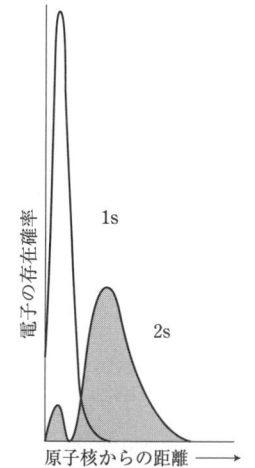

図 2・11 1s, 2s 軌道における原子核からの距離に対する電子の存在確率

ベリリウムの原子核は 4 個の陽子をもち, ベリリウムの電子配置は $1s^2 2s^2$ である. 原子半径を見積もるのに考慮すべき二つの要素がある. それらは, 陽子の数が増加する結果として Z_{eff} が増加すること, および 2 個の負の電子間の反発である. 各 2s 電子は, 原子核からの平均距離が同じなので, 互いに他の電子にほとんど遮蔽を及ぼさないため, より大きい Z_{eff} を感じる. 原子核の引力は電子間反発よりも優勢だといえるので, 2s 軌道は収縮する.

周期表を右に進むと収縮が続くが, この傾向は Z_{eff} の効果として説明できる. 原子核の電荷が増加する結果, Z_{eff} が増加し, かなり重なり合った軌道に加えられていく電子 (たとえば同じ主量子数の s および p) にさらに大きな影響を及ぼすことになる. 言い換えると, 外殻電子の Z_{eff} 値が, 見かけの外殻軌道の大きさ, つまり一つの周期を横切って変化する原子半径を決めると考えることができる.

周期表の族が下がると, 原子は大きくなる (図 2・10). この傾向も軌道の大きさと遮蔽効果の影響が増加することで説明できる. リチウム原子 (陽子 3 個) をより大きいナトリウム原子 (陽子 11 個) と比較してみよう. 陽子数が増加することによって, ナトリウム原子の原子半径は小さくなる. しかしながら, ナトリウムは 10 個の"内殻"電子 $1s^2 2s^2 2p^6$ をもち, それらが $3s^1$ にある電子を遮蔽する.

---

a) van der Waals radius　b) metallic radius　c) weak metal　d) effective nuclear charge
† 周期表中最大の原子はフランシウムである.

その結果，3s にある電子は原子核の引力をかなり減少して感じることになる．したがって，ナトリウムの最外殻軌道はきわめて大きくなる（放射状に拡散している）．これは測定された共有結合半径が，リチウムよりナトリウムの方がより大きいことを説明する．

一貫して滑らかにみえる傾向の中に，小さな変化がいくつかある．たとえば，ガリウムはすぐ上のアルミニウムと同じ共有結合半径（126 pm）をもつ．電子配置を比較すると，アルミニウムは [Ne]$3s^23p^1$，ガリウムは [Ar]$4s^23d^{10}4p^1$ であり，ガリウムは 3d 軌道に対応する 10 個の余分な電子をもつ．しかしながら，3d 軌道はより外殻の軌道をそれほど遮蔽しない．したがって，4p 軌道は予想外に大きい Z_{eff} にさらされることになる．その結果，原子半径はその族の上の元素であるアルミニウムと同じ値にまで減少することになる．

2・5・1 スレーター則

これまでは，Z_{eff} を非常にあいまいな定義で使用してきた．1930年，スレーター[a] は有効核電荷の概念を半定量的に扱う経験則（スレーター則[b]）を提案した．彼は Z_{eff} を実際の核電荷 Z と関連づける式

$$Z_{eff} = Z - \sigma$$

を用いた．ここで，σ は**スレーターの遮蔽定数**[c]とよばれる．スレーターは σ を計算するために一連の経験則を導いた．この経験則を用いるには，主量子数によって軌道を並べる必要がある．すなわち 1s, 2s, 2p, 3s, 3p, 3d, 4s, 4p, 4d, 4f などである．

ある特定の電子に対する遮蔽定数を求める規則は以下のようである．

1. より大きい主量子数の軌道にあるすべての電子は，寄与が 0 である．
2. 同じ主量子数にあるおのおのの電子は，当該電子が d および f 軌道にある場合を除いて，0.35 の寄与をする．
3. $(n-1)$ 主量子準位にある電子は，当該電子が d および f 軌道にある場合を除いて 0.85 の寄与をする．当該電子が d および f 軌道にある場合は，内殻電子の寄与はすべて 1.00 である．
4. より少ない主量子数にある電子はすべて 1.00 の寄与をする．

たとえば，酸素原子（$1s^22s^22p^4$）の 2p 軌道の 1 個の電子の有効核電荷を計算するために，まず遮蔽定数をつぎのようにして求める．

$$\sigma = (2 \times 0.85) + (5 \times 0.35) = 3.45$$

よって，$Z_{eff} = Z - \sigma = 8 - 3.45 = 4.55$．したがって酸素の 2p 電子は原子核中の陽子 8 個の全引力を受けるわけではなく，内殻電子の全遮蔽を受けるわけでもない．およそ 4.55 の実質的な電荷は，依然として非常に強い原子核引力である．

スレーター則を用いた計算の結果は，有効核電荷の概念に対してより定量的な感覚を与えるが，過度な単純化によって，定量性はとても完全といえるものではない．とりわけ，規則では同じ主量子数にある s および p 電子は同じ核電荷を感じるとしている．これは，第 1 章で議論した軌道図からあてはまらないことは明らかである．原子波動関数に基づいた計算を用いて，クレメンティ[d]とライモンディ[e]は有効核電荷に関して，より正確な値を導いた．そのいくつかを表 2・3 に示す．クレメンティとライモンディの値では，同じ主量子数でも s 電子の方が p 電子より原子核内部まで貫入しているので，有効核電荷の値にはわずかながら重要な差が示されている．周期表に沿って最外殻電子に対する Z_{eff} が増加するにつれて原子半径が減少する傾向と，よい相関関係がある．

表 2・3　クレメンティとライモンディによる第 2 周期元素における電子の有効核電荷の値

元素	Li	Be	B	C	N	O	F	Ne
Z	3	4	5	6	7	8	9	10
1s	2.69	3.68	4.68	5.67	6.66	7.66	8.65	9.64
2s	1.28	1.91	2.58	3.22	3.85	4.49	5.13	5.76
2p			2.42	3.14	3.83	4.45	5.10	5.76

2・5・2 相対論的効果

第 6 周期およびそれより重い元素では，古典的な計算から予測される値と比較すると原子半径が収縮している．これは，電子に対する相対論的効果を考慮できないというシュレーディンガー波動方程式の欠点として説明できる．質量が小さい元素ではこの単純化を受入れることができるが，周期表の下部の重い元素では相対論的効果を無視することができない．たとえば，水銀の 1s 電子は，光速の半分以上の速度で移動すると見積もられている．そのような速度では質量が 20 % 増加することになり，それゆえこれらの電子の軌道の大きさはおよそ 20 % 減少する．

軌道の大きさのこの減少は，s 軌道の電子が原子核近くに高い存在確率をもつので，とりわけ s 軌道で顕著である．p 軌道は同様な収縮を受けるが，それほど大きくはない．d および f 軌道は，それほど原子核近くに貫入しておらず，s および p 軌道の収縮を伴って，原子核から大きく遮蔽を受ける．その結果，d および f 軌道は広がっている．しかしながら，原子半径を決める最外殻軌道は通常 s

---

a) J. C. Slater　　b) Slater's rules　　c) Slater's screening constant　　d) E. Clementi　　e) D. L. Raimondi

およびp軌道なので，正味の効果として後半の周期の元素では原子半径の減少をもたらす．後の章でみるように，相対論的効果は質量の重い元素の化学の異常性を説明する．

2・6 周期的性質：イオン化エネルギー

電子配置と非常に関連が深い傾向としてイオン化エネルギーがある．通常，関心があるのは**第一イオン化エネルギー**[a] すなわち自由原子Xの最外殻の占有された軌道から電子を1個取去るのに必要なエネルギーである．

$$X(g) \longrightarrow X^+(g) + e^-$$

共有結合半径の値は，測定されている分子の種類や測定誤差に依存するが，イオン化エネルギーは正確に測定される．図2・12に第1～2周期の第一イオン化エネルギーを示す．

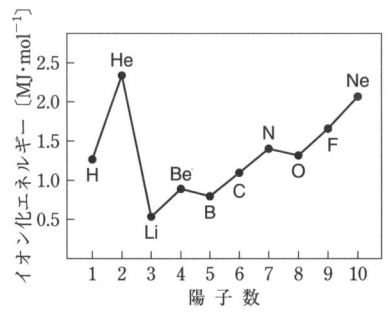

図2・12 第1および第2周期元素の第一イオン化エネルギー

水素（1314 kJ·mol^{-1}）からヘリウム（2368 kJ·mol^{-1}）に著しく増加することの説明には2番目の陽子が関係している．ヘリウムの1s軌道の各電子は他の電子によってわずかにしか遮蔽されていない．それゆえ，それぞれの電子に及ぼす核の引力，Z_{eff} は水素原子の電子に比べてほぼ2倍である．実際に，原子の第一イオン化エネルギーと最外殻電子のZ_{eff}値の間にはよい相関がある．

リチウム原子の2s電子のイオン化は，2個の1s軌道の電子により原子核引力から遮蔽されている．それに打ち勝つエネルギーは弱くてよいので，必要なエネルギーはかなり少ない．このことは，実験事実と合致している．ベリリウムの第一イオン化エネルギーはリチウムよりも大きい．この結果を説明するには，再度，同一軌道——ここでは2s軌道——の組では電子間の遮蔽はほとんどないという考え方を用いる．

ホウ素でイオン化エネルギーがわずかに減少するのは，共有結合半径の比較からでは明白でないが，s軌道が対応するp軌道を遮蔽しているという現象を示している．この効果は，第1章でs軌道は対応するp軌道よりも原子核近傍に貫入していることを示したので，予想できることである．ホウ素について，イオン化エネルギーが増加する傾向は，Z_{eff}が増加し，加わる電子が同じp軌道に入る結果として考えることができる．

この傾向からの最後のずれは酸素原子である．ここでの第一イオン化エネルギーの低下は，電子間反発によってのみ説明できる．すなわち，対になった電子のうちの1個は，不対電子の場合よりもはるかに容易に失われ，$1s^22s^22p^3$ の電子配置をもつ酸素イオンを与える．酸素を過ぎると，第2周期が完結するまで第一イオン化エネルギーは増加し続ける．このパターンは再度，Z_{eff}増加の結果として予想できる．

周期表の族を下っていくと，第一イオン化エネルギーは全体的には低下していく．原子半径増加の傾向と同じ議論を用いると，内殻軌道は外殻軌道の電子を遮蔽し，ひき続いて外殻軌道そのものが大きくなる．たとえば，リチウムとナトリウムを再び比較してみよう．陽子数はリチウムの3個から，ナトリウムの11個に増加するが，ナトリウムは10個の遮蔽内殻電子をもつ．それゆえ，それぞれの原子の最外殻電子のZ_{eff}は，本質的に同じになるだろう．同時に，ナトリウムの3s軌道電子によって占有される体積は，リチウムの2s軌道電子の体積よりも著しく大きい（そのため，平均して，電子は原子核から離れる）．その結果，ナトリウムの3s電子は，リチウムの2s電子よりもイオン化に要するエネルギーが少なくてすむ．ハロゲン原子間でも，イオン化エネルギー値そのものはアルカリ金属と比較してはるかに高いものの，同様な傾向が明らかにみられる（図2・13）．

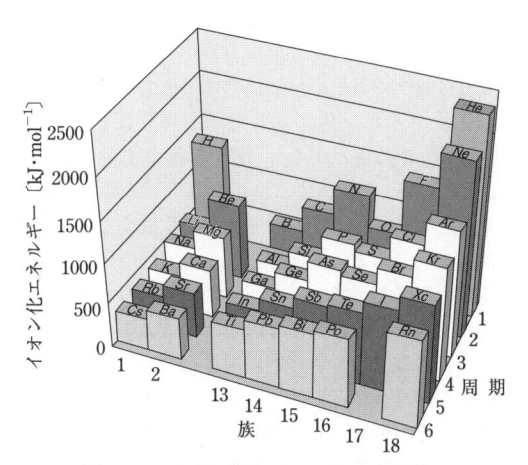

図2・13 主族元素のイオン化エネルギー

カリウムから臭素までの長い周期を眺めてみると，イオン化エネルギーは遷移金属を横切って緩やかに増加する．4p軌道に電子が充塡し始めると，ガリウムのイオン化エ

---

[a] first ionization energy

ネルギーはきわめて低く,カルシウムのイオン化エネルギーと同じくらいである.この急激な減少は,3d 軌道の電子が殻の一部となるために,遮蔽がより効率的になるという理由から説明できる.

原子のさらなるイオン化を眺めることによっても情報が得られる.**第二イオン化エネルギー**[a)]は

$$X^+(g) \longrightarrow X^{2+}(g) + e^-$$

の過程に対応する.リチウムは連続的なイオン化の傾向の単純な例となり,第一イオン化エネルギーは 519 kJ·mol^{-1},第二イオン化エネルギーは 7.4×10^3 kJ·mol^{-1},第三イオン化エネルギーは 11.8×10^3 kJ·mol^{-1} である.2 番目の電子は,1s 電子 2 個のうちの 1 個であり,2s 電子を取去るのに必要なエネルギーより 10 倍のエネルギーが必要である.3 番目すなわち最後の電子を取去るには,さらに多くのエネルギーが必要である.3 番目の電子に比べて,2 番目の電子を取去るのによりエネルギーが少なくて済むのは,二つの要因で説明される.第一には 2 個の電子が同一の軌道を占有しているとき,常に電子-電子反発が存在すること,第二には同じ軌道内でも,電子はもう 1 個の電子を部分的に遮蔽していることである.

2・7 周期的性質:電子親和力

イオン化エネルギーが原子核からの電子 1 個の損失を示すように,電子親和力は電子 1 個の獲得を表す.すなわち,**電子親和力**[b)]とは,自由原子の最低エネルギー非占有軌道に 1 電子が付加するときのエネルギー変化と定義される.

$$X(g) + e^- \longrightarrow X^-(g)$$

アルカリ金属への電子の付加は発熱反応であることに注意してほしい.イオン化により電子を失うことは吸熱的[c)](エネルギーを必要とする),電子を獲得することは発熱的[d)](エネルギーを放出する)であり,アルカリ金属では陽イオンを生成するより,陰イオンを生成する方がエネルギー的に有利である.この記述は,入門的な化学で教えられる定説とは矛盾する.(この点は第 5 章のイオン結合の議論と関連する.)しかしながら,イオンの生成は,1 対の元素間での電子の奪い合いに関連していることを忘れてはならない.非金属元素による陰イオン生成は,金属元素による陰イオン生成より発熱的である(より多くのエネルギーを放出する)ので,電子を獲得するのは金属元素より非金属元素の方である.

実験的に求められた電子親和力に関しては値が一致しないが,傾向は常に一定しており,この傾向は無機化学者にとって重要である.混乱の一因は電子親和力がしばしば電子が原子に加わるとき放出されるエネルギーとして定義されていることにある.この定義では,ここで議論した値と符号が逆になる.どちらの符号が使われているかを定義するには,ハロゲン原子が発熱的にハロゲン化物イオンになることを思い起こしてほしい(これは,この族の電子親和力が負の符号をもつことになる).典型的なデータを図 2・14 に示す.

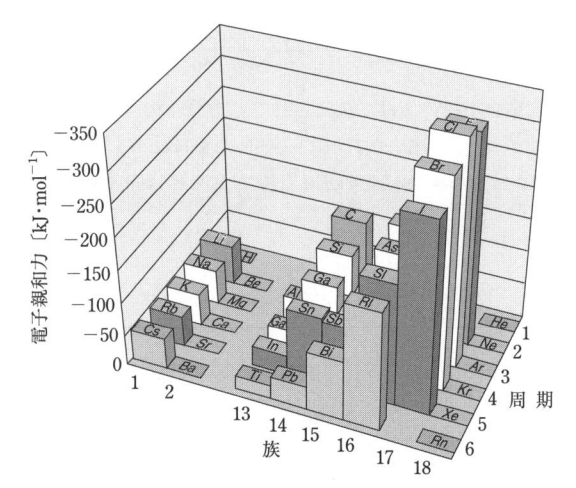

図 2・14 主族元素の電子親和力

ベリリウムの小さい正の電子親和力を説明するには,2s 軌道の電子が 2p 軌道に加わる電子を遮蔽すると考えなければならない.したがって 2p 電子の核への引力は 0 に近くなる.炭素の高い負の電子親和力は,電子の付加によって C$^-$ の $1s^22s^23p^3$ の半分満たされた[e)] p 軌道が,エネルギー的な利得を与えることを示している.窒素の値が 0 に近いのは,$2p^3$ 電子配置が $2p^4$ 電子配置に変化したときの付加的な電子間反発が顕著な要因であることを示唆している.しかしながら,酸素とフッ素の高い値は,2p 電子の高い Z_{eff} が電子反発項に勝っていることを示唆している.

連続的なイオン化エネルギーが存在するのと同様に,連続的な電子親和力が存在する.これらの値にも特異点がある.酸素に関して,第一および第二電子親和力を見てみよう.

$$O(g) + e^- \longrightarrow O^-(g) \quad -141 \text{ kJ·mol}^{-1}$$
$$O^-(g) + e^- \longrightarrow O^{2-}(g) \quad +744 \text{ kJ·mol}^{-1}$$

このデータより,2 番目の電子の付加は吸熱過程である.このエネルギー的に不利な過程は,すでに負に荷電した化学種にさらに電子を付加することになることを考えれば不思議ではないが,いかにして化合物中に酸化物イオンが存

---

a) second ionization potential   b) electron affinity   c) endothermic   d) exothermic   e) half-filled

アルカリ金属陰イオン

先入観にとらわれることは容易である．誰もがアルカリ金属は電子を失い，陽イオンを生成"したがっている"ことを"知って"いる．実際には，このことは真実ではない．1 mol の遊離のナトリウム原子から 3s 電子を取去るためには，502 kJ が必要である．しかしながら，図 2・14 からわかるように，1 mol のナトリウム原子に 3s 電子を付加すると，53 kJ のエネルギーが放出される．言い換えると，実際にナトリウムは 3s 軌道が空の状態よりも，3s 軌道が満たされた状態を好むことになる．一般に，このようなことが起こらない理由は，ナトリウムが通常さらに電子親和力の大きい元素と結合しているために，ナトリウムは価電子の奪い合いに負けるからである．このことに気づいたのは，ミシガン州立大学のダイ[a]だった．彼は，アルカリ金属陰イオンを安定化できるような適正条件を見いだした．数多くの試みの後，構造内にナトリウム陽イオンを含有することができる化学式 $C_{20}H_{36}O_6$ で表される複雑な有機化合物を見いだした．この化合物をナトリウム金属に加えると，ナトリウム原子の中には，その近傍のナトリウム原子に s 電子を渡し，ナトリウム陰イオンを生成するものがあるのではないか，と考えたのである．この予想した現象は，つぎに示したように実際に起こった．

$$2\,Na + C_{20}H_{36}O_6 \longrightarrow [Na(C_{20}H_{36}O_6)]^+ \cdot Na^-$$

金属的な外観をもつ結晶はナトリウム陰イオンを含むと思われたが，この化合物はほとんどすべてのものに対してきわめて反応性が高いことがわかった．そのためこの化合物はほとんど用いられないが，その存在は，われわれが抱いている最も一般的な確信さえも疑わしいことを喚起するものである

在するのかを説明しなければならない．実際には第 5 章でみるように，結晶格子の形成のような何か他の駆動力があるところでのみ，酸化物イオンは存在しうる．

2・8 元素の生化学

生物無機化学[b]とは，生物の視点で捉えた元素の研究であり，化学の領域の中で最も急速に進展している分野の一つである．生体系での元素の役割は各族元素の章のところで論じるが，ここで生命に必須の元素を概観する．ある元素が不足すると機能が損なわれ，その元素を供給することで組織が健康な状態に復帰するとき，この元素は必須であると考えられる．生体系にかなりの量が必須な化学元素は 14 種である（図 2・15）．

これらのある程度の量が必須な元素の必要性は容易に決定できるが，生物が微量ないし極微量しか必要としない元素を同定することはかなり困難である．なぜなら，極少量しか必要としないので，元素不足による効果を調べるために通常の食事からそれらを除くことは，ほとんど不可能だからである．それでも現在までに，さらに 12 種の元素が健康的な生活に必須であると確かめられている．われわれの身体が健康に機能するために，安定元素の 1/4 以上が必須であることは驚くべきことである．これらの超微量元素の中には正確な機能が未知のものも含まれている．生化学的な実験技術が洗練されるにつれて，さらに多くの元素が必須元素のリストに付け加えられるであろう．

ほとんどすべての必須元素では，最適の摂取範囲がある

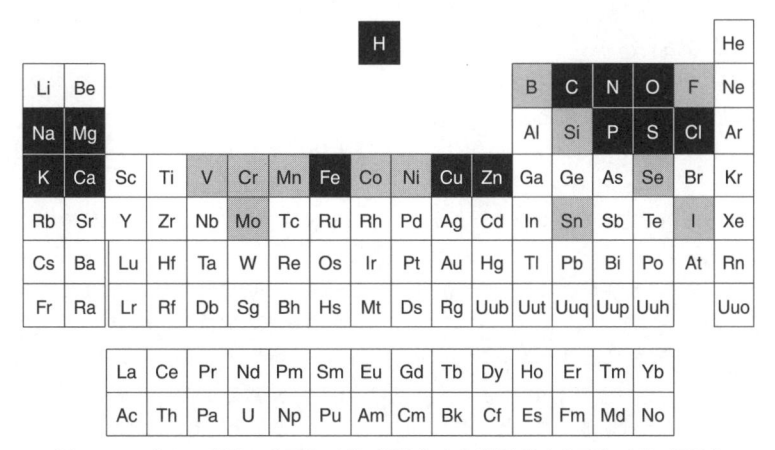

図 2・15 生命に多量に必要な元素（黒色）と極微量だけ必要な元素（灰色）

---

a) James Dye   b) bioinorganic chemistry

一方で，その範囲外の不足ないし過剰により有害な効果を被ることになる．この原理はバートランド則[a]として知られている（図2・16）．多くの人が鉄摂取についてのバートランド則を知っている．鉄が過剰に不足すると貧血になるが，子どもが過剰の鉄サプリメント錠剤を摂取すると死に至る．最適摂取量は元素によって大きく異なる．狭い範囲の例はセレンで，最適摂取量は 50～200 µg/日である．10 µg/日以下では重篤な健康障害をもたらすが，1 mg/日以上の量の摂取は死をもたらす．幸いなことに，多くの人々にとって，通常の食事ではセレンの摂取レベルは必要量の許容範囲内にある．

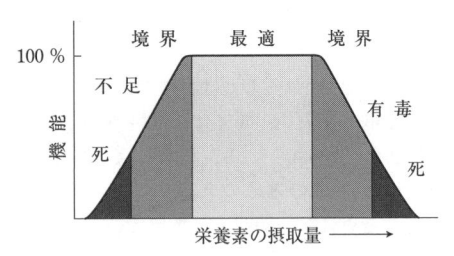

図2・16 摂取量に関する応答の変化（バートランド則）

要　点

- 周期表の様式は多様であるが，すべての様式において，原子番号が増加する順番に元素を並べている．
- 核子（陽子と中性子）は，電子殻と同様に，原子核の殻を満たしていき，原子核に安定性を付加する（"魔法数"）．
- 元素は室温での相状態によって気相，液相，固相に分類される．また金属，半金属，（弱金属），非金属に分類される．
- 原子半径（共有結合半径，ファンデルワールス半径，金属半径）は，最外殻電子が感じる有効核電荷によって定義される．
- イオン化エネルギーと電子親和力は電子エネルギーによって説明できる．
- 多くの化学元素は生化学過程に必須である．

基本問題

2・1　つぎの用語を定義しなさい．(a) 希土類金属　(b) ファンデルワールス半径　(c) 有効核電荷．

2・2　つぎの用語を定義しなさい．(a) 第二イオン化エネルギー　(b) 電子親和力　(c) バートランド則．

2・3　アルゴンの発見は，もともとのメンデレーエフの周期表になぜ問題をもたらしたのか，その二つの理由を説明しなさい．

2・4　なぜ，コバルトの原子番号はニッケルの原子番号より小さいのに，コバルトの原子量がニッケルの原子量より大きいのかを説明しなさい．

2・5　長周期型周期表の長所と短所をあげなさい．

2・6　11族元素がしばしば貨幣鋳造金属とよばれる理由を考えなさい．

2・7　2番元素をヘリウムよりも"ヘロン"とよぶ方が，なぜ論理的であるとする理由を考えなさい．なぜ，-iumの語尾が不適切なのか？

2・8　ランタニドアクチニドの名称がこれらの一連の元素に不適切なのはなぜか？

2・9　なぜ鉄は，恒星生成過程で形成される原子番号の一番大きい元素か？

2・10　なぜ重元素はこの惑星上（地球）で，爆発ごく初期の超新星から生成されたに違いないと考えられるか？

2・11　つぎに該当する元素を答えなさい．
(a) 安定同位体が存在する最も大きい原子番号元素
(b) 安定同位体が知られていない唯一の遷移金属元素
(c) SATP（標準状態）で唯一の液体非金属

2・12　地球上にかなりの量存在する放射性元素が2種ある．それらの元素は何か答えなさい．またそれらが，なぜ今でも存在しているのか説明しなさい．

2・13　ナトリウムとマグネシウムのどちらの元素が，唯一の安定な同位体をもつと思うか？　論拠を説明しなさい．

2・14　カルシウムの最もありふれた同位体における中性子の数を示しなさい．

2・15　イットリウムは39番元素であるが，自然界で唯一，1種の同位体しかない元素として存在する．周期表を参照せずに，この同位体の中性子の数を推察しなさい．

2・16　なぜポロニウム-210 とアスタチン-211 が，これらの元素の同位体の中で最も長い半減期をもつものであるかを示しなさい．

2・17　元素を金属と非金属に分類するうえで，
(a) なぜ金属光沢はよい指針にならないか？
(b) なぜ熱伝導度は指針として用いることができない

---

[a] Bertrand's rule

か？
(c) なぜ三次元的な電気伝導性が金属的挙動の最もよい基準として定義されるのか？

2・18 元素が半金属として定義される基準は何か？

2・19 カリウムとカルシウムでは，どちらの原子がより大きい共有結合半径をもつか？　その論拠を示しなさい．

2・20 フッ素と塩素では，どちらの原子がより大きい共有結合半径をもつか？　その論拠を示しなさい．

2・21 ゲルマニウムがケイ素より18個余分に電子をもつにもかかわらず，ゲルマニウムの共有結合半径（122 pm）がケイ素の共有結合半径（117 pm）とほぼ等しい理由を示しなさい．

2・22 ハフニウムの共有結合半径（144 pm）が，周期表ですぐ上のジルコニウムの共有結合半径（145 pm）よりも小さい理由を示しなさい．

2・23 表2・3にクレメンティとライモンディの精密な方法によって計算された第2周期元素の有効核電荷の値を示す．それらの元素のそれぞれについて，スレーター則に従った，1s, 2s, 2p軌道のそれぞれに対する有効核電荷を計算しなさい．これらをクレメンティとライモンディの値と比較し，この違いが真に重要かどうか議論しなさい．

2・24 スレーター則を用いてカリウム原子のそれぞれの軌道の電子に対する有効核電荷を計算しなさい．

2・25 マンガン原子に関して，スレーター則を用いて4s電子についての有効核電荷に比較して，3d電子についての相対的な有効核電荷がどうなるか計算しなさい．

2・26 スレーター則を用いて，(a) アルミニウム および (b) 塩素 の3p電子の有効核電荷がどうなるのか計算しなさい．その結果はつぎの項目とどのように関連しているか説明しなさい．
(i) 2種の原子の相対的な原子半径
(ii) 2種の原子の相対的なイオン化エネルギー

2・27 ケイ素とリンでどちらの元素がより高いイオン化エネルギーをもつか？　論拠を示しなさい．

2・28 ヒ素とリンでどちらの元素がより高いイオン化エネルギーをもつか？　論拠を示しなさい．

2・29 ある元素はつぎのような第一から第四イオン化エネルギーの値をもつ．0.7, 1.5, 7.7, 10.5 MJ·mol^{-1}．この元素は周期表のどの族に属すると推測されるか？　その論拠を示しなさい．

2・30 ホウ素と炭素および炭素と窒素のそれぞれの組合わせにおいて，どちらの元素がより高い第二イオン化エネルギーもつか？　それぞれの場合について論拠を示しなさい．

2・31 ナトリウムとマグネシウムの2元素では，どちらの元素がより高い第一イオン化エネルギーをもつか？　第二イオン化エネルギーはどうか？　第三イオン化エネルギーはどうか？

2・32 ナトリウムとマグネシウムでは，どちらの元素がほぼ0に近い電子親和力をもつか？　その論拠を示しなさい．

2・33 ヘリウムの電子親和力の符号は正になるか負になるかを予測しなさい．その論拠を説明しなさい．

2・34 多量に必要とされる元素を含むのは周期表のどの部分か？　これは元素の存在量にどのように対応しているか？

2・35 データの表や周期表を参照することなく，つぎの各問の質量数を書きなさい．
(a) 鉛（原子番号82）の最も一般的な同位体
(b) ビスマス（原子番号83）の唯一の安定同位体
(c) ポロニウム（原子番号84）の最も寿命の長い同位体

応 用 問 題

2・36 一般的な傾向に反して，鉛の第一イオン化エネルギー（715 kJ·mol^{-1}）はスズの第一イオン化エネルギー（708 kJ·mol^{-1}）より大きい．この理由を示しなさい．

2・37 水素とヘリウムは宇宙で最も多く存在する二つの元素であるにもかかわらず，地球大気中にほとんど存在しないのはなぜか？

2・38 なぜ，多数の異なる地理的地域から食糧を供給することが賢明か？

2・39 もし117番元素が合成されると，物理的ないし化学的性質に関して定性的にどのようなことが予測されるか？

2・40 図2・15に示すできるだけ多くの超微量元素に関して，人間の栄養学における役割について，発展的な無機化学あるいは生物無機化学のテキストを使って確認しなさい．

3 共 有 結 合

　　共有結合は化学における最も重要な概念の一つであり，その解釈には分子軌道法を用いるのが最もよい．まず単純な二原子分子の結合の説明に分子軌道法を用いる．複雑な分子の形状を予言するために，精巧な計算を必要とする分子軌道法よりずっと単純化した理論を用いる．共有結合から成る小分子の融点と沸点の説明には，隣接分子の間に働く分子間力の存在を利用する．対称性の原理を用いて，分子の形状の最終的な記述をする．分子の対称性は，分子振動の結果として生じる赤外線の吸収パターンを決定する．

　"分子を構成するために原子はどのように結合するのか？"，これが20世紀初頭に出された興味をそそる問題だった．ネブラスカの小さな農園で生まれたルイス[a]は，化学結合研究の偉大な先駆者である．1916年に，最外殻（価）電子を"原子核のまわりに置いた仮想的な立方体の頂点に位置する"という形で視覚化できると提案した．ある原子において，立方体の8個の頂点を占めるのに必要な電子の数が不足した場合は，他の分子と辺を共有することによってそのオクテット（8電子組）を完成できる（図3・1）．

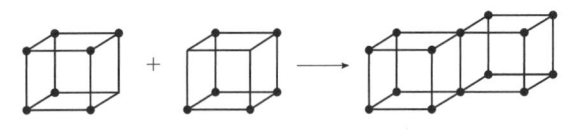

図3・1　二つのハロゲン原子の結合についてのルイスの立方体モデル

　画期的なアイデアが提案されたときにいつも起こることだが，当時の多くの科学者がその提案を拒絶した．著名な化学者ファヤンス[b]は以下のように述べている．

　　2個の原子がそれぞれ1対の電子を共有することによって閉殻構造をとれるということは，夫と妻が異なる銀行口座に6ドルずつ預金し，さらに共通の口座に2ドルを預けた場合に，夫婦は個々に8ドル得たことになる，というのと同じことだ．

この最初の批判にもかかわらず，その後（立方体図は好まれなかったものの）ルイスの電子対共有の概念は一般的に受入れられた．

　この結合に関する古典的視点は，台頭した量子力学にすぐに征服された．1937年に，ポーリング[c]は原子軌道の重なりに基づくモデルを導き出した．ポーリングは，化学結合の性質に関する業績によって1954年にノーベル化学賞を受賞した．

3・1　共有結合の理論

　第1章において，原子の量子力学モデルが元素の性質と傾向を理解する最良の手段であることを確認した．たとえば，周期表の根元的な構造は，s, p, d, f 軌道の占有によって説明できる．イオン化エネルギーのような性質の傾向は，確率モデルと遮蔽のような概念を用いて理解できる．

　原子の性質が原子軌道によって最もよく解釈できるように，共有結合の性質も分子軌道によって最もよく説明できる．分子軌道中の電子は，個々の原子の所有物ではなく，分子全体の所有物となる．一般化学の授業で教えている単純なルイスの点電子表記では理解しにくい化学結合の性状を，分子軌道法を用いて説明できる．

　興味深いことに，一番単純な分子の二酸素 O_2 が，点電子式表記の最大の欠点を暴く．1845年にファラデー[d]は，"酸素ガスは一般的な気体の中で唯一磁場に引きつけられる気体である．すなわち，酸素分子は常磁性[e]であり，（今わかっているように2個の）不対電子を必ずもつ"ことを示した*．後に，結合強度の研究から，酸素分子は二重結合をもつことが示された．したがって，どんな形の点電子式であっても，これら二つの特性に合致するものしか許容できない．しかし実際には，許容できる点電子式はな

図3・2　二重結合をもつ酸素分子の点電子式

図3・3　二つの不対電子をもつ酸素分子の点電子式

---

a) Gilbert N. Lewis　　b) Kasimir Fajans　　c) Linus Pauling　　d) Michael Faraday　　e) paramagnetic

*[訳注] 英語では二原子分子について dinitrogen, dioxygen, dihydrogen という名前がよく用いられる．直訳するとそれぞれ二窒素，二酸素，二水素である．これらはあまり使用されない用語であり，窒素分子，酸素分子，水素分子の方がなじみやすい．しかし，酸素分子（二酸素）をオゾン（三酸素）などの同素体と区別する場合や，それらの分子が配位子となる場合には，化学式を正確に表す方が望ましい．ここでは，直訳の用語をなるべく原本通りに用いることにする．

い．二重結合に合う点電子式は描けるが（図3・2），それには不対電子が存在していない．一方，2個の不対電子をもつ点電子式も書けるが（図3・3），単結合である．これに対して，基底状態の酸素分子の分子軌道図は，後述するように，二重結合と不対電子2個の両特性に一致する．

分子軌道モデルは，第1章の原子軌道モデルから自然に生まれ出るものなので，本章では分子軌道から始める．しかし，分子軌道法は複雑なので，単純に適用できるのは（ここで焦点を合わせる）二原子分子だけである．もっと複雑な分子やイオンの性質と形状を調べるときは，点電子式および，分子形状を推測できる原子価殻電子対反発（VSEPR）則に立ち戻る必要がある．

分子形状の説明に適用可能な中間的な理論として，原子の混成軌道論もある．この理論では，電子は個々の原子の性質を保持しているが，個々の原子軌道が混合（混成）して最適な結合方向を与えることを提案する．この理論については，この章の後半で述べる．

3・2 分子軌道法入門

2個の原子が接近すると，分子軌道理論に従って，それらの原子軌道が重なり合い，電子はもはや1個の原子にではなく分子全体に属する．この過程は，二つの原子波動関数が組合わさって二つの分子軌道ができることを意味する．共有結合性化合物中の結合を実際に書き表すために，**LCAO理論**[a]とよばれる原子軌道の線形結合を行う．

s軌道が混合すると，σとσ^*（シグマ，シグマスターと発音する）と表記される分子軌道が形成される．図3・4に，各原子軌道と生じた分子軌道の単純化した電子密度分布図を示す．

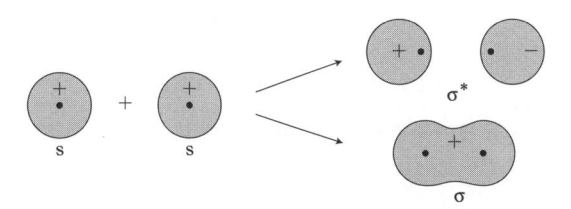

図3・4 二つのs原子軌道の組合わせが形成するσおよびσ^*分子軌道

σ軌道については，2個の原子が孤立して存在する場合と比較すると，二つの原子核の間の電子密度が増加している．正電荷を帯びた原子核と高い電子密度をもつこの領域の間には静電引力が存在するので，この結合は**結合性軌道**[b]とよばれる．反対に，σ^*軌道においては，二つの原子核の間の電子密度は減少し，原子核が部分的に露出しているので，2個の原子の間に静電的反発が生じる．したがって，σ^*軌道は**反結合性軌道**[c]である．図3・5に，2個の原子を互いに近づけたときの，これら二つの分子軌道のエネルギー変化を示す．

原子を無限遠に置いたときには引力も反発力も働かないので，エネルギーゼロの状態とみなすことができる．結合性軌道に電子をもつ2個の原子を近づけると，エネルギーが減少する．電子と陽子の静電的な引力の結果である．図3・5は，結合性軌道のエネルギーがある核間距離で極小値に達することを示している．この極小点は，分子の通常

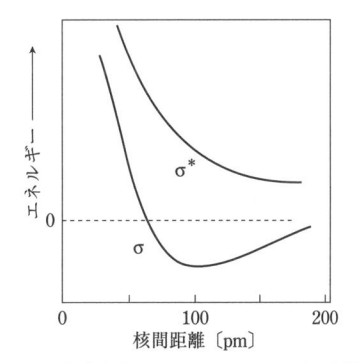

図3・5 2個の水素類似原子における原子間距離の関数として表した分子軌道のエネルギー

の結合距離を表している．この距離に2個の原子を離した状態では，一方の原子の電子ともう一方の原子の原子核の間の引力が，原子核間の反発とちょうど釣合っている．原子どうしをもっと近づけると，原子核間の斥力が増加して，結合性軌道のエネルギーが上昇する．反結合性軌道の電子については，エネルギーの極小点は存在しない．2原子を近づけると，部分的に露出した原子核の距離が縮まり，静電的反発は連続して増加する．

2タイプの分子軌道を図示する他の方法は，分子軌道を波の重ね合わせとみなす方法である．構成原子の電子波動関数の重なりにおいて，干渉によって振幅が増大するような重なり方は，結合性軌道に対応する．しかし，消滅するような干渉は反結合性軌道に対応する．

分子軌道に関して，つぎのようにいくつかの一般的な記述が可能である．

1. 軌道を重ね合わせて安定になるためには，重ね合わせる軌道のローブの符号（位相）が同じでなくてはならない．
2. 二つの原子軌道が混合した場合には必ず二つ（一つは結合性でもう一つは反結合性）の分子軌道が生じる．結合性軌道は常に反結合性軌道よりもエネルギーが低い．
3. ある程度の原子軌道の混合が起こるためには，両軌道は同程度のエネルギーでなくてはならない．
4. 各分子軌道には最大2個の電子（一つは$+\frac{1}{2}$のスピン

---

a) linear combination of atomic orbital theory　　b) bonding orbital　　c) antibonding orbital

をもち，もう一つは $-\frac{1}{2}$ のスピンをもつ）を入れることができる．

5. 最もエネルギーの低い分子軌道から順番に充填されていくという構成原理[a]を用いて，分子の電子配置を構成できる．
6. 同エネルギーの異なる分子軌道に電子を配置する場合，フントの規則[b]により，スピンが平行になるような配置が最もエネルギーが小さい．
7. 二原子分子の結合次数は，結合性軌道の電子対の数（電子数の半分）から反結合性軌道の電子対の数（電子数の半分）を引いたものとして定義される．

次節では，第1周期元素の二原子分子の性質が分子軌道法を用いてどのように説明されるかを確認し，その後の節では，第2周期元素の少し複雑な場合について記述する．

3・3 第1周期元素の二原子分子の分子軌道

最も単純な二原子化学種は水素原子と水素イオンの間で形成される H_2^+ 分子イオンである．図3・6に原子軌道と生じる分子軌道の電子占有状態を描写したエネルギー図を示す．分子軌道の下付きの文字は，どの原子軌道に由来する分子軌道かを示すために用いられる．したがって，二つの1s原子軌道の混合により生じる σ軌道は σ_{1s} と分類する．σ_{1s} 分子軌道中の電子のエネルギーは，2個の水素原子の原子核に電子が同時に引きつけられている結果，1s原子軌道中の電子のエネルギーよりも低いことに注目しよう．この全体の電子エネルギーの正味の低下が，共有結合形成の駆動力となる．

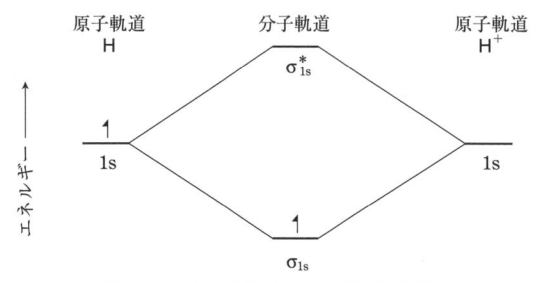

図3・6 H_2^+ 分子イオンの分子軌道図

水素分子陽イオンの電子配置は $(\sigma_{1s})^1$ と記述される．"ふつうの"共有結合は1対の電子で構成される．水素分子イオンの結合性軌道には電子1個しか存在していないので，結合次数は $\frac{1}{2}$ である．このイオンの結合長の実測値は106 pmであり，結合強度（結合エネルギー）の実測値は255 kJ·mol⁻¹ である．

水素分子 H_2 のエネルギー準位図を図3・7に示す．結合性軌道に2個目の電子が入っているので，結合次数は1である．結合次数が大きくなるほど，結合強度も大きくなり，結合長は短くなる．この相関性は，水素分子イオンに比べて，結合長が短く（74 pm），結合が強い（436 kJ·mol⁻¹）という実験的事実と一致する．電子配置は $(\sigma_{1s})^2$ と記述される．

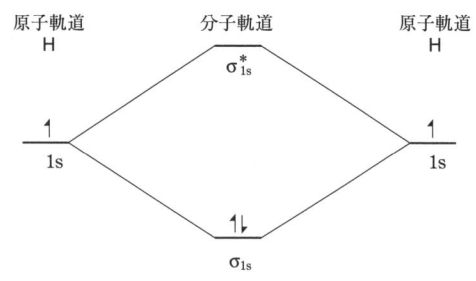

図3・7 H_2 分子の分子軌道図

極端な条件下では，ヘリウムとヘリウムイオンを結合させて He_2^+ イオンを生成できる．この化学種では，3個目の電子が σ*軌道に入る（図3・8）．このイオンの電子配置は $(\sigma_{1s})^2(\sigma_{1s}^*)^1$ であり，結合次数は $1-\frac{1}{2}=\frac{1}{2}$ である．この弱い結合の存在は，結合長（108 pm）と結合エネルギー（251 kJ·mol⁻¹）（これらの値は水素分子イオンとほぼ同じ値である）によって支持される．

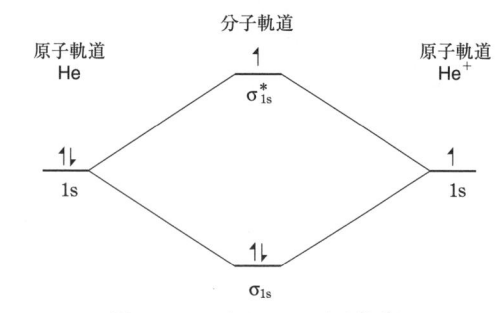

図3・8 He_2^+ イオンの分子軌道図

He_2 分子の分子軌道図は図3・9のように作成できる．反結合性軌道に入る2個の電子が分子軌道を形成するエネ

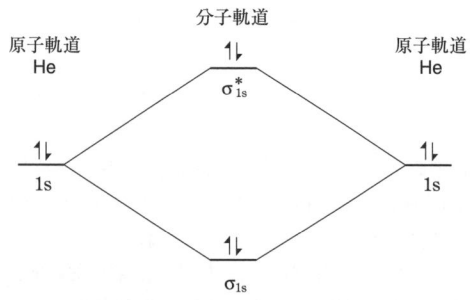

図3・9 （理論上の）He_2 分子における1s原子軌道に由来する分子軌道図

---

a) Aufbau principle   b) Hund's rule

ルギーを減少させ，結合性軌道に入る2個の電子がエネルギーを同じ分だけ増加させる．したがって，結合形成による正味のエネルギー低下は起こらない．別の言い方をすると，正味の結合次数は0となる．よって共有結合の形成は期待できない．実際にヘリウムは単原子分子の気体である．

3・4　第2周期元素の二原子分子の分子軌道

結合形成の議論を新しい周期について始めるときはいつも，内殻の電子は無関係になる．したがって，第2周期の最初の2元素においては，2s原子軌道のみに基づく分子軌道エネルギー図を構築する．この分子の"はずれ"にある最も外側の被占有軌道はしばしば**フロンティア軌道**[a]とよばれ，結合において常に重要な軌道となる．

リチウムは第2周期元素で最も単純である．固相中および液相中での結合は金属結合である（この結合については第4章で記述する）．しかし，気相中では二原子分子として存在している証拠がある．2s原子軌道の2個の電子がσ_{2s}分子軌道を占有しており，結合次数は1である（図3・10）．測定された結合長と結合エネルギーは，この結合次数に見合う値と一致している．フロンティア（原子価）分子軌道の占有状態は$(\sigma_{2s})^2$と記述される．

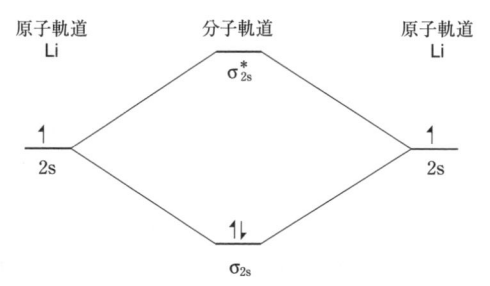

図3・10　気相中のLi_2分子における2s軌道に由来する分子軌道図

第2周期の重い方の元素を扱う前に，2p原子軌道からの分子軌道の形成について考察しよう．これらの軌道の混合には2種の方式ある．一つ目の方式は，ローブの端と端が結合軸に沿って混合するものである．この方向での混合が起こると，σ_{1s}軌道と同じように1組の結合性軌道と反結合性軌道が形成される．これらの軌道はσ_{2p}分子軌道およびσ^*_{2p}分子軌道とよばれる（図3・11）．実際，σ結合は二つの原子核の中心を結ぶ軸に沿って原子軌道が重なることによって形成されると定義されている．前述のように，軌道はローブの符号が同じときのみ重なることができるが，この場合には正の符号どうしが重なっている．

2p原子軌道は側面どうしでも混合できる．符号の一致を満たすには，正と正（2p原子軌道の上側のローブ）および負と負（2p原子軌道の下側のローブ）が重なる必要がある．この二つ目の方式で形成される結合性分子軌道と

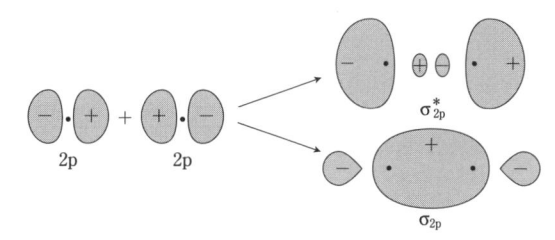

図3・11　二つの2p軌道のローブを結合軸に沿って重ね合わせると形成されるσ_{2p}とσ^*_{2p}分子軌道

反結合性分子軌道はπ軌道とよばれる（図3・12）．π軌道においては，結合性軌道において電子密度が増加しているのは二つの原子核の間ではなく，原子核を含む平面の上方と下方である．よって，σ結合と違って，π結合は二つの原子核の中心を結ぶ軸の直角方向での軌道の重なりによって形成される．

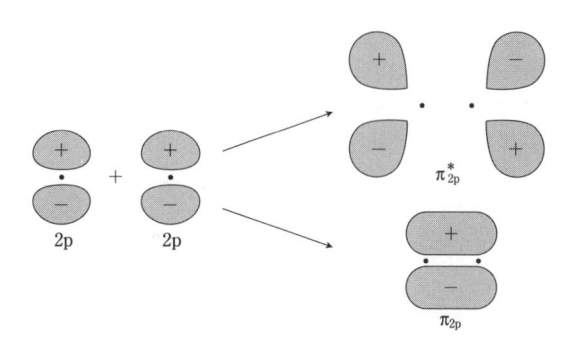

図3・12　二つの2p軌道のローブを横方向に重ね合わせると形成されるπ_{2p}とπ^*_{2p}分子軌道

各原子は3個の2p原子軌道をもつので，上記の2方式で原子が結合するときには，2p軌道の組合わせから，全部で三つの結合性軌道と三つの反結合性軌道が生成する．結合の方向がz軸に沿っていると仮定すると，この方向に形成される軌道はσ_{2p}とσ^*_{2p}である．その直角方向に，2対のπ_{2p}とπ^*_{2p}分子軌道が形成される．

化学結合のモデルが開発されたのは，実験観察結果を説明するためだったことを強調したい．短い結合長と高い結合エネルギーが観測されれば，強い結合ということになる．第2周期元素の単体において，200〜300 kJ·mol^{-1}の結合エネルギーをもつものは典型的な単結合，500〜600 kJ·mol^{-1}の結合エネルギーをもつものは典型的な二重結合，900〜1000 kJ·mol^{-1}の結合エネルギーをもつものは典型的な三重結合と定義される．よって，二窒素，二酸素，二フッ素において，測定された結合の情報から推測さ

---

[a] frontier orbital

れる結合次数（表3・1に示す）と分子軌道モデルは一致しなくてはならない．

表3・1 第2周期の単体の結合次数に関する情報

分子	結合長〔pm〕	結合エネルギー〔kJ·mol^{-1}〕	割当てられた結合次数
N_2	110	942	3
O_2	121	494	2
F_2	142	155	1

これら3種の二原子分子 N_2, O_2, F_2 のすべてにおいて，1s 原子軌道と 2s 原子軌道の両方から生成する結合性軌道と反結合性軌道は完全に充填されているため，これらの軌道からの正味の結合に対する寄与はない．したがって，2p 原子軌道に由来する分子軌道への電子充填のみを考慮すればよい．

第2周期で二窒素より右側の元素においては，σ_{2p} 軌道が最もエネルギーが低く，それにつづいて π_{2p}, π_{2p}^*, σ_{2p}^* の順にエネルギーが高くなる．二酸素の分子軌道図を完成させてみると（図3・13），フントの規則に従って2個の不対電子が実際に存在することが確認でき，実験結果と一致する．そのうえ，結合次数は $[3-(2\times\frac{1}{2})]=2$ であり，結合長と結合エネルギーの実験結果と矛盾しない．よって，分子軌道モデルは実験観察事実を完璧に説明する．

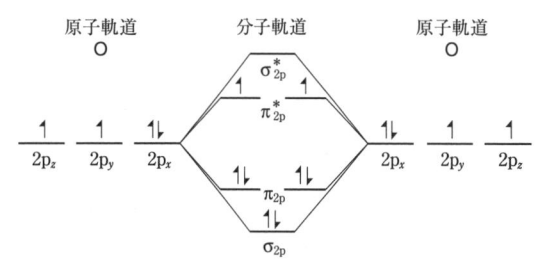

図3・13 O_2 分子における 2p 原子軌道に由来する分子軌道図

フッ素分子においては，さらに2個の電子が反結合性軌道に入る（図3・14）．したがって，1 という結合次数は，三つの充填された結合性軌道と二つの充填された反結合性軌道に起因する正味の結合を表している．価電子の配置は $(\sigma_{2s})^2(\pi_{2p})^4(\pi_{2p}^*)^4$ と表記される．

ネオンは第2周期の最後の（最も重い）元素である．理論上の分子 Ne_2 について分子軌道のダイヤグラムを構築してみると，2p 原子軌道に由来するすべての結合性軌道と反結合性軌道が占有されており，結果として正味の結合次数は 0 となる．この予測は，ネオンが単原子分子として存在するという事実と一致する．

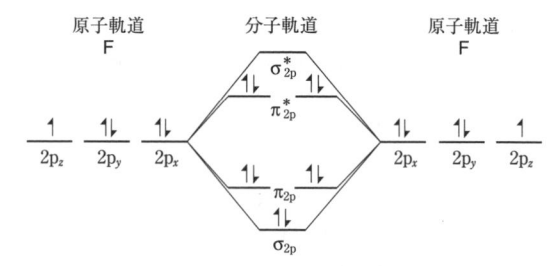

図3・14 F_2 分子における 2p 原子軌道に由来する分子軌道図

ここまで，第2周期の中央に存在する単体，特に窒素分子に関する議論を避けてきた．その理由は，2s 軌道と 2p 軌道の相対的エネルギーに関連している．高い Z_{eff} をもつフッ素原子においては，2s 原子軌道のエネルギー準位は 2p 原子軌道のエネルギー準位と比較して約 2.5 MJ·mol^{-1} 低い．このエネルギーの違いは，§2・5で述べたように原子核に近接した 2s 軌道が 1s 軌道の内側に貫入[a]しているからである．したがって，2s 軌道の電子の方が 2p 軌道の電子よりも，核の電荷の増加に対して強く影響を受ける．

しかしながら，周期の最初では，2s 軌道と 2p 軌道の準位の間のエネルギー差は約 0.2 MJ·mol^{-1} にすぎない．このような環境では，2s 軌道の波動関数と 2p 軌道の波動関数が混成する．その結果，π_{2p} 分子軌道より高いエネルギーをもつところまで σ_{2p} 分子軌道のエネルギーが増加する．この軌道のエネルギー順は，二窒素およびその前に位置する元素にも適用され，二窒素と二酸素の間で σ-π の準位の入替えが生じる．この修正された二窒素の分子軌道図を，2p 原子軌道から生じる分子軌道に電子を充填していくのに用いると，結合次数3となる電子配置が得られる（図3・15）．この予想は，この分子中に存在することが知られている強い結合と一致する．価電子配置は $(\pi_{2p})^4(\sigma_{2s})^2$ と表記される．

どうしたら，分子軌道エネルギーが実際に予測したもの

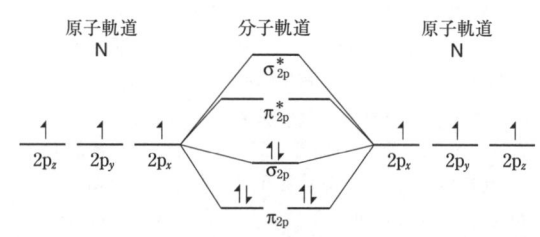

図3・15 N_2 分子における 2p 原子軌道に由来する分子軌道図

---

[a] penetration

と同じになると確信を持てるのだろう？ 軌道エネルギーは紫外光電子分光法[a]（UV-PES）とよばれる方法で実際に測定できる．分子に高周波数の紫外線を当てると，最外殻軌道の一つから電子が叩き出される．二窒素から電子が1個奪われると，二窒素陽イオンが残る．

$$N_2(g) \xrightarrow{UV} N_2^+(g) + e^-$$

取除かれたさまざまな電子は特定のエネルギーをもつので，そのエネルギーをいろいろな分子軌道を関連づけることができる．二窒素についてこの方法を図3・16に図示する．ここで，三つの最高被占有分子軌道は観測されたUV-PESスペクトルのエネルギーと一致する．（分子振動によってπ_{2p}から叩き出される電子は，分子振動の影響で1本の線ではなく，いくつかの線となる．）

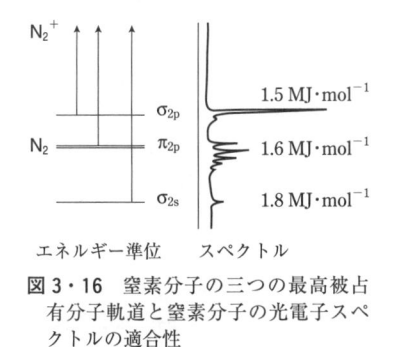

図3・16 窒素分子の三つの最高被占有分子軌道と窒素分子の光電子スペクトルの適合性

3・5 異核二原子分子の分子軌道

異なる元素の原子軌道を組合わせる場合，それらの原子軌道のエネルギーが異なることを考慮しなくてはならない．同周期の元素においては，原子番号が大きくなるにつれてZ_{eff}が大きくなるので，軌道エネルギーは低くなる．分子軌道法を用いて一酸化炭素の結合を表すことができる．2s原子軌道と2p原子軌道に由来する分子軌道の簡略図を図3・17に示す．酸素の方が炭素よりZ_{eff}が大きいため原子軌道エネルギーは低いが，両者の原子軌道エネルギーは十分近く，等核二原子分子と同じような分子軌道図を構築できる．

等核と異核の二原子分子の大きな相違点は，一方の元素の2s原子軌道におもに由来する分子軌道と，もう一つの元素の2p原子軌道に由来する分子軌道の間に，エネルギー的に十分な重なりが生じうる点である．したがって分子軌道図において，これらの両方の原子軌道に由来する分子軌道について考えなくてはならない．そのうえ，軌道エネルギーが異なるので，結合性分子軌道はエネルギーの低い酸素の原子軌道にほとんど由来し，反結合性分子軌道はエネルギーの高い炭素の原子軌道にほとんど由来する．最後に注目すべきこととして，二つの分子軌道は，そのエネ

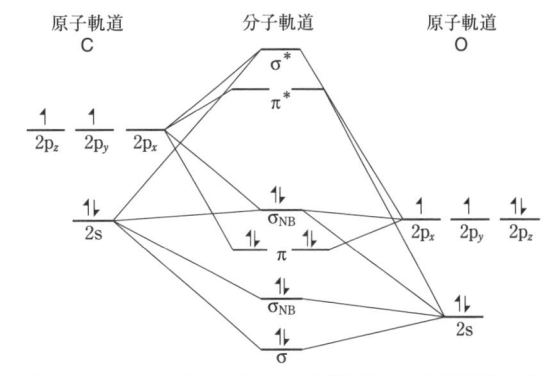

図3・17 CO分子における2s原子軌道と2p原子軌道に由来する分子軌道の単純化した図

ルギーが寄与する原子軌道のエネルギーの上下ではなく中間にある．この軌道σ_{NB}は**非結合性分子軌道**[b]，すなわち化学結合にほとんど寄与をしていない軌道，と定義される．

一酸化炭素の結合次数は，結合性軌道の電子対の数（3）から反結合性軌道の電子対の数（0）を引き算すると，三重結合という予測になる．1072 kJ·mol^{-1}という非常に高い結合エネルギーはこれを支持する．しかし，分子軌道図は個々の電子のエネルギーを把握させてくれるので，もっと多くの情報がある．分子軌道図では，三重結合は点電子表記が示唆するように三つの等価な結合からできているのではなく，一つのσ結合と二つのπ結合の組合わせであることも示す．

分子軌道によるアプローチは，異なる周期の元素を含む二原子分子にも適用できる．しかし，2個の原子において同程度のエネルギーをもつ軌道はどれかを明らかにする必要がある．この課題はこの本で取扱う範囲をかなり超えているが，一例をみることは有益であろう．そこで塩化水素分子について考察する（図3・18）．軌道エネルギー計算から，塩素の3p軌道のエネルギーは水素の1s軌道よりもわずかに低い．1s軌道はσ結合しか形成できないが，その相手は結合軸に沿った方向にローブのある3p軌道（伝統的にp_z軌道を選ぶ）でなくてはならない．よって，1組のσ結合性軌道とσ反結合性軌道が1s（H）と3p（Cl）の間で形成される．両原子は電子を1個ずつ提供しており，結合性分子軌道は充填され，この電子配置は単結合をつくる．他の二つの3p原子軌道は，水素の1s軌道との正味の重なり合いが生じない（よって混合しない）方向を向いている．したがって，これらの軌道に存在する電子対は

---

a) ultraviolet photoelectron spectroscopy b) nonbonding molecular orbital

非結合性だとみなされる．すなわち，分子中でも塩素原子として孤立して存在しているときの軌道と同じエネルギーをもつ．

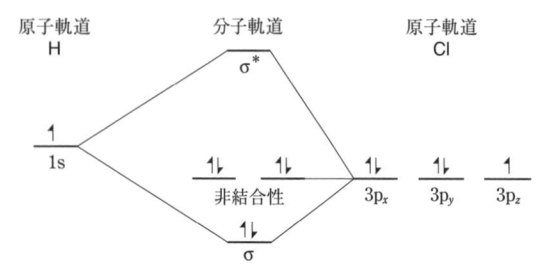

図3・18 HCl分子における水素原子の1s原子軌道と塩素原子の3p原子軌道から生じる分子軌道図

分子軌道法は，原子を3個以上含む分子における結合の状態を予測するためにも利用できる．しかし，エネルギー図と軌道の形状はずっと複雑になる．それにもかかわらず，ほとんどの多原子分子においては，より詳細な軌道のエネルギー準位を知るよりも，まず分子形状を予測することに大きな興味がある．

3・6 ルイス理論の概説

分子軌道法は，共有結合性分子において実測できる結合長と結合エネルギーの基礎概念を与える非常に強力な理論である．この理論は結合をσとπに分類し，非整数の結合次数の概念も取扱える．一方，原子は電子対共有により結合するというルイスのアプローチは，化学結合を極度に単純化しており，化学結合そのものについて何も詳細には伝えない．それでも複雑な分子において，単純な点電子式表記は非常に有用である．特に分子形状の推定に，この表記法を利用できる．

共有結合形成に関するルイス（または点電子式）のアプローチは，高校と大学1年生の化学において広範囲に用いられているので，ここでは簡単に紹介する．ルイスの理論は，（最外殻が2個で閉殻になる水素原子を除いて）各分子中の原子は最外殻を閉殻構造（オクテット[a]，電子が8個入った安定な状態）にしようとすることが，化学結合形成の駆動力になっていると説明する．オクテットの完成は，結合している原子の間で電子対を共有することにより達成される．

前節の2例，塩化水素と一酸化炭素について示す．塩化水素においては，電子対の共有によって単結合（分子軌道法でのσ結合に対応している）が生じる（図3・19）．その他の電子対は，非共有（孤立）電子対[b]となり，非結合性分子軌道と同じである（図3・18を参照）．

一酸化炭素において，炭素と酸素の両方がオクテットを形成するには，三つの結合電子対が必要となる（図3・20）．このことは，分子軌道法で一つのσ結合と二つのπ結合が存在すること同じことである（図3・7を参照）．各原子に存在している非共有電子対は，分子軌道表記における二つのσ_{NB}分子軌道の存在と一致する．

H:Cl:

図3・19 塩化水素の点電子式

:C:::O:

図3・20 一酸化炭素の点電子式

3・6・1 点電子式の構築

点電子式の構築において最も一般的な方法は，以下の手順の組合わせである．

1. 中心となる原子，通常は電気陰性度が低い方の原子（水素は絶対に中心原子とはならないが）を特定する．中心原子の元素記号を書き，中心原子のまわりに他の原子の元素記号を書く．
2. 価電子の総数を数える．電気的に中性の分子ではなく電荷をもつイオンである場合，陰イオンの価数にあたる数だけ電子を加えるか陽イオンの価数にあたる数だけ電子を減らす．
3. 中心原子とそれぞれの周囲の原子の間に，（単結合として）電子対を一つ書く．周囲の原子には非共有電子対を付け加える．その後，余った電子を中心原子に付け加える．
4. もしも中心原子の電子数が8よりも小さく，"売れ残った"電子がある場合には，中心原子に非共有電子対を付け加える．もしも中心原子の電子数が8よりも小さく，"売れ残った"電子がない場合には，周囲の原子の非共有電子対を用いて，二重結合または三重結合を構築する．

例として，三フッ化窒素を用いる．フッ素より電気陰性度が小さい窒素原子は，3個のフッ素原子に取囲まれる．価電子数の総和は［5+(3×7)］=26である．そのうちの6個は単結合の形成に用いられる．3個のフッ素原子には非共有電子対を提供するために18個の電子が必要である．残った電子対は，窒素原子の非共有電子対となる（図3・21）．

:F:
F:N:F:

図3・21 三フッ化窒素の点電子式

---

a) octet b) lone pair

3・6・2 オクテットの超過

いくつかの変則的な分子においては，中心原子の電子数は 8 個よりも少ない．また相当な数の分子において，中心原子は 8 個以上の結合電子を共有する．ルイスは，最大で 8 個というのは一般的に第 2 周期（s 軌道と p 軌道の電子数の和は 8 を超えられない）の元素にしか適用できないことに気づいていなかった．第 3 周期およびそれ以降の周期の元素は，d 軌道の電子を結合に用いることができ，理論的には結合電子数は 18 が最大値となる．実際に，大きな周期の元素の化合物中には，中心元素が 8, 10, または 12 個の結合電子をもっているものがある．たとえば，五フッ化リンにおいては，リンの最外殻の 5 個の電子が，各フッ素原子から一つずつ電子を受取って "電子対を増やす" ことにより，最外殻の電子は 10 個に達する（図 3・22）．

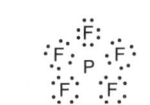

図 3・22 五フッ化リンの点電子式

3・7 非整数の結合次数

描くことができる唯一の構造が，測定された結合に関する情報と一致しないケースがある．この例は硝酸イオンである．硝酸イオンの従来の点電子式（第一の表記）を図 3・23 に示す．この構造において，窒素-酸素結合のうちの一つは二重結合だが，他の二つは単結合である．

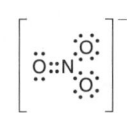

図 3・23 硝酸イオンの点電子式

しかしながら，窒素-酸素結合の結合距離はすべて 122 pm で同じである．この距離は "真の"（理論的な）単結合の距離 141 pm よりも明らかに短い．この不一致は，二重結合が三つの窒素-酸素結合の間で共有されているという，**共鳴**[a] の概念によって説明される．（このことは，分子軌道法において，構成する 4 個の原子の 2p 原子軌道

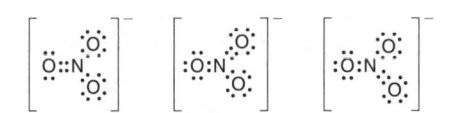

図 3・24 硝酸イオンの三つの共鳴構造

すべてに由来する一つの分子軌道中に電子対が存在すると言っているのと同じことである．）硝酸イオンでは，二重結合の位置の異なる三つの点電子式によって，三つの共鳴構造を表記できる（第二の表記）（図 3・24）．

もう一つのアプローチは，分数になる結合次数を表すために破線を使った構造式を用いるものである（第三の表記）（図 3・25）．この場合，二重結合の性格は三つの単結合の間で共有されているので，平均の結合次数は $1\frac{1}{3}$ になるはずである．この表記法は，ほとんどの場合，3 種のアプローチの中で最良のものである．三つの結合の等価性を表しており，それぞれは 1 と 2 の中間の結合次数になっている．この不完全な結合の構造は，それぞれの窒素原子と酸素原子が，一つの σ 結合で結合しながら，2 電子の π 結合がイオン全体で共有されていると描写する（§15・12 参照）という，分子軌道による表記に最も近いものでもある．

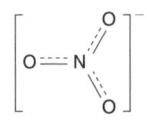

図 3・25 硝酸イオンにおける整数にならない多重結合性の表記法

3・8 形 式 電 荷

いくつかの場合において，一つ以上の可能な点電子式を書くことができる．その一例が酸化二窒素である．N_2O は中心に窒素原子がある非対称な直線分子であることが知られているが，いくつかの可能な点電子式が存在する．そのうちの 3 種を図 3・26 に示す．

図 3・26 酸化二窒素分子の可能な点電子式

どの可能性が非現実的か決定するのを助けるために，**形式電荷**[b] の概念を用いることができる．形式電荷を知るために，構成原子間で共有結合電子対を等価に分割し，各原子において割当てられた電子数ともともとの価電子数を比

	(a)	(b)	(c)
形式電荷	⊖ ⊕	⊕ ⊖	2⊖ ⊕ ⊕

図 3・27 酸化二窒素分子の三つの点電子式における形式電荷の割当て

---

a) resonance b) formal charge

較する．正負の符号付きの電荷を用いることによってどんな違いも特定される（図3・27）．たとえば構造（a）において，左側の窒素原子には6個の電子が割当てられており，もとの原子の価電子数は5である．よって，形式電荷は5−6＝−1となる．中心の窒素原子に4個の電子が割当てられているので，形式電荷は5−4＝＋1になる．酸素原子はもとの原子と同じ数の電子が割当てられているので，形式電荷は6−6＝0である．

形式電荷の概念に従うと，最もエネルギーの低い構造は原子上の形式電荷が最も小さなものである．酸化二窒素の場合，構造（c）は排除されるが，構造（a）と構造（b）は形式電荷の配置が異なるものの等価である．よって，最適な表記法は，これら二つの可能な構造の共鳴混合物であろう．図3・28に示したように，この共鳴構造式は非整数の結合次数によって，最も適切に表記される．もし，二つの共鳴構造式が等価に貢献するのであれば，N−N結合の結合次数は$2\frac{1}{2}$，N−O結合の結合次数は$1\frac{1}{2}$となるが，これらは実際に結合距離の測定から見積もった値と近い．

N≡≡N═══O

図3・28 酸化二窒素分子における整数にならない多重結合性の表記法

3・9 原子価殻電子対反発則（VSEPR則）

点電子式を用いて可能な分子形状を導出できる．それを行うために，**VSEPR則**として知られる**原子価殻電子対反発則**[a]を用いることができる．この規則は，結合については何も伝えないが，分子形状の予測には驚くほど効果的なきわめて単純化した概念である．

VSEPR則に基づくアプローチでは，中心原子の最外殻のエネルギー準位に入っている電子対間には反発があるので，とりうる幾何学的構造のうち，それらの電子対が互いにできるだけ離れるように配置される．この理論を用いるには，s，p，d軌道のエネルギーの違いを無視して，単純に最外殻は縮退しているとみなすことが前提である．最外殻の電子は，伝統的に価電子とよばれる．VSEPRの考え方には概念的な欠点はたくさんあるが，分子形状を推測するための有効な手段である．

VSEPR則は，中心原子まわりの電子のグループ化（その分類と数）に基づいている．単結合中の1組の電子対，二重結合中の2組の電子対，三重結合中の3組の電子対，非共有電子対，まれなケースであるが1個の電子（不対電子），に電子は分類される．単純化のために，分子の幾何学的構造を示した図において，中心原子の非共有電子対だけを表記する．次節以降，一般的な構造を順に確認する．

3・9・1 直線形構造

すべての二原子分子と二原子イオンは定義上，直線形である．しかし，最も関心があるのは，三原子分子または三原子イオンにおいて，この最も単純な構造をもつ一般的な例である．非常によく用いられる例は塩化ベリリウムである．この化合物は室温固相中では複雑な構造をしているが，沸点（820℃）以上に加熱すると，単純な三原子分子を形成する．ルイスの理論によると，ベリリウムの最外殻に存在する2個の電子が，各塩素原子の電子1個ずつと対になり，中心のベリリウム原子のまわりには2組の電子対が形成される．中心原子のまわりにはたった2組の電子グループしかないので，その間の角度が180°のときに結合は最も離れた状態になる．したがって，分子は直線にならなくてはならず，実際に観測されたとおりである（図3・29）．

2組の電子グループしかもたない他の分子の例は，二酸化炭素である．両炭素−酸素結合は2組の電子対をもつが，二重結合は1組の電子グループとみなすので，中心炭素のまわりには2組の電子のグループしか存在しない（図3・30）．したがって，二酸化炭素分子は直線になる．

Cl—Be—Cl 180°

O═C═O

図3・29 気相における塩化ベリリウム分子の予測された構造と実際の構造

図3・30 二酸化炭素分子の予測された構造と実際の構造

3・9・2 平面三角形構造

三フッ化ホウ素は平面三角形構造の一般的な例である．ホウ素原子の3個の最外殻電子は各フッ素原子の電子一つずつと対になり，3組の電子対が生じる．3組の電子対が最も離れるには，図3・31に示すように各電子対の間の角度が120°になる必要がある．

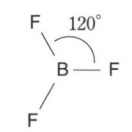

F—B(F)—F 120°

[O—N(:)—O]

図3・31 三フッ化ホウ素分子の予測された構造と実際の構造

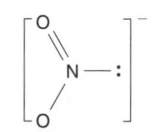

図3・32 亜硝酸イオンの予測された構造と実際の構造

亜硝酸イオンは，中心原子に非共有電子対がある化学種のよい例である．窒素原子まわりの電子対の配置は平面三角形である（図3・32）．しかし，非共有電子対を実験上は検出できないので，実際に観察される分子の形状はV字形（折れ線構造，折れ曲がり構造ともよばれる）であ

---

[a] valence shell electron pair repulsion theory

る．VSEPR則によると，非共有電子対は三つ目のサイトを占めなくてはならない．さもないと分子は直線になる．

非共有電子対を含む多くの分子やイオンの結合角が，理論的な幾何構造から逸脱している．たとえば，O—N—O の結合角は予期される 120° から 115° へ "押しつぶされている"．提案された一つの説明は，非共有電子対は共有結合電子対よりも空間的に大きな体積を占領するというものである．この考えを検証するために，一連のイオンおよび分子を用いることができる．2組の電子グループしかもたないニトロイルイオン NO_2^+ は直線形であり，3組の電子グループ（そのうちの一つは不対電子である）をもつ中性の二酸化窒素分子 NO_2 の O—N—O の結合角は 134°であり，（一つの不対電子ではなく）1組の非共有電子対をもつ亜硝酸イオンの結合角は 115°である（図 3・33）．したがって，非共有電子対は実験的に "見る" ことはできないが，分子形状を決定するうえで重要な役割を果たしている．中心原子の形状の名称と，3組の電子グループの内訳を表 3・2 に示す．

図 3・33 ニトロイルイオン NO_2^+，二酸化窒素分子 NO_2，亜硝酸イオン NO_2^- の結合角

表 3・2 平面三角形構造の分子とイオン

結合電子対	非共有電子対	形　状
3	0	平面三角形
2	1	V字形

3・9・3 正四面体形構造

あらゆる分子構造の中で最も一般的なものは正四面体形構造である†．4組の電子対をなるべく離して配置するために，分子は結合角が 109.5°であるこの独特な三次元構造をとる．最も単純な例は，図 3・34 に示した有機化合物メタン CH_4 である．二次元の紙の上に三次元的な形を表すために，伝統的に紙面の上側に向かっていることを示すために実線のくさび形（—◢）を，紙面の下側に向かっていることを示すために破線（----）を用いている．

アンモニアは，中心原子の4組の電子対のうちの1組が非共有電子対である最も単純な例である．その結果，分子の形は三角錐[a]になる（図 3・35）．前述した亜硝酸イオンと同様に，H—N—H の結合角は 107°であり，予測される 109.5°よりは少し小さい．

2組の非共有電子対をもつ最も馴染み深い例は水分子である（図 3・36）．このV字形分子の H—O—H の結合角は，予測される 109.5°から 104.5°と小さくなっている．中心原子が電子グループ4組をもつ分子（またはイオン）の形状の名称を表 3・3 に示す．

図 3・34 メタン分子の予測された構造と実際の構造　**図 3・35** アンモニア分子の実際の構造　**図 3・36** 水分子の実際の構造

表 3・3 正四面体形構造の分子とイオン

結合電子対	非共有電子対	形　状
4	0	正四面体形
3	1	三角錐形
2	2	V字形

3・9・4 三角両錐形構造

第2周期より下の原子が分子の中心位置を占める場合，4組以上の電子対をもつことができる．中心原子のまわりに5組の電子対が存在する例は，気相中の五フッ化リンである（図 3・37）．この形は，角度が等価でない唯一の一般的な分子構造である．よって，120°の角度で引離された三つの（エクアトリアル[b]，赤道方向の）結合が同一平面内に存在し，残りの二つの（アキシアル[c]，軸方向の）結合がその平面の上方と下方に平面に対して 90°の角度で伸びている．

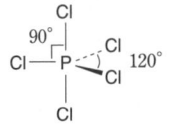

図 3・37 気相における五塩化リン分子の予測された構造と実際の構造

四フッ化硫黄は，三角両錐[d]形の電子対の配置で非共有電子対を1組もつ分子の例である．非共有電子対には，二

---

a) trigonal pyramid　b) equatorial　c) axial　d) trigonal bipyramid
† 炭素原子の正四面体構造は，22歳のオランダ人化学者ファント・ホッフ（Jacobus van't Hoff）によって 1874 年にはじめて提唱された．この考えは著名な化学者コルベ（Adolph Kolbe）によって，"幻影のような誇張表現"，"空想的な愚かしさ"，"浅はかな思いつき" と酷評された．

つの可能な配置がある．二つのアキシアルの位置のうちの一つ（図3・38 a）か，三つのエクアトリアルの位置のうちの一つ（図3・38 b）である．実際に，非共有電子対がどこに位置するのかを確認するためには二つのガイドラインがある．第一に，非共有電子対どうしは互いになるべく離れようとする．つぎに，非共有電子対は結合電子対となるべく離れようとする．四フッ化硫黄は非共有電子対を1組だけもつので，2番目のガイドラインだけが適用可能である．非共有電子対がアキシアルの位置にあるとすると，共有結合電子対のうち3組が90°に，1組が180°に位置することになる．しかし，非共有電子対がエクアトリアルの位置にあるとすると，共有結合電子対のうち2組だけが90°に位置することになり，残りの2組は120°になる．よって最適な状態は，原子がシーソー形に配列した第二の可能性の配置である．結合角の測定によってこの配置は確認できる．実測によると，アキシアルのフッ素原子が非共有電子対から遠くなるように，90°ではなく93.5°の角度で折れ曲がっている．特に著しいのは，エクアトリアルのF—S—F結合の結合角が，おそらくは非共有電子対の影響の結果，120°から103°に圧縮されていることである（図3・39）．

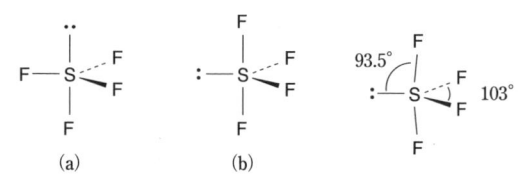

図3・38 四フッ化硫黄分子における可能な二つの構造．(a) 非共有電子対がアキシアルに位置する場合，(b) 非共有電子対がエクアトリアルに位置する場合

図3・39 四フッ化硫黄分子の実際の構造

三フッ化臭素は，三角両錐形の電子対の配置で2組の非共有電子対をもつ分子の例である（図3・40）．電気的反発が最小になるのは，非共有電子対が2組ともエクアトリアル平面上にある場合である．したがって，分子は本質的にT字形になるが，アキシアルのフッ素原子はF$_{アキシアル}$—Br—F$_{エクアトリアル}$の結合角が86°になるまで，垂直の位置から遠ざけられて折れ曲がっている．

三角両錐形の電子対の配置で3組の非共有電子対をもつ分子は数例ある．その一例が二フッ化キセノンである（図3・41）．3組目の非共有電子対も，他の2組と同様にエクアトリアルの位置を占めている．よって，観測される分子の形は直線である．三角両錐形構造になる分子とイオンの形状の名称を表3・4に示す．

表3・4 三角両錐形構造の分子とイオン

共有電子対	非共有電子対	形　状
5	0	三角両錐形
4	1	シーソー形
3	2	T字形
2	3	直線形

3・9・5 正八面体形構造

電子グループを6組もつ分子の一般例は，六フッ化硫黄である．結合角がすべて90°になるように結合が位置する正八面体形配置のときに，最も電子グループ間の間隔が広がる（図3・42）．

五フッ化ヨウ素は，中心原子のまわりに5組の共有結合電子対と1組の非共有電子対をもつ分子の例である．理論的にすべての角度が等しいので，非共有電子対はどのサイトも占めることもできる（図3・43）．よって，見かけは正方形に基づいたピラミッド（四角錐）形骨格になる．しかし，実験的な観測事実は，4個のエクアトリアルのフッ素原子が水平面から少し上側にある（F$_{アキシアル}$—I—F$_{エクアトリアル}$の結合角はほんの82°しかない）ことを示している．この結果でも，非共有電子対は共有結合電子対よりも大きな体積を占めることが示されている．

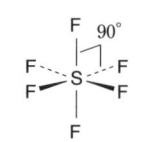

図3・42 六フッ化硫黄分子の予測された構造と実際の構造

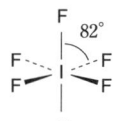

図3・43 五フッ化ヨウ素分子の実際の構造

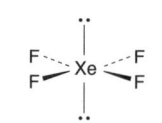

図3・44 四フッ化キセノン分子の予測された構造と実際の構造

最後のケースとして，四フッ化キセノンは，中心原子のキセノンが4組の共有結合電子対と2組の非共有電子対をもつ分子の例である．非共有電子対は分子の向かい合った位置（二つのアキシアル）を占めるので，フッ素原子は正方形配置になる（図3・44）．八面体形構造になる分子と

図3・40 三フッ化臭素分子の実際の構造

図3・41 二フッ化キセノン分子の予測された構造と実際の構造

表3・5 正八面体形構造の分子とイオン

共有電子対	非共有電子対	形　状
6	0	正八面体
5	1	四角錐
4	2	平面正方形

3・9・6 7個以上の結合の方向をもつもの

中心原子が7個以上の隣接原子と結合している分子やイオンの例もある.中心原子まわりに7個または8個の原子を置くためには,中心原子自身は非常に大きく,まわりの原子は非常に小さくなくてはならない.よって,周期表の下方に位置する重い原子が小さなフッ化物イオンと結合するときが,このような構造の例となる.可能な構造として五角両錐[a],面冠三角柱[b],面冠八面体[c]という3種を仮定できるので,MX_7の化学種は特に興味深い.五角両錐は,三角両錐および正八面体と似ている.ただし,エクアトリアルの平面内に三角両錐は3個,正八面体は4個の結合をもつのに対して五角両錐では5個の結合をもつ.面冠三角柱は,中心原子の上方には3個の原子が三角形の配置を,中心原子の下方には4個の原子が平面正方形の配置をとる.面冠八面体は,単純な正八面体構造の三つの結合が結合角90°よりも開いており,7番目の結合がその間に入っている構造である.

この3種の構造はすべて実際に確認されている(フッ化ウラン(V)イオン UF_7^{2-} は五角両錐形,フッ化ニオブ(V)イオン NbF_7^{2-} は面冠三角柱形をとっており,六フッ化キセノン XeF_6 は気相中では面冠八面体だと信じられている(図3・45))ので,相対的エネルギーと原子間隔の観点で,この3種の構造の優位性はほぼ等しいに違いない.

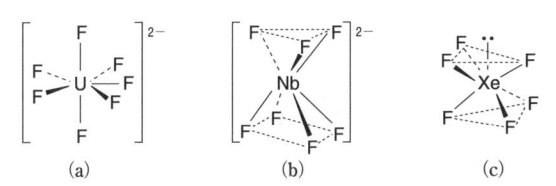

図3・45 (a) フッ化ウラン(V)の五角両錐構造,(b) フッ化ニオブ(V)の面冠三角柱構造,(c) 六フッ化キセノンの予想される面冠八面体構造

3・10 原子価結合法

原子価結合法は,ルイスの化学結合の概念,すなわち隣接原子間で電子が対になることに起因することに基づく.ルイスのアプローチは,量子力学の考え方の中でもまれ,その結果(原子価結合法)はポーリングによって磨きをかけられた.この理論は,以前ほど用いられなくなっているが,この概念は化学者,特に有機化学者の中では今でも活用されている.§19・6で述べるが,原子価結合法は遷移金属化合物中の結合にも適用できる.

原子価結合法の原理は,以下の4項目にまとめることができる.

1. 共有結合は,隣接する原子中の不対電子が対になることによって生じる.
2. 対になった電子のスピンは逆平行(一つは上で一つは下)でなくてはならない.
3. 形成する結合数を最大にする十分な数の不対電子を各原子に与えるために,電子が空軌道を占有するように結合形成時に電子を励起できる.
4. 分子の形状は,中心原子の軌道の方向性に起因する.

3・10・1 軌道の混成

一般的な分子における結合角を見るだけで,極度に単純化した原子価結合法は支持できなくなる.そのよい例がアンモニア分子 NH_3 である.中心原子の3個の2p軌道の不対電子が水素原子との結合に用いられると仮定すると,上の4.の記述から,結合の方向は中心原子の結合に用いられる軌道 $2p_x$,$2p_y$,$2p_z$ の軸に沿わなくてはならない.すなわち,水素原子は90°離れなくてはならない.しかし実測値からアンモニアの結合角は107°であることが知られている.アンモニアや有機化合物における理論的な結合角と実際の結合角の違いを説明するために,**軌道の混成**[d]として知られる修正を加える.

軌道混成の概念では,結合形成の際に原子の混成軌道[e]を充填できるように,原子(通常は分子の中心原子)軌道中の電子波動関数を互いに混合できる.このアプローチによれば,この混成軌道は依然として混成前の原子の特性をもつ.s軌道の波動関数と,1個(またはそれ以上)のp軌道の波動関数を組合わせると,生成する可能な混成軌道はすべて図3・46に示したものと類似している.このような混成軌道には,いくつのp軌道の波動関数がs軌道の波動関数と"混ざり合ったか"によって,sp,sp^2,sp^3の記号がつけられる.この混成軌道は特定の方向に向いており,球状のs軌道や二つのローブをもつp軌道よりも,他の原子の軌道と重なり合えるだろう.軌道の重なりが大きいということは,2個の原子の波動関数がよく混合し,強い共有結合を形成することを意味する.

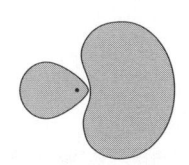

図3・46 s軌道とp軌道の組合わせから生じる混成軌道の,存在確率が90%になるローブの形

---

a) pentagonal bipyramid   b) capped trigonal prism   c) capped octahedron   d) orbital hybridization   e) hybrid orbital

形成される混成軌道の数は，波動関数の混合に含まれる原子軌道の数の和に等しい．s軌道やp軌道と同様にd軌道も混合できるが，現在，理論化学者たちは，d軌道は共有結合中で最小限の役割しか果たしていないと述べている．それにもかかわらず，非常に単純化した結合の解釈において，中心原子が4個以上の隣接原子をもつ分子の形状を説明するには，多くの場合d軌道の関与を提案することが有用である．用いられる原子軌道の数，混成軌道の記号，その結果得られる分子構造を表3・6に記載する．

表3・6 混成軌道の数とさまざまな分子構造における混成のタイプ

軌道			混成軌道のタイプ	混成軌道の数	分子構造
s	p	d			
1	1	0	sp	2	直線形
1	2	0	sp^2	3	平面正三角形
1	3	0	sp^3	4	正四面体形
1	3	1	sp^3d	5	三角両錐形
1	3	2	sp^3d^2	6	正八面体形

混成軌道の概念を，三フッ化ホウ素を用いて例示できる．化合物を形成する前は，ホウ素原子は[He]$2s^22p^1$の電子配置をとっている（図3・47a）．2s軌道の電子1個が2p軌道へ移動したと仮定する（図3・47b）．それぞれ1個ずつ電子が入っている三つの軌道の波動関数が混合して，三つの等価なsp^2混成軌道が生じる（図3・47c）．互いに120°の角度になっているこれらの軌道が，各フッ素原子において1個しか電子の入っていない2p軌道とそれぞれ重なり合い，三つのσ共有結合が生じる（図3・47d）．この説明は，等価なホウ素-フッ素結合が互いに120°の角度になり，平面正三角形構造をとっているという実験事実と一致する．

二酸化炭素は，電子が入っているすべての軌道が混成するわけではないという分子の例である．炭素原子の電子配置は[He]$2s^22p^2$（図3・48a）から[He]$2s^12p^3$（図3・48b）へと変更される．s軌道と一つのp軌道が混成する（図3・48c）．結果として生じたsp混成軌道は180°の角度で離れており，各酸素原子の三つの2p軌道のうちの一つと重なり合ってσ結合を形成し，全体としては直線形構造になっている．炭素原子には，電子が1個ずつ入った二つの2p軌道が残る．各2p軌道は酸素原子の2p軌道と横方向で重なり合い，各酸素原子とπ結合が形成される（図3・48d）．よって混成軌道の概念は，二酸化炭素分子が直線形構造をとり，二つの炭素-酸素二重結合が存在していることを説明するために用いることができる．

図3・48 混成軌道の概念の二酸化炭素への適用．(a) 炭素原子の電子配置，(b) 2s軌道から2p軌道への電子の移動，(c) 二つのsp混成軌道の形成，(d) 炭素の電子と酸素の4個の電子（白抜きの矢印）が共有結合電子対を形成．

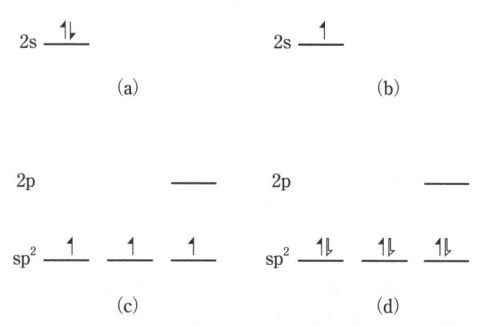

図3・47 混成軌道の概念の三フッ化ホウ素への適用．(a) 各原子の電子配置，(b) 2s軌道から2p軌道への電子の移動，(c) 三つのsp^2混成軌道の形成，(d) ホウ素の電子とフッ素原子の三つの電子（白抜きの矢印）が共有結合電子対を形成．

3・10・2 混成の概念の限界

結論として，混成軌道形成はある特定分子の形状をうまく説明するのに用いることができる．しかし，混成は単に波動関数を数学的に操作したものであり，実際にそれが起こるという証拠はない．そのうえ，混成の概念は予測するための手段ではない．分子構造が実際に確立されている場合にのみ用いることができる．電子が分子全体の性質を表しているとみなすことのできる分子軌道法は，予言することが可能である．もちろん，分子軌道法の問題点は，分子の形状を推定するために必要な計算の複雑さである．

3・11 共有結合のネットワークを形成する物質

ここまで，個々の分子として存在する小さな単体と化合

物について述べてきた．しかし，ダイヤモンドや水晶のようないくつかの構造においては，すべての原子が共有結合によって互いに結びつけられている．物質全体にわたる共有結合によるつながりは**共有結合のネットワーク**[a]として知られている．結晶全体は一つの巨大な分子である．ダイヤモンドは炭素からできており，ありとあらゆる炭素原子が隣接するすべての炭素原子と正四面体形の配置をとっている（図3・49）．共有結合ネットワークの二つ目のよく知られた例は水晶であり，二酸化ケイ素 SiO_2 の一般的な結晶形である．この化合物では，各ケイ素原子は酸素原子が形成する正四面体に囲まれており，各酸素原子は2個のケイ素原子と結合している．

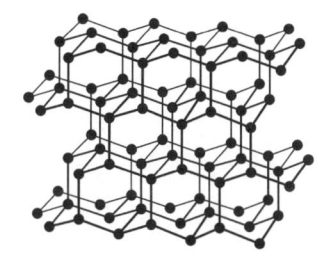

図3・49 ダイヤモンド中の炭素原子の配置

共有結合ネットワークをもつ物質を溶融させるには，共有結合を切断しなくてはならない．しかし，共有結合は数百 $kJ \cdot mol^{-1}$ の大きさのエネルギーをもつので，この切断を成し遂げるには非常に高い温度が必要である．よって，ダイヤモンドは約 4000 ℃で昇華し，二酸化ケイ素は 2000 ℃で溶融する．同じ理由により，共有結合のネットワークから成る物質は非常に硬く，ダイヤモンドは天然に存在する最も硬い物質として知られている．そのうえ，これらの物質はいかなる溶媒にも不溶である．

3・12 分子間力

共有結合ネットワークから成る分子はまれである．ほとんどすべての共有結合性物質は，独立した分子ユニットから構成される．もし分子内の力（共有結合）しか働いていなければ，隣接分子間には何も引力が働いていないことになり，その結果として，すべての共有結合性物質はあらゆる温度で気体であるはずだが，実際はそうでない．したがって，分子どうしには引力，すなわち分子間力が働いているはずである．実際，すべての分子の間で働く分子間力が一つあり，誘起双極子間の引力，または**分散力**[b]，ロンドン力（英国の首都ではなく，化学者 Fritz London にちなんだ名称である）とよばれている．その他の引力としては，双極子-双極子，イオン-双極子，特殊な環境下でのみ生じる水素結合（この章の後半で論じる）などがある．

3・12・1 分散（ロンドン）力

原子と分子の軌道を描く場合，電子の確率分布（電子密度）の値は時間平均値である．この時間平均値からのゆらぎが，隣接分子間での引力を生み出すのである．希ガス原子が最も単純な例になる．電子密度の平均値は，原子核まわりに球状で対称的になっているはずである（図3・50 a）．しかし，ほとんどの時間において電子は非対称に分布しているので，原子のある部分は電子密度が高くなり，他の部分は電子密度が低くなる（図3・50 b）．原子核が部分的に露出している方の端は少し正の電荷（δ+）を帯びており，電子密度が移動してきた方の端では少し負の電荷（δ−）を帯びることになる．この電荷の分離は，**一時双極子**[c]とよばれる．ある原子の部分的に露出した原子核は，隣の原子の電子密度を引きつける（図3・51 a）．原子や分子の間で誘起された双極子が，原子や分子の間の分散力と表現される．しかし，つぎの瞬間には，電子密度は移動し，引力を形成する部分的な電荷は逆転する（図3・51 b）．

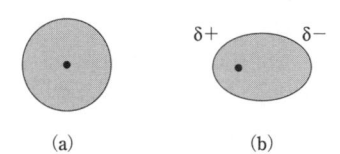

図3・50 (a) 原子の平均の電子密度，(b) 瞬間的な電子密度が一時双極子を形成

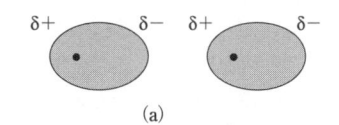

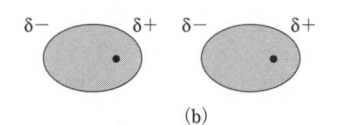

図3・51 (a) 隣接する分子の間の瞬間的な引力，(b) つぎの瞬間における分極の逆転

分散力の強さはいくつかの要因に依存しており，その要因に関する議論は物理化学の応用編の授業向けである．しかし，定性的かつ予測的な取扱いによると，分散力は原子または分子の電子数に関連しているとみなすことができ

---

a) network covalent bonding　b) dispersion force　c) temporary dipole

る．この考え方によると，どれくらい容易に電子密度が分極できるのかを決定するのが電子の数であり，分極が大きくなるほど分散力が強くなる．そして，分子間力が大きくなると，沸点，融点ともに高くなる．図3・52のグラフに，14族の水素化物の沸点を縦軸に，分子中の電子の数を横軸にとって，この関係を示す．

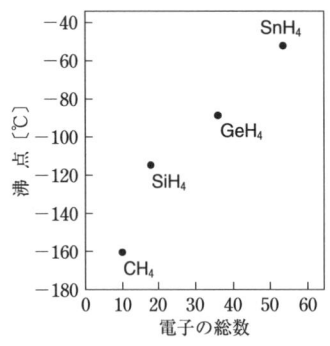

図3・52 14族元素の水素化物における沸点の電子の総数への依存性

分散力の強さに影響する二次的要因は分子の形状である．コンパクトな分子は小さな電荷分離しか起こらないが，細長い分子はより大きな電荷分離を起こすことができる．そのよい例は，六フッ化硫黄 SF_6 とデカン $CH_3CH_2CH_2CH_2CH_2CH_2CH_2CH_2CH_2CH_3$ の比較である．六フッ化硫黄は電子70個で融点 $-51\,°C$ であるが，デカンは電子72個で融点 $-30\,°C$ である．よって，長いデカン分子どうしの方が球形に近い六フッ化硫黄分子どうしよりも分散力が大きい．

3・12・2 電気陰性度

非常に単純な実験によって，2種類の分子の存在を示すことができる．この実験では，正に帯電した棒を液体の流れのそばに置く．多くの液体（たとえばテトラクロロメタン）は帯電した棒に影響されないが，あるものは（たとえば水）は棒に引きつけられる．正に帯電した棒を負に帯電した棒に置き換えると，正の電荷に影響されなかった液体は負の電荷にも影響されないが，正の電荷に引きつけられた液体は負の電荷にも引きつけられる．この観察事実を説明するために，流れがゆがめられた液体は永久的な電荷分離が生じている（**永久双極子**[a]）分子で構成されていると推論する．したがって，分子中でいくらか負の電荷を帯びている端の部分が正に帯電した棒の方に引きつけられ，いくらか正に帯電している端の部分が負に帯電している棒の方に引きつけられるのである．しかし，ある分子はどうして永久的な電荷分離をするのだろうか？ この説明のためにもう一つの概念，ポーリングの**電気陰性度**[b] の概念をみる必要がある．

ポーリングは，電気陰性度を，分子中の原子が共有している電子対を自分の方に引きつける能力と定義した．共有結合電子対に対する相対的な引きつけ合いは，共有している電子に対する2個の原子の相対的な Z_{eff} を事実上反映している．したがって，イオン化エネルギーが示すのと同じように，同一周期内を左から右に行くほど値が大きくなり，また族を下方に行くほど値が小さくなる．電気陰性度は相対的な概念であり，測定可能な関数ではない．ポーリングの電気陰性度の尺度は，フッ素の値を4.0と定義した恣意的なものである．いくつかの役に立つ電気陰性度の値を図3・53に示す．

			H 2.2			
Li 1.0	Be 1.6	B 2.0	C 2.5	N 3.0	O 3.4	F 4.0
			Si 1.9	P 2.2	S 2.6	Cl 3.2
						Br 3.0
						I 2.7

図3・53 さまざまな主族元素におけるポーリングの電気陰性度の値

したがって，塩化水素のような分子では，結合している電子は2個の原子の間で等価に共有されているわけではない．その代わりに，水素原子に比べて高い塩素原子の Z_{eff} が，結合電子対を塩素原子の方へ引きつけられるようにする．その結果，分子内で永久双極子となる．この双極子の描画を，部分電荷を示す符号付き δ と双極子の方向を示す矢印とを用いて図3・54に示す．

図3・54 塩化水素分子の永久双極子

図3・55 結合の双極子が反対を向いているため，二酸化炭素原子は無極性になる．

個々の結合の双極子は，互いに"打ち消す"ように働くことができる．単純な例は二酸化炭素であり，結合の双極子は反対方向に作用している．したがって，分子には正味の双極子は存在しないことになり，言い換えると，分子は**無極性**[c] になる（図3・55）．

---

a) permanent dipole   b) electronegativity   c) nonpolar

電気陰性度の起源

電気陰性度は，おそらく化学において最も広く用いられている概念だが，その起源は忘れ去られているようだ．その結果，もともと意図したよりも重要な意味が，ポーリングの電気陰性度の値にときどき鼓吹される．

彼の本"化学結合の本性（The Nature of the Chemical Bond）"中で，1930年代の結合エネルギー（彼は記号Dを用いていた）の研究から電気陰性度の概念の生まれてきたことを明らかにしている．二つの元素AとBについて考える場合，純粋な共有結合であれば，A—Bの結合エネルギーはA—AとB—Bの結合エネルギーの幾何平均（相乗平均）にならなくてはいけないと考えた．しかし，そうならない場合がよくあることを確認した．そこで，この差をΔ'と定義した．

$$\Delta' = D(A-B) - \{D(A-A)D(B-B)\}^{\frac{1}{2}}$$

たとえば，Cl—Clの結合エネルギーは242 kJ·mol^{-1}で，H—Hの結合エネルギーは432 kJ·mol^{-1}である．幾何平均は323 kJ·mol^{-1}であるが，H—Clの結合エネルギーの実測値は428 kJ·mol^{-1}である．よって，Δ'(H—Cl)は105 kJ·mol^{-1}になる．ポーリングは，この差は化学結合に対するイオン性の寄与によるもので，同じ元素どうしから成る二つの結合の平均値よりも，異なる元素の組合わせの結合の方が強くなる，と記述している．

ポーリングは14個の主族元素を組合わせたときの，異核共有結合の"余剰のイオン性エネルギー"を示したデータ表をつくり出した．たとえば，余剰のイオン性エネルギーはC—H結合では0.4であるが，H—Fは1.5である．よりよく適合させるために，そのうちのいくつかの値を調節した．たとえば，H—F結合の値を1.9にまで上昇させた．水素の電気陰性度を0とおいて，イオン性エネルギーの差のバランスを他の元素に割当てた．その後，第2周期の元素を横方向にみたときに，単純な数値の並びになるように，すべての値に2.05を加えた．

ポーリングが電気陰性度の尺度に関する処女作を発表して以来，他の人は代替パラメーターを用いて新たな表をつくり出していった．特に，有効核電荷の概念から，もっと定量的な値を導き出したオールレッド・ロコーの電気陰性度の尺度[a]は，無機化学者に広く用いられている（§5·5·1を参照）．

3·12·3 双極子と双極子の間に働く力

永久双極子は，分子間力の増大をもたらす．たとえば，一酸化炭素と窒素分子は等電子的な化合物であるにもかかわらず，一酸化炭素の方が高い融点（−210 ℃に対して −205 ℃）と高い沸点（−196 ℃に対して −191 ℃）をもつ．

双極子力[b]は，しばしば誘起双極子効果に加わる副次的効果となることを知っておこう．この点は，塩化水素と臭化水素の比較によって示される．永久双極子による効果の方が重要ならば，水素と塩素の間の電気陰性度の差は水素と臭素の間の電気陰性度の差よりも大きいので（表3·7），塩化水素の方が臭化水素よりも沸点が高いと予想できる．しかし，真実はこの逆であり，臭化水素の方が沸点は高い．したがって，（臭化水素の方が電子の数が多いので）誘起双極子力（分散力）が支配的要因になっているはずである．実際，複雑な計算によって，隣接塩化水素間の引力の83 %，隣接臭化水素間の引力の96 %が分散力であることが示されている．

3·12·4 水素結合

17族元素の水素化物の沸点の傾向について調べると（図3·56），フッ化水素が異常に高い値になっていることがわかる．15族元素と16族元素の水素化物について同様のプロットを行うと，アンモニアと水の沸点が異常に高い．それらの元素は高い電気陰性度をもつので，はるかに強い分子間力は例外的に強い双極子力の結果であると考察されている．この力には**水素結合**[c]という特別な名称が与

表3·7 塩化水素と臭化水素の比較

	塩化水素	臭化水素
沸点〔℃〕	−85	−67
HとXの電気陰性度の差	1.0	0.8
電子の総数	18	36

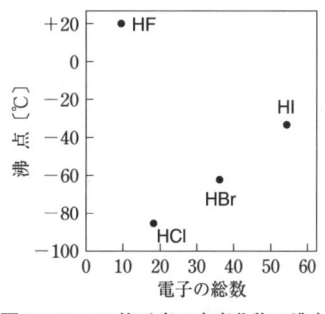

図3·56 17族元素の水素化物の沸点

---

a) Allred–Rochow scale   b) dipole–dipole attraction   c) hydrogen bond

えられている．第10章で述べるように，水分子の水素結合が化学において特に重要である．

水素結合は飛び抜けて最も強い分子間力であり，事実上，共有結合の強さの5〜20％に相当する．分子間の水素結合の強さは，水素以外の元素の個性に依存する．すなわち，水素結合の強さはH—F＞H—O＞H—Nの順に減少していき，この順番は電気陰性度の差の減少の順と相等しい．しかし，この因子が水素結合のすべての答えというわけではない．なぜなら，H—Cl結合はH—N結合よりも大きく分極しているのに，塩化水素分子では（水素結合のような）かなり強い分子間引力は存在していない．

水素結合を共有している2分子間の距離は，ファンデルワールス半径[a]の総和よりも明らかに短いので，電子密度は水素結合全体で共有されていると考えられている．この考え方において，水素結合は，分子間力としての性格はそれほどなく，むしろ弱い共有結合としての性格が強い．

3・13 分子の対称性

対称性は自然界に広く普及している．花の花弁は対称的に配置されている．われわれ人間のようにほとんどの創造物は左右対称である．すなわち，われわれの体の半分は，残り半分のほぼ正確な正反射になっている．さらに回転対称は，SやZという文字でみることができ，毎日の生活の中でよく出会うものである．化学の世界は対称性の原理に基づいている．実際，分子の対称性はその性質のいくつかを決定している．日常生活においては，何かが"対称的に見える"かどうかについて，定性的な判断を用いているが，科学においてはその物体の対称性を定義する一連の数学的な規則がある．

3・13・1 対 称 操 作

分子の対称性は，一連の**対称操作**[b]から演繹される．対称操作は，もとの配座[c]と見分けがつかない配座（もとの配座に重ね合わせることができる配座）にするために，分子に対して行う手順である．対称操作は，対称中心，回転軸，鏡映面という**対称要素**[d]に関して行われる．対称操作は5個ある．

1. 恒等操作
2. 回転操作：n回回転軸による回転
3. 鏡映操作：鏡映面による鏡映
4. 反転操作：対称中心（反転中心）における反転
5. 回映操作：回転軸による回転操作とその後の（実像または虚像）その軸に垂直な反転操作

3・13・2 恒 等 操 作

恒等操作Eは，分子を変化しない．したがって，すべての分子は恒等操作Eをもっている．このことは意味がない操作にみえるかもしれないが，分子の対称性は群論[e]の数学と連結している．群論では恒等操作の存在が必要である．

3・13・3 回 転 操 作

記号C_n^xで表される回転操作は，記号C_nで表される分子全体の回転軸のまわりを360°/nの角度で分子を回転させるものである．nの値は，分子を完全に1回転（360°回転）させる間に，もとの分子の立体配座と回転操作を行った後の立体配座が何回一致するかの回数を表している．

たとえば，平面構造の三フッ化ホウ素分子を，平面に垂直でホウ素原子を通る軸（直線）に関して，もとの位置から120°，240°，360°の角度にしたときにもとの原子と位置と同一の立体配座になる．この場合はnは3という値になり，分子のもとの位置に戻るために，3回回転することが必要である．または，もとの立体配座と一致する最初の角度で360°を割ったものとして定義することができ，この分子の場合は以下のようになる．

$$n = \frac{360°}{120°} = 3$$

3回回転操作を行った軸を，（3回）回転軸C_3とよぶ．3回の回転における個々の回転操作に対してC_3^1, C_3^2, C_3^3と記号をつけて区別する．

それに加えて，それぞれのB—F結合に沿った軸を見ると，C_3軸に垂直な線のまわりを180°回転させるともとと同じ分子の立体配座になる．すなわち，分子は3本の2回回転軸C_2ももっている．三フッ化ホウ素の回転軸を図3・57に示す．

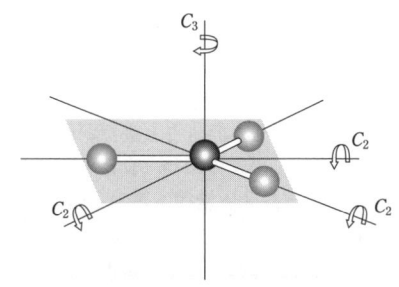

図3・57　三フッ化ホウ素分子の回転軸〔出典：C. E. Housecroft, A. G. Sharpe, "Inorganic Chemistry", Prentice Hall, London (2004).〕

対称性において1種類以上の回転軸をもつ分子においては，nの値が最も大きい回転軸を**主軸**[f]とよび，この軸は

---

a) van der Waals radius　　b) symmetry operation　　c) configuration　　d) symmetry element　　e) group theory
f) principal axis

最も分子対称性の高い軸[a]といわれる．直線分子においては，分子の結合軸のまわりをどのような角度で回転させても，もとの位置と一致する．nが無限になる回転操作の存在は記号C_∞によって示される．

3・13・4 鏡映面による鏡映

分子を貫いた平面を構築し，一方の側の原子をその平面に対して鏡映したときに，平面の逆側の原子の位置に完全に重ね合わせることができる場合，分子は**鏡映面**[b]をもつといわれ，記号σで表記する．さらに，主軸の方向に関連して鏡映面を定義する．慣例に基づき，主軸の方向を垂直方向であると定義する．たとえば，三フッ化ホウ素分子の場合，すべての原子を通るように，主軸C_3と垂直に分子を"スライス"することができる．この面は，慣例に従って，この面は**水平鏡映面**[c]とよばれ，記号σ_hで表記する．

それに加えて，一つのB—F結合を通り，残り二つのB—F結合の間の角度を二等分するように，分子を"スライス"することができる．この平面は主軸を含んであり，**垂直鏡映面**[d] σ_vとよばれる．三フッ化ホウ素分子は，図3・58に示すように三つの垂直鏡映面がある．

二面角における鏡映面[e] σ_dが鏡映面の三つ目のタイプである．この鏡映面は，二つの垂直鏡映面または二つの回転軸の間の角度を二等分する位置（対角面）に位置する垂直鏡映面である．

3・13・5 対称中心における反転操作

分子のすべての部分を中心のまわりに反転させたときに，もとと見分けがつかない配置が生じる場合，分子は**対称中心**[f]または**反転中心**[g]をもつといい，記号iで表記する．たとえば，三フッ化ホウ素は反転中心をもっていない．しかし，偶数回転軸（たとえば，C_2, C_4, C_6）とその軸に垂直な鏡映面をもつすべての分子は，対称中心をもっている．反転操作は，C_2とσ_hの組合わせとして考えることができる．

対称中心を識別するもう一つの方法がある．六フッ化硫黄分子を例として考えてみよう．三次元の網目の中心，座標$(0, 0, 0)$の点に硫黄原子が存在しており，三つのフッ素原子がx軸，y軸，z軸上の距離rのところに存在しているとする．それぞれのフッ素原子において，同じ軸上で硫黄原子から距離$-r$の位置（すなわち，硫黄原子の反対側）に対応する原子が存在している．

3・13・6 回映操作

いわゆる**回映軸**[h]は，回転操作と回転軸に垂直な平面における鏡映操作の組合わせである．回映軸は記号S_nによって表示される．

回映操作の例を示すために，メタンCH_4のような正四面体形の分子を選択する．メタンは，各C—H結合に沿った4本のC_3軸がある．そのうえ，みつけるのは難しいが，H—C—Hを二等分する位置にC_2軸がある．C_2軸は全部で3本ある．図3・59に，一つのC_2軸において90°回転してから垂直な平面（想像上のσ_h平面）において鏡映すると，もとの位置と一致する立体配座になる様子を示す．この変換はS_4軸を表している．S_4軸は各C_2軸に対応して

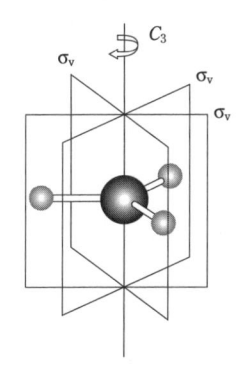

図3・58 三フッ化ホウ素分子の垂直鏡映面．水平鏡映面は，C_3軸に直角で，すべての原子を二等分する．〔出典: C. E. Housecroft, A. G. Sharpe, "Inorganic Chemistry" Prentice Hall, London (2004).〕

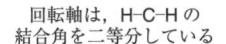

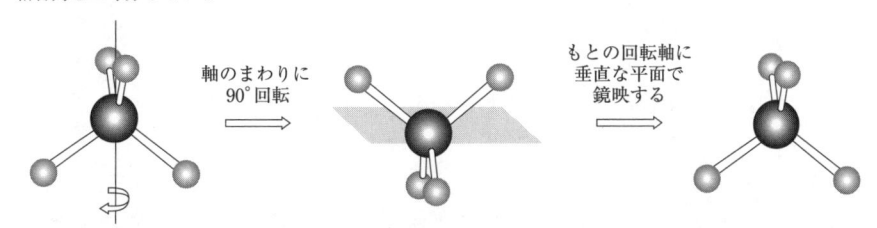

図3・59 メタン分子の回映軸．90°回転させてから鏡映操作を行うともとの形に重なる4回回映軸（記号S_4）が存在している．〔出典: C. E. Housecroft, A. G. Sharpe, "Inorganic Chemistry" Prentice Hall, London (2004).〕

---

a) axis of highest molecular symmetry b) mirror plane c) horizontal mirror plane d) vertical mirror plane
e) dihedral mirror plane f) center of symmetry g) center of inversion h) improper axis of rotation, rotatory reflection axis

いるので，メタンは4本の S_4 回映軸をもっている．したがって，回映軸をもつ分子形状において，回転操作における n の値よりも大きな回映操作の n になることが可能である．

軸，どんな分子ももっている E，の対称要素をもっている．分子の中心（点）で同時に起こるすべての対称要素の集合体（群）は，**点群**[a] とよばれる．メタンの場合の点群は T_d とよばれる．

3・13・7 点 群

どのような特定の分子形状でも，対称要素の組合わせは一つしかもてない．たとえば，メタンの正四面体型は，4本の C_3 軸，3本の C_2 軸，6個の σ_v 鏡映面，3本の S_4 回映

点群を決定するには，回転軸の種類と数，垂直鏡映面と水平鏡映面の数，分子形状が対称中心をもっているかどうか，を確認するだけで十分な場合が多い．表3・8に，一般的な点群，その基となる対称要素（回転軸，σ_v と σ_h の鏡映面，対称中心），対応する分子形状，例となる物質を

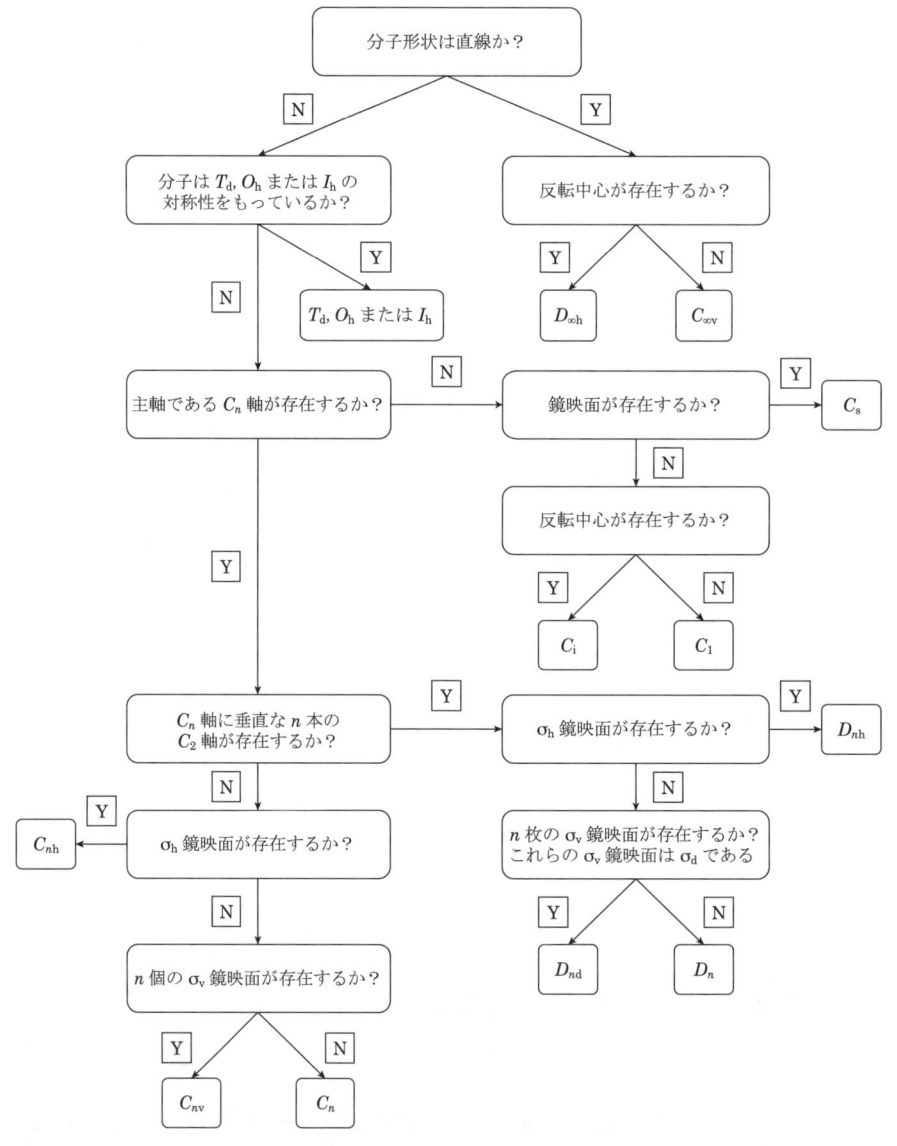

図 3・60 分子に一般的な点群を割当てるためのスキーム〔出典：C. E. Housecroft, A. G. Sharpe, "Inorganic Chemistry (3rd Ed)", Pearson Education Limited (2008)〕

---

a) point group

3・14 対称性と振動スペクトル

表3・8 一般的な点群：対応する回転軸，垂直鏡映面と水平鏡映面，構造，一般的な例

点群	C_n, σ_h, σ_v（対称要素）	構造	例
C_1	なし	—	CHFClBr
C_i	反転中心	—	—
C_s	1個の面	—	$SOCl_2$
C_2	1本の C_2 軸	—	H_2O_2
C_{2v}	1本の C_2 軸，2個の σ_v 面	AB_2 折れ線形または XAB_2 平面形	H_2O, $BFCl_2$
C_{3v}	1本の C_3 軸，3個の σ_v 面	AB_3 三角錐形	NH_3
C_{4v}	1本の C_4 軸，2個の σ_v 面	AB_4 四角錐形	BrF_5
$C_{\infty v}$	1本の C_∞ 軸，無限個の σ_v 面	ABC 直線形	HCN
D_{2h}	3本の C_2 軸，1個の σ_h 面，2個の σ_v 面，反転中心	平面形	N_2O_4
D_{3h}	1本の C_3 軸，3本の C_2 軸，1個の σ_h 軸，3個の σ_v 面	AB_3 平面正三角形	BF_3
D_{4h}	1本の C_4 軸，4本の C_2 軸，1個の σ_h 面，4個の σ_v 面，反転中心	AB_4 平面正方形	XeF_4
$D_{\infty h}$	1本の C_∞ 軸，無限個の C_2 軸，無限個の σ_v 面，1個の σ_h 面，反転中心	AB_2 直線形	CO_2
T_d	4本の C_3 軸，3本の C_2 軸，6個の σ_v 面	AB_4 正四面体形	CH_4
O_h	3本の C_4 軸，4本の C_3 軸，6本の C_2 軸，9個の σ_v 面，反転中心	AB_6 正八面体形	SF_6

リストアップする．一般的な空間群を決定するためのフローチャートを図3・60に示す．

アンモニアを例として，フローチャートの有用性を示そう（図3・35を参照）．アンモニア分子はピラミッド状の形である（電子が不足している平面状の三フッ化ホウ素分子とは違い，アンモニアは非共有電子対をもっている）．フローチャートは，Q&A形式でたどっていくことができる．

分子は直線状か？　No
分子は T_d または O_h の対称性をもつか？　No
主軸である C_n 軸は存在するか？　Yes, C_3 軸が存在する．
C_3 軸に垂直な n 本の C_2 軸は存在するか？　No

σ_h 鏡映面は存在するか？　No
3個の σ_v 鏡映面が存在するか？　Yes
よって，点群は C_{3v} である．

アンモニア分子の C_3 軸と3個の σ_v 鏡映面を図3・61に示す．

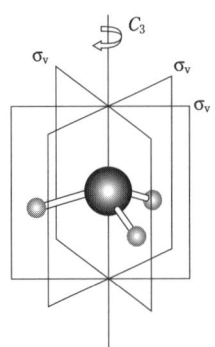

図3・61 アンモニア分子の C_3 軸と三つの垂直鏡映面〔出典：C. E. Housecroft, A. G. Sharpe, "Inorganic Chemistry" Prentice Hall, London (2004).〕

3・14 対称性と振動スペクトル

対称性は分子の挙動に重要な役割を果たす．たとえば，遷移金属化合物において，分子の対称性は電子的な励起状態の数とエネルギー，そしてそれらの各状態へ電子が励起される確率（第19章を参照）を決定する鍵となる．この電子的な励起が，化合物の色とその強度をもたらす．

ここで，分子振動の励起（遷移）における対称性の効果に焦点を合わせる．分子中の原子は常に動いている．たとえば，水分子のO—Hの結合長は95.7 pmで結合角は104.47°であるといっても，それは平均値である．結合は，はさみのように角度が大きくなったり小さくなったりする間に，絶えず伸びたり縮んだりしている．可能な振動の数は限られている．N 個の原子で構成される分子においては，

直線でない分子は $3N-6$ 個の可能な振動
直線分子は $3N-5$ 個の可能な振動

がある．図3・62（a）に水分子の三つの振動，対称的な伸縮，逆対称的な伸縮，変角振動（はさみのような振動）を示す．図3・62（b）は，二酸化炭素分子における対応する振動を示す．二酸化炭素では，二つの変角振動モードが縮退している．すなわち，その二つは互いに直角になっているという点を除けば等価である．

分子振動を研究すると，分子中の各結合の強さと分子構造それ自体についての情報が得られる．結合が強くなるほど，振動エネルギーが高くなる．振動パターンは分子の対称性に関連している．それぞれの分子は独特な振動エネルギーの組合わせをもつので，共有結合を含んでいる場合

図 3・62 (a) 水分子の 3 種の振動モード，(b) 二酸化炭素の 4 種の振動モード

は，**振動分光法**[a]を未知物質の同定に利用できる．

3・14・1 振動分光法

分子振動の研究には二つの手段，**赤外分光法**[b]と**ラマン分光法**[c]がある†．前者の方が一般的な手法であるが，今では低価格のラマン分光光度計が利用可能になったので，後者の手法もますます一般的になってきた．実際，二つの手法の組合わせにより，分子構造と結合エネルギーに関する最も詳細な分子情報が得られる．

赤外分光法では，赤外線のビームが物質を透過する．物質中の分子は，ある特定の分子振動（分子振動のすべてに対応する必要はない）に対応する赤外線のエネルギーを選択的に吸収する．結合の振動が赤外線放射を吸収するためには，結合が極性で，結合の双極子モーメントが変化しなければならない．したがって，対称的な伸縮振動はしばしば吸収されなくなる．水は，それ自身対称性の低い分子なので，三つの振動とも赤外線放射を吸収する．通常，吸収された振動数の値をセンチメートルの逆数 cm^{-1} の単位（しばしば波数とよばれる）で表記する．水においては，二つの伸縮振動モードが $3450\ cm^{-1}$ と $3615\ cm^{-1}$ に，変角振動の吸収が $1640\ cm^{-1}$ にある．直線形の対称的な二酸化炭素分子においては，対称的な伸縮振動は赤外分光法では不活性である．よって，この分子では 2 本の吸収だけが観測される．

ラマン分光法は，可視光のビームの通過を利用する．分子は光を吸収し光を再放出するが，エネルギーのうちの一部は分子振動によって吸収される．よって振動に関しては，当てた光のうちの非常に小さな割合の光が，もとの周波数と振動エネルギーの分だけ異なる周波数で再放出される．ラマン活性な振動を決める規則は，直接的な赤外線吸収の規則とは異なっている．すなわち，ラマン活性であるためには振動する間に分子の分極率の変化がなくてはならない．その結果，分子のラマンスペクトルで観測される振動は，赤外線スペクトルで観測される振動とまったく異なったものになることが多い．ラマンスペクトル中に現れ

る振動は，たいていは対称的な伸縮振動のような対称性をもつモードである．吸収も無極性なほど強くなる傾向があるが，このような振動を観測するのは赤外線スペクトルでは苦手である．

分子に反転中心が存在する場合は，一般的に赤外線スペクトル，ラマンスペクトルともに現れる吸収はない．ラマンスペクトルの手法には，赤外線スペクトルよりもかなり実用的な利点が一つある．ラマンスペクトルは水溶液中でも用いることができるが，水分子による赤外線放射に対する強い吸収のせいで水溶液の赤外線スペクトルの測定は難しい．図 3・63 に硝酸イオンにおける赤外線スペクトルとラマンスペクトルを，図 3・64 に対応する振動モードを示す．二つの伸縮振動モード，対称的なもの（ν_1，ラマン活性）と非対称的なもの（ν_3，赤外活性）が特に顕著である．

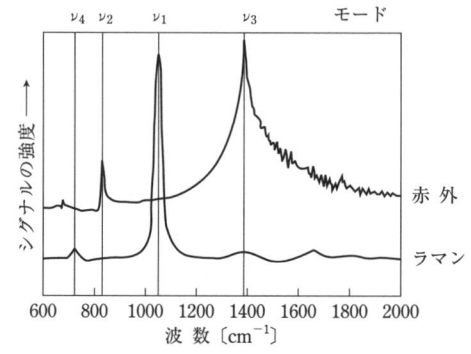

図 3・63 硝酸イオンの 4 種の振動モードを示した赤外線スペクトルとラマンスペクトルの比較．ν_1 は対称的な振動モード，ν_3 は逆対称な振動モードである．〔Delta Nu Division, CC Technology Inc., Laramie, WY. の厚意により転載〕

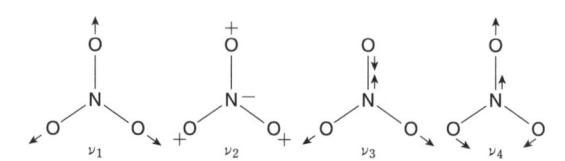

図 3・64 図 3・63 に示した赤外スペクトルに対応する，硝酸イオンの 4 種の振動モード（ν_2 振動がプラスとマイナスになっていることは，分子平面の上方および下方への動きを示している）

3・15 放射捕獲：温室効果

多くの人はいわゆる**温室効果**[d]について聞いたことがあるが，この問題を本当に理解している人はほとんどいない．温室効果（もっと正確には**放射捕獲**[e]）とは，赤外線振動スペクトルの原理の大規模な系への適用にすぎない．太陽からのエネルギーは，特に可視，紫外，赤外領域の電磁放射として地球表面に到達する．このエネルギーは地球

---

a) vibrational spectroscopy b) infrared spectroscopy c) Raman spectroscopy d) greenhouse effect e) radiation trapping
† ラマン分光法は，その発明者であるインドの化学者ラマン（C. V. Raman）にちなんで命名された．

3・15 放射捕獲：温室効果

表面と大気に吸収され，おもに赤外線放射（"熱"放射線）として再放出される．入ってきたエネルギーすべてが，赤外線放射として宇宙空間に戻ることにより失われたとすると，地球表面は $-20\,^\circ\mathrm{C}$ から $-40\,^\circ\mathrm{C}$ の間の温度になる．幸いなことに，赤外線域に吸収振動数をもつ大気中の分子は，その振動数に対応するエネルギーの光を吸収する．吸収したエネルギーを再放出して地球に戻すことにより，海洋，陸，大気を温めてくれる．その結果，地球表面の平均温度は約 $+14\,^\circ\mathrm{C}$ になる．言い換えると，温室効果はこの惑星を住みよい状態にしているのである．

幸運なことに，大気中の三つの支配的な気体である窒素，酸素，アルゴンは，赤外線を吸収する振動モードをもたない．さもなければ，放射捕獲によって地表の温度は水の沸点をかなり超えてしまうだろう．アルゴンは単原子分子であり，共有結合をもたないから振動モードは存在しない．窒素分子と酸素分子が赤外線を吸収しないのは，対称的な二原子分子は赤外活性な振動をもたないからである．しかし，大気中の微量成分のうちの二つ，二酸化炭素と水蒸気は赤外を吸収する振動をもつ．よって，この二つの化学種が大気中での赤外吸収のほとんどすべての原因となる．吸収の残りは，他の痕跡量の化学種によって生じる．それらには，オゾン，メタン（第10章を参照），クロロフルオロカーボン（CFC），六フッ化硫黄（第16章を参照）がある．

これらの分子は，その振動周波数の整数倍にあたる波長のエネルギーも吸収するが，はるかに少ない量でしかない．注意すべき重要事項は，放射捕獲の程度に影響を与えるのに必要な赤外活性な振動モードをもつ化合物の濃度は，ほんの ppm（百万分の一）どころか ppb（十億分の一）のレベルだということである．

図 3・65 に，地球の大気の赤外線スペクトルを示す．水分子と二酸化炭素分子の振動周波数に対応する波長の吸収が，長波長域での支配的な特徴である．より短い波長域では，これらの振動周波数の整数倍（倍音）に対応する波長でほとんどの吸収が起こっている．

この惑星に大きな水域があるために，約1％という大気中の水蒸気の濃度は地質年代にわたってかなり一定のままである．二酸化炭素については，火山からの気体状流出物としての発生と，ケイ酸塩岩の風化と光合成による二酸化炭素の取込みで，大まかにバランスがとれていた．結果として，大気中の二酸化炭素の量は，地質年代のほとんどの間で数百 ppm であった．3億5千万年前から2億7千万年前の暖かい石炭紀[a]において，二酸化炭素の量は現在よりも6倍以上高かったようである．それ以降，二酸化炭素濃度は減少しているのは幸いである．なぜなら，同期間に太陽が熱くなっているからである（セーガンの"暗い太陽のパラドックス[b]"として知られている）*．したがって，二酸化炭素濃度の減少による温室効果の低減が，太陽の放射の増加と，ほぼ釣合っていたのである[†]．

しかし，現在では化石燃料の燃焼によって，自然のプロセスによって除くことができる速度よりもはるかに高い速度で，大気中に余計な二酸化炭素を注入している．大気中

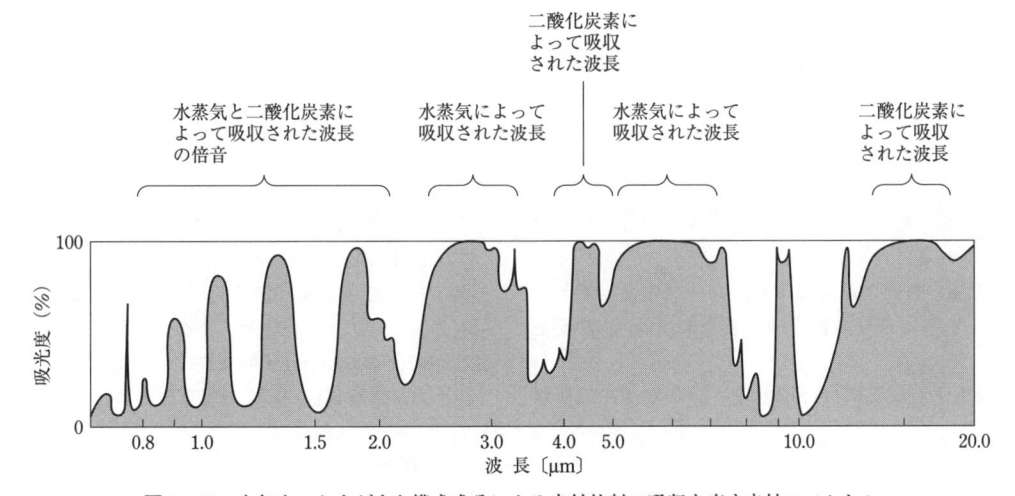

図 3・65　大気中のさまざまな構成成分による赤外放射の吸収を表す赤外スペクトル

---

a) Carboniferous period　b) faint young Sun paradox
*［訳注］太陽系の進化モデルでは太陽輝度は徐々に上昇していく．太古代の太陽輝度は現在よりも 30 ％ 低かったはずなので，地球はきわめて寒冷な気候であったと予測されるのに，実際には氷河が存在していないというパラドックスが存在している．大気組成も時間とともに変化すると考えれば解決できると 1972 年にセーガンは主張した．
† 地球の姉妹惑星である火星の約 $480\,^\circ\mathrm{C}$ という高い表面温度は，温室効果の暴走に起因している．

の二酸化炭素濃度の急速な増加は，気候学者の間で心配のもととなっている（図 3・66）．

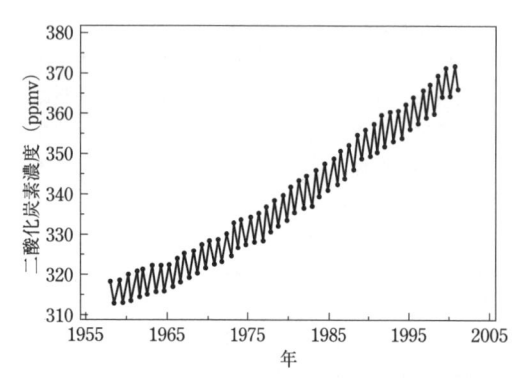

図 3・66 過去 50 年間の対流圏における二酸化炭素濃度の変化．ハワイのマウナロアで記録された連続的なデータ．〔D. Keeling and T. Worf, Scripps Institution of Oceanography.〕

二酸化炭素は赤外線の吸収体であるので，論理的には，大気中の二酸化炭素が増加するにつれて大気の温暖化をひき起こしていく．論争されているのは温暖化の度合いである．また，メタンのような赤外線を吸収する他の気体の大気中の濃度の増加による，全地球的な気候変化への影響も考慮に入れなければならない．

地表温度の急速な増加は，重要な気候変化とそれに付随する環境上の問題をひき起こす．たとえば，南極とグリーンランドの万年雪の融解は，海水が温まる際の膨張と相まって，海面の上昇をもたらし，沿岸地域を水浸しにし，多くの島国を実際に消し去るであろう．島国ツバル（南太平洋にある九つの珊瑚島から成る国）ではすでに，全住民がすぐに他国に避難所をみつけなければならないほど，増加する氾濫に苦しんでいる．さらに，長期的にみると，人口密度の高いバングラデシュの国土の 1/3 が水面下に消え去るであろう．米国においては，フロリダの沿岸部分のほぼ全域とミシシッピー川のデルタ地帯のすべてが，上昇する水位により水浸しになるだろう．

3・16 共有結合と周期表

この章では，非金属と半金属を含む化合物中の共有結合の存在を強調してきた．非金属の化学は，共有結合によって支配されている．しかし，この本全体を通して見ていくことになるが，金属を含む多原子イオンのような含金属化合物においても共有結合は非常に重要である．過マンガン酸イオン MnO_4^- は，マンガンが 4 個の酸素原子と共有結合している．第 5 章で述べるように，多くの金属性化合物の結合は，イオン性よりも共有結合性によって容易に記述できる．しかしこの話題はイオン結合の章で議論した方がよい．なぜなら，ある化合物がいろいろな結合様式のうちの一つをなぜ選択するのかを認識する前に，イオン結合の性質について議論する必要があるからである．

要　点

- 化学者は分子の性質と挙動を，分子軌道法により最もよく理解できる．
- 原子軌道の線形結合により，結合性と反結合性の分子軌道が形成される．
- p（または d）軌道の結合により，ローブの端と端との重なり（σ）とローブの横方向の重なり（π）のセットが生じる．
- 原子価殻電子対反発則（VSEPR 則）は一般的に，複雑な化合物の結合角と共有結合の長さについて説明するのに適している．
- 理論上の原子軌道の混成を含む原子価結合法は，分子形状を合理的に解釈するのに用いることができる．
- 共有結合で生じる化合物には二つの分類，共有結合のネットワークと共有結合による小分子，がある．
- 共有結合による小分子の性質は，分子間力（分散力，双極子力，水素結合）によって支配される．

基本問題

3・1 つぎの用語を定義しなさい．(a) LCAO 理論，(b) σ 軌道，(c) VSEPR 則，(d) 混成，(e) 主軸．

3・2 つぎの用語を定義しなさい．(a) 共有結合のネットワークによる分子，(b) 分子間力，(c) 電気陰性度，(d) 水素結合，(e) 点群．

3・3 分子軌道図を用いて H_2^- イオンの結合次数を決定

しなさい．このイオンは常磁性か反磁性か？

3・4 Be_2分子は存在すると思うか？ 分子軌道のエネルギー図を用いてその理由を説明しなさい．

3・5 分子軌道図を用いてN_2^+イオンの結合次数を決定しなさい．このイオンについて価電子の電子配置（例：$(\sigma_{2s})^2$）を記しなさい．

3・6 分子軌道図を用いてO_2^+イオンの結合次数を決定しなさい．このイオンについて価電子の電子配置（例：$(\sigma_{2s})^2$）を記しなさい．

3・7 NO^+イオンの分子軌道のエネルギーが一酸化炭素と同じであると仮定して，NO^+イオンの結合次数を推測しなさい．

3・8 NO^-イオンの分子軌道のエネルギーが一酸化炭素と同じであると仮定して，NO^-イオンの結合次数を推測しなさい．

3・9 ホウ素分子B_2の分子軌道図を構築しなさい．結合次数はいくつだと推測するか？ 第2周期のより重い単体の分子軌道の順を用いて同様の分子軌道図を構築し，二つの図を比較しなさい．この異なる順を確認するためには，どのような実験的な特性を用いることができるか？

3・10 炭素分子陰イオンC_2^-と炭素分子陽イオンC_2^+の分子軌道図を構築し，価電子の電子配置を記しなさい．おのおののイオンの結合次数を決定しなさい．

3・11 (a) 二フッ化酸素，(b) 三塩化リン，(c) 二フッ化キセノン，(d) 四塩化ヨウ素イオンICl_4^-の点電子式をつくりなさい．

3・12 (a) アンモニウムイオン，(b) テトラクロロメタン，(c) 六フッ化ケイ素イオンSiF_6^{2-}，(d) 五フッ化硫黄イオンSF_5^-の点電子式をつくりなさい．

3・13 亜硝酸イオンの点電子式をつくりなさい．このイオンで可能な二つの共鳴構造の構造式を記し，窒素-酸素の平均結合次数を見積もりなさい．イオンの部分的な結合を破線で示して表しなさい．

3・14 炭酸イオンの点電子式をつくりなさい．このイオンで可能な三つの共鳴構造の構造式を記し，炭素-酸素の平均結合次数を見積もりなさい．イオンの部分的な結合を破線で示して表しなさい．

3・15 チオシアン酸イオンNCS^-は，中心に炭素原子が存在する直線分子である．このイオンで，可能なすべての点電子式をつくり，その後，形式電荷の概念を用いて，最も可能な寄与している構造を同定しなさい．破線を用いた部分的な結合表記を用いて，その結果を記しなさい．

3・16 三フッ化ホウ素分子は三つの単結合をもっており，中心のホウ素原子は電子が不足していると描写される．形式電荷の概念を用いて，3個のフッ素原子のうちの一つで二重結合になればホウ素原子にオクテットを形成することができるのに，なぜ好まれないのかを説明しなさい．

3・17 問題3・11における各分子と多原子イオンについて，VSEPR則に従って電子対の配置と分子の形状を決定しなさい．

3・18 問題3・12における各分子と多原子イオンについて，VSEPR則に従って電子対の配置と分子の形状を決定しなさい．

3・19 つぎの三原子分子のうち，直線と予測されるものとV字形が予測されるものはどれか？ V字形と予測されるものに関してはおおよその結合角を示しなさい．(a) 二硫化炭素CS_2，(b) 二酸化塩素ClO_2，(c) 気体状の塩化スズ(II) $SnCl_2$，(d) 塩化ニトロシル$NOCl$（窒素原子が中心原子），(e) 二フッ化キセノンXeF_2．

3・20 つぎの三原子分子のうち，直線と予測されるものとV字形が予測されるものはどれか？ V字形と予測されるものに関してはおおよその結合角を示しなさい．(a) BrF_2^+，(b) BrF_2^-，(c) CN_2^{2-}．

3・21 問題3・11における各分子と多原子イオンについて，1組またはそれ以上の非共有電子対の存在によって，通常の幾何学的角度からのずれがどの場合に生じるかを特定しなさい．

3・22 問題3・12における各分子と多原子イオンについて，1組またはそれ以上の非共有電子対の存在によって，通常の幾何学的角度からのずれがどの場合に生じるかを特定しなさい．

3・23 問題3・11で決定したおのおのの電子対の配置において，分子形状に対応する混成を同定しなさい．

3・24 問題3・12で決定したおのおのの電子対の配置において，分子形状に対応する混成を同定しなさい．

3・25 モデルとして図3・47を用いて，どのようにして混成軌道の概念が気体状の塩化ベリリウム分子の形状を説明することができるのかを述べなさい．

3・26 モデルとして図3・48を用いて，どのようにして混成軌道の概念が気体状のメタン分子の形状を説明することができるのかを述べなさい．

3・27 硫化水素H_2Sとセレン化水素H_2Seのどちらかがより高い沸点をもつ予想されるか？ その理由を明確に示しなさい．

3・28 臭素分子Br_2と塩化ヨウ素IClのどちらかがより高い融点をもつと予想されるか？ その理由を明確に示しなさい．

3・29 問題3・11における各分子と多原子イオンについて，極性か無極性かをおのおのについて決定しなさい．

3・30 問題3・12における各分子と多原子イオンについて，極性か無極性かをおのおのについて決定しなさい．

3・31 アンモニアNH_3とホスフィンPH_3とどちらの方

が高い沸点をもつと予想されるか？　その理由を明確に示しなさい．

3・32　ホスフィン PH_3 とアルシン AsH_3 のどちらの方が高い沸点をもつと予想されるか？　その理由を明確に示しなさい．

3・33　以下の共有結合の化合物について，分子の形状と中心元素の混成軌道を推測しなさい．(a) ヨウ化インジウム(I) InI, (b) 臭化スズ(II) $SnBr_2$, (c) 三臭化アンチモン $SbBr_3$, (d) 四塩化テルル $TeCl_4$, (e) 五フッ化ヨウ素 IF_5.

3・34　三フッ化ヒ素の結合角は 96.2°であり，三塩化ヒ素の結合角は 98.5°である．この結合角の違いの理由について示しなさい．

3・35　メタン分子はいくつの振動モードをもっているか？

3・36　赤外スペクトルとラマンスペクトルはどのように異なっているのか？

3・37　以下の分子の対称要素（回転軸，鏡映面，反転中心，回映軸）を決定し，それから点群を同定しなさい．

(a) 五塩化リン（図3・37を参照），(b) 五フッ化ヨウ素（図3・43を参照），(c) 四フッ化キセノン（図3・44を参照）．

3・38　四フッ化硫黄分子において可能な二つの異なる幾何構造（図3・38を参照）について，対称要素（回転軸，鏡映面，反転中心，回映軸）を決定し，それから点群を同定しなさい．

3・39　VSEPR 則を用いて以下の化学種の形状を決定しなさい．その後に，回転軸と鏡映面の位置を決めて，おのおのが属している点群を同定しなさい．ヒント: 分子模型を用いて分子を組んでみよう．(a) ホスフィン PH_3, (b) 炭酸イオン CO_3^{2-}, (c) 硫酸イオン SO_4^{2-}, (d) ヘキサフルオロリン酸イオン PF_6^-.

3・40　VSEPR 則を用いて以下の化学種の形状を決定しなさい．その後に，回転軸と鏡映面の位置を決めて，おのおのが属している点群を同定しなさい．ヒント: 分子模型を用いて分子を組んでみよう．(a) チオシアン酸イオン SCN^-, (b) アンモニウムイオン NH_4^+, (c) 二硫化炭素 CS_2, (d) 二酸化硫黄 SO_2.

応用問題

3・41　d 軌道が s 軌道および p 軌道と重なり合って生じる分子軌道について調べなさい．どのようにして，d 軌道が s 軌道および p 軌道と重なり合って σ 分子軌道と π 分子軌道を生じるのかを示す軌道図を記しなさい．

3・42　CO_2^- イオンが合成されている．その形状と大まかな結合角はどうなっていると予測するか？

3・43　酸化二窒素分子における原子の配置は，対称的な NON ではなく NNO になっている．考えられる理由を述べなさい．

3・44　シアン酸イオン OCN^- は多くの安定な塩を形成するが，イソシアン酸イオン CNO^- の塩はしばしば爆発性を示す．考えられる理由を述べなさい．

3・45　問題3・44のように考えていくと，三つ目の可能な配置は CON^- になる．この順番に並んだイオンが安定なイオンにはなりそうにない理由を説明しなさい．

3・46　炭素は水素原子およびフッ素原子と，似たようなフリーラジカル種 $CH_3\cdot$, $CF_3\cdot$ を形成する．しかし，一方は平面であり，もう一方はピラミッド形の形状である．それぞれはどちらの形状であるかを決定し，その理由を示しなさい．

3・47　分子軌道法を用い，以下に示す気相でのフリーラジカルの二つの反応のうちどちらが有利であるかを予測

し，その理由を示しなさい．

$$NO + CN \longrightarrow NO^+ + CN^-$$
$$NO + CN \longrightarrow NO^- + CN^+$$

3・48　$C(CN)_3^-$ イオンを合成することは可能である．点電子式を構築し，最もありそうな構造を推測しなさい．実際には，このイオンは平面である．この事実と矛盾しない一つの共鳴構造式を記しなさい．

3・49　五フッ化リンは三フッ化リンよりも沸点が高い（-101 ℃に対して -84 ℃）が，五塩化アンチモン $SbCl_5$ は三塩化アンチモン $SbCl_3$ よりも沸点が低い（283 ℃に対して 140 ℃）．なぜ，この二つの場合において沸点の傾向が異なるのかを説明しなさい．

3・50　五フッ化キセノン(IV)酸イオン XeF_5^- をつくることができる．実際の形状は，VSEPR 則で予測される形状と一致している．どういう形か？

3・51　七フッ化ヨウ素は五角両錐形（図3・45aを参照）である．分子の回転軸と鏡映面の位置を決めてから，点群を決定しなさい．

3・52　テトラクロロ白金(II)酸イオン $PtCl_4^{2-}$ は平面正方形である．このイオンにはいくつの振動モードが存在するか？　このイオンの赤外スペクトルとラマンスペクトルについて何を言うことができるか？

3・53 酸素 O_2 は温室効果ガスではないのに，なぜオゾン O_3 は温室効果ガスなのか？

3・54 火星にはかつては，かなりの量の温暖な大気が存在していた．しかし，この小さな惑星の中心核は冷えて凝固した．なぜ，このことが大気の損失と大気の冷却化をもたらすことになったのか？

4　金　属　結　合

　　金属中の化学結合は，分子軌道の理論（前章の共有結合で既述）によって，最もよく説明される．金属結晶中の原子の配列は，剛体球の充填によって解釈できる．これらの充填配列は，金属およびイオン性化合物の両方に共通である．したがって金属結合に関する研究は，共有結合とイオン結合の間の橋渡しとなる．

　　鉱石からの金属の採取の歴史は文明の興隆と符合している．広く用いられた最初の金属材料は，銅とスズの合金，青銅である．製錬技術が進化してくると，鉄が好まれる金属となった．青銅よりも硬い材料であり，剣や鋤としては青銅よりも適しているからだった．装飾用としては，非常に打ち延ばしが容易な（すなわち，簡単に変形できる）金と銀が使いやすかった．

　　その後，数世紀の間に，既知の金属の数は現在の莫大な数（周期表の元素の大部分）にまで増えていった．しかし現代社会においても，われわれの生活を支配しているのはいまだに少数の金属（特に鉄，銅，アルミニウム，亜鉛）である．われわれが選ぶ金属は，必要目的に適しているに違いないが，鉱石の入手しやすさや採取のコストが，他の金属より優先される大きな理由となっている．

4・1　金属結合

　　元素の分類に関する記述（第 2 章）で言及したように，標準状態（SATP）[a] での高い三次元電気伝導性が，金属結合の主要な特性の一つであり，この特性を金属中の結合と関連づけることができる．ほぼいつも孤立して存在する分子ユニット内だけで電子を共有する非金属と違って，金属原子は最外殻（価）電子をすべての最近接原子と共有する．金属構造全体にわたる電子の自由運動によって，高い反射率とともに，金属の高い電気伝導性，熱伝導性を説明できる．

　　金属原子は結合に方向性をもたないので，容易に互いの上を滑って新しい金属結合を形成できる．これにより，ほとんどの金属が高い延性と展性を示すことを説明できる．金属結合を容易に形成できることは，焼結する[b] ことにより硬い金属ができる理由である．すなわち，金属粉末で満たした鋳型を高温高圧下に置くことにより，硬い金属形状を生み出すことができる．この環境においては，実際に金属全体が溶融することなしに，粉末の粒界をわたって金属と金属の結合が形成される．

　　一般的に，単純な共有結合分子の融点は低く，イオン性化合物の融点は高いが，金属の融点は水銀の -39 ℃からタングステンの $+3410$ ℃にいたる幅広い範囲をもつ．金属は溶融状態においても，電気伝導性と熱伝導性を保つ．（実際，溶融した金属は原子力発電所の熱移動材料としてよく用いられている．）このことは，液相においても金属結合が維持されている証拠である．

　　金属結合の強さと最も密接に関連しているのは沸点である．たとえば，水銀の沸点は 357 ℃，原子化エンタルピーは 61 kJ·mol^{-1} であるが，タングステンの沸点は 5660 ℃，原子化エンタルピーは 837 kJ·mol^{-1} である．したがって，水銀中の金属結合は分子間力と同じくらい弱いが，タングステン中の金属結合は多重の共有結合に匹敵する強さである．しかし，気相においては，金属元素はリチウムのように二量体 Li_2 として存在するかベリリウムのように単独の原子として存在しており，そのため塊としての金属性は失われる．気相での金属は金属的にすら見えない．たとえば，気相におけるカリウムは緑色である．

4・2　結合のモデル

　　金属結合に関する理論においては，金属の主要な性質，特に最重要な性質は高電気伝導性を示すこと（第 2 章），さらに金属の高い熱伝導性と高い反射率（金属光沢）を必ず説明しなくてはならない．

　　最も単純な金属結合のモデルは，電子の海（または電子のガス）モデルである．このモデルにおいて，価電子は金属構造全体を通って自由に動き回り（だから"電子の海"という言葉が使われる），さらに金属をもとの位置に残すことができる（そのため正のイオンが生じる）．よって，価電子により電流が運ばれ，価電子の動きにより金属を通して熱が移動する．しかし，このモデルは定量的というより定性的である．

　　分子軌道理論は，もっと包括的な金属結合のモデルを与える．この分子軌道理論の拡張は，ときどき**バンド理論**[c] とよばれるが，ここではリチウムの軌道を例にして示す．第 3 章において，気相中で 2 個のリチウム原子が結合して二リチウム分子を形成することを述べた．二つの 2s 原子軌道が混成してできた分子軌道図を図 4・1 に示す．（2 個

---

a) standard ambient temperature and pressure　　b) sinter　　c) band theory

のリチウム原子の原子軌道は左側に示す.）ここで，4個のリチウム原子の原子軌道が混成する場合を仮定する．こ

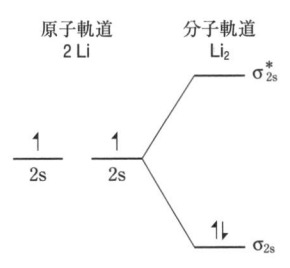

図4・1 二リチウム分子（気相）の分子軌道図

こでも，σ_{2s} 分子軌道の数は 2s 原子軌道の数と等しくなり，その半分は結合性で，残り半分は反結合性でなくてはならない．量子力学の規則に従うと，軌道のエネルギーは縮退できない．すなわち，σ_{2s} 軌道どうしは同エネルギーにはなれない．図4・2 に得られた軌道の配置を図示する．

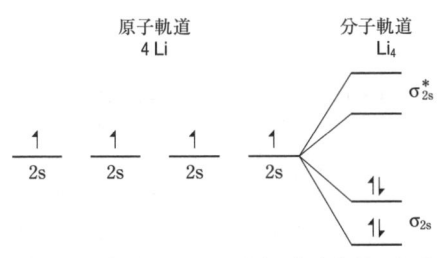

図4・2 4個のリチウム原子の組合わせにおける分子軌道図

大きな金属結晶においては，（ある巨大な数である）n 個の原子の軌道が混成する．これらの軌道は，金属結晶の三次元方向の全体にわたって相互作用するが，n が小さい場合と同じ結合の原理が適用される．そこには，$\frac{1}{2}n$ 個の σ_{2s}（結合性）分子軌道と，$\frac{1}{2}n$ 個の σ_{2s}^{*}（反結合性）分子軌道が存在するだろう．このようにエネルギー準位の数が非常に大きくなると，エネルギー準位の間隔が非常に狭くなり，本質的には連続体を構成することになる．この連続体はバンドとよばれる．リチウムにおいて，2s 原子軌道に由来するバンドは半分充塡されている．すなわち，バンドの σ_{2s} の部分は充塡され，σ_{2s}^{*} の部分は空になっている（図4・3）．

電気伝導性とは，非常に単純化して描くと空の反結合性軌道へ電子を昇位するために必要な微小量のエネルギーを得ることである．その後，電子は金属構造の中を電流として自由に動き回ることができる．同様にして，"自由"電子が金属構造全体を通して並進エネルギー[a]を輸送していくという形で，金属の高い熱伝導性を描くことができる．

---

a) translational energy　b) line spectrum　c) semiconductor

しかし，これらの現象を"真に"説明するには，バンド理論に関するもっと完全な研究が要求されることに留意してほしい．

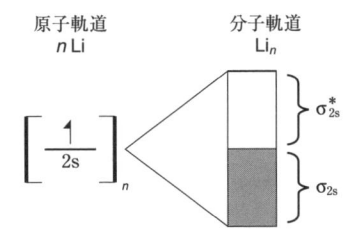

図4・3 n 個のリチウム原子の組合わせにおける，2s 原子軌道に由来するバンド

第1章で，電子があるエネルギー準位から他の準位に動くと，光の吸収と放射が行われることを確認した．光の放射は輝線スペクトル[b]として観測される．金属においてはおびただしい数のエネルギー準位があるので，可能なエネルギー準位の遷移の数はほとんど無限である．その結果，金属表面の原子はどんな波長の光も吸収でき，（基底状態に戻るときに電子は同じエネルギーを放出するので）同じ波長の光が再び放射される．このようにして，バンド理論は金属の光沢を説明する．

ベリリウムもバンド理論に適合する．ベリリウム原子の電子配置は [He]2s^2 なので，σ_{2s} と σ_{2s}^{*} の分子軌道は完全に充塡されている．すなわち，2s 原子軌道の重なりに由来するバンドは完全に充塡されている．最初に考えられる結論は，バンド中には電子が"歩き回る"場所が存在していないので，ベリリウムは金属的性質を示すことができないというものだろう．しかし，空の 2p のバンドが 2s のバンドと重なることにより，電子は金属構造全体を"歩き回る"ことが可能になる（図4・4）．

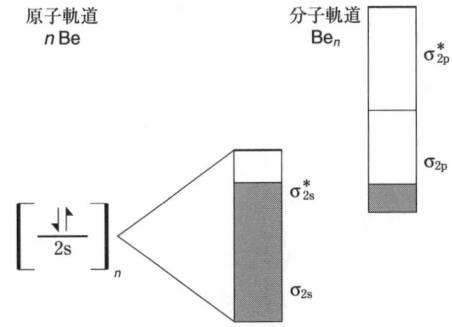

図4・4 ベリリウムのフロンティア軌道（2s と 2p）に由来するバンド

ある物質は電気伝導体で，ある物質は不導体，またある物質は**半導体**[c]となる理由を説明するために，バンド理論

を用いることができる．金属においては，バンド（価電子帯と空の伝導帯）は重なっており，電子の自由な移動が許される．非金属においては，バンドは大きく分離しているので，電子の移動は起こりえない（図4・5a）．これらの単体は**絶縁体**[a]とよばれる．単体の中には，二つのバンドが十分に接近しており，上にある空のバンドに電子を励起するのに，ほんのわずかなエネルギーしか要さないものがある（図4・5b）．このような単体は**真性半導体**[b]として知られている．

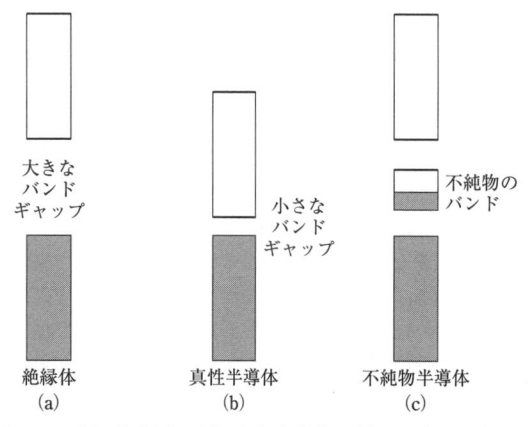

図4・5 (a) 非金属，(b) 真性半導体，(c) 不純物半導体 のバンド構造の模式図

現代の科学技術は，半導体の利用に依存しており，ある特定の性質をもつ半導体を合成する必要性が生じている．その性質は，広いバンドギャップ[c]をもつ単体に，何か他の単体を"ドープする[d]"（すなわち痕跡量の不純物を加える）ことによって実現できる．添加される単体は，主成分の価電子帯と空の伝導帯のエネルギー準位の間（すなわちバンドギャップのところ）に，エネルギー準位をもつ（図4・5c）．この不純物のバンドには価電子帯[e]の電子が昇位して入ることが可能であり，ある程度の伝導性を生じることができる．この方法により，半導体の電気的特性はどんな要求も満足できるように調節可能となる．

4・3 金属の構造

結晶中に金属原子が互いにどのように充填していくのかは，それ自体興味深いが，（§5・4にて記述する）イオン性化合物中のイオンの充填を議論するための基礎を与えてくれる点においても重要である．結晶中の充填の概念において，原子は剛体球であると仮定する．金属結晶において，原子は**結晶格子**[f]とよばれる繰返し配列中に配置される．金属原子の充填は，実質的には幾何学の問題である．

すなわち，同じサイズの球を配列できるような方法には何通りかある，ということと関係している．

まず一つの層に原子を配置し，その上の層に原子を順に置いていくことによって，原子配列を容易に図示できる．最も単純な配列は，第一層の原子配列をそのまま第二層以降にも適用することである．原子のつぎの層は，その下の層の真上に置く．これは，**単純立方充填**[g]（sc）として知られている（図4・6）．各原子は，その層中で他の4個の原子と，それに加えてその上と下の層の原子と接触しており，全部で6個の隣接原子がある．結果として，各原子の**配位数**[h]は6である．

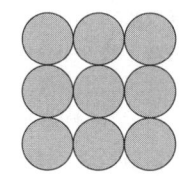

図4・6 単純立方充填．第二層は，第一層の真上に位置する．

単純立方充填配列はそれほど密な充填というわけではなく，その構造をもつ金属としてはポロニウムが知られているだけである．しかし，第5章で述べるように，イオン性化合物では，ときどきみられる配列である．立方格子の別の充填配列は，最初の層の隙間に2番目の層の原子が位置するものである．3番目の層は，2番目の層の隙間に入り込むが，最初の層のちょうど真上に位置することになる．この単純立方格子より密な配列は，**体心立方格子**[i]（bcc）とよばれる（図4・7）．各原子は，その上の層の4個の原子およびその下の層の4個の原子と接触している．したがって，体心立方格子の配位数は8になる．

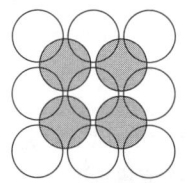

図4・7 体心立方充填．第二層（灰色の球）は第一層の隙間の上に位置しており，第三層は第二層の隙間の上に位置する．

他の二つの可能性は，各層が六角形の原子配置をとる場合（すなわち各原子はその層の中で6個の隣接する原子に囲まれている）である．この六方格子配列において，各原

---

a) insulator　b) intrinsic semiconductor　c) band gap　d) doping　e) filled band　f) crystal lattice
g) simple cubic packing または primitive cubic packing　h) coordination number　i) body-centered cubic lattice

子間に存在する隙間は立方格子配列における隙間よりも近くに位置する（図4・8）．2番目の六角形の層を第一層の上に置く場合，第一層におけるすべての隙間の上に原子を配置することは不可能である．実際，隙間の半分しか覆えない．第三層を第一層の真上にくるように，第二層の隙間の上に配置した場合，**六方最密充填**[a]（hcp）配列になる．第四層は第二層の真上にくるように配置される．したがって，これは abab 充填配列として知られている（図4・9）．

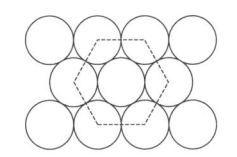

図4・8 六方格子配列の第一層

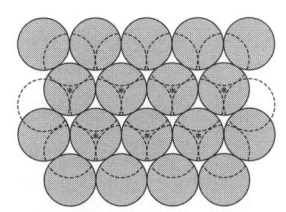

図4・9 六方充填において，第二層（灰色の球）は第一層の一つおきの隙間の上に位置する．六方最密充填配列は，第一層の真上に第三層（星印をつけた位置）が位置する．

もう一つの六方充填配列は，第三層を第一層と第二層の隙間の上にくるように配置する場合である．よって，第四層は第一層の配列を繰返すことになる．この abcabc 充填配列は**立方最密充填**[b]（ccp）または**面心立方格子**[c]（fcc）とよばれる（図4・10）．この2種の六角形配列に基づく充填は12配位である．

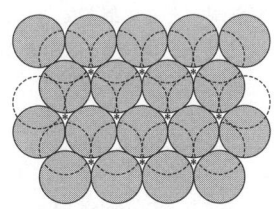

図4・10 立方最密充填配列の第三層（星印をつけた位置）は，第一層と第二層の両方の空孔の上に位置する．

充填の種類，配位数，格子全体の体積において球の体積が占める割合（充填率）を表4・1に示す．充填率60％と

は，結晶の体積の60％が原子により占められており，原子の間の何もない空間の総和は40％であるということを意味する．したがって充填率が大きくなるにつれて，原子は密に充填されることになる．

表4・1 異なる充填型の性質

充填型	配位数	充填率（％）
単純立方(sc)	6	52
体心立方(bcc)	8	68
六方最密充填(hcp)	12	74
立方最密充填(ccp/fcc)	12	74

ほとんどの金属は，より密な3種の充填配列（bcc, hcp, fcc）のうちの一つをとっており，ポロニウムは単純立方充填をとる唯一の金属である．ひずみのある，または標準的ではない充填配列をとる金属（特に周期表の右側にある金属）もいくつかある．充填の剛体球モデルでは，特定の金属がどの配列をとるかを予言することはできない．しかし，外殻の電子数が増加するに従って，好まれる充填配列は bcc から hcp へ，そして最終的には fcc へと変化していくという一般則がおそらく成立するであろう．図4・11に金属の一般的な充填配列を示す．いくつかの金属の充填配列は温度に依存している．たとえば，鉄は室温では bcc 構造（α-鉄）をとるが，910℃以上では fcc 構造（γ-鉄）に変化し，約1390℃で bcc 構造（δ-鉄）に戻る．§14・23でみることになるが，充填配列の温度依存性はスズにおいて特に重要である．

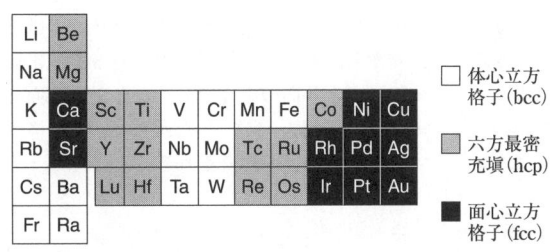

図4・11 標準状態における金属の一般的に安定な充填配列を示した周期表の一部

4・4 単 位 格 子

その単位を繰返すことによって結晶格子全体の構造を再現する最も単純な球の配列は，**単位格子**[d]とよばれる．単位格子を最も容易に確認できるのは単純立方充填である（図4・12）．単位格子では，8個の原子の中心のところで立方体を切出している．単位格子の内側には，それぞれが原子の1/8になっている8個のかけらが存在している．

---

a) hexagonal close-packed　b) cubic close-packed　c) face-centered cubic　d) unit cell

$8 \times \frac{1}{8} = 1$ なので，各単位格子には1個の原子が含まれているということになる．

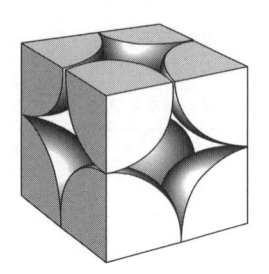

図4・12　単純立方格子の単位格子

体心立方格子の単位格子を得るためには，三つの層の繰返し構造という大きな集合体を用いなくてはならない．立方体の中心に一つの原子，立方体の角に8個の1/8個分の原子が存在するように，立方体を切出す．したがって，単位格子には $1 + 8 \times \frac{1}{8} = 2$ 個の原子が含まれている（図4・13）．

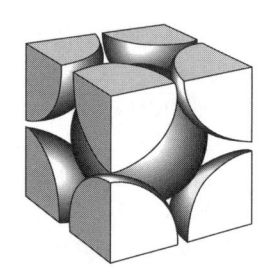

図4・13　体心立方格子の単位格子

立方最密充塡配列は一見，単純な単位格子を与えてはくれそうにない．しかし，面心立方配列の角を通るように切取ると，立方体の頂点と各面の中心に原子が存在する面心立方格子を構築できる（図4・14）．したがって，立方格子には $6 \times \frac{1}{2} + 8 \times \frac{1}{8} = 4$ 個の原子が含まれることになる．

4・5　合　金

2種以上の固体金属の組合わせは**合金**[a]とよばれる．可能な合金の数は莫大である．化学者たちはめったに言及しないが，合金はわれわれの生活で重要な役割を果たしている．合金中の原子は，ちょうど構成する金属の単体と同様

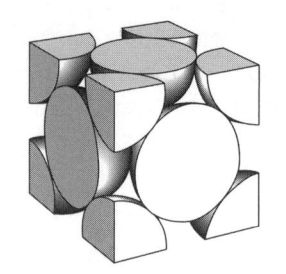

図4・14　面心立方格子の単位格子

に，金属結合でつながれている．この結合は，非金属の共有結合と似ている．共有結合は，同一の非金属元素のペアから成る分子と同じように，異種の非金属元素のペアから形成される分子においても原子をつないでいる．同様にして，合金中の金属結合は異なる金属元素の原子をつないでいる．

合金には，**固溶体**[b]と合金化合物という二つのタイプがある．固溶体は，溶融した金属を均一な混合物を形成するように混和したものである．固溶体を形成するためには，2種の金属の原子はほとんどサイズが同じで，2種の金属の結晶の構造は同じでなければならない．そのうえ，2種の金属は同じような化学的性質をもたなければならない．

たとえば，金と銅は100%の金から100%の銅まで，どのような割合でも単一相を形成する．これら2種の金属は同じような金属半径（金は144 pmで銅は128 pm）をもち，両方とも立方最密充塡構造をとる．鉛とスズは非常に近い金属半径（鉛は175 pmでスズは162 pm）であるが，鉛は面心立方構造をとり，スズは複雑な充塡配列をとる．よって，一方の金属がもう一方の金属と結晶化することは非常に少ない．水道鉛管用のハンダは30%のスズと70%の鉛を含む．そして，鉛とスズの非常な不混和性により，金属の"接着剤"として機能できる．液体のハンダを冷やしていったときに，結晶化が起こる温度範囲は約

表4・2　一般的な合金

名称	組成（%）	性質	用途
黄銅	Cu 70〜85, Zn 15〜30	純粋な銅よりも硬い	配管工事
金18カラット（18金）	Au 75, Ag 10〜20, Cu 5〜15	純粋な金（24カラット，24金）よりも硬い	宝飾
ステンレス鋼	Fe 65〜85, Cr 12〜20, Ni 2〜15, Mn 1〜2, C 0.1〜1, Si 0.5〜1	耐食性	さまざまな道具，科学機器

a) alloy　b) solid solution

形状記憶合金: 来るべき世界
(The Shape of Things to Come)

通常,科学はよく考え抜かれた研究の進展に従って発展していくようにいわれているが,実際には,驚くべき数の科学的発見が予期しないものであった.偶然が科学に果たす役割の最もおもしろい例の一つが,形状記憶合金である.この物語は,アメリカ海軍がミサイルのノーズコーン(ミサイル先端の円錐形の部分)のために耐疲労性合金を開発しようとしたところから始まる.冶金学者ビューラー(William J. Buehler)は,チタンとニッケルの等物質量(等モル)合金が,要求された性質を厳密にもつことを発見した.彼は,その合金をニチノール(nitinol, *ni*ckel *ti*tanium *N*aval *O*rdnance *L*aboratory, ニッケル–チタン海軍兵器研究所)と命名した.ニチノールの特性のデモンストレーションとして,合金の長く平らな帯を用意して,アコーディオン状に折りたたんだ.そしてこの金属が,壊れることなく何回も繰返し引伸ばせることを示した.この合金の可撓性(柔軟性があり折り曲げても折れない性質)自体,非常に有用な性質であった.このデモンストレーションのときに,出席者がライターを取出し,意味もなく金属を加熱した.皆が非常に驚いたことに,その一片はまっすぐになった! 金属はアコーディオン状になる前の形状を"覚えていた"のである.

通常の金属では,折り曲げると隣合った結晶は互いの上を滑っていく.ニチノールは,ニッケル原子の単純立方格子配列においてニッケルの立方格子の中心にチタン原子が入った(同時に,チタン原子の単純立方格子配列において,チタンの立方格子の中心にニッケル原子が入ったものでもある)というきわめて異常な結晶構造をとっている(図4・15).この連結構造は,隣合った結晶が互いに移動を妨げており,その物質に超弾性[a]を与

えている.高温では対称的なオーステナイト[b]相は安定であるが,冷却すると,合金はひずんだ立方晶であるマルテンサイト[c]相に相変化する.この相においては,マルテンサイト結晶は金属の塊を破壊することなしに繰返し折り曲げられるほど,十分に柔軟性がある.その後,穏やかに加熱すると,結晶をもとの形状に復帰することができる.新しい形状にするためには,金属を相転移温度(二つの成分の厳密な物質量比に依存する)以上に加熱しなくてはならない.

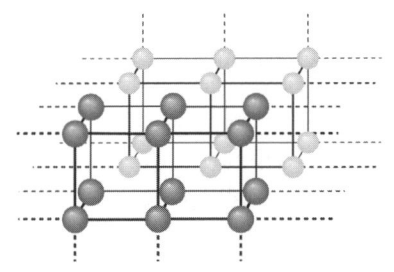

図4・15 ニチノールのオーステナイト相.ニッケル原子(陰付きの球)の単純立方格子配列においてニッケルの立方格子の中心にチタン原子が入っている.チタン原子(黒い球)の単純立方格子配列においてチタンの立方格子の中心にニッケル原子が入っている.

ニチノールには,より快適でより効率のよい歯科矯正器具や壊れない眼鏡フレームの製造をはじめ,さまざまな用途がある.自動ピンセットはもう一つの用途である.耳の専門医はピンセットの先端部分のニチノールのチップを曲げて少し開いてから,チップが異物を囲むまで患者の耳に滑り込ませ,ピンセットにつながれた電線に弱い電流を流す.ワイヤーが温まり,その結果,もとの原子構造に戻ると,その異物のところでチップが閉じて,安全に異物を除去できる.

100℃と幅広い.固溶体は,スズが20%以上のときには存在することができない.結果として,生じた結晶は融点の高い鉛を多く含むことになり,残った溶液は低い凝固点をもつ.この"どろどろとした"状態によって,配管工はハンダを用いて仕事をすることが可能となる*.

成分の結晶構造が異なる場合には,混合した溶融金属は正確に化学量論的な相を形成することがある.たとえば,銅と亜鉛は3種の"化合物",$CuZn$, Cu_5Zn_8, $CuZn_3$ を形成する.表4・2に,一般的な合金における組成と用途の例をあげる.

---

[a] super-elastic property [b] austenite [c] martensite

*[訳注] 冷却していくと,スズを20%含む固溶体と液体のハンダの混合物となる.冷却が進むにつれて固溶体が増えていくので,液体のハンダ中のスズの割合が高くなっていく.そのため,液体のハンダの凝固点は下がっていく.液体のハンダ中のスズの割合が61.9%になると共晶点になり,流動性の高い液体になる.その状態から温度が下がると即座に全体が固体化する.

要　点

- 金属結合は，分子軌道理論から導かれるバンド理論によって最もよく記述される．
- 金属原子は，たった4種類の方法（sc, bcc, hcp, ccp/fcc）で充填している．
- 各充填配列は，それぞれに特有の最も単純な単位である単位格子をもつ．
- 2種の金属の混合物である合金は，固溶体または合金化合物である．

基本問題

4・1 つぎの用語を定義しなさい．(a) 結合の電子の海モデル，(b) 単位格子，(c) 合金．

4・2 つぎの用語の意味を説明しなさい．(a) 結晶格子，(b) 配位数，(c) アマルガム．

4・3 金属の三つのおもな特性は何か？

4・4 最も広く用いられている4種の金属は何か？

4・5 エネルギーバンド図を用いて，マグネシウムにおいて3sのバンドが完全に充填されているのに，金属性を示すことができる理由を説明しなさい．

4・6 アルミニウムのエネルギーバンド図を示しなさい．

4・7 どうして金属性が気相では発現しないのかを説明しなさい．

4・8 気相中のカリウムがとりそうな化学式は何か？ その理由を示すために分子軌道図を示しなさい．

4・9 金属における原子層中の2種の配列は何か？ どちらが最密充填か？

4・10 立方最密充填配列と六方最密充填配列の間の層の構造の違いは何か？

4・11 単純立方充填の単位格子を図示し，単位格子一つ当たりに含まれる原子数をどのようにして導き出すかを示しなさい．

4・12 体心立方格子の単位格子を図示し，単位格子一つ当たりに含まれる原子数をどのようにして導き出すかを示しなさい．

4・13 固溶体合金を形成するためには，どのような条件が必要か？

4・14 亜鉛とカリウムが固溶体合金を形成しそうにない理由を二つ示しなさい．

応用問題

4・15 幾何学を用いて，単純立方格子の48%が空の空間になっていること（すなわち充填率が52%であること）を示しなさい．

4・16 幾何学を用いて，体心立方格子の32%が空の空間になっていること（すなわち充填率が68%であること）を示しなさい．

4・17 面心立方格子の単位格子において，通常，原子は面の対角線に沿って接している．原子半径がrであるとして，単位格子の一辺の長さを計算しなさい．

4・18 体心立方格子の単位格子において，通常，原子は立方体の一つの頂点から，立方体の中心を通って反対側の頂点にいく対角線（体対角線）に沿って接している．原子半径がrであるとして，単位格子の一辺の長さを計算しなさい．

4・19 クロムは，単位格子の一辺の長さが288 pmの体心立方格子を形成する．(a) クロム原子の金属半径，(b) 金属クロムの密度 を計算しなさい．

4・20 金属バリウムは体心立方格子型の単位格子の配列である．バリウムの密度を3.50 g·cm^{-3}として，バリウム原子の半径を計算しなさい．ヒント：問題4・18の答えを用いること．

4・21 金属銀は面心立方格子型の単位格子の配列である．銀の密度を10.50 g·cm^{-3}として，銀原子の半径を計算しなさい．ヒント：問題4・17の答えを用いること．

4・22 宇宙において，二つのきれいな金属表面を接触させておく場合の問題点を指摘しなさい．

5 イオン結合

化学結合は，電子移動とそれに続く荷電粒子間の静電引力によっても生じる．基礎化学の授業では通常，イオン結合と共有結合には厳密な区別があると話される．しかし実際には，"純粋な"イオン性化合物はまれであり，極端なイオン結合，共有結合，および金属結合の3種の状態が適当な割合で寄与する中間的なものであるとみなすのが適切である．

最も簡単な化学実験の一つに，脱イオン水を入れたビーカーに電球式導電率計（電気が流れると電球が付くタイプのテスター）の電極を差込む実験がある．電球は光らない．そこで，何かしらの塩を加えてかき混ぜると電球が光る．この実験は化学史上，重要なものだった．1884年にアレニウス[a]がこの実験の近代的な解釈を提案した．しかし当時は，彼の電解質の電離に関する理論をほとんど誰も認めなかった．事実，この主題についての彼の博士論文は，その結論が受入れ難いものであるという見地から，低い評価しか与えられなかった．そして1891年まで，塩溶液中の粒子がイオンに解離するという提案に対する支持は，一般的には存在しなかった．1903年，彼の研究業績の意義が最終的に認識された年に，アレニウスはノーベル物理学賞，ノーベル化学賞の両方にノミネートされた．物理学者たちはその提案の受諾に躊躇し，結果としてアレニウスはノーベル化学賞のみを受賞した．

われわれ現代人はアレニウスに反対した人々をわからずやと思いがちだが，当時の反対意見は十分に理解できるものだった．科学界は原子を信じる人たち（原子論者）と信じない人たちに二分されていた．原子論者は原子の不可分性を確信していた．ここでアレニウスが登場し，両陣営に反対し，"塩化ナトリウムは，溶液中でナトリウム'イオン'と塩化物'イオン'に分解した．しかし，これらのイオンはナトリウム'原子'や塩素'原子'と同じものではない．"と主張した．すなわち，ナトリウムはもはや反応性の高い金属性のものではなくなり，塩素は緑色で毒性のものではなくなったと述べたのである．トムソン[b]が電子を発見するときまで，この考え方が却下されていたのは不思議なことではない．

5・1 イオンのモデルとイオンのサイズ

共有結合でできた物質は室温で，固体，液体，気体のどの状態でもありうるが，イオン性化合物は一般的に固体であり，以下のような性質をもつ．

1. イオン性化合物の結晶は硬くてもろい．
2. イオン性化合物は高い融点をもつ．
3. イオン性化合物を溶融状態まで加熱すると，（分解しなかった場合は）電気を伝導する．
4. 多くのイオン性化合物は高極性溶媒（たとえば水）に溶解し，その溶液は電気伝導性になる．

"純粋な"イオンのモデルによると，最外殻電子のいくつかは，電気陰性度の小さな方の元素から電気陰性度の大きな方の元素へ完全に移る．このモデルは，元素間の電気陰性度の差が非常に大きい場合でも少しは共有結合性が含まれているという証拠があるにしても，驚くほど有用である．これからいろいろな族の化学を勉強していくと，イオン性化合物でありながら共有結合性を示す多くの例に出会うだろう．

第2章で，同一周期内で右に行くほど Z_{eff} が増加し，原子サイズが小さくなることを述べた．しかし，原子からイオンになることによって，もっと著しいサイズ変化がもたらされることが多い．最も顕著な例は主族金属元素であり，陽イオンの生成の際に，通常は最外殻電子（価電子）をすべて失う．残った陽イオンは芯[c]の閉殻構造の電子のみをもつことになる．したがって，陽イオンはもとの原子よりも非常に小さくなる．たとえば，ナトリウムの金属半径は186 pmであるが，イオン半径は116 pmにすぎない．実際には，サイズの減少はもっと劇的である．球の体積は $V = (4/3)\pi r^3$ の式で表されるので，イオン化によるナトリウム半径の減少は，実質的なイオンサイズが原子サイズの1/4であることを意味する．

イオン半径は直接測定できないので，誤差が含まれていることに留意しよう．たとえば，食塩結晶中のナトリウムイオンと塩化物イオンの中心間の距離は正確に測定できるが，これは両イオンの半径の和にすぎない．2種のイオン間の距離をどのように配分するかという決定は，信頼性の高い測定に基づくというよりも，経験的な式に基づいている．この本では，一貫性をもたせるためにシャノン・プリ

---

a) Svante Arrhenius b) J. J. Thomson c) core

ウィット[a]のイオン半径値として知られる値を用いることにする．

5・1・1 イオン半径の傾向

多価の陽イオンにおいては，イオン半径はさらに小さくなる．このことは表5・1の等電子的なイオンの系列を比較することによって理解できる．それぞれのイオンは全部で10個の電子（$1s^2 2s^2 2p^6$）をもつ．唯一の違いは原子核中の陽子の数であり，陽子数が大きくなるにしたがって，有効核電荷 Z_{eff} が大きくなる．その結果，電子と核の間の引力が強くなり，イオンは小さくなる．

表5・1 第3周期の等電子的な陽イオンの半径

イオン	半径〔pm〕
Na^+	116
Mg^{2+}	86
Al^{3+}	68

陰イオンにおいては逆の状況になり，陰イオンサイズは原子サイズより大きくなる．たとえば，酸素原子の共有結合半径は74 pmであるが，酸化物イオンの半径は124 pmになり，結果として体積は5倍に増加する．電子の追加によって個々の最外殻電子に対する Z_{eff} が小さくなり，原子核との引力を弱めるためであると解釈できる．そのうえ，追加された電子と原子にもともと存在した電子との間で，新たに電子間反発が生じるので，陰イオンは原子よりも大きくなる．表5・2は，等電子的な系列において，核の電荷が小さくなるにしたがって，陰イオンが大きくなることを示している．これらの陰イオンは，表5・1の陽イオンと等電子的であり，陰イオンが陽イオンよりもどれくらい大きいかを例証している．したがって，金属陽イオンは非金属陰イオンよりも小さいということは，'普遍'な真実である．

表5・2 第2周期の等電子的な陽イオンの半径

イオン	半径〔pm〕
N^{3-}	132
O^{2-}	124
F^-	117

§2・5において，主族元素は下方に行くほど原子半径が大きくなることを示した．陽イオンであれ陰イオンであれ，同じ電荷をもつイオンについては，族の下方ほどイオン半径が大きくなることも真実である．17族元素の陰イオンについてのイオン半径の値を表5・3に示す．

表5・3 17族元素の陰イオン半径

イオン	半径〔pm〕	イオン	半径〔pm〕
F^-	119	Br^-	182
Cl^-	167	I^-	206

5・1・2 融点の傾向

イオン結合とは，1個のイオンと結晶格子中でそのイオンを取囲む逆電荷をもつ複数のイオンとの間で働く引力の結果である．溶融過程とは，強いイオン間引力に打ち勝って，液相中でイオンが自由に移動できるようになることである．イオンが小さくなると，イオン間距離が短くなるので，静電引力が強くなり，融点は高くなる．表5・3に示したように，ハロゲン族を下方に行くにつれて陰イオン半径は大きくなる．この半径の増加は，ハロゲン化カリウムの融点の低下と一致する（表5・4）．

表5・4 ハロゲン化カリウムの融点

化合物	融点〔℃〕	化合物	融点〔℃〕
KF	857	KBr	735
KCl	772	KI	685

融点の値を決定する第二の因子（通常は一番重要）はイオンの電荷である．電荷が大きくなるにつれて，融点は高くなる．それゆえに，酸化マグネシウム（$Mg^{2+}O^{2-}$）の融点は 2800 ℃ であるが，等電子的な塩であるフッ化ナトリウム（Na^+F^-）の融点は 993 ℃ にすぎない．

5・2 分極と共有結合性

金属と非金属の組合わせの多くがイオン性化合物としての性格をもつが，例外もさまざまにある．これらの例外は，陰イオンの最外殻電子が非常に強く陽イオンに引きつけられ，その結合中にかなりの程度の共有結合性が生じる（すなわち，陰イオンの電子密度が陽イオンの方にひずんでしまう）場合に発生する．理想的な陰イオンの球体からの形状のひずみは，**分極**[b]とよばれる．

化学者ファヤンス[c]は，イオンの分極を促進する因子，その結果生じる共有結合性の増加についての規則を，以下のようにまとめた．

1. サイズが小さく高い正の電荷をもつ陽イオンは分極しやすい．
2. サイズが大きく高い負の電荷をもつ陰イオンは分極しやすい．

---

a) Shannon–Prewitt　b) polarization　c) Kasimir Fajans

3. 希ガス型電子配置をとらない陽イオンでは分極が起こりやすい.

陽イオンの分極能の尺度となるのが，その**電荷密度**[a]である．電荷密度とは，イオンの電荷（クーロンで表したプロトンの電荷を，そのイオンの価数倍したもの）をイオンの体積で割ったものである．たとえば，ナトリウムイオンの電荷は1+，イオン半径は116 pm＝1.16×10^{-7} mm（電荷密度の値に指数が付かないようにするために，半径の単位をmmとする）なので，電荷密度は

$$\frac{1 \times (1.60 \times 10^{-19} \text{ C})}{(4/3) \times \pi \times (1.16 \times 10^{-7} \text{ mm})^3} = 24 \text{ C·mm}^{-3}$$

となる．同様に，アルミニウムイオンの電荷密度を計算すると364 C·mm^{-3}になる．アルミニウムイオンの方がナトリウムイオンよりも大きな電荷密度をもつのではるかに分極しやすく，そのため，アルミニウムイオンの結合は共有結合性を帯びやすい．

5・2・1 ファヤンスの第一の規則

イオン半径そのものもイオンの電荷に依存するので，単純な金属化合物における共有結合性の度合いを決定するには，陽イオンの価数はよいガイドラインになる．陽イオンの電荷が1+または2+の場合，通常はイオン性の挙動が支配的になる．陽イオンの電荷が3+の場合，フッ化物イオンのような分極しにくい陰イオンとの間の化合物においてのみ，イオン性になる．理論的に4+またはそれ以上の価数の陽イオンは実際にイオンとして存在することはなく，常にそれらの化合物はほぼ共有結合性であるとみなすことができる．

共有結合性の挙動とイオン性の挙動を区別するための最も明確な方法の一つが，融点の高さである．イオン性化合物（および共有結合のネットワークから成る化合物）の融点は高くなる傾向があり，共有結合性の小分子の融点は低くなる．この原理は，酸化マンガン(Ⅳ) MnO$_2$と酸化マンガン(Ⅶ) Mn$_2$O$_7$を比較することにより例示できる．融点の高い酸化マンガン(Ⅱ)がイオン結晶格子を形成するのに対して，室温で液体の酸化マンガン(Ⅶ)は，MnとOが共有結合したMn$_2$O$_7$分子から成ることが，研究により確認されている．表5・5に，イオン性のMn(Ⅱ)が共有結合性のMn(Ⅶ)に比べて，電荷密度が小さいことを示す．

5・2・2 ファヤンスの第二の規則

陰イオンサイズの影響を示すために，フッ化アルミニウム（融点1290℃）とヨウ化アルミニウム（融点190℃）の比較を行う．イオン半径117 pmのフッ化物イオンは，

表5・5 酸化マンガン(Ⅱ)と酸化マンガン(Ⅶ)の比較

化合物	融点〔℃〕	陽イオンの電荷密度〔C·mm^{-3}〕	結合の分類
MnO	1785	84	イオン結合
Mn$_2$O$_7$	6	1238	共有結合

イオン半径206 pmのヨウ化物イオンよりもかなり小さい．実際，ヨウ化物イオンの体積はフッ化物イオンの体積の5倍以上にもなる．フッ化物イオンは，アルミニウムイオンによってそれほど分極することはない．したがって，結合は本質的にはイオン性になる．しかし，ヨウ化アルミニウムにおいては，共有結合でAlとIが結びつけられた分子が形成される程度にまで，高い電荷密度をもつアルミニウムイオンの方へヨウ化物イオンの電荷密度が変形する．

5・2・3 ファヤンスの第三の規則

ファヤンスの第三の規則は，希ガス型の電子配置をもたない陽イオンに関するものである．通常の陽イオンはほとんど，カルシウムのようにその前の周期の希ガス（カルシウムにおいては[Ar]）と同じ電子配置になる．しかし，そうならない陽イオンがある．たとえば，[Kr]4d^{10}の電子配置をとる銀イオンAg$^+$はよい例である（ほかにはCu$^+$，Sn^{2+}，Pb^{2+}などがある）．純粋なイオンのモデルに基づくと，銀イオンのイオン半径（および結果としての電荷密度）はカリウムイオンと近いので，銀塩の融点は対応するカリウム塩の融点とかなり近いと予測するかもしれない．表5・6に，塩化銀の融点が塩化カリウムの融点よりもかなり低いことを示す．

表5・6 塩化カリウムと塩化銀の比較

化合物	融点〔℃〕	電荷密度〔C·mm^{-3}〕	結合の分類
KCl	770	11	イオン結合
AgCl	455	15	部分的な共有結合

塩化銀の融点が比較的低い理由はつぎのように説明される．固相において銀イオンとハロゲン化物イオンは，他の"イオン性"化合物と同様に，結晶格子中に配列している．しかし，陽イオンと陰イオンの間の電荷密度の重なりはかなり大きく，溶融過程において事実上塩化銀分子の形成が起こるとみなしても構わない．部分的にイオン性の固体が共有結合の分子へ変化するときに必要なエネルギーは，通常のイオン性化合物の溶融過程において必要なエネルギーよりも明らかに小さい．

---

[a] charge density

この結合におけるカリウムイオンと銀イオンの挙動の違いを示す別の事実は，水への溶解性の違いである．すべてのハロゲン化カリウムは水への高い溶解性を示すが，塩化銀，臭化銀，ヨウ化銀は本質的に水に不溶性である．後述するように，溶解過程は極性の水分子と電荷をもつイオンとの間の相互作用を含む．イオンの電荷が部分的な電子の共有（共有結合）によって減少すると，イオンと水との相互作用は弱められ，水に溶解しなくなるだろう．フッ化銀は，他のハロゲン化銀と異なり，水に溶解する．この事実は，すべてのハロゲン化銀の中でフッ化銀における分極が最も弱く，最もイオン性の結合になる，というファヤンスの規則と矛盾しない．

化学においては，観察された現象を説明するのに複数の方法が用いられることがよくある．このことは，イオン性化合物の性質の説明においてもあてはまる．その例として，ナトリウムと銅(I)の酸化物と硫化物を比較してみよう．酸化ナトリウムと硫化ナトリウムは，水と反応するときに典型的なイオン性化合物として振舞う．しかし，これらの陽イオン（ナトリウムイオン）と銅(I)イオンはほぼ同じ半径をもっているのに，酸化銅(I)と硫化銅(I)は水にはほぼ完全に不溶性である．この説明として，ファヤンスの第三の規則の観点から，希ガス型電子配置をもたない陽イオンは，大きな共有結合性を示す傾向がある，ということができる．一方，ポーリングの電気陰性度の概念を用いると，酸化ナトリウム中のナトリウムと酸素の電気陰性度の差は 2.5 なのでイオン結合が支配的になるが，酸化銅(I)では差が 1.5 しかないのでおもに共有結合性を示す，と説明することもできる．

5・3 水 和 塩

水溶液からイオン性化合物を結晶化させると，水分子が固体結晶中に組込まれることがよくある．この水を含むイオン性化合物は**水和物**[a]とよばれる．一部の水和物では，水分子は単に結晶格子中の空格子点[b]に位置するだけであるが，大部分の水和物では陽イオンまたは陰イオン（通常は陽イオン）と密接に結びついている．

一例をあげると，塩化アルミニウムは塩化アルミニウム六水和物 $AlCl_3 \cdot 6H_2O$ として結晶化する．6 個の水分子は，酸素原子をアルミニウムイオンの方に向けた状態で，アルミニウムイオンのまわりに正八面体形配置をとっている．したがってこの固体化合物は，もっと正確にはヘキサアクアアルミニウム塩化物 $[Al(OH_2)_6]^{3+} \cdot 3Cl^-$（$\delta-$ を帯びた酸素原子が正電荷のアルミニウムイオンとイオン-双極子相互作用をしていることを示すために，水分子は OH_2 と逆さまに書く）と表記できる．よって，水和した塩化アルミニウムでは，ヘキサアクアアルミニウムイオン（陽イオン）と塩化物イオン（陰イオン）が交互に並んでいる．

固相におけるイオンの水和の度合いは，通常はイオンの電荷とサイズ，言い換えれば電荷密度に関連している．したがって，塩化ナトリウムのような単純な二元のアルカリ金属塩が無水物になる性質をもつのは，陽イオンも陰イオンも電荷密度が小さいからであると説明される．3+ の電荷をもつイオンを水溶液から結晶化させると，常に結晶格子中には六水和イオンが存在する結果を招く．すなわち，小さく，高い電荷をもつ陽イオンは，特に強いイオン-双極子相互作用をひき起こす．

高い電荷をもつ酸素酸イオンはほとんどの場合，水分子の $\delta+$ を帯びた水素原子が陰イオンの方に引きつけられた形で水和する．陰イオンの水和は，（比較的小さな）陽イオンの水和に比べて水分子の数が少なくなるのがふつうである．たとえば，硫酸亜鉛 $ZnSO_4$ は七水和物になるが，6 個の水分子が亜鉛イオンに水和し，七つ目の水分子が硫酸イオンに水和している．したがって，この化合物をもっと正確に表記すると $[Zn(OH_2)_6]^{2+}[SO_4(H_2O)]^{2-}$ である．他の多くの 2 価金属の硫酸塩も，亜鉛化合物の構造と同様な構造の七水和物を形成する．

5・4 イオン結晶の構造

§4・3 で，4 種の異なる金属原子充塡配列[c] を示した．イオン性化合物においても同じ充塡配列が，一般的にみられる．通常，陰イオンは陽イオンよりも大きい．したがって，陰イオンが配列を形成し，小さな陽イオンは**間隙**[d] とよばれる陰イオンの間の空孔にぴったりとはめ込まれる．しかし，特定の充塡のタイプに言及する前に，イオン結晶格子に適用できる一般則について考察しよう．

1. イオンを，電荷を帯びた，圧縮不可能な，分極していない球体と仮定する．どんなイオン性化合物でも，通常はある程度の共有結合性をもつことをみてきたが，イオン性と分類されるほとんどの化合物において，この剛体球モデルは非常にうまく働く．

2. イオンは，自分と逆符号の電荷をもつイオンを，できる限り多くかつ密に，自分のまわりに置こうとする．この原理は，特に陽イオンに重要である．陽イオンは通常，充塡配列の中で，ちょうど陰イオンが互いに接することなく陽イオンを囲むことができるような大きさになる．

3. 陽イオンと陰イオンの数の比は，化合物の化学組成を反映しなければならない．たとえば，塩化カルシウム $CaCl_2$ の結晶構造は，塩化物イオンと，その半数の（結晶格子の間隙の中にちょうど収まっている）カルシウム

---

a) hydrate　　b) hole　　c) packing arrangement　　d) interstice

5・4 イオン結晶の構造

イオンの配列で構成されている.

2. で述べたように，イオン性化合物がどの充填配列をとるかは，一般的にイオンサイズの相対値に依存する．図5・1中の実線の円は，体心立方格子型陰イオン配列のある一面内にある陰イオンを示し，点線の円はその平面の下方または上方に存在する陰イオンを示している．6個の陰イオンの隙間の空間にぴったり入るために，陽イオンは灰色の円で表したサイズでなくてはいけない．ピタゴラスの定理[a]を用いて，陽イオン半径と陰イオン半径の比の最大値は 0.414 と計算できる．この数値 r_+/r_- は**半径比**[b]とよばれる．

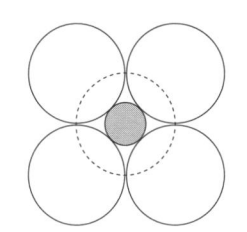

図5・1 陽イオン（灰色）を取囲む6個の陰イオンを示した図

半径比が極大値 0.414 より大きい陽イオンの場合，陰イオンどうしは引離されてしまうだろう．実際に，ほとんどの場合にこの状態が生じ，陰イオン間の距離の増加により静電的反発は減少する．しかし，半径比が 0.732 に達すると，1個の陽イオンのまわりを8個の陰イオンが取囲むことができるようになる．逆に，半径比が 0.414 よりも小さくなると，陰イオンは互いに接するようになり，陽イオンは中心の空洞内で"広さをもてあます"であろう．この状況を許容するよりも，空洞がもっと小さくなるように，陰イオンは4個の陰イオンだけでまわりを囲むような再配列をする．半径比と充填配列をまとめたものを表5・7に示す*．

表5・7 異なるイオン格子配列に対応する半径比の範囲

r_+/r_- の値	適合する配位数	名 称
0.732 ～ 0.999	8	立方格子
0.414 ～ 0.732	6	正八面体
0.225 ～ 0.414	4	正四面体

5・4・1 立方格子の場合

イオン結晶格子を図示する最良の方法は，最初に陰イオンの配列を考慮してから，その配列中の空隙の配位数を調べることである．最も大きな陽イオンを受入れることができる充填配列は単純立方[c]格子（図4・6を参照）である．この配列では，各陽イオンを8個の陰イオンが取囲む．よく知られた例は**塩化セシウム**[d]であり，この化合物は格子配列の名前になっている．塩化物イオンは単純立方充填配列をとり，陽イオンは立方体の中心に位置する．塩化セシウムにおける 0.934 という半径比は，この陽イオンのサイズが陰イオンどうしが互いに接することを妨げるのに十分な大きさであることを示している．

さまざまなイオン配列をもっと見やすくするために，その構造を**イオン格子図**[e]として表すことが多い．この図においては，イオン球体の寸法を縮ませ，イオンどうしが接触する点を表すために実線を挿入する．イオン格子図は空間充填型[f]表記法に比べて，イオンの配位数を明確に示す．しかし，イオン半径が非常に異なる陽イオンと陰イオンが最密充填を構成する場合，格子はほとんど空の空間であるという誤った印象を与えやすい．塩化セシウムのイオン格子図を図5・2に示す．

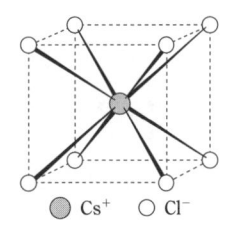

図5・2 塩化セシウムのイオン格子図
〔出典: A. F. Wells, "Structural Inorganic Chemistry", 5th Ed., Oxford University Press, New York, p.246 (1984).〕
Cs^+　　Cl^-

陽イオンと陰イオンの化学量論が 1:1 でない場合，数が少ない方のイオンは，一部のサイトしか占めていない．よい例が，陽イオンと陰イオンの比が 1:2 となるフッ化カルシウム CaF_2 である．この結晶は，フッ化カルシウムの鉱物の名称にちなんで，**蛍石構造**[g]とよばれる．各カルシウムイオンは，塩化セシウム構造と同様に 8 個のフッ化物イオンに囲まれている．しかし，格子中の陽イオンの入る位置は交互に（すなわち，一つおきの空間が）空になっており，結果として陽イオンと陰イオンの比は 1:2 に保持される（図5・3）.

酸化リチウムでみられるように，陽イオンと陰イオンの比は 2:1 も可能である．この構造も塩化セシウム格子に基づくものであるが，今度は陰イオンのサイトが一つおきに空になっている．酸化リチウムの構造において占有されていない格子空間は，フッ化カルシウム（蛍石）構造にお

---

a) Pythagorean theorem　　b) radius ratio　　c) simple cubic　　d) cesium chloride　　e) ionic lattice diagram　　f) space-filing
g) fluorite structure
＊[訳注] 三つの構造の境目になっている半径比，0.732 と 0.414 を，特に"限界半径比"とよぶ．

いて占有されずに残された部分と正反対なので，この配列は**逆蛍石構造**[a] と命名される．

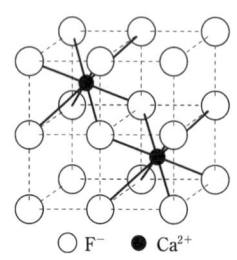

○ F⁻   ● Ca²⁺

図5・3 フッ化カルシウムの部分的なイオン格子図

5・4・2 正八面体形の場合

半径比が 0.732 以下の場合，塩化セシウム構造では，もはや陽イオンによって陰イオンをばらばらに離しておくことはできない．陰イオン間の潜在的な反発によって，有利

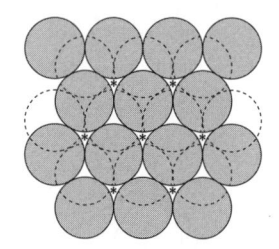

図5・4 立方最密充填配列した陰イオンの最初の2層，陽イオンが入り込むことができる八面体孔 (*) を示す．

な配列は正八面体形の幾何学的配列になる．この配列では，より小さな半径比によって，1個の陽イオンのまわりに6個の陰イオンが互いに接することなく，うまく入る (図5・1)．実際の陰イオンの配列は立方最密充填配列に基づいており，**八面体孔**[b] と**四面体孔**[c] が存在する．図5・4に配列を示す（陽イオンが適合する八面体孔の位置に星印 (*) を記す）．

正八面体形充填において，八面体孔はすべて陽イオンで満たされており，四面体孔はすべて空である．**塩化ナトリウム**[d] はこの特殊な充填配列をとり，その構造の名前となっている．単位格子（結晶構造の最小繰返し単位）において，塩化物イオンは面心立方格子配列を形成し，それぞれの陰イオンの間に陽イオンが位置している．陽イオンは陰イオンのセパレーターとして働いているので，立方体の辺に沿って，陽イオンと陰イオンが交互に接している．イオン格子図では，ナトリウムイオンは6個の最近接の塩化

物イオンをもち，塩化物イオンは6個のナトリウムイオンで囲まれていることが示されている（図5・5）．

化学量論が 1:1 以外の化合物においても，正八面体形充填は可能である．代表的な例は酸化チタン(Ⅳ) TiO₂（鉱物名**ルチル**[e]）である．結晶については，（酸化物イオンよりもはるかに小さいにもかかわらず）チタン(Ⅳ)イオンは歪んだ体心立方格子配列をとっており，酸化物イオンがその間に収まっている（図5・6）．

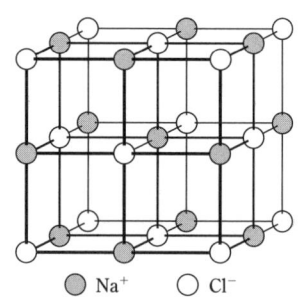

● Na⁺   ○ Cl⁻

図5・5 塩化ナトリウムのイオン格子図〔出典：A. F. Wells, "Structural Inorganic Chemistry", 5th Ed., Oxford University Press, New York, p.239 (1984).〕

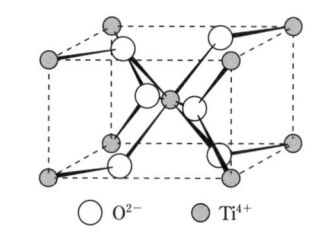

○ O²⁻   ● Ti⁴⁺

図5・6 酸化チタン(Ⅳ)のイオン格子図〔出典：A. F. Wells, "Structural Inorganic Chemistry", 5th Ed., Oxford University Press, New York, p.247 (1984).〕

5・4・3 正四面体形の場合

陽イオンが陰イオンよりも非常に小さいイオン性化合物は，陽イオンが四面体孔に適合して収まった陰イオンの最密充填配列（八面体孔は常に空である）として視覚化できる．**六方最密充填**[f]（hcp）配列と**立方最密充填**[g]（ccp）配列の両方が可能であり，特に一方を優先する理由ははっきりしないものの，通常，化合物はどちらかの配列をとる．図5・7に立方最密充填配列を示す（四面体孔の位置に星印 (*) を記す）．

この種の原型は硫化亜鉛 ZnS であり，天然においては以下の2種の結晶形が存在する．一つが，一般的な鉱物の**閃亜鉛鉱**[h]（かつては zinc blende とよばれていた*）であ

---

a) antiflorite structure   b) octahedral hole   c) tetrahedral hole   d) sodium chloride   e) rutile   f) hexagonal close-packed   g) cubic close-packed   h) sphalerite
*［訳注］方鉛鉱に似ながら鉛を含んでいなかったというので，ドイツ語の"blenden"（目をくらます，だます，欺く）という語からつけられた名前．

り，硫化物イオンが立方最密充塡配列を形成している．もう一つが，陰イオン配列が六方最密充塡配列（第4章を参

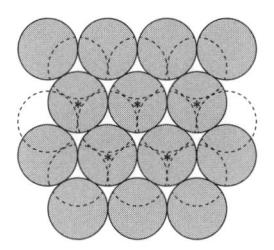

図5・7 立方最密充塡配列した陰イオンの最初の2層，陽イオンが入り込むことができる四面体孔（＊）を示す．

照）になっている**ウルツ鉱**[a)] である．両構造ともに陽イオンの2倍の数の四面体孔をもつので，一つおきの陽イオンサイトのみが充塡されている（図5・8）．

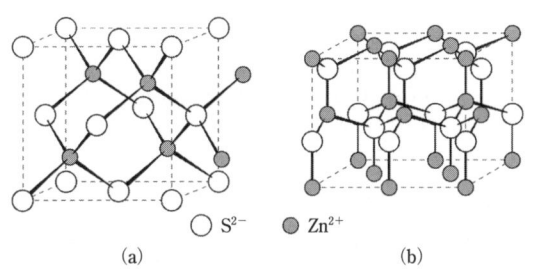

図5・8 硫化亜鉛の2種のイオン格子図．(a) 閃亜鉛鉱，(b) ウルツ鉱〔出典: A. F. Wells, "Structural Inorganic Chemistry", 5th Ed., Oxford University Press, New York, p.121 (1984).〕

5・4・4 充塡規則の例外

今までに，異なる充塡配列と半径比との関係について論じてきた．しかし，半径比は単なる指標にすぎない．多くのイオン性化合物が予測どおりの充塡配列をとるが，例外もかなりある．実際に，充塡規則の予測どおりの充塡配列をとるのは約2/3の場合である．表5・8に例外を3例示す．

表5・8 半径比の規則から予測される充塡配列の例外

化合物	r_+/r_-	予測される充塡配列	実際の充塡配列
HgS	0.55	NaCl	ZnS
LiI	0.35	ZnS	NaCl
RbCl	0.84	CsCl	NaCl

化学とは過度に単純化できる科学領域ではない．ある特定の充塡配列をとる理由を半径比という単一の基準にまとめてしまうことは，多くの要因を無視することになる．特に前に述べたように，ほとんどのイオン性化合物は，共有結合性をかなりの程度もつ．したがって多くの化合物において，イオンの剛体球モデルが適合するとは思えない．たとえば，硫化水銀(II)は，ダイヤモンドや二酸化ケイ素のような共有結合のネットワークを形成する物質とみなしてよいほど，高い共有結合性をもつ（第3章を参照）．その共有結合性化合物において，水銀(II)はしばしば正四面体形配置の4本の共有結合を形成するので，その高い共有結合性によって，硫化水銀(II)が閃亜鉛鉱構造の正四面体形の配位状態を優先することが明確に説明できる．

部分的な共有結合性の挙動は，ヨウ化リチウムにおいても観察できる．標準イオン半径値に基づくと，正八面体形の塩化ナトリウム型格子の配位状態をとることはありえない．ヨウ化物イオンは互いに接しており，小さなリチウムイオンは八面体孔中で"広さをもてあます"だろう．しかし，この化合物における化学結合の約30％は共有結合性であると信じられており，結晶構造の研究はリチウムの電子密度は球形ではなく，周囲の6個の陰イオンの方向に引伸ばされた形になっている．したがって，ヨウ化リチウムもまた"真の"イオン性化合物とみなすことはできない．

そのうえ，異なる充塡配列間のエネルギー差は，多くの場合，非常に小さいという証拠もある．たとえば塩化ルビジウムは，通常は予期されない塩化ナトリウム型構造をとるが（表5・8を参照），圧力をかけて結晶化すると塩化セシウム型構造になる．したがって，2種の充塡配列の間のエネルギー差は非常に小さいことは間違いない．

最後に，イオン半径は，いろいろな異なる環境で常に一定の値をとるわけではないことに留意しなければならない．たとえば，セシウムイオンの半径が181 pmとなるのは，6個の隣接陰イオンに囲まれている場合だけである．塩化セシウム格子でみられたように8個の陰イオンが隣接した場合，シャノン・プリウィットのイオン半径は188 pmとなる．この程度のイオン半径の変動は，ほとんどの場合，計算に深刻な影響を与えるほどではないが，小さなイオンにおいてはかなり顕著な違いとなる．リチウムにおいては，4配位イオンのイオン半径は73 pmであり，混み合った6配位イオンの半径は90 pmである．この本では一貫性を保つために（4配位の方がはるかに一般的で現実的な第2周期元素を除いて）引用するイオン半径はすべて6配位のものにする．

---

a) wurtzite

5・4・5 多原子イオンを含む結晶構造

この時点までは，二元イオン性化合物のみを論じてきたが，多原子イオンのイオン性化合物も結晶化して特定の構造になる．これらの結晶において，多原子イオンは単原子イオンと同じサイトを占める．たとえば，炭酸カルシウムはひずんだ塩化ナトリウム構造をとり，炭酸イオンは陰イオンサイトを占め，カルシウムイオンは陽イオンサイトを占める．

陰イオンと陽イオンの間のミスマッチ（通常は，非常に小さな陽イオンと大きな陰イオンの組合わせ）によって，化合物の性質を説明できる場合がある．このイオン間ミスマッチが生じた化合物が対処できる方法は，湿気を吸って水和物を形成することである．水和過程で，水分子は通常小さな陽イオンを取囲む．水和した陽イオンは，サイズが陰イオンと近くなる．過塩素酸マグネシウムはこの配置のよい例である．無水化合物は，非常に容易に湿気を吸収するので，乾燥剤として用いられる．水和物の結晶中では，ヘキサアクアマグネシウムイオン $[Mg(OH_2)_6]^{2+}$ が陽イオンサイトを占め，過塩素酸イオンが陰イオンサイトを占める．

イオンのミスマッチにより，化合物が熱的に不安定になる場合がある．アルカリ金属の炭酸塩は一つの例外——炭酸リチウム——を除いて，非常に高い温度まで加熱しても安定である．炭酸リチウムは最小で電荷の低い陽イオンと大きくて電荷の高い陰イオンから成り，加熱すると分解して酸化リチウムを生じる．

$$Li_2CO_3(s) \xrightarrow{\Delta} Li_2O(s) + CO_2(g)$$

イオンの組合わせによっては，サイズがあまりにミスマッチなので，いかなる環境においても化合物を形成することができない．イオンのミスマッチ効果による制限から，大きくて電荷の低い陰イオンは，大きな1価の（すなわち電荷密度の小さな）陽イオンとの組合わせしか安定な化合物が形成できないように強いられている．たとえば，炭酸水素イオン HCO_3^- は，アルカリ金属かアンモニウムイオンと組合わさったときのみ安定な化合物を形成する．

$$Na^+(aq) + HCO_3^-(aq) \xrightarrow{乾燥するまで蒸発} NaHCO_3(s)$$
$$Ca^{2+}(aq) + 2\,HCO_3^-(aq) \xrightarrow{乾燥するまで蒸発}$$
$$CaCO_3(s) + H_2O(l) + CO_2(g)$$

どのようにしたら沈殿が形成するかの予測も，サイズと電荷の調和という概念が可能にしてくれる．たとえば，セシウムイオンと沈殿を形成させるためには，過塩素酸イオンのような大きくて電荷の低い陰イオンが必要となる．

$$Cs^+(aq) + ClO_4^-(aq) \longrightarrow CsClO_4(s)$$

5・4・6 CsClとNaClの単位格子の組成

§4・4で金属結晶の充填配列と密度がわかっている場合には，元素の金属半径が計算できることを述べた．塩化セシウム構造または塩化ナトリウム構造をとるイオン性化合物において，単位格子の寸法とどちらか一方のイオンの半径を同じように決定できる．

塩化セシウムの単位格子を図5・9に示す．それは，セシウムイオン1個と（1/8だけが単位格子内に含まれる）

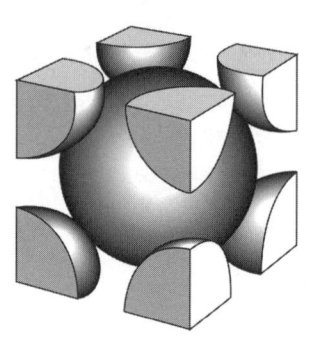

図5・9 塩化セシウムの単位格子〔出典: G. Rayner-Canham *et al*., "Chemistry: A Second Course", Don Mills, Ontario: Addison-Wesley, p. 72 (1989).〕

塩化物イオン8個を含む．したがって，全体としては，一つの単位格子には一つの化学式単位 (CsCl, Cs 1個と Cl 1個) が含まれる．セシウムイオンは塩化物イオン間を切離しているので，単位格子の一つの頂点から単位格子の中心を通ってもう一つの頂点に達する対角線（立方体の体対角線）に沿って，イオンどうしが接触していることになる．この対角線の長さは，二つの陰イオン半径と二つの陽イオン半径の和に等しい．

塩化ナトリウムの単位格子（図5・10）は，中心にある1個のナトリウムイオンと辺の真ん中にある（1/4だけが単位格子内に含まれる）ナトリウムイオン12個を含む．各面の中心には（1/2だけが単位格子内に含まれる）塩化

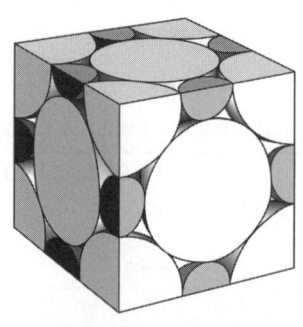

図5・10 塩化ナトリウムの単位格子〔出典: G. Rayner-Canham *et al*., "Chemistry: A Second Course", Don Mills, Ontario: Addison-Wesley, p. 71 (1989).〕

物イオン6個と，さらに単位格子の頂点に（1/8 だけが単位格子内に含まれる）塩化物イオン 8 個をもつ．結果として，塩化ナトリウムの単位格子は 4 個の化学式単位（4 NaCl，Na 4 個と Cl 4 個）を含む．立方体の一辺の長さは，二つの陰イオン半径と二つの陽イオン半径の和である．

5・5 化学結合連続体

一般化学の科目では，原子間の結合は 3 種の選択肢（共有結合，イオン結合，金属結合）の一つとして描写される．しかし，実際には，化学結合は 2 種あるいは 3 種すべての選択肢の混合物となっていることが多い．§5・2 で，イオンの分極がどのようにしてイオン結合に共有結合性をもたらすのかを述べた．逆に，§3・14 において，2 種の非金属間の結合にどのようにしてイオン性成分が与えられるのか（分極した共有結合）を確認した．したがって，無機化学者は厳密にイオン結合と共有結合を分けて考えるのではなく，**化学結合連続体**[a] として考える．図 5・11 に結合に連続体中の 4 種の段階，純粋な共有結合，分極した共有結合，分極したイオン結合，純粋なイオン結合，における電子密度の概略図を示す．イオン性と共有結合性の比は，1 組の原子の間の電気陰性度の差 ΔEN として定義できる．したがって，ΔEN が 0 に近い原子のペアは，電子を等価に共有する本質的に純粋な共有結合をつくり，$\Delta EN > 3.0$ になる原子のペアは純粋なイオン性であるとみなすことができる（図 5・12）．

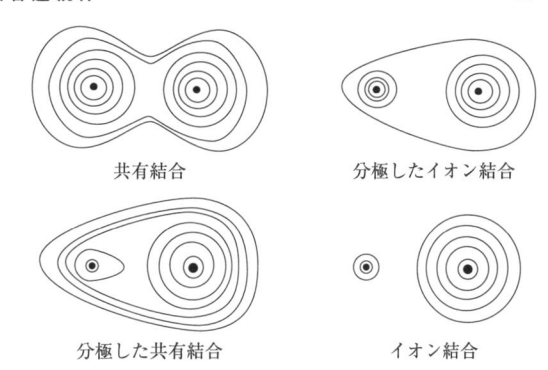

図 5・11 化学結合連続体における二原子種の電子密度図の 4 例

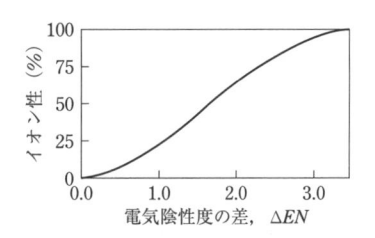

図 5・12 電気陰性度の差と化学結合中のイオン性の大まかな関係

5・5・1 オールレッド・ロコーの電気陰性度

第 3 章で，電気陰性度にはポーリングの尺度以外にいくつかの尺度があることを述べた．ポーリングの尺度は広く用いられているが，きれいな直線関係に合うように値が調

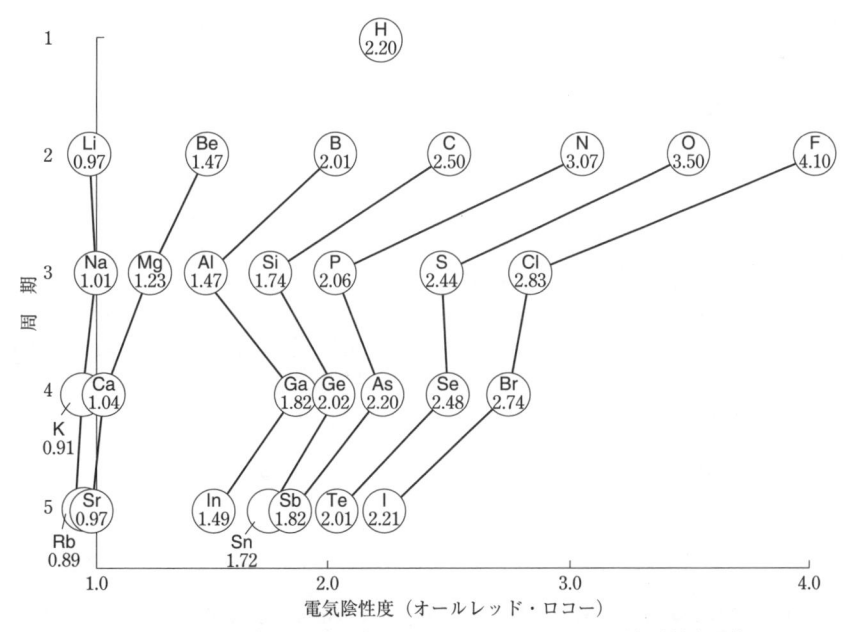

図 5・13 さまざまな主族元素のオールレッド・ロコーの電気陰性度の値

---

a) bonding continuum

節されているため，非常に定性的なものになっているという不都合がある．もっと定量的でここでの議論に特に役に立つ尺度は，有効核電荷の値に基づいてオールレッド[a]とロコー[b]によって考案された尺度である．無機化学者はしばしばこの**オールレッド・ロコーの尺度**[c]を用いる．主族元素の値を図5・13に示す．

5・5・2 結合の三角図

化学結合連続体は，イオン結合と共有結合という二つの次元に制限されているわけではなく，金属結合が三つ目の次元となる．この三元系の連続体を表すために，**結合の三角図**[d]，もっと正確にはファンアーケル・ケテラーの三角図[e]，を用いる．この図の横軸は電気陰性度である．この軸の金属結合と共有結合の境界は，金属中の非局在化した結合（金属結合）から特定方向での軌道の重なり（共有結合）への結合様式の変化に対応している．単体は，セシウムのような純粋な金属からフッ素分子のような純粋な共有結合にいたるまで，この軸に沿って位置している．この図において縦軸は ΔEN であり，三角図の左側は金属性からイオン性への推移を，右側は共有結合性からイオン性への推移を表している．

図5・14に，大まかに金属結合，イオン結合，共有結合の"領域"に分割した結合の三角図を示す．二つの元素の電気陰性度の差に対して電気陰性度の平均値をプロットすることにより，どのような二元化合物でもこの三角図の中に配置できる．例示のために，オールレッド・ロコーの電気陰性度の値を用いていくつかの化合物の位置を示す．酸

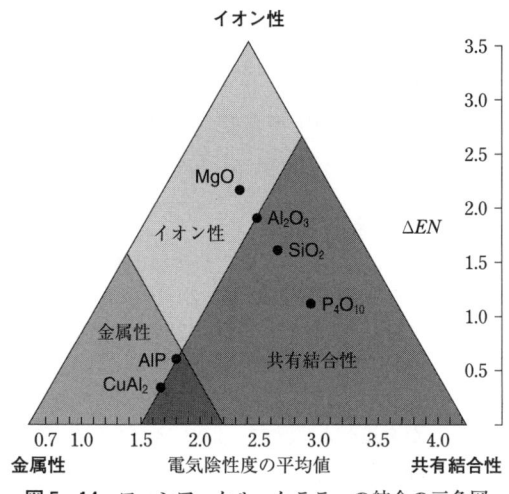

図5・14 ファンアーケル・ケテラーの結合の三角図

化物のシリーズは，イオン性の酸化マグネシウムから共有結合性の十酸化四リンにいたるまできれいな傾向を示している．酸化アルミニウムは，イオン性と考える方が有用な場合もあり，共有結合のネットワークと考えることが有用な場合もあるので，ちょうどよい位置に置かれている．合金 $CuAl_2$ は金属結合の領域に入るが，リン化アルミニウム[f]の占める位置は，その結合（および性質）が三つの範疇すべてが混ざり合った物質の例であることを示している．しかし，後の章で論じるように，ほとんどの単体と化合物は一つの結合様式，あるいはせいぜい二つの結合様式

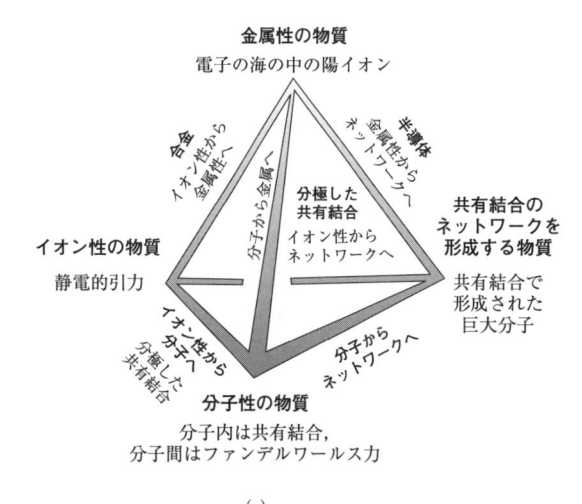

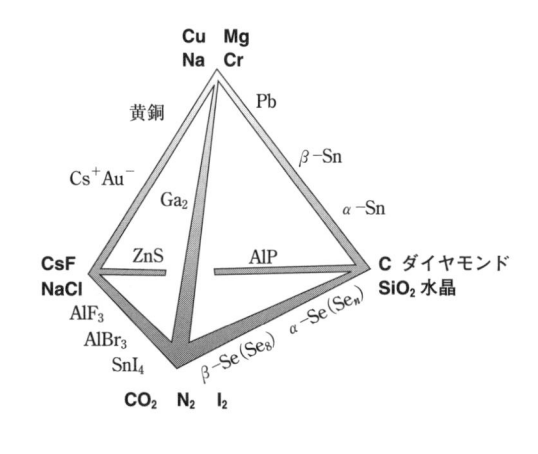

図5・15 レインの結合の四面体図，(a) 結合様式，(b) 選抜した単体と化合物が四面体図でどのようにあてはまるかを示したもの

---

a) A. L. Allred　b) E. G. Rochow　c) Allred–Rochow scale　d) bond triangle　e) Van Arkel–Ketelaar triangle
f) aluminum phosphide

コンクリート：新しい未来をもった古い材料

化学者たちは常に新しい奇抜な材料を開発しているが，ガラスやコンクリート[a]のような時代を超越した材料は，昔も今もそして未来もずっと文明の基盤を支えるものになるだろう．コンクリートは，最大級のビルディング，橋，ダム，トンネルの裏打ちやその他の大きな強度を要求される建造物の建設に用いられている．実際，地球上では1年間に人間1人当たり約1トンのコンクリートが使われている．コンクリートの鍵となる成分は，2000年前にローマ人によってはじめて合成されたセメントである．

現代の（ポルトランド）セメントをつくるためには，石灰岩（炭酸カルシウム）を粘土または頁岩[b]（けつがん，アルミノケイ酸塩の混合物）と混合して，約2000℃に加熱する．このプロセスにおいて，"クリンカー[c]"（ケイ酸三カルシウム（エーライト）Ca_3SiO_5 50%，ケイ酸二カルシウム（ビーライト）Ca_2SiO_4 30%，カルシウムアルミネート $Ca_3Al_2O_6$ ＋カルシウムアルミノフェライト $Ca_4Al_2Fe_2O_{10}$ 20%の混合物）とよばれる物質の塊が生成する．クリンカーに含まれるそれぞれの化合物において，その基本的な構造はイオン性酸化物の格子の空隙にケイ素イオン，アルミニウムイオン，鉄(Ⅲ)イオンが入ったもの（それに加えて表面にカルシウムイオンが存在している），または，SiO_4, AlO_4, FeO_4の正四面体が互いにつながった共有結合のネットワーク構造（遊離のカルシウムイオンが電荷の釣合いをとっている）のどちらかであると考えられる．真の構造は，おそらくイオン性と共有結合のネットワークの両極のどこか中間にあたるのであろう．

クリンカーにセッコウ（硫酸カルシウム二水和物）を加えてすりつぶすとセメントの粉末が得られる．セメントは，水と反応して砂と小さな骨材（砕石）から成る基質をつなぎとめる無機の"接着剤[d]"となる．典型的な水和反応は以下のとおりである．

$$2\,CaSiO_4(s) + 4\,H_2O(l) \longrightarrow Ca_3Si_2O_7\cdot 3H_2O(s) + Ca(OH)_2(s)$$

トバモライト[e]として知られるケイ酸塩生成物は強固な結晶を形成し，ケイ素–酸素の共有結合によって砂と骨材を接着する．生成した水酸化カルシウムが，凝結したセメントに高い塩基性をもたらすので，混合物を扱うときは手袋を着用すべきである．

しかしながら，コンクリートのような伝統的な物質でさえも，新しい材料として生まれ変わってきた．オートクレーブ養生気泡コンクリート[f]（AAC）は，21世紀の主要な建築材料になると大いに期待される材料である．このコンクリートは，セメントを消石灰（水酸化カルシウム），ケイ砂（二酸化ケイ素），水，アルミニウム粉末と混合して合成される．セメントの標準的な凝結反応に加えて，金属アルミニウムと加えられた水酸化物イオンとの反応が起こり，この反応において水酸化物イオンは水素ガスを発生させる（第13章を参照）．

$$2\,Al(s) + 2\,OH^-(aq) + 6\,H_2O(l) \longrightarrow 2\,[Al(OH)_4]^-(aq) + 3\,H_2(g)$$

数百万もの小さな気泡は，もとの体積の5倍にまで混合物を膨れ上がらせる．コンクリートが凝結したら，要求された大きさのブロックまたは床板として切分けられ，それからオーブン（オートクレーブ）中で蒸気養生（水蒸気により硬化させる工程）される．水素ガスは構造物から外へ放散され，空気に置換される．この低密度の素材は，高い断熱性をもち，ケイ砂の代わりに，石炭を燃料とする火力発電所から排出される有用でない生成物である飛散灰（フライアッシュ[g]）からも製造できる（フライアッシュコンクリート）．建造物の寿命が来たときには，パネルは分解して砕き，新しい建材を再生産することが可能である．よって，AACは非常に環境に優しい建設材料である＊．

の組合わせによって説明できるような物性をもっているようにみえるので，考察しやすい．

5・5・3 結合の四面体図

南アフリカの化学者レイン[h]は三角図を四面体図に拡張した．共有結合のネットワークを形成する化合物（§3・11）は分子性化合物（共有結合性の小分子）とは完全に異なる結合様式として扱うべきであると論じている．図5・15にレインの結合の四面体図[i]と，彼の基準に従って精選した単体と化合物の位置を示す．たとえば，第14章で述べるように，スズには2種の同素体，弱い金属性を示すβ-スズと本質的に非金属であるα-スズがある．これ

---

a) concrete　b) shale　c) clinker　d) glue　e) tobermorite　f) autoclaved aerated concrete　g) fly ash
h) Michael Laing　i) Laing bond tetrahedron
＊[訳注] 建築材料としては，軽量気泡コンクリート（autoclaved light-weight concrete, ALC）という用語の方がAACよりも一般的に用いられている．

らの同素体は，四面体図の金属性と共有結合のネットワークを結ぶ辺の上に乗っている．同様に，セレンには2種の一般的な同素体，個々のSe_8分子から成るβ-セレンと共有結合のネットワーク構造であるα-セレンが存在する．これらの同素体は，四面体図の共有結合の小分子から共有結合のネットワークを結ぶ辺の上に乗っている．しかし，(共有結合の様式を識別することはできないものの)結合の三角図は結合様式を予測できるようにしてくれるが，結合の四面体図では結合様式が確立されている化学種しか四面体図上に配置できない．

要　点

- イオン結合の強さは，イオンの電荷とサイズに依存する．
- 金属と非金属の化合物の多くは，その結合にかなりの共有結合性があることを示す性質をもつ．
- 共有結合性の説明に用いられる分極の大きさは，イオンの電荷密度から見積もることができる．
- 多くのイオンは，固相中でも水和している．
- 固相中では，陰イオンが三次元的な配列を形成し，陽イオンはその間に存在するすき間にはまり込んでいるとみなすことができる．
- イオン性化合物の充填配列の様式は，陽イオンと陰イオンのイオン半径の相対比に依存する．
- 結合様式の連続体を説明するために，結合の三角図または四面体図を用いることができる．

基本問題

5・1 つぎの用語を定義しなさい．(a) 分極，(b) 間隙，(c) 結合の三角図．

5・2 つぎの用語を定義しなさい．(a) イオン-双極子相互作用，(b) 半径比，(c) 立方格子配列．

5・3 その化合物がイオン結合性を含んでいると予期させるような化合物の性質とはどのようなものか？

5・4 $MgCl_2$とSCl_2のどちらの化合物がイオン結合性を含むと予測されるか？　その理由を説明しなさい．

5・5 以下に示す組合わせにおいて，サイズの小さい方はどちらか？　(a) KとK^+，(b) K^+とCa^{2+}，(c) Br^-とRb^+．それぞれの場合について理由を説明しなさい．

5・6 以下に示す組合わせにおいて，サイズの小さい方はどちらか？　(a) Se^{2-}とBr^-，(b) O^{2-}とS^{2-}．それぞれの場合について理由を説明しなさい．

5・7 NaClとNaIのどちらの融点が高いと予測されるか？　理由を説明しなさい．

5・8 NaClとKClのどちらの融点が高いと予測されるか？　理由を説明しなさい．

5・9 3種の銀イオン，Ag^+，Ag^{2+}，Ag^{3+}の電荷密度の値を比較しなさい(付録2を参照)．イオン結合性を示す化合物を最も形成しそうなものはどれか？

5・10 フッ化物イオンとヨウ化物イオンで，どちらの方が分極しやすいか？　理由を示しなさい．

5・11 塩化スズ(II) $SnCl_2$の融点は227℃であるのに，塩化スズ(IV) $SnCl_4$の融点は−33℃である．この違いについて説明しなさい．

5・12 マグネシウムイオンと銅(II)イオンはほとんど同じイオン半径である．塩化マグネシウム$MgCl_2$と塩化銅(II) $CuCl_2$のどちらの融点が低いと思うか？　理由を説明しなさい．

5・13 塩化ナトリウムは四塩化炭素CCl_4に溶解すると思うか？　理由を説明しなさい．

5・14 炭酸カルシウム$CaCO_3$が水に不溶性である理由を示しなさい．

5・15 塩化ナトリウムと塩化マグネシウムで，どちらの方が固相において水和しやすいか？　理由を説明しなさい．

5・16 硫酸ニッケル(II)は通常は水和物として存在する．水和物の化学式を予測し，その理由を説明しなさい．

5・17 硝酸リチウムと硝酸ナトリウムにおいて，固相中で水和物として存在しそうなのはどちらか？　理由を説明しなさい．

5・18 イオン格子の概念において重要な仮定は何か．

5・19 イオン性化合物におけるイオンの配位数に影響を与える因子について説明しなさい．

5・20 イオン性格子の研究において，どうして，まず陰イオンの充填が骨組みを形成し，その中に陽イオンが入り込むと考えるのか？

5・21 フッ化カルシウムは蛍石構造をとるが，フッ化マグネシウムはルチル構造をとる．その違いの理由を説明しなさい．

5・22 (a) フッ化バリウム，(b) 臭化カリウム，(c) 硫化マグネシウム において，予想される結晶構造を示しなさい．データ表から，イオン半径の値やその大小の比較を調べて利用してもよい．

5・23 図5・6をモデルとして用いて，酸化リチウムの逆蛍石構造の部分的なイオン格子図を書きなさい．

5・24 硫酸水素イオンと安定な固体の化合物を形成しそうなのは，ナトリウムイオンとマグネシウムイオンのどちらか？ 理由を説明しなさい．

5・25 結合の三角図の概念を用いて，(a) $CoZn_3$，(b) BF_3 中の予想される結合の組合わせを述べなさい．

5・26 結合の三角図の概念を用いて，(a) As，(b) K_3As，(c) AsF_3 中の予想される結合の組合わせを述べなさい．

5・27 ガリウムの単体は手の上で融けてしまう（融点30℃）．この単体の結合様式として最初に提案されるものは何だろうか？ 結合様式を確定するのに最も有効な試験法を一つ示しなさい．

応 用 問 題

5・28 広い温度範囲にわたって液体であるのが金属の特性だといわれている．これは真実だろうか？ データ表を用いて，いくつかの例を示しなさい．なぜ，広い温度範囲にわたって液体であることを金属結合の唯一の基準として用いることができないのかを示しなさい．

5・29 塩化ナトリウム $NaCl(s)$ の格子において，ナトリウムイオンと塩化物イオンの核間距離は281 pm であるが，蒸発した気体の塩化ナトリウム $NaCl(g)$ の結合距離は236 pm である．なぜ気相中の距離の方が短くなるのかを説明しなさい．

5・30 フッ化ナトリウムの方が塩化ナトリウムよりも融点が高いが，テトラフルオロメタンの方がテトラクロロメタン（四塩化炭素）よりも融点は低い．この傾向の違いについて説明しなさい．

5・31 以下の組合わせにおいて，どちらの方が高い融点をもつか？ (a) 塩化銅(I) $CuCl$ と塩化銅(II) $CuCl_2$，(b) 塩化鉛(II) $PbCl_2$ と塩化鉛(IV) $PbCl_4$．それぞれについて理由を説明しなさい．

5・32 塩化ナトリウム格子において，通常，各イオンは単位格子の一辺に沿って接しながら並んでいる．イオン半径を r_+ と r_- として，単位格子の各辺の長さを計算しなさい．

5・33 塩化セシウム格子において，通常，単位格子の一つの頂点から単位格子の中心を通ってもう一つの頂点に達する対角線（立方体の体対角線）に沿って各イオンは接しながら並んでいる．イオン半径を r_+ と r_- として，単位格子の各辺の長さを計算しなさい．

5・34 塩化セシウムの密度は $3.97\ g\cdot cm^{-3}$ であり，単位格子の体対角線に沿ってイオンが接していると仮定して，塩化セシウムにおけるセシウムイオンのイオン半径を計算しなさい．

5・35 塩化ルビジウムは塩化ナトリウム構造をとっている．塩化ルビジウムの密度は $2.76\ g\cdot cm^{-3}$ であり，単位格子の一辺に沿ってイオンが接していると仮定してルビジウムイオンのイオン半径を計算しなさい．

5・36 塩化アンモニウムの結晶は，塩化セシウム型構造をとる．陽イオンと陰イオンが，単位格子の体対角線に沿って接しており，単位格子の一辺の長さは386 pm である．アンモニウムイオンのイオン半径を決定しなさい．

5・37 ヘキサフルオロアンチモン(V)酸ナトリウム $NaSbF_6$ の結晶（密度 $4.37\ g\cdot cm^{-3}$）は，塩化ナトリウム型構造をとる．ナトリウムイオンとヘキサフルオロアンチモン(V)酸イオンは単位格子の一辺に沿って接している．ヘキサフルオロアンチモン(V)酸イオンのイオン半径を決定しなさい．

5・38 ある固体の単位格子では，タングステン原子が格子の頂点に，酸素原子が立方格子の各辺の中心に，ナトリウム原子が立方格子の中心に存在する．この化合物の実験式は何か？

5・39 ハロゲンの中で最も下に位置し，放射性であるアスタチンは，大まかなイオン半径が225 pm であるアスタチン化物イオン[a] At^- を形成できる．各アルカリ金属とアスタチン化物イオンから成る化合物は，それぞれどの格子のタイプをとると予測されるか？

---

[a] astatinide ion

6 無機熱力学

　この本の内容は，化学元素とそれらの無数の化合物の単なる羅列にとどまりはしない．なぜある化合物は形成されるのに，他の化合物は形成されないのかという理由を説明したい．その説明は，一般に化合物形成のエネルギー的要因と関連している．このトピックは熱力学の一分野であり，この章では，その理解のため，無機熱力学を簡易化して導入する．

　多くの化学が，英国，フランス，ドイツで発展したが，熱力学の発展に重要な役割を果たしたのは，2人の米国人である．1人目はトンプソン[a]で，彼の人生はアカデミー賞の映画のようであった．彼は，1753年にマサチューセッツ州のウォーバーンで生まれ，(英国の)第二植民地連隊の大佐になり，その後，英国のために化学的知識を利用して透明インクでメッセージを送るというスパイ活動を行った．ボストンが独立革命軍によって陥落したとき，彼はまず英国に，その後バイエルン公国(現在はドイツの一部)に脱出した．彼は，バイエルン公国軍隊への科学的貢献により伯爵となり，ラムフォード伯爵という称号を選んだ．当時，熱は流体の一種だと考えられていたが，ラムフォードは数多くの顕著な発見の中で，"熱とは物質的なものではなく，物体の物理学的特性である"ことを決定づけた．彼こそが最初の熱力学者であったといえるだろう．

　それから100年近くたって，ギブズ[b]がコネチカット州のニューヘブンで生まれた．1863年にエール大学で，米国最初の博士号を取得した一人だった．近代熱力学の基礎となる数学的な方程式を最初に導き出したのがギブズである．その当時，エントロピーの概念がヨーロッパで提唱されており，ドイツ人物理学者クラウジウス[c]は熱力学の法則を以下のような一文に要約した．"宇宙のエネルギーは不変であり，宇宙のエントロピーは最大に向かっていく．"しかし，クラウジウスと他の物理学者たちはエントロピーの概念の重要性を評価していなかった．気体の混和性から化学平衡の位置にいたるまでのすべてが，エントロピー因子に依存することを示したのはギブズだった．彼の功績を表彰して，熱力学的関数自由エネルギーには記号 G が割当てられ，ギブズ自由エネルギー[d]というフルネームが与えられた．

6・1 化合物生成の熱力学

　化合物は単体から化学反応によって生成する．たとえば，一般的な塩である塩化ナトリウムは高反応性の金属ナトリウムと毒性の淡緑色気体である塩素の組合わせによって生成できる．

$$2\,\text{Na}(s) + \text{Cl}_2(g) \longrightarrow 2\,\text{NaCl}(s)$$

　この反応は外部からの"助け"なしに起こるので，**自発的な反応**[e]とよばれる．(自発的だからといって，どのくらい反応が速いか遅いかに関して何らかの示唆が与えられているわけではない．)逆反応である塩化ナトリウムの分解は，自発的な反応ではない．食卓上の食塩が有害な塩素ガスの雲をつくり始めるということは，確かに誰も望まないだろうから，この方がわれわれにとって都合がよい．もとの金属ナトリウムと塩素ガスに再び戻すための一つの方法は，溶融塩化ナトリウムに(外部のエネルギー源から)電流を通すことである．

$$2\,\text{NaCl}(l) \xrightarrow{\text{電気エネルギー}} 2\,\text{Na}(l) + \text{Cl}_2(g)$$

化学反応の原因に関する研究は熱力学の一分野である．この章で，無機化合物の生成に関する話題を簡単にカバーする．

　最初に，化合物生成におけるエンタルピー因子について考える．**エンタルピー**[f]はある物質の熱含量としてしばしば定義される．化学反応の生成物が反応物よりも低いエンタルピーをもつときには，化学反応の結果，熱が周囲に放出される．すなわち，発熱過程である．もしも生成物の方が反応物よりも高いエンタルピーをもつときには，周囲から熱エネルギーが得られ，反応は吸熱的であるといわれる．生成物のエンタルピーと反応物のエンタルピーの差はエンタルピー変化 ΔH とよばれる．

6・1・1 生成エンタルピー

　化合物のエンタルピーは，通常は生成エンタルピー値としてデータ表に記載されている．生成エンタルピーは298

---

a) Benjamin Thompson　　b) J. Willard Gibbs　　c) Rudolf Clausius　　d) Gibbs free energy　　e) spontaneous reaction
f) enthalpy

K, 100 kPa の標準状態において各成分元素単体から 1 mol の化合物が生成するときの熱含量変化と定義され, 単体の生成エンタルピーは 0 である. 地理的な標高の測定が地球の中心からの距離ではなく, 平均海面からの高さ（海抜）として行われるのと同じように, 生成エンタルピーも任意標準である. 標準状態における生成エンタルピーに対する記号は ΔH_f° である. よって, たとえば $\Delta H_f^\circ(CO_2(g))=-394\,kJ\cdot mol^{-1}$ というような値をデータ表で手に入れることができる. このデータは, 298 K, 100 kPa のもとで, 1 mol の炭素（グラファイト）が 1 mol の酸素ガスと反応して 1 mol の二酸化炭素が生成するときに, 394 kJ のエネルギーが放出されるということを示す.

$$C(s) + O_2(g) \longrightarrow CO_2(g) \quad \Delta H_f^\circ = -394\,kJ\cdot mol^{-1}$$

生成エンタルピーを組合わせて, 他の化学反応のエンタルピー変化を計算できる. たとえば, 一酸化炭素が空気中で燃えて二酸化炭素になるときのエンタルピー変化を求められる.

$$CO(g) + \frac{1}{2}O_2(g) \longrightarrow CO_2(g)$$

最初に, 必要なデータを表から集める. $\Delta H_f^\circ(CO_2(g)) = -394\,kJ\cdot mol^{-1}$, $\Delta H_f^\circ(CO(g)) = -111\,kJ\cdot mol^{-1}$, 定義より $\Delta H_f^\circ(O_2(g))$ は 0 になる. 反応のエンタルピー変化は次式から得られる.

$$\Delta H^\circ(\text{反応}) = \sum \Delta H_f^\circ(\text{生成物}) - \sum \Delta H_f^\circ(\text{反応物})$$

よって,

$$\Delta H^\circ(\text{反応}) = (-394\,kJ\cdot mol^{-1}) - (-111\,kJ\cdot mol^{-1})$$
$$= -283\,kJ\cdot mol^{-1}$$

したがって, この反応は他のほとんどすべての燃焼反応と同様に発熱的である.

6・1・2 結合エネルギー（結合エンタルピー）

生成エンタルピー値は化学反応におけるエンタルピー変化を計算するのに非常に便利である. しかし, 無機化学者にとっては共有結合性分子中の原子間引力の強さ, 結合エンタルピーが興味深い. この二つの用語（エネルギーとエンタルピー）の間には, 定義と数値において多少違いはあるのだが, この項は一般的に**結合エネルギー**[a]とよばれる. すでに結合エネルギーについては, 単純な二原子分子中の共有結合の強さに関する記述（第 3 章を参照）でふれた. 結合エネルギーは, 1 mol の特定の共有結合を開裂するのに必要なエネルギーとして定義される. 結合が形成されるときにはエネルギーが放出され, 結合が開裂するときにはエネルギーは供給されなくてはならない.

共有結合で結ばれている 1 組の原子間の結合エネルギー値は正確に測定できる. 例として, 表 6・1 に一連のハロゲン二原子分子の結合エネルギーを示す. 同族内の単体について見てみると, 原子サイズの増加と軌道の重なり合いにおける電子密度の減少の結果, 通常は周期表の下方ほど結合エネルギーが小さいことがわかる. 本章および後の章でみるように, 異常に小さい F—F 結合エネルギーは, フッ素の化学に重要な影響を及ぼす.

表 6・1 ハロゲンの二原子分子の結合エネルギー

分子	結合エネルギー〔kJ・mol^{-1}〕
F—F	155
Cl—Cl	242
Br—Br	193
I—I	151

結合エネルギーは, 分子中に存在する他の原子に依存する. たとえば, 水分子（HO—H）の O—H 結合エネルギーは 492 kJ・mol^{-1} だが, メタノール CH$_3$O—H においては 435 kJ・mol^{-1} である. この多様性のために, データ表は特定の共有結合における平均の結合エネルギー値が載せてある.

特定の結合のエネルギー, すなわち結合の強さは, 結合次数が増加するにしたがって本質的に増加する. 表 6・2 に, 一連の炭素-窒素の結合エネルギーにおけるこの傾向を示す.

表 6・2 さまざまな炭素-窒素結合の平均結合エネルギー

結合	結合エネルギー〔kJ・mol^{-1}〕
C—N	305
C=N	615
C≡N	887

6・1・3 格子エネルギー（格子エンタルピー）

格子エネルギー[b]は, 構成元素の気体のイオンから 1 mol のイオン性固体が生成するときのエネルギー変化である（実際にここでは格子エンタルピーについて考えているが, その違いは無視するものである）. ここで塩化ナトリウムにおける過程を例示する. 塩化ナトリウムの格子エネルギーはつぎに示す反応式のエネルギー変化に相当する.

$$Na^+(g) + Cl^-(g) \longrightarrow Na^+Cl^-(s)$$

---

a) bond energy b) lattice energy

格子エネルギーは，実際には結晶格子中のイオンの静電気的な引力と斥力の尺度である．塩化ナトリウムの結晶格子を用いて一連の相互作用を図示できる（図6・1）．

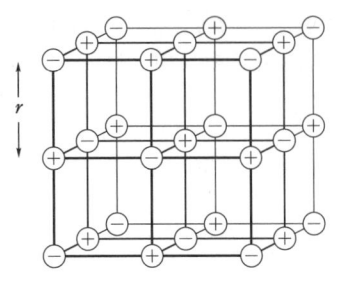

図6・1 イオン電荷を示した，塩化ナトリウム型構造の結晶格子図〔A. F. Wells, "Structural Inorganic Chemistry", 5th Ed., Oxford University Press, New York, p.239（1984）より改変〕

中心陽イオンのまわりには，6個の陰イオンが距離rだけ離れた位置に存在している．ここでrは最近接イオンとの間の中心間距離である．これが格子を互いに結びつけている主要な引力となる．しかしながら，$\sqrt{2}r$だけ離れたところに12個の陽イオンがある．これらは，斥力の要因となる．単位格子[a]の外側に存在するイオンの層を加えると，さらに8個の陰イオンが距離$\sqrt{3}r$のところに存在しており，それに加えて6個の陽イオンが距離$2r$の位置に存在していることがわかる．したがって，真の電荷の釣合いは，交互に働く引力と斥力の項の無限級数（ただし，距離が大きくなるにつれて寄与の大きさは急激に低下していくが）によって表される．すなわち，引力と斥力の項の総和は収束する級数となる．格子のそれぞれの型は，陽イオンと陰イオンの異なる配置をとるので，独自の収束する級数をもつ．これらの級数の数学的な収束値は**マーデルング定数**[b]として知られている．一般的な格子型における例を表6・3に示す．

表6・3 一般的な格子の型におけるマーデルング定数

格子の型	マーデルング定数 A
閃亜鉛鉱 ZnS	1.638
ウルツ鉱 ZnS	1.641
塩化ナトリウム NaCl	1.748
塩化セシウム CsCl	1.763
ルチル TiO$_2$	2.408
蛍石 CaF$_2$	2.519

格子エネルギー値は，格子型に加えて，イオン電荷にもかなり依存する．電荷が+1から+2（または-1から-2）へと2倍になると，格子エネルギーは約3倍になる．たとえば，塩化カリウムの格子エネルギーは701 kJ·mol^{-1}であるが，塩化カルシウムの格子エネルギーは2237 kJ·mol^{-1}である．実際，MX, MX$_2$, MX$_3$, MX$_4$のシリーズにおいて，格子エネルギー比は1:3:6:10の関係である．また，イオンサイズが小さくなると，イオンの中心どうしが近くなる結果，格子エネルギーは大きくなる．

イオン結晶の格子エネルギーは実験的な測定により決定できる．しかし，すぐ後でみることになるが，実験データが利用できない場合に格子エネルギーを見積もる必要がしばしば生じる．理論値を決定するために，**ボルン・ランデの式**[c]を利用できる．つぎに示すこの式によって，単純な関数の組合わせから格子エネルギーUの著しく正確な値が導き出される．

$$U = \frac{NAz^+z^-e^2}{4\pi\varepsilon_0 r_0}\left(1-\frac{1}{n}\right)$$

ここで，Nはアボガドロ定数（6.023×10^{23} mol^{-1}），Aはマーデルング定数，z^+は相対的な陽イオンの電荷（陽イオンの価数），z^-は相対的な陰イオンの電荷（価数），eは実際の電子の電荷（電気素量：1.602×10^{-19} C），$\pi = 3.142$，ε_0は真空の誘電率[d]（8.854×10^{-12} C^2·J^{-1}·m^{-1}），r_0はイオン半径の和，nは平均ボルン指数（以下で議論する）である．

マーデルング定数はイオン間引力を説明する．しかし，イオンが互いに密に接近すると，電子が充填した電子軌道が斥力の因子を増加する．この斥力は，二つの原子核が互いに接近するにつれて急激に大きくなる．この斥力の項を説明するために，**ボルン指数**[e]nがボルン・ランデの式に含まれている．実際，イオン半径の和は，イオン間の引力と電子間斥力の均衡点を表している．いくつかのボルン指数の値を表6・4にあげる．

表6・4 ボルン指数の値

イオンの電子配置	ボルン指数 n	例
He	5	Li$^+$
Ne	7	Na$^+$, Mg^{2+}, O^{2-}, F$^-$
Ar	9	K$^+$, Ca^{2+}, S^{2-}, Cl$^-$
Kr	10	Rb$^+$, Br$^-$
Xe	12	Cs$^+$, I$^-$

ボルン・ランデの式からどのようにして格子エネルギーが計算できるかを示すために，塩化ナトリウムを例として用いることにする．このイオン性化合物の電荷は+1（z^+）と-1（z^-）である．イオン半径は，それぞれ116

---

a) unit cell   b) Madelung constant   c) Born–Landé equation   d) permittivity   e) Born exponent pm と 167 pm なので，r_0 の値は 283 pm (2.83×10^{-10} m) となる．ボルン指数の値は，ナトリウムイオンと塩化物イオンの平均になる．よって，$(7+9)/2 = 8$．ボルン・ランデの式に数値を代入すると，つぎのようになる．

$$U = -\frac{(6.02 \times 10^{23} \text{mol}^{-1}) \times 1.748 \times 1 \times 1 \times (1.602 \times 10^{-19} \text{C})^2}{4 \times 3.142 \times (8.854 \times 10^{-12} \text{C}^2 \cdot \text{J}^{-1} \cdot \text{m}^{-1})(2.83 \times 10^{-10} \text{m})}$$
$$\times \left(1 - \frac{1}{8}\right)$$
$$= -751 \text{ kJ} \cdot \text{mol}^{-1}$$

この値は，最も正確な実験値 -788 kJ·mol^{-1} に非常に近い値である（誤差はほんの 4.7 % である）．格子エネルギーの実験値とボルン・ランデの式から得られた値に著しい差がある場合は，通常は，イオン間の相互作用が純粋なイオン性ではなく，かなりの共有結合性を含んでいることを示している．

ボルン・ランデの式を格子エネルギーの算出に用いることができるのは，化合物の結晶構造が既知の場合だけである．結晶構造がわからない場合には，**カプスティンスキーの式**[a] を用いることができる．式中の v は実験式におけるイオン数（たとえば，フッ化カルシウムでは $v = 3$ である）であり，その他の記号は，r_0 の単位が pm であることを除けば，ボルン・ランデの式の記号と同じ意味と値である．

$$U = -\frac{1.202 \times 10^5 v z^+ z^-}{r_0}\left(1 - \frac{34.5}{r_0}\right) \text{ kJ} \cdot \text{mol}^{-1}$$

最後に，すべての結晶が格子エネルギーをもつことを述べなくてはいけない．単純な共有結合性化合物においては，格子エネルギーは分子間引力に起因している．共有結合ネットワークから成る物質においては，格子エネルギーは共有結合エネルギーである．金属においては，金属結合を形成する引力である．しかし，単純な共有結合性化合物では，"格子エネルギー" よりも一般的に "昇華エンタルピー" とよばれる．

6・1・4 原子化エネルギー（原子化エンタルピー）

もう一つの有用な測定は，**原子化エネルギー**[b] の測定である．この値は，単体の室温における最もふつうの状態から，1 mol の気体状原子を生成するために必要なエネルギーとして定義される．このエネルギー項は，金属中の金属結合の開裂を表すために利用できる．たとえば，銅はつぎのようになる．

$$\text{Cu}(s) \longrightarrow \text{Cu}(g) \quad \Delta H^\circ = +337 \text{ kJ} \cdot \text{mol}^{-1}$$

または，ヨウ素分子のような非金属において，共有結合と分子間力に打勝つためのエネルギーを表す．

$$\text{I}_2(s) \longrightarrow 2\text{I}(g) \quad \Delta H^\circ = +107 \text{ kJ} \cdot \text{mol}^{-1}$$

ヨウ素分子の原子化の場合は，その過程は 2 段階で構成される．最初は，分子間の分散力に打勝つ段階であり，つぎは分子中の共有結合を開裂させる段階である．

$$\text{I}_2(s) \longrightarrow \text{I}_2(g)$$
$$\text{I}_2(g) \longrightarrow 2\text{I}(g)$$

6・1・5 エントロピー変化

エントロピー[c] は，多くの場合，物質の無秩序性の程度と関連している（しかし，エントロピーの概念は実際にはもっと複雑である）．したがって，固相は液相よりもエントロピーが低く，無秩序な運動をしている気相は非常にエントロピーが高い．エントロピー変化は ΔS という記号で表す．

相対値として一覧表に表されるエンタルピー（たとえば生成エンタルピー）とは違って，エントロピーは絶対値として議論される．したがって，単体でも表に載せる "0 でない" エントロピー値がある．エントロピーの零点は，その物質の絶対零度における完全結晶のエントロピーととらえられる．反応の標準エントロピー変化を，標準エンタルピー変化と同じ方法で計算できる．たとえば，以前に下の反応の標準エンタルピー変化を計算した．

$$\text{CO}(g) + \frac{1}{2}\text{O}_2(g) \longrightarrow \text{CO}_2(g)$$

この反応の標準エントロピー変化は同じ方法で計算できる．

$$\Delta S^\circ (\text{反応}) = \sum S^\circ (\text{生成物}) - \sum S^\circ (\text{反応物})$$

よって，

$$\Delta S^\circ = [S^\circ(\text{CO}_2(g))] - \left[S^\circ(\text{CO}(g)) + \frac{1}{2}S^\circ(\text{O}_2(g))\right]$$
$$= \left\{(+214) - (+198) - \frac{1}{2}(+205)\right\} \text{J} \cdot \text{mol}^{-1} \cdot \text{K}^{-1}$$
$$= -86 \text{ J} \cdot \text{mol}^{-1} \cdot \text{K}^{-1}$$

全体で 1/2 mol の気体の損失が含まれるので，この過程で系のエントロピーが減少することは予測できるだろう．液相，固相，水溶液相におけるエントロピーに比べて，気相中の化学種は著しく大きなエントロピーをもつので，通常は反応式の左辺と右辺の気体の物質量を数えることによってエントロピー変化の符号を推測できる．

---

a) Kapustinskii equation　b) energy of atomization　c) entropy

6・1・6 自由エネルギー：反応の駆動力

自発的反応においては，全体としてのエントロピーは増加しなくてはならない（すなわち，系内のエントロピー変化は正でなくてはならない）．物理化学者にとって，系は研究対象にしている反応（系）とその外環境から構成される．反応のエントロピー変化の測定は比較的容易だが，外環境のエントロピー変化を直接的に決定することは難しい．幸いなことに，外環境のエントロピー変化は，通常は反応が外環境に放出する熱，または外環境から吸収する熱の収支結果である．外環境に放出された熱（発熱反応）は外環境のエントロピーを増大させるが，吸収された熱（吸熱反応）は外環境のエントロピーを減少させることになる．したがって，反応が自発的かどうかを反応自身のエントロピーとエンタルピーの変化から決定できる．熱力学関数の可能な符号の組合わせを表6・5にまとめる．

表6・5 反応の自発性に影響する因子

ΔH	ΔS	ΔG	反応の自発性
負	正	常に負	自発的
正	負	常に正	非自発的
正	正	高温では負	高温では自発的
負	負	低温では負	低温では自発的

これらの関数の間の定量的関係はつぎのようになる．

$$\Delta G° = \Delta H° - T\Delta S°$$

たとえば，下記の反応について以前導き出したエンタルピー変化（-283 kJ·mol^{-1}）とエントロピー変化（-86 J·mol^{-1}·K^{-1}）の値を用いて，自由エネルギー変化を計算できる．

$$CO(g) + \frac{1}{2}O_2(g) \longrightarrow CO_2(g)$$

温度として25℃を選ぶと，以下のようになる．

$$\Delta G° = (-283 \text{ kJ·mol}^{-1}) - (298 \text{ K})(-0.086 \text{ kJ·mol}^{-1}·\text{K}^{-1})$$
$$= -257 \text{ kJ·mol}^{-1}$$

$\Delta G°$の値が負になるので，この反応はこの温度では熱力学的に自発的に起こる．

298 K における反応の自由エネルギー変化も，エンタルピーの計算のときと同様なやり方で，自由エネルギーの代数和から算出できる．

$$\Delta G°(反応) = \Sigma \Delta G_f°(生成物) - \Sigma \Delta G_f°(反応物)$$

表6・5からわかるように，ΔHとΔSがともに正，またはともに負の組合わせでは，反応の自発性は温度に依存する．自由エネルギーの式の中に温度の項が入っているからである．

実際，反応が自発的から非自発的または可逆へと変化する大まかな温度の値を得るために，自由エネルギーの式を利用できる．その例として赤色粉末の酸化水銀(II)が金属水銀の粒と酸素ガスに熱分解する反応を用いることができる．

$$2\text{HgO}(s) \xrightarrow{\Delta} 2\text{Hg}(l) + \text{O}_2(g)$$

標準エンタルピー変化は$+91$ kJ·mol^{-1}，標準エントロピー変化は$+108$ J·mol^{-1}·K^{-1}である．したがって，つぎのようになる．

$$\Delta G° = (+91 \text{ kJ·mol}^{-1}) - T(+0.108 \text{ kJ·mol}^{-1}·\text{K}^{-1})$$

反応の方向が変化する点は$\Delta G° = 0$のときであり，その温度は

$$T = 91/(0.108 \text{ K}^{-1}) = 843 \text{ K} = 570 \text{ ℃}$$

となる．

実際，酸化水銀(II)は350℃から500℃の温度範囲で熱分解する．計算で求めた大まかな値との差は，さほどではない．この不一致の一因は，実際の反応は大気中，すなわち酸素分圧20 kPaのもとで行われるのであり，自由エネルギー計算の際に仮定している酸素圧100 kPaとは異なっていることである．また，自由エネルギー関数では，エンタルピー変化ΔHが実際には少し温度依存性がある場合でも，温度依存性はないと仮定していることも，不一致に寄与している．

6・2 イオン性化合物の生成

イオン性化合物がその成分元素の単体から生成するとき，通常はエントロピーが減少する．なぜなら，固体の規則正しい構造の結晶性化合物は非常にエントロピーが低いのに対して，酸素や塩素のような非金属反応物は高エントロピーをもつ気体だからである．たとえば，前節で塩化ナトリウム生成におけるエントロピー変化が負であることを決定した．したがって，熱力学的に安定な化合物を成分元素単体から生成するには，通常，その反応において負のエンタルピー変化が必要となる．この発熱性が反応の駆動力となる．

ある特定の化合物が生成するのに他の化合物は生成できない理由を理解する試みとして，イオン性化合物の生成過程を，最初に反応物の結合が開裂する，それから生成物の結合が形成される，という一連の段階に理論上分けてみる．この方法によって，どのエンタルピー因子が反応の自発性に重要かを識別できる．ここで再び塩化ナトリウムの生成について考えてみる．

$$\text{Na}(s) + \frac{1}{2}\text{Cl}_2(g) \longrightarrow \text{NaCl}(s)$$
$$\Delta H_f° = -411 \text{ kJ·mol}^{-1}$$

1. 固体のナトリウムは，遊離の（気体の）ナトリウム原

子に変換される．この過程では，原子化エンタルピーが必要となる．

$$Na(s) \longrightarrow Na(g) \quad \Delta H° = +108 \text{ kJ·mol}^{-1}$$

2. 気体の塩素分子は原子に解離しなくてはならない．この変換のためには，塩素分子の結合エネルギーの半分が必要である．

$$\frac{1}{2}Cl_2(g) \longrightarrow Cl(g) \quad \Delta H° = +121 \text{ kJ·mol}^{-1}$$

3. 生じたナトリウム原子は，イオン化しなくてはならない．この過程には第一イオン化エネルギーが必要である．(カルシウムのように2価の陽イオンを形成する金属の場合には，第一イオン化エネルギーと第二イオン化エネルギーの両方を足さなくてはならない．)

$$Na(g) \longrightarrow Na^+(g) + e^- \quad \Delta H° = +502 \text{ kJ·mol}^{-1}$$

4. 塩素原子は電子を得なくてはならない．この値は，塩素原子の電子親和力である．

$$Cl(g) + e^- \longrightarrow Cl^-(g) \quad \Delta H° = -349 \text{ kJ·mol}^{-1}$$

一つ目の電子を付け加えるときの値は通常は発熱であるが，二つ目の電子を付け加えるとき（たとえば，O^- から O^{2-} が生成するような場合）は通常は吸熱になる．

5. その後，遊離イオンが会合して固体のイオン性化合物が生成する．この二つのイオンを引合わせる過程は，非常に発熱の大きな過程（格子エネルギー）である．この格子エネルギーが，イオン性化合物生成の主要な駆動力であるとみなすことができる．

$$Na^+(g) + Cl^-(g) \longrightarrow NaCl(s)$$
$$\Delta H° = -793 \text{ kJ·mol}^{-1}$$

付録1は，多くの一般的な無機単体と化合物についての，エンタルピー，エントロピー，自由エネルギーのデータを含む．イオン化エネルギーのようないくつかのデータは，実測に基づいているが，格子エネルギーは実測できない．格子エネルギーは，ボルン・ハーバーサイクルまたは理論的計算からしか決定できない．そのうえ，いくつかの測定では高精度な値は得られていない．それらの結果として，熱力学データに基づいた多くの理論計算が大まかな値しか与えることができない．しかし，この半定量的な値でも多くの場面において，化学的安定性と反応性の有益な洞察を提供できる．

6・3 ボルン・ハーバーサイクル

図解して示す方が，情報の理解が簡単になることが多い．この表現法は，イオン性化合物がその単体から生成するときの，理論的構成要素の理解にも使うことができる．"上"方向は過程における発熱段階を示すのに用いられ，"下"方向は過程の吸熱段階に相当する．結果として得られる表は，"ボルン・ハーバーサイクル[a]"とよばれる．図6・2に塩化ナトリウム生成におけるこのサイクルを示す．

このエンタルピー図には2通りの使い道がある．それらは (1) 化合物生成において重要なエンタルピー項について視覚的なイメージを得るため，および (2) 熱力学サイクルの中で未知のエンタルピー項の値を決定するため，である．なぜなら，各熱力学的構成要素の項の総和は生成過程における全エンタルピー変化と等しくなるはずであるというのは自明だからである．

おもな吸熱段階は金属原子のイオン化に起因するが，最も主要な発熱段階はイオン性結晶格子の形成に由来する．安定なイオン性化合物においては，格子エネルギーがイオン化エネルギーを上回るというエネルギー収支バランスは一般的である．このことの例示として，フッ化マグネシウム MgF_2 を用いることができる．マグネシウムイオンの第一イオン化エネルギーと第二イオン化エネルギーの和は $+2190 \text{ kJ·mol}^{-1}$ であり，1価陽イオンであるナトリウムイオンのただ一つしかないイオン化エネルギー値よりも高い．しかし，サイズが小さく高電荷をもつマグネシウムイオンにおいては，格子エネルギーもナトリウムイオンよりは大きく $-2880 \text{ kJ·mol}^{-1}$ である．エンタルピーサイクルにおけるその他の項を組入れると，フッ化マグネシウムの生成はかなり大きな負のエンタルピー（$-1100 \text{ kJ·mol}^{-1}$）をもつという結果になる．

陽イオンの電荷が大きくなるにつれて格子エネルギーが

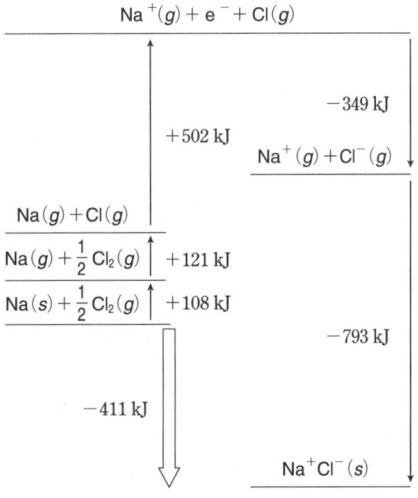

図6・2 塩化ナトリウム生成におけるボルン・ハーバーサイクル

---

[a] Born–Haber cycle

それほど増加するのであれば，どうしてマグネシウムとフッ素が MgF₃ ではなく，MgF₂ を形成するのだろうか？ MgF₃ の生成エンタルピーを見積もると，Mg³⁺ イオンによってより強い電気的引力が働くので，格子エネルギーは MgF₂ よりもさらに大きいであろう．しかし，マグネシウムにおいては，3+ のイオンになるには内殻（L殻）電子をイオン化しなくてはならず，第三イオン化エネルギーは莫大な値（7740 kJ·mol⁻¹）になってしまい，格子エネルギーから得た分よりもはるかに大きくなる．エントロピー項が負であることと組合わせると，この化合物が存在する可能性はまったくないことがわかる．

逆に考えてみよう．なぜマグネシウムとフッ素は MgF ではなく MgF₂ を形成するのだろうか？ 以前みたように，二つの最も大きなエネルギー因子は，マグネシウムのイオン化エネルギー（吸熱）と格子エネルギー（発熱）である．1価マグネシウムイオンを形成するにはたった1個の電子のイオン化でよいので，2価陽イオンよりもはるかに少ないエネルギーしか必要としない．しかし，格子エネルギーは高い電荷に依存するので，1価陽イオンは小さな格子エネルギーしか得られないという結果をもたらす．表 6·6 に，MgF，MgF₂，MgF₃ 生成の際のボルン・ハーバーサイクルの熱力学的構成要素に関する数値を比較する．エンタルピー因子の観点からは，MgF₂ の生成が最も有利であることがわかる．これら3通りのボルン・ハーバーサイクルを図解して比較することができ（図 6·3），そこでは，イオン化エネルギーと格子エネルギーの間のバランスの重要性が示されている．

表 6·6 三つの可能なマグネシウムのフッ化物に関する熱力学的因子

エンタルピー因子〔kJ·mol⁻¹〕	MgF	MgF₂	MgF₃
Mg の昇華エネルギー	+150	+150	+150
F—F 結合エネルギー	+80	+160	+240
Mg のイオン化（総和）	+740	+2190	+9930
F の電子親和力	−330	−660	−990
格子エネルギー	≈ −900	−2880	≈ −5900
ΔH_f° (見積もりの値)	−260	−1040	+3430

MgF₂ が MgF よりも有利であるとすると，ナトリウムとフッ素の化合物は NaF ではなく NaF₂ になるのではないかと予想するかもしれない．しかし，内殻（L殻）に存在する2個目の電子をイオン化することは，極度に吸熱的な過程である．この桁外れのイオン化エネルギーは，格子エネルギーの増加によってもバランスがとれることはない．NaF の生成エンタルピーが MgF で予測される生成エンタルピーよりも負の値になるさらに第二の小さな要因がある．ナトリウムの方が有効核電荷（Z_{eff}）が小さいので，ナトリウムの第一イオン化エネルギーはマグネシウムの第

一イオン化エネルギーよりも約 200 kJ·mol⁻¹ 低くなっている．そのうえ，Mg⁺ イオンは 3s 軌道に電子が一つ残っているので，Na⁺ イオンよりもサイズが大きい．したがって，NaF の格子エネルギーは MgF の格子エネルギーよりも高くなる．より低いイオン化エネルギーとより高い格子エネルギーの組合わせの結果，予測される MgF の生成エンタルピー値 −260 kJ·mol⁻¹ に比べて，フッ化ナトリウムの生成エンタルピー値は −574 kJ·mol⁻¹ となる．

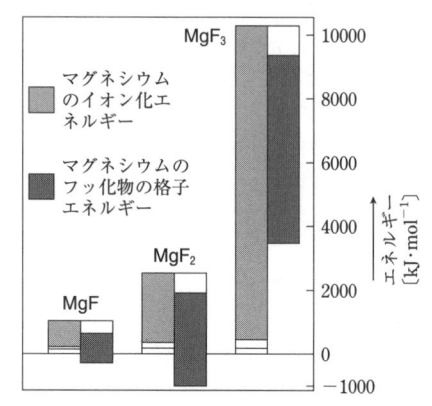

図 6·3 3種の可能なマグネシウムのフッ化物における，ボルン・ハーバーサイクルのグラフによる比較

6·4 イオン性化合物の溶解過程における熱力学

構成成分元素の単体からの化合物生成を理論的反応段階の組合わせとして考えられるように，溶解過程もいくつかの段階に分割できる．この解析のために，最初に結晶格子中のイオンが気相に分散していき，つぎの段階として，水分子が気相イオンを取囲んで水和イオンになるという機構を描いてみる．すなわち，イオンとイオンの相互作用（イオン結合）は切れて，イオン−双極子相互作用が形成される．よって，溶解性の度合いはこれら二つの要因（それぞれはエンタルピーとエントロピーの両成分を含む）のバランスに依存している．

化合物の生成と溶解という二つの解析の間には，一つの鍵となる違いがある．化合物生成においては，熱力学的因子を単に化合物が自発的に生成されるかどうかを決定するために用いる．一方，溶解過程の熱力学においては溶解性の度合いが関係する．すなわち，易溶性から，可溶性，微溶性，難溶性，不溶性にいたるまでの連続した状態のどれにその化合物が適合するのかに関連する．きわめて難溶性の化合物ですら，固体化合物との平衡においては，測定可能なほどの量の水溶液イオンが存在するだろう．

6·4·1 格子エネルギー

イオン結合に打勝って，格子から解き放されたイオンに分解するためには，大きなエネルギーを投入する必要があ

る．格子エネルギー値はイオン結合の強さに依存しており，言い方を変えると，イオンの大きさと電荷に関連する．すなわち，2価イオンから成る酸化マグネシウムは，1価イオンから成るフッ化ナトリウムよりも高い格子エネルギーをもつ（3933 kJ·mol^{-1} に対して 915 kJ·mol^{-1} である）．同時に，エントロピー因子は，高度に規則正しい固体結晶から乱れた気相状態への系の変化に対しては，常にきわめて有利である．したがって，格子が解離する際の ΔS と ΔH は常に正の値をとる．

6·4·2 水和エネルギー

水溶液中では，イオンは極性の水分子によって囲まれている．（通常は6個の）水分子の第一水和圏[a]では，部分的に負電荷を帯びた酸素原子が陽イオンの方に向いた状態で陽イオンを取囲む．同様に陰イオンは，部分的に正電荷を帯びている水素原子が陰イオンの方に向いた状態の水分子に取囲まれている．最初の水和圏の外側には，配向した水分子のさらなる層が存在する（図6·4）．イオンを取囲む有効な水分子の総数は，**水和数**[b] とよばれる．

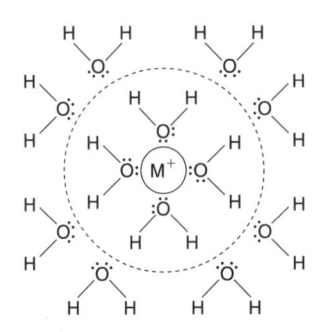

図6·4 金属陽イオンの第一，第二水和圏〔G. Wulfsberg, "Principles of Descriptive Inorganic Chemistry", University Science Books, New York, p.66（1990）より改変〕

イオンのサイズが小さく，電荷が高いほど，水和圏中の水分子の数は多くなるだろう．そして，溶液中での水和イオンの有効半径は，固相中での半径と非常に異なったものになるはずである．このサイズの違いを表6·7に例示する．水和カリウムイオンのサイズは小さいので，より大きな水和ナトリウムイオンに比べて生体膜を透過しやすくなる．

表6·7 ナトリウムイオンとカリウムイオンの大きさによる水和への影響

イオン	半径〔pm〕	水和イオン	水和イオンの半径〔pm〕
Na$^+$	116	Na(OH$_2$)$_{13}^+$	276
K$^+$	152	K(OH$_2$)$_7^+$	232

る．

水和イオンのイオン-双極子相互作用の発現は，非常に発熱的である．水和エンタルピー値もイオンの電荷とサイズ，すなわち電荷密度に依存する．表6·8に，一連の等電子的な陽イオンにおける水和エンタルピーと電荷密度の強い相関を示す．

表6·8 3種の等電子的陽イオンにおける水和エンタルピーと電荷密度

イオン	水和エンタルピー〔kJ·mol^{-1}〕	電荷密度〔C·mm^{-3}〕
Na$^+$	-406	24
Mg^{2+}	-1920	120
Al^{3+}	-4610	364

水分子がイオンを取囲むことは，おもに水分子が自由に動き回っている状態に比べて秩序だった状態であるという理由により，水和エントロピーも負になる．マグネシウムやアルミニウムのように小さく電荷が高い陽イオンの水和圏は，ナトリウムイオンの水和圏よりもサイズが大きい．したがって，この2種の高電荷陽イオンのまわりには，水分子の強い秩序づけが存在する．これらの陽イオンにおいては，水和過程でエントロピーの非常に大きな減少が起こる．

6·4·3 溶解過程におけるエネルギー変化

溶解サイクルのエンタルピーを例示するのに，塩化ナトリウムの溶解過程を用いることができる．この過程では，格子中のイオン間引力は水分子とのイオン-双極子相互作用によって克服されるに違いない．

$$\text{Na}^+\text{Cl}^-(s) \xrightarrow{\text{水への溶解}} \text{Na}^+(aq) + \text{Cl}^-(aq)$$

この過程を各段階に分解すると，最初に，格子が昇華（気相のイオンに解離）しなくてはならない．

$$\text{NaCl}(s) \longrightarrow \text{Na}^+(g) + \text{Cl}^-(g)$$
$$\Delta H^\circ = +788 \text{ kJ·mol}^{-1}$$

それから，イオンが水和する．

$$\text{Na}^+(g) \longrightarrow \text{Na}^+(aq) \quad \Delta H^\circ = -406 \text{ kJ·mol}^{-1}$$
$$\text{Cl}^-(g) \longrightarrow \text{Cl}^-(aq) \quad \Delta H^\circ = -378 \text{ kJ·mol}^{-1}$$

したがって，溶解過程のエンタルピー変化 ΔH° はつぎのようになる．

$$(+788) + (-406) + (-378) = +4 \text{ kJ·mol}^{-1}$$

この過程を図として表すことができる（図6·5）．

通常の温度においては，エンタルピー変化はエントロ

---

a) primary hydration sphere   b) hydration number

ピー変化よりもはるかに大きいのがふつうである．しかし，この場合には，非常に大きなエンタルピー変化は本質的に互いに"打消し合う"ので，小さなエントロピー変化

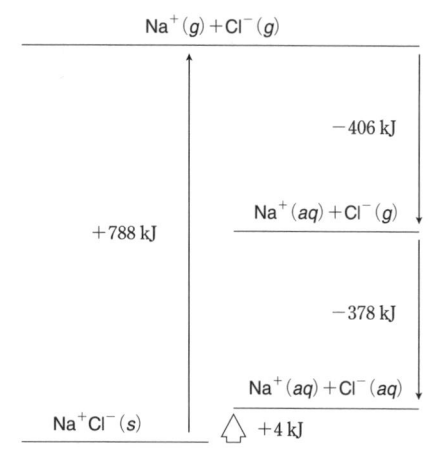

図6・5 塩化ナトリウムの溶解過程における理論的エンタルピーサイクル

が，塩化ナトリウムの溶解度を決定する主要因となる．したがって，エントロピー因子に関しても同様の計算を行う必要がある．エンタルピー値と結果を比較することができるように，298 K における $T\Delta S°$ のデータを用いることとする．最初に，格子が昇華しなくてはならない．

$$\text{NaCl}(s) \longrightarrow \text{Na}^+(g) + \text{Cl}^-(g)$$
$$T\Delta S° = +68 \text{ kJ·mol}^{-1}$$

それから，イオンが水和する．

$$\text{Na}^+(g) \longrightarrow \text{Na}^+(aq) \quad T\Delta S° = -27 \text{ kJ·mol}^{-1}$$
$$\text{Cl}^-(g) \longrightarrow \text{Cl}^-(aq) \quad T\Delta S° = -28 \text{ kJ·mol}^{-1}$$

したがって，溶解過程におけるエントロピー変化を $T\Delta S°$ 値で表すとつぎのようになる．

$$(+68) + (-27) + (-28) = +13 \text{ kJ·mol}^{-1}$$

この過程を図として表すことができる（図6・6）．

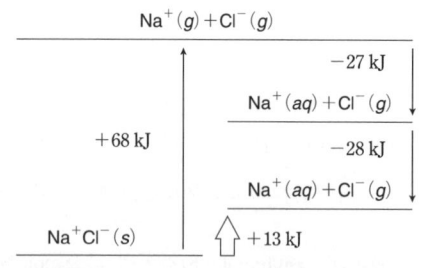

図6・6 塩化ナトリウムの溶解過程における理論的エントロピーサイクル（$T\Delta S°$で表す）

溶解過程の自由エネルギー変化を計算すると，全体としてのエントロピー変化は溶液になる方向に有利に働くがエンタルピー変化はそうではないこと，および前者の方が後者よりも影響が大きいことがわかる．よって，経験上知っているように，塩化ナトリウムは 298 K において水に非常によく溶ける．

$$\Delta G° = \Delta H° - T\Delta S°$$
$$= (+4 \text{ kJ·mol}^{-1}) - (+13 \text{ kJ·mol}^{-1})$$
$$= -9 \text{ kJ·mol}^{-1}$$

6・5 共有結合性化合物の生成

共有結合性化合物生成の熱力学を学ぶために，イオン性化合物で用いたボルン・ハーバーサイクルと似たサイクルを構築できる．しかし，二つのサイクル間には大きな違いがある．このサイクルはイオン生成を含まず，代わりに共有結合エネルギーが関与する．三フッ化窒素の生成を例としてこの過程を示すことができる．前と同様に，まずはエンタルピー項の計算に焦点を合わせ，エントロピー因子は後で考慮することにしよう．

$$\frac{1}{2}\text{N}_2(g) + \frac{3}{2}\text{F}_2(g) \longrightarrow \text{NF}_3(g)$$

1. 窒素分子の三重結合を切る．この開裂においては N≡N の結合エネルギーの半分を必要とする．

$$\frac{1}{2}\text{N}_2(g) \longrightarrow \text{N}(g) \quad \Delta H° = +471 \text{ kJ·mol}^{-1}$$

2. フッ素分子の単結合を切る．化学量論的に合わせるためには，F—F の結合エネルギーの 3/2 が必要となる．

$$\frac{3}{2}\text{F}_2(g) \longrightarrow 3\text{ F}(g) \quad \Delta H° = +232 \text{ kJ·mol}^{-1}$$

3. 窒素-フッ素結合が形成する．この過程において，3 mol の N—F 結合が生じるので，N—F の結合エネルギーの3倍のエネルギーが放出される．

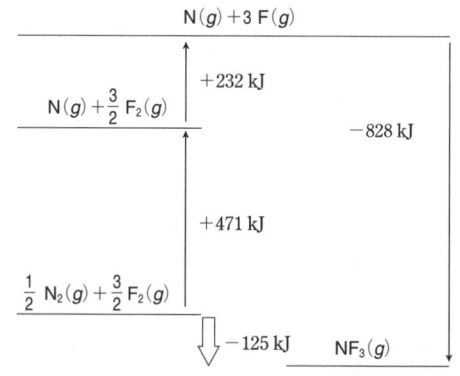

図6・7 三フッ化窒素の生成における理論的エンタルピーサイクル

$$\text{N}(g) + 3\text{ F}(g) \longrightarrow \text{NF}_3(g) \quad \Delta H° = -828 \text{ kJ·mol}^{-1}$$

三フッ化窒素の生成のためのエンタルピー図を図6・7に示す．この反応を通しての全体のエンタルピー変化はつぎのようになるはずである．

水素経済 (Hydrogen Economy)

水素は長期的エネルギー貯蔵のための最も有望な手段の一つである．エネルギーは水素と大気中の酸素との反応で生じる．

$$H_2(g) + \frac{1}{2}O_2(g) \longrightarrow H_2O(g)$$

結合エネルギー値を用いると，水素と酸素から（気体の）水が生成する反応は非常に発熱的であることを示すことができる．

$$\begin{aligned}\Delta H_f^\circ &= [\Delta H(H-H) + \frac{1}{2}\Delta H(O=O)] - [2\,\Delta H(O-H)] \\ &= [432 + \frac{1}{2}\times 494]\,kJ\cdot mol^{-1} - [2\times 459]\,kJ\cdot mol^{-1} \\ &= -239\,kJ\cdot mol^{-1}\end{aligned}$$

炭化水素のエネルギー源とは，その供給に限界があるという理由や化石燃料の燃焼が地球規模の気候変動に関与するという理由などにより，将来的に手を切る必要がある．また，液化炭化水素はエネルギー源とするより，高分子，医薬品，その他の複雑な有機化合物を合成する化学工業用原料として，もっと価値がある．

最初の挑戦課題は水素の供給源である．一つの選択肢は電解槽中での水の電気分解である．

陰極: $2H_2O(l) + 2e^- \longrightarrow 2OH^-(aq) + H_2(g)$

陽極: $2OH^-(aq) \longrightarrow H_2O(l) + \frac{1}{2}O_2(g) + 2e^-$

電気エネルギーの理想的な供給源は，需要が少ないときにはいつでも電力を発生させられる，風力発電または波力発電のようなものであろう．水力発電，そして異論が多くはあるが，原子力発電も提案された．

代替の選択肢はメタンから水素を化学的に合成することである．この反応の各段階については§15・6で議論することになるが，全体の反応は以下のようになる．

$$CH_4(g) + \frac{1}{2}O_2(g) + H_2O(g) \longrightarrow CO_2(g) + 3H_2(g)$$

しかしこの原料は，特に二酸化炭素排出を抑制する効果がないという点で問題がある．さらに，熱力学的計算によると，この反応は$-77\,kJ\cdot mol^{-1}$にも及ぶ発熱反応である．したがって，水素ガス生成において，それだけの量の利用可能エネルギーがすでに失われていることになる．その一方で，化学プラントで生成する大量の不用な二酸化炭素は気体のまま地下に貯蔵することが可能である．

第二の課題は，水素の貯蔵である．全気体中で最も分子量が小さい水素分子の密度は最小である．したがってある仕事をするためには，同エネルギーの液体燃料の体積より，ずっと大きな気体の体積が必要になる．よりよい水素貯蔵法の一つは，耐破壊性高圧タンクの開発である．そのようなタンクは開発されているが，車両重量を著しく増加させ，かなりの空間を占めてしまう．液体水素は代案ではあるが，沸点は$-252\,^\circ C$なので，相当な熱絶縁体を用いなければ蒸発によって多くの水素が失われてしまう．新しい貯蔵手段は金属性水素化物（§10・4を参照）の使用である．ある金属は水素スポンジとして働き，加熱によって水素を再び放出する．しかし，これらの金属は非常に高価である．別の可能な貯蔵手段は，カーボンナノチューブ（§14・2を参照）の使用である．水素吸脱着過程の可逆性はいまだに示されてはいないが，水素分子をチューブ中に吸収させることは可能である．

水素の酸化による電力製造手段は，真剣に研究されている．この技術は燃料電池に基づくものであり，本質的には上に概説した電気分解プロセスの逆反応である．すなわち，水素酸化の際に発生する化学エネルギーを電気エネルギーに転換するのである．その後，電気エネルギーは車両の車輪に取付けられた電気モーターを駆動するために用いられる．

最近まで，大規模な水素利用が与える環境面への重要な影響について見落とされてきた．必然的に，水素分子の一部は大気中に漏れ出るだろう．環境化学者は，少量でも水素ガスが対流圏と成層圏へ追加されることはよい結果をまねかないと結論している．特に，大気中の汚染分子を除去する最重要な化学種のヒドロキシルラジカル（§16・10を参照）を，水素分子は破壊する．

われわれの社会を水素経済に転換することは，CO_2削減という環境問題への挑戦における短期的な解決策ではなく長期的な解決策であるとみるべきだろう．水素の合成と貯蔵のプラントに対して莫大な投資を行わなくてはならない．もちろん，水素は経済的にも価値のある燃料にならなくてはいけない．それらを達成するのは長い道のりだが，最初の一歩はすでに，水素エネルギー国際協会で踏み出され，そこでは世界中の最新の水素技術をコーディネートしている．

$$\tfrac{1}{2}\mathrm{N}_2(g) + \tfrac{3}{2}\mathrm{F}_2(g) \longrightarrow \mathrm{NF}_3(g)$$
$$\Delta H_f^\circ = -125\,\mathrm{kJ\cdot mol^{-1}}$$

エントロピー因子に戻ると，単体からの三フッ化窒素の生成においては全体として1 molの気体が減少する．したがって，エントロピーの減少が期待されるだろう．実際，全体としてのエントロピー変化は（付録1のデータを用いると）$-140\,\mathrm{J\cdot mol^{-1}\cdot K^{-1}}$である．以上の結果，自由エネルギー変化はつぎのようになる．

$$\begin{aligned}\Delta G_f^\circ &= \Delta H_f^\circ - T\Delta S_f^\circ\\ &= (-125\,\mathrm{kJ\cdot mol^{-1}}) - (298\,\mathrm{K})(-0.140\,\mathrm{kJ\cdot mol^{-1}\cdot K^{-1}})\\ &= -83\,\mathrm{kJ\cdot mol^{-1}}\end{aligned}$$

この値は，この化合物が熱力学的にきわめて安定であることを示す．

6・6 熱力学的因子 vs 速度論的因子

熱力学は，反応の起こりやすさ，平衡の位置，化合物の安定性に関係している．しかし，反応の速度——速度論の分野——に関しては何の情報も与えない．反応速度は，大部分は反応の活性化エネルギー[a]，すなわち化合物生成の経路に含まれるエネルギー障壁によって決定される．この考え方を図6・8に示す．

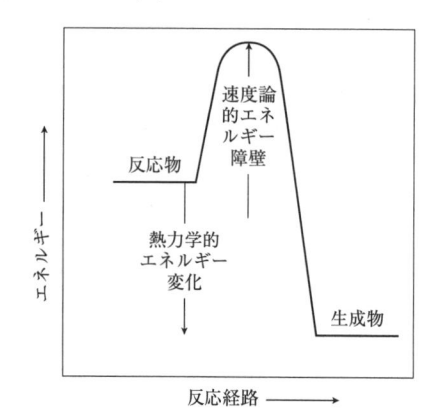

図6・8 化学反応における速度論的エネルギー因子と熱力学的エネルギー因子

活性化エネルギーの影響の非常に単純な例を，非常に一般的な2種の炭素同素体，グラファイトとダイヤモンドによって示す．ダイヤモンドは，グラファイトに比べると熱力学的に不安定である．

$$\mathrm{C}(ダイヤモンド) \longrightarrow \mathrm{C}(グラファイト)$$
$$\Delta G^\circ = -3\,\mathrm{kJ\cdot mol^{-1}}$$

もちろん，ダイヤの指輪のダイヤモンドが日ごとに黒色の粉末に崩壊していくわけではない．ダイヤモンドにおける正四面体配列からグラファイトの平面形配列へ共有結合を再配置するには，極度に高い活性化エネルギーを必要とするので，この変化は起こらない．さらにいうと，炭素のすべての形態は，酸素分子の存在下では二酸化炭素への酸化に関しては熱力学的に不安定である．ここでも，ダイヤの指輪やグラファイトの鉛筆芯がぱっと燃え出すのを防いでいるのは，高い活性化エネルギーである．

$$\mathrm{C}(s) + \mathrm{O}_2(g) \longrightarrow \mathrm{CO}_2(g) \qquad \Delta G^\circ = -390\,\mathrm{kJ\cdot mol^{-1}}$$

われわれは化学反応の生成物を変えるために，実際に速度論を利用できる．特に重要な例は，アンモニアの燃焼である．アンモニアは空気中で燃えて，窒素分子と水蒸気になる．

$$4\,\mathrm{NH}_3(g) + 3\,\mathrm{O}_2(g) \longrightarrow 2\,\mathrm{N}_2(g) + 6\,\mathrm{H}_2\mathrm{O}(g)$$

自由エネルギー変化は$-1306\,\mathrm{kJ\cdot mol^{-1}}$なので，熱力学的にはこの反応は有利な経路である．触媒存在下で燃焼を行うと，一酸化窒素を生成する競争反応の方が，窒素ガスを生成する反応よりも活性化エネルギーが低くなる．

$$4\,\mathrm{NH}_3(g) + 5\,\mathrm{O}_2(g) \longrightarrow 4\,\mathrm{NO}(g) + 6\,\mathrm{H}_2\mathrm{O}(g)$$

この反応は硝酸の工業的製法の鍵となる段階であるが，自由エネルギー変化が$-958\,\mathrm{kJ\cdot mol^{-1}}$にすぎないにもかかわらず，実際に起こるのである．このようにして，反応の生成物を制御し，熱力学的に有利な経路を覆すために速度論を用いている（図6・9）．

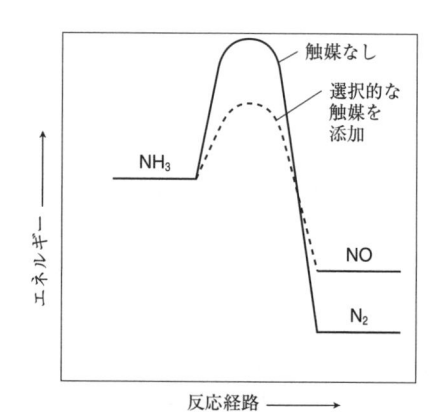

図6・9 アンモニアの燃焼の二つの経路における速度論的エネルギー因子と熱力学的エネルギー因子を示す図（スケールは合わせていない）

また，正の生成自由エネルギーをもつ化合物の合成も可能である．たとえば，三酸素（オゾン）やすべての窒素酸化物は正の生成自由エネルギーをもつ．これらの化合物の合成は，自由エネルギーの正味の減少を含む経路があり，

---

[a] activation energy

かつその化合物の分解が速度論的に遅い場合に実行可能である．別の合成方法では，光合成における光エネルギーや電気分解における電気エネルギーのように，エネルギーの入力を考慮に入れた経路を用いる必要がある．

興味深い例を，三塩化窒素を用いて示す．前節で，三フッ化窒素が熱力学的に安定であることを確認した．これに対して，三塩化窒素は熱力学的に不安定であるが，実際に存在する．

$$\frac{1}{2}N_2(g) + \frac{3}{2}F_2(g) \longrightarrow NF_3(g)$$
$$\Delta G_f^\circ = -84 \text{ kJ} \cdot \text{mol}^{-1}$$

$$\frac{1}{2}N_2(g) + \frac{3}{2}Cl_2(g) \longrightarrow NCl_3(g)$$
$$\Delta G_f^\circ = +240 \text{ kJ} \cdot \text{mol}^{-1}$$

この違いを理解するために，それぞれのエネルギーサイクルで鍵になる項を比較する必要がある．左辺から右辺になるときに気体の分子数が減少していることは，おのおのの反応において，エントロピー項が負であることを意味する．よって，自発的な過程となるためには，エンタルピー項が負でなくてはならない．

三フッ化窒素の合成において，開裂されるべきフッ素－フッ素結合は非常に弱い（$158 \text{ kJ} \cdot \text{mol}^{-1}$）が，新たに形成される窒素－フッ素結合は非常に強い（$276 \text{ kJ} \cdot \text{mol}^{-1}$）．結果として，三フッ化窒素生成のエンタルピーはかなり負になる．塩素－塩素結合（$242 \text{ kJ} \cdot \text{mol}^{-1}$）はフッ素－フッ素結合よりも強く，三塩化窒素中の窒素－塩素結合（$188 \text{ kJ} \cdot \text{mol}^{-1}$）は三フッ化窒素中の窒素－フッ素結合よりも弱い．結果として，三塩化窒素生成のエンタルピー変化は正になり（図6・10），負のエントロピー変化は$-T\Delta S$の項を正にする．よって，自由エネルギー変化も正となる．

ではどのようにして，このような化合物が合成できるのだろうか？　アンモニアと塩素分子から三塩化窒素と塩化水素を生じる反応は，強い水素－塩素結合が形成される結果，少しだが負の自由エネルギー変化となるのである．

$$NH_3(g) + 3Cl_2(g) \longrightarrow NCl_3(l) + 3HCl(g)$$

熱力学的に不安定な三塩化窒素は，加熱すると激しく分解する．

$$2NCl_3(l) \longrightarrow N_2(g) + 3Cl_2(g)$$

そういうわけで，熱力学は化学を理解するうえで有用な道具である．同時に，速度論的因子は（アンモニア酸化の場合のように）熱力学的に最安定なもの以外を生成物となしうることを，常に承知しておこう．加えて，正の生成自由エネルギーをもつ化合物を合成することもときには可能である．その場合は，（三塩化窒素に関して確認したように）自由エネルギーの最終的な減少を含む経路があるか，その化合物の分解が速度論的に遅い．

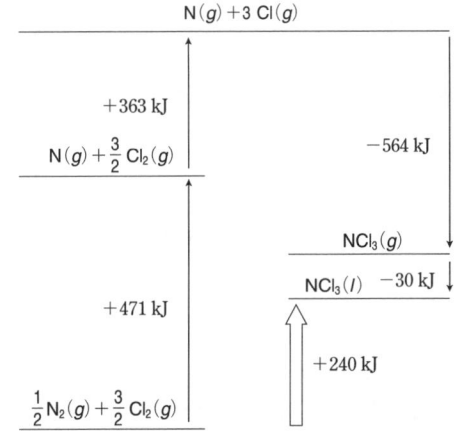

図6・10　三塩化窒素の生成における理論的エンタルピーサイクル

要　点

・化学反応はエンタルピー変化とエントロピー変化のバランスに依存する．
・イオン性化合物の生成は，一連の理論的段階に沿って起こると考察できる．
・生成サイクル（ボルン・ハーバーサイクル）における各段階の相対的エネルギーを示すための図を作ることができる．
・溶解過程は，エネルギーサイクルの観点から考察できる．
・共有結合性化合物の生成は，図表を用いて表現できる．
・化学反応は，熱力学的因子に加えて，速度論的因子によって制御される．

基本問題

6・1　以下の用語を定義しなさい．(a) 自発的過程，(b) エントロピー，(c) 標準生成エンタルピー．

6・2　以下の用語を定義しなさい．(a) エンタルピー，(b) 平均結合エネルギー，(c) 水和エンタルピー．

6・3 固体のカルシウムと気体の酸素から固体の酸化カルシウムが生成する反応において，予想されるエントロピー変化の符号は正か負か？ また，生成反応が自発的に起こるとすると，エンタルピー変化の符号はどちらになるはずか？ データ表を調べないこと．

6・4 非常に高温では，水は水素ガスと酸素ガスに分解するだろう．二つの一般的な熱力学関数と自由エネルギーを関連づける公式の観点から，このことが期待される理由を説明しなさい．データ表を調べないこと．

6・5 付録1のデータ表における生成エンタルピーと絶対エントロピーの値を用いて，つぎの反応におけるエンタルピー，エントロピー，自由エネルギーを決定しなさい．この情報を用いて，その反応が標準温度と圧力のもとで自発的に起こるかどうかを確認しなさい．

$$H_2(g) + \frac{1}{2}O_2(g) \longrightarrow H_2O(l)$$

6・6 付録のデータ表における生成エンタルピーと絶対エントロピーの値を用いて，つぎの反応におけるエンタルピー，エントロピー，自由エネルギーを決定しなさい．この情報を用いて，その反応が標準温度と圧力のもとで自発的に起こるかどうかを確認しなさい．

$$\frac{1}{2}N_2(g) + O_2(g) \longrightarrow NO_2(g)$$

6・7 五塩化リンと二酸化硫黄からの塩化スルフリル SO_2Cl_2 ($\Delta G_f°(SO_2Cl_2(g)) = -314\,kJ\cdot mol^{-1}$) の合成が，熱力学的に可能かどうかを推測しなさい．他の生成物は塩化ホスホリル $POCl_3$ である．付録1のデータ表中の生成自由エネルギーの値を用いること．

6・8 付録1の生成自由エネルギーの値を用いて，つぎの反応が熱力学的に可能かどうかを決定しなさい．

$$PCl_5(g) + 4\,H_2O(l) \longrightarrow H_3PO_4(s) + 5\,HCl(g)$$

6・9 N—N 結合と N=N 結合のどちらの方が強いか？ その理由を説明しなさい．データ表を見ないこと．

6・10 窒素分子と一酸化炭素分子は等電子構造である．しかし，C≡O 結合のエネルギー（$1072\,kJ\cdot mol^{-1}$）は N≡N 結合のエネルギー（$942\,kJ\cdot mol^{-1}$）よりも大きい．理由を述べなさい．

6・11 付録3の結合エネルギーの値を用いて，つぎの反応のエンタルピー変化の大まかな値を計算しなさい．

$$4\,H_2S_2(g) \longrightarrow S_8(g) + 4\,H_2(g)$$

6・12 付録3の結合エネルギーの値を用いて，つぎの反応が熱力学的に可能かどうかを決定しなさい．

$$CH_4(g) + 4\,F_2(g) \longrightarrow CF_4(g) + 4\,HF(g)$$

6・13 つぎの化合物を格子エネルギーが大きくなる順に並べなさい．酸化マグネシウム，フッ化リチウム，塩化ナトリウム．その順番をつけた理由を述べなさい．

6・14 塩化ナトリウムの格子についてのマーデルング定数における級数の最初の三つの項を計算しなさい．極限値と比較してどうか？

6・15 塩化セシウムの格子についてのマーデルング定数における級数の最初の二つの項を計算しなさい．極限値と比較してどうか？

6・16 ボルン・ランデの式を用いて，塩化セシウムの格子エネルギーを計算しなさい．

6・17 ボルン・ランデの式を用いて，フッ化カルシウムの格子エネルギーを計算しなさい．

6・18 フッ化アルミニウム生成のボルン・ハーバーサイクルを構築しなさい．どんな計算も行わないこと．

6・19 硫化マグネシウム生成のボルン・ハーバーサイクルを構築しなさい．どんな計算も行わないこと．

6・20 フッ化銅(I) の生成エンタルピーを計算しなさい．この化合物は閃亜鉛鉱型構造をとる．

6・21 水素化ナトリウムの格子エネルギーは $2782\,kJ\cdot mol^{-1}$ である．付録から必要なデータを追加して，原子状水素の電子親和力の値を計算しなさい．

6・22 熱力学的要因と速度論的要因の議論において，二つの反応を比較した．

$$4\,NH_3(g) + 3\,O_2(g) \longrightarrow 2\,N_2(g) + 6\,H_2O(g)$$
$$4\,NH_3(g) + 5\,O_2(g) \longrightarrow 4\,NO(g) + 6\,H_2O(g)$$

データ表を見ずに以下の問いに答えなさい．

(a) この二つの反応間のエントロピー因子に目立った違いがあるか？ 説明しなさい．

(b) (a)の解答と，2番目の反応の自由エネルギー変化は1番目の反応の自由エネルギー変化ほど負ではないという事実を考慮して，一酸化窒素 NO の生成エンタルピーの符号を推測しなさい．

6・23 酸素原子の電子親和力は以下のとおりである．

$$O(g) + e^- \longrightarrow O^-(g) \quad -141\,kJ\cdot mol^{-1}$$
$$O^-(g) + e^- \longrightarrow O^{2-}(g) \quad +744\,kJ\cdot mol^{-1}$$

2番目の電子親和力がかなり発熱的なのに，どうしてイオン性酸化物がいたるところに存在しているのだろうか？

6・24 あるイオン性化合物 MX において，格子エネルギーは $1205\,kJ\cdot mol^{-1}$ であり，溶解エンタルピーは $-90\,kJ\cdot mol^{-1}$ である．陽イオンの水和エンタルピーが陰イオンの水和エンタルピーの1.5倍であるとすると，イオンの水和エンタルピーの和はいくらになるか？

応用問題

6・25 ボルン・ランデの式は"自由空間の誘電率"とよばれる項を利用している．物理学の教科書を用いて，物理学におけるこの項の重要性を説明しなさい．

6・26 ボルン・ハーバーサイクルを用いて酸化カルシウムの生成エンタルピーを計算しなさい．すべての必要な情報は，付録のデータ表から得ること．データ表から得た酸化カルシウムの $\Delta H_f^\circ (\mathrm{CaO}(s))$ の実測値と比較しなさい．それから，酸化カルシウムは $\mathrm{Ca}^{2+}\mathrm{O}^{2-}$ ではなく $\mathrm{Ca}^+\mathrm{O}^-$ であるとみなして，同じサイクルを計算しなさい．$\mathrm{Ca}^+\mathrm{O}^-$ の格子エネルギーは $-800\ \mathrm{kJ\cdot mol^{-1}}$ としなさい．エンタルピーの項において，$\mathrm{Ca}^+\mathrm{O}^-$ であるとする 2 番目の筋書きが有利にならない理由を議論しなさい．

6・27 理論上の化合物である $\mathrm{NaCl_2}$ と $\mathrm{NaCl_3}$ についてボルン・ハーバーサイクルを構築しなさい．付録のデータ表中の情報に加えて以下の値を用い，これら二つの化合物の生成エンタルピーを計算しなさい．理論的な格子エネルギー：$\mathrm{NaCl_2} = -2500\ \mathrm{kJ\cdot mol^{-1}}$，$\mathrm{NaCl_3} = -5400\ \mathrm{kJ\cdot mol^{-1}}$．ナトリウムの第二イオン化エネルギー：$4569\ \mathrm{kJ\cdot mol^{-1}}$．ナトリウムの第三イオン化エネルギー：$6919\ \mathrm{kJ\cdot mol^{-1}}$．サイクルを比較して，$\mathrm{NaCl_2}$ と $\mathrm{NaCl_3}$ がどうして熱力学的に有利な生成物とならないのかを示しなさい．

6・28 テトラヒドロホウ酸ナトリウム（水素化ホウ素ナトリウム）$\mathrm{NaBH_4}$ の格子エネルギーは $2703\ \mathrm{kJ\cdot mol^{-1}}$ である．付録から必要なデータを加えて，テトラヒドロホウ酸イオンの生成エンタルピーを計算しなさい．

6・29 塩化マグネシウムは非常に水に溶けやすいが，酸化マグネシウムは非常に水に溶けにくい．溶解過程における理論的な段階の点から，この違いに関して説明しなさい．データ表を用いないこと．

6・30 データ表の格子エネルギーと水和エンタルピーの値を用いて，(a) 塩化リチウムと (b) 塩化マグネシウムの溶解エンタルピーを決定しなさい．理論的な段階の点から，この二つの値におけるおもな違いを説明しなさい．

6・31 テトラフルオロメタンの生成について，ボルン・ハーバーサイクルと同様なエネルギー図を構築しなさい．それから，付録のデータ表中の数値を用いて，各段階から生成エンタルピーを計算しなさい．さらに，表に出ている $\Delta H_f^\circ (\mathrm{CF_4}(g))$ の値と計算値を比較しなさい．

6・32 六フッ化硫黄の生成について，ボルン・ハーバーサイクルと同様のエネルギー図を構築しなさい．それから，付録のデータ表中の数値を用いて，各段階から生成エンタルピーを計算しなさい．さらに，表に出ている $\Delta H_f^\circ (\mathrm{SF_6}(g))$ の値と計算値を比較しなさい．

6・33 エネルギー図を用いてフッ化塩素 ClF の塩素-フッ素結合の結合エネルギーを計算しなさい．

6・34 データ表の生成エンタルピーと絶対エントロピーの値を用いて，つぎの反応の生成自由エネルギーを決定しなさい．

$$\mathrm{S}(s) + \mathrm{O_2}(g) \longrightarrow \mathrm{SO_2}(g)$$

$$\mathrm{S}(s) + \frac{3}{2}\mathrm{O_2}(g) \longrightarrow \mathrm{SO_3}(g)$$

(a) 三酸化硫黄の生成におけるエントロピー変化の符号を説明しなさい．
(b) どちらの燃焼が自由エネルギーにおいてより大きな減少をもたらすか（すなわち，どちらの反応の方が熱力学的に有利か）？
(c) どちらの硫黄酸化物が最も一般的に議論されるか？
(d) 上の (b) と (c) の答えの間の矛盾の原因を説明しなさい．

6・35 カルシウムイオン $\mathrm{Ca^{2+}}$ の水和エネルギーはカリウムイオン $\mathrm{K^+}$ の水和エネルギーよりも大きいにもかかわらず，物質量でみると塩化カルシウムの溶解度は塩化カリウムの溶解度よりも小さい．説明しなさい．

6・36 塩化ナトリウムの溶解エンタルピーは $+4\ \mathrm{kJ\cdot mol^{-1}}$ であるが，塩化銀の溶解エンタルピーは $+65\ \mathrm{kJ\cdot mol^{-1}}$ である．

(a) この二つの化合物の溶解度の相対的な関係について，気づくことは何か？ その結論を引出すときに，どんな仮定をしなくてはならないか？
(b) 水和エンタルピーのデータを用いて，二つの塩の格子エネルギーの値を計算しなさい．（両方とも塩化ナトリウム型構造をとっている．）
(c) ボルン・ランデの式を用いて格子エネルギーの値を計算し，(b) で計算した値と比較しなさい．化合物の一方で重大な不一致が起こる．その理由を示しなさい．

6・37 下に示したデータに付録からその他の必要なデータを加えて，三つの化合物における硫酸イオンの水和エンタルピー値を計算しなさい．それらの値は一致しているか？

化合物	溶解エンタルピー 〔$\mathrm{kJ\cdot mol^{-1}}$〕	格子エネルギー 〔$\mathrm{kJ\cdot mol^{-1}}$〕
$\mathrm{CaSO_4}$	-17.8	-2653
$\mathrm{SrSO_4}$	-8.7	-2603
$\mathrm{BaSO_4}$	$+19.4$	-2423

6・38 固体の化合物の標準生成エンタルピー，標準生成

エントロピーの値と，対応する水和イオンの標準生成エンタルピー，標準生成エントロピーの値の違いから，溶液の標準エンタルピーと標準エントロピーの値を計算することが可能である．この方法で，20℃におけるリン酸カルシウム溶液の自由エネルギーを決定しなさい．リン酸カルシウムの溶解度という点で，その値は何を意味しているのかを示しなさい．

6・39 マグネシウムと鉛の，第一イオン化エネルギーと第二イオン化エネルギーは同じような値である．しかし，酸との反応は非常に異なっている．

$$M(s) + 2H^+(aq) \longrightarrow M^{2+}(aq) + H_2(g) \quad (M = Mg, Pb)$$

付録から適当に必要なデータを用いて，適切なサイクルを構築しなさい．（ヒント：水素の還元は二つのサイクルで共通であるので，水和金属陽イオンの生成だけを考慮すればよい．）それから，反応性の違いをもたらしている因子を推測しなさい．この違いの基本的な理由を示しなさい．

6・40 主族元素においては，熱力学的に最も安定な化合物は，すべての価電子を失った状態のものである．しかし，すべてのランタノイドにおいては，酸化数 +3 の状態が最安定である．イオン化エネルギー，およびイオン化エネルギーがボルン・ハーバーサイクルで果たしている役割の観点から，このことを説明しなさい．

6・41 カプスティンスキーの式を用いて塩化セシウムの格子エネルギーを計算し，実験から得られた値，ボルン・ランデの式において得られた値（問題 6・16）と比較しなさい．

6・42 タリウムは二つの酸化数 +1 と +3 をとる．カプスティンスキーの式を用いて，TlF と TlF_3 の格子エネルギーの値を計算しなさい．Tl^+ と Tl^{3+} のイオン半径は，164 pm と 102 pm である．

6・43 非常に高い圧力下では，塩化ルビジウムは塩化セシウム型構造をとる．塩化ナトリウム型の格子構造から塩化セシウム型の格子構造への転移の際のエンタルピー変化を計算しなさい．

6・44 最も壮観な化学実験の実演の一つはテルミット反応である．

$$2Al(s) + Fe_2O_3(s) \longrightarrow Al_2O_3(s) + 2Fe(l)$$

この反応は非常に発熱が大きいので溶融した鉄が生じる．以前は鉄道の線路を溶接する手段として用いられていた．付録のデータ表を用いて，この反応が莫大な熱を出す理由を説明しなさい．

6・45 以下のデータを用いて，アンモニアの陽子親和力（プロトンが一つ付いたときに発生するエネルギー）を計算しなさい．

$$NH_3(g) + H^+(g) \longrightarrow NH_4^+(g)$$

フッ化アンモニウム NH_4F が結晶化するとウルツ鉱型構造になり，アンモニウムイオンとフッ化物イオンの中心間の距離は 256 pm であり，結晶格子のボルン指数は 8 になる．水素原子のイオン化エネルギーは +1537 kJ·mol^{-1} である．ヒント：このほかに付録の中から得なくてはならない必要なデータは，アンモニア，フッ化水素，フッ化アンモニウムの生成エンタルピーである．

6・46 以下の一連の反応は，水から水素分子と酸素分子を生成する熱力学的な手段として提唱された．298 K での各ステップの自由エネルギー変化とこのプロセス全体の自由エネルギー変化を計算しなさい．

$$CaBr_2(s) + H_2O(g) \xrightarrow{\Delta} CaO(s) + 2HBr(g)$$
$$Hg(l) + 2HBr(g) \xrightarrow{\Delta} HgBr_2(s) + H_2(g)$$
$$HgBr_2(s) + CaO(s) \longrightarrow HgO(s) + CaBr_2(s)$$
$$HgO(s) \xrightarrow{\Delta} Hg(l) + \frac{1}{2}O_2(g)$$

このプロセスを工業的に採用する可能性がほとんどない理由を示しなさい．

6・47 イオン結合は，金属が"電子を失いたいと望み"非金属が"電子をもらいたいと望む"結果として形成されるのだ，としばしば記述される．この表現を，適切な熱力学的な値を用いて批評しなさい．

7 溶媒と酸塩基挙動

われわれは，化学反応の多くを溶液中で行う．どんな理由で溶媒を選択するのだろうか？ 溶媒はどのように機能するのだろうか？ 最も一般的に用いられる溶媒は水であり，そこでは酸塩基の化学が重要になる．ほとんどすべての目的において，酸塩基挙動についてのブレンステッド・ローリーの解釈は十分適用できるが，ここではルイスの酸塩基概念も議論する．章の後半では硬い酸塩基・軟らかい酸塩基の法則（**HSAB則**）に焦点を合わせる．この法則は，無機化合物のいくつかの性質を説明するために特に有用な方法である．

一般的な化学の研究室では，（ほとんど）すべての反応が水溶液中で行われる．われわれは生まれたときからずっと，水こそが唯一無二の溶媒であるという思いに親しんできた．確かに，水は安価で，無機化合物にとって最良の溶媒の一つである．しかし，水のみを溶媒として使用すると，実施可能な反応の種類が制限される．たとえば，土星の衛星タイタンに存在すると予想されている炭化水素の湖の中の化学は，イオンが満ちた水溶液であるわが地球の大洋の中の化学とは，まったく異質なものに違いない．

歴史的には，酸と塩基の理論は水が溶媒であると想定されていた．1884年のアレニウス[a]の理論では，水溶液での酸は水素イオンを供給し，水溶液での塩基は水酸化物イオンを供給すると提案された．1923年のオランダ人ブレンステッド[b]と英国人ローリー[c]の理論において，水はさらに中心的存在となった．ブレンステッド・ローリー理論では，酸は水素イオンの供与体であり塩基は水素イオンの受容体である，と定義される．ブレンステッド・ローリー理論で重要なことはオキソニウムイオン $H_3O^+(aq)$ の存在である．

しかし，1923年，米国の化学者ルイス[d]は，物質は水以外の溶媒中でも酸または塩基として振舞うことが可能であることを十分に理解し，実際に，酸塩基反応は溶媒が存在しなくても起こりうると主張した．

> 私には，つぎのような定義には，完璧な一般性があるように思える．塩基性物質とは，他の原子と安定な原子団をつくるのに利用できる非共有電子対をもつものであり，酸とは，自らの原子と他の分子の非共有電子対を用いて安定な原子団をつくることができる物質である．

ルイスの酸塩基理論は，今や無機化学の中心部を占めている．しかし，ブレンステッド・ローリー理論は，水溶液中での反応を理解するには今でも有用である．

7・1 溶 媒

溶媒は，固体の溶質と相互作用することによって，反応物質である分子やイオンが自由に衝突して反応できるように機能する．溶媒が溶質を溶解するには，溶媒-溶質間の結合による相互作用が，固体結晶中の粒子間引力である格子エネルギーに打勝つほど強くなくてはいけない．

無機化合物を溶解するのには高極性溶媒が必要だが，ほとんどの共有結合性化合物は低極性溶媒に可溶である．溶媒分子の極性を示す最良の尺度は，化合物の**誘電率**[e]である．誘電率は，化合物が静電場をひずませる（遮蔽する）能力を示す．表7・1にいくつかの溶媒とその誘電率の値を載せる．一般的な溶媒を，**極性プロトン性溶媒**[f]（誘電率は通常50から100の間），**双極性非プロトン性溶媒**[g]

表7・1 溶媒と誘電率

一般名	化学式	誘電率
フッ化水素酸	HF	84
水	H_2O	78
ジメチルスルホキシド（DMSO）	$(CH_3)_2SO$	47
ジメチルホルムアミド（DMF）	$(CH_3)_2NCHO$	38
アセトニトリル	CH_3CN	37
メタノール	CH_3OH	32
アンモニア	NH_3	27
アセトン	$(CH_3)_2CO$	21
ジクロロメタン	CH_2Cl_2	9
テトラヒドロフラン（THF）	C_4H_8O	8
ジエチルエーテル	$(C_2H_5)_2O$	4
トルエン	$C_6H_5CH_3$	2
ヘキサン	C_6H_{14}	2

---

a) Svante Arrhenius　b) Johannes Brønsted　c) Thomas Lowry　d) Gilbert N. Lewis　e) dielectric constant
f) polar protic solvent　g) dipolar aprotic solvent

（誘電率は通常 20 から 50 の間），**無極性溶媒**[a]（誘電率は 0 に近い）の三つの範疇に分類できる．さらに，**イオン液体**[b] という範疇もある．イオン液体とは，イオン結合が非常に弱く室温付近でも液体であるイオン性化合物群をさす．

7・1・1 極性プロトン性溶媒

極性プロトン性溶媒には，H—F，O—H，N—H という 3 種の高分極結合のどれかが含まれる．陰イオンと溶媒中の水素原子の間と，陽イオンと溶媒中のフッ素原子（酸素原子，窒素原子）の間で，イオン−双極子の強い力によって溶媒和がひき起こされる．溶解度はイオン−双極子引力に依存しており，その引力は結晶格子中での陽イオンと陰イオンの静電引力である格子エネルギー（§6・1を参照）よりも大きい．水中での塩化ナトリウムの溶解はつぎのようになる．

$$Na^+Cl^-(s) \xrightarrow{水への溶解} Na^+(aq) + Cl^-(aq)$$

図 7・1 のように溶媒和過程を図示できる．

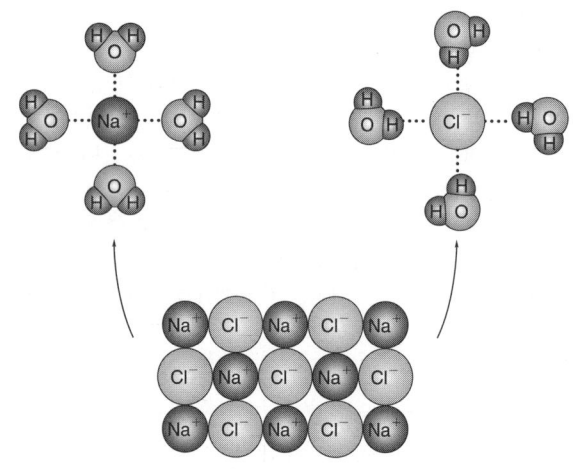

図 7・1 塩化ナトリウムが水に溶解する過程の描写〔出典：G. Rayner-Canham *et al.*, "Chemistry: A Second Course", Don Mills, Ontario: Addison-Wesley, p.350（1989）より転載〕

ほとんどのプロトン性溶媒は**自動イオン化**[c]する．すなわち，溶媒分子の一部分が水素イオンとの交換を起こし，**共役酸**[d]と共役塩基[e]を同時に生成する．水とアンモニアにおいて，その平衡はつぎのようになる．

$$2H_2O(l) \rightleftharpoons H_3O^+(aq) + OH^-(aq)$$
$$2NH_3(l) \rightleftharpoons NH_4^+(am) + NH_2^-(am)$$

ここで，水において *aq* を用いるのと同じように，*am* は液体アンモニアを表す．

アンモニアは $-33\,°C$ で沸騰するが，高い蒸発エンタルピーをもつ．したがって，（アンモニアは有毒，有害な気体なので）ドラフト中で取扱えれば，液体アンモニアを用いて作業することは実際に難しくなく，酸塩基反応を液体アンモニア中で行うことができる．たとえば，塩化アンモニウムとナトリウムアミド $NaNH_2$ は反応して食塩とアンモニアになる．

$$NH_4^+Cl^-(am) + Na^+NH_2^-(am) \longrightarrow$$
$$Na^+Cl^-(s) + 2NH_3(l)$$

用いる溶媒の観点から酸と塩基を定義することが可能である．直接解離するか溶媒と反応するかのいずれかによって，酸は溶媒に陽イオン的特性を与える．上記の反応の場合，アンモニウムイオンは溶媒であるアンモニアの陽イオンなので，アンモニア溶液中でアンモニウムイオンは酸に分類される．同様に，直接解離するか溶媒と反応するかのいずれかによって，塩基は溶媒に陰イオン的特性を与える．すると，アミドイオンはアンモニアの陰イオンということになり，アンモニア溶液中で塩基として分類される．

上記の反応は，水中での塩酸と水酸化ナトリウムの間の酸塩基反応と類似している．類似性は，塩酸を塩化オキソニウム $H_3O^+Cl^-$ の形で表記した方が，より明確に理解できる．

$$H_3O^+Cl^-(aq) + Na^+OH^-(aq) \longrightarrow$$
$$Na^+Cl^-(aq) + 2H_2O(l)$$

塩化ナトリウムは水には可溶だが，アンモニアには不溶である．アンモニアは水よりも極性が小さい．したがって，水の場合よりイオン−双極子相互作用は小さく，塩化ナトリウムの格子エネルギーを相殺できない．

水は便利で安価な溶媒であり，化学をどれほど抑制するかをつい忘れてしまう．たとえば，ナトリウムは水と反応するので，水溶液中ではナトリウムを還元剤として利用できない．

$$Na(s) + 2H_2O(l) \longrightarrow 2NaOH(aq) + H_2(g)$$

しかし，液体アンモニア中では，過マンガン酸イオンをマンガン酸イオン MnO_4^{2-} に（§20・5 を参照），さらに酸化マンガン(IV) に還元するために金属ナトリウムを用いることができる．

$$MnO_4^-(am) + Na(s) \longrightarrow Na^+(am) + MnO_4^{2-}(am)$$

$$MnO_4^{2-}(am) + 2Na(s) + 2NH_3(l) \longrightarrow$$
$$MnO_2(s) + 2Na^+(am) + 2OH^-(am) + 2NH_2^-(am)$$

---

a) nonpolar solvent b) ionic liquid, ionic solvent c) autoionization d) conjugate acid e) conjugate base

7・1・2 溶媒としての水

イオン性化合物が水に"溶解する"とき，この過程は実際には解離反応の一種である．**解離**[a]という言葉は分裂を意味しており，水のような溶媒がイオン性化合物中に存在するイオンを分裂させるときに用いる．一例として，水酸化ナトリウムをあげる．この白色固体の結晶格子は，ナトリウムイオンと水酸化物イオンが交互に並ぶ形である．溶解の過程はつぎのように記すことができる．

$$Na^+OH^-(s) \xrightarrow{\text{水への溶解}} Na^+(aq) + OH^-(aq)$$

無機酸の水への溶解は異なる過程によって生じる．無機酸は共有結合を含む．水に溶解するのは，共有結合が切れてイオンが生成する**イオン化**[b]の結果である．すなわち，イオン化が起こるには，形成されるイオン–双極子の引力が開裂する酸分子中の共有結合よりも強くなくてはならない．この過程は塩酸においてつぎのように記述できる．

$$HCl(g) + H_2O(l) \xrightarrow{\text{水への溶解}} H_3O^+(aq) + Cl^-(aq)$$

溶媒[c]という言葉を定義するに当たって，"溶解する"と"反応する"の違いも区別しなくてはならない．たとえば，白色固体の酸化ナトリウムに水を加えたとき，その固体はちょうど水酸化ナトリウムの固体に水を加えると"消える"のと同じように"消える"．しかし，この場合には，化学反応が起こるのである．

$$(Na^+)_2O^{2-}(s) + H_2O(l) \longrightarrow 2\,Na^+(aq) + 2\,OH^-(aq)$$

7・1・3 双極性非プロトン性溶媒

既述したように，イオン性化合物を溶解するには，溶媒は格子エネルギーよりも強いイオンとの相互作用をしなくてはならない．非プロトン性溶媒は強いルイス酸またはルイス塩基として機能する．格子エネルギーにおいて通常は大きな陰イオンより小さな陽イオンの方の寄与が大きいので，溶媒の多くは陽イオンを引きつけられる非共有電子対をもつルイス塩基である．たとえば，塩化リチウムはアセトン$(CH_3)_2CO$に溶解する．この溶媒中では，溶液中のリチウムイオンは実際には，酸素原子上の非共有電子対がリチウムイオンと結合した$[Li(OC(CH_3)_2)_4]^+$イオンの形で存在する．

非プロトン性溶媒のほんの少しだけがプロトン性溶媒と同じ方法で自動イオン化する．よい例は三フッ化臭素である（BrF_3は純溶媒三フッ化臭素を示す）．

$$2\,BrF_3(l) \rightleftharpoons BrF_2^+(BrF_3) + BrF_4^-(BrF_3)$$

三フッ化臭素は（フッ化銀を塩基とする）ルイス酸または（五フッ化アンチモンを酸とする）ルイス塩基として働くことができる．

$$AgF(s) + BrF_3(l) \longrightarrow Ag^+(BrF_3) + BrF_4^-(BrF_3)$$
$$SbF_5(l) + BrF_3(l) \longrightarrow BrF_2^+(BrF_3) + SbF_6^-(BrF_3)$$

そして，酸$(BrF_2)(SbF_6)$と塩基$Ag(BrF_4)$の間で，ルイスの中和反応を起こすことさえ可能である．

$$(BrF_2)(SbF_6)(BrF_3) + Ag(BrF_4)(BrF_3)$$
$$\longrightarrow Ag(SbF_6)(s) + 2\,BrF_3(l)$$

7・1・4 無極性溶媒

この種の溶媒はイオン性化合物を溶かすことはできないが，共有結合で結合した電荷をもたない多くの化学種を溶解できる．たとえば，硫黄S_8とリンP_4はともに水には不溶性だが，無極性の二硫化炭素CS_2には容易に溶ける．このいずれの単体においても，分散力による溶質–溶媒間相互作用は，その元素単体自身の分子間分散力よりも大きい．溶解のエンタルピー変化は，低極性または無極性の溶質では小さい傾向がある．この理由は，溶質どうしまたは溶質と溶媒の間には分散力（ある場合には，弱い双極子–双極子相互作用）による引力しか働いていないためと理解できる．このように小さなエンタルピー変化においては，（通常は正の値である）混合のエントロピー変化が，溶解過程の重要な因子になる．

多くの金属は共有結合性化合物をつくる．たとえば，固体の硝酸水銀(Ⅱ)中の結合はイオン結合とみなすのが一番妥当だが，液体のジメチル水銀$Hg(CH_3)_2$は共有結合性である．したがって，硝酸水銀(Ⅱ)は水に溶解するが，ジメチル水銀はほとんどすべての無極性の低誘電率溶媒と混和する．毒性のジメチル水銀は，魚やわれわれの脳の脂肪組織のような無極性溶媒を好むので，**生物濃縮**[d]がひき起こされる（第22章のコラム"ウェッターハーンの死"を参照）．

7・1・5 イオン液体

イオン性化合物の一般的特性はその高融点にあるが，少数の例外がある．低温で液体として存在するイオン性化合物は極端に格子エネルギーが低い．このような弱い格子は，大きな非対称構造の有機陽イオンと低電荷の無機含ハロゲン陰イオンの組合わせでできる．

イオン液体の陽イオンのほとんどは，アルキルアンモニウムイオン$(NR_xH_{4-x})^+$，五員環（三つが炭素で二つが窒素）であるイミダゾリウム環，六員環（五つが炭素で一つが窒素）であるピリジニウム環のような窒素誘導体である．図7・2に，一般的に$[bmim]^+$と略される1-ブチル-3-メチルイミダゾリウムイオンの構造を示す．無機イオン

---

a) dissociation b) ionization c) solvent d) bioaccumulation

の例は，テトラクロロアルミン酸イオン $AlCl_4^-$，テトラフルオロホウ酸イオン BF_4^-，ヘキサフルオロリン酸イオン PF_6^- である．陽イオンと陰イオンの組合わせによって，融点はしばしば室温より低くなり，現時点で最低の融点は $-96℃$ である．

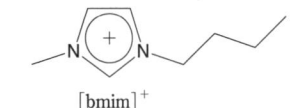

図7・2 一般的に $[bmim]^+$ と省略される 1-ブチル-3-メチルイミダゾリウムイオン

イオン液体が発見されるまでは，室温での溶液相の化学反応はすべて共有結合性溶媒中で行われていた．イオン液体は，まったく新しい反応の可能性の扉を開いたのである．しかし，最も強く興味がもたれているのは従来の工業的合成法へのイオン液体の利用である．イオン液体にはつぎのような利点がある．

1. その蒸気圧はほぼ 0 であるため，ほとんどの有機溶媒がもつ蒸気漏出で生じる環境問題を回避できる．また，真空系でも用いることができる．
2. 異なる陰イオンと陽イオンを組合わせると，特定の溶媒特性をもったイオン液体を合成できる．
3. 幅広い範囲の無機化合物と有機化合物に対する良溶媒であり，同一相中ではふつう考えられない試薬の組合わせを可能にする．
4. イオン液体は多くの有機溶媒と混和しないので，非水性の二相反応系の供給が可能である．

溶媒としてイオン液体を用いるうえでの現在の二つの問題点は，その価格が高いことと，分離と再生利用技術がまだ初期段階にあることである．

7・2 ブレンステッド・ローリー酸

無極性溶媒は非金属化合物や有機金属化合物（第22章を参照）において重要ではあるが，単純な金属塩化合物に対する最も一般的な溶媒は今でも水である．したがって，水溶液中での酸と塩基の議論において，ブレンステッド・ローリー理論，すなわち酸は水素イオンの供与体であり，塩基は水素イオンの受容体であるという理論が今日でも用いられている．

酸の挙動は，通常は溶媒（ほとんどの場合は水）との化学反応に依存する．フッ化水素酸において，この挙動はつぎのように記すことができる．

$$HF(aq) + H_2O(l) \rightleftharpoons H_3O^+(aq) + F^-(aq)$$

この反応において，水は塩基として機能している．オキソニウムイオンは水の共役酸であり，フッ化物イオンはフッ化水素酸の共役塩基である．化学者はしばしば酸は水素イオンを塩基に供与するというが，この言い方は多少誤解を招きやすい．というのは，もっと正確には二つの化学物質の間の水素イオンを得るための競争（勝った方が塩基となる）なのである．酸は，あなたが強盗に札入れか財布を"与える"のと同じように，少しも喜んで水素イオンを塩基に"与える"わけではない．

酸の電離定数[a] K_a の値は，非常に大きい場合や非常に小さい場合もありうるので，pK_a（$pK_a = -\log_{10}K_a$）が酸の強さを示す最も有用な尺度となっている．酸が強くなるほど pK_a 値は負になる．典型的な値を表7・2に示す．

表7・2 さまざまな無機酸の電離定数

酸	HA	A^-	K_a (25℃)	pK_a
過塩素酸	$HClO_4$	ClO_4^-	10^{10}	-10
塩酸	HCl	Cl^-	10^2	-2
フッ化水素酸	HF	F^-	3.5×10^{-4}	3.45
アンモニウムイオン	NH_4^+	NH_3	5.5×10^{-10}	9.26

7・2・1 酸の強さ

無機化学者にとって，酸の強さの傾向は興味深い．塩酸，硝酸，硫酸，過塩素酸のような $K_a > 1$（pK_a 値が負）になる酸は，すべて強酸とみなす．亜硝酸，フッ化水素酸，そしてその他のほとんどの無機酸のように $K_a < 1$（pK_a の値が正）になる酸は，弱酸（すなわち，溶液中で電離していない酸分子がかなりの割合を占める）である．

水中では，すべての強酸は 100％ 近く電離しており，強さは同じようにみえる．すなわち，水が**水平化溶媒**[b]として働いている．過塩素酸 $HClO_4$ のようなもっと強い酸は，電離して水溶液中で可能な最強の酸のオキソニウムイオンになる．

$$HClO_4(aq) + H_2O(l) \longrightarrow H_3O^+(aq) + ClO_4^-(aq)$$

いわゆる強酸よりも強い酸を定量的に識別するために，水よりも弱い塩基中に溶解させる．水よりも弱い塩基（しばしばそれは純弱酸である）は酸にとって**差別化溶媒**[c]として働く．この試験法をフッ化水素中の過塩素酸の平衡を用いて例示する．

$$HClO_4(HF) + HF(l) \rightleftharpoons H_2F^+(HF) + ClO_4^-(HF)$$

ここで HF は純溶媒フッ化水素を表す．この場合，水より

---

a) ionization constant b) leveling solvent c) differentiating solvent

弱い酸であるフッ化水素は，強酸よりも強い酸である過塩素酸の水素イオン受容体（塩基）になる．酸としても塩基としても働くことのできる性質を**両性**[a]とよぶ．フッ化水素酸は水より弱い塩基なので，平衡は，水と過塩素酸の反応のように完全に右に偏るわけではない．

この実験は他の強酸でも真似ることができ，最強の酸は平衡を最も右方へ偏らせるものであり，一般的な酸においては，過塩素酸が最強の酸である．

7・2・2 二成分酸

最も一般的な二成分酸[b]はハロゲン化水素酸である．それらのpK_a値を表7・3に示す．正のpK_aの値をもつフッ化水素酸は，明らかに他の3種の酸よりも弱い酸である．他の3種の酸はすべて強酸であり，ほぼ完全に電離するが，ヨウ化水素酸が最も強い酸である．それぞれのハロゲン化水素酸をHXと表記すると，電離平衡はつぎのようになる．

$$HX(aq) + H_2O(l) \rightleftharpoons H_3O^+(aq) + X^-(aq)$$

表7・3　ハロゲン化水素酸の強さと水素–ハロゲン結合の結合エネルギーとの相関

酸	pK_a	H—X 結合エネルギー〔kJ·mol^{-1}〕
HF(aq)	+3	565
HCl(aq)	−7	428
HBr(aq)	−9	362
HI(aq)	−10	295

支配的な熱力学的因子は，H—X結合開裂のエンタルピー，および水分子がオキソニウムイオンになるとき新たに生じるO—H結合形成のエンタルピーである．O—H結合エネルギー459 kJ·mol^{-1}との比較のために，H—X結合エネルギーの値も表7・3に示す．反応はいかなる場合も，より強い結合を形成する方向へ進む傾向があるので，結合エネルギー的に，明らかにフッ化水素酸を除くハロゲン化水素酸にとって電離は好ましいが，フッ化水素酸にとって電離は好ましくない．実際，この結合エネルギーの違いは，酸の強さの傾向と著しく相関している．

7・2・3 オ キ ソ 酸

オキソ酸[c]は酸素を含む三元素酸である．すべての一般的な無機酸において，電離できる水素原子は酸素原子と共有結合している．たとえば，硝酸HNO$_3$はもっと適切な書き方をするとHONO$_2$となる．

ある元素の一連のオキソ酸において，酸の強さと酸素原子の数の間には相関がある．たとえば，硝酸は強酸（pK_a = −1.4）であるが，亜硝酸HONOは弱酸（pK_a = +3.3）である．この説明には，電気陰性度の議論を用いることができる．オキソ酸においてはハロゲン化水素酸と同様に，電離する水素原子とその隣接原子（水素原子が結合している原子）との間の共有結合の弱さに酸の強さが依存する．したがって，大きな電気陰性度をもつ酸素原子が分子中に多く含まれるほど，水素原子から酸素原子に引寄せられる電子密度が大きくなり，水素–酸素結合が弱められることになる．その結果として，酸素原子数が多い酸の方が容易に電離し，強い酸となる．この傾向を図7・3に図示する．

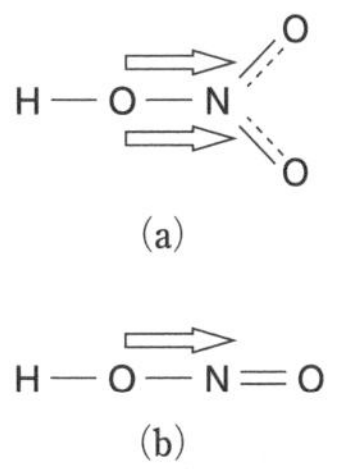

図7・3　硝酸(a)は亜硝酸(b)よりも強い酸である．なぜなら，H—O結合からの電子の流れ出しが硝酸の方が大きいからである．

酸の強さの酸素原子数への依存性は，実際に半定量的方法で評価できる．オキソ酸の化学式を(HO)$_n$XO$_m$と表記すると，$m=0$のときには最初の電離のpK_aの値は約8であり，$m=1$では約2，$m=2$で約−1，$m=3$で約−8となる．

7・2・4 多 塩 基 酸

2個以上の電離可能な水素原子をもつ酸（多塩基酸[d]；硫酸やリン酸を含む）が何種類も存在する．その段階的な電離は，常に段階が進むに従って電離の程度が小さくなっていく．この傾向を，硫酸の2段階の電離過程用いて例示する．

$$H_2SO_4(aq) + H_2O(l) \longrightarrow H_3O^+(aq) + HSO_4^-(aq)$$
$$pK_a = -2$$
$$HSO_4^-(aq) + H_2O(l) \rightleftharpoons H_3O^+(aq) + SO_4^{2-}(aq)$$
$$pK_a = +1.9$$

最初の電離は，本質的にほぼ完全に進む．よって，硫酸は強酸と認定される．2段階目の平衡は，通常の酸濃度では少し左に偏った位置にある．したがって，硫酸の水溶液中では，硫酸水素イオン[e] HSO$_4^-$が主たる化学種の一つ

---

a) amphiprotic　b) binary acid　c) oxyacid　d) polyprotic acid　e) hydrogen sulfate ion

制 酸 剤

店頭販売されている医薬品で大きな部分を占めるのは制酸剤[a]である．実際，胃のむかつきへの処置は 10 億ドルのビジネスである．制酸剤は最も一般的な無機の調合薬である．オキソニウムイオンは，胃壁を通って吸収され，複合タンパク質を単純なペプチド単位へ消化分解（加水分解）する優れた触媒なので，胃には酸（塩酸）が存在する．不幸なことに，一部の人の胃は酸を過剰生産する．過剰の酸の不快な影響を改善するために，塩基が要求される．しかし，塩基の選択は化学実験ほど単純ではない．たとえば，水酸化ナトリウムを摂取すると，激しすぎて生命に危険を及ぼすような咽喉障害をもたらすだろう．

胃のむかつきに対して一般的に用いられている治療薬の一つは重曹（炭酸水素ナトリウム）である．炭酸水素イオンは水素イオンとつぎのように反応する．

$$HCO_3^-(aq) + H^+(aq) \longrightarrow H_2O(l) + CO_2(g)$$

この化合物には，一つの明白な，そしてもう一つのあまり明白でない欠点がある．第一の欠点は，胃の pH を増加させるのには役立つが，気体の発生（いわゆる腹部膨満，胃腸内にガスが溜まること）を伴うことである．もう一つの欠点は，余計なナトリウムの摂取は高血圧の人にとって好ましくないことである．

特許売薬の制酸剤のいくつかは炭酸カルシウムを含む．これもまた二酸化炭素を生成する．

$$CaCO_3(s) + 2H^+(aq) \longrightarrow Ca^{2+}(aq) + H_2O(l) + CO_2(g)$$

この制酸剤構成物の販売会社は，カルシウムの摂取が増加するという有益なポイントは述べるものの，めったにカルシウムイオンが便秘をひき起こす働きをするなどと述べたりはしない．

ほかによく用いられる制酸剤用化合物は水酸化マグネシウムである．これは錠剤としての処方が可能であるが，"マグネシア乳[b]"とよばれる懸濁液を形成するために細かくひいた粉末を着色した水と混合した形でも販売されている．水酸化マグネシウムの溶解度は小さく，懸濁液中の遊離水酸化物イオン濃度が無視できるほどである．胃の中では，不溶性の塩基が酸と反応してマグネシウムイオンの溶液になる．

$$Mg(OH)_2(s) + 2H^+(aq) \longrightarrow Mg^{2+}(aq) + 2H_2O(l)$$

カルシウムイオンは便秘をひき起こすが，マグネシウムイオンは下剤となる．そのため，炭酸カルシウムと水酸化マグネシウムの混合物を用い，2 種のイオンの影響のバランスをとる処方もある．

わずかではあるが，水酸化アルミニウムも制酸剤の活性成分として用いられている．この塩基も水には不溶であり，錠剤が胃に到達するまでは水酸化物イオンは放出されない．

$$Al(OH)_3(s) + 3H^+(aq) \longrightarrow Al^{3+}(aq) + 3H_2O(l)$$

§13・10 で述べるように，アルミニウムイオンは有毒である．含アルミニウム制酸錠剤をたまに摂取することが，長期にわたる健康障害をひき起こす証拠はないが，制酸剤を定期的に服用する人はカルシウムかマグネシウムの処方を考えた方がよいかもしれない．

となる．段階的電離において電離平衡定数が順に小さくなるのは，電離の結果として生じる陰イオンの負電荷の増加により，そこから水素イオンをオキソニウムイオンとして失わせることがさらに難しくなるからだと説明できる．

7・2・5 多塩基酸塩の形成

2 価または 3 価の金属イオンを硫酸水素イオン溶液に入れると，金属の硫酸水素塩ではなく，金属の硫酸塩が結晶化する．この理由は，相対的な格子エネルギーにある．

§6・1 で議論したように，格子エネルギーはイオンの電荷，すなわちイオン間の静電引力にかなり大きく依存している．したがって，2+ の陽イオンと 2− の陰イオンを含む結晶の格子エネルギーは，2+ の陽イオンと 2 個の 1− の陰イオンを含む結晶の格子エネルギーよりも大きくなる．たとえば，フッ化マグネシウム MgF_2 の格子エネルギーは $2.9\,MJ\cdot mol^{-1}$ であるが，酸化マグネシウム MgO の格子エネルギーは $3.9\,MJ\cdot mol^{-1}$ である．よって，固体の金属硫酸塩の形成は対応する固体の金属硫酸水素塩の形成よりも，大まかに見積もって $1\,MJ\cdot mol^{-1}$ ほど発熱的なことになる．反応はエンタルピー減少によって促進されるので，2 価または 3 価の金属イオンでは硫酸水素塩よりも硫酸塩の方が形成されやすくなる．

硫酸イオンが沈殿により除かれると，ルシャトリエの法則に従って，硫酸水素イオンからさらに硫酸イオンが生じる．たとえば，硫酸水素イオン溶液にバリウムイオン溶液を混合すると，硫酸バリウムが沈殿する．

---

[a] antacid [b] milk of magnesia

$HSO_4^-(aq) + H_2O(l) \rightleftharpoons H_3O^+(aq) + SO_4^{2-}(aq)$
$Ba^{2+}(aq) + SO_4^{2-}(aq) \longrightarrow BaSO_4(s)$

その他のオキソ酸においても，2価または3価の金属イオンでは酸性塩よりも正塩の方が形成されやすいということは守られている．よって，オキソ酸水素イオン（HCO_3^-，HSO_3^-，$H_2PO_4^-$，HPO_4^{2-}など）の溶液から，固体の金属炭酸塩，亜硫酸塩，リン酸塩が得られる．

アルカリ金属イオンのような電荷密度の低い1価陽イオンのみが，硫酸水素イオン，亜硫酸水素イオン，炭酸水素イオン，リン酸二水素イオンと安定な結晶性化合物を形成する．§5・4の結晶構造の議論において，イオンの安定化と沈殿生成のためには電荷/イオンサイズの類似性が必要であることを述べた．

7・3 ブレンステッド・ローリー塩基

ブレンステッド・ローリー塩基は水素イオンの受容体である．アンモニアは，水酸化物イオン自身のつぎに重要なブレンステッド・ローリー塩基である．アンモニアは水と反応して，水酸化物イオンを生じる．ここで，水酸化物イオンは水の共役塩基なので，水は酸として働く．アンモニウムイオンはアンモニアの共役酸である．この水酸化物イオンの生成がアンモニア溶液を有用なガラスクリーナー（水酸化物イオンは脂肪分子と反応して水溶性の塩に変える）にしている．

$NH_3(aq) + H_2O(l) \rightleftharpoons NH_4^+(aq) + OH^-(aq)$

一般的な塩基はほかにもたくさんあり，その中には弱酸の共役塩基も含まれる（表7・4）．これらの陰イオンは多くの金属塩中に存在しており，その塩を水に溶かすと塩基性溶液が得られる．

表7・4 さまざまな無機塩基の電離定数

塩基	A^-	HA	K_b (25 ℃)	pK_b
リン酸イオン	PO_4^{3-}	HPO_4^{2-}	4.7×10^{-2}	1.33
シアン化物イオン	CN^-	HCN	1.6×10^{-5}	4.79
アンモニア	NH_3	NH_4^+	1.8×10^{-5}	4.74
ヒドラジン	N_2H_4	$N_2H_5^+$	8.5×10^{-7}	6.07

2価以上の負の電荷をもつ陰イオンは，加水分解の各段階に応じたpK_b値をもつ．たとえば，硫化物イオンはつぎの各平衡に対応した二つのpK_b値をもつ．

$S^{2-}(aq) + H_2O(l) \rightleftharpoons HS^-(aq) + OH^-(aq)$
$\qquad pK_b = 2.04$
$HS^-(aq) + H_2O(l) \rightleftharpoons H_2S(aq) + OH^-(aq)$
$\qquad pK_b = 6.96$

この2番目の平衡により硫化水素の臭いが生じるので，硫化物イオンの水溶液は常に検出できる．

リン酸イオンに関しては三つの平衡がある．

$PO_4^{3-}(aq) + H_2O(l) \rightleftharpoons HPO_4^{2-}(aq) + OH^-(aq)$
$\qquad pK_b = 1.35$
$HPO_4^{2-}(aq) + H_2O(l) \rightleftharpoons H_2PO_4^-(aq) + OH^-(aq)$
$\qquad pK_b = 6.79$
$H_2PO_4^-(aq) + H_2O(l) \rightleftharpoons H_3PO_4(aq) + OH^-(aq)$
$\qquad pK_b = 11.88$

2番目のpK_bは7.00より小さいので，リン酸水素イオンは酸ではなく塩基として働く．

強酸の共役塩基は水とはほとんど反応しない，すなわち，非常に弱い塩基である（言い方を変えると，塩基の電離平衡ははるかに左に偏っている）ことに留意する必要がある．したがって，硝酸イオンやハロゲン化物イオン（フッ化物イオンを除く）の溶液のpHは本質的に中性であり，硫酸イオンの溶液も非常に中性に近い．

7・4 酸塩基挙動の傾向
7・4・1 金属イオンの酸性度

塩化ナトリウムを水に溶かすと本質的に中性溶液になるが，塩化アルミニウムを水に溶かすと強酸性溶液になる．§5・3と§6・4ですでに述べたように，溶液中でイオンは水和する．最も一般的には，金属イオンのまわりの第一溶媒和圏は6個の水分子で構成される．ナトリウムイオンの場合のように中性溶液を生成するイオンにおいては，これらの水分子が比較的弱く保持されていると考えれば説明できる．電荷密度が大きくなるにつれて，すなわち，小さなイオンで大きな電荷をもつイオンほど，水分子中の酸素原子の非共有電子対が金属イオンにより強く引きつけられるようになり，本質的に共有結合（配位結合）が形成される．その結果として，水分子中の水素原子たちは，隣接する水分子に対して水素イオン供与体として働くようになる段階まで，より強く正電荷を帯びるようになる．この過程はアルミニウムイオンを用いてつぎのように示すことができる．

$Al(OH_2)_6^{3+}(aq) + H_2O(l) \rightleftharpoons$
$\qquad Al(OH_2)_5(OH)^{2+}(aq) + H_3O^+(aq)$

したがって，金属イオンの電荷密度が高くなるにつれて，平衡はオキソニウムイオンを生じる方へと移動していき，金属イオンは水酸化物種として残されるようになる．この平衡の結果，3+またはそれ以上の正電荷をもつ金属イオンは，非常に低いpHにおいてしか真の水和イオンとしては存在できない．この水との反応の過程はしばし

シアン化物イオンと熱帯魚

シアン化物イオンは弱酸であるシアン化水素（青酸）の共役塩基である．よって，シアン化ナトリウム溶液は塩基およびその共役酸の存在による毒性があるばかりでなく，非常に強い塩基性でもある．

$$CN^-(aq) + H_2O(l) \rightleftharpoons HCN(aq) + OH^-(aq)$$

シアン化物イオンは貴金属抽出用の錯化剤としても用いられる（§20・9を参照）．採鉱現場からシアン化物イオンを含む溶液が不慮の事故で流れ出ると，水生生物に重大な局所的被害をもたらすことがある．しかし，シアン化物イオンが関連した最大の環境破壊は，熱帯魚貿易が原因だった．

海水熱帯魚はその光り輝く色彩によって尊ばれている．海水熱帯魚を閉じこめた状態で繁殖させるのはほぼ不可能なので，収集家たちは熱帯のサンゴ礁での魚の収穫に頼っている．毎年約3500万匹の熱帯魚の捕獲がアクアリウム用貿易のために行われていると推測される．米国国内だけでも，約70万個の家庭用および商業用の海水アクアリウムが維持されている．

貿易は1957年にフィリピンで始まった．シアン化物中毒は魚を捕る最も簡単な手段であり，フィリピン水域だけでも，過去40年間にわたって100万 kg ものシアン化ナトリウムが熱帯サンゴ礁に浴びせられたと見積もられている．潜水夫は1，2個のシアン化ナトリウム錠剤を砕いてその粉を水に混合し，一部のサンゴ礁上にまき散らす．シアン化水素は魚の口やエラを通して吸収され，ただちにシトクロムオキシダーゼ[b]のような酵素を無能化し，その結果，酸素の摂取量の低下をもたらす．機敏な魚は窒息し，サンゴ礁の割れ目の中へ逃げ込む前に容易に捕獲できるようになる．その際，約半分の魚はすぐに死んでしまうと見積もられる．生き残った魚のうち，肝臓に吸収されたシアン化物イオンの長期的影響により，最初の約40％の魚は死ぬだろうから，収集家のアクアリウム（水槽）に入るまで生き残るのはほんの約10％である．

魚を殺すことに加えて，シアン化物イオンはサンゴ礁の生物体そのものにも重大な影響を与える．シアン化物イオン濃度が $50\ mg\cdot L^{-1}$ 程度の低い値であっても，サンゴの死をひき起こすには十分である．サンゴ礁の約30％は東南アジア水域に存在し，サンゴ礁は地球上のいたるところで海洋生物の最大の多様性をもたらしている．熱帯魚の85％の源泉となっているフィリピンとインドネシアのサンゴ礁におけるシアン化物イオンの影響は，広大な範囲のサンゴ礁破壊の一因になったと信じられている．実際，今ではフィリピンのサンゴ礁の4％とインドネシアのサンゴ礁の7％だけが優れた状態を保っているにすぎない．ベトナムとキリバス（太平洋中西部のギルバート諸島，フェニックス諸島，ライン諸島の一部を領土とする共和国）でもシアン化物イオン使用の疑いがある．

シアン化物イオンの使用は，今でも魚を捕るための最も容易な手法である．生計が危ういときに漁業の手法を変更することは難しい．この熱帯魚貿易を減らすために，働きかけるべき対象は魚の購入者たちである．海洋水族館協議会（The Marine Aquarium Council, MAC）が，シアン化物を用いない海洋魚の捕獲方法を開発するために設立された．MAC 職員は，MAC が認証した魚のみを扱うペットショップから海洋魚を購入するよう，収集者たちに望んでいる．MAC 認証魚への固執が，シアン化物で捕獲した魚の市場を効果的に破壊し，収穫者にもっと生態学的に損害を与えない捕獲方法の採用を要求するようになることを期待している．

ば**加水分解**[a]とよばれる．表7・5に1族から4族のいくつかの金属イオンにおける傾向（中性の陽イオンから始まり，微酸性，弱酸性，酸性，強酸性になるもの）を示す．

表7・5 いくつかの金属イオンの酸性度

Li^+ 微酸性	Be^{2+} 弱酸性		
Na^+ 中性	Mg^{2+} 弱酸性	Al^{3+} 酸性	
K^+ 中性	Ca^{2+} 微酸性	Sc^{3+} 酸性	Ti^{4+} 強酸性

イオンは高い電荷をもつほど，多くの pK_a 値をもつことになる．よって，アルミニウムイオンにはさらに二つの平衡がある．

$$Al(OH_2)_5(OH)^{2+}(aq) + H_2O(l) \rightleftharpoons$$
$$Al(OH_2)_4(OH)_2^+(aq) + H_3O^+(aq)$$
$$Al(OH_2)_4(OH)_2^+(aq) + H_2O(l) \rightleftharpoons$$
$$Al(OH)_3(s) + H_3O^+(aq)$$

酸性になる金属イオンにおいては，pH が増加すると，一連の平衡は右へ移動し，最終的に金属水酸化物の沈殿に至る．第3周期の最初の三つの金属イオンにおけるこの挙動

---

[a] hydrolysis　[b] cytochrome oxidase

を図示する（図7・4）．

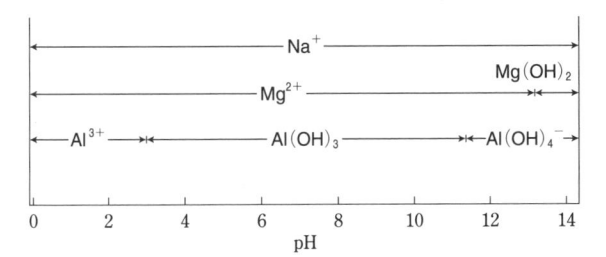

図7・4 ナトリウム，マグネシウム，アルミニウムの陽イオンにおける支配的な化学種のpH依存性

他の多くの金属水酸化物とは違って，アルミニウムイオンにおいては，pH値が高くなるとオキソ酸イオンを形成して金属水酸化物が再溶解する．

$$Al(OH)_3(s) + OH^-(aq) \rightleftharpoons Al(OH)_4^-(aq)$$

7・4・2 非金属陰イオンの塩基性度

陽イオンの酸性度に一つの傾向が存在するのと同様に，単純な陰イオンの塩基性度においても一つの傾向が存在している．実際，この傾向は陽イオンの傾向のちょうど鏡像になっている．よって，（リチウムを除く）アルカリ金属が中性であるのと同じように，（フッ化物イオンを除く）ハロゲン化物イオンは中性である．ここでも再び，塩基性に影響する因子は電荷密度である．表7・6に一般的な陰イオンの塩基性度の分類（中性から始まり，微塩基性，弱塩基性，塩基性，強塩基性になるもの）を示す．

表7・6 非金属イオンの塩基性度

N^{3-} 強塩基性	O^{2-} 強塩基性	F^- 弱塩基性
P^{3-} 強塩基性	S^{2-} 塩基性	Cl^- 中性
As^{3-} 強塩基性	Se^{2-} 塩基性	Br^- 中性
	Te^{2-} 弱塩基性	I^- 中性

よって，溶液中ではフッ化物イオンは部分的に加水分解してフッ化水素酸になる．

$$F^-(aq) + H_2O(l) \rightleftharpoons HF(aq) + OH^-(aq)$$

しかし，硫化物イオンの加水分解はほぼ完全に起こるので，ほとんど硫化物イオンは存在しなくなる．（2段目の加水分解も続けて起こる．）

$$S^{2-}(aq) + H_2O(l) \longrightarrow HS^-(aq) + OH^-(aq)$$
[さらに $HS^-(aq) + H_2O(l) \rightleftharpoons H_2S(aq) + OH^-(aq)$]

水溶液中では，存在可能な最強の塩基は水酸化物イオンである．よって酸化物イオン O^{2-} のような水酸化物イオンより強い塩基が水中に置かれると，直ちに反応して水酸化物イオンになる．

$$O^{2-}(aq) + H_2O(l) \longrightarrow 2\,OH^-(aq)$$

同様に，3− のイオンは溶液中では存在できないので，すべての可溶性の窒化物[a]，リン化物[b]，ヒ化物[c] はすぐに水と反応する．

7・4・3 オキソアニオンの塩基性度

オキソ酸の酸性度が酸素原子の数と水素原子の数に依存するのと同じように，対応する陰イオンの塩基性度も酸素原子の数とイオンの電荷に依存する．ここで再び，イオンを中性，弱塩基性，塩基性，強塩基性に分類できる．

まず，XO_n^- の系列をみると，n が減少すると塩基性度が増加することがわかる．これはオキソ酸系列の逆である（オキソ酸では，HXO_n の n が減少すると，オキソ酸の酸性度が減少する）．この二つの傾向の原因は同じである．すなわち，元素Xのまわりの酸素原子の数が多くなると，どんなO—H結合も弱められ，生じた陰イオンは加水分解しなくなる（表7・7）．

表7・7 いくつかの一般的なオキソアニオン XO_n^- の塩基性度

分類	タイプ	例
中性	XO_4^-	ClO_4^-, MnO_4^-
	XO_3^-	NO_3^-, ClO_3^-
弱塩基性	XO_2^-	NO_2^-, ClO_2^-
中位の塩基性	XO^-	ClO^-

一般的な化学式 XO_4^{n-} をもつオキソ酸の系列においては，電荷が増加するにつれて塩基性度も増加する（表7・8）．この傾向は，電荷が高くなるほどイオンは塩基性になるという単原子陰イオンの傾向と似ている．

表7・8 いくつかの一般的なオキソアニオン XO_4^{n-} の塩基性度

分類	タイプ	例
中性	XO_4^-	ClO_4^-, MnO_4^-
弱塩基性	XO_4^{2-}	SO_4^{2-}, CrO_4^{2-}, MoO_4^{2-}
中位の塩基性	XO_4^{3-}	PO_4^{3-}, VO_4^{3-}
強塩基性	XO_4^{4-}	SiO_4^{4-}

---

a) nitride b) phosphide c) arsenide

この傾向は，第3周期の等電子的オキソ酸 PO_4^{3-}, SO_4^{2-}, ClO_4^- における支配的な化学種の pH 依存性を示す図7・5に表れている．ケイ酸塩[a]の化学は非常に複雑なので，この系列からケイ酸塩は除外している．非常に高い pH 値においては，オルトケイ酸イオン[b] SiO_4^{4-} が，非常に低い pH 値においては水和二酸化ケイ素が支配的である．しかし，中間 pH 領域では数多くの重合イオン（その組成は pH と同様に溶液の濃度に依存している）が存在する．

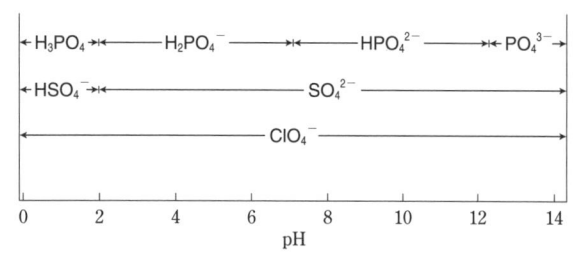

図7・5 等電子的なリン，硫黄，塩素の XO_4^{n-} オキソアニオンにおける支配的な化学種の pH 依存性

XO_4^{n-} イオン間での傾向は XO_3^{n-} イオンにおいてもみることができ，オキソアニオンの電荷が増加すると塩基性度が増加する（表7・9）．

表7・9 いくつかの一般的なオキソアニオン XO_3^{n-} の塩基性度

分類	タイプ	例
中性	XO_3^-	NO_3^-, ClO_3^-
中位の塩基性	XO_3^{2-}	CO_3^{2-}, SO_3^{2-}

7・5 酸化物の酸塩基反応

この節では，特に酸化物の酸塩基反応に焦点を合わせる．酸化物は，塩基性酸化物（ほとんどが金属酸化物），酸性酸化物（一般的には非金属酸化物），両性酸化物（酸性と塩基性の特性をもつ"弱い"金属の酸化物），中性酸化物（いくつかの非金属酸化物や金属酸化物）に分類できる．§9・4で酸化物の酸塩基挙動における周期的傾向について，§16・5で酸素以外の原子の酸化状態が酸塩基挙動にどのように関連するかについて述べる予定である．

酸化物の反応で最も典型的なのが，酸性酸化物と塩基性酸化物が反応して塩をつくる反応である．たとえば，酸性酸化物である二酸化硫黄は金属製錬所や他の工業プロセスからの主要な廃棄物である．それは，昔は大気中に放出されていたが，今では廃棄物から酸性ガスを除くための数多くの酸塩基反応が考案されている．この反応のうち最も単純なものが塩基性酸化カルシウムと反応させて固体の亜硫酸カルシウムにする方法である．

$$CaO(s) + SO_2(g) \longrightarrow CaSO_3(s)$$

酸性酸化物は塩基と反応することが多い．たとえば，二酸化炭素は水酸化ナトリウム溶液と反応して炭酸ナトリウムを生じる．

$$CO_2(g) + 2\,NaOH(aq) \longrightarrow Na_2CO_3(aq) + H_2O(l)$$

反対に，多くの塩基性酸化物は酸と反応する．たとえば，酸化マグネシウムは硝酸と反応して硝酸マグネシウムを生成する．

$$MgO(s) + 2\,HNO_3(aq) \longrightarrow Mg(NO_3)_2(aq) + H_2O(l)$$

酸性酸化物の酸性度の順番を決めるには，さまざまな酸性酸化物と共通の塩基との反応自由エネルギーを比較すればよい．自由エネルギー変化が大きくなるにつれて，酸化物の酸性は強くなる．ここで，酸化カルシウムを共通の塩基性酸化物として使ってみよう．

$$CaO(s) + CO_2(g) \longrightarrow CaCO_3(s)$$
$$\Delta G° = -134\ \text{kJ·mol}^{-1}$$
$$CaO(s) + SO_2(g) \longrightarrow CaSO_3(s)$$
$$\Delta G° = -347\ \text{kJ·mol}^{-1}$$

上の結果より，二つの酸性酸化物のうち二酸化硫黄の方が強い酸性をもつことがわかる．

酸とさまざまな塩基性酸化物の反応自由エネルギー変化を比較するという同じようなやり方で，いくつかの塩基性酸化物のうちどれが一番塩基性かを見つけてみよう．ここでは，酸としては水を使う．

$$Na_2O(s) + H_2O(l) \longrightarrow 2\,NaOH(s)$$
$$\Delta G° = -142\ \text{kJ·mol}^{-1}$$
$$CaO(s) + H_2O(l) \longrightarrow Ca(OH)_2(s)$$
$$\Delta G° = -59\ \text{kJ·mol}^{-1}$$
$$Al_2O_3(s) + 3\,H_2O(l) \longrightarrow 2\,Al(OH)_3(s)$$
$$\Delta G° = -2\ \text{kJ·mol}^{-1}$$

これらの計算結果は，三つの塩基性酸化物のうち酸化ナトリウムが最も塩基性が強く，酸化アルミニウムが最も塩基性が弱いことを示している．ここでも，熱力学的な値は，反応速度（速度論的起こりやすさ）よりもエネルギー的な起こりやすさを予言することを再認識しておこう．

7・5・1 ラックス・フラッド理論

ラックス・フラッド理論[c]は，酸化物どうしのような無溶媒酸塩基反応を対象とする特別な理論である．酸化

---

a) silicate　b) orthosilicate ion　c) Lux–Flood theory

超酸と超塩基

超酸[a] とは 100 % 硫酸よりも強い酸であると定義できる．実際，化学者たちは硫酸よりも 10^7 から 10^{19} 倍も強い超酸を合成してきた．超酸には，ブレンステッド超酸，ルイス超酸，共役ブレンステッド・ルイス超酸，固体超酸という 4 種のカテゴリーがある．一般的なブレンステッド超酸は過塩素酸である．過塩素酸を純粋な硫酸と混合すると，硫酸は塩基のように働く．

$$HClO_4(H_2SO_4) + H_2SO_4(l) \rightleftarrows$$
$$H_3SO_4^+(H_2SO_4) + ClO_4^-(H_2SO_4)$$

フルオロ硫酸[b] HSO_3F は最強のブレンステッド超酸であり，硫酸よりも 1000 倍以上酸性が強い．$-89\,℃$ から $+164\,℃$ まで液体なので理想溶媒でもある．この超酸の構造を図 7・6 に示す．

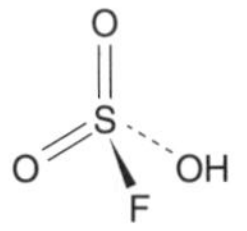

図 7・6 フルオロ硫酸の構造

ブレンステッド・ルイス超酸は強力なルイス酸と強いブレンステッド・ローリー酸の混合物である．最も強力な組合わせは，五フッ化アンチモン SbF_5 の 10 % フルオロ硫酸溶液である．五フッ化アンチモンの添加によりフルオロ硫酸の酸性度は数千倍になる．二つの酸の間の反応は非常に複雑だが，水素イオンの超供与体として混合物中に存在しているのは $H_2SO_3F^+$ イオンである．この酸の混合物は，通常の酸とは反応しない炭化水素のようなさまざまな物質と反応する．たとえば，プロペン C_3H_6 はこのイオンと反応してプロピルカチオンを生じる．

$$C_3H_6(HSO_3F) + H_2SO_3F^+(HSO_3F) \longrightarrow$$
$$C_3H_7^+(HSO_3F) + HSO_3F(l)$$

五フッ化アンチモンのフルオロ硫酸溶液は，一般的には"マジック酸[c]"とよばれる．この名前は，超酸の分野での先駆者であるケースウェスタンリザーブ大学のオラー[d] (1994 年にノーベル化学賞を受賞)の研究室に発している．オラーの共同研究者が，研究所のパーティーで残されていたクリスマスキャンドルの小片を酸の中に入れたところ，急速に溶解することがわかった．彼は得られた溶液を研究し，パラフィンのろうの長鎖炭化水素分子に水素イオンが結合し，生じた陽イオン自身が再編成されて分枝鎖分子が形成されることを確認した．この予期せぬ発見から"マジック酸"という名前が示唆され，そして今やこの化合物の商標となったのである．超酸の一族は，重要度の低い直鎖状炭化水素をもっと有用な分枝鎖分子(ハイオクタンガソリンを生成するために必要なものである)に変換するために，石油産業で用いられている．

超酸の対照物が，(たいていは n-ブチルリチウム[e] LiC_4H_9 のような有機アルカリ金属試剤である) **超塩基**[f] である．これらの化合物は，事実上どんなものからでも水素イオンを取除くだろう．超塩基は，"超酸"と同じような意味では"発明"されなかった．その理由の一片は，物質にプロトンを結合させる方が物質からプロトンをはぎ取るよりも容易だったからである．超塩基という言葉は最近つくられたものだが，超塩基そのものは 1850 年代から用いられている．

は，周期表の位置に従って酸または塩基に分類される(表 7・10)．

たとえば §20・6 で，鉄の製造において，砂を酸化カルシウムによって高温で除去する反応が重要なことを示す．ラックス・フラッド理論に従うと，これは塩基である酸化カルシウムと酸である二酸化ケイ素との反応である．

$$CaO(s) + SiO_2(l) \xrightarrow{\Delta} CaSiO_3(l)$$

酸性酸化物中の酸素以外の元素はオキソ酸(この場合はケイ酸)の成分となることに注意しよう．それゆえに，酸化ナトリウム(塩基)と酸化アルミニウム(酸)の反応により，アルミン酸ナトリウム[g] が生じる．

$$Na_2O(s) + Al_2O_3(s) \xrightarrow{\Delta} 2\,NaAlO_2(s)$$

表 7・10 ラックス・フラッド理論による酸化物の酸性と塩基性の割当て

酸	p-ブロックの酸化物 前周期遷移元素の金属酸化物
塩基	s-ブロックの酸化物 後周期遷移元素の金属酸化物

---

a) superacid b) fluorosulfuric acid c) magic acid d) George Olah e) n-butyllithium f) superbase
g) sodium aluminate

7・5・2 地球化学における酸塩基の概念

伝統的に，地球化学者はケイ酸塩岩を酸塩基の尺度で分類してきた．これらの岩石は金属イオン，ケイ素，酸素を含んでおり，ラックス・フラッド理論に従って塩基性金属酸化物と酸性二酸化ケイ素の組合わせとして考えることができる．二酸化ケイ素の割合が，花崗岩[a]のように 66 % 以上の岩石は酸性，52～66 % のものは中性，玄武岩[b]のように 45～52 % のものは塩基性，45 % 以下のものは超塩基性と考える．たとえば，超塩基性岩の一般的成分である鉱物かんらん石[c]は $Mg_xFe_{(2-x)}\cdot SiO_4$ という化学組成であり，$(MgO)_x\cdot(FeO)_{(2-x)}\cdot SiO_2$ という酸化物の組合わせになっていると考えられる．二酸化ケイ素は全質量の約 35 %（MgとFeの比率に依存する）を占めているので，この鉱物は超塩基性に分類される．一般的に，酸性ケイ酸塩岩は薄い色（花崗岩は青白い灰色）なのに対して，塩基性岩は暗い色（玄武岩は黒色）になる傾向がある．

7・6 ルイス理論

この章の最初に述べたように，ルイス理論はブレンステッド・ローリー理論よりももっと幅広いものである．ルイス酸は電子対の受容体であり，一方，ルイス塩基は電子対の供与体である．ここで，ルイス理論が特に有用である二つの特別な状況，すなわち主族元素の反応と遷移金属イオンの反応について述べる．

7・6・1 主族元素の反応

ルイスの酸塩基反応の古典的例は，三フッ化ホウ素とアンモニアの反応である．点電子式を用いると，空の p 軌道をもつ三フッ化ホウ素がルイス酸であり，利用可能な非共有電子対をもつアンモニアがルイス塩基であることが理解できる．有機化学においては，ルイス酸は**求電子剤**[d]，ルイス塩基は**求核剤**[e]に該当する．組合わせ反応によって，二つの構成化学種間に配位結合が生じる．

$$\begin{array}{c} F \\ | \\ F-B \\ | \\ F \end{array} + \begin{array}{c} H \\ | \\ :N-H \\ | \\ H \end{array} \longrightarrow \begin{array}{c} F\ \ H \\ |\ \ | \\ F-B:N-H \\ |\ \ | \\ F\ \ H \end{array}$$

強いルイス塩基は，弱いルイス塩基と置換できる．たとえば，エトキシエタン（ジエチルエーテル）はトリメチルアミンによって置換される．

$$F_3B:O(C_2H_5)_2 + :N(CH_3)_3 \longrightarrow$$
$$F_3B:N(CH_3)_3 + :O(C_2H_5)_2$$

7・6・2 金属イオンの錯形成

§5・5において，化学結合は連続的であることを述べた．このことは溶媒和現象にもあてはまる．たとえば，塩化セシウムを水に溶解したとき，セシウムイオンのまわりの水分子は，本質的には静電的に引きつけられていると考える．しかし，電子密度が大きくなるか，陽イオンが希ガス型の電子配置をとらない場合には，ファヤンスの規則[f]（§5・2を参照）により，相互作用は静電的ではなくなり，より共有性が強くなるようにみえる．

以下の例がある．液体アンモニアは塩化銀（水に不溶）を溶解するが，蒸発させると，化合物，ジアンミン銀(I)塩化物 $Ag(NH_3)_2Cl$ が得られる．よって溶媒和プロセスを最もよく描写するには，アンモニアが銀イオンに対して静電的にではなくルイス塩基（非共有電子対の供与体）として働くように表す．

$$AgCl(s) + 2NH_3(l) \longrightarrow Ag(NH_3)_2{}^+(am) + Cl^-(am)$$

水もまた，その非共有電子対を利用して陽イオンに溶媒和できるが，ルイス塩基としてはアンモニアよりも弱い．

§5・3で述べたように，固体状態での水和は，電荷密度の大きい方の陽イオンや遷移金属イオンにおいて一般的である．たとえば，溶液中でのニッケル(II)イオンの緑色は，実際はヘキサアクアニッケル(II)イオン $[Ni(OH_2)_6]^{2+}(aq)$ の色である．この水和陽イオン内の結合は，かなりの共有結合性をもつようにみえる．ルイスの酸塩基理論の法則から期待されるように，水分子は置換できる．たとえば，より強い塩基であるアンモニアを加えると，ヘキサアクアニッケル(II)イオンはヘキサアンミンニッケル(II)イオンの青色になる．

$$Ni(:OH_2)_6{}^{2+}(aq) + 6:NH_3(aq) \longrightarrow$$
$$Ni(:NH_3)_6{}^{2+}(aq) + 6H_2O:(l)$$

遷移金属錯体の結合は第19章でもっと詳しく扱う．

7・7 ピアソンの硬い酸塩基・軟らかい酸塩基の法則（HSAB 則）

第6章において，化学反応の起こりやすさの予測に熱力学が利用できることを確認した．しかし，その計算には完全な熱力学データが必要であり，いつでも利用可能とは限らない．そこで，化学者たちは反応予測のためにもっと定性的で経験的な方法を探索していた．たとえば，ヨウ化ナトリウムは硝酸銀と反応してヨウ化銀と硝酸ナトリウムになるのだろうか？ それともヨウ化銀は硝酸ナトリウムと反応してヨウ化ナトリウムと硝酸銀になるのだろうか？ このような反応の予測をするにあたって，**硬い酸塩基・軟**

---

a) granite　b) basalt　c) olivine　d) electrophile　e) nucleophile　f) Fajans' rule

らかい酸塩基の法則[a]（**HSAB 則**）として知られる非常に有効な方法がピアソン[b]によって提唱された．

ピアソンはルイス酸とルイス塩基は"硬い"または"軟らかい"のどちらかに分類できると提唱した．この分類を用いて，一般的に反応は軟らかい酸と軟らかい塩基，硬い酸と硬い塩基のペアになる方向に進行することを示した．各元素は以下のように分類される．

1. **クラス a の金属イオン**[c]としても知られる**硬い酸**[d]は，周期表のほとんどの金属イオンから構成される．低い電気陰性度と（多くの場合）高い電荷密度によって特徴づけられる．仮想イオン H^+，B^{3+}，C^{4+} は極端に高い電荷密度をもっており，硬い酸として分類されるので，電荷密度は硬さのよい指針となることが多い．
2. **クラス b の金属イオン**[e]としても知られる**軟らかい酸**[f]は，周期表の金属元素のうち，右下側に位置する金属イオンの集団である（図 7・7）．電荷密度は低く，金属元素の中で最も高い電気陰性度をもつ傾向がある．低い電荷密度をもつので，これらの陽イオンは容易に分極する．よって，共有結合を形成しようとする傾向がある．すべての酸の中で最も軟らかいのは金(I)イオンである．
3. **境界線上の酸**[g]は軟らかい酸と硬い酸の間の境界線上にあり，電荷密度は中間的値である．酸化状態が硬さを決定する重大な要因となる．たとえば，電荷密度が 51 C·mm^{-3} の銅(I)イオンは軟らかい酸に分類されるが，電荷密度が 116 C·mm^{-3} の銅(II)イオンは境界線上とみなされる．同様に，鉄(III)イオンとコバルト(III)イオンは両方とも電荷密度が 200 C·mm^{-3} であり，硬い酸の範疇に割当てられるが，電荷密度が約 100 C·mm^{-3} である鉄(II)イオンとコバルト(II)イオンは境界線上と位置づけられる．
4. **硬い塩基**[h]または**クラス a の配位子**[i]は，フッ素または酸素と結合した化学種であり，酸化物イオン，水酸化物イオン，硝酸イオン，リン酸イオン，炭酸イオン，硫酸イオン，過塩素酸イオンを含む．単原子イオンは比較的高い電荷密度をもつ．塩化物イオンは硬い塩基の境界線上にあるとみなされる．
5. **軟らかい塩基**[j]または**クラス b の配位子**[k]は，炭素，硫黄，リン，ヨウ素を含む，電気陰性度の比較的小さな非金属である．これらのサイズが大きく，電荷密度が低く，分極可能なイオンは共有結合形成を好む傾向がある．
6. 境界線上の酸と同じように，**境界線上の塩基**[l]も存在する．各範疇は明確に分割されてはいないことを理解しよう．たとえば，ハロゲン化物イオンは，非常に硬いフッ化物イオンから，硬い塩基の境界線上の塩化物イオンを通って，境界線上の臭化物イオン，そして軟らかいヨウ化物イオンへと系列をなしている．

数少ないケースだが，陰イオンが塩基の複数の範疇に適合することもある．これらの陰イオンは，2 種類の原子を通して金属イオンと共有結合できる．一般例の一つが，チオシアン酸イオン[m] NCS$^-$ である．このイオンは窒素原子を通して結合するときには（-NCS），境界線上の塩基であり，硫黄原子を通して結合するときには（-SCN），軟らかい塩基である（表 7・11，次ページ）．異なる原子を通して結合可能なイオンは**両座配位子**[n]とよばれる．両座配位子については，第 19 章でさらに議論する．

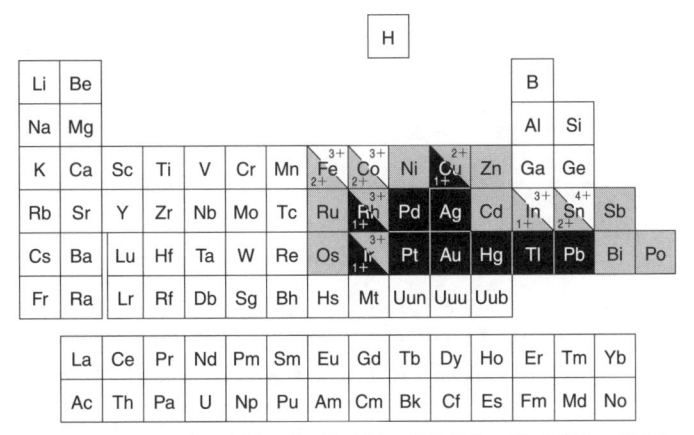

図 7・7 HSAB の酸の分類．硬い酸（白），境界線上の酸（灰色），軟らかい酸（黒）．

---

a) hard-soft acid-base principle b) R. G. Pearson c) class a metal ion d) hard acid e) class b metal ion
f) soft acid g) borderline acid h) hard base i) class a ligand j) soft base k) class b ligand l) borderline base
m) thiocyanate ion n) ambidentate ligand

7・8　HSAB則の応用

この節では，基礎的な無機化学への HSAB 則の応用例をいくつか紹介する．また§19・12 の遷移金属錯体のところでこの概念に戻る．

最も重要な HSAB 則の応用が，化学反応の予測である．たとえば，気相におけるフッ化水銀(II)とヨウ化ベリリウムの反応を予測できる．軟らかい酸の水銀(II)イオンが硬い塩基のフッ化物イオンと対になっており，硬い酸のベリリウムイオンが軟らかい塩基のヨウ化物イオンと対になっているからである．HSAB 則に従うと，イオンは自分と同じタイプ（硬いものどうしか軟らかいものどうし）とパートナーになりたがる．したがって，つぎに示す反応が予測され，実際にこの反応が起こる．

$$HgF_2(g) + BeI_2(g) \xrightarrow{\Delta} BeF_2(g) + HgI_2(g)$$
軟–硬　　　硬–軟　　　　硬–硬　　　軟–軟

HSAB 則は対象とする化学種の半分以下が硬い場合でも利用できる．すなわち，より軟らかい酸はより軟らかい塩基を好むといえるのである．非金属元素においては，軟らかさは周期表の右上から左下へ行くにつれて増加する．たとえば，ヨウ素はハロゲンの中では最も軟らかい．したがって，ヨウ化物イオンは臭化銀と反応すると予想できる．軟らかい酸の銀イオンは境界線上の塩基である臭化物イオンよりも，軟らかい塩基のヨウ化物イオンを好むはずだからである．

$$AgBr(s) + I^-(aq) \longrightarrow AgI(s) + Br^-(aq)$$

もう一つの例は，セレン化カドミウムと硫化水銀(II)の反応であり，軟らかい酸の水銀(II)イオンは軟らかい塩基のセレン化物イオンを好むし，一方，境界線上の酸であるカドミウムはより軟らかくない硫化物イオンを好む．

$$CdSe(s) + HgS(s) \longrightarrow CdS(s) + HgSe(s)$$

HSAB 則を溶解度の傾向を解釈する場合に用いることもできる．表 7・12 は，ハロゲン化ナトリウムの溶解度の傾向がハロゲン化銀における溶解度の傾向とまったく逆であることを示す．この違いは，硬い酸のナトリウムイオンはより硬い塩基を好むが，軟らかい酸の銀イオンはより軟らかい塩基を好むというように説明できる．このやり方は，溶解度の傾向を議論するうえでの一つのアプローチである．§11・3 において，ハロゲン化ナトリウムの溶解度における傾向を熱力学的立場から検証する．

表 7・12　ハロゲン化ナトリウムとハロゲン化銀の溶解度 [mol·L^{-1}]

	フッ化物	塩化物	臭化物	ヨウ化物
ナトリウム	1.0	6.1	11.3	12.3
銀	14.3	1.3×10^{-5}	7.2×10^{-7}	9.1×10^{-9}

7・8・1　HSAB則と定性分析

HSAB 則を一般的な陽イオン系統分析システムの説明に適用できる．ここで"属"に分類される陽イオンは，周期表の"族"とは直接関係がなく，異なる陰イオンとの組合わせにおける溶解度に従って分類されている．"属と族"の使用を区別するために，分析における"属"には伝統的なローマ数字を使うことにする．I 属は不溶性塩化物を形成する陽イオン，II 属は可溶性塩化物と非常に不溶性の硫化物を形成する陽イオン，III 属は可溶性塩化物と不溶性硫化物を形成する陽イオンから成る．II 属と III 属の範疇を区別するために，pH を変えて硫化物イオン濃度を制御する．

$$H_2S(aq) + H_2O(l) \rightleftharpoons H_3O^+(aq) + HS^-(aq)$$
$$HS^-(aq) + H_2O(l) \rightleftharpoons H_3O^+(aq) + S^{2-}(aq)$$

上の二つの平衡に従い，低 pH では硫化物イオン濃度は非常に低くなり，そのため非常に小さな溶解度積値をもつ金属硫化物のみが沈殿する．pH を増加させていくと，硫化物イオンの平衡濃度は増加し，金属硫化物で完全には不溶性ではないもの（表 7・13 の III 属の MnS から ZnS まで）

表 7・13　陽イオン系統分析の一般的な分類

I 属	II 属	III 属	IV 属	V 属
AgCl	HgS	MnS	CaCO$_3$	Na$^+$
PbCl$_2$	CdS	FeS	SrCO$_3$	K$^+$
Hg$_2$Cl$_2$	CuS	CoS	BaCO$_3$	NH$_4^+$
	SnS$_2$	NiS		Mg^{2+}
	As$_2$S$_3$	ZnS		
	Sb$_2$S$_3$	Al(OH)$_3$		
	Bi$_2$S$_3$	Cr(OH)$_3$		

が沈殿する．このような塩基性条件下では，III 属の Al^{3+} や Cr^{3+} の金属イオンは可溶性硫化物を形成するが，非常に不溶性の金属水酸化物が沈殿する．IV 属の金属イオンは

表 7・11　一般的な硬い塩基，境界線上の塩基，軟らかい塩基

硬い塩基	境界線上の塩基	軟らかい塩基
F$^-$, O^{2-}, OH$^-$, H$_2$O, CO$_3^{2-}$, NH$_3$, NO$_3^-$, SO$_4^{2-}$, ClO$_4^-$, PO$_4^{3-}$, (Cl$^-$)	Br$^-$, N$_3^-$, NCS$^-$	I$^-$, S^{2-}, P^{3-}, H$^-$, CN$^-$, CO, SCN$^-$, S$_2$O$_3^{2-}$

可溶性塩化物と硫化物，そして不溶性炭酸塩を形成する陽イオンに対応する．V属は，（あるかもしれないが）ほとんど不溶性塩を形成しないイオンを含む．沈殿する化学種を表7・13に示す．

陽イオン系統分析システムを理解するために，HSAB則をどのように活用できるのかは明白ではない．しかし第6章に記述したように，水溶液中のイオンはイオン−双極子間引力によって保持された水分子の球で囲まれたイオンにより構成されることを思い出すと，たとえば銀イオンと塩化物イオンとの沈殿反応はつぎのように書き直せる．

$$[Ag(OH_2)_n]^+(aq) + [Cl(H_2O)_m]^-(aq)$$
$$\longrightarrow AgCl(s) + (n+m)H_2O(l)$$

このように（すなわちHSAB則に従って）反応式を書くと，反応を遂行する駆動力は軟らかい酸の銀イオンが，硬い塩基である水分子の酸素原子よりも，境界線上の塩基である塩化物の方を好むからだと理解できる．

II属の金属イオンは軟らかい酸と境界線上の酸である．よって，それらは軟らかい塩基の硫化物イオンと容易に結合する．この範疇に関してカドミウムイオンを用いて例示できる．

$$[Cd(OH_2)_n]^{2+}(aq) + [S(H_2O)_m]^{2-}(aq)$$
$$\longrightarrow CdS(s) + (n+m)H_2O(l)$$

分析におけるIII属メンバーは硬い酸といくつかの境界線上の酸の陽イオンである．したがって，これらの金属硫化物を沈殿させるには，より高い硫化物イオン濃度が必要になると考えられる．HSABの議論に基づくと，軟らかい塩基の硫化物イオンよりも硬い塩基の水酸化物イオンと反応することを好むほど，アルミニウムイオンとクロム(III)イオンは十分に硬い酸であることになる．この系統分析システムにおいてはIV属メンバーは非常に硬い酸であり，それらは硬い塩基である炭酸イオンとしか沈殿を形成しない．

7・8・2 地球化学におけるHSAB則

1923年に，地球化学者のゴールドシュミット[a] は地球の地質学的歴史に関する項目として化学元素の分類を考案した．地球が冷えていくとともに，ある元素は地球の核の金属相へ分配していき（**親鉄**[b]），ある元素は硫化物を形成し（**親銅**[c]），ある元素はケイ酸塩を形成し（**親石**[d]），その他の元素は散逸して大気を形成した（**親気**[e]），という分類である．この分類はさまざまに修正された形で今日でも使われている．ここで地球表面における元素形態の観点からこの分類を考えてみよう．ゴールドシュミットの分類の修正版を用いると，"親気"は大気中で単体の形（希ガスと窒素分子）でしか存在しない反応性のない非金属，"親石"はおもに酸化物，ケイ酸塩，硫酸塩，または炭酸塩の形で存在する金属と非金属，"親銅"は通常は硫化物の形で存在する元素，そして"親鉄"は地球表面上では単体の形で存在する金属元素，とみなすことができる．この割当てに従った"親石"，"親銅"，"親鉄"の周期表での配分を図7・8に示す．

地球化学的分類をHSABによる分類と比較すると，金属性の"親石"は硬い酸であることがわかる．それゆえ，酸化物イオンであれ，ケイ酸イオンのような酸素と結合したオキソアニオンであれ，硬い塩基の酸素を好むと予測される．たとえば，アルミニウムの一般的鉱石は酸化アルミニウム Al_2O_3（ボーキサイト）であり，一方，カルシウムの最も一般的な化合物は炭酸カルシウム $CaCO_3$（石灰岩，白亜，大理石）であるが，どちらの場合も硬い酸と硬い塩基の組合わせである．しかし，親銅の金属は境界線上の酸および軟らかい酸の範疇である．これらの金属は軟らかい塩基，特に硫化物イオンとの組合わせで存在する．よって，亜鉛はおもに硫化亜鉛 ZnS（閃亜鉛鉱，ウルツ鉱）として，水銀は硫化水銀(II) HgS（辰砂）として存在する．親銅の範疇では，たとえばヒ素の一般的鉱石である三硫化二ヒ素 As_2S_3（雄黄）のような軟らかい塩基の非金属が他の親銅元素と組合わされたものも存在する．

HSAB則を鉱物学へ応用できることが，いくつかの興味深い比較を行うことによって裏付けられている．第一に，硬い酸の鉄(III)は硬い塩基の酸化物イオンと結合して酸化鉄(III)（赤鉄鉱）になるが，境界線上の酸である鉄(II)は軟らかい塩基の硫化物イオンと結合して二硫化鉄(II)（黄鉄鉱）になる．第二に，14族金属のうち，スズは化合物，酸化スズ(IV) SnO_2（錫石）中に硬い酸のスズ(IV)として存在するが，鉛は化合物，硫化鉛(II) PbS（方鉛鉱）中に軟らかい酸の鉛(II)として存在する．しかし，HSAB則のような一般的原理をあまりに信用しすぎるのは危険である．たとえば，軟らかい酸である鉛(II)は，いくつもの鉱物において硬い塩基との組合わせで存在する．一つの例が，硫酸鉛(II) $PbSO_4$（硫酸塩鉱）である．

7・8・3 HSAB則の解釈

HSAB則は，化学者がある特定の反応の起こりやすさを予言できるようになるための定性的かつ経験的なアプローチに源を発している．ピアソンが最初にこの概念を提唱して以来，なぜそれがうまく働くのかを理解し，定量的な硬さの尺度を理論的に導こうとする試みが行われてきた．後者の定量的な硬さの尺度については上位の授業で取扱うのが一番よいが，HSAB則が他の視点でどのように適合するのかを知ることは有用である．

ピアソンのアプローチは，既述のイオン結合と共有結合

---

[a] V. M. Goldschmidt [b] siderophile [c] chalcophile [d] lithophile [e] atmophile

の議論（第3章と第5章）と関連することがある．硬い酸と硬い塩基の組合わせは，実際に低い電気陰性度の陽イオンと高い電気陰性度の陰イオンとの対であり，その結果としてイオン性挙動の特性になる．反対に，軟らかい酸は，非金属との境目に近い位置にある金属であり，比較的高い電気陰性度をもつ．これらの金属イオンは硫化物イオンのような軟らかい塩基と共有結合を形成するだろう．

7・9 生物学的役割

§2・8で，生命に必須な元素について調査した．ここでは，毒と考えられる元素について議論する．バートランド則[a]に従うと，各元素には，それを超えると生化学的に毒性になる特有の摂取量レベルがある．社会的観点から，ある元素を"毒"とよぶかどうかを決めるのは，毒性が現れ出す濃度である．ここでは，毒性の徴候が非常に低濃度の元素についてのみ議論する．これらの元素を図7・9に示す．HSAB則を用いて，なぜこれらの元素がそんなに毒性なのかを理解することを補助できる．

アミノ酸システインの一部であるチオール基（—SH）（図7・10）は酵素の一般的な構成要素である．通常，亜鉛はたくさんのチオール部位に結合している．しかし，（ベリリウムを除く）毒性金属は亜鉛よりも軟らかい酸であり，優先的にチオールに結合する．一方，ベリリウムは硬い酸であり，他の2族金属である硬い酸のマグネシウムが占めている部位に優先的に結合する．環境上有毒な非金属と半金属であるヒ素，セレン，テルルは非常に軟らかい塩基である．これらの毒性の生化学的な形態はよくわかっていないが，鉄(II)や亜鉛のような境界線上の酸と優先的に結合して，これらの金属が酵素内で本質的に果たしている役割を阻害することにより，毒性を発現するようである．セレンは特に興味深いケースであり，第2章で述べたように，非常に低濃度のセレンを含む酵素がわれわれの健康にとって不可欠である．多くの疾病が摂取するセレン濃度の低さに関連する．濃度が高すぎると疾病，セレン中毒[b]を起こす．

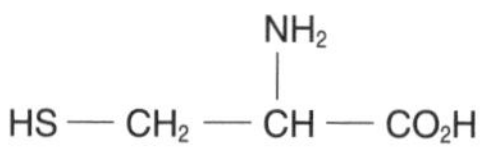

$$HS-CH_2-\underset{\underset{NH_2}{|}}{CH}-CO_2H$$

図7・10 含硫アミノ酸システインの構造

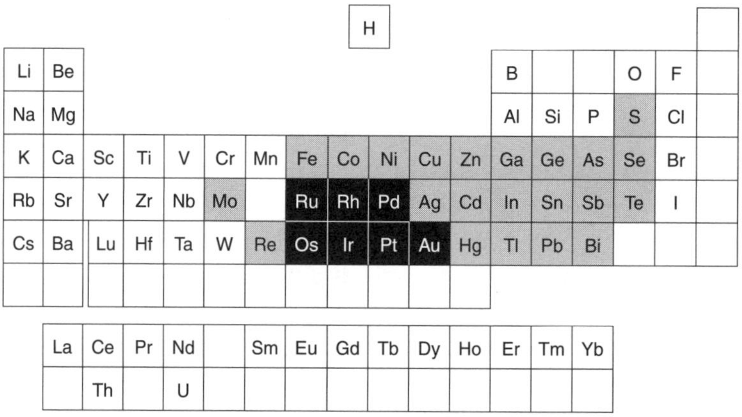

図7・8 地表での一般的な化合物に従った，修正された地球化学的分類．親石（白），親銅（灰色），親鉄（黒）．親気および安定な同位体をもたない元素はこの表からは除いてある．

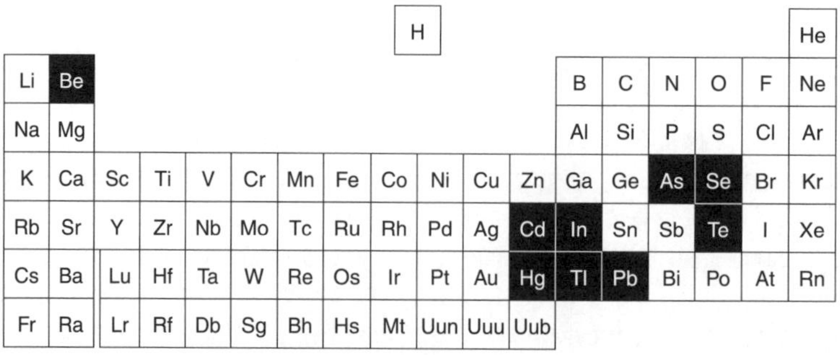

図7・9 特に毒性だとみなされている元素（黒）

---

a) Bertrand's rule b) selenosis

要　点

・水溶液中の酸塩基挙動はブレンステッド・ローリー理論によって解釈できる．
・酸と塩基の強さにはいろいろな傾向が存在する．
・酸化物はその酸塩基挙動に従って分類できる．
・非水溶媒中では，ルイス理論が適用可能である．
・ピアソンのHSAB則は，反応を予測するためにしばしば利用できる．
・元素の毒性はそのHSAB特性に関連づけられる．

基本問題

7・1 3種の異なる溶媒のタイプ，極性プロトン性溶媒，双極性非プロトン性溶媒，無極性溶媒の違いについて簡単に説明しなさい．

7・2 つぎの物質を溶解するのに問題7・1のどのタイプの溶媒を用いればよいか？　(a) 五塩化リン，(b) 塩化セシウム，(c) 塩化スズ(IV)．おのおのの場合の理由を述べなさい．

7・3 つぎの反応について対応するイオン反応式を記しなさい．
(a) $HCl(aq) + NaOH(aq) \longrightarrow NaCl(aq) + H_2O(l)$
(b) $Na_2CO_3(aq) + CoCl_2(aq) \longrightarrow$
$\qquad 2NaCl(aq) + CoCO_3(s)$
(c) $NH_4OH(aq) + CH_3COOH(aq) \longrightarrow$
$\qquad CH_3COONH_4(aq) + H_2O(l)$

7・4 つぎの反応について対応するイオン反応式を記しなさい．
(a) $Na_2S(aq) + 2HCl(aq) \longrightarrow 2NaCl(aq) + H_2S(g)$
(b) $HF(aq) + NaOH(aq) \longrightarrow NaF(aq) + H_2O(l)$
(c) $Na_2HPO_4(aq) + H_2SO_4(aq) \longrightarrow$
$\qquad NaH_2PO_4(aq) + NaHSO_4(aq)$

7・5 つぎの用語を定義しなさい．(a) 共役酸塩基対，(b) 自己イオン化，(c) 両性．

7・6 つぎの用語を定義しなさい．(a) 酸の電離定数，(b) 水平化溶媒，(c) 多塩基性．

7・7 以下に示す化合物と水との反応についてイオン反応式を記しなさい．(a) NH_4NO_3，(b) KCN，(c) $NaHSO_4$．

7・8 以下に示す化合物と水との反応についてイオン反応式を記しなさい．(a) Na_3PO_4，(b) $NaHSO_4$，(c) $(CH_3)_3NHCl$．

7・9 塩基クロラミン $ClNH_2$ と水との反応の平衡反応式を記しなさい．

7・10 フルオロ硫酸 HSO_3F と水との反応の平衡反応式を記しなさい．

7・11 純粋な硫酸は溶媒として用いることができる．自己イオン化反応の平衡反応式を記しなさい．

7・12 つぎの化学種は両性である．対応する共役酸と共役塩基の化学式を記しなさい．(a) HSe^-，(b) PH_3，(c) HPO_4^{2-}．

7・13 液体アンモニアを溶媒として用いたとき，(a) 最も強い酸，(b) 最も強い塩基は何か？

7・14 フッ化水素は液体アンモニアに溶解したときには強い酸である．酸塩基平衡を表す化学平衡を記しなさい．

7・15 フッ化水素は純粋な硫酸に溶解したときには塩基として振舞う．酸塩基平衡を表す化学反応式を記し，共役酸と共役塩基の対を同定しなさい．

7・16 つぎの平衡において，共役酸と共役塩基の対を同定しなさい．

$HSeO_4^-(aq) + H_2O(l) \rightleftharpoons H_3O^+(aq) + SeO_4^{2-}(aq)$

7・17 つぎの平衡において，共役酸と共役塩基の対を同定しなさい．

$HSeO_4^-(aq) + H_2O(l) \rightleftharpoons OH^-(aq) + H_2SeO_4(aq)$

7・18 亜硫酸 $H_2SO_3(aq)$ と硫酸 $H_2SO_4(aq)$ のどちらがより強い酸か？　電気陰性度の観点から理由を説明しなさい．

7・19 セレン化水素 H_2Se は硫化水素よりも強い酸である．結合強度の観点から理由を説明しなさい．

7・20 銅(II)イオンをリン酸水素イオン HPO_4^{2-} を溶液に加えると，リン酸銅(II)の沈殿が生じる．二つの化学反応式を用いて説明しなさい．

7・21 水和亜鉛イオン $Zn(OH_2)_6^{2+}$ の溶液は酸性である．化学反応式を用いて説明しなさい．

7・22 シアン化物イオン CN^- の溶液は強い塩基性である．このことを示す化学反応式を記しなさい．シアン化水素（青酸）HCN の特性について推論されることは何か？

7・23 弱塩基であるヒドラジン H_2NNH_2 は水と反応して二塩基酸 $^+H_3NNH_3^+$ を形成できる．二つの平衡段階を描写するための化学反応式を記しなさい．ヒドラジンを水に溶解したとき，三つのヒドラジン由来の化学種のうちで最も濃度の小さいものはどれか？

7・24 つぎの塩を水に溶解したときに，それぞれ中性，酸性，塩基性溶液のいずれになるか？　(a) フッ化カリ

ウム，(b) 塩化アンモニウム．理由を説明しなさい．

7・25 つぎの塩を水に溶解したときに，それぞれ中性，酸性，塩基性溶液のいずれになるか？ (a) 硝酸アルミニウム，(b) ヨウ化ナトリウム．理由を説明しなさい．

7・26 二つのナトリウム塩 NaX と NaY が水に溶解して等しい濃度の溶液になっており，その pH 値はそれぞれ 7.3 と 10.9 である．HX と HY のどちらの方が強い酸か？ 理由を説明しなさい．

7・27 塩基 A^- と B^- の pK_b 値はそれぞれ 3.5 と 6.2 である．HA と HB のどちらの方が強い酸か？ 理由を説明しなさい．

7・28 純粋な液体硫酸は液体の酢酸（エタン酸）CH_3COOH に溶解できる．この平衡に関する化学反応式を記しなさい．酢酸は差別化溶媒，水平化溶媒のいずれとして働くだろうか？ 理由を説明しなさい．

7・29 水溶液中のリン酸とリン酸水素二ナトリウム Na_2HPO_4 の間の平衡反応に関して正味のイオン反応式を記しなさい．

7・30 じめじめした天気のときは，硫化ナトリウムは硫化水素特有の強い "腐った卵" の臭いがする．二つのイオン平衡を記し，どうやって気体が生じるのかを示しなさい．

7・31 つぎの酸に対応する酸化物を同定しなさい．(a) 硝酸，(b) クロム酸 H_2CrO_4，(c)（オルト）過ヨウ素酸 H_5IO_6．

7・32 つぎの塩基に対応する酸化物を同定しなさい．(a) 水酸化カリウム，(b) 水酸化クロム(III) $Cr(OH)_3$．

7・33 つぎの非水系での反応について，酸と塩基を識別しなさい．
(a) $SiO_2 + Na_2O \longrightarrow Na_2SiO_3$
(b) $NOF + ClF_3 \longrightarrow NO^+ + ClF_4^-$
(c) $Al_2Cl_6 + 2\,PF_3 \longrightarrow 2\,AlCl_3{:}PF_3$

7・34 つぎの非水系での反応について，酸と塩基を識別しなさい．
(a) $PCl_5 + ICl \longrightarrow PCl_4^+ + ICl_2^-$
(b) $POCl_3 + Cl^- \longrightarrow POCl_4^-$
(c) $Li_3N + 2\,NH_3 \longrightarrow 3\,Li^+ + 3\,NH_2^-$

7・35 つぎの塩を水に加えたとき，pH に影響はあるだろうか？ 適切な化学反応式を記しなさい．(a) CsCl，(b) K_2Se，(c) $ScBr_3$，(d) KF．また，pH が変化する場合，その変化は大きい，小さい，のどちらだと予測するか？

7・36 つぎの塩を水に加えたとき，pH に影響はあるだろうか？ 適切な化学反応式を記しなさい．(a) Na_2O，(b) $Mg(NO_3)_2$，(c) K_2CO_3．

7・37 つぎのオキソアニオンは，中性，弱塩基性，中位の塩基性，強塩基性のどれになるかを識別しなさい．(a) WO_4^{2-}，(b) TcO_4^-，(c) AsO_4^{3-}，(d) GeO_4^{4-}．

7・38 つぎのオキソアニオンは，中性，弱塩基性，中位の塩基性のどれになるかを識別しなさい．(a) BrO_3^-，(b) BrO^-，(c) BrO_2^-．

7・39 イオン XeO_6^{4-} は中位の塩基性である．等電子的なイオン，(a) IO_6^{5-}，(b) TeO_6^{6-} はどの程度の塩基性度だと予測されるか？

7・40 つぎの反応のおのおのは生成物側に平衡が偏っている．このことに基づいて，すべてのブレンステッドの酸を，強さが弱くなる順に並べなさい．

$$H_3PO_4(aq) + N_3^-(aq) \rightleftharpoons HN_3(aq) + H_2PO_4^-(aq)$$
$$HN_3(aq) + OH^-(aq) \rightleftharpoons H_2O(l) + N_3^-(aq)$$
$$H_3O^+(aq) + H_2PO_4^-(aq) \rightleftharpoons H_3PO_4(aq) + H_2O(l)$$
$$H_2O(l) + PH_2^-(aq) \rightleftharpoons PH_3(aq) + OH^-(aq)$$

7・41 生成自由エネルギーの値から，酸化マグネシウムが水と反応して水酸化マグネシウムになる反応の自由エネルギーを決定しなさい．それから，酸化マグネシウムが酸化カルシウムよりも強い塩基性か弱い塩基性かを推論しなさい．

7・42 生成自由エネルギーの値から，二酸化ケイ素が酸化カルシウムと反応してケイ酸カルシウム $CaSiO_3$ になる反応の自由エネルギーを決定しなさい．それから，二酸化ケイ素が二酸化炭素よりも強い酸性か弱い酸性かを推論しなさい．

7・43 塩化ニトロシル NOCl は非水系溶媒として用いることができる．以下に示すような自己イオン化を起こす．

$$NOCl(l) \rightleftharpoons NO^+(NOCl) + Cl^-(NOCl)$$

どのイオンがルイス酸で，どのイオンがルイス塩基かを識別しなさい．また，$(NO)^+(AlCl_4)^-$ と $[(CH_3)_4N]^+Cl^-$ の間の反応の化学反応式を記しなさい．

7・44 液体の三フッ化臭素 BrF_3 は自己イオン化を起こす．この過程を表す化学反応式を記しなさい．

7・45 純粋な液体アンモニアでは，自己イオン化定数は 1×10^{-33} である．
(a) 液体アンモニア中のアンモニウムイオンの濃度を計算しなさい．
(b) 濃度が $1.0\,mol \cdot L^{-1}$ のナトリウムアミド $NaNH_2$ 溶液中のアンモニウムイオンの濃度を計算しなさい．

7・46 以下の水溶液中の反応は，水の代わりに溶媒および反応物を液体フッ化水素に置き換えて行うことができる．フッ化水素中での対応する化学反応式を記しなさい．その場合の平衡の位置は，水溶液中での反応に比べて，同じくらいの位置，かなり右に偏る，かなり左に偏る，のいずれになるか？
(a) $CN^-(aq) + H_2O(l) \rightleftharpoons HCN(aq) + OH^-(aq)$
(b) $HClO_4(aq) + H_2O(l) \rightleftharpoons H_3O^+(aq) + ClO_4^-(aq)$

7・47 つぎの高温での気相反応のどちらが可能だろう

か？おのおのの場合において理由を示しなさい．
(a) $CuBr_2(g) + 2NaF(g) \longrightarrow CuF_2(g) + 2NaBr(g)$
(b) $TiF_4(g) + 2TiI_2(g) \longrightarrow TiI_4(g) + 2TiF_2(g)$

7・48 つぎの高温での気相反応のどちらが可能だろうか？おのおのの場合において理由を示しなさい．
(a) $CuI_2(g) + 2CuF(g) \longrightarrow CuF_2(g) + 2CuI(g)$
(b) $CoF_2(g) + HgBr_2(g) \longrightarrow CoBr_2(g) + HgF_2(g)$

7・49 つぎの溶液平衡において，平衡定数は1よりも大きいだろうか，それとも小さいだろうか？
(a) $[AgCl_2]^-(aq) + 2CN^-(aq) \rightleftharpoons$
$[Ag(CN_2)]^-(aq) + 2Cl^-(aq)$
(b) $CH_3HgI(aq) + HCl(aq) \rightleftharpoons$
$CH_3HgCl(aq) + HI(aq)$

7・50 つぎの溶液平衡において，生成物または反応物のどちらが好まれるか？おのおのの場合について理由を示しなさい．
(a) $AgF(aq) + LiI(aq) \rightleftharpoons AgI(s) + LiF(aq)$
(b) $2Fe(OCN)_3(aq) + 3Fe(SCN)_2(aq) \rightleftharpoons$
$2Fe(SCN)_3(aq) + 3Fe(OCN)_2(aq)$

7・51 一般的な陽イオン分析において，つぎのイオンが所属するのはどの属になるかを予測し，(もしあるならば) 生じそうな沈殿の化学式を記しなさい．(a) タリウム(I) Tl^+，(b) ルビジウム Rb^+，(c) ラジウム Ra^{2+}，(d) 鉄(III) Fe^{3+}．

7・52 以下にあげた元素の一般的な鉱石はどちらかを識別しなさい．
(a) トリウム: ThS_2, ThO_2
(b) 白金: $PtAs_2$, $PtSiO_4$
(c) フッ素: CaF_2, PbF_2

7・53 以下にあげた元素の一般的な鉱石はどちらかを識別し，理由を示しなさい．
(a) マグネシウム: MgS, $MgSO_4$
(b) コバルト: CoS, $CoSO_4$

7・54 三つの最も一般的な制酸剤，水酸化マグネシウム，炭酸カルシウム，水酸化アルミニウムにおいて，制酸剤1g当たりの中和量が一番大きいのはどれかを計算しなさい．この因子だけを制酸剤を選ぶ理由として用いるか？意見を述べなさい．

応用問題

7・55 $1.0\ mol\cdot L^{-1}$ の強酸に硫化水素を溶かして $0.010\ mol\cdot L^{-1}$ 溶液にした溶液中の硫化物イオンの濃度を計算しなさい．酸の電離定数 K_{a1} と K_{a2} はそれぞれ 8.9×10^{-8}，1.2×10^{-13} とする．もしも溶液がカドミウムと鉄(II)イオンをそれぞれ $0.010\ mol\cdot L^{-1}$ の濃度で含んでいたとすると，どちらの硫化物が沈殿するだろうか？
硫化カドミウムと硫化鉄(II)の溶解度積はそれぞれ 1.6×10^{-28}，6.3×10^{-18} とする．

7・56 $0.010\ mol\cdot L^{-1}$ のスズ(II)イオンの溶液から硫化スズ(II)がちょうど沈殿し始めるためには，$0.010\ mol\cdot L^{-1}$ 硫化水素溶液のpHをいくつにする必要があるか？酸の電離定数 K_{a1} と K_{a2} はそれぞれ 8.9×10^{-8}，1.2×10^{-13} であり，硫化スズ(II)の溶解度積は 1.0×10^{-25} である．

7・57 水銀の唯一の一般的な鉱石は硫化水銀(II)である．しかし，亜鉛は硫化物，炭酸塩，ケイ酸塩，酸化物として存在している．このことについて考察しなさい．

7・58 図7・4では，酸塩基特性が周期表を横に行くに従ってどのように変化していくかを理解できる．15族の最高酸化数の元素の酸塩基挙動について，族を下に行くに従ってどのように変化するかを調べなさい．

7・59 よく $SiO_2 \cdot xH_2O(s)$ と書かれるケイ酸は，炭酸 $H_2CO_3(aq)$ よりも弱い酸である．$Mg_2SiO_4(s)$ のような単純なケイ酸塩と炭酸の反応の化学反応式を記しなさい．地質学的年代における大気中の二酸化炭素の濃度減少に対して，この反応がどのような関係があるのを説明しなさい．

7・60 ホウ酸 $B(OH)_3(aq)$ は水中では酸として働く．しかし，水素イオンの供与体として働くのではなく，水酸化物イオンに対してのルイス酸として働いている．ホウ酸と水酸化ナトリウム水溶液の反応の化学反応式においてこの過程を示しなさい．

7・61 銅(I)イオンは以下に示すような不均化反応 (平衡定数は約 10^6 である) を起こす．
$$2Cu^+(aq) \rightleftharpoons Cu(s) + Cu^{2+}(aq)$$
もしも銅(I)イオンをジメチルスルホキシド $(CH_3)_2SO$ を溶媒として溶解すると，平衡定数は約2にしかならない．説明しなさい．

7・62 分子 $(CH_3)_2N-PF_2$ はルイス塩基として働くことのできる二つの原子をもっている．ホウ素の化合物と反応させた場合，BH_3 はリン原子に結合するが，BF_3 は窒素原子と結合する．その理由を示しなさい．

7・63 塩化カルシウムの溶解度は，物質量を基準とすると塩化バリウムの溶解度よりも約4倍大きい．HSAB則に基づく説明，および熱力学的因子に基づく説明を示しなさい．

7・64 酸化カルシウムと二酸化ケイ素からケイ酸カルシウム $CaSiO_3$ が生じる反応は，ケイ酸塩の不純物を流し出すことができる低密度のスラグとして除けるという点で，鉄の製造における溶鉱炉の中の重要な反応である．

ケイ素の理論的な酸化数はいくつだろうか？　それから，HSAB 則に基づいて酸化物イオンの二酸化ケイ素への転移について説明しなさい．

7・65 ラックス・フラッド理論を用いると，酸化鉄(Ⅲ)と酸化アルミニウムの反応における生成物の化学式として何が予測されるか？

8 酸化と還元

数多くの化学反応が酸化状態の変化を含んでいる．この章ではまず，どのようにして酸化数を決定できるのかを示す．その後，酸化還元反応について詳述する．そして，元素の各酸化状態における酸化還元特性を図解し，化合物やイオンの熱力学的安定性についての情報を示す．

化学の歴史において，最も激烈な論争の一つは酸化の性質に関するものである．この物語は，実際には1718年に始まる．ドイツの化学者シュタール[a]は金属酸化物を木炭（炭素）と加熱することにより金属が生成することを研究していた．彼は，自ら名づけた"フロギストン[b]（燃素）"という物質を吸収することによって，金属が形成されると提唱した．空気中で金属を加熱して酸化物を形成させる逆向きの過程は，シュタールによれば，フロギストンを大気中に放出することによってひき起こされることになる．

50年後に，フランスの化学者ギトン・デュ・モルボ[c]は入念な実験を行い，金属は燃焼の間に質量が増加することを示した．しかし，フロギストンの存在が化学者の間ではあまりにも確立されていたので，彼はその結果をフロギストンが負の質量をもつことを意味すると解釈した．フロギストンの考え方を放棄しようとし，燃焼とは金属に酸素が付け加えられること（酸化）であり，金属酸化物からの金属の形成は酸素を失うこと（還元）に対応していると提唱したのは，彼の同僚ラボアジェ[d] だった．

フランス科学会誌の編集者たちはフロギストン支持者であり，この提唱を雑誌に掲載しなかった．そこで，ラボアジェは，新たな転向者モルボたちと，自分たちの"新しい化学"を公表するために，自ら新しい学術雑誌を発行せざるをえなかった．フロギストン理論を打倒することによって，元素が化学における基本物質であることを化学者が理解でき，近代化学が誕生したのである．

8・1 酸化還元の用語

多くの無機化学反応が酸化還元[e]反応である．**酸化**[f]と**還元**[g]の研究においては，他の化学分野と同様に，独自の用語と定義が存在する．伝統的に，酸化と還元は表8・1に示すようにそれぞれ三つの異なる方法で定義されてきた．

現代化学においては，もっと普遍的な酸化と還元の定義を用いている．

$\begin{cases} 酸化：酸化数が増加すること \\ 還元：酸化数が減少すること \end{cases}$

表8・1 伝統的な酸化還元の定義

酸 化	還 元
酸素原子を得る	酸素原子を失う
水素原子を失う	水素原子を得る
電子を失う	電子を得る

8・2 酸化数の規則

ここで酸化状態[h]ともよばれる**酸化数**[i]を定義しなくてはならない．酸化数とは，電子の表記を単純化するための単純な理論値である．複数の規則の単純な組合わせに基づいて，一般的な元素に酸化数を割当てる．

1. 単体における元素の酸化数 N_ox は0である．
2. 単原子イオンの酸化数は，そのイオンの価数に等しい．
3. 電気的に中性な多原子化合物中の酸化数の総和は0であり，多原子イオンにおいては，酸化数の総和はそのイオンの電荷に等しい．
4. 元素を組合わせる場合は，電気陰性な元素は，その元素特有の負の酸化数（たとえば，窒素は -3，酸素は -2，塩素は -1）をもち，電気陽性な元素は正の酸化数をもつ．
5. 水素は通常 $+1$ の酸化数をもつ（例外：水素よりも電気的に陽性の元素と組合わせる場合は -1 になる）．

たとえば，硫酸 H_2SO_4 中の硫黄の酸化数を知るには，まず規則3を用いると，次式が書ける．

$$2[(N_\mathrm{ox}(\mathrm{H}))] + [N_\mathrm{ox}(\mathrm{S})] + 4[N_\mathrm{ox}(\mathrm{O})] = 0$$

通常，酸素の酸化数は -2（規則4），水素の酸化数は $+1$（規則5）なので，つぎのように書き直すことができる．

---

a) Georg Stahl b) phlogiston c) Louis-Bernard Guyton de Morveau d) Antoine Lavoisier e) redox f) oxidation g) reduction h) oxidation state i) oxidation number

$$2(+1) + [N_{ox}(S)] + 4(-2) = 0$$

よって，$[N_{ox}(S)] = +6$ となる．

つぎに，イオン ICl_4^- 中のヨウ素の酸化数を求める．そのためには，まず規則3を用いて，次式のように書く．

$$[N_{ox}(I)] + 4[(N_{ox}(Cl)] = -1$$

塩素はヨウ素よりも電気的に陰性なので，塩素はふつうの負の酸化数 -1 をとる（規則4）．したがって，

$$[N_{ox}(I)] + 4(-1) = -1$$

となり，よって $[N_{ox}(I)] = +3$ となる．

8・3 電気陰性度からの酸化数の決定

規則を覚えたからといって，酸化数の概念を理解できるようになるわけではない．そのうえ，上記"規則"の明確な適用方法がない多原子イオンや多原子分子が数多く存在する．この単純化した数学的規則を機械的に適用するやり方のほかに，電気陰性度の相対的関係を用いて酸化数を常に推定できる方法がある．この方法は，分子やイオンの中に化学的環境の異なる二つの同一元素の原子がある場合に特に有用である．電気陰性度からのアプローチを用いると，それぞれの環境における各原子の酸化数を同定できる．一方，数学的方法では単純に平均値が得られるだけである．

共有結合した原子の酸化数を決定するには，分子の点電子式を記し，含まれる元素の電気陰性度値（図8・1）を参照すればよい．分極した共有結合では結合電子対は2原子間に非等価に共有されているが，酸化数を決定するためには，電気陰性度の大きな原子の方に，完全に"所有されている"と仮定する．つぎに，その分子またはイオン中の原子がいくつの最外殻電子（価電子）を"所有している"

H 2.2					He —
B 2.0	C 2.5	N 3.0	O 3.4	F 4.0	Ne —
	Si 1.9	P 2.2	S 2.6	Cl 3.2	Ar —
	Ge 2.0	As 2.2	Se 2.6	Br 3.0	Kr 3.0
			Te 2.1	I 2.7	Xe 2.6
				At 2.2	Rn —

図8・1 非金属と半金属のポーリングの電気陰性度の値

かを，遊離の単原子のときの最外殻電子数と比較する．その差（遊離の原子のときにもっている価電子数から分子またはイオン中で"所有している"価電子数を引いたもの）

が酸化数である．

例として塩化水素分子を取上げる．図8・1より塩素は水素よりも電気陰性度が大きいので，共有結合電子対は塩素の方にあると決められる．したがって，塩化水素中の塩素原子は，中性の塩素原子が所有する最外殻電子 (7) より1個多い最外殻電子を"所有する"はずである．よって，酸化数は $7-8$，すなわち -1 と決定される．水素原子は，1個の電子を"失った"ので，その酸化数は $1-0$，すなわち $+1$ となる．この割当てはつぎのように図示できる．

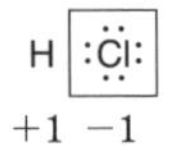

H :Cl:
+1 −1

同様の点電子式の図を水分子でつくると，それぞれの水素は $1-0$，すなわち $+1$ の酸化数，酸素は $6-8$，すなわち -2 となり，規則4と5で述べたのと同じになる．

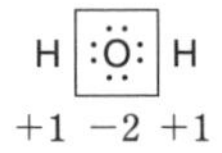

H :O: H
+1 −2 +1

過酸化水素においては，酸素は"異常な"酸化状態をもつ．このことは，同じ電気陰性度をもつ二つの原子が結合しているときには，共有結合電子対の電子をその二つの原子に1個ずつ分けることに気づけば，簡単に理解できる．この場合，それぞれの酸素原子は $6-7$，すなわち -1 の酸化数となる．水素原子の酸化数は，ここでもおのおの $+1$ である．

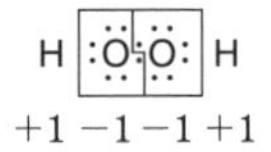

H :O:O: H
+1 −1 −1 +1

この手法は3個（またはそれ以上）の異なる元素を含む分子にも適用できる．シアン化水素 HCN においてこの過程を例示する．窒素は炭素よりも電気陰性度が大きいので，窒素は C—N 結合を形成する電子を"所有する"．そして，炭素は水素よりも電気陰性度が大きいので，H—C 結合の電子を"所有する"．

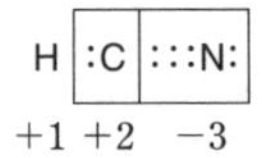

H :C:::N:
+1 +2 −3

多原子イオンは，中性分子と同様なやり方で処理できる．硫酸イオンの単純な点電子構造を用いて，このことを例示する．（しかし§16・18で，硫酸イオンにおける結合は実際にはもっと複雑なことを理解するだろう．）結合電子を電気陰性度が大きな方の原子に割当てるという規則に従うと，各酸素原子の酸化数は -2 に割当てられる．硫黄は中性原子では6個の最外殻電子をもつが，この構造では電子をまったく所有していない．よって規則に従うと，硫黄原子の酸化数は $6-0$，すなわち $+6$ と割当てられる．（注意：これは，上述した数学的方法で割当てたのと同じ

酸化数である.)

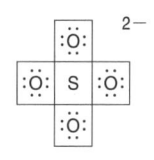

既述のように同一分子内で実際に，同じ元素の二つの原子が異なる酸化数をもつことができる．この状況の古典的例が，硫黄原子が異なる環境にあるチオ硫酸イオン[a] $S_2O_3^{2-}$ である．それぞれの酸素原子の酸化数は -2 である．しかし，以前に述べた規則に従うと，二つの等しい電気陰性度をもつ硫黄原子はS—S結合を形成する2個の電子を1個ずつ所有している．よって，中央の硫黄原子は酸化数 $+5$ ($6-1$) であり，もう一つの硫黄原子は酸化数 -1 ($6-7$) になる．これらの割当ては，二つの硫黄原子が異なる挙動をするというこのイオンの化学反応と関連している．

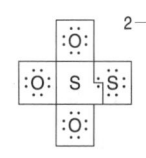

規則1はいかなる単体においても酸化数は0であると述べている．どのようにしてこの値にたどり着いたのだろうか？　フッ素分子のような二つの同一元素の原子で構成される分子において，共有結合中の電子は常に等価に共有されている．したがって，共有されている電子を二つのフッ素原子で分ける．それぞれのフッ素原子は，遊離の原子として7個の価電子をもっているが，フッ素分子中においても相変わらず7個の価電子である．したがって，酸化数は $7-7$，すなわち0である．

8・4 酸化数と形式電荷の間の違い

§3・8において，共有結合分子の可能な点電子構造を識別する手段として，形式電荷の概念について述べた．形式電荷を計算するために，構成原子の間で等価に（1個ずつ）結合電子を分けた．優先される構造は，一般的に最も形式電荷が低いものである．たとえば，一酸化炭素の点子式は，形式電荷の規則に従うと，以下の図で表されるような電子配置となる．

形式電荷　⊖　⊕

しかし，（本当に大きな値をもつこともある）酸化数を決定するには，より電気陰性度の大きな原子に結合電子を割当てる．この手法に従うと，一酸化炭素分子中の原子には下図に示されるように電子が割当てられる．

酸化数　$+2$　-2

8・5 酸化数の周期的な変化

主族元素の酸化数にはあるパターンが存在する．実際，それは最も系統的な周期的傾向の一つである．このパターンを理解するには，最初の25種の主族元素の最も一般的な化合物中の酸化数を示した図8・2（遷移金属元素は省略してある）を用いる．最も顕著な傾向は，同一周期内を左から右に行くに従って，正の酸化数が一つずつ増加することである．原子の正の最高酸化数は，最外殻軌道に存在する電子数と等しい．たとえば，[Ne]$3s^23p^1$ の電子配置をもつアルミニウムは $+3$ の酸化数をもつ．内殻軌道中の電子は，主族元素における計算には入らない．したがって，[Ar]$4s^23d^{10}4p^5$ の電子配置をもつ臭素の最高酸化数は

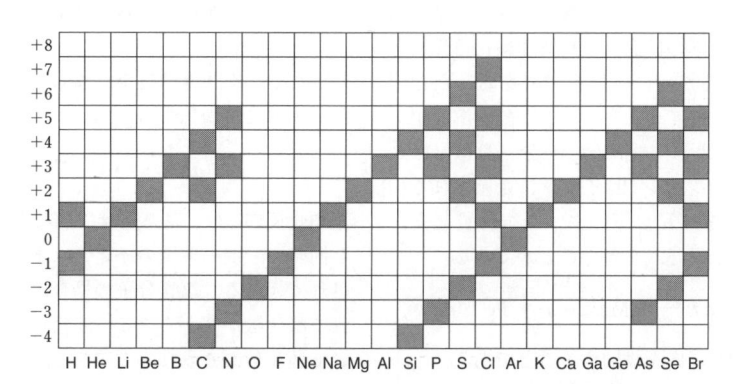

図8・2　主族元素の最初の25元素についての一般的酸化数

---

a) thiosulfate ion

+7であり，この値は 4s 軌道と 4p 軌道の電子数の和と一致する．

非金属と半金属の多くは，酸化数が複数存在する．たとえば，窒素は -3 から $+5$ までのすべての酸化数を，その異なる化合物においてとりうる．しかし，非金属では，最も一般的な酸化状態は，2 ずつ減少していく傾向がある．このパターンは，さまざまな塩素原子が形成するオキソ酸中の塩素の酸化数においてみることができる（表 8・2）．

表 8・2　一般的なオキソ酸イオン中の塩素の酸化数

オキソ酸イオン	酸化数	オキソ酸イオン	酸化数
ClO^-	$+1$	ClO_3^-	$+5$
ClO_2^-	$+3$	ClO_4^-	$+7$

8・6　酸化還元反応式

酸化還元反応においては，一方の物質は酸化され，もう一方は還元される．この過程を簡単にみることができる場合がよくある．たとえば，金属銅の棒を硝酸銀溶液に入れると，金属銀の輝く結晶が銅の表面に形成されて，溶液の色は青くなる．この場合，銅の酸化数は 0 から $+2$ に増加し，銀の酸化数は $+1$ から 0 に減少する．

$$Cu(s) + 2\,Ag^+(aq) \longrightarrow Cu^{2+}(aq) + 2\,Ag(s)$$

この過程は，金属銅から電子が失われ，銀イオンが電子を得たという，二つの独立した半反応[a]として考えることができる．

$$Cu(s) \longrightarrow Cu^{2+}(aq) + 2\,e^-$$
$$2\,Ag^+(aq) + 2\,e^- \longrightarrow 2\,Ag(s)$$

8・6・1　酸性溶液中での収支の合っている酸化還元反応式

今述べたように，酸化還元反応は，酸化と還元の半反応に分割可能である．半反応の概念は，複雑な酸化還元反応において収支を合わせるために特に有用である．たとえば，赤紫色の過マンガン酸イオン[b]の溶液が酸性溶液中で鉄(II)イオンを鉄(III)イオンに酸化し，自分自身は（ほとんど無色の）淡赤色のマンガン(II)イオンに還元される反応に注目してみよう．まず，以下のような（物質収支が合っていない）大雑把な反応式を書くことができる．

$$MnO_4^-(aq) + Fe^{2+}(aq) \longrightarrow Mn^{2+}(aq) + Fe^{3+}(aq)$$

最初の段階は，二つの半反応を識別することである．

$$Fe^{2+}(aq) \longrightarrow Fe^{3+}(aq)$$
$$MnO_4^-(aq) \longrightarrow Mn^{2+}(aq)$$

鉄イオンの反応は非常に単純であり，ちょうど 1 個の電子が必要なだけなので，簡単に釣合いをとることができる．

$$Fe^{2+}(aq) \longrightarrow Fe^{3+}(aq) + e^-$$

しかし，還元側の反応式においては，酸素原子が左辺には含まれているが右辺には含まれていない．このことは，酸素原子がない方に適当な数の水分子を加えることによって矯正できる．

$$MnO_4^-(aq) \longrightarrow Mn^{2+}(aq) + 4\,H_2O(l)$$

この水分子の追加によって酸素原子の釣合いはとれるが，この過程において水素原子が導入される．この水素原子の釣合いをとるために，水素イオンを左辺に付け加える．

$$MnO_4^-(aq) + 8\,H^+(aq) \longrightarrow Mn^{2+}(aq) + 4\,H_2O(l)$$

最終的に，必要なだけ電子を加えて電荷の釣合いをとる．

$$MnO_4^-(aq) + 8\,H^+(aq) + 5\,e^- \longrightarrow Mn^{2+}(aq) + 4\,H_2O(l)$$

二つの半反応式を組合わせる前に，還元に必要な電子数と酸化過程で生じる電子数を一致させなくてはならない．この場合は，鉄イオンの酸化の半反応式を 5 倍することによって釣合いをとることができる．

$$5\,Fe^{2+}(aq) \longrightarrow 5\,Fe^{3+}(aq) + 5\,e^-$$

最終的に釣合いのとれた反応は，下のようになる．

$$5\,Fe^{2+}(aq) + MnO_4^-(aq) + 8\,H^+(aq) \longrightarrow 5\,Fe^{3+}(aq) + Mn^{2+}(aq) + 4\,H_2O(l)$$

8・6・2　塩基性溶液中での収支の合っている酸化還元反応式

ここで，塩基性溶液中で塩素分子が塩化物イオンと塩素酸イオンに不均化する反応について考えてみよう．

$$Cl_2(aq) \longrightarrow Cl^-(aq) + ClO_3^-(aq)$$

不均化反応[c]は，あるイオン（または分子）が酸化されると同時に，別の同種のイオン（または同種の分子）が還元されて起こる．塩素分子の場合は，ある塩素原子が酸化されて酸化数が 0 から $+5$ に変化し，別の塩素原子が還元されて酸化数が 0 から -1 になる．ここでも，二つの半反応

---

a) half-reaction　　b) permanganate ion　　c) disproportionation reaction

生物学的化学合成：海底での酸化還元の化学

大洋の海底は寒くて暗い場所である．そこでは，上部の水層から落ちてくる死んだ有機体を食べて生きる清掃動物種以外には生命体はないと長い間考えられてきた．しかし，今やこの海底の深さが異常な生化学的過程に依存する新奇な生命体を支えていることが知られている．地表では，生命は光合成に依存して，酸化還元サイクルを駆動している．すると，海底での生物学的サイクルを駆動しているのは何だろうか？　海底での生命体は実際には海底火山の噴火口周辺に集中している．そこでは有毒な硫化水素と重金属硫化物で飽和した過熱水[a]の上昇流が流れ出している．この環境の端の方で，すさまじい種類の有機体が繁栄している．

最も興味深い生命体は，口がなく，不活発な棲管虫[b]である．この巨大生物は，その体内に生息する細菌に依存した化学合成プロセス（硫化水素を硫酸イオンに酸化すること）によってエネルギーを得る．

$$HS^-(aq) + 4\,H_2O(l) \longrightarrow SO_4^{2-}(aq) + 9\,H^+(aq) + 8\,e^-$$

その後，得たエネルギーを用いて，海水中の溶存二酸化炭素を自分の組織を構成する複雑な炭素系分子へ変換する．半反応式から理解できるように，1 mol の HS^- が消費されるごとに，9 mol の水素イオンが生成する．よって，虫は過剰な酸を対外に排出する生化学機構をもつはずである．さもないと，pH 低下によって死んでしまうだろう．

カリフォルニア大学サンタバーバラ校の科学者たちは，研究室でこの棲管虫を研究できるように，超高圧・低温で高い硫化水素濃度環境の海底噴火口を再現した水族館を構築した．地球の最初の有機体はこのような深海の噴火口に由来していると信じている科学者もいるので，深海の噴火口におけるこれらの有機体の秘密を学ぶことは，地球生命の源をもっと解明してくれるかもしれない．

をつくることができる．

$$Cl_2(aq) \longrightarrow Cl^-(aq)$$
$$Cl_2(aq) \longrightarrow ClO_3^-(aq)$$

まず，還元の半反応を選ぶ．最初の段階は塩素原子の数を釣合わせることである．

$$Cl_2(aq) \longrightarrow 2\,Cl^-(aq)$$

それから電荷を釣合わせる．

$$Cl_2(aq) + 2\,e^-(aq) \longrightarrow 2\,Cl^-(aq)$$

酸化の半反応においても，塩素原子の数を釣合わせなくてはならない．

$$Cl_2(aq) \longrightarrow 2\,ClO_3^-(aq)$$

過マンガン酸イオンの例と同じように，水分子を加えて酸素原子の数を釣合わせる．

$$Cl_2(aq) + 6\,H_2O(l) \longrightarrow 2\,ClO_3^-(aq)$$

それから，水素原子の数を，水素イオンを加えて釣合わせる．

$$Cl_2(aq) + 6\,H_2O(l) \longrightarrow 2\,ClO_3^-(aq) + 12\,H^+(aq)$$

しかし，この反応は塩基性溶液中で起こるので，右辺の水素イオン数と同数の水酸化物イオンを両辺に加える必要がある．

$$Cl_2(aq) + 6\,H_2O(l) + 12\,OH^-(aq) \longrightarrow$$
$$2\,ClO_3^-(aq) + 12\,H^+(aq) + 12\,OH^-(aq)$$

$H^+ + OH^- = H_2O$ なので，つぎのように書ける．

$$Cl_2(aq) + 6\,H_2O(l) + 12\,OH^-(aq) \longrightarrow$$
$$2\,ClO_3^-(aq) + 12\,H_2O(l)$$

水分子が両辺に出ているので，これを整理すると下のようになる．

$$Cl_2(aq) + 12\,OH^-(aq) \longrightarrow 2\,ClO_3^-(aq) + 6\,H_2O(l)$$

つぎに，電子を加えることによって，電荷に関して釣合いをとる．

$$Cl_2(aq) + 12\,OH^-(aq) \longrightarrow$$
$$2\,ClO_3^-(aq) + 6\,H_2O(l) + 10\,e^-$$

電子の物質量（mol）を釣合わせるには，還元の半反応式を5倍しなくてはならない．

$$5\,Cl_2(aq) + 10\,e^- \longrightarrow 10\,Cl^-(aq)$$

二つの半反応式を足し合わせると，下のようになる．

$$6\,Cl_2(aq) + 12\,OH^-(aq) \longrightarrow$$
$$10\,Cl^-(aq) + 2\,ClO_3^-(aq) + 6\,H_2O(l)$$

反応式の係数は2で割り切れるので，最終的にはつぎのようになる．

---

a) superheated water　b) tube worm

$$3\,Cl_2(aq) + 6\,OH^-(aq) \longrightarrow 5\,Cl^-(aq) + ClO_3^-(aq) + 3\,H_2O(l)$$

8・7 半反応の定量的側面

半反応の相対的な酸化力または還元力は，半電池電位から決定できる．半反応の電位は，（1 mol·L^{-1}の濃度の）水素イオンが（100 kPaの圧力下で白金黒表面において）水素ガスに還元される半反応の電位を基準とする相対電位である．この基準半反応の標準電位 $E°$ を 0 とする．

$$2\,H^+(aq) + 2\,e^- \longrightarrow H_2(g) \quad E° = 0.00\,V$$

自発的に起こる酸化還元反応においては，半電池の還元電位の和は正でなくてはいけない．例として，上述した金属銅と銀イオンの反応について考えてみよう．半電池の還元電位の値はつぎのとおりである．

$$Cu^{2+}(aq) + 2\,e^- \longrightarrow Cu(s) \quad E° = +0.34\,V$$
$$Ag^+(aq) + e^- \longrightarrow Ag(s) \quad E° = +0.80\,V$$

金属銅の酸化電位に銀イオンの還元電位を足すことになり，

$$2\,Ag^+(aq) + 2\,e^- \longrightarrow 2\,Ag(s) \quad E° = +0.80\,V$$
$$Cu(s) \longrightarrow Cu^{2+}(aq) + 2\,e^- \quad E° = -0.34\,V$$

電池としては正の電位となる．

$$2\,Ag^+(aq) + Cu(s) \longrightarrow 2\,Ag(s) + Cu^{2+}(aq)$$
$$E° = +0.46\,V$$

半電池の還元電位が正になるほど，その化学種の酸化力はより強くなる．たとえば，フッ素分子は極端に強い酸化剤（または電子の受容体）である．

$$\tfrac{1}{2}F_2(g) + e^- \longrightarrow F^-(aq) \quad E° = +2.80\,V$$

逆に，リチウムイオンは負の還元電位をもつ．

$$Li^+(aq) + e^- \longrightarrow Li(s) \quad E° = -3.04\,V$$

リチウムでは，逆向きの半反応は正の電位をもつ結果になる．よって，金属リチウムは非常に強い還元剤（または電子の供給体）である．

$$Li(s) \longrightarrow Li^+(aq) + e^- \quad E° = +3.04\,V$$

最も強い酸化剤はフッ化酸素 OF$_2$（$E° = +3.29\,V$：酸性溶液中）であり，最も強い還元剤はアジ化物イオン N$_3^-$（$E° = -3.33\,V$：酸性溶液中）である．

8・7・1 ネルンストの式

半電池電位は濃度に依存することを，常に留意しておこう．それゆえ，ある濃度条件で自発的に進行可能な反応も，濃度条件を変えると起こらなくなる．濃度による電位変化は**ネルンストの式**[a]で与えられる．

$$E = E° - \frac{RT}{nF}\ln\frac{[生成物]}{[反応物]}$$

R は気体定数（$8.31\,V·C·mol^{-1}·K^{-1}$），$T$ は絶対温度，n は酸化還元反応式に従って移動した電子の物質量（mol），F はファラデー定数[b]（$9.65 \times 10^4\,C·mol^{-1}$），$E°$ は化学種の標準状態（溶液ならば濃度が 1 mol·L^{-1}，気体ならば圧力が 100 kPa）での電位である．

標準状態でないときの電位への影響を理解するために，過マンガン酸イオンがマンガン(II)イオンになる半電池について考えてみよう．この半電池反応は，上述したすでに釣合いをとった半反応式である．

$$MnO_4^-(aq) + 8\,H^+(aq) + 5\,e^- \longrightarrow Mn^{2+}(aq) + 4\,H_2O(l)$$

対応するネルンストの式はつぎのようになる．

$$E = +1.70\,V - \frac{RT}{5F}\ln\frac{[Mn^{2+}]}{[MnO_4^-][H^+]^8}$$

pH は 4.00 まで大きくなる（すなわち，[H$^+$] は 1 mol·L^{-1} から 1.0×10^{-4} mol·L^{-1} に減少する）が，過マンガン酸イオンとマンガン(II)イオンの濃度は 1.0 mol·L^{-1} に保たれていると仮定する．この新しい条件において（まず，$RT/(5F)$ として解いてみると），半電池の電位はつぎのようになる．

$$E = +1.70\,V - (5.13 \times 10^{-3}\,V)\ln\frac{(1.00)}{(1.00)(1.0 \times 10^{-4})^8}$$
$$= +1.32\,V$$

これから，過マンガン酸イオンは溶液の酸性が弱くなるほど，酸化剤としてかなり弱くなることがわかる．この半反応においては，化学量論的に 8 mol の水素イオンが要求されるので，濃度効果は極端に大きい．すなわち，ネルンストの式において，水素イオン濃度は 8 乗になるので，電位は pH に極度に敏感である．

8・8 熱力学関数としての電極電位

上述した銀イオンと金属銅の反応式でみたように，反応式の係数が変わっても電極電位は変化しない．電位は反応を駆動する力であり，電極表面か二つの化学種の接触点に

---

a) Nernst equation b) Faraday constant

局在する．したがって，電位は化学量論に依存しない．電位は反応過程の自由エネルギーの単なる尺度である．

自由エネルギーと電位の関係はつぎのとおりである．

$$\Delta G° = -nFE°$$

$\Delta G°$ は標準自由エネルギー，n は電子の物質量，F はファラデー定数，$E°$ は標準電極電位である．ファラデー定数は通常は 9.65×10^4 C·mol^{-1} と表されるが，この式で用いる場合には，ジュール単位 9.65×10^4 J·V^{-1}·mol^{-1} の方が使いやすい．しかし，この節の計算においては，自由エネルギー変化を電子の物質量と半電池電位の積として表す方がさらに便利である．この方法では，ファラデー定数を数値として用いる必要がない．

この点を例示するために，もう一度銅と銀の反応の計算を，標準電位の代わりに自由エネルギーを用いて行ってみよう．

$$2\,\text{Ag}^+(aq) + 2\,\text{e}^- \longrightarrow 2\,\text{Ag}(s)$$
$$\Delta G° = -2(F)(+0.80\,\text{V}) = -1.60F\,\text{V}$$
$$\text{Cu}(s) \longrightarrow \text{Cu}^{2+}(aq) + 2\,\text{e}^-$$
$$\Delta G° = -2(F)(-0.34\,\text{V}) = +0.68F\,\text{V}$$

したがって，この過程の自由エネルギー変化は，$(-1.60F + 0.68F)$ V，すなわち $-0.92F$ V になる．この値を標準電位に変換し直すとつぎのようになる．

$$E° = \frac{-\Delta G°}{nF} = \frac{-(-0.92F\,\text{V})}{2F} = +0.46\,\text{V}$$

標準電位の単純な足し合わせと同じ値になる．

しかし，リストに不掲載の半電池電位の値を導出するために，二つの半電池電位を組合わせる場合，標準電位を用いる近道はうまくいかない．ここでは，釣合いのとれた酸化還元反応についてではなく，別の半反応式を得るために半反応式を足し合わせることに注意しよう．二つの還元半反応式においては，電子数の釣合いがとれていない場合がある．したがって，自由エネルギーを用いて作業しなくてはならない．例として，鉄(Ⅲ)イオンを金属鉄に還元するときの半電池電位は，鉄(Ⅲ)イオンから鉄(Ⅱ)イオンへの還元電位と，鉄(Ⅱ)イオンから金属鉄への還元電位を用いて決定できる．

$$\text{Fe}^{3+}(aq) + 3\,\text{e}^- \longrightarrow \text{Fe}(s)$$
$$\text{Fe}^{3+}(aq) + \text{e}^- \longrightarrow \text{Fe}^{2+}(aq) \quad E° = +0.77\,\text{V}$$
$$\text{Fe}^{2+}(aq) + 2\,\text{e}^- \longrightarrow \text{Fe}(s) \quad E° = -0.44\,\text{V}$$

最初に，各半反応の自由エネルギー変化を計算する．

$$\text{Fe}^{3+}(aq) + \text{e}^- \longrightarrow \text{Fe}^{2+}(aq)$$
$$\Delta G° = -1(F)(+0.77\,\text{V}) = -0.77F\,\text{V}$$
$$\text{Fe}^{2+}(aq) + 2\,\text{e}^- \longrightarrow \text{Fe}(s)$$
$$\Delta G° = -2(F)(-0.44\,\text{V}) = +0.88F\,\text{V}$$

二つの半反応式を足し合わせると Fe^{2+} の項は "消える"．したがって，つぎの反応の自由エネルギー変化は $(-0.77F + 0.88F)$ V，すなわち $+0.11F$ V になる．

$$\text{Fe}^{3+}(aq) + 3\,\text{e}^- \longrightarrow \text{Fe}(s)$$

この $\Delta G°$ 値を鉄(Ⅲ)イオンを金属鉄に還元する電位に変換し直すとつぎのようになる．

$$E° = \frac{-\Delta G°}{nF} = \frac{-(+0.11F\,\text{V})}{3F} = -0.04\,\text{V}$$

8·9 ラティマー(還元電位)図

データを図の形で表すと，その解釈が容易になる．ある元素に関連した化学種の組の標準還元電位は，よく**ラティマー図**[a] とよばれる還元電位図で表すことができる．酸性溶液中の鉄のさまざまな酸化状態をこの図で示す．

$$\underset{6+}{\text{FeO}_4^{2-}} \xrightarrow{+2.20\,\text{V}} \underset{3+}{\text{Fe}^{3+}} \xrightarrow{+0.77\,\text{V}} \underset{2+}{\text{Fe}^{2+}} \xrightarrow{-0.44\,\text{V}} \underset{0}{\text{Fe}}$$

$$\text{Fe}^{3+} \xrightarrow{-0.04\,\text{V}} \text{Fe}$$

図は，三つの一般的な鉄の酸化状態($+3$, $+2$, 0)と，珍しい $+6$ の酸化状態を含む．一対の化学種間の数字はそれらの化学種を含む還元半反応の標準還元電位である．化学種のみが表記されているが，この情報を用いるには，対応する完全な半反応式を書く必要がある．単純なイオンについては，半反応式を書くのは非常に容易である．

たとえば，鉄(Ⅲ)イオンの鉄(Ⅱ)イオンへの還元は，単純に記述できる．

$$\text{Fe}^{3+}(aq) + \text{e}^- \longrightarrow \text{Fe}^{2+}(aq) \quad E° = +0.77\,\text{V}$$

しかし，鉄酸イオン[b] FeO$_4^{2-}$ の還元においては，水を加えて酸素の数を合わせ，加えた水の中に含まれる水素の数を水素イオンによって合わせ，最終的に電荷についても電子を加えて合わせなくてはならない．

$$\text{FeO}_4^{2-}(aq) + 8\,\text{H}^+(aq) + 3\,\text{e}^- \longrightarrow$$
$$\text{Fe}^{3+}(aq) + 4\,\text{H}_2\text{O}(l) \quad E° = +2.20\,\text{V}$$

ラティマー図は一連の酸化状態の酸化還元の情報を非常に凝縮した形で表現できる．それ以上に，化学種の酸化還元挙動の予測が可能になる．たとえば，鉄酸イオンと鉄(Ⅲ)イオンの間の高い正の値は，鉄酸イオンが強酸化剤で

---

a) Latimer diagram b) ferrate ion

ある（すなわち，非常に還元されやすい）ということを示す．負の数字は，その化学種が反応式の右方向に変化するときに還元剤となることを示す．実際，金属鉄は還元剤として使用でき，金属鉄自身は鉄(II)イオンに酸化される．

還元電位図の別の例，酸性溶液中の酸素について見てみよう．

$$\overset{0}{O_2} \xrightarrow{+0.68\,V} \overset{-1}{H_2O_2} \xrightarrow{+1.78\,V} \overset{-2}{H_2O}$$
$$\xrightarrow{+1.23\,V}$$

還元電位は $+1.78\,V$ なので，過酸化水素は水に比べると強い酸化剤である．たとえば，過酸化水素は鉄(II)イオンを鉄(III)イオンに酸化する．

$$H_2O_2(aq) + 2\,H^+(aq) + 2\,e^- \longrightarrow 2\,H_2O(l)$$
$$E° = +1.78\,V$$
$$Fe^{2+}(aq) \longrightarrow Fe^{3+}(aq) + e^- \quad E° = -0.77\,V$$

図は，過酸化水素について別のことも伝える．過酸化水素の還元電位と酸化電位の和は正（$+1.78\,V - 0.68\,V$）である．この値は，過酸化水素が不均化する可能性を示す．

$$H_2O_2(aq) + 2\,H^+(aq) + 2\,e^- \longrightarrow 2\,H_2O(l)$$
$$E° = +1.78\,V$$
$$H_2O_2(aq) \longrightarrow O_2(g) + 2\,H^+(aq) + 2\,e^-$$
$$E° = -0.68\,V$$

二つの半反応式を足すと，全体の反応はつぎのようになる．

$$2\,H_2O_2(aq) \longrightarrow 2\,H_2O(l) + O_2(g) \quad E° = +1.10\,V$$

不均化は熱力学的に自発反応であっても，速度論的には非常に遅い．しかし，ヨウ化物イオンまたは多くの遷移金属イオンのような触媒が存在するときには，分解は速やかに起こる．われわれの体には，この反応を触媒する酵素**カタラーゼ**[a]が含まれており，細胞内で有害な過酸化水素を破壊する．

この節でこれまで用いてきた例はすべて，酸性溶液中で起こる反応だった．pH が高いときには異なる化学種が存在するので，塩基性溶液中では還元電位の値がまったく異なる場合も多い．たとえば，この節の最初に図で示したように，金属鉄は酸性溶液中で可溶性の鉄(II)イオンに酸化される．

$$Fe(s) \longrightarrow Fe^{2+}(aq) + 2\,e^-$$

しかし，塩基性溶液中では，鉄(II)イオンは高濃度に存在する水酸化物イオンと速やかに反応して，不溶性水酸化鉄(II)になる．

$$Fe(s) + 2\,OH^-(aq) \longrightarrow Fe(OH)_2(s) + 2\,e^-$$

したがって，鉄イオンの塩基性溶液中での（つぎに示す）ラティマー図は，酸性溶液中での図とはいくつか異なる化学種を含んでおり，結果として，電位は異なる．

$$\overset{6+}{FeO_4^{2-}} \xrightarrow{+0.9\,V} \overset{3+}{Fe(OH)_3} \xrightarrow{-0.56\,V}$$
$$\overset{2+}{Fe(OH)_2} \xrightarrow{-0.89\,V} \overset{0}{Fe}$$

塩基性溶液中で水酸化鉄(II)は容易に水酸化鉄(III)に酸化され（$+0.56\,V$），鉄酸イオンは今や非常に弱い酸化剤である（塩基性溶液中では $+0.9\,V$，酸性溶液中では $+2.20\,V$）ことが理解できる．

ラティマー図はある特定の酸化還元段階の還元電位を識別するには有用だが，その図が非常に複雑になることがある．たとえば，マンガンの五つの化学種についての図は，各化学種のさまざまな対に関する 10 もの電位がある．このような複雑な図に収められている情報をより分けることは非常に面倒である．したがって，酸化状態と相対的なエネルギーを二次元グラフとして図示した方がもっと有益である．これが次節のトピックである．

8・10 フロスト（酸化状態）図

元素のさまざまな酸化状態に関する情報を**フロスト図**[b]ともよばれる酸化状態図として提示するのは有用である．このような図からは，計算しなくても異なる酸化状態の性質に関する情報を視覚的に引出すことができる．フロスト図では，縦軸は（電位ではなく）相対的自由エネルギーを，横軸は酸化状態を示す．エネルギーを $-nE°$ と表記するので，エネルギー値は，通常は酸化還元ステップにおいて電位に電子の物質量を掛け合わせた単位（$V \cdot mol\,e^-$）でプロットする．同じ値が，自由エネルギーをファラデー定数で割ることによって，$\Delta G°/F$ として得られる．矛盾がでないように，酸化状態 0 の元素の自由エネルギーは 0 とみなされる．隣接した酸化状態の化学種を線で結ぶ．

$$\overset{0}{O_2} \xrightarrow{+0.68\,V} \overset{-1}{H_2O_2} \xrightarrow{+1.78\,V} \overset{-2}{H_2O}$$
$$\xrightarrow{+1.23\,V}$$

前の節で示した酸素のラティマー図から，酸性溶液中で

---

a) catalase b) Frost diagram

の酸素の化学種のフロスト図を構築できる（図 8・3）．

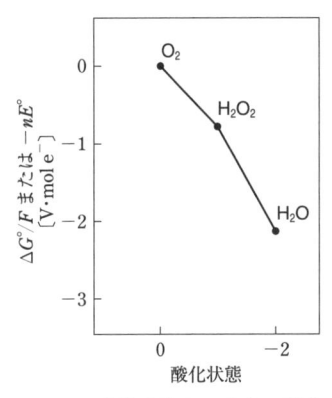

図 8・3 酸性溶液中の酸素に関するフロスト図

酸素分子は酸化状態が 0 のときは自由エネルギーは 0 とみなすので，最初の座標は単純に 0, 0 となる．酸素原子 1 mol 当たりの変化を考えるとつぎのようになる．

$$\frac{1}{2}O_2(g) + H^+(aq) + e^- \longrightarrow \frac{1}{2}H_2O_2(aq)$$
$$E° = +0.68 \text{ V}$$

$$\frac{1}{2}H_2O_2(aq) + H^+(aq) + e^- \longrightarrow H_2O(l)$$
$$E° = +1.78 \text{ V}$$

したがって，過酸化水素中の酸素の酸化状態は -1 であり，自由エネルギーは電子の物質量（1）と半電池還元電位（+0.68 V）の積を "-1" 倍したものなので，過酸化水素の座標は $-1, -0.68$ となる．水における酸素の酸化状態は -2 であり，水中の酸素の自由エネルギーは過酸化水素の座標の $-(1\times 1.78)$ 単位だけ下になるはずなので，水の座標は $-2, -2.46$ となる．この図から酸性溶液中の酸素の酸化還元化学の視覚的イメージを得ることができる．このプロットで最下点になる水は，熱力学的に最安定であるに違いない．上に凸の点である過酸化水素は不均化するはずである．

フロスト図のすべての特徴は，マンガンの酸化還元化学（図 8・4）を調べることによって評価できる．この図からつぎのような結論が導き出される．

1. より熱力学的に安定状態は，図の下方に存在する．よって，マンガン(Ⅱ)がすべてのマンガン化学種の中で（酸化還元の見方では）最安定である．
2. マンガン酸イオン MnO_4^{2-} やマンガン(Ⅲ)イオンのように，上に凸の曲面上の化学種は不均化する傾向にある．
3. 酸化マンガン(Ⅳ) MnO_2 のように下に凸の曲面上の化学種は不均化しない．
4. 過マンガン酸イオン MnO_4^- のように，上の位置でプロットの左の化学種は強い酸化剤となる．

5. 上の位置でプロットの右の化学種は強い還元剤となる．したがって，金属マンガンは中程度の還元剤となる．

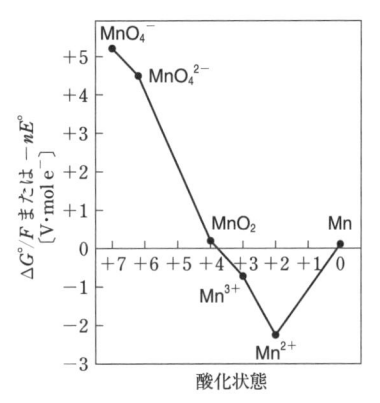

図 8・4 酸性溶液中のマンガンに関するフロスト図

しかし，フロスト図の解釈について注意しておくことがある．第一に，この図は標準的条件，すなわち pH 0（水素イオン濃度 1 mol・L^{-1}）における溶質濃度 1 mol・L^{-1} の水溶液における相対的自由エネルギーを表したものである．もしも条件が変化すると，エネルギーは異なった値となり，相対的安定性も変わるはずである．

pH が変化すると，常に水素イオンを含む半反応の電位も変化する．しかしもっと大切なことは，含まれる実際の化学種そのものがしばしば変化することである．たとえば，マンガン(Ⅱ)イオンは水溶液中で pH 値が大きいときには存在できない．このような条件下では，不溶性の水酸化マンガン(Ⅱ) $Mn(OH)_2$ が形成される．よって塩基性溶液中のフロスト図のマンガンの酸化状態 +2 における化学種は，Mn^{2+} ではなくこの化合物である．

最後に強調すべき点は，フロスト図は熱力学的関数であり，熱力学的に不安定な化学種の"分解速度"についての情報は含まれていないことである．過マンガン酸カリウム $KMnO_4$ はよい例である．過マンガン酸イオンはより安定な低酸化状態のマンガン(Ⅱ)イオンに還元されることを好むにもかかわらず，触媒が存在する場合を除いて速度論的には還元反応は遅い．したがって，過マンガン酸イオンの溶液を用いて作業できる．

8・11 プールベ図

前節では，フロスト図が元素の異なる酸化状態の熱力学的安定性を比較するために利用できることを理解した．フロスト図は酸性（pH = 0），塩基性（pH = 14）のどちらの条件でも構築できる．つぎに，半電池の電位 E と pH のどんな組合わせにおいても熱力学的に安定な化学種を特定できるとしたら，非常に有用だろう．フランスの化学者

プールベ[a]はそのような作図法を考案した．よって，このような作図は電位–pH 図[b]とか安定領域図[c]ともよばれるが，通常彼の名前にちなんで**プールベ図**[d]と名づけられている．

図 8・5 にマンガン系のプールベ図を示す．過マンガン酸イオンのような酸化状態が高い方の化学種は，この図の正の電位の上方に位置しており，金属マンガンのような酸化状態が低い方の化学種はこの図の負の電位の下方に位置する．同様に，より塩基性の化学種は右側（pH の高い方）に，より酸性の化学種は左側（pH の低い方）に位置する．マンガン(II)イオンと水酸化マンガン(II)の間のような横軸に垂直な線で分けた区分は，酸化還元プロセスではなくて単純に pH に依存することを示す．

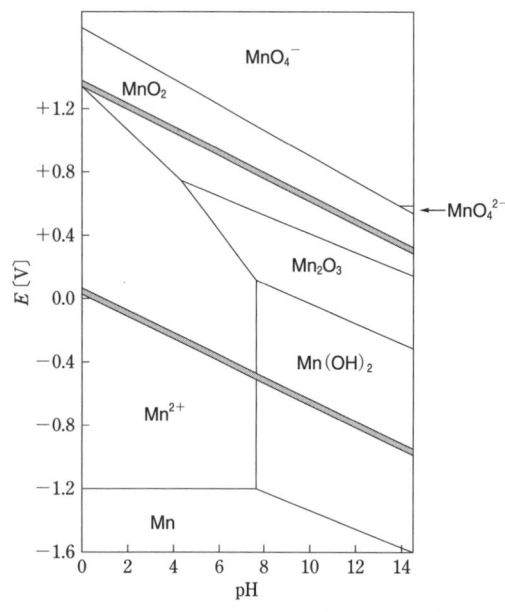

図 8・5 標準電位 $E°$ と pH の関数として，熱力学的に安定なマンガンの化学種を示したプールベ図

$$Mn^{2+}(aq) + 2\,OH^-(aq) \rightleftharpoons Mn(OH)_2(s)$$
$$K_{sp} = 2.0 \times 10^{-13}$$

したがって，$K_{sp} = [Mn^{2+}][OH^-]^2$ なので，マンガン(II)の濃度が標準的な濃度 $1\,mol\cdot L^{-1}$ の場合には，$[OH^-] = \sqrt{(2.0 \times 10^{-13})}$ であり pH=7.65 となる．これよりも pH が大きい場合には，マンガン(II)の形態としては水酸化物が好まれる．

対照的に，横軸に平行な線での区分は純粋な酸化還元の変化を表している．この一例は，金属マンガンとマンガン(II)イオンの間でみることができる．

$$Mn^{2+}(aq) + 2\,e^- \longrightarrow Mn(s) \qquad E° = -1.18\,V$$

ほとんどの境界は，pH と電位の両方に依存するので，これらの両極端の間に位置する．たとえば，酸化マンガン(IV)のマンガン(II)イオンへの還元はつぎのように表される．

$$MnO_2(s) + 4\,H^+(aq) + 2\,e^- \longrightarrow Mn^{2+}(aq) + 2\,H_2O(l)$$
$$E° = +1.23\,V$$

この二つの状態の間の境界をプロットするのに，ネルンストの式を用いることができる．

$$E = E° - \frac{RT}{nF}\ln\frac{[Mn^{2+}]}{[H^+]^4}$$

$[Mn^{2+}]$ を $1\,mol\cdot L^{-1}$ として $E°$，R，T と F の値を代入してから，(2.303 を掛けて) $\ln$ を $\log_{10}$ に変換すると，次式が得られる．

$$E = 1.23\,V - (0.118)pH$$

異なる pH 値を代入すると，対応する E 値を計算でき，プールベ図の境界線を作図できる．

図には二つの灰色の線も示している．上の灰色の線は水の酸化を表す．

$$\frac{1}{2}O_2(g) + 2\,H^+(aq) + 2\,e^- \longrightarrow H_2O(l)$$
$$E° = +1.23\,V$$

これに対して，下の灰色の線は水から水素ガスへの還元を表す．

$$H_2O(l) + e^- \longrightarrow \frac{1}{2}H_2(g) + OH^-(aq)$$
$$E° = -0.83\,V$$

水素イオン濃度が $1\,mol\cdot L^{-1}$ の条件下ではつぎのように表される．

$$H^+(aq) + e^- \longrightarrow \frac{1}{2}H_2(g) \qquad E° = 0.00\,V$$

この二つの灰色の線は，この線の間であれば水溶液中での反応が可能であることを示す．より高い電位にすると水が酸化され始め，より低い電位にすると水が還元され始める．よって，過マンガン酸イオンは水溶液の限界の外側にあることが理解できる．しかし，過マンガン酸イオンは水溶液中で存在できる．過マンガン酸イオンは水溶液中で熱力学的には不安定だが，高い活性化エネルギー障壁があり，速度論的な安定性が与えられるからである．しかし，過マンガン酸イオンの溶液は長期間にわたって安定ではない．また，触媒となる化学種が存在するときは非常に速やかに分解する．

マンガン酸イオン MnO_4^{2-} は水の限界の外側の非常に高

---

a) Marcel Pourbaix   b) $E°$–pH diagram   c) predominance-area diagram   d) Pourbaix diagram

テクネチウム：最も重要な放射性医薬品

人体の内部のイメージは，磁気共鳴映像法[a]（MRI）のようにいくつかの異なる方法でつくることができる．しかし，特定の器官や腫瘍のような，興味のある特別な場所を強調できれば特に有用である．金属化合物は，ある種の器官や腫瘍に集積する場合が多いので，価値ある役割を果たす．なぜ腫瘍に集積するのかはよくわかっていないが，おそらく腫瘍細胞の代謝の増加と化学的変化に関係がある．

画像診断用の同位体として効果的であるためには，多くの原子核が崩壊する前にその同位体を生成して患者の体内に投与できるほど長い半減期をもつ γ 線放射体でなくてはならない．しかしその一方で，半減期は非常に低濃度でも測定可能な放射強度を示すほどには短くなくてはならない．よって半減期は 8 日以内が望ましい．テクネチウム-99 はこの条件にみごとに適合する．そのため全放射性診断の 80% 以上で使用されている．

テクネチウムは，モリブデン酸イオン MoO_4^{2-} の放射壊変から生じる過テクネチウム酸イオン[b] TcO_4^- として得られる．合成は以下のとおりである．非放射性のモリブデン-98 を中性子線源にさらして，放射性のモリブデン-99 にする．

$$^{98}_{42}Mo + ^{1}_{0}n \longrightarrow ^{99}_{42}Mo$$

モリブデン-99 は半減期 66 時間で壊変してテクネチウム-99m になる．ここで "m" は核が励起状態にあることを示す．すなわち，ちょうど励起状態にある電子が，可視光，紫外光，または赤外光を電磁輻射して基底状態に落ちるように，励起状態にある核が崩壊するときに生成したプロトンが γ 線を放射して，核の基底状態に落ちるのである．この γ 線の放射が放射性診断の過程で記録される．

$$^{99}_{42}Mo \longrightarrow ^{99m}_{43}Tc + ^{0}_{-1}e \quad t_{1/2} = 66\,時間$$

$$^{99m}_{43}Tc \longrightarrow ^{99}_{43}Tc + ^{0}_{0}\gamma \quad t_{1/2} = 6\,時間$$

基底状態のテクネチウム-99 は長い半減期をもつので，放射レベルは危険性を無視できるほど低いものになる．

$$^{99}_{43}Tc \longrightarrow ^{99}_{44}Ru + ^{0}_{-1}e \quad t_{1/2} = 2.1 \times 10^5\,年$$

画像診断において "核化学" は大きな重要性をもつが，"水溶液化学" もまた重要である．テクネチウムは体液中で可溶性の形でなくてはならない．体液は一般にほぼ中性で少し酸化性である．図 8・6 からわかるように，プールベ図は過テクネチウム酸イオンが生理学的にかかわる領域の大部分において安定であることを示している．このことは周期表の一つ上の元素であるマンガン（図 8・5 を参照）とは異なっている．マンガンにおいては，生理学的な領域の大部分は不溶性の酸化物と水酸化物で占められており，過マンガン酸イオンは非常に高い酸化性条件下でしか安定ではない．

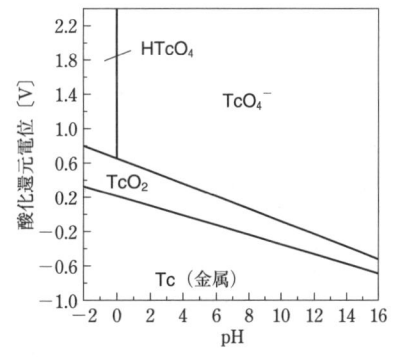

図 8・6 テクネチウムに関するプールベ図
〔W. Kaim, B. Schwederski, "Bioinorganic Chemistry: Inorganic Elements in the Chemistry of Life", Wiley–VCH, p.360 (1994) より転載〕

過テクネチウム酸イオンはヨウ化物イオンとサイズと電荷密度が同じである．したがって，過テクネチウム酸イオンはヨウ素に富む甲状腺[c]の画像診断に使用される（第 17 章を参照）．しかし，他の器官や腫瘍への特異性をもたせるには，複雑なテクネチウム化合物を用いる必要がある．

い pH における小さな領域を占める．よって，このイオンを合成するには，溶融した水酸化カリウム中で酸化マンガン（Ⅳ）を酸化する手段を用いるしかない．

$$MnO_2(s) + 4\,OH^-(KOH) \longrightarrow MnO_4^{2-}(KOH) + 2\,H_2O(g) + 2\,e^-$$

プールベ図から異なる pH と電位の条件下での主要な水溶液中の化学種を容易に識別できる．しかし，異なる酸化状態の相対的安定性を調べるのには，フロスト図が最も適している．プールベ図は，一般的に熱力学的に有利な化学種を単に示したものであることを十分に理解しておこう．ときおり，単純化のために図から外される化学種がある．たとえば，図 8・5 はマンガン（Ⅱ）とマンガン（Ⅲ）の混合酸化物 Mn_3O_4 を含んでいない．図の範囲に入ってこない

---

a) magnetic resonance imaging b) pertechnate ion c) thyroid gland

他の化学種もある．たとえば，水溶性マンガン(Ⅲ)イオンは水素イオン濃度が約 10 mol・L^{-1} で，電位が約 +1.5 V の場合のみ，熱力学的に安定な化学種である．

8・12 酸化還元合成

酸化還元反応は化学合成において重要な手段である．これらの反応は，化学的または電気化学的手段により行うことができる．酸化反応の場合には，オゾン，過酸化水素，酸素分子を含む多くの有用な化学試剤がある（表8・3）．よって，われわれの要求に適し，反応が要求する pH 条件に従った酸化剤を選択できる．

たとえば，水酸化鉄(Ⅱ) は大気中の酸素存在下では，酸化水酸化鉄(Ⅲ) に酸化される．

$$4\,Fe(OH)_2(s) + O_2(g) \longrightarrow 4\,FeO(OH)(s) + 2\,H_2O(l)$$

しかし，水酸化クロム(Ⅲ) をクロム酸イオンに酸化するには，過酸化水素のようなより強い酸化剤が必要となる．

$$2\,Cr(OH)_3(s) + 3\,H_2O_2(aq) + 4\,OH^-(aq) \longrightarrow 2\,CrO_4^{2-}(aq) + 8\,H_2O(l)$$

そして，三酸化キセノンを過キセノン酸イオン[a] に変換するには極端に強い酸化剤が必要である．

$$XeO_3(aq) + O_3(g) + 4\,OH^-(aq) \longrightarrow XeO_6^{4-}(aq) + 2\,H_2O(l) + O_2(g)$$

電解法は，要求するイオンの生成に有利なように電位を調節できる．たとえば，硫酸イオンを電解酸化してペルオキソ二硫酸イオン[b] に変換できる．

$$2\,SO_4^{2-}(aq) \longrightarrow S_2O_8^{2-}(aq) + 2\,e^-$$

もしも，化学種が水中で不安定ならば，酸化は固相で行うことができる．一例がマンガン酸カリウム K_2MnO_4 の製造である．

$$2\,MnO_2(s) + 4\,KOH(l) + O_2(g) \xrightarrow{\Delta} 2\,K_2MnO_4(s) + 2\,H_2O(g)$$

還元剤にも同様に広いレパートリーがある．亜鉛のような金属は遷移金属を高酸化状態からより低酸化状態へ還元するのに用いられる．

$$Zn(s) \longrightarrow Zn^{2+}(aq) + 2\,e^-$$

たとえば，バナジウムをバナジン酸イオン[c] VO_4^{3-} 中の +5 の状態からバナジウム(Ⅱ)イオンへと還元できる（§20・3参照）．

ヒドラジン N_2H_4 は窒素ガスに酸化されて放出され，他の生成物は反応容器中に残るため，非常に便利な強還元剤である．つぎの例は，ヨウ素分子からヨウ化水素への還元である．

$$N_2H_4(aq) + 2\,I_2(aq) \longrightarrow 4\,HI(aq) + N_2(g)$$

固相での還元には，炭素が利用できる．

$$PbO(s) + C(s) \xrightarrow{\Delta} Pb(s) + CO(g)$$

8・13 生物学的役割

たとえば光合成や呼吸のように，多くの生物学的過程に酸化や還元が含まれている．エンドウや豆のような植物は，植物が必要とするアンモニウムイオンを空気中の窒素分子から変換するために，根の上の細菌で満たされた根粒[d] を用いることができる．窒素固定として知られるこの複雑なプロセスは，窒素を酸化状態 0 から -3 への還元を含む．

すべての生物学的システムにおいて，元素のどのような種が存在しているかを決定しようとするときには，電位 E と酸性度 pH の両方を考慮しなくてはならない（そして，速度論的な因子も同様に考慮すべきである）．したがって，プールベ図は生物無機化学と無機地球化学において特に重要性がある．図8・7に天然の水系における pH と E の境

表8・3 一般的な酸化剤の，酸性溶液中と塩基性溶液中における半反応式および電位

オゾン		
酸 性	$O_3(g) + 2\,H^+(aq) + 2\,e^- \longrightarrow O_2(g) + H_2O(l)$	$E° = +2.08\,V$
塩基性	$O_3(g) + H_2O(l) + 2\,e^- \longrightarrow O_2(g) + 2\,OH^-(aq)$	$E° = +1.24\,V$
過酸化水素		
酸 性	$H_2O_2(aq) + 2\,H^+(aq) + 2\,e^- \longrightarrow 2\,H_2O(l)$	$E° = +1.78\,V$
塩基性	$HO_2^-(aq) + H_2O(l) + 2\,e^- \longrightarrow 3\,OH^-(aq)$	$E° = +0.88\,V$
酸素分子		
酸 性	$O_2(g) + 4\,H^+(aq) + 4\,e^- \longrightarrow 2\,H_2O(l)$	$E° = +1.23\,V$
塩基性	$O_2(g) + 2\,H_2O(l) + 4\,e^- \longrightarrow 4\,OH^-(aq)$	$E° = +0.40\,V$

---

[a] perxenate ion [b] peroxodisulfate ion [c] vanadate ion [d] nodule

界を示す．上の点線は，大気と接触している水を表しており，大洋における酸素ガスの圧力，すなわち 20 kPa の二酸素分圧に対応する．雨は，大気中の二酸化炭素を吸収するので少し酸性を帯びる傾向がある．

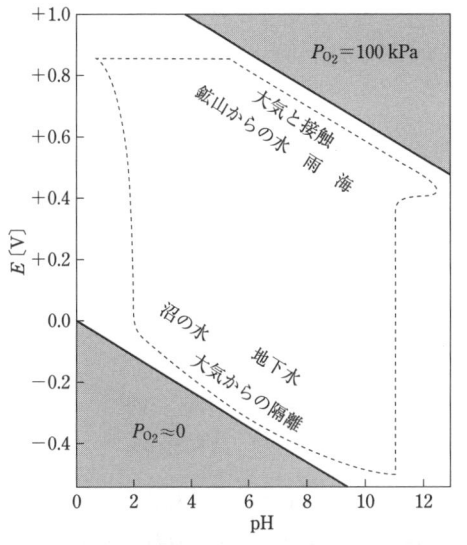

図 8・7 天然の水系おけるEとpHの限界条件（点線）を示したプールベ図〔Gunter Faure, "Principles and Applications of Inorganic Geochemistry", Macmillan, New York, p.324（1991）を改変〕

$$CO_2(g) + 2H_2O(l) \rightleftharpoons H_3O^+(aq) + HCO_3^-(aq)$$

海水は少し塩基性だが，その地域の地質に依存して，小川の水は中性に近くなる傾向がある．大気に接している水は，炭酸イオンと炭酸水素イオンの緩衝作用が存在しているため，めったに pH 9 以上の塩基性になることはない．

$$CO_3^{2-}(aq) + H_2O(l) \rightleftharpoons HCO_3^-(aq) + OH^-(aq)$$

しかし，すべての表面水は，高い分圧で酸素が溶解している結果，酸化性である．

高いレベルで植物や藻が成長している湖や河川においては，酸素の濃度は低い．結果として，これらの水の電位は低くなる．典型的には沼やよどんだ湖のように，高い生物活性を示し，大気との接触のない環境において最も負の電位が生じる．このような条件下では，嫌気性[a]細菌が繁栄し，溶存酸素濃度は 0 に近くなり，そして環境は非常に還元性になる．沼は，含んでいる植生が腐るため，非常に高い酸性になることが多い．

水溶液の境界内の硫黄化学種のプールベ図（図 8・8）をみると，ほとんどの pH と $E°$ の範囲において硫酸イオンが支配的な化学種であることが理解できる．硫酸水素イオンはかなり強い酸の共役塩基なので，pH が約 2 以下の条件でのみ HSO_4^- イオンは優位となる．このような状況は鉱山からの坑内水の流出で起こりうる．二硫化鉄(II)の酸化によって酸性条件がしばしばひき起こされる．

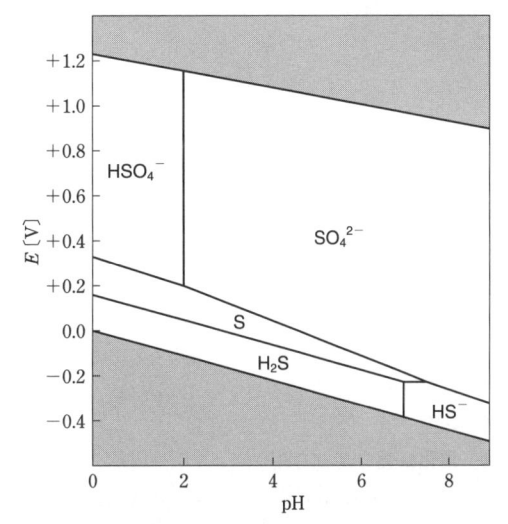

図 8・8 標準電位 $E°$ と pH の関数として，水溶液中で熱力学的に安定な硫黄の化学種を示したプールベ図〔Gunter Faure, "Principles and Applications of Inorganic Geochemistry", Macmillan, New York, p.334（1991）を改変〕

$$4FeS_2(s) + 15O_2(g) + 14H_2O(l) \longrightarrow 4Fe(OH)_3(s) + 8H^+(aq) + 8HSO_4^-(aq)$$

ほとんどの pH 範囲において，沼のようなより還元的な環境では，硫酸イオンが単体の硫黄に変換される結果となる．

$$SO_4^{2-}(aq) + 8H^+(aq) + 6e^- \longrightarrow S(s) + 4H_2O(l)$$

もっと強い還元条件下では，硫黄はつづけて硫化水素に還元される．

$$S(s) + 2H^+(aq) + 2e^- \longrightarrow H_2S(aq)$$

沼地や多くの火山由来の水（イエローストーン国立公園の水）がときおり臭うのは，この気体のせいである．水溶液中の硫化水素は広い pH 領域で支配的な還元種であることに注意しよう．理由はこの酸の弱さに関係している．塩基性条件下でのみ HS^- イオンは支配的になれない．

$$H_2S(aq) + OH^-(aq) \rightleftharpoons HS^-(aq) + H_2O(l)$$

---

a) anaerobic

要　点

- 化合物中の酸化数は，相対的電気陰性度の値から導出できる．
- 元素の通常の酸化数には周期的傾向がある．
- 電極電位は熱力学的関数である．
- 酸化還元の情報は，ラティマー（還元電位）図に集約できる．
- フロスト（酸化状態）図を作成すると，酸化還元の情報が視覚的に得られる．
- 特定の電位と pH 条件下での支配的な化学種を識別するには，プールベ図が用いられる．
- プールベ図は水系環境における化学種の同定に有用である．

基本問題

8・1 以下の言葉を定義しなさい．(a) 酸化剤，(b) ラティマー図．

8・2 以下の言葉を定義しなさい．(a) フロスト図，(b) プールベ図．

8・3 酸化状態の規則を用いて，(a)～(e) の化合物中のリンの酸化数を決定しなさい．(a) P_4O_6, (b) H_3PO_4, (c) Na_3P, (d) PH_4^+, (e) $POCl_3$.

8・4 酸化状態の規則を用いて，(a)～(d) の化合物中の塩素の酸化数を決定しなさい．(a) ClF_3, (b) Cl_2O, (c) Cl_2O_7, (d) HCl.

8・5 点電子式を用いて，以下の化合物中のおのおのの硫黄の酸化数を決定しなさい．(a) H_2S, (b) SCl_2, (c) H_2S_2, (d) SF_6, (e) COS（構造は $O=C=S$）．

8・6 点電子式を用いて，$SOCl_2$ 中の各元素の形式電荷と酸化数を決定しなさい．

8・7 化合物中のヨウ素の酸化状態としてありそうなものは何か？

8・8 化合物中のキセノンの予想される最高酸化状態は何か？　他の酸化状態でありそうなものは何か？

8・9 以下の化合物のおのおのにおいて，ハロゲン以外の原子の酸化数を導き出し，この系列での酸化数の傾向を記しなさい．(a) ヨウ化インジウム(I) InI, (b) 塩化スズ(II) $SnCl_2$, (c) 三臭化アンチモン $SbBr_3$, (d) 四塩化テルル $TeCl_4$, (e) 五フッ化ヨウ素 IF_5.

8・10 つぎの反応式中の酸化状態の変化を記しなさい．
(a) $Mg(s) + FeSO_4(aq) \longrightarrow Fe(s) + MgSO_4(aq)$
(b) $2\,HNO_3(aq) + 3\,H_2S(aq) \longrightarrow$
　　　　　$2\,NO(s) + 3\,S(s) + 4\,H_2O(l)$

8・11 つぎの反応式中の酸化状態の変化を記しなさい．
(a) $NiO(s) + C(s) \longrightarrow Ni(s) + CO(g)$
(b) $2\,MnO_4^-(aq) + 5\,H_2SO_3(aq) + H^+(aq) \longrightarrow$
　　$2\,Mn^{2+}(aq) + 5\,HSO_4^-(aq) + 3\,H_2O(l)$

8・12 酸性溶液中でのつぎの還元に関する半反応式を記しなさい．
$$H_2MoO_4(aq) \longrightarrow Mo^{3+}(aq)$$

8・13 酸性溶液中でのつぎの酸化に関する半反応式を記しなさい．
$$NH_4^+(aq) \longrightarrow NO_3^-(aq)$$

8・14 塩基性溶液中でのつぎの酸化に関する半反応式を記しなさい．
$$S^{2-}(aq) \longrightarrow SO_4^{2-}(aq)$$

8・15 塩基性溶液中でのつぎの還元に関する半反応式を記しなさい．
$$N_2H_4(aq) \longrightarrow N_2(g)$$

8・16 以下の酸性溶液中での酸化還元反応について，反応式を完成しなさい．
(a) $Fe^{3+}(aq) + I_2(aq) \longrightarrow Fe^{2+}(aq) + I^-(aq)$
(b) $Ag(s) + Cr_2O_7^{2-}(aq) \longrightarrow Ag^+(aq) + Cr^{3+}(aq)$

8・17 以下の酸性溶液中での酸化還元反応について，反応式を完成しなさい．
(a) $HBr(aq) + HBrO_3(aq) \longrightarrow Br_2(aq)$
(b) $HNO_3(aq) + Cu(s) \longrightarrow NO_2(g) + Cu^{2+}(aq)$

8・18 以下の塩基性溶液中での酸化還元反応について，反応式を完成しなさい．
(a) $Ce^{4+}(aq) + I^-(aq) \longrightarrow Ce^{3+}(aq) + IO_3^-(aq)$
(b) $Al(s) + MnO_4^-(aq) \longrightarrow$
　　　　　$MnO_2(s) + Al(OH)_4^-(aq)$

8・19 以下の塩基性溶液中での酸化還元反応について，反応式を完成しなさい．
(a) $V(s) + ClO_3^-(aq) \longrightarrow HV_2O_7^{3-}(aq) + Cl^-(aq)$
(b) $S_2O_4^{2-}(aq) + O_2(g) \longrightarrow SO_4^{2-}(aq)$

8・20 付録9の標準還元電位を用いて，以下の反応が標準条件下で自発的に起こるかどうかを判定しなさい．
(a) $SO_2(aq) + MnO_2(s) \longrightarrow Mn^{2+}(aq) + SO_4^{2-}(aq)$
(b) $2\,H^+(aq) + 2\,Br^-(aq) \longrightarrow H_2(g) + Br_2(aq)$
(c) $Ce^{4+}(aq) + Fe^{2+}(aq) \longrightarrow Ce^{3+}(aq) + Fe^{3+}(aq)$

8・21 付録9の標準還元電位を用いて，以下の不均化反応が標準条件下で自発的に起こるかどうかを判定しなさい．
(a) $2\,Cu^+(aq) \longrightarrow Cu^{2+}(aq) + Cu(s)$
(b) $3\,Fe^{2+}(aq) \longrightarrow 2\,Fe^{3+}(aq) + Fe(s)$

8・22 付録9の標準還元電位を用いて，塩化水素を塩素

ガスに酸化するのに用いることができる化学試薬を示しなさい．

8・23 付録9の標準還元電位を用いて，クロム(Ⅲ)イオンをクロム(Ⅱ)イオンに還元するのに用いることができる化学試薬を示しなさい．

8・24 銀には，より一般的な銀(Ⅰ)とあまり目にしない銀(Ⅱ)という二つの酸化状態が存在する．

$$Ag^+(aq) + e^- \longrightarrow Ag(s) \quad E° = +0.80\,V$$
$$Ag^{2+}(aq) + 2e^- \longrightarrow Ag(s) \quad E° = +1.98\,V$$

(a) 銀(Ⅰ)イオンは，よい酸化剤またはよい還元剤か？

(b) 銀(Ⅰ)イオンを銀(Ⅱ)イオンに酸化するのに，最も適しているものは，フッ素分子，フッ化物イオン，ヨウ素分子，ヨウ化物イオンのいずれか？

(c) 水素化銀(Ⅰ)をつくろうとする．水素化物イオンの電位は以下のとおりである．

$$\tfrac{1}{2}H_2(g) + e^- \longrightarrow H^-(aq) \quad E° = -2.25\,V$$

この化合物は熱力学的に安定だと思うか？ その理由を説明しなさい．

8・25 下の二つの半反応について，(a)，(b)に答えなさい．

$$Al^{3+}(aq) + 3e^- \longrightarrow Al(s) \quad E° = -1.67\,V$$
$$Au^{3+}(aq) + 3e^- \longrightarrow Au(s) \quad E° = +1.46\,V$$

(a) より強い酸化剤となるのはどちらの半反応かを決定しなさい．

(b) より強い還元剤となるのはどちらの半反応かを決定しなさい．

8・26 つぎの半反応の電位を計算しなさい．

$$Au^{3+}(aq) + 2e^- \longrightarrow Au^+(aq)$$

以下に与えた二つの半反応式を利用すること．

$$Au^{3+}(aq) + 3e^- \longrightarrow Au(s) \quad E° = +1.46\,V$$
$$Au^+(aq) + e^- \longrightarrow Au(s) \quad E° = +1.69\,V$$

とする．

8・27 付録9の標準還元電位の値から，硫酸鉛(Ⅱ)の飽和溶液(濃度は$1.5\times10^{-5}\,mol\cdot L^{-1}$)中で鉛(Ⅱ)イオンを金属鉛に還元するときの半電池電位を計算しなさい．

8・28 付録9の標準還元電位の値から，pH 9.00において水溶液中の過マンガン酸イオンが固体の酸化マンガン(Ⅳ)に還元されるときの半電池の電位を計算しなさい(その他のすべてのイオンは，標準濃度になっているものとする)．

8・29 付録9の標準還元電位の値から，pH 7.00で通常の大気圧中の酸素分圧(20 kPa)であるときの酸素ガス

の還元電位を計算しなさい．

$$O_2(g) + 4H^+(aq) + 4e^- \longrightarrow 2H_2O(l)$$

関数の中の対数は無次元であることに注意すること．したがって，ネルンストの式に代入する前に，酸素分圧の値を標準圧力 100 kPa で割る必要がある．

8・30 以下のラティマー図は酸性条件下での臭素の化学種について示している．

$$\overset{+7}{BrO_4^-} \xrightarrow{+1.82\,V} \overset{+5}{BrO_3^-} \xrightarrow{+1.49\,V} \overset{+1}{HBrO} \xrightarrow{+1.59\,V}$$

$$\overset{0}{Br_2} \xrightarrow{+1.07\,V} \overset{-1}{Br^-}$$

(a) どの化学種が，不均化に関して不安定であるかを識別しなさい．

(b) 臭素酸イオン $BrO_3^-(aq)$ を臭素に還元する半電池電位を決定しなさい．

8・31 以下のラティマー図は塩基性条件下での臭素の化学種について示している．

$$\overset{+7}{BrO_4^-} \xrightarrow{+0.99\,V} \overset{+5}{BrO_3^-} \xrightarrow{+0.54\,V} \overset{+1}{BrO^-} \xrightarrow{+0.45\,V}$$

$$\overset{0}{Br_2} \xrightarrow{+1.07\,V} \overset{-1}{Br^-}$$

(a) どの化学種が不安定で不均化を起こすかを識別しなさい．

(b) 臭素酸イオン $BrO_3^-(aq)$ を臭素に還元する半電池電位を決定しなさい．

(c) 酸性条件下でも塩基性条件下でも，臭素を臭化物イオンにする半電池電位は同じ値である理由を説明しなさい．

8・32 下に示したフロスト図は鉛の化学種(実線でつないである)とケイ素の化学種(点線でつないである)を示したものである．

(a) 強い酸化剤はどれか，識別しなさい．
(b) 最も熱力学的に安定な鉛の化学種は何か？
(c) 最も熱力学的に安定なケイ素の化学種は何か？
(d) どの化学種が潜在的に不均化することができるか？

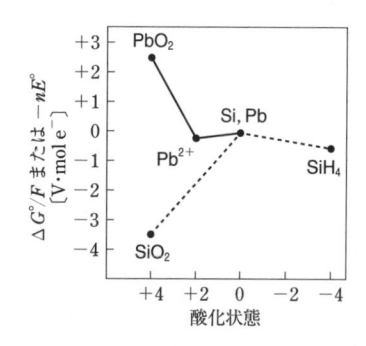

8・33 セリウムについてフロスト図を作成し，酸化状態の相対的安定性について議論しなさい．以下の値を利用すること．

$$Ce^{3+}(aq) + 3e^- \longrightarrow Ce(s) \quad E° = -2.33\text{ V}$$
$$Ce^{4+}(aq) + e^- \longrightarrow Ce^{3+}(aq) \quad E° = +1.70\text{ V}$$

8・34 図8・8のプールベ図から，pH 7.00 で E が 0.0 V において熱力学的に有利な硫黄の化学種を同定しなさい．

8・35 過塩素酸イオンがより強い酸化剤となるのは，pH 0.00 のときか，pH 14.00 のときか？ 理由を記しなさい．

応用問題

8・36 三硫化二ヒ素 As_2S_3 は，酸性溶液中で硝酸イオンにより酸化されてヒ酸イオン AsO_4^{3-} と硫酸イオンになり，硝酸イオンは一酸化窒素ガスになる．この反応の化学反応式を記し，酸化数の変化を記しなさい．

8・37 約 710 ℃ 以下の温度では，炭素から二酸化炭素への酸化は金属の還元に適しているが，それ以上の温度では炭素から一酸化炭素への酸化の方が効果的である．この記述に関して定性的に議論し，さらに両反応の $\Delta G°$ の計算結果を用いて，両反応の優位性が転換する温度を大まかに見積もりなさい．

8・38 ニッケル系のプールベ図を作成しなさい．そのためには，5種の化学種，金属ニッケル，ニッケル(II)イオン，水酸化ニッケル(II) ($K_{sp}=6\times10^{-16}$)，オキシ水酸化ニッケル(III)，酸化ニッケル(IV) が必要である．付録9から標準還元電位の値を用いること．

8・39 マンガンを含む井戸水をトイレに用いると，もとの井戸水が完全に透明であったとしても，便器の中で黒色固体の不溶性マンガン化合物の汚れが生成する．この理由を図8・5のプールベ図を用いて説明しなさい．

8・40 付録9に示す下の反応における標準電極電位を用いて，

$$MnO_4^-(aq) + 4H^+(aq) + 3e^- \longrightarrow MnO_2(s) + 2H_2O(aq)$$

pH 14.00 における $E°$ 値が，付録の中の半反応と同じであることを示しなさい．

$$MnO_4^-(aq) + 2H_2O(l) + 3e^- \longrightarrow MnO_2(s) + 4OH^-(aq)$$

また，下の式から pH 14.00 における $E°$ 値を計算しても意味がない理由を示しなさい．

$$MnO_4^-(aq) + 8H^+(aq) + 5e^- \longrightarrow Mn^{2+}(aq) + 4H_2O(l)$$

9 周期性

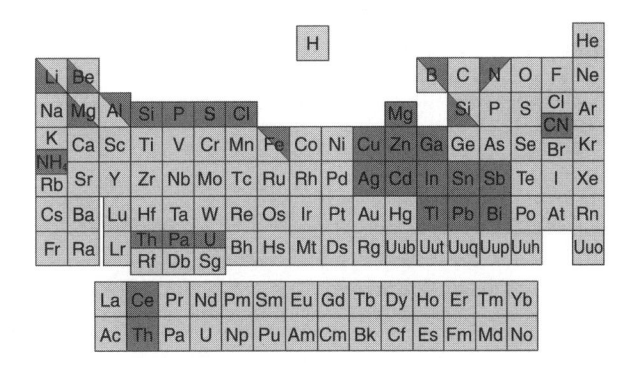

無機化学は100強の元素の化学を網羅する．各元素は独自の性質をもつが，その性質を体系化できるパターンと傾向がある．そこで各族[a]の説明の前に，この章でそのパターンと傾向について包括的に特色をまとめておこう．それは各元素の特性を個々に議論するための出発点となる．

化学の歴史的経緯を経て，標準的な長周期型**周期表**[b]が用いられるようになってきた．この周期表の形式が有用なのは確かだが，不都合な面もある．たとえばランタノイド[c]とアクチノイド[d]は一番下の"孤児"にされている．ここ100年間，なるべくよい形式で元素を配列しようといろいろ試みられてきた．特に今の標準的形式では元素を連続的に表せないが，図9・1のらせん状配列ではこの欠点を克服でき，3族元素からランタノイドとアクチノイドへのつながりが不自然なギャップなしに示される．

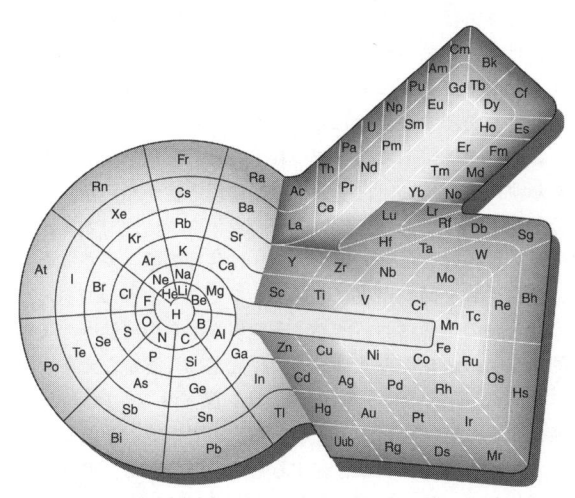

図9・1 周期表のらせん状配置〔Ted Benfyのデザインを改変〕

新しい形式の導入理由は，周期表のデザインが元素の性質のパターンと傾向に対する認識にいかに影響を与えるかを示すことである．長周期型周期表をみると，思わず垂直方向（族）と水平方向（周期）でパターンを調べてしまう．確かにそれらの方向に沿った傾向は存在する．しかしこの章の後半でわかるように，元素の単体，化合物，イオンの間には，族と周期を超えたもっと豊かな傾向とパターンが存在している．

9・1 族の傾向

同族内の傾向が最も重要で一貫している．その関係は以下のように定義できる．

> 各族は独特の特性をもつ．多くの場合，周期表の下に行くにつれて，これらの族特性の傾向はなめらかになっていく．

この傾向を最も明確に規定できるのは主族元素の4個の族（1族，2族，17族，18族）である．13～16族では下に行くほど，非金属性[e]から，半金属性[f]を経由して金属性[g]へと変わるので，傾向がそれほど系統的でない．この章では，3個の主族元素の族，アルカリ金属[h]（1族），ハロゲン[i]（17族），15族における傾向に焦点を合わせよう．

9・1・1 アルカリ金属

1族（アルカリ金属）のように金属から成る族では，下方元素ほど融点と沸点が低い（表9・1）．金属の原子半径

表9・1 アルカリ金属の融点と沸点

元素	融点〔℃〕	沸点〔℃〕
リチウム	180	1330
ナトリウム	98	892
カリウム	64	759
ルビジウム	39	700
セシウム	29	690

---

a) group b) periodic table c) lanthanoid d) actinoid e) nonmetallic f) semimetallic g) metallic h) alkali metal
i) halogen

が増加するにつれて金属結合が弱くなるためと解釈できる．

アルカリ金属はどれも非常に反応活性だが，下方元素ほど劇的に反応性が増す．最も顕著な例は，金属と水との反応で水酸化物と水素ガスを生成する反応である．

$$2\,\mathrm{M}(s) + 2\,\mathrm{H_2O}(l) \longrightarrow 2\,\mathrm{MOH}(aq) + \mathrm{H_2}(g)$$

リチウムでは，水酸化物と水素ガスを生じるときに静かに泡立つ程度である．金属ナトリウムは溶融して銀色の小粒となって水面を滑るように走り回り，発生した水素は通常燃え上がる．重い元素の反応はきわめて激しく，ルビジウムとセシウムの小さい塊を水に落とすと，水素ガスが発火し，爆発する．

9・1・2 ハロゲン

ハロゲンのように非金属元素から成る族では，1族と逆の傾向を示し，単体の融点と沸点は重い元素ほど高くなる（表9・2）．分散力[a]は電子数増加とともに強くなる（§3・12に既述）ので，隣接した二原子分子間の分子間力の違いによってこの融点と沸点の傾向を説明できる．

表9・2　ハロゲン単体の融点と沸点

元素	融点〔℃〕	沸点〔℃〕
フッ素	-219	-188
塩素	-101	-34
臭素	-7	60
ヨウ素	114	185

ハロゲンの物理的性質がアルカリ金属と逆の順序になるのと同様に，化学的反応性も逆順になる．その例は水素との反応である．

$$\mathrm{H_2}(g) + \mathrm{X_2}(g) \longrightarrow 2\,\mathrm{HX}(g)$$

水素とフッ素の混合気体は爆発性である．実際に$\mathrm{H_2}$と$\mathrm{F_2}$の反応はロケット推進剤として考えられたこともあった．水素と塩素は激しく反応するが，光による触媒作用が必要である．水素と臭素の反応は遅い．加熱したヨウ素の蒸気と水素との反応では，ヨウ化水素，水素，ヨウ素の平衡混合物[b]を生じる．

9・1・3 15族元素

金属の族と非金属の族において同族内の変化を調べたので，つぎに非金属性から金属性へと変わる族の挙動について調べていこう．15族元素の単体の融点と沸点（表9・3）が，13族～16族において観察される非金属性から金属性への移り変わりの典型例である．

表9・3　15族元素の単体の融点と沸点

元素	融点〔℃〕	沸点〔℃〕
窒素	-210	-196
リン	44	281
ヒ素	615（昇華）	
アンチモン	631	1387
ビスマス	271	1564

無色で非金属の窒素分子$\mathrm{N_2}$は，分子間に弱い分散力しかもたないことから，極端に低い融点と沸点をもつ．リンも非金属である．表中の融点と沸点は同素体の一つ，白リン$\mathrm{P_4}$の値である（リンの同素体中の結合に関しては§15・14で詳細に記述）．1原子当たりの電子数が多く，かつ4原子クラスター[c]になっていることから，窒素より高い融点と沸点をもつと理解できる．

ヒ素，アンチモン，ビスマスはすべて灰色固体であり，下方元素ほど電気伝導性[d]と熱伝導性[e]が高い．ヒ素は共有結合ネットワークを含む層状構造をとる．この固体状態を脱するには，比較的強い共有結合を切断しなくてはならない．実際，ヒ素を強熱するとリンと同様な分子クラスター$\mathrm{As_4}$になり，昇華して直接気体に変わる．アンチモンとビスマスは，ヒ素と同様な層状構造の固体であるが，層間にはもっと強い相互作用が存在し，金属結合的性質が支配的である．アンチモンとビスマスは，広い温度領域で金属的性質を示す液体として存在する．

この族では，下に行くにつれて一貫した化学反応性変化を示す傾向はない．白リンは極端に反応性が高いが，窒素分子は不活性であり，他の元素の単体も不活性である．この反応性の違いは，同族中の単体に共通の結合がないと反応性に明確な傾向が表れないことを支持するものである．

化合物の化学においても，非金属性から金属性への典型的な挙動の変化がみえる．非金属元素は，安定なオキソアニオン[f]，硝酸イオン[g] $\mathrm{NO_3}^-$，リン酸イオン[h] $\mathrm{PO_4}^{3-}$，ヒ酸イオン[i] $\mathrm{AsO_4}^{3-}$を容易に形成する．アンチモンとビスマスのオキソアニオンは存在するものの（一例は，非常に強い酸化剤のビスマス酸ナトリウム$\mathrm{NaBiO_3}$），その合成は難しい．アンチモンとビスマスはともに硫酸アンチモン(III)[j] $\mathrm{Sb_2(SO_4)_3}$，硝酸ビスマス(III)[k] $\mathrm{Bi(NO_3)_3}$などの塩を形成する．これらの元素が陽イオンになることは，アンチモンとビスマスの金属的性質と一致する．しかし，オキソアニオンも形成するという事実は，これらの元素が弱金属性の範疇に入ることを示している．

---

a) dispersion force　b) equilibrium mixture　c) cluster　d) electrical conductivity　e) thermal conductivity　f) oxo-anion
g) nitrate　h) phosphate　i) arsenate　j) antimony(III) sulfate　k) bismuth(III) nitrate

9・2 結合における周期性

この節では，最初に第2周期と第3周期の元素の性質について，同周期内での傾向を調べて結合様式と関係づける．元素の結合の傾向を結合の三角図[a]（§5・5を参照）の金属結合−共有結合の辺に沿って見る．それから両周期の元素のフッ化物[b]，酸化物[c]，水素化物[d]のパターンを調べる．周期内では，ふつうは化合物の化学式に規則的傾向がある．しかしイオン性から共有結合性のネットワーク構造を経由して，共有結合性小分子へと結合様式が変化していくので（結合の三角図の二つ目の辺），化合物の物理的および化学的性質になめらかな傾向はめったにみられない．そこで周期横方向の傾向を定義すると，

化合物の化学式において，周期内に規則的パターンが存在する．また物理的および化学的性質においては，部分的に傾向がみられる．

9・2・1 第2周期元素の単体

第2周期元素の単体の融点（表9・4）は，周期右方向に急速に増加し，その後突然低下する．しかし最初の増加傾向には，結合様式の重要な変化が隠されている．リチウムとベリリウムはともに金属であり高電気伝導性と光沢をもつが，単体の性質は大いに異なる．最外殻電子が1個しかなくベリリウムよりもサイズが大きいリチウムは，弱い金属結合しかもたないため，低い融点と高い化学的反応性をもつ．一方，ベリリウムは金属結合用の最外殻電子を2個もっているため，リチウムよりサイズが小さく，強い金属結合をもち，融点が高い．

ホウ素はさらに融点が高くなる傾向に従っているので，金属結合をもつと考えたくなる．純粋な単体は光を透過し，暗赤色であり，電気伝導性に乏しいので，金属であるはずがない．その代わり，ホウ素は半金属に分類されることが多い．単体は共有結合で結ばれた B_{12} ユニットを基本骨格とし，さらに隣接する B_{12} ユニットどうしが共有結合するという独特の構造をとる．ホウ素を融解させるにはこれらの共有結合ネットワークを壊す必要があるため，非常に融点が高くなる．もう一つの高融点をもつ元素は炭素である．炭素の一般形，グラファイト[e]は4000℃以上で昇華する．この非金属は，炭素原子が多重結合でつながった層から成る．よって，ホウ素と同様に，融解する過程では非常に強い共有結合ネットワークを壊さなくてはならない．

この周期のつぎの三つの元素，窒素，酸素，フッ素は二原子分子を形成し，2個の原子は共有結合によりつながっている．これらの単体の融点が非常に低いのは，隣接分子間に非常に弱い分散力しか働いていないからである．これらの第2周期の非金属の単体はできる限り多重結合を形成しようとしており，二窒素は三重結合，二酸素は二重結合，二フッ素は単結合をもつ．一方，希ガスは単原子分子である．

9・2・2 第3周期の元素の単体

第3周期（表9・5）では，最初の3元素の単体が金属結合をもつ．そして，第2周期と同様に，つぎの元素のケイ素の単体は，光沢のある青灰色の半導体であり，共有結合のネットワークをもつ．

第3周期とそれ以降の周期の非金属単体は，通常形では多重共有結合をもたない．たとえばリンの同素体の一つはろう状の白色固体で，原子4個が単結合で結合した集合体，P_4 の形（図9・2）をとる．同様に黄色の硫黄は，原

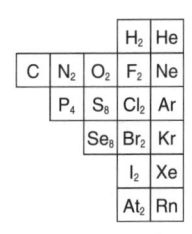

				H_2	He
C	N_2	O_2	F_2	Ne	
	P_4	S_8	Cl_2	Ar	
		Se_8	Br_2	Kr	
			I_2	Xe	
			At_2	Rn	

図9・2 いくつかの非金属元素の単体の一般形

子が互いに単結合でつながった S_8 の環状構造をとる．塩素は他の全ハロゲンと同様に，単純に単結合でつながった二原子分子である．小分子間の分散力は弱いので，ハロゲン単体の融点は低い．アルゴンは，他の希ガスと同様に単

表9・4 第2周期の元素の単体の融点

元素	Li	Be	B	C	N_2	O_2	F_2	Ne
融点〔℃〕	180	1287	2180	4100（昇華）	−210	−229	−219	−249

表9・5 第3周期の元素の単体の融点

元素	Na	Mg	Al	Si	P_4	S_8	Cl_2	Ar
融点〔℃〕	98	649	660	1420	44	119	−101	−189

---

a) bond triangle b) fluoride c) oxide d) hydride e) graphite

原子分子の気体なので，同一周期内の元素中で最低の融点をもつ．

9・2・3 第2および第3周期元素の最高酸化数のフッ化物

第2および第3周期を右に行くにつれて，単体が金属結合から共有結合へと変わったように，フッ化物もイオン結合から共有結合へと変化し，この二つの結合範疇の境目に共有結合ネットワークを形成する領域がある（表9・6）．非金属元素の多くは2種類以上のフッ化物を形成するので，ここでは最高酸化数のフッ化物[a]に限定して考察する．たとえばリンは三フッ化リン PF_3，硫黄は四フッ化硫黄 SF_4 を形成する．

イオン性化合物では，融解過程で結晶格子内イオン結合の切断が起こるので融点が高い．共有結合ネットワークから成る化合物も，融解過程で共有結合の切断が必要なので，一般的に非常に融点が高い．対照的に，共有結合から成る小分子では，分散力や双極子-双極子相互作用のような分子間力[b]は非常に弱いので，融点や沸点は非常に低くなりがちである．

化学式の傾向はおもしろい．第2周期では右に行くほどその元素とフッ素の比が増加して炭素で最大となり，その後減少する．後半減少するのは，元素が最外殻に共有結合で最大8電子しかもてないためだと説明できる．第3周期では，元素の最高酸化数は硫黄まではなめらかに増加する．このフッ素数と酸化数の傾向に基づくと，塩素は七フッ化塩素 ClF_7 を形成すると予測される．この化合物は実際には存在しないが，その理由は一般には中心の塩素原子のまわりに7個のフッ素原子をうまく収めるのが不可能だからと考えられている．

9・2・4 第2および第3周元素の最高酸化数の酸化物

一つの元素に着目すると，その最高酸化状態の酸化物[c]の化学式は，フッ化物と同様にその元素の族番号と関係がある．すなわち，+1（1族），+2（2族），+3（13族），+4（14族），+5（15族），+6（16族），+7（17族）という具合である．フッ素の電気陰性度が酸素より大きいために，二フッ化酸素だけが例外となる．フッ化物と同様に，イオン性と共有結合性の領域を切離す共有結合性ネットワークの斜めの帯が存在する（表9・7参照）．

共有結合性酸化物の安定性は，次ページの表9・8の標準生成自由エネルギー[d]からわかるように，周期右方向に減少する．五酸化二窒素，二フッ化酸素，七酸化二塩素はすべて非常に強い酸化剤で，自らは還元される．五酸化二窒素は唯一室温で安定だが，七酸化二塩素は爆発的に分解する（よって ΔG_f° の正確な値は未知）．このような挙動は，3化合物とも標準生成自由エネルギーが正の値であることから理解できる．

表9・6 第2周期と第3周期元素の最高酸化数フッ化物の化学式，結合様式，室温での状態

化合物	LiF	BeF_2	BF_3	CF_4	NF_3	OF_2	—
結合様式（状態）	イオン性（固体）	共有結合性ネットワーク（固体）	共有結合性（気体）	共有結合性（気体）	共有結合性（気体）	共有結合性（気体）	—
化合物	NaF	MgF_2	AlF_3	SiF_4	PF_5	SF_6	ClF_5
結合様式（状態）	イオン性（固体）	イオン性（固体）	共有結合性ネットワーク（固体）	共有結合性（気体）	共有結合性（気体）	共有結合性（気体）	共有結合性（気体）

表9・7 第2周期と第3周期元素の最高酸化数酸化物の化学式，結合様式，室温での状態

化合物	Li_2O	BeO	B_2O_3	CO_2	N_2O_5	—	F_2O
結合様式（状態）	イオン性（固体）	イオン性（固体）	共有結合性ネットワーク（固体）	共有結合性（気体）	共有結合性（気体）	—	共有結合性（気体）
化合物	Na_2O	MgO	Al_2O_3	SiO_2	P_4O_{10}	$(SO_3)_3$	Cl_2O_7
結合様式（状態）	イオン性（固体）	イオン性（固体）	イオン性（固体）	共有結合性ネットワーク（固体）	共有結合性（固体）	共有結合性（固体）	共有結合性（液体）

---

[a] highest fluoride   [b] intermolecular force   [c] highest oxide   [d] free energy of formation

表 9・8 第2周期と第3周期元素の最高酸化数の共有結合性酸化物の生成自由エネルギー

化合物	B_2O_3	CO_2	N_2O_5	—	F_2O
$\Delta G_f^\circ [kJ \cdot mol^{-1}]$	-1194	-386	$+115$	—	$+42$
化合物		SiO_2	P_4O_{10}	$(SO_3)_3$	Cl_2O_7
$\Delta G_f^\circ [kJ \cdot mol^{-1}]$		-856	-2700	-371	$>+270$

9・2・5 第2および第3周期の元素の水素化物における結合の傾向

水素化物の化学式は,元素の最低酸化数と関係がある.すなわち,+1 (1族),+2 (2族),+3 (13族),±4 (14族),−3 (15族),−2 (16族),−1 (17族) という具合である.表9・9に第2および第3周期の水素化物の結合パターンを記す.非金属元素の水素化物は沸点が非常に低い共有結合性小分子であり,水とフッ化水素を除くすべてが室温で気体である.この特別な二つの化合物は,非常に強い(分子間)水素結合(§3・12を参照)をもつため,液体である.ここで再び周期内の結合様式(イオン性,共有結合性ネットワーク,共有結合)の変化をみよう.

水素化物の化学反応性に違いが現れる.水素化ナトリウムのようなイオン性水素化物は,乾燥空気中では安定だが,水とは速やかに反応する.

$$NaH(s) + H_2O(l) \longrightarrow NaOH(aq) + H_2(g)$$

高分子状の共有結合性水素化物も乾燥空気中では安定だが,水と反応する.

小分子の共有結合性水素化物は水とは反応しないが,周期表の右から左に行くにつれて,酸素との反応性が増す傾向がある.たとえばジボラン[a] B_2H_6 は空気中で自然発火して三酸化二ホウ素を生成する.

$$B_2H_6(g) + 3\,O_2(g) \longrightarrow B_2O_3(s) + 3\,H_2O(l)$$

ホスフィン[b] PH_3 は微量の不純物があるとよく発火するが,シラン[c] SiH_4 はジボランと同様に空気中で自発的に燃える.メタン,アンモニア,硫化水素が燃えるには点火が必要である.非金属水素化物の燃えやすさは,標準生成自由エネルギーのパターン(表9・10)と関連しており,最も反応しやすい三つの水素化物は熱力学的に不安定である.§10・4で水素化物の反応性が結合の極性によって解釈できることを示す.

表 9・10 第2周期と第3周期元素の気体状共有結合性水素化物の生成自由エネルギー

化合物	B_2H_6	CH_4	NH_3	H_2O	HF
$\Delta G_f^\circ [kJ \cdot mol^{-1}]$	$+87$	-51	-16	-237	-275
化合物		SiH_4	PH_3	H_2S	HCl
$\Delta G_f^\circ [kJ \cdot mol^{-1}]$		$+57$	$+13$	-34	-95

9・3 共有結合性化合物における等電子系列

共有結合性化合物をつくる元素には,よく化学式におけるパターンがみられる.一例は第3周期元素の最大酸化数のオキソアニオン,SiO_4^{4-},PO_4^{3-},SO_4^{2-},ClO_4^- である.中心原子の酸化数が一つずつ増えると,イオン全体の電荷が一つずつ減るので,これら4個のオキソアニオンはすべて**等電子的**[d] である.ここで用いる"等電子的"の厳密な定義は,"共有結合電子の総数が等しく,かつ総電子数が等しい化学種"である.

等電子的な化学種には種々の組合わせがあるが,特に興味深いのは環状イオンのトリオ,$[Al_6O_{18}]^{18-}$,$[Si_6O_{18}]^{12-}$,$[P_6O_{18}]^{6-}$ (図9・3,次ページ)である.酸素の相手元素は,順に金属,半金属,非金属と異なっているものの構造は共通である.アルミン酸カルシウム $Ca_9[Al_6O_{18}]$ はセメントの主成分であるが,ケイ酸ベリリウムアルミニウム $Be_3Al_2[Si_6O_{18}]$ は宝石用鉱物の緑柱石[e]である.

表 9・9 第2周期と第3周期元素の最高酸化数水素化物の化学式,結合様式,室温での状態

化合物	LiH	$(BeH_2)_x$	B_2H_6	CH_4	NH_3	H_2O	HF
結合様式(状態)	イオン性(固体)	共有結合性ネットワーク(固体)	共有結合性(気体)	共有結合性(気体)	共有結合性(気体)	共有結合性(液体)	共有結合性(液体)
化合物	NaH	MgH_2	$(AlH_3)_x$	SiH_4	PH_3	H_2S	HCl
結合様式(状態)	イオン性(固体)	イオン性(固体)	共有結合性ネットワーク(固体)	共有結合性(気体)	共有結合性(気体)	共有結合性(気体)	共有結合性(気体)

---

a) diborane　b) phosphine　c) silane　d) isoelectronic　e) beryl

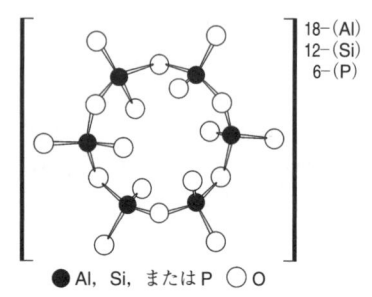

図9・3 等電子イオン，$[Al_6O_{18}]^{18-}$，$[Si_6O_{18}]^{12-}$，$[P_6O_{18}]^{6-}$ の構造

●Al, Si, または P　○O

18−(Al)
12−(Si)
6−(P)

9・4　酸塩基性における傾向

§7・4で述べたように，酸塩基挙動は無機化学の重要項目である．ここで，酸化物と水素化物の酸塩基的特性を詳しくみよう．

9・4・1　第2および第3周期の元素の最高酸化数の酸化物

周期の右に行くにつれて，塩基性の金属酸化物から酸性の非金属酸化物へ変わる（表9・11）．たとえば，三酸化硫黄は水と反応して硫酸になるが，酸化ナトリウムは水酸化ナトリウムになる．

$$Na_2O(s) + H_2O(l) \longrightarrow 2\,NaOH(aq)$$
$$SO_3(s) + H_2O(l) \longrightarrow H_2SO_4(l)$$

すべての酸化物が水と反応するわけではなく，不溶性のものもある．たとえば酸化マグネシウムは水には溶けないが，酸と反応する．

$$MgO(s) + 2\,HCl(aq) \longrightarrow MgCl_2(aq) + H_2O(l)$$

これに対して，二酸化ケイ素のような酸性酸化物は塩基と反応する．

$$SiO_2(s) + 2\,NaOH(l) \xrightarrow{\Delta} Na_2SiO_3(l) + H_2O(g)$$

アルミニウムは金属と非金属の境目の弱金属である．ほかには，亜鉛とスズがある．これらの金属の酸化物は，（金属と同様に）酸と反応し，（非金属と同様に）塩基と反応する．たとえば，酸化アルミニウムは酸と反応してヘキサアクアアルミニウム錯イオン $[Al(OH_2)_6]^{3+}$（単に $Al^{3+}(aq)$ と表す）を生じ，塩基と反応してテトラヒドロキソアルミン酸イオン $[Al(OH)_4]^-$ を生じる．

$$Al_2O_3(s) + 6\,H^+(aq) \longrightarrow 2\,Al^{3+}(aq) + 3\,H_2O(l)$$
$$Al_2O_3(s) + 2\,OH^-(aq) + 3\,H_2O(l) \longrightarrow 2\,[Al(OH)_4]^-(aq)$$

9・4・2　15族元素の最高酸化数の酸化物

周期を右に行くと塩基性酸化物から酸性酸化物に変化していくのと同じパターンが，周期表の中央付近の族，たとえば15族を下に行くとみられる（表9・12）．

表9・12　15族元素の最高酸化数の酸化物の酸塩基特性

N_2O_5	P_4O_{10}	As_2O_3	Sb_2O_3	Bi_2O_3
酸性	酸性	酸性	両性	塩基性

9・4・3　第2および第3周期元素の共有結合性水素化物

非金属の水素化物は，酸化物とはまったく異なったパターンを示す（表9・13）．たとえばメタン CH_4 のように，電気陰性度の小さい元素は中性の水素化物を形成する．アンモニアのみが塩基性水素化物である．

$$NH_3(aq) + H_2O(l) \rightleftharpoons NH_4^+(aq) + OH^-(aq)$$

これに対して，塩化水素は強い酸性であり，

$$HCl(g) + H_2O(l) \longrightarrow H_3O^+(aq) + Cl^-(aq)$$

フッ化水素はそれほど強い酸ではない．

$$HF(g) + H_2O(l) \rightleftharpoons H_3O^+(aq) + F^-(aq)$$

表9・11　第3周期元素の最高酸化数の酸化物の酸塩基特性

化合物	Na_2O	MgO	Al_2O_3	SiO_2	P_4O_{10}	$(SO_3)_3$	Cl_2O_7
酸塩基特性	塩基性	塩基性	両性	酸性	酸性	酸性	酸性

表9・13　第2，第3周期元素の共有結合性水素化物の酸塩基特性のパターン

化合物	B_2H_6	CH_4	NH_3	H_2O	HF
酸塩基特性	中性	中性	塩基性	—	弱い酸性
化合物		SiH_4	PH_3	H_2S	HCl
酸塩基特性		中性	中性	非常に弱い酸性	強い酸性

そして，硫化水素はさらに弱い酸である．

$$H_2S(g) + H_2O(l) \rightleftharpoons H_3O^+(aq) + HS^-(aq)$$

9・5 第 n 族元素と第 $(n+10)$ 族元素の類似性

n 族と $(n+10)$ 族（たとえば 4 族と 14 族）の元素間には化学式に類似性があり，メンデレーエフ[a]などの先人たちが独創的に単純な 8 列の周期表をつくり上げるもととなった．その後，原子番号が周期表の元素順に重要であることがわかり 18 列の周期表になったが，n 族と $(n+10)$ 族の間の関連性を示すために 1A，1B などの族の名称がつけられていた．最も新しい 1 族から 18 族という番号づけでは，この関連性はあまりはっきりせず，忘れ去られる危険もある．実際に周期性の概念を補強するおもしろい類似性がいくつもあるので，残念である．

n 族の主族元素の最高酸化数の化合物・イオンと $(n+10)$ 族の遷移元素の同酸化数の化合物・イオンとの間の類似性が顕著である．特に，第 3 周期の主族元素と第一遷移金属系列との間で，化学式と性質の最も強い類似性がみられる（図 9・4）．この関係は一般に以下のように定義される．

n 族のいくつかの元素の最高酸化数の化合物は，対応する $(n+10)$ 族元素の化合物と，化学式と構造において類似性がある．

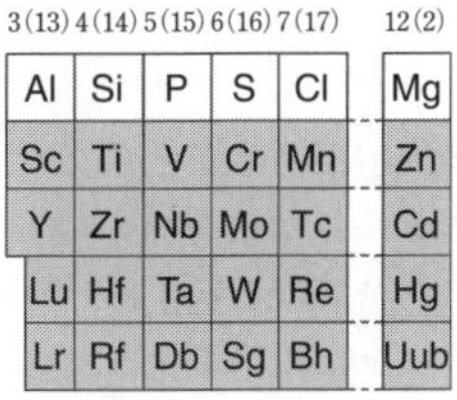

3(13)	4(14)	5(15)	6(16)	7(17)	12(2)
Al	Si	P	S	Cl	Mg
Sc	Ti	V	Cr	Mn	Zn
Y	Zr	Nb	Mo	Tc	Cd
Lu	Hf	Ta	W	Re	Hg
Lr	Rf	Db	Sg	Bh	Uub

図 9・4　この部分的な周期表は，d-ブロック，3～7 族，12 族を，第 3 周期中で関連する主族元素の族（括弧内に族の番号を記す）とともに示したものである．

n 族と $(n+10)$ 族の間の類似性は単純に電子配置と酸化状態から議論できるが，それは化学式の類似をはるかに超えている．融点，性質，（また希少ではあるが）異常構造において，いくつかの共通点が見いだされる．

9・5・1 アルミニウムとスカンジウム

カナダの化学者ハバシ[b]が，周期表のアルミニウムの位置を 3 族にシフトすべきと提唱したように，アルミニウムとスカンジウムには多くの類似性がある．アルミニウムイオンは 3 族元素の 3+ イオンと同様に希ガス型電子配置（13 族下方元素では $(n-1)d$ 軌道が完全に埋まっている）をとるので，確かに電子配置の観点からこの類似性を理解できる．

3 族のイオン	電子配置	13 族のイオン	電子配置
Sc^{3+}	[Ar]	Al^{3+}	[Ne]
		Ga^{3+}	[Ar]$(3d^{10})$

アルミニウムと 3 族元素の融点と電極電位の緊密な類似性が表 9・14 に示されている．

表 9・14　3 族元素と 13 族元素の単体におけるいくつかの性質の比較

3 族元素			13 族元素		
元素	融点〔℃〕	$E°$〔V〕	元素	融点〔℃〕	$E°$〔V〕
—	—	—	Al	660	−1.66
Sc	1540	−1.88	Ga	30	−0.53
Y	1500	−2.37	In	160	−0.34
La	920	−2.52	Tl	300	+0.72
Ac	1050	−2.6	—	—	—

Al^{3+} イオンと Sc^{3+} イオンはともに水溶液中で加水分解して，高分子状ヒドロキソ錯体種を含むかなり強酸性の溶液になる．それぞれの陽イオンに水酸化物イオンを加えるとゼリー状水酸化物の沈殿を生じる．この沈殿は過剰の塩基を加えると，再溶解して陰イオンになる．また両方の金属は同形[c]の化合物 Na_3MF_6（M=Al, Sc）を生じる．同形という用語は "同じ形 (same shape)" を意味しており，伝統的には "同じ形の結晶とみなせる" という意味だった．今ではこの用語を，結晶格子中でイオンが同じようにパッキングされていることを示す "同じ構造 (isostructural)" の意味に用いることが多い．

アルミニウムはスカンジウムと似ているが，高反応性の金属アルミニウムの化学は，同族で一つ下の低反応性の金属ガリウムの化学とはかなり異なる．化合物種の違いの例は，ガリウムがホウ素と同様に気体の水素化物 Ga_2H_6 を形成するのに対して，アルミニウムはポリマー状の白い固体の水素化物 $(AlH_3)_x$ を形成することである．硫化水素ガスをおのおのの陽イオンの溶液に通した場合もまったく異なる結果になる．ガリウムは硫化ガリウム Ga_2S_3 の沈殿を生じるのに対して，アルミニウムは（スカンジウムが水酸化スカンジウムの沈殿を生じるのと同様に）水酸化アルミニウムの沈殿を生じる．しかし，アルミニウムのハロゲン化物の構造は，スカンジウムよりもガリウムのハロゲン化物の構造に似ている．

---

a) Dmitrii Ivanovich Mendeleev　　b) Fathi Habashi　　c) isomorphous

9·5·2 14族とチタン(IV)

チタン(IV)とケイ素(IV)の間にも類似性があるが、それより下の周期のスズ(IV)とチタン(IV)の間にはさらに強い類似性がある。その類似性は異なる族の元素どうしでは最大である。まず酸化物に関しては、酸化チタン(IV)と酸化スズ(IV)が同形であり、ともに加熱すると黄変する(サーモクロミズム[a])珍しい特性をもつ。塩化物の融点と沸点も非常に似ている:塩化チタン(IV)(融点 $-24\,℃$, 沸点 $136\,℃$), 塩化スズ(IV)(融点 $-33\,℃$, 沸点 $114\,℃$). 両塩化物ともルイス酸で、水中で加水分解する.

$$TiCl_4(l) + 2\,H_2O(l) \longrightarrow TiO_2(s) + 4\,HCl(g)$$
$$SnCl_4(l) + 2\,H_2O(l) \longrightarrow SnO_2(s) + 4\,HCl(g)$$

9·5·3 リン(V)とバナジウム(V)

リンは非金属でバナジウムは金属なので、比較できることは当然限られる。それでも+5の酸化状態には驚くほどの類似性がある。たとえば、リン酸イオン PO_4^{3-} とバナジン酸イオン VO_4^{3-} はともに強塩基である。そのうえ、そろいのペア $P_4O_{12}^{4-}$ と $V_4O_{12}^{4-}$ を含む多くのポリアニオンを形成する.

9·5·4 硫黄(VI)とクロム(VI)

表9·15に硫黄(VI)とクロム(VI)の間の化学式の類似性を示す。類似性が物理的性質にまで広がっているものもある。例は、二つのオキシ塩化物、塩化スルホニル SO_2Cl_2 (融点 $-54\,℃$, 沸点 $69\,℃$) と塩化クロミル CrO_2Cl_2 (融点 $-96\,℃$, 沸点 $117\,℃$) である。これらの化合物は化学的に類似しており、水中で分解する。しかし硫黄(VI)とクロム(VI)の間には大きな化学的違いがある。特に、クロム酸塩と二クロム酸塩は強酸化剤で有色(クロム酸塩は黄色、二クロム酸塩はオレンジ)なのに対して、硫黄塩とピロ硫酸塩には酸化力がなく、白色である.

表9·15 クロム(VI)と硫黄(VI)の化学種の間の類似性

6 族		16 族	
化学式	名称	化学式	名称
CrO_3	酸化クロム(VI)	SO_3	三酸化硫黄
CrO_2Cl_2	塩化クロミル	SO_2Cl_2	塩化スルホニル
CrO_4^{2-}	クロム酸イオン	SO_4^{2-}	硫酸イオン
$Cr_2O_7^{2-}$	二クロム酸イオン	$S_2O_7^{2-}$	ピロ硫酸イオン

9·5·5 塩素(VII)とマンガン(VII)

塩素(VII)とマンガン(VII)のオキソ酸イオン、過塩素酸イオン ClO_4^- と過マンガン酸イオン MnO_4^- はともに強酸化剤であり、それらの塩は同形である。塩素とマンガンの酸化物、七酸化二塩素 Cl_2O_7 と酸化マンガン(VII) Mn_2O_7 は室温できわめて爆発しやすい液体である.

塩素とマンガンの別の類似性は、それぞれの元素で予期できない酸化状態+4の酸化物(ClO_2 と MnO_2)を形成する点である。二酸化塩素は気体で酸化マンガン(IV)は固体だが、両元素の最もありふれた酸化物がなぜ予期できない酸化状態をとるのか不思議である.

9·5·6 キセノン(VIII)とオスミウム(VIII)

つぎに示す関係は8族と18族の下方元素のペアである。金属オスミウムと非金属キセノンの化学は、特に+8の酸化状態でいくつかのおもしろい類似性がある。たとえば、オスミウムは強酸化剤である黄色の酸化物 OsO_4 を形成するのに対して、キセノンは淡黄色の爆発性酸化物 XeO_4 を形成する。また、XeO_2F_4 と OsO_2F_4, XeO_3F_2 と OsO_3F_2 のように、オキシフッ化物の化学式においても類似性がみられる。+6の酸化状態においても類似性がある。単体と

表9·16 アルカリ金属と貨幣鋳造金属の対比

性 質	アルカリ金属	貨幣鋳造金属
一般的な酸化数	常に+1	銀は+1であるが、銅と金では+1はめったにとらない
化学反応性	非常に高く、族の下に行くほど反応性が上がる	非常に低く、族の下に行くほど反応性が下がる
密 度	非常に低く、族の下に行くほど高くなる(0.5 から $1.9\,g\cdot cm^{-3}$ へ)	高い。族の下に行くほど高くなる(9から19 $g\cdot cm^{-3}$ へ)
融 点	非常に低く、族の下に行くほど低くなる($181\,℃$ から $29\,℃$ へ)	高く、すべて約 1000 ℃
水溶液中での酸化還元反応	なし	あり(たとえば, $Cu^{2+}(aq) \rightarrow Cu^+(aq)$)
一般的な塩の溶解度	すべて可溶性	1価の酸化状態の化合物は不溶性

---

a) thermochromism

フッ素の直接反応で生成する最も高酸化数のフッ化物は酸化状態 +6 の XeF_6 と OsF_6 である．それらはフルオロ錯イオン XeF_7^- と OsF_7^- を生成する．

9・5・7 アルカリ金属(1族)と貨幣鋳造金属(11族)

これまで n 族と $(n+10)$ 族の間の関連性のみごとさを示してきた．対照的に 1 族と 11 族の間には目立つ類似性がまったくない．第一に金属的挙動に極端な相違がある．アルカリ金属は反応性が高く，その一般的な塩はすべて水溶性である．これに対して貨幣鋳造金属は反応性がなく，+1 の酸化状態の化合物はほとんど不溶性である．この二つの族の間の主要な違いを前ページの表 9・16 に例示する．

9・5・8 マグネシウムと亜鉛

1 族と 11 族は類似性がないが，マグネシウム (2 族) と亜鉛 (12 族) の間には大きな類似性がある．表 9・17 におもな点を比較する．

表 9・17 マグネシウムと亜鉛の性質の比較

性　質	マグネシウム	亜　鉛
イオン半径	72 pm	74 pm
酸化状態	+2	+2
イオンの色	無色	無色
水和イオン	$Mg(OH_2)_6^{2+}$	$Zn(OH_2)_6^{2+}$
水に可溶な塩	塩化物, 硫酸塩	塩化物, 硫酸塩
水に不溶な塩	炭酸塩	炭酸塩
塩化物	共有結合性, 吸湿性	共有結合性, 吸湿性
水酸化物	塩基性	両　性

9・5・9 アルミニウムと鉄(Ⅲ): $(n+5)$ 族と $(n+10)$ 族の間の類似例

この節のはじめに，アルミニウムが他の 13 族元素よりも 3 族のスカンジウムと密接な類似性があることを述べた．アルミニウムの化学は鉄(Ⅲ)イオンの化学とも類似している．鉄(Ⅲ)イオンとアルミニウムイオンは同電荷をもち同サイズである (よって電荷密度も同じ) ため，類似性を示す．たとえば両イオンとも，気相において M_2Cl_6 タイプの共有結合性塩化物を形成する．これらの (無水) 塩化物は，フリーデル・クラフツ反応[a] 触媒として用いられており，$[MCl_4]^-$ イオンが生成して機能を発揮する．高電荷密度のために生じるもう一つの結果として，両金属の $[M(OH_2)_6]^{3+}$ イオンは非常に強酸性である．

しかし重要な違いも存在する．たとえば酸化物の性質は異なり，酸化アルミニウム Al_2O_3 は両性酸化物だが，酸化鉄(Ⅲ) Fe_2O_3 は塩基性酸化物である．この違いを利用して，アルミニウムの生成において鉄を含むボーキサイト鉱石[b] から純粋な酸化アルミニウムを分離している (§13・6を参照)．水酸化物イオンとの反応で，両性の酸化アルミニウムは水溶性のテトラヒドロキソアルミン酸イオン $[Al(OH)_4]^-$ を生成するが，塩基性の酸化鉄(Ⅲ) は固体のままである．

$$Al_2O_3(s) + 2\,OH^-(aq) + 3\,H_2O(l) \longrightarrow 2\,[Al(OH)_4]^-(aq)$$

9・6 イオン性化合物における同形

前節では，一対の化合物がどうして同形になれるのか，すなわち類似の結晶構造をとるのかを記述した．同形の最良の例は，ミョウバン[c] とよばれる一連の化合物である．ミョウバンは，一般式 $M^+M^{3+}(SO_4^{2-})_2 \cdot 12H_2O$ である (3 価イオンは実際にはヘキサアクア錯イオンなので，正しくは $M^+[M(OH_2)_6]^{3+}(SO_4^{2-})_2 \cdot 6H_2O$)．同物質量の 1 価陽イオンの硫酸塩と 3 価陽イオンの硫酸塩を単純に混ぜ合わせるだけで，大きな結晶を成長できるため，ミョウバンは結晶成長コンペで好まれる化合物である．1 価陽イオンとしてはカリウム，ルビジウム，アンモニウムイオンが可能であり，3 価陽イオンとしてはアルミニウム，クロム(Ⅲ)，鉄(Ⅲ)イオンが最も一般的である．単純に"ミョウバン"という場合はアルミニウムを含む無色化合物をさし，ほかはクロムミョウバン (濃紫色)，鉄ミョウバン (薄いすみれ色) とよばれる．

1 価イオングループ (K^+, Rb^+, NH_4^+) と 3 価イオングループ (Al^{3+}, Cr^{3+}, Fe^{3+}) 内のイオン半径の類似性は表 9・18 に示されている．ミョウバンの高い安定性は，高い格子エネルギーから理解できる．実際，ミョウバンは最も使いやすい水溶性アルミニウム化合物であり，鉄ミョウバンは安定で使いやすい鉄(Ⅲ)化合物である．ミョウバンの生成はアルミニウムイオンの化学と鉄(Ⅲ)イオンの化学の間の類似性の一例である (§9・5を参照)．

表 9・18 ミョウバンにおける陽イオンの半径の比較

1 価のイオン		3 価のイオン	
K^+	152 pm	Al^{3+}	68 pm
Rb^+	166 pm	Cr^{3+}	75 pm
NH_4^+	151 pm	Fe^{3+}	78 pm

9・6・1 同形的置換の原理

同じ結晶構造を保持したままでのイオンの置換能力を決めているのは何か？ 同形的置換には二つの原理がある．第一の原理とは，

2 種のイオンが等電荷で，イオン半径の差が 20 % 以

---

a) Friedel–Crafts reaction　　b) bauxite ore　　c) alum

化学トポロジー

化学におけるパターンの研究は"化学トポロジー[a]"とよばれる．コロンビア・サンタンデア工科大学のレストレポ[b]博士と同僚は，化学トポロジーの原理を周期表に適用した．コンピューターを用いれば莫大なデータを関連づけ，類似性の度合いを調べられるので，元素パターンを解析するのに適している．まず各元素の化学的，物理的性質31種類について調べた．それからデンドリマーダイヤグラム[c]，すなわち類似性の"樹木"を構築した．各元素は"枝"についた"小枝"として表現される．一つの枝の上にあるすべての元素は，その挙動が類似していることを示し，小枝が近いほど元素どうしは密接に関連していることになる．当然，パターンは比較用に選択した特定の性質と比較方法に依存するという限界がある．レストレポが実際に作った19種の樹木にはすべて，顕著な類似性がある．

樹木の理解をもっと容易にするため，枝を90°回転し，水平に横たわる形をとる．希ガスを含む枝を見てみよう．

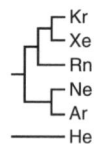

```
     ┌─ Kr
   ┌─┤
  ─┤ └─ Xe
   │  ┌─ Rn
   └──┤
      │  ┌─ Ne
      └──┤
         └─ Ar
──────── He
```

化学反応性をもつ重い希ガス元素どうしが似ているように，反応性がないアルゴンとネオンは近い関係にある．ヘリウムはとても異なる元素であり，単独の枝である．

アルカリ金属のパターンも同様である．

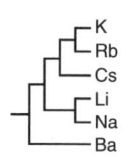

```
      ┌─ K
    ┌─┤
  ──┤ └─ Rb
    │     └─ Cs
    │  ┌─ Li
    ├──┤
    │  └─ Na
    └──── Ba
```

予測どおり，すべてのアルカリ金属は同一の枝にある．二つの軽い元素（LiとNa）と残りの重い元素（K, Rb, Cs）がそれぞれ近くに配置され，密接な関連性を示している．このグループでまず驚くのは，バリウムが入っていることである．いずれ2族の議論で記述するが，バリウムは非常に反応性が高く，他のアルカリ土類金属とは異なり過酸化物を形成する点でアルカリ金属と似ている．よってこの配置は納得がいく．

興味深い枝は，ベリリウム，アルミニウム，ケイ素を含む枝である．ベリリウムとアルミニウムが同グループに分類されることは，周期表斜めに関連物質があることを示す．意外なのは金属のアルミニウムと半金属のケイ素が同じ枝の一部になっている点である．ただ粘土鉱物中でアルミニウムは容易にケイ素に置換される．

```
   ┌─ Be
 ──┤  ┌─ Al
   └──┤
      └─ Si
```

リンと硫黄が同族元素と離れて単独で枝を構成していることも意外である．

化学トポロジーは今後役立つ手段だろうか？　確かに周期的傾向とパターンをみる半定量的方法であり，過去に見落とされた関係を拾い出せる．たとえば，以前には認識されていなかった主族金属のインジウムといくつかの遷移金属との類似性を示す．

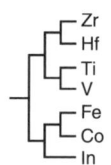

```
      ┌─ Zr
    ┌─┤
  ──┤ └─ Hf
    │  ┌─ Ti
    ├──┤
    │  └─ V
    │  ┌─ Fe
    └──┤
       ├─ Co
       └─ In
```

しかし，化学トポロジーはパターンの概観を与えてくれるだけである．化学者にとって重要なのは化学反応における特定の類似性であり，それを見いだすには深い洞察力がなくてはならない．

内であれば，イオン交換が起こりうる．

この原理は，§5・4で議論した半径比の原理を言い換えたものである．イオン半径が大きく違うと同形をとりえないが，イオン半径が近いと必ず同形になるわけではない．

混合構造の形成も多くの場合可能である．たとえばミョウバンとクロムミョウバンの混合物を結晶化させると薄紫色結晶が生じ，その格子中の3+イオンサイトはアルミニウムイオンとクロム(Ⅲ)イオンでランダムに占められてい

る．同形は鉱物化学において特に重要である．たとえば多くの高価な宝石は同形的置換と関係がある．ルビーは酸化アルミニウムのアルミニウムイオンのサイトの一部をクロム(Ⅲ)イオンが置換したものである．よってルビーの化学式は $(Al^{3+}, Cr^{3+})_2(O^{2-})_3$ と表される．同様にチタン(Ⅲ)イオンを含む酸化アルミニウムのサファイアは $(Al^{3+}, Ti^{3+})_2(O^{2-})_3$ と表される．

天然の宝石用原石[d]の組成は，結晶形成した溶岩の組成を反映している．このことは他の多くの鉱物にもあてはま

---

[a] chemical topology　　[b] Guillermo Restrepo　　[c] dendrimer diagram　　[d] gemstone

る．一例をあげると，かんらん石[a]はマグネシウムと鉄(II)の混合ケイ酸塩 $(Mg^{2+}, Fe^{2+})_2(SiO_4^{4-})$ であり，マグネシウムイオンと鉄(II)イオンはさまざまな比率で格子中の同じサイトを占める．同形的置換の古典的例はランタノイドのリン酸塩 MPO_4 であり，M^{3+} はランタノイドのどれでもよい．全ランタノイドイオンの半径は非常に近いので，天然のリン酸鉱石モナザイト[b]は通常，すべてのランタノイドの混合物を含む．

同形的置換の第二の定義は，2種の陽イオンを含む化合物に適用できる．この原理とは，

> もともとのイオンと異なる電荷をもつイオンでも半径が同じなら，電荷の総和が変わらない限り同形的置換は起こりうる．

この原理にあてはまるたくさんの例は，ペロブスカイトとよばれる重要な鉱物である（§16・6参照）．もとの化合物は $(Ca^{2+})(Ti^{4+})(O^{2-})_3$ であり，同構造の別化合物の一つが $(Na^+)(W^{5+})(O^{2-})_3$ である．ここでは，1価のナトリウムイオンが同サイズで2価陽イオンのカルシウムイオンに，4価のチタンイオンが5価のタングステンイオンに置換している．可能な置換の例を表9・19に示す．（イオン半径で分類するには任意性があることに注意．たとえば，"小さい" という範疇の中の最大のイオンは，"中位" という範疇の最小のイオンと置換可能であろう．）

9・7 斜めの関係

通常は周期的傾向を垂直（族の下方向）と水平（周期の横方向）に考えるが，他のパターンをみつけることもできる．その例が "**斜めの関係**[c]" である．

> ある元素とその右下の元素の間には，化学的性質の類似性がある．この関係は周期表の左上隅の元素にみることができる．

フッ化物，酸化物，水素化物の結合様式では，イオン性化合物と共有結合化合物の境目に共有結合ネットワーク化合物が斜めに並んでいるという "斜めの関係" をすでに検証した．斜めの関係は3種の元素ペア，リチウムとマグネシウム，ベリリウムとアルミニウム，ホウ素とケイ素で，化学的にのみ重要である（図9・5）．

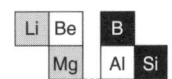

Li	Be	B
	Mg	Al	Si

図9・5 一般的に斜めの関係により関連づけられると考えられている元素

9・7・1 リチウムとマグネシウムの類似性

リチウムの化学とマグネシウムの化学の類似性の最良の例を以下に示す．

1. リチウムは他のアルカリ金属よりも硬度が高く，アルカリ土類金属と似ている．
2. リチウムは他のアルカリ金属とは異なり，アルカリ土類金属同様にふつうの酸化物 Li_2O を形成する．（ナトリウムは O_2^{2-} を含む Na_2O_2 を形成し，重いアルカリ金属はたとえば KO_2 のように O_2^- を含む化合物を形成する．）
3. リチウムは窒化物 Li_3N を形成する唯一のアルカリ金属である．一方，すべてのアルカリ土類金属は窒化物を形成する．
4. リチウムの炭酸イオン，リン酸イオン，フッ化物イオンとの間で生じる3種の塩は非常に溶解性が低い．これらの陰イオンとアルカリ土類金属で形成される塩は不溶性である．
5. グリニャール試薬[d]として有機化学で用いられるマグネシウムの有機金属化合物と同様に，リチウムは有機金属化合物を形成する．
6. 多くのリチウム塩が強い共有結合性をもち，マグネシウム塩と似ている．
7. リチウムとマグネシウムの炭酸塩は熱分解して，酸化物と二酸化炭素を生じる．他のアルカリ金属の炭酸塩は加熱しても分解しない．

これらの事実はどのように説明できるのだろうか？ 1族と2族の元素の電荷密度（表9・20，次ページ）を比べてみると，リチウムの電荷密度は他のアルカリ金属の電荷密度よりもアルカリ土類金属の電荷密度に近い．よって，こ

表9・19 いくつかのイオンの相対的な大きさ

イオン半径	+1価	+2価	+3価	+4価	+5価
小さい		Be^{2+}	$Al^{3+}, Fe^{3+}, Cr^{3+}$	Si^{4+}	P^{5+}
中くらい	Li^+	Mg^{2+}, Fe^{2+}		Ti^{4+}	W^{5+}
大きい	Na^+	Ca^{2+}	La^{3+}		
非常に大きい	K^+, NH_4^+	Ba^{2+}			

---

a) olivine b) monazite c) diagonal relationship d) Grignard reagent

---

新物質: 地球化学の限界を超えて

ほとんどの鉱物は地球内部で高温高圧下, 100万年以上かけてつくられる. 今日, 革新的な反応法で鉱物の合成が可能になった.

ウルトラマリンともよばれる高価な宝石ラピスラズリ[a]は, 今や人工生産される鉱物の一つである. 微細粉末状のウルトラマリンは, すぐに退色する有機染料とは異なり無毒で光に安定であり, 非常に濃い青色染料やプラスチック用色素 (およびアイシャドウ) として重要である. この鉱物は天然では $(Na,Ca)_8[SiAlO_4]_6(S, SO_4)$ の化学式をもち, ナトリウム, カルシウム, 硫化物イオン, 硫酸イオンの割合はさまざまである. そのうえこの鉱物には炭酸カルシウムと二硫化鉄(II)が混入することがあるが, 希少で高価である. 二人の化学者, ダン[b]とウェラー[c]は, 不純物を含まず常に紺碧色で一定組成の人工ウルトラマリン $Na_8[SiAlO_4]_6(S_2, S_3)$ を合成した.

ダンとウェラーは, これまでまったく存在しなかった鉱物を合成しだした. 地球化学的過程で生成する鉱物は, 地殻構成元素の存在率を反映している. この二人の化学者は, 同形的置換の原理を希少元素を含む鉱物の合成に用いている. たとえば, ソーダライト[d] $Na_8[SiAlO_4]_6Cl_2$ のナトリウム以外の元素を, 各族の一つ下の元素に置換した類似体を合成している. この新化合物 $Na_8[GeGaO_4]_6Br_2$ は置換元素の存在率がソーダライト中の元素の存在率よりも 10^8 倍小さいので, 宇宙のどこにも存在しそうにない. この新化合物は, 色素, 蛍光体, 強誘電体, イオン交換材料, 触媒, そして磁気記憶デバイスに利用できる可能性を秘めている.

の電荷密度の類似性によってリチウムとマグネシウムの化学的挙動の類似性を説明することができる.

表 9・20 アルカリ金属イオンとアルカリ土類金属イオンの電荷密度

1族イオン	電荷密度 〔C·mm^{-3}〕	2族イオン	電荷密度 〔C·mm^{-3}〕
Li$^+$	98	—	—
Na$^+$	24	Mg^{2+}	120
K$^+$	11	Ca^{2+}	52
Rb$^+$	8	Sr^{2+}	33
Cs$^+$	6	Ba^{2+}	23

9・7・2 ベリリウムとアルミニウムの類似性

ベリリウムとアルミニウムは以下の3点で類似している.

1. 空気中では, 両金属とも頑強な酸化物被膜を形成し, 腐食を防ぐ.
2. 両元素とも両性であり, 高濃度の水酸化物イオンと反応して類似の陰イオン, テトラヒドロキソベリリウム酸イオン $[Be(OH)_4]^{2-}$ とテトラヒドロキソアルミン酸イオン $[Al(OH)_4]^-$ を生成する.
3. 両元素とも, C^{4-} イオンを含む炭化物 (Be_2C と Al_4C_3) を形成し, それらは水と反応してメタンを生成する. (他の2族元素は, 水と反応して C_2^{2-} を含む炭化物, たとえば CaC_2, を形成する. それらはエチンを生成する.)

しかし, ベリリウムとアルミニウムの化学的性質の間には大きな相違もある. 明確な違いの一つは, おのおのが形成するアクア錯イオンの化学式である. ベリリウムは $[Be(OH_2)_4]^{2+}$ を形成し, アルミニウムは $[Al(OH_2)_6]^{3+}$ を形成する. 結合距離から考察すると, 6個の水分子を周囲に収容するにはベリリウムイオンが小さすぎるのでその配位数が少ないと理解できる.

ここでも, 斜めの関係を説明するのに電荷密度を持出すことができる. ベリリウム2価イオンの非常に高い電荷密度は, サイズが大きなアルミニウム3価イオンに近い.

9・7・3 ホウ素とケイ素の類似性

ホウ素とケイ素の組が, 斜めの関係の3番目の例である. 両元素の化学は共有結合が支配的なので, 先の2例とはかなり異なる. よってイオン電荷密度という観点は役に立たない. 実際, 両元素とも金属と非金属の境目に位置し, ほぼ同じ電気陰性度をもつという共通点はあるが, 両元素の関係はそれほどわかりやすいわけではない. 類似性のいくつかをあげる.

1. ケイ素が酸性酸化物 SiO_2 を形成するのと同じように, ホウ素は固体の酸性酸化物 B_2O_3 を形成する. この点では, 両性酸化物 Al_2O_3 を形成するアルミニウムや, 気体の酸性酸化物 CO_2 を形成する炭素とは似ていない.
2. ホウ酸 H_3BO_3 が非常に弱い酸であるのは, ケイ酸 H_4SiO_4 と似ている点である. 両性の水酸化アルミニウム $Al(OH)_3$ とは何の類似性もない.
3. 酸素原子を共有する同形式で, 多数のポリホウ酸塩と

---

a) lapis lazuli　b) Sandra Dann　c) Mark Weller　d) sodalite

リチウムとメンタルヘルス

斜めの関係は，重要なリチウムイオンによる双極性障害（一般的には躁鬱病[a]とよばれている）の治療と関連している．生化学者たちは，ある酵素過程においてリチウムイオンがマグネシウムを置換することによって，機能していることを明らかにした．人口の約1％がこの消耗性の疾患に苦しんでおり，気分が多幸で活発な状態と憂鬱で無気力な状態を行き来する．リチウムイオンは気分安定剤である．

リチウムの有用性は，"偶然"（serendipity：思わぬものを偶然に発見する能力）と観察の組合わせで発見された．1938年オーストラリアの精神科医ケイド[b]はサイズが大きい有機性陰イオンの動物に対する影響を研究していた．投与量を多くするため，溶解性の高い塩が必要だった．大きい陰イオンの場合，対となるアルカリ金属イオンの半径が小さくなるほど溶解性が大きくなる．そこでリチウム塩を選んだ．だが，この化合物を投与すると動物の行動が変化し始めた．彼は，リチウムイオンそのものが脳の働きを変えたに違いないと悟った．さらなる研究によって，リチウムイオンが双極性障害の患者に絶大な効果があることがわかった．

皮肉なことに，民間療法においては英国のあるリチウム豊富な湧き水が障害を軽減することはよく知られていた．健康に対するリチウム効果は本来もっと早く発見しえたであろう．最近の研究では，テキサスのある地域で双極性障害による入院数が低レベルであることと飲料水中のリチウムイオンが高レベルであることの間の相関が示されている．

神経伝達物質[c]の異常な不均衡が双極性障害症候群をひき起こす．この不均衡は，酵素イノシトールモノホスファターゼ[d]に由来している．この酵素は，糖類似分子のイノシトール一リン酸を遊離イノシトールに変換するが，この過程で2個のマグネシウムイオンの関与が必要である．この酵素の反応経路において，明らかにマグネシウムイオンの一つが容易にリチウムイオンと置換して酵素反応を減速する．これによって気分の揺動が緩和される．鬱の段階を緩和する薬や鬱病症状発現を抑制する薬を組合わせることに比べれば，好ましい解決策である．

リチウム療法には問題がある．過度の渇き，記憶障害，手の震えという副作用がある．加えて，バートランド則[e]における曲線（§2・8を参照）の幅が非常に狭い，すなわち，投与量の治療上有効域と毒性域の間には，ほんのわずかな領域しかない．それでも，リチウム療法は莫大な数の人々の健康を取戻している．

ポリケイ酸塩が存在する．
4. ホウ素は，ケイ素と同様に，発火性で気体の複数の水素化物を形成する．アルミニウムの水素化物は1種類しかなく固体である．

9・8 "ナイトの動き（桂馬飛び）"の関係

南アフリカの化学者レイン[f]は，主族元素後方において，ある元素と，その元素の一つ下の周期で二つ右の族の元素との間の相関を見いだした．彼は，このパターンをチェスの駒の動きとの類似性から**"ナイトの動き（桂馬飛び）"の関係**[g]と名づけた*．この関係は，融点や結晶構造などの化合物の物理的性質においてみられる．多くの化学的共通点とは関係ないように思える．11族から15族の下方元素間に明らかに存在するこの関係（図9・6）は，つぎのように定義される．

同じ酸化状態の場合，第 m 周期の n 族の元素と，第 $(m+1)$ 周期の $(n+2)$ 族の元素の間には類似性がある．この関係は周期表の右下に存在する元素でみられる．

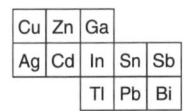

Cu	Zn	Ga		
Ag	Cd	In	Sn	Sb
		Tl	Pb	Bi

図9・6 "ナイトの動き（桂馬飛び）"の関係を表していると思われる元素

この"ナイトの動き"の関係の例としては，塩化亜鉛（275℃）と塩化スズ(II)（247℃）の融点，塩化カドミウム（568℃）と塩化鉛(II)（500℃）の融点が近いことがあげられる．この関係を強調しすぎてはいけないが，ヨウ化カドミウムとヨウ化鉛(II)が同じ異常結晶構造をとっているなどの，他の類似性の例も存在する．

---

a) manic depression　b) J. Cade　c) neurotransmitter　d) inositol monophosphatase, IMPase と省略　e) Bertrand's rule
f) Michael Laing　g) "knight's move" relationship
＊［訳注］チェスの駒ナイトの動かし方は，将棋の桂馬の動かし方と似ている．ただし，桂馬は前に2，横へ1という動かし方しかできないが，ナイトの場合は全方位に動ける．

9・8・1 銀(I), タリウム(I)とカリウムの類似性

最も興味深い"ナイトの動き"のペアは銀(I)とタリウム(I)である．これらは両方とも非常に電荷密度の小さいイオンであり，フッ化物を除くハロゲン化物は不溶性である．ここでも融点の一致がみられるが，いくつかの例を表9・21に示す．

表9・21 銀(I)化合物とタリウム(I)化合物の融点におけるいくつかの類似性

	塩化物〔℃〕	硝酸塩〔℃〕
銀(I)	455	212
タリウム(I)	430	206

§9・13で議論するが，タリウム(I)イオンは，カリウムイオンとも，特に生化学において類似性が強い．表9・22に，タリウム(I)イオンと銀(I)イオンおよびカリウムイオンの間の化学的類似点と相違点を示す[†]．

9・8・2 不活性電子対効果

どのようにして"ナイトの動き"を説明できるだろうか? 似た電荷とサイズ(すなわち似た電荷密度)のイオンは，化学的性質に類似性がありそうだ．たとえば，銀(I)とタリウム(I)は同程度に非常に小さい電荷密度をもつ．異なる周期の両イオンが似たサイズであることも容易に説明できる．遷移金属(およびランタノイド)系列の電子の充塡において，外殻の電子に対するd, f軌道電子の遮蔽が不十分なため，$(m+1)$周期の$(n+2)$族元素のイオンは，大体m周期のn族元素の同電荷のイオンサイズまで"収縮"してしまう．

しかしこの説明だけでは，タリウム，スズ，鉛，ビスマスなどの元素が，どうして族番号から予測されるよりも2だけ低い酸化状態をとるのか(たとえば，Tl^+, Tl^{3+}；Sn^{2+}, Sn^{4+}；Pb^{2+}, Pb^{4+}；Bi^{3+}, Bi^{5+})という疑問は解消しない．その答えは**不活性電子対効果**[a]に見いだされる．例としてタリウムを取上げてみよう．13族元素の最外殻の電子配置はすべてs^2p^1である．よって1価陽イオンは2個のs電子を残したまま，1個のp電子を失った状態である．

これらの低い価数のイオンの形成を論理的に説明するためには，相対論的効果(§2・5で既述)を考慮しなくてはならない．外側の軌道(特に6s軌道)の電子の速度は光速に近くなり，その結果，電子の質量は増加するので，原子核からの平均距離が減少する——すなわち軌道が収縮する．この効果はイオン化エネルギーの連続性から明らかである．§2・6で，イオン化エネルギーは族の下に行くにつれて通常は減少することを確認したが，タリウムはアルミニウムに比べて，外側のp軌道の電子のイオン化エネルギーは大きく，s軌道の電子対のイオン化エネルギーは著しく大きいことが，アルミニウムとタリウムの最初の三つのイオン化エネルギー(第一，第二，第三イオン化エネルギー)から理解できる(表9・23)．

表9・23 アルミニウムとタリウムのイオン化エネルギーの比較

元 素	イオン化エネルギー〔$MJ \cdot mol^{-1}$〕		
	第一(p)	第二(s)	第三(s)
アルミニウム	0.58	1.82	2.74
タリウム	0.59	1.97	2.88

ボルン・ハーバーサイクル[b](§6・3)を考えると，陽イオン形成に必要な高いエネルギーを入力するには，高い格子エネルギー(エネルギー出力)によって釣合いをとらなくてはいけない．タリウム(III)イオンはアルミニウム(III)イオンよりもかなり大きい．よってタリウム(III)イオンの化合物の格子エネルギーは同様のアルミニウム化合物の格子エネルギーよりも小さくなるであろう．この二つの要因の組合わせ(特により高いイオン化エネルギーであること)により，タリウム(III)イオン状態の安定性の減少が

表9・22 タリウム(I)イオンの性質と，銀(I)イオンおよびカリウムイオンとの比較

タリウム(I)の性質	銀(I)の性質	カリウムの性質
通常の酸化物Tl_2Oを形成	通常の酸化物Ag_2Oを形成	通常の酸化物ではなくKO_2を生成
水酸化物は強塩基性で可溶性	水酸化物は不溶性	水酸化物は強塩基性で可溶性
水酸化物は二酸化炭素と反応して炭酸塩になる	水酸化物は反応しない	水酸化物は二酸化炭素と反応して炭酸塩になる
フッ化物は可溶性，その他のハロゲン化物は不溶性	フッ化物は可溶性，その他のハロゲン化物は不溶性	すべてのハロゲン化物は可溶性
クロム酸塩は赤れんが色で不溶性	クロム酸塩は赤れんが色で不溶性	クロム酸塩は黄色で可溶性

---

a) inert-pair effect b) Born-Haber cycle
[†] タリウムは，他族の元素との方が密接な類似性をもつために，昔の化学者デュマ(John Baptiste Andre Dumas)は，タリウムを"カモノハシ元素"とよんだ．

ひき起こされ，タリウム(I)イオン酸化状態が安定化される．

9・9 前期アクチノイドの関係

第23章で二つの"孤児"系列，ランタノイドとアクチノイドの化学を記述する．意外なことに，ランタノイドは他の系列の元素とはほとんど類似性がないが，アクチノイドとd遷移金属の間にはいくつかの類似性がある．この関係はつぎのようにいえる．

前期アクチノイド系列と対応する遷移金属系列の元素の間には，化学式と化学的性質に類似性がある（図9・7）．

Ti	V	Cr
Zr	Nb	Mo
Hf	Ta	W
Th	Pa	U

図9・7 前期アクチノイド元素と対応する遷移金属の族の元素との間の関係

この類似性はあまりに強いので，1944年までは，当時知られていた五つのアクチノイド（トリウムからプルトニウムまで）は遷移金属第4列目の最初（現在では，ラザホージウムからハッシウムの位置）に割当てられていた．

一例として，ウランを6族金属と比較できる．最も明確な類似性を示すのはオキソ酸イオンである黄色の二ウラン酸イオン$U_2O_7^{2-}$と橙色の二クロム酸イオン$Cr_2O_7^{2-}$である．ウランは，塩化クロミルCrO_2Cl_2，塩化モリブデニルMoO_2Cl_2と合致する塩化ウラニルUO_2Cl_2を形成する．一般にウランはタングステンと最も類似していると予想するかもしれないが，実際に，たとえばウランとタングステンは（モリブデンやクロムとは違って）安定な六塩化物，UCl_6とWCl_6を形成する．ウランが6族元素と類似しているのと同様に，プロトアクチニウムは5族元素と，トリウムは4族元素と類似している．

モリブデン，タングステン，ウラン，そしてつぎの"真の"6族元素のシーボーギウムの比較から，性質の類似性は外側の軌道の電子配置の類似性に基づくことがわかる．

原子	電子配置	イオン	電子配置
Mo	$[Kr]5s^24d^4$	Mo^{6+}	$[Kr]$
W	$[Xe]6s^2(4f^{14})5d^4$	W^{6+}	$[Xe](4f^{14})$
U	$[Rn]7s^25f^36d^1$	U^{6+}	$[Rn]$
Sg	$[Rn]7s^2(5f^{14})6d^4$	Sg^{6+}	$[Rn](5f^{14})$

タングステンとシーボーギウムのf軌道は"満たされている"ものの，ウランのf軌道は原子価殻[a]の一部である．実際，ウランの5fと6d軌道が部分的に満たされているのは，両軌道が同程度のエネルギーをもつことを示唆している．そのため，ウランは6族元素の一員と同じように+6の酸化状態に達することができる．

9・10 ランタノイドの関係

元素の類似性という観点では，ランタノイドは最高の部類に入る．系列内を右に行くにつれて4f軌道に電子が順に充填されることから考えると，元素の類似性は驚くべきことに思えるかもしれない．類似性には二つの理由がある．第一の理由は，金属のイオン化エネルギーと固体塩の格子エネルギーの間の収支バランスで，最安定な酸化状態が決まるということである．各ランタノイドにおいてエネルギーが最も減少するのは，3価イオン形成の場合である．第二の理由は，4f軌道中に残っている電子は本質的には"埋もれている"ことである．よって一般的にランタノイドは3価の酸化状態しかもたないサイズの大きな主族金属と同じように振舞う．この挙動は3族元素と似ているので，3族元素とランタノイド元素は（そのいくつかはまれに存在するわけではないのに）ともに"**希土類金属**[b]"に分類される（図9・8）．

Sc														
Y														
La	Ce	Pr	Nd	Pm	Sm	Eu	Gd	Tb	Dy	Ho	Er	Tm	Yb	Lu

図9・8 3族とランタノイド元素で構成される希土類金属．これらの元素はすべて類似した化学的性質をもち，+3が一般的な酸化状態であるという点で共通している．

ランタノイドの単一性には例外が二つある．一つはユウロピウムEuであり，容易に2価イオンを形成する．このイオンの電子配置をみると，どうしてユウロピウムがこの低い酸化状態をとるのかを理解できる．2価イオンはf軌道が半分充塡された形（半閉殻）に対応する．実際，ユウロピウムの第三イオン化エネルギーはランタノイド中で最も高い．

原子	電子配置	イオン	電子配置
Eu	$[Xe]6s^24f^7$	Eu^{2+}	$[Xe]4f^7$
		Eu^{3+}	$[Xe]4f^6$

ユウロピウム(II)イオンはアルカリ土類金属イオンと非常によく似た挙動を示す．たとえば，その炭酸塩，硫酸塩，クロム酸塩は不溶性である．ユウロピウム(II)のイオン半径はストロンチウムと非常に近く，予測どおり多くのユ

---

a) valence shell   b) rare earth metal

ウロピウム(Ⅱ)とストロンチウムの化合物が同形である．

9・10・1 セリウム(Ⅳ)とトリウム(Ⅳ)の類似性

ユウロピウムは通常より低い酸化状態をとるが，セリウムは通常より高い酸化状態 +4 をとる．4 価イオンの形成は希ガス型電子配置に対応しており，セリウムがランタノイド中で最も低い第四イオン化エネルギーをもつという事実と合う．

原子	電子配置	イオン	電子配置
Ce	$[Xe]6s^24f^15d^1$	Ce^{3+}	$[Xe]4f^1$
		Ce^{4+}	$[Xe]$

セリウム(Ⅳ)は4族のジルコニウム(Ⅳ)やハフニウム(Ⅳ)，対応するアクチノイドのトリウム(Ⅳ)と同様の挙動を示す．たとえば，これら4個のイオンはすべて不溶性のフッ化物とリン酸塩を形成する．セリウム(Ⅳ)とトリウム(Ⅳ)の化学に特に強い類似性がある．酸化セリウム(Ⅳ)（セルフクリーニングタイプのオーブンで使用される）と酸化トリウム(Ⅳ)はともに蛍石型構造[a]をとる．両イオンは同形の硝酸塩 $M(NO_3)_4 \cdot 5H_2O$（M は Ce または Th）およびヘキサニトラト錯イオン $[M(NO_3)_6]^{2-}$ を形成する．ただし大きな違いとして，トリウム(Ⅳ)は熱力学的安定形なのに対して，セリウム(Ⅳ)は強い酸化剤である．ヘキサニトラトセリウム(Ⅳ)酸アンモニウム $(NH_4)_2[Ce(NO_3)_6]$ は高い酸化還元電位をもち，酸化還元滴定に用いられる．

$$Ce^{4+}(aq) + e^- \longrightarrow Ce^{3+}(aq) \qquad E^\circ = +1.44\,V$$

9・11 "コンボ"元素

一酸化炭素は二窒素 N_2 と多くの類似性をもつ．たとえば，ともに三重結合をもつ分子であり，沸点（N_2 −196 ℃，CO −190 ℃）も近い．この似た挙動は，窒素分子と一酸化炭素分子が等電子的分子であることが主たる理由である．類似性は両分子の化学にまで及ぶ．特に，遷移金属化合物では，一酸化炭素配位子を窒素分子配位子と置換できる場合がある．たとえば，$Cr(CO)_6$ においてクロムに結合した一つまたは二つの一酸化炭素が置換され，等電子的な $Cr(CO)_5(N_2)$ と $Cr(CO)_4(N_2)_2$ が生じる．

"コンボ"元素とは，ある元素の二原子分の価電子の和が，その元素の横に隣接する2種の元素の価電子の和と一致する等電子的挙動を示す集団のことである．

"コンボ"元素とは，$(n-x)$ 族元素と $(n+x)$ 族元素の組合わせで，その化合物が n 族元素の化合物と擬似的である場合と定義できる．

"コンボ"元素の最も適切な例は，ホウ素と窒素の組合わせである．ホウ素は炭素よりも価電子が一つ少なく，窒素は一つ多い．長い間，ホウ素原子と窒素原子が交互に並んだ炭素化合物類似体の合成が試みられてきた．その成果の一つが炭素単体の類似体である．一般的な炭素の同素体は，潤滑剤のグラファイト（黒鉛）と，天然で最も硬いダイヤモンドの二つである．

両同素体とも加熱すると燃えて二酸化炭素を生じるため，高温での応用に使用できない短所がある．窒化ホウ素 BN はこの理想的な代用品である．一番簡単な合成法は，三酸化二ホウ素とアンモニアを約 1000 ℃ に加熱する方法である．

$$B_2O_3(s) + 2NH_3(g) \xrightarrow{\Delta} 2BN(s) + 3H_2O(g)$$

生成物はグラファイト類似構造（図 9・9）であり，非常に耐熱性に優れ，化学的耐性のある潤滑剤である．

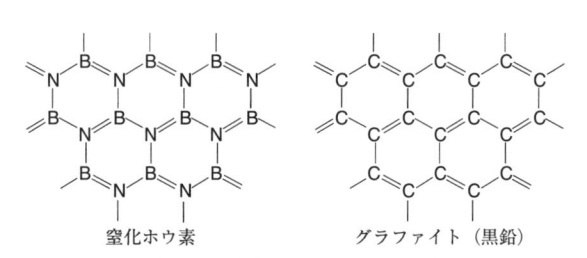

図 9・9 窒化ホウ素とグラファイトの層構造の比較

グラファイトと違って，窒化ホウ素は電気伝導性を示さない白色固体である．この違いはおそらく両者の結晶における層の積み重なり方の違いによるのだろう．グラファイト様の窒化ホウ素では，グラファイトと同様に，層間はほぼ等距離である．しかし窒化ホウ素では，窒素原子がその上下の層のホウ素原子の真上か真下の位置に置かれている（逆にホウ素原子の真上，真下は窒素原子）．この配置は，少し正電荷を帯びたホウ素原子と，少し負電荷を帯びた窒素原子が静電的に引合う（図 9・10）と考えると妥当である．対照的にグラファイト中の炭素原子は上下の層の炭素の環の中心の真下，真上に位置している．低電気伝導性のもう一つの理由は，ホウ素と窒素の電気陰性度の違いのために層中の環の芳香族性が弱くなっていることにある．

グラファイト型窒化ホウ素を高圧高温下処理することによって，ボラゾン[b]とよばれるダイヤモンド型へ変換できる．このダイヤモンド型窒化ホウ素は，ダイヤモンドに匹敵する硬度をもち，高温での化学的不活性さはダイヤモン

---

a) fluorite structure　　b) borazon

ドより優れている．そのためボラゾンは研磨材としてダイヤモンドよりもよく用いられている．

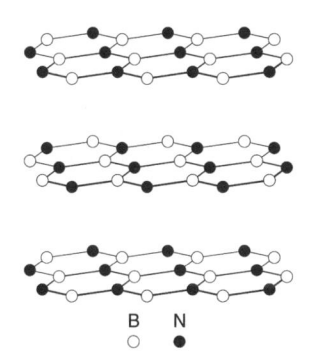

図9・10 窒化ホウ素の繰返し層構造

ホウ素-窒素化合物と炭素化合物の間の類似性は別にもある．ジボラン B_2H_6 とアンモニアを反応させると，ベンゼン C_6H_6 類似体の環状化合物，ボラジン[a] $B_3N_3H_6$ が得られる．

図9・11 ボラジンとベンゼンの構造の比較

$$3\,B_2H_6(g) + 6\,NH_3(g) \longrightarrow 2\,B_3N_3H_6(l) + 12\,H_2(g)$$

実際にボラジンは"無機ベンゼン"（図9・11）ともよばれる．この化合物は他の炭素化合物類似のホウ素-窒素化合物を合成する有用な試薬であるが，現時点では商業的応用例はない．電気陰性度の違いから予測されるように，ホウ素原子は少し正電荷を帯び，窒素原子は少し負電荷を帯びるため，求電子性（電子を好む）試薬は窒素原子と優先的に結合する．

ボラジンとベンゼンの沸点，密度，表面張力は似ているが，ホウ素-窒素結合の分極は芳香族性を低下させる．よってボラジンは炭素原子から成る均一な環のベンゼンよりも化学的に攻撃されやすい傾向をもつ．たとえば塩化水素はボラジンと反応して，電気的に正なホウ素原子に塩素が結合した $B_3N_3H_9Cl_3$ を生じる．

$$B_3N_3H_6(l) + 3\,HCl(g) \longrightarrow B_3N_3H_9Cl_3(s)$$

この化合物は水素化ホウ素ナトリウム $NaBH_4$ により還元され，シクロヘキサン C_6H_{12} の類似体，$B_3N_3H_{12}$ を生じる．$B_3N_3H_{12}$ はシクロヘキサン同様，いす形配座をとる．

9・11・1 "コンボ"元素と半導体

"コンボ"元素の概念は半導体の領域において重要である．材料科学者は，半導体元素と等電子的な異元素の組合わせを用いて，必要な特性をもつ半導体をつくることを実現した．

最も興味の対象となるのが，ゲルマニウムを中心とする第4周期元素である．ゲルマニウムはダイヤモンド型構造をとっている．それは硫化亜鉛の二つの結晶構造の一つである閃亜鉛鉱型構造（§5・4を参照）と同じだが，すべての原子は等価で，格子中の陰イオンと陽イオンの両サイトを占める．同じ閃亜鉛鉱型の結晶構造をとる"コンボ"元素の化合物の例は，ガリウムヒ素（ヒ化ガリウム）GaAs，セレン化亜鉛 ZnSe，臭化銅(I) CuBr である．これらのよく知られた"コンボ"の例は本当に等電子的であるが，2種の元素が同周期に属する必要はない．したがって，もっと一般的にいえば，原子価電子の総和が8であるのが必要条件といえる．この電子の関係はジントル則[b]として知られており，この一群のジントル相固体をつくるコンボ原子の組合わせを図9・12に示す．

図9・12 各14族元素と等電子的な化合物を与えると思われる元素の組合わせを示した周期表の一部．可能な組合わせは，同じ網掛け（影）で示されている．

§4・2で，金属における最高被占軌道[c]（HOMO）と最低空軌道[d]（LUMO）の重なりについて述べた．この重なりによって，金属全体に電気伝導性がもたらされる．絶縁体では，この二つのエネルギー準位間のギャップが非常に大きく，半導体では，電子が高いエネルギー状態へ励起できる程度にギャップが小さい．一群のジントル相の（等電子的な）固体を載せた表9・24中に，この傾向を確認でき

表9・24 一連の等電子的な固体の性質

固体	単位格子の大きさ〔pm〕	電気陰性度の違い	エネルギーギャップ〔kJ·mol^{-1}〕
Ge	566	0.0	64
GaAs	565	0.4	137
ZnSe	567	0.8	261
CuBr	569	0.9	281

---

a) borazine　b) Zintl principle　c) highest occupied molecular orbital　d) lowest unoccupied molecular orbital

純粋な共有結合（Ge）から分極した共有結合（GaAs）を経由して部分的イオン結合（ZnSe, CuBr）へと結合様式が変化するにもかかわらず，このシリーズの端から端まで単位格子の横の長さが（実験誤差の範囲内で）一定なのは驚きである．結合の極性が増すと，固体の伝導性は低くなる．よってセレン化亜鉛と臭化銅(I)は絶縁体だが，ゲルマニウムとガリウムヒ素は半導体になる．

しかし，この単純なシリーズの研究には科学的好奇心以上のものがある．これらのバンドギャップが発光ダイオード[a]（LED）の作製につながるからである．この素子は長年標識灯として用いられてきたが，今では省エネルギー自動車のテールランプ，信号機，終夜灯などへ用途が拡大している．望みの色を得るには，それに合うバンドギャップが必要になる．ジントル相固体中のある元素を他元素へ置換する割合によって，バンドギャップを調整できる．特に有用なシリーズは $GaP_xAs_{(1-x)}$（x は 0〜1）である．リン化ガリウム GaP 自身のバンドギャップは $222\,kJ\cdot mol^{-1}$ だが，上述のようにガリウムヒ素のバンドギャップは $137\,kJ\cdot mol^{-1}$ である．両者を 0 から 1 の間で混合すると，中間的なバンドギャップになる．たとえば，$GaP_{0.5}As_{0.5}$ は約 $200\,kJ\cdot mol^{-1}$ のバンドギャップをもつ．

最も刺激的な"コンボ"元素のペアは，ケイ素の類似体となるガリウムと窒素である．ケイ素の斜めの関係になるこの二つの元素のペアは，すでにわれわれの生活を変えるような半導体材料を供給している．窒化ガリウムは青紫色と（窒化インジウムを添加して）緑色の光を出す LED に利用できる丈夫な素材である．緑色の光源として世界中の信号機を従来の電球から GaN/InN の LED に置き換えると，省エネルギー量は莫大である．強烈な深青色の GaN LED は，一部の市バス，たとえばカナダ・トロントの市バスの前面に使用されている．

また高エネルギーの青紫光はこれまでの 6 倍以上の情報を保持できる新世代 DVD ディスク（ブルーレイディスク）を可能にした．窒化ガリウム素子の販売量はすでに年間 10 億ドルを超えているが，この化合物の上記以外の多くの応用についてはまだ研究段階にある．

9・12 擬元素

いくつかの多原子イオンは，ある元素の単原子イオンと挙動が似ていることがあり，またある元素単体に対応する分子が希少だが，存在する．この異常な範疇を以下のように定義する．

> ある元素またはその元素が属する族のイオンといろいろな点で似た挙動を示す多原子イオン（**擬元素**[b]）

9・12・1 擬アルカリ金属イオンとしてのアンモニウムイオン

アンモニウムイオンは二つの非金属元素を含む多原子陽イオンであるが，さまざまな観点でアルカリ金属イオンと似ている．この類似性がみられるのは，アンモニウムイオンが，アルカリ金属イオンと同じように，サイズが大きく電荷が低い陽イオンだからである．実際，アンモニウムイオンの半径（151 pm）はカリウムイオンの半径（152 pm）と非常に近い．しかし，アンモニウム塩の化学はルビジウムまたはセシウムイオンの塩により近い．おそらくアンモニウムイオンが球形ではないので，その実質的半径は測定値より大きいからであろう．アルカリ金属との類似性は，特に結晶構造に明白に現れる．塩化アンモニウムは，塩化ルビジウムや塩化セシウムと同様に，高温では塩化セシウム型構造をとり，低温では塩化ナトリウム型構造になる．

アンモニウムイオンは，沈殿生成反応においてもアルカリ金属イオンと似ている．ナトリウム化合物はすべて水溶性だが，下方のアルカリ金属イオンと非常に大きな陰イオンとの間では不溶性の化合物をつくる．アンモニウムイオンを大きな陰イオンの水溶液に加えると沈殿ができる．このよい例が，重いアルカリ金属イオンの定性分析に用いられているヘキサニトリトコバルト(III)酸イオン $[Co(NO_2)_6]^{3-}$ である．カリウム，ルビジウム，セシウムイオンと同様に，アンモニウムイオンは明るい黄色の沈殿を生じる．

$$3\,NH_4^+(aq) + [Co(NO_2)_6]^{3-}(aq) \longrightarrow (NH_4)_3[Co(NO_2)_6](s)$$

しかし，これらのアルカリ金属イオンが起こす化学反応のすべてに類似性を拡張することはできない．たとえば，アルカリ金属の硝酸塩を穏やかに加熱すると亜硝酸塩と酸素ガスが生成するが，硝酸アンモニウムを加熱すると陽イオンと陰イオンの分解が起こり，一酸化二窒素と水を生じる．

$$2\,NaNO_3(s) \xrightarrow{\Delta} 2\,NaNO_2(s) + O_2(g)$$
$$NH_4NO_3(s) \xrightarrow{\Delta} N_2O(g) + 2\,H_2O(g)$$

アンモニウムイオンと重いアルカリ金属の間の類似性の大きな弱点は，アンモニウムイオンのもととなる擬元素 NH_4 が単離できないことである．

9・12・2 擬ハロゲン化物イオンとしてのシアン化物イオン

擬元素の最たる例はシアン化物イオン[c]である．ハロゲン化物イオンとよく似た挙動を示すだけでなく，もとの擬元素であるジシアン[d] $(CN)_2$ も存在する．以下のようなさ

---

a) light-emitting diode　b) pseudo-element　c) cyanide　d) cyanogen

まざまな観点で，シアン化物イオンはハロゲン化物イオンと似ている．

1. 銀(I)，鉛(II)，水銀(I) のシアン化物塩は，対応する塩化物塩，臭化物塩，ヨウ化物塩と同様に不溶性である．たとえば，

$$CN^-(aq) + Ag^+(aq) \longrightarrow AgCN(s)$$
$$[Cl^-(aq) + Ag^+(aq) \longrightarrow AgCl(s) \quad と比較せよ]$$

2. 塩化銀と同様に，シアン化銀はアンモニアと反応して，陽イオンであるジアンミン銀(I)イオンを生じる．

$$AgCN(s) + 2NH_3(aq) \longrightarrow$$
$$[Ag(NH_3)_2]^+(aq) + CN^-(aq)$$
$$[AgCl(s) + 2NH_3(aq) \longrightarrow$$
$$[Ag(NH_3)_2]^+(aq) + Cl^-(aq) \quad と比較せよ]$$

3. フッ化物イオンとフッ化水素酸の関係と同じように，シアン化物イオンは弱酸であるシアン化水素酸（青酸）HCN の共役塩基である．

$$HCN(aq) + H_2O(l) \rightleftharpoons H_3O^+(aq) + CN^-(aq)$$
$$[HF(aq) + H_2O(l) \rightleftharpoons$$
$$H_3O^+(aq) + F^-(aq) \quad と比較せよ]$$

4. シアン化物イオンは遷移金属と多数の錯イオンを形成する．一例は $[Cu(CN)_4]^{2-}$ で，塩化物イオンの類似体 $[CuCl_4]^{2-}$ と似ている．

5. シアン化物イオンは，ハロゲン化物イオンの酸化でハロゲン分子を生成するのと同様に，もとの擬ハロゲン元素であるジシアンに酸化できる．その類似性は特にヨウ化物イオンと強く，ともに Cu(II) イオンのような非常に弱い酸化剤でも酸化される．

$$2Cu^{2+}(aq) + 4CN^-(aq) \longrightarrow 2CuCN(s) + (CN)_2(g)$$
$$[2Cu^{2+}(aq) + 4I^-(aq) \longrightarrow$$
$$2CuCN(s) + I_2(s) \quad と比較せよ]$$

6. ジシアンは塩基と反応して，シアン化物イオンとシアン酸イオンを生じる．

$$(CN)_2(aq) + 2OH^-(aq) \longrightarrow$$
$$CN^-(aq) + CNO^-(aq) + H_2O(l)$$
$$[Cl_2(aq) + 2OH^-(aq) \longrightarrow$$
$$Cl^-(aq) + ClO^-(aq) + H_2O(l) \quad と比較せよ]$$

7. ハロゲン分子が，たとえば塩化ヨウ素 ICl のようなハロゲン間化合物をつくるのと同じように，ジシアンは ICN のような擬ハロゲン間化合物を形成する（§17・10

を参照）．

9・13 生物学的役割

この章で，周期表におけるパターンについて述べてきた．そこで，このパターンの生物学的な応用を2例見てみよう．第一はストロンチウムからカルシウムまでの族内関係の重要性を，第二はタリウムとカリウムの間の類似性であり，§9・8で述べたカリウム-銀-タリウムの類似性に含まれる．

9・13・1 ストロンチウム

骨と歯はヒドロキシアパタイト[a] $Ca_5(PO_4)_3(OH)$ の結晶と繊維状タンパク質コラーゲンで構成されている．どうして自然がヒドロキシアパタイトを生体構造物質として選んだのかについては，リン酸カルシウムの不溶性とカルシウムイオンの入手しやすさという二つの理由がある．もし天然にカルシウムがストロンチウムよりも100倍豊富に存在することがなければ，カルシウムの代わりにストロンチウムが用いられたかもしれない．

はじめて核兵器実験が行われたとき，危険は局所的なもので，それほどでもないと思われていた．1951年のネバダでの大気圏核実験は，この見方を変えた．核分裂生成物にストロンチウム-90があり，予想どおりカルシウムと置換する．実際，ストロンチウムはカルシウムよりも優先的に吸収される．高い放射性を示す放射性同位体（半減期29年）のストロンチウム-90は骨髄に放射線を浴びせ，免疫機構の媒介となる細胞再生を妨げる．自然に抜ける乳歯は，子供時代を通したストロンチウム-90の濃度を評価できるという点で，便利な対象物である．天然にはストロンチウム-90の供給源は存在しない．セントルイスでの乳歯のストロンチウム-90の測定によって，大気圏核実験の禁止令が出た1964年まで濃度が増え続けていることが明らかになった[†]．子供たちは骨成長が速く容易にストロンチウム-90を吸収する．ストロンチウム-90の濃度は小児性白血病の発症率増加と関連していた．

大気圏核実験は長い間停止しているが，米国のある地域での異常に高い小児性白血病（そしてその他の放射線に関連した疾病）の発症率と工業用原子力発電所からの放射線輻射との間の関連性が研究で示されている．よってこの危険な放射性同位体への懸念はいまだに存在している．

放射性のストロンチウム-85は極端な骨の痛みの治療に用いられているが，その結果として骨のがんができることが多い．他のストロンチウムの同位体と同様に，非常に高放射性のストロンチウム-85は患者の骨に蓄積するが，そ

---

a) hydroxyapatite
† 有名な米国の化学者ポーリング (Linus Pauling) は，大気圏核実験に対する戦いでノーベル平和賞を受賞した．国務省が"非親米活動"として彼のパスポートを取上げたため，本人は受賞に行けなかった．

タリウム中毒：二つの歴史的事件

1976年，中東の国カタールから生後19カ月の少女が，最初は脳炎と疑われた不可思議な病気の治療のために英国に飛来した．一連の検査にもかかわらず，特効薬は何も見つからず，少女の容態は悪化する一方だった．彼女の集中治療看護士の一人だったメイトランドはアガサ・クリスティの推理小説を愛読しており，そのときは"蒼ざめた馬（The Pale Horse）"を読んでいた．この小説では，殺人請負人が，"完全殺人"遂行のために，味がなく水溶性のタリウム(I)塩を繰返し用いた．クリスティはタリウム中毒の症状を正確に記述しており，この記述が死ぬ間際の少女の症状と酷似していることにメイトランドは気づいた．彼女はこのことを主治医に伝え，主治医は法病理学者の尿検査にてタリウム(I)を確認した．メイトランドの考えは正しかった．少女の体の中には非常に高濃度のタリウム(I)が存在した．水溶性ベルリン青とカリウムイオン療法が直ちに処置され，3週間後には少女は健康を回復し，退院した．このタリウムの出どころはどこか？ 中東では硫酸タリウム(I)が下水溝に棲息するゴキブリやげっ歯動物を殺すために使われており，少女はその毒を見つけて食べてしまったように推測される．

最も際だった事件が1995年に中国で起こった．北京の清華大学の若い化学科学生の朱が重病にかかった．両親は中国で最も優れた病院の一つである中国協和医科大学病院に急いで運んだ．しかし，彼女の激しい腹部のけいれんと手足が灼ける感覚の原因を突止められなかった．さらに，彼女の髪の毛が抜け始めた．高校時代からの親友ベイは非常に心配して，ルームメイトのカイに助けを求めた．カイは研究用にインターネットにアクセスできたので，朱の病状を sci.med.newsgroup に書込み，SOSを英語で発信した．この緊急な願いは莫大な世界的反響をひき起こし，2週間で600通を超えるe-mail返信を受取った．先天性重症筋無力症やギラン・バレー症候群[a]（アレルギー性急性多発性根神経炎）ではないかという示唆もあったが，故意のタリウム中毒が浮かび上がり，一致をみた．

朱の医師は，ベイとカイの医学的診断への割込みに最初は憤慨した．しかし両親はタリウム検査のために娘の血液，尿，髪の毛，爪の試料を北京の労働・衛生・職業病研究所に持込んだ．分析結果は，彼女の体内のタリウム濃度が通常の1000倍以上になっていることを示した．この展開をネットで注視していた人が，ロサンゼルス毒物・薬物情報センターに処置方法を問合わせ，水溶性ベルリン青とカリウムイオンを即座に処置することが重要だと病院に伝えた．その日のうちに，朱のタリウム濃度は低下し始め，そして10日後にはタリウム(I)の濃度は検出されないほどになっていた．北京警察は中毒の企てに対する捜査を開始した．

この最も悪名高いタリウム中毒事件は脚色され，1995年の映画 "毒殺日記（The Young Poisoner's Handbook）" になった．（注：映画は，この気味悪い事件のブラックコメディである．）

の放射線輻射は特に骨の周囲の激痛をひき起こしている神経を殺す．

9・13・2 タリウム(I)

タリウム(I)は化学だけでなく生化学においてもカリウムと似ている．タリウム(I)は猛毒なイオンであり，カリウムイオン濃度が高い組織に蓄積する．タリウム(I)は細胞膜輸送機構においてカリウムよりも有利なので，容易に細胞に侵入する．一度細胞内に入ると，酵素を活性化するカリウムを置換し，酵素機能を崩壊させる．非常に軟らかい酸であるタリウム(I)は，軟らかい塩基であるミトコンドリア内の含硫アミノ酸の硫黄と結合して，酸化的リン酸化を阻害すると信じられている．タリウム中毒はすべての細胞において退行的変化をひき起こすが，特に神経系と毛母細胞が影響を受ける．徴候の多くが他の病気の結果だと診断される可能性が高いのが問題である．

タリウム中毒には相補的治療法が二つある．第一の方法が，無害で水溶性ベルリン青と通常よばれるヘキサシアノ鉄(II)酸鉄(III)カリウム $K^+[Fe^{3+}Fe^{2+}(CN^-)_6]$ の投与である．この化合物の使用は，タリウム(I)が銀(I)に類似した化学的挙動もするという事実に基づいている．すなわち，錯イオンと不溶性化合物を形成する．

$$[Fe^{3+}Fe^{2+}(CN^-)_6]^-(aq) + Tl^+(aq)$$
$$\longrightarrow Tl^+[Fe^{3+}Fe^{2+}(CN^-)_6](s)$$

この手段を使えば，胃腸管内のタリウム(I)はすべて沈殿し，排出されるだろう．さらに組織に結合したタリウム(I)の平衡をずらすには，高濃度のカリウムイオンの投与が用いられる．

---

[a] Guillain-Barré syndrome

要　点

- 族の傾向は，特に周期表の左右両端で規則性がみられる．
- 結合形式において，同一周期内でイオン性から共有結合性ネットワークを経由して共有結合小分子へと変わっていく傾向がある．
- n 族元素と $(n+10)$ 族元素の多くの組合わせにおいて，最大酸化状態での類似性が存在する．
- 周期表の左上側で，斜めの関係が存在している．
- 周期表の右下側で，"ナイトの動き（桂馬飛び）"の関係にあるいくつかの元素では，類似性がみられる．
- 多原子イオンには，ある単原子イオンと似た性質をもつものがある．

基本問題

9・1 (a) ジントル則，(b) 斜めの関係，の意味を説明しなさい．

9・2 (a) "ナイトの動き（桂馬飛び）"の関係，(b) 擬元素，の意味を説明しなさい．

9・3 ミョウバンに共通の性質は何か？

9・4 アルミニウムと鉄(III)の化学の間の類似点と相違点は何か？

9・5 (a) 2族元素，(b) 17族元素，(c) 14族元素，の融点の傾向を説明しなさい．

9・6 第4周期の主族金属元素のフッ化物の化学式を記しなさい．おのおのの結合形式を述べなさい．

9・7 第4周期の主族金属元素の水素化物の化学式を記しなさい．おのおのの結合形式を述べなさい．

9・8 水素化カルシウムを溶融電解したとする．(a) 陽極，(b) 陰極で予測させる生成物は何だろうか？

9・9 (a) マンガン(VII)と塩素(VII)，(b) 銀(I)とルビジウム，の化学を比較対照しなさい．

9・10 第2周期の金属酸化物の融点にはつぎのような傾向がある．MgO : 2800 ℃，CaO : 1728 ℃，SrO : 1635 ℃，BaO : 1475 ℃．このようになる理由を述べなさい．

9・11 (a) ナフタレン $C_{10}H_8$，(b) ビフェニル $C_{12}H_{10}$ の窒化ホウ素による"コンボ"類似体の構造を記しなさい．

9・12 リン酸イオン PO_4^{3-} とテトラフェニルホウ酸イオン $[B(C_6H_5)_4]^-$ のどちらがアンモニウムイオンと沈殿をつくりそうか，理由をつけて答えなさい．

9・13 ジシアン分子 $(CN)_2$ の点電子構造式を推論し，分子の形を描きなさい．測定実験で，実際の炭素–炭素結合長は単純な結合モデルから予測される値よりも短いことがわかった．理由を説明しなさい．

9・14 チオシアン酸イオン[a] SCN^- は擬ハロゲンイオンとして振舞う．

(a) もとになる擬ハロゲンの化学式を記しなさい．

(b) チオシアン酸イオンの不溶性化合物を推測しなさい．

9・15 アンモニウムイオンは，アルカリ金属の中ではルビジウムまたはセシウムと最も似ている．理由を説明しなさい．

9・16 どの金属の水酸化物が水酸化アルミニウムと"等構造[b]"になるか？

9・17 シアン化物イオンが，(a) フッ化物イオン，(b) 塩化物イオン，(c) ヨウ化物イオン，とどのように似ているのかについて，一つずつ例をあげて説明しなさい．

9・18 液体の四塩化ケイ素および塩化チタン(IV)と水との反応の化学反応式を記しなさい．

9・19 三酸化硫黄および酸化クロム(VI)と水との反応の化学反応式を記しなさい．

9・20 塩素とマンガンの最高酸化数の酸化物の化学式は何か？この2元素以外の酸化物で互いに化学式が似ているものは何か？

9・21 (a) 酸化アルミニウムと酸化スカンジウムの化学式を記しなさい．

(b) リンとバナジウムの最高酸化数のオキソアニオンの化学式を記しなさい．

9・22 なぜアルミニウムが13族ではなくて3族の一員であると考えてもよいのかを簡潔に説明しなさい．

9・23 硝酸チタン(IV)は，他の族の金属の硝酸塩と，同じ結晶構造であるということも含めて多くの性質が共通している．その金属の正体を示しなさい．

9・24 リンは化学式 $POCl_3$ で表されるオキシ塩化物を形成する．どの遷移金属が，この化学式に適合するオキシ塩化物を形成するだろうか？

9・25 表 9・4 において，ネオンの融点は，窒素，酸素，フッ素よりもかなり低い．理由を説明しなさい．

9・26 スカンジウムの供給源の一つは鉱石ステライト[c] $ScPO_4 \cdot 2H_2O$ である．この鉱石は，主族金属のある鉱石

---

a) thiocyanate ion　b) isostructural　c) sterrite

と"等構造"をもつ．その鉱石の化学式を記しなさい．

9・27 ユウロピウムにおいて+2の酸化状態がみられる理由を，軌道の占有によって説明しなさい．

9・28 セリウムにおいて+4の酸化状態がみられる理由を，軌道の占有によって説明しなさい．

9・29 ユウロピウムにおいて+2の酸化状態がみられる理由を，エネルギーの点から説明しなさい．

9・30 セリウムにおいて+4の酸化状態がみられる理由を，エネルギーの点から説明しなさい．

9・31 "ナイトの動き（桂馬飛び）"の関係は，両元素が同じ酸化状態にあるときに存在する．(a) 銅とインジウム，(b) カドミウムと鉛，で共通している酸化状態は何か？

9・32 "ナイトの動き（桂馬飛び）"の関係は，両元素が同じ酸化状態にあるときに存在する．(a) インジウムとビスマス，(b) 亜鉛とスズ，で共通している酸化状態は何か？

9・33 臭化銀は430℃の融点をもつ．他の臭化物で同じような融点をもつと予測されるものは何か？ データ表をチェックして，答えを確認しなさい．

9・34 シーボーギウム Sg が形成すると考えられる二つのオキソアニオンの化学式を記しなさい．

9・35 炭素と窒素はシアン化物イオン（C≡N）⁻ を形成する．以下の組合わせにおいてシアン化物イオンに対応する等電子種の化学式を記しなさい．(a) 炭素と酸素，(b) 炭素と炭素．

9・36 ナトリウムは二酸化物(2−)（過酸化物）Na_2O_2 が最も安定な酸化物種となる唯一のアルカリ金属である．表9・18を用いて，アルカリ土類金属が安定した二酸化物(2−)化合物を形成することを導出しなさい．

9・37 モナザイト（ランタノイドのリン酸塩鉱石 MPO_4）は概して約3％の3族の金属イオンを含んでいる．このイオンの正体を述べなさい．

9・38 リンはハロゲン化物イオンや擬ハロゲン化物イオンとの間で化合物 PX_3 を形成する．シアン化物イオンとの化合物の化学式を記しなさい．

応用問題

9・39 シラン SiH_4 と酸素との反応の化学反応式を記しなさい．

9・40 もしシラン SiH_4 が正の生成自由エネルギーをもつとすると，なぜ存在するのだろうか？

9・41 マグネシウムと亜鉛は n 族と $(n+10)$ 族の関係の結果として，似た化学をもつ．"真"の遷移金属，3族から10族を周期表から取除くと，異なった方法で関連していると考えることができる．その関係を考えるもう一つの方法とは何だろうか？

9・42 マグネシウムイオンか亜鉛イオンの一方を含む溶液がある．陽イオンを同定するために用いられる方法を述べなさい．

9・43 湿度・密度ゲージ[a]は，建設会社が建設場所の土の特性を調べるために用いている．このゲージには二つの放射線源，セシウム-137とアメリシウム-241が用いられている．この2種の物質はブラックマーケットで大規模な需要があるので，米国ではたくさん盗まれている．盗んだゲージが放射性物質を含んでいることを泥棒が発見すると，あるものは捨てられ，あるものはこじ開けられる．なぜセシウム-137が特に危険となりうるのかを説明しなさい．

9・44 化合物 $Zn_x[P_{12}N_{24}]Cl_2$ は，鉱物ソーダライト $Na_8[Al_6Si_6O_{24}]Cl_2$ と同じ結晶構造をもつ．アルミノケイ酸イオン[b]とホスホニトリドイオン[c]の価電子の総数は等しい．
(a) ホスホニトリドイオンの価数を計算しなさい．
(b) $Zn_x[P_{12}N_{24}]Cl_2$ 中の亜鉛イオンの数 x を計算しなさい．

9・45 最高酸化数のヨウ素のフッ化物の化学式を予測しなさい．この化合物が存在するかどうかを調べなさい．なぜ原子比が最高酸化数の塩素のフッ化物と異なるかを述べなさい．

9・46 表9・6のフッ化物中の他の元素の酸化数を計算し，これらの酸化数のパターンを同定しなさい．

9・47 表9・9の水素化物中の他の元素の酸化数を計算し，これらの酸化数のパターンを同定しなさい．

9・48 8族元素を下に降りていくときの，最高酸化数の酸化物の化学式を調べなさい．それぞれの場合の8族元素の酸化数を計算しなさい．最高酸化数に関して何に気づいたか？

---

a) moisture/density gauge　b) aluminosilicate ion　c) phosphonitride ion

10 水　　素

周期表中でどの特定の族にも属さない唯一の元素が水素である．この元素には独特の化学がある．そのうえ，水素の三つの同位体は分子の質量があまりに違うため，物理的，化学的性質の違いは測定可能なほど大きい．

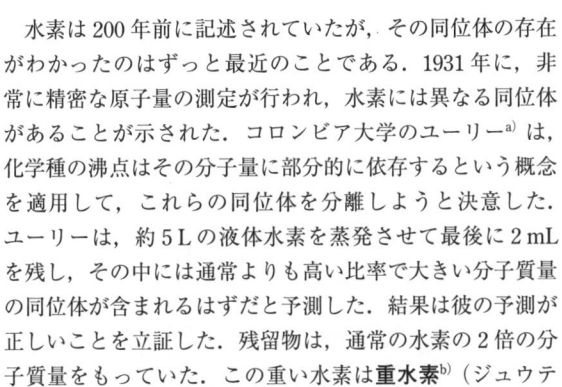

水素は200年前に記述されていたが，その同位体の存在がわかったのはずっと最近のことである．1931年に，非常に精密な原子量の測定が行われ，水素には異なる同位体があることが示された．コロンビア大学のユーリー[a]は，化学種の沸点はその分子量に部分的に依存するという概念を適用して，これらの同位体を分離しようと決意した．ユーリーは，約5Lの液体水素を蒸発させて最後に2 mLを残し，その中には通常よりも高い比率で大きい分子質量の同位体が含まれるはずだと予測した．結果は彼の予測が正しいことを立証した．残留物は，通常の水素の2倍の分子質量をもっていた．この重い水素は**重水素**[b]（ジュウテリウム）と命名された．

同位体の概念の創案者，ソディ[c]は重水素が水素の同位体だと信じられなかった．多くの化学者達とともに，同位体は定義上分離できないと主張した．ユーリーが水素の二つの形の分離を発表したとき，ソディは自分の定義に疑問をもつよりユーリーが不正確だと判断して，それらは同位体ではないと論じた．ソディの否定的意見を除けば，ユーリーの発見はかなりの評価を受け，1934年のノーベル化学賞に結びついた．皮肉なことに，後に最初の原子質量測定が誤りであることがわかった．とりわけ水素同位体の存在について何の証拠も提供されていなかった．よってユーリーの研究は成功したものの，誤った情報に基づいたものだった．

10・1　水素の同位体

水素の同位体は，特に化学において重要な役割をもつ．水素同位体間の相対的質量差が非常に大きいので，これらの物理的性質と（程度は劣るが）化学的挙動には重要な相違点がある．天然の水素は三つの同位体，すなわち中性子をもたない"一般的な"水素である**プロチウム**[d]（軽水素：存在率99.985 %），中性子1個をもつ**ジュウテリウム**（重水素：存在率0.015 %），中性子2個をもつ放射性の**トリチウム**[e]（三重水素：存在率10^{-15} %）をもつ．これらの同位体は，プロチウムにはH，ジュウテリウムにはD，トリチウムにはTという特別な元素記号を用いている唯一の組である．分子質量が増えるにつれて，沸点と結合エネルギーはともに著しく増加する（表10・1）．

表10・1　水素の同位体の物理的性質

同位体	分子質量 $[g \cdot mol^{-1}]$	沸点 $[K]$	結合エネルギー $[kJ \cdot mol^{-1}]$
H_2	2.02	20.6	436
D_2	4.03	23.9	443
T_2	6.03	25.2	447

重水素やトリチウムと他元素との間の共有結合は，軽水素の場合よりも強い[†]．たとえば，水を電気分解して水素と酸素を生成する場合，O—H共有結合はO—D結合よりも容易に切断することができる．その結果，残存する液体中の"重水"（酸化重水素）の割合はどんどん高くなる．30 Lの水を電気分解して体積を1 mLまで濃縮すると，残存液体は純度約99 %の重水になる．通常の水（軽水）と重水 D_2O では，すべての物理的な性質が異なる．たとえば，重水は3.8 ℃で融解し，101.4 ℃で沸騰する．重水の密度は，すべての温度において軽水の密度より約10 %高い．したがって重水の氷は0 ℃の"軽水"中に沈むであろう．重水中では溶質分子の軽水素原子の特性が水溶液中で"水浸しになる（その軽水素原子についての情報が溶媒の水分子の水素の中に埋もれてしまう）"ことなしに調べることができるので，溶媒として広く用いられてい

---

a) Harold C. Urey　b) deuterium　c) Frederick Soddy　d) protium　e) tritium
† 同一元素の2原子間に生じる最強の単結合は，T_2 におけるトリチウム間結合で結合エネルギーは447 kJ·mol^{-1} である．H_2 における ^{1}H 間の結合エネルギーは436 kJ·mol^{-1} である．

る．また重水素置換の化合物を用いると，水素原子がかかわる反応経路について調べることができる．

トリチウムは半減期約 12 年の放射性同位体である．この短い半減期からは，天然にほとんど残存していないと予想されるだろう．実際には，トリチウムは大気上層の原子に宇宙線が衝突することにより定常的に生成している．一例は窒素原子と中性子の衝突である．

$$^{14}_{7}N + ^{1}_{0}n \longrightarrow ^{12}_{6}C + ^{3}_{1}T$$

この同位体は崩壊して，珍しいヘリウムの同位体，ヘリウム-3 になる．

$$^{3}_{1}T \longrightarrow ^{3}_{2}He + ^{0}_{-1}e$$

トリチウムには多くの需要がある．優秀なトレーサーなので，医学的な目的に必要とされている．この同位体は，放射性壊変で低エネルギー電子（β 線）を放射するが，有害な γ 線は放射しない．放射された電子は放射能計数管で追跡でき，組織へは最小のダメージしか与えない．トリチウムの最大の消費者は水素爆弾（もっと正確にはトリチウム爆弾）保有国の軍隊である．水中で生じる痕跡量のトリチウムを採るには，莫大な水の処理が必要となるだろう．もっと簡単な合成には，原子炉中でリチウム-6 を中性子でたたくことが必要となる．

$$^{6}_{3}Li + ^{1}_{0}n \longrightarrow ^{4}_{2}He + ^{3}_{1}T$$

トリチウムは半減期が短いので，時間がたつと核弾頭のトリチウム含有量が核融合に必要な臨界量を下回るまで減少してしまい，核大国の問題となっている．使用可能な状態を維持するためには，弾頭は定期的に"トリチウムをいっぱいに満たされなければいけない"．

10・2 核磁気共鳴

分子構造研究に最も役立つツールの一つは核磁気共鳴[a]（NMR）である．この技術は核スピンの研究と密接に関連している．§2・3 に記述したように，陽子と中性子は $\pm\frac{1}{2}$ のスピンをもつ．原子内の核粒子には，陽子と中性子がともに偶数個，陽子が奇数個で中性子が偶数個，陽子が偶数個で中性子が奇数個，陽子と中性子がともに奇数個，という 4 通りの組合わせが可能である．後半の 3 通りの範疇においては不対核子が存在する．この不対核子が存在する条件は，膨大な数の核であてはまると思われるが，スピン対形成が核安定性の主要な原動力となるので，273 種の安定原子核のうち，陽子と中性子がともに奇数個なのは 4 種のみである．

不対核子は $+\frac{1}{2}$ か $-\frac{1}{2}$ のスピンをもち，各スピン状態は同じエネルギーをもつ．しかし磁場中では，スピンは磁場に対して平行にも逆平行にもなることができ，平行な配置の方が低エネルギーになる．二つのエネルギー準位の分裂（差）は非常に小さく，電磁スペクトルのラジオ波の周波数域に対応している．不対核子をもつ試料に，ラジオ波発生源の焦点を合わせ，当てるラジオ波の周波数を分裂したエネルギー準位に対応するように調整すると，電磁波は試料により吸収され，不対核子のスピンが磁場の反対方向に逆転する．すなわち，より高いエネルギー準位へ移行する．15,000 ガウスの磁場中に置くと，孤立した陽子では 63.9 MHz（6.39×10^7 s^{-1}）で吸収が起こる．

吸収の相対強度は核の個性に大きく依存する．すべての核の中で水素-1 は最も強い吸収を示す（図 10・1）．水素はこの宇宙で最もありふれた元素なので，容易に研究に利用できる利点がある．NMR の発見から久しい現在でも，水素はこの技術によって最も研究された元素である．

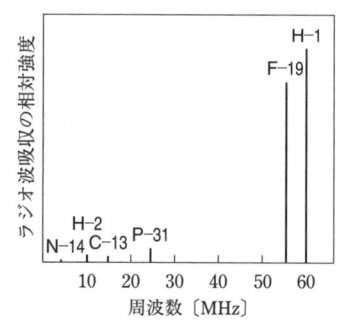

図 10・1 14,000 ガウスの磁場中での，一般的な同位体の特異吸収の相対強度

NMR が上記のこと以外に何もできなかったら，特に有用な技術にはならなかっただろう．しかし，核が受ける実際の磁場に，核の周囲の電子が影響を与える．それぞれの核の環境における磁場は，磁石が与える磁場とは異なるので，エネルギー準位の分裂および吸収されるラジオ波の周波数は各化学種に特有のものになる．よって吸収される周波数は原子の環境を反映する．吸収される周波数の差（**化学シフト**[b]，または単純にシフトとよばれる）は非常に小さく，そのシグナルの周波数の約 10^{-6} である．そこで，シフトを 100 万分の 1（ppm）という単位で表す．さらに隣の奇数スピンをもつ核と相互作用して，遷移準位の分裂が生じる．したがって，原子の相対位置を NMR によって特定することができる．この技術は，化学者（特に有機化学者）にとって，化合物の同定と分子中の電子分布研究の両面において大きな助けとなっている．また，磁気共鳴映像法[c]（MRI）という名称で，医療分野に幅広く用いられ

---

a) nuclear magnetic resonance   b) chemical shift   c) magnetic resonance imaging

化学における同位体

元素の化学に関する議論において，化学反応における同位体の影響についてはめったに言及しない．だが，特に，同位体の質量差がとても大きい水素においては，かなり重要である．同位体の質量の違いは，反応速度と化学平衡の状態に影響する．

同位体の役割については，ビゲライゼン・メイヤーの公式[a]（第2章のコラム"原子核の殻モデルの起源"のメイヤー[b] による共同発見）を用いると，よく理解できる．この公式は，軽い同位体との結合は，重い同位体との結合よりも切断しやすいということを表している．よって，重い同位体ほど強い結合をもつ化学種を好む．たとえば，自然環境においては，硫黄の重い同位体である硫黄-34の存在率は，硫化物中よりも（硫黄が4個の酸素原子と強い共有結合をしている）硫酸塩中の方が，わずかだが大きい．化学平衡を利用して同位体を分離することは可能である．化学反応における同位体効果の端的な例を以下に示す．

$$HD(g) + H_2O(g) \rightleftharpoons H_2(g) + HDO(g)$$

図10・2に，上の4化学種のポテンシャルの最低値をプロットする．重水素は軽水素より酸素と強い結合を生成するので，HDO/H_2の組合わせの方がエネルギー的に有利である．言い換えると，上の反応式の平衡は右に偏っており，重水素に富んだ水になる．このような一連の平衡関係を利用して純粋な重水をつくることができる．

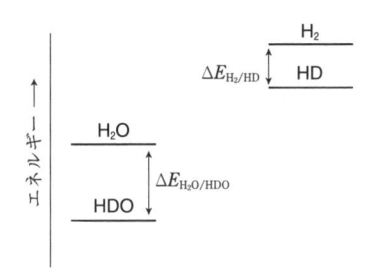

図10・2 水素と重水素について，水素ガスと水の平衡における相対エネルギーのプロット

炭素は同位体効果が特に重要なもう一つの元素である．事実，炭素-13の割合は，炭素源に依存して0.99 %から1.10 %まで変化する．二酸化炭素が植物に吸収されて糖に変換されるとき，光合成経路が違うと異なった炭素同位体組成になる．たとえば，ある糖の試料がサトウキビか砂糖大根のどちらから得られたかを炭素同位体比から示すことができる．この同位体比試験は，たとえば蜂蜜やワインが安価な砂糖溶液を混ぜた粗悪品ではないかというような，消費者用食料品の品質チェックにおいて計り知れないほど貴重になっている．化学研究では，分子振動の赤外線吸収スペクトル[c] の相関など，同位体効果の応用が数多く存在する．

ている．

10・3 水素の性質

上述のとおり，水素はユニークな元素であり，周期表のどの族にも属していない．いくつかの周期表形式ではアルカリ金属の一員に，他のいくつかの形式ではハロゲンに，その他ではアルカリ金属とハロゲンの両方に位置づけられ，また，それ自体で独自の族としている形式も若干ある．水素を1族または17族に"置いてもよい"または"置いてはいけない"基本的な理由を表10・2にまとめる．この本では水素のユニークさを強調するために，周期表での位置は，他の族から孤立させている．特に，水素の電気陰性度はアルカリ金属より高く，ハロゲンより低いので，この二つの族の中程に水素を置くことは妥当である．

二水素は無色無臭の気体で，−253 ℃で液化し，−259 ℃で固化する．水素ガスの反応性はそれほど高くないが，そ

表10・2 水素を1族または17族に置いてもよい理由と置いてはいけない理由

	置いてもよい理由	置いてはいけない理由
1族（アルカリ金属）	1価のイオン $H^+(H_3O^+)$ を形成する s 軌道に電子が一つである	金属ではない 水とは反応しない
17族（ハロゲン）	非金属である 二原子分子を形成する	1価の陰イオン H^- をめったに形成しない 比較的反応性がない

---

a) Bigeleisen−Mayer formulation　　b) Maria Goeppert Mayer　　c) infrared absorption spectrum

の理由の一つとして，H—H結合が高い結合エネルギーをもつ（436 kJ·mol^{-1}）ことがあげられる．この結合は水素が多くの他の非金属と形成する共有結合よりも強い．たとえばH—S結合エネルギーは347 kJ·mol^{-1}にすぎない．ここで"生成物の結合エネルギーが反応物の結合エネルギーと同程度か大きい場合のみ，自発的に反応する見込みがある"ということを思い出そう．この自発的反応の一つは，二水素と二酸素の燃焼により水が生じる反応である．水素ガスと酸素ガスを混合して点火すると反応は爆発的に起こる．

$$2\,H_2(g) + O_2(g) \longrightarrow 2\,H_2O(g)$$

この反応ではエントロピーが減少するので，エンタルピー駆動である（§6・1を参照）．さらに結合エネルギーについては，強いO—H結合（464 kJ·mol^{-1}）の形成がこの反応を熱力学的に実行可能にしていることがわかる（図10・3）．

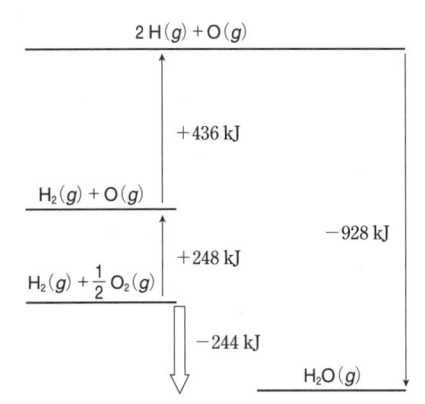

図10・3 水の生成における理論的なエンタルピーサイクル

二水素はハロゲンと反応するが，反応速度は重いハロゲンほど低下する．フッ素とは激しく反応してフッ化水素を生じる．

$$H_2(g) + F_2(g) \longrightarrow 2\,HF(g)$$

二水素と二窒素の反応は触媒が存在しないときは非常に遅い（この反応については第15章で詳細に述べる）．

$$3\,H_2(g) + N_2(g) \rightleftharpoons 2\,NH_3(g)$$

高温では，二水素は多くの金属酸化物を還元して金属単体にする．たとえば，酸化銅(II)は金属銅に還元される．

$$CuO(s) + H_2(g) \xrightarrow{\Delta} Cu(s) + H_2O(g)$$

触媒（通常は粉末状の白金かパラジウム）の存在下では，二水素は炭素-炭素二重結合と三重結合を単結合にまで還元できる．たとえば，エテンC_2H_4がエタンC_2H_6に還元される．

$$H_2C=CH_2(g) + H_2(g) \longrightarrow H_3C-CH_3(g)$$

二水素による還元は，たくさんの炭素-炭素二重結合をもつ不飽和脂肪酸（食用油）から，融点が高く，炭素-炭素二重結合が少なく部分的に飽和した固体脂肪（マーガリン）への変換に用いられる．

10・3・1 二水素の製造

研究室においては，水素ガスはいろいろな金属に希酸を作用させる方法でつくられている．特に使いやすい反応は，亜鉛と希塩酸との反応である．

$$Zn(s) + 2\,HCl(aq) \longrightarrow ZnCl_2(aq) + H_2(g)$$

工業的製法としては異なる経路がいくつかあるが，その一つが**水蒸気改質プロセス**[a]である．このプロセスの第一段階で天然ガス（メタン）と水蒸気を高温で吸熱反応させて一酸化炭素と水素ガスを得る．一酸化炭素を凝縮するには混合物を$-205\,℃$以下に冷却しなくてはならず，二つの生成物の分離は困難である．この問題を克服し，かつ水素ガスの収量を増やすために，混合物にさらに水蒸気を追加注入しながら冷却し，別の触媒系に通す．この条件下では，一酸化炭素は発熱しながら二酸化炭素に酸化され，追加された水は水素に還元される．

$$CH_4(g) + H_2O(g) \xrightarrow{Ni/800\,℃} CO(g) + 3\,H_2(g)$$
$$CO(g) + H_2O(g) \xrightarrow{Fe_2O_3/Cr_2O_3/400\,℃} CO_2(g) + H_2(g)$$

二酸化炭素はいろいろな方法で水素ガスから分離できる．一つは生成物を，二酸化炭素の液化温度$-78\,℃$（二水素の液化温度$-253\,℃$よりはるかに高い）以下に冷却する方法である．しかし，このプロセスでも大規模な冷却システムが必要である．他の方法では，混合気体を炭酸カリウム水溶液に通す．中性の一酸化炭素と違って二酸化炭素は酸性酸化物である．1 molの二酸化炭素は過剰量の炭酸イオンおよび水と反応して，2 molの炭酸水素イオンを生じる．反応完結後に炭酸水素カリウム溶液を取外して加熱すると，炭酸カリウムが再生され，同時に生じた純粋な炭酸ガスを収集して加圧する．

$$K_2CO_3(aq) + CO_2(g) + H_2O(l) \rightleftharpoons 2\,KHCO_3(aq)$$

熱化学プロセスで得られた二水素の純度は，ほとんどの目的には十分である．しかし高純度の水素ガス（最低でも

---

[a] steam reforming process

三水素イオンを求めて深宇宙を探る

われわれは化学のことを通常，地球表面の条件，約 100 kPa，25 ℃で何が起こるかと考えている．しかし，宇宙の他空間では非常に珍しい安定化学種が存在する場合がある．最も興味深いものの一つが，三水素イオン[a] H_3^+ である．このイオンは惑星大気の上層（磁気圏）で形成される．そこでは太陽風[b]や他の高エネルギー電子源が水素分子と衝突する．

$$H_2(g) + e^- \longrightarrow H_2^+(g) + 2\,e^-$$
$$H_2^+(g) + H_2(g) \longrightarrow H_3^+(g) + H(g)$$

三水素イオンは低圧条件下では非常に安定であり，独特で極端に強い振動発光スペクトルを示す．そのため，惑星化学者は外惑星である木星，土星，天王星において三水素陽イオンを調べることにより，これらの巨大ガス惑星の大気上層（磁気圏）に関する情報を得ることが可能となった．

三水素イオンは正三角形構造であり，H—H 結合の長さは 87 pm である．このイオンは孤立状態では熱力学的に安定だが，惑星大気中ではさまざまなイオン間反応が起こる．最重要な分解経路は電子との反応である．

$$H_3^+(g) + e^- \longrightarrow H_2(g) + H(g)$$

このイオンに関する最もエキサイティングな発見はまだなされていない．地球近くの恒星の重力揺らぎを測定した結果，天文学者は恒星の多くは軌道を描いて回る惑星をもつと結論した．現在のところ，40 以上の恒星において一つかそれ以上の数の惑星をもつことが，この間接的な方法で示されている．しかし，実際にこれらの惑星の一つでも直接見た人はいない．これらの惑星からの反射太陽光は弱くて検出が難しいが，最新鋭の望遠鏡の能力は三水素の発光スペクトルを検出できるほど高感度であるようだ．三水素のスペクトルは宇宙の密告者であり，わが銀河の他の星々の周囲にある惑星の存在を確証するのは，時間およびもっと高感度の望遠鏡の開発の問題だろう．

純度 99.9 %）が，水酸化ナトリウム溶液か水酸化カリウム溶液の電気分解という電気化学プロセスでつくられている．この反応では，**陽極**[c]で酸素ガスが，**陰極**[d]で水素ガスが生じる．

陰極： $2\,H_2O(l) + 2\,e^- \longrightarrow 2\,OH^-(aq) + H_2(g)$

陽極： $3\,H_2O(aq) \longrightarrow 2\,H_3O^+(l) + \frac{1}{2}O_2(g) + 2\,e^-$

10・4 水素化物

水素を含む二元化合物は "**水素化物**[e]" とよばれる．水素は多くの元素と二元化合物を形成し，その電気陰性度は周期表中の全元素の中央値を少し上回る程度である．したがって，水素は少し電気陰性な非金属として振舞い，§9・2 で述べたように，非常に陽性な金属とはイオン性化合物を，非金属とは共有結合性化合物を形成する．さらに，いくつかの遷移金属と金属性水素化物を形成する．水素化物の三つの主要なタイプの分布を図 10・4 に示す．

10・4・1 イオン性水素化物

"イオン性水素化物"はすべて非常に反応性の高い白色固体であり，最も陽性な金属との間でのみ形成される．これらのイオン性結晶は金属陽イオンと水素化物イオン[f]（H^-）から成る．この陰イオンが存在する証拠は，溶融塩化リチウム中で水素化リチウムを電気分解することで得ら

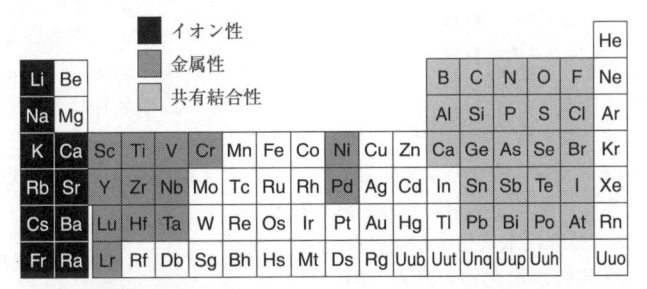

図 10・4 水素化物の一般的な 3 タイプ．イオン性，共有結合性，金属性．主族元素と遷移元素のみを示す．ランタノイドとアクチノイドも一部は金属性水素化物を形成するが，ここには示していない．白色で表した元素は，水素化物は知られていないか，化学分析がまだ不十分なものである．

---

a) trihydrogen ion b) solar wind c) anode d) cathode e) hydride f) hydride ion

れる．この反応過程において，水素は陽極から発生する．

$$2\,\mathrm{H}^{-}(LiCl) \longrightarrow \mathrm{H}_2(g) + 2\,\mathrm{e}^{-}$$

水素化物イオンは強い還元剤であり，たとえば水を水素に還元することができる．水素化カルシウムと水との反応は，有機溶媒を化学的に乾燥する方法としてよく用いられる．

$$\mathrm{CaH}_2(s) + 2\,\mathrm{H}_2\mathrm{O}(l) \longrightarrow \mathrm{Ca(OH)}_2(s) + 2\,\mathrm{H}_2(g)$$

10・4・2 共有結合性水素化物

水素は，希ガスを除くすべての非金属や，ガリウムやスズのように非常に弱い陽性金属と"共有結合性化合物"を形成する．単純な共有結合性水素化物のほとんどは室温で気体である．共有結合性水素化物には三つの範疇がある．

1. 水素原子が電気的にほぼ中性であるもの
2. 水素原子が実質的には陽性になっているもの
3. 水素原子が少し陰性になっているもの（電子不足[a] ホウ素化合物を含む）

最初の範疇は低極性分子なので，隣接した水素化物分子間の分子間力は分散力だけとなり，共有結合性水素化物は低沸点気体となる．これらの水素化物の典型例はセレン化水素 $\mathrm{H}_2\mathrm{Se}$（沸点 $-60\,\mathrm{°C}$）とホスフィン[b] PH_3（沸点 $-90\,\mathrm{°C}$）である．

中性に近い共有結合性水素化物の最大グループは炭素を含むもの（炭化水素[c]）で，アルカン[d]，アルケン[e]，アルキン[f]，芳香族炭化水素[g]を包含する．炭化水素の多くは大きな分子であり，室温で液体または固体になれるほど強い分子間力をもつ．すべての炭化水素は熱力学的に酸化に対して不安定である．たとえば，メタンは自発的に酸素と反応して二酸化炭素と水になる．

$$\mathrm{CH}_4(g) + 2\,\mathrm{O}_2(g) \longrightarrow \mathrm{CO}_2(g) + 2\,\mathrm{H}_2\mathrm{O}(g)$$
$$\Delta G^{\circ} = -800\,\mathrm{kJ\cdot mol^{-1}}$$

混合物に点火しない限り，この過程は非常に遅い．すなわち，この反応は高い活性化エネルギーをもつ．

アンモニア，水，フッ化水素は共有結合性水素化物の第二の範疇"正電荷を帯びている水素原子を含む水素化物"に属している．これらの化合物は，異常に高い沸点と融点をもつという点で，ほかの共有結合性水素化物とは異なる．この特性の例として，17族の水素化物の沸点（図10・5）を示す．

これらの化合物中の正に帯電した水素原子は他原子の電子対に引きつけられて（§3・12に既述），水素結合（もっと正確にはプロトン性架橋[h]とよばれる）として知られる弱結合を形成する．プロトン性架橋は分子間力としては非常に強いとしても，共有結合に比べれば弱い．たと

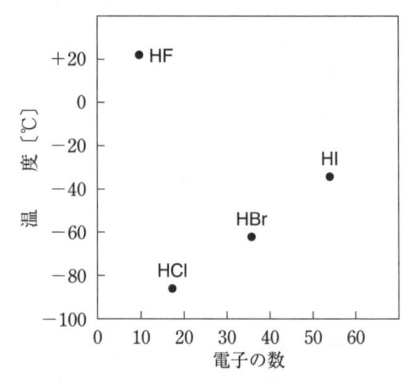

図10・5　17族元素の水素化物の沸点

えば，O—H 共有結合の結合エネルギー $464\,\mathrm{kJ\cdot mol^{-1}}$ に比べると $\mathrm{H}_2\mathrm{O}\cdots\mathrm{HOH}$ のプロトン性架橋は $22\,\mathrm{kJ\cdot mol^{-1}}$ の結合エネルギーしかもたない．一般の化学入門書では，"プロトン性架橋は，架橋分子中の非常に高極性の共有結合の結果生じる非常に強い双極子-双極子相互作用である"と述べられている．しかしこのクーロン引力の概念に従うならば，塩化水素もこの効果を示すはずであるが，実際は（わずかな程度においても）そうではない．

水素結合は，分子軌道理論[i]を用いた共有結合モデルで表すこともできる．このモデルは，一つの水分子の σ 軌道と他の分子の σ 軌道との重なりを用いる．この二軌道間の相互作用によって結合性と反結合性の軌道の組合わせが生じ，1組の電子対が結合性軌道に入ることになる．このモデルは，水素結合の距離が二つの原子のファンデルワールス半径の和よりも一般的にかなり短くなるという観測結果によって支持されている．そのうえ，プロトン性架橋が強いほど O—H 共有結合が弱くなることも理解できる．よって二つの結合は強く相関している．

水素原子がわずかに陰性になっている第三の範疇には，ジボラン[j] $\mathrm{B}_2\mathrm{H}_6$，シラン[k] SiH_4，ゲルマン[l] GeH_4，スタンナン[m]（IUPAC の名称は水素化スズ(IV)）SnH_4 が含まれる．これらの水素化物の単量体は，酸素と激しく反応する．たとえば，スタンナンは燃えて酸化スズ(IV)と水を生じる．

$$\mathrm{SnH}_4(g) + 2\,\mathrm{O}_2(g) \longrightarrow \mathrm{SnO}_2(g) + 2\,\mathrm{H}_2\mathrm{O}(l)$$

少し陰性の水素（**ヒドリド性水素**[n]）は，少し陽性の水素に比べてかなり反応性が高い．ボラン類中の結合は特に珍しく，§13・4で詳しく記述する．さらに，金属原子間

---

a) electron-deficient　b) phosphine　c) hydrocarbon　d) alkane　e) alkene　f) alkyne　g) aromatic hydrocarbon
h) protonic bridge　i) molecular orbital theory　j) diborane　k) silane　l) germane　m) stannane　n) hydridic hydrogen

を水素原子が架橋して重合構造をとる水素化物もわずかに存在する．これらの構造を形成するのは，ベリリウム，マグネシウム，アルミニウム，銅，亜鉛という弱金属である．

10・4・3 金属性（d-ブロック）水素化物

遷移金属のいくつかは第三の分類の水素化物"金属性水素化物"を形成する．これらの化合物は非化学量論的[a]であることが多い．たとえば，化合物中での最高の水素/チタン比を化学式で表すと $TiH_{1.9}$ となる．これらの化合物の性質は複雑である．たとえば，前述の水素化チタンは，現在，$(Ti^{4+})(H^-)_{1.9}(e^-)_{2.1}$ の構成になっていると考えられている．これらの化合物の金属光沢と高電気伝導性は自由電子によって説明される．金属水素化物は金属結晶格子の構造変化の結果，純金属より密度が小さくなり，また通常はもろい．同様に，金属性水素化物の電気伝導度は一般的にもとの金属より低い．

ほとんどの金属性水素化物は，高圧下で金属と水素を加熱することによって合成することができる．高温にすると，水素は水素ガスとして再放出される．たくさんの合金（たとえば，Ni_5La）が大量の水素の吸蔵および放出が可能である．これらの合金中の水素密度は，液体水素の水素密度を凌駕しており，水素自動車用の水素貯蔵手段として強い関心を集めている．

金属水素化物のおもな使い道は，ポータブルコンピューター，コードレス電気掃除機，携帯電話，および他の多くのコードレス電子機器で用いられているニッケル-水素電池である．この電池を実現するための第一の要素は，常温で水素を可逆的に吸蔵・放出する合金をみつけることである．これらの水素吸蔵合金は，水素化物の形成反応が発熱的である金属Aと吸熱的である金属Bの組合わせである．合金には，AB（例，TiFe），AB_2（例，$ZnMn_2$），AB_5（例，$LaNi_5$），A_2B（例，Mg_2Ni）の4種の比が存在する．求められているのは，本質的にエネルギー中性な水素化物を形成する組合わせである．これまでに最も適していると判明したのは，$TiNi_2$ と $LaNi_5$ である．電池内において，負極[b]側では水酸化ニッケル（II）が酸化水酸化ニッケル（III）に酸化され，正極[c]側では水が還元されて原子状水素になり，合金中に吸蔵される．

$Ni(OH)_2(s) + OH^-(aq) \longrightarrow NiO(OH)(s) + H_2O(l) + e^-$
$[Ni 合金] + H_2O(l) + e^- \longrightarrow [Ni 合金]H + OH^-(aq)$

10・5 水と水素結合

水はこの惑星で広範に存在する唯一の液体である．化学反応，生化学反応の溶媒として水がなければ，生命の存在は不可能だっただろう．水は他の16族元素の水素化物との比較から推量すると，約 -100 ℃で融解，約 -90 ℃で沸騰するはずであり，地球上の通常温度範囲では気体であると予想される．（図10・6）．

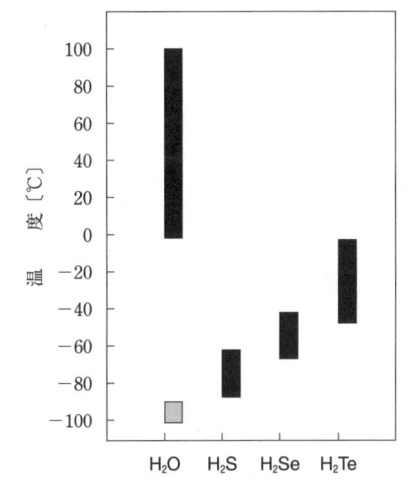

図10・6 16族元素の水素化物の液体である範囲．もし水分子が互いに水素結合していなかったら，水の液体である範囲は $-90 \sim -100$ ℃の間（灰色の矩形）であろう．〔G. Rayner-Canham et al., "Chemistry: A Second Course", Don Mills, Ontario: Addison-Wesley, p.164（1989）より〕

水には固相よりも液相の方が高い密度であるというもう一つの希な性質があり，それは水素結合によって生み出される．ほとんどの物質において，分子は液相中より固相中の方が密に充填されているので，固体の方が液体よりも高い密度をもつ．そのため，液相から結晶化するときには，通常固体は底の方に沈積する．もしこのことが水でも起こるならば，氷点下まで気温が下がる地域では，湖，川，そして海は底の方から凍ることになる．このような環境では魚や他の海洋生物は生き残れないだろう．

幸いなことに氷は液体の水よりも密度が小さいので，氷点下において，すぐ下に液相の水を保ちながら，湖，川，海の表面を覆うように氷の層が形成する．この異常な挙動は水素結合ネットワークによる隙間の多い氷の構造に起因する（図10・7，次ページ上）．

融解の際に，これらの水素結合が一部切れて，隙間のある構造が部分的に崩れる．この変化により液体の密度が増加する．密度は4℃で最大に達し，この温度で水分子の水素結合クラスターの崩壊による密度増加が，温度上昇による分子運動活発化に基づく密度減少に追いつかれる．

---

a) nonstoichiometric   b) anode   c) cathode

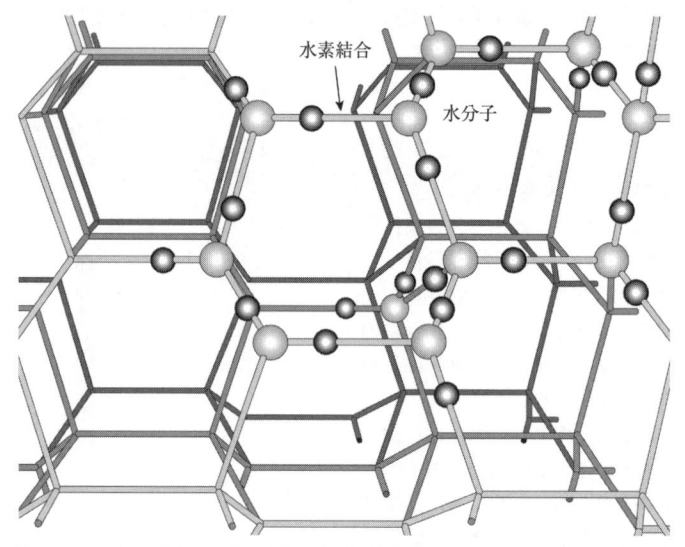

図10・7 氷の構造の一部の描写(開放骨格を示す).大きな丸は酸素原子を表す.〔G. Rayner-Canham *et al.*, "Chemistry: A Second Course", Don Mills, Ontario: Addison-Wesley, p.165 (1989) より〕

このもう一つの異常な水の性質を認識するには,状態図[a] が役に立つ.状態図は,圧力と温度に対する元素または化合物の熱力学的に安定な相を表している.図10・8に理想的な状態図を示す.実線の間の領域は,その圧力および温度下での熱力学的安定相を表している.標準的な沸点と融点は,標準圧力100 kPa下での相転移を考えることにより決定できる.標準圧力から水平な点線を延ばしていくと固相-液相境界線と交わるときの温度が融点となり,液相-気相境界線と点線が交わるときの温度が沸点となる.ほぼすべての物質で,固相-液相境界線は正の傾きをもつ.この傾向は,液相に十分大きい圧力をかけると物質が固化することを意味する.

しかしながら,水は氷の密度が液体の水の密度よりも低いので,異常な状態図(図10・9)になる.ルシャトリエの法則[b] は,圧力を高くすると密度の高い相へ平衡が移動することを示している.よって水においては,密度の低い固相に圧力をかけると,融けて密度の高い液相になる.この水の変則的な挙動は,アイススケートに役立っている.アイススケートにおいて,スケート刃の圧力によって氷表面の融解温度が-30 ℃まで低下し,さらに刃と氷の間で生じる摩擦熱による氷の融解と合わさって,氷よりも摩擦の小さな水が刃と氷の間に供給され,滑りやすくなるのである.

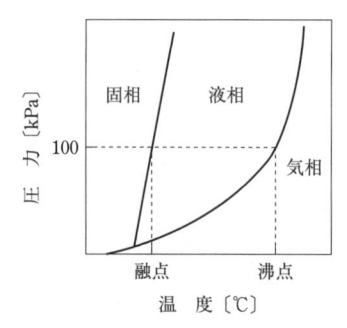

図10・8 理想化された状態図

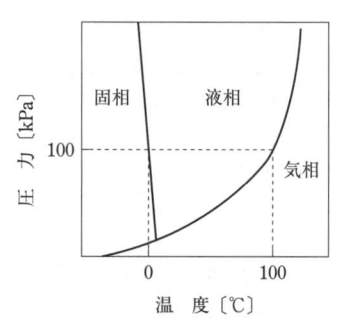

図10・9 水の状態図(縮尺は合わせていない)

最後の特徴として,水は自己イオン化[c]し,酸-塩基化学に不可欠な物質である.

$$2\,H_2O\,(l) \rightleftharpoons H_3O^+\,(aq) + OH^-\,(aq)$$

この詳細は,第7章に記述した.

---

a) phase diagram b) Le Châtelier principle c) autoionization

水── 新しい驚異の溶媒

グリーンケミストリー[a]の世紀を始めるにあたり，産業における最重要な課題の一つは溶媒の使用である．特に有機合成において用いられるたくさんの溶媒はヒトに有毒であり，潜在的環境汚染物質でもある．最良の解決策は，最終的にはわれわれに最も一般的な溶媒である水に置き換えることである．有機化学を構成する低極性または無極性の溶質の水への溶解度は低いかほぼゼロなので，伝統的に有機合成では水は避けられてきた．しかし，高温高圧下では水の性質は著しく変化する．

超臨界水[b]は20年以上にわたり，排水の無害化処理に有効な試剤として奨励されてきた．温度 400～500 ℃，圧力 20～40 MPa では，水は酸素や典型的な環境毒物と混和できる．そのような"過激な"条件下では，毒性有機分子の多くは二酸化炭素，水，塩化水素のような小分子にまで分解される．近臨界[c]の条件下では，水はずっと温和な溶媒であり，分解用よりむしろ合成用に使用できる．ふつうの水と亜臨界水[d]の重要な違いの一つは，溶媒の極性の度合いを示す誘電率である．温度と圧力を上昇させると，近臨界水の誘電率は低下し，その極性の値はアセトン程度にまで下がる．たとえば，ヘプタンは近臨界水に 10^5 倍以上溶解するようになり，トルエンは混和する．したがって，水は低極性または無極性反応物質のすばらしい溶媒となる．

また，近臨界水はふつうの水に比べて，およそ 10^3 倍も自己イオン化する．オキソニウムイオンと水酸化物イオンの濃度がもっと大きくなるので，反応物質に通常の酸や塩基を加えることなく酸塩基触媒反応を実行できる．さまざまな有機反応が，近臨界水で触媒の必要もなく，クリーンに進行していくことが示された．表 10・3 に，通常の水，近臨界水，超臨界水の性質を比較する．

表 10・3 水の性質

	通 常	近臨界	超臨界
温 度 〔℃〕	25	275	400
圧 力 〔kPa〕	100	6000	20,000
密 度 〔g·cm^{-3}〕	1.0	0.7	0.1
誘電率	80	20	2

工業プロセスにおいて，資本金と運用経費の 50～80 % は生成物の分離にかかわっている．近臨界水の反応で圧力を下げると水の誘電率が増加するので，今度の場合は有機生成物を不溶性にして容易に（そして安価に）分離することができる．

上記のように近臨界水プロセスがすばらしいにもかかわらず，どうしてまだ広く使われないのか？ 近臨界条件をつくるには，厚くて高価なステンレス製圧力容器が必要である．一部の反応では，化学的耐性がさらに高い（しかも極端に高価な）チタンを反応容器として用いなくてはならない．また大規模な投資を行う前に最適条件の検討を進める必要がある．それでも近臨界水を用いた商業的な有機合成は，有機溶媒系の回避，望ましくない触媒の排除，不必要な副生成物の回避，そして反応選択性の改良，などの強力な利点をもっており，確実に利用される時期がまもなく到来するだろう．

10・6 クラスレート（包接化合物）

数年前までは，**クラスレート**[e]は研究室の骨董品だった．今や，メタンと二酸化炭素のクラスレートは特に環境にかかわる主要な関心事である．クラスレートは"分子や原子が他の分子の結晶の骨組みに捕らえられた物質"と定義される．この名前は"獄中に閉じこめられる"という意味のラテン語 *clathratus* に由来する．ここでは，ガスハイドレート[f]ともよばれる水による気体分子のクラスレートに焦点を絞る．ガスハイドレートという用語は広く用いられているが，厳密には正しくない．**ハイドレート**[g]という用語は，たとえば，水和金属イオン[h]のように，通常は物質と周囲の水分子の間に何らかの分子間引力が働く意味を含んでいる．

希ガスのクラスレートは古典的なクラスレートの例だった．それらが発見された時代には，希ガスの化合物はまったく知られていなかった．そのため，希ガス元素の化学を提供していたのは，唯一このクラスレートだけだった．たとえば，キセノンに圧力をかけて水に溶解させ，溶液を 0 ℃ 以下に冷却すると，おおよそ Xe·6H$_2$O の組成をもった結晶が生成する．この結晶を加熱すると，直ちに気体を放出する．希ガスと水分子の間には化学的な相互作用は何もなく，気体分子は水素結合で生じた氷構造の空洞に単に閉じこめられているだけである．氷が融けると，空洞の構造が崩壊し，気体分子を放出する．しかし，重要な点は氷の構造中の"ゲスト"の存在が結晶格子を安定化し，氷の融点が 0 ℃ よりも数度高くなっていることである．

---

a) green chemistry　b) supercritical water　c) near-critical　d) subcritical water　e) clathrate　f) gas hydrate　g) hydrate　h) hydrated metal ion

10・6・1 メタンクラスレート

海洋底におけるメタンハイドレート[a]（図 10・10）の発見により，クラスレートの重要性が大きく増した．現在，海底の広大な領域で，堆積物の最上層のすぐ下に厚いメタンクラスレート[b]層があることが知られている．このクラスレート層は，漏れ出してきた地表下の気体堆積物から発生したメタンが，堆積物層を浸透してきた凍りかかった水と相互作用して，10億年以上かけて形成されたものである．水の温度と圧力を，クラスレートの融点の温度と圧力以下にすると，クラスレートが形成される．1 cm^3 のクラスレートは，標準状態[c]（SATP, 298 K, 100 kPa）に換算して 175 cm^3 のメタンを含む．クラスレート中のメタン含量は，この"氷"が実際に燃えるほど十分である．世界の大洋中に堆積しているメタンクラスレート中の全炭素量は，地中に堆積している石炭，石油，天然ガスの総炭素量の2倍になると推定されている．

メタンクラスレートの安定性は温度と圧力に強く依存するので，海洋温度が上昇すると堆積したクラスレートが融けて大量のメタンを大気中に放出することにつながると懸念されている．メタンは強力な温室効果ガスなので（§14・11を参照），放出されたメタンは気候に有意な影響を与えるであろう．過去の急激な気候変動のいくつかは，クラスレートからのメタン放出が引き金となっているとの説がある．たとえば，氷河期の水位低下は海底堆積物に対する圧力を低下させ，おそらく大量の気体を開放しただろう．氷河期が終わった後の大気中のメタン量の増加が，地球温暖化をひき起こしたのであろう．

10・6・2 二酸化炭素クラスレート

発電所や工業的プロセスにおいて生成した廃二酸化炭素を貯蔵する一つの有力な方法として，深海中へ二酸化炭素を隔離することが提案されている．二酸化炭素を深海に放出すると，その付近の温度と圧力条件では，二酸化炭素は高い安定性をもつ固体のクラスレートを生成する．たとえば，深さ 250 m では圧力は約 2.7 MPa であるが，そこではクラスレートは +5 ℃ でも安定である．"ふつうの"氷の密度は液体の水より低いが，二酸化炭素クラスレート[d]は約 1.1 g·cm^{-3} の密度をもち，海底に沈む．このようにして余剰の数メガトンの二酸化炭素を廃棄できると提案された．しかしこの考え方には三つの懸念がある．1番目が最も重要であり，二酸化炭素クラスレートの層は，クラスレートが堆積する深海中の珍しい海底の生き物を窒息させてしまうことである．2番目は，堆積したクラスレートの周辺の二酸化炭素が飽和した水に近づくと，魚は呼吸困難に陥るという点で，すでに実験で示されている．3番目は，長期間（おそらく数十万年）にわたって，クラスレートは捕捉した二酸化炭素を周囲の水に放出し，海水の pH の低下をもたらすであろうという点である．この pH 変化は，明らかに海洋生物の生態系バランスに影響を与えるだろう．

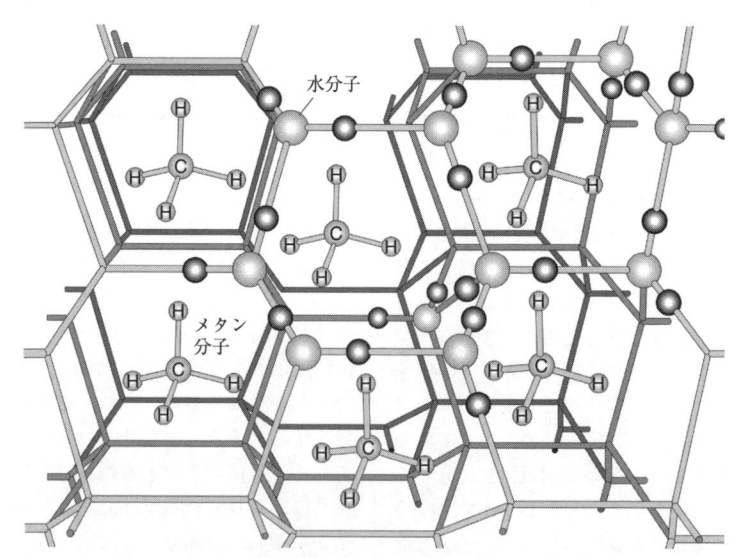

図 10・10　メタン分子がクラスレートとして捕捉されていることを示す，氷の構造の一部の描写〔G. Rayner-Canham *et al*., "Chemistry: A Second Course", Don Mills, Ontario: Addison-Wesley, p.167 (1989) より〕

---

[a] methane hydrate　　[b] methane clathrate　　[c] standard ambient temperature and pressure　　[d] carbon dioxide clathrate

太陽系のどこかに生命はいるのか？

化学者や生化学者には，水に依存しない生命形態などまったく想像できない．水は理想的な溶媒であり，その水素結合によってタンパク質やDNA分子の複雑な構造が形成されている．そこで，この宇宙のどこに液体の水があるのだろうか，そして生命は存在するのかという疑問が起こる．

最近までは，これは現実的でない単なる理論的な疑問だと思われていた．なぜなら，地球以外の惑星のどこにも表面に液体の水がみつからなかったからである．現在，木星の衛星の一つが注目されている．地球の月と同様に他の太陽系惑星の衛星も岩だらけで砂ぼこりに覆われ，生物はいないとずっと信じられてきた．しかし最近，宇宙探査機から送信されてきた写真が，木星と土星の衛星の地表には信じられない違いがあることを示した．最も異常な衛星は，硫黄の火山と独特の化学をもつイオである．

木星には，内側から順に，イオ，エウロパ（ギリシャ神話のゼウスに愛されたフェニキアの王女エウロペにちなんで命名された），ガニメデ，カリストの4個の大きい衛星がある．エウロパは天文化学者がイオのつぎに大きな関心を寄せる衛星である．太陽系の他の"死んだ"星のように，われわれの月は（地質学的）長期間にわたる小惑星の衝突によっておもに形成されたクレーターで覆われている．しかしエウロパは今まで発見された中で最も滑らかな地表をもつ天体であり，また平均密度が非常に低い．そのため，地表は氷で構成されていると考えられている．その地表は，（地質学的）近年における流星が衝突した場所を"氷で覆う"までの期間は，液体の水であったはずである．

そこで，エウロパの表面の氷の下に液体の水があるのかどうかという疑問が生まれる．結局のところ，（表面温度は−160℃ではあるが）氷は優れた熱の絶縁体であり，木星からの潮汐による摩擦がエネルギー源となる．ここからつぎの新たな疑問が生じる．もしも液体の水が存在するなら，その中で何か生命が進化したのだろうか？ この疑問は，数年前は嘲笑を誘ったが，もはやそうではない．今では，とてもありそうにない異常な環境で繁殖できる好極限状態細菌が知られている．たとえば，南極氷床の約4km下の（それ自体が氷床の下にある）ボストーク湖真上の氷層中に生存する細菌が最近発見された．エウロパの表面を調べるために，NASAは探査機 Europa Ice Clipper を送り，氷のサンプルを集めて持ち帰ることを提案した．最近の氷の融解，溶存するイオン性溶質，および多分埋込まれている単純な生命体の証拠探しはおもしろいに違いない．残念ながら，探査機はとりやめになったが，おそらく別の計画がこの重要な仕事の達成のために始まるだろう．

最近の関心はガニメデとカリストに移っている．ガニメデは木星の最大の衛星（太陽系で最大の衛星）であり，水星より大きい．ガニメデも凍った表面をもっているが，溶融鉄の中心核をもつ証拠がある．だとすると，氷の下には液体の水の層があるかもしれない．この衛星のたくさんのクレーター状の穴が空いた氷は厚さが約800 km もあり，液体の層まで到達するのはほぼ不可能な仕事である．カリストにも，古い凍った表面の下に塩水の海洋が存在する証拠がある．しかし，もし太陽系のどこかに現時点で生命がいるならば，それはエウロパだと化学者と生化学者は信じている．

10・7 水素結合の生物学的役割

水素は生物にとって鍵となる元素である．事実，生命の存在は水素の二つの特異的性質，すなわち水素と炭素の電気陰性度が近いことと，窒素または酸素に水素が共有結合したときに水素には水素結合を形成する能力があること，に依存している．炭素−水素結合の極性が低いことは，化学反応性の高いこの世界での有機化合物の安定性に寄与している．生物学的プロセスも極性表面と無極性表面に依存しており，後者の最良の例が脂質である．おもに炭素と水素から成る生物分子の無極性部位が，生物分子の極性部位と同じように重要なのは，認識すべき大切な事実である．

水素結合はすべての生体分子の核となる結合である．タンパク質は，水素結合が鎖間を架橋して形態を保つ．遺伝物質のDNAとRNAの鎖も水素結合で結びついている．さらに，二重らせん中の水素結合はランダムではなく，特定な有機塩基（核酸塩基）の対の間に形成される．この対となる核酸塩基は水素結合する水素原子が特に接近できるように構造が適合させてあるので，互いに優先的に水素結

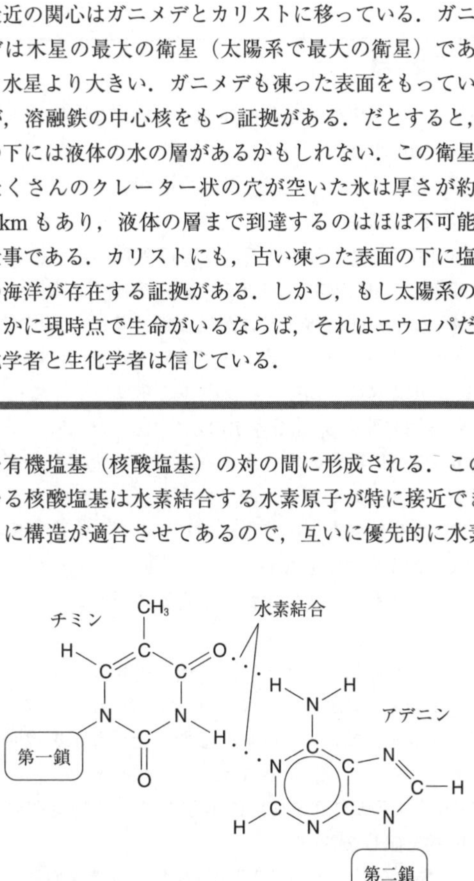

図10・11 DNA分子の2本鎖中のアデニンとチミンの間の水素結合による相互作用

合する．塩基対，チミンとアデニン，の間の水素結合の様子を前ページの図 10・11 に示す．この特定の塩基対形成は DNA 鎖と RNA 鎖が構成要素（核酸塩基）を正確に制御するためであり，エラーなしにほぼ完璧に分子を再生するためのシステムである．

同様にすべてのタンパク質の機能も水素結合に依存している．タンパク質はおもにアミノ酸がつながった 1 本または複数本の鎖で構成されている．しかし機能するには，ほとんどのタンパク質はコンパクトな形態をとらなくてはならない．このために，鎖のある箇所と他の箇所とを水素結合で架橋した部位で全体が固定されており，タンパク鎖自身が輪になり絡み合っている．

10・8 元素の反応フローチャート

各章では元素について論じるが，その元素の鍵となる反応を表すためにフローチャートを用いる．ここに水素のフローチャートを示す．

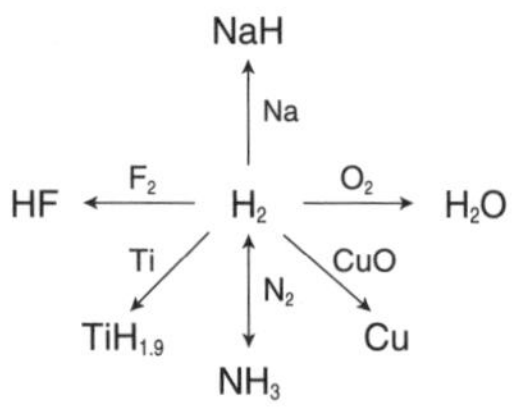

$$
\begin{array}{c}
 & \text{NaH} & \\
 & \uparrow \text{Na} & \\
\text{HF} \xleftarrow{F_2} & \text{H}_2 & \xrightarrow{O_2} \text{H}_2\text{O} \\
\swarrow \text{Ti} & \downarrow \text{N}_2 \quad \searrow \text{CuO} & \\
\text{TiH}_{1.9} & \text{NH}_3 & \text{Cu}
\end{array}
$$

要　点

・単体の二水素は反応性の気体である．
・水素化物には，イオン性，共有結合性（三つの範疇をもつ），金属性の 3 種類がある．
・水素結合は，水の物理的性質を左右する重要な役割を果たしている．
・メタンと二酸化炭素のクラスレートに対する関心は環境問題と絡んで増加している．

基 本 問 題

10・1 以下の用語の定義を述べなさい．(a) プロトン性架橋，(b) ヒドリド性架橋．

10・2 以下の用語の定義を述べなさい．(a) クラスレート，(b) 状態図．

10・3 0 ℃で立方体の氷を，0 ℃の少量の水（液体）の上に置く．立方体の氷は沈む．理由を説明しなさい．

10・4 以下の同位体のどれが核磁気共鳴によって調べることができるか？　炭素-12, 酸素-16, 酸素-17.

10・5 化合物の NMR スペクトルを示すとき，なぜ吸収される周波数を ppm で表すのか？

10・6 なぜ周期表の中で水素をアルカリ金属と一緒に配置できないのかを説明しなさい．

10・7 なぜ周期表の中で水素をハロゲンと一緒に配置できないのかを説明しなさい．

10・8 なぜ水素ガスは比較的反応性に乏しいのかを説明しなさい．

10・9 二水素と二窒素からアンモニアが生成する反応はエントロピー駆動か，エンタルピー駆動か？　ただし，データ表を見てはいけない．また，その理由を説明しなさい．

10・10 以下の (a)～(c) に示した二つの物質間の化学反応式を記しなさい．
(a) 酸化タングステン(VI) WO_3 と二水素を加熱
(b) 水素ガスと塩素ガス
(c) 金属アルミニウムと希塩酸

10・11 以下の (a)～(d) の反応の化学反応式を記しなさい．
(a) 炭酸水素カリウムを加熱する．
(b) エチン HC≡CH と二水素
(c) 酸化鉛(IV) と水素ガスを加熱
(d) 水素化カルシウムと水

10・12 メタンの燃焼反応 $CH_4(g) + 2\,O_2(g) \rightarrow CO_2(g) + 2\,H_2O(l)$ について，生成エンタルピーと絶対エントロピーの値から，燃焼反応の標準モルエンタルピー，エントロピー，自由エネルギー変化を算出し，実際にこの反応が自発的に進むことを示しなさい．付録 1 のデータ表を用いなさい．

10・13 アンモニアが単体から生成するときのエンタルピーサイクル（図 10・3 と同様の図）を構成しなさい．理論的な結合エネルギーの情報とアンモニア生成の標準エンタルピーは，付録 1 と 3 のデータ表から得ること．構成した図と図 10・3 を比較し，その違いについて述べなさい．

10・14 物理的性質において，イオン性水素化物と共有結合性水素化物との間の主要な違いは何か？

10・15 共有結合性水素化物の三つの範疇について論じなさい．

10・16 以下の元素は"イオン性水素化物"，"金属性水素化物"，"共有結合性水素化物"，"安定な水素化物は形成しない"，のいずれになるだろうか？　(a) クロム，

(b) 銀, (c) リン, (d) カリウム.

10・17 カリウムから臭素までの第4周期典型元素の水素化物について予測される化学式を記しなさい．その化学式にはどのような傾向があるだろうか？ 最初の二つの元素は他の元素とどのように違うのだろうか？

10・18 炭素，ケイ素，スズの水素化物について，各元素と水素の電気陰性度の差に対して各水素化物の生成エンタルピー（付録1を参照）をプロットしたグラフを作成しなさい．その一般的な傾向について説明しなさい．

10・19 つぎの水素化物が気体であるか固体であるかを予測し，それぞれについて理由を述べなさい．(a) HCl，(b) NaH．

10・20 水素原子とフッ素原子の間の水素結合が最も強い水素結合であるのならば，どうして水はフッ化水素よりも高い沸点をもつのか？

10・21 生命の存在においてきわめて重大な水素の二つの性質は何か？

10・22 元素の反応フローチャート（p.156）における各変化について，収支のあった化学反応式を記しなさい．

応用問題

10・23 以下の水素化物のうちどれが強い水素結合をするか？ そして室温において各水素化物が存在するであろう状態（相）について予測しなさい．(a) H_2O_2，(b) P_2H_4，(c) N_2H_4，(d) B_2H_6．

10・24 空気酸化されるときの収支の合った化学反応式を記しなさい．(a) B_2H_6，(b) PbH_4，(c) BiH_3．

10・25 水素化物イオンは，ハロゲン化物イオンと似ているといわれることがよくある．たとえば，水素化ナトリウムと塩化ナトリウムの格子エネルギーは，それぞれ $-808\ kJ\cdot mol^{-1}$ と $-788\ kJ\cdot mol^{-1}$ である．しかし，水素化ナトリウムの生成エンタルピーは，塩化ナトリウムなどのようなハロゲン化ナトリウムよりも小さい．付録のデータ表を用いてこの二つの化合物の生成エンタルピーの値を計算し，値がとても異なっていることをひき起こす要因を特定しなさい．

10・26 以下の (a) と (b) について，その理由を説明しなさい．
(a) 侵入型水素化物はもとの金属よりも密度が低い．
(b) イオン性水素化物はもとの金属よりも密度が高い．

10・27 水素ガスは21世紀における最もよい燃料として提案されている．しかし，フロリダの会社は代替手段としてアクアフュエル（AquaFuel）を開発した．この混合気体は炭素電極を用いて，水に高電流を流すことにより生じる．電解の気体生成物としてありそうなものは何か？ このプロセスにおける，収支のあった化学反応式を記しなさい．この混合気体を燃焼するときの収支のあった化学反応式を記しなさい．混合気体 1 mol が放出するエネルギーを計算し，水素 1 mol が放出するエネルギーと比較しなさい．

11　1族元素：アルカリ金属

"金属"のイメージは通常，高密度で非反応性だが，アルカリ金属は，まったく逆で，密度が小さく，非常に化学反応性が高い金属である．

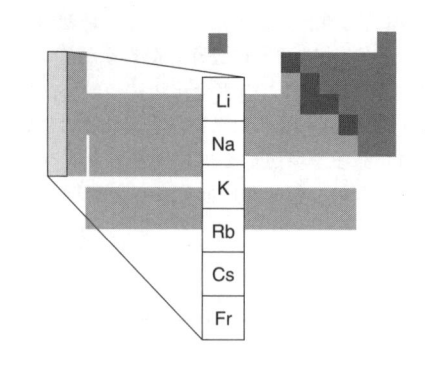

アルカリ金属[a]の化合物は古代から知られていた．しかし，アルカリ金属陽イオンの還元は非常に難しく，電力の利用が始まった後でも金属自体はなかなか採取できなかった．英国人科学者デイヴィー[b]は，1807年に溶融状態の水酸化カリウムを電解して，はじめてアルカリ金属を採取した．デイヴィーの金属採取は喝采を浴び，以下のような押韻詩が創られた．

  Sir Humphry Davy　　（ハンフリー・デイヴィー卿）
  Abominated gravy　　（忌み嫌われたぼろもうけ）
  Lived in the odium　　（非難の中に生きた）
  Of having discovered sodium.　　（ナトリウムの発見により）
    （E. C. Bentley, 1875～1956）

国家主義はしばしば化学と絡み合う．ナポレオンがデイヴィーの発見を聞いたとき，ナポレオンはフランスの化学者が最初の発見者でなかったことに激怒した．しかし1939年に放射性同位体でのみ存在する一つのアルカリ金属を単離したのは，不思議なめぐり合わせで，フランスの科学者ペレー[c]だった．彼女はその元素を母国にちなんでフランシウムと命名した[†]ので，ナポレオンは嬉しかったに違いない！

11・1　族の傾向

アルカリ金属はすべて，輝く銀色の金属である．他の金属と同様に，高い電気伝導性と熱伝導性を示す．しかし，それ以外はきわめて変則的である．たとえばアルカリ金属は非常に軟らかく，かつ重い元素ほど軟らかい．それゆえ，リチウムはナイフを用いてやっと切れるが，カリウムは軟らかいバターのように"押しつぶす"ことができる．

ほとんどの金属は高い融点をもっているが，アルカリ金属の融点は非常に低く，かつ重い元素ほど低い．（セシウムは室温より少しだけ上の温度で融解する．）高い熱伝導性と低い融点の組合わせによって，ナトリウムは原子炉での熱移動物質（冷却材）として有用である．アルカリ金属の軟らかさと融点の低さは，非常に弱い金属結合によるものと考えられる．"典型"金属において，原子化エンタルピーは400～600 kJ·mol^{-1}であるが，表11・1に示すように，アルカリ金属の原子化エンタルピーはもっと低い．確かに，軟らかさと低い融点，そして原子化エンタルピーが小さいことの間には相関がある．

表11・1　アルカリ金属の融点と原子化エンタルピー

元素	融点〔℃〕	$\Delta H_{原子化}$ 〔kJ·mol^{-1}〕
Li	180	162
Na	98	108
K	64	90
Rb	39	82
Cs	29	78

さらに変則的なのは，アルカリ金属の密度である．ほとんどの金属の密度は5～15 g·cm^{-3}であるが，アルカリ金属の密度ははるかに低い（表11・2）．実際，リチウムの密度は水の半分である．

このように密度が低いので，リチウムは（化学反応性が高いという特性さえ除けば）水に沈まない船（ただし，軟らかいが！）をつくるには理想的であろう．アルカリ金属

---

a) alkali metal　　b) Humphry Davy　　c) Marguerite Perey
† 二つの元素，フランシウムとガリウム（フランスを表すラテン語のガリア Gaul が由来）が"フランス"にちなんで命名された．

は通常油の中で保存される．空気にさらすと，非常にすばやく金属光沢表面が酸化生成物で厚く覆われてしまうから

表11・2 アルカリ金属の密度

元素	密度〔g·cm^{-3}〕
Li	0.53
Na	0.97
K	0.86
Rb	1.53
Cs	1.87

である．たとえば，リチウムは酸化リチウムに酸化され，つぎに二酸化炭素と反応して炭酸リチウムを生じる．

$$4\,Li(s) + O_2(g) \longrightarrow 2\,Li_2O(s)$$
$$Li_2O(s) + CO_2(g) \longrightarrow Li_2CO_3(s)$$

アルカリ金属はほとんどの非金属と反応する．たとえば，溶融したアルカリ金属は，塩素ガス中で燃えて，金属塩化物の白煙を発する．ナトリウムと塩素ガスの反応は，化学の驚きを示す代表例である．なぜなら非常に反応性の高い危険な金属が毒ガスと反応して，生命に不可欠な化合物を生じるのである．

$$2\,Na(l) + Cl_2(g) \longrightarrow 2\,NaCl(s)$$

§9・1で論じたように，アルカリ金属と水との反応は劇的であり，重い元素ほど反応性が高くなる．水とカリウムの化学反応式は下記のとおりである．

$$2\,K(s) + 2\,H_2O(l) \longrightarrow 2\,KOH(aq) + H_2(g)$$

アルカリ金属は"平均的な"金属よりもはるかに反応性が高いので，"超金属[a]"とよばれることがある．

11・2 アルカリ金属化合物の特徴

1族元素はすべて金属なので，共通の特徴をもつ．アルカリ金属イオンは常に酸化数+1であり，ほとんどの化合物は安定なイオン性固体である．クロム酸イオンや過マンガン酸イオンのような有色陰イオンを含まない場合，化合物は無色である．これらの電気陽性が強い元素でも，非金属との化合物中の結合には共有結合性成分が含まれる．

11・2・1 大きな陰イオンの安定化

リチウムを除くアルカリ金属の陽イオンは，最大サイズ，すなわち最低電荷密度をもつ部類なので，サイズが大きく電荷が小さい陰イオンを安定化できる．たとえば，ナトリウムイオンからセシウムイオンまでが，固体の炭酸水素塩を形成する唯一の陽イオンである．

11・2・2 イオンの水和

イオンが水に溶けているときは，すべて水和[b]している．しかし固相においては，すべて水和しているわけではない．固体結晶における水和は格子エネルギー[c]とイオンの水和エネルギー[d]のバランスに依存する．格子エネルギーは陽イオンと陰イオンの間の静電引力に基づいており，イオンの電荷密度が大きいほど大きくなる．よって格子エネルギーの項は，結晶化の際にイオンの水和層を排除して，小さな（高い電荷密度をもつ）無水物イオンが生じる方が有利である．一方，水和エネルギーは，イオンとその周囲の（極性）水分子の間の引力に基づいている．イオン双極子の引力の強さに寄与する主要因も，イオンの電荷密度である．両者（格子エネルギーと水和エネルギー）のバランスから，高い電荷密度は，固相における水和層の（全面的または部分的）保持に有利だが，低電荷イオンの塩は無水物になろうとする．

冒頭で述べたように，アルカリ金属は他の金属と比べてきわめて低い電荷密度をもつ．したがって，アルカリ金属塩の多くが無水物であると予測でき，実際に正しい．しかし，小さいリチウムイオンとナトリウムイオンの電荷密度は，水和塩をいくつか形成できるほどの高さである．極端な例は水酸化リチウムであり，八水和物 $LiOH \cdot 8H_2O$ を形成する．一方，すべての金属の中で最低の電荷密度をもつカリウム，ルビジウム，セシウムはほとんど水和物を形成しない．

低い電荷密度はアルカリ金属の水和エンタルピー（表11・3）の傾向を反映している．水和エンタルピー値は非常に小さく（Mg^{2+}の水和エンタルピー値，1920 kJ·mol^{-1}と比較せよ），半径が大きいイオンほどその値は減少する．

表11・3 アルカリ金属イオンの水和エンタルピー

イオン	水和エンタルピー〔kJ·mol^{-1}〕
Li$^+$	519
Na$^+$	406
K$^+$	322
Rb$^+$	301
Cs$^+$	276

11・2・3 炎 色

アルカリ金属イオンの塩を炎の中に入れると，元素固有の炎色[e]（表11・4）を示す．この過程では，燃焼エネルギーが炎中の金属塩に移動し，アルカリ金属イオンの電子を励起状態[f]へ遷移させる．そのエネルギーは，電子が基底状態[g]に戻るときに可視光線として放出される．各アルカリ金属は，固有の電子遷移を行う．たとえば，ナトリウ

---

a) supermetal　b) hydration　c) lattice energy　d) hydration energy　e) flame color　f) excited state　g) ground state

ムの黄色は，イオンがその価電子を炎の燃焼反応から取得し，中性のナトリウム原子の3p¹軌道から3s¹軌道へ電子

表11・4 アルカリ金属の炎色

金属	色
リチウム	深紅
ナトリウム	黄
カリウム	薄紫
ルビジウム	赤紫
セシウム	青

が落ちる際に放出したエネルギー（光子）に基づいている．(図11・1)

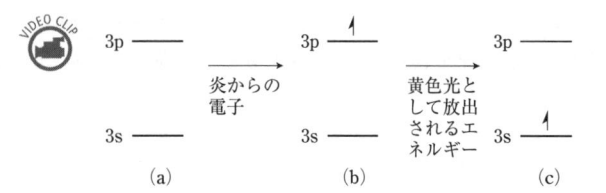

図11・1 炎の中で，ナトリウムイオン(a)は3p軌道に電子を獲得する(b)．3pの励起状態から3sの基底状態へ落ちる際に(c)，エネルギーは黄色光として放出される．

11・3 アルカリ金属塩の溶解性

一般的なアルカリ金属塩はすべて溶解性が高いので，研究用試薬として非常に有用である．硝酸イオン，リン酸イオン，フッ化物イオンなどの陰イオンが必要な際に，それらのアルカリ金属塩を溶かすことによって，対象陰イオンの溶液を得ることができる．しかし，溶解度には幅がある．たとえば，塩化リチウム飽和溶液の濃度は14 mol·L⁻¹だが，炭酸リチウム飽和溶液の濃度は0.18 mol·L⁻¹にすぎない．この多様な性質を，ハロゲン化ナトリウムの溶解性（表11・5）を例に示す．

表11・5 ハロゲン化ナトリウムの25℃での溶解度

化合物	溶解度 [mol·L⁻¹]
NaF	0.99
NaCl	6.2
NaBr	9.2
NaI	12.3

この溶解性の傾向を説明するために，固体からの溶液形成に関するエネルギーサイクルを用いる．§6・4で論じたように，化合物の溶解度は対応するエントロピー変化とエンタルピー変化（格子エネルギーと陽イオンと陰イオンの水和エネルギー）の両者に依存する（図11・2を参照）．塩が溶解するには，自由エネルギー変化$\Delta G°$（$\Delta G° = \Delta H° - T\Delta S°$）は負でなくてはならない．

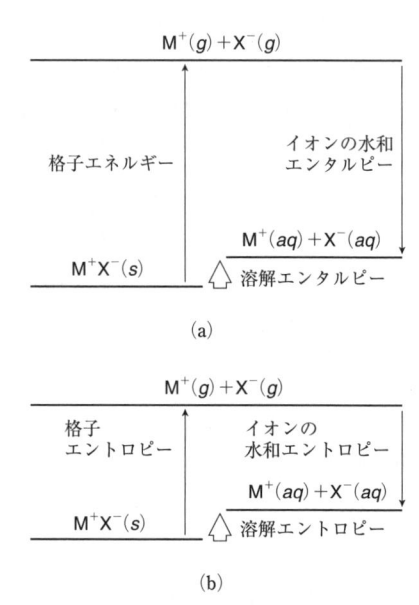

図11・2 イオン性化合物の溶液のエンタルピーサイクル(a)とエントロピーサイクル(b)．M^+はアルカリ金属イオンでありX^-は陰イオンである．

各ハロゲン化ナトリウムにおいてエンタルピー項（表11・6）をみると，格子エネルギーは陽イオンと陰イオンの水和エンタルピーの和とほぼ完全に釣合っていることがわかる．実際に，これらの実験値の誤差は計算値の違いより大きい．この結果からは，格子エネルギーと水和エンタルピーの項は本質的に等しいということだけ結論できる．

エントロピー変化を計算すると（表11・7），フッ化ナトリウムを除くすべての塩で，結晶格子から自由になるときにイオンが獲得するエントロピーは，気体イオンが溶液中で失うエントロピーよりも大きいことがわかる．溶解過程で得られる自由エネルギー変化を知るためには，エンタ

表11・6 ハロゲン化ナトリウムの溶解過程におけるエンタルピー項

化合物	格子エネルギー [kJ·mol⁻¹]	水和エンタルピー [kJ·mol⁻¹]	正味のエンタルピー変化 [kJ·mol⁻¹]
NaF	+930	−929	+1
NaCl	+788	−784	+4
NaBr	+752	−753	−1
NaI	+704	−713	−9

表 11・7 ハロゲン化ナトリウムの溶解過程におけるエントロピー項（$T\Delta S$ で表す）

化合物	格子エントロピー [kJ·mol^{-1}]	水和エントロピー [kJ·mol^{-1}]	正味のエントロピー変化 [kJ·mol^{-1}]
NaF	+72	−74	−2
NaCl	+68	−55	+13
NaBr	+68	−50	+18
NaI	+68	−45	+23

表 11・8 ハロゲン化ナトリウムの溶解過程における自由エネルギー変化

化合物	エンタルピー変化 [kJ·mol^{-1}]	エントロピー変化 [kJ·mol^{-1}]	自由エネルギー変化 [kJ·mol^{-1}]
NaF	+1	−2	+3
NaCl	+4	+13	−9
NaBr	−1	+18	−19
NaI	−9	+23	−32

ルピーとエントロピーのわずかな正味の変化を合わせる必要がある．計算された自由エネルギーは，溶解度の測定結果と驚くほど一致した傾向を示す（表 11・8）．そのうえ，一つの陰イオンがいろいろなアルカリ金属イオンと形成する塩の溶解度を，アルカリ金属イオン半径の関数としてプロットすると，ほとんどの場合なめらかな曲線が得られる．この曲線は，正または負の傾き（また，中間で極小値をとる場合もある）をもつ．この例としてアルカリ金属のフッ化物とヨウ化物の溶解度を図 11・3 に示す．

ウ化物イオンのイオン半径を示す．非常にサイズの異なるイオンから成るヨウ化リチウムの方が，同程度のサイズのイオンから成るフッ化リチウムよりも，はるかに可溶である．逆に，同程度のサイズのイオンから成るヨウ化セシウムの方が，イオンサイズが大きく異なるフッ化セシウムよりも溶解性は低い．

表 11・9 いくつかのイオン半径

陽イオン	半径 [pm]	陰イオン	半径 [pm]
Li$^+$	73	F$^-$	119
Cs$^+$	181	I$^-$	206

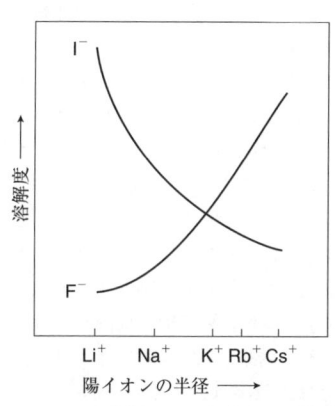

図 11・3 アルカリ金属のフッ化物とヨウ化物の溶解度とアルカリ金属のイオン半径との相関関係

図 11・3 の曲線の違いは，格子エネルギーに着目すると理解できる．格子エネルギーはイオンの電荷に強く依存するものの，陽イオンと陰イオンの半径比と二次的相関がある．すなわち，イオンサイズがあまりに異なる組合わせだと，格子エネルギーが予測値よりも小さくなる．表 11・9 にリチウムイオンとセシウムイオン，フッ化物イオンとヨ

11・4 リチウム

リチウム[a]は全金属中で最低の密度（水の約半分）をもつ金属である[†]．この極低密度は，航空宇宙用合金としての利用に魅力的である．たとえば，14 % のリチウム，1 % のアルミニウム，85 % のマグネシウムという組成の合金 LA 141 は，密度がほんの 1.35 g·cm^{-3}（ほぼ正確にアルミニウムの半分の密度）であり，最も一般的に用いられている低密度金属である．

金属リチウムは明るい銀色を呈するが，湿った空気にふれると即座に黒変する．他のアルカリ金属と同様に，空気中の酸素と反応する．

$$4\,\text{Li}(s) + \text{O}_2(g) \longrightarrow 2\,\text{Li}_2\text{O}(s)$$

窒素分子と反応する元素は周期表全体でもほんのわずかだが，リチウムはその一つで，唯一のアルカリ金属である．窒素分子の三重結合を切断するには，945 kJ·mol^{-1} の

---

a) lithium
† リチウムが最も低密度（0.53 g·cm^{-3}）な金属であり，イリジウムが最も高密度（22.65 g·cm^{-3}）な金属である．

エネルギーが必要である．このエネルギーとバランスをとるには，生成物の格子エネルギーが非常に高くなければならない．アルカリ金属中で最大の電荷密度をもつリチウムイオンのみが，十分に高い格子エネルギーをもつ窒化物を生成する．

$$6\,\text{Li}(s) + \text{N}_2(g) \longrightarrow 2\,\text{Li}_3\text{N}(s)$$

しかし窒化物は反応性で，水を加えるとアンモニアを生じる．

$$\text{Li}_3\text{N}(s) + 3\,\text{H}_2\text{O}(l) \longrightarrow 3\,\text{LiOH}(aq) + \text{NH}_3(g)$$

液体リチウムは，最も腐食性の強い物質として知られている．たとえば，リチウムをガラス容器中で溶融させると，強烈な緑がかった白色光を放ちながら，自発的にガラスと反応して容器に穴をあけてしまう．加えて，リチウムイオンは元素の標準還元電位の中で，最も負の値をもつ．

$$\text{Li}^+(aq) + e^- \longrightarrow \text{Li}(s) \qquad E^\circ = -3.05\,\text{V}$$

すなわち，金属リチウムは，酸化されてイオンになるときに（+3.05 V），他のどんな元素よりも大きなエネルギーを放出する．

それでも水との反応の激しさの程度は，アルカリ金属の中で最も小さい．§6・6 で述べたように，自由エネルギー変化に依存する熱力学的自発性と，活性化エネルギー障壁の高さに制御される反応速度を混同すべきではない．このリチウムの水との反応という特殊なケースにおいて，活性化エネルギーは他のアルカリ金属よりも大きい．金属リチウムはアルカリ金属中で最大の格子エネルギーをも

モノ湖

シエラネバダ山脈に寄り添うカリフォルニア州の湖"モノ湖"は世界で他に類を見ない湖であるが，このユニークさは化学に由来している．まわりを山と火山性丘陵に囲まれているので，湖は流出河川がなく，蒸発によってのみ水を損失する．この湖は北アメリカでは最古のものの一つだとみられており，少なくとも 76 万歳にはなっている．この長い年月の間に，地表水と地下の泉によって周囲の岩の外側から浸出してきた溶解性の塩は，この湖の表面積約 180 km^2（70 平方マイル），平均深さ約 20 m（60 フィート）に集積している．湖水に溶解している塩は約 2.8×10^8 トンと見積もられている．

ユタ州のグレートソルトレイクの主成分は塩化ナトリウムだが，モノ湖にはナトリウムとカリウムのさまざまな塩（塩化物，硫酸塩，炭酸水素塩，炭酸塩，ホウ酸塩，そして痕跡量のフッ化物，ヨウ化物，ヒ酸塩，タングステン酸塩など）の"魅力的な"混合物が含まれている．他の金属イオンとしては，カルシウム，マグネシウム，ストロンチウムがある．HCO$_3^-$ と CO$_3^{2-}$ の濃度が高い結果，湖の pH は約 10 である．湖のおおまかな組成は知られているものの，深さと季節の違いによる，イオンの相互作用と組成の変化に関して不明な点は多い．

石灰華の塔は湖の最も特徴的な性質である．これらの塔はおもに，カルシウムイオンの豊富な湖底泉が湖水中の炭酸イオンと混ざるときにつくられる．よって，塔は湖底泉の位置を鑑定する手段となる．湖水は，カルシウムと炭酸イオンとで十分飽和しているので，捨てられた清涼飲料水缶などによっても，炭酸カルシウムの堆積が湖底から進む．塔は水中でしか形成されないので，現在見ることができる塔は，州内で農業用水や飲料水として給水が利用され出した 1941 年以来の水位低下によるものである．

湖の化学だけでなく，その自然生態環境もユニークである．高い pH と高い可溶性塩濃度により，湖に生息する生物は，藻とブラインシュリンプ（塩水エビの一種）とアルカリフライ（ハエの一種）のみである．この藻を食べるハエは，湖のまわりに群集し，一生の 3 段階のうち 2 段階を完全に水中で過ごす．ハエは脂肪とタンパク質に富んでいるので，渡り鳥が長い旅で"燃料補給"する優れた食料源となっている．まさにモノ湖は世界で最も生産的な生態系の一つである．

水がつぎつぎに転用されていったので，水位は低下し，1982 年には最低で 1941 年の容積のおよそ 50 % にまで減少した．これ以上水位が低下すると，ブラインシュリンプやアルカリフライにとってもイオン濃度があまりに高くなってしまい，湖のすべての生命とそれに依存している渡り鳥は死滅してしまう．幸いなことに，モノ湖は Outstanding National Resource Water（ONRW: 指定されると，水や湿地帯の特別な保護を受ける）として指定された．その結果，湖の容積を昔の容積の 70 % に回復（現在では，数字はおよそ 60 % である）させて，冬と夏の変化を考慮して，いつまでもその容積を維持しなくてはいけないことが決定された．

モノ湖は今や，火星の化学を研究している NASA の科学者に興味深いものとなっている．火星には多くの古い湖底があるが，それらの湖の成分はモノ湖と同じであり，おそらく関連する生命形態を維持していただろうと信じられている．火星の湖底にも，モノ湖と相似的な化学過程が進んだことを示す石灰華の塔があるかどうかを確かめるために，惑星化学者は，火星湖底の超高解像度写真を切望している．

ち，格子から自由になるには金属の酸化，イオンの水和という経路を必ず含むので，活性化エネルギーが他よりも大きいということは驚くべきことではないのである．

リチウムの最大の工業用途はリチウムグリースであり，すべての自動車用グリースの60％以上がリチウムを含んでいる．用いられている化合物はステアリン酸リチウム $C_{17}H_{35}COOLi$ で，潤滑油と混合される．低温で硬くならず，高温でも安定な耐水性のグリースである．

リチウムイオンの比較的高い電荷密度は，残りのアルカリ金属と違いがみられる他の化学的重要事項の原因でもある．特に，リチウムイオンの結合のみが明確に共有結合であり，広範囲なリチウムの有機金属化学（§22・4を参照）が展開されている．塩化リチウムのような一般的な塩でさえ，多くの低極性溶媒（特にエタノールとアセトン）に高い溶解性をもち，高い共有結合性があることを示している．有機金属化合物のブチルリチウム LiC_4H_9 は有機化学における有用な試剤である．この化合物は，リチウムとクロロブタン C_4H_9Cl をヘキサン C_6H_{14} などの炭化水素溶媒中で反応させてつくることができる．

$$2\,Li(s) + C_4H_9Cl(C_6H_{14}) \longrightarrow LiC_4H_9(C_6H_{14}) + LiCl(s)$$

濾過で塩化リチウムを分離した後に蒸留で溶媒を取除くと，液体のブチルリチウムが容器内に残る．この化合物は，空気中の酸素にふれると自然発火するので，注意深く取扱わねばならない．

11・4・1 リチウム電池

リチウムは最近の電池技術で最も普及している負極（anode）*材料である．高い還元電位をもち，貯蔵エネルギー単位当たりの質量が小さいので，現在では小型の高電圧電池に用いられている．リチウムは鉛の1/20の密度しかないので，安価で可逆（充電可能）なリチウムの循環サイクルが創案，完成すれば，軽量化が実現可能となる．したがって鉛蓄電池からの置き換えが，電気自動車推進のために強く求められている．

リチウム電池は今やありきたりのものになっているが，実際にはさまざまな形式のリチウム電池がある．再充電可能なリチウムイオン電池は，ポータブルコンピューターや携帯電話に用いられている．正極はコバルト(Ⅲ)酸リチウム $LiCoO_2$，負極はグラファイト（黒鉛），電解質として有機液体が用いられている．充電するときは，正極（$LiCoO_2$）から電子が奪われて，リチウムイオンが溶液内に放出される．電荷の釣合いは，リチウムイオンが一つ放出されるごとに，コバルト(Ⅲ)イオンが一つコバルト(Ⅳ)に酸化されることにより維持される．

$$LiCoO_2(s) \longrightarrow Li_{(1-x)}CoO_2(s) + x\,Li^+(溶液) + x\,e^-$$

負極では，リチウムイオンがグラファイトの層間に入って，金属リチウムに還元される．構造にはほんの少しの可逆的な変化しか与えずに"ホスト"の固体中に"ゲスト"原子を挿入されることは，インターカレーション[a]として知られており，その結果生じる化合物は**層間化合物**[b]とよばれる．

$$C(s) + x\,Li^+(溶液) + x\,e^- \longrightarrow (Li)_xC(s)$$

電池の放電は，この逆の反応になる．

他の多くの異なる電極材料を用いるリチウムイオン電池があり，各電池の（国際電気標準会議IECによる）記号は以下のとおりである．1) 酸化マンガン(Ⅳ)系：CR，2) フッ化黒鉛系[c]：BR，3) 酸化バナジウム(V)系：VL，4) リチウムアルミニウム酸化マンガン系正極：ML．これらの電池の大部分は，マンガンでは(Ⅳ)↔(Ⅲ)，バナジウムでは(V)↔(Ⅳ) というように二つの酸化状態の間を行き来することにより，遷移金属が酸化還元系の一部として機能する．

塩化チオニル $SOCl_2$ を用いるリチウム電池システムがだんだんと一般的になっている．この電池（塩化チオニルリチウム電池）は，1電池当たりの電圧が高く，信頼性が高く，貯蔵期間が長く，質量が軽く，安定したエネルギー出力を供給する．しかしながら，充電可能ではない．この種の電池は，宇宙船，救助潜水艦，および潜水艦の魚雷で用いられる．リチウム–塩化チオニル電池は，金属リチウムまたはリチウム合金の負極，炭素の正極，塩化チオニルに溶解した電解質（$Li^+[GaCl_4]^-$ または $Li^+[AlCl_4]^-$），という三つの主要な構成要素から成る．負極の反応は，金属リチウムからリチウムイオンへの酸化反応である．

$$Li(s) \longrightarrow Li^+(SOCl_2) + e^-$$

正極では，塩化チオニルが還元される．

$$2\,SOCl_2(l) + 4\,e^- \longrightarrow 4\,Cl^-(SOCl_2) + SO_2(SOCl_2) + S(SOCl_2)$$

リチウムイオンと塩化物イオンは正極の炭素表面で，塩化チオニルに不溶な塩化リチウムになる．

$$Li^+(SOCl_2) + Cl^-(SOCl_2) \longrightarrow LiCl(s)$$

正極表面に塩化リチウムが堆積すると，そこは不活性なサイトとなる．炭素極のほとんどのサイトが塩化リチウムで

---

a) intercalation　b) intercalation compound　c) polycarbonmonofluoride
＊［訳注］anode は電気分解では陽極，電池では負極，cathode は電気分解では陰極，電池では正極になる．本項では，二次電池の放電反応，充電反応にかかわらず，電池の放電時の正極と負極で電極を表す．

覆われてしまうと，電池の機能は停止する．この電池に関連する構想の一つは，塩化スルフリル SO_2Cl_2 を用いるものである．この溶媒は，還元反応において塩化チオニルよりも有利であり，塩化物イオンと二酸化硫黄の二つの生成物しか生じない．

$$SO_2Cl_2(l) + 2e^- \longrightarrow 2Cl^-(SO_2Cl_2) + SO_2(SO_2Cl_2)$$

もう一つ普及している電池は二酸化硫黄リチウム電池である．この電池は，突然の心臓停止の犠牲者を正常な心臓のリズムに回復するための医療機器，自動体外式除細動器[a]（AED）で用いられている．この電池は−40℃まで機能できるので，寒冷気候における緊急航空機標識（ビーコン）でも好んで用いられる．二酸化硫黄は有機溶媒に溶解しており，200〜300 kPaの圧力がかかっている．すべてのリチウム電池において，負極の反応はリチウムの酸化と同じであるが，この電池の正極の反応は二酸化硫黄の $S_2O_4^{2-}$ イオンへの還元である．

$$2SO_2(溶液) + 2e^- \longrightarrow S_2O_4^{2-}(溶液)$$

11・5 ナトリウム

ナトリウム[b]は工業的に最も需要が多いアルカリ金属である．他のアルカリ金属と同様に，非常に高い反応性をもつため，天然には金属単体は存在しない．熱伝導性が高いため，液体金属ナトリウムは熱移動流体（冷却材）として，潜水艦などの小型原子炉に利用されている．

金属ナトリウムはたくさんのナトリウム化合物の合成にも必要だが，二つの主用途の一つは他の金属の採取用である．トリウム，ジルコニウム，タンタル，チタンなどの多くの希有な金属を最も簡単に採取する方法は，ナトリウムを用いる還元法である．たとえば，チタンは塩化チタン(IV)を金属ナトリウムで還元して得られる．

$$TiCl_4(l) + 4Na(s) \longrightarrow Ti(s) + 4NaCl(s)$$

塩化ナトリウムは純粋な金属チタンから洗い流すことができる．

金属ナトリウムの二つ目の主用途は，テトラエチル鉛[c]（TEL，アンチノック剤）を添加したガソリンの製造である．TELは，その毒性と，使用後に生じる鉛汚染のため，北米ではガソリンへの添加を禁止されているが，安いガソリンのオクタン価を上げるために世界の多くの国でいまだに使用されている．TELの合成には鉛－ナトリウム合金とクロロエタン（塩化エチル）との反応が用いられる．

$$4NaPb(s) + 4C_2H_5Cl(g) \longrightarrow$$
$$(C_2H_5)_4Pb(l) + 3Pb(s) + 4NaCl(s)$$

11・5・1 ナトリウムの工業的採取

銀色の金属ナトリウムの製造には，塩化ナトリウム（融点801℃）の溶融塩を電気分解するダウンズ法[d]が用いられる．電気分解は，中央に黒鉛（グラファイト）の陽極を，周囲に鉄の陰極を置いた円筒形の電解槽（図11・4）中で行われる．塩化カルシウムと塩化ナトリウムの混合物を用いて融点を下げ，電解槽操作の温度を下げている．塩化カルシウム自体の融点は772℃であるが，33％の塩化ナトリウムと67％の塩化カルシウムの混合物の融点は約580℃となる．混合物の融点の低下によって，このプロセスは商業的に利用可能である．

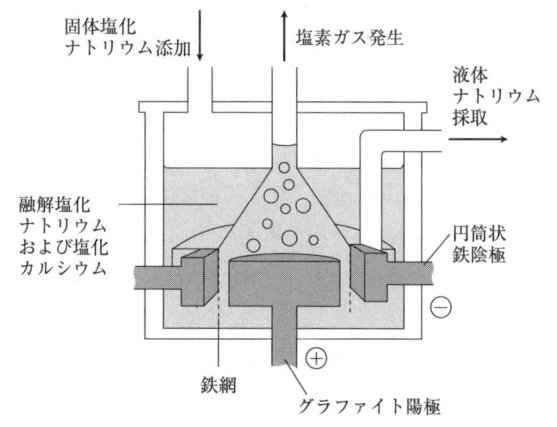

図11・4 ダウンズ電解槽

陰極室で一番上に浮上した溶融ナトリウムが，陽極で生成する塩素ガスに近づかないように，二つの電極は円筒状の鉄の網状隔膜で隔離されている．

$$Na^+(NaCl) + e^- \longrightarrow Na(l)$$
$$2Cl^-(NaCl) \longrightarrow Cl_2(g) + 2e^-$$

製造された金属ナトリウムは約0.2％の金属カルシウムを含む．金属の混合物を110℃まで冷却すると，不純物のカルシウム（融点842℃）は溶融物中で固化して沈んでいく．純粋な金属ナトリウム（融点98℃）は液体のままなので，冷却された鋳型に注ぎ込み，そこで固化させる．

11・6 カリウム

自然環境におけるカリウム[e]は，放射性同位体カリウム-40を0.012％含むので，わずかに放射性である．実際，われわれの体内で生じる放射線のかなりの部分が，この同位体（半減期 1.3×10^9 年）に由来している．カリウム原子のおよそ89％が電子を1個放出して崩壊するが，残りの11％は電子を1個捕獲して（電子密度が核の中まで侵入している証拠）崩壊する．

---

a) automated external defibrillator b) sodium c) tetraethyllead d) Downs process e) potassium

$$^{40}_{19}\text{K} \longrightarrow ^{40}_{20}\text{Ca} + _{-1}^{0}\text{e}$$
$$^{40}_{19}\text{K} + _{-1}^{0}\text{e} \longrightarrow ^{40}_{18}\text{Ar}$$

一度マグマが固化すると発生したアルゴンは岩石中に捕らえられるので，カリウム-40とアルゴン-40の比の測定は岩石の年代決定の一つの方法である．

すでに言及したように，アルカリ金属塩はさまざまな溶解性をもつ．特に，陽イオンと陰イオンのサイズが酷似しているときに，最も難溶性である．よって，非常に大きな陰イオンは，大きな1族陽イオンとは非常に難溶性の塩を形成するだろう．この考え方があてはまる例は，非常に大きなヘキサニトロコバルト酸(III)イオン $[\text{Co}(\text{NO}_2)_6]^{3-}$ の場合である．このイオンのリチウム塩とナトリウム塩は可溶であるが，カリウム塩，ルビジウム塩，セシウム塩は不溶性である．よって，ナトリウムイオンとカリウムイオンのどちらかが含まれる溶液ならば，ヘキサニトロコバルト酸(III)イオンを加えることで検査できる．淡黄色沈殿が生じたら，カリウムイオンが存在している．

$$3\text{K}^+(aq) + [\text{Co}(\text{NO}_2)_6]^{3-}(aq) \longrightarrow \text{K}_3[\text{Co}(\text{NO}_2)_6](s)$$

大きなアルカリ金属の沈殿試験に用いられる非常に大きな陰イオンの別の例はテトラフェニルホウ酸イオン $[\text{B}(\text{C}_6\text{H}_5)_4]^-$ である．

$$\text{K}^+(aq) + [\text{B}(\text{C}_6\text{H}_5)_4]^-(aq) \longrightarrow \text{K}[\text{B}(\text{C}_6\text{H}_5)_4](s)$$

11・6・1 カリウムの工業的採取

金属カリウムの商業的な製造には化学的方法が用いられる．この金属はあまりにも反応性が高いため，電解槽中での採取は危険すぎる．化学的方法では850℃で溶融した塩化カリウムを金属ナトリウムと反応させる．

$$\text{Na}(l) + \text{KCl}(l) \rightleftharpoons \text{K}(g) + \text{NaCl}(l)$$

平衡は左に偏っているものの，この温度ではカリウム(沸点が766℃，ナトリウムの沸点は890℃)は気体である！よって，反応で生じる混合物から緑色のカリウムガスをポンプで吸い出すと，ルシャトリエの法則により反応が右へシフトする．

11・7 酸 化 物

周期表中の金属の大部分は，酸素ガスと反応して酸化物イオン O^{2-} を含む酸化物[a]を形成する．しかしアルカリ金属では，リチウムのみが酸素との反応により(ふつうの)酸化物を生成する．

$$4\text{Li}(s) + \text{O}_2(g) \longrightarrow 2\text{Li}_2\text{O}(s)$$

ナトリウムは酸素と反応して，二酸化物イオン(2-)[b]，O_2^{2-} (しばしば，過酸化物イオン[c]とよばれる)を含む二酸化(2-)ナトリウム[d] Na_2O_2 (通常は過酸化ナトリウム[e]とよばれる*)を生じる．

$$2\text{Na}(s) + \text{O}_2(g) \longrightarrow \text{Na}_2\text{O}_2(s)$$

"2-"の記述は単にイオンの電荷を記したもので，これにより，これまで使われていた多くの接頭語を学ぶ必要がなくなる．可能な陰イオンの電荷が複数あるときには必ず，化学種の命名にアラビア数字を挿入する形式を用いる．この方法はアメリカ化学会(American Chemical Society)で推奨されている．

過酸化ナトリウムは反磁性であり，その酸素-酸素結合距離は149 pmで，酸素分子中の結合距離121 pmよりも長い．2p原子軌道から成る部分的な分子軌道図を組立てると(図11・5)，反磁性と弱い結合を説明できる．この図では，三つの結合性軌道と二つの反結合性軌道が占有されている．電子はすべて対になっており，正味の結合次数は1で，酸素分子の結合次数の2(§3・4を参照)より小さい．

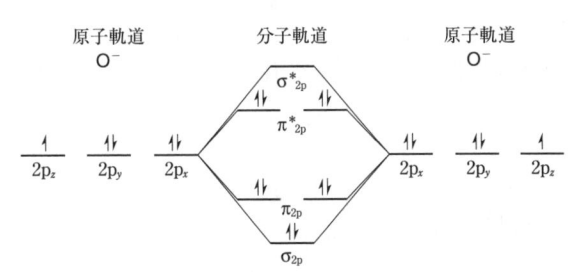

図11・5 二酸化物(2-)イオン(一般的には過酸化物イオンとよばれる)における2p軌道から誘導された分子軌道の占有状態

他の3種のアルカリ金属は過剰量の酸素と反応して，常磁性の二酸化物(1-)イオン O_2^- を含む二酸化物(1-)[f](伝統的には超酸化物[g]と命名されている)を形成する．

$$\text{K}(s) + \text{O}_2(g) \longrightarrow \text{KO}_2(s)$$

このイオンの酸素-酸素結合距離(133 pm)は，二酸化物(2-)イオンの結合距離より短く，酸素分子よりわずかに長い．これらの結合距離の違いは分子軌道の電子占有の仕方の違い(図11・6)による．二酸化物(1-)イオンでは，3個の結合性軌道と1個半の反結合性軌道が電子で占有さ

---

a) oxide   b) dioxide ion(2-)   c) peroxide ion   d) sodium dioxide(2-)   e) sodium peroxide   f) dioxide(1-)
g) superoxide

*[訳注] 日本では O_2^{2-} に対して二酸化物イオンという名称を用いることはなく，過酸化物イオンのみが名称として用いられる．したがって Na_2O_2 も二酸化ナトリウムとよぶことはない．

れている．二酸化物(1−)イオンの正味の結合次数は 1.5 であり，二酸化物(2−)イオンの結合次数 1 と酸素分子の結合次数 2 の中間である．二酸化物(1−)イオンと二酸化物(2−)イオンがともに容易に形成できるのは，それらの大きく分極した陰イオンを電荷密度が低く分極が最小の陽イオン（アルカリ金属イオン）が安定化するためと解釈できる．

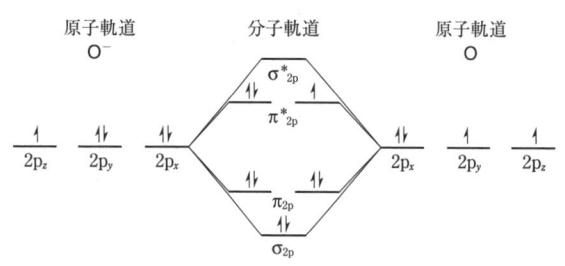

図 11・6 二酸化物(1−)イオン（一般的には超酸化物イオンとよばれる）における 2p 軌道から誘導された分子軌道の占有状態

1 族元素の酸化物はすべて水と激しく反応して金属水酸化物溶液となる．二酸化物(2−) は過酸化水素を生成し，二酸化物(1−) は過酸化水素と酸素ガスを生成する．

$$Li_2O(s) + H_2O(l) \longrightarrow 2\,LiOH(aq)$$
$$Na_2O_2(s) + 2\,H_2O(l) \longrightarrow 2\,NaOH(aq) + H_2O_2(aq)$$
$$2\,KO_2(s) + 2\,H_2O(l) \longrightarrow 2\,KOH(aq) + H_2O_2(aq) + O_2(g)$$

二酸化(1−)カリウムは呼気として吐き出された二酸化炭素（そして湿気）を吸収して酸素ガスを放出するので，宇宙カプセル（宇宙ポッド），潜水艦，自己充足型呼吸器などで用いられる．

$$4\,KO_2(s) + 2\,CO_2(g) \longrightarrow 2\,K_2CO_3(s) + 3\,O_2(g)$$
$$K_2CO_3(s) + CO_2(g) + H_2O(l) \longrightarrow 2\,KHCO_3(aq)$$

11・8 水 酸 化 物

アルカリ金属の水酸化物[a]は半透明の白色固体で，空気から湿気を吸収し，ついには吸収した余剰水分に自らが溶解する（**潮解**[b]として知られる過程）．唯一の例外が水酸化リチウムで，安定な八水和物 $LiOH \cdot 8H_2O$ を形成する．水酸化物イオンはタンパク質と反応して皮膚表面を破壊するため，アルカリ金属の水酸化物はいずれもきわめて危険である．水酸化ナトリウムと水酸化カリウムは粒（ペレット）の形状で供給されるが，そのペレットの製造は溶融状態の化合物を鋳型に充填する方法で行われる．固体であれ溶液であれ，それらは大気中の二酸化炭素を吸収する．

$$2\,NaOH(aq) + CO_2(g) \longrightarrow Na_2CO_3(aq) + H_2O(l)$$

アルカリ金属の水酸化物は非常に水溶性なので，水酸化物イオンの供給源として有用である．試薬として水酸化物イオンが必要な場合には，その供給源は価格または溶解性に基づいて選ばれる．水酸化ナトリウム（カセイソーダ）は最安価な金属水酸化物なので，最も一般的に無機化学で用いられる水酸化物イオン供給源である．水酸化カリウム（カセイカリ）は有機溶媒への溶解性が水酸化ナトリウムよりも高いので，有機化学でよく用いられる．

11・8・1 水酸化ナトリウムの工業的製法

水酸化ナトリウムは，6 番目に製造量の多い無機化学製品である．水酸化ナトリウムの製造は鹹水（ブライン[c]：塩化ナトリウム水溶液）の電気分解で行われている．隔膜付き電解槽（隔膜法）が，商業的な水酸化ナトリウムの製造に用いられる．この電解槽の陰極では水が還元されて水素ガスと水酸化物イオンになり，陽極では，（いくらかの水が酸化されて酸素ガスになるが）塩化物イオンが酸化されて塩素ガスになる．

$$2\,H_2O(l) + 2\,e^- \longrightarrow H_2(g) + 2\,OH^-(aq)$$
$$2\,Cl^-(aq) \longrightarrow Cl_2(g) + 2\,e^-$$

電解槽の仕様（図 11・7）で不可欠なのは，陰極で生じた水酸化物イオンが陽極で生じる塩素ガスと接触するのを防ぐための隔膜またはセパレーターである．このセパレーターは塩水が通過することが可能なくらい大きな穴をもっ

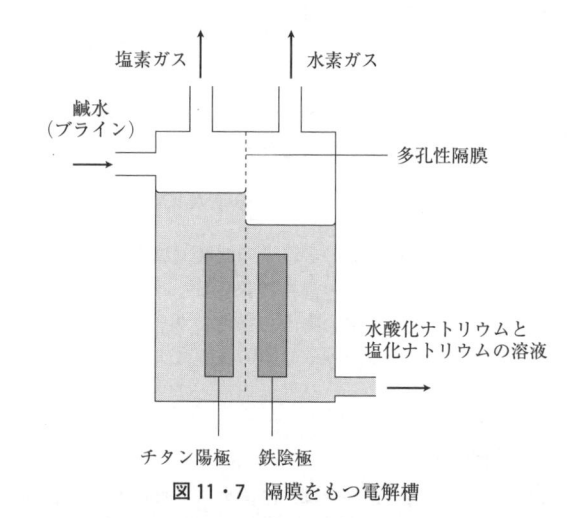

図 11・7 隔膜をもつ電解槽

ており，以前はアスベスト製であったが今ではテフロン製の網でできている．電解槽では，通常 30,000〜150,000 A の桁外れの大電流を用いる．

電気分解の最中は，陰極側の溶液（11 % 水酸化ナトリウムと 16 % 塩化ナトリウムの混合物）を，継続的に取除

---

a) hydroxide   b) deliquescence   c) brine

く．取出した溶液を蒸発させると，その過程で溶解度のより低い塩化ナトリウムが結晶化する．最終生成物は50％水酸化ナトリウムと約1％塩化ナトリウムの溶液となる．この組成は大部分の工業目的には事実上許容できる値である．

11・8・2 水酸化ナトリウムの商業的利用法

製造された水酸化ナトリウムの約30％は有機化学工場で試薬として用いられ，約20％は他の無機化学製品の合成に用いられる．他の20％は紙パルプ業界で消費され，残りの30％は他の何百もの用途に用いられる．

水酸化ナトリウムは，化学研究室で最重要な塩基である．また，一般的にアルカリ液(灰汁)とよばれ，多くの家庭用途がある．最も直接的な用途が油との反応を利用したものであり，特にオーブンクリーナー(たとえばEasy-Off Oven Cleaner®)や排水管の詰まりをとるクリーナー(たとえばDrano®)に用いられている．市販の排水管クリーナーの一部は，金属アルミニウムを水酸化ナトリウムと混合したものである．水を加えると，下記の化学反応が起こり，アルミン酸イオンと水素ガスが生じる．水素ガスの泡は，液体を激しくかき混ぜ，新たな水酸化ナトリウム水溶液と油との接触を高め，詰まりをより速く溶かす作用をもつ．

$$2\,Al(s) + 2\,OH^-(aq) + 6\,H_2O(l) \longrightarrow 2\,[Al(OH)_4]^-(aq) + 3\,H_2(g)$$

水酸化ナトリウムは食品産業でも使われている．おもにタンパク質を分解する水酸化物イオンを供給するためである．たとえば，ジャガイモに水酸化ナトリウム水溶液を吹き付け，加工処理する前に柔らかくし，皮を剥ぎやすくする(もちろん，つぎの加工処理段階の前に水酸化ナトリウムは徹底的に洗い流される！)．オリーブは水酸化ナトリウム水溶液に浸して，果肉を食べられるくらい柔らかくする．挽き割りトウモロコシも水酸化ナトリウム水溶液で処理される．最も珍しい応用法はプレッツェル(棒状またはねじ巻き型の塩味のビスケット)の製造におけるものである．塩の結晶をつける前に，生地を水酸化ナトリウム水溶液の薄膜でコーティングする．水酸化ナトリウム水溶液は，塩の結晶が生地の表面にしっかりと付くようにセメントの役割を果たす．焼く過程で二酸化炭素が放出されるので，水酸化ナトリウムは無害な炭酸ナトリウム一水和物に変換される．

$$2\,NaOH(s) + CO_2(g) \longrightarrow Na_2CO_3 \cdot H_2O(s)$$

11・9 塩化ナトリウム

海水は3％食塩水だが，塩化ナトリウム[a]以外のミネラル分もたくさん含む．海には1900万 m^3 (それは海面より上の北米の体積の約1.5倍にあたる)の塩が含まれると見積もられた．太陽エネルギーを利用して海水を蒸発させて製造した塩は，タークス・ケーコス諸島(バハマ諸島の東南部に位置する英国領)などのいくつかの第三世界国家の主要な収入源だった．この方法による塩の製造は，不幸にも，もはや経済的な競争力がないため，その結果収入と雇用が減少し，それらの国々に深刻な経済問題をひき起こした[†]．

今日でも塩は必需品である．塩化ナトリウムは，無機物で最も多く化学薬品製造に用いられており，世界の消費量は年間1億5千万トンを超えている．今日では，商業生産されている塩化ナトリウムのほとんどが，数百mの厚さに達することも多い広大な地下堆積層から採取されている．この地層は，大きな湖が数億年前に蒸発乾固して生じたものである．約40％の岩塩は石炭のように採掘され，残りは堆積層に水を流し込み，飽和食塩水をくみ出すことによって採取されている．

11・10 塩化カリウム

塩化ナトリウムと同様に，塩化カリウム[b] (通常はカリ(potash)とよばれる*)の多くは，今では地中深くに存在する古代の湖の堆積層から取出している．世界の埋蔵量の約半分がカナダのサスカチュワン州，マニトバ州，ニューブランズウィック州の地下に堆積している．古代の湖が乾燥したときに，その湖のすべての可溶性塩が結晶化した．よって堆積層は純粋な塩化カリウムではなく，塩化ナトリウム，塩化カリウムマグネシウム六水和物 $KMgCl_3 \cdot 6H_2O$，硫酸マグネシウム一水和物 $MgSO_4 \cdot H_2O$ や他の多くの塩を含んでいる．

含有成分を分離するのにいろいろな手段が用いられる．一つ目の手段は，溶解性の差を利用するものである．混合物を水に溶かして，水を蒸発させながら連続して結晶化させる．しかしこのプロセスでは，水を蒸発させるのにかなりのエネルギーを要する．二つ目の手段では，混合物を飽和食塩水に加える．空気を懸濁液に吹き込むと，塩化カリウムの結晶が泡に付着する．塩化カリウムの泡は表面からすくい取られる．塩化ナトリウムの結晶は底に沈むので，底をさらって取出される．

三つ目の手段は，最も異例な静電的プロセスである．固体をすりつぶして粉末にした後，摩擦プロセスにより電荷

---

a) sodium chloride b) potassium chloride
[†] 塩は最も古くから取引されていた商品の一つであり，2000年前には，ローマの軍人は給料の一部を塩(ラテン語の塩はsalで支払われていた．これが"サラリー(salary)"の語源である．
*[訳注] potashはカリと訳すようであるが，日本ではどちらかというと炭酸カリウムをさす言葉である．

塩 の 代 用 品

人は1日に約3gの塩化ナトリウムを必要とするが，欧米の普段の食事には1日に8～10gの塩化ナトリウムが含まれている．十分な量の液体を摂取していれば，この消費量には何の問題もない．しかし，高血圧の人がナトリウムイオンの摂取量を減らすと，血圧を下げることができる．ナトリウムイオンの摂取量を最少にするために，市場には塩辛い味がするが，ナトリウムイオンは含まない塩の代用品が数多くある．これらのほとんどは，塩化カリウムを含んでいるが，カリウムイオンの苦くて金属的な後味を隠すために，他の化合物も含んでいる．

ある意欲的な家庭用純食塩の製造会社は，"わたしたちの製品は従来品よりもナトリウムを33％カットした"と主張している．この主張は，技術的には正しく，中空の食塩結晶を作ることにより達成されている．これらは，通常の立方体の結晶よりもかさ密度（一定容積の容器に粉体をいっぱいに充填し，容器の容積を体積と考えて計算した密度）が33％低い．よって，この中空の塩を小さじ1杯とると，含まれるナトリウムイオン，塩化物イオンはともに33％少なくなっている！ 食べ物に同じ量（体積）の塩を振りかけるなら，明らかに望みどおりの効果を上げるだろう．しかし，塩味を同程度にするには，ふつうの塩よりも50％余計にこの製品を振りかける必要があるだろう．

を与える．塩化カリウムの結晶は，他の無機物とは逆の電荷を獲得する．粉末は，高く荷電された二つのドラムを備えた塔の中に注ぎ込まれる．塩化カリウムは一方のドラムに付着して，そこから連続的に取除かれ，他の無機物は反対の電荷をもつドラムに付着する．残念ながら，塩化カリウム製造プロセスで出る無機系廃棄物にはほとんど使い道がなく，それらの処分が問題となる．

これらの手段で製造された塩化カリウムの使い道はただ一つ，肥料である．カリウムイオンは植物生長の三大必須要素の一つであり（残りの二つは窒素とリン），年間約 4.5×10^7 トンの塩化カリウムがこの目的のために世界中で使われている．そのため主要な化学製品の一つである．

11・11 炭酸ナトリウム

アルカリ金属（およびアンモニウムイオン）だけが，溶解性の炭酸塩を形成する．アルカリ金属の炭酸塩中で最重要な炭酸ナトリウム[a]は，無水塩（ソーダ灰），一水和物 $Na_2CO_3 \cdot H_2O$，そして最も一般的には十水和物 $Na_2CO_3 \cdot 10H_2O$（洗濯ソーダ）の形で存在する．十水和物の大きく透明な結晶は，乾いた空気中で**風解**[b]（結晶水を失うこと）して一水和物の粉末状沈殿になる．

$$Na_2CO_3 \cdot 10H_2O(s) \longrightarrow Na_2CO_3 \cdot H_2O(s) + 9\,H_2O(l)$$

11・11・1 炭酸ナトリウムの工業的採取

炭酸ナトリウムは9番目に製造量の多い重要な無機化学製品である．北米では，一般的にはセスキ炭酸ナトリウム[c]とよばれている炭酸塩と炭酸水素塩の複塩 $Na_2CO_3 \cdot NaHCO_3 \cdot 2H_2O$ である鉱物**トロナ**[d]から約90％が得られている．セスキは"1倍半（3：2）"を意味しており，その値は鉱物中の炭酸単位（炭酸イオンと炭酸水素イオン）に対するナトリウムイオンの数である．セスキ炭酸ナトリウムは二つの化合物の混合物ではなく，炭酸イオンと炭酸水素イオンが交互に並び，それらがナトリウムイオンおよび水分子と1：1：3：2の割合で存在している，すなわち $Na_3(HCO_3)(CO_3) \cdot 2H_2O$ の化学式で表される結晶格子をもつ単一化合物である．世界の中でずば抜けて大量（4.5×10^{10} トン）のトロナがワイオミング州に存在する．

一水和物の採取プロセスでは，石炭と同じように地下400mから採掘し，砕き，その後ロータリーキルンの中で加熱（焼成）する．この処理により，セスキ炭酸ナトリウムが炭酸塩に変換される．

$$2\,Na_3(HCO_3)(CO_3) \cdot 2H_2O(s) \xrightarrow{\Delta} 3\,Na_2CO_3(s) + 5\,H_2O(g) + CO_2(g)$$

得られた炭酸ナトリウムを水に溶かして，不溶性の不純物を沪別する．炭酸ナトリウム水溶液を蒸発乾固すると，炭酸ナトリウム一水和物が生じる．生成物をロータリーキルン中で加熱すると，無水炭酸ナトリウムが得られる．

$$Na_2CO_3 \cdot H_2O(s) \xrightarrow{\Delta} Na_2CO_3(s) + H_2O(g)$$

世界の別の地域では，**ソルベー法**[e]（またはアンモニアソーダ法）によって炭酸水素ナトリウム（そしてこれから炭酸ナトリウム）を製造している．このプロセスでは塩化ナトリウムを炭酸カルシウムと反応させる．

$$2\,NaCl(aq) + CaCO_3(s) \rightleftharpoons Na_2CO_3(aq) + CaCl_2(aq)$$

しかしこの反応の平衡は，はるかに左に偏っている．アン

---

a) sodium carbonate　　b) efflorescence　　c) sodium sesquicarbonate　　d) trona　　e) Solvay process

モニア水を使用することにより，一連の巧妙な反応段階の初めから終わりまでのすべてを達成できる．ソルベー法の問題点は副生成物の塩化カルシウムの量である．塩化カルシウムの需要は，この反応で供給される量よりもはるかに少ない．そのうえ，このプロセスはかなりのエネルギーの注入が必要であり，トロナから採取する単純な方法より費用がかかる．

11・11・2 炭酸ナトリウムの商業的利用法

米国で製造される炭酸ナトリウムの約 50 % はガラス製造に用いられる．この製造過程では，二酸化ケイ素（ケイ砂）および他の成分と炭酸ナトリウムを 1500 ℃ で反応させる．生成物の実際の化学式は，反応物質の化学量論比に依存する（このプロセスは§14・14 でもっと詳しく議論する）．ケイ酸ナトリウムと二酸化炭素を生じる反応が重要である．

$$Na_2CO_3(l) + x\,SiO_2(s) \xrightarrow{\Delta} Na_2O \cdot xSiO_2(l) + CO_2(g)$$

炭酸ナトリウムは，水道水からアルカリ金属イオンを不溶性の炭酸塩に変えて取除く，水の"軟化"とよばれる過程にも用いられている．取除く必要がある最も一般的なイオンはカルシウムイオンである．石灰岩[a] または白亜[b] の地層が水源の水道水では，カルシウムイオンが非常に高濃度になっている．

$$CO_3^{2-}(aq) + Ca^{2+}(aq) \longrightarrow CaCO_3(s)$$

11・12 炭酸水素ナトリウム

リチウムを除くアルカリ金属だけが，固体の炭酸水素塩（一般的には重炭酸塩[c]とよばれる）を形成する．ここでも，電荷密度の低い陽イオンは電荷密度の低い大きな陰イオンを安定化するという概念を用いて，これらの炭酸水素塩の存在を理解できる．

炭酸水素ナトリウム[d] は炭酸ナトリウムよりも水に溶けにくい．よって，飽和炭酸ナトリウム水溶液に二酸化炭素を吹き込むと，炭酸水素ナトリウムが得られる．

$$Na_2CO_3(aq) + CO_2(g) + H_2O(l) \longrightarrow 2\,NaHCO_3(s)$$

炭酸水素ナトリウムを加熱すると分解して，炭酸ナトリウムに戻る．

$$2\,NaHCO_3(s) \xrightarrow{\Delta} Na_2CO_3(s) + CO_2(g) + H_2O(g)$$

炭酸水素ナトリウムが粉末消火器の主成分なのは，この反応の応用例である．炭酸水素ナトリウムの粉末自身が火を覆って消す役割を果たすが，さらにその固体が分解して，消火力をもつ二酸化炭素ガスと水蒸気ガスを生じる．

炭酸水素ナトリウムは，食品産業においておもにパンやケーキをふくらませるために使われている．デンプンを増量剤として少し加えた炭酸水素ナトリウムとリン酸二水素カルシウム $Ca(H_2PO_4)_2$ の混合物（ベーキングパウダー）の形で通常用いられる．リン酸二水素カルシウムは酸性なので，湿らせると炭酸水素ナトリウムが反応して二酸化炭素を発生する．

$$2\,NaHCO_3(s) + Ca(H_2PO_4)_2(s) \longrightarrow$$
$$NaHPO_4(s) + CaHPO_4(s) + 2\,CO_2(g) + 2\,H_2O(g)$$

11・13 アンモニアとの反応

アルカリ金属単体には，液体アンモニアに溶けて，希釈すると深青色溶液になるという異常な特性がある．一般に溶液はイオン移動により電流を生じるが，上記の溶液中での電流のキャリヤーは，ナトリウム原子のイオン化で生じた，アンモニアで溶媒和された電子 $e^-(am)$ であると考えられている．

$$Na(s) \rightleftharpoons Na^+(am) + e^-(am)$$

蒸発により濃縮されると，溶液はブロンズ色になり，液体金属のように振舞う．長い間置いておくと（遷移金属触媒の存在下ではもっと加速される），溶液は分解してアミド塩 $NaNH_2$ と水素ガスを生じる．

$$2\,Na^+(am) + 2\,NH_3(l) + 2\,e^-(am) \longrightarrow$$
$$2\,NaNH_2(am) + H_2(g)$$

11・14 生物学的役割

われわれは，ナトリウムイオンもカリウムイオンも生命に不可欠だということを忘れがちである．たとえば，食物から1日に最低1gのナトリウムイオンを摂取する必要がある．しかし，塩味の食べ物を好む多くの人たちの摂取量はその5倍の値になっている．カリウムイオンの過剰摂取が問題になることはめったになく，カリウム不足の方がはるかに一般的である．したがって，バナナやコーヒーなどのカリウムの豊富な食物を確実に食事に入れるようにすることが大事である[†]．

アルカリ金属イオンは，体内の多くのタンパク質ユニット中の負電荷とバランスをとっている．アルカリ金属イオンは，細胞の崩壊を防いでいる細胞内浸透圧の維持も助けている．無機化学ではナトリウムとカリウムの間には類似

---

a) limestone b) chalk c) bicarbonate d) sodium hydrogen carbonate
† リチウムは，微量必須元素である．リチウム欠乏状態で育てられたヤギは体重が軽く，受胎率が低く，明らかに死亡率が高い．

性があると考えるが，生物学的な世界では重要な違いがある．細胞は，細胞質からナトリウムイオンをくみ出し，カリウムイオンをくみ入れている（表 11・10）．細胞の内側と外側のアルカリ金属イオン総濃度の違いが，細胞膜の内と外での電位差を生み出す．

表 11・10 生体のイオン濃度〔mmol·L^{-1}〕

イオン	[Na$^+$]	[K$^+$]
赤血球細胞	11	92
血漿	160	10

電位の違いは，たとえば心臓のリズミカルな電気信号の発生，腎臓での血液中の生命に必要な溶質と毒性の溶質との絶え間ない分離，目の水晶体屈折率の精密な調整，などの多くの基礎過程を支えている．目が覚めていても眠っていても，ヒトの脳がつくり出している 10 W のパワーの大部分は，酵素 Na$^+$, K$^+$-アデノシントリホスファターゼ[a]（ATP アーゼともよぶ）が脳細胞にカリウムイオンをくみ入れ，ナトリウムイオンをくみ出すことにより生じる．われわれが事故に遭うと，細胞壁を通してのアルカリ金属イオンの大規模な漏出が起こる結果として"ショックに陥る"のである．

イオン選択性酵素は，一つか二つのイオンのサイズにぴったりと合う空洞をもつことによって機能する．イオンサイズの違いと同様に，脱水和エネルギーにも明らかな差がある．結合サイトにイオンを合わせるには，イオンの水和層を失わねばならない．比較的高い電荷密度をもつナトリウムイオンは，付随する水分子を放すのに 80 kJ·mol^{-1} 以上のエネルギーが必要なので，カリウムイオンに直ちに結合できる優先権が生まれる．

多くの抗生物質は特定のイオンを細胞膜を通して輸送する能力があるために有効である．これらの有機分子も，特定の半径をもつイオンを収容するのに適したサイズの空孔を中央にもつ．たとえば，バリノマイシンには，カリウムイオンを保持するにはちょうどよいが，ナトリウムイオンには大きすぎる孔がある．よって薬は，少なくとも一部は，カリウムイオンを生体膜の向こう側へ選択的に輸送することによって機能している．

11・15 元素の反応フローチャート

この族における三つの最重要な元素は，リチウム，ナトリウム，カリウムであり，それらのフローチャートを示す．ただし，重要な反応すべてではなく，相互に関係がある反応だけを示している．

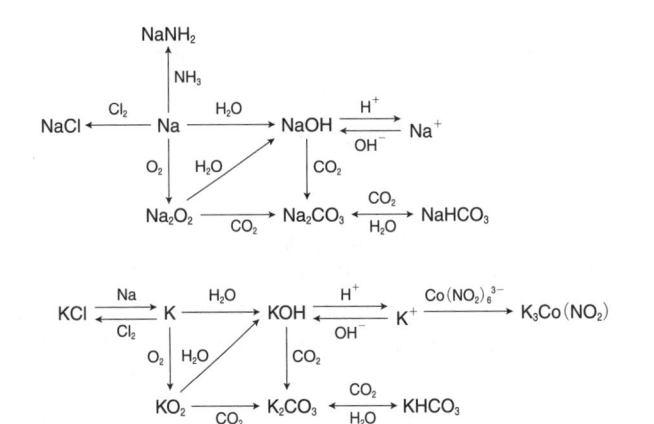

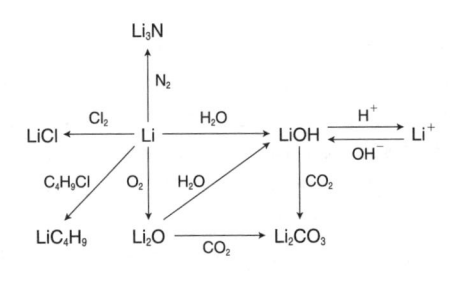

要 点

・1 族元素は金属としては非常に低い密度，融点，沸点をもつ．
・アルカリ金属は非常に高い化学的反応性を示す．
・大きなアルカリ金属イオン（リチウムは例外）は，サイズが大きく低電荷の陰イオンを安定化する．
・1 族元素の塩は，重い方の金属イオン（カリウムからセシウムまで）と非常に大きな陰イオンとの塩を除いて，水溶性である．
・金属と酸素との反応では，陽イオンのサイズに依存して異なる生成物が生じる．

---

a) Na$^+$/K$^+$-adenosine triphosphatase

基本問題

11・1 以下の各反応について化学反応式を記しなさい．
 (a) 金属ナトリウムと水
 (b) 金属ルビジウムと酸素分子（二酸素）
 (c) 固体の水酸化カリウムと二酸化炭素
 (d) 固体の硝酸ナトリウムを加熱

11・2 以下の各反応について化学反応式を記しなさい．
 (a) 金属リチウムと窒素分子（二窒素）
 (b) 固体の二酸化(1−)セシウムと水
 (c) 固体の炭酸水素ナトリウムを加熱
 (d) 固体の硝酸アンモニウムを加熱

11・3 アルカリ金属は"典型的な"金属とどのように似ているか？ 非常に異なっているのはどのような点か？

11・4 最も反応性の低いアルカリ金属はどれか？ 標準酸化電位に基づくと予想外の結果になるのはなぜか？ どんな説明ができるか？

11・5 アルカリ金属の化学の共通点を三つ記しなさい．

11・6 あるアルカリ金属（Mと表記する）は水和した硫酸塩 $M_2SO_4 \cdot 10H_2O$ を形成する．その金属はナトリウムかカリウムのどちらだと思うか？ その理由を記しなさい．

11・7 水酸化ナトリウムは塩化ナトリウムよりもかなり水に溶けやすいのはなぜか？ 考えられる理由を述べなさい．

11・8 金属ナトリウムをつくるためのダウンズ電解槽において
 (a) 電気分解を水溶液で行うことができないのはなぜか？
 (b) 塩化カルシウムを加えるのはなぜか？

11・9 金属カリウムの採取において，温度を 850 ℃にすることが重要なのはなぜか？

11・10 水酸化ナトリウム製造において，隔膜を用いた電解槽の有利な点と不利な点を記しなさい．

11・11 いくつかのアルカリ金属化合物には慣用名がある．(a) カセイソーダ，(b) ソーダ灰，(c) 洗濯ソーダ，の IUPAC 命名法による名称を記しなさい．

11・12 いくつかのアルカリ金属化合物には慣用名がある．(a) カセイカリ，(b) トロナ，(c) アルカリ液（灰汁），の IUPAC 命名法による名称を記しなさい．

11・13 (a) 風解，(b) インターカレーション，の意味を説明しなさい．

11・14 (a) 超金属，(b) 潮解，の意味を説明しなさい．

11・15 炭酸ナトリウムのソルベー法による合成に関する化学反応式を記しなさい．このプロセスにおける二つの主要な問題は何か？

11・16 なぜアルカリ金属のみが固体の安定な炭酸水素塩を形成できるのか，を簡潔に説明しなさい．

11・17 なぜアンモニウムイオンがしばしば擬アルカリ金属とよばれるのか，を簡潔に説明しなさい．

11・18 気体の水素化リチウム中の結合を表すために，大まかな分子軌道図を組立てなさい．

11・19 二酸化(1−)セシウムではなく二酸化(1−)カリウムが，宇宙船での空気再循環システムで用いられる二つの理由を示しなさい．

11・20 生きている細胞に関して，ナトリウムイオンとカリウムイオンはどこに位置しているか？

11・21 元素の反応のフローチャート（p.170）において，それぞれの変換に対応する釣合いのとれた化学反応式を記しなさい．

応用問題

11・22 この章では，1族の元素の一つである放射性のフランシウムは記述しなかった．族の傾向に基づいて，フランシウムとその化合物の主要な性質を示しなさい．

11・23 効率 100 %と仮定すると，1日当たり 1.00 トンの金属ナトリウムをダウンズ電解槽で製造するためには，7.0 V の電圧における最低限必要な電流はいくらか？（1 mol の電子を通すには，9.65×10^4 A·s^{-1} の電気量を要する．）

11・24 六フッ化白金 PtF_6 は非常に高い電子親和力（772 kJ·mol^{-1}）をもつ．金属リチウムを六フッ化白金と反応させると，Li$^+$PtF$_6^-$ではなくフッ化リチウム Li$^+$F$^-$ が生じる．理由を述べなさい．

11・25 なぜ，LiI, NaI, KI, RbI, CsI の系列では右に行くにしたがって ΔH_f° は負の値が大きくなっていくが，LiF, NaF, KF, RbF, CsF の系列では右に行くにしたがって負の値は小さくなるのか？ 説明しなさい．

11・26 リチウムの原子量は 6.941 g·mol^{-1} であると記載されている．しかし，リチウムの化合物において，リチウムの原子質量はしばしば約 6.97 g·mol^{-1} となるため，リチウム化合物が分析の一次標準として用いられることはない．このことを説明しなさい．

11・27 フッ化ナトリウムとテトラフルオロホウ酸ナトリウム Na[BF$_4$] のどちらの化合物が水によく溶けると思われるか？ 理由を述べなさい．

11・28 理論上の化合物フッ化セシウム(II) CsF$_2$ の格子エネルギーが 2250 kJ·mol^{-1} であるということが与えら

れたとして，フッ化セシウム(II)はフッ化セシウムに自発的に分解するかどうかを決定しなさい．

$$\text{CsF}_2(s) \longrightarrow \text{CsF}(s) + \frac{1}{2}\text{F}_2(g)$$

セシウムの第二イオン化エネルギーは 2.430 MJ·mol^{-1} である．すべての追加のデータは付録から得ること．この計算は，単にエンタルピー変化を与えるだけであろう．自発性のためには，エンタルピーとエントロピーのデータから自由エネルギー変化を知る必要がある．エントロピー変化から見て分解の自発性はどうか？ 説明しなさい．

11・29 結晶格子のサイズからすると，水素化物イオンは水素化リチウムでは 130 pm，水素化セシウムでは 154 pm のイオン半径である．この二つの値が異なる理由を述べなさい．

11・30 固体の塩化セシウムは塩化水素ガスと反応して多原子陰イオンを含む化合物が生じる．この陰イオンの化学式を記しなさい．塩化リチウムは塩化水素とは反応しない．この反応が起こらない理由を述べなさい．

11・31 同じモル濃度の Li$^+$，K$^+$，F$^-$，I$^-$ イオンを含む溶液を乾くまで蒸発させる．LiF，KI，LiI，KF のうちのどの塩が析出するだろうか？ エネルギー的に有利な格子エネルギーを求めて（§6・1のカプスティンスキーの式を用いよ），解答をチェックしなさい．

11・32 高温高圧下における，アルカリ金属のフッ化物 MF を用いる炭素–塩素結合から炭素–フッ素結合への有機化学的置換反応において，なぜ，フッ化カリウムを用いる方がフッ化ナトリウムを用いるよりも好まれるのであろうか？

$$\text{R}_3\text{C-Cl} + \text{MF} \longrightarrow \text{R}_3\text{C-F} + \text{MCl}$$

11・33 なぜカリウム–40 の崩壊がほとんどカルシウム–40 の生成につながるのかを示しなさい．

12　2族元素：アルカリ土類金属

アルカリ土類金属[a]は，アルカリ金属よりも硬く，密度が高く，反応性が低いが，典型的な金属よりも密度が低く，反応性が高い．

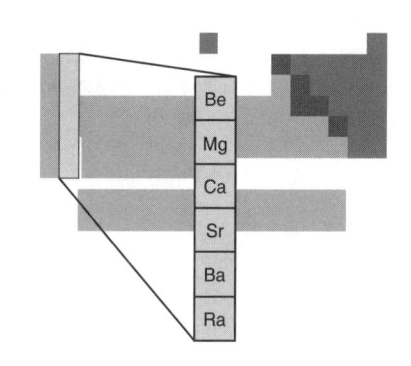

化合物から抽出された最後のアルカリ土類金属はラジウムである．キュリー夫人[b]とドビエルヌ[c]はこの偉業を1910年に達成し，この元素が放つ明るい輝きに歓喜した．しかし，この輝きがこの元素からの強烈で危険な放射線によるものとは認識していなかった．1930年代，キャバレー（ナイトクラブ）では，文字通り"暗闇で輝く"ようにラジウム塩を体に塗ったダンサーを呼び物にするショーが催された．ダンサーの何人かは，原因にまったく気づくこともなく，放射線関連の疾病で死んだかもしれない．ごく最近でさえ，ラジウムを含む塗料で針とアラビア数字を塗った時計（その輝きにより暗闇の中で時間を知ることができる）を購入することは可能だった．（今ではもっと安全な代用品が利用できる．）

12・1　族の傾向

この節では，マグネシウム[d]，カルシウム[e]，ストロンチウム[f]，バリウム[g]の性質を考える．ベリリウム[h]は，化学的には半金属のように振舞うので別に論じる．放射性元素であるラジウム[i]の性質は，ほかの元素ほど詳細がわかっていない．

アルカリ土類金属は銀色で密度がかなり低い．アルカリ金属と同じように，原子番号が大きくなるほど密度は高くなる（表12・1）．アルカリ金属に比べて原子化エンタルピーがかなり大きく（表12・2），強い金属結合をもつと

表12・1　一般的なアルカリ土類金属の密度

元素	密度 〔g·cm^{-3}〕
Mg	1.74
Ca	1.55
Sr	2.63
Ba	3.62

いう特徴がある．そのため，融点が高く硬度が高い．密度は原子番号に従う傾向があるが，融点と原子化エンタルピーには明確なパターンはみられない．イオン半径は族の下方の元素ほど大きくなるが，同周期のアルカリ金属のイオン半径より小さい（図12・1）．

表12・2　一般的なアルカリ土類金属の融点

元素	融点〔℃〕	$\Delta H_{原子化}$〔kJ·mol^{-1}〕
Mg	649	149
Ca	839	177
Sr	768	164
Ba	727	175

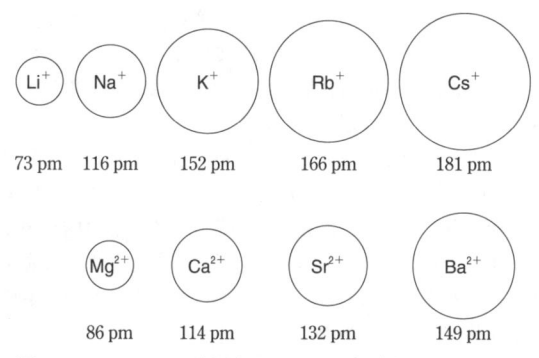

Li$^+$　Na$^+$　K$^+$　Rb$^+$　Cs$^+$
73 pm　116 pm　152 pm　166 pm　181 pm

Mg^{2+}　Ca^{2+}　Sr^{2+}　Ba^{2+}
86 pm　114 pm　132 pm　149 pm

図12・1　アルカリ金属とアルカリ土類金属のイオン半径の比較

アルカリ土類金属の化学反応性はアルカリ金属ほど高くないが，他の大部分の金属元素よりは高い．たとえば，カルシウム，ストロンチウム，バリウムはすべて冷水と反応し，その中でもバリウムは最も激しく反応する．

$$Ba(s) + 2\,H_2O(l) \longrightarrow Ba(OH)_2(aq) + H_2(g)$$

---

[a] alkaline earth metal　[b] Marie Curie　[c] André Debierne　[d] magnesium　[e] calcium　[f] strontium　[g] barium　[h] beryllium　[i] radium

アルカリ金属と同じように，原子量が大きくなるほど反応性が高くなる．したがって，マグネシウムは冷水とは反応しないが，熱水とはゆっくり反応して水酸化マグネシウムと水素ガスを生成する．

アルカリ土類金属は多くの非金属と反応する．たとえば，塩素ガス中でカルシウムを加熱すると燃え上がり，塩化カルシウムを生じる．

$$Ca(s) + Cl_2(g) \longrightarrow CaCl_2(s)$$

アルカリ土類金属は，珍しいことに加熱により窒素ガスと容易に反応する．たとえば，マグネシウムは二窒素と反応して窒化マグネシウムになる．

$$3\,Mg(s) + N_2(g) \longrightarrow Mg_3N_2(s)$$

12・2 アルカリ土類金属化合物の特徴

ベリリウムは他の2族元素とはかなり性質が異なるので，ここでも議論の対象からはずす．アルカリ土類金属は常に+2の酸化数をとり，化合物の大部分は安定な（有色の陰イオンが存在しない限り）無色のイオン性固体である．アルカリ土類金属化合物中の結合は，大概イオン性であるが，マグネシウム化合物においては共有結合的な振舞いがはっきりと現れる．（共有結合性はベリリウムの化学においても支配的である．）

12・2・1 イオンの水和

比較的大きな，電荷の小さいアルカリ金属イオンとは対照的に，比較的小さく，高い電荷密度をもつアルカリ土類金属イオンはほとんど常に水和している．たとえば，塩化カルシウムは無水物塩に加えて，六水和物，四水和物，二水和物，一水和物の形をとることができる．表12・3にいくつかの一般的なアルカリ土類金属化合物の通常の水和数（結晶中で水和している水分子の数）を示す．金属の電荷密度が小さくなると，水和数も小さくなる．対照的な挙動を示すのが水酸化物で，ストロンチウムとバリウムの水酸化物は八水和物であるのに，マグネシウムとカルシウムの水酸化物は無水物である．

表12・3 一般的なアルカリ土類金属塩の通常の水和数

元素	MCl_2	$M(NO_3)_2$	MSO_4
Mg	6	6	7
Ca	6	4	2
Sr	6	4	0
Ba	2	0	0

12・3 アルカリ土類金属塩の溶解度

1族元素の一般的な塩はすべて水溶性だが，2族の塩の多くは不溶性である．塩化物や硝酸塩のような1価陰イオンの化合物は水溶性であり，炭酸塩やリン酸塩のような2価以上の大きな負電荷をもつ陰イオンの塩は不溶性である．陰イオンの種類によって，塩の溶解性に異なる傾向が現れる．アルカリ土類金属イオンが重くなるにつれて，硫酸塩は可溶性から不溶性へと変化するが，水酸化物は不溶性から可溶性へと変化する（表12・4）．

表12・4 アルカリ土類金属の水酸化物と硫酸塩の溶解度

金属	水酸化物の溶解度 $[g \cdot L^{-1}]$	硫酸塩の溶解度 $[g \cdot L^{-1}]$
Mg	0.0001	337
Ca	1.2	2.6
Sr	10	0.013
Ba	47	0.0002

§11・3で，アルカリ金属ハロゲン化物の溶解性を熱力学的関数に基づいて論じた．アルカリ土類金属においては，溶解過程におけるエンタルピーとエントロピーの総変化量はほとんど変わらないものの，それぞれの関数の値はアルカリ金属の値と劇的に異なっている．

最初に関連するエンタルピー項について考察してみよう．エンタルピーサイクル（循環過程）において最初の段階は結晶格子の昇華である．2価陽イオンの塩において格子が昇華するには，1価陽イオンの塩に比べて（2+/1−と1+/1−の比較）大きな静電引力が働くため，約3倍のエネルギーが必要となる．そのうえ，1 mol 当たりでは，3個のイオンを分離する方が2個のイオンを分離するより大きな仕事である．

一方，2価陽イオンの水和エンタルピーは，1価陽イオン（アルカリ金属イオン）よりもかなり大きいだろう．2族イオンの電荷密度の方が1族イオンより大きいので，水分子は"裸の"陽イオンにもっと強く引きつけられ，水和層がまわりに形成されるときに，より大きなエネルギーが放出される．たとえば，マグネシウムイオンの水和エンタルピーは−1921 kJ·mol^{-1} だが，ナトリウムイオンの水和エンタルピーは−435 kJ·mol^{-1} である（この二つの値の比は，電荷密度の比と近い）．塩化マグネシウムと塩化ナトリウムのエンタルピーのデータを表12・5に比較する．こ

表12・5 塩化マグネシウムと塩化ナトリウムの溶解過程におけるエンタルピー項

化合物	格子エネルギー $[kJ \cdot mol^{-1}]$	水和エンタルピー $[kJ \cdot mol^{-1}]$	総エンタルピー変化 $[kJ \cdot mol^{-1}]$
$MgCl_2$	+2526	−2659	−133
$NaCl$	+788	−784	+4

れらの数字が示すように，（無水）塩化マグネシウムを水に溶かすときの溶解過程はかなりの発熱反応になる．

ここでエントロピー項（表12・6）について考えてみよ

う．塩化マグネシウムでは3個の気体状イオンが生じるのに塩化ナトリウムでは2個しか生じないことを反映して，塩化マグネシウムの格子エントロピーは，塩化ナトリウムの格子エントロピーのほぼ1.5倍になっている．しかし，マグネシウムイオンの方が高い電荷密度をもつので，マグネシウムイオンの水和エントロピーはナトリウムイオンの水和エントロピーよりも明らかに負になる．マグネシウムイオンは水分子層を強く保持するので，その周辺は，はるかに秩序だった環境になる．したがって全体的にみれば，エントロピー項においては，塩化マグネシウムの溶解は不利である．（塩化ナトリウムの溶解はエントロピー項において有利であることを思い出そう．）

表 12・6 塩化マグネシウムと塩化ナトリウムの溶解過程におけるエントロピー項（$T\Delta S$ の値で表している）

化合物	格子エントロピー $[\mathrm{kJ\cdot mol^{-1}}]$	水和エントロピー $[\mathrm{kJ\cdot mol^{-1}}]$	総エントロピー変化 $[\mathrm{kJ\cdot mol^{-1}}]$
$MgCl_2$	+109	−143	−34
NaCl	+68	−55	+13

すべてのデータ値は誤差が付随していることを考慮しながらエンタルピー項とエントロピー項を組合わせると，溶解性の変化は主として，非常に大きなエネルギー項の中の非常に小さなエントロピー項の違い（表 12・7）に起因していることがわかる．そのうえ，塩化マグネシウムでは，エンタルピー項は溶解を進ませるが，エントロピー項は抑制する．塩化ナトリウムの各項では状況が逆になる．

表 12・7 塩化マグネシウムと塩化ナトリウムの溶解過程における自由エネルギー変化の計算値

化合物	エンタルピー変化 $[\mathrm{kJ\cdot mol^{-1}}]$	エントロピー変化 $[\mathrm{kJ\cdot mol^{-1}}]$	自由エネルギー変化 $[\mathrm{kJ\cdot mol^{-1}}]$
$MgCl_2$	−133	−34	−99
NaCl	+4	+13	−11

2価と3価の陰イオンを含む塩が不溶性なのは，格子エネルギーがかなり大きいことで部分的に説明できる．電荷が増えると，格子が昇華する段階において，打ち負かさねばならない静電的引力が大きくなる．同時に，イオンの総数が少なくなる（たとえば，金属塩化物では3個のイオンなのに，硫酸塩では2個のイオンしかない）．したがって，水和エンタルピーの総和は1価陰イオンの塩よりも小さくなる．これらの二つの因子の組合わせの結果，溶解性が低くなる．

12・4 ベリリウム

ベリリウムの単体は鉄灰色（青みがかった金属性の灰色）で硬く，融点が高く密度が低い．また，高い電気伝導性をもち，明らかに金属である．ベリリウムには耐腐食性，低密度，高強度，非磁性体的性質という特徴があるので，ベリリウム合金はジャイロスコープなどの精密機器によく用いられる．需要は多くないが非常に重要な用途が，X線管の窓である．X線吸収は原子番号の2乗に比例して大きくなるが，ベリリウムは空気に安定な金属として最も原子番号が小さい．よってX線透過性に最も優れた素材の一つである．

ベリリウムの供給源はベルトランダイト[a] $Be_4Si_2O_7(OH)_2$ と痕跡量の不純物でさまざまな色になる宝石用原石の緑柱石[b] $Be_3Al_2Si_6O_{18}$ である．淡い青緑色の緑柱石はアクアマリン，深緑色のものはエメラルドとよばれる．緑色は，結晶構造中に含まれる約2%のクロム(III)によるものである．もちろん，宝石のエメラルドを金属ベリリウムの製造に用いることはなく，その代わりに無色か茶色の非常に不完全な緑柱石の結晶を用いる．

ベリリウムの化合物は甘味があり，毒性がきわめて強い．19世紀にはベリリウムの新化合物がつくられると，何と融点や溶解度とともに味についても報告するのが至極当たり前だった！ ベリリウム化合物の粉塵を吸引すると，ベリリウム中毒症[c]として知られる慢性疾病（肺炎の一種）をひき起こす．

ベリリウム化合物は共有結合性が強いため，その化学は他の2族元素とはかなり異なる．ベリリウムイオンは非常に小さいので，どんな陰イオンでも近づくと分極させ，電子密度を部分的に重ならせるほど高い電荷密度（1100 $\mathrm{C\cdot mm^{-3}}$）をもっている．したがって，ベリリウムの単純なイオン性化合物は，たとえば $BeCl_2\cdot 4H_2O$（本当は結晶格子中では $[Be(OH_2)_4]^{2+}$ と $2Cl^-$ で構成）のような四水和物として存在する傾向がある．4個の水分子の酸素原子がベリリウムイオンに共有結合しているテトラアクアベリリウムイオン $[Be(OH_2)_4]^{2+}$ は，水溶液中で支配的な化学種でもある．ベリリウムイオンは小さいので，4配位が標準的である（図 12・2）．

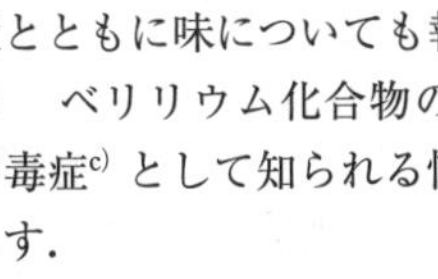

図 12・2 $[Be(OH_2)_4]^{2+}$ イオンの正四面体形構造

ベリリウムは金属だが，オキソアニオンを形成できるという非金属に特徴的な性質をもつ．"ふつう"の金属酸化

---

a) bertrandite   b) beryl   c) berylliosis

物は一般的には，酸と反応して陽イオンになるが，塩基と反応してオキソアニオンになることはない．したがって，酸化ベリリウムは両性（§7・5および§9・4を参照）であり，オキソニウムイオンと反応してテトラアクアベリリウムイオン $[Be(OH_2)_4]^{2+}$ を生成するだけでなく，水酸化物イオンと反応してテトラヒドロキソベリリウム酸イオン $[Be(OH)_4]^{2-}$ を生成する．

$$BeO(s) + 2H_3O^+(aq) + H_2O(l) \longrightarrow [Be(OH_2)_4]^{2+}(aq)$$

$$BeO(s) + 2OH^-(aq) + H_2O(l) \longrightarrow [Be(OH)_4]^{2-}(aq)$$

ベリリウムおよび他の両性挙動を示す金属（アルミニウムと亜鉛を含む）は，周期表では半金属の近くと半金属/非金属の境界に位置する傾向があるので，ときどき"弱い"金属とよばれる．ベリリウムの場合は，本当はホウ素の隣で半金属/非金属の境界に位置している．単に，長周期型周期表で遷移金属を下の方にはめ込んだために，ベリリウムとホウ素の間が離れているようにみえるだけである．

12・5 マグネシウム

マグネシウムは天然には，カーナライト[a] $KMgCl_3·6H_2O$ やドロマイト[b] $CaMg(CO_3)_2$ のような混合金属塩の成分として存在する．これらの化合物は単純な塩の混合物ではなく純粋なイオン性結晶である．どちらか一方の陽イオンだけの場合に比べて，交互に違う大きさの陽イオンが並ぶことによって，結晶格子が安定化されている．カーナライトは，カリウムイオン，マグネシウムイオン，塩化物イオン，水分子の配列を含み，それぞれの物質量比は1:1:3:6である．他の含マグネシウム鉱物としては硫酸マグネシウム七水和物 $MgSO_4·7H_2O$ があり，一般的にはエプソム塩[c]（シャリ塩）とよばれている．

マグネシウムは点火すると，明るい白色光を発して燃え上がる．光があまりに強いので，網膜を損傷させることがある．マグネシウム粉末の燃焼は，照明の供給源（フラッシュ）として初期の写真に用いられた．

$$2Mg(s) + O_2(g) \longrightarrow 2MgO(s)$$

燃焼反応はあまりに激しいので，二酸化炭素のような従来の消火剤では消すことはできない．燃えているマグネシウムは二酸化炭素とすら反応し，酸化マグネシウムと炭素を生じる．

$$2Mg(s) + CO_2(g) \longrightarrow 2MgO(s) + C(s)$$

マグネシウムのような反応性の高い金属による火災を消火するには，クラスDの消火器（クラスA，B，Cはふつうの火災用）を用いる必要がある*．Dの消火器にはグラファイト（黒鉛）か塩化ナトリウムが詰められている．グラファイトは，燃焼している金属の表面にしっかりとした金属炭化物の被膜を形成し，効果的に燃焼反応を覆い消す．塩化ナトリウムはマグネシウムが燃える温度では溶融し，金属表面に不活性な液体の層を形成し，金属が酸素に触れないようにする．

マグネシウムの化学は2族の下方の金属とは異なる．特に重要なのは，マグネシウムが容易に共有結合を含む化合物を形成する点である．この挙動は，比較的高い電荷密度（$120 C·mm^{-3}$，カルシウムの電荷密度は $52 C·mm^{-3}$）の観点から説明できる．たとえば，金属マグネシウムは，エトキシエタン $(C_2H_5)_2O$（通常はエーテルとよばれる）中でブロモエタン C_2H_5Br などのハロアルカン（またはハロゲン化アルキル）と反応する．マグネシウム原子それ自身が炭素原子とハロゲン原子の間に挿入され，両原子との間で共有結合を形成する．

$$C_2H_5Br(エーテル中) + Mg(s) \longrightarrow C_2H_5MgBr(エーテル中)$$

これらの有機マグネシウム化合物はグリニャール試薬[d]とよばれ，有機合成化学において反応試剤として幅広く利用されている．グリニャール試薬については，§22・4でさらに詳しく論じる．

12・5・1 マグネシウムの工業的採取

マグネシウムイオンは，海水中にナトリウムイオンと塩化物イオンについで3番目に多く含まれるイオンであり，海水がこの金属の主要な供給源である．実際，$1km^3$ の海水には，約100万トンのマグネシウムイオンが含まれている．地球には $10^8 km^3$ の海水があるので，われわれの需要に十分すぎる量のマグネシウムが存在している．

ダウ・ケミカルの採取プロセスでは，水酸化マグネシウムが水酸化カルシウムより溶解度が低いことを利用している．水酸化カルシウムの微粉末の懸濁液を海水に加えると，水酸化マグネシウムが生成する．

$$Ca(OH)_2(s) + Mg^{2+}(aq) \longrightarrow Ca^{2+}(aq) + Mg(OH)_2(s)$$

水酸化物を沪別し，塩酸と混合する．中和反応の結果，塩

---

[a] carnallite [b] dolomite [c] Epsom salt [d] Grignard reagent

*[訳注] 日本ではAは普通火災，Bは油火災，Cは電気火災でD火災という分類はない．アメリカでは，Aは木材，紙，布などのセルロースの火災，Bはガソリン，灯油，メタンなどの可燃性液体や可燃性気体の火災，Cは電気が原因で起こる火災，Dはマグネシウムなどの金属類の火災，となっている．

化マグネシウム溶液が得られる．

$$Mg(OH)_2(s) + 2\,HCl(aq) \longrightarrow MgCl_2(aq) + 2\,H_2O(l)$$

溶液を蒸発乾固し，残渣をナトリウムの製造に用いるダウンズ電解槽と同じような電解槽中に入れる．マグネシウムは陰極室の表面に集まり，吸い出される．陽極で発生する塩素ガスは還元して塩化水素に変換し，さらに新たな水酸化マグネシウムとの反応に用いる．

$$Mg^{2+}(MgCl_2) + 2\,e^- \longrightarrow Mg(l)$$
$$2\,Cl^-(MgCl_2) \longrightarrow Cl_2(g) + 2\,e^-$$

溶融マグネシウムを覆う不活性気体の供給が，重要な課題である．たとえば，ナトリウムのような反応性金属の合成では，多くの場合，溶融金属上の空間を不活性な（そして安価な）窒素ガスで満たすことができる．しかし，§12・1で議論したように，マグネシウムは二窒素と反応する．西側諸国のほとんどの工場では，現在，溶融状態のマグネシウムと酸素（または窒素）の接触を防ぐための覆いとして，高価な六フッ化硫黄 SF_6 を用いている．好ましくないことに，六フッ化硫黄は強力な温室効果ガス（§16・20を参照）であり，大気への悪影響はかなり深刻な問題である．東側諸国では代替手段として二酸化硫黄を利用している．

世界中で生産されているおよそ 4×10^5 トンの金属マグネシウムの半分以上が，アルミニウム-マグネシウム合金に用いられている．この合金の有用性は，おもにその低い密度に基づいている．マグネシウムは最も密度の低い建造用金属であり，その値は水の2倍よりも低い（$1.74\,g \cdot cm^{-3}$）．航空機，鉄道車両，高速輸送車，バスのボディなどの密度の低さが重要でエネルギー節約につながるすべての分野において，このような合金は特に重要である．質量が軽い船ほど高速を出せるようになるので，1970年代には，この合金は軍艦の上部構造に用いられた．しかし，1982年のフォークランド紛争の間に，英国海軍はこの合金の大きな問題点——ミサイル攻撃を受けたときの燃えやすさ——に気づかされた．米国海軍はすでに，同じ合金での事故を経験していた．アルカリ土類金属の高い反応性を正しく認識していれば，このような不幸な出来事は防げたかもしれない．

12・6 カルシウムとバリウム

カルシウムとバリウムの単体は両方とも，室温では空気中の酸素とゆっくり反応し，加熱すると勢いよく燃える灰色の金属である．カルシウムは燃えて酸化物を生成する．

$$2\,Ca(s) + O_2(g) \longrightarrow 2\,CaO(s)$$

一方，バリウムは過剰量の酸素で二酸化物（2−）も生成する．

$$2\,Ba(s) + O_2(g) \longrightarrow 2\,BaO(s)$$
$$Ba(s) + O_2(g) \longrightarrow BaO_2(s)$$

過酸化バリウムの生成は，バリウムイオンの電荷密度（$23\,C \cdot mm^{-3}$）がナトリウムイオンの電荷密度（$24\,C \cdot mm^{-3}$）と同じくらい低いことから説明できる．このように低い電荷密度の陽イオンは二酸化物（2−）イオンのような分極したイオンを安定化できる．

ベリリウムはX線を透過するが，原子番号が大きいバリウムとカルシウムはX線の強力な吸収材である．X線フィルム上で骨格が陰影としてはっきり見えるのは，骨の中のカルシウムイオンによる．軟らかい生体組織中の元素はX線を吸収しないので，胃と腸を見ようとしたときに問題が起こる．バリウムイオンは非常に優れたX線吸収材なので，バリウム溶液を飲むことはこれらの臓器の像を明瞭に描き出す方法となる．バリウムイオンは非常に毒性が高いという欠点がある．幸運なことに，バリウムはきわめて溶解度の低い塩の硫酸バリウムを形成する．この化合物の不溶性（$2.4 \times 10^{-4}\,g \cdot L^{-1}$）は懸濁水を飲んでも安全な程度であり，臓器にX線を当てた後に排出される．

12・7 酸化物

既述したように，族の中で最低の電荷密度をもつバリウム（通常の酸化物のほかに過酸化物も形成）を除いて，2族金属は空気中で燃えて通常の酸化物を生じる．酸化マグネシウムは水には不溶であるが，他のアルカリ土類金属の酸化物は水と反応して水酸化物を生成する．たとえば，酸化ストロンチウムは水酸化ストロンチウムになる．

$$SrO(s) + H_2O(l) \longrightarrow Sr(OH)_2(s)$$

酸化マグネシウムは非常に高い融点（2825℃）をもつので，この化合物のレンガは工業用炉の内壁として有用である．このような高融点物質は**耐火化合物**[a]とよばれる．結晶性の酸化マグネシウムは異常物質で，熱の良伝導体なのに電気的には高温でも不導体である．この二つの性質の組合わせによって，酸化マグネシウムは台所の電子レンジの電熱部分として非常に重要な役割を果たしている．非常に熱い抵抗線コイルから電熱部の金属の外側へ熱を急速に伝導するが，同経路を電流が流れるのを完全に防ぐ．

一般的に生石灰[b]とよばれる酸化カルシウムは多量に生

---

a) refractory compound　　b) quick lime

産され，特に鉄鋼生産（§20・6を参照）で使用される．生石灰は炭酸カルシウムを強熱（1170℃以上）してつくられる．

$$CaCO_3(s) \xrightarrow{\Delta} CaO(s) + CO_2(g)$$

この高融点酸化物は，その塊に炎を向けると明るい白色光を発する異常性も示す．この現象は，**熱ルミネセンス**[a]とよばれる．電灯が導入される前は，劇場は輝く酸化カルシウムの大きな塊で照明されていた．このことが，傑出した地位に達した大物に対する"スポットライトが当たる(being in the limelight)"という句の語源となっている．酸化トリウム(Ⅳ) ThO_2 も同じ性質を示すので，ガスカートリッジタイプのランタン（キャンピングライト）のマントル（ランタンに装着する繊維状の布袋）に用いられる．

酸化カルシウムは水と反応して，水和石灰または**消石灰**[b]とよばれる水酸化カルシウムになる．

$$CaO(s) + H_2O(l) \longrightarrow Ca(OH)_2(s)$$

消石灰はガーデニングで酸性土壌の中和に用いられるが，過剰分の水酸化カルシウムによって土が塩基性になりすぎるので賢明な方法とは言い難い．

$$Ca(OH)_2(s) + 2H^+(aq) \longrightarrow Ca^{2+}(aq) + 2H_2O(l)$$

12・8 炭酸カルシウム

カルシウムは地球上で5番目に豊富な元素である．世界中に存在する白亜，石灰岩，大理石の塊状鉱床の中に，おもに炭酸カルシウムとして存在する．白亜は，およそ1億3500万年前，おもに白亜紀[c]に，海中で多数の海生生物の骸骨（主成分：炭酸カルシウム）から形成されたものである．一方，石灰岩は同じ海中で，炭酸カルシウムの溶解度を超えた水域で，単純に沈殿して形成されたものである．

$$Ca^{2+}(aq) + CO_3^{2-}(aq) \rightleftharpoons CaCO_3(s)$$

一部の石灰岩堆積物は地殻の深部に埋められるが，そこは高温・高圧なので石灰岩は溶融する．溶融した炭酸カルシウムが地表に押し戻されたときに再冷却され，最終的に**大理石**[d]とよばれる緻密な固体になる．

大理石と石灰岩の両者とも建材や彫刻用に用いられてきた．欠点として，この素材は酸性雨で容易にダメージを受ける．そのため，ギリシャのパルテノン神殿，インドのタージ・マハールのような世界遺産の建築物が腐食して朽ち果てる危険がある．

$$CaCO_3(s) + 2H^+(aq) \longrightarrow Ca^{2+}(aq) + CO_2(g) + H_2O(l)$$

天然に存在する炭酸カルシウムの結晶形態には，**方解石**[e]，**アラゴナイト**[f]（あられ石），**バテライト**[g]（ファーテル石）がある．氷州石（無色透明な純粋の方解石）として知られる方解石の結晶型は，その下に置いたどんな物体も透過して二つの像に見せる点で変わっている．二つの像が見えるのは，この結晶が二つの異なる屈折率をもつためである．この氷州石（**ニコル・プリズム**[h]）の性質は偏光顕微鏡の機能に重要である．熱力学的には室温での安定形は方解石だが，アラゴナイトとの差は 5 kJ·mol^{-1} 未満である．よって断然多く存在するのは方解石だが，アラゴナイトもいくつかの場所に存在する．バテライトは非常にまれである．

Carlsbad Caverns（ニューメキシコ州の南東部の大鍾乳洞）や Mammoth Cave（ケンタッキー州のほぼ中央の大鍾乳洞，世界遺産）のような洞窟は，石灰岩の地層中に存在する．これらの構造は，雨水が石灰岩の割れ目にしみ込んで形成される．大気を通って雨が降下してくる間に，二酸化炭素は雨水に溶け込む．この溶解した酸性酸化物と炭酸カルシウムの反応で，炭酸水素カルシウムの水溶液が生じる．

$$CaCO_3(s) + CO_2(g) + H_2O(l) \longrightarrow Ca^{2+}(aq) + 2HCO_3^-(aq)$$

この溶液は後に洗い流され，岩の中に穴が残る．この反応は可逆であり，洞窟の中で炭酸水素カルシウム水溶液のしずくから水が蒸発して，炭酸カルシウムの石筍(せきじゅん)[i]と鍾乳石[j]が形成される．

§11・12で述べたように，サイズが大きく，分極可能な炭酸水素イオンを安定化できるのは，低い電荷密度をもつアルカリ金属だけである．したがって炭酸水素カルシウム水溶液から水が蒸発すると，すぐに分解して固体の炭酸カルシウムに戻る．

$$Ca(HCO_3)_2(aq) \longrightarrow CaCO_3(s) + CO_2(g) + H_2O(l)$$

この炭酸カルシウムの堆積により，洞窟の床から石筍が上に成長し，洞窟の天井から鍾乳石が下に伸びる．

炭酸カルシウムは骨の密度維持を助けるために処方される一般的な補助食品である．今日，健康に大きく関連する問題は，青少年のカルシウム摂取不足である．カルシウムの摂取量が少ないと，骨の構造中の細孔が大きくなり，骨の構造が弱くなる．そのため，年をとったときに骨折しやすくなり，骨粗鬆症にかかる可能性が高くなる．

第7章のコラム"制酸剤"のところで述べたように，炭酸カルシウムは一般的な制酸剤であるが，便秘になることがある．旅行に行くときには，その土地の水道水よりもミ

---

a) thermoluminescence   b) slaked lime   c) Cretaceous period   d) marble   e) calcite   f) aragonite   g) vaterite
h) Nicol prism   i) stalagmite   j) stalactite

> ## ドロマイト（白雲石）はどのようにして形成されたか？
>
> 鉱物ドロマイトはどのようにして形成されたか？ この疑問は地球化学の大きなミステリーの一つである．ドロマイトは広大な堆積物中に存在しており，その中にはヨーロッパのドロミテ山塊（北イタリアの東アルプスに属する山群）全体も含まれている．化学構造は $CaMg(CO_3)_2$ であり，炭酸イオンに対してカルシウムイオンとマグネシウムイオンが交互に配列している．興味深いことに，世界の炭化水素（原油）の堆積物の多くがドロマイト岩中に存在している．
>
> この組成は容易に形成されたわけではない．実験室において，カルシウムイオン，マグネシウムイオン，炭酸イオンの溶液を混合しても，単に炭酸カルシウムの結晶と炭酸マグネシウムの結晶が得られるだけである．200年間，地球化学者はどのようにしてこんな巨大な堆積物が形成されたのかという問題と格闘している．ドロマイトを合成するために必要な温度は 150 ℃ 以上であり，地球表面の一般的な条件とは違う．そのうえ，海水中ではマグネシウムイオン濃度はカルシウムイオン濃度よりもはるかに高い．
>
> 最も普及している考えは，石灰岩の地層が最初に形成されて，それから地中深くに埋められたというものである．つぎに，マグネシウムイオンを豊富に含む水が穴を通って岩の中を循環し，選択的にカルシウムイオンの一部をマグネシウムイオンに置換したのだと想定される．このことが何千 km^3 もの岩全体で一様に起こることなどありそうに思えないが，現時点でわれわれができる最もよい説明である．

ネラル含量の少ないボトル入りの水を飲む方が賢明である．なぜなら，自宅で使っている水道水よりも，かなりカルシウムイオン（便秘になる）かマグネシウムイオン（下痢になる）のどちらかが高すぎるか低すぎるかするので，好ましくない結果を生むからである．（もちろん世界のある地域では，細菌やウイルスによる感染という重大な健康上の問題が，水道水によってひき起こされる危険もある．）

炭酸カルシウムが土中の酸と反応して pH を高くするので，石灰岩の粉末（一般的に農業用石灰とよばれる）を農耕地にまく．

$$CaCO_3(s) + 2\,H^+(aq) \longrightarrow Ca^{2+}(aq) + CO_2(g) + H_2O(l)$$

湖水に大量の粉末状の石灰岩を加えて，酸性雨の影響を減少させる試みがなされている．

12・9 セメント

紀元前 1500 年ごろ，建物建築でレンガや石を接合するのに，水酸化カルシウムと砂（モルタル）のペーストが使えることがはじめて見いだされた．このペーストは大気中からゆっくりと二酸化炭素を吸収し，水酸化カルシウムの原料である硬い炭酸カルシウムへと戻る．

$$Ca(OH)_2(s) + CO_2(g) \longrightarrow CaCO_3(s) + H_2O(g)$$

紀元前 100 年から紀元 400 年までの間，ローマ人は建物と水道（これらの多くは今でももとのままである）を建設するために石灰モルタルの使用を完全に確立した．彼らは，石灰モルタルに火山灰を混合するとはるかに優れた製品になるという，二つ目の重要な発見もした．この素材は近代セメントの前身である．

セメントの製造は，最も大きな近代化学産業の一つである．世界中の生産量は約 7 億トンであり，米国はその約 10 % を製造している．セメントは石灰岩と頁岩[a]（アルミノケイ酸塩の混合物）を一緒に細かく砕いて，混合物を約 2000 ℃ に加熱することにより製造される．この化学反応では多量の二酸化炭素が放出され，構成成分は部分的に溶融して**クリンカー**[b]とよばれるこぶし大の固体の塊を形成する．クリンカーは，ケイ酸三カルシウム Ca_3SiO_5（50 %），ケイ酸二カルシウム Ca_2SiO_4（30 %），アルミン酸カルシウム $Ca_3Al_2O_6$ とアルミノカルシウムフェライト $Ca_4Al_2Fe_2O_{10}$ の混合物から成る．クリンカーに少量のセッコウ（硫酸カルシウム二水和物）を混合し，すりつぶして微粉末にする．この混合物は，ポルトランドセメント[c]として知られている．

コンクリートをつくるために，粉末を砂および（コンクリート）骨材[d]（小さな岩石）と混合する．砂と骨材はともに，強い共有結合性ケイ素-酸素結合のネットワークをもつ不純な二酸化ケイ素より成る．水を加えると，セメントはさまざまな水和反応を起こす．理想化した典型的な反応は以下のように表される．

$$2\,CaSiO_4(s) + 4\,H_2O(l) \longrightarrow Ca_3Si_2O_7 \cdot 3H_2O(s) + Ca(OH)_2(s)$$

トバモライトゲル[e]とよばれる水和ケイ酸塩は，強いケイ素-酸素結合によって砂および骨材と接合する強い結晶をつくり，一種の粒子間接着剤を形成する．したがって，コ

---

a) shale　b) clinker　c) Portland cement　d) aggregate　e) tobermorite gel

ンクリートの高い強度は，共有結合のネットワークに由来している．この反応における他の生成物は水酸化カルシウムなので，この混合物は硬化する間は腐食性物質として取扱うべきである．

伝統的なセメントは今でも建設業の大黒柱であるが，新素材のオートクレーブ養生気泡コンクリート[a] (AAC) がだんだんポピュラーになりつつある．金属アルミニウムを含むセメント混合物は，上の反応式中で生じた水酸化物イオンとつぎのように反応する．

$$2\,Al(s) + 2\,OH^-(aq) + 6\,H_2O(l) \longrightarrow 2\,[Al(OH)_4]^-(aq) + 3\,H_2(g)$$

何百万もの小さな気泡が，混合物をもとの体積の5倍へ膨張させる．コンクリートが凝結したら，要求されたサイズのブロックかスラブ（コンクリートの床板）に切出され，オーブン中で蒸気養生（autoclaved：高温高圧の蒸気釜中で処理すること）される．水素ガスは構造物から外へ放散し，空気に置換される．この低密度の素材は，高い断熱性をもち，石炭を燃料とする火力発電所から廃棄される飛散灰（フライアッシュ[b]）から製造できる（フライアッシュコンクリート）．建造物の寿命がきたときには，パネルを分解して砕き，セメントを再生産できるので，AAC は最も環境に優しい建設材料だろう．

12・10 塩化カルシウム

無水塩化カルシウムはきわめて容易に湿気を吸収する白い固体（潮解性の一例）である．よって，化学の研究室では乾燥剤として用いる．

六水和物 $CaCl_2 \cdot 6H_2O$ を生じる反応は非常に発熱が大きく，この特性が商業的に利用されている．あるタイプの瞬間温パック（ホットパック）は二つの内袋で構成されており，一つは水で満たされ，もう一つは無水塩化カルシウムを含む．パックを絞ると袋の間の仕切が壊れて，水和反応が起こり，塩化カルシウム水溶液になる．この過程は非常に発熱が大きい．

$$CaCl_2(s) \longrightarrow Ca^{2+}(aq) + 2\,Cl^-(aq)$$
$$\Delta H^\circ = -82\,kJ \cdot mol^{-1}$$

価数2+の陽イオンをもつため，塩化カルシウムの格子エネルギーは大きい（約 $2200\,kJ \cdot mol^{-1}$）が，同時にカルシウムイオンの水和エンタルピーは極度に大きく（$-1560\,kJ \cdot mol^{-1}$），塩化物イオンの水和エンタルピーもそれほど小さくはない（$-384\,kJ \cdot mol^{-1}$）．これらのエネルギーの総和は，発熱過程をもたらす．対照的に，小さくて高い電荷をもつ陽イオン（Ca^{2+}）は溶液中で非常に秩序だった水分子層で囲まれ，水和過程で水のエントロピーが減少するので，エントロピーは少ししか減少しない（$256\,J \cdot mol^{-1} \cdot K^{-1}$）．よって，この塩化カルシウムの反応はエンタルピー変化で推進されている．

また無水塩化カルシウムは，塩化ナトリウムの代わりに氷を溶かすために用いられる．塩化カルシウムは二つの働きをする．一つは，（上述のように）水との反応がかなりの発熱を伴うことで，もう一つは融点をかなり低下させる寒剤となっていることである．塩化カルシウムは非常に水溶性で，質量比で30%の塩化カルシウムと70%の水の混合物（共融点[c]組成の，または最低温度の寒剤）は $-55\,°C$（水と塩化ナトリウムの最もよい混合物がつくり出す $-18\,°C$ よりもさらに低い温度）になるまで液体のままである．カルシウムイオンを用いる別の利点は，ナトリウムイオンが植物にもたらす損傷よりもカルシウムが与える損傷の方が小さいという点である．

濃塩化カルシウム水溶液は非常に"ねばねばする"感じであり，この性質は，非舗装道路の表面に散布して砂ぼこりを少なくするという他方面の応用につながっている．塩化カルシウムは，一般的に用いられている油よりも環境面での危険性が少ない．濃厚溶液のこの性質と非常に密度が大きいことを利用して，タイヤの質量を増やして牽引力を強くするために地ならし用機器のタイヤに充塡される場合がある．

12・11 硫酸カルシウム

硫酸カルシウムはセッコウとよばれる二水和物 $CaSO_4 \cdot 2H_2O$ の形で存在する．純粋で高密度のセッコウの堆積物"雪花セッコウ[d]"は，繊細な彫像に用いられる．また，セッコウは，黒板用チョークとしても使われる．約 $100\,°C$ まで加熱すると，半水和物[e]の焼きセッコウ[f]になる．

$$CaSO_4 \cdot 2H_2O(s) \xrightarrow{\Delta} CaSO_4 \cdot \tfrac{1}{2}H_2O(s) + \tfrac{3}{2}H_2O(g)$$

この白い粉末固体はゆっくりと水と反応して，硫酸カルシウム二水和物が連結した長い針を形成する．この強い網目状のセッコウの結晶は，焼きセッコウ模型[g]に強度を与える．より正しい慣用名は"セッコウ模型"（gypsum cast：水と反応して二水和物になっているはずなので，gypsum とよぶべきである）だろう．

セッコウの主要な用途の一つが，家やオフィスの内壁として用いられている耐火性壁板（セッコウボード）である．不燃性と低価格がこの素材が選ばれる二つの理由である．火災に対する防護性には，セッコウの不燃性と熱伝導性の低さが寄与している．それに加えて，セッコウが水和

---

a) autoclaved aerated concrete   b) fly ash   c) eutectic point   d) alabaster   e) hemihydrate   f) plaster of Paris   g) plaster cast

バイオミネラリゼーション：新しい学際領域の"最前線"

新研究分野の一つが，生物学的プロセスでの鉱物形成，バイオミネラリゼーション[a]である．この学際領域は，無機化学，生物学，地質学，生化学，物質科学を含む．

生命は有機化学に基づくものだと考えがちだが，多くの生きている組織体の構造は無機化学と有機化学の複合材料の特徴をもっている．たとえば，脊椎動物の骨は，コラーゲン[b]を主とする弾性のある繊維タンパク質，糖タンパク質[c]，ムコ多糖類[d]の有機マトリックスから構成されている．このマトリックスは無機構成成分で充足されており，その約55％がヒドロキシリン酸カルシウム $Ca_5(PO_4)_3(OH)$（ヒドロキシアパタイト[e]）で残りは炭酸カルシウム，炭酸マグネシウム，二酸化ケイ素である．これらの無機物は硬く耐圧性をもつので，大きな陸生生物が存在することを可能にしている．有機成分は，引っ張り，曲げ，破壊に対する強度と弾性を与える．

通常の鉱物とバイオミネラル[f]の重要な違いは，バイオミネラルが本質的に必要とされる形に成長する点である．バイオミネラルには体の骨格としての役割に加えて，器具，センサーの部品，機械的な保護という三つの役割がある．歯は最も一般的な無機物の器具である．脊椎動物においては，歯のエナメル質は主としてヒドロキシアパタイトであるが，すべての生物に普遍なわけではない．ヒザラガイ科の海洋軟体動物は，歯の役割を果たす酸化鉄の結晶を合成している．

われわれは内耳の中に，重力または慣性力に敏感なセンサーをもっている．これは，炭酸カルシウムのアラゴナイト型の紡錘形の堆積物である．炭酸カルシウムは比較的密度が大きい（$2.9\,g\cdot cm^{-3}$）ので，周囲の感覚細胞に対してのこの鉱物片の動きが，加速の方向と強度に関する情報を与えてくれる．ある種の細菌では磁性酸化鉄を蓄積し，地球磁場に対して自分の向きを合わせるために用いている．

ウニは機械的な保護の例であり，炭酸カルシウムの長く強い針を防御のために合成する．この針の結晶は，通常の塊状の方解石やアラゴナイトとは非常に異なる．多くの植物の種において二酸化ケイ素の結晶が防御のために用いられる．その例がイラクサ（刺草）で，刺す毛の堅くてもろい毛先が二酸化ケイ素（シリカ）で構成されている．

表12・8に最も重要なバイオミネラルとその機能の例を示す．

表12・8 重要なバイオミネラルの例とその機能

化 学 式	鉱物の名称	所在と機能
$CaCO_3$	方解石，アラゴナイト	外骨格（例：卵の殻，サンゴ，軟体動物の殻）
$Ca_5(PO_4)_3(OH)$	ヒドロキシアパタイト	内骨格（脊椎動物の骨と歯）
$Ca(C_2O_4)$	シュウ酸カルシウム一水和物[g]，シュウ酸カルシウム二水和物[h]	カルシウムの貯蔵，植物の受動的な防御
$CaSO_4\cdot 2H_2O$	セッコウ	重力センサー
$SrSO_4$	天青石[i]	外骨格（いくつかの海洋性単細胞生物）
$BaSO_4$	バライト[j]	重力センサー
$SiO_2\cdot nH_2O$	シリカ	外骨格，植物の防御
Fe_3O_4	磁鉄鉱[k]	磁気センサー，海洋生物の歯
$Fe(O)OH$	針鉄鉱[l]，鱗繊石[m]	海洋生物の歯

水を失う反応は吸熱過程（$+117\,kJ\cdot mol^{-1}$）であり，炎からエネルギーを吸収する．そのうえ，生じた液体の水 1 mol が気体の水になるときにさらに 144 kJ の気化熱を奪う．最終的に，気体の水は不活性ガスとして働き，炎への酸素の供給を減少させる．

12・12 炭化カルシウム（カルシウムカーバイド）

炭化カルシウムが最初につくられたのは偶然だった．トーマス"カーバイド"ウィルソン[n]は，酸化カルシウムと炭素を電気炉中で加熱して金属カルシウムをつくろうと努力していた．生成物ができ，予想どおり水と反応して気

---

[a] biomineralization [b] collagen [c] glycoprotein [d] mucopolysaccharide [e] hydroxyapatite [f] biomineral
[g] whewellite [h] weddelite [i] celestite [j] barite [k] magnetite [l] goethite [m] lepidocrocite
[n] Thomas "Carbide" Willson

体を発生した．しかし，発生した気体は予想していた水素ではなくアセチレン[a]だった．この合成は，19世紀後半の人々の生活に大きな影響を与えた．固体のカルシウムカーバイドは容易に貯蔵，運搬でき，水を加えると簡単に可燃性の気体を放出する．

アセチレンランプによって，自動車が夜間走行できるようになり，坑夫が地下で以前より安全に働けるようになった．信頼性が高く，強い光が得られるので，今日でも一部の洞窟探検家はアセチレンランプを使っている．アセチレン（エチン[b]）は数多くの有機化合物合成プロセスにおける理想的な反応試剤であることが判明した．事実，このプロセスがユニオン・カーバイド社創設の土台となった．

CaC_2 は一般的にはカルシウムカーバイドとよばれているが，この化合物はカーバイドイオン C^{4-} は含んでいない．その代わり一般的にはアセチリドイオンとよばれる二炭化物(2-)イオン C_2^{2-} を含む．この化合物の結晶構造は，各陰イオンサイトが二炭化物イオンユニットで占められた塩化ナトリウム型である（図12・3）．

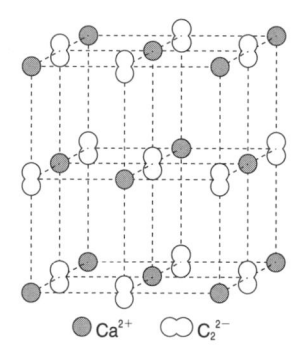

図12・3 塩化ナトリウムの結晶構造と非常に似ているカルシウムカーバイドの結晶構造

カルシウムカーバイドは，電気炉中で炭素（コークス）と酸化カルシウムを約2000℃で加熱して合成される．

$$CaO(s) + 3\,C(s) \xrightarrow{\Delta} CaC_2(s) + CO(g)$$

全世界の生産量は，1960年代の約1000万トンから1990年代には約500万トン（今の主要な生産国は中国）に減少した．化学産業が有機化合物合成の出発原料を石油と天然ガスに移行しているためである．

カーバイドプロセスの主要な用途は，酸素アセチレン溶接のためのアセチレン（エチン）の製造である．

$$CaC_2(s) + 2\,H_2O(l) \longrightarrow Ca(OH)_2(s) + C_2H_2(g)$$

酸素分子との反応はきわめて発熱的で，二酸化炭素と水蒸気を生じる．

$$2\,C_2H_2(g) + 5\,O_2(g) \longrightarrow 4\,CO_2(g) + 2\,H_2O(g)$$

カルシウムカーバイドのもう一つの重要な反応は，空気中の窒素との反応であり，強い窒素-窒素三重結合を切るための数少ない単純な化学的方法の一つである．この過程では，電気炉中で約1100℃に加熱する．

$$CaC_2(s) + N_2(g) \xrightarrow{\Delta} CaCN_2(s) + C(s)$$

シアナミドイオン[c] $[N=C=N]^{2-}$ は二酸化炭素と等電子的であり，同じように直線構造をもつ．カルシウムシアナミド[d]は，メラミンプラスチックを含むいくつかの有機化合物製造における出発物質である．緩効性の窒素肥料としても用いられる．

$$CaCN_2(s) + 3\,H_2O(l) \longrightarrow CaCO_3(s) + 2\,NH_3(aq)$$

12・13 生物学的役割

マグネシウムが生化学において担っている最も顕著な役割は，光合成におけるものである．太陽からのエネルギーを使ってマグネシウムを含むクロロフィル[e]は，二酸化炭素と水を糖と酸素に変換する．

$$6\,CO_2(aq) + 6\,H_2O(l) \xrightarrow{クロロフィル} C_6H_{12}O_6(aq) + 6\,O_2(g)$$

クロロフィルの反応で生じる酸素がなければ，地球はいまだに二酸化炭素の濃密な層で一面覆われたままだっただろう．また，糖のエネルギー源がなければ，植物による草食動物の生命の発育は困難だっただろう．興味深いことに，マグネシウムイオンは特別なイオンサイズと反応性の低さから利用されているように思われる．クロロフィル分子の中心に位置し，分子を特定の立体配置に保つ．マグネシウムはただ一つの酸化数+2を維持するので，光合成過程での電子移動反応は，この金属イオンからの妨害を受けることなく進行できる．

マグネシウムイオンとカルシウムイオンはともに体液中に存在する．アルカリ金属のナトリウムイオンとカリウムイオンの分担と同じように，マグネシウムイオンは細胞中に濃縮されており，カルシウムイオンは細胞間液中に濃縮されている．カルシウムイオンは血液凝固に重要であり，また心臓の鼓動の制御のような筋肉収縮の引き金として必要である．実際に，ある種の筋肉の痙攣をカルシウムイオンの摂取により予防できる．

---

a) acetylene   b) ethyne   c) cyanamide ion   d) calcium cyanamide   e) chlorophyll

12・14 元素の反応フローチャート

この族で最重要な3元素は，マグネシウム，カルシウム，バリウムであり，それらの対応するフローチャートを以下に示す．

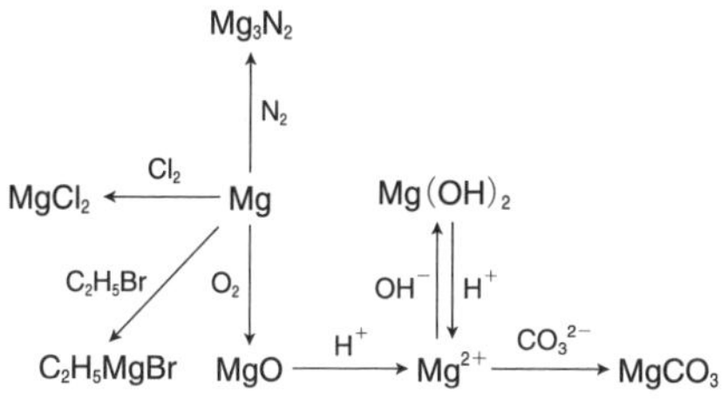

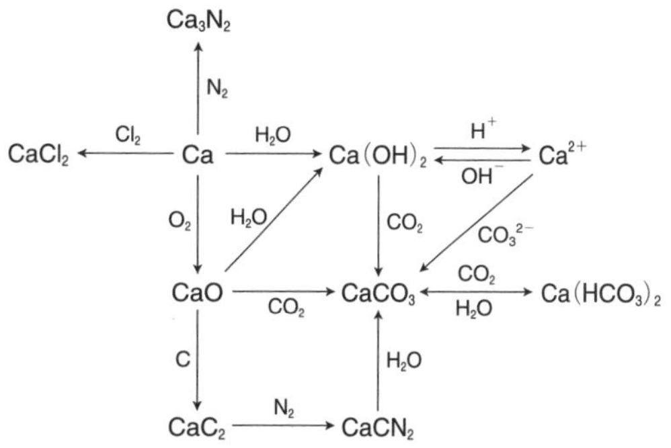

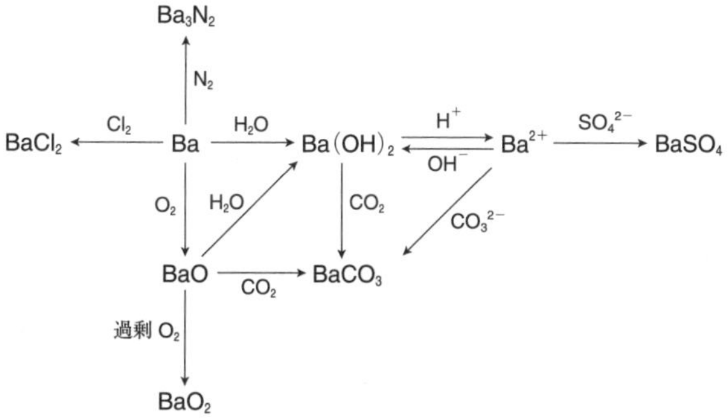

$$Mg \xrightarrow{N_2} Mg_3N_2$$
$$MgCl_2 \xleftarrow{Cl_2} Mg \xrightarrow{O_2} MgO \xrightarrow{H^+} Mg^{2+} \xrightarrow{CO_3^{2-}} MgCO_3$$
$$Mg \xrightarrow{C_2H_5Br} C_2H_5MgBr$$
$$Mg(OH)_2 \xrightleftharpoons[H^+]{OH^-} Mg^{2+}$$

$$Ca \xrightarrow{N_2} Ca_3N_2$$
$$CaCl_2 \xleftarrow{Cl_2} Ca \xrightarrow{H_2O} Ca(OH)_2 \xrightleftharpoons[OH^-]{H^+} Ca^{2+}$$
$$Ca \xrightarrow{O_2} CaO \xrightarrow{CO_2} CaCO_3 \xrightleftharpoons[H_2O]{CO_2} Ca(HCO_3)_2$$
$$CaO \xrightarrow{C} CaC_2 \xrightarrow{N_2} CaCN_2 \xrightarrow{H_2O} CaCO_3$$

$$Ba \xrightarrow{N_2} Ba_3N_2$$
$$BaCl_2 \xleftarrow{Cl_2} Ba \xrightarrow{H_2O} Ba(OH)_2 \xrightleftharpoons[OH^-]{H^+} Ba^{2+} \xrightarrow{SO_4^{2-}} BaSO_4$$
$$Ba \xrightarrow{O_2} BaO \xrightarrow{CO_2} BaCO_3$$
$$BaO \xrightarrow{\text{過剰}O_2} BaO_2$$

要　点

- 2族金属は1族金属よりも，硬く，密度が大きく，反応性が小さい．
- 2族金属の塩の溶解度には，規則的なパターンがある．
- ベリリウムは両性であり，2族の中で異常である．
- カルシウムカーバイドは2族金属イオンの重要な塩の一つである．

基　本　問　題

12・1 つぎのプロセスを化学反応式で記しなさい．(a) カルシウムを二酸素とともに加熱，(b) 炭酸カルシウムを加熱，(c) 炭酸水素カルシウム水溶液から水を蒸発，(d) 酸化カルシウムを炭素と加熱．

12・2 つぎのプロセスを化学反応式で記しなさい．(a) ストロンチウムを水に入れる，(b) 酸化バリウムに二酸化硫黄を通す，(c) 硫酸カルシウム二水和物を加熱，(d) ストロンチウムカーバイドを水に入れる．

12・3 ベリリウムを除くアルカリ土類元素において，(a) 最も溶解度の低い硫酸塩，(b) 最も軟らかい金属，はどれだろうか？

12・4 ベリリウムを除くアルカリ土類金属において，(a) 最も溶解度の低い水酸化物，(b) 最も密度の高いもの，はどれだろうか？

12・5 エントロピー項において塩化ナトリウムの溶解は有利であるのに，塩化マグネシウムの溶解は不利であるのはなぜかを説明しなさい．

12・6 アルカリ土類金属と1価の陰イオンの塩は溶けやすいのに，2価の陰イオンの塩は溶けにくいのはなぜかを説明しなさい．

12・7 2族元素における最も重要な二つの一般的特徴は何か？

12・8 なぜ固体のマグネシウム塩が非常に水和されやすいのかを説明しなさい．

12・9 水和マグネシウムイオンの化学式は$[Mg(OH_2)_6]^{2+}$なのに，水和ベリリウムイオンの化学式が$[Be(OH_2)_4]^{2+}$

である理由を述べなさい．

12・10 マグネシウムの化学は，2族の下の方の金属とどのように異なっているか？ その理由を述べなさい．

12・11 石灰岩の堆積物中でどのようにして鍾乳洞が形成されるのかを簡潔に説明しなさい．

12・12 セメントの製造における主原料は何か？

12・13 海水からマグネシウムを採取する工業的プロセスをまとめなさい．

12・14 どのようにして酸化カルシウムからカルシウムシアナミドを得ているか？

12・15 アルカリ土類金属化合物のいくつかは慣用名をもっている．(a) 石灰[a]，(b) マグネシア乳[b]，(c) エプソム塩 の IUPAC 命名法による名称を記しなさい．

12・16 アルカリ土類金属化合物のいくつかは慣用名をもっている．(a) ドロマイト，(b) 大理石，(c) セッコウ の IUPAC 命名法による名称を記しなさい．

12・17 なぜ，鉛はX線の遮蔽材として一般的に用いられているか？

12・18 水への無水塩化カルシウムの溶解は非常に発熱の大きな過程である．しかし，塩化カルシウム六水和物の溶解では，熱の出入りは非常に小さい．この現象を説明しなさい．

12・19 ベリリウムとアルミニウムの間の類似性について簡単に議論しなさい．

12・20 この章では，族の中の放射性のメンバー，ラジウムを無視している．族の傾向に基づいて，ラジウムとその化合物の性質の主たる特徴を述べなさい．

12・21 地球上の生命にとってのマグネシウムの重要性について簡単に記しなさい．

12・22 脊椎動物におけるカルシウムを含む構造材料は何か？

12・23 (a) 塩化マグネシウム一水和物，(b) 無水塩化マグネシウムを金属マグネシウムからつくる方法を示す化学反応式を記しなさい．

12・24 元素の反応のフローチャート(p.183)において，それぞれの変換に対応する化学反応式を記しなさい．

応 用 問 題

12・25 付録1の適当なデータから，セッコウから焼きセッコウが形成される反応のエンタルピー変化とエントロピー変化を算出しなさい．水和水を失う過程（それは $\Delta G° = 0$ であるが）が起こるときの温度を算出しなさい．

12・26 格子エネルギーが -2911 kJ・mol^{-1} である塩化ナトリウム型の結晶格子カルシウムカーバイドにおける二炭化物イオン C_2^{2-} の半径を算出しなさい．

12・27 硫酸マグネシウムの一般的な水和物は七水和物 $MgSO_4 \cdot 7H_2O$ である．結晶構造において，いくつの水分子が陽イオン，陰イオンと会合しているか？ その理由を記しなさい．

12・28 粉末の石灰岩（炭酸カルシウム）を酸性雨の影響を受けた湖に入れると，重要な富栄養化剤であるリン酸イオンの有効性を低下させることができるが，硝酸イオンや他の富栄養化剤には効果がない．釣合いのとれた化学反応式を記し，この過程の自発性を確認するために標準自由エネルギー変化を算出しなさい．

12・29 気体の化学種 BeH，BeH$^+$，BeH$^-$ で最も安定なものはどれか？ その理由を述べなさい．

12・30 酸化マグネシウムとフッ化マグネシウムでどちらの方が高い融点をもつと思うか？ その理由を説明しなさい．

12・31 地球においては，酸素ガスと水が普遍的かつ多量に存在する反応性の化学種なので，酸素と水との反応に焦点を合わせて考えている．酸素ガスと水ではなく，窒素ガスと液体アンモニアが主たる反応性の化学種である惑星がある．地球上での酸化カルシウムと水の反応は，この惑星上ではどのような反応になるだろうか？

12・32 ランタノイド元素の一つであるランタンは，しばしば生化学者にとってカルシウムの類似体として有用だとみなされているが，カルシウムイオンが2価であるのにランタンイオンは3価であるという電荷の違いがおもな相違点である．この類似性の想定のもとに，(a) 金属ランタンと水との反応，(b) ランタンの硫酸塩，硝酸塩，塩化物，リン酸塩，フッ化物のうちどれが水溶性で，どれが水に不溶性か，を予測しなさい．

12・33 金属ベリリウムはフッ化ベリリウムを金属マグネシウムと1300℃で反応させて得ることができる．この反応が25℃においても熱力学的に自発的に起こることを示しなさい．1300℃においてこの反応は，25℃のときに比べて起こりやすそうか起こりにくそうか？ 計算しないでその理由を示しなさい．なぜ，ベリリウムは

---

a) lime b) milk of magnesia

このような高い温度で商業的に合成されるのか？

12・34 $BeCl_4^{2-}$ は存在するのに，BeI_4^{2-} が知られていない理由を示しなさい．

12・35 溶融状態の塩化ベリリウムは電気伝導性に乏しい．しかし，塩化ベリリウムに塩化ナトリウムを溶融させたものは電気伝導性であり，その伝導度は NaCl：$BeCl_2$ = 2：1 の割合のときに最大となる．この現象を説明しなさい．

13　13 族 元 素

13族ではホウ素とアルミニウムだけが高い重要性をもつ元素である．ホウ素の化学は特異であり，特に水素化物において顕著である．アルミニウムは最も繁用される金属の一つであり，この章ではその化合物の性質に焦点を合わせる．

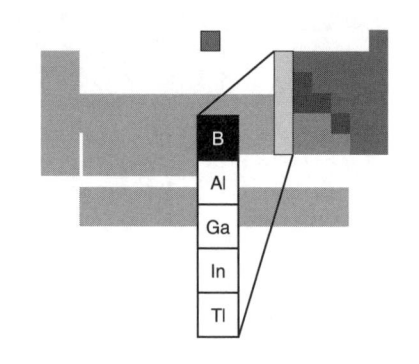

ドイツの化学者ウェーラー[a]（どちらかというと尿素の合成の方でよく知られている）は純粋な金属アルミニウムを初めてつくり出した一人である．彼は酸化還元反応を利用し，塩化アルミニウムを金属カリウムと加熱することによってアルミニウムを生成した．

$$3\,K(l) + AlCl_3(s) \xrightarrow{\Delta} Al(s) + 3\,KCl(s)$$

この反応を行うために，非常に反応活性な金属カリウムの棒を得る必要があった．電気化学的に金属カリウムをつくれるほど強力な電池をもっていなかったので，水酸化カリウムと炭を強熱するという化学的方法を考案した．彼と妹のエミリー[b]は，カリウムをつくり出せるほどの高温に混合物を保つために，ふいごで空気を送り込むという極度に消耗する仕事を共同で行った．19世紀中ごろ，アルミニウムは非常に高価だったので，皇帝ナポレオン3世[c]は特別な国家行事の際にアルミニウムの食器を用いていた．

13・1　族 の 傾 向

ホウ素はほぼ非金属的な性質を示すので非金属に分類されているが，他の13族元素は金属である．しかし，これらの金属でさえ，沸点は元素の質量が増加するにつれ減少していく傾向があるものの，融点については単純な傾向は示さない（表13・1）．この単体の性質の無秩序性の理由は，固相における原子の組織化の方法が異なるためである．たとえば，ホウ素の4種の同素体のうちの一つは，ホウ素原子12個のクラスターから成る．各クラスターは，正二十面体[d]とよばれる幾何学上の配置（図13・1）をとる．アルミニウムは面心立方構造[e]をとり，ガリウム[f]は原子対を含む独特な構造をつくる．インジウム[g]とタリウム[h]は，また別の異なった構造を形成している．族の下に行くほど沸点が低下するということは，単体が溶融して結晶構造が壊れた状態においては重い元素ほど金属結合が弱

表 13・1　13 族元素の単体の融点と沸点

元　素	融点〔℃〕	沸点〔℃〕
B	2180	3650
Al	660	2467
Ga	30	2403
In	157	2080
Tl	303	1457

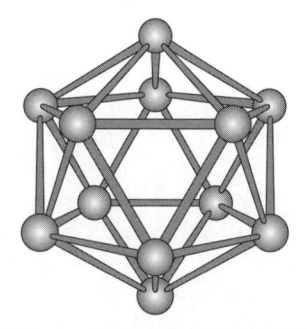

図 13・1　ホウ素の正二十面体型配置

---

a) Friedrich Wöhler　　b) Emilie Wöhler　　c) Emperor Napoleon III　　d) icosahedron　　e) face-centered cubic structure
f) gallium　　g) indium　　h) thallium

予測されるように，半金属に分類されるホウ素は，共有結合を形成しようとする．しかし，共有結合性はこの族の金属元素にも共通している．共有結合的挙動を示すのは，各金属のイオンが高い電荷と小さい半径をもつためだと考えることができる．13族の高い電荷密度（表13・2）は，近づいてくるほとんどの陰イオンを，共有結合形成に十分なほど分極させる．13族元素のイオン状態を安定化させる唯一の方法は，金属イオンの水和である．アルミニウムにおいて，3価陽イオンの莫大な水和エンタルピー（$-4665\,\mathrm{kJ\cdot mol^{-1}}$）は，三つのイオン化エネルギーの和（$+5137\,\mathrm{kJ\cdot mol^{-1}}$）と釣合いをとることができるほど，大きな値である．したがって，イオン性だとみなしている水和したアルミニウム化合物は，アルミニウムイオン（Al^{3+}）を含まず，代わりにヘキサアクアアルミニウムイオン（$[Al(OH_2)_6]^{3+}$）を含んでいるのである．

表13・2 第3周期の金属イオンの電荷密度

属	イオン	電荷密度〔$\mathrm{C\cdot mm^{-3}}$〕
1	Na^+	24
2	Mg^{2+}	120
13	Al^{3+}	364

13族に至って，初めて一つ以上の酸化状態をもつ元素に遭遇する．アルミニウムは +3 の酸化状態であり，その結合はイオン性または共有結合性である．しかし，ガリウム，インジウム，タリウムは第二の酸化状態，+1 をもつ．ガリウムとインジウムでは +3 状態が支配的だが，タリウムにおいては +1 状態が一般的である（§9・8参照）．ここで，ガリウムが +2 の酸化状態で存在していることを意味するような塩化物 $GaCl_2$ のように，化学式がわれわれをだますことがときどきあることに注意しよう．今では，この化合物の実際の構造は $[Ga]^+[GaCl_4]^-$ であることが立証されており，+1 と +3 の酸化状態のガリウムを両方とも含んでいる．

13・2 ホ ウ 素

ホウ素[a]は，13族の中で金属に分類されない唯一の元素である．§2・4で，ホウ素を半金属に分類した．しかし，広範囲にわたるオキソアニオンと水素化物の化学に基づくと，ホウ素を非金属とみなすことも十分妥当である．ホウ素単体は，その酸化物をマグネシウムのような反応性の高い金属と共熱すると得られる．

$$B_2O_3(s) + 3\,Mg(l) \xrightarrow{\Delta} 2\,B(s) + 3\,MgO(s)$$

酸化マグネシウムは酸と反応させることにより，除くことができる．

ホウ素は，地殻中では希少元素であるが，幸いなことに，たくさんの大きな塩の鉱床が存在している．かつて激しい火山活動が起こった場所に存在しているこれらの鉱床は，慣習上 $Na_2B_4O_7\cdot 10H_2O$ と表記されるホウ砂[b]および $Na_2B_4O_7\cdot 4H_2O$ と表記されるケルナイト[c]という塩で構成されている．世界中で1年間に生産されるホウ素化合物の量は300万トン以上に達する．世界最大の鉱床はカリフォルニア州ボロン[d]にある，約 $10\,\mathrm{km^2}$ を覆う厚さ 50 m のケルナイトの地層である．ホウ酸イオン[e]の実際の構造は，単純な化学式が示すよりずっと複雑である．たとえば，ホウ砂は，実際には図 13・2 に示す $[B_4O_5(OH)_4]^{2-}$ イオンを含んでいる．

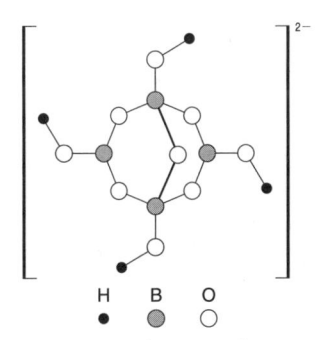

図13・2 ホウ砂中のホウ酸イオンの実際の構造

ホウ素生産量の約 35 % は，ホウケイ酸ガラス[f]の製造に用いられている．従来のソーダガラス[g]は熱衝撃[h]に弱い．すなわち，一片のガラスを強熱すると，外側は熱くなって膨張しようとするが，ガラスは熱伝導性に乏しいので内側は冷たいままである．そのときの，外側と内側の間に働く応力[i]の結果，ガラスにひびが入る．ガラス中のナトリウムイオンをホウ素原子に置き換えると，ガラスの膨張度（より正確には熱膨張係数[j]とよばれる）は従来のガラスの半分以下となる．結果として，ホウケイ酸ガラス（パイレックス[k]という商標で売られている）の容器は，ひびが入るという重大な危険なしに加熱することができる．ガラスの組成については，§14・14で議論する．

20世紀初頭には，ホウ素化合物の主要な用途はホウ砂とよばれる洗浄剤であった．この用途は今ではガラス製造の陰に隠れており，製造量の 20 % にまで低下している．洗浄剤の処方には，今やホウ砂ではなくペルオキソホウ酸

---

a) boron　b) borax　c) kernite　d) Boron　e) borate ion　f) borosilicate glass　g) soda glass　h) thermal shock
i) stress　j) thermal expansivity　k) Pyrex

ナトリウム[a] $NaBO_3$ が用いられている．ここでもまた，単純な化学式はイオンの本当の構造 $[B_2(O_2)_2(OH)_4]^{2-}$（図 13・3）を示していない．ペルオキソホウ酸イオンは，塩基中でホウ砂と過酸化水素を反応させると得られる．

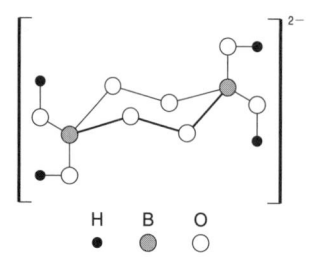

図13・3　ペルオキソホウ酸イオンの構造

$$[B_4O_5(OH)_4]^{2-}(aq) + 4H_2O_2(aq) + 2OH^-(aq) \longrightarrow 2[B_2(O_2)_2(OH)_4]^{2-}(aq) + 3H_2O(l)$$

このイオンは，二つのペルオキソ基[b] —O—O— がホウ素原子を連結している結果，酸化剤として働く．毎年，約50万トンのペルオキソホウ酸ナトリウムが，ヨーロッパの洗浄剤製造会社のために生産されている．この物質は，ヨーロッパで用いられている洗濯機の水温（90 ℃）においては特に有効な酸化（漂白）剤であるが，北米の洗濯機で一般的に用いられている水温（70 ℃）では有効ではない．北米では，その代わりに次亜塩素酸塩[c]（§17・9を参照）が用いられている．

ホウ素は中性子の強力な吸収材なので，原子力発電所の重要な部品に使用される．ホウ素を含む制御棒は，安定した速度で核反応を維持するために，炉の中に降ろされる．一方，ホウ酸塩は，木の防腐剤や家具の防火剤として用いられている．また，ホウ酸塩はハンダ付けのフラックス（融剤）としても用いられている．この用途において，ホウ酸塩は加熱したパイプの表面で溶融し，金属の酸化被膜（たとえば，銅のパイプでの酸化銅(II)）と反応する．金属ホウ酸塩（たとえばホウ酸銅(II)）は容易に取除くことができるので，ハンダ付け用のきれいな金属表面が得られる．

13・3　ホ ウ 化 物

ホウ素は，多数の二元化合物を形成する．これらの化合物はすべて非常に硬く，融点が高く，化学的耐性に優れている．そして，ロケットのノーズコーン（ロケット先端部の取外しができる円錐状の部分で，有人再突入カプセルとして帰還時にはこの部分だけが地球に戻る）のような目的に使用できる素材として，重要性を増している．しかし，これらの化合物における化学量論は単純というにはほど遠い．ホウ化物[d] の中で，最も重要なものは，実験式 B_4C をもつ炭化ホウ素[e] である．名前こそ炭化物ではあるが，その構造はホウ素が基礎になっている．単体ホウ素の基本骨格である B_{12} 正二十面体が，隣接するすべての正二十面体と炭素原子で連結されている形なので，その構造は $B_{12}C_3$ と表記した方がよりよい．合成法の一つは，二酸化ホウ素を炭素で還元する方法である．

$$2B_2O_3(s) + 7C(s) \xrightarrow{\Delta} B_4C(s) + 6CO(g)$$

炭化ホウ素は，既知物質の中で最も硬いものの一つである．その繊維は，非常に張力が強いので，防弾チョッキに用いられている．高密度炭化ホウ素の装甲タイルは，対空砲火から搭乗員を保護するために，攻撃ヘリコプターアパッチの座席の下に据えられている．もっと一般的な用途は高性能軽量自転車のフレームであり，炭化ホウ素がアルミニウムのマトリックスの中に埋込まれている．炭化ホウ素は，ホウ化チタン[f] のような他の強靱な素材をつくるための出発原料としても用いられている．

$$2TiO_2(s) + B_4C(s) + 3C(s) \xrightarrow{\Delta} 2TiB_2(s) + 4CO(g)$$

ホウ化チタンは，異なった種類のホウ化物に属している．これらのホウ化物は，ホウ化物イオンの六角形から成る層（炭素の同素体であるグラファイトと等電子的かつ同構造である）で構成されている．金属イオンはホウ化物イオン層の間に位置している．化学量論において各ホウ素原子は 1− の電荷をもち，金属が +2 の酸化状態にある．

六角形のホウ化物イオン層の他の例として，ホウ化マグネシウム MgB_2 がある．この化合物は非常に安価で容易に入手できるが，2001年に低温で超伝導になることが偶然に発見された．ホウ化マグネシウムは，単純（で安価）な化合物としては最高温度の 39 K まで超伝導性を保つ．もっと高い温度で超伝導性を示す，ホウ化マグネシウム類似物質の探索研究が続けられている．

13・4　ボ ラ ン 類

ホウ素は，形成する水素化物の数において，炭素以外にはひけはとらない．50以上の中性ボラン類 B_nH_m とさらに多数のボランの陰イオン $B_nH_m^{x-}$ が知られている．ボラン類[g] の化学が重要なのには，以下の三つの理由がある．

---

a) sodium peroxoborate　b) peroxo group　c) hypochlorite　d) boride　e) boron carbide　f) titanium boride
g) boranes：ホウ素の水素化物（水素化ホウ素 boron hydride）の総称

無機繊維

日ごろわれわれが出会う繊維はほとんど，ナイロンやポリエステルのような有機物である．これらの素材は衣服などの目的にはすばらしいが，低融点，可燃性，低強度という不利な性質がある．強くて高熱に耐える素材としては無機材料が優れている．アスベスト[a]やガラス繊維[b]のようないくつかの無機繊維[c]は，すでによく知られている．

しかし，この高度先端技術社会において，最も強靱な素材として供給されているのは，ホウ素，炭素，ケイ素という元素，単体である．炭素繊維[d]が最も広範に用いられており，テニスラケットや釣り竿だけでなく，航空機の部品にも使用されている．ボーイング767は，炭素繊維をたくさん利用した最初の旅客機であり，実際，各航空機の構造の中に約1トンが組込まれている．エアバス340などのさらに新しい技術で組立てられた飛行機では，もっと多くの割合の炭素繊維が含まれている．

炭化ホウ素と炭化ケイ素 SiC の繊維は，より強靱で疲労しにくい素材の探求において重要性を増している．ホウ素繊維は，水素ガスにより三塩化ホウ素を約1200℃で還元することによりつくられる．

$$2\,BCl_3(g) + 3\,H_2(g) \longrightarrow 2\,B(g) + 6\,HCl(g)$$

そして，気体のホウ素は，炭素またはタングステンのマイクロファイバー上に凝縮できる．たとえば，ホウ素は15 μm のタングステン繊維上に，被覆繊維の直径が約100 μm になるまで堆積できる．無機繊維の標準的な価格は，1 kg 当たり数百ドルである．製造量は，各種類ともほとんど数百トンの範囲であるが，無機繊維生産はすでに10億ドルの事業となっている．

1. ボラン分子の形は他の水素化物の形とは異なっている．
2. ボラン類における結合は，分子軌道法の拡張を必要とする．
3. ボラン類の反応化学は，有機化学と比べて興味深い類似点と相違点がある．

13・4・1 ボラン類の構造

最も単純なボランはジボラン B_2H_6（図13・4）である．図から理解できるように，ボランの化学の特色の一つは，水素原子が隣接するホウ素原子間の架橋として働くことが多いことである．また，ホウ素原子はしばしば正三角形ユニットを形成する．たとえば八面体[e]のように三角形の面を含む多面体[f]は，一般的にはデルタ多面体[g]（すべての面が正三角形のみで構成されている多面体）とよばれている．中性ボランとボランイオンには3種の区分がある．

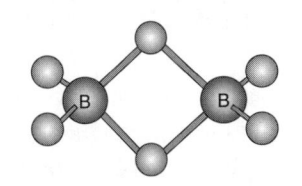

図13・4 ジボラン B_2H_6 の構造．ホウ素原子を暗く表記．

1. クロソ[h] クラスター: ホウ素原子が閉じたデルタ多面体のかごを形成．一般式は $[B_nH_n]^{2-}$，例: $[B_6H_6]^{2-}$（図13・5）．

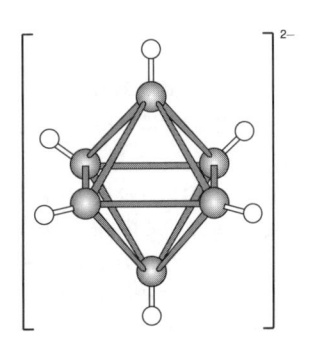

図13・5 $[B_6H_6]^{2-}$ の構造

2. ニド[i] クラスター: 閉じたデルタ多面体から，一つのホウ素原子を失った形の開いたかごのクラスター．通常の一般式は，B_nH_{n+4} または $[B_nH_{n+3}]^-$ である．例: B_2H_6，B_5H_9（図13・6），$[B_5H_8]^-$．

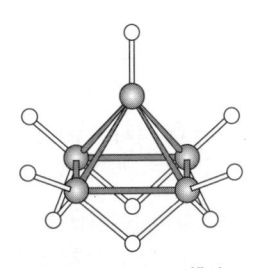

図13・6 B_5H_9 の構造

---

a) asbesto b) fiberglass c) inorganic fiber d) carbon fiber e) octahedron f) polyhedron g) deltahedron h) *closo* i) *nido*

3. アラクノ[a] クラスター：閉じたデルタ多面体から，二つのホウ素原子を失った形の開いたかごのクラスター．通常の一般式は，B_nH_{n+6} または $[B_nH_{n+5}]^-$ である．例：B_4H_{10}（図 13・7），$[B_4H_9]^-$．

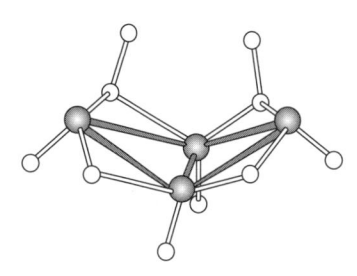

図 13・7　B_4H_{10} の構造

すべての化合物は，正の ΔG_f° 値をもつ．すなわち，構成元素単体への分解に比較して熱力学的に不安定である．ボラン類を命名するには，ホウ素原子数を接頭語として示し，水素原子数は括弧内にアラビア数字で記す．よって，B_4H_{10} はテトラボラン(10)，B_5H_9 はペンタボラン(9) とよぶ．

13・4・2 ボラン類中の化学結合

最も単純なボランの分子式が BH_3 ではなくて B_2H_6 であるという発見は，無機化学者にとっての大きな頭痛の種となった．この結合をどうしたら説明できるのだろうか？伝統的に，水素原子はただ一つの共有結合を形成すると信じられてきた．実際，図 13・4 の構造から理解できるように，2 個の水素原子が一対のホウ素原子を連結または架橋している．水素原子を架橋に利用するということは，1 組の電子対が 2 個のホウ素原子との結合形成の要件を満たしているということを意味している．各末端[b] の水素原子は，ホウ素原子との間で通常の 2 電子を共有する結合を形成している．すると，各ホウ素原子には 1 個ずつ電子が残っており，架橋している一方の水素原子の電子と対を形成している（図 13・8）．

図 13・8　ジボラン B_2H_6 の電子対の配置

各ホウ素原子のまわりの分子形はほぼ正四面体として表すことができ，そこでは"バナナ結合[c]"とよばれる結合中の架橋水素原子とホウ素が結合している場合がある（図 13・9）．このヒドリド性の結合は弱い共有結合のように振舞う．

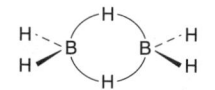

図 13・9　ジボラン分子の形状

ジボラン分子中の結合は，混成の概念で説明できる．この概念では，ほぼ同じ角度で隔てられた 4 本の結合は sp^3 混成に対応する．sp^3 混成軌道 4 個のうちの三つは，ホウ素原子の価電子を 1 個ずつ含む．これら半分充填された軌道のうちの二つは，末端の水素原子との間の共有結合に関与する．この配置により，一つの空軌道と一つの半分充填された軌道が残る．

どうやって sp^3 混成軌道を満たす計 8 個の電子を用意するのかを説明するために，2 個のホウ素原子における半分充填された sp^3 混成軌道一つずつが互いに重なり合うと同時に，架橋水素原子の 1s 軌道とも重なり合うと考える．この配置から，3 個の原子すべてを含む一つの軌道（三中心結合[d]）が生じる．この軌道は，2 個の電子を含むことができる（図 13・10）．同じ配置で，もう一つの B—H—B 架橋を形成する．ジボラン中の結合電子の配置を図 13・11 に示す．

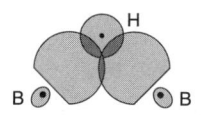

図 13・10　2 個のホウ素原子の sp^3 混成軌道と架橋水素原子の 1s 軌道の重なり

図 13・11　各ホウ素原子が sp^3 混成であり，2 個の電子で 3 個の原子 B—H—B が架橋結合している状態に矛盾しない電子対の配置．水素原子による電子は白抜きの矢印で示してある．

代わりに，分子軌道による説明も考えられる．この八原子分子の分子軌道ダイヤグラムは複雑である．分子軌道は分子全体に関するものだが，ある一つの特定の結合におもにかかわっている分子軌道を同定することが可能な場合もある．このとき，各架橋結合における原子の波動関数を混合すると，三つの分子軌道が形成されることが確認される．これらの分子軌道のエネルギーと原子軌道のエネル

---

a) *arachno*　　b) terminal　　c) banana bond　　d) three-center bond

ギーを比較すると，一つの分子軌道（結合性σ軌道[a]）が最低のエネルギーをもち，一つの分子軌道（反結合性σ軌道[b]）が最高のエネルギーをもっており，三つ目の分子軌道（非結合性σ軌道[c]）は構成する三つの原子軌道のエネルギーの平均値と等しいエネルギー準位になっている．

架橋水素原子は1個の電子を与え，それぞれのホウ素原子は1.5個の電子を与えている．この配置によって，3個の原子から生じる結合性の軌道が充填される（図13・12）．一つの結合性の軌道が2対の原子の間で共有されるので，各B—H結合の結合次数は1/2になるはずである．同じ議論がもう一方の架橋部分にもあてはまる．実際に結合エネルギーの測定から，各B—H架橋結合は末端のB—H結合の約半分の強さであることが示されている．それでも，この架橋結合の結合エネルギーは本来の共有結合の結合エネルギーの範囲内にあり，もっと弱い水素結合によるプロトン性架橋とは似ていない．もう一つ重要なことは，得られた分子軌道の組合わせをみると，この構造は少ないホウ素の電子を最大限に利用していることがわかる．これ以上電子を加えたところで，その電子は非結合性の軌道に入っていくだけなので，結合は強くならない．

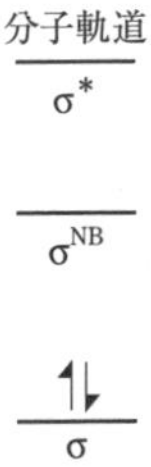

図13・12 ヒドリド性架橋に関連する分子軌道

13・4・3 ボラン類の合成と反応

毎年，約200トンのジボランが製造されている．毒性で無色のジボランの工業的合成は，三フッ化ホウ素と水素化ナトリウムとの反応により行われている．

$$2\,BF_3(g) + 6\,NaH(s) \longrightarrow B_2H_6(g) + 6\,NaF(s)$$

ホウ素の電気陰性度が小さいので，ボラン中の水素原子は少し負電荷を帯びている．この通常とは逆の極性の結合により，ボラン類の化学的反応性は高い．たとえば，ジボランなど，ほとんどの中性のボラン類は空気中で発火し，純酸素と混合すると爆発する．この過激な発熱反応により，三酸化ホウ素と水蒸気を生じる．

$$B_2H_6(g) + 3\,O_2(g) \longrightarrow B_2O_3(s) + 3\,H_2O(g)$$

水との反応も非常に発熱的であり，ホウ酸[d]（ときどき$B(OH)_3$と表記される）と水素を生じる．

$$B_2H_6(g) + 6\,H_2O(l) \longrightarrow 2\,H_3BO_3(s) + 3\,H_2O(l)$$

ジボラン以外のボラン類は，ほとんどジボランから合成される．たとえば，テトラボラン(10)はジボラン分子2個の縮合により合成され，ペンタボラン(11)はテトラボランにもう1個のジボラン分子を反応させることにより合成される．

$$2\,B_2H_6(g) \xrightarrow{\text{高圧下}} B_4H_{10}(g) + H_2(g)$$
$$2\,B_4H_{10}(g) + B_2H_6(g) \longrightarrow 2\,B_5H_{11}(g) + 2\,H_2(g)$$

ジボランは重要な有機化学反応試剤でもある．この気体は（炭素-炭素二重結合または三重結合を含む）不飽和炭化水素と反応してアルキルボランを生じる．たとえば，ジボランとプロペンとの反応は以下のとおりである．

$$B_2H_6(g) + 6\,CH_2=CHCH_3(g) \longrightarrow 2\,B(CH_2CH_2CH_3)_3(l)$$

この反応，ヒドロホウ素化[e]の生成物は，カルボン酸と反応させると飽和炭化水素に，過酸化水素と反応させるとアルコールに，クロム酸と反応させるとケトンまたはカルボン酸に変換できる．したがってヒドロホウ素化は，1) 最初のヒドリド付加反応は非常に温和な条件下で行うことができ，2) つぎに用いる反応試剤によってさまざまな最終生成物が合成可能である，という二つの理由で，有機合成に有用な反応経路である．

13・4・4 テトラヒドロホウ酸イオン

ジボラン以外のホウ素の化学種で，唯一大規模に用いられているのが，テトラヒドロホウ酸イオン[f] BH_4^- である．中性ボラン類が高い反応性を示すのと対照的に，この陰イオンは冷水からナトリウム塩として再結晶することさえできる．テトラヒドロホウ酸ナトリウム（日本では水素化ホウ素ナトリウムとよぶことが多い）の結晶構造は塩化ナトリウム型で，$NaCl$結晶の塩化物イオンのサイトをBH_4^-イオンが占めている点が興味深い．テトラヒドロホウ酸ナトリウムは温和な還元剤として，特に有機化学においてきわめて重要である．アルデヒドを第一級アルコールへ，ケトンを第二級アルコールへ還元するときに用いられるが，カルボキシ基のような他の官能基は還元しない．テトラヒドロホウ酸ナトリウムの合成には，ジボランと水素化ナトリウムの反応が用いられる．

$$2\,NaH(s) + B_2H_6(g) \longrightarrow 2\,NaBH_4(s)$$

---

a) σ bonding b) σ antibonding c) σ nonbonding d) boric acid e) hydroboration f) tetrahydroborate ion

ホウ素中性子捕捉療法

現在研究中の，がんと闘うたくさんの方法の一つに，ホウ素中性子捕捉療法[a]（BNCT）がある．この療法の基本原理は，悪性細胞中に選択的に放射線源をもたせることである．放射線は，健康な細胞にはまったく触れずに，これらの悪性な細胞のみを破壊する．脳腫瘍のような手術できない状況や，外科手術で大きな腫瘍を取除いた後に残った極小の腫瘍細胞の群生を壊滅する際の手段として，この方法は特に有効である．BNCT は単純で有望な概念だが，実現するのは容易ではない．

1950年代に，ホウ素は BNCT の鍵を握る元素だと提案された．安定なホウ素化合物は腫瘍の中に浸透するはずであり，中性子線放射によりホウ素は放射性同位体に変換され，そこからの放射線が悪性細胞を破壊するはずである．なぜホウ素なのか？ この答えは核化学にある．原子核が粒子を捕捉する能力は，核の大きさではなく核の構造に依存する．各核には固有の有効捕獲断面積[b]があり，有効捕獲断面積が大きいほど，中性子が核と衝突しやすくなる．この面積は，バーン（barn: 1 barn = 10^{-24} cm^2）という単位で表記される．陽子と中性子がともに奇数であるホウ素-10 は例外的に大きな有効捕獲断面積をもつが，細胞を主要な構成成分である水素，炭素，窒素の有効捕獲断面積はかなり小さい（表13・3）．この理由により，ホウ素が理想的な標的核種となる．

中性子がホウ素-10 の原子核と衝突すると，まずホウ素-11 が生成する．

$$^{10}_{5}B + ^{1}_{0}n \longrightarrow ^{11}_{5}B$$

この核種は非常に短寿命の放射性同位体であり，エネルギーを放出してヘリウム-4 とリチウム-7 に核分裂する．

$$^{11}_{5}B \longrightarrow ^{7}_{3}Li + ^{4}_{2}He$$

この核分裂のエネルギーは，生じた2個の粒子をおよそ細胞一つ分の幅だけ反対方向に動かすのに十分であり，その粒子はぶつかった分子すべてに損傷を与える．細胞を完全に破壊するには，約10億個のホウ素原子があれば十分だろう．

つぎの課題は，どのようにして特異的に悪性細胞に高濃度のホウ素化合物を集積させるかである．初期の医学研究ではホウ酸イオンを用いたが，効果がないと判明した．水素化ホウ素の化学の進歩がブレークスルーとなった．新しい水素化ホウ素は，ホウ素の含有率が高く，速度論的に安定であり，有機組織単位と結合できる．

最も単純な"第二世代"のイオンの一つが，一般的に BSH とよばれる $(B_{12}H_{11}SH)^{2-}$（図13・13）である．このイオンは，血液中に比べて腫瘍中のホウ素濃度をかなり高くすることを示した最初のホウ素化学種グループの一つだった．現在開発中の第三世代の化合物は，大きな有機分子に4個のかご状ボランを連結させたもので，もっと有望である．それでもなお，BNCT が，いかなる他の手段でも破壊できない小さな悪性細胞の巣と闘う単純で安全な手段となるには，さらに多くの年月をかけた研究が必要である．

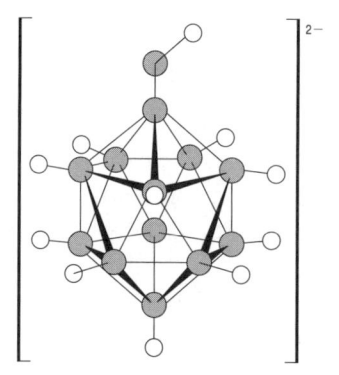

図13・13 $(B_{12}H_{11}SH)^{2-}$ イオンの構造

表13・3 いくつかの元素における中性子の有効捕獲断面積

同位体	水素-1	ホウ素-10	炭素-12	窒素-14	酸素-16
有効捕獲断面積 [barn]	0.3	3.8×10^3	3.4×10^{-3}	1.8	1.8×10^{-4}

13・5 ハロゲン化ホウ素

興味深いハロゲン化物は，三フッ化ホウ素と三塩化ホウ素の二つである．三フッ化ホウ素は結合形成において重要であり，実際，模範的なルイス酸[c]である．三塩化ホウ素は，イオン性塩化物に比べて高い化学的反応性を示す非金属塩化物の典型である．

---

a) boron neutron capture therapy　　b) effective cross-sectional area　　c) Lewis acid

13・5・1 三フッ化ホウ素

ホウ素は価電子を3個しかもたないので，単純な共有結合しかもたないホウ素化合物は，電子不足でオクテット則[a]を満たさないだろう．よって，最も単純な水素化ホウ素は二量化して，2個のヒドリド性架橋結合をもつ B_2H_6 になる．しかし，三フッ化ホウ素は二量化せずに，単純な正三角形化合物 BF_3 のままである．この分子の研究によって，ホウ素-フッ素結合の結合エネルギーは極端に高い（613 kJ·mol^{-1}）ことが確認された．この結合エネルギーは，通常の単結合（たとえば，炭素-フッ素結合の結合エネルギーは485 kJ·mol^{-1} である）よりも，はるかに高い値である．

この電子不足分子の驚異的な安定性と強い共有結合を説明するには，σ結合性と同様にπ結合性も化合物中に存在しているとの仮定を要する．ホウ素原子は，フッ素原子との三つのσ結合に対して直角の空の $2p_z$ 軌道をもつ．一方，各フッ素原子は，ホウ素の $2p_z$ 軌道と平行な充填した2p軌道をもつ．そこで，ホウ素の空p軌道と各フッ素の充填p軌道を含むπ共役系が形成される（図13・14）．

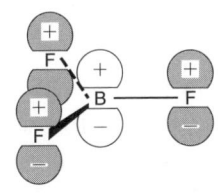

図13・14 フッ素原子の電子の詰まったp軌道（網をかけてある）とホウ素原子の空の p_z 軌道から成る，三フッ化ホウ素における提案されたπ結合

この説明は，三フッ化ホウ素がフッ化物イオンと反応して正四面体形のテトラフルオロホウ酸イオン BF_4^- を形成する際に，B—F結合長が130 pmから145 pmへ増加するという実験的な証拠によって支持されている．なぜなら，テトラフルオロホウ酸イオン中のホウ素の2s軌道と三つの2p軌道が4本のσ結合の形成に使われる．よって，テトラフルオロホウ酸イオンではπ結合に使える軌道は存在しないことになり，B—F結合は"純粋な"単結合になる．このため結合長が増加する．

空の $2p_z$ 軌道を使うことによって，三フッ化ホウ素は強力なルイス酸として振舞うことができる．この挙動の古典的な例証は，三フッ化ホウ素とアンモニアの間の反応で，窒素原子の非共有電子対が電子対ドナーとして働くことである（§7・6を参照）．

$$BF_3(g) + :NH_3(g) \longrightarrow F_3B:NH_3(s)$$

米国では，年間約4000トンの三フッ化ホウ素がルイス酸や有機反応の触媒として，工業的に用いられている．

13・5・2 三塩化ホウ素

三塩化ホウ素は，周期表を左から右へ進んだときに初めて出会う共有結合性小分子の塩化物であり，共有結合性塩化物の典型例である．イオン性塩化物は，水に溶けて水和した陽イオンと陰イオンを生じる固体である．しかし，典型的な共有結合性塩化物小分子は，室温で気体または液体であり，水と激しく反応する．たとえば三塩化ホウ素（12℃以上では気体）を水中に吹き込むと，ホウ酸と塩化水素が生成する．

$$BCl_3(g) + 3H_2O(l) \longrightarrow H_3BO_3(aq) + 3HCl(aq)$$

2種の原子の相対的な電気陰性度の違いによって，この反応生成物を予測できる．この場合，塩素の電気陰性度はホウ素の電気陰性度よりもはるかに大きい．よって，水分子が三塩化ホウ素分子に近づくと，少し正に帯電した水素が少し負に帯電した塩素原子に，少し負に帯電した酸素が少し正に帯電したホウ素に，引寄せられていく（図13・15）と想像できる．結合が移動し，塩素原子1個がヒドロキシ基に置換される．この過程がもう2回起こり，ホウ酸になる．

図13・15 三塩化ホウ素の加水分解において仮定された機構の第一段階

13・6 アルミニウム

アルミニウム[b]は大きな負の標準還元電位をもつ金属なので，反応性は非常に高いと予測される．実際にそのとおりである．ではどうして，ナトリウムのように化学実験室で注意深く扱う必要もなく，常用金属として用いることができるのだろうか？　答えは，酸素ガスとの反応に潜んでいる．金属アルミニウムの表面を空気にさらすと，直ちに酸素と反応して酸化アルミニウム Al_2O_3 を生成する．すると，$10^{-4} \sim 10^{-6}$ mm の厚さの不透過層は，下地のアルミニウム原子層を保護する．この現象は，酸化物イオンのイオン半径（124 pm）とアルミニウム原子の金属半径（143

---

a) octet rule　b) aluminum

pm）が近いために起こりうる．小さいアルミニウムイオン（68 pm）は酸化物表面構造のすき間に収まるので，表面原子のパッキングはほとんど変化しない．この過程を図 13・16 に示す．

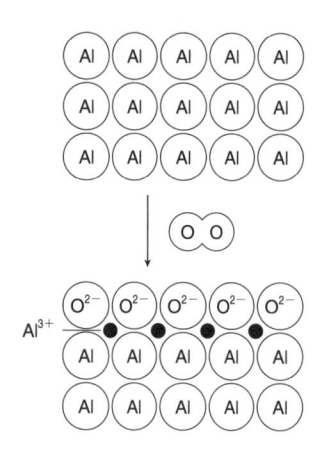

図 13・16 金属アルミニウムの表面における酸化物の単層の形成．小さなアルミニウム 3+ イオンは黒丸で示してある．

耐食性を高めるために，アルミニウム製品に**陽極酸化**[a] を施す．すなわち，アルミニウム製品を電解槽の陽極に用いて，自然に形成された層の上に電解生成物としてさらに酸化アルミニウムを堆積させる．陽極の酸化アルミニウム層の厚さは 0.01 mm ほどであり，このかなり厚い酸化物皮膜には，表面着色のために染料と顔料を吸着できるという有用性がある．

構造材金属としてアルミニウムが特に魅力的なのは，非常に反応活性なアルカリ金属を別にすると，マグネシウム（1.7 g·cm^{-3}）以外には負けない密度の低さ（2.7 g·cm^{-3}）である（たとえば鉄（7.9 g·cm^{-3}）や金（19.3 g·cm^{-3}）と比較してみよう）．アルミニウムは熱の良導体であり，この特性は調理器具に適している．ただし，熱伝導性は銅には及ばない．電気ヒーター（またはガスの炎）からの熱がもっと均一に広がるように，高価な鍋は底を銅でコートしている．アルミニウムは電気伝導体としても特別にすばらしく，電力線と家庭内配線に主要な役割を演じている．ただしアルミニウム配線を用いたとき，接続に問題が起こる．もしもアルミニウムを，銅のような電気化学的に異なる金属と接続すると，湿った状態では電気化学的電池ができてしまう．この電池反応が進むと，アルミニウムの酸化（腐食[b]）をひき起こす．したがって家庭内配線にアルミニウムを使用することは勧められない．

13・6・1 アルミニウムの化学的性質

他の金属粉末と同様に，アルミニウムの粉末は炎中で燃えて，酸化アルミニウム塵の雲を生じる．

$$4\,Al(s) + 3\,O_2(g) \longrightarrow 2\,Al_2O_3(s)$$

またアルミニウムは塩素のようなハロゲン分子と非常に発熱的に反応して燃える．

$$2\,Al(s) + 3\,Cl_2(g) \longrightarrow 2\,AlCl_3(s)$$

アルミニウムはベリリウムと同様に両性金属であり，酸とも塩基とも反応する．

$$2\,Al(s) + 6\,H^+(aq) \longrightarrow 2\,Al^{3+}(aq) + 3\,H_2(g)$$
$$2\,Al(s) + 2\,OH^-(aq) + 6\,H_2O(l) \longrightarrow$$
$$2\,[Al(OH)_4]^-(aq) + 3\,H_2(g)$$

水溶液中では，アルミニウムイオンはヘキサアクアアルミニウムイオン $[Al(OH_2)_6]^{3+}$ として存在するが，加水分解反応を起こしてペンタアクアヒドロキソアルミニウムイオン $[Al(OH_2)_5(OH)]^{2+}$ とオキソニウムイオンの溶液となり，さらにテトラアクアジヒドロキソアルミニウムイオンになる．

$$[Al(OH_2)_6]^{3+}(aq) + H_2O(l) \rightleftharpoons$$
$$[Al(OH_2)_5(OH)]^{2+}(aq) + H_3O^+(aq)$$
$$[Al(OH_2)_5(OH)]^{2+}(aq) + H_2O(l) \rightleftharpoons$$
$$[Al(OH_2)_4(OH)_2]^+(aq) + H_3O^+(aq)$$

したがって，アルミニウム塩水溶液は酸性であり，エタン酸（酢酸）と同程度の酸解離定数をもつ．制汗剤に用いられ一般的にアルミニウムクロロハイドレートとよばれている混合物は，実際には，上述の 2 種のヒドロキソイオンを含む錯イオン塩化物の混合物である．これらの化合物中のアルミニウムイオンが，皮膚表面の汗腺を収縮させる働きをする．

アルミニウムイオンに水酸化物イオンを加えていくと，最初は水酸化アルミニウムのゲル状沈殿が生じるが，この生成物は過剰量の水酸化物イオンによってアルミン酸イオン（もっと正確にいうと，テトラヒドロキソアルミン酸イオン）になって溶解する．

$$[Al(OH_2)_6]^{3+}(aq) \xrightarrow{OH^-} Al(OH)_3(s) \xrightarrow{OH^-}$$
$$[Al(OH)_4]^-(aq)$$

結果として，アルミニウム 3+ イオンは低 pH および高 pH において溶解するが，中性条件では不溶性である（図 13・17）．水酸化アルミニウムは，いくつかの制酸剤[c]に

---

a) anodization   b) corrosion   c) antacid

処方されている．他の制酸剤と同様に，この化合物は不溶性の塩基であり，過剰な胃酸を中和できる．

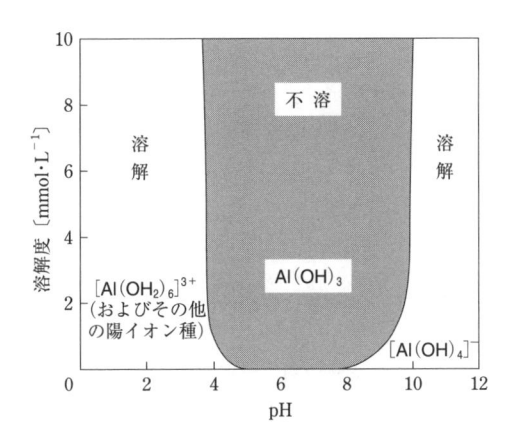

図13・17 アルミニウムイオンの溶解性とpHの相関

$$Al(OH)_3(s) + 3H^+(aq) \longrightarrow Al^{3+}(aq) + 3H_2O(l)$$

§9・5で述べたように，アルミニウムの化学の多くは13族下方の元素よりはスカンジウムの化学に類似している．

13・6・2 アルミニウムの工業的採取

フランスの化学者ドヴィユ[a]による電解還元法の発見と電気価格の低下により，19世紀後半には金属アルミニウム価格の劇的な下落が起こった．しかし大規模な金属製造には，安価で容易に入手できる鉱石を用いる方法が必要だった．その方法は1886年に二人の若い化学者，フランスのエルー[b]と米国のホール[c]によって別々に見いだされた．そのため，この方法はホール・エルー法[d]とよばれている．ホールの姉のジュリアは補助をして実験の詳細な記述を残しているが，この発見に対する寄与は少ないことがわかっている．

アルミニウムは地殻中で最も豊富な金属であり，そのほとんどは粘土中に含有されている．粘土からアルミニウムを採取する経済的な方法は，今でも存在しない．しかし，高温多湿の環境では，アルミニウムより可溶性のイオンは粘土構造からこし取られて，後に鉱石ボーキサイト[e]（不純な水和した酸化アルミニウム）が残る．したがって，ボーキサイトの産出国はおもに赤道近くにあり，最大の供給国はオーストラリア，ついでギニア，ブラジル，ジャマイカ，スリナムの順である．

採取プロセスの第一段階は，ボーキサイトの精製である．水溶性アルミン酸イオンを得るために，砕いた鉱石を高温の水酸化ナトリウム水溶液で温浸[f]（加熱して溶解）する．

$$Al_2O_3(s) + 2OH^-(aq) + 3H_2O(l) \longrightarrow 2[Al(OH)_4]^-(aq)$$

不溶性物質，特に酸化鉄(Ⅲ) を"赤泥[g]"として沪別する．§9・5で述べたように，鉄(Ⅲ) イオンとアルミニウムイオンは多くの類似性を示すが，アルミナは両性で水酸化物イオンと反応するのに対して酸化鉄(Ⅲ) は反応しない．冷却の際に水溶液中の平衡が左に移動し，白色の酸化アルミニウム三水和物が沈殿して可溶性不純物は溶液中に残る．

$$2[Al(OH)_4]^-(aq) \longrightarrow Al_2O_3 \cdot 3H_2O(s) + 2OH^-(aq)$$

水和物をロータリーキルン（セメントの製造で用いられるのと同じもの）中で強熱すると，無水酸化アルミニウムが生じる．

$$Al_2O_3 \cdot 3H_2O(s) \xrightarrow{\Delta} Al_2O_3(s) + 3H_2O(g)$$

アルミニウムイオンは高電荷なので，酸化アルミニウムの格子エネルギーは非常に大きく，融点が高い（2040℃）．しかし酸化アルミニウムを電解するには，低融点のアルミニウム化合物をみつける必要があった．ホールとエルーは，低融点アルミニウム化合物の鉱物として氷晶石[h]（化学名はヘキサフルオロアルミン酸ナトリウム Na_3AlF_6）を発見したことを同時に発表した．

この鉱物の天然鉱床は少なく，最大の鉱床はグリーンランドに存在している．鉱床がまれであるため，ほとんどの氷晶石は人工的につくられている．通常は，フッ化水素合成の際に生じる廃棄物，四フッ化ケイ素 SiF_4 を出発物質とするので，それから氷晶石をつくるプロセスも興味深い．四フッ化ケイ素ガスは水と反応して，不溶性の二酸化ケイ素と比較的安全な含フッ素化合物のヘキサフルオロケイ酸 H_2SiF_6 の溶液になる．

$$3SiF_4(g) + 2H_2O(l) \longrightarrow 2H_2SiF_6(aq) + SiO_2(s)$$

酸はアンモニアで処理して，フッ化アンモニウムにする．

$$H_2SiF_6(aq) + 6NH_3(aq) + 2H_2O(l) \longrightarrow 6NH_4F(aq) + SiO_2(s)$$

最終的に，フッ化アンモニウム水溶液をアルミン酸ナトリウム水溶液と混合すると，氷晶石とアンモニアが生じる．生じたアンモニアは再利用される．

$$6NH_4F(aq) + Na[Al(OH)_4](aq) + 2NaOH(aq) \longrightarrow Na_3AlF_6(s) + 6NH_3(aq) + 6H_2O(l)$$

電解槽中で起こっている化学反応の詳細は，いまだにあ

---

a) Henri Sainte-Claire Deville b) Paul Héroult c) Charles Hall d) Hall–Héroult process e) bauxite f) digesting
g) red mud h) cryolite

まりわかっていないが，氷晶石は電解質として働いている（図13・18）．酸化アルミニウムは約950℃で溶融している氷晶石に溶解する．溶融したアルミニウムが陰極で生成し，陽極で発生した酸素は炭素を一酸化炭素（そして一部は二酸化炭素）に酸化する．

$$Al^{3+}(氷晶石) + 3e^- \longrightarrow Al(l)$$
$$O^{2-}(氷晶石) + C(s) \longrightarrow CO(g) + 2e^-$$

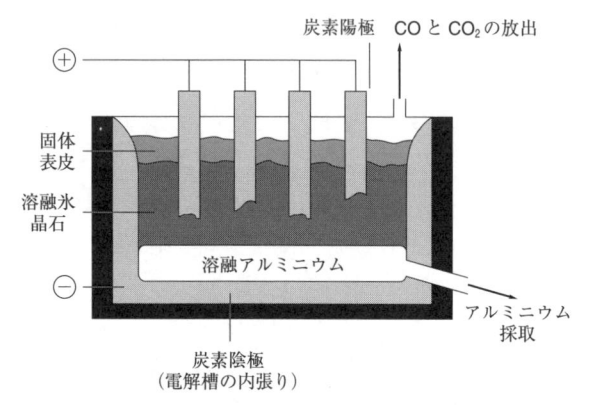

図13・18 アルミニウム製造の電解槽

金属アルミニウムの出荷量の約25%が建設産業で用いられ，それより少ない量が，航空機，バス，鉄道の客車の製造（18%），コンテナと包装用（17%），電力線（14%）に用いられている．アルミニウムは自動車の構造材として，ますます好まれるようになっている．低密度なので，同じ大きさの車での燃料の消費量がかなり減少する．たとえば，1トンの鋼鉄をアルミニウムに置き換えると，車の寿命が来るまでの二酸化炭素排出量が約20トン減少することになる．1960年の北米車のアルミニウム含量は平均で約2.5 kgだったが，2000年には，約110 kg（この2倍以上の量を含む車もある）になっている．

13・6・3 アルミニウム製造における環境問題

アルミニウム製造において，主要な環境汚染問題をひき起こす4種の副生物が生じる．

1. **赤泥**: ボーキサイト精製の際に生じ，強塩基性である．
2. **フッ化水素ガス**: 氷晶石が酸化アルミニウム中の痕跡量の湿気と反応して生じる．
3. **炭素酸化物**: 陽極で生じる．
4. **フルオロカーボン**: 陽極の炭素とフッ素との反応で生じる．

赤泥処分問題の低減策として，懸濁液を沈殿タンク[a]に注ぎ込み，そこから液体成分（おもに水酸化ナトリウム溶液）を取除く（その溶液は再利用されるか中和される）．ほとんど酸化鉄(Ⅲ)の固体は，埋立てゴミとして利用するか，鉄採取のために溶鉱炉に送られる．

フッ化水素ガスの排出に対して何をするべきかという問題は，酸化アルミニウムの炉床にフッ化水素を吸収させることで大部分は解決されている．このプロセスの生成物はフッ化アルミニウムである．

$$Al_2O_3(s) + 6HF(g) \longrightarrow 2AlF_3(s) + 3H_2O(g)$$

このフッ化物を，溶融物に定期的に加えて，フッ化水素を再生する．

生じた大量の炭素酸化物の処理問題を部分的に解決する方策は，毒性の一酸化炭素を燃やして二酸化炭素にし，アルミニウム製造工場を運転するための熱の一部を供給するというものである．しかし，電解法ではこの2種の気体の生成が不可避なので，経済的な代替プロセスが考案されるまでは，アルミニウム製造は大気中へ二酸化炭素を放出し続けるだろう．

1トンのアルミニウムを製造するごとに，約1 kgのテトラフルオロメタンCF_4と約0.1 kgのヘキサフルオロエタンC_2F_6が生成する．これらは重大な温室効果ガスである．このフルオロカーボン問題は今でも未解決で，アルミニウム製造会社の主要な研究努力項目である．一つの改善策は，電解槽中の溶融混合物への炭酸リチウムの添加である．炭酸リチウムの存在は混合物の融点を低下させて電流値が上がるため，電解槽の効率を高める．同時に，この化合物の存在がフッ素ガスの排出を25〜50%減少させており，その結果，フルオロカーボンの生成が減少する．

フルオロケイ酸も電解プロセスの副生物の一つである．これまで，この非常に弱い酸の使い道はほとんどなかった．しかし現在，家庭用給水へのフッ素添加（§17・2を参照）のためのフッ素イオン供給源として好まれるようになっている．給水中で1 ppmの濃度にすると，ヘキサフルオロケイ酸イオンの大部分は加水分解して，ケイ酸，オキソニウムイオンとフッ化物イオンを生じる．

$$SiF_6^{2-}(aq) + 8H_2O(l) \rightleftharpoons$$
$$H_4SiO_4(aq) + 4H_3O^+(aq) + 6F^-(aq)$$

アルミニウム製造の電解プロセスはエネルギー消費の点では非常に激しく，6Vで約3.5×10^4 Aもの電流が必要である．実際，金属アルミニウム製造費用の約25%がエネルギー消費に基づいている．1 kgのアルミニウムの製造では，約2 kgの酸化アルミニウム，0.6 kgの陽極炭素，

---

a) settling tank

0.1 kg の氷晶石，そして 16 kWh の電力が消費される．この巨大なエネルギー需要のため，安価なエネルギー源をもつ国ほど有利になる．よって，カナダとノルウェーは，ボーキサイトの産出国でもアルミニウムの大消費国でもないが，金属アルミニウム製造国として 5 本の指に入る．両国とも，低コストの火力発電があり，鉱石の輸入と金属アルミニウムの輸出を容易にする水深の大きな港がある．材料への付加価値の大半は加工段階で加えられる．先進国は原材料の供給において発展途上国に強く依存しているのに，発展途上国が受取る採掘した原材料からの収入はほんのわずかにすぎない．

アルミニウムの使用が増えているので，そのリサイクルは重要である．リサイクルプロセスでは，鉱石からアルミニウムを採取するために必要なエネルギーに比べると，はるかに少ないエネルギーしか使わない．また，リサイクルにより，製錬プロセスでの環境問題を回避することもできる．よってアルミニウムの再生は，すべての金属の中で，環境にとっておそらく最も重要である．

13・7 ハロゲン化アルミニウム

ハロゲン化アルミニウムは興味深い一連の化合物を構成する．フッ化アルミニウムは 1290 ℃ で溶融し，塩化アルミニウムは 180 ℃ で昇華し，臭化アルミニウムとヨウ化アルミニウムはそれぞれ 97.5 ℃ と 190 ℃ で溶融する．すなわち，フッ化物はイオン性化合物に特有の高い融点をもっているが，臭化物とヨウ化物の融点は典型的な共有結合性小分子化合物の値である．アルミニウムイオンの電荷密度は $364\,C\cdot mm^{-3}$ なので，小さなフッ化物イオンを除くすべての陰イオンは，アルミニウムと共有結合を形成するぐらいまで分極すると予測できる．実際，フッ化アルミニウムは，陽イオンと陰イオンが交互に並んだ典型的なイオン結晶構造をもつ．臭化物とヨウ化物はともに二つの架橋ハロゲン原子をもち，ジボランと似た共有結合による二量体 Al_2Br_6 および Al_2I_6 (図 13・19) として存在する．

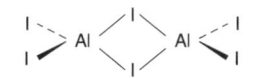

図 13・19 ヨウ化アルミニウムの構造

塩化物は固体ではイオン的な格子構造を形成するが，液相ではこの構造は崩れて二量体分子 Al_2Cl_6 を生じる．したがって，イオン性と共有結合性の両形態はエネルギー的にほぼ等しくなくてはならない．この二量体は，塩化アルミニウムを低極性溶媒に溶かしたときにも生じる．

無水塩化アルミニウムは，固相ではイオン性の構造をとるようにみえるが，典型的な共有結合性塩化物としての反応性を示す．この共有結合性の挙動は，無水塩化アルミニウムの溶解過程で特に明確である．前節で述べたように，六水和物は実際にはヘキサアクアアルミニウムイオン $[Al(OH_2)_6]^{3+}$ を含む．加水分解によって溶液は酸性になるが，六水和物は水におとなしく溶ける．しかし，共有結合性塩化物に典型的な挙動として，無水塩化アルミニウムは水と発熱しながら激しく反応し，塩酸の霧を生じる．

$$AlCl_3(s) + 3\,H_2O(l) \longrightarrow Al(OH)_3(s) + 3\,HCl(g)$$

無水塩化アルミニウムは有機化学において重要な試薬である．特に，**フリーデル・クラフツ反応**[a] での芳香環置換のための触媒として用いられる．全体の反応は，芳香族化合物 Ar—H と有機塩素化合物 R—Cl の間の反応として記述できる．塩化アルミニウムは，有機塩素化合物に対して強いルイス酸として反応し，テトラクロロアルミン酸イオン[b] $AlCl_4^-$ とカルボカチオン[c] を生じる．そして，カルボカチオンが芳香族化合物と反応し，置換された芳香族化合物 Ar—R と水素イオンを生じる．水素イオンはテトラクロロアルミン酸イオンを分解して，塩化アルミニウムを再生する．

$$R-Cl + AlCl_3 \longrightarrow R^+ + [AlCl_4]^-$$
$$Ar-H + R^+ \longrightarrow Ar-R + H^+$$
$$H^+ + [AlCl_4]^- \longrightarrow HCl + AlCl_3$$

13・8 硫酸アルミニウムカリウム

§9・6 で，ミョウバン[d] $M^+M^{3+}(SO_4^{2-})_2\cdot 12H_2O$ とよばれる一連の化合物について議論した．ミョウバンという名称の由来は，アルミニウムの唯一の一般的な水溶性鉱物カリミョウバン $KAl(SO_4)_2\cdot 12H_2O$ である．カリミョウバンは染料産業において重要な役割を果たした．染料が布にいつまでも吸着するように，最初に布をミョウバンの水溶液に浸しておく．水酸化アルミニウムの層が布の表面に沈積し，この層に染料分子が容易に結合する．

ミョウバンはその有用性のために，ローマ時代からアジアからの貴重な交易品だった．ミョウバンは，硫酸カリウムと硫酸アルミニウムを等モル混合した溶液から結晶化し，その化学式は $KAl(SO_4)_2\cdot 12H_2O$ である．ミョウバンの結晶は，カリウムイオンとヘキサアクアアルミニウムイオンが交互に並んでいる間に硫酸イオンが詰込まれた構造なので，非常に高い格子安定性をもつ．細胞自体を殺すことなく細胞表面のタンパク質を凝固させるので，ミョウバンは少量の出血 (たとえば，ひげを剃っているときに，偶然傷つけてしまったときなど) を止めるためによく用いられる．

---

a) Friedel–Crafts reaction   b) tetrachloroaluminate ion   c) carbocation   d) alum

13・9 スピネル

スピネル[a] 自身は，酸化アルミニウムマグネシウム $MgAl_2O_4$ のことだが，同じ結晶構造をとる多数の化合物が，**スピネル**とよばれている．これらの化合物の多くが，21世紀の化学に重要な独特の性質をもつ．スピネルの一般式は AB_2X_4 であり，A は通常は 2 価の金属イオン，B は通常は 3 価の金属イオン，X は 2 価の陰イオン（通常は酸素）である．

スピネルの単位格子の骨格は，ほぼ完全な立方最密配置にある 32 個の酸化物イオンから成る．よって，単位格子の実際の組成は $A_8B_{16}O_{32}$ である．図 13・20 に単位格子の 1/8 を示す．酸化物イオンは面心立方配列を形成しており，立方体の中心と各辺の真ん中に正八面体のサイトがあり，"キューブレット（立方体をさらに 8 分割した小さい

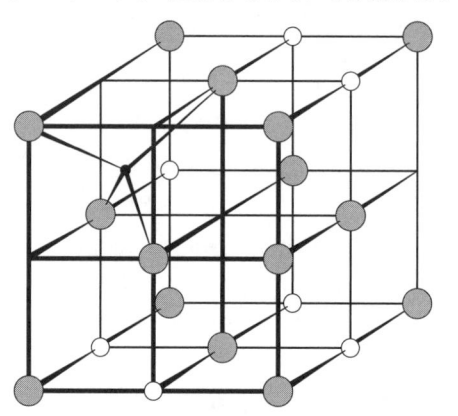

○ 正八面体のサイト　● 正四面体のサイト　⬤ 酸化物イオン

図 13・20 占有されている格子のサイトを示したスピネル構造の単位格子の 1/8．8 個の"キューブレット"が示してあり，手前の左上のキューブレットは正四面体の陽イオンのサイト（硫化亜鉛型）が占有されており，残りの 7 個のキューブレットには正八面体の陽イオンサイト（塩化ナトリウム型）がある．

立方体）"の真ん中に正四面体のサイトがある．正常なスピネル構造においては，8 個の A の陽イオンが正四面体の孔（サイト）の 1/8 を占めており，16 個の B の陽イオンが正八面体の孔（サイト）の半分を占めている．よって，単位格子は硫化亜鉛型の正四面体ユニットである"キューブレット"が，塩化ナトリウム型の正八面体ユニットの"キューブレット"の間にちりばめられた構成になっていると考えることができる*．

サイトの占有状態を示すために，正四面体形と正八面体形の陽イオンのサイトに t と o という添字を用いることにする．すると，スピネル自身は $(Mg^{2+})_t(2Al^{3+})_o(O^{2-})_4$ となる．ある種のスピネルでは，2 価の陽イオンが正八面体サイトに位置しているものがある．スピネル構造では，利用可能な正四面体 (A) のサイト数が利用可能な正八面体 (B) のサイト数の半分なので，3 価の陽イオンは半分しか正四面体サイトに置けず，残りは正八面体サイトを占有せざるをえない．このような化合物は**逆スピネル**[b] とよばれる．最も一般的な例は磁鉄鉱[c] Fe_3O_4（もっと正確に記述すると，$Fe^{2+}(Fe^{3+})_2(O^{2-})_4$）である．ここでの配置は $(Fe^{3+})_t(Fe^{2+},Fe^{3+})_o(O^{2-})_4$ である．

正四面体の孔は正八面体の孔より小さく，3 価の陽イオンは 2 価のイオンより小さいので，すべてのスピネルが逆スピネル構造をとれると予測するかもしれない．しかし，サイズの因子に加えて，エネルギーの因子も考慮する必要がある．格子エネルギーはイオンの電荷の大きさに依存するので，エネルギーの大部分を決めるのは 3+ イオンの位置である．3+ イオンを，周囲に 6 個の陰イオンがある正八面体サイトに置いた方が，周囲に 4 個の陰イオンしかない正四面体サイトに置くよりも，格子エネルギーは高くなる．それにもかかわらず，§19・8 で考えるように，d 軌道に電子が入ると結晶場の分裂がエネルギーの優位性に影響を与えるため，逆スピネル構造の方が多くの遷移金属イオンに好まれる．

スピネルは異常な電子的，磁気的特性を示すため興味深いが，特に 3 価陽イオンが Fe^{3+} のものがおもしろい．これらの化合物は**フェライト**[d] として知られている．たとえば，化学式 $Zn_xMn_{1-x}Fe_2O_4$ に従う MFe_2O_4（M は亜鉛イオンとマンガンイオンの自由な組合わせ）で表される一連の化合物を合成することができる．適切な比率を選ぶことにより，これらのジンクフェライトにおいて非常に特異的な磁気的特性を得ることができる．フェライトについては，§20・6 でもっと詳しく議論する．

さらにユニークなのはナトリウム-β-アルミナ[e] $NaAl_{11}O_{17}$ である．この化学式はスピネルのようにはみえないが，ほぼすべてのイオンの位置がスピネルの格子サイトに一致している．しかし，ナトリウムイオンは束縛されずに構造内を移動している．この化合物は電気伝導性が非常に高く，**固体電解質**[f] として働くことができる．すなわち，ナトリウムの自由な動きという特性が非常に興味深い

---

a) spinel　b) inverse spinel　c) magnetite　d) ferrite　e) sodium-β-alumina　f) solid-phase electrolyte

*［訳注］図 13・20 の立方体中には正四面体のサイトは 8 箇所，正八面体のサイトは各辺の上に 12 箇所と立方体の中心で合わせて 13 箇所存在している．この立方体は単位格子を 1/8 にしたものなので，この立方体中に A は 1 個，B は 2 個入っていることになる．八つのキューブレットのうち，一つのキューブレットの中心に A が入っている．B は辺の上の正八面体の 12 箇所のサイトのうちの 8 箇所に存在しており，各 B の 1/4 個分が立方体に含まれることになり，計 2 個の B が入っていることになる．A が入っているキューブレットは硫化亜鉛型とみなすことができ，残りの七つのキューブレットは不完全な形ではあるが，陽イオンと陰イオンが交互に配置された塩化ナトリウム型とみなすことができる．

性質をもたらしている．このタイプの構造は，軽量な蓄電池作製のためのすばらしい要素となりうる．

13・10 生物学的役割
13・10・1 ホウ素の必要性

ホウ素は植物における必須微量元素である．この元素は，RNA形成における核酸塩基の一種の合成において，そして炭水化物合成のような細胞活性において重要な役割を果たしていると考えられている．ホウ素は，世界中の土壌で亜鉛についで一般的に最も欠乏している元素である．双子葉植物は，単子葉植物に比べて多量のホウ素が必要である．ホウ素欠乏の影響を最も受けやすく，しばしばホウ素補給が必要となる農作物は，アルファルファ，ニンジン，コーヒー，綿，ピーナッツ，砂糖大根，ヒマワリ，ルタバガ（スウェーデンカブ：根が黄色いカブの一種）である．哺乳類にとって，ホウ素がおそらくは骨の形成において必須元素であるという証拠が増えている．

13・10・2 アルミニウムの毒性

アルミニウムは岩石圏において3番目に豊富な元素である．われわれの環境のいたるところに存在しているにもかかわらず，かなり毒性の高い金属である．幸運なことに，中性に近い条件ではアルミニウムイオンは不溶性の化合物になっており，その生物学的利用が最小限になっている．魚類は特に，アルミニウム毒性の危険にさらされる状態にある．酸性化湖沼において，pHが下がったせいではなく，pH低下により水中アルミニウム濃度が高くなった（図13・17を参照）ために，魚の群生に損傷を与えていることが研究によって確認された．実際，5×10^{-6} mol·L^{-1}のアルミニウムイオン濃度が，魚を殺すのに十分である．

アルミニウムに対するヒトの耐性は高いが，それでもアルミニウムの摂取には特別に慎重になる方がよい．われわれが摂取するうちの一部は，アルミニウムを含む制酸剤に由来する．紅茶のアルミニウム濃度は高いが，ミルクかレモンを入れるとアルミニウムイオンは不活性な化合物になる．金属イオンは鼻腔から直接血流へ容易に吸収されると考えられているので，アルミニウムを含む制汗剤のスプレーを吸い込まないようにすることは賢明である．§14・22で，アルミニウム吸収を阻害するためのケイ素の役割について議論する．

アルミニウムは，土中で最も一般的な金属であるので，世界の耕地の土壌の30〜40％において，酸性土がアルミニウムを放出していることにも関心がもたれる．トウモロコシなどいくつかの農作物では，干ばつに匹敵するほど収穫量を低下させる（ときどき，80％にまで低下する）要因となっている．アルミニウムイオンが植物の根の細胞に進入すると，細胞の代謝を阻害する．貧しい国々の農場主には，土壌のpHを上げ，アルミニウムを不溶性水酸化物として固定するために，粉末の石灰岩を定期的に散布することはできない．いくつかの植物は根から周囲の土壌へクエン酸やリンゴ酸を排出するので，生まれつきアルミニウムに対する抵抗力をもっている．これらの酸は，アルミニウムイオンと錯体を形成し，根に吸収されるのを妨げている．遺伝子工学者は，重要な食物農作物の種にクエン酸を生成する遺伝子を組込む（うまくいけばよりよい収穫量が得られるであろう）研究を行っている．

> インジウム化合物は睡眠病（嗜眠性脳炎）に対して有効であることが確認されている．

13・10・3 タリウムの毒性

§9・13で述べたように，タリウムの最も一般的な状態であり，生化学的挙動がカリウムとよく似ているタリウム(I)は非常に毒性が高い．タリウムは岩石圏中に広く分布しており，主として石炭を燃やすときやセメントの製造によって，われわれの環境に入り込む．鉱石からの鉛の製錬において，タリウムは危険な副産物である．たとえば，2001年の夏，カナダ，ブリティッシュコロンビア州 (British Columbia) のトレイル (Trail) にある巨大な鉛と亜鉛の製錬所で，製錬所のダクトの内部を清掃しているときにタリウムの粉塵にさらされたことにより，何十人もの保安要員が病気になった．工場の所有会社は，コロンビア川にタリウム廃棄物を流すことを許していた．

13・11 元素の反応フローチャート

13族元素のうち，詳細に議論したホウ素とアルミニウムの二つだけを示す．

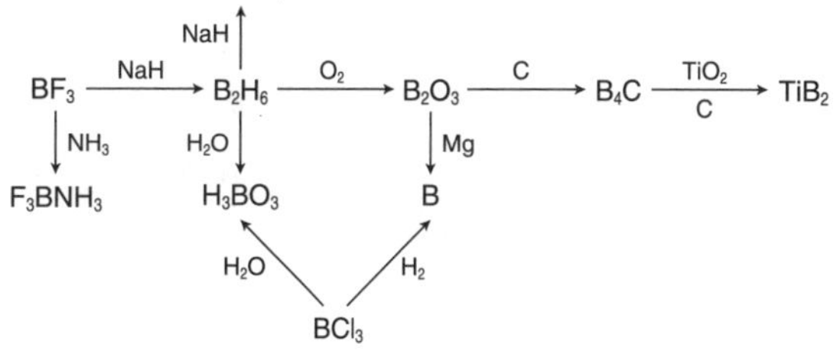

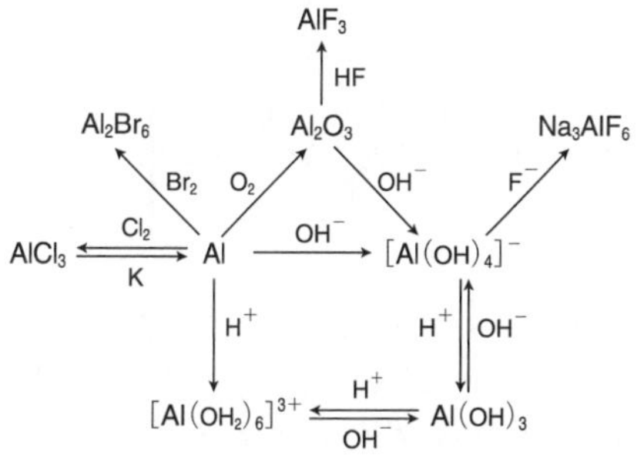

$$BF_3 \xrightarrow{NaH} B_2H_6 \xrightarrow{NaH} NaBH_4$$
$$B_2H_6 \xrightarrow{O_2} B_2O_3 \xrightarrow{C} B_4C \xrightarrow{TiO_2, C} TiB_2$$
$$BF_3 \xrightarrow{NH_3} F_3BNH_3$$
$$B_2H_6 \xrightarrow{H_2O} H_3BO_3$$
$$B_2O_3 \xrightarrow{Mg} B$$
$$BCl_3 \xrightarrow{H_2O} H_3BO_3 \quad BCl_3 \xrightarrow{H_2} B$$

$$Al_2Br_6 \xleftarrow{Br_2} Al \xrightarrow{O_2} Al_2O_3 \xrightarrow{HF} AlF_3$$
$$Al_2O_3 \xrightarrow{F^-} Na_3AlF_6$$
$$AlCl_3 \underset{K}{\overset{Cl_2}{\rightleftarrows}} Al \xrightarrow{OH^-} [Al(OH)_4]^-$$
$$Al \xrightarrow{H^+} [Al(OH_2)_6]^{3+} \underset{OH^-}{\overset{H^+}{\rightleftarrows}} Al(OH)_3 \underset{OH^-}{\overset{H^+}{\rightleftarrows}} [Al(OH)_4]^-$$

要 点

- 13族元素では，+3の酸化状態が支配的であるが，ほとんどは共有結合性の化合物である．
- ホウ素は，特にボラン類において独特の化学をもつ．
- アルミニウムは高反応性の両性金属である．
- アルミニウムの採取は電気的還元法で行われている．
- スピネルは重要な鉱物種である．

基本問題

13・1 以下の各反応について化学反応式を記しなさい．
(a) 溶融した金属カリウムと固体の塩化アルミニウム
(b) 固体の三酸化二ホウ素を高温でアンモニアガスと反応
(c) 金属アルミニウムと水酸化物イオン
(d) テトラボラン B_4H_{10} と酸素

13・2 以下の各反応について化学反応式を記しなさい．
(a) 液体の三臭化ホウ素と水
(b) 金属アルミニウムと水素イオン
(c) 水酸化タリウム(I)水溶液と二酸化炭素ガス

13・3 ペルオキソホウ酸イオンの点電子式をつくりなさい．それから，架橋酸素原子の酸化数を推測しなさい．

13・4 炭化ホウ素の実験式は B_4C である．この化合物をもっと正確に表記しなさい．またその理由を述べなさい．

13・5 下の図は，ボランの陰イオン $B_2H_7^-$ の構造を示している．このボランが属しているのはどの系列か？

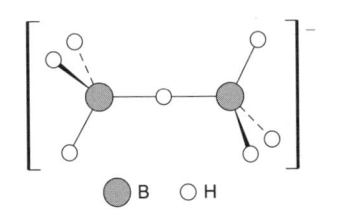

13・6 下の図は，ボランの陰イオン $B_{12}H_{12}^{2-}$ の構造を示している．このボランが属しているのはどの系列か？

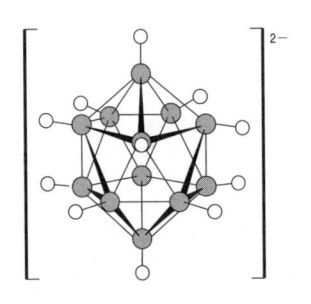

13・7 結合エネルギーのデータから，三フッ化ホウ素の生成エンタルピーを算出しなさい．特に高い値の結果になるのはどの二つの因子のせいか？

13・8 結合エネルギーのデータから，三塩化ホウ素（気体）の生成エンタルピーを算出しなさい．なぜ，この値は三フッ化ホウ素の生成エンタルピーとこれほどまでに異なっているのか？

13・9 非常に高い電荷密度をもつので，アルミニウムは遊離の3+イオンとして広く存在するとは期待できず，水和した3+イオンの形で存在している．その理由を説明しなさい．

13・10 アルミニウムは反応性の高い金属であるのに，なぜアルミニウムのシートが酸化アルミニウムに完全に酸化されないのかを簡潔に説明しなさい．

13・11 塩化アルミニウムの水溶液がなぜ強い酸性であるのかを，簡潔に説明しなさい．

13・12 金属マグネシウムは酸としか反応しないが，金属アルミニウムは酸，塩基ともに反応する．この挙動は，アルミニウムについて何を示すか？

13・13 アルミニウムの製錬における潜在的な環境への危険性について述べなさい．

13・14 なぜ，アルミニウムの製錬所は，鉱石を産出する国や金属を大量に消費する国以外の国に置かれていることがあるのか？

13・15 異なるハロゲン化アルミニウムにおける結合様式を比較しなさい．

13・16 なぜ，ミョウバンはアルミニウムの塩として一般的に用いられているのか？

13・17 スピネルと逆スピネルの違いについて説明しなさい．

13・18 なぜ，その挙動からすると，タリウム(I)の化合物が通常はイオン性の化合物であるのに，タリウム(III)の化合物はより共有結合性の化合物であるのかを説明しなさい．

13・19 フッ化ガリウム(III) GaF_3 は950℃で昇華するが，塩化ガリウム(III) $GaCl_3$ は78℃で溶融する．この大きな違いについて説明しなさい．

13・20 ホウ素とケイ素の化学を比較し，対照しなさい．

13・21 なぜアルミニウムは，酸性雨のところで特に環境において問題だといわれるのか？

13・22 元素の反応フローチャート（p.199）において，それぞれの変換に対応する化学反応式を記しなさい．

応用問題

13・23 アルミニウムの金属半径，共有結合半径，イオン半径（六配位）はそれぞれ 143 pm, 130 pm, 54 pm である．なぜ値がこのように異なっているのかを説明しなさい．

13・24 フッ化アルミニウム AlF_3 は純粋な液体フッ化水素には溶けないが，フッ化ナトリウムを含む液体フッ化水素には容易に溶ける．その溶液に，三フッ化ホウ素を吹き込むと，フッ化アルミニウムが沈殿する．ここで観察されたことを表す二つの化学反応式を記し，適当な酸塩基概念を用いて，それぞれの場合で何が起こっているのかを述べなさい．

13・25 塩化アルミニウムをベンゼン C_6H_6 に溶解すると二量体 Al_2Cl_6 になる．しかし，この化合物をジエチルエーテル $(C_2H_5)_2O$ に溶解すると，化学反応が起こってアルミニウム原子を1個含む化学種になる．この化合物を同定しなさい．

13・26 塩化ベリリウムを蒸発させると，化学式 Be_2Cl_4 で示される二量体になる．この二量体の構造を示しなさい．また，その理由を述べなさい．

13・27 ベリリウムイオン $Be(OH_2)_4^{2+}(aq)$ の水溶液は強い酸性である．この過程の第一段階の化学反応式を記しなさい．なぜ，このイオンが酸性であると思うのかを説明しなさい．

13・28 給水からカルシウムやマグネシウムを除くためには，ゼオライト-A $Na_{12}[(AlO_2)_{12}(SiO_2)_{12}]\cdot 27H_2O$ はよいイオン交換体である．カルシウムイオンとマグネシウムイオンの総濃度が 2.0×10^{-3} mol·L^{-1} である水 1.0×10^6 L を通して，それらのイオンを完全に取除くためのゼオライトを再補給する必要が生じるとすると，家庭用給水軟化用のユニットにはどれだけの重さのゼオライトが含まれているのだろうか？

13・29 鉱物金雲母[a] の化学式は $KMg_x[AlSi_3O_{10}](OH)_2$ である．x の値を求めなさい．

13・30 化学種 $Al(s)$, $Al^{3+}(aq)$, $Al(OH)_3(s)$, $Al(OH)_4^-(aq)$ について表示したアルミニウムのプールベ図[b]（電位-pH 図）をつくりなさい．ただし，下の値を用いなさい．

$K_{sp}(Al(OH)_3)(s) = 1\times 10^{33}$

$Al(OH)_3(s) + OH^-(aq) \rightleftharpoons$
$\qquad\qquad\qquad Al(OH)_4^-(aq) \quad K = 40$

自然の水において可能な pH と $E°$ の値の範囲において，おそらく唯一の存在種となるのは何か？ なぜ，このプールベ図が酸性雨問題に関連するのか？

13・31 塩化ガリウム(I) の生成エンタルピーは $+38$ kJ·mol^{-1} であるが，塩化ガリウム(III) の生成エンタルピーは -525 kJ·mol^{-1} である．なぜ塩化ガリウム(I) が熱力学的に不安定であるはずかを示しなさい．

13・32 硫化アルミニウム Al_2S_3 が湿ると"腐った卵の"臭いをもつ硫化水素が発生する．この反応の釣合いのとれた化学反応式を記し，それについて説明しなさい．

13・33 塩化アルミニウムは塩基性溶媒 CH_3CN に溶けて陽イオンと陰イオンの比が1:1の導電性の溶液になる．陽イオンの化学式は $[Al(NCCH_3)_6]^{3+}$ である．陰イオンの化学式を示し，この反応の化学反応式を記しなさい．

13・34 ホウ素は $B_2H_2(CH_3)_4$ の化学式をもつ化合物を形成する．この化合物の予想される構造を記しなさい．

13・35 ガリウム(III) の塩を水に溶解すると，$[Ga(OH_2)_6]^{3+}(aq)$ イオンが最初に生成するが，その後 $GaO(OH)$ の白色沈殿がゆっくりと生じる．この過程の釣合いのとれた化学反応式を記し，水溶液中でガリウム(III)イオンがどのようにして保たれているのかを示しなさい．

13・36 タリウムは $TlSe$ の化学式をもつセレン化物を形成する．タリウムの酸化状態は何だと思うか？ この化合物の最もありそうな構造は何か？

13・37 二塩化ガリウム $GaCl_2$ は反磁性の化合物であり，水溶液中では単純な陽イオンとテトラクロロ陰イオンを1:1で含む電解質になっている．この化合物で予想される構造を示しなさい．

13・38 非常に低い温度では，化合物 B_3F_5 は合成可能である．分光化学的な証拠によると，この分子には2種類の環境のフッ素が4:1で，2種類の環境のホウ素が2:1で含まれていることがわかる．この分子の構造を示しなさい．

13・39 ホウ酸 H_3BO_3 は $B(OH)_3$ とも書かれ，水中では弱酸として働く．しかし，水素イオンを失うことにより酸として働いているわけではない．その代わり，水酸化物イオンに対してルイス酸として働いている．ホウ酸と水の反応の化学反応式を記しなさい．

13・40 付録のデータ表を用いて，ジボラン中の架橋 B—H 結合の結合エネルギーのおおまかな値を算出しなさい．通常の B—H 結合の結合エネルギーと比較すると，結合次数に関してこの値は何を示しているか？ この結果は，分子軌道のダイヤグラム（図 13・12）から導き出した（結合一つ当たりの）結合次数とは矛盾はない

---

a) phlogopite   b) Pourbaix diagram

か？

13・41 高効率な航空機燃料として通常用いられている炭化水素と空気の反応の代わりに，かつてジボランと空気を使うことが提案された．それぞれの燃焼に関して，$\Delta H°_{燃焼}(B_2H_6(g)) = -2165 \text{ kJ·mol}^{-1}$，$\Delta H°_{燃焼}(C_2H_6(g)) = -1560 \text{ kJ·mol}^{-1}$ であるとして，エタン 1 g 当たりとジボラン 1 g 当たりで得られるエネルギーを算出して比較しなさい．各反応のエントロピー変化を付録のデータ表を用いて算出しなさい．なぜ，燃焼のエントロピー変化がかなり違っているのかを示しなさい．ジボランを用いることの実際的ないくつかの障害とは何だろうか？

13・42 $\Delta H_{燃焼}(B_2H_6)(g) = -2165 \text{ kJ·mol}^{-1}$ が与えられたとして，三酸化二ホウ素の標準生成エンタルピーを算出しなさい．必要な他の値については，付録のデータ表を用いなさい．

13・43 ホウ素は二つの等電子的な陰イオン BO_2^- と BC_2^{5-} を形成する．それぞれのイオンについて点電子式をつくりなさい．このシリーズの三つ目のメンバーとして BN_2^{n-} がある．このイオンの電荷を予測しなさい．

13・44 ジルコニウムは，ZrB_{12} の化学式をもち塩化ナトリウム型の格子構造をとるホウ化物を形成する．この化合物は，イオン性（$[Zr^{4+}][B_{12}^{4-}]$）なのか，ジルコニウム原子と中性のホウ素のクラスター B_{12} に単純に基づいたものか，どちらの方が有望だと思うか？ そう考えた理由を述べなさい．ジルコニウムの金属半径は Zr = 159 pm，イオン半径は Zr^{4+} = 72 pm，ホウ素の共有結合半径は B = 88 pm である．

14　14 族 元 素

この族には，非金属（炭素），二つの半金属（ケイ素とゲルマニウム），二つの電気陽性の弱い金属（スズと鉛）が含まれる．この族の中で最も重要な化学をもつのは炭素である．ケイ素の化学をおもしろくしているのは，さまざまなオキソアニオンがあり，鉱物中にたくさん存在しているからである．スズと鉛の弱い金属的性質はアルカリ超金属とのくっきりとした違いをみせる．

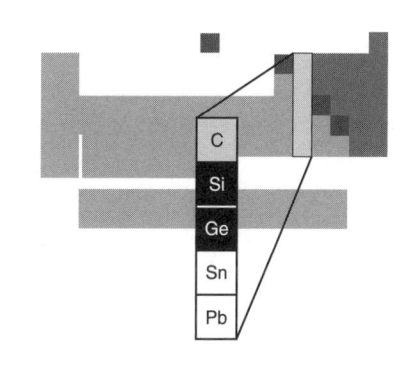

変遷する歴史の中で，酢酸鉛(II) ともよばれるエタン酸鉛(II)[a] $Pb(CH_3CO_2)_2$ ほど大きな役割を果たした無機化合物はほかにはないだろう．2000 年前のローマ帝国時代に，鉛は最重要な元素の一つであり，精巧なパイプを用いる給水用鉛管システムをローマ人に供給するために，毎年約 60,000 トンの鉛が製錬されていた．この洗練された生活様式は，19 世紀後半まで取戻せなかった．

ローマ帝国時代の人骨の鉛濃度がかなり高レベルなことから，住民は高濃度の鉛にさらされていたことがわかる．しかし鉛による危険をローマ人に与えた主要な原因は，給水鉛管システムではなかった．彼らは天然酵母を用いていたので，製造するワインはかなり酸っぱかった．この酸っぱさを改善するために，ワイン醸造業者はブドウ果汁を鉛のポットで沸かすと生じる甘味料サパ[b] をワインに加えていた．甘味のもとは，今ではエタン酸鉛(II) とよんでいる"鉛糖[c]"である．この甘味料は調理にも用いられ，この時代のレシピの約 20 ％がサパの添加を必要とした．歴代ローマ皇帝（多くは大酒飲みであった）の精神的不安定さが，ローマ帝国の衰退と滅亡に大きく寄与したが，多くの皇帝がとった奇行は，鉛中毒の徴候と一致している．不幸なことに，ローマ人の支配階級は，統治者を悩ませた生殖不能症や精神的障害を，サパの使用と関連づけようとはしなかった．このようにして，甘い味がするが致命的な化合物によって，おそらく歴史が変えられたのである．

14・1　族の傾向

14 族の最初の 3 元素の単体は，非金属および半金属の共有結合性ネットワークに特徴的な非常に高い融点をもつが，同族中の二つの金属の融点は低く，液体の温度範囲が広い（表 14・1）．すべての 14 族元素は**カテネーション**[d] した（自分自身で原子の鎖を形成した）化合物を形成する．族の下方の元素ほどカテネーションの能力は低下する．

表 14・1　14 族元素の単体の融点と沸点

元素	融点〔℃〕	沸点〔℃〕
C	4100 ℃で昇華	
Si	1420	3280
Ge	945	2850
Sn	232	2623
Pb	327	1751

この章で主族元素のちょうど真ん中に達した．ここからは非金属的な性質が支配的になる．特に，酸化状態を複数もつことがふつうになる．14 族のすべての元素は，酸化数 +4 の化合物をつくる．この族の 2 種の金属元素でさえ，+4 の酸化状態では共有結合になる．さらに非金属および半金属である 3 種の元素は，自分より電気陰性度の小さい元素と結合するときには，−4 の酸化状態にもなる．スズと鉛は +2 の酸化状態ももつが，この状態はイオン性化合物を形成する唯一の酸化状態である．

図 14・1 に示したフロスト図[e] に 14 族元素の酸化状態の相対的安定性がまとめられている．炭素とゲルマニウムでは +4 の酸化状態の方が +2 の酸化状態よりも熱力学

---

a) lead(II) ethanoate　b) sapa　c) sugar of lead　d) catenation　e) Frost diagram

に安定であるが，スズと鉛においてはその逆である．ケイ素の +2 の酸化状態をとる化合物は一般には存在しない．対照的に，鉛は +2 の酸化状態が最安定であり，+4 の酸化状態の鉛は強い酸化剤である．+2 の酸化状態の炭素の一般的例はわずかだが，その一つが還元性化合物の一酸化炭素である．族の下方の元素ほど，水素化物の中で −4 の酸化状態のものが不安定で，強い還元剤になっていく．

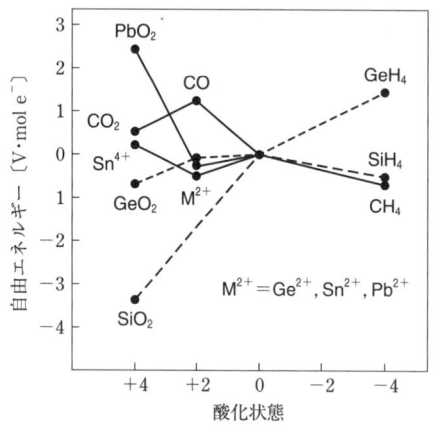

図 14・1 14 族元素に関する酸性溶液中でのフロスト図

のない共有結合ネットワークにより構造を保っているので，炭素原子がバラバラに動けない．よって，加えられた熱エネルギーによって炭素原子のどれかが動くと，分子（ダイヤモンド）全体の動きとなり，熱が全域へ直接移動する．強い共有結合を切るためには莫大なエネルギーが必要なので，ダイヤモンドは 4000 ℃ 以上でも固体である．

"正常な"ダイヤモンドでは，立方晶系の ZnS 閃亜鉛鉱型イオン結晶構造（§5・4 を参照）と同じように正四面体形配置をとる．また，非常にまれだが，ロンスデライト[c]（有名な結晶学者ロンスデール[d]にちなんで命名された）があり，正四面体が六方晶の ZnS ウルツ鉱型構造（§5・4 を参照）の配置になっている．ロンスデライトの結晶は，アリゾナ州の Canyon Diablo 隕石中で最初に発見され，それ以来グラファイトを高圧高温下にする方法で合成されている．

天然の（閃亜鉛鉱型の）ダイヤモンドは，おもにアフリカに存在している．ザイールが最大産出国（29 %）であるが，南アフリカ（産出量の 17 %）は今でも最も多くの宝石品質の鉱石を産出している．ロシアは世界の産出量の 22 % を占めており，第 2 位の座にある．北米ではアーカンソー州のクレーター・ダイヤモンド州立公園で産するが，大規模な採掘作業は今では行われていない．

ダイヤモンドの密度（3.5 g·cm^{-3}）はグラファイトの密度（2.2 g·cm^{-3}）よりもかなり大きいので，ルシャトリエの法則を単純に適用すると，グラファイトからダイヤモンドを形成させには高圧下が好ましいことがわかる．そのうえ，共有結合の再配置に伴う大きな活性化エネルギーの障壁に打勝つには，高温も必要となる．莫大な富が得られるという魅力によって，この転換を実現するためのたくさんの試みが行われた．最初のダイヤモンドの大量生産は，1940 年代にゼネラルエレクトリック社が，高温（約 1600 ℃）と極端に高い圧力（約 5 GPa，すなわち大気圧の約 50,000 倍）を用いて行った．この方法で製造されたダイヤモンドは，ドリル用刃や研磨材としては理想的だが，小さくて宝石用の品質ではなかった．

ダイヤモンドの自由エネルギーは，グラファイトよりも 2.9 kJ·mol^{-1} だけ高い．よって，ダイヤモンドが崩れてグラファイトになるのを妨げているのは，その過程が速度論的に非常に遅いからにすぎない．この理由で，ソビエトの科学者が気相での化学反応により低温・低圧でダイヤモンドの層をつくる方法を発見したと主張したときに，西側諸国の科学者たちは懐疑的だった．その主張が調査され，真実だと確認されるまでに約 10 年かかった．今では，たとえば外科手術用メスのように，非常に硬いコーティングを提供できるダイヤモンドフィルムの途方もない可能性が認

14・2 炭　素

ダイヤモンドとグラファイト（黒鉛）は，有史以来ずっと知られてきた炭素[a]の同素体であるが，今やわれわれはまったく新しい同素体の一群を知っている．

14・2・1 ダイヤモンド

炭素がダイヤモンド[b]をつくるときに，正四面体配置の共有結合（単結合）のネットワーク（図 14・2）が形成されている．ダイヤモンドは電気的には絶縁体だが，銅の約 5 倍も優れている熱の良導体である．この熱伝導性は，ダイヤモンドの構造から理解できる．この巨大分子は途切れ

図 14・2　ダイヤモンドの構造

---

a) carbon　b) diamond　c) lonsdaleite　d) Kathleen Lonsdale

識されている．ダイヤモンドフィルムはコンピューターのマイクロプロセッサチップ用コーティングとしても有望である．コンピューター電子回路においては，電気抵抗から生じる余剰熱のためにコンピューターチップは高温にさらされるという問題点がつきまとう．ダイヤモンドの熱伝導性は非常に高いので，ダイヤモンドコーティングしたチップは，高密度の電気回路構成部品より発生する熱のダメージを受けないだろう．ダイヤモンドフィルム技術は，つぎの10年間の主要な成長産業分野になると予測されている．

19世紀までは，グラファイトとダイヤモンドは二つの異なる物質と考えられてきた．デイヴィー[a]は，妻から借りたダイヤモンド1個に火をつけて，燃えるときはただ二酸化炭素のみが生じることを示した．

$$C(s) + O_2(g) \longrightarrow CO_2(g)$$

幸いなことに妻は裕福で，科学の大儀のために宝石1個を失うことにまったく動揺しなかった．このやり方は，みなさんが持っているのが本当にダイヤモンドかどうかを試験する，かなり高価な化学的方法の一つである．

14・2・2 グラファイト（黒鉛）

グラファイト[b]の構造は炭素原子の層から構成されており（図14・3），ダイヤモンドとはまったく異なっている．層中では，炭素原子は共有結合によって六員環（正六角形）を形成している．グラファイトにおける炭素-炭素結合距離は141 pmである．この結合は，ダイヤモンドの結合距離（154 pm）よりも短く，§9・11で述べた化合物ベンゼン C_6H_6 における結合距離140 pmに非常に近い．この結合長の類似性から，グラファイトの層中の炭素原子間は多重結合なので原子間距離は短くなっていると解釈できる．グラファイトにおいては，ベンゼンと同様に環平面に垂直な $2p_z$ 軌道どうしの重なりによって，平面全体が π 共役電子系になっていると考えられる．この配置では，炭素-炭素原子間は正味 $1\frac{1}{3}$ 重結合になり，結合距離の実測値と一致する．

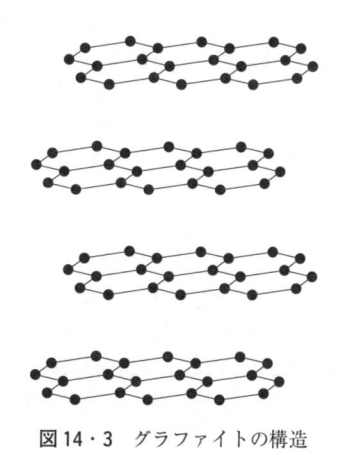

炭素層間の距離は非常に大きく（335 pm），炭素原子のファンデルワールス半径[c]の2倍以上大きい．よって，層間の引力は非常に小さい．一般的な六方晶グラファイト（図14・3を参照）では，層は交互に abab の配置で並んでいる．層の重ね合わせをみると，炭素原子の半分は上層と下層の炭素原子を結んだ線上に位置し，残りの半分は上下の層の六角形の中心を結んだ線上に位置している．

グラファイトの最も興味深い性質の一つである電気伝導性が，この層状構造によって説明される．具体的に示すと，層平面内の導電性は，層平面と垂直方向の導電性に比べて約5000倍大きい．また炭素原子の層が互いに滑り合える能力によって，グラファイトは非常に優れた潤滑剤にもなる．さらに，グラファイトは層の間に気体分子を吸着できる．すなわち，この吸着された気体分子が，一種の分子状"ボールベアリング"となり，その上をグラファイトのシートが滑走するのだと化学者たちは主張している．

グラファイトは熱力学的にはダイヤモンドよりも安定ではあるものの，炭素の層どうしが分離する結果として速度論的には反応性が高い．アルカリ金属，ハロゲン，金属ハロゲン化物にいたるまでのさまざまな物質が，グラファイトと反応することが知られている．この反応で生成した物質においては，層間に化学量論比にかなり合うように原子またはイオンが挿入されているので，本質的にグラファイトの構造は保持されている．これらのグラファイトの層間化合物に関しては，すでに§11・4で記述した．

グラファイトの大部分は主要な生産国である極東の中国，シベリア，南北朝鮮で採掘される．北米では，カナダのオンタリオ州に重要な鉱床がある．グラファイトは無定形炭素（アモルファスカーボン[d]）から製造されており，最も信頼性の高い製法が**アチソンプロセス**[e]である．このプロセスでは，粉末状石炭（アモルファスカーボン）を2500℃で約30時間加熱する．炭素棒を加熱用電熱線とす

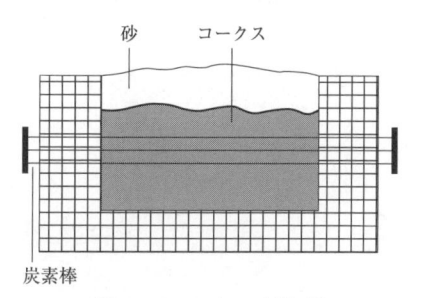

図14・3 グラファイトの構造

図14・4 アチソン電気炉

---

a) Humphry Davy   b) graphite   c) van der Waals radius   d) amorphous carbon   e) Acheson process

る電気炉（図 14・4）を用いてこの温度をつくり出す．この方法は，不純な粉末から純粋な結晶性物質を昇華で得るやり方にかなり似ている．無定形炭素は砂の層で覆われ，酸化されて二酸化炭素になることを防ぐ．このプロセスはそれほどエネルギー効率がよくないが，このタイプの炉は他に比べて操作上の問題点が少ない．化学技術の進歩により新しい設備ができ，これまでより生じる汚染物質が少なく，エネルギー効率が高くなっている．

グラファイトは潤滑剤，電極，鉛筆のグラファイト–粘土混合物として用いられている．粘土の割合を高くすると，硬い鉛筆になる．一般的な混合物は"HB"とよばれる．"H"，"2H"というように，粘土の割合を上げて硬くするにつれて"H"の前の数字が大きくなるように命名される．一方混合物中のグラファイトの割合を上げて軟らかくするにつれて"B"の前の数字が大きくなるように命名される．鉛筆（lead pencil）には鉛（lead）は入っていない．"鉛筆"の語源は，軟らかい鉛の芯で（動物の皮などの）表面をこするとしまが残る（古代，文字はこのようにして記述されていた）のと同じように，表面をグラファイトでこすってもしまが残るという類似性に基づいている．

14・2・3 フラーレン

化学は驚きに満ちている．その中でも，炭素の新しい一連の同素体の発見は，最も予期していなかった驚くべき研究成果の一つと位置づけられる．すべての科学に共通する問題点とは，われわれ自身の想像力によってその枠を制限してしまうことである．もしも地球上で天然にダイヤモンドが存在しなかったら，化学者たちは誰一人，極端な高圧を用いてグラファイトの構造を変えようとするような"時間を浪費する"試みはしなかっただろう．ましてや，どんな国の機関も，炭素の新しい同素体をみつけるというような"奇妙な"プロジェクトに資金を供給し続けるなんてするはずがない．

フラーレン[a]類は，炭素原子を球体または楕円体の構造に配置した構造の一連の物質群である．このような構造を構成するために，炭素原子はサッカーボールに描かれた線のパターンとよく似た五員環または六員環を形成している（C_{60} の初期の名称はサッカーレン[b]であった）．同素体の一つ C_{60}（図 14・5a），バックミンスターフラーレン[c] は最も容易につくることができる．別の同素体 C_{70}（図 14・5b）は，2 番目に一般的利用可能なフラーレンである．C_{70} の楕円体の構造はアメリカンフットボールやラグビーのボールと似ている．

この一連の同素体は，20 世紀の天才，バックミンスター・フラー[d]（アメリカの思想家，デザイナー，建築家で"宇宙船地球号"などの用語や後述のジオデシック・ドームで有名）にちなんで名づけられた．彼の名前は，C_{60} 分子と同様の構造的な配置であり，驚異的な強度をもつ建築デザイン——ジオデシック・ドーム[e]（フラードームともよばれる）——を特に連想させる．しかし，一般的に信じられていることとは逆で，彼はドームを発明したわけではない．このドームはドイツのバウエルスフィールドによってデザインされたものであり，フラーはこのデザインを全面的に改良し，普及させたのである．

フラーレン類の製造方法の一つは，グラファイトを 10,000 ℃ 以上の温度に加熱するために強力なレーザービームを用いる．この温度では，炭素原子の六角形の平面が切開され，表面をはぎ取られて，それ自身を球形に包んでしまう．今や，われわれはこれらの分子について知っているので，いたるところでみつけることができる．ふつうの煤（すす）はフラーレンを含んでおり，自然に生じたグラファイト鉱床の中でみつけられる．これらの分子が宇宙空間に広く存在していると主張している惑星化学者もいる．

ダイヤモンドとグラファイトは共有結合ネットワーク構造から成るため，すべての溶媒に不溶である．フラーレン類はユニット内では共有結合であるが，固体状態においてユニット間は分散力だけで保たれている．その結果として，ヘキサンやトルエンなどの無極性溶媒によく溶ける．フラーレン類は固体状態では黒色だが，溶液内ではさまざまな色になる．C_{60} は強い赤紫色，C_{70} は赤ワイン色，そして C_{76} は明るい黄緑色を呈する．すべてのフラーレン類は加熱すると昇華するが，この特性は弱い分子間力しか働いていないことのさらなる証拠である．

C_{60} 分子は金属原子が形成するのと同じように，面心立方型配置でパッキングしている．フラーレン類の密度は小さく（約 $1.5 \text{ g} \cdot \text{cm}^{-3}$），電気の不導体である．$C_{60}$ 分子（およびフラーレン類の他の分子）は可視光を吸収して，$^*C_{60}$ という記号で示される不安定励起種を生成する．この励起種は正常な C_{60} よりも効率よく光を何回も吸収し，電磁波エネルギーを熱に変換する．このことは，C_{60} の溶

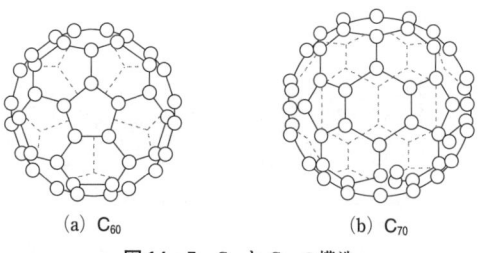

(a) C_{60}　　　(b) C_{70}

図 14・5　C_{60} と C_{70} の構造

---

a) fullerene　b) soccerane　c) buckminsterfullerene　d) R. Buckminster Fuller　e) geodesic dome

液に通す光を増加すると，より多くの*C_{60}が生成することになり，その結果さらに多くの光が吸収されることを意味するので，非常に重要な特性である．溶液から出るときの光の強さは相応して減少する．すなわち，溶液は光学リミッターとして働くのである．この素材でコーティングした眼鏡は，高強度レーザーを使用する人の目の損傷を防げるだろうし，もっと一般的には，このようなコーティングは瞬時応答型のサングラスに用いられている．

フラーレン類は 1 族と 2 族の金属と反応して，容易に陰イオンに還元される．たとえば，ルビジウムは C_{60} の格子のすき間にぴったりとはまり，Rb_3C_{60} を形成する．この構造は実際には $[Rb^+]_3[C_{60}^{3-}]$ であり，フラーレンに結びついている余分な電子が，ちょうど金属の自由電子のように結晶のいたるところを自由に移動するので 28 K 以下で超伝導体となる．フラーレン類の空洞はかなり大きいので，その構造の中に金属イオンを内包することもできる．この一例が $La@C_{82}$ であり，@ は 3+ の金属イオンがフラーレンの内部に存在することを意味する．フラーレンの表面で化学反応を起こすことも可能であり，フッ素との反応により，無色の $C_{60}F_{60}$ が生成する．

フラーレン類の中で，C_{60} が最もつくりやすく，ついで C_{70} がつくりやすい．偶数炭素のフラーレンは C_{70} から C_{100} 以上のものまで知られている．合成された最も小さな安定フラーレンは，反応活性な黒色固体で黄金色の溶液になる C_{36} である．小さな球を閉じるために必要な結合のひずみに基づくと，C_{36} が存在可能な最小の安定フラーレンであると予想される．これまでにつくり出された最小のフラーレン C_{20} は五角形ユニットだけをもつ球体であり，ほんの短時間しか存在できない．

14・2・4 カーボンナノチューブ

ナノチューブ[a] は本質的にはグラファイトの層（シート）の小さな断片であり，その断片が円筒状に丸められ，両端がフラーレンの半球で蓋をされたものである．1991 年に日本の科学者，飯島澄男によって初めて発見された．特許記載の方法でグラファイトを不活性雰囲気，約 1200 ℃に加熱することによりつくられる．

ナノチューブ中の炭素原子は共有結合によって結びつけられているので，チューブは鋼鉄の同等の撚り線の約 100 倍という驚異的な強度をもつ．よって，ナノチューブは超強度材料として用いることができる．炭素の六角形がナノチューブの長軸沿いにねじれなく正確に並べられると，すばらしい電気伝導体となる*．この特性は，ナノチューブの束が電気的に等価な光ファイバーとなる可能性を広げ

る．しかし，六角形の中に"ねじれ"があると，らせん状の配置になってしまい，素材は半導体として振舞うことになる**．端が空いているナノチューブは水素ガスの可逆的な貯蔵の能力ももっており，未来の水素エネルギーを基軸とする経済において重要な役割を果たすことが示唆されている．

ナノチューブには，単層ナノチューブ[b]（SWNT）と多層ナノチューブ[c]（MWNT）の 2 種類がある（図 14・6）．SWNT は単純なカーボンナノチューブで構成されているのに対して，MWNT は同軸ケーブルのようにナノチューブの同心の層（レイヤー）で構成されている．SWNT の方が大きな利用価値が期待されているが，現在は合成にかなりコストがかかる．

単層ナノチューブ　　　多層ナノチューブ
（SWNT）　　　　　（MWNT）

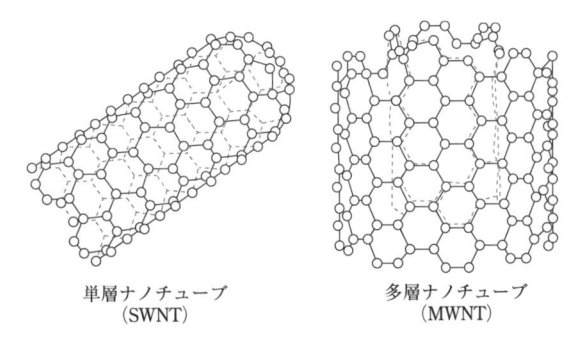

図 14・6 単層ナノチューブ（SWNT）と多層ナノチューブ（MWNT）の構造

14・2・5 不 純 炭 素

炭素の主たる用途は，エネルギー源と還元剤である．還元剤としての目的に，炭素の不純な形態（コークス[d]）が用いられている．この物質は空気を遮断して石炭を加熱して製造する．このプロセスにおいて，複雑な石炭の構造が破壊されるとともに炭化水素が沸騰して除かれ，多孔質で低密度の金属様銀色固体が残る．コークスは本質的には，特に水素のような炭素以外の元素が構造中に少量結合したグラファイトの微結晶で構成されている．コークス製造プロセスで生成する留出物の多くは化学産業の原料物質として用いることができるが，油性および水性の廃棄物は発がん性物質という悪魔である．コークスは，鉄鉱石からの鉄の製錬や他の高温冶金プロセスで用いられる．コークスの製造量はかなり多く，世界中で毎年約 $5×10^8$ トンが用いられている．

カーボンブラックは炭素の微細粉末の形態である．この不純な極小のグラファイトは，有機物質の不完全燃焼によって生産されている．約 $1×10^7$ トンという莫大な量が

---

a) nanotube　b) single-walled nanotube　c) multiwalled nanotube　d) coke
＊[訳注] ねじれの周期が 0 以外にも 3 の倍数（$3n$）になるときには導電体となる．
＊＊[訳注] ねじれの周期が $3n-1$，$3n-2$ のとき半導体となる．

バックミンスターフラーレンの発見

化学における発見はほとんどいつも複雑きわまるできごとであり，ポピュラーなイメージである突然の"エウレカ！（アルキメデスが風呂でアルキメデスの原理を発見したときに，興奮して町中を裸で走り回りながら叫んだ言葉）"というようなことはめったにない．1964年にアディソンは炭素には別の同素体が存在していると予言し，1966年にジョーンズが実際に"空洞のグラファイトの球"の存在を提唱した．1982年に最初にフラーレンを合成した名誉は，化学者ではなく，二人の天文物理学者，ツーソンのアリゾナ大学のハフマンとドイツのハイデルベルグのマックスプランク核物理研究所のクレッチマーが手中にした．彼らは，宇宙空間に存在する炭素の形態に興味をもっていた．彼らは，低圧雰囲気下で炭素棒を加熱して，煤（すす）を手に入れた．この煤は異常なスペクトルを示すように思えたが，装置からの油の蒸気による汚染の結果だと考えた．そして，彼らはこの実験への興味を失った．2年後に，オーストラリア国立大学のオーストラリア人の医学研究者バーチは，"テクノガス"として特許をとった昇華可能な炭素の形態をつくり出した．これも，おそらくはバックミンスターフラーレンであった．

イギリスのサセックス大学のクロトー[a]，テキサスのライス大学のスモーリー[b] が重要な実験を行った．彼らもまた宇宙における炭素の性質に興味をもっていた．クロトーはスモーリーを訪ね，グラファイト表面から断片を破砕するためにスモーリーの高出力レーザーを用いることを提案し，行った実験の生成物を同定していった．1985年の9月4日から9月6日の間に，彼らは生成物のあるバッチで60個の炭素原子を含む分子の割合が非常に高いことに気がついた．その週末，2人の研究生ヒースとオブライエンは，この予期せぬ生成物が確実に得られるまで，再三再四実験の条件を変えていった．

C_{60} という化学式をどうやったら説明できるのだろうか？ クロトーは1967年のモントリオールの万国博覧会でのアメリカ館を覆っていたジオデシック・ドームを思い出した．しかし，彼はグラファイトを構築しているのと同じように，六角形の形で構成された構造だと考えていた．2人の化学者は18世紀の数学者オイラーによる仕事（オイラーは六角形だけで閉じた形を構成するのは不可能であるということを示していた）に気づいていなかった．スモーリーとクロトーは，彼らのうちの一人が初めて20個の六角形と12個の五角形を用いて球状の構造が構築できることを理解するまでの間，激しい意見の不一致があった．それでも9月10日に，この神秘的な分子のために彼らはこの構造を仮定した．意見の不一致の結果として，二つの研究グループの間の関係はとげとげしいものだった．

クロトーとスモーリーの手法でつくられたバックミンスターフラーレンの量は，化学的な研究のためにはあまりに少なすぎた．1988年にハフマンが，彼とクレッチマーが数年前にとった手法ならこの分子を大量につくることができると気づき，この新発見のサイクルは完了した．これらの二人の物理学者は煤の製造を再開して，この同素体を高収率で確実に製造する方法を開発した．ひき続く研究により，化学的証拠は C_{60} と C_{70} の構造は独立したものであることを示し，クロトーとスモーリーのグループの実験では C_{60} と C_{70} がほぼ同時に生成していたことを立証した．クロトーとスモーリーは，フラーレンの合成と同定に対する1996年のノーベル化学賞の受賞者3人のうちの2人である．

毎日使われている．タイヤの強度を増して摩耗を減らすためにゴムに混合される．自動車タイヤには平均約3 kg が用いられており，タイヤが黒色なのはその炭素含量の多さのせいである．

活性炭[c] として知られる炭素の別の形態は，1 g 当たり $10^3 m^2$ という非常に広い表面積をもつ．この物質は，大学の研究室で有機反応における不純物除去に用いられるのと同じように，工業的な糖の脱色や気体のフィルターに用いられる．吸着過程の物理化学は複雑だが，部分的には炭素の表面に極性分子が引きつけられることにより吸着が起こる．

炭素の塊は工業的には電気化学や熱化学プロセスにおける電極として重要である．たとえば，約750万トンの炭素が毎年アルミニウム製錬所で用いられている．そしてもちろん，夏季には家庭のバーベキューで炭素の消費量がいつも増加する．

14・3 炭素の同位体

天然の炭素は，最も一般的な同位体である炭素-12 (98.89 %)，わずかな割合の炭素-13（1.11 %)，そして痕跡量の炭素-14 の3種の同位体を含む．炭素-14 は半減期 5.7×10^3 年の放射性同位体である．このような短い半減期

---

[a] Harold Kroto [b] Richard Smalley [c] activated carbon

なので，地球上にはこの同位体の存在の徴候はほとんどないと予想される．しかし，この同位体は大気圏の上層で，宇宙線の中性子と窒素との間の反応により絶え間なくつくり出されているので，生物組織中に一般的に存在している．

$$^{14}_{7}N + ^{1}_{0}n \longrightarrow ^{14}_{6}C + ^{1}_{1}H$$

炭素原子は酸素ガスと反応して，放射性の二酸化炭素分子を生成する．この分子は光合成において植物に吸収される．植物を食べる生物，そしてその植物を食べる生物を食べる生物は，すべて同じ割合の放射性炭素原子を含んでいる．組織が死んでしまった後は，それ以上炭素を摂取することはないので，体内に存在していた炭素-14 は壊変していく．よって，ある対象物の年齢は，試料中に存在する炭素-14 の量を測定することにより決定できる．この方法では，1000 年前から 20,000 年前の物体の年代を決定する絶対的尺度が得られる．この放射性炭素による年代決定法によって，リビー[a] は 1960 年にノーベル化学賞を受賞した．

14・4 炭素の広大な化学

炭素は，**カテネーション**[b]（原子の連鎖を形成する能力）と多重結合形成能（すなわち，二重結合と三重結合を形成する能力）という二つの特質をもつため，ものすごく広大な範囲の化合物を形成できる．多重結合の広範な利用は，炭素，窒素，酸素の化合物でみられる．炭素は，すべての元素の中で最もカテネーションをしやすい傾向をもつ．カテネーションのためには，三つの条件が必要である．

1. 2またはそれ以上の結合能力（原子価）．
2. その元素どうしが結合する能力．元素どうしの結合は他の元素との結合と同程度に強くなくてはいけない．
3. 他の分子やイオンに対してカテネーションした化合物が速度論的に不活性であること．

なぜ炭素の化合物においてカテネーションは頻繁に起こるのに，ケイ素の化合物ではカテネーションはまれにしか起こらないのかについては，二つの元素の結合エネルギー

表 14・2 さまざまな炭素とケイ素の結合の結合エネルギー

炭素の結合	結合エネルギー $[kJ \cdot mol^{-1}]$	ケイ素の結合	結合エネルギー $[kJ \cdot mol^{-1}]$
C—C	346	Si—Si	222
C—O	358	Si—O	452

のデータ（表 14・2）を比較することで理解できる．炭素-炭素結合の結合エネルギーと炭素-酸素結合の結合エネルギーの値が非常に似ていることに注意しよう．これに対して，ケイ素-酸素の結合は，2 個のケイ素原子間の結合よりも強い．よって，酸素の存在下では，ケイ素は—Si—Si—の連結よりも—Si—O—Si—O—の鎖を形成してしまうであろう（後で，ケイ素-酸素の鎖がケイ素の化学を支配していることを確認する）．それに対して，炭素-炭素結合を切って炭素-酸素結合の形成を選ぶことへのエネルギー的な"動機"が少ないのである．

"水素結合"と"炭素のカテネーション"という化学の世界の二つの"運命のいたずら"が生命体を可能としたということを如実に見せられると，感慨深いものがある．これらの二つの現象がなければ，（想像可能な）どのような形態の生命体も存在しえないのである．

14・5 炭化物

炭素より電気陰性度の小さな元素（ただし水素は除く）との二原子化合物は**炭化物**[c] とよばれる．炭化物は高融点をもつ硬い固体である．この特質の共通性を除くと，実質的に炭化物の結合には，イオン性，共有結合性，金属性という 3 種類がある．

14・5・1 イオン性炭化物

イオン性炭化物は，アルカリ金属，アルカリ土類金属やアルミニウムのように最も電気的に陽性な元素との間で形成される．多くのイオン性の化合物は，カルシウムカーバイドのところ（§12・12 を参照）で述べたように二炭化物(2−)イオンを含む．イオン性炭化物は，高い化学的反応性を示す唯一の炭化物である．特に水と反応して（以前はアセチレンとよばれていた）エチン C_2H_2 を生成する．

$$Na_2C_2(s) + 2\,H_2O(l) \longrightarrow 2\,NaOH(aq) + C_2H_2(g)$$

赤色の炭化ベリリウム Be_2C と黄色の炭化アルミニウム Al_4C_3 は，その化学式から C^{4-} イオンを含んでいるようにみえる．高い電荷密度をもっている陽イオンである Be^{2+} と Al^{3+} は，唯一このような高電荷の陰イオンと安定な格子を形成できる．しかし陽イオンは非常にサイズが小さく高電荷をもつ一方，陰イオンはあまりに大きいので，それらの結合において大きな共有結合性があるに違いないと想定される．それでもなお C^{4-} イオンが存在していれば水と反応させるとメタン CH_4 が生じるはずだと予測される．実際，その予測どおり，これらの二つの炭化物は水との反応でメタンを発生する．

$$Al_4C_3(s) + 12\,H_2O(l) \longrightarrow 4\,Al(OH)_3(s) + 3\,CH_4(g)$$

---

[a] W. F. Libby　[b] catenation　[c] carbide

モアッサナイト：ダイヤモンドの代用品

1998年まで，低価格なダイヤモンドの代用品はキュービックジルコニア[a] ZrO_2（§20・2を参照）しかなかった．現在では，六方晶型炭化ケイ素の商業的合成が発展し，新しい宝石モアッサナイト[b]が導入されている．モアッサナイトは1890年代に，アリゾナ州ディアブロ渓谷にある隕石の衝突で生じたクレーター（バリンジャー・クレーター）で発見され，化学者モアッサン[c]にちなんで命名された．しかし最近まで，大きな結晶は合成できなかった．モアッサナイトはLEDやコンピューター用の新しい半導体材料として研究された結果，その合成が可能となった．純粋な炭化ケイ素の生産量の大部分はいまだにハイテク産業のためのものだが，宝石市場のための生産量も割合を増してきている．

モアッサナイトは§14・2で記述したロンスデライトの相似物で，炭素原子が一つおきにケイ素原子に置き換えられている．その組成と構造がダイヤモンドに非常に似ているので，その性質もダイヤモンドとよく似ているのは驚くべきことではない（表14・3）．

モアッサナイトはダイヤモンドと同じくらい硬く，ほぼ同じ密度であるが，ダイヤモンドよりも屈折率は大きいため，ダイヤモンドよりも"きらきら光る"．よって，ダイヤモンドとモアッサナイトを比較すると，ほとんどの人はモアッサナイトが本物のダイヤモンドだと信じてしまう．一般にダイヤモンドかどうかを判定する標準的な方法は，熱伝導率を測定することである．ダイヤモンドは非金属ではあるが，多くの金属と同様に非常に高い熱伝導率を示す．高い伝導率は格子構造全体にわたる強い共有結合の結果であり，どんな分子振動（熱）も構造を通して急速に伝達されるであろう．モアッサナイトも同じ構造なので非常に高い熱伝導率を示し，ダイヤモンド鑑定の伝統的な手段ではモアッサナイトを排除できない．しかし，顕微鏡でモアッサナイトの結晶を観察すると，ダイヤモンドとの表面光沢や包含物の違いに加えて，モアッサナイト特有の複屈折が明らかとなる．

表14・3 ダイヤモンド，モアッサナイト，キュービックジルコニアの性質の比較

	硬度（モース硬さ）	屈折率	密度 $[g \cdot cm^{-3}]$
C，ダイヤモンド	10	2.24	3.5
SiC，モアッサナイト	9.25〜9.5	2.65〜2.69	3.2
ZrO_2，キュービックジルコニア	8.5	2.15	5.8

14・5・2 共有結合性炭化物

ほとんどの非金属は炭素より電気陰性度が大きいので，共有結合性炭化物は少ない．炭化ケイ素 SiC と炭化ホウ素 B_4C（§13・3に記述）が一般的な例であり，両方とも非常に硬く高融点をもつ．炭化ケイ素は，冶金における研削材と研磨材として用いられており，大規模な工業的重要性をもつ唯一の非酸化物セラミックス製品である．全世界での生産量は約 7×10^5 トンである．

炭化ケイ素は，純粋なものは明るい緑色を呈するが，グラファイトをコークスに変換するときに用いるものとよく似たアチソン炉[d]の中で製造される．炉は，反応温度の約 2300 ℃ に達するまで電気的に加熱するのに約18時間かかり，最大収率を得るためにはさらに18時間を要する．よってその製造は極度にエネルギー消費量が大きく，1 kg の炭化ケイ素を製造するためには 6〜12 kWh の電力を必要とする．

$$SiO_2(s) + 3\,C(s) \xrightarrow{\Delta} SiC(s) + 2\,CO(g)$$

炭化ケイ素には，金属がその強度を失うほどの高温用タービンの羽根の素材として非常に期待されている．また炭化ケイ素は膨張係数が非常に小さいので，高精度ミラーの背面としても用いられる．低膨張係数という特性はひずみを最小にできるので，炭化ケイ素のミラーは温度のゆらぎがあっても無視できるほどの変形しか起こさない．

炭化ケイ素をもっと広範に使用するための関門は，高耐久性エンジンのシリンダーブロックやヒトの人工関節に用いることができるように，さまざまな形に成形できる能力をもたせることである．非常に高い融点をもつので，今のところそれは不可能である．現在の研究のかなりの数が，液体の有機ケイ素化合物の合成に焦点が当てられている．この化合物を鋳型に流し込んで，分解が起こるのに十分な程度の高温に加熱して，望みの形に炭化ケイ素を成型できる．炭化ケイ素は，明らかに21世紀の有望な素材である．

14・5・3 金属性炭化物

金属性炭化物は金属結晶そのものの構造の中に炭素原子

---

a) cubic zirconia　　b) moissanite　　c) Henri Moissan　　d) Acheson furnace

がぴったりとはまり込んだ化合物であり，通常，遷移金属によって形成される．金属性炭化物を形成するには，当然，金属原子は最密充塡構造をとらなくてはならず，通常130 pm 以上の金属結合半径をもっている．炭素原子は，金属の結晶構造の正八面体の空孔（すき間）にぴったりとはまることができるので，金属性炭化物は**侵入型炭化物**[a]ともよばれる．すべての正八面体の空孔が埋まった場合，化合物の化学量論は 1：1 になる．

金属性炭化物は金属結晶構造を保持しているので，金属的外見を呈し，電気伝導性をもつ．この炭化物は非常に融点が高く，化学的な攻撃にかなりの耐性があり，極度に硬いので重要である．特に重要な炭化物が炭化タングステン WC であり，全世界で毎年約 20,000 トンが製造されている．この素材のほとんどは切削工具に用いられる．

130 pm 以下の半径をもつ金属もいくつかは金属性炭化物を形成するが，その金属格子はひずんでいる．結果として，このような化合物は本来の侵入型炭化物よりも反応性が高い．ほぼ侵入型といってもよい炭化物の中で最も重要なものは，一般的にはセメンタイト[b]とよばれている Fe_3C である．セメンタイトの微結晶が炭素鋼[c]を純粋な鉄よりも硬くしている要因である．

14・6 一酸化炭素

一酸化炭素[d]は無色無臭の気体である．血液中のヘモグロビンへの親和性が酸素よりも 300 倍も大きいので非常に有毒であり，空気中にごく低濃度の一酸化炭素があるだけで，肺における酸素の吸収が妨げられる．酸素の持続的供給がないと脳は意識を失い，酸素と結合したヘモグロビンの供給が復元されないと死に至る．奇妙なことに，現在では一酸化炭素は脳の中のいくつかのニューロンの伝達分子であることが証明されている．すなわち大量にあると毒となる物質が，少量ならば正常な脳機能のために必要なことになる．

一酸化炭素の炭素‐酸素結合は非常に短く，その結合長は三重結合にあたると予測される．図 14・7 に，2p 原子軌道から導き出した一酸化炭素の分子軌道についての，簡約したエネルギー準位のダイヤグラムを示す．このモデルにおいて，一つの結合性 σ 軌道と二つの結合性 π 軌道が充塡されていることより，結合次数が 3 であることがわかる[†]．

一酸化炭素は，（炭素そのものも含めて）炭素を含む化合物を，完全燃焼には不十分な量の酸素と燃焼させると生成する．

$$2\,C(s) + O_2(g) \longrightarrow 2\,CO(g)$$

自動車のエンジンが効率的になるにしたがって，一酸化炭素の発生量は実質的に減少している．よって町の街路で吸う空気は，以前に比べると一酸化炭素含量が低くなっているので，有害ではない．

実験室においては，純粋な CO 気体はメタン酸（ギ酸）を濃硫酸と加熱することにより得られる．この分解反応において，硫酸は脱水剤として働く．

$$HCOOH(l) + H_2SO_4(l) \longrightarrow \\ CO(g) + H_2O(l) + H_2SO_4(aq)$$

一酸化炭素は非常に反応性が高く，たとえば青い炎をあげて燃えて二酸化炭素になる．

$$2\,CO(g) + O_2(g) \longrightarrow 2\,CO_2(g)$$

光照射下か熱い炭の存在下（触媒として働く）で塩素ガスと反応して，毒ガスのホスゲン[e]として知られている塩化カルボニル[f] $COCl_2$ を生じる．

$$CO(g) + Cl_2(g) \longrightarrow COCl_2(g)$$

塩化カルボニルは戦争で使用された最初の毒ガスとして通常思い出されるが，実際には年間数百万トンという規模で工業化学的に製造されている．塩化カルボニルは，丈夫で低密度の透明材料として広く用いられているポリカーボネートのような多くの重要な化合物の合成出発物質として特に有用である．

一酸化炭素を加熱した硫黄の上に通すと，危険性の低い殺菌剤として有望な化合物，硫化カルボニル[g] COS が生成する．

$$CO(g) + S(s) \longrightarrow COS(g)$$

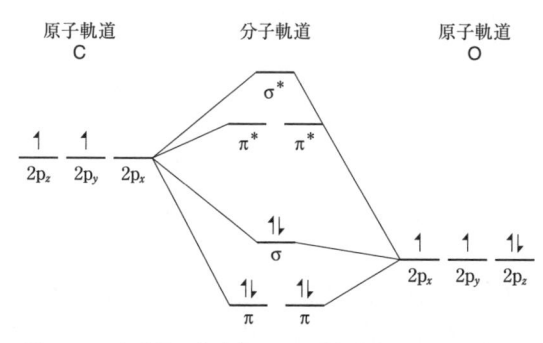

図 14・7 部分的に簡略化した一酸化炭素の分子軌道のエネルギー準位ダイヤグラム

---

a) interstitial carbide　b) cementite　c) carbon steel　d) carbon monoxide　e) phosgene　f) carbonyl chloride　g) carbonyl sulfide

† 一酸化炭素における炭素と酸素の三重結合は最も強い結合として知られており，結合エネルギーは約 1070 kJ·mol^{-1} である．

図14・1のフロスト図が示すように，一酸化炭素は強い還元剤である．たとえば，酸化鉄(Ⅲ)を金属鉄に製錬するような役割（§20・6を参照）で工業的に用いられている．

$$Fe_2O_3(s) + 3\,CO(g) \xrightarrow{\Delta} 2\,Fe(l) + 3\,CO_2(g)$$

また，工業有機化学における出発物質として重要である．高温高圧下で，一酸化炭素と水素ガス（混合物は合成ガス[a]として知られている）は反応してメタノール CH_3OH を生成する．一酸化炭素，エテン C_2H_4，水素ガスの混合物はプロパナール CH_3CH_2CHO を生成する．この反応は **OXO プロセス**として知られている．

$$CO(g) + 2\,H_2(g) \xrightarrow{\Delta} CH_3OH(g)$$
$$CO(g) + C_2H_4(g) + H_2(g) \xrightarrow{\Delta} C_2H_5CHO(g)$$

このプロセスにおける活性な触媒種は，水素と一酸化炭素との共有結合を含むコバルト化合物 $HCo(CO)_4$ であり，この化合物はつぎに記述する一酸化炭素と金属の間の化合物と類似したものである．

一酸化炭素は遷移金属と多数の化合物を形成する．これらの毒性が高く揮発性の化合物において，金属の酸化数は0であると考えられる．単純な金属カルボニルとしては，テトラカルボニルニッケル(0) $Ni(CO)_4$，ペンタカルボニル鉄(0) $Fe(CO)_5$，ヘキサカルボニルクロム(0) $Cr(CO)_6$ がある．多くの金属カルボニルは，金属と一酸化炭素とを圧力をかけて加熱することにより単純に合成できる．たとえばニッケルと一酸化炭素を加熱すると，反応して無色気体のテトラカルボニルニッケル(0) が生じる．

$$Ni(s) + 4\,CO(g) \longrightarrow Ni(CO)_4(g)$$

これらの化合物は，他の低酸化数の遷移金属化合物をつくるための試薬としてしばしば用いられる．カルボニル化合物の化学は，§22・6でより詳細に議論する．

14・7 二酸化炭素

二酸化炭素[b]は不燃性で助燃性もない高密度，無色無臭の気体である．高密度と不活性さの組合わせをもつために，消火に使用されている．温度と圧力が等しい条件では，二酸化炭素は空気の約1.5倍密度が大きいので，気流が大気中の気体と混合するまで，ほとんど液体のように流れていく．よって，床のように低位置の火を消すためには効果的であるが，天井の火を消すのには役に立たない．しかし二酸化炭素は，燃えているカルシウムのような金属とは反応する．

$$2\,Ca(s) + CO_2(g) \xrightarrow{\Delta} 2\,CaO(s) + C(s)$$

二酸化炭素の不活性さは，農業における重要な用途につながっている．何百万トンもの穀物が，販売されるまで貯蔵されている．このような条件下ではサビカクムネヒラタムシ[c]のような害虫が容易に穀物に付くようになる．虫が付くのを防ぐには，二臭化エチレン（ジブロモエタン）$C_2H_4Br_2$，臭化メチル（ブロモメタン）CH_3Br，ホスフィン PH_3 のような燻煙剤が用いられてきた．二臭化エチレンは哺乳類への発がん性をもつため，健康へのリスクが理由で使用が禁止された．臭化メチルはオゾンを減少する物質なので段階的に廃止されている．害虫は（非常に危険な化合物である）ホスフィンに対する耐性を発達させ続けている．二酸化炭素は，これらの完全な代替品のように思える．なぜなら害虫は二酸化炭素雰囲気中では生存できず，ひとたび空気で希釈されると二酸化炭素は無毒になる．

二酸化炭素は，標準気圧では液相をもたない点が異常である．すなわち固体は直接気体へ昇華する．室温で液相を得るには，図14・8の状態図でわかるように，（標準気圧の 67 倍である）6.7 MPa の圧力にしなくてはならない．二酸化炭素は，通常は液体の形でタンク車かボンベに詰めて運搬される．圧力を大気圧に戻すと二酸化炭素液体の一部は蒸発するが，分子間の分散力に打勝って膨張し，その過程において吸収された熱量が，残った液体を大気圧のもとでの昇華点 −78 ℃ 以下まで冷却する．ボンベを逆さまにしてバルブを開けると，固体の二酸化炭素"ドライアイス"を室温で金網の袋かパテメーカー（ハンバーグをつくるための調理器具）の中に集めることができる[†]．

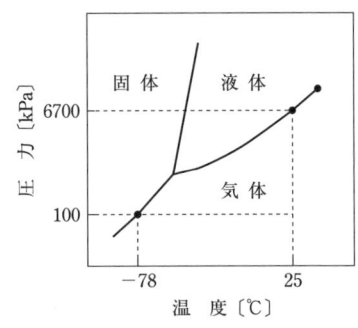

図14・8 二酸化炭素の状態図

二酸化炭素は重要な工業化学物質である．米国内だけでも毎年 4000 万トン以上が使われている．そのうちの半分が冷却剤として用いられており，25 % が炭酸飲料に用いられている．そのほかにも，エアゾル缶の噴射剤，救命

---

[a] synthesis gas [b] carbon dioxide [c] rusty grain beetle, *Cryptolestes ferrugineus*
[†] 1500 ℃ で 40 MPa 以上の圧力では，二酸化炭素は二酸化ケイ素と似た構造の高分子的な固体に変換できる．この形は，非常に硬く，高い熱伝導率を示すと信じられている．この水晶に似た形態は，1 GPa のもとでは室温でも安定である．

ボートやライフジャケットを膨らませるための加圧用ガス，消火剤として用いられている．

二酸化炭素には，アンモニア，溶融金属，セメントなどの製造における副成物や糖の発酵過程からのものを含めて，多数の工業的な供給源がある．そして，もちろん，木材，天然ガス，石油などの含炭素物質を完全燃焼させる際に，二酸化炭素を大気中に排出している．

研究室においては，大理石のかけら（不純な炭酸カルシウムの塊）に塩酸をかけることによって，最も簡便に二酸化炭素が得られる．希酸と炭酸塩または炭酸水素塩（たとえば，アルカセルツァー*の錠剤またはふくらし粉）を用いることもできる．

$$2\,HCl(aq) + CaCO_3(s) \longrightarrow CaCl_2(aq) + H_2O(l) + CO_2(g)$$

二酸化炭素を確認するには，**石灰水試験**[a]を用いる．この試験法では，気体を飽和水酸化カルシウム水溶液中に吹き込む．気体が二酸化炭素なら，炭酸カルシウムの白色沈殿が生成する．さらに二酸化炭素を通していくと，水溶性の炭酸水素カルシウムが生成して，沈殿は消える．

$$CO_2(g) + Ca(OH)_2(aq) \longrightarrow CaCO_3(s) + H_2O(l)$$
$$CO_2(g) + CaCO_3(s) + H_2O(l) \rightleftharpoons Ca^{2+}(aq) + 2\,HCO_3^-(aq)$$

結合長と結合の強さから，二酸化炭素分子における炭素と酸素の間の結合は二重結合であることが示される．この

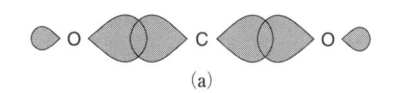

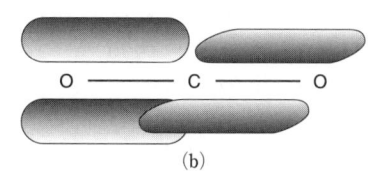

図14・9 (a) 二酸化炭素分子の原子間のσ結合，(b) 同じ原子間の二つのπ結合

二酸化炭素：超臨界流体

相図においては，気–液曲線を除くすべての線が連続している．この気–液曲線は臨界点として知られる特異点で突然に終わる．臨界圧と臨界温度以上では，物質の状態はもはや気体でも液体でもなく，**超臨界流体**[b]（図14・10）として知られる独特の状態になる．二酸化炭素においては，臨界圧は約7.4 MPa（大気圧の約73倍），臨界温度は30℃である．

物質が臨界状態に達すると，流体の物理的性質は，気体と液体の中間になる．流体の溶解力は液体と同じようになるが，その拡散率と粘性は気体に近い．そのうえ，流体の溶解力，特に極性または無極性溶媒を模倣する能力は温度と圧力によって変化させることができる．

超臨界流体の研究への後押しは1976年にやってきた．その当時，コーヒーからカフェインを抽出除去するためにジクロロメタン CH_2Cl_2 が用いられていた．しかし，コーヒーに痕跡量の毒性のジクロロメタンが残ってしまっていることがわかった．ドイツのマックスプランク研究所の研究者たちは超臨界二酸化炭素がカフェインに対する優れた溶媒であることを発見した．そのうえ，その高い拡散率と低い粘性によって，超臨界流体はコーヒー豆中にすばやく浸透し，カフェインのほぼ100%を抽出できる．現在では，カフェインを除去したコーヒーの大部分がこの方法でつくられており，テキサスの一つの工場だけで年間約25,000トンのコーヒー豆を処理している．

超臨界二酸化炭素は，今では溶媒として広範に用いられている．タバコ（ニコチン），ホップ，唐辛子，スパイス，などなどたくさんのものから特定の成分が抽出される．この技術は排水，固形廃棄物，製錬所からの廃棄物を処理するためにも用いられている．その他の応用に天然物化学がある．植物からの薬の抽出である．超臨界流体の技術は工業化学に不可欠になっている．

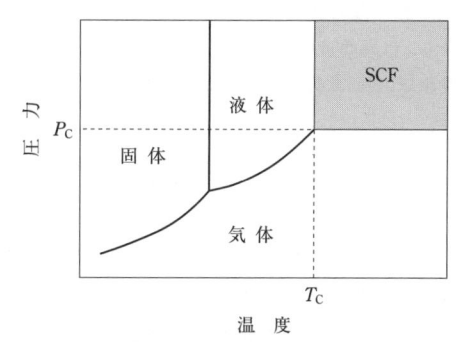

図14・10 超臨界域（SCF）の位置を図示した一般的な状態図

---

a) limewater test　b) supercritical fluid

*[訳注] アルカセルツァーはアスピリンと炭酸水素ナトリウムを混合した頭痛薬．

結合パターンは点電子式からも，単純な混成軌道の理論からも予測できる．混成軌道の理論に基づくと，sp混成軌道からσ結合が形成される．結合方向に直角な残りのp軌道が重なり合って二つのπ分子軌道を形成する（図14・9）．

水溶液中では，ほとんどの二酸化炭素は$CO_2(aq)$として存在しており，ほんの 0.37 % が炭酸[a] $H_2CO_3(aq)$ として存在している．

$$CO_2(aq) + H_2O(l) \rightleftharpoons H_2CO_3(aq)$$

平衡は左に偏っているので炭酸は弱酸である．幸いなことに，この性質は炭酸清涼飲料水が不快なほど酸っぱくはならないことを意味している．二酸化炭素が水によく溶けるのは，固体状態のクラスレート（§10・6を参照）と同じように，二酸化炭素分子が水素結合で形成されたクラスター内に包含されるからだと説明されている．

炭酸は最近，低温で水のない状態で単離された．水が存在すると，二酸化炭素と水への解離が急速に起こる．炭酸は極端に弱い2価の酸であるが，このことは各イオン化段階のpK_a値から理解できる．

$$H_2CO_3(aq) + H_2O(l) \rightleftharpoons H_3O^+(aq) + HCO_3^-(aq)$$
$$pK_{a1} = 6.37$$
$$HCO_3^-(aq) + H_2O(l) \rightleftharpoons H_3O^+(aq) + CO_3^{2-}(aq)$$
$$pK_{a2} = 10.33$$

二酸化炭素は酸性酸化物なので，塩基と反応して炭酸塩になる．二酸化炭素が過剰に存在すると，アルカリ金属やアルカリ土類金属の炭酸水素塩が生成する．

$$2\,KOH(aq) + CO_2(g) \longrightarrow K_2CO_3(aq) + H_2O(l)$$
$$K_2CO_3(aq) + CO_2(g) + H_2O(l) \longrightarrow 2\,KHCO_3(aq)$$

14・8 炭酸塩と炭酸水素塩
14・8・1 炭酸塩

炭酸イオンは水溶液中では非常に塩基性であり，加水分解反応の結果，炭酸水素イオンと水酸化物イオンを生じる．

$$CO_3^{2-}(aq) + H_2O(l) \rightleftharpoons HCO_3^-(aq) + OH^-(aq)$$

よって，一般に"洗濯ソーダ"とよばれる"無害な"家庭用の炭酸ナトリウムでも，その濃厚溶液は注意しながら（しかし恐れる必要はない）扱うべきである．

炭酸イオンの炭素–酸素結合はすべて同じ長さであり，明らかに単結合より短い．炭素原子を中心とし，sp^2混成軌道を用いたσ結合の構成で，この結合を考えることができる．炭素原子の残ったp軌道の電子対が，炭酸イオン全体に非局在化（共有）されたπ結合を形成（図14・11）できる．π結合は3方向に共有されているので，炭素–酸素結合の結合次数は$1\frac{1}{3}$と考えられる．この結合次数を表記するための記述法を図14・12に示す．

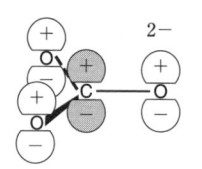

図14・11 炭酸イオンにおけるπ結合に含まれる軌道　　図14・12 炭酸イオンにおける部分的な結合の表記

ここで提唱した炭酸イオンの結合モデルを，三フッ化ホウ素（図13・14を参照）の結合モデルと比較すると興味深い．三フッ化ホウ素においては，非共有電子対はフッ素原子上にあり中心のホウ素原子は空軌道をもつ．

ほとんどの炭酸塩[b]は不溶性であり，例外は炭酸アンモニウムとアルカリ金属の炭酸塩である．リチウムを除くアルカリ金属の炭酸塩は加熱しても分解しない．炭酸リチウムと，カルシウムのようにそれほど電気的陽性が強くない他の金属の炭酸塩は，加熱すると金属酸化物と二酸化炭素を生じる．

$$CaCO_3(s) \xrightarrow{\Delta} CaO(s) + CO_2(g)$$

銀のように，電気的陽性の弱い金属の炭酸塩においては，金属酸化物そのものが加熱により分解する．よって最終生成物は金属，二酸化炭素，酸素になる．

$$Ag_2CO_3(s) \xrightarrow{\Delta} Ag_2O(s) + CO_2(g)$$
$$Ag_2O(s) \xrightarrow{\Delta} 2\,Ag(s) + \frac{1}{2}O_2(g)$$

オキソ酸塩におけるアンモニウムイオンの典型的な振舞いとして，炭酸アンモニウムを加熱すると陰イオンも陽イオンもともに分解し，アンモニア，水，二酸化炭素を生成する．

$$(NH_4)_2CO_3(s) \xrightarrow{\Delta} 2\,NH_3(g) + H_2O(g) + CO_2(g)$$

14・8・2 炭酸水素塩

§11・12に記述したように，リチウムを除くアルカリ金属だけが炭酸水素イオン HCO_3^- と固体の化合物を形成するが，これらでさえ加熱すると分解して炭酸塩となる．

$$2\,NaHCO_3(s) \xrightarrow{\Delta} Na_2CO_3(s) + H_2O(l) + CO_2(g)$$

リチウムおよび2族金属の炭酸水素塩[c]の水溶液をつくることはできるが，水溶液ですら加熱すると炭酸水素塩は

---

a) carbonic acid　b) carbonate　c) hydrogen carbonate

分解して炭酸塩になる．たとえば，カルシウムイオンを炭酸水素イオンと加熱すると沈殿を形成する．

$$2\,HCO_3^-(aq) \rightleftharpoons CO_3^{2-}(aq) + CO_2(aq) + H_2O(l)$$
$$CO_3^{2-}(aq) + Ca^{2+}(aq) \xrightarrow{\Delta} CaCO_3(s)$$

白亜または石灰岩地帯から来る家庭用給水はカルシウムイオンと炭酸水素イオンを含んでいる．この水を，温水タンクやヤカンに入れて加熱すると，炭酸カルシウムが"湯垢"とよばれる固体として沈殿する．

炭酸水素カルシウムは炭酸塩の岩が溶解するときに生成し，それが溶解する過程において洞窟が生じ，それに続く炭酸水素ナトリウムの分解により洞窟内で石筍と鍾乳石が生成する（§12・8を参照）．

$$CaCO_3(s) + CO_2(aq) + H_2O(l) \rightleftharpoons Ca(HCO_3)_2(aq)$$

炭酸水素イオンは，酸と反応して二酸化炭素と水を生じ，塩基と反応して炭酸イオンを生じる．

$$HCO_3^-(aq) + H^+(aq) \longrightarrow CO_2(g) + H_2O(l)$$
$$HCO_3^-(aq) + OH^-(aq) \longrightarrow CO_3^{2-}(aq) + H_2O(l)$$

14・9 硫化炭素

炭素は工業において重要な硫化物[a] CS_2，および環境において重要な酸化硫化物[b] COS を形成する．

14・9・1 二硫化炭素

二硫化炭素[c]は硫黄を含む二酸化炭素の類縁体であり，同じように直線形状をとる．この化合物は，無色で非常に燃えやすい低沸点の液体であり，純粋なものは感じのよい匂いだが，市販級の化合物は通常むかつくような臭いのする不純物を含む．非常に毒性が高く，脳と神経系に障害を与え，ついには死に至らしめる．二硫化炭素は，工業的には約700℃で溶融した硫黄の上にメタンガスを通し，生成物を二硫化炭素が凝縮するまで冷却することによりつくられている．

$$CH_4(g) + 4\,S(l) \xrightarrow{\Delta} CS_2(g) + 2\,H_2S(g)$$

この試薬は，おもに高分子のセロハンとビスコースレーヨン[d]の製造において，毎年100万トン以上が消費されている．四塩化炭素[e]製造の出発物質にもなっている．工業化学において，ある天然物質を直接いくつかの必要な生成物に変換できるのはまれであることを忘れがちである．多くの場合，工業化学反応生成物は，それ自身他のたくさんの化合物を製造するための試薬にすぎないのである．

14・9・2 硫化カルボニル

われわれは地球大気の複雑さと，現実世界では何も使いみちがない実験室の骨董品として過去に無視していたいくつかの無機化合物の役割に気づき始めている．これらの化合物の一つがCOSと記述されているが，実際は二酸化炭素と似た二重結合をもつ構造 S=C=O の硫化カルボニル[f]である．硫化カルボニルは化学的反応性が低いために，地球全体の大気環境の中で含硫黄気体としては最も多いものであり，総量は約 5×10^6 トンと見積もられている．非常に強烈な火山の噴火により二酸化硫黄が大気圏の上層に直接注入される場合を除けば，成層圏を貫通する唯一の含硫黄気体である．この気体は土と海洋生物によりつくり出されたいくつかの含硫黄化合物の一つであり，そのような化合物としてほかに重要なものは硫化ジメチル[g] $(CH_3)_2S$ がある．

14・10 ハロゲン化炭素

14・10・1 四ハロゲン化炭素

無機化学，有機化学，物理化学，分析化学という化学における主要分野は，広大で絶え間なく発展していく科学を組織化しようとする化学者の発明品である．いまだに化学をきっちりした小さな区画にあてはめることはできず，四ハロゲン化炭素は有機化学と無機化学の両方の範疇に属する化合物である．結果として，無機化学の命名法に従うと四ハロゲン化炭素[h]，有機化学の命名法に従うとテトラハロメタン[i] という，2通りの名前をもつことになる．

すべての四ハロゲン化物は，4個のハロゲン原子が正四面体形に配位した炭素原子を含む．室温における四ハロゲン化物の状態は，分子間の分散力の大きさの増加を反映する．よって，四フッ化炭素は無色の気体，四塩化炭素はほとんど液体といってもかまわない濃密な気体，四臭化炭素は淡黄色の固体，そして四ヨウ化炭素は明るい赤色の固体である．

四塩化炭素は優れた無極性溶媒である．最近になって発がん性が発見されたため，他の溶媒ではどうしようもない場合に，やむをえず頼る溶媒になった．以前は，たとえば電気配線の周囲やレストランの深いフライ鍋（フライヤー）のように，特に水を使用できない場所での消火剤として用いられてきた．液体が蒸発して空気の5倍も重い気体となり，不活性ガスによって炎を効果的に覆い尽くす．しかし，その発がん性に加えて，炎中で酸化されて毒ガスのホスゲン $COCl_2$ になる．四塩化炭素は温室効果ガスでもあり，大気圏上層でオゾンを破壊する能力がある．したがってこの化合物の工業プラントからの排出を最小に抑え

---

a) sulfide   b) oxysulfide   c) carbon disulfide   d) viscose rayon   e) carbon tetrachloride   f) carbonyl sulfide
g) dimethyl sulfide   h) carbon tetrahalide   i) tetrahalomethane

ることは重要である．

　四塩化炭素の主要な工業的合成経路は，二硫化炭素と塩素との反応である．この反応では塩化鉄(Ⅲ)が触媒となる．第一段階での生成物は四塩化炭素と二塩化二硫黄である．その後温度を上げ，二硫化炭素を追加すると，さらに四塩化炭素と硫黄が生成する．硫黄は二硫化炭素製造の新たな工程に再利用される．

$$CS_2(g) + 3\,Cl_2(g) \xrightarrow{FeCl_3/\Delta} CCl_4(g) + S_2Cl_2(g)$$
$$CS_2(g) + 2\,S_2Cl_2(g) \xrightarrow{\Delta} CCl_4(g) + 6\,S(s)$$

メタンと塩素の反応も四塩化炭素の製造に用いられる．

$$CH_4(g) + 4\,Cl_2(g) \longrightarrow CCl_4(l) + 4\,HCl(g)$$

14・10・2　クロロフルオロカーボン

　ゼネラルモーターズ（GM）の化学者ミジリー[a]は，1928年にジクロロジフルオロメタン CCl_2F_2 を初めて合成した．この発見は，良好で安全な冷媒をみつけ出そうという研究の一端の成果だった．冷媒は，室温において，低圧では気体，高圧では液体となる化合物である．液体の状態で圧力を下げると，沸騰して周囲からの熱の吸収をひき起こす（たとえば冷蔵庫の中）．発生した気体は冷却用容器から外に運ばれて圧縮され，先に吸収した蒸発エンタルピーを放出しながら液体に戻る．

　発見された当時は，フレオン[b]としても知られるクロロフルオロカーボン類（CFC）は化学者の夢のように思えた．ほとんど反応性がなく毒性もなかった．その結果，すぐに空調設備，発泡プラスチック用の発泡剤，エアロゾルの噴射剤，消火剤，電子回路から油を除去するための洗浄液，麻酔薬（とは名づけられてはいるもののあまり使われなかった）としてすぐに用いられた．最盛期には，1年間の生産量は700,000トン近くにまで達した．反応性を示さないのは，部分的には加水分解経路がないためだが，それに加えて炭素-フッ素間の非常に強い結合によって酸化されないよう特別に保護されている．

　塩化フッ化炭素は，独特の不可思議な命名法をもつ．

1. 最初の数字は，炭素原子の数から1を引いたもの．1個しか炭素がないCFCでは，0は書かない．
2. 2番目の数字は，水素原子の数に1を足したもの．
3. 3番目の数字は，フッ素原子の数．
4. 構造異性体は "a"，"b" などによって区別される．

　単純なCFCである $CFCl_3$（CFC-11），CF_2Cl_2（CFC-12）が最も広く用いられていた．

　1970年代になるまで，これらの化合物の "最もよい" 特性である非常に高い安定性が，環境への脅威となることには気づかなかった．これらの化合物は安定すぎて，数百年にもわたって大気中に残り続ける．これらの分子のいくらかは大気の上層（成層圏）に拡散していき，そこでは紫外線が分子から塩素原子を開裂する．そして塩素原子は，つぎに示すような一連の過程（単純化されており，完全に正確なわけではないが）によりオゾン分子と反応する．

$$Cl + O_3 \longrightarrow O_2 + ClO$$
$$ClO \longrightarrow Cl + O$$
$$Cl + O_3 \longrightarrow O_2 + ClO$$
$$ClO + O \longrightarrow Cl + O_2$$

　塩素原子は，莫大な数のオゾン分子を破壊しながら，制限なく何度もこのサイクルを繰返す．ちなみに，これらの化学種は実験室でみつけられるものではないが，大気圏上層の低圧下では存在可能であり，遊離の塩素原子と酸素原子は測定可能なほど長時間存在できる．

　1987年にカナダ，モントリオールの国際会議で，モントリオール議定書がつくられた．その同意に基づいて，短期間では有害度の低いHCFC（ヒドロクロロフルオロカーボン[c]）に，そして最終的には塩素を含まない化合物に置き換えられていき，CFCは姿を消していくはずである．CFCの代替品を探し求めて研究は速やかに行われた．しかし可能性の高い代替品のほとんどが可燃性，毒性など大きな問題を抱えていたので，その探求は容易ではなかった．たとえば，冷媒CFC-12の有望な代替品はヒドロフルオロカーボン（HFC），CF_3-CH_2F（HFC-134a）である．その構造に塩素原子を含まないということは，オゾン層の大破壊が起こらないことを意味している．

　それでも，HFC-134aの広範囲な使用には三つの大きな問題がある．第一に，CFC-12は四塩化炭素とフッ化水素から単純な1段階プロセスで製造できる．しかし，HFC-134aの合成は，費用がかかる多段階の手順を必要とする．第二に，現存している冷却装置を新しい化合物で操作できるように変更しなくてはならない．なぜなら，HFC-134aを凝縮させるためにはCFC-12よりも高い圧力が必要だからである．化学工場を建設して冷却器のコンプレッサーを改変するためのコストは，先進国にとっては許容かもしれないが，低開発諸国の資力を超えている．最後の問題は，すべてのフルオロカーボンは "優秀な" 温室効果ガスでもあることだ．すなわち，二酸化炭素と同様に赤外線の放射を吸収し地球の温暖化の要因となる．したがって，CFCやHFCは閉鎖系で漏れることなく使用し，装置の寿命が来たときにはその冷却ユニットを製造元へ返却することを確実に法定事項にしなければならない．そして，製造元はフルオロカーボンの冷却器を再生させなければならない．

---

[a] Thomas Midgley, Jr.　[b] freon　[c] hydrochlorofluorocarbon

この教訓は，もちろん明確である．化合物が実験室内で化学的に不活性だからといって，無害であることを意味しているわけではない．どんな化学産業の製造物も，その影響を最初に考えずして，環境に放出してはならない．同時に，後知恵というのもすばらしいものだ．オゾン層とそこで起こっているさまざまな化学反応（§16・3で議論する）の重要性に気づくようになったのは，ごく最近のことである．もっと重要な教訓は，自然における化学サイクルについての研究には資金を供給し続けなくてはならない，ということである．世界がどのように動いているのかを化学的なレベルで知らなければ，人類が及ぼすどんな摂動の影響も予測できないだろう．

14・11 メタン

最も単純な炭素と水素の化合物は，無色無臭のガス，メタン[a] CH_4 である．一般的に天然ガスとよばれるこの気体は，地下の堆積物および海底下の堆積物（§10・6を参照）として莫大な量が存在している．メタンは，発熱しながら燃えるので今日用いられている主要な熱エネルギー源の一つである．

$$CH_4(g) + 2\,O_2(g) \longrightarrow CO_2(g) + 2\,H_2O(g)$$

われわれの基本的な知覚（視覚および嗅覚）では，メタンを検知できないので，消費者に供給する前に強く臭う含硫黄有機化合物をメタンガスに添加している．よって，その悪臭によってメタンが漏れていることを検知できる．

多くの科学者がメタンの濃度が上昇していることに懸念を抱いている．大気中の二酸化炭素濃度が ppm レベルなのに比べると，メタンは濃度が ppb レベルにすぎないが，最近，最も急激に増加している気体である．メタンは，二酸化炭素と水蒸気が吸収するのと異なる波長の赤外線（特に 3.4～3.5 µm）を吸収する．沼沢地で植物が腐敗するために，大気中には常に痕跡量のメタンが存在する．しかし，この1世紀の間に大気中のメタンの割合は劇的に増加してきた．その増加の一部は，牧場で飼育される動物で反すう動物の仲間である畜牛と羊の数の急速な増加が原因である．なぜなら，すべての反すう動物は消化管の中で大量のメタンを生成し，大気中に放出する．また，メタンは米を栽培する水田の湿土からも発生する．

14・12 シアン化物

シアン化水素 HCN とシアン化物[b] イオン CN^- の毒性の知識はあるものの，工業的重要性に関してはあまり実感していない人が多い．実際に，毎年 100 万トン以上のシアン化水素が製造されている．シアン化水素を合成するには，二つの近代的な方法がある．**デグサ法**[c] は，白金を触媒としてメタンをアンモニアと高温で反応させる．

$$CH_4(g) + NH_3(g) \xrightarrow{Pt/1200\,℃} HCN(g) + 3\,H_2(g)$$

一方，**アンドリュッソー法**[d] は似た反応であるが酸素分子の存在が必須である．

$$2\,CH_4(g) + 2\,NH_3(g) + 3\,O_2(g) \xrightarrow{Pt/Rh/1100\,℃} 2\,HCN(g) + 6\,H_2O(g)$$

シアン化水素は，隣接分子間で水素原子と窒素原子の間に強い水素結合が形成されるので，室温で液体である．きわめて毒性が高い物質で，極低濃度ではほのかにアーモンドのような臭いがする．液体を水と混合すると，非常に弱い酸となる．

$$HCN(aq) + H_2O(l) \rightleftharpoons H_3O^+(aq) + CN^-(aq)$$

シアン化水素の約 70 % は，ナイロン，メラミン，アクリル酸系のプラスチックを含む多くの重要な高分子化合物の製造に用いられる．残りの約 15 % は単純な中和によりシアン化ナトリウムに変換される．

$$NaOH(aq) + HCN(aq) \longrightarrow NaCN(aq) + H_2O(l)$$

この塩は溶液からの結晶化により得られる．シアン化物イオンは，鉱石からの金と銀の抽出（§20・9を参照）に用いられる．

シアン化物イオンは一酸化炭素と等電子的であり，これらの化学種はともにヘモグロビンと容易に反応して酸素の取込みを阻害する．シアン化物イオンは酵素反応過程も妨げる．シアン化水素自体も毒である．1920 年代後半には，米国の多くの州で死刑執行の方法としてシアン化水素による毒殺を導入していた．ガス室はイスが備えられた密閉部屋だった．イスの下に，シアン化ナトリウムかシアン化カリウムを詰めたガラス容器がぶら下げてあった．刑務所長の合図により，ガラスの容器は遠隔操作で硫酸槽の中に投下された．生じたシアン化水素は，数秒で意識を失わせ，5分以内に死に至らせるのに十分に高い濃度だった．

$$2\,NaCN(aq) + H_2SO_4(aq) \longrightarrow Na_2SO_4(aq) + 2\,HCN(g)$$

14・13 ケイ素

地球の地殻の質量の約 27 % がケイ素[e] である．しかし，ケイ素そのものは，自然界で遊離した単体として存在することはなく，酸素-ケイ素結合を含む化合物としてのみ存在する．単体は灰色で金属様の結晶性固体である．金属のように見えはするが，電気伝導性が低いので金属として分

---

a) methane b) cyanide c) Degussa process d) Andrussow process e) silicon

類されることはない．

年間約 50 万トンのケイ素が合金の製造に用いられている．合金製造が主要な用途ではあるが，コンピューターを作動させる半導体として，ケイ素はわれわれの生活に重大な役割を果たしている．電子工学産業において使用されているケイ素の純度のレベルは，きわめて高いものでなければならない．たとえば，わずか 1 ppb のリンが存在するだけで，ケイ素の比抵抗は 150 kΩ·cm から 0.1 kΩ·cm に下がる．高価な精製プロセスを用いる結果として，超高純度電子工学グレードのケイ素は，冶金で用いられているグレード（純度 98 %）のケイ素の 1000 倍以上の価格で売られている．

単体は，アチソン法でカルシウムカーバイドを合成するときに用いているのと同様の電気炉内で，二酸化ケイ素（石英[a]）にコークスを混ぜて 2000 ℃以上に加熱することによりつくられている．液体のケイ素（融点 1400 ℃）は電気炉から流れ出す．

$$SiO_2(s) + 2\,C(s) \xrightarrow{\Delta} Si(l) + 2\,CO(g)$$

超高純度ケイ素を得るには，粗製のケイ素を塩化水素ガスの気流中で 300 ℃に加熱する．生成物のトリクロロシラン $SiHCl_3$ は蒸留でき，不純物のレベルが ppb のレベル以下になるまで再蒸留する．

$$Si(s) + 3\,HCl(g) \longrightarrow SiHCl_3(g) + H_2(g)$$

1000 ℃では自発的に逆反応が起こり，超高純度ケイ素が堆積する．生じた塩化水素は，この製造プロセスの最初のところで再利用する．

$$SiHCl_3(g) + H_2(g) \xrightarrow{\Delta} Si(s) + 3\,HCl(g)$$

太陽電池で必要な超高純度単結晶は，ゾーン精製法[b]（図 14·13）により製造される．このプロセスは，不純物は固相よりも液相によく溶けるという性質に基づいている．ケイ素を部分的に溶融させるための高温の電気コイルを通しながら上から下にケイ素棒を動かす．コイルを通り越した部分ではケイ素は再固化するが，固化過程で不純物は棒の溶融部分に拡散していく．棒全体がコイルを通り抜けた後には，不純物の多い一番上の部分を取除く．この手順は要求される不純物レベル（不純物 0.1 ppb 以下）に達するまで繰返すことができる．

ケイ素のチップはコンピューター用のデバイスとして動作させるために，選択的に"ドープされている[c]"（すなわち，他の元素が制御されたレベルで導入されている）．リンのような 15 族元素の痕跡量をケイ素に混合すると，添加した元素の余剰の価電子が物質中を自由に移動できる．逆に 13 族元素をドープすると電子の"正孔[d]"をもたらす．この正孔は，電子の吸込み口として働く．電子過剰のケイ素の層と電子欠乏のケイ素の層の組合わせにより，基本的な電子回路がつくり出される．この記述は，このようなデバイスがどうやって動作するのかをいくぶん単純化しているので，興味をもつ読者は物理と半導体技術に関する教科書でもっと詳細に学んでほしい．

14·13·1 ケイ素の化合物

ケイ素は，SiH_4, Si_2H_6, Si_3H_8, Si_4H_{10}（二つの異性体がある）のような飽和炭化水素の類似体から，$cyclo$-Si_5H_{10} と $cyclo$-Si_6H_{12} のような脂環式飽和炭化水素の類似体まで，さまざまな水素化物を形成する．しかし，その反応性において炭素の化合物とは非常に異なる．シラン[e]は空気中で爆発的に燃えやすい．このシラン類の反応性は，むしろボラン類（§13·4 を参照）に似ている．

ケイ素とホウ素の類似性は，§9·7 の"斜めの関係"のところで論じた．このような類似性は，四塩化ケイ素が三塩化ホウ素と同様に揮発性で反応性の高い液体である，というところまで拡張されている．四塩化ケイ素は，三塩化ホウ素と同様に，水と激しく反応してケイ酸と塩化水素ガスを生成する（§13·5 を参照）．

$$SiCl_4(l) + 3\,H_2O(l) \longrightarrow H_2SiO_3(s) + 4\,HCl(g)$$

実際に，この反応過程において互いに類似したメカニズムを仮定できる（図 14·14）．

また，ホウ素の類似体（三フッ化ホウ素）と同様に，四

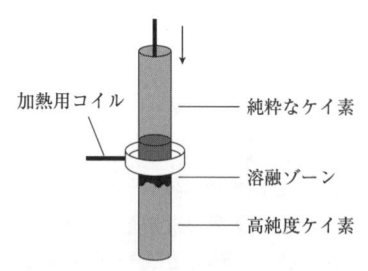

図 14·13　ケイ素の生成のためのゾーン精製法

図 14·14　四塩化ケイ素の加水分解における推測メカニズムの第一段階

---

a) quartz　b) zone refining　c) doped　d) hole　e) silane

フッ化ケイ素も比較的反応性が低い. 三フッ化ホウ素が水に安定なテトラフルオロホウ酸イオン BF_4^- を形成するのと同じように, 四フッ化ケイ素はヘキサフルオロケイ酸イオン SiF_6^{2-} を形成する.

14・14 二酸化ケイ素

一般的にシリカ[a]とよばれる二酸化ケイ素[b] SiO_2 の最も一般的な結晶形態は鉱物石英である. 多くの砂は通常, 酸化鉄のような不純物を含むシリカの粒子で構成されている. 二酸化炭素と二酸化ケイ素が同タイプの化学式を共有していることに気づくとおもしろいが, その特性は非常に異なる. 二酸化炭素は室温では無色の気体だが, 固体の二酸化ケイ素は 1600 ℃ で融けて, 2230 ℃ で沸騰する. 沸点の違いは, 結合様式の違いに起因する. 二酸化炭素は, 小さな無極性の三原子分子ユニットで構成されており, 分子間に働く引力は分散力による. 対照的に, 二酸化ケイ素はケイ素-酸素共有結合のネットワークから成る巨大分子の格子で構成されている. 各ケイ素原子は 4 個の酸素原子と結合し, 各酸素原子は 2 個のケイ素原子と結合しており, その配置は化学式 SiO_2 という化学量論と矛盾しない (図 14・15).

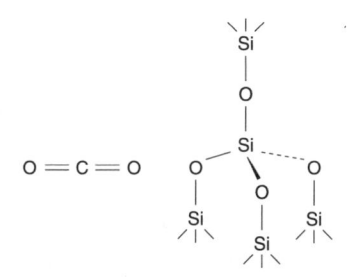

図 14・15 二酸化炭素 (左) と二酸化ケイ素 (右) の構造

この違いをどうやったら説明できるのであろうか? 第一に, 炭素-酸素の単結合は炭素-酸素の二重結合よりかなり弱い (表 14・4). よって, 二酸化炭素が二酸化ケイ素類似構造をとるために必要な 4 個の C—O 単結合よりも 2 個の C=O 二重結合を形成する方が, エネルギー的に有利である. ケイ素の場合には, ケイ素-酸素の単結合は非常に強い. 第 3 周期以降の元素の化合物中での多重結合の結合エネルギーは, 対応する単結合に比べてそれほど大きく

表 14・4 炭素-酸素結合, ケイ素-酸素結合の結合エネルギー

炭素の結合	結合エネルギー〔kJ·mol^{-1}〕	ケイ素の結合	結合エネルギー〔kJ·mol^{-1}〕
C—O	358	Si—O	452
C=O	799	Si=O	642

ないので, ケイ素においては, ふつうの二重結合よりも, 部分的に多重結合性をもつ 4 個の単結合の方がはるかに好まれる.

二酸化ケイ素はきわめて反応性が低く, フッ化水素酸 (または湿ったフッ素ガス) としか反応しない. フッ化水素酸との反応は, ガラス表面に模様をエッチングするときに用いられる.

$$SiO_2(s) + 6\,HF(aq) \longrightarrow SiF_6^{2-}(aq) + 2\,H^+(aq) + 2\,H_2O(l)$$
$$SiO_2(s) + 2\,NaOH(l) \xrightarrow{\Delta} Na_2SiO_3(s) + H_2O(g)$$

二酸化ケイ素は, おもに光学材料として用いられる. 硬く強く可視光や紫外光に対して透明であり, 非常に膨張係数が低い. よって, 温度が変化しても, 二酸化ケイ素で作製されたレンズはゆがまない.

14・14・1 シリカゲル

シリカゲル[c]は, 水和した形態の二酸化ケイ素 $SiO_2 \cdot xH_2O$ である. 実験室における乾燥剤[d]として, 電子機器を乾燥状態に保つため, そして処方薬を乾かすためにさえ用いられる. 粒状物質が入った包みが電子機器の袋に一緒に入っていることや, 薬剤師が調剤した薬品のビンの中に小さな円筒を置いてあることに気づいたかもしれない. これらの封入物は, 湿気の多い気候のときでも乾燥した状態に製品を保つ. 市販のシリカゲルは質量比で約 4 % の水を含んでいるが, 結晶表面に非常に多数の水分子を吸着できる. そして, 数時間加熱した後には再使用できるという特別な利点がある. 高温で水分子をたたき出して, ゲルをもう一度有効に働かせることができる.

14・14・2 エアロゲル

1930 年代に, 米国の科学者キストラーは, 収縮してひび割れる (乾いた川岸の泥のような感じ) ことが起こらないように湿ったシリカゲルを乾燥させる方法を創案した. 当時は, この製品にはほとんど興味がもたれなかった. そのうえ, この方法は極端に高い圧力を必要とし, ある実験室がこの物質をつくっている間に爆発して崩壊したこともあった. 70 年以上もたった今では, 再発見されたこのエアロゲル[e]とよばれる物質に対する, 新しくより安全な合成経路を化学者はみつけ出している. エアロゲルは基本的に多数の細孔が存在する二酸化ケイ素である. 実際に, 細孔は非常に多く, エアロゲルの塊の 99 % が空気から成っている. その結果として, この材料は極端に密度が低いが, 非常に強い. また, この半透明の固体は優れた熱の絶縁体であり, 有用な耐火性絶縁材料として期待される. エ

---

a) silica b) silicon dioxide c) silica gel d) desiccant, drying agent e) aerogel

アロゲルはまた，いくつかの独特な性質をもつ．たとえば，音はエアロゲル中では他のどんな媒体中よりもゆっくりと移動する．現在では，化学者は他の元素を組込んだエアロゲルをつくり出しており，この技術はエアロゲルの特徴を変えることを可能にしている．あるタイプの"猫砂"はエアロゲルである．

14・14・3 ガラス

ガラスは非晶質の物質である．溶融したガラスを冷却していくと，規則正しい結晶構造に変化することなしに，最終的に凝固点で粘性が無限になるまで液体の粘性が大きくなる．ガラスは，少なくとも5000年前には使われていた材料である．正確に見積もることは難しいが，現在の年間の製造量は約1億トンであるに違いない．

すべてのガラスは，二酸化ケイ素の三次元的ネットワークを基本骨格としたケイ酸塩ガラスである．石英ガラス[a]は，単純に純粋な二酸化ケイ素を2000℃以上に加熱して，強粘性の液体を鋳型に注ぎ込んでつくられている．生成物は非常に強度が高く熱膨張性が小さく，そして紫外線領域において高い透明性をもつ．しかし，融点が高いので石英ガラスを日常のガラス器具として用いることはできない．

他の酸化物を混ぜることによって，ガラスの性質を変化させることができる．3種の一般的なガラス組成を表14・5に示す．今日用いられているガラスの約90%がソーダ石灰ガラス[b]である．融点が低いため，ソーダ石灰ガラスはソフトドリンクのビンのようなガラス容器に非常に容易に成形できる．化学の実験室では加熱したときに熱的圧力によるひずみで割れないようなガラスを必要としており，この理由で§13・2で述べたホウケイ酸ガラス[c]を用いている．鉛ガラス[d]（フリントガラスともよぶ）は高い屈折率をもっているため，カットガラスの表面が宝石のようにきらめくので，洗練されたガラス容器に用いられる．また鉛という元素は放射線の強い吸収材なので，鉛ガラスはまったく異なる使いみちとして陰極線管[e]におけるシールドのような放射線シールドとしても用いられている．

14・15 ケイ酸塩

地球の地殻の岩の約95%がケイ酸塩[f]であり，そのケイ酸塩鉱物にはものすごい数の種類がある．最も単純なケイ酸イオンの化学式は SiO_4^{4-} であり，宝石ジルコンであるケイ酸ジルコニウム $ZrSiO_4$ はこのイオンを含む数少ない鉱物の一つである．何百万年もの間，岩が雨に耐えてきたことから予想されるように，ケイ酸塩は一般的に非常に不溶性である．その例外の一つが，固体の二酸化ケイ素を溶融した炭酸ナトリウムと反応させて得られるケイ酸ナトリウムである．

$$SiO_2(s) + 2\,Na_2CO_3(l) \xrightarrow{\Delta} Na_4SiO_4(s) + 2\,CO_2(g)$$

（オルト）ケイ酸ナトリウム[g]の濃厚溶液は水ガラス[h]とよばれ，ケイ酸イオンの加水分解反応により極端に強い塩基性を示す．近代的な冷却器が使えるようになる前には，水ガラスの溶液は卵の保存に用いられていた．軟らかい多孔質の炭酸カルシウムの殻が，丈夫で水や空気を通さないケイ酸カルシウムの層で置き換えられ，卵の中身が封じ込められるからである．

$$2\,CaCO_3(s) + SiO_4^{4-}(aq) \longrightarrow Ca_2SiO_4(s) + 2\,CO_3^{2-}(aq)$$

現在では，ケイ酸ナトリウムの溶液は，おもちゃ"クリスタルガーデン"で用いられている．有色の遷移金属の塩の結晶を入れると，その塩に特有の色の不溶性ケイ酸塩が生成する．たとえば，塩化ニッケル(Ⅱ)の結晶を入れると，大きな緑色のケイ酸ニッケル(Ⅱ)の"羽毛のような柱[i]"が形成される．

$$2\,NiCl_2(s) + SiO_4^{4-}(aq) \longrightarrow Ni_2SiO_4(s) + 4\,Cl^-(aq)$$

ケイ酸塩の化学はこれですべてではない．酸素原子は異なるケイ素原子によって共有されうる．この異なる構造を表すために，ケイ酸塩化学者は分子の外形を表す伝統的方法とは異なるやり方で描写する．ケイ酸塩イオンそのものを用いてそのアプローチの違いを示すことができる．多くの化学者は，図14・16(a)に表したような配置になるような遠近画法で側面からイオンを見る．ケイ酸塩の化学者は，ケイ酸イオンをSi—O結合の軸に沿って見つめ，上から見下ろす（図14・16b）．角の白丸は三つの酸素原子を示しており，真ん中の黒点はケイ素原子を表し，そして，黒点を覆う白丸はケイ素原子の垂直方向上部にある酸

表14・5 一般的なガラスのおおよその組成

構成成分	組成 (%)		
	ソーダ石灰ガラス	ホウケイ酸ガラス	鉛ガラス
SiO_2	73	81	60
CaO	11	—	—
PbO	—	—	24
Na_2O	13	5	1
K_2O	1	—	15
B_2O_3	—	11	—
その他	2	3	<1

---

a) quartz glass   b) soda–lime glass   c) borosilicate glass   d) lead glass   e) cathode-ray tube   f) silicate
g) sodium (ortho)silicate   h) water glass   i) plume

素原子を表す．共有結合の代わりに，正四面体の各辺を実線で表示する．

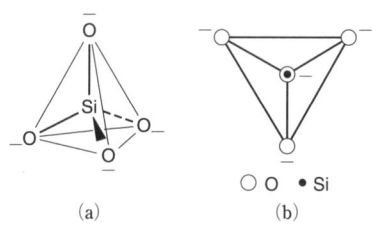

図14・16 ケイ酸イオンの四面体形の描写に関する (a) 伝統的な形と，(b) ケイ酸化学での形

少量の酸を（オルト）ケイ酸イオンに加えると，ピロケイ酸イオン[a] $Si_2O_7^{6-}$ が生成する．

$$2 SiO_4^{4-}(aq) + 2 H^+(aq) \longrightarrow Si_2O_7^{6-}(aq) + H_2O(l)$$

ピロケイ酸イオンでは，二つのケイ酸イオンが一つの酸素原子を共有して互いに連結している（図14・17）．このイオン自身はそれほど重要ではない．しかし，ケイ酸イオン

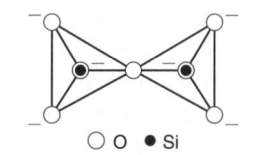

図14・17 $Si_2O_7^{6-}$ イオンの描写

のユニットが結合して長い鎖を形成することができるし，その鎖が橋かけ結合[b]して二本鎖を形成することもできる．$Si_4O_{11}^{6-}$ の組成式をもつ高分子構造はこのようにして形成される（図14・18）．二本鎖は重要な構造であり，**角閃石**[c]とよばれる一群の鉱物の基本構造である．鎖間にパッキングされた陽イオンは，形成した鉱物の個性を決定する．たとえば，$Na_2Fe_5(Si_4O_{11})_2(OH)_2$ は，一般的には青石綿[d]として知られている鉱物のクロシドライト[e]である．

ケイ酸イオンユニットの二本鎖は，並んで連結して組成式 $Si_2O_5^{2-}$ の層（シート）になる（図14・19）．層状のケイ酸塩の一つがクリソタイル[f] $Mg_3(Si_2O_5)(OH)_4$（温石綿ともよばれる）である．この化合物は白石綿としても知られており，ケイ酸イオンと水酸化物イオンの層が交互に重なり，マグネシウムイオンが挿入可能な穴を埋めている．アスベスト[g]（石綿）は数千年前から用いられている．たとえば，古代ギリシャではランプの芯として使用していたし，800年にヨーロッパ王シャルルマーニュ大帝は，汚いアスベスト製のテーブルクロスを火中に投げ入れ，燃えることなく綺麗になって回収されたのを見せて，客を驚かせた．肺の表面にアスベストの繊維が埋込まれることによる健康上の危険が認知されたので，現在ではアスベストの使用は急速に減退している．

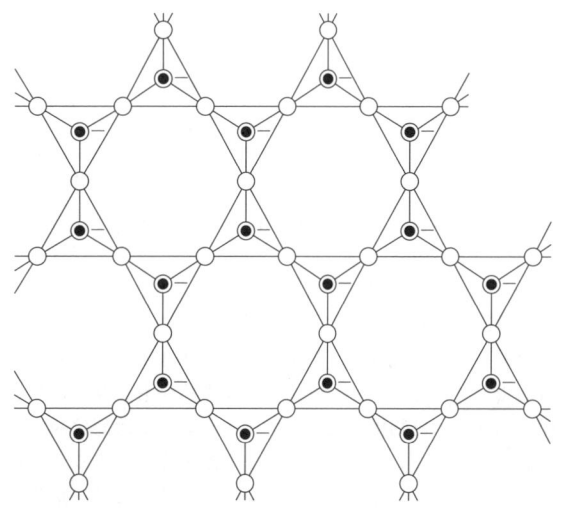

図14・19 シート構造ケイ酸塩の $Si_2O_5^{2-}$ の部分的描写

化学者以外は，この繊維状鉱物には2種の形態があり，化学的構造と危険性の度合いが異なることを，ほとんど理解していない．実際に，現在使用されているアスベストの約95％はそれほど有害ではない白石綿であり，ほんの5％ほどがもっと危険な青石綿である．アスベストは非常に便利で安価な耐火材料であり，その3000もの使用法すべてに対して危険のない代替品をみつけるのは化学者にとって至難の業である．実際，ブレーキライニング（ドラムブレーキのドラムに接触して回転を止めるための摩擦材），エンジンのガスケット，ワインのための沪過材などのような製品のために，今でもアスベストはかなり消費されている．

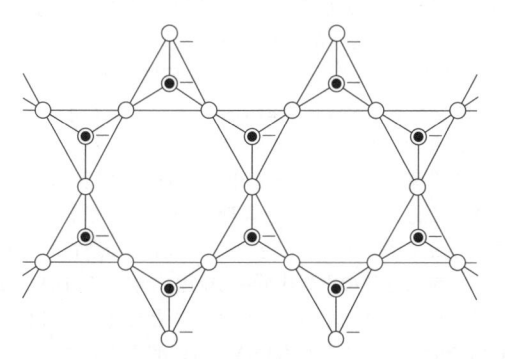

図14・18 二本鎖の繰返しである $Si_4O_{11}^{6-}$ イオンの部分的描写

---

a) pyrosilicate ion　　b) cross-link　　c) amphibole　　d) blue asbesto　　e) crocidolite　　f) chrysotile　　g) asbesto

構造を少し変えるだけで，大きな特性変化をもたらすことができるのは魅力的である．ケイ酸マグネシウムと水酸化マグネシウムの交互の層の代わりに，2層1組のケイ酸イオン層で水酸化物イオン層をサンドイッチすると，タルク[a]（滑石）という名前の違う化学式 $Mg_3(Si_2O_5)_2(OH)_2$ の物質（図14・20）が得られる．各サンドイッチは電気的に中性なので，グラファイトと同じくらい滑りやすい（しかし黒色ではなくて白色である）．タルクは，セラミックス，上質紙，塗装，化粧用製品タルカムパウダー用に，非常に大規模なスケール（全世界で約800万トン）で用いられている．

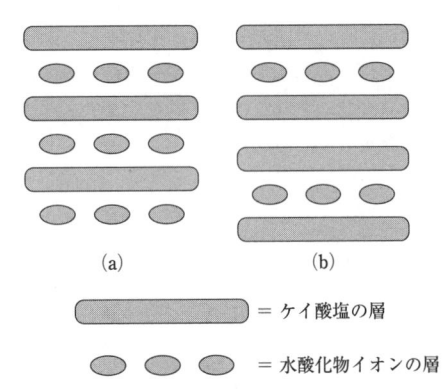

図14・20 (a) 白石綿, (b) タルクの層状構造

14・16 アルミノケイ酸塩

金属アルミニウムは，半金属または非金属のケイ素とはほとんど共通点がないと考えるのは当然かもしれない．しかし，多くの鉱物構造においてアルミニウムは部分的にケイ素と置換している．表9・19でみたように，アルミニウムとケイ素は同サイズの陽イオン格子サイトにぴったりと合うので，この事実はさほど驚くべきことではない．もちろん，このことは結合様式がイオン性であると仮定している．実際にこれらの化合物を，格子のすき間に陽イオンがはまり込んだ，電荷をもつ高分子的な共有結合性クラスターとみなすことは正当で有用である．

広範囲のアルミノケイ酸塩[b]の構造が，SiO_4 ユニットが頂点の酸素原子で連結した基本的な二酸化ケイ素構造の三次元配列に基づいている．二酸化ケイ素においては，この構造は中性となる．Si^{4+} が Al^{3+} によって置き換えられると，1箇所置換されるごとに負電荷を1個得ることになる．たとえば，ケイ素原子がアルミニウムによって4分の1置き換えられた陰イオンの組成式は $[AlSi_3O_8]^-$ であり，半分のケイ素原子が置き換えられたものの組成式は $[Al_2Si_2O_8]^{2-}$ となる．この負電荷の埋合わせは1族か2族の陽イオンによってなされる．この特別な鉱物の族には花崗岩[c]の成分である長石[d]が含まる．典型例は，正長石[e] $K[AlSi_3O_8]$ と灰長石[f] $Ca[Al_2Si_2O_8]$ である．

14・16・1 ゼオライト

ある種の三次元的アルミノケイ酸塩構造は，ネットワーク内に開口部をもつ．この構造の化合物はゼオライト[g]として知られており，その産業的重要性は急騰している．多くのゼオライトが天然に存在するが，化学者は新規な空洞をもったゼオライトを求めて，大規模に探索してきた．

ゼオライトには4種の主要な利用法がある．

1. **ゼオライトはイオン交換体として利用される**．"硬水[h]"（カルシウムイオンとマグネシウムイオンの濃度の高い水）をナトリウムイオンゼオライトの粒を詰めたカラムに通すと，2族金属イオンがナトリウムイオンを押出す．カラムから出てくる"軟水[i]"は，洗濯する際の洗剤の使用量を減らし，石けんを使ったときの固体析出物（浮きかす）を少なくする．陽イオンサイトが完全に交換したときは，飽和食塩水をカラムに通すと，ルシャトリエの原理に基づく過程でアルカリ土類金属イオンが押出される．

2. **ゼオライトは吸着剤として作用できる**．ゼオライトの孔は，共有結合性小分子を包含するのにちょうどよい大きさなので，ゼオライトの重要な応用の一つは有機溶媒の乾燥に用いることである．水分子はゼオライトの空洞にはまり込むほど十分に小さいので，ゼオライト中に保持されたままであり，ゼオライトは有機溶媒を効果的に"乾燥する"ことができる．"湿った"ゼオライトを強熱すると水を追い出せるので，ゼオライトは再利用できる．特定サイズの孔をもつゼオライトを用いることにより，ある分子だけを特異的に除く過程をつくり出せる．このゼオライトはモレキュラーシーブ[j]（分子ふるい）とよばれる．たとえば，化学式 $Na_{12}[(AlO_2)_{12}(SiO_2)_{12}] \cdot xH_2O$ のゼオライトには直径400 pmの細孔があり，小分子を収容できる．化学式 $Na_{86}[(AlO_2)_{86}(SiO_2)_{106}] \cdot xH_2O$ のゼオライトは直径800 pmの細孔をもち，大きな分子を収容できる．

3. **ゼオライトは気体の分離に用いることができる**．ゼオライトは非常に選択的に気体の吸着を行う．特に，二酸素よりも二窒素に対して高い選択性があり，典型的なゼオライト1Lは約5Lの窒素ガスを吸蔵できる．ゼオライトを加熱するとこの気体は放出される．二窒素の選択的な吸着により大気の2種の主要成分を安価に分離する目的で，ゼオライトがかなり使用されている．たとえば，汚水処理と製鋼所で大きなコストを占めるのは，酸素含有量の多い空

---

a) talc b) aluminosilicate c) granite d) feldspar e) orthoclase f) anorthite g) zeolite h) hard water
i) soft water j) molecular sieve

気の供給である．伝統的には，酸素含有量を増加させる唯一の方法は，液化した空気の含有成分の蒸留だった．今では，ゼオライトの層を通して空気を循環させることにより，成分は安価に分離することができる．

なぜ，選択的に二窒素を吸着するのだろうか？ 二酸素も二窒素もほぼ同サイズの無極性分子なのにである．この疑問に答えるには，電子よりも原子核を注視しなくてはならない．原子核は球体か楕円体である．陽子数も中性子数も奇数の窒素-14のような楕円体（フットボールの形）の場合，電気四極子モーメント[a]として知られている核電荷の不均一分布をもつことになる．しかし，陽子数も中性子数も偶数の酸素-16は球体の核であり，電気四極子モーメントをもたない．ゼオライトの空洞の内側は極度に高い電荷をもっており，窒素分子の核のように電気四極子モーメントをもつ核を引きつける．この効果は電子の双極子モーメントよりかなり小さなものであり，この例を別にすると，化学的特性という意味ではあまり重要性はない．

4. ゼオライトは工業触媒として必須である． 現代の石油産業はゼオライトに依存している．地下から産出する原油は，そのままではわれわれの要求の多くを満たさない．必要とする燃料は短鎖の低沸点分子であるが，原油は長鎖分子の割合が高い．そのうえ，原油中の長鎖分子は直鎖状である．ディーゼルエンジンには適しているかもしれないが，ガソリンエンジンが最高性能を出すには分枝状[b]の分子が必要である．ゼオライト触媒は，ある特定条件下で，直鎖状分子を分枝状分子に変換できる．ゼオライト構造中の空洞が分子の鋳型として働き，分子構造を空洞の形に合うように再配置する．さらに石油産業における多くの工業有機合成において，出発物質を特定の生成物に高選択的に変換するためにゼオライト触媒が用いられている．このような"クリーンな"反応は，従来の有機化学ではまれであり，一般には副反応により不要な生成物が生じることが多い．

最も重要な触媒の一つが，一般的にZSM-5とよばれている$Na_3[(AlO_2)_3(SiO_2)]\cdot xH_2O$である．この化合物は天然には存在せず，モービル石油の化学研究者によって初めて合成された．ほとんどの天然ゼオライトよりアルミニウムの割合が多く，高電荷密度のアルミニウムイオンに結合した水分子が示す強い酸性度にその機能性は依存する（図14・21）．実際，ZSM-5の中の水素原子は硫酸の水素原子と同程度に強いブレンステッド・ローリー酸[c]である．

ゼオライトZSM-5は，その細孔に適したサイズと形の分子を中に入れ，それから強いブレンステッド・ローリー酸として働くことにより，反応を触媒する．このプロセスの例は，エテンC_2H_4とベンゼンC_6H_6からの重要な有機試剤のエチルベンゼンの合成である．エテンはゼオライト中でプロトン化されると考えられている．

$$H_2C=CH_2(g) + H_2O-Al^+(s) \longrightarrow$$
$$H_3C-CH_2^+(g) + HO-Al(s)$$

生じたカルボカチオン[d]がベンゼン分子を攻撃し，エチルベンゼンが生じる．

$$H_3C-CH_2^+(g) + C_6H_6(g) + HO-Al(s) \longrightarrow$$
$$C_6H_5-CH_2-CH_3(g) + H_2O-Al^+(s)$$

14・16・2 セラミックス

セラミックス[e]という言葉は，高温処理で生じる非金属性無機化合物を表す．セラミックス材料の特性は，化学的組成だけでなく合成条件にも依存する．典型的合成では，成分を細かくすりつぶし，水と混合してペースト状にする．ペーストを望みの形に成型し，約900 °Cに加熱する．この温度では，水分子がすべて失われ，数多くの高温化学反応が起こる．特に，ムライト[f]（高温で安定な唯一のアルミノケイ酸塩）$Al_6Si_2O_{13}$の長い針状結晶が形成される．これは，セラミックス材料の強度に大きく貢献する．

従来のセラミックスは，石英，二次元的なケイ酸塩（粘土），三次元的なケイ酸塩（長石）を組合わせてつくられていた．よって，家庭用食器として用いられる陶磁器は，約45 %の粘土，20 %の長石，35 %の石英という組成をもっていた．対照的に，歯にかぶせるための歯科用セラミックスは，80 %の長石，15 %の粘土，5 %の石英からつくられている．

しかし，今日の興味の大部分は，伝統的なものと異なるセラミックス，特に金属酸化物に向けられている．硬いセラミックスを形成するには，圧力を下げて，微結晶粉末をその融点近くの温度まで加熱することが多い．この条件下では，

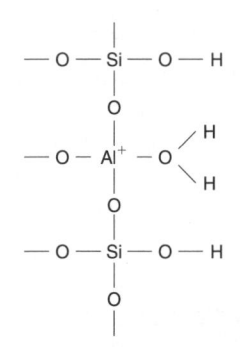

図14・21 ゼオライトZSM-5の表面上にある酸性の水素

---

a) quadrupole moment　　b) branched-chain　　c) Brønsted–Lowry acid　　d) carbocation　　e) ceramics　　f) mullite

焼結[a]として知られるプロセスにより，結晶表面の間に結合が生じる．酸化アルミニウムはその典型例である．酸化アルミニウムセラミックスは，自動車のスパーク・プラグの絶縁体，人工股関節のような骨組織の置換において使用されている．最も広く利用されている非酸化物セラミックスである炭化ケイ素については§14・5で記述した．

新素材研究が激化すると，化合物を分類する境界があやふやになる．**サーメット**[b]（ceramic ＋ metal，セラミックスの耐熱性と金属の強靱性を兼ね備えた材料）は，セメント接合した金属粒とセラミックス化合物から成り，**ガラス状セラミックス**[c]は結晶生長の度合いを注意深くコントロールしたガラス状物質である．ガラス状セラミックスの形成が可能な化合物として，リチウムアルミニウムケイ酸塩 $Li_2Al_2Si_4O_{12}$ とマグネシウムアルミニウムケイ酸塩 $Mg_2Al_4Si_5O_{18}$ の2例がある．これらの材料は，無孔性[d]であり，熱衝撃に対する高耐性をもつことで知られている．すなわち，赤熱になるまで加熱したものを，砕けることなしに冷水に入れることができるのである．この材料のおもな用途は調理用器具と耐熱性調理台である．これらのガラス状セラミックスの多くはコーニング（Corning）社で製造されている．

ガラス状セラミックスの他の用途は救命である．世界の紛争地帯に食料と物資を空輸するのは，航空機の乗組員にとって大変危険である．低空を飛ぶ航空機は携帯用対空砲にとって格好の標的である．過去には，すべての乗組員は，あまり保護に効果的でないチタンシートを座席下に敷いていた．アメリカ空軍およびイギリス空軍は今や，輸送機ハーキュリーズ（C-130H）数機の操縦席の下とまわりにガラス状セラミックスのタイルを備え付けている．高速の射撃がガラス状セラミックスに衝突すると，セラミックス層は壊れて粉々になるが，この過程でほとんどの射撃の運動エネルギーが失われる．この低質量，低価格の材料には，緊急救援機関が戦争で荒廃した地域により安全に食料を運ぶことを可能にする能力がある．

14・17 シリコーン

シリコーン[e]（もっと正確にはポリシロキサン[f]とよば れる）は莫大な数の高分子化合物の一族を構成しており，すべてケイ素原子と酸素原子が交互に並んだ鎖を含む．メチル基 CH_3 のような有機基が1組ケイ素原子に結合している．最も単純なシリコーンの構造を図14・22に示すが，繰返し単位の数 n は非常に大きい．この化合物を合成するには，クロロメタン CH_3Cl を 300 ℃で銅-ケイ素合金上に通す．すると $(CH_3)_2SiCl_2$ を含む化合物の混合物が生成する．

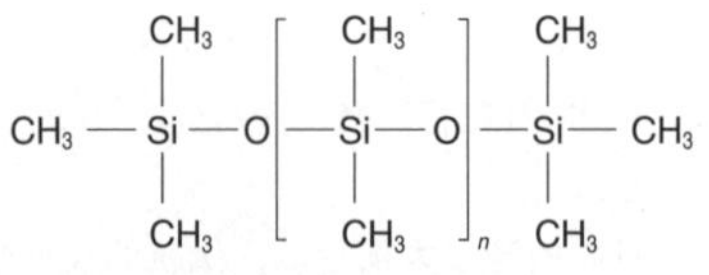

$$2\,CH_3Cl(g) + Si(s) \xrightarrow{\Delta} (CH_3)_2SiCl_2(l)$$

水を加えると，加水分解が起こる．

$$(CH_3)_2SiCl_2(l) + 2\,H_2O(l) \longrightarrow (CH_3)_2Si(OH)_2(l) + 2\,HCl(g)$$

それからヒドロキソ化合物は水を失って重合（脱水縮合）する．

$$n\,(CH_3)_2Si(OH)_2(l) \longrightarrow [-O-Si(CH_3)_2-]_n(l) + n\,H_2O(l)$$

シリコーンはさまざまな目的で用いられている．液体のシリコーンは炭化水素のオイルよりも安定である．加えて，炭化水素のオイルの粘度は温度によって劇的に変化するが，シリコーンの粘度は温度であまり変化しない．よって，シリコーンは潤滑剤として，また油圧ブレーキシステムのように不活性な液体が必要なところでは，どこでも用いられている．シリコーンは非常に疎水性[g]（非濡れ性）なので，靴などの撥水性スプレーとして用いられている．

鎖を架橋させることにより，シリコーンゴムを製造できる．このゴムはシリコーンオイルのように，高温や化学的浸食に対して卓越した安定性を示す．多数の用途があり，そこにはシュノーケルとスキューバダイビング用マスクの端が顔にぴったりと付くようにするための部品も含まれる．このゴムは輸液チューブなどの医療への応用でも非常に役に立つ．しかしシリコーンゲルは，豊胸用インプラント材としての役割で悪名をはせた．ポリマー袋に閉じこめられている間は無害だと信じられていた．おもな問題点は，容器壁から漏ったり容器壁が壊れたりしたときに生じる．シリコーンゲルは周囲の組織に拡散する．われわれの身体には高分子化合物を破壊するメカニズムをもたないので，シリコーンの化学的不活性さが利点から問題点へと変わる．多くの医療関係者は，これらの侵入してきたゲルの断片が免疫系発現の引き金となり，そのためにいくつもの医学的問題をひき起こすと考えている．

炭素をベースとする高分子化合物に対するシリコーン高分子化合物の優位性にはいくつかの要因がある．第一に，

図14・22 最も単純なシリコーン，*catena*-ポリ［（ジメチルケイ素）-μ-オキソ］（*catena*-poly［(dimethylsilicon)-μ-oxo］）の構造．繰返し単位の数 n は非常に大きい．

---

a) sintering   b) cermet   c) glassy ceramics   d) nonporous   e) silicone   f) polysiloxane   g) hydrophobic

無機ポリマー

非常に多くの有機ポリマーが知られているのに，なぜ，少なくとも同じくらいの数の無機ポリマー[a]が存在していないのであろうか？ これは大変的を射た疑問である．何よりも最初に，ポリマー主鎖を構成する元素はカテネーションする傾向を示さなくてはならない．すなわち，容易に鎖を形成しなくてはいけない．そして，役に立つためには，鎖は大気中の酸素に対して安定でなくてはならない．第二に，主鎖中の元素のうち少なくとも1個は，二つ以上の共有結合を形成していなくてはならない．さもないと，側鎖となる置換基の導入が不可能になる．合成化学者たちが，特定の応用のための要求に合わせるのに高分子化合物の特性を"微調整する"ことが可能なのは，側鎖置換基の多様性のおかげである．

有機ポリマー化学は化学における十分確立された一部門であるが，無機ポリマー研究はいまだに幼年期にある．おもな理由は，有機化学の合成経路と同等の合成経路が欠如しているからである．多くの有機ポリマー化合物は多重結合をもつ単量体を用いて，連結させることにより合成される．多重結合をもつ無機化合物は，アルケンやアルキンより合成することがはるかに難しい．そのため，異なる合成経路を工夫しなければならなかったし，いまだに，もっとたくさんの経路の開発が必要である．

合成の困難さゆえに，最近までよく開発されてきた無機ポリマーは，ポリシロキサン（シリコーン），ポリホスファゼン[b]，ポリシラン[c]という3種類だけである．図14・23にポリシロキサンとポリホスファゼンの繰返し単位を示す．ケイ素と酸素の代わりにリンと窒素の組合わせを用いることにより，2種のポリマーが等電子的になっていることに注意すること．しかし，結合様式は異なっている．ケイ素は4本の単結合，酸素（非共有電子対が二つ）は2本の単結合を形成するに対して，リンは5本の結合（うち2本は二重結合），窒素（非共有電子対は一つ）は3本の結合（うち2本は二重結合）を形成する．よって，ポリホスファゼンではポリマー鎖に沿って一つおきに二重結合が存在している．ポリシロキサンと同様に，ポリホスファゼンは柔軟性のあるポリマー（エラストマー[d]）であり，有機ポリマーよりも劣化耐性に優れている．そのため，航空宇宙や自動車へ応用されている．

単に（—SiR_2—）$_n$の繰返しだけで構成されるポリシランは，14族ポリマーという別のグループに属している．実際に，すべての14族元素は，ポリシラン以外にも，ポリゲルマン[e]（—GeR_2—）$_n$，ポリスタンナン[f]（—SnR_2—）$_n$のような単純なポリマー鎖を形成する．ポリスタンナンは，金属原子だけで構成される主鎖をもつという点で独特である．最もおもしろいと判明しているのが，ポリシランである．炭素ベースのポリマーとは異なり，ケイ素の主鎖中の電子は鎖に沿って非局在化している．結果として，ポリシランは感光性[g]の電気伝導性ポリマーとなりうる．

研究中の新しいポリマーの中には，その主鎖に3種の異なる元素（特に硫黄，窒素とリン）を含むものがある．他の二元素系ポリマー分野では，ホウ素-窒素ポリマーがある．§9・11で述べたように，"コンボ"元素は模倣しようとする元素（この場合は炭素）との興味深い類似性を与えてくれる．たとえば，図14・24(a)に示すポリイミノボラン[h]がつくられているが，これはポリアセチレン（図14・24(b)）と構造類縁体である．

最も興味深いのはポリマーそのものではあるが，超高温熱分解によるセラミックス材料合成の中間体としてポリマーをみることもできる．ポリマーをある形の鋳型に入れて加熱すると，主鎖からできるセラミックスはその形を保持したまま，側鎖は蒸発する．たとえば，ポリボラジン（—$B_3N_3H_4$—）$_n$を加熱すると高純度の窒化ホウ素BNが得られる．

図14・23 (a) ポリシロキサン，(b) ポリホスファゼンの繰返し単位

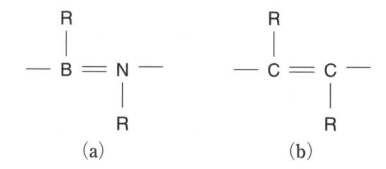

図14・24 (a) ポリイミノボラン，(b) ポリアセチレンの繰返し単位

---

a) inorganic polymer b) polyphosphazene c) polysilane d) elastomer e) polygermane f) polystannane g) photosensitive h) polyiminoborane

分子骨格中のケイ素-酸素結合（452 kJ·mol^{-1}）は有機高分子化合物の炭素-炭素結合（約 346 kJ·mol^{-1}）よりも強いので，ケイ素をベースとする高分子化合物の方は，高温での酸化耐性が高い．この理由で，高温のオイルバスでは，炭化水素のオイルではなくシリコーンオイルを常に使用するのである．シリコーン鎖中の酸素原子には置換基が付いていないので，より広い結合角をとり（C—C—C では 109°であるのに対して，Si—O—Si では 143°），その結果シリコーンポリマーはより大きな柔軟性をもっている．

14·18 スズと鉛

スズ[a]は 2 種の一般的な同素体を形成する．一つは 13 ℃以上で熱力学的に安定な光沢のある金属性同素体で，もう一つは 13 ℃以下で安定な灰色の非金属性ダイヤモンド構造の同素体である．低温にしたときの灰色同素体微結晶への変化は，最初はゆっくりであるが急に加速される．この変化は，十分に暖房が効いていない美術館で特に問題となる．そこでは，非常に貴重な歴史的資産がスズ粉の山になるまで崩壊してしまう．その加速効果は，接触により一つのものから他へ広がることができ，この生き物のような振舞いは"スズペスト[b]"とか"博物館病"とよばれた．ナポレオン軍の兵士は，衣服を留めるのにスズのボタンを用いており，スズの調理器具も用いていた．厳しい冬の寒さの中でのロシア侵攻中に，ボタン，皿，鍋が粉々になったことが，士気の低下とそれゆえのフランス軍の究極的敗北を招いたのだという逸話には真実味がある．

金属性と非金属性の両方の同素体が存在することは，スズが真の意味での"境界線"または弱い金属であることを証明している．スズが両性金属であるということも，弱い金属的性質の別の側面である．よって，酸化スズ(II) は酸と反応して（共有結合性の）スズ(II) の塩を生じ，塩基と反応して亜スズ酸イオン[c] $[Sn(OH)_3]^-$ を生じる．

$$SnO(s) + 2\,HCl(aq) \longrightarrow SnCl_2(aq) + H_2O(l)$$
$$SnO(s) + NaOH(aq) + H_2O(l) \longrightarrow$$
$$Na^+(aq) + [Sn(OH)_3]^-(aq)$$

スズより経済的に重要な鉛[d]は，軟らかい灰黒色の高密度の固体であり，ほとんどが硫化鉛(II)である鉱物方鉛鉱[e]の形で存在している．金属鉛を得るには，まず硫化物イオンを二酸化硫黄に酸化させるために空気とともに硫化鉛(II) を加熱する．その後，酸化鉛(II) をコークスで還元して金属鉛にする．

$$2\,PbS(s) + 3\,O_2(g) \xrightarrow{\Delta} 2\,PbO(s) + 2\,SO_2(g)$$
$$PbO(s) + C(s) \xrightarrow{\Delta} Pb(l) + CO(g)$$

この鉛の採取プロセスにおいて，二つの主要な環境的懸念が生じている．第一は，生成した二酸化硫黄は他のプロセスで有効利用されない限り大気汚染に寄与する点であり，第二は，製錬の間に鉛の粉塵が外に漏れることが許されない点である．鉛は非常に毒性が高く，最高の解決策は金属を再生利用することである．現時点では，毎年使用されている 600 万トンの鉛の半分近くは再生品である．今後，この割合をかなり増加させなくてはならない．特に，使用済みの鉛-硫酸蓄電池をすべて回収して分解し，含まれている鉛を再生するならば，かなり貢献するだろう．もちろん，このような動きは鉛採掘産業における雇用減少につながり，負の経済効果をもたらす．しかし，労働集約的作業である鉛再生と再処理においては，雇用増加をもたらすだろう．

スズと鉛には二つの酸化状態，+4 と +2 が存在する．+2 の酸化状態が存在することは，§9·8 においてタリウムの酸化状態 +1 の説明に用いた不活性電子対効果によって説明できる．これらの金属の"イオン"の形成はまれである．金属が +4 の酸化状態であるスズと鉛の化合物は，いくつかの固体化合物を除いて共有結合性である．+2 の酸化状態においてでさえ，スズは一般的に共有結合を形成し，イオン結合は固体化合物中に存在するだけである．これとは反対に，鉛は固体中でも溶液中でも 2+ イオンを形成する．表 14·6 に，Pb^{2+} の電荷密度は比較的低いが，フッ化物イオン（最も分極していない陰イオン）を除くすべての陰イオンと共有結合を形成するのに十分なほど 4+ イオンの電荷密度が高いことを示している．

表 14·6　鉛イオンの電荷密度

イオン	電荷密度〔C·mm^{-3}〕
Pb^{2+}	32
Pb^{4+}	196

14·19 スズと鉛の酸化物

14 族の下方元素の酸化物は，イオン性固体とみなすことができる．酸化スズ(IV) SnO_2 はスズの安定な酸化物であるが，鉛の安定な酸化物は酸化鉛(II) PbO である．酸化鉛(II) には 2 種の結晶形が存在し，一つは黄色（マシコート[f]，金密陀），もう一つは赤色（リサージ[g]，密陀僧）である*．また鉛には混合酸化物 Pb_3O_4（鉛丹，赤色顔料の一種）もあるが，化学的には複塩 $PbO_2·2PbO$ なの

---

a) tin　b) tin plague　c) stannite ion　d) lead　e) galena　f) massicot　g) litharge
*［訳注］ともに密陀絵（顔料を荏油（えあぶら）などに溶かしたもので描く一種の油絵）に用いられる顔料であり，琉球漆器に多く用いられている．

で，正しい名称は酸化鉛(Ⅳ)二鉛(Ⅱ)となる（慣用名は四酸化三鉛）．チョコレート色の酸化鉛(Ⅳ) PbO_2 は非常に安定で優れた酸化剤である．これらの観点から，図14・25に示したフロスト図によって，スズと鉛の違いを確認できる．

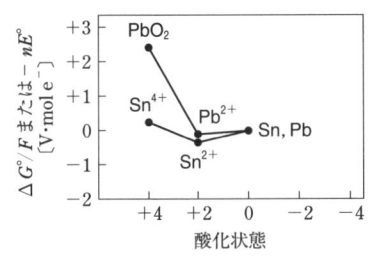

図14・25　スズと鉛のフロスト図

酸化スズ(Ⅳ)は，セラミックス産業で用いる釉薬に含有されており，毎年約3500トンがこの目的に用いられている．酸化鉛(Ⅱ)は鉛ガラスの製造と鉛–硫酸蓄電池の電極表面製造に用いられるので，その消費量はもっと大きく，毎年250,000トン規模である．この蓄電池において，両極はともに金属鉛の枠に酸化鉛(Ⅱ)をプレス加工してつくられている．正極は，酸化鉛(Ⅱ)を酸化鉛(Ⅳ)に酸化してつくり，負極は酸化鉛(Ⅱ)を金属鉛に還元してつくる．酸化鉛(Ⅳ)が電解液の硫酸中で還元されて不溶性硫酸鉛(Ⅱ)になり，もう一方の電極で金属鉛が酸化されて硫酸鉛(Ⅱ)になるときに電流が生じる．

$$PbO_2(s) + 4H^+(aq) + SO_4^{2-}(aq) + 2e^- \longrightarrow PbSO_4(s) + 2H_2O(l)$$
$$Pb(s) + SO_4^{2-}(aq) \longrightarrow PbSO_4(s) + 2e^-$$

これら二つの半反応は可逆である．したがって，蓄電池は逆方向に電流を流すことにより充電できる．鉛–硫酸蓄電池と同様に働くことができ，安価で，鉛を含まずに，酷使に耐えられる蓄電池の開発は，ものすごい量の研究が行われているにもかかわらず非常に困難である．

鉛丹 Pb_3O_4 はこれまで鉄鋼用防錆表面塗装に大規模に用いられてきた．しかし今では鉄鋼構造物の海水に対する効果的な保護として，酸化カルシウム鉛(Ⅳ) $CaPbO_3$ のような複合金属酸化物が用いられている．$CaPbO_3$ の構造は§16・6で記述する．

§14・18で述べたように，鉛(Ⅳ)イオンは水溶液中で存在するには分極しすぎている．酸素はある元素の最高酸化数状態を安定化するためにしばしば用いられるが，鉛に関してもこの現象があてはまる．酸化鉛(Ⅳ)は，Pb^{4+} イオンが高い格子エネルギーによって格子中で安定化されている不溶性固体である．それでも，構造中にはかなりの共有結合性があるといえる．硝酸のような酸を加えると，すぐに鉛(Ⅱ)イオンに還元されて酸素ガスを発生する．

$$2PbO_2(s) + 4HNO_3(aq) \longrightarrow 2Pb(NO_3)_2(aq) + 2H_2O(l) + O_2(g)$$

冷えた状態では，酸化鉛(Ⅳ)は濃塩酸と酸素の交換反応を2回起こし，共有結合性の塩化鉛(Ⅳ)を生じる．それを温めると，不安定な塩化鉛(Ⅳ)は分解して，塩化鉛(Ⅱ)と塩素ガスを生じる．

$$PbO_2(s) + 4HCl(aq) \longrightarrow PbCl_4(aq) + 2H_2O(l)$$
$$PbCl_4(aq) \longrightarrow PbCl_2(s) + Cl_2(g)$$

14・20　スズと鉛のハロゲン化物

塩化スズ(Ⅳ)は典型的な共有結合性金属塩化物である．油状液体であり，湿った空気中では発煙して化学式 $Sn(OH)_4$（しかし実際にはたくさん水和された酸化物である）で表されるゼラチン状の水酸化スズ(Ⅳ)と塩化水素ガスを生じる．

$$SnCl_4(l) + 4H_2O(l) \longrightarrow Sn(OH)_4(s) + 4HCl(g)$$

多くの化合物と同様に，塩化スズ(Ⅳ)にはわれわれの生活に小さいが重要な役割をもつ．この化合物の蒸気はできたてのガラスに使用され，ガラスの表面の水分子と反応して酸化スズ(Ⅳ)層を形成する．この極薄層は本質的にガラス強度を向上させる．この特性は特に眼鏡において重要である．酸化スズ(Ⅳ)の厚めの層は電気伝導層として働く．航空機のコックピットの窓にこのようなコーティングを用いている．導電性ガラスの表面全域に電流を流すことにより，電気抵抗で発生する熱は，航空機が冷たい上層大気から下降する際に生じる着霜を防ぐことができる．

塩化鉛(Ⅳ)は黄色液体であり，スズの類似体と同様に水蒸気で分解し，加熱すると爆発する．臭化物イオンとヨウ化物イオンの酸化還元電位は鉛(Ⅳ)を鉛(Ⅱ)に還元するのに十分正なので，臭化鉛(Ⅳ)とヨウ化鉛(Ⅳ)は存在しない．鉛(Ⅱ)の塩化物，臭化物，ヨウ化物はすべて水に不溶性の固体である．明るい黄色のヨウ化鉛(Ⅱ)の結晶は無色の鉛(Ⅱ)イオンの水溶液とヨウ化物イオンを混合すると生じる．

$$Pb^{2+}(aq) + 2I^-(aq) \longrightarrow PbI_2(s)$$

大過剰のヨウ化物イオンを加えると沈殿は再溶解し，テトラヨード鉛(Ⅱ)酸イオン[a]の溶液を生じる．

$$PbI_2(s) + 2I^-(aq) \rightleftharpoons [PbI_4]^{2-}(aq)$$

---

a) tetraiodoplumbate(Ⅱ) ion

14・21 テトラエチル鉛

あまり電気的に正でない（もっと弱い金属性の）金属は，金属－炭素結合を含む広大な範囲の化合物群を形成する．最も大規模に製造されてきた金属－炭素化合物は，TEL として知られているテトラエチル鉛[a] $Pb(C_2H_5)_4$ である．テトラエチル鉛は低沸点の安定な化合物であり，かつてはガソリン添加物として莫大な規模で製造されていた．合成法の一つは，ナトリウム－鉛合金とクロロエタン（塩化エチル）との反応である．

$$4\,NaPb(s) + 4\,C_2H_5Cl(l) \xrightarrow{\text{高圧}/\Delta} Pb(C_2H_5)_4(l) + 3\,Pb(s) + 4\,NaCl(s)$$

ガソリンエンジンにおいて，燃料と空気の混合物に点火するのにスパーク（電気火花）を用いていた．しかし，直鎖状炭化水素を空気とともに圧縮すると，ディーゼルエンジンの操作と同様に，単に燃えるだけである．この反応性は点火が早すぎるという現象（プレイグニッション，過早点火）の原因となり，それによりエンジン音があたかもバラバラに壊れるような音になり（一般的にはノッキングとよばれる），エンジンにひどい損傷を与えることになる．これに対して，速度論的不活性さから，分枝鎖状分子が燃焼を起こすにはスパークが必要である（図 14・26）．

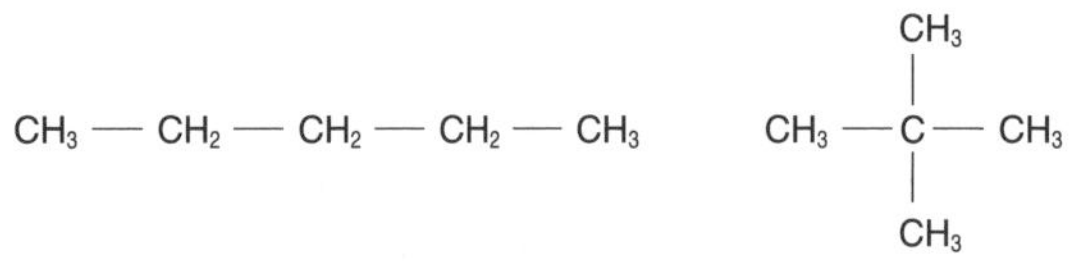

図 14・26 同じ分子式 C_5H_{12} の二つの炭化水素．(a) 直鎖状の異性体，(b) 分枝鎖状の異性体

ガソリン中の分枝鎖状分子の割合の基準はオクタン価[b]であり，分枝鎖状分子の割合が高くなるほど，燃料のオクタン価は高くなる．より高効率で，より高圧のエンジンに対する需要から，高いオクタン価をもつガソリンの必要性が重大になった．低いオクタン価のガソリンに TEL を添加するとオクタン価が増加する．すなわち，プレイグニッションが抑制されるのである．1970 年代初頭には，ガソリンに添加するために年間約 500,000 トンの TEL が製造されていた．事実，米国環境保護局は 1976 年まで，ガソリン 1 ガロン当たり 3 g までの TEL の添加を認めていた．

ミジリー[c] はクロロフルオロカーボンとガソリンの改良における TEL の役割の両方を発見した．皮肉なことに，両発見は化学の進歩を通して生活を改善するためになされたものだったが，両方とも長期にわたりまったく逆の効果があった．TEL は直接的な危険と間接的な危険の両方をひき起こす．直接的な危険は，ガソリンスタンド従業員などのガソリンを扱う場所で働く人々にとっての危険である．低沸点なので，ガソリンに添加された TEL はすぐに蒸発する．よって，TEL の蒸気に暴露された人は，この神経毒の鉛化合物を肺の内側で吸収し，頭痛，震え，そしてしだいに重くなる神経性障害の症状を示すようになる．もっと広範囲の問題は，自動車排ガス中の鉛粒子である．都市部では住民の肺によって吸収され，幹線道路近くの田園部では作物が鉛を吸収し，そして作物を消費する人々が順に鉛摂取の増加を経験するだろう．環境における鉛のかなりの割合は有鉛ガソリンの使用に基づく．TEL の使用がどんなに全地球的な問題であるのかを表す例として，グリーンランドの氷冠においてさえ鉛濃度の増加が確認されていることがあげられる．

ドイツ，日本，そして旧ソビエトは TEL を禁止するのに迅速だったが，たとえば米国のような他の国はもっとゆっくりだった．ガソリンから TEL を排除することの問題点の一つは，近代的乗物が高いオクタン価のガソリンを必要としているという単純なものだった．そこで二つの解決法がみつけられた．石油会社が直鎖状分子を要求される分枝鎖状分子に変換することができるゼオライト触媒を開発したこと，そしてエタノールのような含酸素化合物を燃料に加えたことである．その結果，オクタン価向上剤の必要性は排除された．世界中の多くの国がつぎつぎと TEL を段階的に廃止しているが，地球上から TEL を根絶するには何年もかかるだろう．

14・22 生物学的役割
14・22・1 炭素循環

この惑星には多くの生物地球化学的循環がある．最も大規模なプロセスは炭素循環である．炭素の 2×10^{16} トンのうち，大部分は炭酸塩，石炭，石油として地殻に "しまい込まれている"．ほんの約 2.5×10^{12} トンが二酸化炭素として利用可能な状態になっている．毎年，全体の約 15% は，光合成プロセスで植物と藻に吸収されている．光合成は，太陽光エネルギーを使ってスクロース[d]のような複雑な分子を合成している．

植物の一部はヒトのような動物に食べられ，蓄えられた化学エネルギーの一部は二酸化炭素と水に分解する間に放出される．この二つの生成物は呼吸プロセスによって大気に戻される．しかし，植物に組入れられた二酸化炭素の大部分は，植物が死に，つづいて植物組織が分解した後にし

---

a) tetraethyllead   b) octane rating   c) Thomas Midgley   d) sucrose

TEL：歴史的事例

　TEL 使用の物語は，経済的な便益を健康上の問題よりも優先させ，情報と調査をコントロールした最初の事例である．鉛，特に TEL の健康への危険性は 20 世紀早期には知られていたが，化学会社，ガソリン会社，自動車製造業者は結託して健康障害への警告は信用に値しないとし，TEL 促進の研究を支援し，TEL を振興した．代替可能な添加物，特に安価なエタノールは当時すでに一般的だったが，抑制された．実際，ミジリー自身は，TEL に夢中になる前に，ガソリンのオクタン価を向上させる手段としてのエタノールで特許を取っていた．有鉛ガソリンは 1923 年に初めて発売されたが，鉛を含んでいるという事実を隠すためにエチルガソリンとよばれていた．その年に，最初の（それも複数の）死亡が TEL 製造工場で起こった．その当時でさえ，TEL の燃焼によって環境中に放出された鉛に対する懸念はあった．たとえば，ニューヨーク州厚生局は 1924 年に TEL 増強型ガソリンの販売を禁止した（しかし 1926 年には禁止令は撤回された）．

　TEL 使用に反対した先駆的な闘士の一人が，ハミルトンだった．ハーバード大学医科大学院初の女性教員であるハミルトンは，当時一流の米国産業毒物学者であった．米国公衆衛生局長官が TEL の危険性評価のための会議を開いた 1925 年に，彼女は自分の疑念を表明した．この問題に関して強く結託していた自動車産業とガソリン製造業者の立場は，(1) 有鉛ガソリンは米国の進歩に不可欠であり，(2) 革新的なものは何でもある種のリスクはあり，(3) TEL 製造工場での死亡事故は注意不足のせいである，というものだった．エール大学の生理学者，ヘンダーソン博士は有鉛ガソリンの使用を厳しく批判した．しかし，この会議後に設置された委員会は，"エチルガソリンの使用を禁止する" ための何ら有効な証拠はないとの結論を下したが，さらに研究を進めていくことも必要であると示唆した．これらの研究に対する資金援助は米国議会に承認されなかった．

　鉛の毒性に関する証拠は 1930 年代から 1940 年代にかけて集積されたが，TEL は批判から守られていた．TEL 製造業者のエチルガソリン社（ゼネラルモーター社とニュージャージーのスタンダードオイル社に所有されていた）からの要求に答えて，連邦取引委員会（FTC）は市場における競争相手の有鉛ガソリン批判に対する禁止命令を布告した．FTC の命令を読むと，エチルガソリンは "自動車の運転者および公衆にとって完全に安全である" となっている．

　1970 年に大気清浄法が議院で通過したことから，TEL の終焉が大きく押し進められた．触媒コンバーターで用いられる白金は，鉛によって "殺される"．そのときでさえも，エチルガソリン社は，彼らの製品が市場で否認されるといって，環境保護局（EPA）を訴えた．エチルガソリン社は，毒性について多大に研究されたにもかかわらず，鉛に関する問題は立証されなかったとクレームをつけた．下級裁判所はエチルガソリン社のクレームを是認したが，米国上訴裁判所によってその裁決は覆された．1982 年に，当時の政府の規制緩和検討特別委員会は鉛の段階的撤去を緩めるか止めるかすることを計画していたが，政治的そして公共の圧力により，鉛の段階的撤去に対する抵抗から立場を転じた．1986 年までに，米国内の有鉛ガソリンの第一次段階的撤去を完了した．

か大気には戻らない．植物の素材の残りは埋められ，土の腐植質または泥炭地の形成に寄与する．炭素循環は，火山の噴火による莫大な二酸化炭素放出によって，部分的にバランスが保たれている．

　エネルギー需要は，おもに石炭紀[a]に形成された石炭と石油の燃焼を導いた．自然循環から生じるものに加えて，この燃焼により毎年約 2.5×10^{10} トンの二酸化炭素が大気に加えられている．化石燃料から大気に二酸化炭素をただ返却しただけともいえるが，あまりに急速に行っており，この返却速度は地球の吸収メカニズムを凌駕しているという懸念がもたれている．この課題は現在，多くの研究室で研究されている．

14・22・2　ケイ素の根本的重要性

　ケイ素は地殻中で 2 番目に多く存在する元素だが，一般的形態の二酸化ケイ素とケイ酸 H_4SiO_4 の水への溶解性が低いために，生物学的役割は制限されている．中性付近の pH では，ケイ酸は電離せず，溶解度は約 2×10^{-3} mol·L^{-1} である．pH が増加すると，まずポリケイ酸の生成が進み，それから二酸化ケイ素水和物のコロイド粒子となる．ケイ酸の溶解度は低いが，地球規模で考えると莫大な量であり，毎年約 2×10^{11} トンのケイ酸が海水に入り込んでいる．ケイ酸が絶え間なく海に供給されているので，ケイ藻類[b]や放散虫[c]（原生生物で海のプランクトンの一つ）は水和シリカの外骨格を構成できる．

---

a) Carboniferous era　　b) diatom　　c) radiolaria

もっと小さな規模では，植物は1kgの乾燥質量を形成するために，約600Lの水を吸収する必要がある．そのために，植物は約0.15％のケイ素を含有している．植物では，シリカは葉と茎を強化するために用いられる．防御のために用いている植物もある（第12章の"バイオミネラリゼーション"のコラムを参照）．食物連鎖の先の方で，草食動物はかなりの量のシリカを摂取する．ほとんどすべてが排出されるが，羊は1日に約30gのシリカを消費する．ヒトは1日に約30mgを消費するが，そのうちの約60％は朝食のシリアルから，20％は水と飲料から摂取している．水に溶けたケイ酸は，われわれの身体にとって生物学的に利用可能である．

ある元素が絶対に存在しない条件で生物を育てることが，その元素の必須性を示す最も説得力のある方法である．非常に難しいが，不可能な課題ではない．ネズミとヒヨコを用いた研究で，ケイ素を含まない食物を与えた結果，両動物の発育が阻害されることが示された．食物にケイ酸を添加すると，急速に自然な成長状態に復帰した．化学的研究により，ケイ素は有機分子と反応もしないし，結合もしないことがわかった．したがって，何か必要不可欠な生合成経路に組込まれていることは，ありそうにない．解答は，無機化学の中に隠れているように思える．§13・10でみたように，アルミニウムは環境に広く分布しており，かつ，生物にとって非常に毒性が高い．飽和した中性のアルミニウムイオンの水溶液にケイ酸を加えると，そのアルミニウムは不溶性の水和アルミノケイ酸塩を形成してほぼ完全に沈殿する．

若鮭の研究によって，ケイ素は予防的役割を果たしている証拠が得られた．鮭は，アルミニウムイオンを含む水の中では48時間以内に死んでしまう．しかし，同濃度のアルミニウムイオンとケイ酸を含む水の中では丈夫に育った．現在では一般的に，ケイ素は食料中に自然に存在するアルミニウムの毒性を阻害する点で，われわれの食物に本質的に必要であるということが容認されている．

ケイ素は必須元素ではあるものの，肺に吸着したシリカは非常に毒性が高い．アスベストの危険性については既述した．石綿症[a]と中皮腫[b]という2種の深刻な肺疾患をひき起こす．ケイ酸塩鉱石の粉塵はどれも，肺への障害（この場合はケイ肺[c]）をひき起こすだろう．肺疾患の根本的原因は，ケイ酸塩の絶対的な不溶性に起因する．一度，肺に粒子が刺さると，生きている間ずっとそこに残る．それがひき起こす刺激は，病気を導く傷跡と免疫応答を発生する．

14・22・3 スズの毒性

スズの単体と単純な無機化合物の毒性はかなり低いが，その有機金属化合物には非常に高い毒性がある．ヒドロキシトリブチルスズ（C_4H_9）$_3$SnOHのような化合物は，ジャガイモ，ブドウのつる木，稲の真菌性感染に有効である．何年もの間，有機スズ化合物は船舶の船殻に用いる塗料に含まれていた．この化合物は，船殻に付着して船のスピードを妨げるフジツボのような軟体動物の幼生を殺す．しかし，有機スズ化合物は少しずつ周囲の水に浸出するので，特に港の内側では，他の海生生物を滅ぼしてしまう．この理由により，海での使用は削減された．

14・22・4 鉛の猛烈な毒性

なぜ，世の中ではこんなにも鉛の毒性に関する強い懸念があるのだろうか？　他の多くの元素については，われわれが自然にさらされているレベルは毒性の閾値より何倍も少ない．しかし鉛に関しては，食物，水，空気からの回避できない摂取レベルと毒性の症状が現れるレベルとの間にはわずかな安全域しか存在しない．鉛はわれわれの環境に普遍的に存在している．植物は土壌から鉛を吸収し，水は痕跡量の鉛化合物を溶解する．

自然環境に含まれるものに加えて，人類はその歴史を通して鉛化合物を使用してきた．われわれはもう"鉛糖"を甘味料として用いることはないが，もっと近年になっても，他の多くの出所からの鉛が危険である．塩基性炭酸鉛$Pb_3(CO_3)_2(OH)_2$は数少ない入手容易な白色物質の一つだった．よって，最近まで塗料用の顔料として用いられており，また古い家の多くは壁と天井に鉛ベースの塗料を使用した結果，鉛レベルは許容できないほど高くなっている．同じ化合物が化粧用として女性に用いられてきた．この鉛化合物の製造工場は"白い共同墓地"として知られていた．このような工場で働くことは，最後の手段だった．それでも，家族の病気や死，夫の怠惰さや大酒飲みといった事情に遭遇した女性には，実質的な死刑判決であっても，わずかな選択肢しか残されていなかった．鉛化合物は，調理機器や食器としてのセラミックスの釉薬として用いられていた．よって，それらを用いて用意された食べ物の中に鉛（II）イオンが浸出していた．

有鉛ガソリンからの移行は，浮遊鉛粒子の劇的な減少につながったが，他の出所からも鉛は浸出している．最も一般的に認識されている出所は鉛蓄電池産業であり，今日では鉛消費量の約85％を構成している．鉛-硫酸蓄電池はいまだに，エネルギーを貯蔵するには最も効率がよく，最も対費用効果が高い手段である．鉛は，特に使用済み蓄電池から，最も再生利用されている元素である[†]．米国における再生利用プロセスは，労働者と環境を保護するために極端に安全な条件下で行われてきた．しかし，このような施

---

a) asbestosis　b) mesothelioma　c) silicosis

[†] 陰極線ベースのテレビとコンピュータのCRTモニターは，他の有害元素とともにかなりの量の鉛を含んでいる．鉛蓄電池と同様に，再生利用することは重要である．

設は，建設して運転するのにかなりの費用がかかる．世界の大部分の鉛は低所得国，特にアジアで再生されている．そこでは，安全と環境に対する懸念は，優先度が低い．海外での再生が安いので，米国，日本，その他の先進国での鉛の多くは，これらの極東の再生工場へ輸送されている．これらの国々の雇用の増加をもたらし，貧困を減少させるというのは大事な目的だが，この特別な例では，先進諸国は汚染を輸出していることになる．

吸収された鉛の約 95 % は，骨のヒドロキシアパタイトのカルシウムと置換する．このことは，鉛(Ⅱ)イオンはカルシウムに比べて，ほんの少ししか大きくなく，電荷密度も同じであるということで説明できる．よって，肉体は鉛を"蓄積する"．骨において半減期は約 25 年であり，鉛中毒は非常に長期間にわたる問題となる．鉛はヘモグロビンの合成に干渉し，その結果，間接的に貧血をひき起こす場合がある．高濃度になると，腎不全，痙攣，脳の損傷，それにつづいて死をもたらす．ごく低レベルの鉛にさらされた子供の知能指数（IQ）低下など，神経への影響の有力な証拠もある．危険を最小限に抑えるという計画の一部として，古い工業用地につくられた遊び場では，鉛の量を調べ，必要に応じて閉鎖か再舗装が行われている．

14・23 元素の反応フローチャート

炭素とケイ素についてのフローチャートを示す．

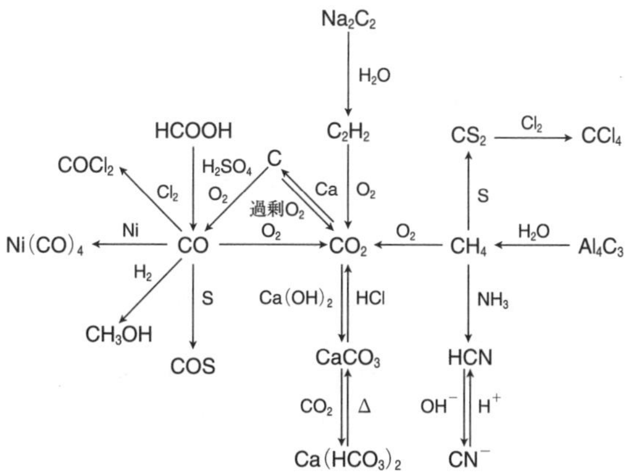

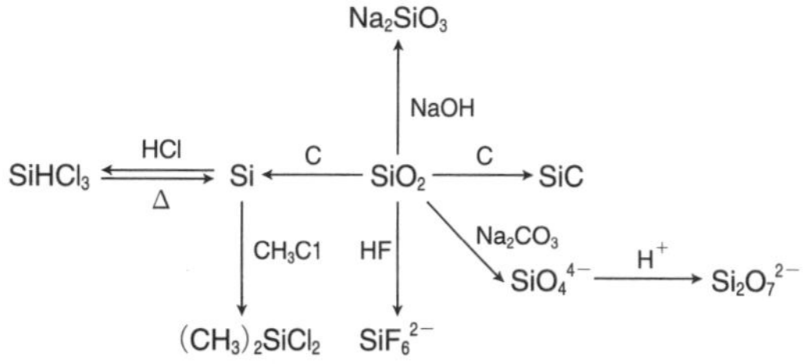

要　点

- 炭素はカテネーションする能力に基づき，広大な化学をもつ．
- 炭化物には三つの種類がある．
- 炭素の二つの酸化物は性質が非常に異なる．
- ケイ酸塩は非常に幅広い種類の構造をもつ．
- スズと鉛は弱い金属性を示す．

基本問題

14・1 つぎの反応を化学反応式で記しなさい．
(a) 固体の二炭化(2−)リチウムと水
(b) 二酸化ケイ素と炭素
(c) 酸化銅(Ⅱ)を一酸化炭素と加熱
(d) 水酸化カルシウム水溶液と二酸化炭素（二つの反応式）
(e) メタンと溶融硫黄
(f) 二酸化ケイ素と溶融炭酸ナトリウム
(g) 酸化鉛(Ⅳ)と濃塩酸（二つの反応式）

14・2 つぎの反応を化学反応式で記しなさい．
(a) 固体の炭化ベリリウムと水
(b) 一酸化炭素と塩素分子
(c) 加熱した金属マグネシウムと二酸化炭素
(d) 固体の炭酸ナトリウムと塩酸
(e) 炭酸バリウムを加熱
(f) 二硫化炭素ガスと塩素ガス
(g) 酸化スズ(Ⅱ)と塩酸

14・3 以下の用語の定義を記しなさい．(a) カテネー

ション，(b) エアロゲル，(c) セラミックス，(d) シリコーン．

14・4 以下の用語の定義を記しなさい．(a) ガラス，(b) モレキュラーシーブ，(c) サーメット，(d) 方鉛鉱．

14・5 炭素の3種の主要な同素体，ダイヤモンド，グラファイト，C_{60} の性質を比較しなさい．

14・6 下記の理由を説明しなさい．(a) ダイヤモンドは非常に熱伝導性が高い，(b) 伝統的なダイヤモンド合成法においては高い圧力と温度が必要である．

14・7 ダイヤモンドとグラファイトはすべての溶媒に不溶性なのに，なぜフラーレンは多くの溶媒に可溶性なのか？

14・8 なぜカテネーションは炭素では一般的なのに，ケイ素では違うのかを説明しなさい．

14・9 炭化物の三つの種類を比較対照しなさい．

14・10 炭化カルシウムは密度 $2.22\ g\cdot cm^{-3}$ の NaCl 型構造を形成する．炭化物イオンが球体であり，カルシウムイオンのイオン半径が 114 pm だと仮定すると，炭化物イオンの半径はいくらか？

14・11 炭化ケイ素の商業的製造で用いられている反応について化学反応式を記しなさい．この反応はエンタルピー，エントロピーのどちらで推進されているのか，理由を説明しなさい．その推論を確認するために，この過程における $\Delta H°$ と $\Delta S°$ の値を算出しなさい．それから 2000 ℃における $\Delta G°$ の値を算出しなさい．

14・12 金属と一酸化炭素の化合物において，炭素原子はルイス塩基として働いている．どうしてそう予測されるのかを，一酸化炭素分子の形式的な電荷の表記法を用いて示しなさい．

14・13 二酸化炭素は負の生成エンタルピーをもつが，二硫化炭素は正の生成エンタルピーをもつ．結合エネルギーのデータを用いて，1組の生成エンタルピーのダイヤグラムをつくり，両者が違う値になる理由を明らかにしなさい．

14・14 一酸化炭素と二酸化炭素の性質を比較しなさい．

14・15 混成軌道の理論を用いて二硫化炭素の結合について議論しなさい．

14・16 付録1の $\Delta H_f°$ と $S°$ の値のデータ表から，メタンの燃焼は自発的な過程であることを示しなさい．

14・17 メタンは燃焼する前に点火する必要があるが，シランは空気に触れると燃える理由について説明しなさい．

14・18 なぜCFCがかつては理想的な冷媒だと考えられていたのか，説明しなさい．

14・19 なぜHFC-134aはCFC-12のあまり理想的でない代替品なのか？

14・20 HFC-134bの化学式は何であろうか？

14・21 なぜ，メタンは潜在的な温室効果ガスとして特に懸念されているのか？

14・22 二酸化炭素と二酸化ケイ素の性質を比較し，その違いを結合様式に基づいて説明しなさい．二つの酸化物がなぜこんなに違う結合をつくるのかについて説明しなさい．

14・23 CO_2^- イオンは紫外線照射によりつくることができる．二酸化炭素分子は直線であるが，このイオンは約127°の結合角をもつV字型である．点電子式を利用して説明しなさい．また，このイオンにおける炭素-酸素結合の平均結合次数を見積もり，二酸化炭素分子の結合次数と比較しなさい．

14・24 左右対称なシアナミドイオン CN_2^{2-} の点電子式を書きなさい．そして，そのイオンの結合角を推測しなさい．

14・25 $:C(CN)_3^-$ イオンにおいて予測される幾何学的な形は何だろうか？ 実際には，それは平面正三角形である．可能な電子配置を描写するために三つの共鳴構造の一つを組立てて，炭素-炭素結合の平均結合次数を推測しなさい．

14・26 油絵で用いられる美しい青色顔料のウルトラマリンは，$Na_x[Al_6Si_6O_{24}]S_2$ の化学式であり，硫黄は二硫化物イオン S_2^{2-} として存在している．x の値を決定しなさい．

14・27 クロシドライト $Na_2Fe_5(Si_4O_{11})_2(OH)_2$ においては，いくつの鉄イオンが2+ の電荷をもっており，いくつの鉄イオンが3+ の電荷をもっているべきか？

14・28 白石綿とタルクの構造の違いを記しなさい．

14・29 ゼオライトの主要な用途を記しなさい．

14・30 もしもゼオライト中の水が強熱して追い出されたとすると，ゼオライトによる水の吸着は吸熱過程，発熱過程のいずれであるべきか？

14・31 豊胸剤として用いた場合に，シリコーンポリマーのどのような優れた点が問題となるのだろうか？

14・32 スズと鉛の酸化物の性質を比較しなさい．

14・33 塩化スズ(Ⅳ)と気体の塩化スズ(Ⅱ)の点電子式を組立てなさい．対応する分子の構造を書きなさい．

14・34 フッ化鉛(Ⅳ)は 600 ℃で溶融するが，塩化鉛(Ⅳ)は 215 ℃で溶融する．化合物中の可能な結合様式とこの値の関係を解釈しなさい．

14・35 鉛-硫酸蓄電池の電極は，正極では酸化鉛(Ⅱ)から酸化鉛(Ⅳ)への酸化により製造され，負極は酸化鉛(Ⅱ)から金属鉛への還元により製造されている．この二つの過程を表す半反応式を記しなさい．

14・36 $CaCS_3$ を加熱したときに生じる可能な生成物を示しなさい．

14・37 炭素を含み C_2^{2-} イオンと等電子的である化学種の化学式を2個書きなさい．

14・38 C^{4-}イオンを含むようにみえる2種の炭化物がある．それらは何であり，どのような関係か？

14・39 有機高分子化学に比べると無機高分子化学があまり進歩していない理由を議論しなさい．

14・40 テトラエチル鉛の導入と，それが今日でもガソリンに使い続けられている理由を議論しなさい．

14・41 元素の反応フローチャート（p.231）において，それぞれの変換に対応する化学反応式を記しなさい．

応用問題

14・42 付録9の標準還元電位の値から，ヨウ化鉛(IV)が水溶液中では熱力学的に不安定なことを示しなさい．

14・43 ローマ人はその骸骨の検査から高水準の鉛(II)を摂取していたという証拠がある．なぜ，骨の組織に鉛イオンが存在しているのかを示しなさい．

14・44 今日の環境における鉛の主要な源は何か？

14・45 従来のソーダガラスは，熱水で何回も洗うと，不透明でざらざらになる傾向がある．しかし，純粋な石英（SiO_2）ガラスはその輝きを失うことはない．その理由を説明しなさい．

14・46 大気中の痕跡量の硫化カルボニルの形成経路の一つは，二硫化炭素の加水分解である．この反応の化学反応式を記しなさい．水分子が二硫化炭素分子をどのようにして攻撃するのだろうか？　結合の極性を示しながら，この攻撃の遷移状態を描写しなさい．それから，可能な反応中間体を予測し，なぜ可能なのかを示しなさい．

14・47 三量体のケイ酸イオン $Si_3O_9^{6-}$ がある．
 (a) このイオンの可能な構造を記しなさい．
 (b) リンは等電子的で同形のイオンを形成する．その化学式は何だろうか？
 (c) もう一つ別の元素が，等電子的で同形の電気的中性の化合物を形成する．その化学式は何だろうか？

14・48 メチルイソシアナート H_3CNCO は屈曲した C—N—C 結合をもつが，シリルイソシアナート H_3SiNCO は直線の Si—N—C をもつ．この違いの説明を示しなさい．

14・49 以下の反応に関して，どちらがルイス酸でどちらがルイス塩基かを見分け，その理由を示しなさい．

$$Cl^-(aq) + SnCl_2(aq) \longrightarrow SnCl_3^-(aq)$$

14・50 スズは酸とも塩基とも反応する．希硝酸と反応して硝酸スズ(II)と硝酸アンモニウムになり，濃硫酸と反応すると固体の硫酸スズ(II)と気体の二酸化硫黄になり，水酸化カリウム水溶液と反応するとヘキサヒドロキソスズ(IV)酸カリウム $K_2Sn(OH)_6$ と水素ガスになる．これらの反応の正味のイオン反応式を記しなさい．

14・51 二酸化ケイ素は二酸化炭素よりも弱い酸である．たとえば，Mg_2SiO_4 のようなケイ酸岩が"炭酸"の存在下で，どのようにして大気中の二酸化炭素の部分的な貯蔵庫となりうるのかを示す化学反応式を記しなさい．

14・52 水溶液中でアルミニウムイオンと炭酸イオンを混合すると，水酸化アルミニウムが沈殿する．正味のイオン反応式を用いて説明を示しなさい．

14・53 可燃性ガス（A）は高温では溶融した黄色い単体（B）と反応して，化合物（C）と（D）になる．化合物（D）は腐卵臭をもつ．化合物（C）は薄緑色の気体（E）と反応して，最終的な生成物として化合物（F）と単体（B）になる．化合物（F）は，（A）と（E）を直接反応させてつくることもできる．各化学種を決定し，各ステップの化学反応式を記しなさい．

14・54 ケイ化マグネシウム Mg_2Si はオキソニウムイオンと反応してマグネシウムイオンと反応性の気体（X）になる．質量 0.620 g の気体（X）は 25 ℃，100 kPa で 244 mL の体積を占める．気体試料は水酸化物イオンを含む水溶液中で分解して，0.730 L の水素ガスと 1.200 g の二酸化ケイ素になる．（X）の分子式は何か？（X）と水との化学反応式を記しなさい．

14・55 塩化スズ(IV)は過剰量の臭化エチルマグネシウム C_2H_5MgBr と反応して二つの生成物を生じるが，その一つは液体（Y）である．化合物（Y）は炭素，水素，スズのみを含んでいる．（Y）の 0.1935 g を酸化すると 0.1240 g の酸化スズ(IV)が生じる．1.41 g の（Y）を 0.52 g の塩化スズ(IV)と加熱すると，1.93 g の液体（Z）が生じる．0.2240 g の（Z）は硝酸銀溶液と反応し，0.1332 g の塩化銀を生成する．0.1865 g の（Z）を酸化すると，0.1164 g の酸化スズ(IV)が生じる．（Y）と（Z）の実験式を推測しなさい．（Y）と塩化スズ(IV)が反応して（Z）が生じる反応の化学反応式を記しなさい．

14・56 固体のリン酸アルミニウム $AlPO_4$ は石英と類似した構造をとっている．その理由を示しなさい．

14・57 熱力学的な計算を用いて，80 ℃においては炭酸水素カルシウムの分解が起こりやすいことを示しなさい．

$CaCO_3(s) + CO_2(aq) + H_2O(l) \rightleftharpoons Ca(HCO_3)_2(aq)$

14・58 ケイ素の原子量は炭素の原子量よりもかなり大きいにもかかわらず，モアッサナイトの密度がダイヤモンドの密度よりもほんの少ししか小さくない理由を示しなさい．

15　15 族 元 素

反応性のリンと無反応性の窒素という，最も性質の異なる 2 種の非金属元素が同じ族に存在する．ヒ素は半金属であり，族の下方元素のアンチモンとビスマスは弱い金属的挙動を示す．

1669 年のドイツの錬金術師ブランド[a]によるリンの発見は，15 族元素の中で一番おもしろいサーガ（冒険談）である．この発見は自分の尿の研究中に偶然起こった．17 世紀にはまだ，尿のように金色のものは何でも金を含んでいるに違いない！と信じられていたので，当時，尿は好まれる研究対象だった．しかしブランドが尿を発酵させ，その生成物を蒸留すると，白色ろう状で可燃性，低融点の固体の白リンが得られた．100 年後に，リン酸塩岩石からリンを採取する方法が開発されたので，それ以来，化学者たちは単体リンの合成にバケツ何杯分もの尿を使う必要はなくなった．

携帯用ブタンガスライターを用いる現代では，炎を発生させることが昔はどんなに難しかったのかを忘れてしまっている．1833 年，人々は白リンのマッチを用いると非常に簡単に火をつけられることを知って喜んでいた．だが白リンの毒性は非常に高く，この便利さは恐ろしい人的犠牲をもたらした．マッチ工場で働く若い女性の間で，リン中毒によって驚くほどの死者が出た．この職業の中毒では，"リン顎[b]"（顎骨がリン壊死して下顎が崩壊する）の徴候が現れ，つづいてもだえ苦しみながら死に至る．

1845 年に，空気に安定な赤リンは，白リンと化学的に同一であることがわかった．自分のマッチ工場における死者が莫大な数であることに悩まされていた英国の工業化学者オルブライト[c]は，このより安全な同素体について学び，不活性な赤リンを用いるマッチの製造を決心した．しかし，不活性な赤リンに酸化剤を混合すると，すぐに爆発した．安全マッチの開発に対して褒賞金が提示され，ついに 1848 年に現在では無名な数人の天才が，成分の半分をマッチ棒に，そして残りをマッチ箱に取付けた小さな板に置くことを提案した．この二つの表面が接触した場合にのみ，マッチ棒の先で点火が起こる．

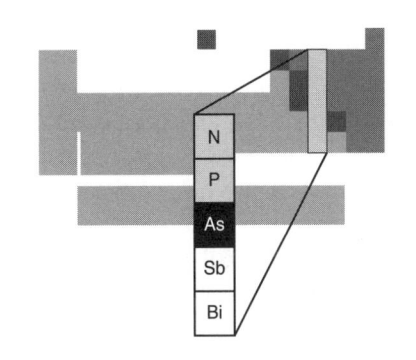

安いブタンのライターの普及にもかかわらず，マッチは年間 $10^{12} \sim 10^{13}$ 個も消費されている．上述したように，近代的な安全マッチは，マッチ棒の先端とマッチ箱につけられた小さな板の間の化学反応を用いている．マッチ棒の先端のほとんどは酸化剤の塩素酸カリウム $KClO_3$ で，マッチ箱の板は赤リンと硫化アンチモン Sb_2S_3 であり，ともに塩素酸カリウムと接触すると大きな発熱を伴いながら酸化される．

15・1　族の傾向

15 族の最初の二元素の窒素[d]とリン[e]は非金属であり，残りの三元素のヒ素[f]，アンチモン[g]，ビスマス[h]はいくぶん金属的性質をもつ．この族では非金属と金属の間の特性に明確な区分がないため，分類好きな科学者は困窮する．それでも研究可能な二つの特性は，単体の電気抵抗と酸化物の酸塩基的挙動である（表 15・1）．

窒素とリンはともに電気的な不導体であり，ともに酸性酸化物を生じるので，明白に非金属に分類される．問題は，ヒ素から始まる．ヒ素の一般的な同素体は金属のようにみえるが，固体を昇華させて再凝固させると黄色粉末で

表 15・1　15 族元素単体の性質

元　素	標準状態での外見	電気抵抗 $[\mu\Omega\cdot cm]$	酸化物の酸塩基性
窒　素	無色の気体	—	酸性と中性
リ　ン	白色ろう状の固体	10^{17}	酸　性
ヒ　素	もろい金属性の固体	33	両　性
アンチモン	もろい金属性の固体	42	両　性
ビスマス	もろい金属性の固体	120	塩基性

---

a) Hennig Brand　　b) phossy jaw　　c) Arthur Albright　　d) nitrogen　　e) phosphorus　　f) arsenic　　g) antimony　　h) bismuth

ある第二の同素体が生じる．金属的な同素体と非金属的な同素体をもち，両性酸化物を形成するので，ヒ素は半金属にも分類できる．しかし，その化学の多くはリンと類似しているので，ヒ素を非金属とみなす方がよい場合がある．

アンチモンとビスマスもヒ素と同じように境目にある．電気抵抗は，アルミニウム（$2.8\,\mu\Omega\cdot\text{cm}$）のような"本物の"金属よりもかなり高く，鉛（$22\,\mu\Omega\cdot\text{cm}$）のような典型的な"弱い"金属と比べても高い．しかし，一般的にはこの二元素の単体は金属に分類される．これら三つの境目の元素はほとんど共有結合性化合物のみを形成する．

金属と半金属の間の漠然とした境目をどこに引くかを決めたければ，融点と沸点が最良の指標である．15族では，アンチモンからビスマスに移るときに融点が減少することを除けば，融点と沸点が族の下方ほど高くなる（表15・2）．アルカリ金属で言及したように，主族金属の融点は族の下方ほど低いが，非金属の融点は下方ほど高い（後者の挙動はハロゲンで最も明確であることがこの本の後方でわかる）．表15・2に示された増加−減少のパターンは15族の軽元素は非金属の典型的傾向に従っており，金属にみられる減少傾向への変化はビスマスから始まることを表している．実際に金属に特徴的な，液体である温度範囲の広さを示すのは，アンチモンとビスマスのみである．したがって，ヒ素は半金属にあてはめられ，アンチモンとビスマスは非常に"弱い"が金属とみなされる．

表15・2 15族元素単体の融点と沸点

元素	融点〔℃〕	沸点〔℃〕
N_2	-210	-196
P_4	44	281
As	昇華 615	
Sb	631	1387
Bi	271	1564

15・2 窒素の変則的な性質

一般的に，窒素の化学と15族の他元素の化学との相違は，窒素がもついくつかの特異的な特徴と関連する．主要な相違点をつぎに論じる．

15・2・1 多重結合の高い安定性

窒素分子（二窒素[a],*）は非常に安定な化学種である．窒素−窒素三重結合の結合エネルギーは，炭素−炭素三重結合よりもさらに大きい（表15・3）．対照的に，窒素原子間の単結合は炭素−炭素単結合よりもかなり弱い．

この論証は，第2周期を左から右に行くにつれて原子はしだいに小さくなることに基づく．窒素においては，原子があまりに小さいので，結合に関与しない電子間の静電反発は原子を遠くへ追いやろうとする．したがって，窒素−窒素の三重結合は（結合に関与しない電子がないので）特に強いが，単結合は比較的弱いことになる．

表15・3 窒素と炭素の結合エネルギーの比較

窒素の結合	結合エネルギー〔$\text{kJ}\cdot\text{mol}^{-1}$〕	炭素の結合	結合エネルギー〔$\text{kJ}\cdot\text{mol}^{-1}$〕
$N\equiv N$	942	$C\equiv C$	835
$N-N$	247	$C-C$	346

この$N\equiv N$と$N-N$の結合強度の大きな差異（$742\,\text{kJ}\cdot\text{mol}^{-1}$）が，窒素の化学では炭素の化学で起こるような窒素−窒素の単結合鎖を形成するよりも，二窒素を生成する反応を好むという挙動を生み出している．そのうえ，二窒素が気体であることは，エントロピー的要因からも化学反応において二窒素を生成する方を選ぶことを意味する．

窒素と炭素の間の挙動の違いは，ヒドラジン[b] N_2H_4とエテン C_2H_4の燃焼を比較すると理解できる．窒素化合物は燃焼して窒素分子になるが，炭素化合物は二酸化炭素になる．

$$N_2H_4(g) + O_2(g) \longrightarrow N_2(g) + 2\,H_2O(g)$$
$$C_2H_4(g) + 3\,O_2(g) \longrightarrow 2\,CO_2(g) + 2\,H_2O(g)$$

奇妙なことに，15族と16族の2番目の元素であるリンと硫黄はカテネーションする傾向がある．

15・2・2 結合の制限

窒素は三フッ化物NF_3しか形成しないのに対して，リンは一般的なフッ化物として，五フッ化物PF_5と三フッ化物PF_3という二つの形態をとる．このことは単純に，窒素原子はそのまわりには3個を超えるフッ素原子は収容できないくらい小さいのに，族の下方元素は大きいので5個（または6個さえ）最近接に置けるからである，ということができる．中心原子においてオクテット則を超えている五フッ化リンのような分子は，**超原子価化合物**[c]とよばれることがある．伝統的には，これらの化合物の結合モデルはリンの3d軌道が結合の主要な役割を果たしていると仮定する．現在は，以前に仮定していたよりもd軌道の関与は小さいことが理論的研究によって示されている．しかし，結合を理解する唯一の代替手段が複雑な分子軌道図の利用であり，これらの分子軌道図は理論に基づくもっと高レベルの無機化学講義向きである．科学におけるたくさんの考え方がそうであるように，たとえいくつかの点では単純化しすぎて支持できない場合でも，（VSEPRのような）予言的なモデルを用いた方が便利なことが多い．した

---

a) dintrogen   b) hydrazine   c) hypervalent compound
*〔訳注〕p.26の訳注を参照．

がって，一般的レベルの講義においては，多くの化学者が超原子価化合物の結合については，d 軌道の関与というフレーズで説明し続けている．

結合における窒素とリンの挙動の違いを表す例は，NF_3O と PF_3O である．NF_3O は弱い窒素‒酸素結合を含むのに対して，PF_3O はかなり強いリン‒酸素結合を含む．窒素の化合物においては，窒素原子の sp^3 混成軌道の中の一つの非共有電子対を酸素原子の p 軌道に供与する形であり，酸素は配位した共有結合によって結合しているとみなされる．一方，結合エネルギーからリン‒酸素結合はいくぶん二重結合性をもっている．図 15・1 にこの二つの化合物の可能な点電子式を表記する．

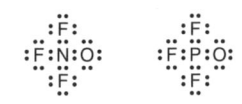

図 15・1 NF_3O と PF_3O における結合の点電子式による表示

15・2・3 高い電気陰性度

窒素は他の 15 族元素より電気陰性度が高い．その結果，窒素化合物中の結合の分極は，リンやさらに下の元素とはしばしば逆になっている．たとえば，N—Cl 結合と P—Cl 結合は分極が異なるので，対応する三塩化物の加水分解反応生成物は異なる結果となる．

$$NCl_3(l) + 3 H_2O(l) \longrightarrow NH_3(g) + 3 HClO(aq)$$
$$PCl_3(l) + 3 H_2O(l) \longrightarrow H_3PO_3(aq) + 3 HCl(aq)$$

窒素‒水素共有結合は強く分極しているので，他の 15 族元素の水素化物，ホスフィン[a] (PH_3)，アルシン[b] (AsH_3)，スチビン[c] (SbH_3) は本質的に中性だが，アンモニアは塩基性である．

15・3 窒素分子

窒素の単体にはただ一つの異性体，無色無臭の気体，二窒素しか存在していない．二窒素は，地球表面の乾燥した大気のモル比で 78 ％を構成している．後述する窒素循環という役割以外に，地球大気中で高反応性気体である二酸素を希釈して不活性化するという非常に重要な役割を果たしている．二窒素が存在しなければ，大気中での放電がすべて大規模な火災をひき起こしてしまう．1967 年に起こったアポロ宇宙船での，宇宙飛行士グリソム，ホワイト，チャフィの惨死はキャビン内の空気を純酸素にしていた結果である（よって，後に取りやめられた）．偶然起こった電気放電が，数秒のうちに荒れ狂う地獄の業火をひき起こして，乗務員全員を殺したのである．

二窒素は水にそれほどよく溶けるわけではないが，ほとんどの気体と同様に，圧力を増加すると溶解度が急激に増加する．このことは深海へ潜るダイバーにとって大問題となる．潜水していくと血流に余計な二窒素が溶解する．そして水面に戻ったときには圧力が減少するので，溶けた二窒素が気体になり，特に関節部で小さな気泡が形成する．これは痛みを伴うときに致命傷となる潜函病[d] をひき起こす．この問題を避けるために，ダイバーは水面まで非常にゆっくりと戻っていく必要があった．緊急事態の処置としては，ダイバーは減圧室に入れられ，そこで再び圧力をかけてから，何時間も，ときには何日もかけて注意深く圧力を下げる方法がとられた．二窒素よりもヘリウムの方が血液への溶解度が小さいので，この危険を避けるために，今では酸素‒ヘリウムの混合気体が深海ダイビング用に用いられている．

工業的には，二窒素は空気を液化して，その後，液体混合物をゆっくりと加温することによって得られている．二窒素は $-196\,°C$ で沸騰し，後には沸点 $-183\,°C$ の二酸素が残る．もっと小さなスケールでは，§14・16 で述べたように，ゼオライトを用いて他の大気中の気体から二窒素を分離できる．実験室では，亜硝酸アンモニウム[e] の溶液を穏やかに加熱して得られる．

$$NH_4NO_2(aq) \longrightarrow N_2(g) + 2 H_2O(l)$$

二窒素は燃えないし，助燃性もない．ほとんどの単体や化合物に対して，極度に反応性が低い．したがって，非常に反応性の高い化合物を扱ったり，保存したりする場合の不活性雰囲気をつくるために，一般的に用いられている．世界中で毎年約 6000 万トンの二窒素が用いられている．そのうちのかなりの割合が，鋼鉄製造での不活性雰囲気として用いられたり，精油所でパイプと反応容器を保守点検する必要が生じたときに，そこから可燃性の炭化水素を追い出すために用いられたりしている．液体窒素は，非常に急速に冷却する必要があるところでの安全な冷却剤として用いられている．さらに，かなりの割合がアンモニアやその他の含窒素化合物の製造に使用されている．

二窒素が反応試剤となる化学反応がいくつかある．たとえば，二窒素は 2 族の金属やリチウムとともに加熱すると金属と結合して，N^{3-} を含む窒化リチウム[f] のようなイオン性窒化物を生成する．

$$6 Li(s) + N_2(g) \longrightarrow 2 Li_3N(s)$$

二窒素と二酸素の混合物を発火させると，二酸化窒素が生成する．

---

a) phosphine　b) arsine　c) stibine　d) bend　e) ammonium nitrite　f) lithium nitride

噴射剤と爆薬

噴射剤[a]と爆薬[b]は多くの一般的性質を共有している．それらは，大量の気体を発生する急速な発熱反応によって機能する．ニュートンの第三運動法則[c]（作用反作用の法則）に従ってロケットを前方に推進させるためにガスの圧出が行われるが，爆薬が損傷をもたらす大部分はガス発生による衝撃波である．

噴射剤や爆薬となりうる化合物（または化合物の組合わせ）をつくるには，三つの要因がある．

1. 熱力学的に自発的な反応であり，発熱がすごく大きくなくてはいけない．すなわちその過程で，非常に大量のエネルギーが放出される．
2. 反応は非常に急速でなくてはならない．言い換えると，速度論的に有利でなくてはならない．
3. 運動論によると，小さな分子は高い平均速度とそれゆえの高い運動量をもつので，反応は小さな気体分子を発生させなくてはならない．

本来，噴射剤と爆薬の化学はすべての科学を包含するものだが，その候補となったもののほとんどは二窒素分子を発熱的に生成するので，（単結合した）窒素原子を含んでいる．かばんや機内持込み手荷物の中にテロリストがセットした爆薬を発見しようとする際に，この化学的特徴から，その中に入っている窒素化合物の割合が異常に高いかばんはすべて疑わしいと判断できるので，大きな助けとなる．

噴射剤の作用を示すために，最初のロケット推進の飛行機*で用いられた噴射剤，過酸化水素 H_2O_2 とヒドラジン N_2H_4 の混合物について考えてみる．この化合物の組合わせは，窒素ガスと水（水蒸気）を生じる．

$$2 H_2O_2(l) + N_2H_4(l) \longrightarrow N_2(g) + 4 H_2O(g)$$

反応剤中の結合エネルギーは，O—H = 460 kJ·mol^{-1}，O—O = 142 kJ·mol^{-1}，N—H = 386 kJ·mol^{-1}，N—N = 247 kJ·mol^{-1} である．生成物中の結合エネルギーは，N≡N = 942 kJ·mol^{-1}，O—H = 460 kJ·mol^{-1} である．左辺と右辺で結合エネルギーをおのおの加えてからその差をとると，32 g（1 mol）のヒドラジンを消費するごとに 707 kJ·mol^{-1} の熱が放出される結果となり，非常に発熱の大きい反応であることがわかる．707 kJ·mol^{-1} のうちの 695 kJ·mol^{-1} が，窒素–窒素単結合を窒素–窒素三重結合に変換した結果と考えることができる．

この混合物は，噴射剤の最初の評価基準を明らかに満たしている．実験により，実際にこの反応は非常に急速であり，反応式と理想気体の法則の適用から明らかなように，体積のものすごく小さい二つの液体反応試剤から非常に大きな体積の気体が生成する．これらの特殊な反応試剤は，非常に腐食性が高く，極度に危険なので，その後，同じ噴射剤の評価基準を用いてもっと安全な混合物が開発された．

新しい爆薬と噴射剤に関する多くの研究がまだ続けられている．最も有望なものの一つが，ADN として知られているジニトラミド酸アンモニウム[d] $(NH_4)^+[N(NO_2)_2]^-$ である．環境的見地からみると，含塩素噴射剤混合物と違って，ADN は分解しても塩素ガス，塩化水素のような環境汚染物質を生成しない（二酸化炭素すら発生しない）．ADN は酸素含量が多いので，アルミニウム粉末のような還元剤と混合すると，より多くのエネルギーを生じることができる．

平時における最大の爆発は，カナダのブリティッシュコロンビア州の海岸（セイモア海峡）で船の航行の障害となっていたリップル・ロックとよばれる岩山を破壊するために，1958年に1200トン以上の爆薬を用いたものである．約33万トンの岩を粉々することにより，少なくとも 119 隻の船体を切裂いて沈めてきた海面下の尖峰を破壊することができた．

$$N_2(g) + 2 O_2(g) \rightleftharpoons 2 NO_2(g)$$

大きいスケールとしては，この反応は雷光によって起こり，生物圏における生物学的に利用可能な窒素源に貢献している．しかし，近代的な高圧縮型のガソリンエンジンでみられるような，高圧下で点火する条件でもこの反応が起こる．二酸化窒素の局地的濃度がかなり高くなる可能性があり，都市汚染にとって憂慮すべき構成成分となる．この反応の平衡の位置は，実際にはかなり左にずれている．言い換えれば，二酸化窒素は正の生成自由エネルギーをもっている．二酸化窒素が存在し続けるのは，その分解速度が極端に遅いことに起因する．すなわち二酸化窒素は速度論的に安定である．自動車の触媒コンバーターの役割の一つは，二窒素と二酸素へ戻す分解反応の速度を加速することである．

二窒素の最後の反応の記述になるが，水素分子との平衡

---

a) propellant　b) explosive　c) Newton's third law of motion　d) ammonium dinitramide
*[訳注] ドイツのメッサーシュミット Me163 と日本の秋水．

最初の窒素分子化合物

化学者は何度も短絡的思考の罠に陥ることを繰返す．二窒素は非常に反応性が低いと前述したが，完全に不活性であることを意味しているわけではない．§14・6において，一酸化炭素が金属と結合することが可能だと述べた（この話題については第22章でもっと詳細に論じる）．二窒素は一酸化炭素と等電子的であるが，一酸化炭素が極性なのに対して二窒素は無極性であるという重要な違いがある．それにもかかわらず，等電子性の概念は化合物形成の可能性を予言するには有用である．

1964年の初頭に，カナダのトロント大学の化学の学生セノフはルテニウム化合物について研究していた．彼は，その組成を説明できない茶色の化合物を合成した．時は過ぎ，1965年5月にもう一人の化学者と議論している間に，唯一の可能な説明は，一酸化炭素と金属との結合と似たような方法で金属と結合した二窒素（N_2）ユニットを含んでいる，ということがわかり始めてきた．興奮しながら，疑い深い指導教官のアランに話した．数カ月後，実験結果を学術雑誌に投稿することにアランは最終的に同意した．しかし投稿した原稿は却下された——発見が"常識"と矛盾するときにいつも起こることである．アランとセノフがレフェリーの批判に反論した後，雑誌編集者はさらに出版前に，コメントと承認を求めて16人のほかの化学者へ改訂された原稿を送った．最終的に，論文は印刷物として世に出され，無機化学の世界はさらにもう一度変化した．

それ以来，N_2 ユニットを含む遷移金属化合物は非常に有名になった．いくつかの化合物は金属化合物の溶液に窒素ガスをブクブクと通すだけで単純につくることができる（結果として，化学研究者はもはやすべての反応の不活性雰囲気として窒素ガスを用いることはなくなった）．いくつかの化合物は，土壌細菌が窒素をアンモニアに変換するときに生成する化合物の類縁体なので興味深い．化合物のどれもまだ大きな実用的価値を生み出してはいないものの，無機化学者に"不可能である！"とは二度と言わせないための注意としては役に立っている．

反応がある．この反応は，活性化エネルギーが非常に大きいため，通常の条件下では検知できるほど起こりそうにないと思う反応である（特に，4分子の衝突が同時に起こる必要があるので，一段階反応では起こりえない）．

$$N_2(g) + 3H_2(g) \rightleftharpoons 2NH_3(g)$$

この反応については§15・5でもっと詳細に論じる．

15・4 窒素の化学の概観

窒素の化学は複雑である．概観するために，図15・2の酸化状態図について考えてみる．最初に気づくことは，窒素では+5から−3までの形式酸化数をとることである．二つ目として，酸性条件下と塩基性条件下で非常に挙動が異なるので，酸化状態の相対的安定性はpHにかなり依存するという結論が得られる．

窒素の化学のいくつかの特異的な性質を見てみよう．

1. 窒素分子はフロスト図の深い極小に位置する．したがって，熱力学的に非常に安定な化学種である．酸性溶液中では，アンモニウムイオン NH_4^+ がもう少し低い位置にあり，それゆえ，強力な還元剤は二窒素をアンモニウムイオンに還元できると予測できるだろう．しかし，この図は反応過程の速度論については何も表していない．実際に，この還元は速度論的には非常に遅い反応である．

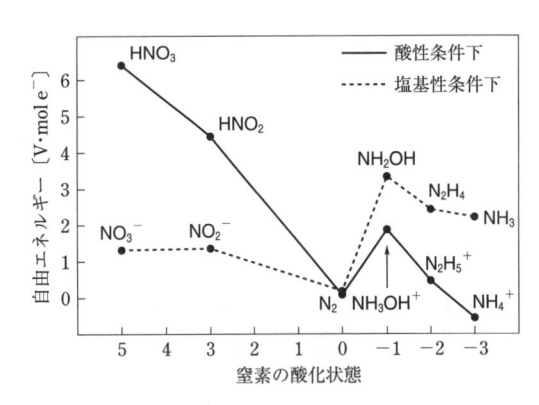

図15・2 一般的な窒素化学種の酸性条件，塩基性条件下でのフロスト図

2. N_2 の左側の高い自由エネルギーをもつ化学種は強い酸化力をもつ．したがって，硝酸 HNO_3 は強い酸化剤だが，その共役塩基である硝酸イオン NO_3^- はそれほどの酸化力はない．

3. N_2 の右側の高い自由エネルギーをもつ化学種は強い還元剤となる傾向がある．よって塩基性溶液中では，ヒドロキシルアミン[a] NH_2OH，ヒドラジン N_2H_4，アンモニア NH_3 は化学的挙動において還元性を示す傾向がある．

---

a) hydroxylamine

4. ヒドロキシルアミンとその共役酸，ヒドロキシルアンモニウムイオン[a] NH_3OH^+ は図中で上に凸のところに位置するので，容易に不均化するはずである．実験的に不均化が起こることはわかっているが，生成物は常に最も自由エネルギーが減少する形であるとは限らず，代わりに速度論的要因が生成物を選択している．ヒドロキシルアミンは不均化して二窒素とアンモニアになるが，ヒドロキシルアンモニウムイオンは酸化二窒素とアンモニウムイオンを生成する．

$$3 NH_2OH(aq) \longrightarrow N_2(g) + NH_3(aq) + 3 H_2O(l)$$
$$4 NH_3OH^+(aq) \longrightarrow$$
$$N_2O(g) + 2 NH_4^+(aq) + 2 H^+(aq) + 3 H_2O(l)$$

15・5 窒素の水素化物

窒素の水素化物の中で最も重要なものはアンモニアだが，つぎに，ヒドラジン N_2H_4 とアジ化水素[b] HN_3 がある．

15・5・1 アンモニア

アンモニアは，非常に強い独特の臭いをもつ無色で毒性の気体である．また塩基性を示す唯一の一般的な気体で，容易に水に溶ける．室温では，50 g 以上のアンモニアが 100 g の水に溶け，（880 アンモニアとして知られる）密度 0.880 g・mL^{-1} の溶液になる．溶液はもっと正確には "アンモニア水[c]" とよぶべきだが，誤解を招く "水酸化アンモニウム[d]" とよばれることも多い．実際に，一部は水と反応してアンモニウムイオンと水酸化物イオンを生じる．

$$NH_3(aq) + H_2O(l) \rightleftharpoons NH_4^+(aq) + OH^-(aq)$$

この反応は，二酸化炭素と水との反応に似ており，平衡は左に偏っている．そして，二酸化炭素と水の反応と同様に，溶液から水を蒸発させると平衡はますます左に移動する．したがって，純粋な "水酸化アンモニウム" などありえない．

研究室でアンモニアを得るには，たとえば塩化アンモニウムと水酸化カルシウムの組合わせのように，アンモニウム塩と水酸化物を混合すればよい．

$$2 NH_4Cl(s) + Ca(OH)_2(s) \xrightarrow{\Delta} CaCl_2(s) + 2 H_2O(l) + 2 NH_3(g)$$

アンモニアは反応性の気体であり，空気中で点火すると水と窒素ガスになる．

$$4 NH_3(g) + 3 O_2(g) \longrightarrow 2 N_2(g) + 6 H_2O(l)$$
$$\Delta G° = -1305 \text{ kJ・mol}^{-1}$$

熱力学的にはそれほど有利でない代替の分解ルートがあり，白金触媒の存在下では速度論的に有利である．すなわち，この代替ルートの（触媒作用を受けた）活性化エネルギーは，窒素ガスを生成する燃焼反応の活性化エネルギーよりも小さくなる．

$$4 NH_3(g) + 5 O_2(g) \xrightarrow{Pt/\Delta} 4 NO(g) + 6 H_2O(l)$$
$$\Delta G° = -1132 \text{ kJ・mol}^{-1}$$

アンモニアは塩素との反応において還元剤として働く．二つの反応経路がある．過剰量のアンモニアが存在するときには窒素ガスを生じ，さらに過剰量のアンモニアは塩化水素ガスと反応して，固体の塩化アンモニウムの白煙を生じる．

$$2 NH_3(g) + 3 Cl_2(g) \longrightarrow N_2(g) + 6 HCl(g)$$
$$HCl(g) + NH_3(g) \longrightarrow NH_4Cl(s)$$

過剰量の塩素が存在するときには，まったく異なる反応が起こる．この場合には，生成物は無色で爆発性の油状液体，三塩化窒素になる．

$$NH_3(g) + 3 Cl_2(g) \longrightarrow 3 HCl(g) + NCl_3(l)$$

アンモニアは溶液中で塩基として酸と反応し，共役酸のアンモニウムイオンになる．たとえば，アンモニアを硫酸と混合すると，硫酸アンモニウムが生じる．

$$2 NH_3(aq) + H_2SO_4(aq) \longrightarrow (NH_4)_2SO_4(aq)$$

気相では，アンモニアは塩化水素と反応して固体の塩化アンモニウムの白煙を生じる．

$$NH_3(g) + HCl(g) \longrightarrow NH_4Cl(s)$$

化学実験室のガラス器具の上に白い膜が形成することがよくみられるのは，反応容器から漏れたアンモニアが酸の蒸気，特に塩化水素と反応することにより通常ひき起こされている．

アンモニアは $-35 °C$ で液体に凝縮する．アンモニア分子は隣接する分子どうしで強く水素結合するので，沸点はホスフィン PH_3（$-134 °C$）よりかなり高い．液体アンモニアは，§7・1に述べたように，優秀な極性溶媒である．

アンモニアは非共有電子対をもつので，強いルイス塩基である．一つの "古典的な" ルイス酸とルイス塩基の反応としては，電子不足化合物で気体の三フッ化ホウ素分子とアンモニアが，アンモニアの非共有電子対をホウ素原子と共有することにより生じる白色固体化合物の生成がある．

$$:NH_3(g) + BF_3(g) \longrightarrow F_3B:NH_3(s)$$

アンモニアは，金属イオンに配位する場合にも，ルイス

---

a) hydroxylammonium ion b) hydrogen azide c) aqueous ammonia d) ammonium hydroxide

ハーバーと科学倫理

多くの科学者たちが，自分の研究がもたらす応用面について考慮しないので，不道徳だといわれている．ハーバー[a]の人生こそは，真のジレンマを表している．彼をヒーローとみるべきなのか，それとも悪党とみるべきなのか？上述したように，ハーバーは，世界に食料を供給する助けに使用する目的でアンモニア合成プロセスを考案した．しかし，このプロセスは何百万人をも殺す材料の原料用に変えられてしまった．このために彼を非難することは容易にはできないが，彼の別の関心の方がもっと論争の的になっている．ハーバーは，交戦中に相手を殺すよりも無能力化した方がよいと述べた．そして，第一次世界大戦の間，毒ガスの研究に熱心に取組んだ．才能ある化学者だった彼の最初の妻クララは，思いとどまるように嘆願した．しかし，彼が受入れなかったので，彼女は自殺した．

1918 年に，アンモニア合成の仕事に対するノーベル賞がハーバーに与えられたが，多くの化学者が彼の毒ガス研究を根拠に賞に反対した．大戦後，ハーバーはドイツの化学研究界の再建における重要人物だった．その後 1933 年に，国家社会主義政権が権力を得た．自分自身もユダヤ人だったハーバーは，彼の研究所のユダヤ人労働者全員を解雇するように命じられた．ハーバーは，勇敢にも"私は 40 年以上も，祖母がどこの出身かが理由ではなく，その人物の知性と特質に基づいて共同研究者を選んできた．非常によいとわかっているこのやり方を進んで変えることはしない．"と書き残し，その命令を拒絶して辞職した．

この行動はナチスの指導者を激怒させたが，ハーバーの国際的な名声を考慮して，そのときはハーバーに不利になるような行動はとらなかった．ハーバーが死んだ年の 1934 年に，ドイツ化学会は告別式を行った．政権に反抗するハーバーへの賛辞に対してドイツ政府は激怒し，参加した化学者全員を逮捕すると脅した．しかし，その脅しはうわべだけだった．この告別式へあまりにたくさんの著名な化学者が出席したので，ゲシュタポは手を引かざるをえなかった．

塩基のように働く．たとえば，アンモニアは水より強いルイス塩基なので，ニッケル(II)イオンのまわりにある 6 個の水分子と置き換わる．

$$[Ni(OH_2)_6]^{2+}(aq) + 6\,NH_3(aq) \longrightarrow [Ni(NH_3)_6]^{2+}(aq) + 6\,H_2O(l)$$

15・5・2 アンモニアの工業的製法

窒素化合物が植物の成長にとって不可欠なことは，何百年も前から知られていた．有機質肥料[b]は，かつて土壌を栄養化するための主要な窒素源だった．しかし，19 世紀のヨーロッパでの急激な人口増加により，対応する食物生産の増加が必要となった．この解決策が，チリの硝酸ナトリウム（チリ硝石[c]）鉱床の発見でもたらされた．莫大な量のこの化合物が採掘され，ホーン岬を回ってヨーロッパに海上輸送された．硝酸ナトリウム肥料の使用はヨーロッパの飢饉を抑止し，主要な収入源としてチリを大いに繁栄する国家に変えた．しかし，硝酸ナトリウムの鉱床はある日使い尽くされることは明らかだった．そのため化学者は，無尽蔵資源である反応性のない窒素ガスを窒素化合物につくり変える方法を，大急ぎでみつけ出した．

それはドイツの化学者ハーバーであり，1908 年に約 1000 ℃で窒素ガスと水素ガスを混合すると痕跡量だがアンモニアが生成することを示した．

$$N_2(g) + 3\,H_2(g) \rightleftharpoons 2\,NH_3(g)$$

実際，二窒素と二水素をアンモニアに変換することは発熱過程であり，気体の体積の減少とその結果生じるエントロピーの減少を生む．ルシャトリエの法則から，反応を右へと"強制シフト"し，アンモニアの収量を最大にする条件は，低温高圧だと示唆される．しかし，温度を低くするほど，平衡に到達する反応速度が低下する．触媒の助けを利用するときでも，実用的にするための最低温度という制限がある．そのうえ，単に厚壁容器とポンプシステムにかかるコストの観点から，圧力をどれだけ高くできるかという制限もある．

ハーバーは，20 MPa（200 気圧）の圧力と 500 ℃の温度を用いることによって，妥当な時間内で十分な収量が得られることを発見した．しかし，化学工学者のボッシュ[d]が，その圧力と温度で気体を扱うことができる工業的サイズのプラントを，実際に化学会社 BASF のために設計するのには 5 年間かかった．不幸なことに，プラントの完成は第一次世界大戦の開始と一致していた．ドイツは連合国によって封鎖されたため，チリ硝石はもはや利用できなくなった．製造されたアンモニアは，作物生産のためよりも爆薬合成のために使われた．**ハーバー・ボッシュ法**[e]がなければ，ドイツとオーストリア，ハンガリーの軍隊は，単に爆薬不足のために，1918 年より前に降伏を余儀なくさ

---

a) Fritz Haber   b) manure   c) Chile saltpeter   d) Carl Bosch   e) Haber–Bosch process

れたかもしれない．

15・5・3　近代的なハーバー・ボッシュ法

実験室でアンモニアを用意するには，単にボンベから窒素ガスと水素ガスを，適切な温度と圧力にして触媒を入れた反応容器に入れればよい．しかし，二窒素も二水素も自然発生する純粋な試薬ではない．よって，工業化学者はまず，安価に大規模に無用な副成物なしに試薬を得ることに挑戦しなくてはならない．

最初のステップで水素ガスを得る．メタンのような炭化水素を水蒸気と高温（約 750 ℃），高圧（約 4 MPa）で混合するという，**水蒸気改質プロセス**[a]で成し遂げられる．このプロセスは吸熱的であり，熱力学的には非常に高い温度が有利である．しかし，衝突頻度（反応速度）を増加させるという速度論的な理由により高圧も用いられる．触媒（通常はニッケルである）も同じ理由で用いる．

$$CH_4(g) + H_2O(g) \longrightarrow CO(g) + 3H_2(g)$$

触媒は，不純物により不活性化される（被毒される[b]）．したがって，反応物質（供給原料[c]）から不純物を除くことは重要である．硫黄化合物は，触媒表面と反応して金属硫化物層を形成することにより不活性化するため，特に影響が大きい．したがって，メタンを用いる前に，混入している硫黄化合物を硫化水素に変換するための前処理が行われる．不純なメタンを酸化亜鉛に通すことにより，硫化水素が除かれる．

$$ZnO(s) + H_2S(g) \longrightarrow ZnS(s) + H_2O(g)$$

一酸化炭素と水素の混合物はまだメタンを少し含むので，つぎにこの混合物に故意に空気を加える．メタンは燃えて一酸化炭素になるが，存在するメタンの量を制御することによって，酸素がなくなった燃焼後の空気中に残る窒素分子の量がハーバー・ボッシュ法の 1:3 の化学量論を達成するのに必要な量になるようにする．

$$CH_4(g) + \frac{1}{2}O_2(g) + 2N_2(g) \longrightarrow CO(g) + 2H_2(g) + 2N_2(g)$$

混合気体から一酸化炭素を除く単純な手段はない．そこで，付加的な量の水素を生じさせるために，第三のステップで水蒸気を用いて一酸化炭素を二酸化炭素に酸化する．この**水性ガスシフト反応**[d]は発熱反応なので，かなり低温（350 ℃）で行われる．許容可能な反応速度を維持するには，鉄と酸化クロムの触媒を用いても，さらに温度を下げることはできない．

$$CO(g) + H_2O(g) \rightleftharpoons CO_2(g) + H_2(g)$$

二酸化炭素はいろいろな手段で取除くことができる．二酸化炭素は，水やその他多くの溶媒に高い溶解性を示す．あるいは，炭酸カリウムとの可逆的反応のような化学的プロセスによって除くこともできる．

$$CO_2(g) + K_2CO_3(aq) + H_2O(l) \rightleftharpoons 2KHCO_3(aq)$$

生じた炭酸水素カリウム溶液をタンク中に注入し，加熱して純粋な二酸化炭素ガスと炭酸カリウム溶液を生成させる．

$$2KHCO_3(aq) \rightleftharpoons K_2CO_3(aq) + CO_2(g) + H_2O(l)$$

二酸化炭素は高圧下で液化して売却し，炭酸カルシウムはアンモニア加工プラントに戻して再利用する．

純粋な窒素ガスと水素ガスの混合物が得られたので，単純なアンモニア生成反応に適した条件を用いればよい．

$$N_2(g) + 3H_2(g) \rightleftharpoons 2NH_3(g)$$

反応条件の実用的な熱力学的範囲を図 15・3 に示す．以前に述べたように，反応を右側に"推し進める"ために，高圧が用いられる．しかし圧力を高くするほど，爆発防止のために反応容器壁と配管を厚くしなくてはならない．それに，容器壁を厚くするほど，建造コストがかかる．

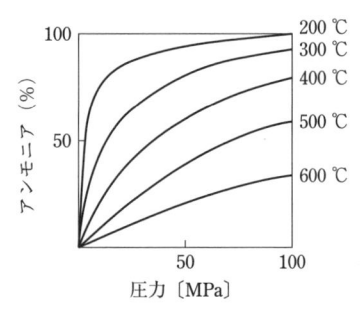

図 15・3　さまざまな温度における，作用させる圧力によるアンモニアの収率（％）の違い

今日のアンモニア工場は 10 から 100 MPa（100 から 1000 気圧）の間の圧力を利用している．温度を低くするほど，収率は高くなるが反応は遅くなる．現在の高機能触媒を用いたときの最適温度条件は 400～500 ℃である．触媒はそれぞれのアンモニア工場の心臓部である．もっとも一般的な触媒は，ごく微量のカリウム，アルミニウム，カルシウム，マグネシウム，ケイ素，酸素を含む特別に調製された表面積の大きい鉄である．典型的な反応容器には約 100 トンの触媒が用いられており，注入される気体から潜在的に"触媒毒"となるものすべてが除かれていれば，触媒は約 10 年間の耐用年数をもつであろう．反応機構は，鉄触媒の結晶表面上で二窒素が原子状窒素に開裂し，つづ

---

a) steam reforming process　　b) poisoned　　c) feedstock　　d) water gas shift process

けて鉄表面に結合した原子状水素と反応することが知られている．

反応容器から取出した後に，アンモニアを濃縮する．残った二窒素と二水素は，その後，新しい注入ガスと混合するためのプラントを通ってリサイクルする．典型的なアンモニア工場の製造量は1日当たり1000トンである．最重要な課題は，エネルギー消費を最小限にすることである．伝統的なハーバー・ボッシュ法のプラントはアンモニア製造に1トン当たり約85 GJのエネルギーを消費したが，エネルギー再循環を促進するように設計された近代的なプラントでは，1トン当たり約30 GJしか消費されない．

今日でも，アンモニア自身の最も重要な用途は肥料産業である．アンモニアはしばしばアンモニアガスとして畑にまかれる．硫酸アンモニウムとリン酸アンモニウムは一般的な固体肥料である．これらは，単純にアンモニアを硫酸やリン酸に通すことによって得られる．

$$2 NH_3(g) + H_2SO_4(aq) \longrightarrow (NH_4)_2SO_4(aq)$$
$$3 NH_3(g) + H_3PO_4(aq) \longrightarrow (NH_4)_3PO_4(aq)$$

アンモニアは数多くの工業的合成，特に硝酸の合成（§15・11で記述）においても用いられている．

15・5・4 ヒドラジン

ヒドラジンは発煙性の無色液体である．弱塩基であり，一つプロトン化された形と二つプロトン化された形の2種類の塩を形成する．

$$N_2H_4(aq) + H_3O^+(aq) \rightleftharpoons N_2H_5^+(aq) + H_2O(l)$$
$$N_2H_5^+(aq) + H_3O^+(aq) \rightleftharpoons N_2H_6^{2+}(aq) + H_2O(l)$$

ヒドラジンは強い還元剤であり，ヨウ素をヨウ化水素に，銅(II)イオンを金属銅に還元する．

$$N_2H_4(aq) + 2 I_2(aq) \longrightarrow 4 HI(aq) + N_2(g)$$
$$N_2H_4(aq) + 2 Cu^{2+}(aq) \longrightarrow 2 Cu(s) + N_2(g) + 4 H^+(aq)$$

全世界で年間20,000トンが製造されているが，その大部分は，通常は非対称なジメチルヒドラジン$(CH_3)_2NNH_2$の形でロケット燃料の還元成分として用いられる．もう一つの誘導体であるジニトロフェニルヒドラジン[a] $H_2NNHC_6H_3(NO_2)_2$ は，有機化学においてC=O基を

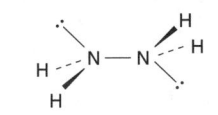

もつ炭素化合物の同定に用いられる．ヒドラジンとエタンの構造は，前者の各窒素原子上に1組ずつ存在する非共有電子対によって後者の水素原子が置き換えられている点を除けば，互いに似ている（図15・4）．

15・5・5 アジ化水素

無色液体であるアジ化水素[b]は，他の窒素水素化合物とまったく異なる．酸性で，酢酸と同程度のpK_a値をもつ．

$$HN_3(aq) + H_2O(l) \rightleftharpoons H_3O^+(aq) + N_3^-(aq)$$

この化合物にはむかつくような刺激臭があり，極端に毒性が高い．非常に爆発性で，水素ガスと窒素ガスを生じる．

$$2 HN_3(l) \longrightarrow H_2(g) + 3 N_2(g)$$

アジ化水素中の3個の窒素原子は同一線上にあり，水素原子はその直線と110°の角度の位置にある（図15・5）．アジ化水素中の二つの窒素–窒素の結合距離は124 pmと113 pm（末端のN–N結合の方が短い）である．典型的なN=N結合距離は120 pmであり，二窒素中のN≡N結合距離は110 pmである．したがって，アジ化水素の結合次数は，それぞれ約1.5と2.5である．図15・6には，二つの点電子式で示した等価な共鳴混合物（一方は二つのN=N結合を含んでおり，もう一方はN–N結合とN≡N結合を含む）として単純に描写した．

図15・5 アジ化水素分子．二つの窒素–窒素結合の結合次数は約1.5と2.5である．

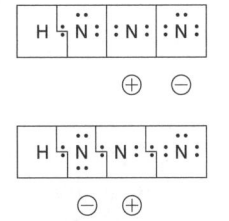

図15・6 アジ化水素の結合は，二つの構造の共鳴混合物で図示することができる．

図15・4 ヒドラジン分子

15・6 窒素イオン

中性の窒素分子のほかに，陰イオン種のアジ化物イオン[c] N_3^- と陽イオン種の五窒素イオン[d] N_5^+ がある．

15・6・1 アジ化物陰イオン

アジ化物イオン N_3^- は二酸化炭素と等電子的であり，同一の電子構造をもつと予想される．窒素–窒素結合はす

---

a) dinitrophenylhydrazine　b) hydrogen azide　c) azide ion　d) pentanitrogen ion

べて同じ長さ (116 pm) であることから，前述のアジ化水素では，水素原子の存在が隣接する N=N 結合を弱め (結合を 124 pm と長くし)，遠い方の N=N 結合を強める (結合を 113 pm と短くする) という考え方が補強される．アジ化物イオンはその化学において，擬ハロゲン化物イオン (§9・12) として振舞う．たとえば，アジ化物イオンの溶液を銀イオンと混合すると塩化銀 AgCl 類縁体のアジ化銀 AgN_3 が沈殿する．アジ化物イオンは塩化物イオンの錯イオンと類似の，たとえば $[SnCl_6]^{2-}$ の類縁体である $[Sn(N_3)_6]^{2-}$ のような錯イオンを形成する．

化学の多くがどのようにして破壊的にあるいは建設的に用いられるのだろう．アジ化物イオンは，車のエアバッグとして，今や生命を守るために用いられている．被害者が衝撃を受けた後，前方に投げ出される前に，エアバッグは非常に急速に膨らむことが重要である．このような急速な応答を生み出すことのできる唯一の方法は，大きな体積の気体を生じさせる制御された化学爆発である．この目的にアジ化ナトリウムは好んで用いられる．アジ化ナトリウムは，約 65 % (質量比) が窒素であり，高純度 (最低 99.5 %) のものを日常的に製造することができ，350 ℃で金属ナトリウムと二窒素にきれいに分解する．

$$2\,NaN_3(s) \xrightarrow{\Delta} 2\,Na(l) + 3\,N_2(g)$$

エアバッグ中では，この反応が約 40 ms で起こる．搭乗者がクラッシュから守られた後に溶融した金属ナトリウムにぶつかるという事態は明らかに望ましくない．液体生成物 (金属ナトリウム) を固定できるさまざまな反応がある．その一つは，硝酸カリウムと二酸化ケイ素の混合物を加えることである．金属ナトリウムは硝酸カリウムによって酸化されて酸化ナトリウムになり，さらに窒素ガスを発生する．アルカリ金属酸化物はその後二酸化ケイ素と反応して，不活性なガラス状金属ケイ酸塩になる．

$$10\,Na(l) + 2\,KNO_3(s) \longrightarrow$$
$$K_2O(s) + 5\,Na_2O(s) + N_2(g)$$
$$2\,K_2O(s) + SiO_2(s) \longrightarrow K_4SiO_4(s)$$
$$2\,Na_2O(s) + SiO_2(s) \longrightarrow Na_4SiO_4(s)$$

アジ化鉛(Ⅱ) は雷管 (起爆装置) として重要である．衝撃を与えない限りかなり安全な化合物であり，衝撃が与えられると爆発的に分解する．生じた衝撃波は通常ダイナマイトのようなもっと安定な爆薬を起爆するのに十分である．

$$Pb(N_3)_2(s) \longrightarrow Pb(s) + 3\,N_2(g)$$

15・6・2 五窒素陽イオン

単純な無機化合物のほとんどが 100 年以上も知られてきたにもかかわらず，新しい化合物がまだ発見されている．最も興味深いものの一つが，五窒素陽イオン N_5^+ である．元素単体の安定な陽イオンとして初めて知られるものであり，窒素原子のみで構成された化学種としては 3 番目である．この陽イオンの塩は，カリフォルニア州エドワーズ空軍基地での高エネルギー材料研究プロジェクトにおいて，1999 年に初めて合成された．大きな陽イオンを安定化させるために，大きなヘキサフルオロヒ(V)酸イオン[a] が用いられた．実際の合成反応は以下のとおりである．

$$(N_2F)^+(AsF_6)^-(HF) + HN_3(HF) \xrightarrow{-78\,℃}$$
$$(N_5)^+(AsF_6)^-(s) + HF(l)$$

五窒素陽イオンはきわめて強い酸化剤であり，爆発的に水を酸素ガスに酸化する．この化合物の潜在的な用途は，これまでつくられたことのない他の化学種を合成することである．

15・7 アンモニウムイオン

無色のアンモニウムイオンは化学研究室における最も一般的な非金属陽イオンである．§9・12 で述べたように，この正四面体の多原子イオンはカリウムイオンのサイズに近く，擬アルカリ金属イオンとみなすことができる．§9・12 でアルカリ金属との類似性を扱ったので，ここではイオン特有の性質に注目する．特に，アルカリ金属イオンとは異なり，アンモニウムイオンは常にそのままの形でいるとは限らない．加水分解され，解離し，酸化されることが可能である．

アンモニウムイオンは水中で加水分解して共役塩基のアンモニアを生じる．

$$NH_4^+(aq) + H_2O(l) \rightleftharpoons H_3O^+(aq) + NH_3(aq)$$

したがって，塩化アンモニウムのような強酸のアンモニウム塩の溶液は少し酸性である．

アンモニウム塩は解離反応によって揮発 (蒸発) することがある．古典的な例は塩化アンモニウムである．

$$NH_4Cl(s) \rightleftharpoons NH_3(g) + HCl(g)$$

塩化アンモニウムの試料を大気に開放しておくと，"消えてしまう"だろう．この同じ分解反応は"気付け薬[b]"に用いられている．刺激性のアンモニア臭は塩化水素のより刺激的な臭いを隠し，半昏睡状態の人に対して相当な効果がある (現在では医療関係者が使用する場合を除いて，気付け薬の使用は潜在的に危険で望ましくないことを留意せよ)．

アンモニウムイオンはアンモニウム塩中の陰イオンによって酸化されることがある．この反応はアンモニウム塩

---

a) hexafluoroarsenate(V) anion b) smelling salt

を加熱すると起こるが，それぞれの反応で特有の結果を与える．最も一般的な3例は，亜硝酸アンモニウム[a]，硝酸アンモニウム[b]，二クロム酸アンモニウム[c] の熱分解である．

$$NH_4NO_2(aq) \xrightarrow{\Delta} N_2(g) + 2H_2O(l)$$
$$NH_4NO_3(s) \xrightarrow{\Delta} N_2O(g) + 2H_2O(l)$$
$$(NH_4)_2Cr_2O_7(s) \xrightarrow{\Delta} N_2(g) + Cr_2O_3(s) + 4H_2O(g)$$

二クロム酸アンモニウムの反応は，よく"火山反応[d]"とよばれる．点火マッチのような熱源によって，オレンジ色の結晶の分解がひき起こされ，閃光を発して大量の暗緑色の酸化クロム(III)が生じる．これは非常に壮観な分解反応だが，通常は同時に小さな二クロム酸アンモニウムの粉塵がまき散らされる．この非常に高発がん性の物質は肺から吸収されるので，この反応はドラフト（排気フード）中で行わなければならない．

15・8 窒素酸化物

窒素は，酸化二窒素 N_2O，一酸化窒素 NO，三酸化二窒素 N_2O_3，二酸化窒素 NO_2，四酸化二窒素 N_2O_4，五酸化二窒素 N_2O_5 のようなおびただしい数の一般的な酸化物を形成する．それに加えて，大気中に少量ではあるが重要な成分として存在する，一般的には硝酸ラジカル[e] とよばれる三酸化窒素 NO_3 もある．各酸化物は，それぞれの単体への分解に関しては熱力学的に不安定であるが，速度論的にはすべて安定である．

15・8・1 酸化二窒素

甘い香りのする気体状の酸化二窒素[f] は，亜酸化窒素[g]またはもっと一般的には笑気[h] として知られている．低濃度の場合の酔ったような気分になる効果から，この名称がつけられている．ときおり，麻酔として用いられることがあるが，無意識状態をもたらすためには高濃度が必要であり，抜歯のような短時間の手術以外には適していない．麻酔士＊はこの麻酔性気体（笑気）に対する中毒になると知られている．この気体は脂肪に非常によく溶け，食べても無害なので，ホイップクリームを加圧して缶に詰めるときの高圧ガスとしてよく用いられている．

酸化二窒素はかなり反応性の低い中性の気体で，酸素以外では助燃性がある唯一の一般的ガスである．たとえば，マグネシウムは酸化二窒素中で燃えて酸化マグネシウムと窒素ガスを生じる．

$$N_2O(g) + Mg(s) \longrightarrow MgO(s) + N_2(g)$$

酸化二窒素をつくる標準的な方法は，硝酸アンモニウムの熱分解である．反応は溶融した固体を約280℃に加熱すると起こる．しかし強熱しすぎると爆発する場合があるので，より安全なルートは塩酸を加えて酸性にした硝酸アンモニウムの溶液を加熱することである．

$$NH_4NO_3(aq) \xrightarrow{H^+} N_2O(g) + 2H_2O(l)$$

酸化二窒素は二酸化炭素やアジ化物イオンと等電子的である．しかし，予想に反して，原子は非対称的に並んでいて，N—N 結合距離は 113 pm，N—O 結合距離は 119 pmである．これらの値は，窒素–窒素の結合次数は 2.5 に近く，窒素–酸素の結合次数は 1.5 に近いことを示している（図 15・7）．

アジ化水素と同様に，酸化二窒素は二つの点電子式で表された構造（一つは N=O 結合と N=N 結合を含み，もう一つは N—O 結合と N≡N 結合を含む．図 15・8）が共鳴した分子として単純に描写できる．

$$N \equiv\!\!\equiv N \equiv\!\!\equiv O$$

図 15・7 酸化二窒素分子．N—N 結合の結合次数は約 2.5 で，N—O 結合の結合次数は約 1.5 である．

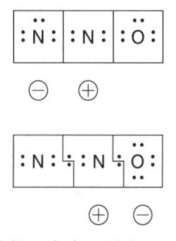

図 15・8 酸化二窒素の結合は，二つの構造の共鳴混合物で図示することができる．

15・8・2 一酸化窒素

最も奇妙で単純な分子の一つが，酸化窒素[i] ともよばれる一酸化窒素[j] である．無色，中性の常磁性[k] 気体である．その分子軌道図は一酸化炭素と似ているが，反結合性軌道に一つ電子が入る（図 15・9）．よって予測される正味の結合次数は 2.5 である．

化学者は，この分子は不対電子をもつのでかなり反応性が高いと期待する．しかし密封容器内での一酸化窒素は非常に安定である．冷却して無色液体または気体にした場合にのみ，2個の窒素原子が単結合で結ばれた二量体 N_2O_2 を形成する．

分子軌道での説明と矛盾なく，一酸化窒素は容易に反結合性軌道の電子を失って，もとの分子の N—O 結合の長

---

a) ammonium nitrite   b) ammonium nitrate   c) ammonium dichromate   d) volcano reaction   e) nitrate radical
f) dinitrogen oxide   g) nitrous oxide   h) laughing gas   i) nitric oxide   j) nitrogen monoxide   k) paramagnetic
＊[訳注] 日本には麻酔専門の看護師制度はないので該当するのは麻酔科医になる．

さ (115 pm) よりも短い長さ (106 pm) になった反磁性のニトロシルイオン[a] NO^+ を生成する．この三重結合をもつイオンは一酸化炭素と等電子的であり，類似したたくさんの金属錯体を形成する．

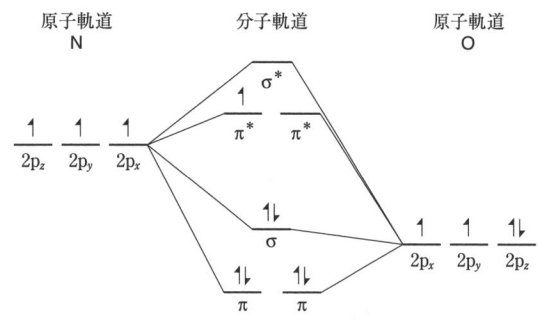

図15・9 2p 原子軌道から生じる一酸化窒素の分子軌道のエネルギー図

一酸化窒素は二酸素に対しては高い反応性を示し，無色の一酸化窒素の試料をひとたび空気にさらすと，二酸化窒素の茶色の雲が生じる．

$$2NO(g) + O_2(g) \rightleftharpoons 2NO_2(g)$$

この分子は大気汚染物質であり，一般的には高圧縮型内燃機関中で二窒素と二酸素が圧縮されて点火されたときに副生物として生成する．

$$N_2(g) + O_2(g) \rightleftharpoons 2NO(g)$$

実験室でこの気体をつくる最も簡単な手段は，銅と50％硝酸を反応させることである．

$$3Cu(s) + 8HNO_3(aq) \longrightarrow 3Cu(NO_3)_2(aq) + 4H_2O(l) + 2NO(g)$$

しかし，生成物には常に二酸化窒素が混入している．二酸化窒素は水と速やかに反応するので，この混入物は発生した気体を水に通すことによって除くことができる．

最近までは，一酸化窒素の化学に関する議論はここで終了していただろう．しかし現在では，この小分子が，われわれ人類およびすべての哺乳類の体内で非常に重大な役割を果たしていることがわかっている．実際，あの有名な雑誌 *Science* は，一酸化窒素を1992年の最優秀分子とよんだ．グリセリンのような有機ニトロ化合物が狭心症（低血圧）を軽減し，平滑筋組織を弛緩させることは，1867年から知られていた．しかし，英国ウェルカム研究所のモンカダと彼の科学者のチームが，1987年に血管膨張度に関する決定的な要因が一酸化窒素ガスであると確認した．すなわち，有機ニトロ化合物は臓器中で分解してこの気体を発生するのである．

この初期の仕事以来，一酸化窒素が血圧の制御に重大であることに気づくようになった．一酸化窒素の産生の役割のみをもつ酵素（NO 合成酵素[b]）すら存在している．現在，すさまじい量の生化学的研究が体内でのこの分子の役割に関連して行われている．一酸化窒素の欠乏は高血圧の原因となっているが，一方，集中治療病棟での主要な死因である敗血症性ショックは過剰量の一酸化窒素のせいである．この気体は，記憶と胃において機能を果たしているようである．男性の勃起は，一酸化窒素の産生に依存していることが証明されており，女性の子宮収縮において一酸化窒素が重要な役割を果たしているという主張もある．酸素ガスと容易に反応することを考慮すると，まだ未解決な疑問の一つは，この分子の寿命に関することである．

15・8・3 三酸化二窒素

一般的な窒素酸化物で安定性が最も低い三酸化二窒素[c]は，約230℃で分解する深青色液体である．一酸化窒素と二酸化窒素の物質量比1:1の混合物を冷却することにより得られる．

$$NO(g) + NO_2(g) \rightleftharpoons N_2O_3(l)$$

三酸化二窒素はこの節で初めての窒素の酸性酸化物である．実際，亜硝酸の酸無水物である．したがって，三酸化二窒素を水と混合すると亜硝酸が生成し，水酸化物イオンと混合すると亜硝酸イオンが生成する．

$$N_2O_3(l) + H_2O(l) \longrightarrow 2HNO_2(aq)$$
$$N_2O_3(l) + 2OH^-(aq) \longrightarrow 2NO_2^-(aq) + H_2O(l)$$

単純化して，三酸化二窒素は+3の酸化状態にある2個の窒素原子を含んでいると考えることもできるが，構造は非対称であり（図15・10），原料の一酸化窒素と二酸化窒素に存在する不対電子が2個の分子を単純に結合させた配置になっている．実際に，三酸化二窒素中の窒素-窒素結合長（186 pm）は，ヒドラジンの単結合長（145 pm）に比べると異常に長い．

図15・10 三酸化二窒素分子

結合長のデータは，1個の酸素原子は窒素原子と二重結合で結合しているが，他の二つの酸素-窒素結合のそれぞれは結合次数が約1.5であることを示している．この値

---

a) nitrosyl ion　　b) nitric oxide synthase, NOS　　c) dinitrogen trioxide

は，点電子式で構築できる単結合と二重結合の形の平均となっている．

15・8・4 二酸化窒素と四酸化二窒素

この2種の毒性酸化物は，動的な平衡状態で共存する．低温では，無色の四酸化二窒素[a]の生成が有利だが，高温では暗赤褐色の二酸化窒素[b]の形成が有利である．

$$N_2O_4(g) \rightleftharpoons 2\,NO_2(g)$$
　　　　無色　　　　赤褐色

標準の沸点 −1 ℃においては，混合物は 16 % の二酸化窒素を含んでいるが，135 ℃では二酸化窒素の割合は 99 % にまで増加する．

二酸化窒素は，金属銅を濃硝酸と反応させると得られる．

$$Cu(s) + 4\,HNO_3(l) \longrightarrow Cu(NO_3)_2(aq) + 2\,H_2O(l) + 2\,NO_2(g)$$

重金属の硝酸塩を加熱することによっても二酸化窒素が得られる．この反応では二酸化窒素と酸素ガスの混合物が生成する．

$$Cu(NO_3)_2(s) \xrightarrow{\Delta} CuO(s) + 2\,NO_2(g) + \tfrac{1}{2}O_2(g)$$

そしてもちろん，一酸化窒素を二酸素と反応させても生成する．

$$2\,NO(g) + O_2(g) \rightleftharpoons 2\,NO_2(g)$$

二酸化窒素は酸性酸化物であり，水に溶けて硝酸と亜硝酸を生じる．

$$2\,NO_2(g) + H_2O(l) \rightleftharpoons HNO_3(aq) + HNO_2(aq)$$

腐食性で酸化力のある酸であるこの強力な混合物は，自動車公害から生じた二酸化窒素が雨と反応すると生成する．都市部の降雨の主要な有害成分である．

二酸化窒素は，O—N—O の角度が 134° の V 字形分子であり，この角度は正三角形の角度 120° よりもいくぶん大きい．三つ目の結合サイトは非共有電子対ではなくて一つの電子が占めているので，結合角が開いていること（図15・11）は不合理ではない．三酸化二窒素の右半分のNO₂ 部分におけるのと同様に，酸素−窒素結合の長さは結合次数が 1.5 であることを示している．

二酸化窒素における π 結合を二酸化炭素の π 結合と比較することは有用である．二酸化炭素の直線構造では，結合軸に対して直角な2組のp軌道がともに重なり合って π 結合形成に参加できる．折れ曲がった二酸化窒素分子では，酸素の p 軌道は結合軸と直角ではあるものの，p 軌道の一つは分子平面内にあり，互いに斜めの位置にある．そのため，その p 軌道は π 結合を形成するために重なり合うことができない．その結果，分子平面に対して垂直になっている軌道どうししか π 結合を形成できない（図15・12）．しかし，二つの共有結合電子対の間で一つの π 結合が共有されているので，それぞれの共有電子対は純粋な π 結合の半分しかないことになる＊．

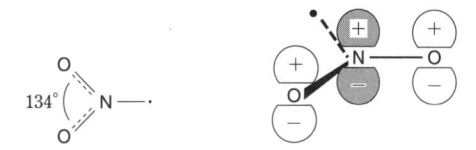

図 15・11　二酸化窒素分子　　図 15・12　二酸化窒素の平面に直角な p 軌道の重なり

三酸化二窒素における O—N—O の結合角は，二酸化窒素の結合角とほぼ同じである（図 15・13）．しかし，三酸化二窒素中の窒素−窒素結合ほど弱くはないものの，四酸化二窒素は 175 pm という異常に長い（よって弱い）窒素−窒素結合をもつ．N—N 結合は，二つの NO₂ ユニットの弱い反結合性の σ 軌道どうしの組合わせ（混成軌道の観点からいうと，奇数個の電子を含む sp² 混成軌道の重なり）により形成される．生じた N—N 結合の分子軌道は，相応して弱い結合となる．実際，N—N 結合の結合エネルギーは約 60 kJ·mol⁻¹ しかない．

図 15・13　四酸化二窒素分子

15・8・5 五酸化二窒素

無色固体で潮解性の酸化物は，窒素酸化物で最も強い酸化剤である．また，強酸性であり，水と反応して硝酸を生じる．

図 15・14　五酸化二窒素分子

---

a) dinitrogen tetroxide　　b) nitrogen dioxide

＊［訳注］混成軌道の考え方で行くと，二酸化炭素の炭素原子は sp 混成軌道なので二つの p 軌道が存在しており，それぞれが両隣の酸素原子の p 軌道と π 結合を形成することができる．これに対して，二酸化窒素の窒素原子は sp² 混成軌道であり，p 軌道が一つしか存在していないため，その p 軌道の電子を二つの π 結合で共有するしかないと解釈することもできる．

$$N_2O_5(s) + H_2O(l) \longrightarrow 2\,HNO_3(aq)$$

　液相と気相においては，二つのNO_2ユニットが酸素原子で連結されている（図15・14）以外は，他の窒素酸化物，N_2O_3やN_2O_4の構造と関連がある．ここでも，2組のp軌道の電子がそれぞれの窒素-酸素の対で半分のπ結合を供給する．しかし，もっとおもしろいのは，固相における結合である．すでに，金属と非金属が共有結合性の結合を形成することが可能なことをみてきた．この分子は，イオンを含む二つの非金属！の例である．実際，結晶構造ではニトロイルイオンNO_2^+と硝酸イオンNO_3^-が交互になっている（図15・15）．

図15・15　固相の五酸化二窒素に存在するニトロイルイオンと硝酸イオン

15・8・6　三酸化窒素——硝酸ラジカル

　ほとんどの人は，地球の大気がおもに二窒素と二酸素であり，オゾン（三酸素[a]）と二酸化炭素も重要な大気ガスであることを知っている．しかし，痕跡量の気体の重大な役割はほとんど認識されておらず，そのうちの一つが硝酸ラジカル[b] NO_3である．この非常に高反応性のフリーラジカルは，1980年に対流圏で最初に確認され，今では夜間の大気化学で主要な役割を果たしていることが知られている．

　硝酸ラジカルは，二酸化窒素とオゾンとの反応で生じる．

$$NO_2(g) + O_3(g) \longrightarrow NO_3(g) + O_2(g)$$

　昼間に，光によって分解（光分解[c]）されるが，その生成物は光の波長に依存する．

$$NO_3(g) \xrightarrow{h\nu} NO(g) + O_2(g)$$
$$NO_3(g) \xrightarrow{h\nu} NO_2(g) + O(g)$$

　たとえその濃度が通常0.1～1 ppbしかないにしても，夜間においては，硝酸ラジカルは地球表面での主たる酸化種である．この役割は，高レベルの炭化水素が存在する都市環境においては重要である．アルカン（下の反応式中ではRHと表記する）から水素原子を奪って反応性の高いアルキルラジカルとHNO_3を生じ，HNO_3は水と反応して硝酸になる．

$$NO_3(g) + RH(g) \longrightarrow R\cdot(g) + HNO_3(g)$$

　アルケンとの反応では，二重結合への付加が起こり，非常に酸化力が強く高反応性の有機窒素化合物と過酸化物を生じる．その中には，多くの都市の大気中でみられる光化学スモッグ[d]に含まれ，目に刺激性の成分である悪名高き硝酸ペルオキシアセチル[e] $CH_3COO_2NO_2$（PANとして知られている）がある．

15・9　ハロゲン化窒素

　三塩化窒素[f]は典型的な共有結合性塩化物である．黄色の油状液体で，水と反応してアンモニアと次亜塩素酸[g]を生じる．

$$NCl_3(aq) + 3\,H_2O(l) \longrightarrow NH_3(g) + 3\,HClO(aq)$$

　この反応は正の生成自由エネルギーをもつので，三塩化窒素は純粋な場合には爆発しやすい．しかし三塩化窒素の蒸気は小麦粉の漂白にかなり広範囲に（かつ安全に）使用されている．

　対照的に，三フッ化窒素[h]は熱力学的に安定な無色無臭の気体で，化学的反応性は低い．たとえば，水とはまったく反応しない．このような高安定性と低反応性は，共有結合性フッ化物においては非常に一般的である．アンモニアと同様に非共有電子対をもっている（図15・16）にもかかわらず，弱いルイス塩基である．三フッ化窒素中のF—N—F結合の結合角（102°）は，正四面体の角度（109.5°）よりかなり小さい．これらの反応性と構造の特徴を示すのは，窒素-フッ素結合においてはp軌道性（その最適な角度は90°である）が支配的であり，非共有電子対はより方向性の強いsp^3混成軌道中にではなく，窒素原子のs軌道に存在しているからである．

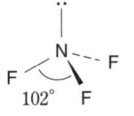

図15・16　三フッ化窒素分子

　三フッ化窒素がルイス塩基として働く一つの異例な反応がある．非常に低温で放電によりエネルギーが供給されると，酸素ガスと反応して安定な化合物の酸化三フッ化窒素[i] NF_3Oを生じる．

$$2\,NF_3(g) + O_2(g) \longrightarrow 2\,NF_3O(g)$$

　酸化三フッ化窒素は窒素原子と酸素原子の間に配位結合をもつ化合物の古典的例としてよく取上げられる．

---

a) trioxygen　b) nitrate radical　c) photolysis　d) photochemical smog　e) peroxyacetyl nitrate　f) nitrogen trichloride　g) hypochlorous acid　h) nitrogen trifluoride　i) nitrogen oxide trifluoride

15・10 亜硝酸および亜硝酸塩

亜硝酸は，溶液中以外では不安定な弱酸である．金属亜硝酸塩と希酸溶液を0℃で混合する二重置換反応でつくることができる．硫酸バリウムは非常に溶解度が低いので，亜硝酸バリウムと硫酸によって純粋な亜硝酸溶液を得ることができる．

$$Ba(NO_2)_2(aq) + H_2SO_4(aq) \longrightarrow 2HNO_2(aq) + BaSO_4(s)$$

亜硝酸分子の形を図15・17に示す．

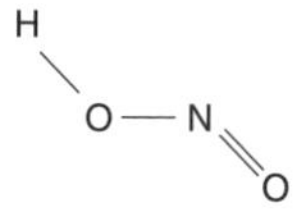

図15・17 亜硝酸分子

室温であっても，亜硝酸水溶液の不均化が起こり，硝酸と一酸化窒素の泡が生じる．一酸化窒素は速やかに空気中の酸素ガスと反応して，二酸化窒素の褐色の煙が生じる．

$$3HNO_2(aq) \longrightarrow HNO_3(aq) + 2NO(g) + H_2O(l)$$
$$2NO(g) + O_2(g) \longrightarrow 2NO_2(g)$$

亜硝酸は有機化学で試薬として用いられる．たとえば，亜硝酸を有機アミン（この場合はアニリン[a] $C_6H_5NH_2$）と混合すると，ジアゾニウム塩[b]になる．

$$C_6H_5NH_2(aq) + HNO_2(aq) + HCl(aq) \longrightarrow C_6H_5N_2^+Cl^-(s) + 2H_2O(l)$$

ジアゾニウム塩は広範囲な有機化合物を合成するために用いられる．

15・10・1 亜硝酸イオン

亜硝酸イオンは弱い酸化剤なので，低酸化状態の金属亜硝酸塩をつくることはできない．たとえば，亜硝酸イオンは鉄(II)イオンを鉄(III)イオンに酸化し，同時に自分自身はより低酸化数の窒素酸化物に還元される．

中心窒素上に非共有電子対をもつため，イオンはV字形になっており（図15・18），結合角は115°である（二酸化窒素の結合角は134°，図15・11を参照）．N—Oの結合長は124 pmであり，二酸化窒素における結合長（120 pm）より長いが，N—O単結合（143 pm）よりはかなり短い．

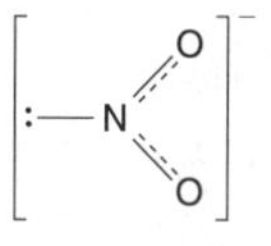

図15・18 亜硝酸イオン

亜硝酸ナトリウムは一般的に用いられている食肉用防腐剤であり，特に，ハム，ホットドッグ，ソーセージ，ベーコンのような燻製や塩漬けなどの保存処理をした食肉で用いられている．亜硝酸イオンは細菌，特に致命的なボツリヌス毒素を産生するボツリヌス菌[c]の成長を抑制する．亜硝酸ナトリウムは，牛肉のような赤い肉の処理にも用いられる．血液を空気にさらすと急速に変色して茶色になるが，買い物客は鮮やかな赤色を呈する肉を購入したがるため，肉を亜硝酸ナトリウムで処理する．亜硝酸イオンは一酸化窒素に還元され，一酸化窒素はヘモグロビン[d]と反応して，非常に安定な鮮やかな赤色の化合物を生成する．亜硝酸イオンがハムなどの場合と同様に細菌の繁殖を抑制するのは事実だが，今日では，肉は細菌の繁殖を抑制するに十分なほど低温に保たれている．買い物客が赤色の肉よりも茶色の肉の方を好むように説得するには，多くの再教育が必要であろう．今や，すべての肉が亜硝酸ナトリウムで処理されているので，調理の過程で亜硝酸イオンが肉の中に存在するアミンと反応して，—NNOという官能基を含むニトロソアミン[e]が生成する懸念がある．この化合物は発がん性があることで知られている．しかし，貯蔵された肉は，節度を守って消費すれば，がんへのリスクは最小限になると一般的に信じられている．

15・11 硝　酸

硝酸[f]は，純粋なときは無色油状の液体で，きわめて有害である．酸としては明らかに危険であるが，フロスト図（図15・2を参照）からわかるように，何か被酸化性物質が共存するときには潜在的危険性をもつほど非常に強い酸化剤である．硝酸は−42℃で融解し183℃で沸騰するが，通常は光によって誘起される分解反応の結果，薄い黄色を帯びている．

$$4HNO_3(aq) \longrightarrow 4NO_2(g) + O_2(g) + 2H_2O(l)$$

純粋な場合，液体の硝酸はほとんど導電性を示さない．わずかなイオン化が以下のように起こる（すべての化学種は硝酸溶媒中に存在する）．

$$2HNO_3(l) \rightleftharpoons H_2NO_3^+ + NO_3^-$$
$$H_2NO_3^+ \rightleftharpoons H_2O + NO_2^+$$
$$H_2O + HNO_3 \rightleftharpoons H_3O^+ + NO_3^-$$

反応全体は次式で表される．

$$3HNO_3 \rightleftharpoons NO_2^+ + H_3O^+ + 2NO_3^-$$

ニトロイルイオン NO_2^+ は有機分子のニトロ化[g]で重要である．たとえば，ベンゼン C_6H_6 からニトロベンゼン $C_6H_5NO_2$ への変換は，数多くの有機工業プロセスにおけ

---

a) aniline　b) diazonium salt　c) *Clostridium botulinum*　d) hemoglobin　e) nitrosamine　f) nitric acid　g) nitration

る重要なステップである.

濃硝酸は,実際は70％水溶液（約16 mol·L^{-1}の濃度に対応する）であるが,極端に強力な酸化剤である"発煙硝酸[a]"は,純粋な硝酸に二酸化窒素を溶かした赤色溶液である.薄めた場合でもかなり強い酸化剤であり,金属と混ぜてもほとんど水素を発生することなく,代わりに窒素酸化物の混合物が生成し,金属は陽イオンに酸化される.

末端のO—N結合は,水素原子に付いているO—N結合の長さ（141 pm）よりもかなり短い（121 pm）.この結合長は,窒素原子と二つの末端酸素原子の間の多重結合性を示す.σ結合電子に加えて,O—N—Oのπ結合には4個の電子（2個は結合性軌道を占め,2個は非結合性軌道を占める）が含まれており,おのおのの窒素–酸素結合は結合次数1.5になる（図15·19）.

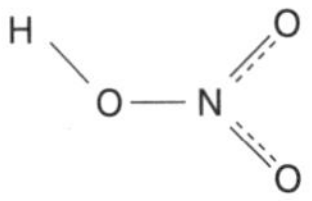

図15·19 硝酸分子

15·11·1 硝酸の工業的合成

硝酸の合成には3段階反応である**オストワルト法[b]** が用いられる.このプロセスは,ハーバー法で製造されたたくさんのアンモニアを利用する.3段階の最初として,アンモニアと二酸素（または空気）の混合物を白金網に通す.この反応は白金網が赤熱するほど,非常に高効率でかなり発熱する.触媒と接触する時間は,不必要な副反応を最小限にするために,約1 msまでに制限されている.この段階はエントロピー効果を利用する.すなわち,気体9 molから気体10 molが生成する反応の平衡を右に移動させる（ルシャトリエの法則の応用）ために低圧で行われる.

$$4\,NH_3(g) + 5\,O_2(g) \longrightarrow 4\,NO(g) + 6\,H_2O(g)$$

つぎに,一酸化窒素を二酸化窒素に酸化するために,さらに二酸素が加えられる.この発熱反応の収率を向上させるために,気体から熱が除かれ,混合物は加圧される.

$$2\,NO(g) + O_2(g) \longrightarrow 2\,NO_2(g)$$

最後に,二酸化窒素を水に混合して硝酸を生成する.

$$3\,NO_2(g) + H_2O(l) \longrightarrow 2\,HNO_3(l) + NO(g)$$

この反応も発熱反応である.再び,収率を最大にするために冷却して圧力をかける.一酸化窒素は,再び酸化して二酸化窒素にするために第二段階に戻される.

かつては,環境汚染が硝酸製造工場の主要な問題だった.昔の工場は,黄褐色気体（漏れてきた二酸化窒素）の煙により,その正体は探知可能だった.最新式の工場は,煙突から出る気体中の二酸化窒素濃度が200 ppm未満でなくてはいけないという現在の排出基準を適用されても,まったく困ることはない.少し古い工場では,今では窒素酸化物に化学量論量のアンモニアを混ぜることにより,混合物は無害な二窒素と水蒸気に変えられている.

$$NO(g) + NO_2(g) + 2\,NH_3(g) \longrightarrow 2\,N_2(g) + 3\,H_2O(g)$$

全世界で,硝酸の約80％が肥料生産に用いられている.米国においては,約20％が爆薬製造に用いられているため,肥料生産の比率は約65％にとどまる.

15·12 硝酸塩

硝酸塩は,ほとんどの金属イオンの一般的な酸化状態のものが知られており,特筆すべきことは,すべて水溶性だということである.この理由から,陽イオンの溶液が必要な場合には硝酸塩が用いられることが多い.硝酸は強い酸化剤だが,無色の硝酸イオンはふつうの条件下では酸化剤ではない（図15·2を参照）.よって,鉄(II)のような低めの酸化状態の金属の硝酸塩を得ることができる.

最重要な硝酸塩は硝酸アンモニウムであり,この化学製品は硝酸の主要な用途と関連している.全世界で年間約1.5×10^7トンが製造されているが,単純にアンモニアと硝酸を反応させることによって合成される.

$$NH_3(g) + HNO_3(aq) \longrightarrow NH_4NO_3(aq)$$

一般的な冷却パックの一種は,固体の硝酸アンモニウムと水との反応を利用している.硝酸アンモニウムと水を隔てている壁を破ると,硝酸アンモニウム溶液になる.このプロセスは非常に吸熱的である.

$$NH_4NO_3(s) \longrightarrow NH_4^+(aq) + NO_3^-(aq)$$
$$\Delta H^\circ = +26\,kJ\cdot mol^{-1}$$

この吸熱性は,結晶中の陽イオン–陰イオンの引力が比較的強く,溶液中では水分子とのイオン–双極子の引力が比較的弱いためである.もしも,エンタルピー項が正であるのにもかかわらず化合物の溶解性が非常に高いとすると,この変化を推進する力はエントロピーの大きな増加に違いない.実際,この増加は+110 J·mol^{-1}·K^{-1} にもなる.固体中ではイオンのエントロピーは低いが,溶液中ではイオンは動き回っている.同時に,大きなイオンサイズと低い電荷は,周囲の水分子には小さな規則性しかもたらさないことになる.よって,エントロピーの増加が,吸熱的な硝酸アンモニウムの溶解過程を推進しているのである.

---

[a] fuming nitric acid [b] Ostwald process

硝酸アンモニウムは，注意して取扱わなくてはいけないが，便利で窒素濃度が高い窒素肥料源である．低温では分解して酸化二窒素になるが，高温では爆発的に分解して二窒素，二酸素，水蒸気が発生する．

$$NH_4NO_3(s) \xrightarrow{\Delta} 2H_2O(g) + N_2O(g)$$

$$2NH_4NO_3(s) \xrightarrow{\Delta} 2N_2(g) + O_2(g) + 4H_2O(g)$$

1955 年頃，北米の爆薬産業は硝酸アンモニウム–炭化水素混合物の可能性に気づいた．そして，硝酸アンモニウムを重油と混合したものが非常に普及した．使用するまでは硝酸アンモニウムと重油は別々に格納できるので実際上まったく危険性がなく，爆発を開始するには雷管[a]を用いればよかった．この混合物を用いた悲劇的な爆破事件が，1995 年にオクラホマ州オクラホマ市で起こった*†．

他の硝酸塩は加熱すると異なる経路で分解する．硝酸ナトリウムは溶融し，その後強熱すると酸素ガスの泡が発生し亜硝酸ナトリウムが残る．

$$2NaNO_3(l) \xrightarrow{\Delta} 2NaNO_2(s) + O_2(g)$$

他の金属硝酸塩のほとんどは金属酸化物，二酸化窒素，二酸素になる．たとえば，硝酸銅(II)七水和物の青色結晶を加熱すると，最初に結晶水が放出され，硝酸銅(II)自身が溶解して緑色液体になる．さらに加熱して水を蒸発させると，緑色の固体が二酸素，二酸化窒素の褐色の煙を放出して，酸化銅(II)の黒色残渣が残る．

$$2Cu(NO_3)_2(s) \xrightarrow{\Delta} 2CuO(s) + 4NO_2(g) + O_2(g)$$

硝酸塩と亜硝酸塩は，塩基性溶液中で亜鉛またはデバルダ合金[b]（アルミニウム（44〜46％），亜鉛（4〜6％），銅（49〜51％）を組合わせたもの．還元剤として用いられる）によってアンモニアに還元できる．硝酸イオンや亜硝酸イオンに特有の沈殿試験が存在しないため，これらのイオンが存在しているかどうかの一般的試験としてこの反応が用いられる．アンモニアは通常は，その臭気か，湿った赤色リトマス紙[c]の青変により検出される．

$$NO_3^-(aq) + 6H_2O(l) + 8e^- \longrightarrow NH_3(g) + 9OH^-(aq)$$

$$Al(s) + 4OH^-(aq) \longrightarrow Al(OH)_4^-(aq) + 3e^-$$

硝酸イオンの"褐色環反応試験[d]"では，非常に強い酸性溶液中で硝酸イオンが鉄(II)によって還元され，残った鉄(II)イオンに配位した水分子の一つが一酸化窒素に置き換わり，茶色の錯イオンを生成する．

$$[Fe(OH_2)_6]^{2+}(aq) \longrightarrow [Fe(OH_2)_6]^{3+}(aq) + e^-$$
$$NO_3^-(aq) + 4H^+(aq) + 3e^- \longrightarrow NO(g) + 2H_2O(l)$$
$$[Fe(OH_2)_6]^{2+}(aq) + NO(g) \longrightarrow [Fe(OH_2)_5(NO)]^{2+}(aq) + H_2O(l)$$

硝酸イオンは正三角形で，亜硝酸イオンにおける窒素–酸素結合よりも少し短い結合長（122 pm）をもっている．硝酸イオンは炭酸イオンと等電子的であり，同様の不完全な結合により $1\frac{1}{3}$ の結合次数をもつと推定できる．硝酸イオンの不完全な結合を図 15・20 に表す．

図 15・20 硝酸イオン

15・13 リンの化学の概観

窒素とリンは周期表で上下に隣接しているが，それらの酸化還元挙動はそれ以上できないぐらいに異なっている（図 15・21）．高酸化状態の窒素は酸性溶液中で強い酸化剤となるが，高酸化状態のリンは非常に安定である．リンの最高酸化状態は熱力学的に最安定であり，最低酸化状態は最も不安定である，というように窒素の化学と逆になっ

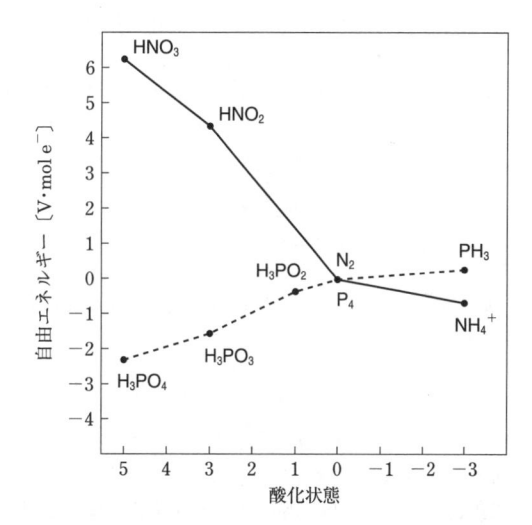

図 15・21 酸性溶液における，リンと窒素の酸化状態の安定性を比較するフロスト図

---

a) detonator b) Devarda's alloy c) litmus paper d) brown ring test
*[訳注] オクラホマシティ連邦政府ビル爆破事件：1995 年 4 月 19 日に発生した爆弾テロ事件．168 名が死亡，800 名以上が負傷した．
† 1947 年に，テキサス州テキサス市において，ワックスでコートされた硝酸アンモニウムのペレットを船で輸送中に起こった火災によって，少なくとも 500 名が死亡した．

ている.

結合エネルギーを比較すると，なぜこれら2種の元素の単体において異なる化学種が好まれるかを理解できる．窒素分子 N_2 は安定形であり，含窒素化合物の化学反応からの共通する生成物である．この事実の大部分は窒素-窒素の三重結合が単結合（または二重結合）に比べて非常に高い強度をもつことに起因している（表15・4）．リンにおいては，単結合と三重結合の間での結合エネルギー差はもっと小さい．よって，リンの単体は単結合で結ばれた一群のリン原子を含んでいる．実際に，強いリン-酸素の単結合は，リンの化学の支配的な特質である．たとえば，以下に示されるように，窒素の単体は酸化に対して非常に安定だが，リンの単体は酸素と激しく反応して酸化物を生じる．

表15・4 窒素とリンのおおよその結合エネルギーの比較

窒素の結合	結合エネルギー 〔kJ・mol^{-1}〕	リンの結合	結合エネルギー 〔kJ・mol^{-1}〕
N≡N	942	P≡P	481
N—N	247	P—P	200
N—O	201	P—O	335

15・14 リンとその同素体

リンにはいくつかの同素体が存在する．最も一般的なものは白リン（ときどき黄リンともよばれる）であり，ほかに一般的な同素体として赤リンがある．白リンは非常に毒性が高い白色ロウ状物質である．正四面体の頂点にリン原子が存在する四量体分子だが（図15・22），おそらくはその大きくひずんだ結合構造のためリン四量体は極端に反応

図15・22 白リン分子

性の高い物質である．空気中では激しく燃えて，十酸化四リンを生じる．

$$P_4(s) + 5O_2(g) \longrightarrow P_4O_{10}(s)$$

この反応において，酸化物は電子的励起状態で生成し，電子が最低エネルギー状態に落ちるときに，可視光を放出する．実際に，リン（phosphorus）という名前は，白リンが空気にさらされた際に暗闇の中でリン光（phosphorescent）を発することに由来する．

酸素に対する反応性が非常に高いので，白リンは水中に保存しなくてはいけない．この同素体では，隣接分子との間に弱い分散力しか働いていないので，44℃で融解する．水のような水素結合をもつ溶媒には不溶性だが，二硫化炭素のような無極性有機溶媒には非常によく溶ける．

液体のリンを固化させると白リンを生じるが，同素体の中では最も熱力学的安定性が低い．（たとえば蛍光灯からの）紫外線にさらされると，白リンはゆっくりと赤リンに変わる．この同素体では，白リンの正四面体構造の一つの結合が切れて，隣接する正四面体ユニットと連結する（図15・23）．よって赤リンは，白リンよりもひずみの少ない結合をもつ高分子である．

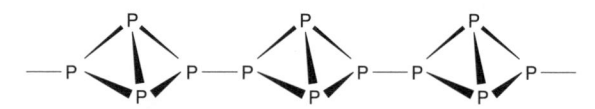

図15・23 赤リン中での原子の配置

熱力学的に安定な赤リンは，白リンとは完全に異なった性質をもつ．空気中で安定であり，空気中の酸素とは約400℃以上にしないと反応しない．赤リンの融点は約600℃であり，その温度でポリマー鎖が切れて白リンに含まれるのと同じ P_4 のユニットになる．共有結合の高分子で予測されるように，赤リンはすべての溶媒に不溶性である．

奇妙なことに，熱力学的に最も安定なリンの形態である黒リンは最もつくるのが難しい．黒リンをつくるには，約1.2 GPa もの圧力下で白リンを加熱しなくてはならない！この（前述の合成条件から予測される）最も高密度の同素体は，複雑な高分子構造をもっている．

15・14・1 リンの工業的採取

白リンは高反応性の単体なので，化合物から採取するにはかなり特別な方法を用いなくてはならない．原料はリン酸カルシウムである．この化合物の大きな鉱床はフロリダ州中央部，モロッコのサハラ地区，太平洋のナウル共和国（赤道近くの島）に存在する．これらの鉱床の源はよくわかってはいないが，サンゴ礁の炭酸カルシウムが，海鳥の落とすリンを豊富に含む糞と何百年も何千年もの期間をかけて相互作用した結果なのかもしれない．

リン鉱石（リン灰岩[a]）の加工は電気エネルギーに大きく依存する．したがって，鉱石は通常は北米やヨーロッパのような電力が豊富で安価な国に輸送される．リン鉱石から単体のリンへの変換は60トンの炭素電極を備えた非常に大きな電気炉中で行われる．この電気化学的プロセスでは，炉は鉱石，ケイ砂，コークスの混合物で満たされ，約180,000 A（500 V）の電流が電極間に流れる．

約1500℃の炉の運転温度では，リン酸カルシウムは一酸化炭素と反応して酸化カルシウム，二酸化炭素，白リン

---

[a] phosphate rock

(P_4) の気体が生じる.

$$2\,Ca_3(PO_4)_2(s) + 10\,CO(g) \xrightarrow{\Delta} 6\,CaO(s) + 10\,CO_2(g) + P_4(g)$$

気体のリンを凝縮させるために，(冷却) 塔の中に送り込み，その中で水を吹き付ける．液化した白リンは，塔の底に集まり，貯蔵タンクへ排出される．電気炉は1時間に平均約5トンの白リンを製造できる．

他の生成物のうち，二酸化炭素はコークスを用いて一酸化炭素に再還元される．

$$CO_2(g) + C(s) \longrightarrow 2\,CO(g)$$

気体のいくらかは再利用されるが，残りは電気炉から逃げる．酸化カルシウムは二酸化ケイ素（ケイ砂）と反応させてケイ酸カルシウム（スラグ[a]）にする．

$$CaO(s) + SiO_2(s) \xrightarrow{\Delta} CaSiO_3(l)$$

逃げた一酸化炭素は燃やされ，その熱は3種の原料を乾かすために用いられる．

$$2\,CO(g) + O_2(g) \longrightarrow 2\,CO_2(g)$$

リン鉱石には一般的に二つの不純物が含まれている．一つ目は，微量のフルオロアパタイト[b] $Ca_5(PO_4)_3F$ であり，高温で反応して毒性かつ腐食性の四フッ化ケイ素を生じる．この汚染物質は，流出する気体を炭酸ナトリウム水溶液で処理することにより除かれる．この過程で，商業的に有用な製品であるヘキサフルオロケイ酸ナトリウム[c] Na_2SiF_6 が生成する．二つ目の不純物は酸化鉄(III)であり，白リンと反応させてリン鉄[d]（おもに Fe_2P であり，いくつかの鉄の侵入型のリン化物の一つ）にする．この高密度のリン鉄は電気炉の液体のスラグ層下の底の方から抜取ることができる．リン鉄は，鉄道のブレーキシュー（鉄道のブレーキで車輪に押付けて用いる部分）のような特殊鋼[e] 製品に用いることができる．プロセスで生じる他の副生成物であるケイ酸カルシウム（スラグ）は，道路の盛土（斜面などに土砂を盛り上げて平坦な地表をつくるためのもの）を除くとほとんど価値がない．このプロセス全体のコストは，エネルギー消費だけでなく，原料の全質量にも依存するので，かなり変動する．それらを表15・5に記載する．

このプロセスの主要な環境汚染物質は，ほこり，燃焼ガス，リンを含むスラグ，冷却塔からの処理水である．古い工場では非常に悪い環境上の記録があった．実際に，古い工場を放棄して，近代技術を用いて汚染のほぼ完全な防止が可能な新工場を建てる方が経済的なほど，技術はかなり進歩した．しかし，放棄された工場では，廃棄物集積所からの浸出によって，近隣の地域社会にとって深刻な環境問題が生じるかもしれない．

純粋なリンをほとんどのリン化合物の原料とするには生産コストがあまりに高いので，その必要性は減少している．そのうえ，生態学的問題からリン酸系洗剤の需要も低下している．しかし，いまだにリンの単体は，リン酸系殺虫剤やマッチ材料のような高純度のリン化合物をつくるために必要とされている．

15・15 ホスフィン

アンモニアの類似体であるホスフィン[f] PH_3 は，高い毒性をもつ無色気体である．P—H 結合は N—H 結合よりも分極が小さいので，この二つの水素化物は本質的に異なっている．よって，ホスフィンは非常に弱い塩基であり，水素結合を形成しない．実際，アンモニウムイオンの等価体であるホスホニウムイオン PH_4^+ をつくることは難しい．ホスフィンそのものは，非常に電気的陽性な金属のリン化物を水と混合してつくる．

$$Ca_3P_2(s) + 6\,H_2O(s) \longrightarrow 2\,PH_3(g) + 3\,Ca(OH)_2(aq)$$

アンモニアの N—H 結合の角度107°に対して，ホスフィンの P—H 結合の角度は93°しかない．ホスフィンの角度は，リン原子は結合のために sp^3 混成軌道よりも p 軌道を用いていることを示している．

ホスフィンそのものはほとんど用途がないが，置換ホスフィンは，有機金属化学において重要な試薬である（§22・10を参照）．置換ホスフィンの中で最も一般的なのは，トリフェニルホスフィン[g] $P(C_6H_5)_3$ であり，PPh_3 と略記されることが多い．

表15・5　1トンのリンを採取するときに消費される物質と生成する物質

必要となるもの	生成するもの
10トンのリン酸カルシウム（リン鉱石）	1トンの白リン，8トンのケイ酸カルシウム（スラグ）
3トンの二酸化ケイ素（ケイ砂）	0.25トンのリン化鉄
1.5トンの炭素（コークス）	0.1トンの沪別されたほこり
14 MWh の電力	2500 m³ の廃ガス

---

a) slag　b) fluoroapatite　c) sodium hexafluorosilicate　d) ferrophosphorus　e) specialty steel　f) phosphine
g) triphenylphosphine

ナウル: 世界で最も豊かな島

工業化学にしろ，化学のどのような分野にしろ，それを研究するうえで人間という要素を考慮することは重要である．ナウル島からのリン鉱石の採取はその例証となる病歴である．

太平洋にあるナウル共和国は $21\ km^2$ しか面積がないが，リン酸カルシウムの世界的に主要な供給元である．1年に100万トンから200万トンのリン鉱石が採掘され，この小国に1年に約2億ドルの国民総生産を与えている．およそ5000人の土着のナウル人にとって，この収入は洗濯機からビデオデッキ（VCR）にいたるすべての現代生活設備を供給し，華やかなライフスタイルをもたらしている．そのうえ，家と庭まわりの労働をさせるために，アジアや他の島国から使用人やメイドを雇っている．

この"すばらしい"生活の憂慮すべき問題は，勤労や研究への意欲がほとんどないということである．肥満，心臓病，アルコール中毒は突然大きな問題となった．環境に対する長期的な影響はさらに破滅的だった．リン鉱石の採取は大規模な歯科医療と似ている．ときには25 mの高さにもなる巨大な歯のような珊瑚の石灰岩の茎の間から，鉱石がえぐり取られる．リン鉱石の鉱床が掘り尽くされた後に残されるのは，島の80％に及ぶこれらの石灰岩の不毛な尖峰のみであろう．そのうえ，採掘作業からのシルト[a), *]の流出は，かつては豊富な漁業資源を供給した沖合の珊瑚礁を破損した[**]．

島と島民の将来のために，採掘の鉱山使用料は今ではリン鉱石鉱山使用料信託に委ねられている．その収入金は，島民にとって長期的な利益となるように運用するように意図されている．この中には，島の地表を再生するために数百万トンの土を輸入することも含まれているだろう．あるいは，何人かの計画推進者は，全島民の再配置のために，人口密度の低い島を購入して，ナウルを放棄することを思案している．どんな将来の姿になろうとも，すでにリン鉱石の鉱山は，島民の生活を永久に変えてしまったのである．

15・16 リンの酸化物

リンは，六酸化四リン[b)] P_4O_6 と十酸化四リン[c)] P_4O_{10} の2種の酸化物を形成する．両方とも室温で白色固体である．六酸化四リンは酸素欠乏条件下で白リンを加熱すると得られる．

$$P_4(s) + 3\ O_2(g) \xrightarrow{\Delta} P_4O_6(s)$$

これに対して，より一般的であり，より重要な酸化物である十酸化四リンは，酸素過剰条件下で白リンを加熱すると得られる．

$$P_4(s) + 5\ O_2(g) \xrightarrow{\Delta} P_4O_{10}(s)$$

十酸化四リンは，何段階ものステップで水と激しく反応して最終的にはリン酸になるので，脱水剤として用いられる．

$$P_4O_{10}(s) + 6\ H_2O(l) \longrightarrow 4\ H_3PO_4(l)$$

多くの化合物が十酸化四リンによって脱水される．たとえば，硝酸は脱水されて五酸化二窒素になり，有機アミド $RCONH_2$ はニトリル RCN になる．

これらの酸化物の構造はともに，白リン（P_4）自身の正四面体に基づいている．六酸化四リンにおいて，酸素原子は正四面体のすべてのリン-リン結合に挿入されている（図15・24）．十酸化四リンでは，追加の4個の酸素原子がリン原子と配位結合を形成し，正四面体の隅から外側に伸びている（図15・25）．これらの結合は，P—O 単結合よりも強く，何らかの多重結合性をもつ形態を示唆する．

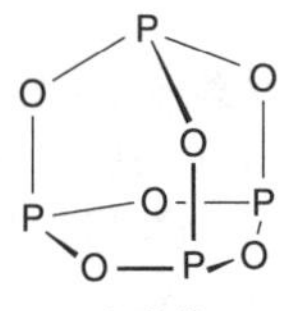

図15・24　六酸化四リン分子

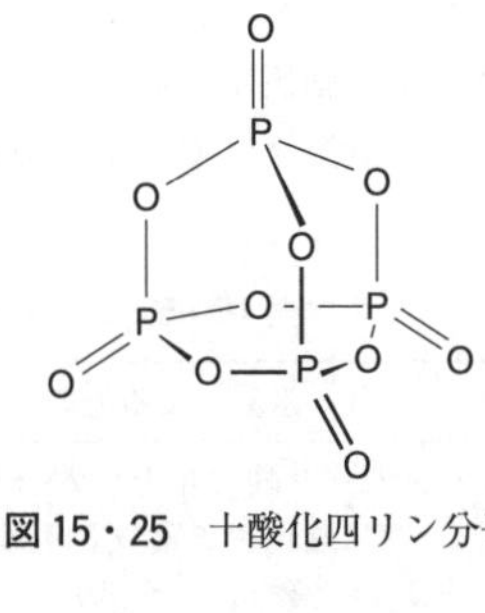

図15・25　十酸化四リン分子

---

a) silt　b) tetraphosphorus hexaoxide　c) tetraphosphorus decaoxide
＊[訳注] 沈泥ともよび，砂より細く粘土より粗い沈積土のこと．
＊＊[訳注] ナウル共和国のリン鉱石は，1989年に採掘量が初めて減少し，21世紀に入ってほぼ枯渇しかけている．最盛期には200万トンを誇った採掘量も，2002年には5万5千トン，2004年には数千トン規模にまで減少している．

15・17 リンの塩化物

酸化物と同じように，ともに白色固体の三塩化リン[a] PCl_3 と五塩化リン[b] PCl_5 の2種の塩化物がある．三塩化リンは，塩素ガスを過剰量のリンと反応させてつくる．

$$P_4(s) + 6\,Cl_2(g) \longrightarrow 4\,PCl_3(l)$$

リンを過剰量の塩素ガスと反応させると五塩化リンが生じる．

$$P_4(s) + 10\,Cl_2(g) \longrightarrow 4\,PCl_5(s)$$

三塩化リンは水と反応して一般的には亜リン酸[c]とよばれるホスホン酸[d] H_3PO_3 と塩化水素ガスを生じる（図15・26）．

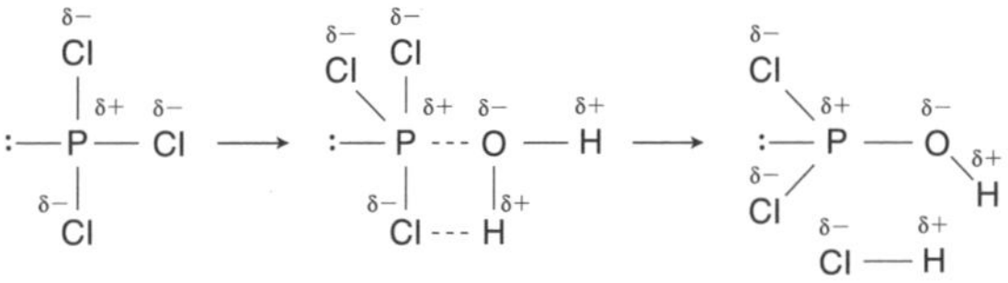

図15・26 三塩化リンと水の間の反応における最初の段階の提案された機構

$$PCl_3(l) + 3\,H_2O(l) \longrightarrow H_3PO_3(l) + 3\,HCl(g)$$

この挙動は，§15・9で述べた三塩化窒素の挙動とは異なっている．三塩化窒素は加水分解してアンモニアと塩酸が生じる（図15・27）．

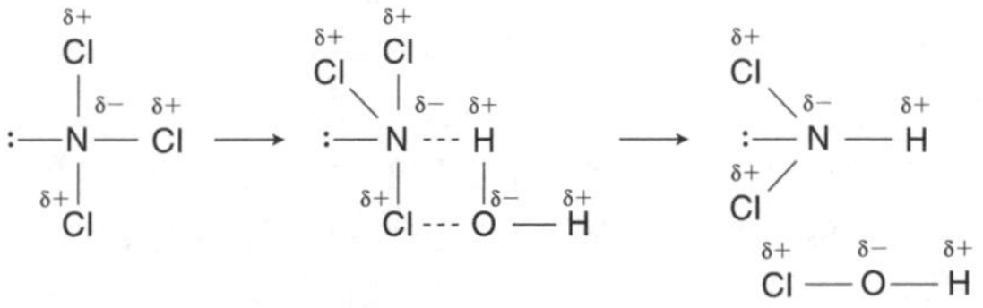

図15・27 三塩化窒素と水の間の反応における最初の段階の提案された機構

$$NCl_3(l) + 3\,H_2O(l) \longrightarrow NH_3(g) + 3\,HClO(aq)$$

三角形の三塩化リン（図15・28）は重要な有機化学の反応試薬であり，全世界で年間約25万トンが生産されている．たとえば，三塩化リンはアルコールを塩素化合物に変換するのに用いられる．1-プロパノールは三塩化リンによって1-クロロプロパンに変換される．

$$PCl_3(l) + 3\,C_3H_7OH(l) \longrightarrow 3\,C_3H_7Cl(g) + H_3PO_3(l)$$

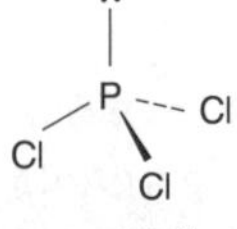

五塩化リンの構造は，室温・固相と高温・気相とで異なるので，興味深い．気相では，五塩化リンは三方両錐形[e]の共有結合性分子だが（図15・29），固相ではイオン性構造 $PCl_4^+PCl_6^-$（図15・30）をとっている．

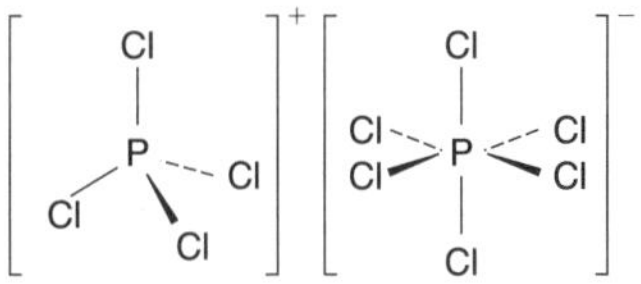

図15・28 三塩化リン分子 　**図15・29** 液相と気相中での五塩化リン分子の形

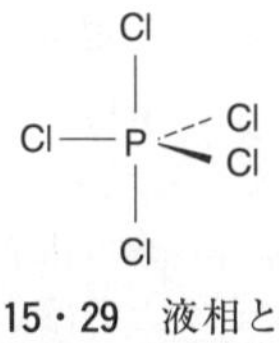

図15・30 固相の五塩化リンで存在する二つのイオン

五塩化リンも有機反応試薬として用いられているが，重要性では三塩化リンより劣り，全世界での年間生産量は2万トンにすぎない．三塩化リンと同様に水と反応するが，2段階の過程であり，最初の過程では，オキシ塩化リン[f]としても知られている塩化ホスホリル[g] $POCl_3$ を生じる．

$$PCl_5(s) + H_2O(l) \longrightarrow POCl_3(l) + 2\,HCl(g)$$
$$POCl_3(l) + 3\,H_2O(l) \longrightarrow H_3PO_4(l) + 3\,HCl(g)$$

塩化ホスホリルは最も重要な工業リン化合物の一つである．湿潤空気中で発煙するこの濃密な毒性液体は，三塩化リンの触媒的酸化によって工業的につくられている．

$$2\,PCl_3(l) + O_2(g) \longrightarrow 2\,POCl_3(l)$$

かなり広範囲な化学製品が塩化ホスホリルからつくられている．一般的にTBPと略されるリン酸トリブチル[h] $(C_5H_{11}O)_3PO$ は，ウラン化合物とプルトニウム化合物の分離に用いるような選択性溶媒として有用である．類似化合物は，子供服，飛行機と列車のシート，カーテン生地，その他の日常生活の中で出会う多くの物品にスプレーされる難燃剤として，われわれの日々の生活で重要な役割を果たしている．

15・18 一般的なリンのオキソ酸

リンには，リン酸[i] H_3PO_4，ホスホン酸 H_3PO_3（一般的には亜リン酸とよばれる），ホスフィン酸[j] H_3PO_2（一般的には次亜リン酸[k]とよばれる）の3種のオキソ酸がある．リン酸のみが，実際に重要なリンのオキソ酸である．しかし，他の二つの酸もオキソ酸の性質の要点を理解するには有用である．

---

a) phosphorus trichloride　b) phosphorus pentachloride　c) phosphorous acid　d) phosphonic acid　e) trigonal bipyramid
f) phosphorus oxychloride　g) phosphoryl chloride　h) tri-*n*-butyl phosphate　i) phosphoric acid　j) phosphinic acid
k) hypophosphorous acid

一般的にオキソ酸において水素は著しく酸性なので，酸素原子に結合しているに違いなく，通常そのとおりである．ふつう，一連のオキソ酸を通してみていくと，たとえば硝酸 (HO)NO₂ と亜硝酸 (HO)NO のように，中心元素の酸化数が減少すると末端の酸素原子が一つ失われる．一方，リンのオキソ酸においては，リンと水素を結びつけている酸素が失われていくという点でユニークである．したがって，イオン化できる水素原子の数はリン酸は3個だが，ホスホン酸は2個，ホスフィン酸は1個しかない（図15・31）．

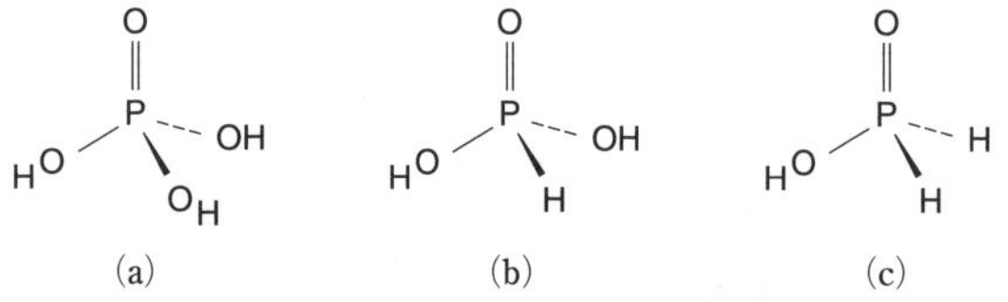

図15・31 三つの一般的なリンのオキソ酸の結合．
(a) リン酸，(b) ホスホン酸，(c) ホスフィン酸

15・18・1 リン酸

純粋な（オルト）リン酸は，融点42℃の無色固体である．濃リン酸水溶液（質量百分率で85%，14.7 mol·L⁻¹の濃度）は，"シロップ状"リン酸とよばれている．この高粘性は広範囲な水素結合によりもたらされている．前述したように，リン酸は弱酸であり，3段階の電離をする．

$$H_3PO_4(aq) + H_2O(l) \rightleftharpoons H_3O^+(aq) + H_2PO_4^-(aq)$$
$$H_2PO_4^-(aq) + H_2O(l) \rightleftharpoons H_3O^+(aq) + HPO_4^{2-}(aq)$$
$$HPO_4^{2-}(aq) + H_2O(l) \rightleftharpoons H_3O^+(aq) + PO_4^{3-}(aq)$$

純粋な酸は白リンを燃やして十酸化四リンにし，その後に酸化物を水で処理してつくる．

$$P_4(s) + 5\,O_2(g) \longrightarrow P_4O_{10}(s)$$
$$P_4O_{10}(s) + 6\,H_2O(l) \longrightarrow 4\,H_3PO_4(l)$$

このような高純度はほとんどの目的には必要ないので，痕跡量の不純物があってもかまわない場合は，エネルギー効率がもっともよい方法，すなわちリン酸カルシウムと硫酸を反応させてリン酸水溶液と硫酸カルシウムの沈殿を生成する方法を用いる．

$$Ca_3(PO_4)_2(s) + 3\,H_2SO_4(aq) \longrightarrow \\ 3\,CaSO_4(s) + 2\,H_3PO_4(aq)$$

このプロセス（"湿式"合成法として知られている）の唯一の問題点は，硫酸カルシウムの処理である．その一部は建築業で用いられるが，生産量は使用量を上回っている．よって，ほとんどは投棄しなくてはならない．そのうえ，このプロセスの最終段階でリン酸を濃縮するときに，たくさんの不純物が沈殿してくる．この"軟泥[a]"を環境上安全な方法で処分しなくてはならない．

リン酸を加熱すると段階的に水を失う．言い換えると，リン酸分子が縮合していく．最初の生成物はピロリン酸[b] $H_4P_2O_7$ である．リン酸と同様に，それぞれのリン原子は正四面体形配位をとっている（図15・32）．つぎに生成するのは，トリポリリン酸[c] $H_5P_3O_{10}$ である．

$$2\,H_3PO_4(l) \xrightarrow{\Delta} H_4P_2O_7(l) + H_2O(l)$$
$$3\,H_4P_2O_7(l) \xrightarrow{\Delta} 2\,H_5P_3O_{10}(l) + H_2O(l)$$

その後の縮合により，さらに重合度の高い生成物が生じる．

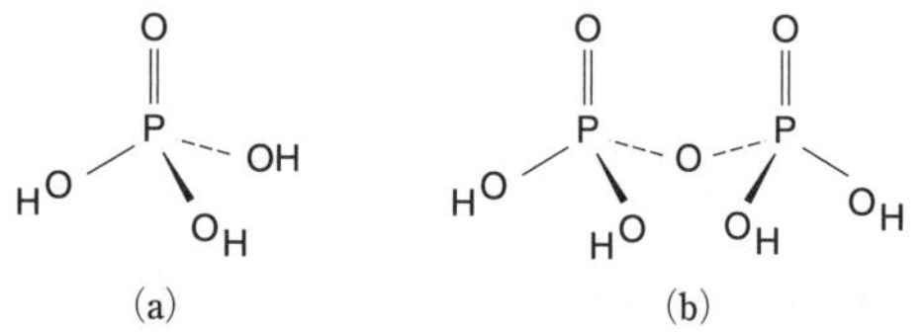

図15・32 (a)（オルト）リン酸と (b) ピロリン酸の形

リン酸の大部分は肥料生産に用いられる．リン酸はソフトドリンクに一般的に使用される添加剤でもあり，その弱い酸性が詰められた溶液中での細菌増殖を防ぐ．金属製容器の場合，リン酸はもう一つ別の目的に役立つことも多い．容器壁から金属イオンがしみ出してくるかもしれないが，リン酸イオンは金属イオンと反応して不活性なリン酸化合物を生じるため，金属中毒を予防できる．リン酸イオンは鋼の錆取りとして，工業用ならびに家庭の自動車修理のために用いられている．

15・19 リン酸塩

高電荷をもつリン酸陰イオンでは格子エネルギーが高くなるため，ほとんどのリン酸塩は不溶性である．アルカリ金属イオンとアンモニウムイオンのリン酸塩だけがこの規則の数少ない一般的な例外である．リン酸塩には，PO_4^{3-} を含むリン酸塩[d]，HPO_4^{2-} を含むリン酸一水素塩[e]，$H_2PO_4^-$ を含むリン酸二水素塩[f]，の3種類がある．溶液中では，この3種の化学種とリン酸そのものとの間での平衡が成り立つ．たとえば，リン酸イオンは加水分解してつぎのようになる．

---

a) slime　b) pyrophosphoric acid　c) tripolyphosphoric acid　d) phosphate　e) hydrogen phosphate
f) dihydrogen phosphate

$$PO_4^{3-}(aq) + H_2O(l) \rightleftharpoons HPO_4^{2-}(aq) + OH^-(aq)$$
$$HPO_4^{2-}(aq) + H_2O(l) \rightleftharpoons H_2PO_4^-(aq) + OH^-(aq)$$
$$H_2PO_4^-(aq) + H_2O(l) \rightleftharpoons H_3PO_4(aq) + OH^-(aq)$$

この3段階の平衡は，下に行くほど左に偏る．よって，実際のリン酸濃度は非常に低くなる．したがって，リン酸ナトリウムの溶液は，最初の平衡がほぼ完全に右に偏る結果，かなり塩基性になる．この塩基性の強さ（油と反応するのによい）とリン酸イオンの錯形成能力により，リン酸ナトリウム水溶液は一般的にTSP（リン酸三ナトリウム[a]）として知られている台所用洗浄液に用いられている．

図15・33にリン酸イオン化学種の存在率のpH依存性を示す．リン酸水素二ナトリウム $Na_2(HPO_4)$ の水溶液は，上の3段階平衡の第二段階が起こるため，塩基性になる．

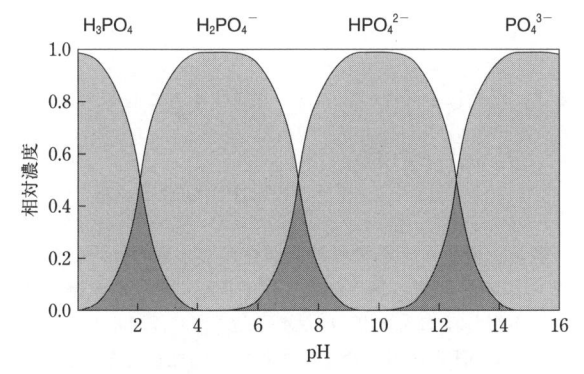

図15・33 pHの値の違いによるリン酸イオン種の相対的濃度

$$HPO_4^{2-}(aq) + H_2O(l) \rightleftharpoons H_2PO_4^-(aq) + OH^-(aq)$$

しかし，リン酸二水素ナトリウム $Na(H_2PO_4)$ の水溶液は，そのつぎの第三段階の平衡反応が支配的になるので少し酸性になる．

$$H_2PO_4^-(aq) + H_2O(l) \rightleftharpoons H_3O^+(aq) + HPO_4^{2-}(aq)$$

固体のリン酸一水素塩とリン酸二水素塩について，既知のものの大部分はアルカリ金属イオンやアンモニウムイオンのような1価陽イオンの塩であり，少しだが，カルシウムイオンのような2価陽イオンの塩も存在する．上述したように，大きな電荷の小さな陰イオンを安定化させるためには，電荷密度の小さい陽イオンが必要である．ほとんどの2価金属イオンとすべての3価金属イオンにおいて，PO_4^{3-}，HPO_4^{2-}，$H_2PO_4^-$ のどれか一つを含む溶液に金属イオンを加えると，まず PO_4^{3-} が金属塩となって沈殿が少し生じる．すると溶液内の PO_4^{3-} がなくなるので，ルシャトリエの法則によりリン酸イオンを生成する方向へ平衡は移動し（すなわち，第一段階の平衡が左に移動し，あわせて第二段階と第三段階の平衡も左に移動していく），PO_4^{3-} が供給され，金属リン酸塩の沈殿がますます増えていく結果となる．

リン酸塩は，非常に広い範囲で利用されている．この節の頭部で述べたように，リン酸塩は家庭用洗剤として使用される．ピロリン酸ナトリウム $Na_4P_2O_7$ やトリポリリン酸ナトリウム $Na_5P_3O_{10}$ のような他のリン酸のナトリウム塩は洗浄剤にしばしば加えられ，水道水中のカルシウムイオンやマグネシウムイオンと反応して溶解性の化合物を生成して，洗浄の際に浮きかすが析出するのを防ぐ．しかし，リン酸を多く含む排水が湖に達すると，藻や他の単純な植物の急な増殖をひき起こすことがある．暗緑色の湖の形成は，**富栄養化**[b]とよばれている．リン酸塩は，洗浄剤に増量剤としても添加されている．米国人は，固体洗剤を洗濯機の中にカップ1杯分入れることに慣れてしまい，増量剤を必要とする．しかし，実際に必要な洗浄成分の量は本当に少量なので，洗剤のほとんどは単純な不活性物質である．日本のような慎ましい生活を営む社会では，スプーン1杯ほどの洗剤を入れることに慣れているので，この浪費的な増量剤はあまり必要としない．

リン酸水素二ナトリウムは低温殺菌されたプロセスチーズをつくるときに用いられてきたが，今日でも，この塩をどんな目的で使っているのかよくわかっていない．アンモニウム塩，リン酸水素二アンモニウムとリン酸二水素アンモニウムは窒素質−リン酸質複合肥料として有用である．リン酸アンモニウムは，ドレープ（厚地のカーテン），劇場の舞台装置，使い捨ての紙製の衣類や制服のための優れた難燃剤として製造されている．

リン酸カルシウム類はさまざまな状況で用いられる．たとえば，"複合型ベーキングパウダー"では，リン酸二水素カルシウムと炭酸水素ナトリウムとの反応を利用して，パンや菓子を焼くときに不可欠な二酸化炭素を発生させる*．反応は単純化すると以下のように表される．

$$Ca(H_2PO_4)_2(aq) + 2 NaHCO_3(aq) \rightleftharpoons$$
$$CaHPO_4(aq) + Na_2HPO_4(aq) + 2 CO_2(g) + 2 H_2O(l)$$

他のリン酸カルシウム類は，歯磨き用の軟質研磨剤として用いられている．

リン酸二水素カルシウムは肥料として用いられる．リン酸カルシウム（リン鉱石）はあまりに水に溶けないため，植物の成長に不可欠なリン酸イオンを供給できない．そこで，リン酸二水素カルシウムに変えるために，硫酸で処理

---
a) trisodium phosphate　b) eutrophication
*[訳注] 日本ではこのタイプのものを単純にベーキングパウダーとよんでいる．

する．

$$Ca_3(PO_4)_2(s) + 2H_2SO_4(aq) \rightleftharpoons Ca(H_2PO_4)_2(s) + 2CaSO_4(s)$$

この化合物はリン酸カルシウム類で唯一水に溶ける．わずかしか溶けないものの，少しずつ溶けてリン酸イオンを周囲の土に定常的に供給するには十分な溶解度であり，そこから植物の根はリン酸イオンを吸収できる．

15・20 生物学的役割
15・20・1 窒素: 不活性だが不可欠なもの

炭素循環と同様に窒素循環も存在しており，すべての植物が成長し生存するためには窒素が不可欠である．年間約 $10^8 \sim 10^9$ トンの窒素が，大気圏と岩石圏の間で循環している．大気中の二窒素は，細菌によって窒素化合物に変換される．ある種の細菌は単独で土壌中に存在しているが，最重要属であるリゾビウム[a]（根粒菌の一種）属の菌は，エンドウ，豆，ハンノキ，クローバーという植物の根の上に小瘤[b]（こぶ）を形成する．これは共生関係[c]であり，細菌は植物に窒素化合物を供給し，植物は栄養物を細菌に供給する．通常の土壌の温度において窒素化合物への変換をかなり高速に行うために，細菌はニトロゲナーゼ[d]のような酵素を用いている．

ニトロゲナーゼは，2種の金属（鉄とモリブデン）を含む大きなタンパク質と，鉄を含むより小さなタンパク質という二つの構成成分を含んでいる．このプロセスにかかわる生物無機化学はまだよく理解されていないが，重要な反応段階の一つはモリブデンと二窒素との結合形成と考えられている．細菌が用いている経路を理解することにより，多くのエネルギー供給が必要なハーバー・ボッシュ法を用いなくても，室温でのプロセスによって肥料用アンモニアの製造が可能になるはずだと期待されている．

15・20・2 リン: リン循環

リンは生命にとって不可欠な元素である．たとえば，遊離のリン酸一水素イオンとリン酸二水素イオンは血液の緩衝システムにかかわる．もっと重要なことは，リン酸エステルが DNA と RNA の糖のエステルにおける連結ユニットとなっていること，およびリン酸エステルユニットが生体における本質的なエネルギー貯蔵ユニットである ATP の一部を構成していることである．また，骨は一般的にアパタイト[e]とよばれるリン酸塩鉱物，水酸化リン酸カルシウム $Ca_5(OH)(PO_4)_3$ である．

炭素循環と窒素循環があるように，活発なリン循環も存在する．リンは，植物成長にとって不可欠な元素であるが，土中のリン濃度は通常非常に低く，$1\,mg\cdot L^{-1}$ から $0.001\,mg\cdot L^{-1}$ の間である．炭素循環および窒素循環とリン循環のおもな違いは，リンには主要な気相化合物がない点である．よって，リン循環はほぼ完全にリン酸イオン（またはリン酸エステル）を含む水相と固相の間で行われる．有機リン酸エステル類は，土中では大体可溶性である．これらの化合物は，リン脂質[f]，核酸，イノシトールリン酸[g]（イノシトールは分子式 $C_6H_6(OH)_6$ の糖類似の分子である）という形で，リン酸エステルが共有結合したものである．

土壌の通常の pH 範囲において，無機リン酸イオンはリン酸一水素イオンまたはリン酸二水素イオンとして存在している．しかし，高電荷金属イオンが存在すると，不溶性で利用不可能な化合物（リン酸塩）が生じる方向に平衡は移動する．特に重要なのは，カルシウムイオンが不溶性のリン酸カルシウムを形成することである．pH が増加すると，平衡は不溶性の化合物が生成する方に偏る．

$$3Ca^{2+}(aq) + 2HPO_4^{2-}(aq) \rightleftharpoons Ca_3(PO_4)_2(s) + 2H^+(aq)$$

各リン酸イオンを含む溶液が存在できるのは，図15・33 の図の酸性側の端（たとえば HPO_4^{2-} では約 pH 6）までに限定される．§13・6 で述べたように，アルミニウムイオンは pH が小さくなるにつれて溶解性が高くなる．可溶になったアルミニウムイオン種は，リン酸イオン種と反応して不溶性のリン酸アルミニウム化合物になる．

$$[Al(OH_2)_4(OH)_2]^+(aq) + H_2PO_4^-(aq) \rightleftharpoons Al(OH)_2H_2PO_4(s) + 4H_2O(l)$$

これら二つのタイプの化学反応の結果，pH 6 から 7 という狭い範囲を除いて，土壌中の無機リン酸塩の量は非常に低レベルになる*．

15・20・3 ヒ素: 水を毒するもの

意外に思うかもしれないが，ヒ素は生命にとって不可欠な元素でもある．しかし，ほんのごく微量しか必要ではなく，その役割はいまだにわかっていない．ヒ素の無機化合物がごく微量の限度以上存在すると，急性中毒をひき起こす．毒性の一部は，軟らかい酸であるヒ素(III)が軟らか

---

a) *Rhizobium*　b) nodule　c) symbiotic relationship　d) nitrogenase　e) apatite　f) phospholipid　g) inositol phosphate

*[訳注] 水酸化物イオンが HPO_4^{2-} イオンと交換すればアルミニウム化合物は可溶性になる．アルミニウムイオンは pH 7 以下でないと存在できないので，HPO_4^{2-} イオンが溶液として存在しうる pH 6 までという条件と組合わせると，可溶性の塩となりうるのは pH 6〜7 の範囲という結果になる．

パウル・エールリッヒと"魔法の弾丸"

ヒ素は人命救助にも用いられた.19世紀,医師は感染と戦う手段をもたなかったので,患者は死に至るのが通常だった.1863年にフランスの科学者ベシャン[a]が,ヒ素化合物がある種の微生物に毒性を示すことをみつけてから,医学が全面的に変貌した.ドイツのエールリッヒ[b]は,新しいヒ素化合物を合成し,一つ一つについて微生物に対する殺傷能力を調べていこうと決心した.1909年に,606番目のヒ素化合物が,選択的に梅毒[c]の有機組織を殺傷する物質であることを発見した.当時梅毒は治療法がなく,ただ苦しみと痴呆,そして死をもたらすため,恐れられ広くはびこっていた疾病だった.エールリッヒが"魔法の弾丸"とあだ名をつけたこのヒ素化合物は奇跡的な治療を可能にした.これがきっかけとなって,疾病の治療に活用できる他の化学物質の探索が始められた.この物語は,1940年に封切られた昔の映画"エールリッヒ博士の魔法の弾丸*(Dr. Erhlich's Magic Bullet)"で詳しく語られた.

化学療法[d]という分野は,細菌やほか多くの微生物による感染を制御する最も有効な手段の一つをつくり出した.化学療法は,がん組織に対する攻撃手法の一つにもなっている.これはすべてヒ素化合物から始まったのだ.

い塩基である含硫アミノ酸中の硫黄と反応して,硫黄原子がペプチド鎖間のジスルフィド架橋[e]の形成を妨げるからだと考えられている.実際に,ヒ素中毒に対する処置は,ヒ素イオンを"ぬぐい取る"チオール化合物の投与である.

多くの人々は,井戸水は当然"純粋な"水だと信じている.実際問題として,井戸水の組成には水を汲み出す地層の可溶性の(そしておそらく有毒な)成分組成が反映されている.田舎での井戸水による給水の場合,ヒ素のような痕跡量の元素について調べることは常に重要である.井戸水によるヒ素中毒は,今やアジアの国バングラデシュで深刻な健康上の問題となっている.バングラデシュの田舎の村民たちは伝統的に給水を,疫病をもたらす地表の池の水に依存していた.政府は多くの国際的な支援組織とともに,安全な深い井戸水を供給するために,18,000以上の井戸をボーリングするキャンペーンを実施することに成功した.

しかし,地表水でない水を手に入れたいという熱意以外に,下部の地層を調べるなどの考えは入っていなかった.偶然だが,こし出されてくるヒ素化合物の濃度が高かった.結果として,多くの場所で,地表水から生み出された疾病は,ヒ素自身の毒性とそれがひき起こすがんによる疾病や死に置き換えられることになった.すぐに行うべき仕事は,18,000の井戸のうちヒ素濃度0.05 ppmの限度を超えているものを同定することだった.米国のような先進国では,試験サンプルは最先端装置を備えた研究室に急送されるだろう.しかし,バングラデシュのような貧しい国にとって,それは不可能である.その代わりに,伝統的なヒ素に対するマーシュ試験[f,**]を用いる低価格の分析キットを日本企業が開発した.この分析キットは村から村へ地域医療作業員によって運ばれ,比較的未熟な人によっても用いることができる.危険な井戸が同定された後のつぎのステップは,ヒ素を除く安価な方法をみつけることだ.日ごとに死者が増えている状況を踏まえると,この解決策を迅速にみつけなくてはならない.

ヒ素中毒の最も有名な事件は,ナポレオンの事件だと信じられている.近代化学分析は,ナポレオンの髪の毛に高濃度のヒ素が含まれていることを明らかにした.多くの人が,監禁の身から逃れて再びヨーロッパの安定を脅かさないようにナポレオンを抹殺するため,英国の看守(またはおそらくはフランス国内のライバル)が中毒させたのだと議論していた.しかし化学的調査は,壁紙が中毒の原因だという,もう一つの説明を掘り起こした.当時は,亜ヒ酸水素銅(II)[g] $CuHAsO_3$ が壁紙を美しい緑色にする色素として用いられていた.乾燥気候状態では色素はまったく安全であるが,ナポレオンが幽閉されていたセントヘレナ島の慢性的に湿った家の中では,カビが壁の上で成長する.これらのカビの多くは代謝過程で,ヒ素化合物を気体のトリメチルアルシン[h] $(CH_3)_3As$ に変える.驚くべきことに,ナポレオンの寝室の壁紙の試料は残存しており,実際に亜ヒ酸の色素が用いられていたことが証明されている.したがって,ナポレオンはベッドで寝ている間,おそらくこの毒ガスを吸収しており,寝室で過ごす時間が長くなるほど病気が重くなり,この毒性元素による死が促進されたのだ.

---

a) Antoine Béchamps b) Paul Erhlich c) syphilis d) chemotherapy,医者はケモセラと略することが多い.
e) disulfide bridge f) Marsh test g) copper(II) hydrogen arsenite h) trimethylarsenic
*[訳註]日本では"偉人エールリッヒ博士"というタイトルで上映されている.
**[訳註]ファラデーの助手であったマーシュが1836年に開発した検出法で,燃焼により発生したアルシンを冷たい磁器に触れさせて,鏡のような光沢のある黒紫色のヒ素を蒸着させて(ヒ素鏡とよぶ)確認する方法.

15・20・4 ビスマス：医薬の元素

ビスマス[a]が生態系において，何か本質的な役割を担っているかはまったく知られていないが，ビスマス化合物は250年以上にわたって西洋医学[b]における細菌関連の病気治療に用いられている．ビスマス化合物は，伝統的な漢方薬[c]やビスマス蓄積性があるいくらかの薬用植物（ハーブ療法[d]）においても見いだされる．

ビスマス化合物は，梅毒およびある種の腫瘍の治療にも用いられるが，おもな用途は胃腸病（胃病）の治療である．売薬としては，次サリチル酸ビスマス[e]（BSS）を含むペプトビスモール（Pepto–Bismol™），コロイド状の次クエン酸ビスマス[f]（CBS）を含むデノール（DeNol™）がある．これらの化合物は抗菌作用を示すだけでなく，胃粘液を強化し，細胞保護過程を刺激するようである．BSSとCBSは，今ではほとんどのタイプの十二指腸潰瘍の病原体だとして知られているヘリコバクター・ピロリ菌[g]に対して有効なことがわかっている．旅行者の下痢に対するBSSの有効性にも，強力な証拠がある．実際，カナダの保健機関は，食物や水中の細菌レベルが高い世界の地域に旅行する人には，予防策として食前に1錠か2錠のBSSの錠剤を飲んでおくよう助言している．

細菌殺傷剤としてのビスマスの有効性は，その化学のある特異性と関係しているに違いない．ビスマスの化学は，その弱い金属的性質に依存する．支配的な酸化状態は+3であるが，遊離の陽イオンは存在せず，共有結合的挙動が優先的である．その代わりに，BiO^+ が唯一の一般的なイオン種である．このイオンはビスムチルイオン[h]として知られており，その化合物は，"塩基性"，"オキシ" または "次" ビスムチル塩とよばれている．実際，水溶液の化学は，6個のビスマス原子と8個の酸素原子を含む，$[Bi_6O_4(OH)_4]^{6+}$ のようなクラスターの形成に支配されている．その溶液化学の複雑さの結果，BSSやCBSのような化合物の化学量論でさえ，細かい合成条件に依存して可変である．ビスマス化合物が細菌殺傷剤としてどのように機能しているかを理解するには，まだ多くの研究が必要である．

15・21 元素の反応フローチャート

15族の二つの重要な元素である窒素とリンのフローチャートを示す．

要　点

- 窒素の化学のいくつかの点において，その単体（N_2）と関連した特異性を示す．
- 窒素にはたくさんの酸化物がある．
- リンは非常に反応性の高い単体である．
- リン酸塩とリン酸は，リンの最も一般的な化合物である．

---

a) bismuth　　b) Western medicine　　c) Chinese medicine　　d) herbal remedy　　e) bismuth sub-salicylate
f) bismuth sub-citrate　　g) bacterium *Helicobacter pylori*　　h) bismuthyl ion

基本問題

15・1 以下の各反応について化学反応式を記しなさい．
(a) 三塩化ヒ素と水
(b) マグネシウムと二窒素
(c) アンモニアと過剰量の塩素
(d) メタンと水蒸気
(e) ヒドラジンと酸素
(f) 硝酸アンモニウム溶液を加熱
(g) 水酸化ナトリウム水溶液と三酸化二窒素
(h) 硝酸ナトリウムを加熱
(i) 十酸化四リンと炭素を加熱

15・2 以下の各反応について化学反応式を記しなさい．
(a) 亜硝酸アンモニウム溶液を加熱
(b) 硫酸アンモニウム水溶液と水酸化ナトリウム
(c) アンモニアとリン酸
(d) アジ化ナトリウムの分解
(e) 一酸化窒素と二酸化窒素
(f) 固体の硝酸鉛を加熱
(g) 白リンと過剰量の酸素分子
(h) リン化カルシウムと水
(i) ヒドラジン溶液と希塩酸

15・3 どうしてヒ素は金属または非金属のいずれかに分類するのが難しいのか？

15・4 窒素の化学が15族の他元素の化学と異なっている要因は何か？

15・5 (a) メタンとアンモニア，(b) エタンとヒドラジンを比べることにより窒素と炭素の挙動を比較しなさい．

15・6 二つの化合物 NF_3O と PF_3O における酸素の結合を比較しなさい．

15・7 (a) どうして二窒素は安定なのか？ (b) それにもかかわらず，窒素化合物を含む酸化還元反応において，どうして二窒素が常に生成物となるわけではないのか？

15・8 アンモニアを水に溶解したとき，その溶液はしばしば"水酸化アンモニウム"とよばれる．この用語が適切かどうか議論しなさい．

15・9 アンモニア合成のハーバー法において，再利用される気体中のアルゴンガスの割合は増えていく．このアルゴンはどこからくるのだろうか？ また，どうやって除けばよいのかを示しなさい．

15・10 アンモニア合成の際の蒸気改質プロセスにおいて高温高圧が用いられるのはどうして驚くべきことなのか？

15・11 アンモニウムイオンとアルカリ金属イオンの違いについて議論しなさい．

15・12 結合エネルギーを用いて，気体のヒドラジンが空気中で（酸素と）燃えて水蒸気と窒素ガスになるときに放出される熱量を計算しなさい．

15・13 アジ化物イオンの可能な構造を点電子式で記しなさい．形式電荷がどこにあるかを同定しなさい．

15・14 理論的な分子 N—O—N の可能な構造を点電子式で記しなさい．形式電荷を割当てることにより，なぜ実際の酸化二窒素分子が非対称な構造をとるのかを示しなさい．

15・15 エアバッグの反応の2段階で生じる窒素ガスの量を考慮に入れて，298 K，100 kPa において 70 L のエアバッグを二窒素で満たすのに必要なアジ化ナトリウムの質量を計算しなさい．

15・16 一酸化窒素は陽イオン NO^+ と陰イオン NO^- を形成することができる．おのおのの化学種における結合次数を計算しなさい．

15・17 三フッ化窒素は $-129\,℃$ で沸騰するが，アンモニアは $-33\,℃$ で沸騰する．この値の違いについて説明しなさい．

15・18 つぎのおのおのの分子の形を描きなさい．(a) 三酸化二窒素，(b) 五酸化二窒素（固相と気相），(c) 五フッ化リン．

15・19 つぎのおのおのの分子の形を描きなさい．(a) 酸化二窒素，(b) 四酸化二窒素，(c) 三フッ化リン，(d) ホスホン酸．

15・20 (a) 硝酸，(b) アンモニアの物理的な性質を記述しなさい．

15・21 硝酸の合成において，一酸化窒素と酸素分子との反応を高圧下で冷やしながら行う理由を説明しなさい．

15・22 以下の各反応について化学反応式を記しなさい．
(a) 金属亜鉛による硝酸のアンモニアへの還元
(b) 固体の硫化銀と硝酸が反応して銀イオンの溶液，単体硫黄，一酸化窒素を生じる反応

15・23 リンの二つの一般的な同素体の性質を比較しなさい．

15・24 アンモニアとホスフィンの性質を比較しなさい．

15・25 ホスフィン PH_3 は液体アンモニアに溶解して，$NH_4^+PH_2^-$ を生じる．このことは，この二つの15族の水素化物の酸-塩基の相対的な強さについて何を示唆しているのか？

15・26 "摩擦のみで発火するマッチ（"strike-anywhere" match）"は，塩素酸カリウムが塩化カリウムに還元され，三硫化四リンが十酸化四リンにと二酸化硫黄に酸化される．その反応の化学反応式を記し，起こっている酸化数の変化を決定しなさい．

15・27 NOCl（塩化ニトロシル）の分子式をもつ化合物

が知られている．
(a) この分子の点電子式をつくり，窒素の酸化数を決定しなさい．
(b) 窒素–酸素結合の予測される結合次数はいくつか？
(c) この化合物の ΔH_f° の値（+52.6 kJ·mol^{-1}）および付録3の適切な結合エネルギー値から，この化合物中の N—O 結合の結合エネルギーを計算しなさい．また，N—O 単結合と，二重結合の値と比較しなさい．

15・28 (a)（PF$_3$O の構造と似ていると仮定して）POCl$_3$ の構造を点電子式でつくり，分子の形を描きなさい．
(b) 混成軌道の概念に基づくと，中心のリン原子の混成軌道は何だと思われるか？
(c) リン–酸素の距離は非常に短い．このことはどのように説明できるか？

15・29 リンと塩素の他の化合物として P$_2$Cl$_4$ がある．この化合物に関しての点電子式をつくり，分子の形を描きなさい．

15・30 気体の四酸化二窒素を液体の硝酸溶媒に吹き込むと，N$_2$O$_4$ はイオン化して電気伝導性の溶液を形成する．窒素と酸素のみを含む既知の陽イオンと陰イオンに基づいて，生成物を同定しなさい．この反応の化学反応式を記しなさい．

15・31 固相において，PCl$_5$ は PCl$_4^+$PCl$_6^-$ を形成する．しかし，PBr$_5$ は PBr$_4^+$Br$^-$ を形成する．臭素化合物が異なる構造をとる理由を示しなさい．

15・32 アルシン AsH$_3$，三フッ化ヒ素，三塩化ヒ素において実験的に決定された結合角は，おのおの 92°，96°，98.5° である．この値の傾向について説明しなさい．

15・33 図 15・5 はアジ化水素の窒素–窒素結合の結合次数を描いたものである．一方，図 15・6 は寄与する共鳴構造を示している．アジ化物イオン N$_3^-$ での結合はどのように異なっているか？

15・34 二窒素と等電子的な二つのイオンの化学式を記しなさい．

15・35 ヒドロキシルアミン NH$_2$OH は臭素酸イオン BrO$_3^-$ で酸化されて硝酸イオンになりうる（臭化物イオン自身は還元されて臭化物イオンになる）．この反応の化学反応式を記しなさい．

15・36 どうして酸性にすると，硝酸アンモニウムが酸化二窒素と水に分解される反応が促進されるのかを示しなさい．ヒント：図 15・2 を調べること．

15・37 気体の NOF は液体の SbF$_5$ と反応して電気伝導性の溶液になる．この反応の化学反応式を記しなさい．

15・38 リン酸一水素イオンの溶液は塩基性であるが，リン酸二水素イオンの溶液は酸性である．この挙動の違いを説明する支配的な反応について，化学平衡を記しなさい．

15・39 §15・18 で，ピロリン酸 H$_4$P$_2$O$_7$ について述べた．硫黄とケイ素において同等の等電子的な酸の化学式は何か？

15・40 ピロリン酸イオン P$_2$O$_7^{4-}$ と等電子的な遷移金属のオキソアニオンがある．対応するイオンの化学式を記し，その理由を説明しなさい．

15・41 以下の用語を説明しなさい．(a) 富栄養化，(b) 共生関係，(c) 化学療法，(d) アパタイト．

15・42 元素の反応フローチャート（p.260）において，それぞれの変換に対応する化学反応式を記しなさい．

応用問題

15・43 気体のホスフィンを液体塩化水素に吹き込むと，導電性溶液が生成する．この生成物は三塩化ホウ素と反応して，他のイオン性化合物を生じる．それぞれの生成物の同一性を示しなさい．各反応の化学反応式を記し，各反応物がルイス酸なのかルイス塩基なのかを確認しなさい．

15・44 アンモニア生成の一つの可能な反応機構はつぎのとおりである．

$$N_2(g) + H_2(g) \longrightarrow N_2H_2(g)$$
$$N_2H_2(g) + H_2(g) \longrightarrow N_2H_4(g)$$
$$N_2H_4(g) + H_2(g) \longrightarrow 2\,NH_3(g)$$

結合エネルギーから計算して，各段階の ΔH を決定しなさい．それから，この可能な経路が備えるおもな弱さ（問題点）を指摘しなさい．反応の遅さを説明できる他の可能な反応機構を示しなさい．その機構において置き換えた段階の ΔH を決定し，実際に実現可能であることを示しなさい．

15・45 硝酸ラジカルの形を推定しなさい．結合角について大まかな値を示しなさい．予測される N—O 結合の平均結合次数の値はいくつか？

15・46 塩化ホスホリルが湿った空気中で発煙するとき，どのような化学反応が起こるのだろうか？

15・47 化合物 P$_4$O$_6$S$_4$ の構造を示しなさい．

15・48 塩化ホスホリルのもう一つの合成経路は，五塩化リンを十酸化四リンと反応させる経路である．

$$6\,PCl_5(s) + P_4O_{10}(s) \longrightarrow 10\,POCl_3(l)$$

しかし，オキシ塩化リンをつくる反応は，通常は三塩化リンと十酸化四リンの混合物に塩素ガスを吹き込んで行う．この理由を示しなさい．

応用問題

15・49 アジ化ナトリウムは比較的安定なのに，アジ化銅(II)のような重金属のアジ化物は爆発する可能性がはるかに高い．その理由を示しなさい．

15・50 亜硝酸イオンは，酸素または窒素で結合できる両座配位子となるイオンである．二つの結合タイプのおのおのは，どの塩基性の分類（硬い，境界，軟らかい）になるだろうか？

15・51 反応の平衡定数 K は，気体定数（$8.31\,\mathrm{J\cdot mol^{-1}\cdot K^{-1}}$）を R とすると，$\Delta G° = -RT\ln K$ の式で求めることができる．
 (a) 298 K における，単体からアンモニアを形成するときの平衡定数を決定しなさい．
 (b) $\Delta H°$ と $S°$ の値が温度に依存しないと仮定して，775 K における平衡定数を計算しなさい．
 (c) 775 K は窒素ガスと水素ガスを反応させてアンモニアを合成するプラントの一般的な運転温度である．(a) と (b) の答えからすると，どうしてこの反応にこのような高い温度が用いられるのか？

15・52 ほとんどの窒素の酸化還元反応の電位は，直接測定できない．代わりに，その値は自由エネルギーの値から得られる．もし，$\Delta G_f°(\mathrm{NH_3}(aq))$ の値が $-26.5\,\mathrm{kJ\cdot mol^{-1}}$ だとすると，塩基性溶液中での $\mathrm{N_2}(g)/\mathrm{NH_3}(aq)$ の半電池式の標準電位はいくつになるか？

15・53 適当な熱力学データを用いて，四酸化二窒素中の N—N 結合の結合エネルギーを決定しなさい．$\mathrm{NO_2}$ ユニット内の結合は二酸化窒素分子そのものと同じであると仮定しなさい．

15・54 特定のタイプの結合を開裂するのに必要なエネルギーは化合物によって異なる．たとえば，つぎの反応 (1) で窒素-塩素結合を切るのに必要なエネルギーは，反応 (2) で必要なエネルギーよりも大きい．

$$\mathrm{NCl_3}(g) \longrightarrow \mathrm{NCl_2}(g) + \mathrm{Cl}(g) \quad (1)$$
$$\mathrm{NOCl}(g) \longrightarrow \mathrm{NO}(g) + \mathrm{Cl}(g) \quad (2)$$

このことを説明しなさい．

15・55 リン酸一水素イオンとリン酸二水素イオンの組合わせは，しばしば緩衝混合物として用いられる．濃度が $0.10\,\mathrm{mol\cdot L^{-1}}$ で，pH 6.80 の緩衝溶液を 1.0 L 用意するのに必要な $\mathrm{Na_2HPO_4}$ と $\mathrm{NaH_2PO_4}$ の質量はいくらか？ $\mathrm{p}K_{a2}(\mathrm{H_3PO_4})$ は 7.21 とする．

15・56 液体の塩化ホスホリルは，有用な非水溶媒である．自己イオン化によって生じる陽イオンと陰イオンの化学式を示しなさい．そのどちらがその溶媒の酸であり，どちらが共役塩基であるかを同定しなさい．

15・57 加熱すると，五塩化リンは三塩化リンと塩素分子に解離する．しかし，五フッ化リンは解離しない．結合エネルギーに基づいて，この二つの五ハロゲン化物の挙動の違いを説明しなさい．

15・58 1 mol のホスフィン酸 $\mathrm{H_3PO_2}$ をリン酸に酸化するには 2 mol のヨウ素分子が必要である（ヨウ素分子はヨウ化物イオンに還元される）．ホスフィン酸中のリンの形式上の酸化数を決めなさい．それに比べると，ホスホン酸 $\mathrm{H_3PO_3}$ 中のリンの酸化数はいくつだろうか？

15・59 この章で，リンは三フッ化物と五フッ化物の両方を形成するが，窒素は三フッ化物のみを形成すると述べた．しかし，窒素は実験式 $\mathrm{NF_5}$ の化合物を形成する．この化合物の可能な構造を示しなさい．

15・60 一酸化窒素と空気を混合すると二酸化窒素が生じる．しかし，ppm の濃度で自動車の排ガス中に生成された一酸化窒素は，大気中の酸素と非常にゆっくりと反応する．この反応の可能な機構を示し，一酸化窒素の濃度が低いと反応がなぜこんなに遅くなるのかを説明しなさい．

15・61 赤色物質 (A) を，空気を断って加熱すると，気化して黄色のロウ状物質 (B) に再凝結する．(A) は室温では空気と反応しないが，(B) は自発的に燃えて白い固体 (C) の雲が生じる．(C) は水に発熱しながら溶解して，3 価の酸 (D) の溶液になる．(B) は少ない量の塩素と反応して無色の発煙性液体 (E) になるが，過剰量の塩素とさらに反応させると白色固体 (F) になる．(F) を水と反応させると，(D) と塩酸の混合物になる．水を (E) に加えると，3 価の酸 (G) と塩酸が生じる．(A) から (G) の物質を同定して，すべての反応の化学反応式を記しなさい．

15・62 金属マグネシウムを窒素ガスと加熱すると，薄灰色の化合物 (A) が生じる．(A) を水と反応させると，(B) の沈殿と気体 (C) が生じる．気体 (C) は次亜塩素酸イオンと反応して，実験式 $\mathrm{NH_2}$ の無色の液体 (D) が生じる．液体 (D) は硫酸と 1:1 の比で反応して，実験式 $\mathrm{N_2H_6SO_4}$ のイオン性化合物 (E) が生成する．(E) の水溶液は硝酸と反応し，その溶液をアンモニアで中和すると，実験式 NH の塩 (F) が生じる．化合物 (F) は，その式量当たり 1 mol の陽イオンと 1 mol の陰イオンを含む．気体 (C) は加熱した金属ナトリウムと反応して固体 (G) と水素ガスを生成する．固体 (G) を酸化二窒素と 1:1 の物質量比で混ぜて加熱すると，固体 (H) と水が生じる．(H) の中の陰イオンは (F) の中の陰イオンと同じである．物質 (A) から (H) を同定しなさい．

15・63 ハーバー法に代わるアンモニア合成法は，窒化リチウムと水との反応である．この反応の化学反応式を記し，なぜこの反応が商業ベースに乗っていないのかを示しなさい．

15・64 アジ化水素はヨウ素分子と 2:1 の物質量比で反応する．化学反応式を用いて生成物を推定しなさい．

15・65 水とアンモニアの化学の間には，たくさんの

類縁体がある．たとえば，アンモニアの系の塩基 $K^+NH_2^-$ は，水の系における K^+OH^- と似ている．つぎに示す化合物のおのおのについてアンモニアの系での類縁体を推定しなさい．H_2O_2, HNO_3, H_2CO_3. ヒント：すべての酸素原子が置き換わる必要はない．

15・66 窒素は水素および酸素と，一見類似した二つの化合物，ヒドロキシルアミン NH_2OH と水酸化アンモニウム NH_4OH を形成する．しかし，前者は純粋な共有結合でできているのに対して，後者は二つの別個のイオンで構成されている．結合に関する知識を利用して，これらの化合物の形を描きなさい．

15・67 三塩化窒素は爆発性の化合物である．分解して構成する単体になる化学反応式を記し，付録3の結合エネルギーのデータを用いてこの反応の発熱性を説明しなさい．

15・68 塩化メチルアンモニウム $CH_3NH_3^+Cl^-$ を重水 D_2O に溶解すると，化合物中の水素原子の半分だけが重水素に置き換わる．なぜこのようなことが起こるのかを説明しなさい．

15・69 ホスフィン酸 H_3PO_2 を重水 D_2O に溶解すると HD_2PO_2 が生じる．説明しなさい．

15・70 マグネシウムリボンに点火して，酸化二窒素が入った容器に入れると，明るく燃え続ける．この反応の化学反応式を記しなさい．生成物が予言どおりのものだとすると，酸化二窒素分子の構造をどうやって確認するか？

15・71 アジ化物イオン N_3^- は二酸化炭素と等電子的である．これらと等電子的な，他の二つの窒素を含むイオンの化学式を推定しなさい．

15・72 次亜硝酸[a]とニトロアミド[b]は $N_2O_2H_2$ という同じ化学式をもつ．これら二つの化合物の構造を記し，これらの化合物の酸塩基挙動を比較しなさい．

15・73 ヘキサフルオロヒ(V)酸五窒素 $(N_5)^+(AsF_6)^-$ という塩は，室温ではわずかに安定である．この陽イオンのもっと安定な塩を合成するにはどうしたらよいかを示しなさい．

15・74 リンと窒素は多原子イオン $(P_4N_{10})^{n-}$ を形成する．このイオンの電荷 $n-$ を推定しなさい．

15・75 アジ化物イオンは擬ハロゲン化物イオンとして考えることができる．つぎの (a) から (c) を明らかにしなさい．
 (a) アジ化物イオンの溶液に加えると沈殿を与える水溶性の陽イオン
 (b) アジ化物イオンと水の反応
 (c) アジ化物イオンがハロゲン化物イオンと似ていない部分

15・76 五窒素陽イオン N_5^+ は V 字形をしている．点電子式を構築し，このイオンの中のそれぞれの結合の結合次数を決定しなさい．

15・77 爆発性の ADN, $(NH_4)^+[N(NO_2)_2]^-$ とアルミニウム粉末との反応の化学反応式を記しなさい．この反応がかなり発熱であると予測するおもな理由を説明しなさい．この反応の発熱を除く他の側面の何が，優れたロケット推進剤としているのか？

15・78 シクロトリアジン[c]とよばれるアジ化水素酸[d] HN_3 の異性体は窒素原子の三角形を含んでいる．シクロトリアジンの点電子式を描きなさい．三つの窒素-窒素結合の長さはすべて等しいと思うか？ その理由を述べなさい．

15・79 ヒ素に対して用いられる伝統的なマーシュ試験を調べなさい．その処置の各段階の化学反応式を記しなさい．

---

a) hyponitrous acid　b) nitroamide, nitramide　c) cyclotriazine　d) hydrazoic acid

16 16族元素

前章と同様に，族の最初の二元素，酸素[a]と硫黄[b]，の化学が最も重要である．15族元素でみた第1周期（窒素）と第2周期（リン）との差はこの族にも存在する．ただしこの族では反応性は酸素の方が高い．セレン[c]とテルル[d]は両方とも半導体的で，放射性元素のポロニウム[e]だけが金属的性質を示す．

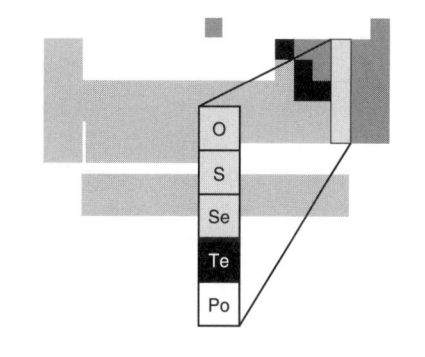

画期的な発見を特定の人の名前と誤ってリンクしてしまうことがよくある．近代科学の進歩をみると，一つの発見に多くの独立した個人研究が寄与していることがわかる．たとえば酸素の発見は，18世紀の科学者プリーストリ[f]によるところが大であるが，実際にはあまり知られていないオランダの発明家，ドレブル[g]が150年も前にその気体のつくり方を報告していた．

それでもプリーストリは純酸素ガスについて広範な研究をし，特に勇気をもってこの気体を自ら吸い込んでみたために多くの栄誉を得た．それ以来この気体は"脱フロギストン空気[h]"として知られるようになった．プリーストリはこれらの実験を，自ら非国教会の牧師を務めていた英国バーミンガムで行った．彼は政治や宗教に対して"左翼的な"見解をもつことで知られていた．たとえば，フランス革命，アメリカ革命を支援した．一人の暴徒が彼の教会，家，図書館を燃やした．彼は米国に渡り，副大統領アダムス[i]に"この国においては，宗教が民衆の力と結びついていないのは幸せなことです．"と記して自分の著書の1冊を献上した．

酸素の発見により燃焼のフロギストン[j]説は終焉を迎えた．フロギストン説によれば，燃焼とはフロギストンの消失を含む．しかし，フランス人科学者，モルヴォー[k]（第8章序論参照）は金属を燃やすと重くなることを明らかにした．彼の仲間のラボアジェ[l]は，燃焼過程において何かが加わらなければならないことを明らかにした．それが酸素であった．しかし科学において革命的な概念ほど受入れられるのに時間がかかる．燃焼が酸素の付加と結びついているという考え方もまさにそうであった．事実，この時代のプリーストリを含む多くの化学者たちは，この考え方を決して受入れなかった．

16・1 族の傾向

この族は，カルコゲン[m]ともよばれる．各元素の一般的性質を表16・1に示す．酸素と硫黄は明確に非金属，一方，ポロニウムは金属である．セレンとテルルは，ちょうど15族のヒ素のように境界領域に位置する．テルルの唯一の結晶形は原子のらせん鎖網から成る．単体は半導体的性質をもち，両性[n]挙動を示す．したがってテルルが半金属の定義に最もふさわしい元素であろう．セレンは同素体を複数もつので，単純に金属か非金属かに分類するのは難しい．同素体は1種を除いてすべて赤色で，硫黄（後述）と同様な環状構造をしている．その色が違う一つの同素体はテルルに似た構造をもち，半導体である．しかしセレンは酸性酸化物しかもたない．これらの理由から，セレンは

表16・1 16族元素の性質

元素	外観（標準状態）	電気抵抗率〔μΩ·cm〕	酸化物の酸-塩基の性質
酸素	無色気体	—	
硫黄	白色，ろう状固体	2×10^{23}	酸性
セレン	赤色または灰色	10^6	酸性
テルル	光沢のある銀色固体	4×10^6	両性
ポロニウム	銀の金属固体	43	塩基性

a) oxygen b) sulfur c) selenium d) tellurium e) polonium f) Joseph Priestley g) Cornelius Drebble
h) dephlogisticated air i) John Adams j) phlogiston k) Guyton de Morveau l) Antoine Lavoisier m) chalcogen
n) amphoteric

16族の3番目の非金属元素と分類する方が妥当であろう．融点および沸点は，非金属に特徴的な下方元素ほど高いという傾向を示した後，金属的なポロニウムのところで下がる（表16・2）．

酸素以外の16族元素の酸化状態には共通のパターンがあり，+6から+4，+2を経て-2に至るすべての偶数の価数が存在する．族の下方に向かって，-2と+6の酸化状態の安定性は低下するが，+4価状態の安定性は上がる．他の多くの族と同様，この族の傾向もそれほど規則的ではない．たとえば，+6価の原子を含む酸は硫酸で構造を $(HO)_2SO_2$ と記述することができ，セレン酸も同様に $(HO)_2SeO_2$ と記述することができるが，テルル酸は $(HO)_6Te$ または H_6TeO_6 という構造式である．

表16・2　16族元素の融点と沸点

元素	融点〔℃〕	沸点〔℃〕
O_2	-219	-183
S_8	119	445
Se_8	221	685
Te	452	987
Po	254	962

16・2　酸素の特異な性質

酸素の化学の特異性は窒素の化学と似ている．すなわち2p軌道を用いて強いπ結合を形成し，原子サイズが小さいので共有結合を5本以上つくりえない．後者の例として，酸素はフッ素とただ一つの酸化物，OF_2 しかつくらない．しかし，硫黄は SF_6 を含むいくつものフッ素化合物をつくる．

16・2・1　多重結合の高い安定性

窒素と同様に，酸素-酸素二重結合は酸素-酸素単結合よりずっと強い．硫黄その他の同族元素では酸素とまったく逆で，単結合の結合エネルギーの2倍の方が二重結合の結合エネルギーより大きい（表16・3）．したがって，この族で通常多重結合がみられるのは酸素だけである．

表16・3　酸素と硫黄の結合エネルギーの比較

酸素の結合	結合エネルギー〔kJ·mol^{-1}〕	硫黄の結合	結合エネルギー〔kJ·mol^{-1}〕
O=O	494	S=S	425
O-O	142	S-S	268

16・2・2　カテネーションした化合物がない

14族では，カテネーションを起こす能力は下方元素ほど減少した．しかし16族では，最も長く原子がつながるのは硫黄である．実際に，2個の酸素原子がつながった部位を含む化合物は強い酸化剤であるが，3個の酸素原子がつながった部位を含む化合物は事実上知られていない．このような挙動は酸素-酸素結合が他の元素より弱いと考えることによって説明できる．たとえば，酸素-硫黄単結合の結合エネルギー275 kJ·mol^{-1} は酸素-酸素単結合のおよそ2倍である．したがって，酸素はそれ自身と結合するよりも他の元素と結合する傾向がある．逆に硫黄-硫黄単結合の結合エネルギーは268 kJ·mol^{-1} であり，他の元素との結合のエネルギーよりわずかに低い程度である．よって硫黄化合物のカテネーションを安定化する．

16・3　酸　　素

単体の酸素には2種の同素体が存在する．ふつうの酸素分子，二酸素[a]とまれにしか存在しないオゾン[b]とよばれる三酸素[c]である*．

16・3・1　二　酸　素

二酸素は無色無臭の気体で，凝縮すると薄青色の液体になる．分子量が小さく非極性の分子なので融点と沸点はきわめて低い．気体はそれ自身では燃えないが燃焼を補助する．実際にほとんどの元素が，室温でもしくは加熱すると酸素と反応する．おもな例外は白金のような貴金属および希ガスである．反応を起こすためには，多くの場合，反応物の"分割"状態が重要である．たとえば，非常に微粉化した金属（たとえば，鉄，亜鉛や鉛でさえ）は室温，空気中で発火する．これらの微細に分割した金属は発火する能力を反映して**自然発火性**[d]とよばれることがある．たとえば亜鉛塵は燃えて白色の酸化亜鉛になる．

$$2\,Zn(s) + O_2(g) \longrightarrow 2\,ZnO(s)$$

地球大気の21%は占める酸素は酸化性気体であり，惑星の大気に自然に存在するものではない．"通常の"惑星の大気は還元性であり，水素，メタン，アンモニア，二酸化炭素を含んでいる．2.5×10^9 年前，地球の原始大気の二酸化炭素成分を酸素に変換するのを始めたのは光合成過程だった．そして約 5×10^8 年前に，現在と同じ酸素豊富な状態に達した．したがって，他の星の惑星に二酸素検出器を送って調べることで，私たちと同様な生命の証拠を探すことができる．

二酸素はそれほど水に溶けやすいわけではなく，25℃で二酸化炭素がモル分率で 6×10^{-4} 溶解するのに対して，二酸素は約 2×10^{-5} しか溶けない．それでも天然水中の酸素濃度は海洋生物の生命を支えるのに十分である．最大の漁場となるのはラブラドル海流やフンボルト海流のような冷水であり，重大な乱獲問題をひき起こしている．二酸素

---

a) dioxygen　b) ozone　c) trioxygen　d) pyrophoric
*〔訳注〕p.26 の訳注を参照．

酸素同位体と地質学

酸素原子と聞くと，通常 8 個の中性子をもつ原子（酸素-16）を思い浮かべるが，実際にはほかに二つの安定同位体が存在する．その同位体の種類と存在比はつぎのとおりである．

同位体	存在比（％）
酸素-16	99.763
酸素-17	0.037
酸素-18	0.200

したがって，500 個当たり 1 個の酸素原子は，ほかより 12 ％質量が大きい．この"重い"酸素は，単体と化合物のいずれにおいても少々異なる物性を示す．特に $H_2^{18}O$ は $H_2^{16}O$ より蒸気圧がわずかに低い．したがって，水の液体-気体間平衡においては気相に酸素-18 が少なくなる．地球では水の蒸発がほとんど熱帯で起こるので，それらの水は酸素-18 の濃度が高いと予想される．事実，この酸素-18 含有量の増加は海洋の含酸素平衡現象に見いだされている．

2 種の酸素同位体の比を用いて，すなわち貝殻中の炭酸カルシウム中の酸素同位体比の測定によって，その貝が生まれた何百年も昔の海水温度を決定できる．酸素-18 の濃度が高いとき，古代の海は温かったことになる．

の溶解度が低いといっても，二窒素（窒素分子）の 2 倍である．したがって空気飽和の水を温めて放出される混合気体には酸素が濃縮されている．

溶存酸素[a]（DO とよばれる）の測定は，河川や湖沼の健康状態を知る重要な方法の一つである．その濃度が低い場合には，富栄養化（過剰な藻類や植物の繁殖）または工業用冷却システムから排出される高温水の流入が原因である．溶存酸素濃度を高める一時的な応急措置として，空気をバブリングするはしけを用いることがある．この措置は，英国ロンドンのテムズ川で釣りの再開を補助するために行われた．DO のほぼ逆の指標が BOD（生物化学的酸素要求量[b]）である．この指標は水生生物による酸素消費の多さを示しており，高い BOD はその河川や湖沼の抱える潜在的問題を指摘している．

二酸素は主要な工業用試薬である．全世界で年間約 10^9 トンが消費されており，その多くは鉄鋼業に用いられる．二酸素はアンモニアからの硝酸合成にも用いられる（§15・11 を参照）．酸素ガスのほとんどが液体空気の分留によって得られている．二酸素は病院の設備で大量に消費されている．おもに呼吸障害の人に与える混合気体の酸素分圧を高め，機能が低下した肺の酸素ガスの吸収を容易にするためである．

研究室では，酸素ガスをつくる多くの方法がある．たとえば塩素酸カリウムを酸化マンガン(IV) 存在下で強熱すると，塩化カリウムと酸素ガスになる[†]．

$$2 KClO_3(l) \xrightarrow{MnO_2/\Delta} 2 KCl(s) + 3 O_2(g)$$

しかし，研究室で一番安全な方法は，過酸化水素水溶液の触媒的分解である．そこにも酸化マンガン(IV) が触媒として用いられる．

$$2 H_2O_2(aq) \xrightarrow{MnO_2} 2 H_2O(l) + O_2(g)$$

§3・4 で述べたように，分子軌道モデルは実験的証拠に合致するような二酸素の結合を示す唯一の表現である．図 16・1 は，正味の結合次数が 2（6 個の結合電子と 2 個の反結合電子）で，2 個の反結合電子は平行スピンをもっていることを示している．したがって，この分子は常磁性である．

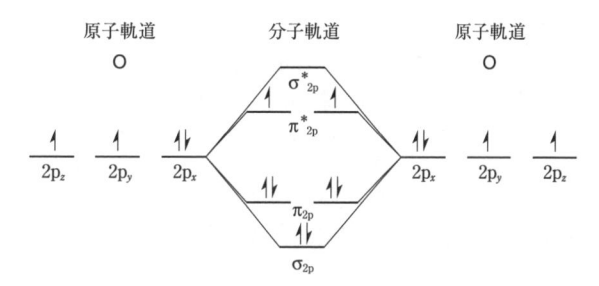

図 16・1　二酸素分子における 2p 原子軌道の組合わせを示す分子軌道エネルギー準位図

しかし，反結合電子の 1 個が"反転"してもう 1 個の反結合電子と対をつくるのには $95 kJ \cdot mol^{-1}$ しか要さない（図 16・2）．このスピンが対になった（反磁性）二酸素の形は，濃度や分子まわり環境に依存して，秒から分の時間スケールで常磁性体に戻る．反磁性体はつぎの過酸化水素と次亜塩素酸ナトリウムとの反応でつくることができる．

$$H_2O_2(aq) + ClO^-(aq) \longrightarrow O_2(g)[反磁性] + H_2O(l) + Cl^-(aq)$$

---

[a] dissolved oxygen　[b] biological oxygen demand
† 塩素酸カリウムの触媒的分解反応は商業用飛行機内の緊急酸素供給源である．これは酸素ガスの高圧ボンベよりずっとコンパクトな酸素源である．

別法として，常磁性酸素を光感受性色素の存在下で紫外光照射してつくることができる．

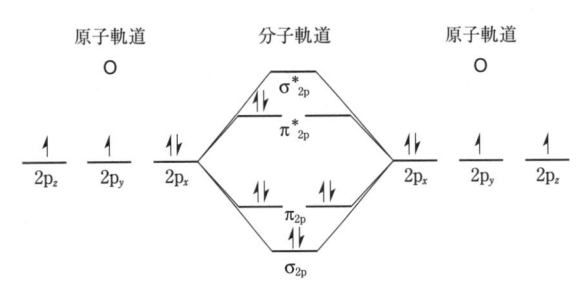

図16・2 2種の二酸素分子反磁性体のうち，ふつうにみられる形の2p原子軌道の組合わせを示す分子軌道エネルギー準位図

反磁性の二酸素は有機化学の重要な試薬であり，常磁性体とは異なる反応生成物を与える．さらに反磁性酸素は非常に反応活性で紫外光照射によってつくられ，皮膚がんの誘発にかかわっている．反磁性酸素は一重項酸素，常磁性酸素は三重項酸素とよばれることも多い．

反結合性軌道の電子2個を対にするのに 95 kJ·mol^{-1} が必要である．もう一つ別の二酸素一重項状態が存在する．そこでは1個の電子が単に反転しただけで，2個の不対電子が逆のスピンをもっている（図16・3）．この変換にはさらに大きな約 158 kJ·mol^{-1} ものエネルギーを要する．その結果，この第二の一重項状態は，実験的にはそれほど重要ではない．§3・15では，大気の赤外スペクトルの吸収パターンは水と二酸化炭素分子の振動として解釈できることを示した．しかし，0.76 μm にそれらでは説明できない吸収ピークがあった（図16・4）．この波長は，二酸素が通常の三重項酸素から高エネルギーの一重項状態を生成するのに対応するエネルギーを表している．低エネルギーの一重項状態の生成に対応する吸収は 1.27 μm に現れる二酸化炭素の大きな吸収に隠れている．

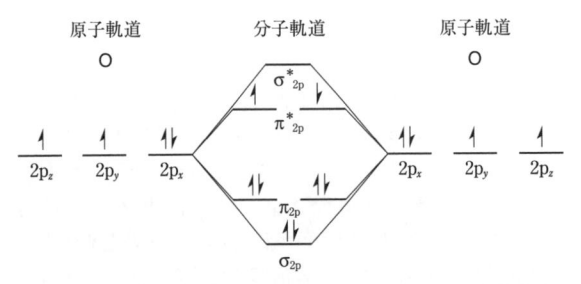

図16・3 2種の二酸素分子反磁性体のうち，まれに存在する形の2p原子軌道の組合わせを示す分子軌道エネルギー準位図

16・3・2 三酸素（オゾン）

この熱力学的に不安定な酸素の同素体は強い臭気をもつ反磁性の気体である．実際，オゾンの"金属"臭は 0.01

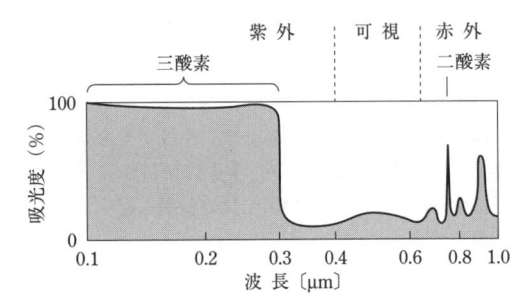

図16・4 大気の電磁波スペクトルの赤外，可視，紫外領域

ppm ほどの低濃度でも感知できる．この気体は猛毒で，充満したときの最高許容濃度は 0.1 ppm である．オゾンは高電圧条件下で生成するので，多くのオフィス環境ではフォトコピー機やレーザープリンターによってはオゾン濃度が高レベルになっている．生成したオゾンは，オフィスで働く人の頭痛などの問題をひき起こしてきただろう．機器の中には三酸素の放出を最小限に抑えるため排気箇所にカーボンフィルターを装着しているものもあるが，製造業者が薦めるようにフィルターの定期的な交換が必要である．しかし技術進歩によって，オゾンを極低レベルしか排出しないコピー機やプリンターが開発されてきた．

三酸素を発生させる簡便法は，10 kV から 20 kV の電場に二酸素の気流を通すことである．この電場によりつぎの反応を起こすのに必要なエネルギーが与えられる．

$$3\,O_2(g) \longrightarrow 2\,O_3(g) \quad \Delta H_f^\circ = +143 \text{ kJ·mol}^{-1}$$

平衡状態では三酸素の濃度は約 10% である．三酸素は徐々に分解して二酸素になるが，その変換速度は相（気体か水溶液か）に依存する．

三酸素はきわめて強力な酸化剤であり，その酸化力は二酸素よりずっと強い．それは酸性溶液中での還元電位を比較するとわかる．

$$O_3(g) + 2\,H^+(aq) + 2\,e^- \longrightarrow O_2(g) + H_2O(l)$$
$$E^\circ = +2.07 \text{ V}$$
$$O_2(g) + 4\,H^+(aq) + 4\,e^- \longrightarrow 2\,H_2O(l)$$
$$E^\circ = +1.23 \text{ V}$$

実際に酸性溶液中では，フッ素と過キセノン酸イオン XeO_6^{4-} だけが，三酸素より強い一般的な酸化剤である．その酸化力の範囲を下記の反応（気相，水溶液，固体の順）で示す．

$$2\,NO_2(g) + O_3(g) \longrightarrow N_2O_5(g) + O_2(g)$$
$$CN^-(aq) + O_3(g) \longrightarrow OCN^-(aq) + O_2(g)$$
$$PbS(s) + 4\,O_3(g) \longrightarrow PbSO_4(s) + 4\,O_2(g)$$

強い酸化力をもつ三酸素は殺菌剤に用いられる．たとえばボトル水の殺菌に使用され，フランスでは公共の水道水や水泳プール中の微生物を殺すのに用いられる．しかし北

米の専門家たちは，浄水には塩素ガスを用いることを好む．この二つの殺菌剤にはそれぞれ利点と欠点がある．オゾンはかなり短時間で二酸素に変わるため，殺菌作用はそれほど長く続かない．二塩素は供給水中に残るため殺菌作用は確実だが，水中に混入したいろいろな有機物と反応して有害な有機塩素化合物をつくる（§17・11を参照）．

地球表面ではオゾンは危険な化合物であり，都市部の主要な大気汚染物質である．オゾンは肺組織やむき出しの皮膚表面にさえ損傷を与え，さらにタイヤのゴムをもろくしてひび割れをつくる．オゾンは窒素酸化物の光分解で生成し，窒素酸化物自身はおもに燃焼エンジンで生じる．

$$NO_2(g) \xrightarrow{h\nu} NO(g) + O(g)$$
$$O(g) + O_2(g) \longrightarrow O_3(g)$$

しかしながら現在最もよく知られているのは，上層大気における別の話である．成層圏におけるオゾンは地球の生命に不可欠な保護層となっている．大気中のオゾンが吸収する波長領域を図16・4に示す．

その過程は非常に複雑だが，主たるステップはつぎのとおりである．最初に短波長の紫外光が二酸素と反応して原子状酸素をつくる．

$$O_2(g) \xrightarrow{h\nu} 2O(g)$$

原子状酸素は二酸素と反応して三酸素になる．

$$O(g) + O_2(g) \longrightarrow O_3(g)$$

原子状酸素は長波長の紫外光を吸収して分解し，二酸素に戻る．

$$O_3(g) \xrightarrow{h\nu} O_2(g) + O(g)$$
$$O_3(g) + O(g) \longrightarrow 2O_2(g)$$

だが，化学プロセスがこのように単純なことはほとんどなく，成層圏の化学も例外ではない．成層圏の水素原子，ヒドロキシルラジカル，一酸化窒素，および塩素原子などの微量成分が関与したオゾン分解の別ルートがある．これらの化学種をここではXとして表す．紫外光の吸収なしにオゾン分解の触媒サイクルはつぎのように行われ，

$$X(g) + O_3(g) \xrightarrow{h\nu} XO(g) + O_2(g)$$
$$XO(g) + O(g) \longrightarrow X(g) + O_2(g)$$

正味の反応は次式となる．

$$O(g) + O_3(g) \longrightarrow 2O_2(g)$$

上記の4種の化学種がなぜこのような役割を果たすのかについては，それらが高層圏の微量成分として知られているという事実とは別に特別な理由がある．反応式では両辺に気体分子が同数あるので，エントロピーはどの反応段階でも重要な推進因子とはなりえない．したがって，第1段の反応では，X—O結合エネルギーはO_3とO_2の生成エンタルピーの差（107 kJ·mol^{-1}）よりも大きくなければならない．第2段の反応では，X—O結合エネルギーはO_2のO—O結合エネルギー（498 kJ·mol^{-1}）よりも小さくなければならない．これらの条件はXがH，OH，NOまたはClのときに満たされるのである．

三酸素はV字形分子で結合角は117°である．二つのO—O結合は同じ長さで，結合次数は約$1\frac{1}{2}$である（図16・5）．結合角と結合長は等電子化合物の亜硝酸イオンと酷似している．

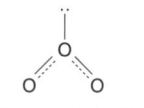

図16・5 オゾン分子

結合次数を理解するためには共鳴構造が用いられる（図16・6）．結合次数$1\frac{1}{2}$は実験的に得られる結合の情報と一致している．オゾンはアルカリ金属やアルカリ土類金属と化合物をつくる．これらの化合物は三酸化物(1−)イオンO_3^-をもつ．格子の安定性から推測されるように，最安定な三酸化物をつくるのはセシウムのようにサイズの大きな陽イオンである．三酸化物(1−)イオンのO—O結合長は135 pmであり，三酸素自身の結合長128 pmより少し長い．これは追加された電子が反結合性軌道に入るためであると考察できる．

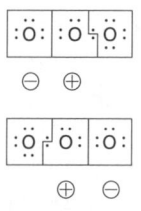

図16・6 三酸素の結合はこれら2種の共鳴構造を用いて解釈できる．

16・4 共有結合性酸素化合物の結合

酸素原子は通常，2本の共有単結合か1本の多重結合（ふつうは二重結合）をつくる．2本の単結合が生じた場合，その結合角は四面体の結合角109.5°から大きくずれる可能性がある．水の結合角104.5°については，非共有電子対が結合電子対より大きな空間を占める結果として水分子の結合角を"押しつぶす"と伝統的に説明されている．

しかし二つのハロゲン–酸素化合物，二フッ化酸素OF_2（結合角103°）と酸化二塩素Cl_2O（結合角111°）を比較した場合，上と違う理由が必要である．最良の説明は軌道混成の割合と関係している．§3・10において，軌道の混成モデル（そこでは軌道の特性が混合する）について考察した．このとき混合の積分を考える．たとえば，一つのs

軌道と三つのp軌道がsp³混成軌道をつくる．しかしこの混合が端数でいけない理由はない．したがって共有結合は，より強くs性をもっている場合とより強くp性をもっている場合がある．また，第2周期を越えるとd軌道も混成に加わる可能性を考慮しなければならない．実際にこの部分軌道混成の考え方は，より現実的な結合の分子軌道表現に近づいている．

他の事象とともに酸素化合物の結合角変化を説明する経験則を提案したのはベント[a]であり，**ベント則**[b]とよばれている．この規則はつぎのように表される：電子陰性な置換基ほどs性を多くもつ混成軌道を"好む"．したがって（酸素より電気陰性な）フッ素をもつと，結合角は酸素原子上の二つの"純粋な"p軌道の角度90°に近づく傾向がある．逆に（酸素より電気陽性な）塩素の角度はsp³混成軌道の角度より大きくなり，sp³混成の109.5°とsp²混成の120°との間になる．二塩化酸素の結合角が大きいのは，単純に2個の大きな塩素原子間の立体反発があり，角度が増加するという別の説明もある．

酸素はルイス酸とルイス塩基の両方の役割で配位共有結合を形成できる．前者は非常に珍しい（化合物NF_3O（§15・2に登場）はその一例）が，ルイス塩基として働くことは容易である．たとえば，水分子の遷移金属イオンへの結合は酸素の非共有電子対が用いられる．また酸素との二重結合をもつ多くの例が存在する（例：PF_3O）．

別の酸素の結合様式もある．特に酸素は3種の等価な共有結合をつくることができる．古典的な例はオキソニウムイオンであり，結合角はどれも四面体角109.5°に近い（図16・7）．珍しい陽イオン$[O(HgCl)_3]^+$においては全原子が同一平面内にあり，Hg—O—Hgの角度は120°である（図16・8）．この事実は，酸素原子の非共有電子対が通常のsp³混成軌道ではなくp軌道にあり，水銀原子の空の6p軌道とπ軌道をつくれるためであると説明される．

酸素はフッ素がつくるより高い酸化状態を"もたらす"

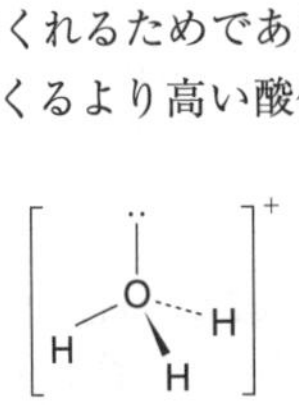

図16・7 オキソニウムイオン

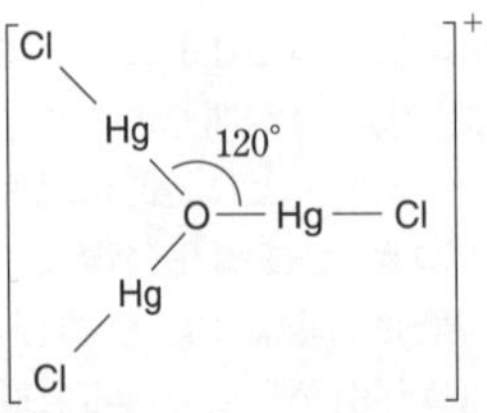

図16・8 $[O(HgCl)_3]^+$イオン

ことがよくある．これは酸素の被占p軌道の一つと相手元素の空軌道を用いてπ軌道を形成できる酸素の能力の結果であろう．または単純に立体的要因に基づくかもしれない．たとえば，オスミウムは4個の酸素原子と結合してOsO_4をつくるが，8個のフッ素原子とOsF_8をつくることはない（表16・4）．

表16・4 3種の元素の酸化物とフッ化物の最高の安定酸化状態

元素	酸化物	フッ化物
クロム	CrO_3 (+6)	CrF_5 (+5)
キセノン	XeO_4 (+8)	XeF_6 (+6)
オスミウム	OsO_4 (+8)	OsF_7 (+7)

16・5 酸化物の傾向

酸化物の性質は相手元素の酸化数に依存する．金属酸化物については§9・2に述べたように，結合のタイプが変化するところがある．たとえば酸化クロム(III) Cr_2O_3 はイオン性化合物の標準的な融点2266℃をもつが，酸化クロム(VI) CrO_3 の融点は196℃で共有結合性化合物に典型的な値である．このイオン性から共有結合性へのシフトは金属イオンの電荷密度の増加と関連している．

この結合のタイプの変化は金属酸化物の酸塩基挙動の違いを説明するのに用いることができる．金属が低酸化状態の場合（典型的には+2），酸化物は塩基性（ときには還元性）である．たとえばイオン性の酸化マンガン(II)は酸と反応して水溶性マンガン(II)イオンを与える．

$$MnO(s) + 2H^+(aq) \longrightarrow Mn^{2+}(aq) + H_2O(l)$$

もし，金属の酸化状態が+3のときには金属酸化物は両性の場合が多い．たとえば酸化クロム(III)は酸と反応してクロム(III)イオンを生じ，強塩基と反応して亜クロム酸イオンCrO_2^-を生じる．高酸化状態の金属の酸化物は酸性で酸化性であることが多い．たとえば共有結合性の酸化クロム(VI)は水と反応してクロム酸を与える．

$$CrO_3(s) + H_2O(l) \longrightarrow H_2CrO_4(aq)$$

金属酸化物の標準的な性質を表16・5に示す．

非金属の酸化物はすべて共有結合性である．低酸化状態の元素の酸化物は中性になり，高酸化状態の元素の酸化物は酸性になる傾向を示す．たとえば二酸化窒素N_2Oは中性だが，五酸化二窒素は水に溶けて硝酸になる．

$$N_2O_5(g) + H_2O(l) \longrightarrow 2HNO_3(l)$$

相手元素の酸化状態が高いほど酸化物は酸性になる傾向をもつ．たとえば二酸化硫黄は弱酸性だが，三酸化硫黄は

---

[a] Henry A. Bent [b] Bent rule

表16・5 金属酸化物の酸化状態と酸塩基特性のおおよその関係

酸化状態	性質	例
+1	強塩基性	Na_2O
+2	塩基性	CaO, MnO
+3, +4, +5	両性	Al_2O_3, Cr_2O_3 (Fe_2O_3 ではない), SnO_2, V_2O_5
+6, +7	酸性	CrO_3, Mn_2O_7

強酸性酸化物である。非金属酸化物の標準的な性質を表16・6に示す。

表16・6 非金属酸化物の酸化状態と酸塩基特性のおおよその関係

酸化状態	性質	例
+1, +2	中性	N_2O, CO
+3, +4	酸性	N_2O_3, NO_2, CO_2, SO_2
+5, +6, +7	強酸性	N_2O_5, SO_3, Cl_2O_7

酸素化合物において元素の酸化状態を決めるときは常に注意を払う必要である。なぜなら上述したように，酸素自身が異常な酸化状態をとる酸素のイオンが存在するからである。たとえば，二酸素(2−)イオン O_2^{2-}，二酸素(1−)イオン O_2^-，および三酸素(1−)イオン O_3^- がある。これらは固体化合物中にしか存在しない。それも金属陽イオンの電荷密度が低く，低電荷の陰イオンを十分に安定化する場合である。

他元素が異常に高い酸化数をもつようにみえる化合物は，通常，過酸化物 —O—O— 架橋をもっている。その場合，酸素原子の酸化数はすべて −1 である。そう考えて酸化数を再計算すると，他元素の酸化数が正常値になる。たとえば K_2O_2 においては，酸素は酸化物の酸化数−2 よりむしろ過酸化物の酸化数 −1 をもつので，カリウムの酸化数は異常値の +2 ではない。

16・6 混合金属酸化物

§13・9 において混合金属酸化物類であるスピネル[a] について述べた。この化合物の実験式は AB_2X_4 で，A は +2 価の金属イオン，B は +3 価の金属イオン，X は −2 価の陰イオン（通常，酸素）である。結晶格子は，金属イオンを中心とした八面体および四面体サイトにある酸化物イオンの骨格から成っている。混合金属酸化物がつくりうる構造はこれだけではない。もっと多くの構造があり，その一つである**ペロブスカイト**[b] 構造はスピネルと同様に物質科学者の強い興味をひいている。

ペロブスカイトの一般式は ABO_3 であり，A はサイズの大きい +2 価金属イオン，B は小さい +4 価金属イオンである。これらの混合金属酸化物を無機化学で一般に学ぶオキソアニオン塩と区別することは大事である。オキソアニオンの金属塩はペロブスカイトと同様な金属 A，非金属 X および酸素から成る化学式 AXO_3 をもつ場合がある。これらの化合物では，XO_3 は共有結合した多原子イオンを含んでいる。たとえば，硝酸ナトリウムは Na^+ と NO_3^- が岩塩型構造の配置をとり，それぞれの NO_3^- は岩塩の塩化物イオンと等価なサイトを占めている。しかし基本化合物のチタン酸カルシウム $CaTiO_3$ のようなペロブスカイトにおいては，同様な"チタン酸イオン"が存在することはない。代わりに結晶格子は独立した Ca^{2+}, Ti^{4+} および O^{2-} から構成されている。

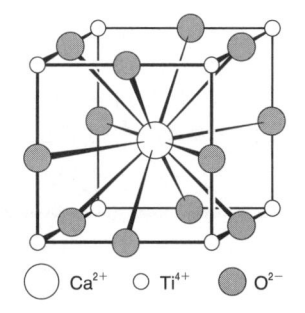

図16・9 ペロブスカイトの単位格子

ペロブスカイト単位格子におけるパッキングを図16・9に示す。大きなカルシウムイオンが立方体の中心を占め，それを 12 個の酸化物イオンが囲んでいる。8 個のチタン(IV)イオンは立方体の頂点に位置し，6 個の酸化物イオンと接している（そのうち 3 個が隣接する単位格子に含まれる）。ペロブスカイト類の多くは（鉄を含んでいないけれども）強誘電性[c] 材料である。このような化合物は機械的パルスから電気信号への変換（およびその逆）を行うことができ，この性質は多くの電子デバイスに重要である。§14・19 では，別のペロブスカイト $CaPbO_3$ を金属表面の防錆コーティングとして紹介した。

この惑星，地球で最重要なペロブスカイトは混合マグネシウム−鉄ケイ酸塩 $(Mg, Fe)SiO_3$ であり，マントル下層（地表から深度 670～2900 km の層）の主要成分である。この化合物では，立方体の中心の M^{2+} サイトに Mg^{2+} イオンと Fe^{2+} イオンを交互に含み，Si^{4+} "イオン"（ケイ酸塩ペロブスカイトにおいては，ケイ素−酸素結合はかなりの共有結合性をもっていると考えられる）が頂点にあり，O^{2-} イオンが陰イオンサイトを占めている。

16・7 水

水は水素ガスと酸素ガスを混合して点火すると生成す

---

a) spinel b) perovskite c) ferroelectric

ペロブスカイトを利用した新しい顔料

　無機化合物は顔料工業の主役である．あせない色が欲しいとき，無機化合物は有機化合物より長寿命であり好ましい．伝統的には白色には炭酸鉛(II)，黄色から赤色には硫化カドミウム，緑色には酸化クロム(III)，茶色には酸化鉄(III)，そして青色には複雑な銅(II)化合物が用いられた．炭酸鉛(II)の代わりには酸化チタン(IV)が用いられてきた．硫化カドミウムは非常に溶けにくく光にきわめて安定なので，特に有用だった．粒子サイズを変えることによって黄色と赤色の間のどんな色もつくり出すことができる．しかし硫化カドミウムの代替物があれば，芸術家のペレットおよび塗料工業から有毒化合物を一つ取除くことができるだろう．

　鮮やかでまじりけのない色をつくるには，非常に鋭い電子遷移ピークをもつ化合物を見いだす必要がある．気体については非常に純粋な遷移を得ることができるが，固体中の原子やイオンは通常，非常に"ファジーな"光吸収を示す．すなわち固体中の原子振動のために基底状態と励起状態に幅があり，非常にブロードな吸収スペクトルが得られる．この問題の解決策はペロブスカイト類で見いだされてきた．この一群の化合物は，カルシウム(Ca^{2+})とランタン(III)(La^{3+})をサイズが大きく価数の低い陽イオンとして，タンタル(V)(Ta^{5+})を小さい陽イオンとして含み，酸化物イオン(O^{2-})と窒化物イオン(N^{3-})を陰イオンとして含む．一般構造は以下のように書ける．

$$(Ca^{2+})_{(1-x)}(La^{3+})_x(Ta^{5+})(O^{2-})_{(2-x)}(N^{3-})_{(1+x)}$$

2+のカルシウムと3+のランタンの比が変わるにつれて，電気的な中性を保つために2−の酸化物イオンと3−の窒化物イオンの比も変わる．陽イオンと陰イオンの比率が変わると，淡黄色($x = 0.15$)から濃赤色($x = 0.90$)まで純色の変化が起こる．この発見は色化学における画期的な進歩であり，今では元素比の調節によって精密に正確な色をつくり出すことができる．

る．

$$2H_2(g) + O_2(g) \longrightarrow 2H_2O(l)$$

水は炭化水素燃料のような有機化合物が燃焼したときも生成する．たとえばメタンが燃えると二酸化炭素と水になる．

$$CH_4(g) + 2O_2(g) \longrightarrow CO_2(g) + 2H_2O(l)$$

　水は地球上に広範に存在する液体であり，いろいろなやり方でこの惑星の化学を制御している．液体の水はすべての地質時代にわたり，地球表面を形成，再形成してきた．これは，水がイオン性物質，特にアルカリ金属やアルカリ土類金属，塩化物イオンや硫酸イオンのようなありふれた陰イオンを溶解できるからである．したがって海水の組成は地球が冷えて液体の水ができるようになって以来，鉱物からのイオンの浸出を反映している．地球の水の97%を占める大洋の現在の組成を表16・7に示す．

　地球の鉱床の多くは水溶液過程でつくられてきた．アルカリ金属およびアルカリ土類金属の大きな鉱床は古代の海や湖から堆積して形成した．硫化鉛(II)のような重金属硫化物の鉱床の形成機構については未解明な部分があるが，それらも水溶液過程の産物である．これらの鉱物は常温常圧では水に不溶だが，地下深くの高温高圧状態では不溶ではない．そこで多くのイオンが溶解して地表に運ばれ，温度や圧力が下がって沈殿が起こったのである．

　水はイオン性鉱物のほかに多くの極性共有結合性化合物も溶解できる．そのような広範囲をカバーする溶媒としての水の能力は，おもにO—H結合の高い極性(§7・1，§10・4に記述)に基づいている．

　第7章で述べたように，水はオキソニウムイオンと水酸化物イオンを与える自己イオン化[a]によって酸塩基化学を制御している．それらのイオンは，われわれの水世界においては最強の酸と最強の塩基である．

$$2H_2O(l) \rightleftharpoons H_3O^+(aq) + OH^-(aq)$$

　§8・11では，水溶液の酸化還元極限も水によって制御されることを示した．水の酸素への酸化と水素への還元の電位範囲を超えた酸化還元反応は起こりえない．

$$H_2O(l) \longrightarrow \frac{1}{2}O_2(g) + 2H^+(aq) + 2e^-$$
$$2H_2O(l) + 2e^- \longrightarrow H_2(g) + 2OH^-(aq)$$

水分子中の酸素原子は電子対供与体であり，水はルイス塩基として働く．遷移金属の水和イオン，たとえばヘキサ

表16・7　海水中の主要なイオン性成分の濃度

陽イオン	濃度(%)	陰イオン	濃度(%)
ナトリウムイオン	86.3	塩化物イオン	94.5
マグネシウムイオン	10.0	硫酸イオン	4.9
カルシウムイオン	1.9	炭酸水素イオン	0.4
カリウムイオン	1.8	臭化物イオン	0.1

---

[a] autoionizing

アクアニッケル(II)イオン $[Ni(:OH_2)_6]^{2+}(aq)$ では，結合が単純なイオン-双極子相互作用よりずっと強い．したがって，この星の化学が水の性質に大きく規定されているというのは真実である．

脱水症[a]はみんなの関心事であるが，多くのアスリートたち(マラソンランナー，トライアスロン競技者，ハイカーまでも)が水やスポーツドリンクをとりすぎて血液をひどく薄めている．2002年のボストンマラソンではランナーの13％が過剰な水を消費した結果として，血液中ナトリウム濃度が異常に低くなる低ナトリウム血症[b]にかかった．典型的な症状は吐き気，ふらつきおよび一貫性欠如である．死に至ることも，実際に何度か起こっている．

16・8 過 酸 化 水 素

水素と酸素の第二の組合わせが過酸化水素[c]である．純過酸化水素はほぼ無色(わずかに青味を帯びている)の粘性液体である．粘性が高いのは水素結合が多いためである．過酸化水素は高腐食性物質で，常に取扱いに注意する必要がある．実験室では，過酸化ナトリウムと水の反応で過酸化水素溶液をつくることができる．

$$Na_2O_2(s) + 2 H_2O(l) \longrightarrow 2 NaOH(aq) + H_2O_2(l)$$

分子の形は予測しがたいものである．気相の H—O—O 結合角はたった94.5°しかなく(水中の H—O—H 結合角よりおよそ10°小さい)，二つの H—O ユニットの二面角は111°である(図16・10)．

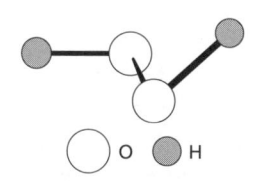

図16・10 過酸化水素分子

過酸化水素は熱力学的に非常に不安定で，不均化反応を起こす．

$$H_2O_2(l) \longrightarrow H_2O(l) + \frac{1}{2} O_2(g)$$
$$\Delta G° = -119.2 \text{ kJ·mol}^{-1}$$

純粋な場合は速度論的要因で分解が遅い(反応経路が高い活性化エネルギーをもつと考えられる)が，大体どんなもの(たとえば遷移金属イオン，金属，血，ほこり)でも分解反応を触媒する．

過酸化水素は希薄溶液でも皮膚を傷めるので，手袋と保護眼鏡を装着した方がよい．酸性溶液，塩基性溶液のいずれでも，酸化剤か還元剤で作用する．通常，酸化は酸性溶液中で，還元は塩基性溶液で起こる．

$$H_2O_2(aq) + 2 H^+(aq) + 2 e^- \longrightarrow 2 H_2O(l)$$
$$E° = +1.77 \text{ V}$$
$$HO_2^-(aq) + OH^-(aq) \longrightarrow O_2(g) + H_2O(l) + 2 e^-$$
$$E° = +0.08 \text{ V}$$

過酸化水素はヨウ化物イオンをヨウ素に酸化し，酸溶液中の過マンガン酸イオンをマンガン(II)イオンに還元する．重要な用途にアンティーク絵画の修復がある．よく使われた白色顔料は白鉛，すなわち炭酸塩-水酸化物 $Pb_3(OH)_2(CO_3)_2$ だった．痕跡量の硫化水素でもこの白色化合物を黒色の硫化鉛(II)へ変化させ，絵画が変色する．過酸化水素を用いると硫化鉛(II)が白色の硫酸鉛(II)に酸化され，絵画がもとの色に修復される．

$$PbS(s) + 4 H_2O_2(aq) \longrightarrow PbSO_4(s) + 4 H_2O(l)$$

過酸化水素は主要な工業化学品の一つであり，世界中で年間 10^6 トンが製造される．その用途は紙の漂白から日用品，特に髪脱色剤まで多岐にわたる．また工業薬品としても(たとえばペルオキソホウ酸ナトリウムの合成)用いられる．

16・9 水 酸 化 物

ほぼすべての金属元素が水酸化物をつくる．無色の水酸化物イオンは水溶液中で最強の塩基である．皮膚のタンパク質と反応して白くくすんだ層をつくるので，非常に危険である．特に目に危ない．それにもかかわらず，多くの日用品(特にオーブンや排水管の洗浄剤)に水酸化ナトリウムの固体または濃縮液を利用している．水酸化ナトリウムは塩水の電気分解によって製造されている(§11・8を参照)．

加水分解によって，一見含まれていないような生成物中に高レベルの水酸化物イオンが存在する場合がある．たとえばリン酸ナトリウム含有のクレンザーに含まれているリン酸イオンは，水と反応して水酸化物イオンとリン酸水素イオンを生じる．

$$PO_4^{3-}(aq) + H_2O(l) \longrightarrow HPO_4^{2-}(aq) + OH^-(aq)$$

可溶性水酸化物(アルカリ金属，バリウム，およびアンモニウム)の溶液は空気中の酸性酸化物の二酸化炭素と反応して金属炭酸塩を生じる．たとえば水酸化ナトリウムは二酸化炭素と反応して炭酸ナトリウム溶液をつくる．

$$2 NaOH(aq) + CO_2(g) \longrightarrow Na_2CO_3(aq) + H_2O(l)$$

このため，水酸化物溶液を使用しないときは密閉しておかねばならない．また，なぜガラス瓶に保存した水酸化ナトリウムをガラス栓でなくゴム栓で密閉しなければならない

---

[a] dehydration   [b] hyponatremia   [c] hydrogen peroxide

かの理由もここにある．瓶首のところの溶液が少しでも反応して炭酸ナトリウムの結晶をつくると，ガラス栓を瓶首へ効果的に"糊付けする"．

水酸化カルシウムは炭酸カルシウムを熱して酸化カルシウムにした後，水と混合することによって得られる．

$$CaCO_3(s) \xrightarrow{\Delta} CaO(s) + CO_2(g)$$
$$CaO(s) + H_2O(l) \longrightarrow Ca(OH)_2(s)$$

水酸化カルシウムは実際にはいくらか水に溶解し，その量はかなり塩基性の溶液を与えるのに十分である．過剰の水酸化カルシウム固体が懸濁した飽和溶液は"水しっくい[a]"とよばれ，低コストの家のペインティング用白塗りとして使われる．

アルカリ金属およびアルカリ土類金属の水酸化物は，たとえ固相状態でも二酸化炭素と反応する．実際に"水しっくいを塗ること"とは，少し溶解性をもつ水酸化カルシウムが木やセッコウの表面に浸透していくことも含んでいる（しばしば水酸化物イオンは付加的に脱脂剤として働いている）．塗り終わった後数時間から数日にわたって空気中の二酸化炭素と反応し，微結晶で不溶性で真っ白な炭酸カルシウムになる．

$$Ca(OH)_2(aq) + CO_2(g) \longrightarrow CaCO_3(s) + H_2O(l)$$

この過程はわれわれの祖先が行ってきたことであるが，"すごく実用的な化学"である！

金属水酸化物の多くは金属イオン溶液を水酸化物イオン溶液に加えることによって合成できる．たとえば青緑の水酸化銅(II)は塩化銅(II)溶液を水酸化ナトリウムと混合すると生じる．

$$CuCl_2(aq) + 2\,NaOH(aq) \longrightarrow Cu(OH)_2(s) + 2\,NaCl(aq)$$

不溶性水酸化物の大部分は，溶液から**ゼラチン状**[b] 固体として沈殿するため沪別することが難しい．両性水酸化物は過剰の水酸化物イオンを加えると再溶解する．たとえば水酸化亜鉛は再溶解して，テトラヒドロキシ亜鉛酸イオン $[Zn(OH)_4]^{2-}$ が生じる．

$$Zn(OH)_2(s) + 2\,OH^-(aq) \rightleftharpoons [Zn(OH)_4]^{2-}(aq)$$

不安定な金属水酸化物がわずかに存在し，水を失って酸化物をつくる．酸化物の方が高い電荷をもつため安定な格子をつくる．たとえば青緑の水酸化銅(II)ゲルは，そっと温めるだけでも黒色固体の酸化銅(II)になる．

$$Cu(OH)_2(s) \xrightarrow{\Delta} CuO(s) + H_2O(l)$$

---

a) whitewash　b) gelatinous

16・10　ヒドロキシルラジカル

§15・8に述べたように，対流圏の夜間の化学反応は硝酸ラジカルが支配している．昼間はヒドロキシルラジカル OH・ が最重要な反応種である．

ヒドロキシルラジカルは日中 $10^5 \sim 10^6$ 分子・cm^{-3} の濃度で存在している．その多くは319 nm より短波長の光によるオゾンの光解離によって原子状および分子状酸素（酸素および二酸素）が生じる反応で生成する．生じた二つの化学種は励起状態にあり，原子状酸素では全p電子が不対である基底状態と異なり2個のp電子が対をなしている．この励起状態は相当する化学式の後にアステリスク "*" を付記することによって示される．そこで反応は次式のように書かれる．

$$O_3(g) \xrightarrow{h\nu} O^*(g) + O_2^*(g)$$

約20％の励起酸素原子が水分子と衝突して2個のヒドロキシルラジカルを生成する．

$$O^*(g) + H_2O(g) \longrightarrow OH(g) + OH(g)$$

これらのヒドロキシルラジカルは酸化剤として効く．概すれば，気相の有機分子を酸化し，分割し，破壊するためによい化学種である．たとえばメタンは酸化されてメチルヒドロペルオキシド CH_3OOH になり，さらにメタナール HCHO を経て最終的に二酸化炭素になる．ヒドロキシルラジカルは大気中の二酸化窒素を硝酸にまで酸化し，硫化水素を二酸化硫黄にまで酸化する．

現在，室内空気のヒドロキシルラジカル濃度に対する関心が高い．このラジカルはフォトコピー機やレーザープリンターなどからのオゾン放出によって一部生成する．そしてあまり換気していない室内空気にある吐息，デオドラント，香水，家具放出ガスのような有機化合物の"カクテル"と反応して，広範囲の有毒な酸化分子断片を生み出す．

16・11　概説：硫黄の化学

硫黄（16族のもう一つの非金属）は+6 から +4，+2 を経て -2 価までの酸化状態をもつ．酸性および塩基性溶液における硫黄の酸化状態図を図 16・11 に示す．酸性溶液における硫酸イオンの自由エネルギーは比較的低く，このイオンは少しだけ酸化性である．塩基性溶液では，硫酸イオンは完全に非酸化性で熱力学的に最安定な硫黄の化学種である．+4 の酸化状態は凸面のカーブ上にあるが，実際には速度論的に安定である．酸性溶液の +4 状態は還元される傾向を示すが，塩基性溶液では酸化される傾向を示すことをフロスト図は示している．単体それ自身は通常，酸性環境では還元されるが，塩基性環境では酸化される．

図 16・11 は硫化物イオン（塩基性溶液）が相当強い還元剤であり，硫化水素は熱力学的に安定な化学種であることも示している．

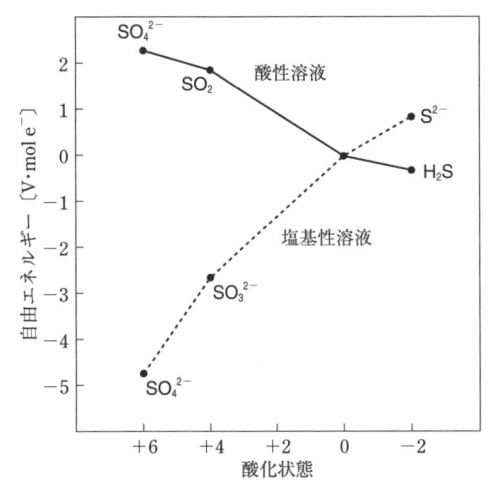

図 16・11 硫黄の酸性および塩基性溶液におけるフロスト図

硫黄は炭素のつぎにカテネーションを起こしやすい傾向がある．しかし2本しか利用できる結合手がない．したがって複数の硫黄原子の鎖の端に他の元素や原子団をいくつか付けた形が典型的な構造である．たとえば，ポリ硫化二水素は HS—S_n—SH，ポリ硫化二塩素は ClS—S_n—SCl の化学式をもつ（n は 0 から 20 までのすべての値をとる）．

16・12 硫黄とその同素体

単体硫黄は太古の昔から知られていたが，その同素体が明らかになったのはわずかここ 20 年のことである．天然に最も多く存在する同素体 S_8，cyclo-八硫黄[a]は8個の原子がジグザグにリング状に並んだ構造である（図 16・12）．この同素体は 95 ℃以上で結晶化して針状結晶をつくるが，それ以下では"ずんぐりした"結晶になる．これらの結晶は単斜晶系および斜方晶系とよばれ，単純に分子の充塡の仕方が異なっている．これらの二つの晶系は互いに **多形**[b]とよばれるもので同素体ではない．すなわち，多形とは"同じ化合物の同一化学種が異なる充塡の仕方をしている異なる結晶形"と定義される．

1891 年，8 以外のリングサイズをもつ硫黄の同素体が初めて合成された．この同素体 S_6，cyclo-六硫黄[c]は，その後みつかるたくさんの真の同素体の中で2番目であった．同素体と多形を区別するために，われわれはもっと正確に，**同素体**[d]とは"同じ元素の異なる分子ユニットをもつ形"と定義する．6 から 20 までのさまざまなリングサイズをもつ硫黄の同素体が実際に合成され，さらにもっと大きなリングをもつ同素体が存在する証拠がある．cyclo-八硫黄を除く最も安定なものは，S_{12}，cyclo-十二硫黄[e]である．cyclo-六硫黄と cyclo-十二硫黄の構造を図 16・13 に示す．

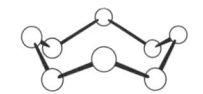

図 16・12 cyclo-八硫黄分子

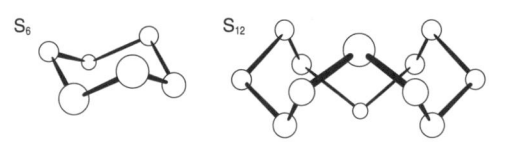

図 16・13 cyclo-六硫黄分子（左）と cyclo-十二硫黄分子（右）

cyclo-六硫黄はチオ硫酸ナトリウム $Na_2S_2O_3$ を濃塩酸と混合することによって合成される．

$$6\,Na_2S_2O_3(aq) + 12\,HCl(aq) \longrightarrow$$
$$S_6(s) + 6\,SO_2(g) + 12\,NaCl(aq) + 6\,H_2O(l)$$

しかしながら，現在では偶数リング（奇数リングより安定である）のかなり論理的な合成法がある．この方法は，適切なポリ硫化水素 H_2S_x と適切な二塩化ポリ硫黄 S_yCl_2 との反応を用いる．ここで $(x+y)$ が望むリングサイズに等しくなるようにする．たとえば cyclo-十二硫黄は八硫化二水素 H_2S_8 をエトキシエタン $(C_2H_5)_2O$ 溶媒中，二塩化四硫黄 S_4Cl_2 と混合することによって合成できる．

$$H_2S_8((C_2H_5)_2O) + S_4Cl_2((C_2H_5)_2O) \longrightarrow$$
$$S_{12}(s) + 2\,HCl(g)$$

しかし cyclo-八硫黄こそがほぼ独占的に天然に存在する同素体であり，かつほとんどすべての化学反応の生成物であるので，ここではこの同位体の性質に焦点をあてる．融点，119 ℃において，cyclo-八硫黄は低粘度で薄茶色の液体になる．しかしさらに加熱すると 159 ℃で性質が急変する．最も顕著な変化は1万倍もの粘度増加であり，かなり黒ずむ．これらの変化は環の開裂による．八硫黄鎖は互いに結合して2万ほどの多くの硫黄原子を含むポリマーを形成する．粘度の上昇は，自由に動ける S_8 分子が織り合わさった強い分散力相互作用をもつ鎖に置き換わるためである．

硫黄の沸点（444 ℃）まで温度を上げると，熱運動が激しくなる結果ポリマーユニットが分裂し，粘度は徐々に下がる．この液体を冷水に注ぐと茶色の透明なゴム状固体"プラスチック硫黄[f]"を生じる．この物質はゆっくりと斜

---

a) cyclo-octasulfur b) polymorph c) cyclo-hexasulfur d) allotrope e) cyclo-dodecasulfur f) plastic sulfur

> ### 宇宙化学：木星の月"イオ"には硫黄が豊富
>
> "太陽系のどこかに生命はいるのか？"（第10章 p.155を参照）の特集において，木星の衛星であるエウロパには原始的は生命体を扶養できる可能性をもつ海洋があると述べた．木星のもう一つの衛星であるイオ[a]でもユニークな化学が行われているかもしれない．イオはわれわれの月と似た大きさだが，表面は月のくすんだ灰色と異なり，黄，赤，青色に輝いている．それらの色の多くは硫黄の同素体や硫黄化合物に基づいていると信じられている．イオの地表には硫黄火山が点在し，そこから噴出する泉のような溶岩流は太陽系で最も印象的で美しい眺めである．その噴火はまさに，イエローストーン国立公園にある間欠泉"オールド・フェイスフル・ガイザー"の黄色いみごとな噴出さながらの巨大硫黄間欠泉である．溶融した硫黄と硫黄化合物は20 km以上も遠く宇宙へ大量に吐き出され，その後イオの弱い重力によってゆっくりと硫黄の"雪"が地表に降る．
>
> 希薄な大気の化学もまた異常である．二酸化硫黄を主成分とし，一酸化硫黄のような珍しい化学種も含んでいる．なぜイオの化学がユニークなのだろう？ 硫黄は太陽系中に広く存在する元素であるが，地球のような惑星では金属硫化物，特に硫化鉄(Ⅱ)として存在する．イオの火山活動を維持している熱は，木星との莫大な重力引力に起因している（いくぶんかはエウロパとの重力引力も寄与している）．このユニークな星でどんな化学過程が起こっているかについての知見は乏しく，イオ上には地球上にいるわれわれには知られていない多くの硫黄化合物が存在するに違いない．イオの探索はすべての宇宙化学者にとって確実に最優先の課題であろう！

方硫黄の微結晶へ変化する．

硫黄が沸騰すると緑色の気体を生じるが，ほとんどの成分は cyclo-八硫黄である．さらに温度を上げると環が壊れて断片になり，700℃までは紫色気体が観測される．この気体には二酸素と類似の二硫黄分子 S_2 が含まれている．

16・12・1 工業的な硫黄抽出

単体硫黄は大きな地下堆積物として米国とポーランドで産する．それらは，湖底の硫酸塩鉱物の堆積物に棲む嫌気性細菌の活動でつくられたと考えられている．木星の衛星，イオ（"宇宙化学"のコラムを参照）に大規模な硫黄堆積物の証拠がみつかったのは，惑星科学者の間に大興奮を巻起こした発見であった．

硫黄抽出法である**フラッシュ法**[b]は，カナダの科学者，ハーマン・フラッシュ[c]によって考案された（図16・14）．硫黄堆積物は地下150〜750 mのところにおよそ30 mの幅で存在する．直径20 cmのパイプを堆積物の底付近まで沈める．そして，そのパイプよりわずかに短い直径10 cmのパイプを中に挿入する．最後に直径2.5 cmのパイプを外側のパイプの長さの半分まで真ん中のパイプに挿入する．

165℃の水を外側の二つのパイプにポンプで流し落とす．この水はまわりの硫黄を融解する．10 cmのパイプに落とし入れた超熱水の流れを止めると，液体の圧力によって，濃い液状の硫黄がそのパイプを上ってくる．圧縮空気を2.5 cmのパイプに上からポンプで流し込むと，低密度の泡が10 cmのパイプを地表まで自然に上がってくる．地表では，硫黄と水と空気の混合物を巨大なタンクにポンプで引き入れる．タンク内で冷却され，紫色の硫黄の液体が結晶化して黄色い塊になる．タンクの擁壁を取除き，塊をダイナマイトで軌道車で運べるサイズに粉砕する．

前述のとおり，米国とポーランドのみが幸運にも単体硫黄の莫大な地下堆積物を保有している．他国では硫黄の需要に対応するために，高レベルの硫化水素を含むことが多い天然ガス田に頼る必要がある．硫化水素が低濃度のガスは"スウィートガス[d]"，高濃度（15〜20％）のガスは"サワーガス[e]"とよばれる．天然ガス生産者にとって炭化水素混合物の不純物である硫化水素の市場は非常に嬉しいものである．

天然ガス中の硫化水素からの単体硫黄の製造は，**クラウス法**[f]によって達成されている．最初にサワーガスを塩基性有機溶媒のエタノールアミン $HOCH_2CH_2NH_2$ の中にバブリングすることによって硫化水素を抽出する．このと

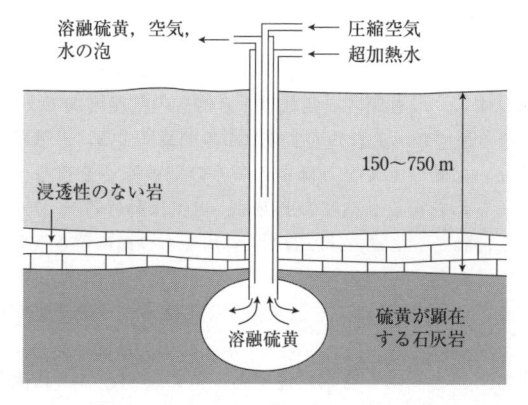

図 16・14 硫黄を抽出するフラッシュ法

---

a) Io   b) Frasch process   c) Herman Frasch   d) sweet gas   e) sour gas   f) Claus process

き，硫化水素はブレンステッド酸として働く．

$$\text{HOCH}_2\text{CH}_2\text{NH}_2(l) + \text{H}_2\text{S}(g) \longrightarrow$$
$$\text{HOCH}_2\text{CH}_2\text{NH}_3^+(sol) + \text{HS}^-(sol)$$

溶液を集めて温めると，硫化水素ガスが放出される．つぎに硫化水素と酸素ガスを2:3（すべてが水と二酸化硫黄に酸化されるモル比）でなく2:1で混合する．$\frac{1}{3}$の硫化水素が燃焼して二酸化硫黄ガスになり，その二酸化硫黄はさらに残りの$\frac{2}{3}$の硫化水素と反応して単体硫黄になる．この過程は，現在施行中のガス放出基準に合わせるために改善されている．近代的プラントでは転換率が99%で，古いプラントの最高転換率95%よりずっと高い．

$$\begin{array}{r}2\,\text{H}_2\text{S}(g) + 3\,\text{O}_2(g) \longrightarrow 2\,\text{SO}_2(g) + 2\,\text{H}_2\text{O}(g) \\ +)\;\;4\,\text{H}_2\text{S}(g) + 2\,\text{SO}_2(g) \longrightarrow 6\,\text{S}(s)\;\;\;\;\; + 4\,\text{H}_2\text{O}(g) \\ \hline 6\,\text{H}_2\text{S}(g) + 3\,\text{O}_2(g) \longrightarrow 6\,\text{S}(s)\;\;\;\;\; + 6\,\text{H}_2\text{O}(g) \end{array}$$

世界の硫黄生産の約53%がクラウス法（やその類縁法）で生産される副産物硫黄に由来し，23%がフラッシュ法によって生産されている．そして約18%が鉱物の黄鉄鉱 FeS_2（二硫化鉄(II)）を加熱することによって得られている．二硫化鉄(II)を脱気下で加熱すると S_2^{2-} イオンが分解して単体硫黄と硫化鉄(II)になる．

$$\text{FeS}_2(s) \xrightarrow{\Delta} \text{FeS}(s) + \text{S}(g)$$

世界の硫黄生産のほとんどは硫酸製造のためである．その製造過程は§16·17で述べる．残りの硫黄は，ゴムの加硫（硬化）用の二硫化炭素のような硫黄化学品の合成や含硫黄有機色素の合成に用いられる．単体硫黄の一部は，高速道路の表面が凍結耐久性を増すようにアスファルト混合物に加えられる．

16·13 硫化水素

ほとんどの人々は，"腐った卵"のように臭うガスのことを耳にしたことがある．しかし聞いたすべての人がそのガスとは何かを知っているわけではない．実際に，硫化水素の不快な臭いはきわめてユニークである．さらに重要なことに，この無色のガスが猛毒であり，その毒性はシアン化水素より強い．硫化水素は多くの場所に存在するので，莫大な被害をもたらしている．上述したように，地下から湧き出る天然ガスの成分になるので，天然ガス井戸からのガス漏れは危険な場合がある．

硫化水素は，"重水"を通常水から分離するために大量に用いられている．水と硫化水素の間には平衡があり，熱力学的にはわずかだが重水素同位体が水中成分として多く含まれる．

$$\text{HDS}(g) + \text{H}_2\text{O}(l) \rightleftharpoons \text{H}_2\text{S}(g) + \text{HDO}(l)$$
$$\text{HDS}(g) + \text{HDO}(l) \rightleftharpoons \text{H}_2\text{S}(g) + \text{D}_2\text{O}(l)$$

この平衡を用いて，水中では重水素同位体を0.016%から15%に濃縮（エンリッチ）できる．40分の1の体積になるまで分留すると，99%の重水（D_2Oの沸点はH_2Oよりわずかに高い）が残る．この種の工場に近接した市町村は，この工場に内在する危険性を最小にするための迅速な避難方法をもつのがふつうである．臭いは0.02 ppmほどの低濃度でも検知できる．10 ppmで頭痛と吐き気をもよおし，100 ppmで死に至る．ただし臭いでこのガスを検出するのは完全には有効でない．なぜなら硫化水素は，嗅覚も含む中枢神経系に障害を与えることによって死に至らしめるからである．

天然では，嫌気性細菌によって硫化水素が生産されている．この過程は腐敗した植物や沼地などの場所で起こり，大気中の天然起源の硫黄のほとんどを供給している．実験室では硫化水素ガスは金属硫化物と希酸との反応（たとえば硫化鉄(II)と希塩酸との反応）で合成できる．

$$\text{FeS}(s) + 2\,\text{HCl}(aq) \longrightarrow \text{FeCl}_2(aq) + \text{H}_2\text{S}(g)$$

硫化水素は，溶液中ではいろいろな酸化剤で酸化されて硫黄になる．

$$\text{H}_2\text{S}(aq) \longrightarrow 2\,\text{H}^+(aq) + \text{S}(s) + 2\,\text{e}^-$$
$$E^\circ = +0.141\,\text{V}$$

硫化水素は空気中で燃焼して硫黄と二酸化硫黄になり，それらの割合は硫化水素と空気の比率に依存する．

$$2\,\text{H}_2\text{S}(g) + \text{O}_2(g) \longrightarrow 2\,\text{H}_2\text{O}(l) + 2\,\text{S}(s)$$
$$2\,\text{H}_2\text{S}(g) + 3\,\text{O}_2(g) \longrightarrow 2\,\text{H}_2\text{O}(l) + 2\,\text{SO}_2(g)$$

硫化水素が有意な濃度で存在しているかを調べる試験には，一般には酢酸鉛(II)紙（または硝酸塩のような水溶性の鉛(II)塩の溶液に浸した濾紙）を用いる．硫化水素が存在すると，無色の酢酸鉛(II)は黒色の硫化鉛(II)に変わる．

$$\text{Pb}(\text{CH}_3\text{CO}_2)_2(s) + \text{H}_2\text{S}(g) \longrightarrow$$
$$\text{PbS}(s) + 2\,\text{CH}_3\text{CO}_2\text{H}(g)$$

銀食器の黒化の多くのケースは，鉛と同様な反応での硫化銀(I)の生成によるものである．

硫化水素分子は水分子の類似体として予想されるようにV字構造をしている．しかし同族下方にいくにつれて，水素化物の結合角は小さくなる（表16·8）．この結合角の

表16·8 16族水素化物3種の結合角

水素化物	結合角
H_2O	104.5°
H_2S	92.5°
H_2Se	90°

> ### ジスルフィド結合と髪
>
> 髪はジスルフィド部位によって交差結合したアミノ酸高分子（タンパク質）からできている．1930 年頃，ロックフェラー研究所の研究者たちはこれらの結合が硫化物または —SH 基をもつ分子によって，弱塩基性溶液中で切断されることを示した．この発見によって髪型を"永久に"変える現在の方法への鍵が見いだされた．
>
> この方法では，チオグリコレートイオン $HSCH_2CO_2^-$ の溶液が髪に注がれ，—S—S— 架橋が —SH 基に還元される．
>
> $$2\,HSCH_2CO_2^-(aq) + \text{—S—S—(髪)} \longrightarrow$$
> $$[SCH_2CO_2^-]_2(aq) + 2\,\text{—S—H(髪)}$$
>
> カーラー（カール用器具）やストレイテナー（ストレートパーマ用具）を用いると，プロテイン鎖がそれらの隣接するプロテイン鎖へ物理的に移る．過酸化水素液を用いて —SH 基を再酸化して新しい —S—S— 架橋を再構築し，新しい形に髪を保つ．
>
> $$2\,\text{—S—H(髪)} + H_2O_2(aq) \longrightarrow$$
> $$\text{—S—S—(髪)} + 2\,H_2O(l)$$

変化は第 2 周期より重い元素では混成軌道を用いる程度が低くなることで説明できる．すなわちセレン化水素では p 軌道だけが水素との結合に用いられる．この理由付けは別の化合物群の結合角の実際の傾向とも一致するため，最もよく受入れられている．

16・14 硫　化　物

1 族と 2 族の金属イオン，アンモニウムイオン，およびアルミニウムイオンしか，可溶性硫化物をつくらない．これらは水中で容易に加水分解するので，硫化物溶液は強い塩基性を示す．

$$S^{2-}(aq) + H_2O(l) \rightleftharpoons HS^-(aq) + OH^-(aq)$$

また硫化水素イオンの加水分解が十分に起こり，硫化水素の強烈な臭いの溶液になる．

$$HS^-(aq) + H_2O(l) \rightleftharpoons H_2S(g) + OH^-(aq)$$

ナトリウム-硫黄系は高性能電池のベースとなる．ほとんどの電池では電極は固体で電解質は液体である．しかしこの電池では，ナトリウムと硫黄の二つの電極が液体で，電解質の $NaAl_{11}O_{17}$ は固体である．電極過程はつぎのようである．

$$Na(l) \longrightarrow Na^+(NaAl_{11}O_{17}) + e^-$$
$$n\,S(l) + 2\,e^- \longrightarrow S_n^{2-}(NaAl_{11}O_{17})$$

この電池は強力で充電が容易である．工業用途には有望で，商業用の電気荷物運搬車に用いられる．だが約 300 ℃ で作動するので家庭用電池とては不適である．当然ナトリウムや硫黄が空気中の酸素や水蒸気と反応するのを防ぐために密封しておく必要がある．

現在，硫化ナトリウムは需要が最大の硫化物である．年間 $10^5 \sim 10^6$ トンが硫化ナトリウムをコークスで高温還元する方法で生産されている．

$$Na_2SO_4(s) + 2\,C(s) \longrightarrow Na_2S(l) + 2\,CO_2(g)$$

硫化ナトリウムは革なめしの際の毛の除去に用いられる．また浮遊選鉱による鉱石分離，含硫黄色素の製造，有毒金属（特に鉛）イオンの沈殿のような化学工業に用いられる．

その他の金属硫化物はすべて不溶性である．鉱物の多くは硫化物鉱石であり，最もよく知られているものを表 16・9 に記載した．硫化物は特殊な用途にも使われる．真っ黒な三硫化二アンチモンは初めて人が使った化粧品の一つであり，有史時代の夜明けからアイシャドウとして用いられていた．

表 16・9　よく知られた硫化物鉱物

通称	英語名	化学式	正式名
辰砂（しんしゃ）	cinnabar	HgS	硫化水銀(II)
方鉛鉱	galena	PbS	硫化鉛(II)
黄鉄鉱	pyrite	FeS_2	二硫化鉄(II)
閃(せん)亜鉛鉱	sphalerite	ZnS	硫化亜鉛
雄黄（ゆうおう）	orpiment	As_2S_3	三硫化二ヒ素
輝安鉱	stibnite	Sb_2S_3	三硫化二アンチモン
黄銅鉱	chalcopyrite	$CuFeS_2$	硫化銅(II)鉄(II)

商業用硫化物の別例は二硫化セレン SeS_2 で，一般的なふけとりシャンプー用添加剤である．硫化モリブデン(IV) MoS_2 は金属表面用の優れた潤滑油であり，そのままか油に分散して用いる．金属硫化物は色の濃い不透明固体になる性質があり，その一つの硫化カドミウム CdS は鮮烈な黄色を呈し，最も汎用の油性インク用顔料である．

不溶性金属硫化物の生成は無機定量分析によく用いられる．硫化水素ガスを未知金属イオンの酸溶液に通す．高い水素イオン濃度では硫化物イオン濃度が極低レベルに下がる．

$$H_2S(aq) + H_2O(l) \rightleftharpoons H_3O^+(aq) + HS^-(aq)$$
$$HS^-(aq) + H_2O(l) \rightleftharpoons H_3O^+(aq) + S^{2-}(aq)$$

この極低濃度でもほぼすべての不溶性金属硫化物を沈殿させるのに十分で，硫化物の溶解度積 K_{sp} は 10^{-30} を下回る．沪過または遠心分離で硫化物は分離できる．つぎに沪液に塩基を加えると pH は上昇し，硫化物平衡は右にシフトする．それによって硫化物イオン濃度が上昇し，溶解度積が 10^{-20}〜10^{-30} の金属硫化物（おもに第4周期の遷移金属）が沈殿する．この方法は，どんな金属イオンが存在するかを見極めるテストに用いられる．ごく最近では，硫化水素に加水分解するチオアセトアミドがそのテストに用いられるようになった．

よく知られた硫化物に加えて，二酸化物(2−) に似た二硫化物(2−)イオン S_2^{2-} の化合物を生成するいくつかの元素がある．たとえば FeS_2 は高酸化状態の鉄を含むわけではなく，二硫化物イオンと Fe^{2+} からできている．また，アルカリ金属とアルカリ土類金属は，S_n^{2-}（n は2から6まで）イオンを含むポリ硫化物を生成する．

16・15 硫黄酸化物

2種の重要な硫黄酸化物がある．一つはよく知られた大気汚染物質の二酸化硫黄で亜硫酸の酸性酸化物であり，もう一つはそれほど知られていないが同様に重要な三酸化硫黄で硫酸の酸性酸化物である．二酸化硫黄の三酸化硫黄への酸化の活性化エネルギーは非常に高く，われわれは幸運である．なぜなら強酸性の三酸化硫黄でなく弱酸性の二酸化硫黄を大気汚染物質として対処すればよいからである．

16・15・1 二酸化硫黄

よく知られた硫黄の酸化物である二酸化硫黄は毒性の無色で重い気体であり，酸の"味"がする．人間の最大許容濃度は約 5 ppm であるが，植物は 1 ppm ほどの低濃度でもダメージを受ける．酸の"味"は舌上で二酸化硫黄が水と反応して弱酸の亜硫酸を生じるためである．

$$SO_2(g) + H_2O(l) \rightleftharpoons H_2SO_3(aq)$$

二酸化硫黄は水に易溶だが，アンモニアや二酸化炭素と同様に溶解ガスのほぼすべてが二酸化硫黄分子として存在しており，ほんのわずかだけ亜硫酸が生成する．実験室で二酸化硫黄を合成するには，亜硫酸塩か亜硫酸の溶液に弱酸を加える．

$$SO_3^{2-}(aq) + 2H^+(aq) \longrightarrow H_2O(l) + SO_2(g)$$
$$HSO_3^-(aq) + H^+(aq) \longrightarrow H_2O(l) + SO_2(g)$$

二酸化硫黄は還元剤となる数少ない汎用ガスの一つで，それ自身は容易に酸化されて硫酸イオンになる．

$$SO_2(aq) + 2H_2O(l) \longrightarrow SO_4^{2-}(aq) + 4H^+(aq) + 2e^-$$

二酸化硫黄のような還元性気体のテストには色変する酸化剤が用いられる．一番使いやすいのは二クロム酸イオンで，橙色の二クロム酸イオンの酸性溶液に浸した沪紙はクロム(III)イオンを生成し，緑に変色する．

$$Cr_2O_7^{2-}(aq) + 14H^+(aq) + 6e^- \longrightarrow 2Cr^{3+}(aq) + 7H_2O(l)$$

固化した地球では，二酸化硫黄が火山によって大量に生産されてきた．だが今，われわれは別のルートでさらに膨大な量の二酸化硫黄を生産している．最悪の加害者は石炭の燃焼である．石炭のほとんどが高レベルの硫黄化合物を含んでいるからである．ロンドンでは1950年代，家庭での石炭燃焼で生じた黄色のスモッグで何千人もが若死にした．近年では，石炭火力発電所が大気中の非天然型二酸化硫黄の源となっている．石油も最低価格の火力用石油が硫黄を多く含むため，二酸化硫黄の大気汚染へ寄与している．多くの学校や病院が節約のため火力用に最廉価の石油を選ぶのは大気を悪質にすることになる．さらに，金属の多くが硫化物鉱石から抽出され，伝統的な製錬プロセスに硫化物から二酸化硫黄への酸化が含まれることが，二酸化硫黄の源となっている．その代表的な金属が銅である（§20・9参照）．

昔は，工業的な大気汚染問題を最も安易に解決する策は，高い煙突をつくり，二酸化硫黄を排出源からなるべく遠ざけることだった．しかしその時代は，上層大気において二酸化硫黄がヒドロキシルラジカルによって酸化され，さらに水和して，亜硫酸よりずっと強酸の硫酸の滴となった．

$$SO_2(g) + OH(g) \longrightarrow HOSO_2(g)$$
$$HOSO_2(g) + O_2(g) \longrightarrow HO_2(g) + SO_3(g)$$
$$SO_3(g) + H_2O(g) \longrightarrow H_2SO_4(aq)$$

この生成物は，何千キロメートルも離れたところに酸性雨として降り注ぎ，当事者とまったく無関係な人々へ害を及ぼした．最近，二酸化硫黄の排出を最小にするさまざまな方法が研究されている．その一つは，二酸化硫黄を固体の硫酸カルシウムへ転換する方法である．近代的な石炭火力発電所では，石灰石（炭酸カルシウム）の粉末を石炭の粉末と混合する．石炭が燃焼すると約 1000 ℃ の炎ができ炭酸カルシウムを分解するのに十分な温度になる．

$$CaCO_3(s) \xrightarrow{\Delta} CaO(s) + CO_2(g)$$

そして酸化カルシウムは二酸化硫黄および酸素ガスと反応して硫酸カルシウムになる．

$$2CaO(s) + 2SO_2(g) + O_2(g) \xrightarrow{\Delta} 2CaSO_4(s)$$

反応の第二段階は発熱的で第一段階が吸熱的であるのと拮抗しているので，全過程では熱の収支バランスが取れている．硫酸カルシウムの粉塵は静電沈着器で捕集される．

固体の硫酸カルシウムは耐火性の絶縁材や路床用セメン

トとして用いられる．しかし上記の工程が広く用いられるようになると硫酸カルシウムの供給が需要を超えるようになり，余りを埋立てに用いる割合がだんだんと増加している．したがって，有害な気体廃棄物を害の少ない固体廃棄物へ置き換えたのに，廃棄物問題を完全に解決したことになっていない．

二酸化硫黄には役に立つ利用の仕方もある．漂白剤や防腐剤（特に果物用）として用いられる．後者の用途では，カビや他の果物を腐敗させる微生物を殺すのに非常に効果的である．残念ながら，添加された非常に微量の二酸化硫黄に敏感な人々もいる．

二酸化硫黄の分子はV字形で，S—O結合長は143 pmでO—S—O結合角は119°である．結合長は硫黄-酸素単結合（163 pm）よりずっと短く硫黄-酸素二重結合の一般値（140 pm）に非常に近い．図16・15に結合と形を示す．二酸化硫黄の結合角が三方角の120°（sp^2混成）とほぼ同じなのは，それぞれの硫黄-酸素対と硫黄原子上の非共有電子対の間のσ結合の観点から説明できる．このπ結合系が硝酸イオンのものと類似していると予想するかもしれないが，それに加えて，硫黄の空の3d軌道と酸素の被占したp軌道の間の相互作用によって生じる多重結合へのある程度の寄与も考えられる．

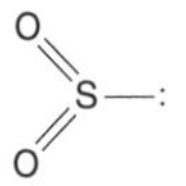

図 16・15 二酸化硫黄分子における結合の表し方

16・15・2 三 酸 化 硫 黄

二酸化硫黄はよく知られているが，三酸化硫黄はあまり認知されていない．しかしこの物質も重要な酸化物で，室温で無色の液体である．液相および気相では三酸化硫黄SO_3（図16・16）と三量体の九酸化三硫黄S_3O_9の混合物である．液体は16℃で凍り，九酸化三硫黄の結晶になる．湿気があるときは，構造式 $HO(SO_3)_nOH$（nは約10^5）の長鎖高分子固体が生成する．三酸化硫黄は非常に強酸性，潮解性の酸化物で，水と反応して硫酸になる．

$$SO_3(s) + H_2O(l) \longrightarrow H_2SO_4(l)$$

硫黄を酸化すると二酸化硫黄ができるのがふつうで，三酸化硫黄になることはまれである（三酸化硫黄があまり知られていない理由）．三酸化硫黄の生成は二酸化硫黄の生成よりも熱力学的に有利である（三酸化硫黄：-370 kJ·mol^{-1}，二酸化硫黄：-300 kJ·mol^{-1}）が，二酸化硫黄から三酸化硫黄の酸化過程には高い活性化エネルギーが存在するため速度論的に律速される．

$$2SO_2(g) + O_2(g) \xrightarrow{Pt} 2SO_3(g)$$

液体の三酸化硫黄が沸騰して生成する気体状の分子は平面形 SO_3 である．二酸化硫黄と同様に，すべての硫黄-酸素結合長は同じで短く（142 pm），二重結合の標準値に非常に近い．

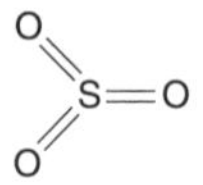

図 16・16 三酸化硫黄分子における結合の表し方

16・16 亜 硫 酸 塩

亜硫酸は二酸化硫黄の水溶液だが，実際に目にするのは，亜硫酸イオンおよび亜硫酸水素イオンである．亜硫酸ナトリウムは毎年10^6トンを生産する主要な工業化学品で，二酸化硫黄を水酸化ナトリウム溶液に吹き入れることによって得られる．

$$2NaOH(aq) + SO_2(g) \longrightarrow Na_2SO_3(aq) + H_2O(l)$$

実験室や工場では亜硫酸ナトリウムは還元剤として用いられ，その際自らは酸化されて硫酸ナトリウムになる．

$$SO_3^{2-}(aq) + H_2O(l) \longrightarrow SO_4^{2-}(aq) + 2H^+(aq) + 2e^-$$

亜硫酸ナトリウムの主用途は紙製造のクラフト法[a]に用いる漂白剤である．この方法では，亜硫酸イオンはセルロース繊維を束ねる高分子材料（リグニン）を攻撃する（疎なセルロース繊維が紙の構造をつくる）．第二の用途は，チオ硫酸ナトリウム（後に少し解説する）の製造である．また二酸化硫黄と同様，防腐剤として果物に添加される．

亜硫酸イオンにおける硫黄-酸素結合長は151 pmであり，S=O の 140 pm よりわずかに長い．すべてが単結合のルイス型電子構造を書くことも可能であるが，なぜ多重結合が有利であるかをみるには形式電荷を用いるとよい．

図16・17(a) に示すように，単結合表現でそれぞれの原子上に形式電荷をつけると，この結合様式がありえないことが示される．図16・17(c) は2本の二重結合と隣接する二原子上の負電荷を示しているが，これもありえない．図16・17(b) に示した1本の二重結合をもつ場合は最小限の形式電荷の配置となっており，正しい構造である．しかし，形式電荷はあくまでも単純化した方法であり，分子軌道計算がより正確な描像を与えることは理解しておく必要がある．もし可能性のある3構造のうち図16・17(b) だとすれば，硫黄-酸素結合の平均結合次数は

---

a) Kraft process

$1\frac{1}{3}$ である.

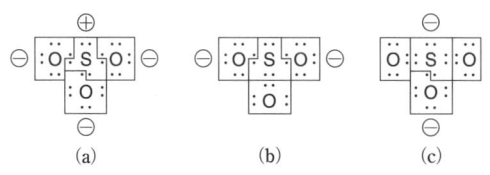

図 16・17 亜硫酸イオンの 3 種の形式電荷の表し方

16・17 硫　酸

　純硫酸は油状,高密度の液体で 10 ℃ で凍る.濃硫酸とは酸濃度が 18 mol·L^{-1} の水との混合物である.硫酸は水の混合は非常に発熱的なので,水に硫酸を少しずつゆっくりと撹拌しながら加えなければならず,逆の加え方をしてはいけない.この分子は中心硫黄原子のまわりに酸素原子が四面体形に配置した構造をとる(図 16・18).硫黄-酸素原子間の結合距離は短く結合エネルギーは高く,二重結合性があることを示している.

図 16・18 硫酸における結合の表し方

　われわれは,硫酸のことを単純に酸だと思いがちだが,実際にはいろいろな反応の仕方がある.

1. 希硫酸が酸として最もよく用いられる.強酸性の二プロトン酸で,硫酸水素イオンと硫酸イオンという 2 種のイオンを生じる.

$$H_2SO_4(aq) + H_2O(l) \rightleftharpoons H_3O^+(aq) + HSO_4^-(aq)$$
$$HSO_4^-(aq) + H_2O(l) \rightleftharpoons H_3O^+(aq) + SO_4^{2-}(aq)$$

第一段階の平衡は右に大きく傾くが,第二段階はそれほどでもない.したがって硫酸溶液中の主たる化学種はオキソニウムイオンと硫酸水素イオンである.

2. 硫酸はさらに脱水剤としても作用する.濃硫酸は多くの化合物から水分子を奪う.たとえば,砂糖は炭素と水に変化する.この発熱反応は劇的である.

$$C_{12}H_{22}O_{11}(s) + H_2SO_4(l) \longrightarrow 12\,C(s) + 11\,H_2O(g) + H_2SO_4(aq)$$

硫酸は数々の重要な有機反応においても脱水機能を果たす.たとえばエタノールに濃硫酸を加えると,反応条件に依存して,エテン C_2H_4 かエトキシエテン $(C_2H_5)_2O$ を生成する.

$$C_2H_5OH(l) + H_2SO_4(l) \longrightarrow C_2H_5OSO_3H(aq) + H_2O(l)$$
$$C_2H_5OSO_3H(aq) \longrightarrow C_2H_4(g) + H_2SO_4(aq)$$
　[過剰な酸]
$$C_2H_5OSO_3H(aq) + C_2H_5OH(l) \longrightarrow (C_2H_5)_2O(l) + H_2SO_4(aq)$$
　[過剰なエタノール]

3. 硫酸は硝酸ほど強い酸化剤ではないが,熱い濃縮状態では酸化剤として働く.たとえば,熱濃硫酸は金属銅と反応して銅(II)イオンを生じ,硫酸自身は還元されて二酸化硫黄と水になる.

$$Cu(s) \longrightarrow Cu^{2+}(aq) + 2\,e^-$$
$$2\,H_2SO_4(l) + 2\,e^- \longrightarrow SO_2(g) + 2\,H_2O(l) + SO_4^{2-}(aq)$$

4. 硫酸はスルホン化剤として働く.濃硫酸は有機化学において水素をスルホン酸(−SO$_3$H)に置換するために用いられる.

$$H_2SO_4(l) + CH_3C_6H_5(l) \longrightarrow CH_3C_6H_4SO_3H(s) + H_2O(l)$$

5. 特殊な条件下では硫酸は塩基として振舞う.ブレンステッド・ローリー酸[a]はもっと強いプロトンドナーに加えられたときは,塩基となる.したがって,フルオロスルホン酸(第 7 章 "超酸と超塩基" p.97 を参照)のように非常に強い酸だけが,硫酸を塩基として働かせることができる.

$$H_2SO_4(l) + HSO_3F(l) \rightleftharpoons H_3SO_4^+(H_2SO_4) + SO_3F^-(H_2SO_4)$$

16・17・1 硫酸の工業合成

　硫酸の製造量は他の化学品を圧倒している.米国だけでも一人当たり年間約 165 kg が生産されている.どの合成ルートにも二酸化硫黄が用いられる.二酸化硫黄は直接,製錬過程の排ガスから得られるプラントもあるが,北米では溶融硫黄を乾燥空気中で燃焼させてそのほとんどを生産している.

$$S(l) + O_2(g) \xrightarrow{\Delta} SO_2(g)$$

　硫黄を二酸化硫黄からさらに酸化するのは難しい.§16・15 に述べたように,三酸化硫黄の生成には速度論的障壁がある.したがって商業的に有用な反応速度を得るには効果的な触媒を用いる必要がある.また酸化反応の平衡は式の右側に傾いている.ルシャトリエの法則[b]によれば,圧力の増加がモル数の少ない気体の方へ平衡をずらす

---

a) Brønsted–Lowry acid　　b) Le Châtelier principle

ため，本反応では生成物側へずれることになる．またこの反応は発熱的である．そのために収率を下げる結果を招いても，適切な反応速度になるように高い温度を設定する．

接触法[a] においては，純粋で乾燥した二酸化硫黄と乾燥空気を不活性担体上に担持した酸化バナジウム(V)触媒に通す．十分な収率と反応速度で三酸化硫黄へ転換する最適な温度の 400〜500 ℃に混合気体を加熱する．

$$2\,SO_2(g) + O_2(g) \xrightarrow{V_2O_5/\Delta} 2\,SO_3(g)$$

三酸化硫黄は水と激しく反応する．しかし濃硫酸とはより穏やかに反応してピロ硫酸 $H_2S_2O_7$ (図 16・19) を生成する．

$$SO_3(g) + H_2SO_4(l) \longrightarrow H_2S_2O_7(l)$$

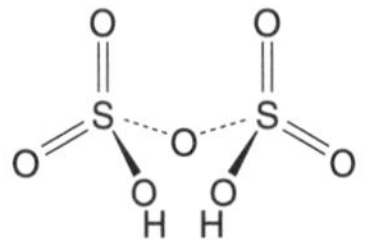

図 16・19 ピロ硫酸分子における結合の表し方

ピロ硫酸を水で薄めるとさらに 1 mol の硫酸が生成する．

$$H_2S_2O_7(l) + H_2O(l) \longrightarrow 2\,H_2SO_4(l)$$

すべての反応段階が発熱的である．実際に，単体硫黄を硫酸に変換する全過程では 535 kJ·mol^{-1} の熱が放出される．どんな硫酸プラントにおいても本質的問題はこの放出熱の効果的利用であり，他の工業過程用の直接的な熱源や電気の製造に使われる．

上記の過程は二つの重大な大気汚染問題を伴っている．第一に，二酸化硫黄の一部が散逸する．多くの大気汚染に敏感な国々では，放出ガス中 0.5 % 以下に抑えるように法律で制限されている．第二に，ピロ硫酸ルートを用いても硫酸の一部が噴霧となって流出する．最近のプラントは霧除去器を用いてこの問題を軽減している．

硫酸の使用は国ごとに異なる．米国では，酸の大部分を肥料製造に用いる．たとえば，不溶性のリン酸カルシウムをより可溶なリン酸二水素カルシウムに変換する．

$$Ca_3(PO_4)_2(s) + 2\,H_2SO_4(aq) \longrightarrow Ca(H_2PO_4)_2(s) + 2\,CaSO_4(s)$$

または，硫酸アンモニア肥料を製造する．

$$2\,NH_3(g) + H_2SO_4(aq) \longrightarrow (NH_4)_2SO_4(aq)$$

しかしヨーロッパでは，硫酸の多くを塗料，顔料，硫酸塩洗剤などの他の製品を製造するのに用いる．

廃棄硫酸を再利用する試みに興味が増している．現在は不純物を取除いて希硫酸を濃縮するのにかかる経費は硫黄から硫酸をつくるのにかかる経費より高い．しかし今や，再生が投棄より好まれる時代である．もし硫酸の純度は高いが濃度が低い場合は，ピロ硫酸を加えて硫酸濃度を使用可能レベルまで上げる．純度が低い硫酸については，高温分解で二酸化硫黄ガスをつくり分離して新しく硫酸を製造するのに用いる．

$$2\,H_2SO_4(aq) \xrightarrow{\Delta} 2\,SO_2(g) + 2\,H_2O(l) + O_2(g)$$

16・18 硫酸塩と硫酸水素塩

硫酸塩は下記の反応でつくられる．

1) 水酸化ナトリウムのような塩基と希硫酸の当量反応:

$$2\,NaOH(aq) + H_2SO_4(aq) \longrightarrow Na_2SO_4(aq) + 2\,H_2O(l)$$

2) 亜鉛のような電気陽性な金属と希硫酸の反応:

$$Zn(s) + H_2SO_4(aq) \longrightarrow ZnSO_4(aq) + H_2(g)$$

3) 炭酸銅(II) のような金属炭酸塩と希硫酸との反応:

$$CuCO_3(s) + H_2SO_4(aq) \longrightarrow CuSO_4(aq) + CO_2(g) + H_2O(l)$$

硫酸イオンの存在確認の一般的なテストはバリウムイオンの添加である．バリウムイオンは硫酸陰イオンと反応して高密度で白い硫酸バリウムの沈殿を生じる．

$$Ba^{2+}(aq) + SO_4^{2-}(aq) \longrightarrow BaSO_4(s)$$

亜硫酸イオンの場合と同様に，硫酸イオンの硫黄-酸素結合は短くかなりの多重結合性を示している．結合長は 149 pm で，亜硫酸イオンの場合と実験誤差内で等しい．

硫酸塩と硝酸塩は最もありふれた金属塩である．硫酸塩の用途には下記のようないくつかの理由がある．

1．ほとんどの硫酸塩は水溶性であり，金属陽イオンの有用な供給源となる．重要な例外二つは硫酸鉛(II)（鉛-酸電池で重要な役割を果たす）と硫酸バリウム（胃のようなソフトな組織のX線写真に用いられる）である．

2．硫酸イオンは酸化性や還元性をもたない．したがって金属の高酸化状態と低酸化状態のいずれとも塩をつくる（例：硫酸鉄(II) および硫酸鉄(III)）．さらに水に溶解したとき，他のいかなるイオンが存在しようとも酸化還元反応を起こさない．

3．硫酸イオンは比較的強い酸（硫酸水素イオン）の共

---

[a] contact process

役塩基である．したがって溶液のpHをそれほど変化させない．

4．硫酸塩は熱的に安定なものが多い．少なくとも同じ金属の硝酸塩より安定である．

16・18・1 硫酸水素塩

硫酸水素塩は水酸化ナトリウムと硫酸を当量混ぜたのち，溶液を蒸発させてつくることができる．

$$NaOH(aq) + H_2SO_4(aq) \longrightarrow NaHSO_4(aq) + H_2O(l)$$

硫酸水素イオンはサイズが大きく電荷が小さいため，炭酸水素塩と同様，アルカリ金属とアルカリ土類金属だけがこの陰イオンを固体状態で安定化できる．硫酸の第二イオン化エネルギー値は非常に高いため，硫酸水素塩は酸性溶液を生じる．

$$HSO_4^-(aq) + H_2O(l) \rightleftharpoons H_3O^+(aq) + SO_4^{2-}(aq)$$

固体の硫酸水素ナトリウムの高い酸性度は家庭における洗浄剤（たとえば"サニフラッシュ[a]"）として有用な理由である．

16・19 他の酸素–硫黄陰イオン

硫酸塩と亜硫酸塩に加えて，他の酸素–硫黄陰イオンがいくつか存在する．たとえば，固体の硫酸水素ナトリウムを加熱するとピロ硫酸ナトリウムが生成する．

$$2\,NaHSO_4(s) \xrightarrow{\Delta} Na_2S_2O_7(s) + H_2O(l)$$

ピロ硫酸イオンは酸素架橋構造 $[O_3S-O-SO_3]^{2-}$ をもつ．このイオンはそれほど重要ではないが，別の2種のイオン，チオ硫酸イオン $S_2O_3^{2-}$ とペルオキソ二硫酸（過硫酸）イオン $S_2O_8^{2-}$ は重要である．

16・19・1 チオ硫酸塩

チオ硫酸イオンは硫酸イオンと似ているが，一つの酸素原子が硫黄原子によって置換されている（"チオ (thio-)"は"硫黄"を意味する接頭辞である）．チオ硫酸イオン中の2個の硫黄原子は完全に異なる環境にあり，酸素と置換した硫黄は硫化物イオンに近い挙動をする．実際に§8・3で述べたように，酸化数の形成的な割当ては中央硫黄原子が+5でもう一つの硫黄は-1である．チオ硫酸イオンの

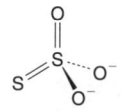

図 16・20 チオ硫酸イオンにおける結合の表し方

形を図16・20に示す．イオンは2本の二重結合と2本の単結合をもつように描かれているが，実際には多重結合的性格がすべての結合上にもっと均一に広がっている．

チオ硫酸ナトリウム五水和物は，一般的には"ハイポ[b]"とよばれ，亜硫酸ナトリウムの溶液中で硫黄を沸騰させることによって容易に合成できる．

$$SO_3^{2-}(aq) + S(s) \longrightarrow S_2O_3^{2-}(aq)$$

チオ硫酸ナトリウム五水和物を穏やかに温めると，可逆な吸熱過程で結晶水を失う．

$$Na_2S_2O_3 \cdot 5H_2O(s) \xrightarrow{\Delta} Na_2S_2O_3(aq) + 5\,H_2O(l)$$
$$\Delta H^\circ = +55\,kJ\cdot mol^{-1}$$

この平衡は熱貯蔵システムとして大いに注目されている．このプロセスでは太陽熱をソーラーパネルで吸収して水和化合物の入った地下タンクへ移す．この熱の入力によって水和物が分解して生じた水の中に溶ける．そして，冷夜には化合物の結晶化とともに放出される熱が暖房に用いられる．

チオ硫酸ナトリウムを過激に加熱すると3種の異なる硫黄の酸化状態への不均化反応を起こす．それらは硫酸ナトリウム，硫化ナトリウム，および硫黄である．

$$4\,Na_2S_2O_3(s) \xrightarrow{\Delta} 3\,Na_2SO_4(s) + Na_2S(s) + 4\,S(s)$$

チオ硫酸イオンの溶液を取扱うときは，酸の存在を避けることが重要である．水素（オキソニウム）イオンは反応するとまずチオ硫酸をつくり，直ちに分解して硫黄の白濁液となるとともに二酸化硫黄の特有な臭いと味を呈する．この特異な不均化反応は，2個の硫黄原子が異なる酸化状態にあることの一つの証拠である．おそらく中央の硫黄原子が高い方の酸化状態の硫黄をもつ二酸化硫黄を与えているだろう．

$$S_2O_3^{2-}(aq) + 2\,H^+(aq) \longrightarrow H_2S_2O_3(aq)$$
$$H_2S_2O_3(aq) \longrightarrow H_2O(l) + S(s) + SO_2(g)$$

チオ硫酸ナトリウムは酸化還元滴定，たとえば，水溶液中のヨウ素の濃度の定量に用いられる．滴定分析中に，ヨウ素は還元されてヨウ化物イオンになり，既知濃度のチオ硫酸イオンは酸化されてテトラチオネート[c]イオン，$S_4O_6^{2-}$ になる．

$$2\,S_2O_3^{2-}(aq) \longrightarrow S_4O_6^{2-}(aq) + 2\,e^-$$
$$I_2(aq) + 2\,e^- \longrightarrow 2\,I^-(aq)$$

テトラチオネートイオンは架橋硫黄原子をもっている（図16・21）．

---

a) Saniflush®　b) hypo　c) tetrathionate

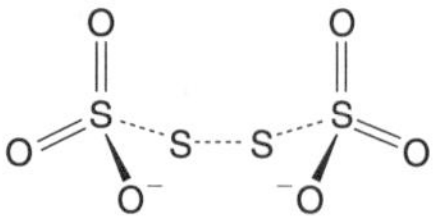

図16・21 テトラチオネートイオンにおける結合の表し方

チオ硫酸イオンと鉄(III)イオンの冷却液とを混ぜると特徴的な濃紫色をした錯イオンを生じる.

$$Fe^{3+}(aq) + 2\,S_2O_3^{2-}(aq) \longrightarrow [Fe(S_2O_3)_2]^-(aq)$$

温めると,このビス(チオ硫酸)鉄(III)イオン$[Fe(S_2O_3)_2]^-$は,酸化還元反応を起こし,鉄(II)イオンとテトラチオネートイオンになる.

$$[Fe(S_2O_3)_2]^-(aq) + Fe^{3+}(aq) \longrightarrow$$
$$2\,Fe^{2+}(aq) + S_4O_6^{2-}(aq)$$

16・19・2 ペルオキソ二硫酸塩

硫酸イオン中の硫黄は可能な最高の酸化状態(+6)だが,平滑な白金電極,酸溶液および高い電流密度を用いて硫酸イオンを電気的にペルオキソ二硫酸に酸化できる.これらの条件では,水の酸化による二酸素のような気体を生成する競合反応が抑えられる.

$$2\,HSO_4^-(aq) \longrightarrow S_2O_8^{2-}(aq) + 2\,H^+(aq) + 2\,e^-$$

ペルオキソ二硫酸イオンは,テトラチオネートイオン(図16・21を参照)と同様なジオキソ架橋構造(図16・22)をもつ.したがって二つの硫黄原子の形式酸化状態は+6のままだが,架橋酸素原子が−2価から−1価へ酸化されている.末端S—O結合長はすべて等しく150 pmであり,この場合もかなりの多重結合性がある.親酸であるペルオキソ二硫酸は白色固体だが,強力で安定な酸化剤として重要なのは二つの塩,ペルオキソ二硫酸カリウムとペルオキソ二硫酸アンモニウムである.

$$S_2O_8^{2-}(aq) + 2\,e^- \longrightarrow 2\,SO_4^{2-}(aq) \qquad E^\circ = +2.01\,V$$

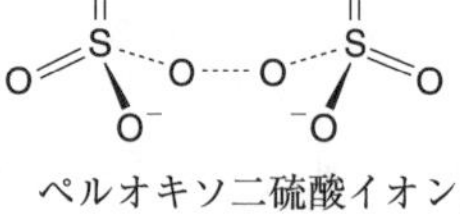

図16・22 ペルオキソ二硫酸イオンにおける結合の表し方

16・20 硫黄ハロゲン化物

最重要な硫黄ハロゲン化物は反応不活性な六フッ化硫黄SF_6である.四フッ化硫黄SF_4は,逆に反応活性である.意外だが,安定な塩化物は低い酸化状態のもの,二塩化硫黄SCl_2と二塩化二硫黄S_2Cl_2だけである.

16・20・1 六フッ化硫黄

硫黄とフッ素から成る最重要な化合物は六フッ化硫黄SF_6である.この化合物は無色,無臭,反応不活性な気体である.年間6500トンが,単に溶融硫黄をフッ素ガス中で燃やすことによって生産されている.

$$S(l) + 3\,F_2(g) \longrightarrow SF_6(g)$$

単純なVSEPR則から予想されるようにこの分子は八面体形である(図16・23).

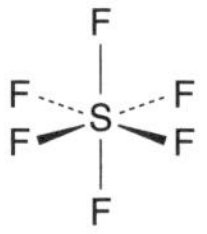

図16・23 六フッ化硫黄分子

その熱的安定性,低毒性,化学的不活性のために,六フッ化硫黄は高圧電気系用の絶縁ガスとして用いられる.約250 kPaの圧力下では,わずか5 cmしか離れていない距離に1 MVの電位差を与えた場合の放電を抑えることができる.ほかに,雑音を遮断する二重または三重窓の充填材など,多くの用途がある.

この気体が非常に大きい分子量をもつことを利用していくつかの科学的応用が行われている.たとえば大気汚染は,汚染源で少量の六フッ化硫黄を放つことで何千キロメートルにもわたり追跡できる.きわめて大きい分子量はユニークで,汚染された大気は数日後でもごく微量の六フッ化硫黄の濃度から同定できる.同様に,深い大洋の海流は,六フッ化硫黄を深海層に吹き入れ,その気体を追跡することによって調べることができる.

しかし六フッ化硫黄の化学的不活性は,気候影響の観点から特別な問題を生じている.この気体は大気の赤外領域の大部分の電磁波を吸収する.その結果,きわめて強力な温室効果ガスである.赤外吸収の観点からは1トンの六フッ化硫黄が23,900トンの二酸化炭素に相当する.さらに六フッ化硫黄は,強い紫外光によって分解可能な地上60 km以上の領域を除いてまったく分解しない.よってこの気体の大気中での寿命は少なくとも3000年である.全二酸化炭素の放出に比較して,六フッ化硫黄は増加するエネルギー吸収に1%以下の寄与しかしていない.しかしこの気体の需要が増加しているときに,六フッ化硫黄の大気への放出をすべての可能な段階で最小に抑えることはきわめて重要である.

16・20・2 四フッ化硫黄

もう一つのよく知られた硫黄-フッ素化合物である四フッ化硫黄は非常に反応性が高い.湿気があるときには分解してフッ化水素と二酸化硫黄になる.

$$SF_4(g) + 2\,H_2O(l) \longrightarrow SO_2(g) + 4\,HF(g)$$

その高い反応性は，反応活性な"むき出しの"非共有電子対サイトのせいであると考えられる．この化合物は有機化合物のフッ素化に便利な試薬である．たとえば，エタノールをフルオロエタンに変換する．単純なVSEPR則で予測されるように，わずかにひずんだシーソー形（図16・24）をしている．

図16・24 四フッ化硫黄分子

16・20・3 硫黄塩化物

硫黄は，フッ素と高い酸化状態の化合物をつくるのに対して，塩素とは安定な低酸化状態の化合物をつくる．溶融硫黄に塩素ガスを吹き込むと，不快な臭いの毒性のある黄色い液体，二塩化二硫黄 S_2Cl_2 が生成する．

$$2\,S(l) + Cl_2(g) \longrightarrow S_2Cl_2(l)$$

この化合物はゴムの**加硫化**[a]，すなわち炭素鎖間に二硫黄（—S—S—）の交差結合を生成してゴムを硬くする．分子形は過酸化水素と似ている（図16・25）．

図16・25 二塩化二硫黄分子

意外なことに，硫黄と塩素の化合物で硫黄の酸化状態が+2より高く室温で安定なものは存在しない．ヨウ素触媒存在下で塩素ガスを二塩化二硫黄に吹き込むと，二塩化硫黄 SCl_2 を生じる．

$$S_2Cl_2(l) + Cl_2(g) \xrightarrow{I_2} 2\,SCl_2(l)$$

この不快な臭いの赤い液体は，多くの含硫黄化合物，たとえば恐ろしいマスタードガス[b] $S(CH_2CH_2Cl)_2$ の製造に用いられる．マスタードガスは第一次世界大戦時に使用され，最近では前イラク政府が一部の市民に対して用いた．このガスを含む液滴は皮膚の重いやけどを起こし，死に至らしめる．VSEPR則で予想されるように，二塩化硫黄分子はV字形をしている（図16・26）．

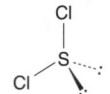

図16・26 二塩化硫黄分子

16・21 硫黄-窒素化合物

数種の硫黄-窒素化合物が存在する．そのいくつかは，形と結合長が単純な結合理論では説明できないため，興味がもたれている．古い例は四窒化四硫黄 S_4N_4 である．八硫黄の王冠形構造とは異なり，四窒化四硫黄は閉じたかご型構造をとり，環のまわりには多重結合性があり，弱い結合が一対の硫黄原子を交差結合している（図16・27）．

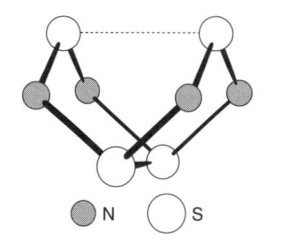

図16・27 四窒化四硫黄分子

さらに興味深いのは高分子 $(SN)_x$ であり，通常ポリチアジル[c]とよばれる．このブロンズ色の金属光沢をもった化合物は1910年に初めて合成された．それから50年以上経って，非常に高い導電体であることが解明された．実際に，極低温（0.26 K）で超伝導体になる．これに関連した金属的性質を示す非金属の化合物に大きな興味がもたれている．その理由の一つはわれわれの日常生活への応用であり，もう一つの理由は金属と超伝導の理論の発展のためである．

16・22 セレン

1960年代までは，セレンの主要な用途はガラス添加剤であった．ガラス混合物にセレン化カドミウム CdSe を加えると，ガラス工芸家に価値のあるピュアなルビー色になる．セレン化カドミウムは半導体で，電気伝導性があたる光の強さに依存するので光電池に用いられる．

書類の複製をつくるゼログラフィ[d]（ギリシャ語 xero は"乾いた"を意味し，graphy は"書く"を意味する）の発明は，ほんのわずかの興味しかひかなかったものがすべての人々の生活に影響を与えた例である．ゼログラフィの製作はセレンのユニークな光導電性を用いると容易である．フォトコピー機（およびレーザープリンター）の心臓部はセレンを被覆したドラムである．表面は約 $10^5\,V\cdot cm^{-1}$ の電場で荷電されている．強光（イメージの白い領域）にさらされた表面は，光導電によって電荷を失う．つぎにトナー粉をドラムの電荷をもつ領域（イメージの黒い部分に相当）に吸着させる．つぎの段階でトナーは紙に移され，そこで熱源がトナー粉を融解し，紙の繊維に結合させ，フォトコピーをつくる．カラーコピー機にはドラムのカラー感度を変えるためにテルルが用いられる．

---

a) vulcanization   b) mustard gas   c) polythiazyl   d) xerography

16・23 生物学的役割

16・23・1 酸素: 一番必須な元素

われわれは食料なしに数日生きることができ，水なしでも数時間か数日（温度に依存）生きることができる．しかし，酸素分子なしでは，生命はほんの短時間で死に絶えてしまう．われわれは毎日 10,000 L の空気を吸込み，そこから約 500 L の酸素ガスを吸収する．酸素分子は肺の表面でヘモグロビン分子と結合する．具体的には，ヘモグロビン分子中の4個の鉄原子のそれぞれと酸素分子が共有結合する．酸素摂取過程は驚嘆に値するみごとさであり，最初の酸素分子が1個の鉄原子に結合すると，2番目の酸素分子の結合が起こりやすくなる．3番目，4番目の酸素分子も同様に順に結合しやすくなる．通常の連続した化学平衡過程では後の段階ほど平衡定数が小さくなるのに対して，この**協同効果**[a] は完全に対照的である．

ヘモグロビンは酸素分子を筋肉や他のエネルギーを活用する組織に輸送し，そこでミオグロビン分子へ渡す．ミオグロビン分子（ヘモグロビンの一つのユニットに類似した構造）は1個の鉄原子を含み，ヘモグロビン分子よりも強く酸素分子と結合する．最初の酸素分子がヘモグロビンから取去られると，協同効果が再度働き，残りの酸素分子を取去るのが順に容易になっていく．身体が活動・機能するためのエネルギーを生産する糖との酸化還元反応に必要になるまで，ミオグロビン分子は二酸素を貯蔵する．

16・23・2 硫黄: 酸化状態の重要性

硫黄は，生物学的に重要な酸化状態が負の価数である点で窒素と似ている．アミノ酸が $-NH_2$（Nの酸化状態＝-3）を含むのと同様に，重要なアミノ酸のシステイン[b] $HSCH_2CH(NH_3^+)COO^-$ はチオール単位 $-SH$（Sの酸化状態＝-2）を含む．硫黄の存在はコラム"ジスルフィド結合と髪"(p.278) に既述したように，プロテイン鎖中のこの特別のアミノ酸をもう一つのシステインと交差結合することを可能にしている．硫黄はまたタンパク質内で金属イオンに最もよく配位する部位であり，すべてのアミノ酸の官能基の中で最も多くの金属イオン種と結合する．金属イオンは軟らかい塩基を好むように思うかもしれないが，実際には硫黄は硬い塩基を好むと思われるいくつかの金属とも強い結合をつくる．それらの金属イオンとは，亜鉛(II)，銅(I)，銅(II)，鉄(II)，鉄(III)，モリブデン(IV)〜(VI)，およびニッケル(I)〜(III) である．

他の含硫黄生体分子にはビタミン B_1（チアミン）および補酵素のビオチン（この名前 biotin にもかかわらず，スズ tin を含んでいない）がある．さらにペニシリン，セファロスポリン，スルファニルアミドのような抗生物質の多くは含硫黄化合物である．-2 価の酸化状態では，単純な含硫黄化合物の多くはむかむかする悪臭を放つ[†]．たとえばタマネギ，にんにく，スカンクの放つ臭い分子はこの酸化状態の硫黄を含んでいる．天然に存在する含硫黄分子の多くはかなり奇妙な化学構造をしている．たとえば，タマネギの催涙性因子は図 16・28 に示した分子であり，珍しい C—S—O 基を含んでいる．

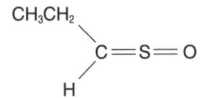

図 16・28 皮をむいたタマネギの催涙性因子の分子

炭素，窒素およびリンの循環が存在するように，硫黄の循環もある．プールベ図[c]（図 16・29）にみられるように，ふつうの電位と pH の範囲では，硫酸が熱力学的に安定な化学種である．

$$HS^-(aq) + 4\,H_2O(l) \longrightarrow$$
$$SO_4^{2-}(aq) + 9\,H^+(aq) + 8\,e^-$$
$$\Delta G° = -21.4\ \text{kJ·mol}^{-1}$$

もし，硫黄(VI) が熱力学的に有利だったら，必然的に起こる疑問は"どうして硫黄($-$II) がふつうにみられる酸化状態なのか？"ということである．生物はこの硫黄の還元を，熱力学的に非常に有利な酸化と対にすることで，

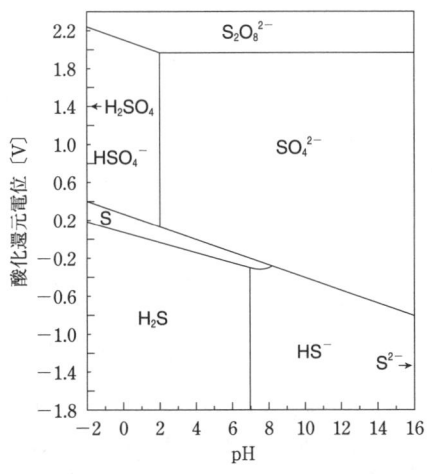

図 16・29 硫黄のプールベ図〔W. Kaim, B. Schwederski, "Bioinorganic Chemistry: Inorganic Elements in the Chemistry of Life", John Wiley, Chichester, U.K., p.324 (1994) から引用〕

---

a) cooperative effect　b) cysteine　c) Pourbaix diagram
† エタンチオール CH_3CH_2SH はギネスブック（Guiness Book of World Records）に，最も強烈な悪魔の臭気をもつ物質として掲載されているが，ガス漏れ検知のために無臭の天然ガスに添加されている．50 ppb ほどのごく低濃度でも人間の鼻で検出できる．

正味の負の自由エネルギー変化を与えるようにして遂行する．典型的な例は炭水化物の二酸化炭素への酸化である．

$$C_6H_{12}O_6(aq) + 3\,SO_4^{2-}(aq) + 3\,H^+(aq) \longrightarrow$$
$$6\,CO_2(g) + 3\,HS^-(aq) + 6\,H_2O(l)$$
$$\Delta G° = -25.6\ \text{kJ·mol}^{-1}$$

16・23・3 セレン：少量が身体によい

セレンはわれわれの健康に必須である．酵素やセレノメチオニンのようなアミノ酸に用いられている．いろいろな役割の中で，セレン化合物は細胞中の細胞質に損傷を与える過酸化物の活性を失わせる．残念なことにこの元素は，その濃度の許容範囲が最も狭いものの一つである．食料から摂取する濃度が約 0.05 ppm を下回ると臨床的不足[a]を生じ，5 ppm を上回ると，慢性中毒[b]を起こす（なぜセレンの栄養補助食品[c]が特に注意深く取扱われているかの理由である）．セレン中毒を起こすとにんにく臭のジメチルセレン $(CH_3)_2Se$ ができる．米国西部中央地域の土壌中のセレンレベルはきわめて高く，セレンを蓄積した植物を食べる動物がセレン中毒を起こす．その病気は"旋回病[d]"とか"アルカリ病[e]"などとよばれている．

セレン不足は過剰の場合よりずっと頻繁に起こる．米国では，太平洋岸北西，北東，およびフロリダの土壌はセレン濃度がきわめて低い．セレン摂取量が少ない動物は，"白色筋肉病[f]"とよばれる筋肉変性の障害を起こす．われわれ人間は，食品の世界的流通によってバランスの取れた食事によりのセレンを適度に摂取できる．セレン摂取量をもっと確実に適切（1年当たり 100 mg）にするには，セレン含有量の多い食物（たとえば，きのこ，にんにく，アスパラガス，魚，動物の肝臓や腎臓）を含む食事をしっかりとることである．水道水中のセレン濃度が高いほど，乳がんや結腸がんの発生率が低いという相関が示されてい

る．

中国には，土壌がセレンをほとんど含んでいない地域があり，住民の大きな健康問題をひき起こしている．セレン不足による直接的な健康問題に加えて，ウイルス感染への抵抗が弱くなるという結果が生じている．中国の田舎の広範囲に重大で日常的なカーシャン病[g]は，コクサッキーウイルス[h]種によって心臓筋の炎症から起こる．これらのウイルスは通常は無害だが，セレンを欠如した母体の弱った免疫系においては危険型に変異する．アジア起源のほとんどの新型インフルエンザは同様の原因で起こるといわれている．すなわち同様にインフルエンザウイルスはセレン欠如の人々がいる地域で変異する．中国のセレン欠如を一掃する強力な国際的努力が，全人類が新型インフルエンザのダメージを受ける機会を軽減するという二次的な利益を生むことになるだろう．

セレン欠如について話してきたが，それを解決するには実際に存在するセレン化合物に言及することが重要である．標準的な生物学的な電位 E と pH の範囲においてありふれた種は，セレン(IV)，特にセレン酸イオン SeO_3^{2-} とセレン酸水素イオン $HSeO_3^-$ である．

16・24 元素の反応フローチャート

16族の重要元素である酸素と硫黄のフローチャートを示す．

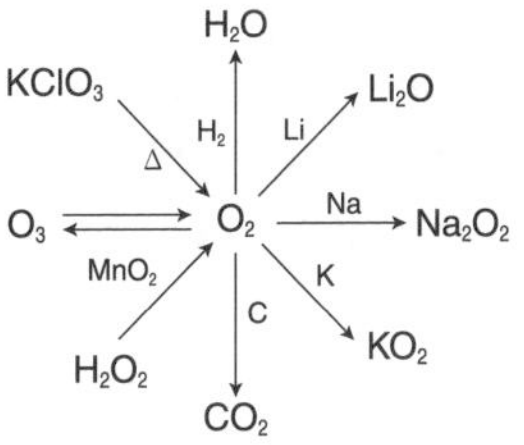

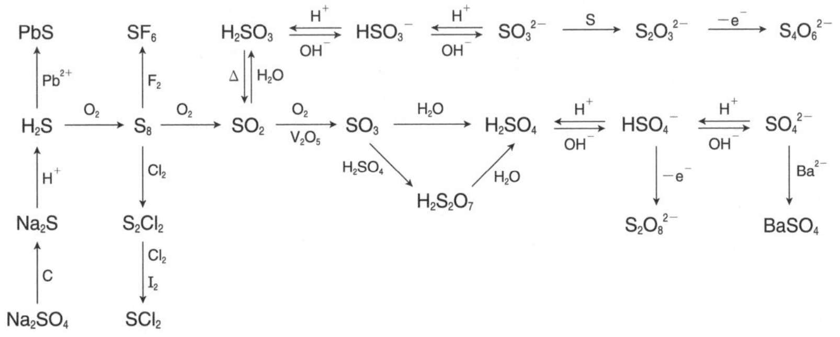

---

[a] clinical deficiency [b] chronic poisoning [c] dietary supplement [d] blind stagger [e] alkali disease [f] white muscle disease [g] Kashan disease [h] Coxsackie virus

要　点

- 酸素は16族の他の元素と非常に異なる性質を示す．
- 二酸素は重要な電子励起状態をもつ．
- 三酸素（オゾン）は強い酸化力をもつ酸素の同素体である．
- 酸化物には強い塩基性なものから強い酸性のものまで存在する．
- 水は化学反応に重要な溶媒である．
- 硫黄には多くの同素体が存在する．
- 硫化物はきわめて不溶性であり，多くの鉱物が金属硫化物である．
- 硫酸は化学において多くの重要な役割を果たしている．
- 硫化物イオンはよく用いられる陰イオンである．

基 本 問 題

16・1　つぎの反応を化学反応式で記しなさい．
(a) 鉄粉と酸素
(b) 固体の硫化バリウムとオゾン
(c) 固体の二酸化(2−)バリウムと水
(d) 水酸化カリウム溶液と二酸化炭素
(e) 硫化ナトリウムと希硫酸
(f) 硫化ナトリウムと硫酸
(g) 硫化ナトリウムと cyclo−八硫黄

16・2　つぎの反応を化学反応式で記しなさい．
(a) 塩素酸カリウムを加熱
(b) 固体の酸化鉄(II)と希塩酸
(c) 塩化鉄(II)溶液と水酸化ナトリウム溶液
(d) エトキシエタン中で八硫化二水素と二塩化八硫黄
(e) 硫酸ナトリウムを炭素と一緒に加熱
(f) 三酸化硫黄ガスと液体の硫黄
(g) ペルオキソ二硫酸と硫化物イオン

16・3　なぜ16族でポロニウムだけが金属と分類されるのか？

16・4　酸素と16族の他の元素との本質的な違いを論じなさい．

16・5　つぎの用語を定義しなさい．(a) 自然発火性[a]，(b) 多形[b]，(c) 協同効果[c]

16・6　つぎの用語を定義しなさい．(a) 混合金属酸化物[d]，(b) 加硫化[e]，(c) クラウス法[f]

16・7　なぜ地球の大気は金星の大気と化学的に異なっているのだろう？

16・8　河川や湖沼の水は発電プラントに冷却用に使われている．これはなぜ野生生物の生活に問題を起こしているのだろうか？

16・9　オゾン（三酸素）陽イオン O_3^+ の結合次数を予想し，その理由を述べなさい．このイオンは常磁性か反磁性か？

16・10　すでに述べたように，二酸素は二つの陰イオン，O_2^- と O_2^{2-} をつくり，それらの O—O 結合長はそれぞれ 133 pm と 149 pm である（二酸素分子それ自身の結合長は 121 pm である）．さらに，二酸素は陽イオン O_2^+ をつくることができる．このイオンの結合長は 112 pm である．分子軌道図を用いて，二酸素陽イオンの結合次数と不対電子数を予想しなさい．その結合次数は結合長から予想されるものと一致するか？

16・11　酸化二臭素は240℃以上で分解する．その Br—O—Br 結合角は，酸化二塩素における Cl—O—Cl 結合角より大きいか小さいかを予想し，その理由を述べなさい．

16・12　オスミウムは酸化オスミウム(VIII) OsO_4 をつくるが，フッ化物の最高の酸化状態はフッ化オスミウム(VII) OsF_7 である．この理由を説明しなさい．

16・13　O_2F_2 分子の構造を推定し，その理由を述べなさい．この化合物中の酸素の酸化数を決定し，それについて説明しなさい．

16・14　鉱物のトルトベイト石 $Sc_2Si_2O_7$ は $[O_3Si-O-SiO_3]^{6-}$ イオンを含む．このイオンの Si—O—Si 結合角は180°の異常な値をもつ．軌道混成の概念を用いてこれを説明しなさい．

16・15　化合物 $F_3C-O-O-O-CF_3$ は酸素の化学では異常である．それはなぜかを説明しなさい．

16・16　バリウムは化学式 BaS_2 の硫化物をつくる．酸化数の観点からこの化合物の構造を説明しなさい．なぜこの化合物が存在するのに，他のアルカリ土類金属では同様の化合物が存在しないかを考察しなさい．

16・17　つぎの分子とイオンの構造を描きなさい．(a) 硫酸，(b) SF_5^- イオン，(c) 四フッ化硫黄，(d) SOF_4 分子（ヒント：酸素は三角形水平面内にある）．

16・18　つぎの分子とイオンの構造を描きなさい．(a) チオ硫酸イオン，(b) ピロ硫酸，(c) ペルオキソ二硫酸，(d) SO_2Cl_2 分子．

---

[a] pyrophoric　[b] polymorph　[c] cooperative effect　[d] mixed metal oxide　[e] vulcanization　[f] Claus process

16・19 $S_4(NH)_4$ 分子の構造を考察し，その理由を述べなさい．

16・20 二フッ化二硫黄 S_2F_2 はすばやくチオ-フッ化チオニル SSF_2 に転換する．これらの二つの分子について点電子構造図をつくりなさい．なぜこの構造変換が起こるかについて酸化数を用いて説明しなさい．

16・21 不安定分子 SO_4 は硫黄の三員環と二つの酸素原子を含んでいる．他の二つの酸素原子は硫黄と二重結合をしている．この化合物について点電子構造図をつくりなさい．そしてこの分子中のそれぞれの原子の酸化状態を決め，異常な酸化状態が含まれていることを示しなさい．

16・22 つぎの化学種の有害性について説明しなさい．(a) オゾン（三酸素），(b) 水酸化物イオン，(c) 硫化水素．

16・23 化学反応式を用いて，なぜ"水しっくい[a)]"が効果的で廉価なペイント材であるかを説明しなさい．

16・24 硫黄はカテネーションを起こすが，炭素で知られているほどの広範な化学をもっていない．この理由を簡潔に説明しなさい．

16・25 *cyclo*-八硫黄を加熱したときに起こる変化を述べなさい．分子構造の変化の観点からどのように観察されるかを説明しなさい．

16・26 フラッシュ法とクラウス法の要点を説明しなさい．

16・27 テルル化水素 H_2Te の結合角は 89.5°であり，水の結合角は 104.5°である．この違いの理由を説明しなさい．

16・28 硫化ナトリウムの水溶液がなぜ硫化水素の臭いをもつのかを説明しなさい．

16・29 化学反応における硫酸の挙動を五つに分けて説明しなさい．

16・30 二酸化硫黄から三酸化硫黄の生成がなぜ発熱反応かを説明しなさい．

16・31 三酸化硫黄と亜硫酸イオンのどちらの平均硫黄-酸素結合エネルギーが大きいか？ 形式酸化数の変化を用いて，その答えの理由を述べなさい．

16・32 なぜテルル酸の化学式が H_2TeO_4 よりむしろ H_6TeO_6 なのか，二つの説明の仕方を考えなさい．

16・33 つぎのイオンや分子の各原子の形式電荷を示しなさい．(a) 硫酸イオン，(b) 亜硫酸．

16・34 なぜ，硫酸イオンは広範に化学で用いられるのか？

16・35 つぎの化学種を検出する化学試験を述べなさい．(a) 硫化水素，(b) 硫酸イオン．

16・36 つぎの化学種の主たる用途を述べなさい．(a) 六フッ化硫黄，(b) チオ硫酸ナトリウム．

16・37 酸素が豊富にある大気において，なぜ二酸化硫黄が三酸化硫黄よりもありふれた分子なのか？

16・38 もし水分子間の水素結合の存在が消えたら，この地球で何が起こるだろう？

16・39 オゾン酸カリウム KO_3 は不安定で爆発性であるのに対して，オゾン酸テトラメチルアンモニウム $[(CH_3)_4N]O_3$ は 75 °Cまで安定である．その理由を考察しなさい．

16・40 なぜ六フッ化硫黄が -64 °Cで昇華するのに，四フッ化硫黄が -38 °Cで沸騰するのか，その理由を考察しなさい．

16・41 NS_2^+ イオンの構造を描きなさい．このイオンと等電子的で同構造の中性（電荷をもたない）分子が何か答えなさい．

16・42 $S=S$ 結合エネルギーを $425\ \mathrm{kJ \cdot mol^{-1}}$ と仮定して，付録 3 のデータを用いてつぎの反応のエンタルピーを計算しなさい．

$$2\,X(g) \longrightarrow X_2(g)$$
$$8\,X(g) \longrightarrow X_8(g)$$

ここで，X=O および X=S である．その結果，二原子分子の生成が酸素ではエネルギー的に有利であるが，硫黄では八量体が有利であることを示しなさい．

16・43 "セレンは生命にとって有益でもあり毒でもある．"——この言説について論じなさい．

16・44 元素の反応フローチャート（p.287）にあるそれぞれの化学変換の化学反応式を書きなさい．

応 用 問 題

16・45 理論的な気体の六塩化硫黄の生成エンタルピーを計算し，表に記載された六フッ化硫黄の値と比較しなさい．これらの値が非常に異なる理由を考察しなさい．

16・46 S_2F_{10} は硫黄の変わったフッ化物である．二つの SF_5 ユニットが硫黄-硫黄結合によって一緒になっている．硫黄原子の酸化数を計算しなさい．この分子は不均化する．生成物を考察し，化学反応式を記しなさい．酸化数を用いてなぜその生成物を考え出したのかを説明し

---

a) whitewash

なさい．

16・47 チオグリコール酸アンモニウムが髪のストレートパーマやカールに用いられるが，一方チオグリコール酸カルシウムが髪の除去に用いられる．チオグリコール酸アンモニウムはカルシウム塩ほど塩基性が強くないので，髪にそれほど激しく作用しない．溶液のpHの差の理由を説明しなさい．

16・48 大まかなエネルギー軌道図を用いてヒドロキシルラジカルにおける結合次数を決めなさい．

16・49 昼間のヒドロキシルラジカル濃度は 5×10^5 分子・cm^{-3} であるが，この濃度を標準状態（25 ℃，100 kPa）における ppm または ppb 単位で表しなさい．気体定数 R は 8.31 kPa・L・mol^{-1}・K^{-1} とする．

16・50 (a) 四フッ化硫黄はフッ化セシウムと反応して単原子陽イオンと硫黄原子を含む多原子陰イオンから成る電気伝導性の溶液を与える．この反応の化学反応式を記しなさい．

(b) 四フッ化硫黄は三フッ化ホウ素と反応して硫黄原子を含む多原子陽イオンから成る電気伝導性の溶液を与える．この反応の化学反応式を記しなさい．

(c) なぜ四フッ化硫黄が上記の2種の反応において異なる挙動を示すのか，その理由を考察しなさい．

16・51 ペロブスカイト，チタン酸カルシウムの単位格子の辺の長さを，以下の仮定を用いて計算しなさい．Ti^{4+} イオンの半径は 74 pm である．

(a) チタンと酸化物イオンが接している場合
(b) カルシウムと酸化物イオンが接している場合

16・52 汚染された対流圏大気におけるきわめて重大な反応は，

$$NO_2(g) \xrightarrow{h\nu} NO(g) + O(g)$$

大気汚染の化学循環のほとんどのケースを開始するのはこのエネルギー入力と反応性酸素原子の形成である．この過程に必要な最小エネルギーを計算し，さらにこの過程を開始することができる光の最長波長を計算しなさい．また，必要な光の波長の観点からは，つぎの並行した反応が起こりやすくないことを示しなさい．

$$CO_2(g) \xrightarrow{h\nu} CO(g) + O(g)$$

16・53 $SOCl_2$ について二つの可能な点電子構造図をつくりなさい．形式電荷則を用いて，どちらの電子構造がもっともらしいかを推察しなさい．そして，構造式を描き，おおよその結合角を記しなさい．

16・54 熱水の噴気孔に存在する菌は代謝エネルギーを硫化水素から硫酸イオンへの酸化によって得ている．298 K におけるこの過程の自由エネルギー変化を，付録9の標準還元電位を用いて計算しなさい．

16・55 二酸化硫黄は酸性雨に最も寄与している物質である．炭酸カルシウムを用いて石炭火力発電所から排除できる．この反応の化学反応式を記しなさい．もし石炭が硫黄を 3.0 % 含むとしたら，1000 トンの石炭から生じる二酸化硫黄と反応させるためには，どれほどの炭酸カルシウムが必要か？

16・56 過酸化水素をクロム酸カリウムの塩基性溶液に加えたとき，化学式 K_3CrO_8 の化合物が生成する．この化合物のクロムの酸化状態を推定し，その理由を述べなさい．

16・57 硫黄のオキシ酸の一つに H_2SO_5 がある．この化合物の硫黄の見かけの酸化数を計算しなさい．その酸化数はとりやすいものか？ 硫黄原子がふつうの酸化数をとる場合のこの化合物の構造を考察しなさい．ヒント：この酸は水と反応して硫酸ともう一つの生成物を生じる．

16・58 三酸化窒素と五酸化二窒素のどちらがより強い酸性酸化物だろうか，理由を付けて答えなさい．

16・59 亜硫酸イオンとペルオキソ二硫酸イオンとの水溶液中での化学反応式を記しなさい．

16・60 二酸素から水への還元の半反応は以下のとおりである．

$$O_2(g) + 4H^+(aq) + 4e^- \longrightarrow 2H_2O(l)$$

付録9に示されている標準電極電位は pO_2 が 20 kPa, pH が約7という通常の空気の条件下では適切ではない．これらの現実的な条件下での還元電位を計算しなさい．

16・61 酸性条件下での硫酸イオン還元の標準電極電位は下記のように与えられる．

$$SO_4^{2-}(aq) + 4H^+(aq) + 2e^- \longrightarrow$$
$$SO_2(aq) + 2H_2O(l)$$
$$E° = +0.17 \text{ V}$$

塩基性条件下での電位を計算しなさい．

16・62 つぎの反応物のそれぞれを同定し，それぞれの反応の化学反応式を記しなさい．

(a) 金属（A）は水と反応して，化合物（B）の無色溶液と無色気体（C）を生じる．ありふれた希釈した二プロトン酸（D）を（B）に加えると白沈（E）を生じる．

(b) （F）の溶液は徐々に分解して液体（G）と無色気体（H）になる．気体（H）は無色気体（C）と反応して液体（G）となる．

(c) ある条件下では，無色の酸性ガス（I）は気体（H）と反応して白色固体（J）を生成する．（G）を（J）に加えると酸の溶液（D）になる．

(d) 金属（A）は過剰の気体（H）中で燃焼して化合物（K）を与える．化合物（K）は水に溶解して（B）と（F）の溶液を生成する．

16・63 気体 (A) をありふれた +1 価金属の水酸化物 (B) の溶液に吹き入れると塩 (C) の溶液を生成する. (B) の陽イオンはテトラフェニルホウ酸イオンと一緒になると沈殿する. 黄色い固体 (D) を (C) の溶液と一緒に加熱し, 水を蒸発すると, 陰イオン (E) を含む結晶を生じる. 陰イオン (E) の溶液にヨウ素を加えるとヨウ化物イオンと陰イオン (F) の溶液ができる. 水素イオンを陰イオン (E) の溶液に加えると, 最初は酸 (G) を生じ, それが分解して固体 (D) と気体 (A) を生じる. (A) から (G) までを同定し, それぞれの過程の化学反応式を記しなさい.

16・64 純粋な液体の硫酸と純粋な液体の過塩素酸 (硫酸より強い酸) の反応の化学反応式を記しなさい.

16・65 NSF_3 分子の点電子構造を, 窒素−硫黄結合が (a) 二重結合の場合と (b) 三重結合の場合についてつくりなさい. 形式電荷の観点からどちらの構造がその結合により大きく寄与しているかを考察しなさい.

16・66 S_4N_4 をフッ素化すると $S_4N_4F_4$ になる. フッ素原子は, 環をつくっている硫黄と窒素のどちらに結合しているか, 理由を付けて答えなさい.

16・67 硫酸水素ナトリウムの溶液から結晶化させたとき, その化合物が得られず, 代わりに二亜硫酸ナトリウム[a] が得られる.

$$2\,Na^+(aq) + 2\,HSO_3^-(aq) \longrightarrow Na_2S_2O_5(s) + H_2O(l)$$

なぜこの反応が起こるか考察し, 固体の硫酸水素塩を得るのを可能にする陽イオンは何かを考察しなさい.

16・68 硫黄はフッ素と, 同じ実験式 (構造異性体) の二つの珍しい化合物, FSSF と SSF_2 をつくる. これらの分子の点電子構造を描き, それぞれの化合物の硫黄の酸化状態を推定しなさい.

16・69 硫黄はフッ素とさらに, 同じ実験式 (構造異性体) の珍しい化合物, SF_2 と F_3SSF をつくる. これらの分子の点電子構造を描き, それぞれの化合物の硫黄の酸化状態を推定しなさい.

---

[a] sodium metabisulfate

17　17族元素：ハロゲン

最も反応性に富む金属をもつ1族から元素化学の章を始め，ここで最も反応性に富む非金属をもつ17族に到達した．アルカリ金属の反応性は周期が下がるほど増大するが，反応性最大のハロゲン[a]はこの族の一番上に位置する．

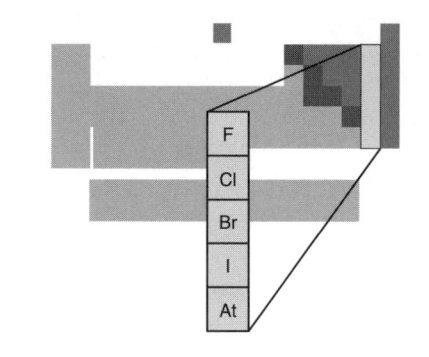

新ハロゲン発見のたびに化学は著しく進歩した．たとえば18世紀期の化学者達はすべての酸に酸素が含まれると信じており，塩酸[b]（当時の呼称は muriatic acid）にも酸素の存在を疑わなかった．1774年にシーレ[c]が，新しい緑色気体の"脱フロギストン塩酸[d]"を塩酸から合成したとき，ラボアジェ[e]など多くの化学者は単純に，"この物質（塩素ガス）は"muriatic acid"より酸素を多く含む新化合物だ"と結論した．この誤認は酸の定義を覆す過程の中で続いたが，1810年デイヴィー[f]はこのガスが新元素"塩素"であることを突き止めた．

ヨウ素は，現在最も重要な研究領域の一つである天然物化学分野で発見された．数千年にわたり焼海綿の摂取が甲状腺腫に効果的な治療法だと知られてきた．当時の医者たちは治癒力をもたらす海綿中の"ブツ"は何か知りたかった．海綿を全部摂取すると重い胃痛の副作用をひき起こすからであった．1819年，フランス人化学者のコワンデ[g]は，薬理作用成分はヨウ素であり，ヨウ化カリウムなら副作用なしに同じ薬理効果をもつことを示した．今日でも甲状腺腫予防薬として"ヨウ素塩"が用いられている．

臭素はそのつぎに発見されたハロゲンである．この発見は塩素，臭素，ヨウ素の三元素が似た性質を示すという事実に沿ってみつかったという観点で重要である．すなわち元素の性質にはパターンがあることを最初に示した証拠の一つである．1817年から1829年の間に，ドイツ人化学者のデベライナー[h]によってその三元素が同定されたことは，元素周期性の発見に向かう第一歩であった．

人々はフッ素が最も得にくいことを知った．19世紀にはこの高反応性元素を化合物から得るため，いろいろな試みがなされた．フッ化水素は猛毒性物質だが，出発物質としてよく用いられた．少なくとも2名の化学者がそのガスを吸い込んで死亡し，多くの人が病んだ肺の永続的な痛みに苦しんだ．1886年にフッ素合成用の電解装置を設計したのは，フランス人化学者のモアッサン[i]と，妻で実験助手のルーガン[j]だった．モアッサンはフッ素の発見によってノーベル賞を受賞したが，自らがフッ化水素毒の犠牲者だった．

17・1　族 の 傾 向

各元素の性質を表17・1に示す．室温で液体の非金属元素は臭素だけである．臭素とヨウ素の蒸気圧はきわめて高い．臭素の保存瓶を開けたときに，有害な赤褐色の蒸気が立ち昇るのが見える．またヨウ素結晶を徐々に温めると有害な紫色の蒸気が出る．ヨウ素は見た目には金属様だが，その化学は典型的非金属としての振舞いがほとんどである．

表17・1　17族元素の性質

元　素	外観（標準状態）	酸化物の酸−塩基の性質
フッ素	淡黄色気体	中　性
塩　素	淡緑色気体	酸　性
臭　素	赤褐色油状液体	酸　性
ヨウ素	光沢のある黒紫色固体	酸　性

既述の族と同じように，この族の放射性元素，アスタチン[k]の化学にはあまり触れないことにしよう．アスタチンの同位体はすべて半減期が非常に短くて高強度の放射線を出すが，その化学が同族元素の傾向に従うことがわかってきた．アスタチンはウラン同位体の放射線壊変のまれな生成物として得られる．おそらく地球上で最も希少な元素であろう．地殻表面1 kmの層に44 mg以下しかアスタチンは含まれていない．この驚くほどの低濃度にもかかわら

---

a) halogen　　b) hydrochloric acid　　c) C. W. Scheele　　d) dephlogisticated muriatic acid　　e) Antoine Lavoisier
f) Humphry Davy　　g) J. F. Coindet　　h) Johann Döbereiner　　i) Henri Moissan　　j) Léonie Lugan　　k) astatine

ず，放射化学の先駆者のオーストリア人科学者，カーリク[a]と学生のバイネルト[b]は，天然におけるこの元素の存在の証明に貢献した．

表17・2に示すように，この族の非金属元素の融点と沸点は順に上昇する．二原子ハロゲンは分子間の分散力しかもたないので，融点と沸点は分子の分極性，すなわち電子の総数に基づく性質に依存する．

表17・2 17族元素の融点と沸点

元　素	融点〔℃〕	沸点〔℃〕	電子数
F_2	−219	−188	18
Cl_2	−101	−34	34
Br_2	−7	+60	70
I_2	+114	+185	106

フッ素の酸化状態は常に−1であるが，他のハロゲンはふつうに−1，+1，+3，+5，+7の酸化数をとる．図17・1の酸化状態図が示すように，酸化状態が高いほど酸化力が強い．正の酸化状態においては常に，塩基性溶液より酸性溶液中の方が酸化力が強い．塩化物イオンが最安定な塩素の化学種であり，酸性溶液でも塩基性溶液でも塩素分子は還元されて塩化物イオンになる．塩基性溶液では二塩素*が図中の凸面上にあり，不均化反応を起こして塩化物イオンと次亜塩素酸イオンになる．

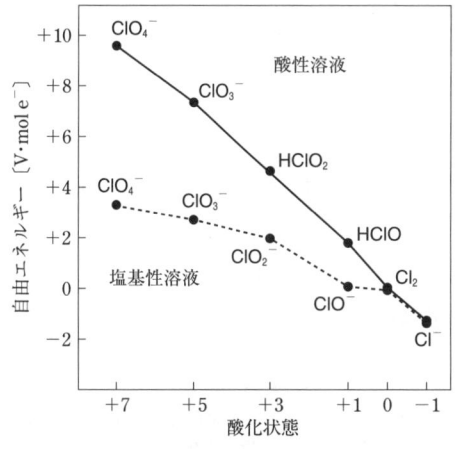

図17・1 酸性および塩基性溶液における塩素のフロスト図

ハロゲンの原子番号はすべて奇数である．よって§2・3で述べたように，天然に存在する同位体の数は少ないと予想される．実際にフッ素とヨウ素には一つの同位体しかない．塩素は2種（塩素-35 76％，塩素-37 24％），臭素も2種（臭素-79 51％，臭素-81 49％）の同位体をもつ．

最高酸化状態のハロゲン原子をもつオキソ酸の化学式は，16族元素のオキソ酸と同傾向であるが，第5周期元素（ヨウ素）は軽い同族元素と異なる構造をとる．つまり過塩素酸は $(HO)ClO_3$，過臭素酸は $(HO)BrO_3$ と表されるが，過ヨウ素酸は $(HO)_5IO$（または H_5IO_6）であり，等電子のテルル酸 H_6TeO_6 と似ている．

17・2 フッ素の特異な性質

窒素や酸素について既述したように，第2周期元素は結合が制限されるために他の同族元素と違う個性をもつ．しかしフッ素はさらに特異な性質をもつ．

17・2・1 弱いフッ素-フッ素結合

ハロゲンの結合エネルギーは塩素からヨウ素まで順に下がるが，フッ素の結合エネルギーはこの傾向に沿わない（表17・3）．傾向に沿うとすればフッ素-フッ素結合エネルギーは約 $300\ kJ\cdot mol^{-1}$ だが，実際には $155\ kJ\cdot mol^{-1}$ しかない．この弱いフッ素-フッ素結合には多くの理由が提案されているが，分子内の二原子の非結合電子間反発の結果だと信じている化学者がほとんどである．この弱結合はフッ素ガスの高反応性の原因の一部を担っている．

表17・3 17族元素の結合エネルギー

元　素	結合エネルギー〔$kJ\cdot mol^{-1}$〕
F_2	155
Cl_2	240
Br_2	190
I_2	149

17・2・2 共　有　結　合

他の第2周期元素と同様，フッ素は共有結合性化合物中において電子オクテット（8個1組）に制限されている．したがってフッ素はほとんどの場合，一つの共有結合しかつくらない．わずかな例外の一つが H_2F^+ 陽イオンである．

最高の電気陰性度をもつフッ素原子は最強の水素結合をつくる．強い水素結合はフッ化水素の融点，沸点への大きな影響のほかに，きわめて安定な多原子陰イオン HF_2^- を生じさせる．

17・2・3 イ　オ　ン　結　合

フッ化物イオンは他のハロゲン化物イオンよりずっと小さいので，金属フッ化物の水への溶解性は他のハロゲン化物と異なる．たとえばフッ化銀は水溶性だが，他のハロゲン化銀は不溶である．逆にフッ化カルシウムは不溶だが，他のハロゲン化カルシウムは可溶である．つまり大きな銀イオンは小さいフッ化物イオンとは比較的低い格子エネル

---

a) Berta Karlik　b) Trudy Beinert
＊［訳注］p.26の訳注を参照．

ギーをもつ．逆に小さい高電荷密度のカルシウムイオンは小さいフッ化物イオンと組合わさったときに格子エネルギーが最大になる．

フッ素はきわめて強い酸化剤であり，他のハロゲンより高い金属酸化状態をもたらす場合が多い．たとえばバナジウムは，フッ化バナジウム(V) VF_5（バナジウムの酸化状態は+5）をつくるが，塩素との化合物で達成可能な最高酸化状態は塩化バナジウム(IV) VCl_4（バナジウムの酸化状態は+4）である．

17・3 フッ素

二フッ素は最も反応性の高い元素単体である．実際に"ティラノザウルス・レックス[a]"とよばれてきた．フッ素ガスはヘリウム，ネオン，アルゴンを除く全元素単体と反応することが知られている．フッ化物生成における支配的な熱力学的駆動力はエンタルピー項である．

共有結合性フッ化物の負の生成エンタルピーは，弱いフッ素-フッ素結合が一部関与している．その結合が容易に切断され，非常に強い他元素-フッ素結合を生成するからである．たとえば表17・4にフッ素と塩素の，自分自身とおよび炭素との結合エネルギーを比較している．イオン性化合物においても，重大なエンタルピー因子は，弱いフッ素-フッ素結合と，サイズが小さく高電荷密度のフッ化物イオンに基づく高い格子エネルギーである．フッ化物イオンの格子エネルギーへの大きな影響はハロゲン化ナトリウム（すべてのハロゲン化物がNaCl型構造をとる）の格子エネルギーを比較すると明白である（表17・5）．

表17・4 フッ素と塩素の結合エネルギーの比較

結合	結合エネルギー〔$kJ \cdot mol^{-1}$〕	結合	結合エネルギー〔$kJ \cdot mol^{-1}$〕
F—F	155	C—F	485
Cl—Cl	240	C—Cl	327

表17・5 ハロゲン化ナトリウムの格子エネルギー

ハロゲン化物	格子エネルギー〔$kJ \cdot mol^{-1}$〕
NaF	928
NaCl	788
NaBr	751
NaI	700

フッ化物を合成すると通常，相手元素が高酸化状態をもつ化合物ができる．たとえば鉄粉はフッ素ガス中で激しく燃えて，フッ化鉄(II)ではなくフッ化鉄(III)を生じる．

$$2 Fe(s) + 3 F_2(g) \longrightarrow 2 FeF_3(s)$$

同様に硫黄は輝きながら燃えて，六フッ化硫黄を生じる．

$$S(s) + 3 F_2(g) \longrightarrow SF_6(g)$$

工業的に製造されるフッ素ガスの約40%が六フッ化硫黄の合成に用いられている．

フッ素は水を酸化して酸素ガスを生じさせると同時に，自らは還元されてフッ化物イオンになる．

$$F_2(g) + e^- \longrightarrow 2 F^-(aq) \qquad E° = +2.87 V$$
$$2 H_2O(l) \longrightarrow 4 H^+(aq) + O_2(g) + 4 e^-$$
$$E° = -1.23 V$$

このようにフッ素の還元電位が高い理由は，フッ化物イオンと塩化物イオンをそれぞれの単体（気体）から生成するときの自由エネルギーサイクルの比較によって説明できる（図17・2）．第一段階は結合解離自由エネルギー（の半分）で，塩素の方が若干高い．つぎの段階に必要なエネルギーは電子親和力で，これも塩素の方が若干高いので，第一段階のフッ素の優位さはほぼ解消される．第三段階がそれぞれのイオンの水和であり，フッ化物イオンの自由エネルギー変化の方が塩化物イオンの変化よりずっと大きい．この大きな自由エネルギー変化は高電荷密度のフッ化物イオンがまわりの水分子と強い相互作用をしてF⋯H—O水素結合のネットワークを生じることに起因する．$\Delta G° = -nFE°$ なので，還元の大きな自由エネルギーは直接，非常に貴（正）な標準還元電位に変換される．その結果，二フッ素は酸化剤として強力である．

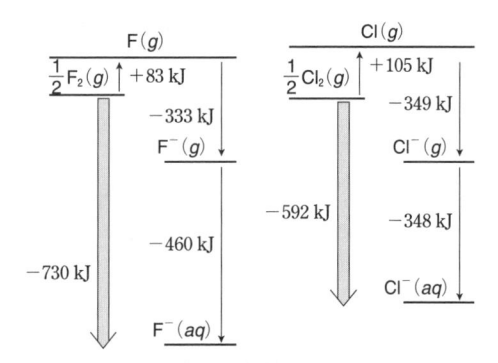

図17・2 二フッ素と二塩素の還元でそれぞれ水和フッ化物イオンと水和塩化物イオンを生成するときの自由エネルギー

17・3・1 フッ素の工業的抽出

今でも二フッ素は100年前に開発されたモアッサン電解法[b]で製造されている．電解槽は，10～50Aの電流用の実験室サイズにも，15,000Aまでの電流を流す工場サイズにも対応できる．電解槽にはフッ化カリウムとフッ化水素の1:2混合溶融物を入れ，90℃で作動する．装置のジャ

---

a) Tyrannosaurus rex b) Moissan electrochemical method

フッ素添加水

1902年,歯医者のマッケイ(Frederick McKay)は,コロラド州コロラドスプリングス地域の人々に虫歯が驚くほど少ないことに気づいた.彼は飲料用水道水中のフッ化物イオンのレベルが平均値より高いことが原因であることを突き止めた.今では,軟らかい歯の材料のヒドロキシアパタイト $Ca_5(PO_4)_3(OH)$ を耐久性のある硬いフルオロアパタイト $Ca_5(PO_4)_3F$ に変換するのに必要なフッ化物イオン濃度は約1 ppmであることがわかっている.2 ppmより高い濃度では歯に褐色の斑点ができ,50 ppmでは健康に有害な影響を与える.米国歯科協会(American Dental Association)を含む世界中の保健学の権威たちは,虫歯を最小に抑えるには飲料用水道水中のフッ化物イオン濃度は約1 ppmが最適であると推奨してきた.1945年,世界で最初に見積り量のフッ化物イオンを添加した都市はミシガン州グランドラピッズだった.だが,世界中のいろいろな場所で天然のフッ化物レベルが推奨値を超えている.たとえばテキサスのある区域の天然レベルは2 ppmを超えており,アフリカやアジアの水源には20 ppmを超えた危険レベルに達している所もある.

保健の専門家たちの大きな関心はフッ素添加水ではなくフッ化物を含む歯磨き粉である.歯磨き粉は歯の表面をフッ素化合物でコーティングするように高濃度のフッ化物イオンを含んでいる.残念なことに幼い子供たちは歯磨き粉を飲み込むのが好きで,フッ化物の推奨摂取レベルを大幅に超える.そのために,歯磨き粉のチューブに"6歳以下のお子さんは,飲み込まないように豆粒量しか使用してはいけません.保護者の方はお子さんの歯磨き中,管理してください"とか"注意:6歳以下のお子さんが手の届かない場所に保管してください"と書かれている.特に,2歳以下の幼児にはフッ化物入り歯磨き粉の使用を禁止した方がよい.幼いほど,歯磨き粉を飲み込む可能性が高いからである.子供たちのフッ化物歯磨き粉の過度な消費が,歯のフッ素症(害はないが目には見えない斑点を歯に生じる)増加の原因であると考えられている.

多くの国々が虫歯を減らすためにフッ化物を水道水に添加しているが,フッ化物摂取量を上げるもっと簡便な方法として食卓塩にフッ化物を添加している国もある.しかしこの方法では水道水中のフッ化物に加えてさらに追加摂取することになる.

フッ素添加用化合物は従来フッ化ナトリウムだったが,大幅にケイフッ化水素酸 H_2SiF_6 かそのナトリウム塩に換えられてきた.ケイフッ化水素酸はリン酸鉱業の副生成物として得られ,加水分解するとケイ酸 H_4SiO_4,オキソニウムイオン,フッ化物イオンのごく希薄な溶液になる.しかし現在の最大の問題点はフッ素添加のレベルである.水道水だけが唯一の摂取源であれば濃度1 ppmが最適である.現在は歯磨き粉や食品のような他の摂取源があるので,フッ化物補充水道水はもっと低いレベルである約 0.7 ppmが適切であると考えられている.

ケットは電解槽を最初に加温し,発熱的な電解反応が起こった際に電解槽を冷却するために用いる.中心の炭素電極(陽極)ではフッ化物イオンが酸化されてフッ素になり,容器壁の鋼電極(陰極)では水素ガスが発生する(図17・3).

$$2\,F^-(aq) \longrightarrow F_2(g) + 2\,e^-$$
$$2\,H^+(aq) + 2\,e^- \longrightarrow H_2(g)$$

フッ化水素ガスは,消費された量を補充するために連続的に電解槽に吹き入れなければならない.フッ素の年間の製造量は少なくとも 10^4 トンである.

前述したように,かなりの量のフッ素を六フッ化硫黄の合成に用いる.他の主要な用途はフッ化ウラン(VI)の合成である.この低沸点のウラン(VI)ハロゲン化物はウラン同位体の分離に用いられる.ウラン-235は爆弾の製造や核反応器用に用いる.フッ化ウラン(VI)は2段階で合成する.まず酸化ウラン(IV) UO_2 とフッ化水素との反応でフッ化ウラン(IV) UF_4 をつくる.

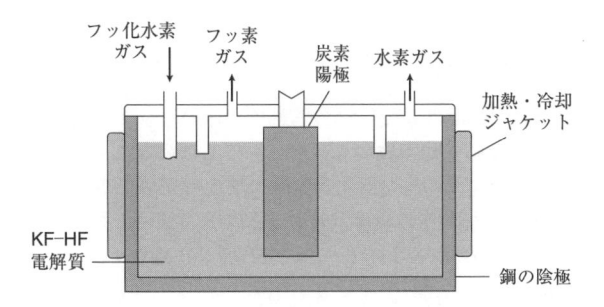

図17・3 二フッ素製造に用いられる電解セル

$$UO_2(s) + 4\,HF(g) \rightleftharpoons UF_4(s) + 2\,H_2O(g)$$

予想どおり,低酸化状態のフッ化物はイオン性化合物で固体である.つぎにフッ化ウラン(IV)にフッ素ガスを反応させてウランを+6状態まで酸化する.

$$UF_4(s) + F_2(g) \longrightarrow UF_6(g)$$

この高い酸化状態では,このフッ素化合物でさえ共有結合

的性質を示す．たとえばこの化合物は約 60 ℃で昇華する．ウラン抽出については詳細を§23・3に記述する．

17・4 フッ化水素とフッ化水素酸

フッ化水素は無色の発煙性液体で沸点 20 ℃である．この値は図 17・4 に示すように，他のハロゲン化水素よりずっと高い．フッ化水素の高い沸点は隣合うフッ化水素分子間の非常に強い水素結合に起因する．フッ素は全元素の中で最高の電気陰性度をもつので，フッ素との水素結合は最強である．水素結合は水素原子に関して直線状だが，フッ素原子に関しては 120°の位置にある．したがって分子はジグザグ状に並んでいる（図 17・5）．

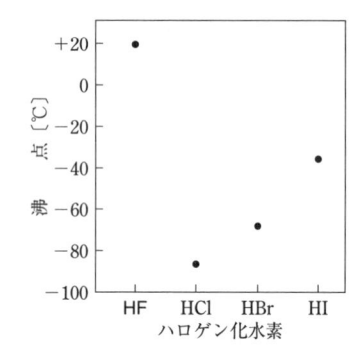

図 17・4 フッ化水素の沸点

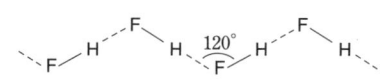

図 17・5 フッ化水素の水素結合

フッ化水素と水は混合してフッ化水素酸（通称，フッ酸とよばれる）をつくる．

$$HF(aq) + H_2O(l) \rightleftharpoons H_3O^+(aq) + F^-(aq)$$

フッ化水素酸は $pK_a=3.2$ の弱酸で，他のハロゲン化水素酸が非常に強酸で負の pK_a をもつのとは異なる．§7・2 に述べたように，フッ化水素酸の酸性度が弱いのはフッ素-水素結合が他のハロゲン-水素結合よりずっと強く，イオンへの解離がエネルギー的にそれほど有利ではないためである．

フッ化水素酸のイオン化率は濃い溶液ほど高くなる．他の酸とは逆の挙動であるが，理由はよくわかっている．フッ化水素濃度が増加すると第二平衡段階が重要になり，直線形二フッ化水素イオンを生じる．

$$F^-(aq) + HF(aq) \rightleftharpoons HF_2^-(aq)$$

二フッ化水素イオンは，二フッ化水素カリウム KHF_2 のようなアルカリ金属塩を溶液から結晶化できるほど安定である．

二フッ化水素イオンは架橋水素原子をもつユニークな構造をとる．これまでフッ化水素分子がフッ化物イオンと水素結合をしているように思われてきたが，最近の研究で水素は二つのフッ素原子の真ん中に位置することがわかった．

フッ化水素酸は弱酸にもかかわらずきわめて腐食性である．ガラスと反応する数少ない物質の一つで，そのため常にプラスチック容器に保存される．ガラスとの反応ではヘキサフルオロケイ酸イオン SiF_6^{2-} を生じる．

$$SiO_2(s) + 6 HF(aq) \longrightarrow SiF_6^{2-}(aq) + 2 H^+(aq) + 2 H_2O(l)$$

この性質はガラスのエッチングに用いられる．エッチングする対象物を溶融ワックス中に浸し，自然に冷ましてワックスを固める．必要なパターンに合わせてワックス層にカットを入れる．フッ化水素酸にガラスを浸すと，表面の露出したところだけ反応する．十分な深さまでガラスが溶け出した後，対象物を酸溶液から取出して水洗し，ワックスを融かし落とすと望みのエッチングパターンを施したガラスが得られる．

商業生産されるフッ化水素酸のほぼすべてが他の含フッ素化学品の合成出発原料として用いられている．たとえばフッ化ナトリウムはフッ化水素酸を水酸化ナトリウム溶液と混合して製造される．

$$NaOH(aq) + HF(aq) \longrightarrow NaF(aq) + H_2O(l)$$

水を留去すると，フッ化ナトリウムの結晶が残る．この化合物は水へのフッ素添加に用いられる．フッ化水素酸と水酸化カリウム溶液の 2:1 の反応では，二フッ化水素カリウムが得られ，この化合物はフッ素ガスの製造に用いられる．

$$KOH(aq) + 2 HF(aq) \longrightarrow KHF_2(aq) + H_2O(l)$$

17・4・1 フッ化水素酸の工業合成

年間約 10^6 トンものフッ化水素酸が世界中で生産されている．フッ化水素は，鉱物の蛍石[a]，すなわちフッ化カルシウムを濃硫酸と加熱して得られる．

$$CaF_2(s) + H_2SO_4(l) \xrightarrow{\Delta} 2 HF(g) + CaSO_4(s)$$

生成物は冷やして液化するか，水を加えてフッ化水素酸にする．この吸熱反応のコスト低減のために，製造プラントは硫酸製造工場の隣に建造されてきた．硫酸プラントの発熱反応で生じる熱をフッ化水素プロセスに用いる．

フッ化水素酸ほどの明白な毒性物質の製造では，痕跡量

---

[a] fluorite, fluorspar

のフッ化水素さえも周囲に散逸しないよう，排ガスを注意深く洗浄する．この反応のもう一つの生成物はどこにでも存在する硫酸カルシウムである．単純な化学量論計算からは，フッ化水素1トン当たり4トン近くの硫酸カルシウムが製造される．この副生成物は他の工業プロセスでも生成するが，一部は利用され，多くは埋立てに用いられる．

17・5 塩 素

塩素ガスは有毒である．30 ppm 以上の濃度に30分以上さらされると死に至る．高密度で猛毒の性質が，戦時の毒ガスとして二塩素が最初に使用されたゆえんである．1915年のドイツの塩素ガス攻撃の結果，20,000人もの同盟国戦士が被毒し，そのうちの5000人が死亡した．

対照的に低濃度塩素が微生物に示す毒性は，何百万人もの人々の命を救ってきた．西欧諸国では塩素添加によって水道水から病原菌をほぼ全滅させてきた．興味深いことに，人々は昔から塩素ガスのご利益には大変熱心だった．なかでもクーリッジ[a] 大統領は風邪の症状を和らげるために"塩素部屋"に逗留した．このような"治療"を試みた多くの人が，その代償として長期の肺疾患を被ったことは想像に難くない．

淡緑色で密度の濃い有毒な塩素ガスは，フッ素ほどではないが高反応性である．多くの元素単体と反応して高めの酸化状態にする．たとえば鉄は塩素中で燃焼して塩化鉄(II)でなく塩化鉄(III)になる．リンは過剰の塩素中で燃えて五塩化リンになる．

$$2\,Fe(s) + 3\,Cl_2(g) \longrightarrow 2\,FeCl_3(s)$$
$$2\,P(s) + 5\,Cl_2(g) \longrightarrow 2\,PCl_5(s)$$

しかし塩化物の最高酸化状態は，特に非金属に関しては，フッ化物の酸化状態より低いのがふつうである．たとえば§16・20で述べたように，室温で最高酸化状態の硫黄原子の塩化物は二塩化硫黄 SCl_2（硫黄の酸化数，+2）である．一方，強酸化性のフッ素では六フッ化硫黄 SF_6（硫黄の酸化数，+6）を生じる．

塩素ガスは過マンガン酸カリウム固体に濃塩酸を加える方法で，容易に実験室で合成できる．塩化物イオンは酸化されて二塩素に，過マンガン酸イオンは還元されてマンガン(II)イオンになる．

$$2\,HCl(aq) \longrightarrow 2\,H^+(aq) + Cl_2(g) + 2\,e^-$$
$$MnO_4^-(aq) + 8\,H^+(aq) + 5\,e^- \longrightarrow Mn^{2+}(aq) + 4\,H_2O(l)$$

二塩素は塩素化剤としても作用する．たとえばエテン C_2H_4 を二塩素と混合すると 1,2-ジクロロエタン $C_2H_4Cl_2$ を生じる．

$$CH_2=CH_2(g) + Cl_2(g) \longrightarrow CH_2Cl-CH_2Cl(g)$$

二塩素は非常に貴な（正の）（二フッ素ほどではない）標準還元電位をもつ強い酸化剤としても働く．

$$Cl_2(aq) + 2\,e^- \longrightarrow 2\,Cl^-(aq) \qquad E° = +1.36\,V$$

二塩素は水と反応して塩酸と次亜塩素酸の混合物になる．

$$Cl_2(aq) + H_2O(l) \rightleftharpoons H^+(aq) + Cl^-(aq) + HClO(aq)$$

二塩素飽和水溶液は，室温では約3分の2の塩素分子と3分の1の酸混合物を含む．次亜塩素酸と平衡状態にあるのは塩素そのものより次亜塩素酸イオンであり，高活性な酸化（脱色）剤として用いられる[†]．

$$HClO(aq) + H_2O(l) \rightleftharpoons H_3O^+(aq) + ClO^-(aq)$$

塩素の工業合成は，塩化ナトリウム水溶液（ブライン[b]）の電解によって行われており，もう一つの生成物は水酸化ナトリウムである（§11・8で記述）．塩素は大規模に，世界中で年間約 10^8 トンが生産されている．その大部分は有機塩素化合物の合成に用いられるが，かなりの量がパルプ・紙工業の脱色剤，水処理剤，そしてチタンの鉱石からの抽出中間段階の塩化チタン(IV) $TiCl_4$ 製造に用いられる．

塩素をパルプ・紙製造と水浄化の両方に用いることに，しだいに大きな関心がもたれてきた．前者では，二塩素は木のパルプ中の有機化合物と反応して有害な塩素化合物をつくる．これらの副生成物は最終的に排水中に入り，川や海へ流れ込む．企業はますます制限が厳しくなるパルプ工場排水中の有機塩素化合物レベルに応じて，有機塩素化合物排出をほぼゼロレベルに抑えなくてはならない状況である．

塩素は化学工業と環境運動のせめぎあいの渦中に置かれるようになった．ここ数年間塩素を，工業化学の供給原材として全面禁止する動きが出てきた．残念なことに，政治はいつも方針をすべて一方に偏らせる傾向があり，論理的なケースバイケースの考え方，つまり塩素化合物の中には用途の特殊性，低い製造コスト，入手の容易さ，環境への影響などの条件で優れたものが含まれていることを考慮したりしない．前に，二塩素はパルプ漂白に必須でなく，水浄化にさえも必須でないと述べた．しかしポリ塩化ビニル

---

[a] Calvin Coolidge [b] brine
[†] 塩素水溶液の脱色効果が発見されるまで，白いリンネルを製造する唯一の方法は数週間日光にさらすことだった．広大な面積に配列された木枠の上に布は広げられ，"脱色場（bleach-fields または bleachers）"（"bleachers＝野球の屋外観覧席"の由来）とよばれた．

や他の含塩素プラスチック，含塩素医薬品のよい代替品をみつけるのは至難の業である．さらに，たくさんの塩素を含まない化学品が含塩素出発材料から工業合成されている．最後に，多くの有機塩素化合物が天然でも生産されていることを十分認識しておくべきである．たとえば，年間およそ5百万トンものクロロメタンが藻類によって生産されており，真菌や地衣類はさらに複雑な有機塩素化合物を生産している．

17・6 塩　酸

塩化水素はきわめて水に溶けやすい．濃塩酸は約38重量％の塩化水素を含んでおり，濃度 $12\,\mathrm{mol\cdot L^{-1}}$ である．この酸は無色液体で，気相と水相の塩化水素の間に平衡があり，シャープな酸の臭いがする．

$$\mathrm{HCl}(aq) \rightleftharpoons \mathrm{HCl}(g)$$

工業用塩酸は不純物の鉄(Ⅲ)イオンにより黄色味を帯びている．

塩酸は，フッ化水素酸とは対照的に強酸（$pK_a=-7$）であり，ほぼ完全にイオン化している．

$$\mathrm{HCl}(aq) + \mathrm{H_2O}(l) \longrightarrow \mathrm{H_3O^+}(aq) + \mathrm{Cl^-}(aq)$$

酸化状態図（図17・1を参照）が示すように，塩化物イオンは非常に安定な化学種である．それゆえ希塩酸は，酸化性の硝酸や少し酸化性の硫酸より，酸として選択されることがはるかに多い．たとえば，亜鉛は塩酸と反応して亜鉛イオンと水素ガスを生じる．

$$\mathrm{Zn}(s) + 2\,\mathrm{HCl}(aq) \longrightarrow \mathrm{ZnCl_2}(aq) + \mathrm{H_2}(g)$$

一方，亜鉛が硝酸と反応すると，硝酸イオンが還元されて二酸化窒素を生じる．

工業的には，大量の塩化水素が他の工業プロセスの副生成物として生産されている．たとえば，四塩化炭素の合成では下記の反応が起こる．

$$\mathrm{CH_4}(g) + 4\,\mathrm{Cl_2}(g) \longrightarrow \mathrm{CCl_4}(l) + 4\,\mathrm{HCl}(g)$$

世界中で年間およそ 10^7 トンの塩酸が用いられている．その用途は広範である．通常の酸としては，鋼表面からのさびの除去（酸洗い[a]とよばれるプロセス），グルコースとコーンシロップの精製，油やガス井戸の酸処理，含塩素化学品の製造などの用途がある．この酸は金物店で古風な "muriatic acid" という名前で売られているが，家庭でのおもな用途は，コンクリート表面の洗浄と鉄さびの除去である．まれにいる胃酸をつくれない人々は希塩酸の入ったカプセルを食事のたびに摂取する必要がある．

17・7 ハロゲン化物

塩素は，陰イオン（塩化物）の場合と共有結合した場合とで大きく異なる挙動をする．

17・7・1 イオン性ハロゲン化物

イオン性塩化物，臭化物およびヨウ化物の多くは水溶性で，溶解すると金属イオンとハロゲン化物イオンが生じる．しかし金属フッ化物の多くは不溶性である．たとえば前に述べたように塩化カルシウムは水によく溶けるが，フッ化カルシウムは不溶性である．これはサイズが小さく高電荷密度の陰イオンと高電荷密度の陽イオンとの結晶の格子エネルギーが大きいためである．

フッ化物イオンは弱酸のフッ化水素酸の共役塩基なので，水溶性フッ化物の溶液は塩基性である．

$$\mathrm{F^-}(aq) + \mathrm{H_2O}(l) \rightleftharpoons \mathrm{HF}(aq) + \mathrm{OH^-}(aq)$$

金属ハロゲン化物の合成法が二つある．金属とハロゲンを混ぜると高酸化状態の金属イオンが生じ，金属とハロゲン化水素を混合すると低酸化状態の金属イオンを生じる．塩化鉄(Ⅲ)と塩化鉄(Ⅱ)の合成がこの傾向を表している．

$$2\,\mathrm{Fe}(s) + 3\,\mathrm{Cl_2}(g) \longrightarrow 2\,\mathrm{FeCl_3}(s)$$
$$\mathrm{Fe}(s) + 2\,\mathrm{HCl}(g) \longrightarrow \mathrm{FeCl_2}(s) + \mathrm{H_2}(g)$$

前者の場合は二塩素が強い酸化剤として作用するが，後者においては水素が弱い酸化剤として作用する．

水和金属ハロゲン化物は金属酸化物，炭酸塩，水酸化物と塩酸との反応で合成できる．たとえば塩化マグネシウム六水和物は酸化マグネシウムと塩酸との反応後，結晶化によって得られる．

$$\mathrm{MgO}(s) + 2\,\mathrm{HCl}(aq) + 5\,\mathrm{H_2O}(l) \longrightarrow \mathrm{MgCl_2\cdot 6H_2O}(s)$$

無水塩は水和物を加熱することでは合成できない．なぜなら代わりに分解が起こるからである．たとえば，塩化マグネシウム六水和物を加熱すると，塩化水酸化マグネシウム $\mathrm{Mg(OH)Cl}$ になる．

$$\mathrm{MgCl_2\cdot 6H_2O}(s) \xrightarrow{\Delta} \mathrm{Mg(OH)Cl}(s) + \mathrm{HCl}(g) + 5\,\mathrm{H_2O}(l)$$

無水塩化マグネシウムを水和物から得るには，化学的に水を取除かねばならない．たとえば塩化チオニル $\mathrm{SOCl_2}$ を用いて実現でき（ただし，ドラフト内で！），その際の反応副生成物は二酸化硫黄ガスと塩化水素ガスである．

$$\mathrm{MgCl_2\cdot 6H_2O}(s) + 6\,\mathrm{SOCl_2}(l) \longrightarrow \mathrm{MgCl_2}(s) + 6\,\mathrm{SO_2}(g) + 12\,\mathrm{HCl}(g)$$

---

a) pickling

金属塩化物を脱水するには通常この方法が用いられる.

金属イオンが高酸化状態の金属ヨウ化物をすべて合成することはできない. ヨウ化物イオンは還元剤だからである. たとえばヨウ化物イオンは銅(Ⅱ)イオンを銅(Ⅰ)イオンに還元する.

$$2\,Cu^{2+}(aq) + 4\,I^-(aq) \longrightarrow 2\,CuI(s) + I_2(aq)$$

その結果, ヨウ化銅(Ⅱ)は存在しえない.

塩化物イオン, 臭化物イオンおよびヨウ化物イオンを判別する一般的な方法は, 硝酸銀溶液を加えて沈殿させることである. X^- がハロゲン化物イオンを表すとすると, 一般式はつぎのように書ける.

$$X^-(aq) + Ag^+(aq) \longrightarrow AgX(s)$$

塩化銀は白色, 臭化銀はクリーム色, ヨウ化銀は黄色である. これらは多くの銀化合物と同様に感光性があるため, 固体は数時間で金属銀を生じて灰色に変わる.

ハロゲンの同定を確認するには, アンモニア溶液をハロゲン化銀に加える. 塩化銀の沈殿は希アンモニア溶液と反応して可溶性ジアミン銀(Ⅰ)イオン $[Ag(NH_3)_2]^+$ を生成する.

$$AgCl(s) + 2\,NH_3(aq) \longrightarrow [Ag(NH_3)_2]^+(aq) + Cl^-(aq)$$

他の二つのハロゲン化銀は希アンモニア水と反応しない. 臭化銀は濃アンモニア水と反応するが, ヨウ化銀は反応しない.

それぞれのハロゲン化物イオンの検出法もある. 塩化物イオンのテストは二クロム酸カリウムと濃硫酸の混合物との反応を含んでおり, きわめて危険である. ゆっくり温めると, 揮発性で赤色の有毒化合物, 塩化クロミル CrO_2Cl_2 が生成する.

$$K_2Cr_2O_7(s) + 4\,NaCl(s) + 6\,H_2SO_4(l) \longrightarrow$$
$$2\,CrO_2Cl_2(l) + 2\,KHSO_4(s) + 4\,NaHSO_4(s) + 3\,H_2O(l)$$

この蒸気を水に吹き入れるとクロム酸 H_2CrO_4 の黄色溶液を生じる.

$$CrO_2Cl_2(g) + 2\,H_2O(l) \longrightarrow H_2CrO_4(aq) + 2\,HCl(aq)$$

臭化物イオンとヨウ化物イオンをテストするには, 二塩素の水溶液(塩素水[a])をハロゲン化物イオン溶液に加える. 黄色から褐色に色づくと, どちらかのイオンが存在していることを示している.

$$Cl_2(aq) + 2\,Br^-(aq) \longrightarrow Br_2(aq) + 2\,Cl^-(aq)$$
$$Cl_2(aq) + 2\,I^-(aq) \longrightarrow I_2(aq) + 2\,Cl^-(aq)$$

二臭素と二ヨウ素を区別するには, ハロゲン分子自身が非極性であること利用する. それらは四塩化炭素などの非極性または低極性の溶媒に溶けやすい. 上記の褐色水溶液を非(低)極性溶媒と一緒に振とうすると, ハロゲンはその非水溶媒層に移る. もし未知物質が二臭素の場合は溶液は褐色であるが, 二ヨウ素の場合は明るい紫色である.

ヨウ素には別の高感度テストがある. ヨウ素はデンプンと反応して青色(濃い溶液では暗青色)を呈する. この異常相互作用では, デンプン高分子がヨウ素分子を包み込むが, そこには化学結合は存在しない. この平衡は定性分析としてヨウ素-デンプン紙に利用されている. この紙を酸化剤にさらすと, ヨウ化物はヨウ素に酸化される. 紙中のデンプンがヨウ素-デンプン錯体を形成して暗青色に着色するのが容易に観察される. 定量分析としては, ヨウ化物-ヨウ素酸化還元滴定の指示薬としてデンプンを用いる.

二ヨウ素は既述のように非極性分子であり, 水への溶解度はきわめて低い. しかしヨウ化物イオン水溶液には溶ける. この現象は三ヨウ化物イオン[b] I_3^- を生じる化学反応である (§17・10に記述).

$$I_2(s) + I^-(aq) \rightleftharpoons I_3^-(aq)$$

サイズが大きく低電荷の三ヨウ化物イオンは, 低電荷密度の陽イオンと固体化合物をつくる. ルビジウムイオンとは三ヨウ化ルビジウム RbI_3 を生成する.

またヨウ化物イオンは酸中でヨウ素酸イオン[c] IO_3^- と酸化還元反応を起こし, 二ヨウ素を生じる.

$$IO_3^-(aq) + 6\,H^+(aq) + 5\,I^-(aq) \longrightarrow 3\,I_2(s) + 3\,H_2O(l)$$

この反応はヨウ化物溶液の滴定分析によく用いられる. 二ヨウ素はチオ硫酸イオン標準溶液で滴定できる.

$$I_2(s) + 2\,S_2O_3^{2-}(aq) \longrightarrow 2\,I^-(aq) + S_4O_6^{2-}(aq)$$

17・7・2 共有結合性ハロゲン化物

共有結合性ハロゲン化物の多くは分子間力が弱いために, 気体もしくは低沸点液体である. これらの低極性分子の沸点はじかに分子間分散力の強さに関係している. この分子間力はまた, 分子内の電子数に依存する. 典型的な系列はハロゲン化ホウ素であり (表17・6), 沸点と電子数

表17・6 ハロゲン化ホウ素の沸点

化合物	沸点〔℃〕	電子数
BF_3	-100	32
BCl_3	$+12$	56
BBr_3	$+91$	110
BI_3	$+210$	164

---

[a] aqueous chlorine   [b] triiodide ion   [c] iodate ion

の間には明確に相関性がある．

共有結合性ハロゲン化物の多くは単体をハロゲンと処理することによって合成できる．その際，化合物が複数生成する可能性があるが，ある一つの生成物を優先的に合成するにはモル比で適応できる．たとえば過剰の塩素存在下ではリンは五酸化リンを生じるが，逆に過剰のリン存在下では，三塩化リンが生成する．

$$2P(s) + 5Cl_2(g) \longrightarrow 2PCl_5(s)$$
$$2P(s) + 3Cl_2(g) \longrightarrow 2PCl_3(l)$$

第 13，14，15 章に既述したように，ほとんどの共有結合性ハロゲン化物は水と激しく反応する．たとえば三塩化リンは水と反応してホスホン酸と塩化水素を生じる．

$$PCl_3(l) + 3H_2O(l) \longrightarrow H_3PO_3(l) + 3HCl(g)$$

しかし共有結合性ハロゲン化物の中には速度論的に不活性なものもある．特に四フッ化炭素や六フッ化硫黄のようにフッ化物に多い．

金属ハロゲン化物は，金属が高酸化状態でも共有結合を形成できる．たとえば，塩化スズ(IV) は典型的な共有結合性ハロゲン化物の挙動を示し，室温では液体で水と激しく反応する．

$$SnCl_4(l) + 2H_2O(l) \longrightarrow SnO_2(s) + 4HCl(g)$$

非金属元素の最高酸化状態は通常フッ素で安定化され，最低酸化状態はヨウ素で安定化される．この傾向は 17 族元素の酸化力が下方の周期ほど下がることを反映している．しかし，いつも単純な議論を適用する際には注意を要する．たとえば，五ヨウ化リン PI_5 が存在しない理由は，酸化状態が $+5$ から $+3$ に自発的に還元されるためというより，ヨウ素の大きなサイズがリン原子まわりに配置可能なヨウ素原子数を制限しているという方がもっともらしい．

17・8　塩素酸化物

窒素酸化物の場合と同様に，塩素酸化物には塩素がとりうるすべての奇数酸化状態の化合物が存在する．それらはすべて熱力学的に不安定だが，速度論的には安定である．この事実と分解反応の活性化エネルギーの低さに起因して，塩素酸化物はきわめて不安定で爆発する傾向を示す．2 種の重要な酸化物があり，どちらも不対電子をもつフリーラジカルである．一つは一酸化塩素で，上層大気にしか存在しないが環境問題において重要である．もう一つは二酸化塩素であり，強酸化剤で消毒薬としての需要が高まっている．

17・8・1　一酸化塩素

日常的温度・圧力のもとで高濃度存在するには不安定な多くの化学種が，大気化学で重要な役割を果たしている．たとえば §15・8 に，いかに三酸化窒素が夜間の対流圏の洗浄剤として働くかを述べた．別の重要な大気分子は一酸化塩素 ClO である．一酸化塩素は，南極やそれほどではないが北極でも，それぞれの春季に UV カットするオゾンの濃度減少 "オゾンホール[a]" の原因を担う成層圏化学種である．

そのストーリーは主として，暗い冬季に南極上空の孤立した大気中の CFC が分解して塩素分子ができるところから始まると考えられている．春の到来とともに，太陽光線が弱結合の塩素分子（結合エネルギー $242\,kJ\cdot mol^{-1}$）を塩素原子に解離する．

$$Cl_2(g) \xrightarrow{h\nu} 2Cl(g)$$

塩素原子はオゾン（三酸素）と反応して一酸化塩素と二酸素を生じる．

$$Cl(g) + O_3(g) \longrightarrow ClO(g) + O_2(g)$$

もしこの反応がこの段階で終了したら，オゾン層破壊はわずかだったに違いない．しかし一酸化塩素は塩素原子を再生する反応サイクルを触媒的にしている．すなわち塩素原子はオゾンを二酸素に変換する触媒として働いている．この過程の第一段階は二つの一酸化塩素ラジカルが合体して二量体分子 ClOOCl を生成する．しかしこの分子は，もし二つのラジカル種が同時に 3 番目の化学種 M に衝突しないと直ちに解離するだろう．化学種 M の役割は過剰のエネルギーを取除くことである．M はエネルギーを取除くことができるどんな分子でもよいが，ふつうは最もありふれた大気分子の二窒素 N_2 か二酸素 O_2 である．

$$2ClO(g) + M(g) \longrightarrow Cl_2O_2(g) + M^*(g)$$

太陽光線が再び関与して今度は Cl_2O_2 を非対称的に解離する．

$$Cl_2O_2(g) \xrightarrow{h\nu} ClOO(g) + Cl(g)$$

ClOO 種はきわめて不安定で，すばやく壊れて塩素原子と二酸素分子を生じる．

$$ClOO(g) \longrightarrow Cl(g) + O_2(g)$$

そして塩素原子は再びオゾン分子と反応できる．これが南極，北極ゾーンの厳しいオゾン減少をもたらす触媒サイクルである．

---

a) ozone hole

17・8・2 二酸化塩素

黄色気体の二酸化塩素 ClO_2 は，11 ℃で凝縮して濃赤色液体になる．この化合物は水によく溶け，かなり安定な緑色溶液を生じる．フリーラジカル種で二酸化窒素と同様に常磁性である．しかし二酸化窒素とは異なり，二量化する傾向は示さない．塩素-酸素結合長は 140 pm で単結合長標準値の 170 pm よりずっと短く，標準的な塩素-酸素二重結合長に近い．この結合次数を反映した可能な点電子構造を図 17・6 に示す（上層大気で一時的に生じる ClOO ラジカルと同じ化学種ではない）．

図 17・6 二酸化塩素の結合の可能な点電子構造図

二酸化塩素は非常に強力な酸化剤で，安全のために通常，二窒素や二酸化炭素で希釈されている．たとえば小麦粉を脱色して白パンをつくるには，二酸化塩素は二塩素より 30 倍以上効果的である．木材パルプを脱色して白紙をつくるのに，希釈水溶液として大量の二酸化塩素が用いられている．この役割において二酸化塩素は，脱色時に危険な塩素系廃棄物をあまり生成しないため，ならびにセルロース構造を壊さず紙の機械的強度を保持するため，二塩素より好まれる．同様に二酸化塩素は水道水処理剤としての需要が増加している．なぜなら，同様な理屈で水中の炭化水素をほとんど塩素化しないからである．したがって二酸化塩素の使用は既述した問題点を回避することになる．二酸化塩素は，2001 年に起こった炭疽菌入り手紙事件の恐怖にさらされたときに連邦議会事務所に混入した炭疽菌胞子を殺すために用いられた．

純二酸化塩素は爆発性だが，上記に示したように工業的に重要度が高く，年間およそ 10^6 トンが世界中で生産されている．ただこのガスは危険なので，使用場所で比較的少量生産されるのが一般的であり，正確な生産量の把握は難しい．合成反応は，酸化状態 +5（ClO_3^-）の塩素を酸化状態 -1（Cl^-）の塩素を用いて強酸性条件下で還元し，+4（ClO_2）と 0（Cl_2）の酸化状態を生じる過程である．

$$2\,ClO_3^-(aq) + 4\,H^+(aq) + 2\,Cl^-(aq) \longrightarrow 2\,ClO_2(g) + Cl_2(g) + 2\,H_2O(l)$$

北米では，さらに二酸化硫黄を加えて二塩素ガスを塩化物イオンに還元（および除去）し，同時に二酸化硫黄は硫酸イオンに酸化される．

$$Cl_2(g) + 2\,e^- \longrightarrow 2\,Cl^-(aq)$$
$$SO_2(g) + 2\,H_2O(l) \longrightarrow SO_4^{2-}(aq) + 4\,H^+(aq) + 2\,e^-$$

しかし，このプロセスでは硫酸ナトリウム廃棄物が出る．ドイツのプロセスでは二塩素を二酸化塩素から分離し，水素ガスと反応させて塩酸をつくる．この酸は合成に再利用される．

17・9 塩素のオキソ酸とオキソアニオン

塩素は一連のオキソ酸とオキソアニオンを +1 から +7 までの正の奇数の酸化状態で生成する．イオン（と関連する酸）の形は塩素原子まわりの四面体配置に基づいている（図 17・7）．どのイオンにも多重結合の存在を示す短い塩素-酸素結合があり，酸素原子上の被占 p 軌道と塩素原子上の空 d 軌道による π 結合の寄与を示唆している．

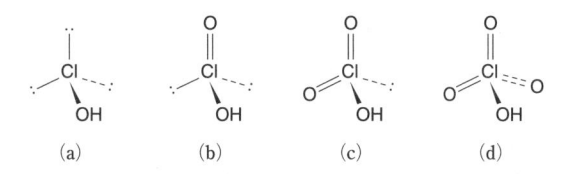

図 17・7 可能な結合表現：(a) 次亜塩素酸，(b) 亜塩素酸，(c) 塩素酸，(d) 過塩素酸

§7・4 で述べたように，酸強度は酸素原子数が増えるとともに上昇する．したがって次亜塩素酸は非常に弱く，亜塩素酸は弱く，塩素酸は強く，過塩素酸は非常に強い酸である．相対的な酸強度は塩素オキソ酸の pH 支配図（図 17・8）を見るとわかりやすい．

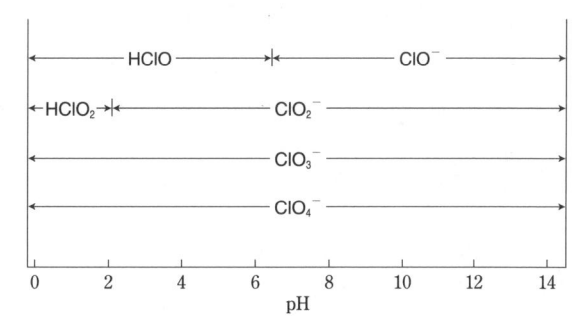

図 17・8 塩素のオキソ酸の pH 支配図

17・9・1 次亜塩素酸と次亜塩素酸イオン

次亜塩素酸と塩酸は二塩素を冷水に溶かしたときに生じる．

$$Cl_2(aq) + H_2O(l) \rightleftharpoons H^+(aq) + Cl^-(aq) + HClO(aq)$$

次亜塩素酸は非常に弱い酸であり，次亜塩素酸塩の溶液は，加水分解の結果，強塩基性になる．

$$ClO^-(aq) + H_2O(l) \rightleftharpoons HClO(aq) + OH^-(aq)$$

次亜塩素酸は強い酸化剤で，自らは還元されて塩素ガスになる．

水泳プールの化学

北米では，水泳プールの殺菌には二塩素または次亜塩素酸カルシウムのような塩素化合物を用いている．実際には最も効果的な殺菌剤は次亜塩素酸である．この化合物は，多くの公共プールでは塩素を水と反応させたときに生成する．

$$Cl_2(aq) + H_2O(l) \rightleftharpoons H^+(aq) + Cl^-(aq) + HClO(aq)$$

生じたオキソニウムイオンを中和するために，炭酸ナトリウム（ソーダ灰）を加える．

$$CO_3^{2-}(aq) + H^+(aq) \longrightarrow HCO_3^-(aq)$$

炭酸ナトリウム添加は二つ目の役割として，塩素の平衡を右にシフトさせて，さらに次亜塩素酸をつくる効果をもつ．

小さなプールでは次亜塩素酸イオンの加水分解によって次亜塩素酸が生じる．

$$ClO^-(aq) + H_2O(l) \rightleftharpoons HClO(aq) + OH^-(aq)$$

そこでpHを下げるために酸を加えなければならない．

$$H^+(aq) + OH^-(aq) \longrightarrow H_2O(l)$$

細菌や他の水生微生物からプール利用者を守るためには，次亜塩素酸濃度を十分高いレベルに保持することが肝心である．しかし次亜塩素酸は日差しと高温で分解するので，特に室外プールでは濃度保持は難しい仕事である．

$$2\,HClO(aq) \longrightarrow HCl(aq) + O_2(g)$$

水泳プールで目が痛む原因はふつう"過剰な塩素"のせいにされる．だが実際にはそれはぬれぎぬで，過剰な塩素は目の痛みを防ぐ．目の痛みの原因は水中のクロロアミン類（例，NH_2Cl）である．このたちの悪い化合物は次亜塩素酸とアンモニア系化合物（例，利用者のおしっこの尿素）との反応で生じる．

$$NH_3(aq) + HClO(aq) \longrightarrow NH_2Cl(aq) + H_2O(l)$$

この化合物を分解するには，さらに二塩素を加える必要がある．これは"過剰塩素注入[a]"とよばれるプロセスである．この過剰塩素はクロロアミン類と反応して塩酸と二窒素に分解する．

$$2\,NH_2Cl(aq) + Cl_2(aq) \longrightarrow N_2(g) + 4\,HCl(aq)$$

一般的な第一次殺菌剤として三酸素（オゾン）の利用が拡大している．この殺菌剤は目の痛みを起こすことがほとんどない．だが三酸素は二酸素にゆっくり分解するので，安全条件維持のために低レベルの塩素系化合物を水に加える必要がある．

$$2\,HClO(aq) + 2\,H^+(aq) + 2\,e^- \longrightarrow Cl_2(g) + 2\,H_2O(l) \quad E° = +1.64\,V$$

しかし，次亜塩素酸イオンは弱い酸化剤で，ふつうは還元されて塩化物イオンになる．

$$ClO^-(aq) + H_2O(l) + 2\,e^- \longrightarrow Cl^-(aq) + 2\,OH^-(aq) \quad E° = +0.89\,V$$

次亜塩素酸イオンを有用にしているのは，この酸化（漂白や殺菌）力である．

工業的には次亜塩素酸ナトリウムと次亜塩素酸カルシウムが重要である．次亜塩素酸ナトリウムは溶液中のみ安定で，固相では不安定である．したがって次亜塩素酸イオンの固体供給源は次亜塩素酸カルシウムである．次亜塩素酸ナトリウム溶液は，Clorox®やJavex®のような市販の漂白剤，木材パルプや繊維の漂白剤および装飾剤として用いられている．次亜塩素酸ナトリウムおよびカルシウムの両方が殺菌に用いられる．次亜塩素酸カルシウムは，乳製品製造，醸造，食品加工，および瓶詰め工場や家庭の白カビ除去の殺菌用にも使用されている．次亜塩素酸ナトリウム用容器のラベルにはクレンザーと混合したときの危険性が警告されているが，この問題を理解するには化学的知識が必要である．市販の次亜塩素酸ナトリウム溶液は塩化物イオンを含んでいる．硫酸水素ナトリウム系クレンザーに含まれる水素（オキソニウム）イオン存在下では，次亜塩素酸は塩素イオンと反応して塩素ガスを発生する．

$$ClO^-(aq) + H^+(aq) \longrightarrow HClO(aq)$$
$$HClO(aq) + Cl^-(aq) + H^+(aq) \rightleftharpoons Cl_2(g) + H_2O(l)$$

この単純な酸化還元反応で，これまでに相当数の傷害や死亡事故が起こっている．

17・9・2 塩素酸イオン

亜塩素酸塩はさほど興味深くはないが，塩素酸塩は用途がいくつかある．塩素酸ナトリウムは二塩素を熱い水酸化

---

a) superchlorination

ナトリウム溶液に吹き入れることによって合成できる．塩素酸ナトリウムより溶けにくい塩化ナトリウムが沈殿する．

$$3\,Cl_2(aq) + 6\,NaOH(aq) \xrightarrow{加温} NaClO_3(aq) + 5\,NaCl(s) + 3\,H_2O(l)$$

塩素酸カリウムはマッチや花火の製造に大量に用いられる．それは他のすべての塩素酸塩と同様に強力な酸化剤であり，還元剤と混合すると突然爆発する．また相当量の塩素酸ナトリウムが二酸化塩素の製造に消費されている．

塩素酸塩を加熱すると分解するが，その反応過程は単純ではない．過塩素酸カリウムを生成するルートが詳しく研究された．塩素酸塩を 370 ℃以下の温度で加熱すると不均化が起こり，塩化カリウムと過塩素酸カリウムを生じる．

$$4\,KClO_3(l) \xrightarrow{\Delta} KCl(s) + 3\,KClO_4(s)$$

これは過塩素酸塩の合成ルートである．亜塩素酸カリウムを 370 ℃以上の温度で加熱すると不均化で生じた過塩素酸塩が分解する．

$$KClO_4(s) \xrightarrow{\Delta} KCl(s) + 2\,O_2(g)$$

遅い非触媒的な反応経路は酸化マンガン(IV)で触媒される反応とは異なっている．触媒された場合，塩化カリウムと二酸素を生じる道筋には過マンガン酸カリウム（紫色を呈する）とマンガン酸カリウム K_2MnO_4 が登場する．反応機構は触媒の化学的関与をよく描いている．

$$2\,KClO_3(s) + 2\,MnO_2(s) \xrightarrow{\Delta} 2\,KMnO_4(s) + Cl_2(g) + O_2(g)$$
$$2\,KMnO_4(s) \xrightarrow{\Delta} K_2MnO_4(s) + MnO_2(s) + O_2(g)$$
$$K_2MnO_4(s) + Cl_2(g) \xrightarrow{\Delta} 2\,KCl(s) + MnO_2(s) + O_2(g)$$
$$\overline{2\,KClO_3(s) \xrightarrow{\Delta} 2\,KCl(s) + 3\,O_2(g)} \quad [合計式]$$

したがって，酸素は酸化状態 -2 から 0 に酸化される．マンガンは $+4$ から $+7$ と $+6$ を通って $+4$ に戻るサイクルである．塩素は $+5$ から 0 そして -1 に還元される．この機構をさらに支持する証拠は，第一段反応で放出される二塩素のほのかな臭いである．

17・9・3 過塩素酸と過塩素酸イオン

単純な酸の中で過塩素酸が最も強い酸である．純粋な過塩素酸は無色液体で突然爆発する．その酸化力と高酸素含有率の結果として，木や紙のような有機物質に接触すると即座に発火する．濃過塩素酸はふつう 60 %水溶液で，酸としてはめったに用いられず，非常に強力な酸化剤として用いられることが多い．たとえば合金を金属イオンに酸化するので，分析に用いることができる．ただこの酸化を行うときには特別な過塩素酸蒸気用フードを用いなければいけない．一方，過塩素酸の冷えた希釈溶液は十分安全である．

アルカリ金属塩の溶解性は陽イオンサイズの増加とともに減少する．すなわちイオンサイズの増加（電荷密度の減少）は水和エネルギーを下げ，格子エネルギーが上回る状況になる．よって過塩素酸カリウムは水にわずかしか溶けない（$20\,g\cdot L^{-1}$）．対照的に，過塩素酸銀は非常に易溶で，水に $5\,kg\cdot L^{-1}$ まで溶ける．過塩素酸銀が水と同様に低極性有機溶媒にも高い溶解性を示すのは，固相での結合が本質的にイオン性より共有結合性であることを示唆している．すなわち，ある化合物を溶解するには，強いイオン性結晶格子中の静電的相互作用（非常に高極性の溶媒によってしか打ち負かすことができない）よりむしろ双極子の引力だけを打ち負かせばよい．

過塩素酸カリウムは花火や照明弾に用いられるが，商業生産される過塩素酸塩の約半分が過塩素酸アンモニウムの製造に用いられる．この化合物は固体ブースターロケット中の燃料成分として還元剤のアルミニウムと一緒に用いられる．

$$6\,NH_4ClO_4(s) + 8\,Al(s) \longrightarrow 4\,Al_2O_3(s) + 3\,N_2(g) + 3\,Cl_2(g) + 12\,H_2O(g)$$

各シャトルの発射ではこの化合物を 850 トン用い，米国の全消費量は約 30,000 トンになる．最近まで，たった二つの米国の過塩素酸アンモニウム製造プラントがラスベガス郊外のネバダ州ヘンダーソンに位置していた．この場所の利点はフーバーダムからの安価な電気と乾燥した気候であり，後者は吸湿性の過塩素酸アンモニウムの取扱いや貯蔵を非常に楽にしている．

過塩素酸アンモニウムに関する大問題は，200 ℃を超えると分解することである．

$$2\,NH_4ClO_4(s) \xrightarrow{\Delta} N_2(g) + Cl_2(g) + 2\,O_2(g) + 4\,H_2O(g)$$

1988 年 5 月 4 日，この分解が大規模に上記の製造プラントの一つで起こった．何回もの爆発が，死傷者やさまざまな物的被害をもたらし，米国の過塩素酸アンモニウム製造能力の半分を破壊した．この事故によっていくつかの問題点が浮かび上がった．このようなプラントを住宅地近傍に建設することの優位性とリスク，宇宙および軍事ロケットプログラムが必要不可欠とする化合物の国家全体の供給をたった二つの製造工場に依存していること，などである．

17・10 ハロゲン間化合物とポリハロゲン化物イオン

ハロゲン間化合物とポリハロゲン化物イオンを形成する多様なハロゲン対の組合わせがある．中性（無電荷）化合物の化学式は XY, XY_3, XY_5 と XY_7 で，X と Y はそれぞれ

過臭素酸イオンの発見

過塩素酸イオン ClO_4^- と過ヨウ素酸イオン IO_6^{5-} は19世紀には知られていたが，過臭素酸イオンは合成されたことがなかった．ポーリング[a]をはじめとする多くの科学者たちがこの実在しない化学種に関する理論を構築した．たとえば過塩素酸イオンの安定性は，塩素 3d 軌道を含む強い π 結合によるものだと議論された．臭素については，臭素 4d 軌道が酸素 2p 軌道と非常にわずかしか重なり合わないことが（理論上の）過臭素酸イオンを不安定化していると議論された．

1968 年に米国化学者アップルマン[b]がこのみつかっていない過臭素酸イオンを合成する複数のルートを発見したとき，上記の理論を再考しなければならなくなった．それらのルートの一つは別の新発見，キセノン化合物を含んでいた．このプロセスでは，二フッ化キセノンが酸化剤として用いられた．

$$XeF_2(aq) + BrO_3^-(aq) + H_2O(l) \longrightarrow Xe(g) + 2\,HF(aq) + BrO_4^-(aq)$$

第二のルートは現在，過臭素酸イオンを大量スケールで生成するのに用いられているが，塩基性溶液中での酸化剤として二フッ素を用いている．

$$BrO_3^-(aq) + F_2(g) + 2\,OH^-(aq) \longrightarrow BrO_4^-(aq) + 2\,F^-(aq) + H_2O(l)$$

そこで抱く疑問は，なぜこのイオンは熱力学的に安定にもかかわらずみつけにくかったのだろう？ 答えは臭素酸イオンを過臭素酸イオンに酸化するのに高い電位[c]が必要だからである．

$$BrO_3^-(aq) + H_2O(l) \longrightarrow BrO_4^-(aq) + 2\,H^+(aq) + 2\,e^- \qquad E° = -1.74\,V$$

対照的に，塩素酸イオンを過塩素酸イオンへ酸化する電位は $-1.23\,V$ であり，ヨウ素酸イオンを過ヨウ素酸イオンに酸化する電位は $-1.64\,V$ である．したがって，二フッ化キセノンや二フッ素のようなきわめて強い酸化剤しか臭素酸イオンを過臭素酸イオンに酸化する能力がない．この話の教訓は，"推測した化合物を簡単に合成不可能と片づけてしまうまえに，すべての可能な合成ルートは条件を常に詮索しなければならない．"ということである．

高いおよび低い質量数のハロゲンである．XYとXY$_3$についてはすべての組合わせが知られているが，XY$_5$ は Y がフッ素の場合にのみ知られている．したがって，繰返すが，最高酸化状態はフッ素との組合わせで得られる．化学式 XY$_7$ では X の酸化状態は +7 であるが，IF$_7$ だけみつかっている．塩素と臭素の類似化合物がない理由は単純にサイズと考えるのがふつうである．ヨウ素原子だけが7個のフッ素原子を収容するのに十分な大きさをもつ．

ハロゲン間化合物は特に無機化学者にとって幾何構造の観点から興味深い化合物である．化合物の形は珍しい七配位化学種の五方両錐形[d]の七フッ化ヨウ素 IF$_7$（図17・9）も含めてすべて VSEPR 則に従う．

すべてのハロゲン間化合物は構成元素単体の組合わせ反応で合成できる．たとえばモル比 1:7 のヨウ素とフッ素を混ぜて加熱すると七フッ化ヨウ素 IF$_7$ を生じる．

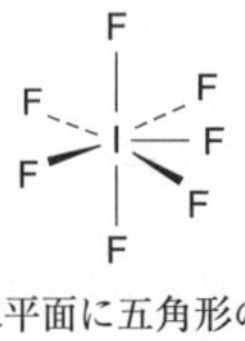

図17・9 水平面に五角形の配置をもつ七フッ化ヨウ素分子

$$I_2(g) + 7\,F_2(g) \longrightarrow 2\,IF_7(g)$$

塩素ガスをヨウ化物水溶液に吹き入れると，まず黒褐色のヨウ素を生じ，さらに暗褐色の一塩化ヨウ素を，最後に薄黄色の三塩化ヨウ素を生じる．

$$Cl_2(aq) + 2\,I^-(aq) \longrightarrow 2\,Cl^-(aq) + I_2(aq)$$
$$Cl_2(aq) + I_2(aq) \longrightarrow 2\,ICl(aq)$$
$$Cl_2(aq) + ICl(aq) \longrightarrow ICl_3(aq)$$

一塩化ヨウ素のような単純なハロゲン間化合物は構成元素単体の色の中間色を呈する．実際に，一塩化ヨウ素は臭素等価体の"コンボ[e]"元素単体とみなせる（§9・11 を参照）．しかし，ハロゲン間化合物の融点と沸点は構成元素単体の平均値よりは若干高い．ハロゲン間化合物が極性をもつからである．さらに重要なことに，ハロゲン間化合物の化学反応性は，構成元素のうち反応性が高い方のハロゲンの単体の反応性と似ている．単体や化合物を塩素化するのに，塩素ガスより固体の一塩化ヨウ素を用いる方が便利である．だが，ときどき，両者の反応の生成物中の非ハロゲン原子が異なる酸化状態をとることがある．この実例はバナジウムの塩素化にみられる．

$$V(s) + 2\,Cl_2(g) \longrightarrow VCl_4(l)$$

---

[a] Linus Pauling　[b] E. H. Appleman　[c] potential　[d] pentagonal bipyramid　[e] combo

$$V(s) + 3\,ICl(s) \longrightarrow VCl_3(s) + \tfrac{3}{2}I_2(s)$$

ルビー赤色固体の一塩化ヨウ素は生化学において，油脂中の炭素-炭素二重結合の数を決定するためのウィス試薬[a]として用いられている．このハロゲン間化合物の褐色溶液を不飽和脂肪に加えると，ハロゲンが二重結合に付加するので脱色される．

$$-CH=CH- + ICl \longrightarrow \underset{\underset{I}{|}\quad\underset{Cl}{|}}{-CH-CH-}$$

褐色が時間がたっても消えなくなったときに反応が完結している．この結果はヨウ素数[b] —— 一定量の脂肪と反応するのに必要な標準一塩化ヨウ素溶液の体積（mL）—— として報告される．

工業スケールで製造される唯一のハロゲン間化合物は，沸点11℃の液体の三フッ化塩素である．これは，高いフッ素含有量と高い結合の極性をもつため，便利できわめて強力なフッ素化剤である．特に使用済み核燃料中の多くの核分裂生成物の中からウランを分離するのに有効である．反応温度70℃で，ウランは液体のフッ化ウラン(VI)を生成する．しかしプルトニウムなどの大部分の核反応生成物は固体のフッ化物をつくる．

$$U(s) + 3\,ClF_3(l) \longrightarrow UF_6(l) + 3\,ClF(g)$$
$$Pu(s) + 2\,ClF_3(l) \longrightarrow PuF_4(s) + 2\,ClF(g)$$

そこで，フッ化ウラン(VI)は混合物から蒸留によって分離できる．

水溶液中では，ハロゲン間化合物は加水分解して，電気陰性度が大きいハロゲンのハロゲン化水素酸と電気陰性度が小さいハロゲンの次亜ハロゲン酸を生じる．例を示す．

$$BrCl(g) + H_2O(l) \longrightarrow HCl(aq) + HBrO(aq)$$

ハロゲンは多原子イオンも生成する．ヨウ素だけが自分自身で容易にポリハロゲン化物陰イオンを生成する．三ヨウ化物イオン I_3^- は，その生成（§17・7に既述）が，ヨウ化物イオン溶液を用いて分子状ヨウ素を水に溶解させる手段を与えることから，重要である．

$$I_2(s) + I^-(aq) \rightleftharpoons I_3^-(aq)$$

三ヨウ化物イオンは直線形で293 pm の等しいヨウ素-ヨウ素結合長をもつ．これらの結合はわずかに二ヨウ素分子の単結合（272 pm）より長い．I_5^- や I_7^- などの他のポリヨウ化物イオンも数多く存在するが，三ヨウ化物イオンほど安定ではない．

二塩化ヨウ素イオン[c] ICl_2^+ や四塩化ヨウ素酸イオン[d] ICl_4^- のようなハロゲン間化合物の陽イオンや陰イオンも広範に存在する．これらのハロゲン間化合物やイオンの形状予測に VSEPR 則を用いることができる（図17・10）．

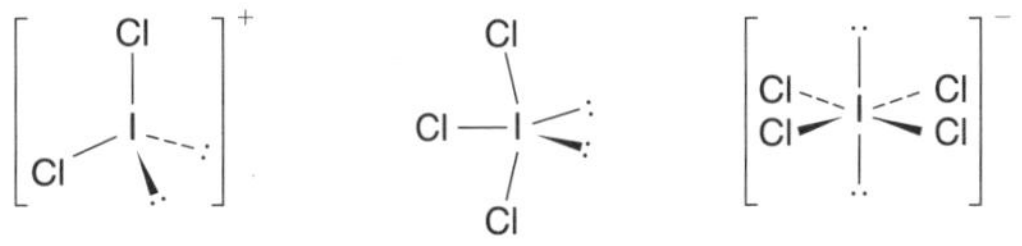

図17・10 (a) 二塩化ヨウ素イオン ICl_2^+, (b) 三塩化ヨウ素分子 ICl_3, (c) 四塩化ヨウ素酸イオン ICl_4^-

ハロゲン間化合物は非プロトン性溶媒としても利用できる．たとえば§7・1に，三フッ化臭素が二フッ化臭素陽イオンと四フッ化臭素陰イオンに自己イオン化することによって，いかに溶媒として働くかを述べた．

$$2\,BrF_3(l) \rightleftharpoons BrF_2^+(BF_3) + BrF_4^-(BF_3)$$

17・11　生物学的役割

ハロゲンは同族中の安定元素のすべてが生物学的機能をもっている点でユニークである．

17・11・1　フッ素と毒植物

世界中のどこでも，牧場主たちは毒植物の大きな問題を抱えている．オーストラリアは特に厳しい状況で，動物や人間に有毒な植物が約1000種知られている．これらの植物の多くはフルオロ酢酸イオン CH_2FCOO^- を生産する．酢酸イオンは（多量摂取しない限り）無害であるが，水素の一つをフッ素に置換すると性質がかなり変わる．たとえば酢酸の pK_a が4.76 に対して，フルオロ酢酸は $pK_a=2.59$ の強酸である．フルオロ酢酸イオンは哺乳動物のクレブス回路[e]をブロックしてクエン酸を蓄積し，心臓麻痺をひき起こす．

植物は微量のフッ化物イオンを土壌から吸収し，生化学過程に取込む．これらの植物は侵略者に対する防御機構としてフルオロ酢酸イオンを生産すると考えられている．オーストラリアがおそらく最多のフルオロ酢酸生産種をもつ国だが，南アフリカにはフルオロ酢酸イオンを濃度1％まで生産する植物があり，葉1枚の摂取で牛1頭を殺すのに十分である．

フルオロ酢酸ナトリウムは米国などの数カ国でコヨーテなどの好ましくない哺乳動物用の毒として用いられている．オーストラリアの有名な二重殺人事件（ボーグル・チャンドラー事件（the Bogle-Chandler case））は，フルオロ酢酸塩毒を服毒させてひき起こしたと信じられている．

---

a) Wijs reagent　　b) iodine number　　c) dichloroiodine ion　　d) tetrachloroiodate ion　　e) Krebs cycle

17・11・2 塩素：THMsへの挑戦

塩化物イオンは身体のイオンバランスを調整する決定的な役割を担っている．このイオンは能動的な役割をもつわけではなく，単にナトリウムとカリウムの2種の陽イオンをバランスさせるために働く．しかし共有結合した塩素は"無害，身体に優しい"とは程遠い性格をもつ．現在われわれが関心のあるほとんどの毒性化合物（たとえばDDTやPCB）は含塩素分子である．共有結合塩素を含む化合物の製造を全面禁止することが議論されている．しかしそれはポリ塩化ビニル（PVC）のような多くの有用な材料を排除することになる．多くの微生物によって有機塩素化合物が生産されていることを認識することも重要であり，合成塩素化合物の禁止はこの惑星から塩素化合物をすべて駆逐することにはならない．

特に関心のある一群の化合物はトリハロメタン類[a]（THMs）である．これらは有機物質を豊富に含む水を飲料用に塩素化して殺菌するときに生成する．それらの有機物質は，腐植物質由来のフミン酸[b]やフルボ酸[c]が溶解した地表水に存在する．酸自身は比較的無害であるが，水を褐色に色づける．これらの複雑な有機分子をトリクロロメタン $CHCl_3$ のような小さな含塩素分子に断片化するのは塩素化過程である．水道水試料中のTHMsの存在が1970年代に発見され，1980年代初頭に許容レベル制限の規定が導入された．この時期には最高値 100 ppb が一般的に安全なレベルだと考えられたが，現在は高 THM レベル（>75 ppb）の水を1日5杯以上飲んだ場合と流産との間の弱い相関性の証拠がある．これが理由で，許容 THM レベルを下げる提案が出されている．これを実現するためには水道水の第一次殺菌用にオゾン（三酸素，§16・3を参照）か二酸化塩素（§17・8）を用いることである．これらの化合物は有機酸を THMs 生成なしに分解する．しかしオゾンは短時間で分解し，かつ水道水が何キロメートルも終点の個人宅まで町中のたくさんの漏れのある古い水道管を通りながら到達するので，飲料水品質を維持するために低濃度の塩素を供給水に加える必要がある．

17・11・3 臭素：臭化メチル問題

最も論争の種になる含臭素化合物はブロモメタン[d]であり，普段は臭化メチル[e]ともよばれる．臭化メチル CH_3Br は有害な昆虫，センチュウ，雑草，病原菌，げっ歯類に用いる広い適用範囲をもつ燻蒸剤である．無比の適用範囲とは別に，高い揮発性をもつため，ほとんど残留しない．年間約 80,000 トンが使用され，その約 75 % が土壌の燻蒸剤，22 % が収穫後の貯蔵，3 % が構造的有害物制御用ツールである．臭化メチルは農業共同体にとっては重要である．なぜならそれは低コストで広範囲の有害物を制限できるからである．実際に現在，その役割すべてを置換できる化学物質は知られていない．

海水はかなり高濃度の臭化物イオン[†]を含んでいるので，多くの海洋生物が有機臭素化合物を合成するのは驚きではない．これらのユニークな分子のほとんどの機能は現在でもわかっていない．しかし，代謝過程のどこかで臭化メチルを生産していることは解明されている．したがって，臭化メチルの大気中成分のかなりの割合，おそらく約半分，は天然源に由来する．

臭化メチルについて二つの関心事がある．第一は，臭化メチルが効果的なオゾン破壊物質[f]（ODS）であり，臭素は塩素に比べてオゾンを破壊する効力が 50 倍も高いことである．最初の地球規模の臭化メチル排出制限が 1995 年に確立したが，この化合物はいまだに広く農業で用いられている．第二の関心事は，標的外生物に対しても致死力をもつことである．人間にも高い毒性をもつと同時にがん誘発性が疑われている．それは中枢神経系麻痺と呼吸器系麻痺を起こす．低服毒量では，頭痛と吐き気をもよおし，高服毒量では筋肉けいれん，昏睡，ひきつけを起こし，やがて死に至る．したがって農夫たちは危険を背負ってこの化合物を取扱っている．

17・11・4 ヨウ素：甲状腺の元素

人体中の約 75 % のヨウ素が1箇所，甲状腺に集中している．ヨウ素はホルモンのチロキシン[g]（図 17・11）とトリヨードチロニンの合成に使用される．これらのホルモンは発育に必須で，神経筋機能野制御および男性・女性の生殖機能の維持に必須である．今でも甲状腺ホルモンの欠如から生じる病気の甲状腺腫が米国北部を横切る帯地域，南米の大部分の地域，および東南アジアを含む世界中の地域でみつかる．他の国々でもヨウ素不足地域をもつところが多い．この病気の一つの共通原因は食物中のヨウ化物イオンの不足である．ヨウ素不足を改善するには，日常の食卓塩にヨウ化カリウムを加える（ヨウ素化食卓塩）．

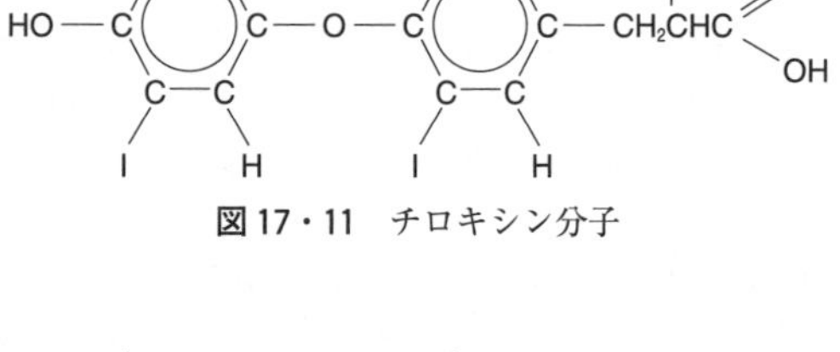

図 17・11 チロキシン分子

---

[a] trihalomethanes [b] humic acid [c] fulvic acid [d] bromomethane [e] methyl bromide [f] ozone-depleting substance
[g] thiroxine
[†] 臭化カリウムは鎮静剤や抗てんかん剤などの薬として用いられてきた．

甲状腺腫には単純なヨウ化物欠乏以外の原因もあるが，その徴候は首の下部の腫れである．その腫れは，ヨウ化物が欠乏した環境で，甲状腺がヨウ化物を最大限に摂取するために拡張したものである．過去の数世紀にわたって，軽症の甲状腺腫にかかった女性は結婚相手としてもてた．なぜなら，彼女らの腫れた首が高価で絢爛豪華なネックレスをさらに印象的に輝かせたからである．

なぜヨウ素が必須なのか？ 炭素に結合すると，ヨウ素はどんな酸化還元機能も示さなくなり，他の分子への共有結合に化学的に利用できない．電気陰性度は炭素に近いので，ヨウ素原子が分子全体の電子構造，さらに分子の性質に大きな変化を与えることは少ない．答えを導く鍵は，ヨウ素の共有結合半径が非常に大きく 133 pm で，炭素，窒素および酸素の半径の約 2 倍あることのようだ．これは体積にすると 8 倍に相当する．有機ヨウ素化合物のヨウ素原子は，適合する酵素サイト内の大きな空孔にはまり，酵素をユニークな形状に保つように設計されているようにみえる．この役割の証拠は，ヨウ素を大きなイソプロピル基 $(CH_3)_2CH-$ で置換すると同様なホルモン活性を示すという事実である．また当然，なぜ生体系が必要不可欠な過程にまれな元素のヨウ素を選択しなければならなかったのかという疑問を抱かせる．唯一の明確な答えは，信じられている生命の海洋起源に関係している．海洋はヨウ素が豊富であり，そこではかさ高い置換基の付加の簡単な方法としてヨウ素の取込みが行われた．そして陸の生物は非水環境ではずっとまれなこの元素を必要とする過程に縛られるはめになった．

17・12 元素の反応フローチャート

フッ素，塩素およびヨウ素のフローチャートを示す．

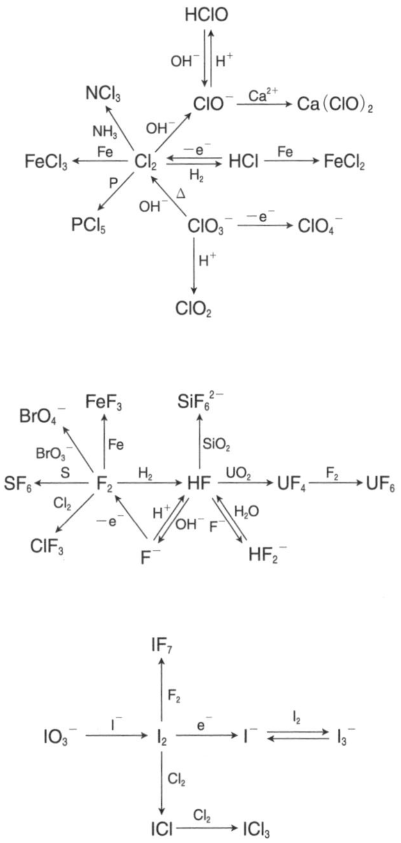

要　点

- フッ素は全元素の中で最も反応性が高い元素である．
- フッ素の化学はフッ素–フッ素結合の弱さに左右される．
- 塩素オキソ酸は強い酸化力をもつ．
- 塩素は重要な工業化学品である．
- イオン性ハロゲン化物と共有結合性ハロゲン化物とは非常に異なる性質をもつ．
- 広範囲のハロゲン間化合物とポリハロゲン化物イオンが存在する．

基 本 問 題

17・1 つぎの反応を化学反応式で記しなさい．
 (a) 酸化ウラン(IV)とフッ化水素
 (b) フッ化カルシウムと濃硫酸
 (c) 液体の四塩化硫黄と水
 (d) 二塩素水溶液と熱い水酸化ナトリウム溶液
 (e) 二ヨウ素と二フッ素のモル比 1：5 の反応
 (f) 三塩化臭素と水

17・2 つぎの反応を化学反応式で記しなさい．
 (a) 金属鉛と過剰の二塩素
 (b) 金属マグネシウムと希塩酸
 (c) 次亜塩素酸イオンと二酸化硫黄ガス
 (d) 塩素酸カリウムを穏やかに加熱
 (e) 固体の一臭化ヨウ素と水
 (f) リンと一塩化ヨウ素

17・3 フッ素の化学のユニークな特徴を概説しなさい．

17・4 つぎの化学種の形を描きなさい．
 (a) BrF_2^+, (b) BrF_3, (c) BrF_4^-

17・5 なぜ二フッ素が他の非金属に対して反応性が高い

のか，説明しなさい．

17・6 塩素にはたった二つの天然起源の同素体，塩素-35 と塩素-37 があり，臭素には臭素-79 と臭素-81 がある．なぜ塩素-36 と臭素-80 が安定同位体でないのか考察しなさい．

17・7 固体の七フッ化ヨウ素が生成できることに基づいて，なぜフッ素の反応性の駆動力にエントロピーがなりえないのかを示しなさい．

17・8 塩化ナトリウム溶液から二塩素を製造するのに用いるのと同様なプロセスで，なぜフッ化ナトリウム水溶液から二フッ素を生成することができないのか？

17・9 塩素のフロスト図においては Cl_2/Cl^- 線は酸性溶液および塩基性溶液では等しい．この理由を説明しなさい．

17・10 フロスト図（図17・1）において，塩素酸の化学種が ClO_3^- と書かれ，一方亜塩素酸の化学種は $HClO_2$ と書かれているのはなぜか？

17・11 フッ化水素酸は弱酸だが，他のハロゲンの二元酸が全部強酸なのはなぜか？

17・12 フッ化水素溶液を濃縮するにつれて，フッ化水素のイオン化の割合が最初減少し，高濃度でまた増加するのはなぜか？

17・13 二フッ化水素の年間生産量は 1.2×10^6 トンであると仮定して，この製造プロセスで生産される硫酸カルシウムの量を計算しなさい．

17・14 二フッ化水素イオンはカリウムイオンと固体化合物をつくると思うか，理由を答えなさい．

17・15 次亜フッ素酸 HOF 中の酸素の酸化状態を推測しなさい．

17・16 なぜ塩酸が硝酸よりよく実験室で使われる酸なのか？

17・17 どのようにして（a）塩化クロム(III) $CrCl_3$ を金属クロムから合成するか，(b) 塩化クロム(II) $CrCl_2$ を金属クロムから合成するかを考察しなさい．

17・18 どのようにして（a）四塩化セレン $SeCl_4$ をセレンから合成するか，(b) 二塩化二セレン Se_2Cl_2 をセレンから合成するかを考察しなさい．

17・19 なぜヨウ化鉄(III) は安定化合物でないのか，説明しなさい．

17・20 ハロゲン化物イオンをそれぞれ同定するのに用いる試験について述べなさい．

17・21 過塩素酸アンモニウムと金属アルミニウムの反応のエンタルピーを計算しなさい．この反応が発熱的であること以外に，それがよい推進燃料になっている別の因子は何か？

17・22 三ヨウ化物イオンの点電子構造図をつくりなさい．そしてこのイオンの形を推定しなさい．

17・23 供給ガス中の硫化水素の濃度は一定体積のガスを固体の五酸化二ヨウ素に通すことによって測定することができる．硫化水素は五酸化二ヨウ素と反応して二酸化硫黄，二ヨウ素および水を生じる．そして二ヨウ素をチオ硫酸イオンで滴定することによって硫化水素濃度が計算できる．この二つの反応の化学反応式を書きなさい．

17・24 四塩化炭素の融点は $-23\,°C$，四臭化炭素の融点は $+92\,°C$，四ヨウ化炭素の融点は $+171\,°C$ である．この傾向について説明しなさい．四フッ化炭素の融点を推測しなさい．

17・25 最高酸化状態の硫黄フッ化物は六フッ化硫黄である．なぜ六ヨウ化硫黄が存在しないか考察しなさい．

17・26 二酸化塩素の点電子構造を 0，1，2 個の二重結合をもつ場合についてそれぞれ描きなさい．その中でどの構造がもっともらしいか，形式電荷の割当てをもとに決定しなさい．

17・27 塩素と酸素の一種の化合物 Cl_2O_4 はより正確には過塩素酸塩素 $ClOClO_3$ と表される．この化合物の点電子構造を描き，それぞれの塩素の酸化数を決定しなさい．

17・28 つぎの化合物の用途を記しなさい．(a) 次亜塩素酸ナトリウム，(b) 二酸化塩素，(c) 過塩素酸アンモニウム，(d) 一塩化ヨウ素．

17・29 元素としてのアスタチンの物理的および化学的性質を予測しなさい．

17・30 なぜシアン化物イオンがよく擬ハロゲンとみられるのかを説明しなさい．

17・31 チオシアン酸イオン SCN^- は直線形である．形式電荷を割当てることによって，このイオンの妥当な点電子構造表現をつくりなさい．炭素-窒素結合長は三重結合に近いことが知られている．このことはそれぞれの点電子構造表現の相対的な重要性とどう関連しているかを述べなさい．

17・32 フッ化物イオンは歯の組成にどのような影響を及ぼすか？

17・33 元素反応フローチャート（p.307）にあるそれぞれの化学変換の化学反応式を書きなさい．

17・34 ヨウ素は酸化物として構造的に五酸化二窒素に類似した五酸化二ヨウ素をつくる．このヨウ素化合物の点電子構造を描き，N_2O_5（§15・8）の構造と結合を比較しなさい．なぜ結合が違うのか説明しなさい．ヨウ素原子，架橋酸素原子，末端酸素原子のそれぞれの酸化状態を答えなさい．

17・35 二酸化二塩素分子 ClOOCl の点電子構造を描きなさい．塩素原子と酸素原子の酸化状態を推察しなさい．

17・36 フッ化アンモニウムはウルツ鉱型構造をとるが，塩化アンモニウムは塩化ナトリウム型構造をとるのはなぜか，説明しなさい．

応用問題

17・37 ハロゲン化ホスホニウムの中で [PH$_4$]I が最も分解しにくい理由を説明しなさい.

17・38 フッ化テトラメチルアンモニウム (CH$_3$)$_4$NF は七フッ化ヨウ素 IF$_7$ と反応して導電性溶液を与える. この反応の化学反応式を記しなさい.

17・39 一塩化ヨウ素は臭素と同種の"コンボ"元素と考えることができると述べた. 別のハロゲンと同種の"コンボ"元素と考えられる他の組合わせは何か？

応用問題

17・40 五フッ化ヨウ素は自己イオン化を起こす. 平衡状態で生じる陽イオンと陰イオンの化学式を推定し, 平衡の化学方程式を記しなさい. この分子と二つのイオンの点電子構造図を描きなさい. どのイオンがルイス酸で, どのイオンがルイス塩基か, 理由を述べて答えなさい.

17・41 二フッ化水素アンモニウム (NH$_4$)$^+$(HF$_2$)$^-$ の融点は, たった 26 ℃である. これはイオン格子に予想されるよりずっと低い. 何が起こっているか考察しなさい.

17・42 塩素分子の結合エネルギーを 240 kJ·mol^{-1}, 塩素原子と塩素分子の第一イオン化エネルギーをそれぞれ 1250 kJ·mol^{-1} と 1085 kJ·mol^{-1} と仮定して, 塩素分子イオン Cl$_2^+$ の生成エンタルピーを計算しなさい. この分子イオン中の結合の強さを中性分子と比較して考察しなさい.

17・43 一フッ化塩素中の結合を表すおおよその分子軌道エネルギー準位図を描きなさい.

17・44 形式電荷則を用いてリン酸イオンと過塩素酸イオン中の平均結合次数を求めなさい. これらの二つの結果を用いて硫酸イオン中の平均結合次数を推定しなさい.

17・45 酸化二塩素と七酸化二塩素のどちらの方が強い酸性酸化物か, 理由をつけて答えなさい.

17・46 七酸化二塩素 Cl$_2$O$_7$ は無色油状液体である.
(a) この化合物中の塩素の酸化状態を計算しなさい.
(b) この化合物の可能な構造を描きなさい.
(c) この化合物と水の反応の化学反応式を記しなさい.
(d) 金属元素を含む類似化合物の化学式を書きなさい. その理由を述べなさい.
(e) 二つの可能な等電子および等構造イオンの化学式を書きなさい.

17・47 三酸化二塩素の可能な構造を描きなさい. それは完全な直線形か, 屈曲しているか？ もし屈曲しているなら, 結合角をおおよそ推定しなさい.

17・48 既述のとおり, 擬ハロゲンとハロゲンの間には強い相関がある. この見方に立って, つぎの反応の化学反応式を記しなさい.
(a) ジシアン (シアノゲン[a]) (CN)$_2$ と冷やした水酸化ナトリウム溶液
(b) チオシアン酸イオン NCS$^-$ と過マンガン酸イオンの酸性溶液

17・49 なぜ過塩素酸アンモニウムは爆発性の危険物なのに過塩素酸ナトリウムはずっと危険性が低いのか？ 化学反応式を用いて考察し, どの元素が酸化状態を変えるかを書きなさい.

17・50 二ヨウ素は過剰な二塩素と反応して, 化学式 ICl$_x$ の化合物を生成する. 1 mol の ICl$_x$ は過剰のヨウ化物イオンと反応して塩素ガスと 2 mol の二ヨウ素を生成する. ICl$_x$ の実験式は何か？

17・51 フッ素, 塩素および酸素は一連の多原子イオン, (F$_2$ClO$_2$)$^-$, (F$_4$ClO)$^-$, (F$_2$ClO)$^+$, (F$_2$ClO$_2$)$^+$ を生成する. これらのイオンのそれぞれについて分子の形を推定しなさい.

17・52 フッ素はただ一つの酸化物 F$_2$O をつくる. この分子の点電子構造を描き, 化合物中のフッ素と酸素の酸化状態を決定しなさい. なぜこの酸素の酸化状態が異常なのかを説明しなさい. なぜ他のフッ素酸化物を期待することができないのか考察しなさい. 化合物 Cl$_2$O と Cl$_2$O$_7$ を比較として用いなさい.

17・53 タリウムはヨウ化物 TlI$_3$ をつくる. 下記の情報を用いてこの化合物の実際の化学式を推定しなさい.

$$Tl^{3+}(aq) + 2e^- \longrightarrow Tl^+(aq) \quad E° = +1.25 \text{ V}$$
$$I_3^-(aq) + 2e^- \longrightarrow 3I^-(aq) \quad E° = +10.55 \text{ V}$$

なぜこの化学式を考えたのか？

17・54 一酸化塩素の節を参照しなさい. オゾン分解過程の反応ステップを全部合わせて, 全体の反応を既述しなさい. 触媒と中間体を明示しなさい.

17・55 イオン I(N$_3$)$_2^-$ が知られている.
(a) なぜこのイオンの存在が期待できるのか？
(b) アジド部位の電気陰性度はヨウ素と比較して高いか低いかを推定しなさい.
(c) ヨウ素原子のまわりのアジド部位の幾何構造を推

---

[a] cyanogen

定しなさい．
(d) どのようにしてこのイオンが安定化されているか考察しなさい．

17・56 気体状の一塩化ヨウ素の標準生成エンタルピーは＋18 kJ·mol^{-1} である．
(a) このプロセスの化学反応式を記しなさい．
(b) Cl—Cl と I—I 結合エネルギーのデータ（付録3）および二ヨウ素の昇華エンタルピー（62 kJ·mol^{-1}）を用いて，I—Cl 結合エネルギーを計算しなさい．
(c) もし標準生成自由エネルギーが -5 kJ·mol^{-1} の場合，反応のエントロピー変化を計算しなさい．なぜこの値が負の符号をもつのか，二つの理由を考えなさい．

17・57 (a) 三フッ化塩素は三フッ化ホウ素と反応して，多原子陽イオンになった塩素を含むイオン性生成物を与える．この反応の化学反応式を記しなさい．
(b) 三フッ化塩素はフッ化カリウムと反応して，多原子陽イオンになった塩素を含むイオン性生成物を与える．この反応の化学反応式を記しなさい．
(c) 上記の二つの反応の差について述べなさい．

18 18族元素：希ガス

希ガスは周期表の中で反応性が最も低い族である．実際にキセノンだけが，電気陰性度の大きい元素とのみ広範な化合物群をつくる．ヘリウムとネオンの安定な化合物を合成できる可能性はほとんどないだろう．

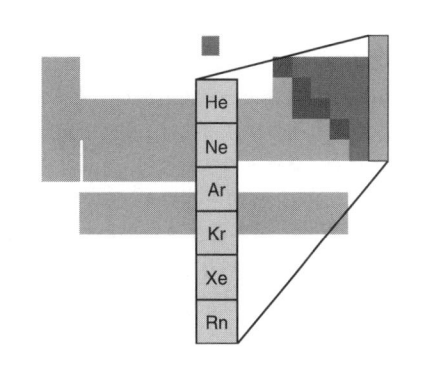

1785年にはすでに，空気中に酸素と窒素以外の何物かがあるらしいと気づかれていたが，この"別の気体"中で放電をしたときに，今まで見たことのないスペクトルを生じることを示したのはラムゼー卿[a]で，その100年後のことだった．元素はそれぞれ固有のスペクトルをもっているので，新しいスペクトルを示す気体は新元素に間違いなかった．ラムゼー卿は，その元素が反応不活性なのにちなんで，ギリシャ語で"怠惰な"を意味する"**アルゴン**[b]"と名づけた．そして周期表の真新しい族の初めての元素であると示唆した．

事実，この族の別元素であるヘリウムは1868年にはみつかっていたが，その場所は地球上ではなかった．観測された太陽のスペクトルに当時知られていたどの元素にも帰属できない線が含まれていた．この新しい元素はヘリウム（helium）と命名されたが，語頭の（heli-）は，太陽（ギリシャ語，helios）で発見されたことを示しており，語尾（-um）は金属だと予想されたことを示している．地球上ではヘリウムは1894年にウラン鉱石から単離され，その数年後に，ウランとその娘元素の放射性壊変によってつくられた．1926年にはこの元素の名前を金属でないことを示すために，"ヘリオン（helion）"に改名することが提案されたが，すでに"ヘリウム"という名前が深く浸透しており，実施に至らなかった．

希ガス元素はいずれも固有の発光スペクトルによって，最初の発見，同定がなされた．したがって，18族の元素の研究を始めたのは無機化学者ではなく物理化学者だった．

18・1 族の傾向

18族元素の単体はすべて，室温では，無色，無臭の単原子気体である．燃焼も助燃もせず，周期表中で最も不活性な族である．希ガスの融点と沸点がきわめて低いのは，固相や液相中に原子どうしを一緒に保つための分散力が非常に弱いからである．表18・1に示した融点と沸点の傾向は，電子数の増加，すなわち分極率の増加に対応している．

表18・1 希ガスの融点と沸点

希ガス	融点〔℃〕	沸点〔℃〕	電子数
He	—	−269	2
Ne	−249	−245	10
Ar	−189	−186	18
Kr	−157	−152	36
Xe	−112	−109	54
Rn	−71	−62	86

希ガス単体はすべて単原子気体なので，同温，同圧力下の密度には，単純に原子量の増加を反映する一定の傾向がある（表18・2）．空気の密度は約 1.3 g·L^{-1} なので，ヘリウムガスの密度はきわめて低い．逆にラドンは標準状態で最も高密度の気体の一つである．

今日までに室温で単離されたこの族の化合物は，重い三元素，クリプトン，キセノン，ラドンのものしかない．クリ

表18・2 希ガスの密度（標準状態）

希ガス	密度〔g·L^{-1}〕	原子量〔g·mol^{-1}〕
He	0.2	4
Ne	1.0	20
Ar	1.9	39
Kr	4.1	84
Xe	6.4	131
Rn	10.6	222

---

[a] Sir William Ramsey   [b] argon

プトン化合物はごくわずかしか知られていないが，キセノン化合物の化学は広範である．ラドンはすべての同位体が強い放射性なので，その化学を研究するのは非常に難しい．

18・2 ヘリウムの特異な性質

ヘリウムはわれわれが到達できる最低温度でも液体である．たとえば1.0 Kでも固体にするには，約2.5 MPaの圧力を要する．しかし，液体ヘリウムはすばらしい物質である．ヘリウムガスは，100 kPaの圧力下4.2 Kで凝縮して，ふつうの液体（ヘリウムIとよばれる）になるが，2.2 K以下に冷却すると，この液体（ヘリウムIIとよばれる）の性質は劇的に変化する．たとえば，ヘリウムIIはきわめて優れた熱伝導体で，熱伝導度はヘリウムIの10^6倍，銀（室温で最高の熱伝導性金属）と比較してもずっと高い．さらに驚くことに，その粘度はゼロ近くまで落ちる．ヘリウムIIを開放型容器に入れておくと，まさに"壁を登り"，縁から外へ漏出する．これら二つの性質を含めて，ヘリウムIIが起こす多くの奇妙な現象は，この元素に可能な最低エネルギー状態での量子挙動によるものである．詳細で完璧な議論は量子物理学の領域で行われる．

18・3 希ガスの利用

大気中にはすべての安定な希ガスが存在するが，アルゴンだけ量が多い（表18・3）．ヘリウムは地下の天然ガス堆積層の一部に高濃度で存在しているが，そこでは地殻中の放射性元素の壊変による蓄積が起こっている．ヘリウム分子は質量が小さく動きが速いので，大気中のヘリウムはすぐに宇宙へ拡散して失われる．世界では米国南西部の天然ガス層が最大の産地であり，米国が世界最大のヘリウム供給国である．1920年代の堆積層の発見によってヘリウムガス価格が，1 L当たり88ドル（1915年）から0.05ドル（1926年）に下落した．

表18・3 乾燥大気中における希ガスの存在比率

希ガス	存在比率〔モル％〕
He	0.000 52
Ne	0.001 5
Ar	0.93
Kr	0.000 11
Xe	0.000 008 7
Rn	痕跡量

ヘリウムガスは2番目に密度が低く（水素ガスが最低密度），風船を膨らませるのに用いられる．水素ガスの方が"上昇力"が得られるが，発火性なのが大きな欠点である．おそらく多くの人が，1937年に大西洋横断飛行船が燃焼したヒンデンブルグ号[a] 事故のことを耳にしたことがあるだろう．この飛行船がもともとヘリウムガスを使用するように設計されていたことはほとんど知られていない．ドイツでナチス党が強大になった1930年代に，米国政府はヘリウムがドイツで軍事目的に利用されるのを恐れて，このガスの輸出を禁止した．そのため，飛行船が完成したとき，水素ガスを用いざるをえなかった．だが実際は水素が原因ではなく，飛行船の風船皮のワニス中のアルミ片が発火したことがわかっている．

今日，一般の人にとっては，飛行船は単に広告の役割をするだけのものだ．しかし米国沿岸警備隊は，飛行船を不法ドラッグ輸送機識別のための高耐久性飛行レーダーポストとして利用している．また飛行船は，他の手段が使えない重大課題であるアマゾン流域の熱帯雨林上方の林冠を研究するのに利用されている．さらに近代技術を用いて，エコ旅行や重量物つり上げなどさまざまな用途のために，新しいデザインの飛行船が建造されている．

ヘリウムは窒素よりも血液への溶解性があるため，空気中の窒素の代役として深海ダイビング用ガス混合物にも用いられている．音速は，空気中よりも低密度のヘリウム中の方がずっと速い．この性質がヘリウムの"ミッキーマウス"声の息をもたらすことを，多くの人が知っている．ヘリウムガスの乾燥状態と喉頭での高振動との組合わせが，このガスを娯楽用に頻繁に楽しんでいる人にはダメージを与えることを付記しておく．

液体ヘリウムが装置を0 K近くまで冷却するのに頻繁に用いられているのは，科学にとって非常に重要である．高磁場を得るための超伝導磁石が多くの箇所に用いられているが，現時点では，コイルが超伝導になるのは極低温においてのみである．

他のすべての希ガス元素の気体は，空気から酸素ガス（二酸素）と窒素ガス（二窒素）を製造する際に副産物として得られる．アルゴンの一部は，工業的アンモニア合成過程で大気中の使用しない成分をリサイクルする間に蓄積され，得られる．アルゴン製造はきわめて大規模で年間10^6トンに達する．その主要な用途は高温冶金プロセス用の不活性ガスである．アルゴンとヘリウムは両方とも溶接用不活性ガスとして用いられる．ネオン，アルゴン，クリプトン，キセノンは"ネオン"光源の異なる色を出すのに用いられる．

高密度の希ガス，特にアルゴンは断熱窓のガラス層間を満たすのに用いられている．この用途は，希ガスの低い熱伝導性に基づいている．たとえば，アルゴンの0℃での熱伝導率は0.017 J・s^{-1}・m^{-1}・K^{-1}である．同温での乾燥空気の熱伝導率は0.024 J・s^{-1}・m^{-1}・K^{-1}である．

大気中にアルゴンが多いのは，天然に存在するカリウム

---

a) Hindenburg

> **軽い希ガス元素の化合物をつくることはできるだろうか？**
>
> ヘリウム，ネオン，アルゴンの化合物はなぜ存在しないのだろう？ 実際には，この言い方は正しいわけではない．1925年に気相イオン，HeH^+ が初めて合成された．しかし，単離可能な安定な軽希ガス元素の化合物が今までつくられたことがないのは事実である．
>
> クリプトンについて知られている化学が，アルゴンで展開できる化学の指標になるだろう．唯一知られているクリプトンの二元化合物は二フッ化クリプトンであり，−196 ℃，紫外光照射下でのクリプトンとフッ素の反応によって生成する．この化合物は−20 ℃で分解し，またきわめて強力な酸化剤である．たとえば金属の金を酸化/フッ素化して $(KrF)^+(AuF_6)^-$ をつくる．このフッ化クリプトン陽イオンは非常に安定で，ルイス酸として反応する．理論計算によれば，類似のフッ化アルゴン陽イオンの結合エネルギーは同程度であり，$(ArF)^+$-$(AuF_6)^-$ および大きな六フッ化物陰イオンをもつ類似の化合物も実在できる．つぎに挑むべきはその合成ルートを見つけることである．
>
> この本の執筆中に，一つのアルゴン化合物が合成され，HArFであることが確定した．この化合物はアルゴンとフッ化水素の混合物を約−255 ℃で光照射することによって得られる．H—Ar と Ar—F 共有結合が実際に形成されていることを示すのに赤外スペクトルが用いられた．残念なことに，この化合物は−245 ℃以上では分解する．それにもかかわらず，この最初の一歩はアルゴンの化学が展開可能であることを示している．
>
> ヘリウムとネオンの安定化合物はつくることができるだろうか？ 理論計算によれば，HHeF は HNeF より存在する可能性が高い．なぜならヘリウム原子は3原子にわたって三中心結合をつくるのに十分なほど小さいからである．しかし，問題は，合成反応ルートをみつけることである．室温で安定なヘリウムとネオンの化合物をつくることができる可能性はほとんどない．しかし，化学において，"決してできない" という言い方は決してできない．

放射性同位体のカリウム-40の放射性壊変の結果である．§11・6で述べたように，この同位体は二つの放射性壊変系列をもっており，その一つが核電子捕獲によるアルゴン-40の生成である．

$$^{40}_{19}K + ^{0}_{-1}e \longrightarrow ^{40}_{18}Ar$$

18・4 希ガス化合物の概略

希ガス化合物の発見は無機化学の "民話" の一部となっている．残念なことに，ほとんどの民話と同じように，"本当の話" は "神話" によって隠されてきた．現在明白になっているのは，ドイツ人化学者のフォンアントロボフ[a] が1924年に，"希ガスは外殻に8個の電子をもつので，8個までの共有結合をもつ化合物をつくることができるだろう" と示唆したことである．さらに，1933年に米国化学者のポーリング[b] は存在可能な希ガス化合物（酸化物やフッ化物など）の化学式をいくつか予言した．そして，カリフォルニア工科大学の2人の化学者，ヨスト（Don Yost）とカイエ（Albert Kaye）は，キセノンとフッ素の化合物の合成を開始した．当時，彼らは自分たちの実験が失敗したと思っていたが，初めての希ガス化合物の合成に成功した確たる証拠があったのである．

希ガスの不活性さの神話が広がったのは，ヨストとカイエが失敗を認めた直後だった．第2周期以降の非金属元素の化合物の多くがこの "規則" を犯していると無機化学者全員が知っていたにもかかわらず，"完全なオクテット" こそがこの神話の理由にされた．そして研究の進行が止まり，無機化学の興味が急激に高まる1960年代に至るまで，この定説が化学科の学生に世代から世代へと受け継がれた．この問題に異なる視点から取組んだのは1962年，ブリティッシュコロンビア大学で研究していたバートレット[c] だった．

バートレットはフッ化白金(VI)の研究の中で，それが酸素ガスを酸化して化合物 $O_2^+PtF_6^-$ をつくるほどの強い酸化剤であることをみつけていた．一方，化学科一年生のクラスで教えているときに，キセノンの第一イオン化エネルギーがほぼ酸素分子の値と等しいことをに気づいた．そして彼は黄橙色の化合物を合成し，彼の同僚や学生の懐疑的な見方にもかかわらず，$Xe^+PtF_6^-$ であると主張した．この反応は，希ガス化合物生成の最初の実証例である．しかしながら，その化合物はそんなに単純な化学組成をもたなかった．今では，それは XeF^+ イオンを含む化合物の混合物であると考えられている．

バートレットとはまったく独立して，ドイツのホッペ[d] は数年にわたって，エンタルピーサイクルを研究し，熱力学的視点からはフッ化キセノン類は実在すべきであるとの結論に達していた．キセノンと二フッ素の混合物に放電することによって，彼は二フッ化キセノンの合成に成功し

---

a) Andreas von Antropoff　　b) Linus Pauling　　c) Neil Bartlett　　d) Rudolf Hoppe

た．ホッペにとっては残念なことに，この発見はバートレットの発見の数週間後のことであった．それ以来，希ガス化学分野が開花した．キセノンだけが多くの化合物がみつかっている希ガスであり，対となるのはフッ素，酸素および窒素のような電気陰性な元素だけである．

18・5 キセノンフッ化物

キセノンは3種のフッ化物をつくる．

$$Xe(g) + F_2(g) \longrightarrow XeF_2(s)$$
$$Xe(g) + 2F_2(g) \longrightarrow XeF_4(s)$$
$$Xe(g) + 3F_2(g) \longrightarrow XeF_6(s)$$

生成物は，反応物間のモル比ならびに温度や圧力などの精緻な反応条件に依存し，六フッ化キセノンの生成には高いフッ素分圧を要する．

3種のキセノンフッ化物はすべて白色固体であり，常温では安定で，元素単体に分解したりしない．すなわち25℃での生成エネルギーは負である．前に述べたように，結合を説明する新しい概念を出す必要はない．実際に，3種の化合物はよく知られたポリフッ化ヨウ素陰イオンと等電子的である．表18・4に化合物の化学式と中心原子のまわりの電子対の数を示す．

表18・4 等電子的なフッ化キセノンとポリフッ化ヨウ素陰イオン

電子対の数	フッ化キセノン	ポリフッ化ヨウ素陰イオン
5	XeF_2	IF_2^-
6	XeF_4	IF_4^-
7	XeF_6	IF_6^-

二フッ化キセノンと四フッ化キセノンの形は，まさに単純なVSEPR理論から予測されるとおりである（図18・1）．六フッ化キセノンは6組の結合電子対と1組の非共有電子対をキセノン原子のまわりにもち，VSEPR理論からは六フッ化ヨウ素のような五角両錐形[a]に似た形だと予測される．§3・9で述べたように，7配位には可能な形が3種ある．五角両錐形，一面冠三角柱[b]，および一面冠八面体[c]である．気相中の六フッ化キセノンの構造研究から，一面冠八面体構造に近いことが示されている（図18・2）．

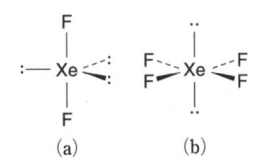

図18・1 (a) 二フッ化キセノン，(b) 四フッ化キセノン

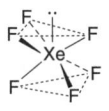

図18・2 気相の六フッ化キセノンに推定される一面冠八面体形構造

キセノンフッ化物を生成する駆動力は何だろう？ 四フッ化キセノンを例に考えてみよう．この化合物を各元素から生成する式をみると，3 mol の気体から1 mol の固体が生じるので，エントロピー変化は負でなければならないことがわかる．

$$Xe(g) + 2F_2(g) \longrightarrow XeF_4(s)$$

したがって，負の自由エネルギーは負のエントロピー変化から生じねばならない――すなわち発熱反応である．図18・3にこの化合物の元素からの生成のエンタルピーサイクルを示す．このサイクルにおいて，2 mol の二フッ素は原子に解離し，そして4 mol のキセノン-フッ素結合を生じ，その生成物が固化する．この化合物の安定性は明らかに，かなり高いXe―F結合エネルギーとフッ素分子の低い解離エネルギーに基づいている．

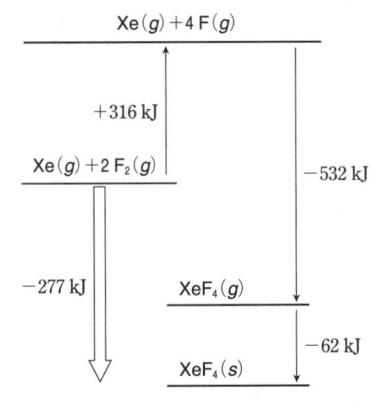

図18・3 六フッ化キセノン生成のエンタルピーサイクル

フッ化物はすべて，水中で加水分解する．たとえば，二フッ化キセノンは還元されてキセノンガスになる．

$$2XeF_2(s) + 2H_2O(l) \longrightarrow 2Xe(g) + O_2(g) + 4HF(l)$$

六フッ化キセノンは加水分解されて最初に四フッ化酸化キセノン $XeOF_4$ になり，さらに加水分解されて三酸化キセノンに変わる．

---

a) pentagonal bipyramid b) capped trigonal prism c) capped octahedron

$$\text{XeF}_6(s) + \text{H}_2\text{O}(l) \longrightarrow \text{XeOF}_4(l) + 2\,\text{HF}(l)$$
$$\text{XeOF}_4(l) + 2\,\text{H}_2\text{O}(l) \longrightarrow \text{XeO}_3(s) + 4\,\text{HF}(l)$$

フッ化物は強力なフッ素化剤である．たとえば，二フッ化キセノンは有機化合物の二重結合をフッ化するのに用いられる．それは非常に"クリーン"な試薬で，目的生成物から不活性キセノンガスを容易に分離できる．

$$\text{XeF}_2(s) + \text{CH}_2\text{=CH}_2(g) \longrightarrow \text{CH}_2\text{F—CH}_2\text{F}(g) + \text{Xe}(g)$$

さらに，キセノンフッ化物を反応試薬として，他元素がとりうる最高酸化状態のフッ化物をつくりうる．たとえば，四フッ化キセノンは四フッ化硫黄を八フッ化硫黄にまで酸化する．

$$\text{XeF}_4(s) + 2\,\text{SF}_4(g) \longrightarrow 2\,\text{SF}_6(g) + \text{Xe}(g)$$

18・6 キセノン酸化物

キセノンは2種のよく知られた酸化物，三酸化キセノンと四酸化キセノンをつくる．§16・4に述べたように，酸素は通常，フッ素がつくるより高めの元素の酸化数をもたらすが，キセノンにもこの傾向があてはまる．

三酸化キセノンは無色，潮解性の固体で，きわめて爆発性である．酸化物はきわめて強力な酸化剤であるが，その反応は速度論的には遅い場合が多い．三酸化キセノンは孤立電子対をもつために，VSEPR理論から予測されるように，三角錐形分子である（図18・4）．すでにケイ素，リン，硫黄のところで議論したように，結合長からは，多重結合性をいくぶん含むことが示されている．

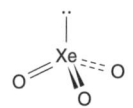

図18・4 三酸化キセノン分子における結合のもっともらしい表現

三酸化キセノンは希塩基と反応してキセノン酸水素イオン HXeO_4^- を生じる．しかし，このイオンは安定ではなく，キセノンガスと過キセノン酸イオン XeO_6^{4-} への不均化を起こす．

$$\text{XeO}_3(s) + \text{OH}^-(aq) \longrightarrow \text{HXeO}_4^-(aq)$$
$$2\,\text{HXeO}_4^-(aq) + 2\,\text{OH}^-(aq) \longrightarrow$$
$$\text{XeO}_6^{4-}(aq) + \text{Xe}(g) + \text{O}_2(g) + 2\,\text{H}_2\text{O}(l)$$

過キセノン酸イオンのアルカリ金属塩およびアルカリ土類金属塩は結晶化できる．それらはすべて無色で安定な固体である．過キセノン酸イオンにおいて，キセノンは八面体形配置の6個の酸素原子に囲まれている．過キセノン酸塩はこれまで知られている最強の酸化剤の一つであるが，そ

れはキセノンの形式酸化数が+8であることを踏まえると妥当である．たとえば，過キセノン酸塩はマンガン(II)イオンをすばやく過マンガン酸塩に酸化して，自分自身はキセノン酸水素イオンに還元される．

$$\text{XeO}_6^{4-}(aq) + 5\,\text{H}^+(aq) + 2\,\text{e}^- \longrightarrow$$
$$\text{HXeO}_4^-(aq) + 2\,\text{H}_2\text{O}(l)$$
$$4\,\text{H}_2\text{O}(l) + \text{Mn}^{2+}(aq) \longrightarrow$$
$$\text{MnO}_4^-(aq) + 8\,\text{H}^+(aq) + 5\,\text{e}^-$$

三酸化キセノンは，固体の過キセノン酸バリウムに濃硫酸を加えて合成される．

$$\text{Ba}_2\text{XeO}_6(s) + 2\,\text{H}_2\text{SO}_4(aq) \longrightarrow$$
$$2\,\text{BaSO}_4(s) + \text{XeO}_4(g) + 2\,\text{H}_2\text{O}(l)$$

この酸化物も，酸化状態+8のキセノンをもち，爆発性の気体である．その構造は四面体形とされてきた（図18・5）が，この幾何構造はVSEPR理論から予想されるものである．さらに，この物質が室温で気体であることが，非極性分子であることを示唆している．

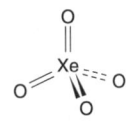

図18・5 四酸化キセノン分子における結合のもっともらしい表現

18・7 生物学的役割
18・7・1 ラドン：危険な気体

希ガスの中で，有益な生物学的機能をもつものはない．しかし，ラドンは建物内に蓄積されるのでニュースに登場してきた．それが壊変するときに出す放射線は重大な健康障害を与えるだろう．ラドンの同位体は，ウランやトリウムの壊変のときに生じる．ラドン-222のみが十分長い半減期（3.8日）をもつ同位体で，問題の大部分をひき起こしている．この特別な同位体はウラン-238の壊変で生じる．この過程は岩石や土壌中で常に起こっており，生成したラドンは通常，大気中に拡散する．

しかし家屋の下で生成したラドンは，コンクリート床や土台壁の亀裂を通り抜けて室内に入る．室内の気圧が外気より低いと，この過程は促進される．この気圧の差は，換気扇，衣類乾燥機などの機械類が室内空気を室外へ吐き出すときに起こる．さらに，エネルギーを有効利用しようとするわれわれの意図で建てられた密閉された家では，ラドン豊富な室内空気と新鮮な外気との交換を妨げる．現在の家には，二つの省エネ換気方法が用いられている．第一の方法では，地階を継続的に換気する．第二の方法では，地階床の下に排出用タイルを取付け，それを屋外の換気扇につなぐ．後者の設計は，家の換気の"覆い"の外側で行わ

れているので，前者よりエネルギー的に効率がよい．

実際には，ラドンだけではなく，その放射線壊変で生じるポロニウム-218のような固体の放射性同位体も問題である．これらの固体の粒子は肺組織に付着した後，α粒子（ヘリウム原子核）とβ粒子（電子）を放射して細胞を攻撃し，肺がんの誘発さえひき起こす．

この問題に気がついたのは，ペンシルバニア州のリメリック原子力発電所（Limerick Nuclear Generating Station）での事件からであった．このような設備から外へ出るときには，所員は放射性物質によって汚染されてないことを確かめるために，放射線検出器を通らなければならない．たまたま所員の一人ワトラス（Stanley Watras）が，その検出器をオフにした状態で通過してプラント内に入ったため事件が起こった．調査官たちは，彼の家を検査するまでは原因がわからなかった．家には非常に高レベルの放射能があり，彼と家族が定常的に汚染されていたのである．その放射能は，彼の家の真下に存在していたウラン鉱脈から家の中に漏れていた多量のラドンとその放射壊変生成物によるものであった．

高レベルのラドンが肺がん発生率を上昇させるという確かな証拠がある．ただし深刻な害をもたらすラドン濃度については，まだ定まっていない．一般人にとっては，確かにラドン被曝より喫煙の方が深刻な害となる．しかし，研究者たちは通常より100倍ほど強い放射能レベルにある家屋をみつけている．これらの家屋は高レベルのラドンを生成する地質学的な堆積物の上に建てられている．専門技術者や試験法によって家のラドンの検査をすることはできる．しかし起こりうるラドンの蓄積を防止するだけでなく，もっと一般的に，最新のよく密閉された家やオフィスに存在するすべての大気汚染物質を定常的に暴き出すことを常に行うために，適切に家の換気を行うことが望ましい．

18・8 元素の反応フローチャート

顕著な化学的反応性を示す唯一の希ガスであるキセノンのフローチャートを下記に示す．

$$XeF_4 \xleftarrow{2F_2} Xe \xrightarrow{過剰 F_2} XeF_6 \xrightarrow{H_2O} XeOF_4 \xrightarrow{H_2O} XeO_3 \xrightarrow{OH^-} HXeO_4^- \xrightarrow{OH^-} XeO_6^{4-} \xrightarrow{Ba^{2+}} Ba_2XeO_6 \xrightarrow{H_2SO_4} XeO_4$$

$$Xe \underset{F_2}{\overset{H_2O}{\rightleftarrows}} XeF_2$$

要 点

・ヘリウムとネオンの安定な化合物はいまだに合成されていない．

・キセノンの3種のフッ化物は強力なフッ素化剤である．
・キセノンの2種の酸化物は強力な酸化剤である．

基 本 問 題

18・1 つぎの反応の化学反応式を書きなさい．
 (a) キセノンと二フッ素をモル比1:2で反応
 (b) 四フッ化キセノンと三フッ化リン

18・2 つぎの反応の化学反応式を書きなさい．
 (a) 二フッ化キセノンと水
 (b) 固体の過キセノン酸バリウムと硫酸

18・3 希ガスの物理的性質について傾向を述べなさい．

18・4 なぜアルゴン（熱伝導率 $0.017\,\mathrm{J\cdot s^{-1}\cdot m^{-1}\cdot K^{-1}}$（0℃））はキセノン（熱伝導率 $0.005\,\mathrm{J\cdot s^{-1}\cdot m^{-1}\cdot K^{-1}}$（0℃））よりガラス窓の熱遮断層としてよく使用されるのだろうか？

18・5 液体ヘリウムの異常な性質とは何か？

18・6 なぜ，希ガスの化合物が存在すると予測できるのだろうか？

18・7 明緑色のイオン Xe_2^+ が見いだされている．このイオンの結合次数を，理由をつけて推定しなさい．

18・8 バートレットの希ガス化合物は今では XeF^+ イオンを含んでいたことが知られている．このイオンの点電子構造式をつくりなさい．ハロゲン間化合物の化学と比較して，このイオンが存在することを予測できるだろうか？

18・9 キセノン-フッ素化合物の生成における鍵となる熱力学的因子は何か？

18・10 四フッ化キセノンの生成において $\Delta G_\mathrm{f}^\circ = -121.3\,\mathrm{kJ\cdot mol^{-1}}$, $\Delta H_\mathrm{f}^\circ = -261.5\,\mathrm{kJ\cdot mol^{-1}}$ である．この化合物の標準生成エントロピーを求めなさい．エントロピー変化の符号が負だと予想されるのはなぜだろうか？

18・11 四塩化キセノンの生成エンタルピーをつぎのデータから見積りなさい．結合エネルギー(Xe—Cl)（推定値）= $86\,\mathrm{kJ\cdot mol^{-1}}$；固体の四塩化キセノンの昇華エンタルピー（推定値）= $60\,\mathrm{kJ\cdot mol^{-1}}$．他の必要なデータは

付録のデータ表から得なさい．

18・12 わずかなクリプトン化合物のうちの一つは二フッ化クリプトン KrF_2 である．この化合物の生成エンタルピーを，付録のデータを用いて計算しなさい（Kr—F 結合エネルギーは $50\ kJ\cdot mol^{-1}$ である）．

18・13 $XeOF_4$ の点電子構造式をつぎの条件を用いてつくりなさい．(a) キセノン-酸素単結合，(b) 二重結合．形式電荷の観点からどちらの方がもっともらしいか決めなさい．

18・14 つぎのイオンの形を決定しなさい．(a) XeF_3^+，(b) XeF_5^+，(c) XeO_6^{4-}．

18・15 問題 18・14 の化合物のそれぞれについてキセノンの酸化数を決定しなさい．

18・16 つぎの項目のために，どの希ガスを用いればよいか選択しなさい．

(a) 最低温度の液体冷却剤　(b) 最安価の不活性ガス
(c) 最低のイオン化エネルギーをもつ安全なガスを必要とする放電光源

18・17 化学式 $MXeF_7$（M はアルカリ金属イオン）の一連の化合物をつくることができる．どのアルカリ金属イオンが最も安定な化合物をつくるだろうか？

18・18 キセノンが +8 の酸化状態で酸素と化合物をつくるがフッ素とは +6 の酸化状態までしか化合物をつくらないのはなぜか，説明しなさい．

18・19 二フッ化クリプトンと金とが反応して $(KrF)^+(AuF_6)^-$ を与えるときの化学反応式を書きなさい．

18・20 なぜラドンが健康を害する原因になるのか簡単に論じなさい．

18・21 元素の反応フローチャート（p.316）中のそれぞれの化学変化に対応する化学反応式を書きなさい．

応 用 問 題

18・22 なぜ $XeCl_2$ が XeF_2 よりずっと不安定なのだろうか？

18・23 二フッ化キセノンは五フッ化アンチモン SbF_5 と反応して電気伝導性を示す溶液を与える．この反応の化学反応式を書きなさい．

18・24 $H_4XeO_6(aq)/XeO_3(aq)$ の還元半反応の還元電位は $+2.3\ V$ であるが，$XeO_3(aq)/Xe(g)$ の還元半反応の電位は $+1.8\ V$ である．つぎの半電池電位を計算しなさい．

$$8\,H^+(aq) + H_4XeO_6(aq) + 8\,e^- \longrightarrow Xe(g) + 6\,H_2O(l)$$

18・25 二フッ化アルゴンは多大な尽力を注いできたにもかかわらずいまだに合成されていないという事実は，アルゴン-フッ素結合が非常に弱いことを示唆している．理論的なエンタルピーサイクルを用いて，Ar—F 結合エネルギーがもちうるおおよその最大値を決めなさい．エントロピー因子は二フッ化アルゴン生成に有利に働くか，不利に働くか，理由をつけて論じなさい．

19 遷移金属錯体序論

化合物数の圧倒的な多さこそが，遷移金属の明瞭な特徴である．どのようにして遷移金属がこの星の数ほどの化合物をつくれるのか見てみよう．また化合物を命名する方法を導入しよう．そして化合物の多様性の説明に欠かせない現代的な結合理論について論じよう．さらに"硬いおよび軟らかい酸と塩基の概念（HSAB則）"を遷移金属化合物においても適用してみよう．

遷移金属の化合物は，ずっと無機化学者の特別な興味の対象であり続けている．主族金属の化合物がほとんど白色なのに，遷移金属化合物は虹の七色すべてを網羅できる．化学者たちは，化学式が同じでも色が異なる化合物が複数できる場合があることに魅了された．たとえば，塩化クロム(III)六水和物 $CrCl_3 \cdot 6H_2O$ は，紫色，薄緑色，そして暗緑色のものが合成できる．

化学式が同一の化合物が多数存在するという事実の説明は，初めは遷移金属化合物の成分が有機化合物と同様に鎖状につながれているというものだった．1893年，スイスの化学者ウェルナー[a]は，一晩中考えて，遷移金属化合物は金属イオンが他のイオンや分子によって囲まれている構造であるという概念を創出した．この新しい理論はドイツでは受入れられたが，英語圏の国々には懐疑的に受止められた．

それから8年間以上にわたり，ウェルナーと学生たちは，多種の遷移金属化合物を合成し，持論の証拠を探した．だんだんと証拠が積み重なるにつれて反対意見は消え，ウェルナーはこの功績により1913年にノーベル賞を受賞した．彼がこの理論創出に対する名誉を受けるのは当然だが，実際に悪戦苦闘しながら実験した主役は学生たちであることも見逃してはならない．特に，最も核心となる証拠をつかまえたのは，若き英国人学生ハンフリー[b]だった．

19・1 遷移金属

d-ブロック元素[c]と遷移金属[d]という用語を同格に用いる人々もいるが，厳密には正しくない．無機化学者は，一般的に"遷移金属"という用語を，"外殻d電子の組（1組とはd電子10個）が不完全なイオンを少なくとも1個もつ元素"に限定する．たとえば，クロムは2種のよくみられる酸化状態（といくつかのまれな酸化状態）をもつ．＋6の酸化状態ではd電子の組は空だが，＋3の酸化状態は部分的に満たされたd電子の組をもつ．よって，クロムは遷移金属と判定される．

原　子	電子配置	イオン	電子配置
Cr	$[Ar]4s^1 3d^5$	Cr^{3+}	$[Ar]3d^3$
		Cr^{6+}	$[Ar]$

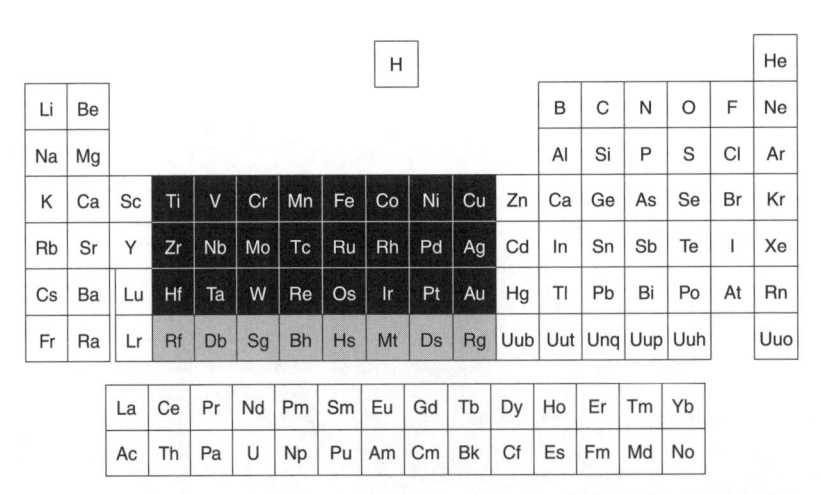

図19・1　遷移金属と定義される元素（黒）と超アクチノイド金属（灰色）を示す周期表

---

a) Alfred Werner　b) Edith Humphrey　c) d-block element　d) transition metal

一方，スカンジウムの一般的な酸化状態は＋3 だけである．この状態ではd電子の組は空なので，スカンジウム（および3族の他元素）は遷移金属の定義に該当しない．実際に，§9・5に述べたように，スカンジウムは主族金属のアルミニウムと化学的挙動が酷似している．3族元素の化学的挙動は 4f-ブロック元素とも似ているので，合わせて第23章で論じる．

原子	電子配置	イオン	電子配置
Sc	$[Ar]4s^23d^1$	Sc^{3+}	$[Ar]$

つぎに，d-ブロックのもう一方の端にあり，イオンの状態で完全な d 電子の組をもつ元素について考える．12族元素，亜鉛，カドミウムおよび水銀は，一般的な酸化状態が ＋2 で，このカテゴリーに入るので，遷移金属とはみなさない．そこで12族元素は，遷移金属とは分離して第21章で論じる．

原子	電子配置	イオン	電子配置
Zn	$[Ar]4s^23d^{10}$	Zn^{2+}	$[Ar]3d^{10}$

Rf から Rg までの超アクチノイド[a]金属は遷移金属である．しかし短寿命の放射性元素なので，アクチノイド金属と一緒に論じる（第23章を参照）．以上をまとめて，一般に遷移金属と考えられる元素を図19・1に示す．

19・2 遷移金属錯体

われわれはめったに"裸の"遷移金属イオンを目にしない．遷移金属イオンは通常，他のイオンや分子と共有結合的に結合しているからである．この種の物質は**金属錯体**[b]とよばれるが，数の多さと多様性によって遷移金属に豊かな化学をもたらしている．

金属イオンは限られた電荷をもつだけでなく，特徴的な"結合力"ももつ，というのがウェルナーの提案だった．すなわち，遷移金属が結合できる分子やイオンの数はある値に限定されるというのである．この数（複数もつ場合もある）はその元素の**配位数**[c]とよばれ，通常4か6である．中心金属に共有結合的に結合する分子やイオンは**配位子**[d]とよばれる．

上記の概念を最もよく表す具体例に，白金(II)イオン，アンモニア，塩化物イオンおよびカリウムイオンが形成する一群の化合物がある（表19・1を参照）．それらの溶液の電気伝導度測定と硝酸銀溶液を用いる重量分析によって，多種の化合物の存在を理解する鍵が得られた．たとえば表19・1中の最初の物質（$PtCl_2 \cdot 4NH_3$）については，溶液中に 3 mol のイオンが存在するという電気伝導度測定結果と，2 mol の塩化銀が沈殿したという結果は，2個の塩化物イオンは白金に共有結合的に結合していないと仮定した場合のみ説明できる．表中の2番目の錯体（$PtCl_2 \cdot 3NH_3$）では，2 mol のイオンの存在と塩化銀として沈殿する 1 mol の遊離塩化物イオンの存在を示す結果によって，塩化物イオン1個だけがイオン性でほかは白金の配位圏に包まれていることがわかる．他の化合物にも同様な議論が適用できる．

後ほど結合理論を簡単に論じるが，この時点で，錯形成とは配位共有結合形成の結果だとみなすことができ，そこで金属イオンはルイス酸，配位子はルイス塩基の役割を果たす．

19・3 立体化学

さまざまな幾何構造の遷移金属錯体が存在する．配位子4個の錯体には2種の異なる形，四面体形と平面四角形がある．第4周期の遷移金属に関しては四面体の方がふつうであり，平面四角形錯体は第5,6周期ではよくみられる．図19・2(a) にテトラクロロコバルト(II)酸イオン $[CoCl_4]^{2-}$ の四面体構造を示し，図19・2(b)にテトラクロロ白金(II)酸イオン $[PtCl_4]^{2-}$ の平面四角形の原子配置を示す．

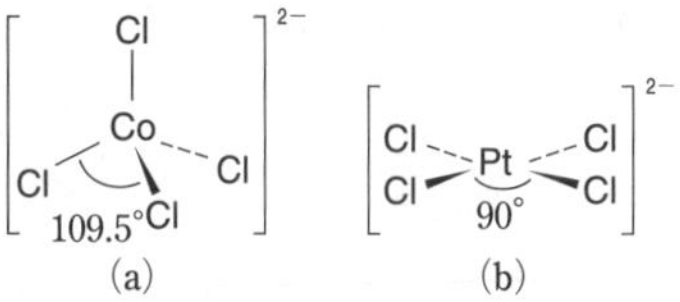

図 19・2 (a) 四面体形のテトラクロロコバルト(II)酸イオンと (b) 平面四角形のテトラクロロ白金(II)酸イオン

表 19・1 一群の白金(II)錯体の化学式と構造

構成	イオンの数	現在の化学式
$PtCl_2 \cdot 4NH_3$	3	$[Pt(NH_3)_4]^{2+}2Cl^-$
$PtCl_2 \cdot 3NH_3$	2	$[PtCl(NH_3)_3]^+Cl^-$
$PtCl_2 \cdot 2NH_3$	0	$[PtCl_2(NH_3)_2]$（2種類の形）
$KPtCl_3 \cdot NH_3$	2	$K^+[PtCl_3(NH_3)]^-$
K_2PtCl_4	3	$2K^+[PtCl_4]^{2-}$

配位子を5個もつ単純な錯体はまれにしか存在しないが，配位子4個の場合と同様に，2種の立体構造をもつことは興味深い．一つは主族化合物と同様な三方両錐形であり，もう一つは四角錐である（図19・3）．これら2種の立体構造間のエネルギー差は非常に小さいはずである．たとえば，ペンタクロロ銅(II)酸イオン[e] $[CuCl_5]^{3-}$ は固相

---

a) postactinoid   b) metal complex   c) coordination number   d) ligand   e) pentachlorocuprate(II) ion

で両構造をとることができ，どちらをとるかは対となる陽イオン種の性質に依存する．

図19・3　ペンタクロロ銅(II)酸イオンの2種の立体構造．(a) 三方両錐，(b) 四角錐

単純な配位子なら6個もつ錯体が最も一般的だが，そのほとんどすべてが八面体形構造をとる．図19・4にヘキサフルオロコバルト(IV)酸イオン[a] $[CoF_6]^{2-}$ を例にしてこの構造を示す．コバルト化合物中のコバルトは通常，+2か+3の酸化状態をもつ．よって，§17・2で述べたように，異常に高い酸化状態+4をつくれるのはフッ化物である．

図19・4　ヘキサフルオロコバルト(IV)酸イオン

19・3・1 配　位　子

既述したように，金属イオンに結合した原子，分子，またはイオンを"配位子"とよぶ．ほとんどの配位子（水や塩化物イオンなど）は1個が配位サイト一つを占める．これらの化学種は**単座**[b]配位子とよばれる．

二つの配位サイトを占める分子やイオンもかなり多い．一般的な例は1,2-ジアミノエタン[c]分子 $H_2NCH_2CH_2NH_2$（汎用的にエチレンジアミン[d]とよばれ，"en"と略記される），とシュウ酸イオン[e] $^-O_2CCO_2^-$ である．このグループは**二座**[f]配位子とよばれる（図19・5）．

図19・5　(a) 1,2-ジアミノエタン分子 $H_2NCH_2CH_2NH_2$，(b) シュウ酸イオン $^-O_2CCO_2^-$．金属と配位原子との結合を金属イオンMとの点線で示す．

さらに三，四，五あるいは六つの配位サイトに結合する複雑な配位子も合成でき，それぞれ，**三座**[g]，**四座**[h]，**五座**[i]および**六座**[j]配位子とよばれる．金属イオンに2箇所以上で結合する配位子はすべて**キレート**[k]配位子とよばれる．

19・3・2 配位子と遷移金属の酸化状態

遷移金属に共通する別の特徴は広範囲な酸化状態をとることである．酸化状態は配位子の性質に大きく依存する．すなわち，さまざまなタイプの配位子によって，低，中，高の酸化状態が安定化される．

1. 低酸化状態を安定化する傾向をもつ配位子． 特に低酸化状態の金属を好む一般的な配位子は一酸化炭素分子およびそれと等電子的なシアン化物イオンの二つである．たとえば，$Fe(CO)_5$ において鉄は酸化数0である．

2. "ふつうの"酸化状態を安定化する傾向をもつ配位子． 水，アンモニア，ハロゲン化物イオンのような一般的な配位子のほとんどはこのカテゴリーに属する．たとえば，鉄はふつうの酸化状態+2と+3を水分子との組合わせでとる： $[Fe(OH_2)_6]^{2+}$ と $[Fe(OH_2)_6]^{3+}$．シアノ錯体にはふつうの酸化状態のものも多く存在するが，意外なことではない．（§9・12で述べたように）シアン化物イオンは擬ハロゲン化物イオンで，ハロゲン化物イオンと同じように振舞う能力をもつからである．

3. 高酸化状態を安定化する傾向をもつ配位子． 非金属と同様に，遷移金属はフッ化物イオンおよび酸化物イオンとだけ，錯形成したとき高酸化数をとる．上述のヘキサフルオロコバルト(IV)酸イオン $[CoF_6]^{2-}$ は，その一例である．テトラオキソ鉄(VI)酸イオン[l] $[FeO_4]^{2-}$ では，酸化物イオンは異常な+6の鉄の酸化状態を安定化している．

19・4 遷移金属錯体における異性

配位化学の歴史の初期において無機化学者たちは，同じ組成式だが異なる性質をもつ化合物が何対か存在することに非常に困惑した．ウェルナーは，異なる性質が異なる構造的配置（異性体）に基づくことを理解した最初の人々の一人だった．異性体は構造異性体と立体異性体に分類できる．**立体異性体**[m]においては，配位子と金属イオンとの

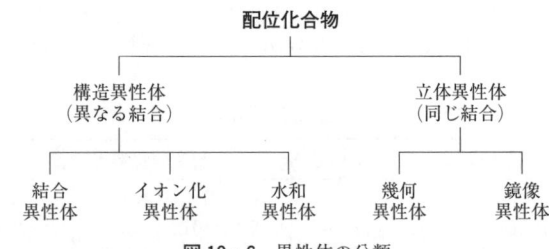

図19・6　異性体の分類

---

a) hexafluorocobaltate(IV) ion　b) monodentate：ギリシャ語で"歯が一本の"を意味する　c) 1,2-diaminoethane
d) ethylenediamine　e) oxalate ion　f) bidentate　g) tridentate　h) tetradentate　i) pentadentate　j) hexadentate
k) chelate："カニのはさみのような"を意味するギリシャ語 chelos に由来　l) tetraoxoferrate(VI) ion　m) stereoisomer

結合は同じだが，**構造異性体**[a)] では異なっている．これらの分類は図 19・6 に示すように，さらに細分化される．

19・4・1 構造異性

構造異性には一般的なタイプが三つある．結合異性[c)]，イオン化異性[c)]，および水和異性[d)] である．イオン化異性および水和異性は，配位子の種類が異なっているだけなので，**配位圏異性**[e)] として一緒に分類される場合もある．

1．結合異性． 配位子には 2 個以上の原子で結合できるものが，いくつか存在する．たとえば，チオシアン酸イオン NCS⁻ は窒素でも硫黄でも金属と結合できる．この特別な**両座**[f)] 配位子は，配位原子の選択が金属イオンの"硬い（ハード）-軟らかい（ソフト）"の性質にも依存するので，硬軟の境界の**塩基**[g)]（§7・7 を参照）といえる．**結合異性**の古典的例は，**亜硝酸イオン**[h)] の錯体であり，窒素原子による結合—NO_2 と，酸素原子による結合—ONO の両方をつくりうる．**ペンタアンミンコバルト(Ⅲ)**[i)] 錯体 $Co(NH_3)_5Cl_2(NO_2)$ は，2 種の異性体の色が異なるので，この結合異性を示すわかりやすい例である．その一つは赤色型で，$[Co(ONO)(NH_3)_5]^{2+}$ イオンをもち，亜硝酸イオンの酸素原子の 1 個がコバルト(Ⅲ)イオンと結合している（図 19・7 a）．もう一つの異性体，黄色型は $[Co(NO_2)(NH_3)_5]^{2+}$ イオンをもち，窒素原子がコバルト(Ⅲ)イオンと結合している（図 19・7 b）．

図 19・7 ペンタアンミンコバルト(Ⅲ)ニトリト錯体の二つの結合異性体．(a) ニトリト型，(b) ニトロ型

2．イオン化異性． **イオン化異性体**は，溶けたときに異なるイオンを出す．再び古典的な例として，$Co(NH_3)_5Br(SO_4)$ があげられる．バリウムイオンを赤紫色型の溶液に加えると，硫酸バリウムの白色沈殿が生じる．銀イオンの添加では何も起こらない．したがって，この錯イオンは化学式 $[CoBr(NH_3)_5]^{2+}$ をもち，対イオンは硫酸イオンである．一方，赤色型の溶液はバリウムイオンの添加で沈殿を生じないが，銀イオンを添加するとクリーム色の沈殿を生じる．したがって，この錯体は $[CoSO_4(NH_3)_5]^{+}$ の構造で，対イオンは臭化物イオンである．

3．水和異性． **水和異性**は，配位化学種の正体が 2 種の異性体間で異なるという点で，イオン化異性とよく似ている．この場合に異性体間で違うのは，異なるイオン種ではなく，配位水分子の数である．最も典型的な例は，組成式 $CrCl_3 \cdot 6H_2O$ の 3 種の構造異性体である．紫色型では 6 個の水分子はすべて配位しており，もっと正確な化学式は $[Cr(OH_2)_6]^{3+}3Cl^-$ と表せる．その証拠として，3 個の塩化物イオンはすべて銀イオンの添加によって沈殿する．薄緑色型では，塩化物イオンの一つは銀イオン添加によっても沈殿しないので，$[CrCl(OH_2)_5]^{2+}2Cl^- \cdot H_2O$ の構造に特定できる．最後の暗緑色型の溶液からは銀イオンによって塩化物イオン 1 個だけが沈殿するので，$[CrCl_2(OH_2)_4]^+ \cdot Cl^- \cdot 2H_2O$ の構造をもつ化合物である．

19・4・2 立体異性

2 種の無機の立体異性体，幾何異性体および鏡像異性体[j)]（エナンチオマー．光学異性体ともいう）は有機化学における異性体と同一であるが，最もふつうにみられる光学異性は有機炭素化合物では四面体環境なのに対して，無機化学では金属イオンの八面体環境である．

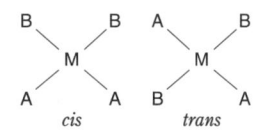

1．幾何異性． 無機の**幾何異性体**は有機の炭素-炭素二重結合を含む幾何異性体と類似している．幾何異性体では 2 種の異なる配位子 A と B が同一金属 M に結合していなければならない．平面四角形化合物では，幾何異性は化学式 MA_2B_2 の化合物で生じる．"**シス(cis)**"という用語は同じ配位子が隣合っている異性体に用いられ，"**トランス(trans)**"という用語は，同じ配位子どうしが反対側にある異性体を規定するのに用いる（図 19・8）．幾何異性体は化学式 MA_2BC の平面四角形錯体にも存在する．ここでシスは配位子 A が隣どうしの場合，トランスは配位子 A が反対側にある場合を示す．

図 19・8 平面四角形 MA_2B_2 配置をもつ幾何異性体

白金(Ⅱ)錯体の説明で（表 19・1 を参照），化学的に異なる 2 種の $[PtCl_2(NH_3)_2]$ の形があることを記した．これは実験的に得られた結果である．そして四面体形と平面四角形のどちらの幾何構造の可能性が高いかを示す．異性体が四面体だと仮定すると，すべての結合が等価になり，1 種類の化合物しか存在しえない．しかし図 19・8 が示すように，平面四角形配置には 2 種の幾何異性体が存在する．

---

a) structural isomer b) linkage isomerism c) ionization isomerism d) hydration isomerism
e) coordination-sphere isomerism f) ambidentate g) borderline base h) nitrite ion i) pentaamminecobalt(Ⅲ)
j) enantiomer

白金錯体とがん治療

"科学研究"とは,"技術"と同様に目標が設定され,妥当な解決策がみつかるものだというのは,一般的に誤解されている考えである.いまだに,科学が予測不能なことに大きく依存していることはあまり知られていない.1965年,ミシガン州立大学のローゼンベルグ[a]は電場印加時の細菌の増殖速度について研究していた.彼と共同研究者たちは,電場をかけると細菌が分裂せずに成長することを発見して驚いた.研究グループはこの原因(たとえば pH 変化や温度変化)を探究すべく多くの時間を費やした.可能性のある原因はすべて排除され,残るわずかな可能性は電場をかけるのに用いている電極だった.電極の素材は白金であり,この金属は非常に反応不活性であることが"よく知られていた".

電極の調査を繰返した結果,金属白金がわずかに酸化され,その生成物がジアンミンジクロロ白金(II)[b] PtCl$_2$(NH$_3$)$_2$ とジアンミンテトラクロロ白金(IV)[c] PtCl$_4$(NH$_3$)$_2$ であることがわかった.そして,それらが細菌の異常性をひき起こしている分子だった.さらに,シス異性体だけが活性だった.この白金化合物の生理活性はまったく予期しないものであり,細胞分裂を阻害するので,抗がん活性がテストされた.その結果,cis-ジアンミンジクロロ白金(II)は特に効果があるようだった.この化合物は現在がん治療に,シスプラチン[d]の名前で用いられている.しかし副作用を示すので,白金化合物の有用性に気がついた化学者たちは,さらに効果が高く,毒性の低い化合物を探索している.この化合物の効果の鍵は,cis-(H$_3$N)$_2$Pt ユニットが DNA ユニットに橋架けして屈曲させ,二重らせんを解いてしまうので,さらなる DNA 合成を阻害するところにある.トランス異性体は生理活性を示さないため,これらの化合物は化学的挙動における異性の影響を証明するのに用いられる.

配位子を2種だけもち,幾何異性体が存在可能な八面体形錯体には二つの化学式がある.化学式 MA$_4$B$_2$ の化合物は2個のB配位子を反対側か隣合わせかに配置できる.したがって,これらの異性体も,トランス異性体とシス異性体とよばれている(図19・9).化学式 MA$_3$B$_3$ の八面体

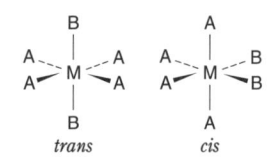

図19・9 八面体形 MA$_4$B$_2$ 配置をもつ幾何異性体

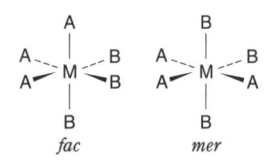

図19・10 八面体形 MA$_3$B$_3$ 配置をもつ幾何異性体

形化合物も異性体をもちうる(図19・10).もし,3個1組の配位子(A)が八面体を構成する三角面の三つの角を占め,それぞれ白金を中心として90°離れており,もう1組の配位子(B)は反対側の三角面上にある場合,接頭辞 $fac-$(facial "面の" の略)を用いる.しかし,もし3個の配位子Aが水平面に位置し,Bの組が垂直面に位置する場合,この幾何構造は接頭辞 $mer-$(meridional "子午線の" の略)を用いて表される.

2. 光学異性. 再度言及するが,無機の**光学異性**は有機化学の光学異性と同じである.鏡像異性体とは,鏡に写した像が互いに重ね合わせられない一対の化合物である.鏡像異性体の特徴の一つは,偏光面を回転することであり,一方の異性体がある方向に光を回転するともう一方の異性体は逆方向に回転する.鏡像異性体が存在する化合物は,**キラル化合物**[e]とよばれる.

この異性の形は金属が3個の二座配位子,たとえば既述した1,2-ジアミノエタン H$_2$NCH$_2$CH$_2$NH$_2$ (en) に囲まれているとき,すなわち,錯イオンが化学式 [M(en)$_3$]$^{n+}$ ($n+$ は遷移金属イオンの電荷)で表されるときに,最もよくみられる.この化合物の2種の鏡像異性体を図19・11に示す(1,2-ジアミノエタン分子は結合した窒素原子対として略記する).

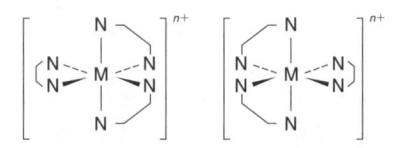

図19・11 [M(en)$_3$]$^{n+}$ イオンの2種の鏡像異性体.結合した窒素原子対は1,2-ジアミノエタン二座配位子を表す.

---

a) Barnett Rosenberg　　b) diamminedichloroplatinum(II)　　c) diamminetetrachloroplatinum(IV)　　d) cisplatin
e) chiral compound

19・5 遷移金属錯体命名法

遷移金属錯体が多数存在するので，無機化合物命名法の単純なシステムは役に立たない．そこで，遷移金属錯体を命名する特別な規則が考案された．

1. 非イオン性化学種は1個の単語で書く．イオン性化学種は陽イオンを最初に，2個の単語で書く．
2. 中心金属原子は名前で区別し，その後に形式酸化数をローマ数字に括弧をつけて，+4価は(Ⅳ)，-2状態は(-Ⅱ)のように書く．もし錯体が陰イオンの場合は，金属名に"酸(-ate)"を足すか，英語の場合，語尾が"-ium"，"-en"，"-ese"のときはそれと置換する．したがって，コバルト酸"cobaltate"やニッケル酸"nickelate"，クロム酸"chromate"（chromiumateではない），タングステン酸"tungstate"（tungstenateではない）と命名する．英語の場合，少数の金属については，陰イオン名は元素のラテン名に由来する：鉄酸"ferrate"，銀酸"argentate"，銅酸"cuprate"，金酸"aurate"．
3. 配位子は金属名の前に置く．中性配位子は親分子の名前と同じにするが，英語の場合，陰イオン性配位子は語尾を"-e"の代わりに"-o"に変える．日本語の場合は，それをカタカナにするか，"―酸"にするかのいずれかで対応する．たとえば，"sulfate"（硫酸）は"sulfato"（スルファト）で"nitrite"（亜硝酸）は"nitrito"（ニトリト）になる．語尾が"-ide"の陰イオンは，"-o"で完全に置き換える．たとえば，塩化物イオン（chloride ion）は"chloro"（クロロ），"iodide"（ヨウ化物イオン）は"iodo"（ヨード），"cyanide"（シアン化物イオン）は"cyano"（シアノ），"hydroxide"（水酸化物イオン）は"hydroxo"（ヒドロキソ）となる．つぎの三つは特別な名前である：配位している水は"aqua"（アクア），アンモニアは"ammine"（アンミン），一酸化炭素は"carbonyl"（カルボニル）．
4. 英語の場合，配位子はアルファベット順に並べる．日本語でもその順に従う．（化学式では，陰イオン性配位子の記号は，常に中性配位子の記号の前に置かれる．）
5. 複数個ある配位子については，2，3，4，5，6個のときにそれぞれ di-（ジ），tri-（トリ），tetra-（テトラ），penta-（ペンタ），hexa-（ヘキサ）を接頭辞につける．
6. すでに複数個を示す接頭辞をもつ配位子〔例，1,2-diamonoethane(1,2-ジアミノエタン)〕が複数個ある配位子については，2，3，4個のときにそれぞれ bis-（ビス），tris-（トリス），tetrakis-（テトラキス）を接頭辞につける．これは厳密な規則ではなく，化学者たちの多くは，これらの接頭辞をすべての多音節の配位子に用いたりする．

19・5・1 命名の例

この章の前半で記述したいくつかの白金錯体を命名してみよう．化学式において，共有結合で結ばれているすべてのユニットを囲むのに，鍵括弧 [ ] を用いることに注意しよう．

例1：$[Pt(NH_3)_4]Cl_2$　この化合物は金属と結合していないイオンをもつので，名前は（少なくとも）2単語から構成される（規則1）．2個の負電荷の塩化物イオンが錯体の外圏にあるので，錯体自身は化学式 $[Pt(NH_3)_4]^{2+}$ をもつ．アンモニア配位子は中性なので，白金は+2の酸化状態にある．よって platinum(Ⅱ)（白金(Ⅱ)）を軸に命名を始める（規則2）．配位子はアンモニアなので，ammine（アンミン）という名前を用いる（規則3）．しかし，4個のアンモニア配位子があるので，接頭辞をつけて tetraammine（テトラアンミン）とする（規則5）．最後に，塩化物陰イオンを含めなければならない．それらは遊離で，非配位の塩化物イオンなので，chloro（クロロ）ではなく，chloride（塩化物）とよばれる．塩化物イオンの数は，酸化数から算出できるので，命名においては特定しない．したがって，フルネームは tetraammineplatinum(Ⅱ)chloride（テトラアンミン白金(Ⅱ)塩化物）となる．

例2：$[PtCl_2(NH_3)_2]$　これは非イオン性の化学種なので，1単語の名前をもつ（規則1）．繰返しになるが，2個の塩化物イオンをバランスさせるために，白金は+2の酸化状態にあり，platinum(Ⅱ)（白金(Ⅱ)）から命名を始める（規則2）．配位子はアンモニアについては ammine（アンミン），塩化物イオンについては chloro（クロロ）と命名する（規則3）．アルファベット順では，ammine（アンミン）は chloro（クロロ）の前なので（規則4），接頭辞をつけて diamminedichloro（ジアンミンジクロロ）とする（規則5）．よって，フルネームは diamminedichloroplatinum(Ⅱ)（ジアンミンジクロロ白金(Ⅱ)）である．既述したように，この化合物は平面四角形で幾何異性体が2種存在する．それらの異性体を *cis*-diamminedichloroplatinum(Ⅱ)（*cis*-ジアンミンジクロロ白金(Ⅱ)）および *trans*-diamminedichloroplatinum(Ⅱ)（*trans*-ジアンミンジクロロ白金(Ⅱ)）と称す．

例3：$K_2[PtCl_4]$　この化合物も2単語を要する（規則1）が，白金は陰イオン $[PtCl_4]^-$ 中に含まれ，+2の酸化状態にあるので，陰イオンの名前は platinate(Ⅱ)（白金(Ⅱ)酸）となる（規則2）．4個の塩化物イオン配位子があり，接頭辞 tetrachloro（テトラクロロ）をつける（規則3と5）．また金属と結合していない potassium cation（カリウム陽イオン）がある．よってフルネームは，potassium tetrachloroplatinate(Ⅱ)（テトラクロロ白金(Ⅱ)酸カリウム）である．

例4：[Co(en)$_3$]Cl$_3$　この錯イオンは[Co(en)$_3$]$^{3+}$である．H$_2$NCH$_2$CH$_2$NH$_2$（en）は中性配位子なので，コバルトは酸化状態+3をとることになり，cobalt(Ⅲ)（コバルト(Ⅲ)）と表記する．配位子のフルネームは1,2-diaminoethane（1,2-ジアミノエタン）で複数個を表す接頭辞をもつので，その接頭辞と異なる接頭辞の組（規則6）を用いて，tris(1,2-diaminoethane)〔トリス(1,2-ジアミノエタン)〕と命名する．括弧は配位子名を他の部分と区別するために用いる．最後に，塩化物陰イオンを足すと，フルネームは，tris(1,2-diaminoethane)cobalt(Ⅲ) chloride〔トリス(1,2-ジアミノエタン)コバルト(Ⅲ)塩化物〕となる．

残念なことに，多くの遷移金属錯体が，この系統的に付けられる名前のほかに広く知られた通称をもっている．たとえば，数は少ないが，ツァイゼ塩[a]，ウィルキンソン触媒[b]，マグナス緑塩[c]のように発見者の名前をつけて特定されるものもある．

19・5・2　イーウェンス・バセットの表記法

ここまで用いてきた表記法は，1919年にストック[d]によって最初に考案され，今でも最も広く用いられている．すでにみたように，この表記法はローマ数字を中心金属の酸化状態に用いており，そこからイオン電荷を算出できる．

別の表記法が1949年にイーウェンス[e]とバセット[f]によって考案された．彼らの規則によれば，イオン電荷は括弧内にアラビア数字で示される．実際に，§11・7で，O$_2^-$イオンとO$_2^{2-}$イオン〔前者はdioxide(1−) ion（二酸化物(1−)イオン）で後者はdioxide(2−) ion（二酸化物(2−)イオン）とよばれる〕を区別するのに用いたのはイーウェンス・バセット表記法[g]だった．〔これらは伝統的なsuperoxide（超酸化物）とperoxide（過酸化物）よりずっと有用である．〕イーウェンス・バセット表記法は1種類の元素しか含まない多原子イオンを系統的に命名するのに適している．例はつぎのとおり：上述したdioxide（二酸化物）；C$_2^{2-}$，dicarbide(2−)（二炭化物(2−)）〔carbide（炭化物）かacetylide（アセチリド）の代わり〕；O$_3^-$，trioxide(1−)（三酸化物(1−)）〔ozonide（オゾン酸）の代わり〕；N$_3^-$，trinitride(1−)（三窒化物）〔azide（アジド）の代わり〕．

酸化数より電荷を示すことを除けば，ストック表記法とイーウェンス・バセット表記法は同じ表記規則を採用している．ローマ数字かアラビア数字のどちらを採用するかが特殊な名前に用いる方法を規定する．たとえば，K$_4$[Fe(CN)$_6$]は錯イオン中の鉄が形式酸化数+2をもつので，ストック表記法では，potassium hexacyanoferrate(Ⅱ)（ヘキサシアノ鉄(Ⅱ)酸カリウム）とよばれる．この化合物のイーウェンス・バセット表記法での名前は，この錯陰イオンが4−の電荷をもつので，potassium hexacyanoferrate(4−)（ヘキサシアノ鉄酸(4−)カリウム）である．

cis-[Pt(NH$_3$)$_2$Cl$_2$]はストック表記法ではcis-diamminedichloroplatinum(Ⅱ)（cis-ジアンミンジクロロ白金(Ⅱ)）なのに対して，イーウェンス・バセット表記法では中性分子の数字が表記されないので，cis-diamminedichloroplatinum（cis-ジアンミンジクロロ白金）である．そして，イーウェンス・バセット表記法の名前は，電荷バランスだけから付けられるので，イオンが複雑すぎて形式酸化数を規定するのが難しいときに役立つ．逆に，ストック表記法では名前中の酸化状態をみることで，金属の酸化状態がふつうか，高いか，低いかを判定できる．次章以降では一律に，遷移金属錯体の命名にストック表記法を用いることにする．

19・6　遷移金属化合物の結合理論の概要

何十年にもわたって，化学者と物理学者たちは，多種の遷移金属化合物を理解するための理論に苦慮してきた．その理論はこれらの化合物が示すさまざまな色，広範囲な立体化学，多くの化合物の常磁性を説明できなければならなかった．

最初に試みられたモデルの一つは，ルイス酸（金属イオン）とルイス塩基（配位子）の間の結合に基づくものだった．そのモデルから18電子則[h]や有効原子番号則[i]（EAN則）が生まれた．このモデルは，多くの低酸化状態にある金属の化合物にはあてはまるが，有効な化合物の範囲は限られており，また多くの遷移金属化合物の色や常磁性を説明できなかった．ただし有機金属化合物には有効なので§22・2でこの結合モデルを論じる．

このモデルに続いて，米国の化学者ポーリング[j]は，原子価結合法[k]を提案した．この理論の考え方は，遷移金属の結合は典型的な主族元素の結合と類似しており，主族元素の混成軌道と同様に，化合物の幾何構造に応じて金属イオンに異なる軌道混成モードを割当てる．この理論は異なる立体化学と化学式を説明できたが，色と不対電子については説明できなかった．この理論は広く用いられているわけではないが，つぎの項（§19・6・1）で概説しよう．

二人の物理学者，ベーテ[l]とファン・ブレック[m]は完全に異なる方向からこの問題にアプローチした．彼らは，金

---

[a] Zeise's salt　[b] Wilkinson's catalyst　[c] Magnus's green salt　[d] Alfred Stock　[e] R. Ewens　[f] H. Bassett
[g] Ewens–Bassett nomenclature system　[h] 18-electron rule　[i] effective atomic number rule　[j] Linus Pauling
[k] valence-bond theory　[l] Hans Bethe　[m] Johannes Van Vleck

属イオンとその配位子の間の相互作用は完全に静電的だと仮定した．**結晶場理論**[a]として知られているこの考え方は，驚くほどに，遷移金属錯体の性質を説明するのに成功した．本章と次章にわたる遷移金属錯体の挙動の説明の大部分が，結晶場理論に基づいている．それでも，金属と配位子の間には共有結合の寄与があることは明らかである．共有結合を考慮して結晶場理論を精密化するために，経験的定数（ラカーパラメーター[b]）が計算に加えられる．この結晶場理論の修正形は**配位子場理論**[c]として知られている．

さらに複雑なアプローチは分子軌道法である．この最も洗練された理論は，単純な遷移金属錯体の議論には必要ではない．

19・6・1 原子価結合法

§3・10における主族元素についての記述で，混成軌道の概念と同時に原子価結合法を導入した．原子価結合法と混成軌道は，遷移金属錯体における結合の特色を理解するのにも用いることができる．原子価結合法を用いた場合，金属イオンと配位子の間の相互作用はルイス酸とルイス塩基の関係であり，供与された配位子の電子対は高い位置にある金属イオンの空軌道を占めると考える．図19・12に示した四面体形のテトラクロロニッケル(II)酸イオン[d] $[NiCl_4]^{2-}$ はこの電子配置の例である．遊離のニッケル(II)イオンは，2個の不対電子を含む $[Ar]3d^8$ の電子配置をもつ．原子価結合法によれば，ニッケルの4sと4p軌道が混成して4個の sp^3 混成軌道が形成され，各塩化物イオン（ルイス塩基）からの電子対で占められる．

上記の方法は，錯イオン中に2個の不対電子が存在することと，sp^3 混成に予想される四面体形をとることを説明できる．しかし，結晶構造解析によって錯イオンがどんな幾何構造をしているのかがわかり，磁気測定によって不対電子数はいくつなのかがわからないと，原子価結合法で軌道図を組上げることはできない．化学者たちにとって，"理論とは（もし可能なら）予言性があるべきもの"だが，

原子価結合法はそうではない．たとえば，いくつかの鉄(III)化合物は5個の不対電子をもつが，ほかは不対電子を1個しかもたない．しかし，原子価結合法ではこれを予言できない．

この理論にはまた概念的な間違いがある．特に，なぜ3d軌道に空きがあっても，電子対が高い方の軌道を占めるのかを説明できない．いくつかの第4周期の遷移金属錯体については，3d軌道に空きがあっても，配位子の電子対は4sや4p軌道と同じように4d軌道にあてはめなければならない．さらに，この理論は遷移金属錯体の最も明確な特徴である"色"を説明できない．以上の理由により，原子価結合法は歴史的足跡を残しただけにとどまった．

19・7 結 晶 場 理 論

上述したように，古典的な原子価結合法は遷移金属錯体がもつ特徴の多くを説明できなかった．特に，遷移金属イオン中にみられる不対電子の数の違いを十分に説明できなかった．たとえば，ヘキサアクア鉄(II)イオン[e] $[Fe(OH_2)_6]^{2+}$ は4個の不対電子をもつが，ヘキサシアノ鉄(II)酸イオン[f] $[Fe(CN)_6]^{4-}$ は不対電子をまったくもたない．

結晶場理論はその単純さにもかかわらず，第4周期の遷移金属錯体の性質を説明するのに驚くほど有用なことが証

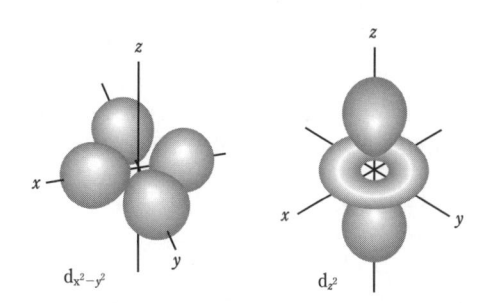

図19・13 $3d_{x^2-y^2}$ と $3d_{z^2}$ の形〔L. Jones, P. Atkins, "Chemistry: Molecules, Matter, and Change", 3rd Ed., W. H. Freeman, New York, p.232 (1977) より転載〕

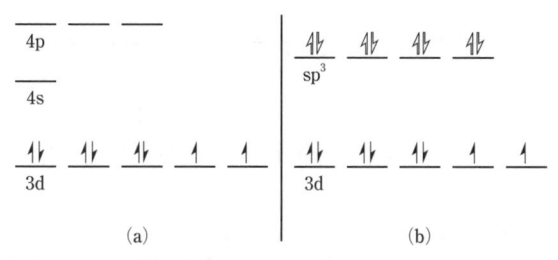

図19・12 (a) 遊離のニッケル(II)イオンの電子分布，(b) 軌道混成と塩化物イオン配位子の電子対による高いエネルギー軌道の占有（中抜きの片羽矢印）

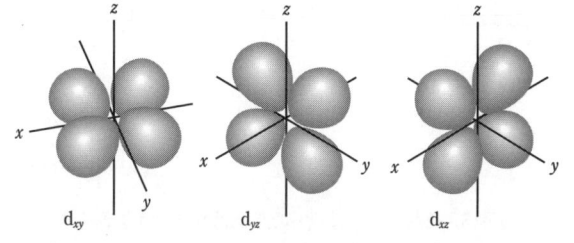

図19・14 $3d_{xy}$, $3d_{xz}$ と $3d_{yz}$ の形〔L. Jones, P. Atkins, "Chemistry: Molecules, Matter, and Change", 3rd Ed., W. H. Freeman, New York, p.232 (1977) より転載〕

---

a) crystal field theory b) Racah parameter c) ligand field theory d) tetrachloronickelate(II) ion
e) hexaaquairon(II) ion f) hexacyanoferrate(II) ion

明されてきた．この理論は，1) 遷移金属イオンは遊離し気体状態である，2) 配位子は点電荷のように振舞う，3) 金属 d 軌道と配位子の軌道の間には相互作用がない，と仮定する．この理論はまた d 軌道の電子存在確率モデルにも依存するが，d 軌道にはそのローブが座標軸に沿って位置する 2 個の d 軌道，$d_{x^2-y^2}$ と d_{z^2}（図 19・13），およびそのローブが座標軸の中間に位置する 3 個の d 軌道，d_{xy}，d_{xz} と d_{yz} がある（図 19・14）．

錯体の形成はつぎのような一連の出来事としてとらえることができる．

1. 最初の配位子電子の接近によって，金属イオンのまわりに球形の殻がつくられる．配位子電子と金属電子間の反発は，金属イオン d 軌道のエネルギー増加をひき起こす．
2. 配位子電子は再配列するので，実際の結合方向（四面体形や八面体形）に沿って電子対が分布する．平均の d 軌道エネルギーは変わらないが，結合方向に沿って位置する軌道のエネルギーが増加し，結合方向の間にある軌道のエネルギーが低下する．このように d 軌道の縮重が解けることが，結晶場理論の議論の焦点となる．
3. この時点までは，錯形成は熱力学的に不利である．なぜなら配位子電子-金属電子間の反発（第一段階）の結果として，正味のエネルギー増加が起こるからである．さらに，遊離の化学種の数が減少することは錯形成がエントロピー低下を招くことを意味する．しかしながら，配位子電子と正に帯電した金属イオン間には引力が働き，その結果，正味のエネルギーの低下をもたらす．この第三段階こそが，錯形成の駆動力となる．

これらの仮想的な 3 段階を図 19・15 にまとめる．

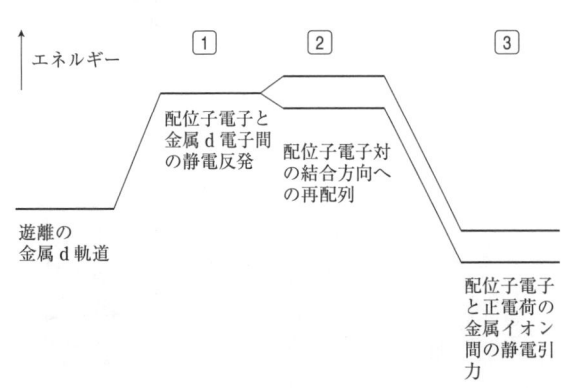

図 19・15 結晶場理論に従った仮想的な錯イオン形成過程

19・7・1 八面体形錯体

錯形成のエネルギーをもたらすのは第三段階だが，遷移金属錯体の色や磁気的性質を説明するのに重要なのは，d 軌道の縮重の解除を起こす第二段階である．これから調べる最も一般的な八面体形錯体では，6 個の配位子が座標軸に沿って位置する（図 19・16）．これらの負電荷が座標軸

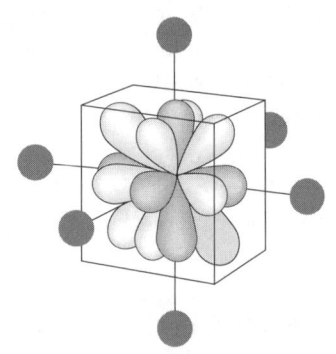

図 19・16 金属 d 軌道と 6 個の配位子の配向．〔J. W. Huheey, E. A. Keiter, R. L. Keiter, "Inorganic Chemistry", 4th Ed., HarperCollins, New York, p.397 (1993) より転載〕

に沿った結果として，同じく座標軸に沿った軌道，$d_{x^2-y^2}$ と d_{z^2} 軌道のエネルギーは，d_{xy}，d_{xz}，d_{yz} より高くなるだろう．この軌道の分裂を図 19・17 に示す．八面体場にある 2 組の d 軌道間のエネルギー差は記号 Δ_{oct} で表す．軌道エネルギーの和は，縮重したエネルギー（バリセンター[a]ともよばれる）と等しい．よって，2 個の軌道（$d_{x^2-y^2}$ と d_{z^2}）はエネルギーが平均値より $(3/5)\Delta_{oct}$ 高く，3 個の軌道（d_{xy}，d_{xz} と d_{yz}）は $(2/5)\Delta_{oct}$ 低い．

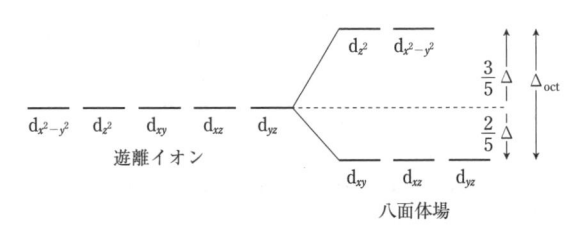

図 19・17 金属イオンが八面体形配置の配位子で囲まれたときに起こる d 軌道エネルギーの分裂

d 電子数が異なるときのエネルギー図をつくる場合，d^1，d^2 および d^3 電子配置については，すべての電子が低エネルギーの組に入ることになる（図 19・18）．この正味のエネルギーの低下は **結晶場安定化エネルギー**[b]（CFSE）

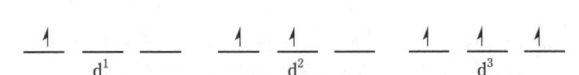

図 19・18 d^1，d^2 および d^3 電子配置における d 軌道の占有状態

---

a) baricenter b) crystal field stabilization energy

として知られている.

d^4 電子配置については，可能性が二つある．4個目のd電子が低エネルギー準位の電子と対になるか，高エネルギー準位を占めるかであり，その選択はどちらの状況がエネルギー的に有利かで決まる．もし八面体形結晶場分裂 Δ_{oct} が電子対形成エネルギーより小さければ，4番目の電子は高エネルギー軌道に入る．もし電子対形成エネルギーの方が結晶場分裂より小さければ，4番目の電子は低エネルギー軌道を好む．この二つの状況を図19・19に示す．不対電子を多くもつ方を高スピン[a]（または弱配位子場[b]）状態とよび，不対電子を少なくもつ方を低スピン[c]（または強配位子場[d]）状態とよぶ．

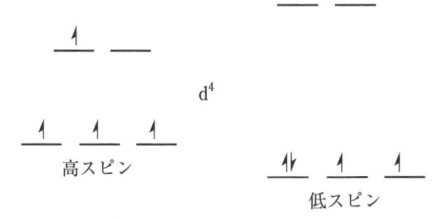

図 19・19 d^4 電子配置の2種の可能なスピン状態

八面体形環境の d^4, d^5, d^6 および d^7 電子配置においては，可能なスピン状態が二つ存在する．それぞれのd電子配置に対応する不対電子の数を表19・2に示す．ここで，h.s. と l.s. はそれぞれ，高スピンと低スピンを表す．

表 19・2 八面体形錯体における d 電子配置と不対電子の数. h.s. は高スピンを，l.s. は低スピンを表す．

電子配置	不対電子の数	代表的なイオンの例
d^1	1	Ti^{3+}
d^2	2	V^{3+}
d^3	3	Cr^{3+}
d^4	4 (h.s.), 2 (l.s.)	Mn^{3+}
d^5	5 (h.s.), 1 (l.s.)	Mn^{2+}, Fe^{3+}
d^6	4 (h.s.), 0 (l.s.)	Fe^{2+}, Co^{3+}
d^7	3 (h.s.), 1 (l.s.)	Co^{2+}
d^8	2	Ni^{2+}
d^9	1	Cu^{2+}

エネルギー準位の分裂はつぎの4種の因子に依存する．

1. **金属の個性**．結晶場分裂 Δ は，第一遷移系列に比べて第二遷移系列の方が約50%大きく，第三遷移系列では第二遷移系列より25%大きい．それぞれの系列に沿って，結晶場分裂は少しずつ増加する．
2. **金属の酸化状態**．一般的に金属の酸化状態が高いほど，結晶場分裂は大きくなる．したがって，大部分のコバルト(II)錯体は結晶場分裂が小さいため高スピンだが，ほとんどのコバルト(III)錯体は，3+イオンによりずっと分裂が大きいので低スピンである．
3. **配位子の数**．結晶場分裂は配位子の数が多いほど大きい．たとえば八面体形環境にある6個の配位子についての分裂 Δ_{oct} は，四面体形環境にある4個の配位子についての分裂 Δ_{tet} よりずっと大きい．
4. **配位子の性質**．一般的な配位子は結晶場分裂に及ぼす効果を基準にして順番をつけることができる．この順番を示すリストは，**分光化学系列**[e] とよばれる．一般的な配位子の中では，カルボニルやシアン化物イオンで分裂が最も大きく，ヨウ化物イオンで最も小さい．つぎの順番がほとんどの金属に適用できる．

$I^- < Br^- < Cl^- < F^- < OH^- < OH_2 < NH_3 <$ en $< CN^- < CO$

ある一つの金属イオンについて，結晶場分裂の値を決めるのは配位子である．d^6 の鉄(II)イオンについて考えてみよう．結晶場理論によれば2種のスピンの可能性，4個の不対電子をもつ高スピン（弱配位子場）とすべての電子が対になっている低スピン（強配位子場）がある．ヘキサアクア鉄(II)イオン[f] $[Fe(OH_2)_6]^{2+}$ は4個の不対電子をもつことが知られている．水分子は分光化学系列において値の低い方にあり，小さい Δ_{oct} しか生じないので，電子は高スピン配置をとる．逆に，ヘキサシアノ鉄(II)酸イオン[g] $[Fe(CN)_6]^{4-}$ は，反磁性（不対電子数ゼロ）であることが知られている．シアン化物イオンは分光化学系列で高い方にあるので，大きな Δ_{oct} を生じ，低スピン配置をとる．

19・7・2 四面体形錯体

2番目によくみられる錯体の立体化学は四面体形である．図19・20に4個の配位子の金属イオンまわりの四面体形配置を示す．この場合，配位子により接近しているのは d_{xy}, d_{xz}, d_{yz} 軌道であり，$d_{x^2-y^2}$, d_{z^2} 軌道ではない．その

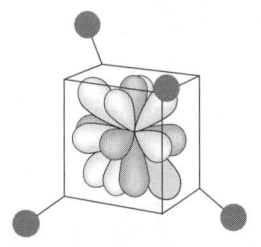

図 19・20 金属 d 軌道を踏まえた4個の配位子の配向 〔J. W. Huheey, E. A. Keiter, R. L. Keiter, "Inorganic Chemistry", 4th Ed., HarperCollins, New York, p.402 (1993) より転載〕

---

a) high-spin　b) weak field　c) low-spin　d) strong field　e) spectrochemical series　f) hexaaquairon(II) ion
g) hexacyanoferrate(II) ion

結果，エネルギーが低いのは $d_{x^2-y^2}$ と d_{z^2} 軌道の方であり，四面体形のエネルギー図は八面体形と逆になっている（図19・21）．

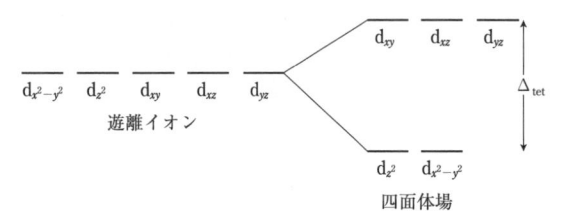

図19・21 金属イオンが四面体形の配位子で囲まれたときのd軌道エネルギーの分裂

6個の配位子の代わりに4個だけしか配位子をもたず，かつ配位子が三つのd軌道の方向に直に位置していないので，結晶場分裂は八面体形の場合に比べて非常に小さい．実際に，その分裂の大きさは Δ_{oct} のおよそ4/9である（前を参照）．軌道の分裂が小さいために，ほとんどの四面体形錯体が高スピンである．四面体形構造は，テトラクロロコバルト(II)酸イオン[a] $[CoCl_4]^{2-}$ のようなハロゲン錯体，テトラオキソモリブデン(VI)酸イオン[b]（一般的にはモリブデン酸[c]とよばれる）MoO_4^{2-} のようなオキソアニオンで最もよくみられる．

19・7・3 平面四角形錯体

第4周期の遷移金属については，平面四角形錯体を形成する傾向をもつのはニッケルだけであり（例，テトラシアノニッケル(II)酸イオン[d] $[Ni(CN)_4]^{2-}$），これらの錯体は反磁性である．八面体形および四面体形構造の両者において d^8 電子配置は2個の不対電子をもつことになるが，平面四角形構造でなぜ反磁性なのかは，結晶場エネルギー図を組立てると理解できる．

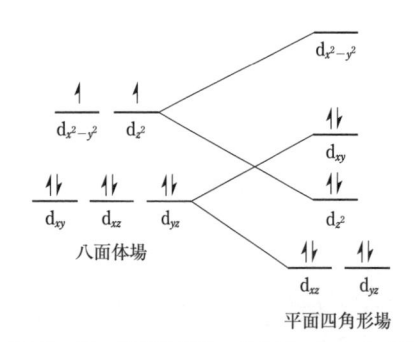

図19・22 平面四角形の d^8 軌道エネルギー図

八面体場を出発点とし，そのz軸から配位子を引き去ると，d_{z^2} 軌道は軸[e]配位子から静電反発を感じなくなり，その結果エネルギーがかなり下がる．他の二つのz軸成分をもつ軌道 d_{xz} と d_{yz} も，エネルギーの低下を起こす．逆に，軸配位子を取去ることによって，水平面内の配位子により大きな静電引力が生まれる．その結果，$d_{x^2-y^2}$ と d_{xy} 軌道のエネルギーがかなり上昇する（図19・22）．シアン化物イオンをもつニッケル(II)錯体は反磁性なので，$d_{x^2-y^2}$ と d_{xy} 軌道の分裂は電子対形成エネルギーより大きいはずである．

19・8 結晶場理論の成功例

優れた化学理論というのは，物理的および化学的挙動の多くの観点を説明できるものでなければならない．この基準に照らして，結晶場理論は驚くほどすばらしい成果をあげた．なぜなら遷移金属イオンの特性のほとんどを説明するのに成功したからである．ここで，それらの成功例を見てみよう．

19・8・1 磁気的性質

遷移金属イオンの理論は，多くの化合物の常磁性を説明できることが必須である．常磁性の程度は金属の種類，酸化状態，立体化学，および配位子の性質に依存する．結晶場理論は，少なくとも第4周期の遷移金属に関してはd軌道エネルギー分裂の観点から常磁性を非常にうまく説明する．たとえば§19・7・3で，四面体形と八面体形構造の常磁性と対照的な平面四角形ニッケル(II)イオンの反磁性を説明できることを示した．

19・8・2 遷移金属錯体の色

最も印象的な遷移金属錯体の特徴は，さまざまな色を呈することである．これらの色は，電磁スペクトルの可視領域に吸収をもつことを意味する．例として，図19・23は

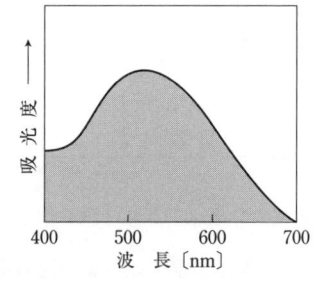

図19・23 ヘキサアクアチタン(III)イオンの可視吸収スペクトル

紫色のヘキサアクアチタン(III)イオン[f] $[Ti(OH_2)_6]^{3+}$ の可視吸収スペクトルを示す．このイオンは緑色光を吸収し，青色と赤色の光を透過するので，それらが混合した紫色を

---

a) tetrachlorocobaltate(II) ion b) tetraoxomolybdate(VI) ion c) molybdate d) tetracyanonickelate(II) ion e) axial
f) hexaaquatitanium(III) ion

呈する．

チタン(III)イオンは，配位子として6個の水分子をもち，八面体場にある d^1 電子配置のイオンと考えられる．この状況で生じる d 軌道分裂を図 19・24 左側に示す．電磁エネルギーの吸収は，図 19・24 右側に示すように，電子を上の d 軌道の組へ移動させる．電子は直ちに基底状態に戻るが，そのエネルギーは熱運動で緩和され，電磁波の放出に至らない．吸収極大波長は約 520 nm で，上下の d 軌道の組のエネルギー差は 230 kJ·mol^{-1} である．このエネルギー差が，結晶場分裂 Δ の値を表す．

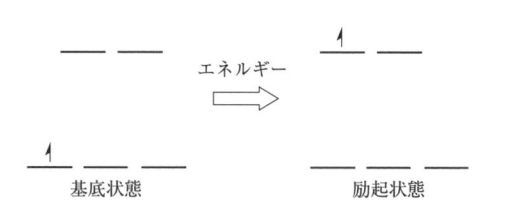

図 19・24 チタン(III)イオンの可視吸収に対応する電子遷移

図 19・23 から明らかなように，電子吸収バンドは非常にブロードである（特に d^1 と d^9 電子配置の場合）．これらのバンドがブロードなのは，電子遷移時間が分子内で起こる振動よりずっと短いからである．配位子と金属との距離が平均結合長よりずっと長いとき，結晶場は弱くなるので軌道の分裂は小さく，遷移エネルギーは"通常の"値より低い．逆に，配位子が金属に近いとき，結晶場は強くなるので軌道の分裂は大きくなり，遷移エネルギーは"通常の"値より高くなる．この解釈は，錯体を絶対零度近くまで冷却して，分子振動を減少させることによって検証できる．そのとき実際に，可視吸収スペクトルは予想どおりずっと細くなる．

ヘキサクロロチタン(III)酸イオン[a] $[TiCl_6]^{3-}$ は 770 nm を中心とする吸収をもつため，橙色を呈する．この値は，160 kJ·mol^{-1} の結晶場分裂に相当する．この低めの値は，塩化物イオンが配位子として水分子より弱いこと，すなわち分光化学系列において水より低位にあることを反映している．

ほとんどの化学分野において，エネルギー差は"キロジュール/モル（kJ·mol^{-1}）"の単位で示す．しかし遷移金属化学者たちは通常，結晶場分裂を"波数[b]"とよばれる振動数で示す．この単位は単純に，センチメートルで表した波長の逆数である．したがって，波数の単位は，reciprocal centimeter とよばれる cm^{-1} になる*．たとえば，ヘキサアクアチタン(III)イオンにおける結晶場分裂は，230 kJ·mol^{-1} よりむしろ 19,200 cm^{-1} といわれることが多い．

---

a) hexachlorotitanate(III) ion   b) wave number
*[訳注] 日本では"カイザー（Kayzer）"とよぶことが多い．

他の電子配置の可視吸収については後述する．

19・8・3 水和エンタルピー

結晶場理論で説明可能なもう一つのパラメーターが遷移金属イオンの水和のエンタルピーである．これは気体状のイオンが水和したときに放出するエネルギーであり，§6・4 で論じたトピックである．

$$M^{n+}(g) + 6 H_2O(l) \longrightarrow [M(OH_2)_6]^{n+}(aq)$$

周期を右に行くほど金属イオンの有効核電荷は増加するので，水分子と金属イオン間の静電的相互作用も順に増加すると予想される．しかし実際には，直線的関係からのずれが見いだされる（図 19・25）．この差異を説明するために，結晶場安定化エネルギーの結果として大きな水和エンタルピーが生じると考える．このエンタルピーは結晶場分裂 Δ_{oct} から計算できる．八面体場においては d_{xy}, d_{xz}, d_{yz} 軌道は $(2/5)\Delta_{oct}$ だけ下がり，$d_{x^2-y^2}$ と d_{z^2} 軌道は $(3/5)\Delta_{oct}$ だけ上がるので，この値を用いて，それぞれの

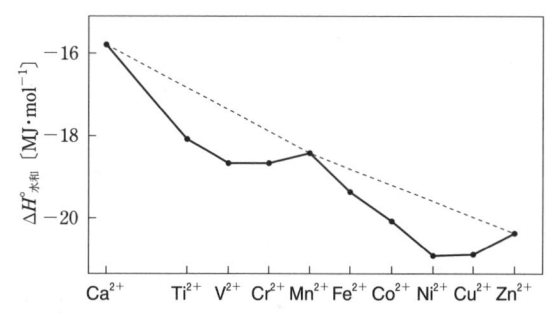

図 19・25 第4周期の遷移金属の2価イオンの水和エンタルピーの実測値

図 19・26 d^4 高スピン電子配置の結晶場安定化エネルギー

電子配置における水和エンタルピーへの結晶場の正味の寄与を算出できる．図 19・26 に d^4 高スピンイオンの状況を示す．このイオンの正味の安定化エネルギーは，

$$-[3(\tfrac{2}{5}\Delta_{oct})] + [1(\tfrac{3}{5}\Delta_{oct})] = -0.6\Delta_{oct}$$

各電子配置における結晶場安定化エネルギーを表 19・3 に

示す.

表19・3 各第4周期金属の+2価高スピンイオンの結晶場安定化エネルギー（CFSE）

イオン	電子配置	CFSE	イオン	電子配置	CFSE
Ca^{2+}	d^0	$-0.0\,\Delta_{oct}$	Fe^{2+}	d^6	$-0.4\,\Delta_{oct}$
—	d^1	$-0.4\,\Delta_{oct}$	Co^{2+}	d^7	$-0.8\,\Delta_{oct}$
Ti^{2+}	d^2	$-0.8\,\Delta_{oct}$	Ni^{2+}	d^8	$-1.2\,\Delta_{oct}$
V^{2+}	d^3	$-1.2\,\Delta_{oct}$	Cu^{2+}	d^9	$-0.6\,\Delta_{oct}$
Cr^{2+}	d^4	$-0.6\,\Delta_{oct}$	Zn^{2+}	d^{10}	$-0.0\,\Delta_{oct}$
Mn^{2+}	d^5	$-0.0\,\Delta_{oct}$			

これらの値は，水和エンタルピーの実測値でみられる変動に驚くほど対応している．特に注目すべきは，d^0，d^5（高スピン），d^{10} だけが，単純に予想される擬直線関係に一致していることである．それらの結晶場安定化エネルギーは，すべてゼロである．

19・8・4 スピネル構造

結晶場理論の別の成功例は，§13・9 に初めて記述したスピネル構造中の遷移金属イオン配置の解釈である．スピネル[a]とは混合酸化物で，一般的な化学式 $(M^{2+})(M^{3+})_2(O^{2-})_4$ をもち，金属イオンは八面体サイトおよび四面体サイトの両方を占める．正スピネルでは，すべての2+イオンは四面体サイトにあり，3+イオンは八面体サイトに位置する．一方，逆スピネルでは，2+イオンが八面体サイトにあり，3+イオンは四面体サイトと残りの八面体サイトに位置する．

混合遷移金属酸化物において，正スピネルか逆スピネルかの選択は，通常（しかし常にではない）より大きな結晶場安定化エネルギーを与えるかどうかに左右される．これを示す例は一つの金属で異なる二つの酸化状態のイオンをもち，その2種の金属イオンの酸化物の対になっている物質である：Fe^{2+} と Fe^{3+} を含む Fe_3O_4，Mn^{2+} と Mn^{3+} を含む Mn_3O_4．前者は逆スピネル構造 $(Fe^{3+})_t(Fe^{2+},Fe^{3+})_o(O^{2-})_4$ をとる．すべての鉄イオンは高スピンであり，Fe^{3+} イオン（d^5）の CFSE がゼロだが，Fe^{2+} イオン（d^6）の CFSE はゼロではない．四面体形構造の結晶場分裂の大きさは等価な八面体環境の 4/9 なので，八面体形配位の金属イオンの CFSE は四面体形配位の金属イオンの CFSE より大きい．このエネルギー差が，八面体サイトを Fe^{2+} が優先的に占める根拠である．混合鉄酸化物とは異なり，混合マンガン酸化物は正スピネル構造 $(Mn^{2+})_t(Mn^{3+})_o(O^{2-})_4$ をとる．この場合，CFSE がゼロなのは Mn^{2+} イオン（d^5）であり，ゼロでないのは Mn^{3+} イオン（d^4）である．したがって優先的に八面体サイトを占めるのは Mn^{3+} イオンになる．

19・9 電子スペクトル

前節において，チタン(III)イオンの1本の可視吸収が，結晶場における低レベルから高レベルへの d 電子遷移の観点で説明できることを示した．八面体環境にある銅(II)イオン（d^9）においても，ブロードな可視吸収が1本観測される．d^1 の場合と同様に，このイオンの吸収は，八面体結晶場において1個の電子が上のレベルへ励起される状況だと解釈できる（図19・27）．

図19・27 d^9 電子配置における電子遷移

d^2 イオンについては，1個または2個の電子の励起に対応して，二つの吸収ピークをもつと予想するかもしれない．しかし，全部で三つのかなり強い吸収が観測される．これを説明するには，電子間反発を考慮しなければならない．基底状態においては，ヘキサアクアバナジウム(III)イオン[b]のような d^2 イオンは，三つの低エネルギー軌道，d_{xy}，d_{xz} と d_{yz} のいずれか二つに平行スピンの2個の電子が入る．1個の電子が励起されると，その結果生じる組合せは，2個の電子が占める軌道が重なり合って静電反発す

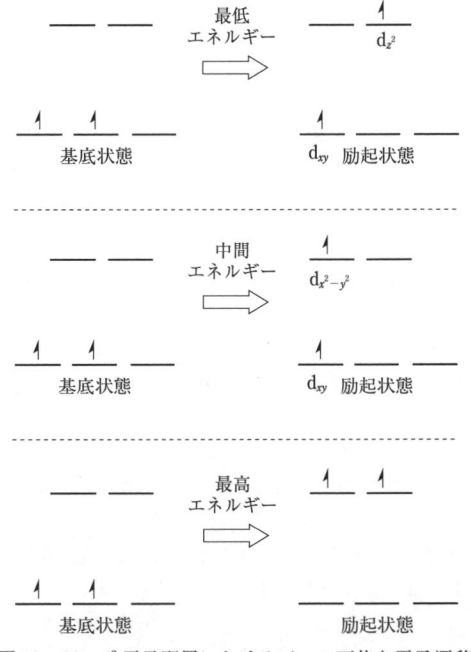

図19・28 d^2 電子配置における三つの可能な電子遷移

---

a) spinel　b) hexaaquavanadium(III) ion

地球と結晶構造

われわれが居住するこの惑星の構造については，未知のことが数多く残されている．だが，すでに，地殻，マントル，中心核の3種の構造の存在が知られている．地殻は大陸では厚さ30〜70 kmの表面層であり，海洋では5〜15 kmである．マントルは約2900 kmの深さまで延びており，そこで中心核とぶつかる．中心核の主成分は鉄であり，深度5100 kmまでは溶融しているが，そこから中心部までは固体である．

マントルではいくつかの興味深い結晶相化学がみられる．深度約100〜400 kmのマントルはカンラン石[a]鉱物$(Mg,Fe)_2SiO_4$からできており，その組成は2種の金属イオンの両方が単純ケイ酸塩中の同じ格子サイトを占めることができるので変動する（§9・6を参照）．カンラン石層の下にはスピネル構造の物質（おそらく$MgFe_2O_4$が主）があり，下層マントルまで延びている．

下層マントルは深度約670 kmから始まる．この層はさらに高密度のペロブスカイト構造（§16・6を参照）$(Mg,Fe)SiO_3$から構成されている．

地球深部の化学や地震のような現象に対する科学者たちの興味が急速に増大している．地震には二つのタイプ，浅発と深発がある．震源が深い地震は，下方に延びるカンラン石の筋の縁まわりに高密度のスピネル体が生成するときに発生する．浅発地震は，もっと複雑なようだが，その原因の一部は脱水反応である．地表面岩の蛇紋石[b]は水和したカンラン石である．蛇紋石の層は海溝の境界で地球内部に引きずりこまれているので，熱によって蛇紋石の脱水が起こりカンラン石になる．高圧水は亀裂を開ける力となり，また潤滑剤にもなる．これらはまだ現時点では仮説にすぎない．われわれの惑星についてもっと詳細に知ろうとするなら，高圧下でのスピネルとペロブスカイトの性質や鉱物の脱水過程をもっと研究する必要がある．

るか否かに依存して，異なるエネルギーをとる．たとえば，$(d_{xy})^1(d_{z^2})^1$は，2個の電子が非常に離れた空間を占めるので，エネルギーは低いが，$(d_{xy})^1(d_{x^2-y^2})^1$の電子配置は両電子とも$xy$平面上の空間を占めるのでエネルギーが高いと予測できる．

計算によれば，組合わせ$(d_{xy})^1(d_{z^2})^1$，$(d_{xz})^1(d_{x^2-y^2})^1$，$(d_{yz})^1(d_{x^2-y^2})^1$はすべて同じ低いエネルギーとなり，$(d_{xy})^1(d_{x^2-y^2})^1$，$(d_{xz})^1(d_{z^2})^1$，$(d_{yz})^1(d_{z^2})^1$はすべて同じ高いエネルギーとなる．この結果は三つの遷移のうちの二つを説明する．三つ目の遷移は両電子が上のレベルに励起され，$(d_{x^2-y^2})^1(d_{z^2})^1$の電子配置をとることに対応する．これら三つの可能性を図19・28に示す．

非常に弱い吸収が可視スペクトルに現れる場合がある．これらは，図19・29に示したような電子のスピン反転を伴う遷移に対応する．このような遷移は，スピン状態の変化を含んでいるので**スピン禁制遷移**[c]とよばれるが，電子遷移確率が低いので，非常にスペクトル強度が弱い．

これまでに，d^1，d^4（高スピン），d^6（高スピン），およびd^9の可視スペクトルは単一の遷移で解釈できるが，d^2，d^3，d^7（高スピン），およびd^8のスペクトルは三つの遷移で解釈できることを示した．残されたd^5（高スピン）の場合は可能な遷移がすべてスピン禁制である点がユニークである．そのため，ヘキサアクアマンガン(II)イオン[d]やヘキサアクア鉄(II)イオン[e]のような錯体は，非常に薄い色しか呈さない．もっと詳細な遷移金属イオンのスペクトルの研究は，理論無機化学の分野に属する．

19・10 熱力学的因子と速度論的因子

反応が進行するには，自由エネルギーの減少が不可欠である．しかし，常に速度論的因子も考慮する必要がある．遷移金属イオンの溶液反応はすばやく進む場合がほとんどである．たとえば，ピンク色のヘキサアクアコバルト(II)イオン[f] $[Co(OH_2)_6]^{2+}$への大過剰の塩化物イオンの添加によって，暗青色のテトラクロロコバルト(II)酸イオン[g] $[CoCl_4]^{2-}$がほとんど瞬間的に生成する．

$$[Co(OH_2)_6]^{2+}(aq) + 4\,Cl^-(aq) \longrightarrow [CoCl_4]^{2-}(aq) + 6\,H_2O(l)$$

この反応は熱力学的に有利で，かつ活性化エネルギーが低い．すばやく反応する（たとえば1分以内）錯体は，**置換活性**[h]といわれる．一般的な第4周期遷移金属2価イオン

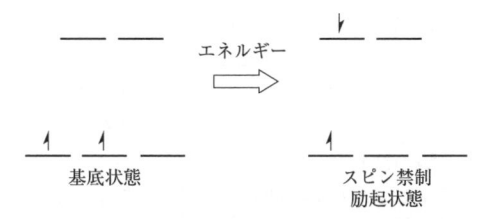

図19・29 d^2電子配置における可能なスピン禁制遷移

---

a) olivine   b) serpentine   c) spin-forbidden transition   d) hexaaquamanganese(II) ion   e) hexaaquairon(II) ion
f) hexaaquacobalt(II) ion   g) tetrachlorocobaltate(II) ion   h) labile

は置換活性な錯体を形成する．置換活性錯体の異性体を物理的に分離するのは不可能である．

第4周期遷移金属2価イオンで速度論的に**置換不活性**[a]な一般的錯体2種は，クロム(III)とコバルト(III)である．前者はd^3電子配置をもち，後者は低スピンd^6配置をもつ（図19・30）．低エネルギーd軌道の組がちょうど半分か

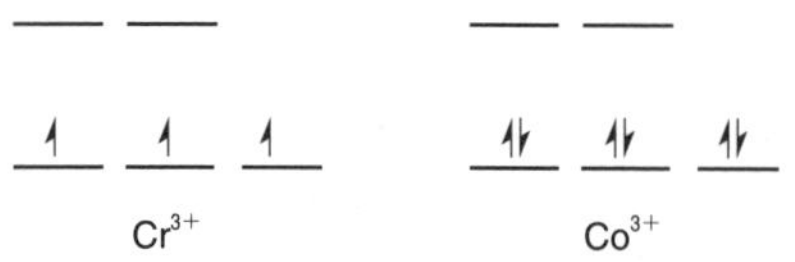

図 19・30 置換不活性錯体はd^3と低スピンd^6電子配置をもつ金属イオンで形成される．

完全に充塡されている状態の安定性こそが，どんな低いエネルギーの反応も妨げる要因である．たとえば，ヘキサアンミンコバルト(III)イオン[b]に濃い酸を加えた場合，自由エネルギー計算に基づけば配位子交換が起こるはずである．しかし，そのような反応は非常に遅いので，色変化が観測できるようになるまで数日を要する．

$$[Co(NH_3)_6]^{3+}(aq) + 6 H_3O^+(aq) \rightleftharpoons$$
$$[Co(OH_2)_6]^{3+}(aq) + 6 NH_4^+(aq)$$

この理由により，コバルト(III)およびクロム(III)錯体を合成目標とする場合，対応する置換活性な2+イオンの錯体を合成し，つぎにそれを3+イオンに酸化する反応行程をとることがよくある．置換不活性錯体の異性体（光学異性体も含む）は，分離して個別に結晶化できる．

19・11 配位化合物の合成

配位化合物には，多くの異なる合成ルートがあるが，最も一般的な二つの方法は，配位子交換と酸化還元反応である．

19・11・1 配位子交換反応

多くの遷移金属錯体が水溶液中で，配位水の置換により合成される．たとえば，ヘキサアンミンニッケル(II)イオン[c]は，ヘキサアクアニッケル(II)イオン[d]の溶液に過剰のアンモニア水を加えて合成される．

$$[Ni(OH_2)_6]^{2+}(aq) + 6 NH_3(aq) \longrightarrow$$
$$[Ni(NH_3)_6]^{2+}(aq) + 6 H_2O(l)$$

アンモニアは水より分光化学系列が高位なので，容易に配位水と置換する．言い換えれば，ニッケル–アンモニア結合はニッケル–水結合より強い．よって，この反応過程は発熱的でエンタルピー駆動型である．

もし，キレート配位子を用いるなら，エントロピー因子も同時に働いて，反応平衡は強く右へ傾くことになる．この状況は，ヘキサアクアニッケル(II)イオンからのトリス(1,2–ジアミノエタン)ニッケル(II)[e]の生成を例にして描くことができる．

$$[Ni(OH_2)_6]^{2+}(aq) + 3 en(aq) \longrightarrow$$
$$[Ni(en)_3]^{2+}(aq) + 6 H_2O(l)$$

この場合は，前の反応と同様なエンタルピーの増加もあるが，さらに大きなエントロピーの増加がある．なぜならイオンと分子の数はトータルで4個から7個に増加する．このようにキレート配位子による強い錯形成をもたらすのはエントロピー因子であり，この挙動は**キレート効果**[f]とよばれている．

19・11・2 酸化還元反応

酸化還元反応（レドックス反応[g]）は特に"異常な"酸化状態の化合物を合成する手段として重要である．高酸化状態のフッ化物は単純な組合わせ反応で合成できる．たとえば，

$$Os(s) + 3 F_2(g) \longrightarrow OsF_6(s)$$

他の高酸化状態の化合物や多原子イオンは酸化剤を用いて合成できる．たとえば，赤紫色の鉄(VI)酸イオンFeO_4^{2-}は塩基性溶液中で次亜塩素酸[h]イオンを用いて合成できる．

$$Fe^{3+}(aq) + 8 OH^-(aq) \longrightarrow$$
$$FeO_4^{2-}(aq) + 4 H_2O(l) + 3 e^-$$
$$ClO^-(aq) + H_2O(l) + 2 e^- \longrightarrow$$
$$Cl^-(aq) + 2 OH^-(aq)$$

このイオンはさらにバリウム塩を用いて沈殿させることができる．

$$FeO_4^{2-}(aq) + Ba^{2+}(aq) \longrightarrow BaFeO_4(s)$$

前節で述べたように，コバルト(III)化合物は速度論的に不活性なので，コバルト(III)錯体の置換反応は，通常，実用的ではない．コバルト(II)が合成に重要な酸化状態で，ヘキサアクアコバルト(II)イオンを，広範なコバルト(III)錯体合成用の試薬として用いることができる．たとえば，ヘキサアンミンコバルト(II)錯体の空気酸化によってヘキサアンミンコバルト(III)イオンを合成できる．（§20・7で示すように，配位水のアンモニア置換によって，酸化に必要なレドックス電位の変化が起こる．）

---

a) inert b) hexaamminecobalt(III) ion c) hexaamminenickel(II) ion d) hexaaquanickel(II) ion
e) tris(1,2–diaminoethane)nickel(II) f) chelate effect g) redox reaction h) hypochlorite

$[Co(OH_2)_6]^{2+}(aq) + 6\,NH_3(aq) \longrightarrow$
$\qquad [Co(NH_3)_6]^{2+}(aq) + 6\,H_2O(l)$
$[Co(NH_3)_6]^{2+}(aq) \longrightarrow [Co(NH_3)_6]^{3+}(aq) + e^-$
$O_2(g) + 4\,H^+(aq) + 4\,e^- \longrightarrow 2\,H_2O(l)$

クロム(III)錯体を合成する方法の一つは,二クロム酸[a]イオンの還元である.次例では,シュウ酸-シュウ酸イオン混合物が還元剤および配位子の両方の役割で用いられている.

$Cr_2O_7^{2-}(aq) + 14\,H^+(aq) + 6\,e^- + 5\,H_2O(l) \longrightarrow$
$\qquad 2\,[Cr(OH_2)_6]^{3+}(aq)$
$C_2O_4^{2-}(aq) \longrightarrow 2\,CO_2(g) + 2\,e^-$
$[Cr(OH_2)_6]^{3+}(aq) + 3\,C_2O_4^{2-}(aq) \longrightarrow$
$\qquad [Cr(C_2O_4)_3]^{3-}(aq) + 6\,H_2O(l)$

生じた大きな錯体陰イオンは,さらにカリウム塩 $K_3[Cr(C_2O_4)_3]\cdot 3H_2O$ として結晶化できる.

19・11・3 部分的な分解反応

まれな例ではあるが,配位している配位子を穏やかな加熱による揮発性配位子の蒸発によって置換できる.コバルト(III)化学の例は,

$[Co(NH_3)_5(OH_2)]Cl_3(s) \xrightarrow{\Delta}$
$\qquad [Co(NH_3)_5Cl]Cl_2(s) + H_2O(g)$

また,クロム(III)化学の例は,

$[Cr(en)_3]Cl_3(s) \xrightarrow{\Delta} [Cr(en)_2Cl_2]Cl(s) + en(g)$

19・12 配位化合物とHSAB則

HSAB則は,主族元素の反応の予測を助けたように(§7・8に記述),さまざまな酸化状態の遷移金属と配位子との親和性の理解を助けてくれる.表19・4に第一列遷移元素のいくつかについて,"硬い/中間の/軟らかい"酸への定性的な分類を示し,図19・31には同様に配位原子の"硬い/中間の/軟らかい"への分類を示す.これらの配位原子の分類は,他の配位子内原子と関係なく,一般に適用できる.たとえば,化学式 NR_3 (Rは水素やメチル基の

表19・4 HSAB則に従って分類された,いくつかの一般的な第一列遷移金属イオン

硬い	中間	軟らかい
Ti^{4+}, V^{4+}, Cr^{3+}, Cr^{6+}, Mn^{2+}, Mn^{4+}, Mn^{7+}, Fe^{3+}, Co^{3+}	Fe^{2+}, Co^{2+}, Ni^{2+}, Cu^{2+}	Cu^+ 酸化数が0または負の金属すべて

ようなアルキル基)をもつすべての窒素供与配位子は硬い塩基である.逆に,一酸化炭素やシアン化物イオンのようなすべての炭素供与配位子は軟らかい塩基である.塩化物イオンは硬い塩基とみなされるが,フッ化物イオンや酸素供与配位子ほど硬くはない(そこで図19・31には,塩素を白色/灰色で示す).

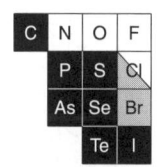

図19・31 HSAB配位原子の硬い(白色),中間(灰色),および軟らかい(黒色)への分類

HSAB則は,金属イオンの高酸化状態(硬い酸)はフッ化物か酸化物配位子(硬い塩基)と一緒に存在することを説明する.炭素で結合するカルボニルのような配位子(軟らかい塩基)によって安定化されているのは低酸化状態(軟らかい酸)である.典型例として,フッ化銅(II)は知られているが,フッ化銅(I)は未知である.逆にヨウ化銅(I)は知られているが,ヨウ化銅(II)は知られていない.この原理は,異常酸化状態の金属イオンをもつ遷移金属化合物の合成に用いることができる.たとえば,鉄は通常,+2と+3の酸化状態で存在するが,硬い塩基の酸化物イオンを用いて硬い酸の鉄(VI)の化合物 $[FeO_4]^{2-}$ を合成できる(前節で記述).同様に軟らかい酸の鉄(0)の化合物ペンタカルボニル鉄(0)[b] $Fe(CO)_5$ を軟らかい塩基の一酸化炭素分子を用いて合成できる.

HSAB則は,遷移金属錯体の反応にも適用できる.特に,錯イオンには同タイプの配位子原子を好むという一般的な傾向がある.したがって,硬い塩基の配位子の錯体は別の硬い塩基の配位子の付加を好み,同様に軟らかい塩基をもつ錯体は,別の軟らかい塩基の配位子の付加を好む.この同じHSABタイプの配位子の優先性は,**共生**[c]として知られている.

コバルト(III)の化学は特に共生をみるのに有効である.たとえば,錯体 $[Co(NH_3)_5F]^{2+}$ は水溶液中では $[Co(NH_3)_5I]^{2+}$ よりずっと安定である.この事実を,Co(III)は5個の硬い塩基のアンモニア配位子の存在により"硬く"なっていると考えることによって,HSAB則で説明できる.すなわち,軟らかい塩基であるヨウ化物イオンは,比較的容易に水分子(硬い塩基の配位子)に置換されて $[Co(NH_3)_5(OH_2)]^{3+}$ を生成する.一方 $[Co(CN)_5I]^{3-}$ は,水中で $[Co(CN)_5F]^{3-}$ より安定である.この事実は,5個の軟らかい塩基のシアン化物イオンはコバルト(III)錯体

---

a) dichromate　b) pentacarbonyliron(0)　c) symbiosis

を"軟らかく"し，6番目の配位サイトに硬い塩基の水分子よりむしろ，軟らかい塩基であるヨウ化物イオンを優先する結果を生んだと解釈できる．

HSAB則を遷移金属錯体に適用する特に興味深い例として，結合異性がある．チオシアン酸イオン[a] NCS^- は，窒素原子か硫黄原子かのいずれかで結合できる．前者では中間の塩基として働き，後者では軟らかい塩基として働く．ペンタアンミンチオシアナトコバルト(Ⅲ)イオン[b] $[Co(NH_3)_5(NCS)]^{2+}$ においては，他の配位子が硬い塩基なので，予想どおり窒素で結合するが，ペンタシアノチオシアナトコバルト(Ⅲ)酸イオン[c] $[Co(CN)_5(SCN)]^{3-}$ においては，他の配位子のシアン化物イオンが軟らかい塩基なので，配位は硫黄を通して起こる．

19・13 生物学的役割

キレート効果は生体錯体分子において重要である．特に一つの四座配位子——ポルフィリン環が生体系に重要な役割を果たしている．この配位子の錯体の基本構造を図19・32に示す．環中の一つおきの二重結合の存在によって，中心を向いた4個の窒素原子をもつ平面に構造を固定する．中心の空間は多くの金属イオンにちょうど合うサイズである．

生体系においては，ポルフィリン環は分子の端にいろいろな置換基をもつが，中心部（コア）は4個の窒素原子に囲まれた金属イオンであり，その構造は生物界を通して一定である．植物の寿命はクロロフィルに依存するが，クロロフィルは光合成を行うためにマグネシウム-ポルフィリンユニット*をもつ．動物の生命は，ヘモグロビン分子（酸素輸送に用いられ，4個の鉄ポルフィリンユニットを含む）のようないくつかの金属ポルフィリン系に依存する．すなわち，ポルフィリン金属錯体は生物界で最も重要な化合物の一つである．

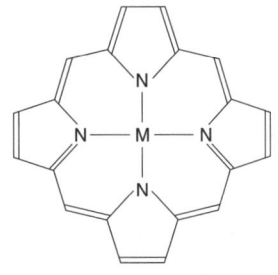

図19・32 金属ポルフィリン錯体の中心核（コア）

要　点

- 主族金属のイオンが一つ（または，まれに二つ）の酸化状態しかとらないのに対して，遷移金属イオンは広い範囲の酸化状態をとるのが特徴である．
- 遷移金属錯体はさまざまな幾何構造をとる．
- 遷移金属錯体は数種の異性を示す．
- 遷移金属錯体に関する結合理論の中で，結晶場理論は最も有用なものの一つである．
- 結晶場理論は遷移金属錯体の多くの性質を説明するのに利用できる．
- HSAB則は遷移金属錯体の化学式と反応の種類に応用できる．

基　本　問　題

19・1 つぎの用語を定義しなさい．(a) 遷移金属，(b) 配位子，(c) 結晶場分裂．

19・2 つぎの用語を定義しなさい．(a) 配位数，(b) キレート，(c) キレート効果．

19・3 ニッケルは2種のテトラシアノ錯体，$[Ni(CN)_4]^{2-}$ と $[Ni(CN)_4]^{4-}$ を形成する．なぜ，通常の酸化状態（+2）と低い酸化状態（0）の両方のニッケル錯体が存在できるのかについて考察しなさい．

19・4 クロムのフッ化物の最高酸化状態が CrF_6 なのに，クロムの塩化物の最高酸化状態が $CrCl_4$ であるのはなぜか，考察しなさい．

19・5 $[Pt(NH_3)_2Cl_2]$ には2種の幾何異性体に加えて，3番目の異性体が存在する．それは同じ示性式をもち，平面四角形をしているが，溶液中では電気伝導性である．この化合物の構造を記しなさい．

19・6 つぎの化合物について存在可能な異性の種類を書

---

a) thiocyanate ion　b) pentaamminethiocyanatocobalt(Ⅲ) ion　c) pentacyanothiocyanatocobaltate(Ⅲ) ion
*[訳注] ヘモグロビンなどはポルフィリン環をもつ（§20・6・12を参照）が，クロロフィルにおいては厳密にはポルフィリン環ではなく，類似構造のクロリン環である．

きなさい．(a) Co(en)₃Cl₃, (b) Cr(NH₃)₃Cl₃.

19・7 [Co(en)₂Cl₂]⁺ イオンについて幾何異性体と鏡像異性体を描きなさい．

19・8 つぎの化合物のそれぞれをストック表記法にて命名しなさい．
(a) Fe(CO)₅
(b) K₃[CoF₆]
(c) [Fe(OH₂)₆]Cl₂
(d) [CoCl(NH₃)₅]SO₄

19・9 つぎの化合物のそれぞれをストック表記法にて命名しなさい．
(a) (NH₄)₂[CuCl₄]
(b) [Co(NH₃)₅(OH₂)]Br₃
(c) K₃[Cr(CO)₄]
(d) K₂[NiF₆]
(e) [CuCl(NH₃)₄](ClO₄)₂

19・10 つぎの遷移金属錯体のそれぞれの化学式を考えなさい．
(a) ヘキサアンミンクロム(Ⅲ)臭化物
hexaamminechromium(Ⅲ) bromide
(b) アクアビス(1,2-ジアミノエタン)チオシアナトコバルト(Ⅲ)硝酸塩 aquabis(1,2-diaminoethane)-thiocyanatocobalt(Ⅲ) nitrate
(c) テトラシアノニッケル(Ⅱ)酸カリウム potassium tetracyanonickelate(Ⅱ)
(d) トリス(1,2-ジアミノエタン)コバルト(Ⅲ)ヨウ化物 tris(1,2-diaminoethane)cobalt(Ⅲ) iodide

19・11 つぎの遷移金属錯体のそれぞれの化学式を考えなさい．
(a) ヘキサアクアマンガン(Ⅱ)硝酸塩 hexaaquamanganese(Ⅱ) nitrate
(b) ヘキサフルオロパラジウム(Ⅳ)酸パラジウム(Ⅱ) palladium(Ⅱ) hexafluoropalladate(Ⅳ)
(c) テトラアクアジクロロクロム(Ⅲ)塩化物二水和物 tetraaquadichlorochromium(Ⅲ) chloride dihydrate
(d) オクタシアノモリブデン(Ⅴ)酸カリウム potassium octacyanomolybdenate(Ⅴ)

19・12 つぎの幾何異性体の名前を記しなさい．

(a)　　(b)

19・13 d⁶ 電子配置の高スピンおよび低スピン状態の両方について，つぎの場合のエネルギー準位図をつくりなさい．(a) 八面体場，(b) 四面体場．

19・14 二つの鉄(Ⅲ)錯体，ヘキサシアノ鉄(Ⅲ)酸イオンとテトラクロロ鉄(Ⅲ)酸イオンのどちらが，高スピンをとりやすいか？　それぞれについて理由を二つずつ付けて述べなさい．

19・15 結晶場分裂Δをコバルトの3種のアンミン錯体について，次表に示す．数値の違いを説明しなさい．

錯体	Δ [cm⁻¹]
[Co(NH₃)₆]³⁺	22,900
[Co(NH₃)₆]²⁺	10,200
[Co(NH₃)₄]²⁺	5,900

19・16 結晶場分裂Δをクロムの4種の錯体について，次表に示す．数値の違いを説明しなさい．

錯体	Δ [cm⁻¹]
[CrF₆]³⁻	15,000
[Cr(OH₂)₆]³⁺	17,400
[CrF₆]²⁻	22,000
[Cr(CN)₆]³⁻	26,600

19・17 つぎの2種の錯体イオンのどちらの Δ_{oct} が大きいか，理由をつけて答えなさい．
(a) [MnF₆]²⁻ と [ReF₆]²⁻
(b) [Fe(CN)₆]⁴⁻ と [Fe(CN)₆]³⁻

19・18 表19・2と同様にして，d電子配置の表を作成し，対応する四面体形立体構造について不対電子の数を考察しなさい．

19・19 表19・3と同様にして，第4周期遷移金属の+2価高スピンイオンについての四面体場における結晶場安定化エネルギー Δ_{tet} の表をつくりなさい．

19・20 NiFe₂O₄は正スピネルか逆スピネル構造のどちらをとるかを予想し，その理由を述べなさい．

19・21 NiCr₂O₄は正スピネルか逆スピネル構造のどちらをとるかを予想し，その理由を述べなさい．

19・22 o-フェナントロリン C₈H₆N₂ は二座配位子で，一般的な略号は phen である．なぜ [Fe(phen)₃]²⁺ は反磁性なのに，[Fe(phen)₂(OH₂)₂]²⁺ は常磁性なのかを説明しなさい．

19・23 配位子 H₂NCH₂CH₂NHCH₂CH₂NH₂ は det の略号でよく知られており，金属イオンに3個の窒素原子全部で結合する三座配位子である．この配位子とヘキサアクアニッケル(Ⅱ)イオンとの反応について，化学反応式を記し，この錯体の合成がなぜ非常に有利なのか示しなさい．

応用問題

19・24 銅(Ⅱ)は通常，塩化物イオン配位子の錯体としてセシウムイオンのような陽イオンをもつ化学式 $[CuCl_4]^{2-}$ の陰イオンを形成する．一方，化学式 $[CuCl_5]^{3-}$ をもつ塩化物イオン配位子の錯体陰イオンを沈殿するのに，陽イオン $[Co(NH_3)_6]^{3+}$ が用いられる．なぜこの陽イオンが $[CuCl_5]^{3-}$ 陰イオンを安定化するのか，理由を二つ考えなさい．また形成する化合物全体の正式名を記しなさい．

19・25 塩化鉄(Ⅲ)はトリフェニルホスフィン PPh_3 と反応して錯体 $FeCl_3(PPh_3)_2$ を生成する．しかしトリシクロヘキシルホスフィン PCh_3 との反応では化合物 $FeCl_3(PCh_3)$ が生成する．この違いの理由を考察しなさい．

19・26 ニッケル錯体 $Ni(PPh_3)_2Cl_2$ は常磁性だが，パラジウム類似体 $Pd(PPh_3)_2Cl_2$ は反磁性である．それぞれの化合物にいくつの異性体が存在するか，根拠をつけて答えなさい．

19・27 多くの酸化状態の利用性に関して，第20章で述べるように，ラティマー図[a]，フロスト図[b]およびプールベ図[c]が遷移金属の化学の研究において非常に重要である．仮想的な遷移金属 M に関するラティマー図はつぎに示す．

$$MO_3(aq) \xrightarrow{+0.50\,V} MO_2(aq) \xrightarrow{+0.40\,V}$$
$$M^{3+}(aq) \xrightarrow{-0.20\,V} M^{2+}(aq) \xrightarrow{+0.05\,V} M(s)$$

(a) 不均化する状態にある化学種をすべて同定し，それに対応する化学反応式を書きなさい．
(b) つぎの反応が自発的に起こる pH を計算しなさい．

$$2\,M^{2+}(aq) + 2\,H^+(aq) \longrightarrow 2\,M^{3+}(aq) + H_2(g)$$

ただし，$H^+(aq)$ を除いて標準状態を仮定しなさい．

19・28 $[AuF_2]^-$ と $[AuI_2]^-$ のどちらのイオンの安定性が高いか？ 理由も述べなさい．

19・29 ニッケルは平面四角形の陰イオン $[NiSe_4]^{2-}$ を形成するが，類似の亜鉛の陰イオン $[ZnSe_4]^{2-}$ は四面体形である．この異なる構造をとる理由を考察しなさい．

19・30 マヨネーズ，サラダドレッシング，インゲン豆のような，多くの缶詰めや瓶詰めの食料品には六座配位子であるエチレンジアミン四酢酸イオン[d]，$^{-2}(OOC)_2NCH_2CH_2N(COO)_2^{2-}$（略号は $edta^{4-}$）またはその類縁体が含まれている．この理由を考察しなさい．

19・31 3種の塩化クロム(Ⅲ)の水和物が知られている．A型は六水和物，B型は五水和物，C型は四水和物である．過剰の銀イオン溶液をそれぞれの 1 mol の溶液に加えると，つぎのような量の塩化銀が沈殿する．A型: 3 mol，B型: 2 mol，C型: 1 mol．この情報から，それぞれの水和物の実際の構造を推定し，それらに対応する名前をつけなさい．

19・32 銀は遷移金属に含まれるだろうか？ 議論しなさい．

19・33 錯体 $[Co(NH_3)_6]Cl_3$ は黄橙色だが，$[Co(OH_2)_3F_3]$ は青色である．この色の違いについて説明しなさい．

19・34 いくつかの第一列遷移金属についての+3から+2への還元電位はつぎのとおりである．

$Cr^{3+}(aq) + e^- \longrightarrow Cr^{2+}(aq)$ $E° = -0.42\,V$
$Mn^{3+}(aq) + e^- \longrightarrow Mn^{2+}(aq)$ $E° = +1.56\,V$
$Fe^{3+}(aq) + e^- \longrightarrow Fe^{2+}(aq)$ $E° = +0.77\,V$
$Co^{3+}(aq) + e^- \longrightarrow Co^{2+}(aq)$ $E° = +1.92\,V$

マンガンの還元電位が予想されるより高いのに，鉄の還元電位は予想されるより低い．その理由を考察しなさい．

---

a) Latimer diagram   b) Frost diagram   c) Pourbaix diagram   d) ethylenediaminetetraacetate ion

20　遷移金属の性質

遷移金属化学の最大の特徴は、存在する化合物の種類が豊富で、その化合物が多彩な色を示すことである。化合物の多さの要因は二つある。その一つは金属元素がいくつもの酸化状態をとることであり、もう一つは金属元素が広範な配位子と錯体をつくる能力をもつことである。多彩な色は、これらの化学種における一部充填した d 軌道内の電子遷移に起因する。遷移金属の中で第 4 周期元素が最重要であり、この章ではそれらを中心に記述する。

Ti	V	Cr	Mn	Fe	Co	Ni	Cu
Zr	Nb	Mo	Tc	Ru	Rh	Pd	Ag
Hf	Ta	W	Re	Os	Ir	Pt	Au

鉱物の研究に端を発した無機化学は、化学の第一の領域として精細に探求されていた。しかし単に、たくさんの化合物の名前、性質、および合成方法の記録にとどまり、20世紀初頭には化石化された領域になった。一方、高分子工業と製薬工業が急速に発展し、有機化学が化学の主役となった。

無機化学を生き返らせたのは、オーストラリアの化学者、ナイホルム[a]である。ナイホルムは 1917 年、Chloride（塩化物）, Sulphide（硫化物）, Oxide（酸化物）, Silica（シリカ）などの名前の通りがあるオーストラリアの炭鉱町、ブロッケンヒル[b]で生まれた。幼少時代の環境と高校の熱心な化学教師に影響されて、ごく自然に化学者の道を選択した。そして当時の偉大な化学者たちに学ぶために英国に留学した。そこで彼は、金属イオン挙動の多くを支配するのは配位子の性質であることを示し、まったく新しい研究の方向を切り開いた。たとえば、特別な配位子を用いて、金属錯体の異常な酸化数と配位数をつくることに成功した。

ナイホルムは無機化学が分子構造の理解を含むことを議論した最初の科学者であり、1957 年に、英国の化学者のジレスピー[c]とともに分子の形を予測する VSEPR 法を発明した。残念なことに、研究の絶頂期だった 1971 年に自動車事故で亡くなった。

20・1　遷移金属概観

遷移金属（11族を除く）はすべて硬く、融点が非常に高い。実際に、10 個は 2000 ℃以上、3 個（タンタル、タングステン、レニウム）は 3000 ℃以上の融点をもつ。遷移金属はすべて高密度である。その密度の傾向は図 20・1 に示すように、第 4 周期から第 6 周期元素へと上がり、最高値はオスミウムとイリジウム（$23\ \mathrm{g\cdot cm^{-3}}$）である[†]。金属そのものの化学的反応性は比較的低い。酸と反応するのに十分なほど電気陽性なのは、鉄など数種の金属だけである。

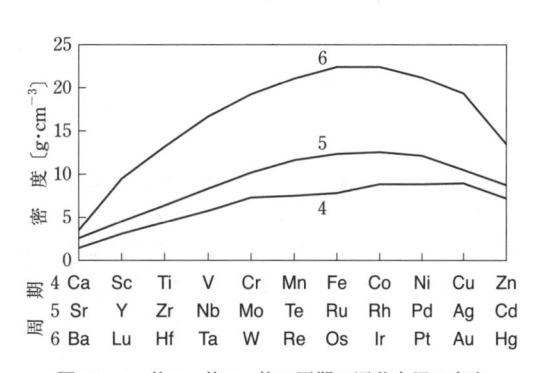

図 20・1　第 4, 第 5, 第 6 周期の遷移金属の密度

20・1・1　周期表における傾向

主族元素では、それぞれの族内での傾向がみられる。遷移金属では、第 5 周期と第 6 周期の同族元素の化学的性質は非常に類似している。この類似性の要因は、これらの周期間に存在する元素がもつ 4f 軌道への電子の充填である。

---

[a] Ronald Nyholm　　[b] Broken Hill　　[c] Ronald Gillespie
[†]　イリジウムやオスミウムでサッカーボールをつくると、重さは 320 kg にもなる。

4f軌道の電子は外側の6sや5d軌道の電子に対する遮蔽効果が小さい．第6周期遷移元素は大きな有効核電荷をもつため，原子半径，共有結合半径，イオン半径が小さくなり，第5周期元素の値とほぼ同じになる．この現象は**ランタノイド収縮**[a]とよばれる．この効果を表す2族と5族の金属のイオン半径の比較を，表20・1に示す．2族金属の半径は族の下方ほど増加するが，5族のニオブイオンとタンタルイオンの半径は同じである．この第5周期と第6周期の元素間の半径（したがって，電荷密度）の類似性によって，よく似た性質を示す．

表20・1 2族と5族の元素のイオンの大きさ

2族イオン	イオン半径〔pm〕	5族イオン	イオン半径〔pm〕
Ca^{2+}	114	V^{3+}	78
Sr^{2+}	132	Nb^{3+}	86
Ba^{2+}	149	Ta^{3+}	86

第5,6周期元素の化学と第4周期元素の化学には，見かけ上はいくつかの類似性がある．たとえば，クロム，モリブデン，タングステンはすべて酸化数6の酸化物を形成する．しかし，酸化クロム(VI) CrO_3 は強い酸化力を示すが，酸化モリブデン(VI) MoO_3 と酸化タングステン(VI) WO_3 は"ふつうの"金属酸化物でしかない．

このような類似性の限界は，クロムとタングステンの低酸化状態の塩化物にもみられる．クロムは（複数の塩化物をつくる中で） $CrCl_2$ を形成し，タングステンも見かけ上類似の化合物 WCl_2 をつくる．しかし， $CrCl_2$ はクロム(II)イオンを含むが， WCl_2 はタングステンイオンを頂点に，塩化物イオンを面の中心にもつクラスターから成る多原子陽イオンの塩， $[W_6Cl_8]^{4+}\cdot 4Cl^-$ である． $W^{2+}\cdot 2Cl^-$ の生成エンタルピーは理論上 $+430\,kJ\cdot mol^{-1}$ と計算され（塩化クロム(II)の値， $-397\,kJ\cdot mol^{-1}$ とは大きく異なる），熱力学的にこの化学種が存在しえないことを示す．このエンタルピーの差の大部分はクロムの原子化エネルギー（ $397\,kJ\cdot mol^{-1}$ ）より非常に高いタングステンの原子化エネルギー（ $837\,kJ\cdot mol^{-1}$ ）に起因する．この高い原子化エネルギーは，第5,6周期遷移金属の金属-金属結合が強いことを反映している．その結果， WCl_2 のように多くの化合物が金属イオンの集団をもつ．これらは**金属クラスター化合物**[b]とよばれる．

遷移金属の酸化数は，それぞれの周期の前半の元素の方が後半の元素に比べて高い．また表20・2に示すように，第5,6周期元素は通常，同族の第4周期元素より酸化数が高い．主族元素と同様に，遷移金属の最高酸化数は酸化物でみられる．たとえば，オスミウムの最高酸化数 +8 は酸化オスミウム(VIII) OsO_4 で達成されている．主族金属とは異なり，遷移金属は可能と思われるほとんどすべての酸化数をとりうる．たとえば，マンガンには +7 から -1 までのすべての酸化数のさまざまな化合物が存在する．

遷移金属のすべての族に共通した因子は，第4周期から第6周期へ向けての結晶場分裂 Δ の増加である．たとえば， $[Co(NH_3)_6]^{3+}$ ， $[Rh(NH_3)_6]^{3+}$ ， $[Ir(NH_3)_6]^{3+}$ の系列の Δ_{oct} の値はそれぞれ，23,000，34,000，41,000 cm^{-1} である．第5,6周期遷移元素のほとんどすべての化合物が大きな結晶場分裂によって，低スピンである．

20・1・2　第4周期遷移金属の酸化状態の安定性の比較

他の周期に比べて第4周期の遷移金属が最も一般的で工業的に重要である．さらに，それらの性質の傾向が一番理解しやすい．図20・2にこれらの元素のフロスト図を示す．金属チタン（酸化状態0）は還元力が強く，同周期の右の元素ほど還元力が弱まる．銅に至ると，金属（0価）状態そのものが熱力学的に最安定な酸化状態となる．

第4周期を右に行くにつれて，最高酸化状態はとりにくくなり，酸化力が強くなっていくのはクロムまでである．熱力学的に最安定な酸化数は，チタン，バナジウム，クロムでは +3 だが，他の元素では +2 である．鉄は，酸化状態 +3 と +2 の安定性が非常に近い．銅は酸化状態 +1 をとる点がユニークだが，図20・2で明らかなように，+2 と 0 の酸化状態へ不均化する傾向をもつ．

表20・2 遷移金属の最も一般的な酸化数

Ti	V	Cr	Mn	Fe	Co	Ni	Cu
+4	+3, +4	+3, +6	+2, +3, +7	+2, +3	+2, +3	+2	+1, +2
Zr	Nb	Mo	Tc	Ru	Rh	Pd	Ag
+4	+5	+6	—	+3	+3	+2	+1
Hf	Ta	W	Re	Os	Ir	Pt	Au
+4	+5	+6	+4, +7	+4, +8	+3, +4	+2, +4	+3

---

a) lanthanoid contraction　　b) metal cluster compound

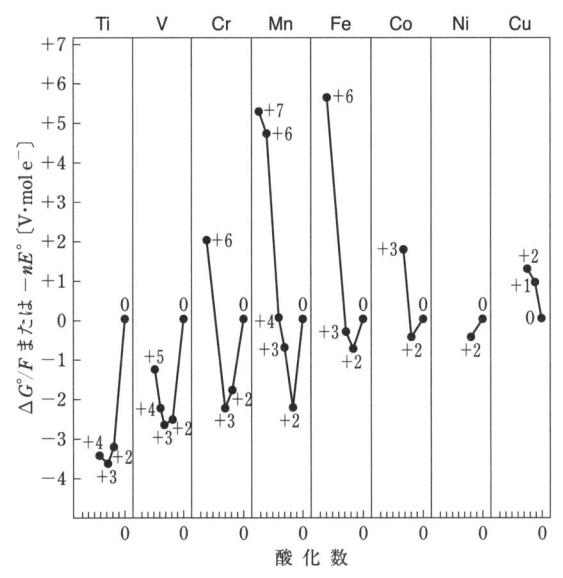

図20・2 第4周期遷移金属の酸性条件下のフロスト図

20・2 4族: チタン, ジルコニウム, ハフニウム

この族で広く利用されているのはチタン[a]だけである. チタンは地殻中に9番目に多く存在する元素だが, ジルコニウム[b]とハフニウム[c]は, ほとんどの第5, 6周期遷移金属と同様に, 希少元素である.

20・2・1 チタン

チタンは, 銀白色の硬い金属であり, 遷移金属で最も密度が低い ($4.5\,\mathrm{g\cdot cm^{-3}}$). この高強度と低密度の組合わせによって, 経費はいとわず性能が重要な軍用機や原子力潜水艦用金属として好まれる. また高性能自転車やゴルフクラブのような日常品にも利用されている.

ほとんどの一般的なチタン化合物から純金属を得るのは難しい. 酸化チタン(IV)の炭素による還元では金属よりも金属炭化物が生成する. 唯一の実用的なルート(**クロール法**[d])では, はじめに酸化チタン(IV)を炭素と二塩素とともに加熱して塩化チタン(IV)へ変換する.

$$\mathrm{TiO_2(s) + 2\,C(s) + 2\,Cl_2(g) \xrightarrow{\Delta} TiCl_4(g) + 2\,CO(g)}$$

つぎに, さらに反応性が高い金属によって塩化チタン(IV)を還元する. 経費および他の塩化金属や過剰の反応用金属からの金属チタン分離の観点から, マグネシウムが好まれる.

$$\mathrm{TiCl_4(g) + 2\,Mg(l) \xrightarrow{\Delta} Ti(s) + 2\,MgCl_2(l)}$$

スポンジ状金属チタンの塊は多孔性なので, 塩化マグネシウムと過剰の金属マグネシウムは, 希酸を用いて溶出できる. 最後に, 金属チタンの顆粒を望みどおりに成形する.

20・2・2 酸化チタン(IV)

金属チタンの製造は軍需産業にきわめて重要だが, もっと平和な目的である塗装用顔料にも多量のチタン鉱石が使用される. 毎年5百万トンのチタン鉱石が採掘されている. その約3分の1はカナダで, 約4分の1はオーストラリアで生産される. この元素は二酸化物の形(鉱物名, ルチル[e])として存在することが多いが, 直接用いるには純度が低すぎる.

酸化チタン(IV)の精製プロセスには, 金属チタン製造と同様に, ルチルの塩化物への変換が含まれる.

$$\mathrm{TiO_2(s) + 2\,C(s) + 2\,Cl_2(g) \xrightarrow{\Delta} TiCl_4(g) + 2\,CO(g)}$$

つづいて, 塩化物を二酸素と約1200℃で反応させ, 純白の酸化チタン(IV)を得る. その際, 塩素は再利用される.

$$\mathrm{TiCl_4(g) + O_2(g) \xrightarrow{\Delta} TiO_2(s) + 2\,Cl_2(g)}$$

酸化チタン(IV)が塗料に用いられる以前は, 一般的な白色顔料は"鉛白[f]" $\mathrm{Pb_3(CO_3)_2(OH)_2}$ だった. 毒性は別として, その顔料は工業都市環境では変色して, 黒色の硫化鉛(II)になった. 一方, 酸化チタン(IV)は汚染大気中でも変色しにくいので, 今では鉛白に完全に置き換わっている. 酸化チタン(IV)は非常に毒性が低いだけでなく, すべての白色もしくは無色の無機物質の中で最高の(ダイヤモンドよりもさらに高い)屈折率をもつ. この光を散乱する高い能力があるために, 前塗りの塗料の層を効果的に覆い隠すことができる. 白色顔料としての用途に加えて, 色を薄くしたり, 前塗りの色を効率よく消したりする目的で, 有色顔料にも加えられる.

20・2・3 ジルコニウム

ジルコニウムは非常に希少な金属だが, 核燃料容器に用いられる. それは中性子捕獲断面積[g]が小さいからである. すなわち, 核分裂過程を増殖する中性子を吸収しない. 残念なことに, ハフニウムの捕獲断面積は大きい. したがって, ジルコニウムから化学的性質が酷似している不純物のハフニウムを取除くことは重要である. 金属ジルコニウムを製造するには, 鉱石のバッデリー石[h](酸化ジルコニウム(IV)) $\mathrm{ZrO_2}$ をチタンの場合と同様な方法で処理する.

$$\mathrm{ZrO_2(s) + 2\,C(s) + 2\,Cl_2(g) \xrightarrow{\Delta} ZrCl_4(g) + 2\,CO(g)}$$

---

a) titanium   b) zirconium   c) hafnium   d) Kroll process   e) rutile   f) white lead   g) capture cross section
h) baddeleyite

この段階で，2％の不純物である塩化ハフニウム(IV)HfCl$_4$ が塩化ジルコニウム(IV)ZrCl$_4$ から分別昇華によって分離される．塩化ハフニウムは319℃で昇華するが，塩化ジルコニウムの昇華点は331℃である．（昇華温度が近いことは，この2元素の高い類似性を示す．）つぎに，純粋な塩化ジルコニウム(IV)を金属マグネシウムで還元する．

$$ZrCl_4(g) + 2\,Mg(l) \xrightarrow{\Delta} Zr(s) + 2\,MgCl_2(l)$$

バッデリー石型結晶の酸化ジルコニウム(IV)では，どのジルコニウム(IV)イオンも7個の酸化物イオンに囲まれている（図20・3a）．この化合物は2300℃以上で，八配位蛍石型構造（図20・3b）の立方晶ジルコニアに再配列する．立方晶ジルコニアは，優れたダイヤモンド代用宝石品である．その屈折率（すなわち，"輝き"）と硬度はダイヤモンドには劣るが，その融点は2700℃で熱的にはダイヤモンドより安定である．特許化された方法によれば，酸化ジルコニウム(IV)は繊維状に製造できる．この絹状繊維は直径3 mmで長さ2～5 cmのほぼ均一の形状をもつ．この糸を織ってできるジルコニア布は，1600℃まで安定で高温用途に非常に有用である．

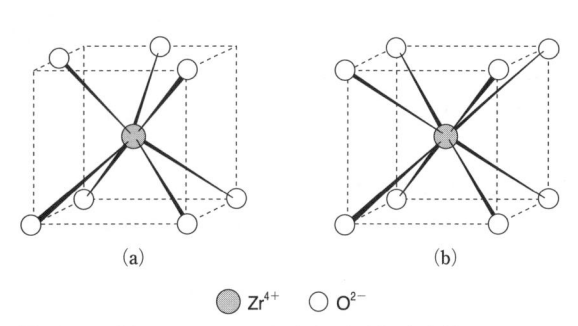

図20・3 (a) バッデリー石，および (b) 立方晶ジルコニアにおける酸化ジルコニウム(IV)イオンの配列

20・3 5族：バナジウム，ニオブ，タンタル

5族には非常に有用な元素はないが，バナジウム[a]を含むバナジウム鋼は非常に硬い合金で，ナイフの刃やさまざまな作業用道具に用いられる．

20・3・1 バナジウムの酸化状態

バナジウムはd^0, d^1, d^2, d^3電子配置に対応する4種の酸化状態，+5, +4, +3, +2でふつうに存在するため，その単純なレドックス化学は，無機化学者には非常に興味深い．酸化数+5では，無色のバナジン酸イオン[b]$[VO_4]^{3-}$が強塩基性溶液中に存在する．中性条件では，薄黄色のバナジン酸二水素イオン$[H_2VO_4]^-$のような共役酸が生じる．

バナジウム(V)を特有の色の低酸化状態イオンに還元するのに，酸溶液中の金属亜鉛のような還元剤を用いることができる．

$$Zn(s) \longrightarrow Zn^{2+}(aq) + 2\,e^-$$

酸溶液中の金属亜鉛（または二酸化硫黄のような弱い還元剤）によるバナジン酸二水素イオンの還元は，最初，濃青色のバナジルイオン[c]，VO^{2+}（酸化数+4）を与える．単純にVO^{2+}と書いたが，このイオンでは5個の水分子が他の配位サイトを占めているので，もっと正確には$[VO(OH_2)_5]^{2+}$と書ける．

$$[H_2VO_4]^-(aq) + 4\,H^+(aq) + e^- \longrightarrow VO^{2+}(aq) + 3\,H_2O(l)$$

還元を続けると，明青色のバナジルイオンは緑色のヘキサアクアバナジウム(III)イオン[d]$[V(OH_2)_6]^{3+}$（または単純化して，$V^{3+}(aq)$）に置き換わる．

$$VO^{2+}(aq) + 2\,H^+(aq) + e^- \longrightarrow V^{3+}(aq) + H_2O(l)$$

空気を排除すると，さらなる還元が起こり，ラベンダー色のヘキサアクアバナジウム(II)イオン[e]$[V(OH_2)_6]^{2+}$が生成する．

$$[V(OH_2)_6]^{3+}(aq) + e^- \longrightarrow [V(OH_2)_6]^{2+}(aq)$$

この溶液を空気にさらすと，直ちにバナジウム(III)イオンに再酸化され，結局はバナジルイオンになる．

20・3・2 生物学的役割

バナジウムは自然界で広く用いられているわけではないが，海洋生物の最下等種の一つであるホヤ[f]にとって重要である．この生物は無脊椎動物と脊椎動物の中間に位置する．ホヤの1種は非常に高レベルのバナジウムを酸素輸送用の赤血球に用いる．なぜそのホヤが非常にユニークな元素を生化学プロセスに用いなければならなかったのかの理由はいまだにわかっていない．まったく異なる生物，毒キノコのテングタケ[g]にもバナジウムは利用されている．こちらの方も，この元素を用いる理由は解き明かされていない．

20・4 6族：クロム，モリブテン，タングステン

すべての安定な6族金属が特殊な目的の合金の製造に用いられている．さらに，クロム[h]は鉄や鋼の表面に光沢のある保護被膜をつくるのに利用される．金属クロム自身は反応不活性ではないが，極薄で耐久性のある透明酸化物被膜をつくって反応を防御する．

---

a) vanadium b) vanadate ion c) vanadyl ion d) hexaaquavanadium(III) ion e) hexaaquavanadium(II) ion
f) tunicate または sea squirt g) *Amanita muscaria* h) chromium

モリブデン[a]とタングステン[b]では，+6価が熱力学的に有利である．しかし，クロムでは，+6価は非常に酸化性であり，+3価が最安定である．

20・4・1 クロム酸とニクロム酸

クロム(VI)は熱力学不安定性にもかかわらず，速度論的因子によりいくつかの化合物が存在できる．その中で最重要なのはクロム酸[c]とニクロム酸[d]である．黄色のクロム酸イオン$[CrO_4]^{2-}$は，中性もしくはアルカリ性条件下でのみ存在でき，橙色のニクロム酸イオン$[Cr_2O_7]^{2-}$は，酸性条件下でのみ存在できる．なぜなら，つぎの平衡がある．

$$2[CrO_4]^{2-}(aq) + 2H^+(aq) \rightleftharpoons [Cr_2O_7]^{2-}(aq) + H_2O(l)$$

クロム酸イオンはクロム酸水素イオン$[HCrO_4]^-$の共役塩基である．したがって，クロム酸イオン溶液は，次式により常に塩基性である．

$$[CrO_4]^{2-}(aq) + H_2O(l) \rightleftharpoons [HCrO_4]^-(aq) + OH^-(aq)$$

3種の化学種間の平衡を図20・4に示す．

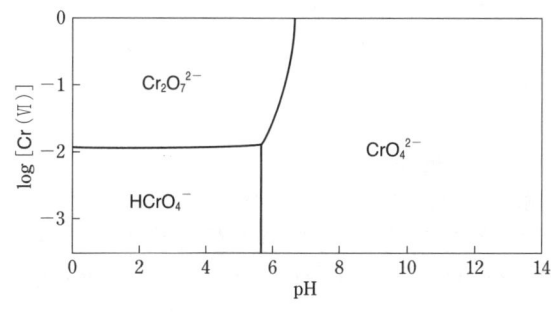

図20・4 クロム(VI)化学種のpHおよびクロム濃度依存性を示す安定領域図

多くのクロム酸塩が不溶性であり，クロム酸鉛(II)$PbCrO_4$のように対となる陽イオンが無色ならば，黄色を呈する．クロム酸鉛(II)の不溶性と高屈折率(したがって，高い不透明度)によって，高速道路の黄色の道標に用いられる．

クロム酸とニクロム酸の両方とも，クロムは+6価である．したがって，この金属の電子配置はd^0で，無色になるはずである．しかし明らかにそうではない．色は，**電荷移動**[e]として知られている配位子から金属への電子遷移に基づく．すなわち，電子は配位子の充填したp軌道から，π相互作用を通して金属イオンの空のd軌道へ励起され

る．この過程は，単純につぎのように書ける．

$$Cr^{6+}—O^{2-} \longrightarrow Cr^{5+}—O^-$$

このような遷移にはかなりのエネルギーを要する．したがって，光吸収は通常，紫外領域に極大をもち，その吸収バンドの端が可視領域の光吸収に対応する．電荷移動はクロム酸塩や二クロム酸塩のように，金属が高酸化状態にあるときに特に顕著である．

クロム酸銀(I) Ag_2CrO_4はレンガ色を呈し，他の金属イオンの塩（タリウム(I)塩を除く）とは色が異なる（§9・8を参照）．このクロム酸塩の色は銀イオン分析に有用である．一つの方法は沈殿滴定（**モール法**[f]）であり，銀イオンを塩化物イオンに加えると塩化銀の白色沈殿を生じる．

$$Ag^+(aq) + Cl^-(aq) \longrightarrow AgCl(s)$$

クロム酸イオンの存在下（通常，約 0.01 mol·L^{-1}）では，塩化物イオンが完全に消費されると同時に，塩化銀よりわずかに溶けやすいレンガ色のクロム酸銀が生じ，当量点到達（実際には微過剰）を示す色変化が起こる．

$$2Ag^+(aq) + [CrO_4]^{2-}(aq) \longrightarrow Ag_2CrO_4(s)$$

二クロム酸イオンは架橋酸素原子（図20・5）を含む構造である．強酸化剤として有用だが，クロム(VI)イオンは発がん性を示し，特に粉末状固体は肺に吸収されやすいの

図20・5 二クロム酸イオン$[Cr_2O_7]^{2-}$

で注意深く取扱わねばならない†．橙色の二クロム酸イオンは優れた酸化剤で，それ自身は酸化還元反応中に還元されると緑色のヘキサアクアクロム(III)イオン$[Cr(OH_2)_6]^{3+}$になる．

$$[Cr_2O_7]^{2-}(aq) + 14H^+(aq) + 6e^- \longrightarrow 2Cr^{3+}(aq) + 7H_2O(l) \quad E^\circ = +1.33 \text{ V}$$

この反応は，限度以上に摂取したアルコール検出のための呼気テストに用いられる．呼気中のエタノールを二クロム酸の酸性溶液に吹き入れると，色変化が定量的に検出できる．この反応では，エタノールは酸化されて酢酸になる．

$$CH_3CH_2OH(aq) + H_2O(l) \longrightarrow CH_3CO_2H(aq) + 4H^+(aq) + 4e^-$$

---

a) molybdenum b) tungsten c) chromate d) dichromate e) charge transfer f) Mohr method
† クロム(VI)の毒性は映画，"エリン・ブロコヴィッチ"（Erin Brockovitch）の主題である．

有機化学では，二クロム酸イオンによる有機化合物の酸化は一般的反応である．二クロム酸ナトリウムの方が二クロム酸カリウムより溶解度が高いため，好まれる．

二クロム酸ナトリウムは潮解性を示すため，定量分析の一次標準として用いることはできない．しかし，二クロム酸カリウムは理想的な一次標準である．それは加水分解せず，水への溶解度は温度とともに急速に上昇するので，再結晶によって高純度で得られるからである．一つの応用は，酸溶液中の鉄(II)イオン濃度の検出である．この滴定法では，二クロム酸塩は還元されてクロム(III)イオンになり，鉄(II)イオンは酸化されて鉄(III)イオンになる．

$$Fe^{2+}(aq) \longrightarrow Fe^{3+}(aq) + e^-$$

二クロム酸塩がクロム(III)イオンに還元される際の橙色から緑色への特徴的色変化は，十分な感度をもつわけではない．そこで指示薬として，ジフェニルアミンスルホン酸バリウム[a]を加える．この指示薬は鉄(II)イオンより酸化されにくいが，すべての鉄(II)イオンが鉄(III)状態に変換されると酸化されて青色を呈する．遊離の鉄(III)イオンが存在すると，この指示薬に影響して終点を不正確にするので，安定なリン酸鉄(III)錯体をつくるリン酸を少量，滴定前に加えておく．

二クロム酸アンモニウム $(NH_4)_2Cr_2O_7$ はよく"火山反応"の演示に用いられる．積み上げた二クロム酸アンモニウムに赤熱線か火のついたマッチを触れさせると，発熱的分解反応が始まり，火花を放出して水蒸気を噴き上げる劇的シーンが生まれる．しかし，この演示は安全ではない．発がん性のクロム(VI)化合物を含む粉塵が撒き散らされるからである．この反応は非化学量論的で，酸化クロム(III)，水蒸気，窒素ガス，およびわずかにアンモニアガスを生成する．一般的には次式のように表される．

$$(NH_4)_2Cr_2O_7(s) \longrightarrow Cr_2O_3(s) + N_2(g) + 4H_2O(g)$$

工業的な二クロム酸塩の製造には，興味深い化学がいくつか含まれている．出発物質は混合酸化物，鉄(II)クロム(III)酸化物 $FeCr_2O_4$（通称，亜クロム酸鉄とよばれる）であり，この鉱石が多量に南アフリカで産する．粉砕した鉱石を空気中，炭酸ナトリウムと一緒に 1000℃ に加熱すると，クロム(III) が酸化されてクロム(VI) になる．

$$4FeCr_2O_4(s) + 8Na_2CO_3(l) + 7O_2(g) \xrightarrow{\Delta}$$
$$8Na_2CrO_4(s) + 2Fe_2O_3(s) + 8CO_2(g)$$

水を添加してクロム酸ナトリウムを溶出すると（この工程は浸出[b]とよばれる），不溶性の酸化鉄(II)が残る．二クロム酸ナトリウムを得るには，ルシャトリエの法則を適用する．ふつうの条件下では，次式の平衡が左に傾くが，高圧の二酸化炭素（前の反応で得られた）雰囲気下では二クロム酸ナトリウムの収率が高くなる．

$$2Na_2CrO_4(aq) + 2CO_2(aq) + H_2O(l) \rightleftharpoons$$
$$Na_2Cr_2O_7(aq) + 2NaHCO_3(s)$$

実際に，二酸化炭素水溶液は，クロム酸–二クロム酸平衡における二クロム酸イオンの濃度を上げるために pH を下げる低コスト法として用いられている．前段の反応で生成した二酸化炭素のクロム酸に対するモル比は，この反応でのモル比とまったく等しい．平衡が左に偏るのを防ぐためには，ほとんど溶解しない炭酸水素ナトリウムを高圧下で沪別しなければいけない．得られた炭酸水素ナトリウムは，つぎに等モルの水酸化ナトリウムと反応させて，炭酸ナトリウムとし，第一段階の反応に戻す．よって，このプロセスで必要な大量の化学品は鉱石と水酸化ナトリウムだけである．

二クロム酸の一般的な検出法は，過酸化水素の添加である．生じた過酸化物はエトキシエタン（ジエチルエーテル）に抽出され，特徴的な濃青色を呈する．この溶液は，CrO_5 分子を含むと信じられており，その構造は具体的には 1 個の二重結合した酸素原子と 2 個のキレートした過酸化物ユニットを含む $CrO(O_2)_2$ である．

$$Cr_2O_7^{2-}(aq) + 3H_2O(l) \longrightarrow$$
$$2CrO(O_2)_2((C_2H_5)_2O) + 6H^+(aq) + 8e^-$$
$$H_2O_2(aq) + 2H^+(aq) + 2e^- \longrightarrow 2H_2O(l)$$

20・4・2 塩化クロミル

赤色，油状液体で，CrO_2Cl_2 の化学式をもつ塩化クロミルは，クロム原子のまわりに四面体形配置をとっており，Cr—O にはかなりの二重結合性がある（図 20・6）．この

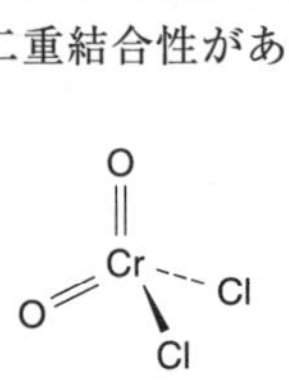

図 20・6　塩化クロミル分子 CrO_2Cl_2

化合物が興味深いのは，ハロゲン化物イオンの存在が既知の場合に塩化物イオンを検出する決定的方法に登場することである．濃硫酸を橙色の二クロム酸カリウム固体と塩化物イオン（たとえば白色の塩化ナトリウム）の混合物に加えると，塩化クロミルの形成の結果，色が黒ずむ．

$$K_2Cr_2O_7(s) + 4NaCl(s) + 6H_2SO_4(l) \longrightarrow$$
$$2CrO_2Cl_2(l) + 2KHSO_4(s) + 4NaHSO_4(s) + 3H_2O(l)$$

非常に注意深く穏やかに加熱すると，濃赤色の毒性ガスで

---
a) barium diphenylamine sulfonate　　b) leaching

ある塩化クロミルが蒸発する．このガスは採集して純粋な濃赤色の共有結合性液体として凝縮できる．この液体を塩基性溶液に加えると，直ちに加水分解して黄色のクロム酸イオンになる．

$$CrO_2Cl_2(l) + 4\,OH^-(aq) \longrightarrow CrO_4^{2-}(aq) + 2\,Cl^-(aq) + 2\,H_2O(l)$$

臭化物とヨウ化物は類似のクロミル化合物を生じないので，この試験は塩化物イオンだけに限定される．

20・4・3 塩化クロム(Ⅲ)

無水塩化クロム(Ⅲ) $CrCl_3$ は赤紫色の固体で，強熱した金属クロム上に塩素ガスを通すことによって得られる．

$$2\,Cr(s) + 3\,Cl_2(g) \xrightarrow{\Delta} 2\,CrCl_3(s)$$

水溶液から結晶化すると，濃緑色の六水和物が得られる．この水和した塩化クロム(Ⅲ)を硝酸銀溶液と処理すると，塩化物の3分の1だけが塩化銀として沈殿する．すなわち，塩化物イオンのうちの一つだけが配位していない遊離イオンとして存在している．この結果から，この化合物の化学式が $[Cr(OH_2)_4Cl_2]^+Cl^- \cdot 2H_2O$ であることがわかる．§19・4で述べたように，この化合物には3種の水和異性体がある．紫色の $[Cr(OH_2)_6]^{3+}3Cl^-$，淡緑色の $[CrCl(OH_2)_5]^{2+}2Cl^- \cdot H_2O$，および濃緑色の $[Cr(OH_2)_4Cl_2]^+Cl^- \cdot 2H_2O$ である．

20・4・4 酢酸クロム(Ⅱ)

クロム(Ⅱ)はこの元素においては低い酸化状態だが，酢酸クロム(Ⅱ)は合成が容易である．この不溶性の赤色化合物は，クロム(Ⅲ)イオンを金属亜鉛で還元して合成する．

$$2\,Cr^{3+}(aq) + Zn(s) \longrightarrow 2\,Cr^{2+}(aq) + Zn^{2+}(aq)$$

つづいて，酢酸イオンを加える．

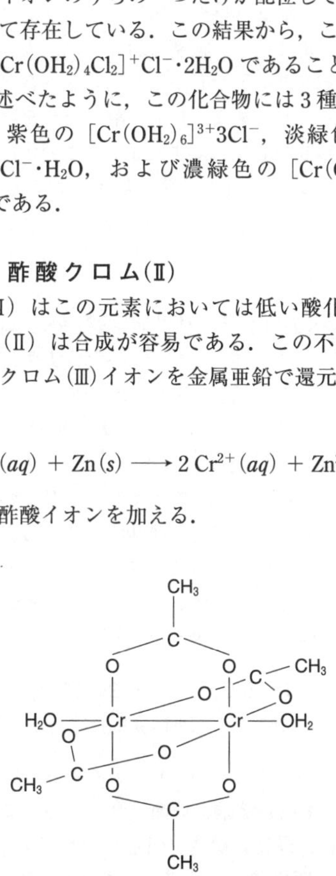

図 20・7 酢酸クロム(Ⅱ)二量体錯体

$$2\,Cr^{3+}(aq) + 4\,CH_3COO^-(aq) + 2\,H_2O(l) \longrightarrow Cr_2(CH_3COO)_4(OH_2)_2(s)$$

酢酸塩は一般に可溶である．実際に，硝酸塩と同様に最も易溶な化合物を形成する．したがって，この酢酸クロムの不溶性は，単純な化合物でないことを示唆する．まさにそのとおりである．この錯体は4個のアセテート配位子が―O―C―O―架橋として2個のクロム(Ⅱ)イオン間を連結した二量体であり，クロム-クロム直接結合ももつ．2個の水分子は，分子端の6番目の配位サイトを占める（図20・7）．

20・4・5 酸化クロム類

重要な酸化物は，チタンについては唯一，酸化チタン(Ⅳ) TiO_2 であり，バナジウムについては唯一，酸化バナジウム(Ⅴ) V_2O_5 である．両者とも高融点のイオン性固体である．クロムは2種の重要な酸化物をもつ．一つは酸化クロム(Ⅵ) CrO_3 であり，もう一つは酸化クロム(Ⅲ) Cr_2O_3 である．

酸化クロム(Ⅵ)は赤色結晶性固体である．低融点で非常に水溶性であり，その結合は，共有結合性小分子とみなすのが最も適切である．非常に高酸化数の金属酸化物のほとんどが酸性酸化物であるように，この酸化クロム(Ⅵ)も酸性酸化物である．水に溶けて"クロム混酸[a]"をつくるが，それは実際に混合物である．この溶液が強い酸化力をもちかつ酸性であるという性質から，実験ガラス器具の洗浄の最終手段として用いられることがある．しかし，この溶液自身の有害性（発がん性で強酸性）とガラス付着物との発熱的な酸化還元反応に伴う危険性から，使用は控えるべきである．

この酸化物は，冷やした二クロム酸カリウムの濃厚溶液に濃硫酸を加えて合成できる．この反応では最初にクロム酸が生成し，そのあと分解して酸性酸化物と水になると考えられる．

$$K_2Cr_2O_7(aq) + H_2SO_4(aq) + H_2O(l) \longrightarrow K_2SO_4(aq) + 2\,\text{"}H_2CrO_4(aq)\text{"}$$
$$\text{"}H_2CrO_4(aq)\text{"} \longrightarrow CrO_3(s) + H_2O(l)$$

緑色粉末化合物の酸化クロム(Ⅲ) Cr_2O_3 は，高融点をもち，水に不溶性で，低い金属酸化数から予想できるように両性酸化物である．これらの2種の酸化物の性質を表20・3に比較する．

クロム酸鉛(Ⅱ)（黄鉛，クロムイエロー[b]）が重要な黄色顔料であるのと同様に，酸化クロム(Ⅲ)は，一般的な緑色顔料である．1862年以来，緑色の米国通貨（"グリーンバックス[c]"に顔料として使われているのが酸化クロム

---

[a] chromic acid [b] chrome yellow [c] greenbacks

表 20・3 酸化クロム(VI) と酸化クロム(III) の性質の比較

酸化物	外 観	融 点 [℃]	水への溶解度	酸塩基の性質	結合の分類
CrO_3	赤色結晶	190	可 溶	酸 性	共有結合性小分子
Cr_2O_3	緑色粉末	2450	不 溶	両 性	イオン性

(III) である.この顔料は,有機色素でなく鉱物なので,緑色があせることがなく,酸,塩基や酸化剤,還元剤の影響を受けない.

20・4・6 硫化モリブデン(IV)

硫化モリブデン(IV) だけが,工業的に重要なモリブデン化合物である.この化合物はモリブデンの一般的な鉱石であり,米国が全世界の供給量の約半分を占める.精製した黒色の硫化モリブデン(IV) MoS_2 はグラファイト類似の層状構造をしている.この性質に基づく用途として,単独または炭化水素油と混合したスラリー状態で研磨剤として用いられる.

20・4・7 タングステン

タングステンは全金属の中で最高の融点 (3422 ℃) をもつ.この性質と高い延性により,白熱電球に利用される.タングステンワイヤーに電流を通すと熱が生じ,電球の場合には,十分高いエネルギーによりワイヤーが白熱して輝く.しかし高融点のタングステンでさえも,熱い金属表面から原子が昇華してガラス電球壁に付着するので,ワイヤーはしだいに細くなり,最後には断線する.フィラメント寿命を最長にするには,ワイヤーを通る電流を,許容できる白熱を出すのに必要な最小限に抑えることである.

飛行機着陸のように高強度照明が必要な状況からの要請で,より大きな光出力を得るために,フィラメントを高温で作動させる方法が必要だった.幸運なことに,タングステンの化学はその答えを導き出した.ヨウ化タングステン(II) の熱分解である.タングステン-ハロゲンランプにおいては,ガラス電球はヨウ素蒸気で満たされている.タングステンがワイヤーから昇華して電球内の冷えたところに移動すると,金属原子は二ヨウ素と結合してガス状のヨウ化タングステン(II) を生成する.この分子が熱線近くにくると分解して,金属タングステンを生じ,それがワイヤーに蒸着してもとに戻る.この方法では,フィラメントは金属の融点近くで使用できるので,高強度の光を放ち,かつ許容可能な寿命をもつ.

$$W(s) + I_2(g) \rightleftharpoons WI_2(g)$$

20・4・8 タングステンブロンズ

§16・6に組成式 $MM'O_4$ の酸化物によくみられるペロブスカイトの単位格子を記述した.ここで M はサイズが大きく低電荷の陽イオンで,M′ は小さく高電荷の陽イオンである.タングステン酸ナトリウム $NaWO_3$ はペロブスカイト構造をもち,きわめて異常な性質を示す.この化合物の合成に必要なナトリウムイオン量は化学量論比未満である.すなわち,Na_xWO_3 で $x < 1$ である.化学量論比に合うタングステン酸は白色だが,ナトリウムモル比が 0.9 に減ると金属光沢をもつ黄金色になる.モル比が 0.9 から 0.3 になると,色が金属光沢をもつ橙色から赤を経て青黒色になる.この物質とその類縁体は,**タングステンブロンズ**[a] とよばれ,よく金属様塗料に用いられる.

これらの化合物は外見が金属的に見えるだけでなく,電気伝導度も金属に近い.結晶においては,大きなアルカリ金属が存在すべき格子中心がモル比の低下とともに,しだいに空になる.その結果,化学量論的な化合物では満たされていた伝導帯が部分的に空になる.この状況では,タングステンイオンの d 軌道と酸化物イオンの p 軌道からできる格子端の π 系を通して電子が移動できる.この電子の可動性こそが,色と電気伝導性を生み出すもとである.

20・4・9 ヘテロポリモリブデン酸とヘテロポリタングステン酸

ケイ酸塩が SiO_4 四面体のクラスターを形成してポリケイ酸を与える (§14・15 を参照) のと同様に,モリブデン酸イオン MoO_4^{2-} とタングステン酸イオン WO_4^{2-} は,八面体形 MO_6 ユニットのクラスターを形成できる.この種のクラスターにおいて特に興味深いことは,それらの中にヘテロイオンを取込めることである.たとえば,モリブデン酸イオンとリン酸イオンを混合して酸性にすると,リンモリブデン酸イオン $[PMo_{12}O_{40}]^{3-}$ が生じる.

$$PO_4^{3-}(aq) + 12\,MoO_4^{2-}(aq) + 24\,H^+(aq) \longrightarrow [PMo_{12}O_{40}]^{3-}(aq) + 12\,H_2O(l)$$

ヘテロイオンのリン(V) はクラスター中央の四面体空孔に位置し,4個の酸素に取囲まれている.このヘテロポリ酸イオンは,最初に構造を同定したケギン[b] の名前にちなんで**ケギン型構造**[c] とよばれることもある.1:12 の比をもつクラスターはモリブデンとタングステンの両方で生

---

a) tungsten bronze b) J. F. Keggin c) Keggin structure

成でき，ヘテロイオンは四面体空孔とサイズが合うならどんな小さなイオンでもよい．それらのイオンは，対応するオキソアニオンがリン(V) PO_4^{3-} やケイ素(IV) SiO_4^{4-} のように四面体形である．

リンモリブデン酸の形成は，リン酸イオンの定性および定量分析に有効である．黄色の強さがこの錯イオンの濃度を示す．一方，還元剤の添加によってモリブデン(VI)イオンの一部がモリブデン(V)に還元される．生じた電荷欠損によって，このイオンは非常に濃い青色になる．これはヘテロポリブルー[a]とよばれ，リン酸の高感度検出に利用される．またリンモリブデン酸塩は織物の優れた難燃剤である．

サイズの小さい陽イオンとリンモリブデン酸の塩は非常に水に易溶だが，セシウムやバリウムのような大きな陽イオンの塩は不溶性である．3− または 4− のイオン電荷が非常に大きなクラスター上に非局在化しているので，低い電荷密度はこの酸の強度を非常に高め，その共役塩基は本質的に中性である．ヘテロポリ酸自身は非常に低い pH で合成できる．12-タングストケイ酸[b]は最も合成が容易なものの一つである．

$$SiO_4^{4-}(aq) + 12\,WO_4^{2-}(aq) + 28\,H^+(aq) \longrightarrow$$
$$H_4SiW_{12}O_{40}\cdot 7H_2O(s) + 5\,H_2O(l)$$

そしてこの酸は，他の典型的な強酸と同様に，水酸化ナトリウムで滴定できる．

$$H_4SiW_{12}O_{40}(aq) + 4\,OH^-(aq) \longrightarrow$$
$$[SiW_{12}O_{40}]^{4-}(aq) + 4\,H_2O(l)$$

20・4・10 生物学的役割

クロム(VI)は，皮膚を浸透して摂取，吸収すると発がん性を示すが，少量のクロム(III)は健康食品に必要である．インスリンとクロム(III)イオンは血中グルコース濃度を制御している．クロム(III)の不足やクロムイオンを用いる能力がない場合は，糖尿病になる．

モリブデンこそがこの族で最も生物学的に重要な元素である．生物内で機能する広範な元素の中で最も重い（最高の原子番号をもつ）ものである．現在，何十種類もの酵素がモリブデンに依存しており，通常は，モリブデン酸イオン $[MoO_4]^{2-}$ として吸収される．最重要なモリブデン酵素（鉄も含む）はニトロゲナーゼ[c]である．この酵素は大気中の"不活性な"二窒素をアンモニウムイオンに還元する細菌中に存在する．これらの細菌の一部は，マメ科植物[d]と関係があり，根粒をつくる．これらの細菌は年間 2×10^8 トンもの窒素を地球の土壌に固定する．

ニトロゲナーゼの外側には含モリブデン酵素があり，一般的なモリブデン核とプテリン[e]として知られている有機環構造をもつ．これらの酵素は，別の金属，特に鉄-硫黄系を含むことが多く，生物の毒性化学種の酸化剤または還元剤の重要な役割を果たしている．たとえば，亜硫酸オキシダーゼ[f]は亜硫酸イオンを硫酸イオンに酸化し，一酸化炭素デヒドロゲナーゼ[g]は一酸化炭素を二酸化炭素へ酸化し，硝酸レダクターゼ[h]は，硝酸イオンを亜硝酸イオンに還元する．いくつかの一般的なプテリンを含むモリブデン酵素を表 20・4 に列挙する．

なぜモリブデンのような希少金属が生物学的に重要なのだろう？ もっともらしそうな理由が複数ある．モリブデン酸イオンは中性付近の pH において非常に水溶性であり，生物流体による輸送が容易である．このイオンは負電荷をもつので，第 4 周期遷移金属の陽イオンよりもさまざまな環境に適している．実際に，モリブデン酸イオンは硫酸イオン SO_4^{2-} と同様な機構で輸送される．これは 6 族と 16 族のイオンの類似性の一例である（§9・5を参照）．この元素は幅広い酸化状態（+4，+5，+6）をとり，それらのレドックス電位は生体系の酸化還元電位と重なっている．最後に，モリブデンは海水中ではおよそ 18 番目に豊富な金属である．生物学的プロセスのための元素の選択の多くは，おそらくこの惑星の生命が海にしかいなかったときに決められたのであろう．

タングステン酵素も知られており，ある種の細菌でみつ

表 20・4 一般的なプテリンを含むモリブデン酵素の例

名称	一分子中の金属原子	存在
亜硫酸オキシダーゼ	2 Mo	哺乳類の肝臓
亜硝酸レダクターゼ	2 Mo, 2 Fe	植物，真菌，藻類，細菌
トリメチルアミン N-オキシドレダクターゼ[i]	2 Mo, 1 Fe, $1\frac{1}{2}$ Zn	大腸菌
キサンチンオキシダーゼ[j]	2 Mo, 4 Fe$_2$S$_2$	牛乳，哺乳類の肝臓，腎臓
ギ酸デヒドロゲナーゼ[k]	Mo, Se, Fe$_n$S$_n$	真菌，酵母，細菌，植物
一酸化炭素デヒドロゲナーゼ	2 Mo, 4 Fe$_2$S$_2$, 2 Se	細菌

a) heteropoly-blue b) 12-tungstosilicic acid c) nitrogenase d) pea and bean family e) pterin f) sulfite oxidase
g) carbon monoxide dehydrogenage h) nitrate reductase i) trimethylamine N-oxide reductase j) xanthine oxidase
k) formate dehydrogenase

海床の採鉱

通常，鉱物は地殻に掘られた採掘鉱から出てくるものと思うが，海底に埋蔵された鉱石を採鉱する興味が増大している．1873 年に，チャレンジャー号の太平洋探検で初めて，海底の鉱脈が掘出された．海床全体には広く鉱脈が分布していることが知られている．これらの鉱脈では，一般に，マンガンと鉄がそれぞれ 15〜20% を占めており，それより少ないが，チタン，ニッケル，銅，コバルトも存在している．しかし，これらの組成は場所ごとに異なり，中には 35% ものマンガンを含有する鉱脈もある．

そのような鉱脈がいかにして形成したかという理由は，長い間化学者にとって謎だった．大洋が巨大な化学反応容器であると提案したのはスウェーデンの化学者，シレン[a]だった．金属イオンが土地の流水や海底火山の噴気孔によって海に集まってくるので，それらと海水中の陰イオンとの反応の生成物は溶解度積を超える．そしておそらく，化合物が何千年，いや何百年もの年月をかけて非常にゆっくりとこれらの鉱脈の形状に結晶化し始めるのである．

上記のように，これらの鉱脈には金属が濃縮されているので，特に，マンガン，コバルト，ニッケルの消費量が多く輸入に頼らなくてはならない米国においては海底鉱脈に多大な興味が注がれている．すでに多くの採鉱技術が発達し，1 時間当たり 200 トンの鉱脈を掘出すまでになっている．しかし，関心事が二つある．一つは海床生物にかかわることである．このような大規模な穴掘りは海底の生態系に大きな影響を与えるだろう．もう一つは，領有権の問題である．鉱脈は，どんな会社や国であろうともそれを最初に採掘したところに所有権を与えるべきなのか，それとも世界共有の水の中なので，世界全体の所有にすべきなのか？ これらの両問題はできるだけ早急に議論し，解決する必要がある．

かる．多くの場合，それらの細菌は含モリブデン酵素ももっている．しかし，選択的にタングステン酵素に機能を依存する高温古細菌[b]のような細菌もいる．このタングステン中心は，電子貯蔵と電子源として働き，タングステン +4，+5 および +6 酸化状態の間を往復する．これらの細菌は，ときには 110 ℃までの非常に高温で存在するので，モリブデンよりむしろタングステンが酵素によって用いられたという説がある．タングステンの方が金属-配位子結合が強く，酵素を分解することなく高温で機能できるからである．

20・5 7族：マンガン，テクネチウム，レニウム

マンガン[c]はある特殊な鋼の添加物として重要である．レニウム[d]はほとんど実用性がない．テクネチウム[e]はすべての同位体が放射性であり，放射線療法や放射線イメージング用の医療用途をもつ．

20・5・1 マンガンの酸化状態

マンガンは，他のいかなる一般的な金属よりも，幅広い酸化状態の化合物を容易に形成する．図 20・8 は酸溶液中のマンガンの酸化状態の安定性を示す．この図から，過マンガン酸イオン $[MnO_4]^-$（テトラオキソマンガン酸(VII)イオン[f]ともよばれる）が非常に強い酸化性をもつことがわかる．濃緑色のマンガン酸イオン $[MnO_4]^{2-}$（テトラオキソマンガン酸(VI)イオン[g]としても知られている）も

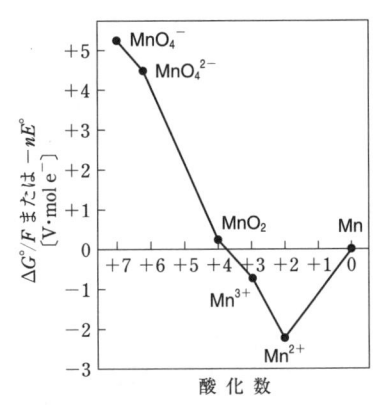

図 20・8 酸溶液中のマンガンのフロスト（酸化状態）図

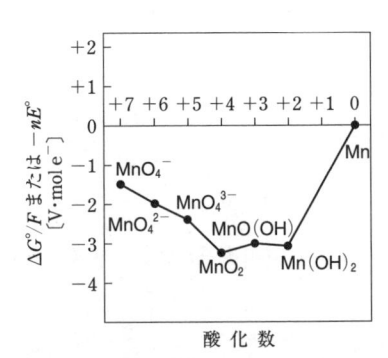

図 20・9 塩基性溶液中のマンガンのフロスト（酸化状態）図

---

a) I. G. Sillén b) archaea c) manganese d) rhenium e) technetium f) tetraoxomanganate(VII) ion
g) tetraoxomanganate(VI) ion

た強い酸化性を示すが,容易に過マンガン酸イオンと酸化マンガン(IV)に不均化するので,あまり重要ではない.酸化マンガン(IV)は酸化性を示す最安定なマンガンの化学種である.酸溶液中では,マンガン(III)イオンは不均化するので,これも重要性は低い.最後に金属そのものは還元性である.

塩基性溶液では,図20・9にみられるように異なる状況になる.酸溶液との差異はつぎのように要約できる.

1. それぞれの酸化状態において,多くの化合物がユニークである.マンガンは多くの金属と同様に,高いpHでは不溶性の水酸化物(および酸化物水酸化物)を生成し,そこでは金属は低酸化状態にある.
2. 高い酸化状態での酸化力は,酸溶液中ほど強いわけではない.この差は,単純に水素イオンを含む還元反応の観点から説明できる.これらの反応は強くpHに依存するからである.酸溶液のフロスト図においては,水素イオンの濃度は$1\,\text{mol·L}^{-1}$であり,一方塩基性溶液では水素イオン濃度は$10^{-14}\,\text{mol·L}^{-1}$(すなわち,水酸化物イオン濃度が$1\,\text{mol·L}^{-1}$)である.ネルンスト式を用いると,このイオン濃度の変化が標準還元電位に大きな効果を及ぼすことを提示できる.
3. 酸中で非常に不安定な酸化状態が塩基性溶液中では存在できる(逆も成立).たとえば,輝青色の亜マンガン酸イオン$[MnO_4]^{3-}$(またはテトラオキソマンガン酸(V)イオン[a])が塩基性溶液では生成する.
4. 塩基性溶液では,酸化水酸化マンガン(III) MnO(OH) と水酸化マンガン(II)の両方ともある程度安定であるが,熱力学的に最安定な化学種は酸化マンガン(IV)である.たとえば,pH14以上では,酸化水酸化マンガン(III)は水酸化マンガン(II)より熱力学的に安定である.

20・5・2 過マンガン酸カリウム

過マンガン酸カリウム $KMnO_4$ は暗紫色固体で,最もよく知られたマンガン化合物であり,酸化数 +7 をもつ.クロム(VI)化合物と同様に,このd^0イオンの色は電荷移動電子遷移に由来する.水に溶けて濃い紫色溶液を与える.

過マンガン酸イオンはきわめて強い酸化剤であり,酸条件下では還元されて無色のマンガン(II)イオンになる.たとえば,過酸化水素との反応では,二つの半反応は以下のとおりである.

$$[MnO_4]^-(aq) + 8\,H^+(aq) + 5\,e^- \longrightarrow Mn^{2+}(aq) + 4\,H_2O(l)$$
$$H_2O_2(aq) \longrightarrow O_2(g) + 2\,H^+(aq) + 2\,e^-$$

塩基性溶液では,褐色固体の酸化マンガン(IV)が生成する(有機化学における酸化には,よく過マンガン酸イオンの塩基性溶液を用いる).

$$[MnO_4]^-(aq) + 2\,H_2O(l) + 3\,e^- \longrightarrow MnO_2(s) + 4\,OH^-(aq)$$
$$HO_2^-(aq) + OH^-(aq) \longrightarrow O_2(g) + H_2O(l) + 2\,e^-$$

塩基性溶液では,亜硫酸イオンのような弱い還元剤によって還元されて,緑色のマンガン酸イオンを生じる.

$$[MnO_4]^-(aq) + e^- \longrightarrow [MnO_4]^{2-}(aq)$$
$$SO_3^{2-}(aq) + 2\,OH^-(aq) \longrightarrow SO_4^{2-}(aq) + H_2O(l) + 2\,e^-$$

マンガン酸イオンは固体状態か強塩基性条件においてのみ安定である.たとえば,マンガン酸カリウムを水に溶かしたときは,フロスト図から予測できるように不均化を起こす.

$$3\,[MnO_4]^{2-}(aq) + 2\,H_2O(l) \longrightarrow 2\,[MnO_4]^-(aq) + MnO_2(s) + 4\,OH^-(aq)$$

過マンガン酸カリウムは,酸化還元滴定の重要な試薬である.二クロム酸カリウムとは異なり,純度が保証できないので,一次標準には適さない.この物質の試料は酸化マンガン(IV)をいくらか含み,水溶液は放置しておくとゆっくりと褐色の酸化マンガン(IV)を析出する.その正確な濃度は,シュウ酸標準溶液に対する滴定によって決定される.過マンガン酸溶液をビュレットからシュウ酸溶液に滴下すると,(ほとんど)無色のマンガン(II)イオンと二酸化炭素を生じて,紫色が消失する.過マンガン酸塩は,ほんのわずかな過剰量でも溶液をピンクに色づけるので,それ自身が指示薬として働く.

$$[MnO_4]^-(aq) + 8\,H^+(aq) + 5\,e^- \longrightarrow Mn^{2+}(aq) + 4\,H_2O(l)$$
$$[C_2O_4]^{2-}(aq) \longrightarrow 2\,CO_2(g) + 2\,e^-$$

この反応の活性化エネルギーは高い.反応速度を上げるために,シュウ酸溶液をあらかじめ加温する.しかし,一度マンガン(II)イオンが少しでも生じると,それ自身が触媒となり,滴定が進むほど反応は速くなる.

過マンガン酸カリウムの標準溶液は,鉱物や食品などの試料中の鉄の定量分析に利用できる.鉄を鉄(II)イオンに変換し,つぎに過マンガン酸カリウムの標準溶液で滴定する.この際も,過マンガン酸イオンを試薬と指示薬の両方の役割で用いる.

---

[a] tetraoxomanganate(V) ion

$$[MnO_4]^-(aq) + 8H^+(aq) + 5e^- \longrightarrow Mn^{2+}(aq) + 4H_2O(l)$$
$$Fe^{2+}(aq) \longrightarrow Fe^{3+}(aq) + e^-$$

過マンガン酸カリウムは非常に強い酸化剤なので，濃塩酸でさえ酸化して塩素にする．この反応は，実験室で塩素を発生させる方法の一つである．

$$2KMnO_4(s) + 16HCl(aq) \longrightarrow 2KCl(s) + 2MnCl_2(s) + 8H_2O(l) + 5Cl_2(g)$$

20・5・3　マンガン(II)化合物

酸条件下で，熱力学的に最安定なマンガンの酸化数は+2である．この酸化状態のマンガンは非常に薄いピンク色のイオン $[Mn(OH_2)_6]^{2+}$ として存在する．このイオンは硝酸塩，塩化物，硫酸塩のような一般的なすべてのマンガン塩中に存在している．このイオンの非常に薄い色は，他のほとんどの遷移金属イオンの強い色と対照的である．色が非常に薄い理由は，前に示した遷移金属化合物の色の原因から推察できる．吸収される波長は，d電子を基底状態から励起状態へ上げるのに必要なエネルギーに対応する．しかし，高スピンのマンガン(II)イオンでは，すでにそれぞれの軌道に1電子ずつ入っている．電子が可視領域の光を吸収する唯一の方法は，励起中にスピンを反転させ，もう一つの電子と対になることである（図20・10）．この過程（スピン禁制遷移）は起こる確率が非常に低い．したがって，マンガン(II)イオンはほんのわずかにしか可視光を吸収しない．

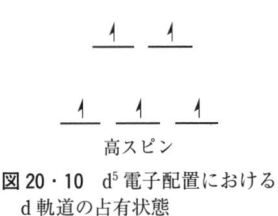

図 20・10　d^5 電子配置におけるd軌道の占有状態

マンガン(II)イオンを含む溶液に塩基を加えると，白色の水酸化マンガン(II)が生成する．

$$Mn^{2+}(aq) + 2OH^-(aq) \longrightarrow Mn(OH)_2(s)$$

しかし，塩基性条件ではマンガン(III)状態が有利であり，水酸化マンガン(II)は空気中で酸化されて，褐色の水和した酸化マンガン(III) MnO(OH)になる．

$$Mn(OH)_2(s) + OH^-(aq) \longrightarrow MnO(OH)(s) + H_2O(l) + e^-$$
$$\tfrac{1}{2}O_2(g) + H_2O(l) + 2e^- \longrightarrow 2OH^-(aq)$$

過酸化マンガンより強力な酸化剤の一つがビスマス酸イオン $[BiO_3]^-$ である．マンガン(II)イオンの検出法は，試料にビスマス酸ナトリウムを低温，酸性条件で加えることである．紫色の過マンガン酸イオンが生成し，それによって，マンガンの存在が確認できる．

$$Mn^{2+}(aq) + 4H_2O(l) \longrightarrow [MnO_4]^-(aq) + 8H^+(aq) + 5e^-$$
$$[BiO_3]^-(aq) + 6H^+(aq) + 2e^- \longrightarrow Bi^{3+}(aq) + 3H_2O(l)$$

20・5・4　酸化マンガン類

マンガンは第4周期のすべての遷移金属の中で，最も広範な酸化物群をつくり，それには Mn_2O_7，MnO_2，Mn_2O_3，Mn_3O_4，MnOが含まれる．すなわち酸性の酸化マンガン(VII) Mn_2O_7 から塩基性の酸化マンガン(II) MnOまでにわたっている．特に興味深い3種は，酸化マンガン(VII) Mn_2O_7，酸化マンガン(IV) MnO_2，および酸化マンガン(II,III) Mn_3O_4 である．

酸化マンガン(VII)は，室温では緑がかった褐色液体である．酸化クロム(VI)と同様に，強い酸化性で，その結合は共有小分子のように記述するのが最良である．この酸化物は，爆発的に分解してより安定な酸化マンガン(IV)になる．

$$2Mn_2O_7(l) \longrightarrow 4MnO_2(s) + 3O_2(g)$$

酸化マンガン(IV)は濃灰色の不溶性固体で本質的にイオン性構造をもつ．これだけが，酸化状態+4のマンガンのありふれた化合物である．（§9・5で，酸化マンガン(IV)と二酸化塩素の間の類似性に言及した．）この化合物は強酸化剤である．濃塩酸から塩基を遊離すると同時に還元されて塩化マンガン(II)になる．

$$MnO_2(s) + 4HCl(aq) \longrightarrow MnCl_2(aq) + Cl_2(g) + 2H_2O(l)$$

この酸化物は一般的なアルカリ電池の鍵となる成分である．電池は，陰極（カソード）となる中央棒をもつ亜鉛のケース（陽極，アノード）で構成される．この棒はグラファイト（電気の良導体）と酸化マンガン(IV)の圧縮混合物から成る．電解質は水酸化カリウム溶液である．電池反応では，酸化マンガン(IV)は還元されて酸化水酸化マンガン(III) MnO(OH)になり，一方亜鉛は酸化されて水酸化亜鉛になる．

$$2MnO_2(s) + 2H_2O(l) + 2e^- \longrightarrow 2MnO(OH)(s) + 2OH^-(aq)$$
$$Zn(s) + 2OH^-(aq) \longrightarrow Zn(OH)_2(s) + 2e^-$$

全反応過程では，陽極で2 molの水酸化物イオンが消費され，陰極では2 molの水酸化物イオンが生成する．水酸化

物イオン濃度が一定であるため，電池の電圧は一定に保たれる．これは，出力電圧が電池の使用時間とともに低下する古い"乾電池"と比較して，優れた長所である．

酸化マンガン(Ⅱ,Ⅲ) Mn_3O_4 は赤褐色の固体で，その化学式から興味がもたれる．結晶においては，Mn^{2+} と Mn^{3+} の両イオンを含む．したがって，その構造は $(Mn^{2+})(Mn^{3+})_2(O^{2-})_4$ と表すのが一番妥当である．容易に混合酸化状態を含む酸化物を形成するのは，鉄とマンガンだけである．すでにスピネル構造に触れたところで二つの酸化物 Mn_3O_4 と Fe_3O_4 を言及した（§13・9を参照）．このマンガン化合物が正スピネル構造をとるのに対して，鉄化合物の方は逆スピネル構造をとるという事実は，結晶場理論を用いて説明できる．

20・5・5 生物学的役割

マンガンは多くの動植物の酵素に重要な元素である．哺乳類においては，肝臓にある含窒素老廃物を排出可能な尿素に変換する酵素，アルギナーゼ[a]に用いられる．植物には酵素の一群として，マンガンを含有するリントランスフェラーゼがある．他のほとんどの遷移金属と同様に，マンガンの生物学的役割は，+2と+4の酸化状態をサイクルする酸化還元試薬のように考えられる．

20・6 8族: 鉄，ルテニウム，オスミウム
20・6・1 鉄-コバルト-ニッケル三元系

古い表記法では，8, 9, 10族は一緒にⅧ族とよばれていた．このことは，いくつかの観点で，化学的なセンスを養うのに役立った．これら三つの族がいくつかの興味深い関係をもつからである．特に，第一列の元素，鉄[b]，コバルト[c]，ニッケル[d]は化学的類似性をもち，ルテニウム[e]，オスミウム[f]，ロジウム[g]，イリジウム[h]，パラジウム[i]，白金[j]は，合わせて白金族[k]と名づけるのにふさわしい共通の化学的性質を示す（図20・11）．

第一列の3金属と白金族の間には，それらの単体の性質に大きな差がある．**FeCoNi-3金属**[l]は希酸で酸化されるが，白金族の金属は最強の**王水**[m]（濃塩酸と硝酸の混合物）のような試薬以外には不活性である．FeCoNi-3金属はすべて強磁性で，ほぼ同じ融点をもつ（1455～1535℃）．

FeCoNi-3金属と，周期表でそれより前の第一列遷移金属との間の最も顕著な差は，最高酸化状態がもはや d^0 電子配置（チタンは+4，バナジウムは+5，クロムは+6，マンガンは+7）にならないことである．FeCoNi-3金属のいずれも，ふつうの酸化状態は+2であり，ヘキサアクアイオン $[M(OH_2)_6]^{2+}$ や四面体形のテトラクロロイオン $[MCl_4]^{2-}$ を形成する．+3酸化状態は，鉄ではふつうだが，コバルトではそれほど一般的ではなく，ニッケルでは珍しい．

FeCoNi-3金属だけに限定されない，いくつかの関係に言及することも重要である．実際に，多くの第一列遷移金属に共通性がある．たとえば，$[M(OH_2)_6]^{2+}(aq)$ はマンガンから銅までの全金属において空気に安定である．また，実際は $(M^{2+})(M^{3+})_2(O^{2-})_4$ である混合金属酸化物 M_3O_4 はマンガン，鉄，およびコバルトにおいて知られている．

20・6・2 鉄

鉄は地殻の主要成分と信じられている．この金属はわれわれの文明化において，最重要な物質でもある．しかし，この地位にいるのは，鉄が"最高の"金属だからというわけではない．結局，鉄は他の多くの金属より容易に腐食する．われわれの社会における圧倒的な鉄の支配力はつぎのさまざまな要因に基づいている．

1. 鉄は地殻で2番目に豊富な金属であり，鉄鉱石の濃縮した堆積物が，多くの地域でみつかるので，採掘するのが容易である．
2. 一般的な鉱石を，簡単に安く熱化学的に加工して，金属が得られる．
3. 他の金属がかなりもろいのに対して，鉄は鍛造でき，打ち延ばせる．
4. 融点（1535℃）は，さほど困難なく液相を取扱うのに十分さである．
5. 他元素の少量添加によって，特殊用途用に望みどおりの強度，硬度および可鍛性の組合わせをもつ合金を製造できる．

取上げるべき一つの項目は鉄の化学反応性である．鉄の反応性は，アルカリ金属元素やアルカリ土類金属元素に比べるとかなり低いが，他の多くの遷移金属よりは高い．鉄が

Ti	V	Cr	Mn	**Fe**	**Co**	**Ni**	Cu
Zr	Nb	Mo	Tc	**Ru**	**Rh**	**Pd**	Ag
Hf	Ta	W	Re	**Os**	**Ir**	**Pt**	Au

図20・11 鉄，コバルトおよびニッケルは水平方向の関連性をもち，また第5, 6周期の8, 9, 10族元素は多くの類似性をもつ．

---

a) arginase　b) iron　c) cobalt　d) nickel　e) ruthenium　f) osmium　g) rhodium　h) iridium　i) palladium
j) platinum　k) platinum metals　l) FeCoNi triad　m) aqua regia

かなり容易に酸化されるのは，大きな欠点である——多くの錆びた自動車，橋や他の鉄鋼構造物，器具，道具やおもちゃを思い浮かべれば理解できる．同時に，われわれが廃棄した金属物は，環境を壊すものとして永遠には残らず，朽ち果てて粉々になるだろう．

20・6・3 鉄の製造

鉄の最も一般的な原料は，2種の酸化物，酸化鉄(Ⅲ) Fe_2O_3 ならびに水和した酸化水酸化鉄(Ⅲ) Fe_3O_4 であるが，最もよく表される化学式が $Fe_2O_3 \cdot 1\frac{1}{2}H_2O$ の水和した酸化鉄(Ⅲ)もある．これらはそれぞれ，赤鉄鉱（ヘマタイト[a]），磁鉄鉱（マグネタイト[b]），および褐鉄鉱（リモナイト[c]）という鉱物名をもつ．鉄の伝統的な抽出は，高さ25〜60m，直径14mまでの大きさから成る**溶鉱炉**[d]で行われる（図20・12）．

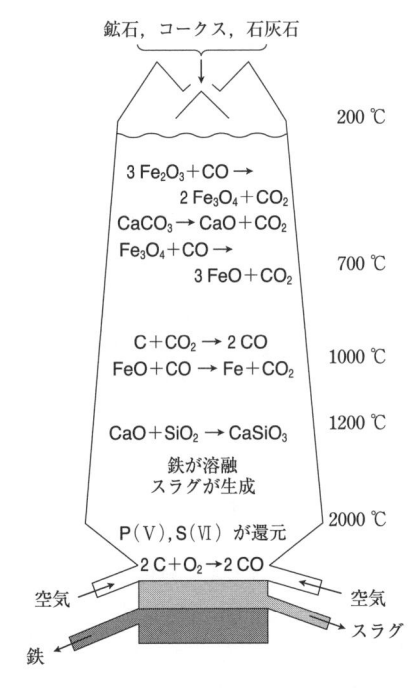

図20・12 溶鉱炉〔D. Shriver, P. Atkins, "Inorganic Chemistry", 3rd Ed., W. H. Freeman and Co., New York, p.182 (1998) より転載〕

溶鉱炉自身が鋼でつくられており，耐熱性，耐食性物質が裏張りされている．ライニング（裏張り）の材料は，かつてはレンガだったが，今では，非常に特殊なセラミック材料である．実際に，現在利用されている高温セラミックスの半分は，鉄鋼製錬所のライニング用である．ライニングに用いる主要なセラミック材料は，酸化アルミニウム（一般的にはコランダム[e]とよばれる）だが，炉の下部のライニングは化学式 $Al_xCr_{2-x}O_3$ の酸化物セラミックスでできている．この酸化物においては，クロム(Ⅲ)イオンがアルミニウムイオンを一部置換している．これらの混合酸化物セラミックスは，単成分の酸化物セラミックスより化学的，熱的な耐性が強い．

鉄鉱石，石灰石およびコークスを定量的に合わせた混合物を，円錐形とじょうご形を組合わせたガス散逸防止用カバーを通して，溶鉱炉上部へ供給する．前もって排出ガスの燃焼によって 600℃ に加熱した空気を炉下部へ送る．そのガスが炉を昇る一方で，生成物として降りてきた固体を底の方から取出す．熱は空気中の酸素分子と炭素（コークス）との反応で生成する．

$$2\,C(s) + O_2(g) \longrightarrow 2\,CO(g)$$

鉄鉱石の還元剤は，熱い一酸化炭素（最初は約2000℃）である．

炉の最上部では，温度は200〜700℃であり，この温度は酸化鉄(Ⅲ)を酸化鉄(Ⅱ,Ⅲ) Fe_3O_4 に還元するのに十分高い．

$$3\,Fe_2O_3(s) + CO(g) \longrightarrow 2\,Fe_3O_4(s) + CO_2(g)$$

約850℃の炉の下部では，酸化鉄(Ⅱ,Ⅲ)は酸化鉄(Ⅱ)に還元される．

$$Fe_3O_4(s) + CO(g) \longrightarrow 3\,FeO(s) + CO_2(g)$$

この温度は，炭酸カルシウム（石灰石）を酸化カルシウムと二酸化炭素に分解するのにも十分高い．

$$CaCO_3(s) \longrightarrow CaO(s) + CO_2(g)$$

混合物は熱い方（850〜1200℃）へ降りてくるので，酸化鉄(Ⅱ)は金属鉄に還元され，生じた二酸化炭素はコークスによって再還元されて一酸化炭素になる．

$$FeO(s) + CO(g) \longrightarrow Fe(s) + CO_2(g)$$
$$C(s) + CO_2(g) \longrightarrow 2\,CO(g)$$

炉のさらに低部では，温度はまだ1200〜1500℃であり，鉄は溶融して炉の底へ沈み，酸化カルシウムは鉄鉱石中の二酸化ケイ素（およびリン化合物のような他の不純物）と反応して，通常"スラグ"とよばれるケイ酸カルシウムを生成する．これは塩基性金属酸化物 CaO と酸性非金属酸化物 SiO_2 の間の高温酸塩基反応である．

$$CaO(s) + SiO_2(s) \longrightarrow CaSiO_3(l)$$

溶鉱炉には粘土で閉塞した2個の出銑口が上下につけられており，下方の出銑口は密度の高い金属鉄用であり，上方

---

[a] hematite [b] magnetite [c] limonite [d] blast furnace [e] corundum

の出銑口は低密度のスラグ用である．溶鉱炉は1日24時間連続稼動し，その大きさに依存して，1000～10,000トンの鉄を製造できる．

溶融金属は，通常は液体状態で直接鋼製造プラントへ輸送される．スラグは冷却固化して，粉砕し，コンクリート製造に用いるか，液体状態で空気と混合してから冷却して断熱用"毛状"材料にする．炉の上部から放出される熱い気体は相当量の一酸化炭素を含んでおり，それを燃焼させて炉用空気の前段加温に用いる．

$$2\,CO(g) + O_2(g) \longrightarrow 2\,CO_2(g)$$

製造された鉄は，ケイ素，硫黄，リン，炭素，酸素のようなさまざまな不純物を含む．4.5％程度もの大量に含まれる場合もある炭素は，特に材料のもろさに関与する．鉄はめったに純粋形としては用いられず，ふつうは，望みの性質をちょうど与えるように不純物レベルを注意深く調節する．不純物含有量を調節する一つの方法は，**塩基性酸素製鋼法**[a]である．その典型的な炉の模式図を図20・13に示す．

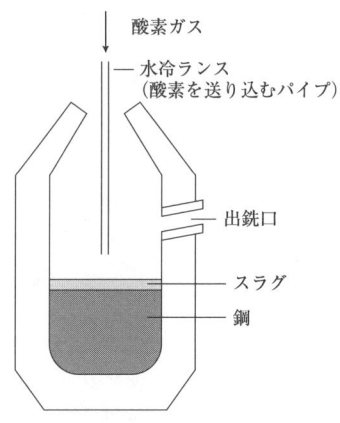

図20・13 塩基性酸素製鋼法用の炉

溶鉱炉と異なり，この方法は連続運転できるものではない．コンバーターは約60トンの溶融鉄で満たされている．二酸化炭素で希釈した酸素気流をコンバーターに送り込む．空気の代わりに酸素が用いられるのは，空気中の窒素がこの高温では鉄と反応し，もろい金属窒化物を生成するからである．酸素は不純物と反応して，炉中の温度を1900℃まで上昇させ，希釈剤の二酸化炭素は過剰に温度が上昇するのを防ぐ．さらに，温度を下げるために通常は冷えたスクラップ金属を加える．

塩基性酸素製鋼法では，炭素は酸化されて一酸化炭素になり，それはコンバーターの最上部で燃えて二酸化炭素になる．不純物のケイ素は酸化されて二酸化ケイ素になり，それは他元素の酸化物と反応してスラグを生成する．この炉は内側を石灰石（炭酸カルシウム）で覆われており，それは酸性の含リン不純物と反応する．数分後にコンバーターの最上部の炎が消え，すべての炭素が取除かれたことを示す．生じたスラグは流し出され，つぎに必要な微量の元素を溶融鉄に加える．

一般鋼では，0.1～1.5％の炭素が必要である．炭素は鉄と反応して，一般にセメンタイトとよばれる炭化鉄Fe_3Cを形成する．この化合物は，鉄の結晶中に分散した微小結晶を形成する．この不純物が存在すると鉄の延性は減少し，硬度が増加する．捕捉された酸素を鉄から除去するために，アルゴンを液状金属に吹き入れる．1トンの鉄当たり約$3\,m^3$のアルゴンが用いられる．他元素をある決めた割合で鉄に加えることによって，われわれのニーズに合うように鉄の性質を変えられる．さまざまな鉄合金の例を表20・5に示す．

表20・5 重要な鉄合金

名 称	組 成	性質と用途
ステンレス鋼	73％Fe，18％Cr，8％Ni	耐食性（卓上食器類，料理用具）
タングステン鋼	94％Fe，5％W	硬い（高速切削具）
マンガン鋼	86％Fe，13％Mn	強い（砕岩用ビット）
パーマロイ	78％Ni，21％Fe	磁性（電磁石）

20・6・4 直接還元鉄

含有量が高い鉄の製造には固相での鉱石の直接還元が用いられる．この方法には，高純度の鉄鉱石が不可欠である．還元剤である一酸化炭素と水素を加熱した鉄鉱石上に流す．酸化鉄(Ⅱ,Ⅲ)は段階的に還元される．

$$Fe_3O_4(s) + CO(g) \longrightarrow 3\,FeO(s) + CO_2(g)$$
$$Fe_3O_4(s) + H_2(g) \longrightarrow 3\,FeO(s) + H_2O(g)$$
$$FeO(s) + CO(g) \longrightarrow Fe(s) + CO_2(g)$$
$$FeO(s) + H_2(g) \longrightarrow Fe(s) + H_2O(g)$$

還元ガスはメタンを二酸化炭素と水で改質して得られる．よって，この方法の経済コストは安価な天然ガスの価格に依存する．実際にこの方法は，低質メタン，すなわち高割合の不燃性ガスを含むメタン堆積物を用いることができる．これらの堆積物は他の多くの商業用途には適さない．

$$CH_4(g) + CO_2(g) \longrightarrow 2\,CO(g) + 2\,H_2(g)$$
$$CH_4(g) + H_2O(g) \longrightarrow CO(g) + 3\,H_2(g)$$

直接還元鉄[b]（DRI）の利点は，巨大で高価な製錬操作

---

a) basic oxygen process　　b) direct reduction iron

なしに鉄を製造できることである．一方，一番の欠点は，天然鉱石に含まれるほとんどの不純物元素を製品が含むことである．先進国では，DRI の主要な用途は鋼リサイクルにおける"甘味料[a]"あるいは希釈剤である．スクラップ鋼は許容濃度を超えた銅，ニッケル，クロム，モリブデンなどの金属を含む場合が多い．DRI はこれらの金属の濃度が低いので，DRI を一部混ぜると電炉鋼製造用に許容可能な組成になる．先進国ではスクラップ鋼が不足しているが，スクラップの輸入は通常コストが高すぎて非経済的である．したがって DRI は経済的な鉄供給源である．

20・6・5 鉄(VI) 化合物

第 4 周期の遷移金属はマンガンを超えると，d^0 電子配置をもつ化合物をつくらない．実際に，+3 価より高い酸化状態の金属の化合物は非常に合成しにくく，そのような化合物は固相においてのみ安定である．亜鉄酸イオン $[FeO_4]^{2-}$ は，鉄が酸化数 +6 の d^2 状態をもつ稀有な化合物の一つである．この紫色の四面体形イオンは，たとえば赤紫色固体のバリウムフェライト $BaFeO_4$ のような不溶なイオン性化合物を形成することで安定化されている．（合成方法は §19・11 に記述した．）

20・6・6 鉄(III) 化合物

鉄(III)イオンはサイズが小さく分極が大きいので，その無水化合物は共有結合的性質を示す．たとえば，塩化鉄(III)は赤黒色の共有結合ネットワーク構造をもつ共有結合性固体である．加熱して気体状態にすると，図 20・14 に示した二量体 Fe_2Cl_6 として存在する．塩化鉄(III)は鉄を二塩素（塩素分子）存在下で加熱して得られる．

図 20・14 六塩化二鉄分子 Fe_2Cl_6

$$2\,Fe(s) + 3\,Cl_2(g) \longrightarrow 2\,FeCl_3(s)$$

臭化物は塩化物と類似しているが，ヨウ化物は単離できない．ヨウ化物イオンは鉄(III)を鉄(II)に還元するからである．

$$2\,Fe^{3+}(aq) + 2\,I^-(aq) \longrightarrow 2\,Fe^{2+}(aq) + I_2(aq)$$

無水塩化鉄(III)は水と発熱的に反応して，塩化水素ガスを生成する．

$$FeCl_3(s) + 3\,H_2O(l) \longrightarrow Fe(OH)_3(s) + 3\,HCl(g)$$

この反応は，黄金色でイオン性の水和塩 $FeCl_3 \cdot 6H_2O$ が単純に水に溶けて溶液中で六水和物イオンになるのと対照的である．§9・5 で述べたように，アルミニウムと鉄(III)の塩化物の化学には多くの共通点がある．

ヘキサアクア鉄(III)イオン $[Fe(OH_2)_6]^{3+}$ は非常に薄い紫色で，その色は固体の硝酸鉄(III)九水和物に表れている．マンガン(II)イオンと同様に，鉄(III)イオンは高スピン d^5 種である．スピン許容遷移をもたないので，その色は他の遷移金属イオンに比べて非常に薄い．塩化物の黄色は $[Fe(OH_2)_5Cl]^{2+}$ のようなイオンの存在によるものであり，このイオンでは電荷移動がつぎのように起こる．

$$Fe^{3+}\text{—}Cl^- \longrightarrow Fe^{2+}\text{—}Cl^0$$

すべての鉄(III)塩は水に溶解して，高電荷密度の水和陽イオンに特徴的な酸性溶液を与える．そのような状況では，配位水分子は十分に分極しているので，他の水分子は塩基として働き，プロトンを引抜く．鉄(III)イオンはつぎのように振舞う（最初の 2 反応を示すが，同様な後続反応がある）．

$$[Fe(OH_2)_6]^{3+}(aq) + H_2O(l) \rightleftharpoons$$
$$H_3O^+(aq) + [Fe(OH_2)_5(OH)]^{2+}(aq)$$
$$[Fe(OH_2)_5(OH)]^{2+}(aq) + H_2O(l) \rightleftharpoons$$
$$H_3O^+(aq) + [Fe(OH_2)_4(OH)_2]^+(aq)$$

平衡は pH に依存する．よってヒドロニウムイオンの添加によってほぼ無色のヘキサアクア鉄(III)イオンが生成する．逆に，水酸化物イオンの添加によって溶液の黄色が増し，さらに鉄さび色のゼリー状の酸化水酸化鉄(III) $FeO(OH)$ の沈殿を生じる．

$$Fe^{3+}(aq) + 3\,OH^-(aq) \longrightarrow FeO(OH)(s) + H_2O(l)$$

鉄の化学種の pH と E の依存性を図 20・15 に示す．単純化のために，水和物陽イオンは単にそれぞれ $Fe^{3+}(aq)$

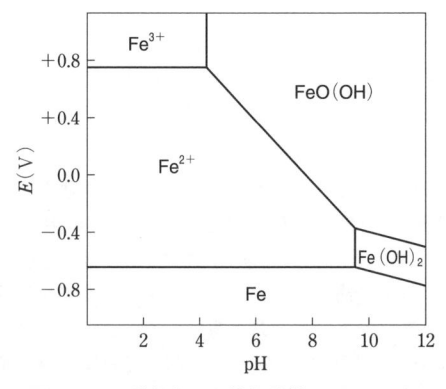

図 20・15 単純化した鉄化学種のプールベ図

---

[a] sweetener

および $Fe^{2+}(aq)$ と表している．しかし，上述したように，pH に依存して広範囲の異なる水和した鉄(III)イオンが生成する．鉄(III)イオンは酸化的条件下（非常に正の E）と低い pH では，単に熱力学的に安定なだけである．しかし酸化水酸化鉄(III) は，塩基性の広い領域にわたって支配的である．ほとんどの E 領域で，酸性条件下では鉄(II)イオンが優勢だが，高い pH で強い還元的条件下（非常に負の E）では水酸化鉄(II) $Fe(OH)_2$ のみが安定である．

鉄(II) から鉄(III) への実際の酸化電位は配位子に大きく依存する．たとえば，ヘキサシアノ鉄(II)酸イオン $[Fe(CN)_6]^{4-}$ は，ヘキサアクア鉄(II)イオン $[Fe(OH_2)_6]^{2+}$ よりずっと酸化されやすい．

$$[Fe(OH_2)_6]^{3+}(aq) \longrightarrow [Fe(OH_2)_6]^{2+}(aq) + e^-$$
$$E° = -0.77\,\text{V}$$
$$[Fe(CN)_6]^{4-}(aq) \longrightarrow [Fe(CN)_6]^{3-}(aq) + e^-$$
$$E° = -0.36\,\text{V}$$

シアン化物イオンが一般的に高酸化状態でなく，低酸化状態を安定化することを踏まえると，この酸化のされやすさは不思議に思えるかもしれない．実際に鉄-炭素結合は鉄(III)イオンより鉄(II)イオンの方が強い．しかし，シアン化物平衡に関する熱力学的観点からの説明がある．水中の $[Fe(CN)_6]^{4-}$ は高電荷密度をもつので，そのまわりに水分子が強く配向組織化する領域がある．このようなイオンは非常に負の水和エントロピーをもつが，酸化は電荷密度を下げ，それによって水和圏の組織化を減少させエントロピーを上昇させる．そして酸化はエントロピー駆動で起こる．

鉄(III)種は通常八面体構造をとるが，黄色のテトラクロロ鉄(III)酸イオン $[FeCl_4]^-$ は四面体形である．このイオンは濃塩酸をヘキサアクア鉄(III)イオンに加えることによって容易に生成する．

$$[Fe(OH_2)_6]^{3+}(aq) + 4\,Cl^-(aq) \rightleftharpoons [FeCl_4]^-(aq) + 6\,H_2O(l)$$

鉄(III)イオンの特別な検出法はヘキサシアノ鉄(II)酸イオン $[Fe(CN)_6]^{4-}$ の添加であり，暗青色のヘキサシアノ鉄(II)酸鉄(III) $Fe_4[Fe(CN)_6]_3$ を生じる．

$$4\,Fe^{3+}(aq) + 3\,[Fe(CN)_6]^{4-}(aq) \longrightarrow Fe_4[Fe(CN)_6]_3(s)$$

一般的にプルシアンブルー[a]とよばれるこの化合物の結晶格子には鉄(III)イオンと鉄(II)イオンが交互に並んでいる．この化合物の強烈な青色が，19世紀にペルシャ軍の制服の染料として用いられたのが，上記の通称の由来である．

この化合物は青インクと青色塗料に用いられ，伝統的な建築物や工業用青印刷にも広く用いられている青色顔料である．

鉄(III)イオンの最も敏感な検出法は，チオシアン酸カリウムの添加である．ペンタアクアチオシアナト鉄(III)イオン $[Fe(SCN)(OH_2)_5]^{2+}$ の強い赤色の出現が鉄(III)イオンの存在を示す．

$$[Fe(OH_2)_6]^{3+}(aq) + SCN^-(aq) \longrightarrow [Fe(SCN)(OH_2)_5]^{2+}(aq) + H_2O(l)$$

この鉄(III)イオンの試験を用いる場合は注意が必要である．一般的に鉄(II)イオンの溶液には，不純物の鉄(III)イオンがある程度呈色するのに十分なほど含まれているからである．

鉄(III)イオンのユニークな反応は，氷冷したチオ硫酸塩溶液との反応である．これらの2種のほぼ無色の溶液を混合すると暗紫色のビス(チオスルファト)鉄(III)酸イオンが生じる．

$$Fe^{3+}(aq) + 2\,S_2O_3^{2-}(aq) \longrightarrow [Fe(S_2O_3)_2]^-(aq)$$

この溶液の温度を室温まで上げると，鉄(III) は鉄(II) に還元され，チオ硫酸イオンは酸化されてテトラチオン酸イオン $[S_4O_6]^{2-}$ になる．

$$[Fe(S_2O_3)_2]^-(aq) + Fe^{3+}(aq) \longrightarrow 2\,Fe^{2+}(aq) + S_4O_6^{2-}(aq)$$

20・6・7 鉄(II) 化合物

無水塩化鉄(II) $FeCl_2$ は，乾燥塩化水素の気流を加熱した金属に通すことによって生成する．その際生成した水素は還元剤として働き，塩化鉄(III) が生成するのを妨げる．

$$Fe(s) + 2\,HCl(g) \longrightarrow FeCl_2(s) + H_2(g)$$

薄緑色のヘキサアクア鉄(II)塩化物 $Fe(OH_2)_6Cl_2$ は塩酸を金属鉄と反応させることによって合成できる．塩化鉄(II) は無水物および水和物の両方ともイオン性である．

一般的な水和鉄(II)塩のすべてが薄緑色の $[Fe(OH_2)_6]^{2+}$ を含むが，部分的に黄色や褐色の鉄(III)化合物に酸化されるのがごくふつうである．さらに，硫酸鉄(II)七水和物 $FeSO_4 \cdot 7H_2O$ のような単純な塩の結晶は，水分子を一部失う傾向がある（風解[b]）．固相では，複塩，硫酸鉄(II)アンモニウム六水和物 $(NH_4)_2Fe(SO_4)_2 \cdot 6H_2O$ （もっと正確には，硫酸ヘキサアクア鉄(II)アンモニウム）が最大の格子安定化を示す．それは一般にはモール塩[c]として知られているが，空気にさらしても風解したり酸化されたりしない．この性質のため，酸化還元滴定，特に過マンガン酸カリウムの濃度決定用標準として用いられる．硫酸トリス

---

a) Prussian blue　b) efflorescence　c) Mohr's salt

(1,2-ジアミノエタン)鉄(II) も酸化還元標準として用いられる．

窒素酸化物存在下では，ヘキサアクア鉄(II)イオンから水分子1個が一酸化窒素によって置換されペンタアクアニトロシル鉄(II)イオン $[Fe(NO)(OH_2)_5]^{2+}$ になる．

$$NO(aq) + [Fe(OH_2)_6]^{2+}(aq) \longrightarrow [Fe(NO)(OH_2)_5]^{2+}(aq) + H_2O(l)$$

この錯体は暗褐色で，上記の反応はイオン性硝酸塩の"褐色環反応試験"(還元剤によって硝酸塩は一酸化窒素に還元されている)の基本である．

水酸化物イオンの鉄(II)への添加は，最初に緑色でゲル状の水酸化鉄(II)の沈殿を生じる．

$$Fe^{2+}(aq) + 2OH^-(aq) \longrightarrow Fe(OH)_2(s)$$

しかし，図20・15に示すように，強い還元条件下(または嫌気下)を除いて，塩基性溶液中のほとんどの電位範囲で熱力学的に安定なのは水和酸化鉄(III)である．したがって，酸化が進行するにつれて緑色が水和酸化鉄(III)の黄褐色に変わる．

$$Fe(OH)_2(s) + OH^-(aq) \longrightarrow FeO(OH)(s) + H_2O(l) + e^-$$

鉄(III)イオンがヘキサシアノ鉄(II)酸[a] イオン $[Fe(CN)_6]^{4-}$ を用いて検出できるのと同じように，鉄(II)イオンはヘキサシアノ鉄(III)酸[b] イオン $[Fe(CN)_6]^{3-}$ を用いるとプルシアンブルー(ペルシャ青)(異なる生成物を思われていた時代には，正式にはターンブルブルー[c]とよばれていた)と同じ生成物を与えるので検出できる[†]．

$$3Fe^{2+}(aq) + 4[Fe(CN)_6]^{3-}(aq) \longrightarrow Fe_4[Fe(CN)_6]_3(s) + 6CN^-(aq)$$

20・6・8 錆びる反応の過程

中学校の科学実験ではよく，鉄の酸化(ふつう，"腐食[d]"とよばれる)に酸素分子と水の両方の存在が必要なことが演示される．指示薬を用いると，鉄表面のある箇所のまわりのpHが高くなることを呈示できる．この過程は実際に電位の"濃度"依存を示すネルンスト式[e]に基づいている．この場合は，"溶存酸素濃度"が因子である．鉄表面上の二酸素濃度が高くなった箇所では，二酸素は還元されて水酸化物イオンになる．

$$O_2(g) + 2H_2O(l) + 4e^- \longrightarrow 4OH^-(aq)$$

バルクの鉄は，電池につながれた電線のように，電子を表面の酸素濃度の低い別の箇所から運び，そこでは鉄は酸化されて鉄(II)イオンになる．

$$Fe(s) \longrightarrow Fe^{2+}(aq) + 2e^-$$

水酸化物イオンと鉄(II)イオンの両者は溶液内を拡散し，出会って水酸化鉄(II)を生じる．

$$Fe^{2+}(aq) + 2OH^-(aq) \longrightarrow Fe(OH)_2(s)$$

水和酸化マンガン(III)のように，酸化水酸化鉄(III)[f] (さび)は，塩基性溶液では熱力学的に水酸化鉄(II)へ変化する．

$$Fe(OH)_2(s) + OH^-(aq) \longrightarrow FeO(OH)(s) + H_2O(l) + e^-$$

$$\frac{1}{2}O_2(g) + H_2O(l) + 2e^- \longrightarrow 2OH^-(aq)$$

20・6・9 鉄酸化物

よくみられる3種類の鉄酸化物──酸化鉄(II) FeO，酸化鉄(III) Fe_2O_3，酸化鉄(II,III) Fe_3O_4──が存在する．黒色の酸化鉄(II)は，実際には不定比化合物[g]であり，常に鉄(II)イオンがわずかに不足している．最も正確な化学式は $Fe_{0.95}O$ である．この酸化物は塩基性で酸に溶けて水和鉄(II)イオンを生じる．

$$FeO(s) + 2H^+(aq) \longrightarrow Fe^{2+}(aq) + H_2O(l)$$

酸化鉄(III)(ヘマタイト，赤鉄鉱)はたくさんの鉱床で産する．酸化鉄(III)の最古の鉱床は約20億年前にできたものである．酸化鉄(III)は酸化性雰囲気下でしかできないので，現在の酸素豊富な大気がその時代から存在していたことになる．酸素の存在は，言い換えれば，光合成(と生命自身)が20億年前に広く分布していたことを意味する．酸化物は実験室でも，水酸化物イオンを鉄(III)イオンに加えて生じる酸化水酸化鉄(III)を加熱して合成できる．この反応の生成物 $\alpha\text{-}Fe_2O_3$ は，酸化物イオンが六方最密配列し，鉄(III)イオンが八面体空孔の3分の2を占める構造から成る．異なる立体構造の $\gamma\text{-}Fe_2O_3$ は，酸化鉄(II,III)を酸化することによって生成する．この酸化鉄(III)の結晶形では，酸化物イオンが立方最密配列し，鉄(III)イオンが四面体空孔と八面体空孔にランダムに分布している．

第3番目の一般的酸化物は+2と+3の両酸化状態の鉄を含む．すでに，この化合物 $(Fe^{2+})(Fe^{3+})_2(O^{2-})_4$ につ

---

a) hexacyanoferrate(II)　　b) hexacyanoferrate(III)　　c) Turnbull's blue　　d) rusting　　e) Nernst equation
f) iron(III) oxide hydroxide　　g) nonstoichiometric compound
† 食卓塩には0.01%のヘキサシアノ鉄(II)酸ナトリウム $Na_4[Fe(CN)_6]$ を含む場合がある．食卓塩が"固まる"のを防ぎ，湿度の高い最悪の天候でもさらさらと落ち出るようにする働きがある．

いては正スピネルおよび逆スピネルの記述のところで言及した（§19·8を見よ）．この化合物は天然には磁鉄鉱，マグネタイト[a]として存在し，糸で吊り下げたこの磁性化合物の破片は，簡単なコンパスとして利用された．自然を観察していると私たちを出し抜いてみせるような発見がよくある．磁性細菌は，地磁気を用いて自分の位置と方向を認知できるようにするために，マグネタイト結晶か，硫黄豊富環境では硫黄等価体のグレグ鉱[b] Fe_3S_4 を内在している．

鉄酸化物には塗料用として大きな需要がある．歴史的には，黄色のオークル，ペルシャ赤，アンバー（褐色）はある大きさの鉄酸化物粒を含む鉄鉱床から得られ，それらは多くの場合，ある決まった量の特別な不純物を含んでいた．最も強い黄色，赤色および黒色の塗料はいまだに鉄酸化物からつくられているが，工業的には決まった色を確実に出すために，正確な組成と粒径をもつように合成されている．

20·6·10 フェライト

重要な磁性材料は単純な鉄酸化物ではない．鉄を金属の一種として含む混合金属酸化物がいくつも存在し，それらの性質は多彩である．これらの磁性セラミック材料はフェライト[c]とよばれる．"ソフト"フェライトと"ハード"フェライトの2種類のフェライトがあるが，それらの名称は物理的な硬さに基づくものではなく，磁気的性質に基づくものである．

ソフトフェライトは，電磁石によってすばやく効率的に磁化できるが，電流が途絶えるとすぐに磁力を失う．このような性質はビデオやオーディオのテープ，コンピュータードライブヘッドにおける記録–消去ヘッドに不可欠である．これに合う化合物は化学式 MFe_2O_4（M は Mn^{2+}, Ni^{2+}, Co^{2+}, Mg^{2+} のような +2 価金属イオンで鉄は Fe^{3+} の状態）である．これらの化合物はスピネル構造である．

ハードフェライトは定常的に磁性を保持する．すなわち永久磁石である．これらの材料は DC モーター，同期発電機やその他の電気デバイスに用いられる．これらの化合物の一般式は $MFe_{12}O_{19}$ でここでも鉄は Fe^{3+} である．M にふさわしい2種の +2 価金属イオンは Ba^{2+} と Sr^{2+} である．ハードフェライトはソフトフェライトより構造は複雑である．両方のフェライトとも生産量は特に多くないが，経済価値の観点からは毎年世界で数十億ドルの売上げを出している．

20·6·11 ルテニウムとオスミウム

これらの元素は白金族金属の最初の2種である．化学的反応性が欠けている結果として，白金族はときどき，希（貴）ガス[d],*との類似性から貴金属[e]とよばれる．これらの元素は，すべて非常に希少であり，反応不活性で，銀色の輝きをもつ金属であり，天然では一緒に産する．年間の生産量は約300トンである．その量の一部は，宝石や金貨をつくるのに使われるが，ほとんどは§22·17で述べるように，さまざまな反応の触媒として化学工業で使用される．これらの金属の密度は周期表水平方向の強い関係をもつ．第5周期の金属の密度は約 $12\,g\cdot cm^{-3}$ だが，第6周期の金属の密度は約 $21\,g\cdot cm^{-3}$ である．白金族の融点は高く，1500℃から3000℃の範囲である．

ルテニウムとオスミウムは元素単体間には多くの共通点があるが，それらの化合物においては，それより前（7族まで）の遷移金属の延長線上にあり，最高酸化状態は d^0 電子配置の +8 である．実際に，ルテニウムとオスミウムの化合物の中で唯一重要なものは酸化オスミウム(VIII) OsO_4 であり，これは有機化学において有用な酸化剤である．§9·5で述べたように，オスミウム(VIII)とキセノン(VIII)の間には類似性があり，その例は四酸化物（OsO_4 と XeO_4）である．

20·6·12 生物学的役割

鉄の生物学的役割は莫大で，それだけに関して1冊の本ができるほどである．表20·6に成人のおもな鉄含有タンパク質をまとめる．

表20·6　成人のおもな鉄含有タンパク質

名　称	1分子中の鉄原子数	機　能
ヘモグロビン	4	血液中の O_2 運搬
ミオグロビン	1	筋肉中の O_2 貯蔵
トランスフェリン	2	鉄の運搬
フェリチン	4500 以下	細胞中の鉄の貯蔵
ヘモシデリン	$10^3 \sim 10^4$	鉄の貯蔵
カタラーゼ	4	H_2O_2 の代謝
シトクロム c	1	電子移動
鉄–硫黄タンパク質	$2 \sim 8$	電子移動

ここでは，鉄含有巨大分子の3種，ヘモグロビン[f]，フェリチン[g]，フェレドキシン[h]に焦点を当てる．ヘモグロビンにおいては，鉄は +2 の酸化状態をもつ．（この化合物については，§16·28で取上げた．）1個のヘモグロビン分子には4個の鉄イオンがあり，その鉄はポルフィリンユニットで囲まれている（図20·16）．1個のヘモグロ

---

a) magnetite, lodestone　b) greigite　c) ferrite　d) noble gas　e) noble metal　f) hemoglobin　g) ferritin
h) ferredoxin
＊[訳注] 希ガスは rare gas の和訳であり，noble gas の和訳は貴ガスである．英語では noble gas の方がふつうに用いられるようになったが，日本語では希ガスの方がまだ主流である．日本語では希ガスと貴ガスの読みが同じなので混同されやすいが，もとの意味が違う（"希"は存在量が少ない，"貴"は反応性が低い）ことに注意しよう．

ビン分子は4個の酸素分子と反応して，オキシヘモグロビンを生成する．酸素分子への結合は十分弱く，筋肉のような酸素利用場所に到達すると，容易に酸素を放出できる．一酸化炭素が哺乳類に猛毒なのは，カルボニル配位子が非常に強くヘモグロビンの鉄と結合して，酸素分子の運搬を妨げるからである．

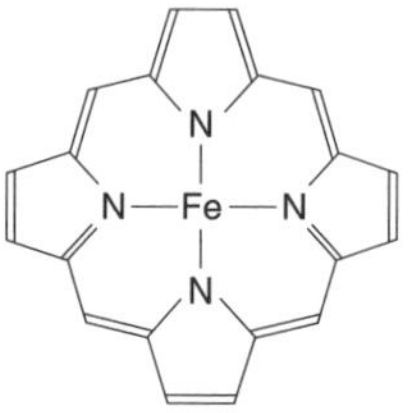

図20・16 単純化した鉄-ポルフィリン錯体の構造

オキシヘモグロビンにおいては，鉄(II)は反磁性の低スピン状態である．その大きさ，75 pm はちょうどポルフィリン環平面中心部の大きさに合致する．酸素分子が脱離するとデオキシヘモグロビン分子内の鉄はポルフィリン環平面より下方へ動き，空いた配位サイトから遠ざかる．その理由は，鉄が大きくなり（半径92 pm），常磁性で高スピンの鉄(II)イオンになるためである．この反応サイクルの中では，鉄は鉄(II)のままで，単に高スピン型と低スピン型を往来するだけである．赤い鉄(II)含有ヘモグロビンが酸化されて褐色の鉄(III)種になるのは空気にさらされたときだけであり，この場合もとの鉄(II)種には戻らない．

植物と動物の両者とも，将来使うための鉄を貯蔵する必要がある．これを達成するために，驚くほど多種のタンパク質ファミリー，フェリチンを用いる．フェリチンは，オキソヒドロキソリン酸鉄(III)の核のまわりをアミノ酸（ペプチド）の結合でつくられた殻で囲む構造をもっている．この核は鉄(III)イオン，酸化物イオン，水酸化物イオン，リン酸イオンのクラスターであり，平均的な実験式は $[FeO(OH)]_8[FeO(OPO_3H_2)]$ である．この分子は巨大で，4500個もの鉄イオンを含む．この巨大な集合体は，殻が親水性保護されているため，水溶性で，脾臓，肝臓および骨髄に含まれる．

植物と細菌は，レドックスタンパク質の核として，一群の鉄(III)-硫黄構造，フェレドキシンを用いる．これらのタンパク質は，共有結合的に結合した鉄と硫黄を含み，卓越した電子移動剤として働く．最も興味深いのは，これらの構造の鉄-モリブデン-硫黄核である（図20・17）．

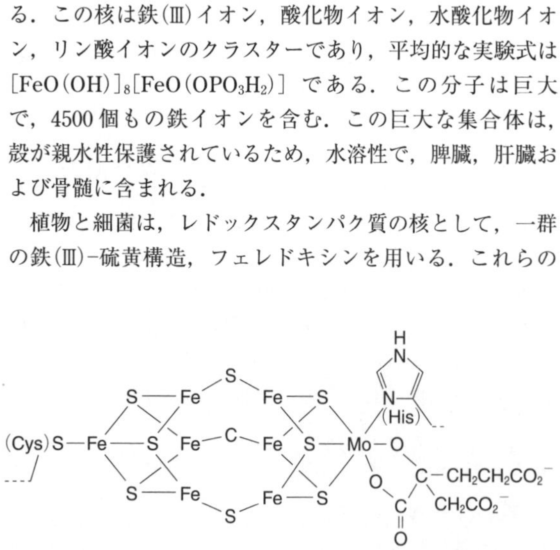

20・7 9族：コバルト，ロジウム，イリジウム

20・7・1 コバルト

コバルトは青白く硬い金属で，鉄と同様に磁性（強磁性）材料である．単体は化学的にきわめて不活性である．もっともよくみられるコバルトの酸化数は+2と+3であり，前者は単純なコバルト化合物において"正常な"状態である．コバルトにおいて+3状態は鉄の+3状態より酸化力が強い．

20・7・2 コバルト(III)化合物

すべてのコバルト(III)錯体は八面体形であり，クロム(III)と同様に低スピン錯体は速度論的に非常に不活性である．すなわち，異なる鏡像異性体を実際に分離できる．コバルト(III)化合物の典型例は，ヘキサアンミンコバルト(III)イオン $[Co(NH_3)_6]^{3+}$，およびヘキサシアノコバルト(III)酸イオン $[Co(CN)_6]^{3-}$ である．

異常な錯イオンはヘキサニトロコバルト(III)酸イオン $[Co(NO_2)_6]^{3-}$ であり，ふつうはナトリウム塩 $Na_3[Co(NO_2)_6]$ として合成される．この化合物は，アルカリ金属塩としては予想どおり水溶性である．しかし，カリウム塩は非常に不溶性（ルビジウム，セシウム，アンモニウム塩も同様）で，この理由は相対的イオンサイズと関連している．カリウムイオンはこの多原子陰イオンと大きさが近い．したがって格子エネルギーと水和エネルギーはこの化合物の溶解度を下げる．この現象は，カリウムイオンの沈殿反応として利用できるわずかな例の一つである．すでに§9・12において，この反応をアンモニウムイオンと重い方のアルカリ金属イオンの類似性の説明の中で述べた．

$$3K^+(aq) + [Co(NO_2)_6]^{3-}(aq) \longrightarrow K_3[Co(NO_2)_6](s)$$

鉄イオンについて述べたように，配位子を変えると劇的に $E°$ 値が変わる．言い換えれば，配位子はさまざまな酸化状態の安定性に影響する．たとえば，

$$[Co(OH_2)_6]^{3+}(aq) + e^- \longrightarrow [Co(OH_2)_6]^{2+}(aq)$$
$$E° = +1.92 \text{ V}$$

$$[Co(NH_3)_6]^{3+}(aq) + e^- \longrightarrow [Co(NH_3)_6]^{2+}(aq)$$
$$E° = +0.10 \text{ V}$$

ヘキサアンミンコバルト(II)イオンの酸化電位，+0.10 V は酸素の還元電位 +1.23 V よりずっと負である．

$$\frac{1}{2}O_2(g) + 2H^+(aq) + 2e^- \longrightarrow H_2O(l)$$
$$E° = +1.23 \text{ V}$$

図20・17 ニトロゲナーゼの鉄-モリブデン-硫黄核の構造

したがって，溶液中で，酸素は $[\mathrm{Co(NH_3)_6}]^{2+}$ を $[\mathrm{Co(NH_3)_6}]^{3+}$ へ酸化する十分な能力をもち，実際に，触媒となる活性炭の存在下でこの反応が起こる．

$$[\mathrm{Co(OH_2)_6}]^{2+}(aq) + 6\,\mathrm{NH_3}(aq) \longrightarrow [\mathrm{Co(NH_3)_6}]^{2+}(aq) + 6\,\mathrm{H_2O}(l)$$

$$[\mathrm{Co(NH_3)_6}]^{2+}(aq) \xrightarrow{\text{活性炭}} [\mathrm{Co(NH_3)_6}]^{3+}(aq) + \mathrm{e}^-$$

この反応は多段階で進行するはずであり，触媒がないときには反応の中間体である，$[\mathrm{(H_3N)_5Co-O-O-Co(NH_3)_5}]^{4+}$ イオンを含む褐色化合物を単離できる．これは2段階過程で生成すると信じられている．したがって，酸素分子は1個のコバルト(II)イオンに二座型で結合したのち，2個のコバルト(II)錯体を連結し，両方のコバルト(II)をコバルト(III)へ酸化する．その過程で自分自身は還元されてペルオキソユニット $\mathrm{O_2^{2-}}$ になる．

$$[\mathrm{Co(NH_3)_6}]^{2+}(aq) + \mathrm{O_2}(g) \longrightarrow [\mathrm{Co(NH_3)_4O_2}]^{2+}(aq) + 2\,\mathrm{NH_3}(aq)$$

$$[\mathrm{Co(NH_3)_4O_2}]^{2+}(aq) + [\mathrm{Co(NH_3)_6}]^{2+}(aq) \longrightarrow [\mathrm{(H_3N)_5Co-O-O-Co(NH_3)_5}]^{4+}(aq)$$

さらなる段階では，ペルオキソユニットは2 mol の水酸化物イオンに還元され，消費される酸素分子 1 mol 当たり，全部で 4 mol のコバルト(II)錯体が酸化されてヘキサアンミンコバルト(III)イオンになる．

酸化生成物は非常に反応条件に敏感である．たとえば，過酸化水素を酸化剤として用いると次式の反応が起こる．

$$\mathrm{H_2O_2}(aq) + 2\,\mathrm{e}^- \longrightarrow 2\,\mathrm{OH}^-(aq)$$

ペンタアンミンアクアコバルト(III)イオンをつくることは可能であり，それを濃塩酸と反応させると配位子交換によりペンタアンミンクロロコバルト(III)イオンが生じる．

$$[\mathrm{Co(OH_2)_6}]^{2+}(aq) + 5\,\mathrm{NH_3}(aq) \longrightarrow [\mathrm{Co(NH_3)_5(OH_2)}]^{2+}(aq) + 5\,\mathrm{H_2O}(l)$$

$$[\mathrm{Co(NH_3)_5(OH_2)}]^{2+}(aq) \longrightarrow [\mathrm{Co(NH_3)_5(OH_2)}]^{3+}(aq) + \mathrm{e}^-$$

$$[\mathrm{Co(NH_3)_5(OH_2)}]^{3+}(aq) + \mathrm{Cl}^- \xrightarrow{\mathrm{H}^+} [\mathrm{Co(NH_3)_5Cl}]^{2+}(aq) + \mathrm{H_2O}(l)$$

モノクロロ体は他の一置換コバルト(III)錯体の合成に有用な試薬である．特に，§19・4 で述べたように，ニトリトおよびニトロ結合異性体を合成できる．

$$[\mathrm{Co(NH_3)_5Cl}]^{2+}(aq) + \mathrm{H_2O}(l) \xrightarrow{\mathrm{OH}^-} [\mathrm{Co(NH_3)_5(OH_2)}]^{3+}(aq) + \mathrm{Cl}^-(aq)$$

$$[\mathrm{Co(NH_3)_5(OH_2)}]^{3+}(aq) + \mathrm{NO_2}^-(aq) \longrightarrow [\mathrm{Co(NH_3)_5(ONO)}]^{2+}(aq) + \mathrm{H_2O}(l)$$

$$[\mathrm{Co(NH_3)_5(ONO)}]^{2+}(aq) \xrightarrow{\Delta} [\mathrm{Co(NH_3)_5(NO_2)}]^{2+}(aq)$$

適切な合成条件を用いて，アンモニアとクロロ配位子をもつコバルト(III)の異なる数種の置換体をつくることができる（表 20・7）．これらの化合物の化学式を決めるのは非常に容易である．イオン数は伝導度測定から決めることができ，外圏の塩化物イオンは銀イオンによって定量的に沈殿する．

表 20・7 塩化コバルト(III)とアンモニアからできる錯体

化学式	色
$[\mathrm{Co(NH_3)_6}]^{3+}3\mathrm{Cl}^-$	黄橙色
$[\mathrm{Co(NH_3)_5Cl}]^{2+}2\mathrm{Cl}^-$	赤ワイン色
$[\mathrm{Co(NH_3)_4Cl_2}]^+\mathrm{Cl}^-$ (cis)	すみれ色
$[\mathrm{Co(NH_3)_4Cl_2}]^+\mathrm{Cl}^-$ (trans)	緑色

もし配位子として 1,2-ジアミノエタンを用いると，コバルト(II)は酸化されてトリス(1,2-ジアミノエタン)コバルト(III)イオンになり，塩化物 $[\mathrm{Co(en)_3}]\mathrm{Cl_3}$ として結晶化する．この化合物は§19・4 で述べたように，2種の鏡像異性体に分割できる．trans-ジクロロビス(1,2-ジアミノエタン)コバルト(III)塩化物 $[\mathrm{Co(en)_2Cl_2}]\mathrm{Cl}$ は，配位子/金属の比率を下げることによって合成できる．この化合物を水に溶かし，溶液を蒸発させると，異性化してシス体になる．

八面体場の電子配置を比べることによって，大きな結晶場分裂を導く配位子の方がコバルト(II)を容易に酸化できる理由を理解できる．コバルト(II)のほとんどすべての錯体が高スピンだが，より高い電荷をもつコバルト(III)は，大体低スピンである．したがって，その酸化は非常に大きな結晶場安定化エネルギーを生む（図 20・18）．分光化学系列においてより高い配位子ほど，Δ_{oct} 値は大きく，酸化によって得られる CFSE の増加が大きくなる．

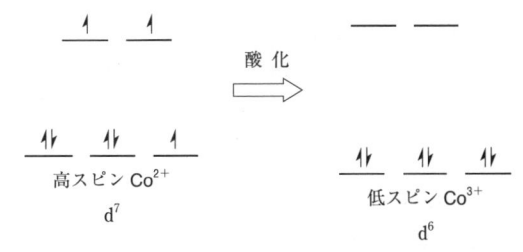

図 20・18　コバルト(II)とコバルト(III)の結晶場安定化エネルギーの比較

20・7・3 コバルト(II)化合物

溶液中ではコバルト(II)塩はピンク色であり，この色はヘキサアクアコバルト(II)イオン $[\mathrm{Co(OH_2)_6}]^{2+}$ の存在に起因する．コバルト(II)塩の溶液を濃塩酸で処理すると，色は濃青色になる．この色変化は，コバルト(II)イオンに

特徴的である．青色は四面体形のテトラクロロコバルト(II)酸イオン $[CoCl_4]^{2-}$ の生成による．

$$[Co(OH_2)_6]^{2+}(aq) + 4Cl^-(aq) \rightleftharpoons$$
ピンク色
$$[CoCl_4]^{2-}(aq) + 6H_2O(l)$$
青色

ピンク色から青色への変化は，固体でピンク色のヘキサアクアコバルト(II)塩化物を脱水したときにも起こる．この青色型をしみ込ませた紙は水をつけるとピンク色へ変色するので，水検出試験紙となる．シリカゲルと硫酸カルシウムの乾燥剤は，塩化コバルト(II) で着色されることが多い．顆粒が青色を維持している限り，乾燥剤として効果的だが，ピンク色を呈すると乾燥剤が水で飽和されたことを示し，吸収した湿気を吐き出させるために加熱しなければならない．

水溶液中のコバルト(II)イオンへ水酸化物イオンの付加すると，水酸化コバルト(II) を生成する．それは最初に青色型として沈殿し，静置しておくとピンク色型に変化する．

$$Co^{2+}(aq) + 2OH^-(aq) \longrightarrow Co(OH)_2(s)$$

水酸化コバルト(II) は空気中の酸素分子によって徐々に酸化され，酸化水酸化コバルト(III) CoO(OH) になる．

$$Co(OH)_2(s) + OH^-(aq) \longrightarrow$$
$$CoO(OH)(s) + H_2O(l) + e^-$$
$$\frac{1}{2}O_2(g) + H_2O(l) + 2e^- \longrightarrow 2OH^-(aq)$$

水酸化コバルト(II) は両性である．高濃度の水酸化物イオンを水酸化コバルト(II) に加えると，濃青色のテトラヒドロキソコバルト(II)酸イオン $[Co(OH)_4]^{2-}$ を生じる．

$$Co(OH)_2(s) + 2OH^-(aq) \longrightarrow [Co(OH)_4]^{2-}(aq)$$

20・7・4 ロジウムとイリジウム

ロジウムとイリジウムは両方とも容易に酸化状態 +3 の錯体を生成し，それらはコバルト類縁体と同様に，速度論的に不活性である．2番目に優勢な酸化状態は +1 である．白金族の中で，ロジウム，イリジウム，パラジウム，および白金の化学的性質は，ルテニウムとオスミウムの化学に比較して，ずっと互いに類似している．たとえば，9族と10族の白金族の最高酸化状態は両者とも +6 である．

20・7・5 生物学的役割

コバルトも生体必須元素である．特に重要なのはビタミン B_{12} で，その分子内の核としてコバルト(III) をもち，ポルフィリン環類似の環構造によって囲まれている．このビタミンの摂取は，悪性貧血の治療に用いられる．ある種の嫌気性細菌がこれに似た分子のメチルコバラミンをメタン製造サイクルに用いている．残念なことに，これと同様な生化学サイクルが，単体水銀と水銀汚染水中の不溶性の無機水銀化合物を可溶性で猛毒のメチル水銀(II) $[HgCH_3]^+$ とジメチル水銀(II) $Hg(CH_3)_2$ に変換する．

コバルトはいくつかの酵素機能にも含まれている．フロリダ，オーストラリア，英国およびニュージーランドの羊がかかる欠乏症は土壌中のコバルトの欠乏によるものと追跡された．これを治癒するには，コバルト金属の錠剤を羊の餌に入れることであり，その一部は消化器系にとどまる．

20・8 10族：ニッケル，パラジウム，白金

20・8・1 ニッケル

ニッケルは銀白色の金属で非常に反応不活性である．実際に，ニッケルめっきがときどき鉄を保護するのに使われる．ニッケルの唯一のふつうの酸化数は +2 である．ほとんどのニッケル錯体は八面体形構造をとるが，四面体形や平面四角形の錯体もいくつか知られている．特に，平面四角形構造は第4周期遷移金属の化合物としては，例外的なほどまれな構造である．

20・8・2 ニッケルの抽出

ニッケルの化合物からの抽出は複雑だが，純粋な金属ニッケルの単離は，特に興味深い．コバルトや鉄のような他の金属からニッケルを分離するために，2種の方法がある．一つは電解法で，そこでは不純なニッケルを陽極に使用し，硫酸ニッケルと塩化ニッケルの溶液を用いることによって 99.9 % の高純度ニッケルが陰極に析出する．もう一つの方法はモンド法[a] として知られる可逆的な化学反応を利用する．この反応においては，金属ニッケルは約 60 ℃ で一酸化炭素ガスと反応して無色気体のテトラカルボニルニッケル(0) $Ni(CO)_4$ (沸点 43 ℃) を生成する．

$$Ni(s) + 4CO(g) \xrightarrow{60℃} Ni(CO)_4(g)$$

この猛毒の化合物の気体はパイプを通して取出される．ニッケルだけがこれほど簡単に揮発性のカルボニル化合物をつくる金属である．このガスを 200 ℃ に加熱すると，平衡は逆方向にシフトし，99.95 % の高純度金属ニッケルが析出する．

$$Ni(CO)_4(g) \xrightarrow{200℃} Ni(s) + 4CO(g)$$

生じた一酸化炭素は再利用できる．

20・8・3 ニッケル(II)化合物

ヘキサアクアニッケル(II)イオンは薄緑色である．アン

---

[a] Mond process

モニアを加えると青色のヘキサアンミンニッケル(II)イオンになる.

$$[Ni(OH_2)_6]^{2+}(aq) + 6NH_3(aq) \longrightarrow [Ni(NH_3)_6]^{2+}(aq) + 6H_2O(l)$$

ニッケル(II)塩の溶液に水酸化ナトリウム溶液を加えると,水酸化ニッケル(II)が緑色のゲル状固体として沈殿する.

$$Ni^{2+}(aq) + 2OH^-(aq) \longrightarrow Ni(OH)_2(s)$$

コバルト(II)と同様に,四面体形構造をとる唯一の一般的な錯体は,青色のテトラクロロニッケル(II)酸イオンのようなハロゲン化物である.この錯体は水溶液中のニッケル(II)イオンに濃塩酸を加えることによって生成する.

$$[Ni(OH_2)_6]^{2+}(aq) + 4Cl^-(aq) \rightleftharpoons [NiCl_4]^{2-}(aq) + 6H_2O(l)$$

八面体形および四面体形錯体に加えて,ニッケルは平面四角形錯体もわずかだが形成する.その一例は黄色のテトラシアノニッケル(II)酸イオン $[Ni(CN)_4]^{2-}$ であり,もう一つの例はビス(ジメチルグリオキシマト)ニッケル(II) $[Ni(C_4N_2O_2H_7)_2]$ である.後者は,ニッケル塩の溶液にアンモニアを加えてアルカリ性にした直後にジメチルグリオキシムを加えると,赤色固体として沈殿する.この特徴的な赤色錯体はニッケル(II)イオンの検出に用いられる.二座配位子のジメチルグリオキシム ($C_4N_2O_2H_8$) の略号 DMGH を用いて,この化学反応式をつぎのように書ける.

$$Ni^{2+}(aq) + 2DMGH(aq) + 2OH^-(aq) \longrightarrow Ni(DMG)_2(s) + 2H_2O(l)$$

20・8・4 "八面体形"対"四面体形"の立体化学

コバルト(II)は容易に四面体形錯体をつくるが,上記のように,ニッケル(II)錯体は通常八面体形である.しかし,わずかだが平面四角形の錯体があり,まれに四面体形

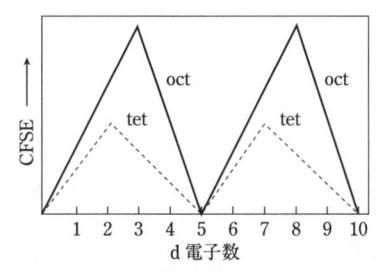

図20・19 八面体形(oct)と四面体形(tet)の環境における高スピン電子配置をもつ M^{2+} イオンの CFSE の変動

の錯体もある.立体化学を決めるのにはいくつかの因子があるが,特に重要な因子は CFSE である.これは,それぞれの電子配置について計算でき,d 軌道電子数の関数としてその値をプロットできる.Δ_{tet} は Δ_{oct} の9分の4であり,四面体形環境の CFSE は等電子的な八面体形の CFSE より常に低い.図20・19は高スピン電子配置をもつ CFSE の変動を示す.八面体形と四面体形の CFSE エネルギーは高スピン d^3 と d^8 の場合に最大となる.すなわち,これらは最も四面体形錯体をみつけにくい電子配置である.

それにもかかわらず,わずかだが四面体形ニッケル(II)錯体が存在する.そのような錯体をつくるのは,サイズが大きく負電荷の,弱配位子場の配位子(すなわち,分光化学系列で低い方の配位子)である.そのような錯体では,隣接する配位子間にかなり大きい電子反発が存在し,そのために6個よりも4個の配位子の方を好む.したがって,テトラハロニッケル(II)酸イオン $[NiX_4]^{2-}$ (X は塩素,臭素,ヨウ素)が一番よく知られた例である.それでも,四面体形イオンを結晶化するにはサイズの大きな陽イオンが必要である.そうでなければ,ニッケルイオンは他の配位子(たとえば水分子)をつけて八面体形環境をとることになる.

20・8・5 パラジウムと白金

パラジウムと白金の最も一般的な酸化状態は +2 と +4 (ロジウムとイリジウムの +1 と +3 状態と等電子的)である.+2 の酸化状態では錯体は平面四角形である.

20・8・6 生物学的役割

第4周期の全遷移金属元素の中で,ニッケルの生化学が最も未解明である.ニッケルイオンはいくつかの酵素系においてポルフィリン型錯体として存在する.二酸化炭素をメタンに還元するような,ある種の細菌にはニッケルが必須である.ニッケルの必要性が示されたのは,ヒドロゲナーゼ[a]という酵素のほぼすべての型が,鉄-硫黄クラスターと一緒にニッケルを含むことが見いだされたからである.一般的な化学ではニッケルの +3 の酸化状態は非常にまれであるが,酵素の酸化還元サイクルにはニッケル(III)が含まれている.ニッケルはまた金属を蓄積するいくつかの植物にもみつかっている.実際に,ある種の熱帯樹(ニッケル超集積性植物)はニッケルをその乾燥状態の質量の 15 % くらいにまで濃縮する.

20・9 11族:銅,銀,金

銅[b],銀[c],金[d]は歴史的に貨幣として用いられてきたので,**貨幣鋳造金属**[e]ともよばれる.貨幣に用いる理由

---

a) hydrogenase b) copper c) silver d) gold e) coinage metal

は，以下の4項目である．1) それらは容易に金属状態として得られる．2) それらは可鍛性があるので，金属のディスクをデザインどおり打抜くことができる．3) それらは非常に化学的に反応不活性である．4) 銀と金においては，存在が希少なので，コインは金属自身の本質的価値をもつ（ただし，今日われわれは，本質的価値の低い代用硬貨を用いている）．

銅と金の2種だけが，黄色金属としてよく知られているものだが，銅は酸化銅(I) Cu_2O の薄い被膜のせいで赤っぽく見える．銅の色は金属中の充填されたdバンドによって現れる．そのバンドのエネルギーは約 $220\,kJ\cdot mol^{-1}$ しかなく，s-p バンドより低い．その結果，電子は対応するエネルギー幅，すなわち青色から緑色領域の光子（フォトン）によって高い方のバンドへ励起されうる．そのため，銅は黄色と赤色を反射する．バンドギャップは銀の方が大きく，吸収はスペクトルの紫外領域にある．金の場合には，s-p バンドは相対論的効果（§2・5を参照）により低くなり，吸収を再び可視領域の青色領域にシフトさせ，特徴的な黄色を生む．

この3種の金属はすべて+1の酸化状態をとる．この族とアルカリ金属，タリウムだけが，+1価をふつうにとる金属である．銅においては，+1の酸化状態より+2の状態の方がよくみられるが，金においては+3価状態が熱力学的に有利である．金属自身は，つぎの（正の）酸化還元電位からわかるように，簡単には酸化されない．

$$Cu^{2+}(aq) + 2\,e^- \longrightarrow Cu(s) \quad E° = +0.34\,V$$
$$Ag^+(aq) + e^- \longrightarrow Ag(s) \quad E° = +0.80\,V$$
$$Au^{3+}(aq) + 3\,e^- \longrightarrow Au(s) \quad E° = +1.68\,V$$

20・9・1 銅の抽出

銅は，天然に豊富には存在しないが，多くの銅鉱石が知られている．最も一般的な鉱石は硫化銅(I)鉄(III) $CuFeS_2$ であり，この金属光沢をもつ固体は鉱物学的名称として黄銅鉱[a]とよばれる．もっと希少な鉱物 $CuAl_6(PO_4)_4(OH)_8\cdot 4H_2O$ は青色宝石のトルコ石[b]として価値が高い．

硫化物からの銅の抽出は，熱処理（**乾式製錬**[c]）か水処理（**湿式製錬**[d]）のどちらかで行われる．乾式製錬法では，濃縮した鉱石を空気の供給を限定して加熱する（焙焼[e]とよばれる）．この反応は混合硫化物を分解して酸化鉄(III)と硫化銅(I)を生成する．

$$4\,CuFeS_2(s) + 9\,O_2(g) \xrightarrow{\Delta} 2\,Cu_2S(l) + 6\,SO_2(g) + 2\,Fe_2O_3(s)$$

溶融混合物に砂を加え，酸化鉄(III)をケイ酸鉄(III)のスラグにする．

$$Fe_2O_3(s) + 3\,SiO_2(s) \longrightarrow Fe_2(SiO_3)_3(l)$$

この液体は表面を浮遊し，流し出すことができる．空気を再び入れて，硫化物を酸化して二酸化硫黄にし，同時に硫化銅(I)を酸化銅(I)に変換する．

$$2\,Cu_2S(l) + 3\,O_2(g) \longrightarrow 2\,Cu_2O(s) + 2\,SO_2(g)$$

硫化銅(I)の約3分の2が酸化された時点で空気供給を停止する．そうすると，酸化銅(I)と硫化銅(I)の混合物は異常な酸化還元反応を起こし，低純度だが金属銅を生じる．

$$Cu_2S(l) + 2\,CuO(s) \longrightarrow 4\,Cu(l) + SO_2(g)$$

乾式製錬法はさまざまな利点をもつ．たとえば，その化学と技術がよくわかっている，多くの銅製錬所がある，速いプロセスであるが，欠点ももつ．たとえば，鉱石をかなり濃縮しなければならない，製錬過程には大きなエネルギー供給が必要である，大量の二酸化硫黄が放出される，などである．

ほとんどの金属は，高温で一酸化炭素のような還元剤を用いて，乾式製錬法を用いて抽出される．しかし既述したように，乾式製錬は高いエネルギー供給を必要とし，その廃棄物は重大な大気・土壌の汚染物質になることが多い．溶液過程を用いて金属を抽出する方法である湿式製錬は，何世紀にもわたって知られてきたが，20世紀になるまで広く用いられたことはなく，その後も銀と金のような特別な金属についてのみ利用された．この方法は多くの利点をもつ．たとえば，その副生成物は通常，製錬所の排煙やスラグより環境にやさしい．製錬所は経済的に成り立つには大規模でつくる必要があるが，湿式製錬のプラントは小規模で建てることができ拡張可能である．高温を必要としないので，乾式製錬よりエネルギー消費が少ない．湿式製錬は，乾式製錬より低品質（金属含有量が低い）の鉱石を使用できる．

一般に，湿式製錬法は，浸出，濃縮，再生の3段階で構成される．浸出は鉱石を破砕し，積み上げ，それに希酸（銅の抽出）やシアン化物イオン（銀と金の抽出）のようなある種の薬品をスプレーする．ときには，化学薬品のかわりに，鉄硫化細菌の *Thiobacillus ferrooxidans* の溶液が用いられる（このプロセスは実際には生体湿式製錬[f]とよばれる）．この細菌は不溶性金属硫化物中の硫化物を可溶硫酸塩まで酸化する．つぎに，いろいろな方法で低濃度の金属イオン溶液を取除き，濃縮する．最後に，単一置換反応を用いる化学沈殿法か電気化学法によって金属を製造する．

銅の湿式製錬法においては，黄銅鉱を酸懸濁液（サスペ

---

a) chalcopyrite または copper pyrite b) turquoise c) pyrometallugy d) hydrometallugy e) roasting
f) biohydrometallurgy

ンション）中で空気酸化して，硫酸銅(II)の溶液にする．

$$2\,CuFeS_2(s) + H_2SO_4(aq) + 4\,O_2(g) \longrightarrow$$
$$2\,CuSO_4(aq) + 3\,S(s) + Fe_2O_3(s) + H_2O(l)$$

したがってこの方法では，硫黄は，乾式製錬法でつくられる二酸化硫黄の形ではなく，硫酸イオン溶液と単体硫黄固体の形になる．つぎに，電解によって金属銅が得られ，この過程で生じる酸素ガスはこのプロセスの第一段階で利用される．

$$2\,H_2O(l) \longrightarrow O_2(g) + 4\,H^+(aq) + 4\,e^-$$
$$Cu^{2+}(aq) + 2\,e^- \longrightarrow Cu(s)$$

銅は，電気化学的に精錬され約99.95％の純度をもつ製品になる．つぎに，高純度の銅片を陰極にし，硫酸銅(II)電解質溶液を含む電解セルの陽極に，この低品質銅（最初は陰極）を用いる．電解中，銅は陽極から陰極に移動し，付加価値の高い銀と金を含む陽極残留物ができるので，このプロセスは経済的に有益である．

$$Cu(s) \longrightarrow Cu^{2+}(aq) + 2\,e^-$$
$$Cu^{2+}(aq) + 2\,e^- \longrightarrow Cu(s)$$

この精製段階では，正味の電気化学反応は起こらないので，必要な電圧は最小限（約0.2V）であり，電力消費が非常に少ない．無論，銅の環境にやさしい製造ルートは，使用済み銅のリサイクルである．

純銅は全金属の中で熱伝導性が最も高い．そのため，銅は容器壁全体にすばやく熱を分散するので，高級調理品に用いられる．その代用方法は，他の材料でできた調理品に銅コーティングを施すことである．銅は銀についで2番目に電気伝導性の高い金属であり，電線としての用途が大きい．一般的な金属の中では比較的高価である．今ではペニー硬貨1枚をつくるのに1ペニー以上のコストがかかるようになってきたので，最近のペニー硬貨では低価格の亜鉛の核のまわりに銅の層をかぶせている．

銅は一般的に反応不活性な金属だと思われているが，湿潤空気中では徐々に酸化されて，緑色の緑青[a]，炭酸水酸化銅(II) $Cu_2(CO_3)(OH)_2$ の被膜を形成する．この特徴的な緑色は，たとえばオタワの国会議事堂や北ヨーロッパの一部地域の建物の銅被覆屋根に見ることができる．

銅は軟らかい金属で，真鍮（配管部品用）や青銅（ブロンズ）（彫像用）などの合金として用いられることも多い．ニッケルや銀合金に少量の成分として含まれることもある．よくみられる合金組成の例を表20・8に示す．

20・9・2 銅(II)化合物

銅は+1と+2の両方の酸化状態をとるが，水溶液の化学においては，+2の酸化状態が支配的である．銅(II)塩の水溶液はほとんどすべて青色だが，その色はヘキサアクア銅(II)イオン $[Cu(OH_2)_6]^{2+}$ の存在に起因する．

上記の例外としてよく知られたものは塩化銅(II)である．この化合物の濃厚水溶液は緑色を呈するが，この色は，擬平面形のテトラクロロ銅(II)酸イオン $[CuCl_4]^{2-}$ のような錯イオンの存在によるものである．希釈すると，この溶液は青色に変わる．これらの色変化は，錯体中の塩化物イオンが連続的に水分子によって交換されることによってひき起こされ，最終的にはヘキサアクア銅(II)イオンの色になる．全過程はつぎのように要約できる．

$$[CuCl_4]^{2-}(aq) + 6\,H_2O(l) \rightleftharpoons$$
$$[Cu(OH_2)_6]^{2+}(aq) + 4\,Cl^-(aq)$$

もしアンモニア溶液を銅(II)イオン溶液に加えると，ヘキサアクア銅(II)イオンの薄青色は平面四角形のテトラアンミン銅(II)イオン $[Cu(NH_3)_4]^{2+}$ の濃青色に変わる．

$$[Cu(OH_2)_6]^{2+}(aq) + 4\,NH_3(aq) \longrightarrow$$
$$[Cu(NH_3)_4]^{2+}(aq) + 6\,H_2O(l)$$

通常，この反応は単一の反応として記述されるが，アンモニアによる水の置換は段階的な過程である．図20・20に化学種分布のアンモニア濃度依存性を示す．図は対数スケール pNH_3（pHに類似）なので，アンモニア濃度は図の左側ほど増加する．単純化のために，配位水分子は含ま

表20・8 重要な銅の合金

合 金	組 成	性 質
真 鍮	77 % Cu, 23 % Zn	銅より硬い
青銅（ブロンズ）	80 % Cu, 10 % Sn, 10 % Zn	真鍮より硬い
ニッケル硬貨	75 % Ni, 25 % Cu	耐食性
スターリングシルバー	92.5 % Ag, 7.5 % Cu	純銀より高耐性

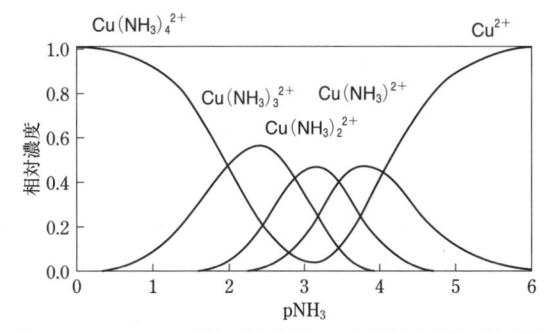

図20・20 pNH_3 の増加（左方向）に伴う銅(II)種の相対濃度変化〔A. Rojas-Hernández et al., J. Chem. Educ., **72**, 1100 (1995) より改変〕

---

[a] verdigris

れていない．この図は，アンモニア濃度が増加すると，$[Cu(NH_3)_n]^{2+}$ 錯体が連続的に生成することを示す．

銅(II)イオン溶液へ水酸化物イオンを添加すると，青緑色ゲル状固体の水酸化銅(II) の沈殿が生じる．

$$Cu^{2+}(aq) + 2\,OH^-(aq) \longrightarrow Cu(OH)_2(s)$$

しかしながら，この懸濁液（サスペンション）を加温すると，水酸化物は分解して，黒色の酸化銅(II) と水になる．

$$Cu(OH)_2(s) \longrightarrow CuO(s) + H_2O(l)$$

水酸化銅(II) は希アルカリには不溶だが，濃い水酸化物溶液には溶解し，濃青色のテトラヒドロキソ銅(II)酸イオン $[Cu(OH)_4]^{2-}$ を与える．

$$Cu(OH)_2(s) + 2\,OH^-(aq) \longrightarrow [Cu(OH)_4]^{2-}(aq)$$

水酸化銅(II) もアンモニア水溶液に溶解して，テトラアンミン銅(II)イオンを生じる．

$$Cu(OH)_2(s) + 4\,NH_3(aq) \rightleftharpoons [Cu(NH_3)_4]^{2+}(aq) + 2\,OH^-(aq)$$

ほとんどの配位子において，銅(II)酸化状態の方が熱力学的に有利だが，ヨウ化物イオンのような還元性配位子は銅(II)イオンを銅(I)状態に還元するだろう．

$$2\,Cu^{2+}(aq) + 4\,I^-(aq) \longrightarrow 2\,CuI(s) + I_2(aq)$$

20・9・3 ヤーン・テラー効果

銅(II) は平面四角形錯体を生成することが多い．六配位の銅(II)化合物は通常，2個の軸配位子をもち，その金属との距離が水平面内の配位子との距離より長い．しかし，数例だが，軸配位子の方が近いものもある．

この正八面体からのひずみの優位性は，d軌道分裂に基づく単純な説明で理解できる．八面体形 d^9 電子配置においては，$d_{x^2-y^2}$ と d_{z^2} エネルギーの分裂によってわずかなエネルギーが獲得され，片方のエネルギーの増加ともう一方のエネルギーの減少は同じで相殺される．電子対は低い方の軌道を占めるから，残りの電子1個はエネルギーの高い方の軌道に入る．したがって，2個の電子が低いエネルギーをもち，1個の電子だけが高いエネルギーをもつ．この分裂は通常，軸方向の結合が伸長し，z 軸に沿った電子-電子反発を弱めることで達成される（図 20・21）．この八面体形ひずみ現象は，**ヤーン・テラー効果**[a] として知られている．この効果は他の電子配置でも起こりうる．しかし，銅(II)化合物で最もよく調べられている．ひずみを無限大に拡張するといくつかの d^8 電子配置でみられるような平面四面体形配置に到達する（図 19・22 を見よ）．

20・9・4 銅(I)化合物

水溶液中では，図 20・2 のフロスト図が示すように，水和銅(I)イオンは不安定で銅(II)イオンと銅(0) に不均化する．

$$2\,Cu^+(aq) \rightleftharpoons Cu^{2+}(aq) + Cu(s)$$

固相では，銅(I)イオンは低電荷陰イオンによって安定化される．たとえば，塩化銅(I)，臭化銅(I)，ヨウ化銅(I)，およびシアン化銅(I) を合成できる．一般に銅(I)化合物は，d^{10} 電子配置なので，無色か白色である．すなわち，電子充填 d 軌道の組しかなく，可視光吸収をもたらす d 電子遷移が起こりえない．

すでにコバルト(II) とコバルト(III) でみたように，異なる酸化状態間の優位性を変えるために適切な配位子の選択を用いることもできる．図 20・22 (a) に示したプールベ図は水溶液中のさまざまな銅の化学種の安定領域を示す．この図が示すように，水溶液中の銅(I) は図中のどの範囲にも熱力学的に安定なところは存在しない．しかし，シアン化物イオンの添加によって安定領域が劇的に変化する．特に図 20・22 (b) に示したプールベ図は，とりうる pH と E の全範囲にわたってシアノ化合物種が支配的であることを示す．しかし，これは驚くべきことではない．すでに述べたように，シアン化物イオンは低い酸化状態を安定化するからである．

銅(I)化合物の生成についての上記2通りのアプローチの仕方は，金属銅と沸騰塩酸との反応によって描くことができる．塩酸は強い酸化剤ではないので，これは驚くべき反応である．この酸化で生成した銅(I)イオンは直ちに塩化物イオンと錯形成し，無色のジクロロ銅(I)酸イオン $[CuCl_2]^-$ を生成する．この2番目の平衡過程は大きく右に偏るため，1番目の過程を"駆動"する．

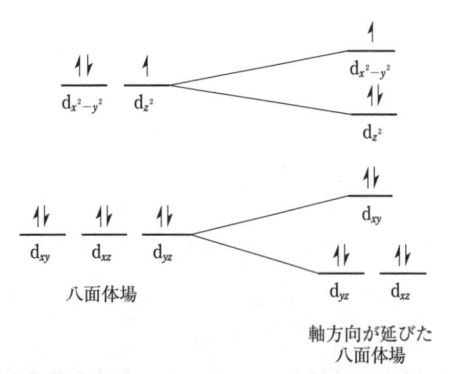

図 20・21 ヤーン・テラー効果で起こる d 軌道エネルギーの分裂

---

a) Jahn–Teller effect

$$2\,Cu(s) + 2\,H^+(aq) \rightleftharpoons 2\,Cu^+(aq) + H_2(g)$$
$$Cu^+(aq) + 2\,Cl^-(aq) \rightleftharpoons [CuCl_2]^-(aq)$$

溶液を脱気蒸留水に注ぐと,塩化銅(I)が白色固体として沈殿する.

$$[CuCl_2]^-(aq) \longrightarrow CuCl(s) + Cl^-(aq)$$

この沈殿は,すぐに洗浄,乾燥し,空気のない状態で封入しなければならない.なぜなら,空気と湿気の組合わせによって,銅(II)化合物に酸化されるからである.

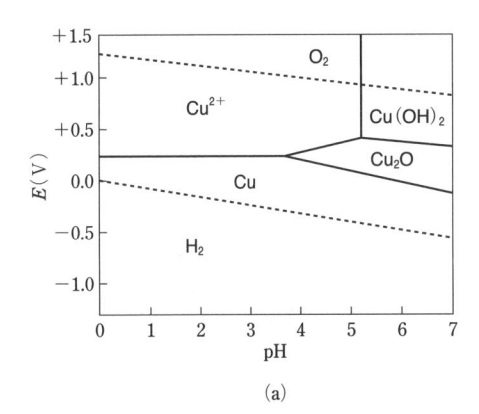

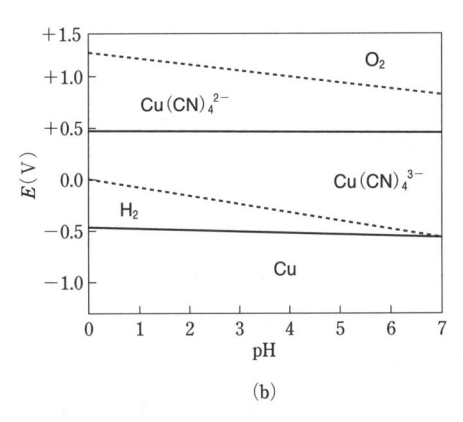

20・22 "通常の"銅のプールベ図 (a) とシアン化物イオンが存在するときの銅のプールベ図 (b)
〔A. Napoli, L. Pogliani, *Educ. Chem.*, **34**, 51 (1997) から修正を加えて転載〕

有機化学においては,ジクロロ銅酸イオンは塩化ベンゼンジアゾニウムをクロロベンゼンに変換するために用いられる(**ザンドマイヤー反応**[a]).

$$[C_6H_5N_2]^+Cl^-(aq) \xrightarrow{[CuCl_2]^-} C_6H_5Cl(l) + N_2(g)$$

---

a) Sandmeyer reaction
† 化学元素に基づいた国名が一つある.それはアルゼンチン (Argentina) であり,ラテン語で"銀"を意味する"argentums"に由来する.

20・9・5 銀

銀†は,ほとんど金属銀か硫化銀(I) Ag_2S として存在する.かなりの量の銀が,鉛鉱石からの鉛の抽出や銅の電解精錬の過程でも得られる.銀抽出方法の一つは,粉砕した硫化銀(I)を,空気を入れたシアン化ナトリウム水溶液と処理する過程,すなわち銀をジシアノ銀(I)酸イオン $[Ag(CN)_2]^-$ として抽出する過程を含む.

$$2\,Ag_2S(s) + 8\,CN^-(aq) + O_2(g) + 2\,H_2O(l) \longrightarrow \\ 4\,[Ag(CN)_2]^-(aq) + 2\,S(s) + 4\,OH^-(aq)$$

金属亜鉛の添加によって,単純な置換反応がおき,非常に安定なテトラシアノ亜鉛酸イオン $[Zn(CN)_4]^{2-}$ を生成する.

$$2\,[Ag(CN)_2]^-(aq) + Zn(s) \longrightarrow \\ 2\,Ag(s) + [Zn(CN)_4]^{2-}(aq)$$

純粋な金属は硝酸銀の酸性溶液中,低純度の銀を陽極に,高純度の銀片を陰極に用いて,電解によって得られる.

$$Ag(s) \longrightarrow Ag^+(aq) + e^- \quad (陽極)$$
$$Ag^+(aq) + e^- \longrightarrow Ag(s) \quad (陰極)$$

20・9・6 銀化合物

ほとんどすべての銀化合物において金属は酸化数 +1 をもち,また Ag^+ イオンだけがこの元素の水溶性イオンである.したがって,"銀(I)"と書くかわりに"銀"とだけ書くのがふつうである.

最も重要な銀の化合物は白色の硝酸銀である.たった二つしかない銀の易溶性塩の一つであり(もう一つはフッ化銀),水に溶けると無色の水和銀イオンを生じる.硝酸銀は工業的には,他の銀化合物の合成に用いられる.特にハロゲン化銀は伝統的に写真に用いられてきた.

実験室においては,硝酸銀標準液が塩化物イオン,臭化物イオン,ヨウ化物イオンの検出に用いられる.定性分析としては,ハロゲン化物は色で区別できる.

$$Ag^+(aq) + Cl^-(aq) \longrightarrow AgCl(s) \;(白色)$$
$$K_{sp} = 2 \times 10^{-10}$$
$$Ag^+(aq) + Br^-(aq) \longrightarrow AgBr(s) \;(クリーム色)$$
$$K_{sp} = 5 \times 10^{-13}$$
$$Ag^+(aq) + I^-(aq) \longrightarrow AgI(s) \;(黄色)$$
$$K_{sp} = 8 \times 10^{-17}$$

色の強さは粒子サイズに依存するので,塩化物と臭化物の差,および臭化物とヨウ化物の差を認知するのは難しい.

したがって，第二の確認テストを用いる．このテストでは希アンモニア溶液を添加する．塩化銀は希アンモニア溶液と反応してジアンミン銀(I)イオンを生じる．

$$AgCl(s) + 2NH_3(aq)[希] \longrightarrow [Ag(NH_3)_2]^+(aq) + Cl^-(aq)$$

臭化銀は希アンモニアにほんのわずかだけ溶解し，ヨウ化銀はまったく溶けない．しかし，臭化銀は濃アンモニア水とは反応する．

$$AgBr(s) + 2NH_3(aq)[濃] \longrightarrow [Ag(NH_3)_2]^+(aq) + Br^-(aq)$$

この挙動の差を理解するには，沈殿反応の平衡（下記，Xはすべてのハロゲン）と錯形成反応の平衡を比較しなければならない．

$$Ag^+(aq) + X^-(aq) \rightleftharpoons AgX(s)$$
$$Ag^+(aq) + 2NH_3(aq) \rightleftharpoons [Ag(NH_3)_2]^+(aq)$$
$$K_{stab} = 2 \times 10^7$$

銀イオンには2種の競合平衡が存在する．定性的にみれば，平衡定数が大きな方の平衡が系を支配する．したがって，非常に難溶性のヨウ化銀の場合には，沈殿反応の平衡の方が支配的である．逆にもっと溶解性の高い塩化銀の溶液では，錯形成を駆動するのに十分高い銀イオン濃度になりうる．

$$Ag^+(aq) + Cl^-(aq) \rightleftharpoons AgCl(s)$$
$$\downarrow$$
$$Ag^+(aq) + 2NH_3(aq) \rightleftharpoons [Ag(NH_3)_2]^+(aq)$$
$$K_{stab} = 2 \times 10^7$$

塩化物，臭化物およびヨウ化物イオンの定量的な見積もりは，生成したハロゲン化銀の重さを測る重量分析法，またはクロム酸カリウムのような指示薬を用いる容量分析法（モール法）で行うことができる．後者については，クロム酸イオンの記述のところですでにふれた．

塩化銀，臭化銀およびヨウ化銀の難溶性は§5・2で述べた共有結合性の観点から説明できる．一方フッ化銀 AgF は白色水溶性固体で，固体状態と水溶液のいずれにおいてもイオン性であると考えられる．

塩化銀，臭化銀およびヨウ化銀は光に敏感であり，銀イオンが容易に還元されて固体が黒くなる（これが，なぜ銀化合物とその溶液を褐色ビンに保存するかの理由である．）

$$Ag^+(s) + e^- \longrightarrow Ag(s)$$

この反応は伝統的な写真法の鍵である．白黒写真においては，ネガ像をつくり出すのは，感光性ハロゲン化銀微結晶への光の強さである．カラー写真においては，フィルムは臭化銀用カラーフィルターとして働く有機色素を含む多重層からできている．したがって，ある波長領域の光だけが一つの色素層中の臭化銀を励起する．

ほとんどすべての単純な銀化合物が +1 の酸化状態をとるが，例外もある．たとえば，金属銀は黒色の酸化銀 AgO に酸化されるが，この化合物は実際には，酸化銀(I)銀(III) $(Ag^+)(Ag^{3+})(O^{2-})_2$ である．この化合物は過塩素酸と反応して常磁性のテトラアクア銀(II)イオン $[Ag(OH_2)_4]^{2+}$ を生じる．この反応は "不均化[a]" の逆で（"均化[b]" とよばれる），非常に酸化性の過塩素酸イオンは銀の +2 の酸化状態を安定化する．

$$AgO(s) + 2H^+(aq) \longrightarrow Ag^{2+}(aq) + H_2O(l)$$

20・9・7 金

金はきわめて高い酸化還元電位をもつので，通常天然では，自然金として存在する．金は非常に軟らかい酸なので，知られている金の鉱物は，カラベラス鉱[c] $AuTe_2$ とシルバニア鉱[d] $AuAgTe_4$ のように，非常に軟らかい塩基のテルルを含む．岩石からの金属金の抽出において，金属銀の場合と同じシアン化物法が用いられる．金はさまざまな錯体をつくるが，単純な無機化合物は非常にまれである．酸化金(I) Au_2O はわずかにしかない安定な金化合物の一つで，金属は +1 の酸化数をもつ．銅の場合と同様に，この酸化状態は固体化合物でしか安定ではない．金(I)塩の溶液は不均化して金属金と金(III)イオンになる．

$$3Au^+(aq) \longrightarrow 2Au(s) + Au^{3+}(aq)$$

よく知られた金化合物の一つは塩化金(III) $AuCl_3$ である．この化合物は単純に，二つの単体を一緒に反応することで得られる．

$$2Au(s) + 3Cl_2(g) \longrightarrow 2AuCl_3(s)$$

塩化金(III) を濃塩酸に溶かすとテトラクロロ金(III)酸イオン $[AuCl_4]^-$ を生じる．このイオンは加熱すると金薄膜を析出する含金化学種混合物の溶液 "液体金" の成分の一つである[†]．

20・9・8 生物学的役割

銅は，鉄と亜鉛に続いて生物学的に3番目に重要なdブロック金属である．人間は毎日，5 mg ほどの銅を摂取する必要がある．銅が不足すると肝臓に蓄えた鉄を使えな

---

a) disproportionation b) comproportionation c) calaverite d) sylvanite
† 夏のエアコンの需要を減らすために，高層ビルのオフィスの窓に 10^{-11} m の金の反射層がコーティングされているところがある．

くなる．生物界には多数の銅タンパク質が存在するが，その中で最も興味深いのはヘモシアニン[a]である．この分子は無脊椎動物の世界ではありふれた酸素担体である．カニ，ロブスター，タコ，サソリ，カタツムリなどすべてが鮮やかな青い血をもっている．実際に，多くの生物学的機能のために鉄と銅の化合物（構造はまったく違う）が同様に用いられている（表20・9）．銅のシステムをもっているのは無脊椎動物なので，原始生物は銅を機能性金属として利用して進化し，鉄のシステムが発達したのは後であると議論されている．

同時に，過剰な銅は非常に毒になり，特に魚には重大である．これが，銅のコインを"幸せになりますように"と念じるために魚の水槽に投げ入れてはいけない理由である．通常人間は過剰分を排出できるが，生理学的（遺伝的）欠損により，肝臓，腎臓，脳に銅を蓄積してしまうことがある．この病気，ウィルソン病[b]の処置としては，金属イオンと錯体をつくって害を及ぼさず排出されるようなキレート剤を投与する．

銀と金は両方，特別な医療応用がある．銀イオンは抗菌性であり，硝酸銀の希薄溶液は病気を防止するために新生児に点眼される．金化合物は，医薬品のオーラノフィンのように，リウマチの処方薬として用いられる．

表20・9 類似した機能をもつ鉄と銅のタンパク質

機 能	鉄タンパク質	銅タンパク質
酸素輸送	ヘモグロビン	ヘモシアニン
酸素化	シトクロム P450	チロシナーゼ
電子移動	シトクロム類	青色銅タンパク質
抗酸化機能	ペルオキシダーゼ類	スーパーオキシドジスムターゼ
亜硝酸還元	含ヘム硝酸レダクターゼ	含銅硝酸レダクターゼ

20・10 元素の反応フローチャート

チタン，バナジウム，クロム，マンガン，鉄，ニッケル，コバルト，銅のフローチャートを示す．

$$TiO_2 \underset{O_2}{\overset{\Delta/C/Cl_2}{\rightleftharpoons}} TiCl_4 \xrightarrow{Mg} Ti$$

$$[H_2VO_4]^- \xrightarrow{Zn} VO^{2+} \xrightarrow{Zn} V^{3+} \xrightarrow{Zn} V^{2+}$$

(クロムのフローチャート: $HCrO_4^-$, $(NH_4)_2Cr_2O_7 \xrightarrow{\Delta} Cr_2O_3$, $Ag_2CrO_4 \xleftarrow{Ag^+} CrO_4^{2-} \underset{H^+}{\overset{OH^-}{\rightleftharpoons}} Cr_2O_7^{2-} \xrightarrow{+e^-} Cr(OH_2)_6^{3+}$, CrO_2Cl_2, $K_2Cr_2O_7$, $Cr_2(CH_3COO)_4$, Cr_2O_3)

(マンガンのフローチャート: $MnO_4^- \xrightarrow{+e^-} Mn(OH_2)_6^{2+} \xrightarrow{OH^-} Mn(OH)_2 \xrightarrow{-e^-} MnO(OH)$, MnO_2, MnO_4^{2-})

(鉄のフローチャート: $[Fe(SCN)(OH_2)_5]^{2+}$, $Fe(S_2O_3)_2^-$, $[Fe(NO)(OH_2)_5]^{2+}$, $FeCl_3$, $FeCl_4^- \xleftarrow{Cl^-} Fe(OH_2)_6^{3+} \underset{+e^-}{\overset{-e^-}{\rightleftharpoons}} Fe(OH_2)_6^{2+} \underset{+e^-}{\overset{-e^-}{\rightleftharpoons}} Fe$, $FeCl_2$, $FeO(OH)$, $Fe(OH)_2$)

(コバルトのフローチャート: $CoCl_4^{2-}$, $Co(OH_2)_6^{3+} \underset{+e^-}{\overset{-e^-}{\rightleftharpoons}} Co(OH_2)_6^{2+} \underset{OH^-}{\overset{H^+}{\rightleftharpoons}} Co(OH)_2$, $Co(OH)_4^{2-}$, $CoO(OH)$, $Co(NH_3)_6^{3+} \xleftarrow{O_2} Co(NH_3)_6^{2+}$)

(ニッケルのフローチャート: $NiCl_4^{2-}$, $Ni(CO)_4 \underset{\Delta}{\overset{CO}{\leftarrow}} Ni \xleftarrow{+e^-} Ni(OH_2)_6^{2+} \underset{OH^-}{\overset{H^+}{\rightleftharpoons}} Ni(OH)_2$, $Ni(NH_3)_6^{2+}$)

(銅のフローチャート: $CuCl_2^-$, $CuCl_4^{2-}$, $Cu \underset{-e^-}{\overset{Zn}{\rightleftharpoons}} Cu(OH_2)_6^{2+} \underset{OH^-}{\overset{H^+}{\rightleftharpoons}} Cu(OH)_2 \underset{OH^-}{\overset{H^+}{\rightleftharpoons}} Cu(OH)_4^{2-}$, $Cu(NH_3)_4^{2+}$, CuO)

---

a) hemocyanine b) Wilson's disease

要 点

- 第5および第6周期の遷移元素は類似性を示す.
- 前周期遷移金属は後周期遷移金属より高い酸化状態をとる.
- チタンの最重要な化合物は酸化チタン(Ⅳ)である.
- バナジウムは容易にバナジウム(Ⅴ)からバナジウム(Ⅱ)まで還元される.
- クロム酸イオンと二クロム酸イオンが,クロムの化学を支配する.
- マンガンは +2 から +7 までの酸化状態をふつうにとる.それらの相対的安定性はその環境のpHに依存する.
- 鉄化合物は +2 と +3 の酸化状態をとる.
- コバルト(Ⅱ)は配位子に依存して,八面体形か四面体形構造をつくる.
- コバルト(Ⅲ)は適切な配位子と酸化剤を選択した酸化によって生成できる.
- 八面体形および四面体形構造に加えて,ニッケル(Ⅱ)は平面四角形錯体もつくる場合がある.
- 銅化合物はほとんど +2 の酸化状態で存在する.

基 本 問 題

20・1 つぎの反応を化学反応式で記しなさい.
(a) 塩化チタン(Ⅳ)と塩素ガス
(b) 高温での二クロム酸ナトリウムと硫黄
(c) 水酸化銅(Ⅱ)の加温
(d) ジシアノ銀酸イオンと金属亜鉛
(e) 金と二塩素の反応

20・2 つぎの反応を化学反応式で記しなさい.
(a) 酸性溶液中での金属亜鉛によるバナジン酸イオンの還元(二つの反応式)
(b) 酸性溶液中での亜鉄酸イオンによるクロム(Ⅲ)イオンの二クロム酸イオンへの酸化.亜鉄酸イオンは還元されて鉄(Ⅲ)イオンになる(最初は,二つの半反応として書きなさい).
(c) 水酸化銅(Ⅱ)への過剰な水酸化物イオンの添加
(d) 銅(Ⅱ)イオンとヨウ化物イオンの間の反応

20・3 第4周期遷移金属の酸化状態の安定性がその列の左から右へどのように変化するかを簡単に述べなさい.

20・4 (a) 酸化チタン(Ⅳ), (b) 酸化クロム(Ⅲ), (c) 硫化モリブデン(Ⅳ), (d) 硝酸銀, の用途を述べなさい.

20・5 塩化チタン(Ⅳ)は共有結合性化合物である証拠は何かをあげ,そのように考察した理由を述べなさい.

20・6 チタンの工業的抽出の第1段階の化学反応式は次式である.

$$TiO_2(s) + 2C(s) + 2Cl_2(g) \longrightarrow TiCl_4(g) + 2CO(g)$$

この過程で,どの元素が酸化され,どの元素が還元されているかを答えなさい.

20・7 過マンガン酸イオンの (a) 酸性溶液, (b) 塩基性溶液, における還元の半反応式を書きなさい.

20・8 アルミニウムは地殻に最も豊富な金属である.なぜアルミニウムでなく鉄の方が世界経済にとって重要なのかを考察しなさい.

20・9 塩化鉄(Ⅱ)と塩化鉄(Ⅲ)をどのように合成するか,対比しなさい.

20・10 金属ニッケルの精錬において,テトラカルボニルニッケル(0)が低温でニッケルから生成する.一方,この化合物は高温で分解する.この平衡について,熱力学的因子,エンタルピーとエントロピーの観点で,定性的に考察しなさい.

20・11 (a) 貨幣鋳造金属, (b) 貴金属とよばれる元素は何かを特定しなさい.

20・12 つぎの検出テストでどの金属が同定できるかを示し,それぞれの化学反応式を記しなさい.
(a) ピンク色のこの陽イオンの水溶液に塩化物イオンを加えると,濃青色溶液になる.
(b) 濃塩酸はこの金属と反応して無色溶液を与える.薄めると白色沈殿を生じる.
(c) 酸をこの黄色の陰イオンに加えると,橙色の溶液になる.

20・13 つぎの検出テストでどの金属が同定できるかを示し,それぞれの化学反応式を記しなさい.
(a) この陽イオンの溶液を酸性にすると薄いすみれ色の溶液になり,塩化物イオンを加えると黄色溶液を生じる.
(b) この薄青色の陽イオンにアンモニアを加えると濃青色の溶液を生じる.
(c) このほとんど無色の陽イオンにチオシアン酸イオン溶液を加えると濃赤色になる.

20・14 このハロゲン化物イオンの溶液を銀イオンの溶液に加えると,白っぽい沈殿を生じる.この沈殿は希アンモニア溶液には不溶だが,濃アンモニア溶液には溶ける.このハロゲン化物イオンが何かを同定し,それぞれの段階の化学反応式を書きなさい.

20・15 ある無色の陰イオンを含む溶液をある陽イオンの冷やした薄黄色溶液に加える.すみれ色溶液が生成

し，それを室温まで温めると無色になる．この二つのイオンは何かを同定し，それぞれの段階の化学反応式を記しなさい．

20・16 バナジウム(II)の四面体形錯体をつくりたいとしよう．どんな配位子が最適かを考察し，その理由を二つ述べなさい．

20・17 ニッケルの単純な化合物における最高酸化状態は，ヘキサフルオロニッケル(IV)酸イオン $[NiF_6]^{2-}$ である．(a) なぜフッ化物イオンが配位子でなければならないのか，(b) この錯体は高スピンか低スピンか，を考察し，その理由を述べなさい．

20・18 鉄(III)塩が水に溶解したとき，黄褐色の溶液になる．希硝酸を数滴添加した直後だけ，ヘキサアクア鉄(III)イオンの非常に薄い紫色を見ることができる．この現象を説明しなさい．

20・19 鉄(VI)酸イオン FeO_4^{2-} は非常に強い酸化剤で，アンモニア水溶液を酸化して窒素ガスを生成し，自分自身は還元されて鉄(III)イオンになる．この化学反応式を書きなさい．

20・20 鉄(III)イオンがジメチルスルホキシド $(CH_3)_2SO$ と錯体をつくるとき，配位原子は酸素か硫黄か？理由をつけて答えなさい．

20・21 クロムの2種の一般的酸化物，酸化クロム(VI)と酸化クロム(III)のうち，どちらの融点が低いか？理由をつけて答えなさい．

20・22 クロムの2種の一般的酸化物，酸化クロム(VI)と酸化クロム(III)のうち，どちらの酸性が強いか，理由をつけて答えなさい．

20・23 なぜ硝酸クロム(III)が水に溶けて酸性溶液を生じるのか，考察しなさい．

20・24 コバルト(III)の唯一の単純な陰イオンは高スピンである．これに適した配位子を示し，この八面体形イオンの化学式を書きなさい．

20・25 なぜ塩化銅(I)が水に不溶なのか，考察しなさい．

20・26 銀イオンとハロゲン化物イオンが両方無色なのに，なぜ臭化銀とヨウ化銀が着色しているのか，考察しなさい．

20・27 ヤーン・テラー効果を考慮して，八面体形銅(II)イオンにおいて，d電子遷移からいくつの吸収バンドが現れるかを考察しなさい．

20・28 銀(I)イオンのふつうの配位数はいくつか？同族の他のイオンは同じ配位数をもつか？

20・29 図8・11と図20・15のプールベ図を用いて，つぎの条件で，鉄のどの化学形が最も存在しそうか，答えなさい．(a) 空気がよく吹き込まれた湖，(b) 酸性雨の被害を受けた湖，(c) 沼地の水．

20・30 つぎのイオンのどれかを同定し，それぞれの反応について正味のイオン反応式を記しなさい．
 (a) 塩化物イオンとの反応で白色沈殿を与え，クロム酸イオンとの反応で赤褐色の沈殿を与える無色の陽イオン．
 (b) 塩化物イオンとの反応で濃青色になる薄ピンク色の陽イオン．この陽イオンは水酸化物イオンとの反応で青色沈殿を生じる．
 (c) 銀イオンとの反応で黄色がかった沈殿を生じる陰イオン．この陰イオンに塩素水溶液を添加すると濃褐色になり，それを有機層に抽出すると紫色を呈する．
 (d) バリウムイオンとの反応で黄色沈殿を生じる黄色の陰イオン．この陰イオンに酸を添加すると橙色に変化する．この橙色の陰イオンは二酸化硫黄で還元されて緑色の陽イオンを生じる．この際のもう一つの生成物はバリウムイオンで白色沈殿を生じる無色の陰イオンである．
 (e) 金属亜鉛と反応して赤褐色固体を生じる薄青色の陽イオン．この陽イオンに過剰のアンモニアを加えると濃青色を呈する．

20・31 どの遷移金属(1個とは限らない)がつぎの生化学分子に含まれているかを述べなさい．
 (a) ヘモシアニン，(b) フェロドキシン，(c) ニトロゲナーゼ，(d) ビタミン B_{12}

20・32 元素の反応フローチャート(p.365)のそれぞれの化学変換の反応式を書きなさい．

応用問題

20・33 右記の熱力学的データに基づいて，つぎの質問に答えなさい．
 (a) 標準状態において，ニッケルと一酸化炭素からテトラカルボニルニッケル(0)を生成するときの平衡定数 K を計算しなさい．

	$\Delta H_f°$ [kJ·mol^{-1}]	$S°$ [J·mol^{-1}·K^{-1}]
Ni(s)	0.0	29.9
CO(g)	-110.5	197.7
Ni(CO)$_4$(g)	-602.9	410.6

(b) 錯体が有利，すなわち K が 1.00 以上なのは，何度（℃）以上の温度かを計算しなさい．

これらの計算がどのように，金属ニッケルの精製と関係しているかを説明しなさい．ただし，ΔH と S は温度に依存しないと仮定する．

20・34 金(I)イオンがシアン化物イオンと錯形成するときの平衡定数（安定度定数）を，つぎの式に基づいて，計算しなさい．

$$Au^+(aq) + e^- \longrightarrow Au(s) \quad E° = +1.68 \text{ V}$$

$$[Ag(CN)_2]^-(aq) + e^- \longrightarrow Au(s) + 2 CN^-(aq)$$
$$E° = -0.60 \text{ V}$$

20・35 コバルト(II)はつぎの平衡式をとる．

$$[Co(OH_2)_6]^{2+}(aq) + 4 Cl^-(aq) \rightleftharpoons$$
ピンク色
$$[CoCl_4]^{2-}(aq) + 6 H_2O(l)$$
青色

無水カルシウム化合物をこの混合物に加えると平衡が右にシフトするが，無水亜鉛化合物を加えると左にシフトするのはなぜか，その理由を考察しなさい．

20・36 フッ化銅(I)は閃亜鉛鉱型構造で結晶化するのに対して，フッ化銅(II)はルチル型構造をとる．それぞれの化合物の生成エンタルピーを計算しなさい．それぞれのボルン・ハーバーサイクルにおいて化合物の安定性に寄与する重要な因子は何か答えなさい．定性的には，生成エントロピーはこの反応の起こりやすさに影響するだろうか？

20・37 鉛(II)イオンを二クロム酸イオン溶液に加えると，クロム酸鉛(II)が沈殿する．化学反応式を用いて，なぜこの現象が起こるかを説明しなさい．

20・38 過塩素酸コバルト(II)はジメチルスルホキシド $(CH_3)_2SO$（略号 DMSO）と DMSO 中で反応して，1:2（陽イオン1個に対して陰イオン2個）電解質のピンク色化合物を生じる．塩化コバルト(II)は DMSO と反応して1:1電解質を生じる．両方の場合とも陽イオンは同じであるが，後者の化合物の陰イオンもコバルトの錯イオンをもっている．二つの化合物が何か推定しなさい．

20・39 (a) シアン化カリウムをニッケル(II)イオンの水溶液に加えると，まず緑色沈殿が生成する．この生成物は何か？ (b) さらにシアン化物イオンを加えると，沈殿が溶解して黄色溶液となる．この溶液から塩を単離できる．この生成物は何か？ (c) さらに大過剰のシアン化カリウムを加えると赤色溶液になる．この生成物を単離すると，3:1の電解質の化合物である．この化合物は何か？

20・40 下記の（化学量論比が合っていない）反応について，

$$VO^{2+}(aq) + Cr^{2+}(aq) \longrightarrow V^{2+}(aq) + Cr^{3+}(aq)$$

化学量論比を合わせなさい．つぎに，データ表を用いておおよその平衡定数を計算し，この過程のありそうな2段階機構を考察しなさい．

20・41 つぎの理由を説明しなさい．
(a) 過塩素酸鉄(III)は水溶性であるが，リン酸鉄(III)は水に不溶である．
(b) NH_3 と H_2O を配位子とする錯体は非常にありふれているが，PH_3 と H_2S を配位子とする錯体は非常に珍しい．
(c) 臭化鉄(III)は塩化鉄(III)よりずっと濃い色をしている．

20・42 タングステンは実験式 WI_2 と WI_3 のヨウ化物をつくる．金属タングステンとフッ素ガスとの反応からはどんな化合物が生成すると考えられるか？ 理由をつけて答えなさい．

20・43 レニウムは珍しい化合物 $K_2[ReH_9]$ をつくる．この化合物におけるレニウムの酸化数はいくつか？ それはレニウムの酸化状態として妥当か？ またそれは水素を配位子として妥当な酸化状態か？

20・44 ニッケルは化学式 NiS_2 の化合物を形成する．ニッケルと硫黄の可能な酸化状態はいくらか，その理由をつけて答えなさい．

20・45 ゲル状化合物は不純物を取込む効率が高いので，水酸化鉄(III)の沈殿反応は排水を浄化するのに用いられている．多くのヒドロキソ鉄(III)化学種を無視できると仮定すると，単純化した平衡は次式のように書ける．

$$Fe^{3+}(aq) + 3 H_2O(l) \rightleftharpoons Fe(OH)_3(s) + 3 H^+(aq)$$

(a) 25℃でのイオン積 $1.0×10^{-14}$ を用い，水酸化鉄(III)の溶解度積を $2.0×10^{-39}$ と仮定して，$[Fe^{3+}]$ と $[H^+]$ の数学的関係を導きなさい．
(b) 水酸化鉄(III)が供給水の浄化に使われたとすると，供給水の pH が 6.00 のときに含まれる鉄(III)イオンの濃度はいくらか？
(c) どのくらいの重量の水酸化鉄(III)が $1×10^6$ L の水が流れる間に溶解するか？

20・46 希塩酸を金属っぽく見える化合物 (A) に加えると，特徴的な臭いをもつ無色気体 (B) が陽イオン (C) の薄緑色溶液とともに生成する．

気体 (B) が空気中で燃えると別の無色気体 (D) になる．この気体は，黄色の二クロム酸紙を緑色に変色する．(B) と (D) を混合すると，黄色固体単体 (E) を生じる．(E) は塩素ガスと反応して，モル比に依存するが，2種の塩化物 (F) と (G) を生成できる．

緑色の陽イオンの溶液（C）にアンモニアを加えると，薄青色錯イオン（H）を生じる．水酸化物イオンをこの緑色溶液の別のサンプルに加えると緑色ゲル状沈殿（I）を生じる．3番目の緑色溶液のサンプルに金属亜鉛を加えると金属（J）を生じる．この金属は乾燥すると一酸化炭素と反応して低沸点化合物（K）を生じる．

それぞれの物質を同定し，それぞれの反応の化学反応式を記しなさい．

20・47 非常に薄いピンク色の塩（A）を強熱すると，黒褐色固体（B）が生成する．他の生成物は濃褐色気体（C）だけである．（B）に濃塩酸を加えると塩（D）の無色溶液，薄緑色気体（E），および水を生じる．この薄緑色気体を臭化ナトリウム溶液に吹き入れると，溶液は褐色に変色する．この黄褐色の物質（F）はジクロロメタンなどの低極性溶媒で抽出できる．

褐色固体（B）は陰イオン（G）の濃紫色溶液を過酸化水素のような還元剤を含む塩基性溶液と反応させても合成できる．この反応におけるもう一つの生成物は気体（H）であり，この気体は燃えつきそうなマッチ棒を再び輝かせる．化合物（A）の陰イオンは不溶性塩をつくることはないが，気体（C）は，無色気体（I）との間で平衡状態にある．気体（I）の方が低温で優勢である．

（A）から（I）までの物質を同定し，それぞれの反応の化学反応式を記しなさい．

20・48 遷移金属 M は空気のない状態で希塩酸と反応して，$M^{3+}(aq)$ になる．この溶液を空気にさらすと，MO^{2+} イオン (aq) を生じる．金属 M が何かを考察しなさい．

20・49 酸化クロム(II) CrO を純クロム（金属）と酸素との反応で合成すると，その結晶は電気的に中性だが，実際の化学量論は $Cr_{0.92}O_{1.00}$ であることがわかっている．この現象を説明しなさい．

20・50 なぜ全クロム原子中の 84 % がクロム-52 同位体なのか，考察しなさい．

20・51 ヨウ化鉄(III) は空気や水がないところで合成される．これら2種の試薬が存在するときのヨウ化鉄(III) の分解機構を考察しなさい．

20・52 ハロゲン化銀の溶解性をハロゲン化カルシウムの溶解性と比較しなさい．両者の差異の理由を考察しなさい．

20・53 銀は，その化学的な性質から遷移金属とみなせるだろうか？ 議論しなさい．銀と最も似ている主族元素は何か？

20・54 金属パラジウムは自分自身の935倍の体積の二水素を吸蔵できる．標準状態を仮定し，そのおおよその化学式を表しなさい．水素を飽和したパラジウムはパラジウム自身（$12.0\,g\cdot cm^{-3}$）とほぼ同じ密度をもつ．そこで，パラジウム中の二水素の密度を計算しなさい．その値を純粋な液体水素の値（$0.070\,g\cdot cm^{-3}$）と比較しなさい．

20・55 クロムは青色の $[(H_3N)_5Cr-O-Cr(NH_3)_5]^{4+}$ イオンのようなさまざまな二量体化学種を形成する．このイオン中のそれぞれのクロム原子の形式酸化数はいくつか？ このイオンは，直線形 Cr—O—Cr 配置をとる．その理由を考察しなさい．もしクロムの代わりにコバルトが等価なイオンとして置換した化合物が存在した場合，Co—O—Co は直線形か屈曲形か，説明しなさい．

20・56 ある鉄(II)イオンの溶液を鉄(III)イオンに化学量論的に酸化するためには，20 mL の過マンガン酸イオンの酸性溶液が必要だった．しかし，大過剰のフッ化物イオンの存在下では，25 mL の過マンガン酸イオン溶液を要した．この差について考察しなさい．

20・57 二酸化硫黄は，数滴の希塩酸を添加して酸性にした溶液中で，鉄(III)イオンを鉄(II)イオンに還元するだろう．しかし，濃塩酸中では，ほとんど反応が起こらない．その理由を説明しなさい．

20・58 シアン化銅(I)は，水には不溶だが，シアン化カリウム水溶液には溶解する．なぜこの溶液過程が起こるのか，正味のイオン反応式を書いて説明しなさい．

20・59 ハロゲン化銀の色は電荷移動過程によるものである．なぜその色が I>Br>Cl の順に強くなるのかを説明しなさい．

20・60 マンガンは5種のよく目にする酸化物 MnO, Mn_3O_4, Mn_2O_3, MnO_2, Mn_2O_7 をつくる．

(a) それぞれの酸化物中のマンガンの酸化数を計算しなさい．

(b) (a) で回答した Mn_3O_4 中のマンガンの酸化数の理由を説明しなさい．また他のどの遷移金属が同じ化学量論の酸化物を形成するかあげなさい．

(c) どの酸化物が塩基性か？ どの酸化物が強酸性か？ その理由を述べなさい．

(d) どのマンガン酸化物がその類似の主族元素である塩素のありふれた酸化物と同じ化学量論であるか？

20・61 直接還元鉄の製造に用いられる2種のメタン改質反応のエンタルピー変化を計算しなさい．

$$CH_4(g) + CO_2(g) \longrightarrow 2\,CO(g) + 2\,H_2(g)$$

$$CH_4(g) + H_2O(g) \longrightarrow CO(g) + 3\,H_2(g)$$

20・62 DRI 法で製造された鉄は低密度で多孔性の塊状物質である．その大きな表面積により，バルク鉄より反応性が高い．DRI は通常，積み重ねて空気に開放した状態で保存される．

(a) 空気にさらされた表面で起こる反応の化学反応式を書きなさい．

(b) ケイ酸ナトリウム溶液をその表面に散布して酸化を最小限に抑える．なぜこの処理が効果的なのか考察しなさい．

(c) 1996 年，DRI を運ぶ貨物輸送船で発火し，そして爆発が起こった．DRI は急激に発熱的に，酸化され始めた．乗組員は DRI を冷やすために海水を散布した．その水は熱い鉄とどのように反応しただろうか？ 何が爆発の原因だったのだろうか？

21　12 族 元 素

12族元素は，遷移元素系列の最後に位置するが，主族金属のように振舞う．この族では亜鉛が化学的にも生化学的にも最もありふれた元素である．

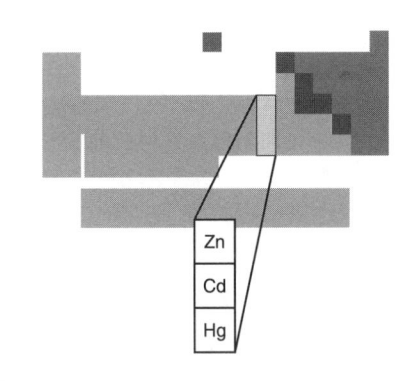

水銀は，水のように流動し，何千年にもわたって人々を魅了し続けてきた．この金属の形跡は，古代中国や古代インドの書物に，そして紀元前1500年ごろのエジプトの遺物にみつかっている．紀元前200年から，スペインの鉱山が水銀を（硫化水銀(Ⅱ)として）ローマ帝国に供給した．最も恐れられたローマの刑罰は，その水銀鉱山での労働の宣告であり，水銀蒸気が蔓延した鉱山の空気の中で働くことは，数カ月もたたずに苦悶にさいなまれて死に至ることを約束したも同然だった．このスペインの鉱山では今でも採掘が続けられている．1665年には，すでに1カ月に8日以上，1日に6時間以上の水銀鉱山労働は違法とされていた．しかし，この労働者の健康に関する規則は，労働者自身の健康管理のためというより，生産効率を上げるためのものだった．

中世の錬金術師たちは，ありふれた金属を金に変身させる実験に水銀を用いた．1570年ごろ，水銀を用いる銀鉱石からの銀の抽出法が実現されたとき，大きな水銀需要の波が到来した．銀が溶けている液体水銀を，固体残渣から分離し，強熱した．水銀は蒸発して大気中に飛散した．明らかに，この工程は労働者たちには危険だった．そしてわれわれ現代人も，300年後の今でも水銀汚染の中で暮らしている．米国だけでも貴金属抽出の過程で，約25万トンの水銀を環境に放出してきたと見積もられているが，そのほとんどの水銀の行方はわかっていない．今日でも，この初歩的で環境に危険な方法が，アマゾン地域での金堆積物からの金の抽出などに用いられている．

21・1　族の傾向

銀色を呈する12族金属は一見，遷移金属に属するようにみえるが，実際には，これらの元素の化学は遷移金属とはまったく異なる．たとえば，亜鉛とカドミウムの融点は，それぞれ419℃と321℃であり，遷移金属の典型的な融点の1000℃付近よりずっと低い．水銀が室温でも液体であることは，相対論的電子効果の観点からの説明が最もよい．つまり，外殻軌道の収縮によって，この元素の単体が"貴液体[a]"のように振舞う．

12族元素は，それらのすべての化合物において完全に電子充填したd軌道をもつので，主族元素とみなす方が適切である．12族金属元素の化合物のほとんどが（陰イオンに色がついている場合を除いて）白色なのは，この見方と一致する事実である．亜鉛とカドミウムは化学的挙動が酷似しており，すべての単純化合物において +2 の酸化状態をもつ．水銀は +1 と +2 の酸化状態をとるが，Hg^+ イオン自身は存在せず，Hg_2^{2+} イオンを形成する．12族元素と遷移金属の間の唯一の類似性は錯体の生成であり，特にアンモニア，シアン化物イオン，ハロゲン化物イオンのような配位子と錯形成しやすい．すべての金属元素，特に水銀は，イオン性化合物より共有結合性化合物をつくる傾向がある．

§9・5で議論したように，マグネシウムと亜鉛の化学的挙動の間には，強い類似性がある（n と $n+10$ の関係）．さらに，§9・8で述べたように，Zn(Ⅱ) と Sn(Ⅱ) の間，Cd(Ⅱ) と Pb(Ⅱ) の間には"ナイトの動き（桂馬飛び）"の関係がある．

21・2　亜鉛とカドミウム

これら2種の軟らかい金属は化学的に活性である．たとえば，亜鉛[b] は希酸と反応して亜鉛イオンを生じる．

$$Zn(s) + 2H^+(aq) \longrightarrow Zn^{2+}(aq) + H_2(g)$$

---

a) noble liquid　b) zinc

また，この金属は塩素ガス中で穏やかに加熱すると，燃焼する．

$$Zn(s) + Cl_2(g) \longrightarrow ZnCl_2(g)$$

21・2・1 亜鉛の抽出

亜鉛の主原料は，硫化亜鉛 ZnS，すなわち四面体形イオン格子構造の原型である閃亜鉛鉱である（§5・4を見よ）．閃亜鉛鉱はオーストラリア，カナダ，米国で産する．

亜鉛抽出の第一段階は硫化亜鉛の空気中約 800 ℃での**焙焼**[a)]であり，酸化物へ変換される．

$$2\,ZnS(s) + 3\,O_2(g) \xrightarrow{\Delta} 2\,ZnO(s) + 2\,SO_2(g)$$

次段階の金属酸化物の還元による金属の生成には石炭を利用できる．

$$ZnO(s) + C(s) \xrightarrow{\Delta} Zn(g) + CO(g)$$

熱いガス状の金属亜鉛に溶融した鉛をふりかけて，急冷する．それから，これら2種の金属は容易に分離できる．これらの金属が混和しない[b)]からである．亜鉛（密度 7 g・cm^{-3}）は鉛（密度 11 g・cm^{-3}）の上に浮く．そして鉛は再利用される．

亜鉛はおもに鉄の防錆コーティングに用いられる．この方法は，その電気化学的性格を認識させる用語の"亜鉛めっき[c)]"とよばれる．この金属の反応性は実際には，想像するほど高くない．湿潤空気中では表面に保護層を形成するためである．この層は形成直後は酸化物だが，時間がたつと塩基性炭酸塩 $Zn_2(OH)_2CO_3$ が生成する．亜鉛めっきの利点は，たとえ鉄が一部露出していても，亜鉛の方が鉄より先に酸化され，鉄は傷まないことである．これは，亜鉛の方が鉄よりも還元電位が負なためであり，亜鉛は犠牲陽極として働く．

$$Zn(s) \longrightarrow Zn^{2+}(aq) + 2\,e^- \quad E° = +0.76\,V\,*$$
$$Fe^{2+}(aq) + 2\,e^- \longrightarrow Fe(s) \quad E° = -0.44\,V$$

21・2・2 亜鉛の塩

亜鉛塩のほとんどは水溶性であり，その亜鉛塩水溶液はヘキサアクア亜鉛(II)イオン $[Zn(OH_2)_6]^{2+}$ を含む．それらの固体塩は水和していることが多い．たとえば，硝酸塩は六水和物，硫酸塩は七水和物であり，マグネシウム塩やコバルト(II)塩と同じである．硫酸塩七水和物の化学構造は $[Zn(OH_2)_6]^{2+}[SO_4\cdot H_2O]^{2-}$ である．

亜鉛イオンは d^{10} 電子配置をとるので，結晶場安定化エネルギーはゼロである．したがって，亜鉛イオンが八面体形構造か四面体形構造のどちらをとるかを決めるのは，陰イオンのサイズと電荷である．亜鉛塩の溶液は，アルミニウムイオンや鉄(III)イオンと同様に，多段階水和反応を起こして，酸性になる．

$$[Zn(OH_2)_6]^{2+}(aq) \rightleftharpoons$$
$$H_3O^+(aq) + [Zn(OH)(OH_2)_3]^+(aq) + H_2O(l)$$

水酸化物イオンの添加により白色，ゲル状の水酸化亜鉛 $Zn(OH)_2$ の沈殿を生じる．

$$Zn^{2+}(aq) + 2\,OH^-(aq) \longrightarrow Zn(OH)_2(s)$$

水酸化物イオンを過剰に添加すると，沈殿は水溶性のテトラヒドロキソ亜鉛(II)酸イオン $[Zn(OH)_4]^{2-}$ になる．

$$Zn(OH)_2(s) + 2\,OH^-(aq) \longrightarrow [Zn(OH)_4]^{2-}(aq)$$

沈殿は，アンモニアとも反応してテトラアンミン亜鉛(II)イオン $[Zn(NH_3)_4]^{2+}$ の溶液を生じる．

$$Zn(OH)_2(s) + 4\,NH_3(aq) \longrightarrow$$
$$[Zn(NH_3)_4]^{2+}(aq) + 2\,OH^-(aq)$$

最もよく用いられる亜鉛化合物は塩化亜鉛である．それは二水和物 $Zn(OH_2)_2Cl_2$ として，および棒状の無水塩化亜鉛として得ることができる．後者は非常に潮解性であり，水にきわめて易溶である．またエタノールやアセトンのような有機溶媒にも可溶である．この性質はその結合が共有結合性であることを示す．

塩化亜鉛は，ハンダの融剤や木材の防腐剤として用いられる．両方の用途とも，この化合物がルイス酸として機能する特性に依存する．ハンダにおいては，表面に集まる酸化物膜を取除く必要がある．さもないとハンダの表面に付くことができない．275 ℃を超えると，塩化亜鉛は融解して酸化物イオンと共有結合性錯体を形成することによって，酸化物膜を取除く．そしてハンダは分子レベルで清浄な金属表面に付くことができる．木材の防腐剤に応用する際は，塩化亜鉛はセルロース分子中の酸素原子と共有結合をつくる．その結果，木材は塩化亜鉛の層で被覆され，生物に対する毒性を示す．

21・2・3 酸化亜鉛

酸化亜鉛は金属亜鉛の空気中での燃焼によって，または炭酸塩の熱分解によって得ることができる．

$$2\,Zn(s) + O_2(g) \xrightarrow{\Delta} 2\,ZnO(s)$$
$$ZnCO_3(s) \xrightarrow{\Delta} ZnO(s) + CO_2(g)$$

結晶中では，各亜鉛イオンは四面体形に4個の酸化物イオンに囲まれ，各酸化物イオンは同様に4個の亜鉛イオン

---

a) roasting　b) immiscible　c) galvanizing

*[訳注] 酸化還元反応の式は一般的に酸化体を左辺に，還元体を右辺に置き，その標準電極電位 $E°$ を表す．ここでは左辺と右辺が逆になっているため，$E°$ の符号が亜鉛の還元電位 $E° = -0.76\,V$ と逆になっていることに注意しよう．

に囲まれている．酸化亜鉛は，他の白色の金属酸化物とは異なり，加熱すると黄色くなる．このような温度に依存する可逆的な色変化は，**サーモクロミズム**[a]とよばれる．この場合の色変化は，結晶格子から一部の酸素原子が抜け，過剰の負電荷が残ることに起因する．この過剰な負電荷（電子）は電圧印加によって格子中を動き回れるので，この酸化物は半導体である．酸化亜鉛を冷却すると，失われた酸素が結晶格子に戻るので，もとの白色になる．

酸化亜鉛は亜鉛化合物の中で，最も重要である．白色顔料，ゴム中の充填剤，およびさまざまな光滑剤，エナメル，殺菌用軟膏として用いられる．また酸化クロム(III)との組合わせで，合成ガスからのメタノールを製造における触媒として用いられる．

21・2・4 硫化カドミウム

商業的に重要なカドミウム[b]化合物は唯一，硫化カドミウム CdS だけである．硫化亜鉛は 12 族化合物に典型的な白色であるのに対して，硫化カドミウムは強い黄色を呈する．この色を利用して，この化合物は顔料に用いられる．硫化カドミウムは実験室でも工業的にも同じ方法，すなわちカドミウムイオンへ硫化物イオンを加えることによって合成される．

$$Cd^{2+}(aq) + S^{2-}(aq) \longrightarrow CdS(s)$$

カドミウム化合物は毒性が強いが，硫化カドミウムは非常に難溶性なので，ほとんど害を及ぼさない．

21・2・5 ニッカド電池

最も重要なカドミウムの利用は，充電可能なニッカド電池[c]である．放電過程においては，カドミウムが水酸化カドミウムに酸化され，一方ニッケルは，酸化水酸化ニッケル(III) NiO(OH) から水酸化ニッケル(II) に還元され，酸化状態は珍しい +3 からふつうの +2 に変化する．この場合の電解質は水酸化物イオンである．

$$Cd(s) + 2\,OH^-(aq) \longrightarrow Cd(OH)_2(s) + 2e^-$$
$$2\,NiO(OH)(s) + 2\,H_2O(l) + 2e^- \longrightarrow 2\,Ni(OH)_2(s) + 2\,OH^-(aq)$$

充電過程では逆反応が起こる．塩基性の反応媒体を用いるのにはおもな理由が二つある．第一は，ニッケル(III) 状態が塩基中でのみ安定なことであり，第二は水酸化物が塩基中で不溶なため，金属イオンが金属表面からそれほど遠くまで移動せず，その結果，逆反応が同じ場所で容易に起こることである．この電池の一番の問題点は，その廃棄である．毒性のカドミウムを含むので，廃棄せずにリサイクル用に戻すように努めなければいけない．

21・3 水　銀

すべての金属の中で最も弱い金属結合をもつ水銀[d]だけが，20 ℃で液体である．水銀の弱い結合は，室温での高い蒸気圧をもたらす．この有毒な金属蒸気は，肺から吸収されるので，昔からの化学研究室では，破損した水銀温度計からこぼれた水銀粒が最大の害を及ぼしている．水銀は，非常に高密度の液体（13.5 g·cm^{-3}）で，融点は -39 ℃，沸点は 357 ℃である．

21・3・1 水銀の抽出

水銀鉱石は，硫化水銀(II) HgS の組成をもつ鉱物の辰砂[e]だけである．しかし水銀は，たまにだが，単体の液体金属としてみつかることもある．スペインとイタリアの硫化水銀(II) の堆積物が，全世界の水銀の約 4 分の 3 を供給している．水銀の価格が高いのは，この硫化物が大部分の水銀鉱石には 1 % 以下しか含まれないためである．水銀は空気中で硫化物鉱石を加熱することによって容易に抽出できる．発生した水銀蒸気は凝縮して液体金属になる．

$$HgS(s) + O_2(g) \xrightarrow{\Delta} Hg(l) + SO_2(g)$$

水銀は，温度計，気圧計，電気スイッチ，水銀アーク灯に利用される．水銀中に他の金属が溶けた溶液はアマルガム[f]とよばれる．ナトリウムアマルガムと亜鉛アマルガムが実験室で還元試薬として用いられる．そして，すべてのアマルガムの中で最もわれわれに密着しているのは，歯科用アマルガム（銀，スズ，銅のうちの単独および複数種の金属を含有している）で，奥歯の穴を詰めるのに用いられる．アマルガムがこの目的に適するのにはいくつかの理由がある．アマルガムの状態ではわずかに膨張する性質があり，それによって，まわりの材料との隙間を満たす．われわれが歯で噛むことによって生じる非常に高い局所的圧力の下でも簡単に砕けることはない．熱的な膨張係数が低いので，熱いものと接触しても，膨張して歯のまわりを砕いたりしない．全消費量の観点からは，水銀化合物の主要な用途は農業用と園芸用である．たとえば，有機水銀化合物は殺菌剤や木材防腐剤として用いられる．

21・3・2 水銀(II) 化合物

水銀(II) 化合物のほとんどが共有結合性である．Hg^{2+} イオンを含むと考えられる数少ない化合物の一つに硝酸水銀(II) がある．それはまた数少ない水溶性水銀化合物である．

塩化水銀(II) は 2 種の単体を混合することによって生

---

a) thermochromism　b) cadmium　c) NiCad battery　d) mercury　e) cinnabar　f) amalgam

じる．

$$Hg(l) + Cl_2(g) \longrightarrow HgCl_2(s)$$

この化合物は温水に溶解するが，その溶液が導電性を示さないことから，イオンとしてではなく$HgCl_2$分子として存在していることがわかる．塩化水銀(II)溶液は，塩化スズ(II)溶液を添加すると容易に還元されて，白色不溶性の塩化水銀(I)になり，さらに黒色の金属水銀になる．これらの反応は水銀(II)イオンの有用な検出法である．

$$2\,HgCl_2(aq) + SnCl_2(aq) \longrightarrow SnCl_4(aq) + Hg_2Cl_2(s)$$
$$Hg_2Cl_2(s) + SnCl_2(aq) \longrightarrow SnCl_4(aq) + 2\,Hg(l)$$

酸化水銀(II)は熱的に不安定で，強熱すると分解して水銀と二酸素になる．

$$2\,HgO(s) \xrightarrow{\Delta} 2\,Hg(l) + O_2(g)$$

この分解反応は，視覚的にはおもしろい演示になる．赤色粉末の酸化水銀(II)が"消え去り"，容器の冷たい箇所に金属水銀の銀色の小粒が現れる．しかしこの反応は，かなりの量の金属水銀が気体として実験室中に飛散するので，非常に有害である．この実験は，プリーストリ[a]が純粋な酸素ガスを初めて得たときに用いた方法であり，歴史的には興味深い．

21・3・3 水銀(I)化合物

水銀の興味深い特徴の一つは，$[Hg-Hg]^{2+}$イオンを形成する能力である．そこでは2個の水銀イオンが共有単結合で結ばれている．実際に，単純な水銀(I)イオンを含む化合物は知られていない．

塩化水銀(I) Hg_2Cl_2 と硝酸水銀(I) $Hg_2(NO_3)_2$ は知られているが，硫化物イオンのようなほかの一般的な陰イオンを含む化合物は合成されていない．この理由を知るには，不均化平衡をみる必要がある．

$$Hg_2^{2+}(aq) \rightleftharpoons Hg(l) + Hg^{2+}(aq)$$

この反応の平衡定数 K_{dis} は 25 ℃ で約 6×10^{-3} である．

平衡定数が小さいということは，通常の環境において，水銀(I)イオンが不均化して水銀(II)イオンと水銀になる傾向が低いことを意味する．しかし，硫化物のような陰イオンは水銀(II)イオンときわめて難溶性の化合物を生成する．

$$Hg^{2+}(aq) + S^{2-}(aq) \longrightarrow HgS(s)$$

この沈殿は，不均化平衡を右へ"動かす"．その結果，水銀(I)イオンと硫化物イオンとの全体の反応はつぎのようになる．

$$Hg_2^{2+}(aq) + S^{2-}(aq) \longrightarrow Hg(l) + HgS(s)$$

21・3・4 水銀電池

補聴器のように非常に小型の電源が必要なとき，水銀電池がよく用いられる．この電池では，亜鉛が陽極で(導電性グラファイトと混合した)酸化水銀(II)が陰極である．亜鉛は水酸化亜鉛に酸化され，酸化水銀(II)は還元されて金属水銀になる．

$$Zn(s) + 2\,OH^-(aq) \longrightarrow Zn(OH)_2(s) + 2\,e^-$$
$$HgO(s) + H_2O(l) + 2\,e^- \longrightarrow Hg(l) + 2\,OH^-(aq)$$

電解質(水酸化物イオン)濃度が変化しないので，一定の電圧が得られる．

21・4 生物学的役割

この族には，一つの必須元素(亜鉛)と二つの猛毒性元素がある．

21・4・1 亜鉛の必須性

亜鉛は数少ない必須元素の一つであり，鉄について2番目に重要である．世界中で最もありふれた土壌不足成分が亜鉛である．豆類，柑橘類，コーヒー，および米が最も亜鉛欠乏の影響を受けやすい．

亜鉛は動物にとって必須元素である．生物がもつ200種を超える亜鉛酵素が同定され，その役割が解明されてきた．それらの亜鉛酵素の役割は，酵素機能のほぼ全種類を網羅しているが，最もよくみられる機能は加水分解である．たとえば，含亜鉛ヒドロラーゼ[b]類はP—O—P，P—O—C，およびC—O—C結合の加水分解を触媒する．このような亜鉛酵素への依存性の高さは，亜鉛がわれわれの食物に最重要な元素の一つであることを示す．それでも，西洋人の3分の1もの人々が亜鉛欠乏症にかかっていると推測されている．そのような欠乏症は生命を脅かすことはないが，疲労，倦怠，およびそれらの関連症状(ならびに病気への抵抗力の低下)を招く．

亜鉛が酸化還元機能をもてないことをふまえると，亜鉛を有用なイオンにしているのは何か？という疑問が生じる．つぎのようないくつかの答えが考えられる．

1. 亜鉛は環境に広く分布しており，利用しやすい．
2. 亜鉛イオンは強いルイス酸であり，亜鉛は酵素中でルイス酸として機能する．
3. 他の多数の金属とは異なり，亜鉛は四面体形構造をとりやすい．この構造がほとんどの亜鉛酵素の金属サイト

---

[a] Joseph Priestley [b] hydrolase

歯科用水銀アマルガム

われわれの多くが口の中に水銀を歯の詰物の形でもっている．詰物はアマルガムから成り，それは，液体金属（水銀）といろいろな固体金属との均一混合物である．歯科用アマルガムは，典型的にはつぎの範囲の組成をもつ：水銀（50～55％），銀（23～35％），スズ（1～15％），亜鉛（1～20％）．この軟らかい混合物は，水銀中に金属粒子が分散した懸濁液のまま，掘られた歯の穴に詰められる．その穴の中で，水銀原子は金属構造中に浸み込み，固体のアマルガム（合金と同じ）になる．この反応が起こると，わずかに膨張し，その場所を充填した状態を強く保持するようになる．

単体の水銀は猛毒性である．しかし，その固体金属とのアマルガム化によって蒸気圧が減少し，その有害性は純粋な液体水銀ほどではない．米国歯科協会の見解では，水銀の詰物は十分安全だが，詰物から漏出した水銀はごく低レベルでも危険であるという議論がある．有害性の程度を定量化するのは難しい．水銀詰物を取除いてすぐに病気から回復した人々がいるとの議論もある．水銀が体内から排出されるのには長い時間がかかるだろうから，そのような急な回復は水銀除去と関係しているとは考えにくい．実際に，水銀詰物を取除く段階では，短時間ではあるが，むしろ漏出する水銀量が増える．

本当の問題は，アマルガムのように熱膨張率が低く，強い強度をもつような代替物が，現在でもみつかっていないことである．研究者たちは歯の表面に化学的に結合し，（噛むときに）奥歯にかかる多大な圧力に耐えうる強い材料の合成を試みている．現状では水銀汚染のうちのかなりの割合が歯科治療室から出てきたものである．歯科医は今でも水銀アマルガムを奥歯の詰物に使用しており，1年間当たり1.5 kgを超える量の水銀廃棄物が生じ，そのほとんどは排水管に流され，下水に入る．場所にもよるが，下水汚泥は焼却され，農地に拡散し，地上に落ちてくる．特に焼却によって，水銀は環境に飛散する．これを防ぐには，とにかく司法権の及ぶ範囲内で，歯科医に排水管の1箇所に分離器を取付けることを法律で義務づける必要がある．そうすれば，水銀廃棄物を定期的に排水管のトラップから収集し，水銀リサイクルセンターに送り返すことができる．

火葬がふつうになってきたので，特に人口密度の多い国では，人々はこの源からの水銀汚染の問題を認識する必要がある．人体を火葬する間に，水銀アマルガムは分解し，水銀蒸気を大気へ放出する．したがって，火葬による大気飛散の環境制御は新しい社会問題である．

の鍵となる特徴である．五配位や六配位の幾何構造をとることも可能であり，これらの配位数をもつ遷移状態の形成を可能にしている．

4. 亜鉛イオンはd^{10}電子配置をもつので，遷移金属がとりうる対称性の高い特定の幾何構造に付随した結晶場安定化エネルギーがゼロである．したがって，亜鉛まわりの環境は，その酵素機能を引出すのに必要な特定の結合角をとるために，エネルギー的障壁をもたずに正四面体形からひずむことができる．
5. 亜鉛イオンは生物学的にとりうる電位範囲においては，酸化還元変化を起こさない．すなわち電位変化に対して完全に不活性である（耐性がある）．したがって，その役割は生物の酸化還元電位の変化によって，まったく影響されない．
6. 亜鉛イオンは，きわめて速い配位子交換反応を起こすので，酵素中でのその役割を容易に遂行できる．

21・4・2 カドミウムの毒性

カドミウムは毒性元素である．われわれの食べ物に含まれており，その濃度は安全基準ぎりぎりのレベルである．カドミウムに最も損傷を受ける臓器は腎臓で，約 200 ppmで重大なダメージを受ける．喫煙者はタバコの煙からかなりの量のカドミウムを吸収する．

工業源からのカドミウムの暴露も重大な問題である．特に，ニッケル-カドミウム（ニッカド）電池が大きな廃棄物問題を起こし始めている．今や多くの電池会社が使用済みのニッカド電池の返却を受入れ，カドミウム金属が安全にリサイクルできるようになっている．日本で，探鉱作業によって生成したカドミウム混入水からカドミウム毒が生じた．持続性の痛みを伴う進行性の骨の病気は"イタイイタイ病"とよばれた．

21・4・3 多くの水銀の害

既述したように，水銀が有害なのは，かなり高い蒸気圧をもつからである．水銀蒸気は肺に吸収され，血液に溶け，さらに脳に運ばれる．そこで中枢神経系に治癒不可能なダメージを与える．この金属はまた，金属結合が非常に弱いので，水にもほんのわずかだが溶解する．ソーダ電解[a] プ

---

a) chlor-alkali electrolysis

ラントからの近隣河川への水銀流出が，北米で重大な公害問題をひき起こした．

無機水銀化合物はあまり水溶性ではないので，通常，問題をひき起こすことは少ない．歴史的に興味深い記述としてつぎのようなものがある．昔，水銀イオン溶液は帽子製造用の動物の毛皮の処理に用いられた．その工場の労働者は水銀中毒になりやすかった．この疾病の徴候は物語"不思議の国のアリス"の登場人物，帽子屋（Mad Hatter）のモデルだった．

有機水銀化合物は最大の危険をひき起こす．メチル水銀陽イオン $HgCH_3^+$ のようなこれらの化合物は容易に吸収され，単純な水銀化合物よりずっと強く体内にとどまる．メチル水銀中毒の症状は日本で最初に確認された．そこでは化学工場が水銀廃棄物を魚の豊富な水俣湾に流出していた．無機水銀化合物は海洋に生息する細菌によって有機水銀化合物へ変換された．これらの化合物，特に CH_3HgSCH_3 は魚の脂肪組織に吸収され，水銀に汚染された魚は，事情を知らない地元住民によって消費された．このおぞましき毒の独特な症状は水俣病と名づけられた．また別の重大な被害が有機水銀の殺菌剤である．特に悲劇的な事例は，イラクの農民家族が，送られてきた水銀殺虫剤を使用した穀物の一部を毒入りであることを知らず，栽培用種子にではなく，パン作りに用いた事件である．その結果450名が死亡し，6500名が病気になった．

21・5 元素の反応フローチャート

亜鉛のフローチャートのみを示す．銅のフローチャート（§20・10）との類似性に注目しよう．

$$Zn \xrightarrow[H^+]{+e^-} Zn(OH_2)_6^{2+} \xrightleftharpoons[OH^-]{H^+} Zn(OH)_2 \xrightleftharpoons[OH^-]{H^+} Zn(OH)_4^{2-}$$

$$Zn(OH_2)_6^{2+} \xrightarrow{NH_3} Zn(NH_3)_4^{2+}$$

$$Zn(OH)_2 \xrightarrow{\Delta} ZnO \xleftarrow{\Delta} ZnCO_3$$

要　点

- 亜鉛とカドミウムはその化学的挙動が類似しているが，水銀の化学的挙動は非常に異なる．
- すべての亜鉛化合物が +2 の酸化状態で存在する．
- 水銀は +2 と +1（Hg_2^{2+}）の酸化状態をとる．
- 亜鉛は必須元素であるが，カドミウムと水銀は両者とも非常に毒性が高い．

基本問題

21・1 つぎの反応を化学反応式で記しなさい．
 (a) 亜鉛と液体の臭素
 (b) 固体の炭酸亜鉛の加熱による影響

21・2 つぎの反応を化学反応式で記しなさい．
 (a) 亜鉛イオン水溶液とアンモニア水溶液
 (b) 空気中での硫化水銀(II)の加熱

21・3 金属亜鉛から炭酸亜鉛を合成する2段階反応経路を考察しなさい．

21・4 12族元素が遷移金属とは異なると考えられる理由を簡単に述べなさい．

21・5 つぎの組合わせについて，性質を比較し，その差を述べなさい．(a) 亜鉛とマグネシウム，(b) 亜鉛とアルミニウム．

21・6 通常，同族の金属はかなり類似した化学的性質を示す．この観点から，亜鉛と水銀の化学的性質を比較し，その差を述べなさい．

21・7 ニッカド電池の充電過程における二つの半反応式を記しなさい．

21・8 硫化カドミウムは硫化亜鉛（ウルツ鉱と閃亜鉛鉱）型構造をとるが，酸化カドミウムは塩化ナトリウム型構造をとる．この差について考察しなさい．

21・9 カドミウムを被覆した紙クリップが，かつて広く使用されていた．なぜ，それらが使用されたのか，またなぜそれらの使用が中止されたのかを考察しなさい．

21・10 カルシウム（2族）とカドミウム（12族）の化学的挙動を比較し，その差を述べなさい．

21・11 元素の反応フローチャートのそれぞれの化学変換の反応式を書きなさい．

応用問題

21・12 カドミウムイオン Cd^{2+} と硫化物イオン S^{2-} は両者とも無色である．ではなぜ，硫化カドミウムが着色しているのかを考察しなさい．

21・13 セレン化水銀(I)はいまだに知られていない．

この理由を考察しなさい．

21・14 ヨウ化水銀(II)は水に不溶である．しかし，ヨウ化カリウム溶液には溶けて，-2 価の化学種を生じる．このイオンの化学式を推定しなさい．

21・15 亜鉛の工業的抽出において，亜鉛蒸気を冷却して液化するのに溶融鉛が用いられる．溶融亜鉛と溶融鉛は混ざらない．したがって，それらは簡単に分離できる．なぜこの2種の金属がほとんど混ざらないのかを考察しなさい．

21・16 あなたは芸術家で自分の"カドミウムイエロー"をもっと淡い色にしたいとする．それを実行するために，なぜ，"鉛白" $Pb_3(CO)_2(OH)_2$ を少し混ぜるのが良案なのだろうか？

21・17 水銀(II)イオンがジメチルスルホキシド $(CH_3)_2SO$ と錯体をつくるとき，配位原子は酸素だろうか，それとも硫黄だろうか？ 理由をつけて自分の考えを説明しなさい．

21・18 水銀の一般的鉱石は硫化水銀(II)だが，亜鉛は硫化物および炭酸塩として産する．これらについて考察しなさい．

21・19 液体アンモニアの酸塩基の化学は，よく水溶液の化学と対比される．この点において，つぎの反応の化学反応式を記しなさい．
 (a) 液体アンモニア中での亜鉛ジアミド $Zn(NH_2)_2$ とアンモニウムイオンとの反応
 (b) 液体アンモニア中での亜鉛ジアミド $Zn(NH_2)_2$ とアミドイオン NH_2^- との反応

21・20 2価陽イオンの化合物 (A) は水に溶けて無色溶液になる．水酸化物イオンをこの溶液に加えると，最初にゲル状白色沈殿 (B) が生じるが，過剰の水酸化物イオンを加えると，その沈殿は再溶解して錯イオン (C) の無色溶液になる．濃アンモニア水を加えると，沈殿 (B) は錯イオン (D) の無色溶液になる．硫化物イオンを化合物 (A) に加えると，非常に難溶性の白色沈殿 (E) を生じる．化合物 (A) の溶液に銀イオンを加えると，黄色沈殿 (F) を生じる．臭素水を (A) の溶液に加えると黒色固体 (G) を生じる．それは有機溶媒で抽出でき，その抽出溶液は紫色になる．固体 (G) はチオ硫酸イオンと反応してイオン (H) と (I) を含む無色溶液を与える．(I) はオキソアニオンである．

21・21 酸化亜鉛と塩化亜鉛ではどちらの融点が高いと予想されるか？ 理由をつけて説明しなさい．

21・22 つぎの反応においては，自由エネルギー変化 ΔG は，400 ℃ 付近でその符号が負から正に変わる．

$$Hg(l) + \frac{1}{2}O_2(g) \longrightarrow HgO(s)$$

なぜこのようなことが起こるか，説明しなさい．

21・23 硫化水素を亜鉛イオンの中性溶液に吹き込むと，硫化亜鉛が沈殿する．しかし，この溶液を最初，酸性にしておくと，沈殿を生じない．この理由を説明しなさい．

21・24 つぎの説明 (a)～(e) は，水銀の異なる4種の化学種，$Hg(l)$, $Hg(CH_3)_2(l)$, $HgCl_2(aq)$, $HgS(s)$ に関するものであり，それぞれが異なる健康に対する有害レベルをもっている．それぞれ，どの化学種の説明か結びつけなさい．
 (a) は消化管を化学変化せずに通り抜ける（消化のためには，物質は水か脂肪に溶解しなければならない）．
 (b) は腎臓から最も容易に排出される．
 (c) は皮膚から吸収される最も有害なものである．
 (d) は容易に血液を通って（非極性の）脳組織に入る．
 (e) は呼吸により，肺を通って吸収される．

22　有機金属化学

現在報告されている全世界の化学の研究論文の約半分は有機金属化合物に関するものである．無機化学と有機化学を架橋するこの領域は，21世紀もひき続き重要だろう．有機金属化学は経済的に重要な役割を担っており，世界の化学品のトップ30のうち約10が有機金属触媒を用いて生産されている．

有機金属化合物は，無機化学と有機化学の両方にまたがっている．この有機金属化合物とは金属-炭素間の共有結合を少なくとも1個もたなければならないが，金属は遷移金属元素，主族金属元素，f-グループ金属元素のいずれでもよい．そして"金属"という用語は，ホウ素，ケイ素，ゲルマニウム，ヒ素，アンチモン，セレン，テルルまでも含むように拡張される場合も多い．炭素を含む配位子の方には，カルボニル，アルキル，アルケン，アルキン，芳香族，環状，およびヘテロ環状の化合物が含まれる．

有機金属化合物の化学が興味深いのは，広範囲の分子の形や配位数をとりうる点である．有機金属化合物は，**自然発火性**[a]で熱力学的に不安定なものも多い．またその中心金属原子は非常に低い酸化数をとることが多い．

最初の有機金属化合物は今から200年以上も前の1760年，フランス人化学者カデ[b]が"見えないインク"をつくろうとしていた際に合成された．彼はヒ酸塩から悪臭をもつ液体を合成した．この化合物は後にジカコジル[c]（ギリシャ語で"悪臭"）As_2Me_4と同定された．s,p電子を用いてヒ素と炭素が結合した典型的な主族有機金属化合物である．

しかしながら，構造や結合のタイプが豊富にみられるのは，遷移金属の有機金属化合物である．この豊富さの要因は，遷移金属がs,p軌道に加えてd軌道を結合に用いることができることである．そのd軌道は電子密度を供与することも受容することもでき，特に第19章で示した配位化合物での結合と同じように有機分子の軌道と相互作用するのに非常に適している．遷移金属有機金属化合物は，結合の柔軟性および電子密度を動かす能力をもつため，触媒として工業的に重要である．

22·1　有機金属化合物の命名法

単純な無機化合物や遷移金属錯体の命名に用いる一般則に加えて，有機金属分子内の結合の性質についての追加情報を与える付則がある．まずはじめに，有機金属化学の配位子として働く多くの有機分子種を分類する（表22·1）．

表22·1　有機金属化学におけるいくつかの汎用な配位子

化学式	名　称	略号
CO	カルボニル	
CH_3	メチル	Me
$CH_3CH_2CH_2CH_2$	n-ブチル	^{n}Bu
$(CH_3)_3C$	t-ブチル	^{t}Bu
$[C_5H_5]^-$	シクロペンタジエニル	Cp
C_6H_5	フェニル	Ph
C_6H_6	ベンゼン	
$(C_6H_5)_3P$	トリフェニルホスフィン	PPh_3

金属と直接相互作用している有機配位子中の炭素原子数は接頭辞 η（ギリシャ文字，イータ）を用いて特定する．これは**ハプティシティ**[d]とよばれるが，ほとんどの配位子は炭素原子1個だけで結合し，モノハプト[e]と書かれる．いくつかの配位子では，特に多重π結合をもつ場合は，2通り以上の様式で結合することがある．たとえば，ベンゼンは1, 2または3個のπ結合を用いて金属中心と結合できる．それらのベンゼンはジハプト，テトラハプトおよびヘキサハプトと記述でき，2個，4個および6個の配位子原子の結合と考えて，記号として η^2，η^4 および η^6 を用いる（図22·1）．

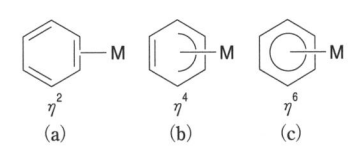

図22·1　(a) 炭素原子2個，(b) 4個，および (c) 6個全部で金属に結合したベンゼン分子

2個の金属中心を架橋する化学種は接頭辞 μ（ギリシャ文字，ミュー）によって表される．これはカルボニル配位子，ハライド，またはカルベンに適用できる（図22·2）．

主族元素化学において，s-ブロック元素の化合物は，たとえばメチルリチウム[f] $Li_4(CH_3)_4$ のように，有機化学で

---

a) pyrophoric　b) L. C. Cadet　c) dicacodyl　d) hapticity　e) monohapto　f) methyllithium

用いられる置換基名に従って命名される．イオン性化合物は，たとえばナトリウムナフタリド[a] $Na^+[C_{10}H_8]^-$ のように塩として命名される．p-ブロック化合物は，たとえば

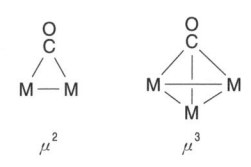

図22・2 (a) 2個の金属中心，および (b) 3個の金属中心と結合したカルボニル配位子

トリメチルホウ素[b] $B(CH_3)_3$ のように単純な有機化学種として命名される．それらは別のよび方では，たとえばトリメチルボランのように，水素化物の誘導体として命名される．

d-ブロックまたはf-ブロック元素の化合物においては，配位化合物を命名する一般則に従うが，η と μ が追加される．たとえば，$(\eta^5-C_5H_5)Mn(CO)_3$ は，ペンタハプトシクロペンタジニルトリカルボニルマンガン(I)[c] と命名される．

22・2 電子数の数え方

金属種の形式酸化数（第8章を見よ）は有機金属化合物の構造と反応の両者において，電子の所在を追跡するのに有効である．有機金属化学において，電子数の計算は化合物の安定性を予測するのに役立つ（表22・2）．割振られ

表22・2 有機金属化合物に用いられるいくつかの汎用な配位子のデータ

配位子	形式電荷	供与電子数
H	−1	2
F, Cl, Br, I	−1	2
CN	−1	2
μ-F, Cl など	−1	4
CO	0	2
μ-CO	0	2
PR_3, PX_3	0	2
CH_3, C_2H_5 など	−1	2
μ-CH_3	−1	2
NO	0	3
η^5-$[C_5H_5]^-$	−1	6
η^6-C_6H_6	0	6

た酸化数は，必ずしも金属の実際の電荷と一致しているわけではない．これまで用いられてきた慣習では，有機部位に通常 −1 の電荷を割振る．たとえば，$Li_4(CH_3)_4$ 中のリチウムの形式酸化数は +1 である．$(\eta^5-C_5H_5)_2Fe$ 中の鉄の酸化数は +2 である．その他の配位子は，たとえば CO や C_6H_6 のように中性である．

いくつかの配位子では，その電子数と電荷を計算する場合に2通りの慣習法がある．シクロペンタジエニルのような配位子は，たとえば，$Na^+C_5H_5^-$ のように，C_5H_6 から1個のプロトンを取除いて形成する陰イオン種として考えられ，これは"**イオン的手法**[d]"として知られている．別のやり方では，シクロペンタジエニル配位子は中性ラジカル $C_5H_5·$ としてみなすことができ，これは"**共有結合的手法**[e]またはラジカル的手法[f]"として知られている．どちらの手法を選択するかは，低酸化状態と高酸化状態の相対的安定性を考慮する際に重要な金属中心に割当てられる形式電荷に影響する．この2通りの手法をここでは，一般にフェロセン[g]とよばれている $(\eta^5-C_5H_5)_2Fe$ について示す（図22・3）．

イオン的手法		共有結合的または ラジカル的手法	
$C_5H_5^-$	6 e$^-$	$C_5H_5·$	5 e$^-$
$C_5H_5^-$	6 e$^-$	$C_5H_5·$	5 e$^-$
Fe^{2+}	d^6	Fe	d^8
全電子数	18 e$^-$	全電子数	18 e$^-$

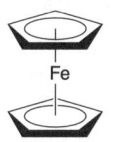

図22・3 フェロセン $(\eta^5-C_5H_5)_2Fe$

どちらを選んでも最終的な電子数には違いがないことがわかるだろう．実際に，両方の手法とも広く用いられており，結果が一致することからどちらを適用しようと問題ではない．この章ではイオン的手法を用いる．

22・3 有機金属化学用の溶媒

無機化学では多くの反応が水溶液中で行われる．遷移金属配位化合物の合成と反応は，水溶液中かエタノールやアセトンのようなかなり極性の高い溶媒中で行われることが多い．それに対して，有機金属化学では，反応がほとんど水溶液中では行われないことが際立った特徴の一つである．ほとんどの反応は有機溶媒中で進行し，その溶媒の多くは低極性である（§7・1を見よ）．この理由は，ほとんどの有機金属化合物が水中では不安定だからである．また低極性，非プロトン性溶媒中へ溶解性を示すことは，有機金属化合物の結合では共有結合が支配的であること，すなわちそれらの"有機的"性格の表れである．そして，有機

---

a) sodium naphthalide　b) trimethylboron　c) pentahaptocyclopentadienyltricarbonylmanganese(I)　d) ionic convention
e) covalent convention　f) radical convention　g) ferrocene

金属化合物の合成は窒素やアルゴンのような不活性雰囲気下で行われることが多い．その理由は，有機金属化合物の多くが空気中で不安定だからである．有機金属化学用の汎用な溶媒のいくつかを表22・3に例示する．

表22・3 有機金属化学用のいくつかの典型的な溶媒

名　称	化学式	一般名/略号
ジクロロメタン	CH_2Cl_2	DCM
2-プロパノール	$CH_3CH(OH)CH_3$	イソプロパノール
2-プロパノン	CH_3COCH_3	アセトン
ジエチルエーテル	$CH_3CH_2OCH_2CH_3$	エーテル
オキサシクロペンタン	(O環)	テトラヒドロフラン，THF

他章とは異なり，この章における化学反応式は，固体，液体，気体，または溶液を示す記号を含まない．このやり方は有機金属化学においてはふつうであり，すべての反応が有機溶媒中で行われるとみなした方がよい．

22・4 主族元素の有機金属化合物

主族元素の有機金属化合物は，同種の水素化合物と多くの構造的および化学的類似性をもつ．このことは炭素と水素の電気陰性度が似ているからであり，したがってM—C結合とM—H結合の極性は同様である．

22・4・1 アルカリ金属の有機金属化合物

1族元素の有機金属化合物はすべて置換活性[a]で自然発火性である．プロトンを容易に失う有機分子は1族金属とイオン性化合物を形成する．たとえば，シクロペンタジエンは金属ナトリウムと反応する．

$$Na + C_5H_6 \longrightarrow Na^+[C_5H_5]^- + \frac{1}{2}H_2$$

ナトリウムとカリウムは，芳香族化合物と相互作用して強く色づいた化合物を形成する．この際，金属が酸化されるとともに電子が芳香系に移動し，ラジカルアニオンが生成する．それは，濃青色のナトリウムナフタリド中のナフタリドアニオンのように，不対電子をもつ陰イオンである．

$$Na + \text{(ナフタレン)} \longrightarrow Na^+[C_{10}H_8]^-$$

無色のアルキルナトリウムとアルキルカリウムは，有機溶媒には不溶な固体で，安定なものは融点がかなり高い．それらは，**トランスメタレーション反応**[b]で合成される．トランスメタレーションは主族有機金属化合物の合成によく用いられる一般的方法であり，金属-炭素結合の切断と別の金属との金属-炭素結合の生成の2段階過程から成る．アルキル水銀化合物はこの反応の有用な出発原料である．

たとえば，金属ナトリウムをジメチル水銀と反応させてメチルナトリウムを合成できる．

$$Hg(CH_3)_2 + 2Na \longrightarrow 2NaCH_3 + Hg$$

アルキルリチウムとアリールリチウムは，特に重要な1族有機金属化学種である．それらは液体か低融点固体であり，他の1族有機金属化合物より熱的に安定で，有機溶媒や非極性溶媒に溶解する．合成にはハロゲン化アルキルと金属リチウムとの反応または有機分子種を n-ブチルリチウム $Li(C_4H_9)$（一般に ^{n}BuLi と略される）との反応を用いる．

$$^n\text{BuCl} + 2\text{Li} \longrightarrow {}^n\text{BuLi} + \text{LiCl}$$
$$^n\text{BuLi} + C_6H_6 \longrightarrow Li(C_6H_5) + C_4H_{10}$$

多くの主族有機金属化合物に見られる特徴は，架橋アルキルグループが存在することである．エーテル中でメチルリチウムは $Li_4(CH_3)_4$ として存在する．それは，リチウム原子の四面体と架橋メチルグループをもち，それぞれの炭素原子は本質的に6配位（メチル基の3個の水素と3個のリチウム；図22・4）である．一方，炭化水素溶媒中では $Li_6(CH_3)_6$ が存在し，リチウム原子の八面体形配置に基づく構造をしている．他のアルキルリチウム類も同様の構造をとるが，アルキル基が t-ブチル基 —$C(CH_3)_3$ のように非常にかさ高くなった場合は，生じる最大の化学種は四量体である．

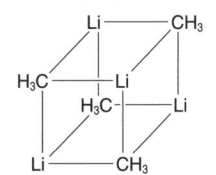

図22・4 メチルリチウム $Li_4(CH_3)_4$ の構造

有機リチウム化合物は，有機合成に非常に重要である．用途はグリニャール試薬と同様であるが，反応性がずっと高い．多くの用途の中には，この章の後半で述べるように，p-ブロック元素のハロゲン化物を有機化合物に変換する反応が含まれる．たとえば，三塩化ホウ素は n-ブチルリチウムと反応して有機ホウ素化合物を生成する．

$$BCl_3 + 3\,{}^n\text{BuLi} \longrightarrow ({}^n\text{Bu})_3B + 3\text{LiCl}$$

この有機金属化合物の反応を含む多くの反応の駆動力となるのは，より電気陽性な金属のハロゲン化物形成である．これは有機金属化学において何度も遭遇する特徴である．

工業的にアルケン類の立体選択的重合で合成ゴムを製造する反応において，アルキルリチウム類は不可欠である．

---

a) labile　b) transmetallation reaction

グリニャール試薬

1871年フランスのシェルブールに生まれたグリニャール[a]は，リヨン大学の数学分野で研究者歴をスタートしたが，後に化学に転向した．その試薬は，実際はバルビエ[b]によって1899年に発見された．バルビエは有機化合物へのメチル基挿入反応に用いる亜鉛に代わる金属を探していた．亜鉛を用いる場合の欠点は，亜鉛化合物が空気と接触すると発火することだった．バルビエはマグネシウムが優れた代替物であることをみつけた．（当然，われわれはnと$n+10$の関係に基づいた第一の選択肢であると予測できる——§9・5を見よ）

バルビエは後輩の共同研究者だったグリニャールに，もっと詳しくこの反応を研究するよう依頼した．そしてこの反応の包括的研究と広範囲な合成への応用性が1901年のグリニャールの博士論文となった．当初は，バルビエ・グリニャール反応とよばれたが，バルビエは，鍵となる化合物のヨウ化メチルマグネシウムを最初に合成したのは彼自身であったにもかかわらず，寛大にも功績はグリニャールにあると宣言した．1912年にグリニャールはノーベル化学賞を受賞した．グリニャールがグリニャール反応の多くの応用例を提示したことが有機合成化学に革命をもたらしたのは正真正銘，真実だが，バルビエの先駆的な貢献と彼の若い仲間に対する親切な態度が忘れ去られてしまったのは不運だった．グリニャールは後に，リヨン大学教授としてバルビエの後継者となった．

グリニャール試薬はエーテル溶媒を用いなければならず，試薬類は完全に乾燥していなければならない．この試薬の単離は行わず，溶液中で用いる．実際上，すべてのハロゲン化アルキルがグリニャール試薬を生成する．グリニャール反応は，2種に大別できる．O，N，Sに結合した水素への攻撃か C=O，C=S，N=O のような多重結合を含む化合物への付加である．グリニャール試薬が多種類の化合物と反応することはすぐに理解され，グリニャールの最初の論文が出てから8年間に有機マグネシウム化合物のトピックスについて500報以上もの研究論文が他の研究者によって報告された．

---

n-ブチルリチウムは広範囲のエラストマーとポリマーを製造する溶液重合反応の開始剤に用いられる．ポリマーの組成と分子量は，たとえばホースやパイプ，接着剤，密封剤，樹脂のように多様な用途に適するさまざまな製品をつくるために，注意深く制御される．有機リチウム化合物はまた，ビタミンAやD，鎮痛剤，抗ヒスタミン剤，抗うつ剤，抗凝結剤のような広範囲の医薬品の合成にも用いられる．

22・4・2 アルカリ土類金属の有機金属化合物

カルシウム，ストロンチウムおよびバリウムの化合物は一般にイオン性で非常に不安定である．ベリリウムとマグネシウムの有機金属化合物が最も重要なので，詳しく述べる．

ベリリウムの有機金属化合物は自然発火性で容易に加水分解する．それらはメチル水銀からトランスメタレーションによって合成される．トランスメタレーションによるジメチルベリリウムの合成は次式のように書ける．

$$Hg(CH_3)_2 + Be \longrightarrow Be(CH_3)_2 + Hg$$

別の合成ルートは**ハロゲン交換**[c]か，金属ハロゲン化物が別の金属の有機金属化合物と反応する**メタセシス**[d]反応である．その生成物は2番目の金属のハロゲン化物と1番目の金属の有機誘導体である．この方法では，ハロゲン化物と有機基が効果的に2種の金属間を"移動[e]"する．この場合にもより電気陽性な金属のハロゲン化物が生成する．二つの例をあげる．

$$2\,^nBuLi + BeCl_2 \longrightarrow Be(^nBu)_2 + 2\,LiCl$$
$$2\,Na(C_2H_5) + BeCl_2 \longrightarrow Be(C_2H_5)_2 + 2\,NaCl$$

メチルベリリウム $Be(CH_3)_2$ は気相では単量体で，固体中では重合している（図22・5）．電子不足なので，高分子は三中心二電子の架橋結合によって保たれている．この結合のタイプは§10・4 ジボランの記述で触れた．かさ高いアルキル基ほど重合度が低くなる．そして t-ブチルベリリウムは単量体である．

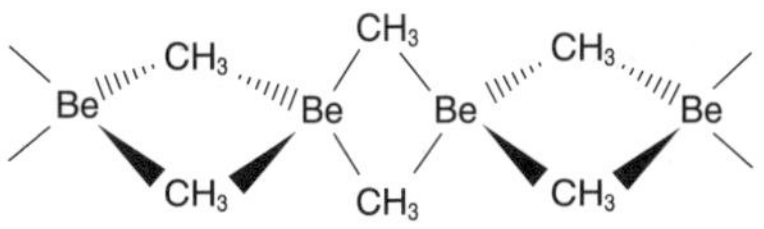

図22・5 固体状態におけるメチルベリリウムの構造

ハロゲン化アルキルおよびアリールマグネシウムはグリニャール試薬として非常によく知られ，有機合成化学で広く用いられている．それらは，金属マグネシウムと有機ハロゲン化物から合成される．この反応はエーテル中で行われ，微量のヨウ素で活性化される．一般的な反応式はつぎのようであり，Rはアルキル基を表す総称の記号である．

---

a) Victor Grignard b) Phillipe Barbier c) halogen exchange d) metathesis e) transfer

$$Mg + RBr \longrightarrow RMgBr$$

この方法で生成する化合物は高純度ではなく，R_2Mg のような他の化合物を含んでいることが多い．純粋な化合物を得るには，有機水銀化合物を用いるトランスメタレーションを利用する．

$$Mg + RHgBr \longrightarrow RMgBr + Hg$$

これらの化合物の構造は単純ではない．溶液中でアルキル基がかさ高い場合のみ配位数が 2 である．そうでなければ，溶媒和してマグネシウム原子まわりに四面体形構造をとる（図 22・6）．

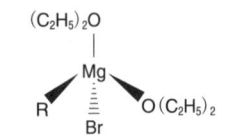

図 22・6 グリニャール試薬の溶媒和構造．$RMgBr[O(C_2H_5)_2]_2$

カルシウム，ストロンチウム，バリウムはグリニャール化合物に類似した複雑な構造のハロゲン化アルキルおよびアリール金属を生成する．それらは，金属と有機ハロゲン化物との直接的相互作用で合成される．カルシウムは $RCaCl$，$RCaBr$，$RCaI$ を生成するが，ストロンチウムとバリウムが生成するのは $RSrI$ と $RBaI$ だけである．

22・4・3 13 族元素の有機金属化合物

13 族ではホウ素とアルミニウムの有機金属化合物が最も重要であり，ここではそれらに焦点を合わせる．

BR_3 タイプの有機ボラン類はアルケンとジボランとの反応で合成できる．これは**ヒドロホウ素化**[a] の例であり，ホウ素-水素結合へのアルケンの挿入反応を含む．

$$B_2H_6 + 6\,CH_2=CH_2 \longrightarrow 2\,B(CH_2-CH_3)_3$$

別法として，グリニャール試薬からも合成できる（下式で X はハロゲンを示す）．

$$(C_2H_5)_2O{:}BF_3 + 3\,RMgX \longrightarrow BR_3 + 3\,MgXF + (C_2H_5)_2O$$

アルキルボラン類は水には安定だが，自然発火性である．アリールボラン類はさらに安定である．それらはすべて単量体で平面形である．他のホウ素化合物と同様に，有機ボラン類は電子不足でルイス酸として働き，容易にアダクト（付加物）を形成する（図 22・7）．

重要な陰イオンは，テトラフェニルホウ酸イオン $[B(C_6H_5)_4]^-$（$[BPh_4]^-$ と書かれることが多い）でテトラヒドロホウ酸イオン $[BH_4]^-$ と類似形である（§13・4 を見よ）．そのナトリウム塩は単純な付加反応によって得られる．

$$BPh_3 + NaPh \longrightarrow Na^+[BPh_4]^-$$

このナトリウム塩は水溶性だが，もっと大きな 1 価陽イオンの塩は不溶性である．したがって，この陰イオンは沈殿生成剤として有用であり，重量分析に利用できる．

アルキルアルミニウム化合物は，実験室スケールとしては，有機水銀化合物のトランスメタレーションによって合成できる．

$$2\,Al + 3\,Hg(CH_3)_2 \longrightarrow Al_2(CH_3)_6 + 3\,Hg$$

商業用のトリメチルアルミニウム（図 22・8）は，$Al_2Cl_2(CH_3)_4$ を生成する金属アルミニウムとクロロメタンとの反応を用いて合成される．つぎに $Al_2Cl_2(CH_3)_4$ を金属ナトリウムと反応させて $Al_2(CH_3)_6$ を得る．これらの二量体は，構造的には二量体構造をとるハロゲン化物（§13・7 を見よ）と類似しているが，結合が異なっている．ハロゲン化物においては，Al—Cl—Al 結合は二中心二電子結合である．すなわち各 Al—Cl 結合は 1 組の電子対を含む．アルキル化合物においては，Al—C—Al 結合は末端 Al—Cl 結合より長く，それらは Al—C—Al を通して 1 組の結合電子対をもつ三中心二電子結合であり，ジボラン B_2H_6 における結合（§10・4 を見よ）といくらか類似していることを示唆する．

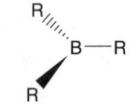

図 22・7 アルキルボラン BR_3 分子

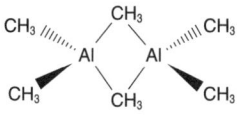

図 22・8 トリメチルアルミニウム Al_2Me_6 の構造

トリエチルアルミニウムおよび高級アルキル化合物は高温，高圧下で，金属，適切なアルケンおよび水素ガスから合成される．

$$2\,Al + 3\,H_2 + 6\,CH_2=CH_2 \xrightarrow{60\sim110\,°C,\ 10\sim20\,MPa} Al_2(CH_2CH_3)_6$$

このルートは比較的コストがかかるが，このことはアルキルアルミニウムが多くの商業的用途をもつことを意味す

---

[a] hydroboration

る．トリエチルアルミニウムは単量体 Al(C₂H₅)₃ と書かれることが多く§22・17 で述べるように，非常に工業的重要性の高いアルミニウムの有機金属錯体である．

 立体的因子はアルキルアルミニウムの構造に強く影響する．元来，二量体をつくりやすいが，長く弱い架橋結合は容易に切断される．この傾向は配位子のかさ高さとともに増加する．したがって，たとえばトリフェニルアルミニウムは二量体だが，メシチル (2,4,6-(CH₃)₃C₆H₂−) 化合物は単量体である．

22・4・4　14 族元素の有機金属化合物

 14族有機金属化合物には商業的に最も重要なものがある．ケイ素は非常に重要なシリコーンを生成してオイル，ゲル，ゴムをつくる（§14・17 を見よ）．有機スズ化合物は PVC（ポリ塩化ビニル）や船舶の防汚剤，木材の防腐剤，殺虫剤として用いられる．テトラエチル鉛は含鉛ガソリンのアンチノック剤として用いられる（§14・21 を見よ）．一般に，この族の有機金属化合物は 4 配位で低極性結合をもつ．安定性はケイ素から鉛へ行くにつれて低下する．

 すべてのテトラアルキルケイ素とテトラアリールケイ素は四面体形構造をとる中心ケイ素をもつ単量体で，炭素類縁体と似ている．炭素-ケイ素結合は強いため，すべての化合物がかなり安定である．それらはさまざまな方法で合成できる．たとえば，

$$SiCl_4 + 4\,RLi \longrightarrow SiR_4 + 4\,LiCl$$
$$SiCl_4 + RLi \longrightarrow RSiCl_3 + LiCl$$

ロコー法[a]は，重要な出発原料であるメチルクロロシランを合成する安価な工業プロセスである．

$$n\,MeCl + Si/Cu \longrightarrow Me_nSiCl_{(4-n)}$$

これらのメチルクロロシラン類 $Me_nSiCl_{(4-n)}$ ($n=1\sim3$) を加水分解すると，シリコーンとシロキサンを生じる．

$$(CH_3)_3SiCl + H_2O \longrightarrow (CH_3)_3SiOH + HCl$$
$$2\,(CH_3)_3SiOH \longrightarrow (CH_3)_3SiOSi(CH_3)_3 + H_2O$$

この反応は四面体形のケイ素グループと酸素原子を含み，Si—O—Si 架橋をつくる．二量体は縮合して鎖状または環状分子をつくる（図 22・9）．MeSiCl₃ の加水分解によって架橋高分子[b]が生成する．

 シリコーン高分子は多様な構造と用途をもつ．それらの性質は重合度と架橋度に依存し，重合度や架橋度は反応物の選択と混合，および硫酸のような脱水剤の使用および反応温度に左右される．

 シリコーン製品には多くの商業的用途がある．一方面としては，シャンプー，コンディショナー，シェービング

図 22・9　いくつかのシリコーンの構造．
(a) 二量体，(b) 鎖状構造，(c) 環状構造

フォーム，ヘアジェル，歯磨き粉のようなパーソナルケア製品に必須である．それらの製品の"絹のような"感触をつくり出すのがシリコーン添加剤である．別の方面としては，シリコーングリース，油，樹脂が，密封材，潤滑油，ワニス，防水剤，合成ゴム，油圧用作動油として用いられている．

 有機スズ化合物はケイ素化合物やゲルマニウム化合物といくつか異なった点がある．+2 の酸化状態で存在することがずっと多く，配位数の範囲が広く，ハロゲン化物架橋がよくみられる．

 ほとんどの有機スズ化合物は無色の液体か固体で，空気や水に安定な傾向をもつ．R₄Sn の構造はすべて同様で，四面体形のスズ原子をもつ（図 22・10）．

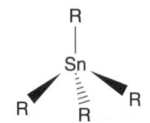

図 22・10　テトラアルキルスズ分子

ハロゲン化物誘導体 R₃SnX は，Sn—X—Sn 架橋をもち，鎖状構造をとることが多い．R 基がかさ高い場合は，形に

図 22・11　(CH₃)₃SnF におけるジグザグ形骨格

---

a) Rochow process　b) cross-linked polymer

影響を与えることがある．たとえば，$(CH_3)_3SnF$ では，Sn—F—Sn 骨格がジグザグ形配置をしており（図22・11），Ph_3SnF では鎖はまっすぐで，$(Me_3SiC)Ph_2SnF$ は単量体である．ハロアルキル類はテトラアルキル類より反応性が高く，テトラアルキル誘導体の合成に有用である．

アルキルスズ化合物は，グリニャール試薬を用いる反応やメタセシスを用いる反応などさまざまな方法で合成される．

$$SnCl_4 + 4 RMgBr \longrightarrow SnR_4 + 4 MgBrCl$$

$$3 SnCl_4 + 2 Al_2R_6 \longrightarrow 3 SnR_4 + 2 Al_2Cl_6$$

有機スズ化合物はすべての主族元素の有機金属化合物の中で最も幅広い用途をもっており，世界中での有機スズ化合物の工業生産は現在おそらく 50,000 トンレベルを超えているだろう．スズの有機金属化合物の主要な用途は PVC プラスチックの安定化である．この添加剤がないと，ハロゲン化したポリマーは容易に熱，光，または空気中の酸素で分解して，色があせたもろい製品となる．

有機スズ(Ⅳ)化合物には殺生物効果に基づく幅広い用途があり，防カビ剤，藻の処理剤，木の防腐剤，および防汚剤として用いられる．しかし，それらの広範な使用が環境問題をひき起こしてきた．汚染やフジツボ付着防止のために船を有機スズ化合物で処理している港湾地域では，高レベルの有機スズ化合物が検出されてきたが，高濃度の有機スズ化合物が一部の海洋生物を殺し，また別の種の海洋生物の成長や再生に影響するという証拠がある．現在多くの国々では，25 m 超の長さをもつ大型船への有機スズ化合物の使用を制限している．

R_4Pb 化合物は，実験室でグリニャール試薬か有機リチウム化合物のいずれかを用いて合成できる．

$$2 PbCl_2 + 4 RLi \longrightarrow R_4Pb + 4 LiCl + Pb$$

$$2 PbCl_2 + 4 RMgBr_2 \longrightarrow R_4Pb + Pb + 4 MgBrCl$$

それらは，すべて四面体形鉛中心をもつ単量体分子である．ハロゲン化物誘導体は架橋ハロゲン原子をもち，鎖状構造を形成する場合がある．単量体はよりかさ高い有機置換体で安定化される．たとえば，$Pb(CH_3)_3Cl$（図22・12）は架橋塩素原子をもつ鎖状構造として存在するが，メシチル誘導体 $Pb(Me_3C_6H_2)_3Cl$ は単量体である．

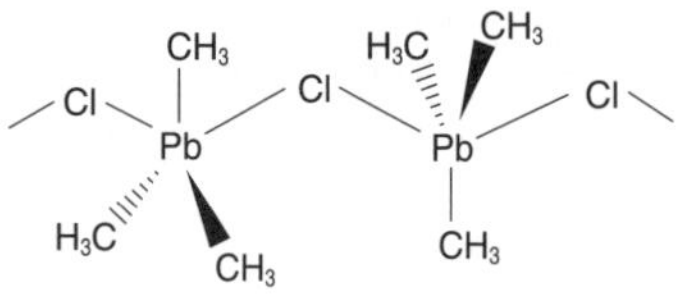

図22・12 $Pb(CH_3)_3Cl$ の鎖状構造

22・4・5 15族元素の有機金属化合物

ヒ素(Ⅲ)，アンチモン(Ⅲ)，およびビスマス(Ⅲ)の有機金属化合物は，グリニャール試薬か，有機リチウム化合物か，元素単体と有機ハロゲン化物からのいずれかを用いて合成できる．この3種の異なる方法をつぎに示す．

$$AsCl_3 + 3 RMgCl \longrightarrow AsR_3 + 3 MgCl_2$$

$$2 As + 3 RBr \xrightarrow{Cu/\Delta} AsRBr_2 + AsR_2Br$$

$$AsR_2Br + R'Li \longrightarrow AsR_2R' + LiBr$$

これらの化合物はすべて酸化されやすいが水中では安定である．アリール化合物はアルキル化合物より安定である．三方両錐構造をとり，M—C 結合力は同じ R に対してつぎの順で減少する．

$$As > Sb > Bi$$

MR_5 化合物は，たとえば $BiMe_5$ と $AsPh_5$ のように通常三方両錐であるが，$SbPh_5$ は四方錐である（図22・13）．それらはすべて熱的に不安定で，その安定性は族の下方元素ほど減少する．

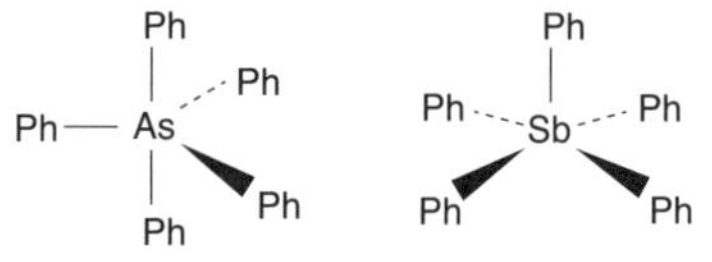

図22・13 (a) $AsPh_5$ と (b) $SbPh_5$ の構造

22・4・6 12族元素の有機金属化合物

亜鉛，カドミウムおよび水銀の有機金属化合物の化学は遷移金属の化学より2族元素の化学と非常に類似している．

アルキル化合物は，直線形の単量体で二中心二電子結合をもつ．2族の同種化合物と異なり，アルキル架橋から成る重合鎖を形成しない．それらはアルキルアルミニウムのメタセシスによって合成できる．

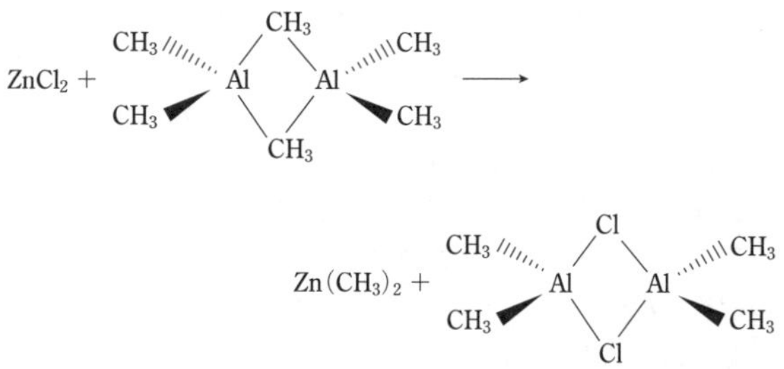

有機亜鉛化合物は自然発火性で空気中で容易に加水分解される．アルキルカドミウム化合物の方が反応性が低い．アルキル水銀化合物は，ハロゲン化水銀(Ⅱ)とグリニャー

ヴェッターハーンの死

1996年8月14日という日は，ダートマス大学の化学のヴェッターハーン[a]教授にとっていつもと変わらぬ日だった．ヴェッターハーンは金属毒物学，特に重金属の生体系への影響に関する先導的研究者の一人だった．クロムの毒物学においては，おそらく世界中で最も学識の深い科学者であり，クロム(VI)毒性の摂取−還元モデルを考案した．その日彼女は，ジメチル水銀 $(CH_3)_2Hg$ をNMR（核磁気共鳴）の標準試薬として用いていた．必要な予防措置はすべてとられていた：実験着，ゴーグル，そして使い捨てのラテックス手袋．そして，その化合物の高い蒸気圧を考慮して常にドラフトで作業をしていた．彼女がその化合物をNMRチューブに移した瞬間，ほんの1，2滴の液体がピペットから彼女の左手の手袋にポトリと落ちた．作業が終わって，彼女は手袋をはずし，両手を丹念に水洗した．

それから5カ月後，ヴェッターハーンは自分がふらふらと歩き，滑舌が悪くなったことに気づいた．すぐに病院に入院したが，そこでその症状は重い水銀中毒と一致することがわかった．思い当たる唯一の水銀のアクシデントはジメチル水銀の滴が落ちたことであったが，思い返せばそのとき必要な手袋をしていた．彼女は急いで同僚たちにこの化合物の猛毒性を知らせた．キレーション治療を施したがまったく効果がなかった．3週間後，彼女は昏睡状態となり，1997年6月8日にこの世を去った．

物質安全データシート[b]（MSDS）のすべてが，ジメチル水銀を扱うときには手袋が必要だと記していた．しかし，どんなタイプの手袋かは要求されていなかった．ジメチル水銀の浸透性に関する材料の研究はそれまでなされていなかった．彼女の同僚たちはその実験を行った．その結果は実に恐ろしいものだった．15秒，いや，それよりずっと短い時間しか，ジメチル水銀が手袋を浸透するのに要しなかった．他の材質の手袋も，まったく役に立たなかった．唯一，SilverShieldという特殊なラテックス手袋のみが十分長い時間，この液体の浸透を抑えた．同僚たちは急いで世界中の科学者たちにこの危険性を警告した．

ジメチル水銀は猛毒であることが知られている．実際に，この化合物を初めて合成した2人の英国人化学者が水銀中毒で死んだ．しかし，誰もこの化合物の異常な毒性を確かめなかった．ある化学者が述べたように，もし化合物を安全性のスケールで1から10に振り分け，10が最も毒性が高いとしたとき，ジメチル水銀は15とランクされることが今ではわかっている．

化学実験では，まるで高速道路を横切るように，いつもある程度の危険性を伴っている．科学者にとって，MSDSはある特定の化合物や化合物種の危険性を気づかせる役目を果たしている．このような安全性に関する情報を読むことは実験化学者にとって必須である．不幸なことに，ヴェッターハーンにとっては，この特に揮発性の化合物の異常なほどの危険性が使用前に測られていなかったのである．

ル試薬または有機リチウム化合物とのメタセシス反応で合成される．

$$2\,CH_3MgCl + HgCl_2 \longrightarrow Hg(CH_3)_2 + 2\,MgCl_2$$

ジメチル水銀は空気酸化に対して安定である．すでに述べたように，アルキル水銀化合物はそれより電気陽性な金属の有機金属化合物を合成するための有用な出発物質である．

22・5 遷移金属の有機金属化合物

多くの遷移金属の有機金属化合物の化学式をみると，それらの物理的・化学的性質が非常に多くの配位化合物の化学式と類似していると期待するだろう．しかし実際には，有機金属化合物の性質は本質的により"有機的"であり，つぎに示すように配位化合物と対比できる．

典型的な配位化合物の性質	典型的な有機金属化合物の性質
水溶性	炭化水素に融解
空気に安定	空気と反応性あり
高融点の固体（$>250\,°C$）	低融点固体または液体

この遷移金属錯体と金属−炭素結合をもつ遷移金属化合物との性質の差は，次節以降で述べるように，結合の観点で説明できる．

22・5・1 18電子則

既述したように，主族元素の有機金属化合物は，一般にオクテット則に従い，有機基と σ 結合をつくるためにそれらの価電子を共有する．たとえばスズは，安定なテトラメチルスズ $SnMe_4$ をつくる．

遷移金属の有機金属化合物の **18電子則**[c] は同様な概念

---

[a] Karen Wetterhahn　　[b] material safety data sheets　　[c] 18-electron rule

に基づいている．中心遷移金属イオンは d, s および p 軌道に電子を収容でき，最高で 18 電子を与える．したがって，金属はルイス塩基から電子対を獲得して，全部で 18 個までの電子を外殻の電子のセットに加えることができる．第 19 章でみたように，配位化学は不完全に充填した d 軌道の存在で支配されているので，この規則は"古典的な"遷移金属錯体にはあまり適応しない．しかしながら，遷移金属の有機金属錯体は，かなりの割合で 18 電子則に従う．

古典的な例は，一酸化炭素を配位子とする錯体である．§20・8 において，金属ニッケルの精製に用いられるテトラカルボニルニッケル(0) $Ni(CO)_4$ に言及したが，この化合物においてニッケルは酸化数が 0 である．気体状態の原子では 4s 準位は 3d 準位より先に満されるが（すなわち $Ni = [Ar]4s^2 2d^8$），化学的環境では 4s 準位の方がいつもエネルギー的に高いことが実現されている（すなわち $Ni^0 = [Ar]3d^{10}$）ことが重要である．

§22・2 で述べたように，それぞれの一酸化炭素分子は 2 電子供与体となる．したがって，4 個の一酸化炭素分子は 8 個の電子を追加し，その結果全部で 18 電子になる．

$$\begin{aligned} \text{ニッケル}(0)\text{の電子}(3d^{10}) &= 10 \\ \text{一酸化炭素の電子} = 4 \times 2 &= 8 \\ \text{計} &= 18 \end{aligned}$$

同様に，ペンタカルボニル鉄(0) $Fe(CO)_5$ は 0 価の酸化数の鉄をもつので 8 個の d 電子を与え，計 10 個の電子が 5 個の CO グループから供給される．電子数の総計は 18 になり，この化合物も安定である．

22・5・2 16 電子化学種

最安定な有機金属化合物は 18 電子則に従う．しかし安定な錯体には，18 個以外の電子数をもつ場合も存在する．結晶場安定化エネルギーのような因子と金属−配位子間の結合の性質が化合物の安定性に影響するからである．

最もよく知られた 18 電子則の例外は，d-ブロックの右側，特に 9 族，10 族の遷移金属の 16 電子錯体である．これらの 16 電子の平面四角形錯体は，通常，Rh(I)，Ir(I)，Ni(II)，Pd(II) のように d^8 電子配置をもつ．例は，**ツァイゼ塩**[a] $K^+[PtCl_3C_2H_4]^-$ の陰イオンや**ヴァスカ錯体**[b] とよばれるイリジウム錯体 $IrCl(CO)(PPh_3)_2$ である．結晶場安定化エネルギーにより，より大きな Δ 値をもつ低スピン平面四角形 d^8 電子配置が有利になる．Δ 値は第 5 および第 6 周期の方が大きい．その結果，多くのロジウム，イリジウム，パラジウム，白金の平面四角形錯体が存在し，これらはすべて低スピンである（§19・7 を見よ）．d_{xy}, d_{xz}, d_{yz} および d_{z^2} 軌道はすべて 2 個の電子をもつが，高エネルギーの $d_{x^2-y^2}$ 軌道は空のままである．結晶場分裂が大きいほど錯体は安定になる．

22・5・3 奇数電子錯体

奇数電子錯体は電子を受容することによって安定性を実現する場合がある．たとえば，$V(CO)_6$ は 17 電子種であり，還元剤から 1 個の電子を得て 18 電子配置をとりやすい．

$$\underset{17\,e^-}{V(CO)_6} + Na \longrightarrow Na^+ + \underset{18\,e^-}{[V(CO)_6]^-}$$

別の奇数電子錯体ではもう 1 個の同分子と二量化することによって，追加の電子を得る場合がある．たとえば，$Mn(CO)_5$ は 17 電子であるが，2 個の分子がそれらの奇数電子を"共有"して Mn—Mn 結合を形成する．その結果，それぞれの Mn は 18 電子種になる．

$$\underset{17\,e^-}{2\,Mn(CO)_5} \longrightarrow \underset{18\,e^-}{Mn_2(CO)_{10}}$$

22・5・4 金属−金属結合と 18 電子則

18 電子則は，複数の金属原子を含む有機金属化合物における金属−金属結合の数を予想するのに有用である．そのような分子は，各金属原子まわりの電子数が 18 個の場合に最安定である．既述の例でみたように，金属はもう 1 個の金属原子と共有結合を形成することによって，追加の電子を得ることができる．たとえば，化合物 $[(\eta^5\text{-}C_5H_5)_2Mo(CO)_2]_2$ を調べると，それぞれの中心モリブデンについて，モリブデン(I) から 5 個の 4d 電子が供給され，シクロペンタジエニル配位子から 6 電子，そしてカルボニル配位子から 4 電子が供給される．これらは全部でモリブデン 1 個当たり 15 電子を与え，18 電子より 3 個少ない．この不足分は 3 個の結合をもう一方のモリブデンとの間に形成することによって補給できる．その結果，図 22・14 に示すような構造になる．

$$\begin{aligned} \text{モリブデン(I)電子}\ (4d^5) &= 5 \\ \text{シクロペンタジエニル電子} &= 6 \\ \text{一酸化炭素電子} = 2 \times 2 &= 6 \\ \text{Mo—Mo 共有電子} &= 3 \\ \text{計} &= 18 \end{aligned}$$

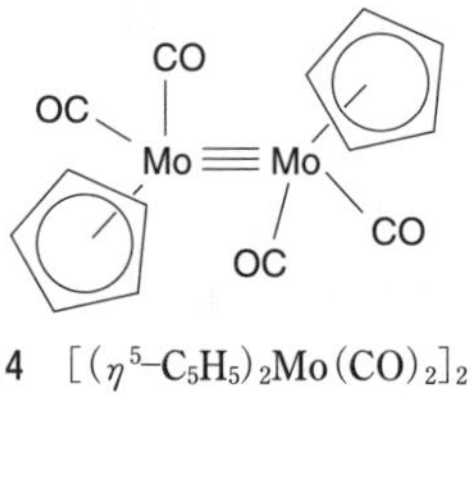

図 22・14 $[(\eta^5\text{-}C_5H_5)_2Mo(CO)_2]_2$ の構造

---

[a] Zeize's salt [b] Vaska's compound

22・6 遷移金属カルボニル錯体

遷移金属カルボニル錯体は，遷移金属有機金属化合物の最も重要な範疇である．古典的なσ結合性配位子は主族金属および遷移金属のいずれとも錯体を形成するが，このことは一酸化炭素を配位子とする場合はあてはまらない．ボランカルボニル H_3BCO やカリウムカルボニル $K_6(CO)_6$ のようなわずかな例外を除けば，知られているカルボニル錯体は遷移金属のものだけである．遷移金属カルボニル錯体においては，σ結合にさらにπ結合が補強されて錯体を安定化し，非常に低い金属の酸化状態を安定化する．多くのカルボニル化合物は，たとえばヘキサカルボニルクロム(0) $Cr(CO)_6$ のように酸化状態が 0 価の金属と非常に相性がよい．これらの非常に低い酸化状態は，水やアンモニアのようなσ結合だけの配位子では見いだせない．

カルボニル化合物は揮発性で有毒である．それらの毒性は赤血球中のヘモグロビンとの相互作用によって生じる．ヘモグロビンにおいては，鉄は酸化数 +2 をもつ．それぞれのヘモグロビン分子には 4 個の鉄が存在し，それぞれの鉄イオンはポルフィリンユニット（§20・6 を見よ）によって囲まれている．各ヘモグロビン分子は 4 個の酸素分子と反応してオキシヘモグロビンを形成する．この酸素分子との結合は弱く，酸素は非常に容易に脱離する．しかし，鉄と一酸化炭素との σ 結合と π 結合の両方から成る結合の性質によって，カルボニル配位子はほぼ不可逆的にヘモグロビンの鉄と結合し，二酸素分子の運搬を阻害する．

22・6・1 カルボニル化合物における結合

既述のように，一酸化炭素が猛毒なのは，一酸化炭素と遷移金属との結合の性質に起因する．この遷移金属-CO 結合こそが，なぜ非常に多くの遷移金属カルボニル化合物が存在するのか，なぜそれらは非常に安定なのか，なぜそれらは低酸化状態で存在することができるのか，なぜ主族元素のカルボニル化合物が非常にまれなのか，の理由である．そこで，遷移金属と一酸化炭素との間の結合を少し詳しく見てみよう．

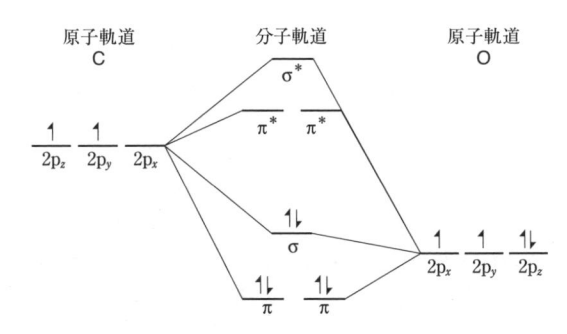

図 22・15 一部単純化した一酸化炭素の分子軌道エネルギー準位

§3・5 において，異核二原子分子中の結合を分子軌道図で表せることを示した．構成原子間で有効核電荷が異なるので，軌道エネルギーは高い有効核電荷をもつ原子の方が低くなる．図 22・15 に一酸化炭素分子の単純化した分子軌道図を示す（もっと正確な表現では 2s 成分がいくらか結合に混合している）．

一酸化炭素分子における最高被占軌道（HOMO）は σ_{2p} 軌道で，本質的には高エネルギーの炭素原子 2p 軌道と酸素原子 2p 軌道とに由来する．この軌道は炭素原子上の非共有電子対に類似しているとみなすことができる．最低空軌道（LUMO）は π^*_{2p} 反結合性軌道である．この場合も主たる寄与は炭素の 2p 原子軌道なので，酸素原子まわりより炭素のまわりに偏っている．これらのおおよその形を図 22・16 に示す．

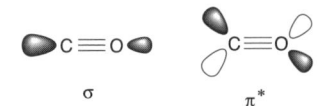

図 22・16 一酸化炭素における最高被占軌道（σ）と最低空軌道（π*）

金属-CO 結合においては，一酸化炭素の σ HOMO の端と金属の空の d 軌道との重なり合いを描くことができる（図 22・17）．すなわち一酸化炭素はルイス塩基として働き，ルイス酸として働く金属へ 1 対の電子を供与する．

図 22・17 カルボニル配位子から金属への σ 供与

この相互作用により金属上の電子密度は高くなる．6 個の配位子が同時に電子を中心金属へ供与することを考えてみよう．もし金属が低酸化状態にあれば，すでに電子は豊富である．同時に，金属上の充填 d 軌道と一酸化炭素の π* LUMO との間にも重なり合いがある（図 22・18）．こ

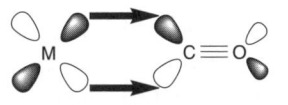

図 22・18 金属からカルボニル配位子への π 逆結合

れら二つの軌道の対称性はこの相互作用を許容するのに適合している．その相互作用により，電子密度はいくらか金属中心から取去られ，カルボニル配位子上へ戻る．

この追加された結合は π 結合である．したがって，一

酸化炭素はσ供与体でπ受容体であり，金属はσ受容体でπ供与体ということができる．σ系を通した一酸化炭素から金属への電子の流れとπ系を通した電子の流れは逆向きである．この相互作用は**逆結合**[a]または**相乗結合**[b]とよばれている．この相乗効果により金属と炭素原子の間に，強くて短い，ほぼ二重の共有結合ができる．

遷移金属の低酸化状態の安定化を可能にしているのはカルボニル配位子による金属からの電子密度の除去である．金属の酸化状態が低いまたは0のときには，カルボニル配位子が結合する前でも，金属上の電子は飽和またはほぼ飽和状態にある．配位子との結合で電子密度が高くなる場合でも，相乗効果によって効果的に電子が配位子の方に取られる．

結合で表現すれば，電子は一酸化炭素の反結合性π軌道に"汲み上げられる"．反結合性軌道の電子密度の増加は，結合次数の低下を招き，遊離した一酸化炭素分子の3より小さくなる．実際に，実験的な測定によって，カルボニル化合物における炭素-酸素結合が一酸化炭素自身より長くなり，弱くなることが示されてきた．これは，上記の分子結合モデルの正しさを示す強い証拠である．さらなる証拠として，ほぼすべての安定な中性金属カルボニル化合物が周期表中央付近の遷移金属族（6～9族）で見いだされており，そこでは金属のd電子のいくつかをカルボニルのπ系へ供与することができる．その数は空の状態の別のd軌道がカルボニル配位子から電子対を受容できる程度である．

アルケンやホスフィン類のような他の配位子も，一酸化炭素と同様なやり方で遷移金属と結合できるが，一酸化炭素ほどよいπ受容体ではない．

22・6・2 相乗結合の証拠

赤外分光法はカルボニル化合物の構造を調べるのに有効な手段である．気体の状態では$C\equiv O$結合は$2143\ cm^{-1}$付近で振動する．一方，カルボニル化合物の振動周波数は$2150\sim 1850\ cm^{-1}$の範囲に入り，その周波数は錯体の構造および共存する他の配位子の性質に影響を受ける．

相乗結合モデルが有効なら，C—O結合の長さと強さは，π^*軌道へどのくらい電子が押込まれるかに依存すると予想される．結合が弱く，そして長くなるほど，振動する周波数は低くなるだろう．（ピンと張った輪ゴムを弾く場合を考えよ．これは強い結合に相当し，高い周波数で振動する．これを，緩く張った輪ゴムを弾く場合と比較してみよう．その場合は"弱い"結合に相当し，低い周波数で振動するだろう．）カルボニル化合物の$C\equiv O$結合が気体の一酸化炭素より低い周波数で振動することは，このモデ

ルを支持する事実である．

C—O 伸縮振動の波数は金属まわりの電子的環境に非常に敏感である．たとえば，金属上の電子密度が高くなるほど電子密度が多く取去られるので，逆結合の割合は増加する．これはπ^*軌道の電子密度の増加を導き，結合が伸長し，C—O 伸縮振動数が減少する．この効果はつぎのように等電子系列においてみることができる．

$Fe(CO)_4^{2-}$　　$1790\ cm^{-1}$
$Co(CO)_4^-$　　$1890\ cm^{-1}$
$Ni(CO)_4$　　$2060\ cm^{-1}$

これらの化学種はすべてd電子を8個もつ．しかし，有効核電荷はFeからNiへと増加する（§2・5を見よ）．これは，金属上に残る負電荷が，ニッケルより鉄の方が多いことを意味する．錯体上の負電荷が増加すると金属は高い電子密度を配位子の方に分散するので，逆結合が増大する．その結果，π^*軌道の電子密度は増加し，炭素-酸素間の結合は弱くなり，振動する周波数は低くなる．

置換カルボニル錯体（カルボニル以外の配位子ももつ錯体）では，CO振動数を調べることによって逆結合の割合を観測できる．

$Ni(CO)_3PMe_3$　　$2064\ cm^{-1}$
$Ni(CO)_3PPh_3$　　$2069\ cm^{-1}$
$Ni(CO)_3PF_3$　　$2111\ cm^{-1}$

PMe_3のメチル基は誘起効果を示す．**誘起効果**[c]とは近隣の原子の電気陰性度に応じた結合中の電子の移動である．別の言い方をすれば，非常に電気陰性な原子は電子密度を自分の方に引っ張る傾向をもつが，電気陽性な基は電子供給源として働き，電子密度は金属の方へ押出される．そのため，低い伸縮振動数に示されるように，逆結合の割合が増加し，M—C 結合が強くなり，C—O 相互作用が弱くなる．逆に，PF_3のフッ素は電子求引性であり，金属から電子密度を取去る．そのため，高い伸縮振動数に示されるように，必要とされる逆結合の割合が低下し，そのためC—O 結合は強く，短いままである．

22・6・3 カルボニル化合物の対称性

既述したように，赤外分光法は，カルボニル配位子の電子的環境についての情報を提供するのに利用できる．また，遷移金属カルボニル化合物の構造を解明するのにも利用できる．ある分子の伸縮モードが双極子変化を起こすならば赤外活性である（§3・14を見よ）．八面体形カルボニル錯体$M(CO)_6$においては，それぞれのC—O 結合の対称的な伸縮は全体としての双極子に変化を与えないの

---

a) back bonding　　b) synergistic bonding　　c) inductive effect

で，この伸縮モードはこの化合物の赤外吸収スペクトルでは観測されない．しかし，他のすべての可能な伸縮モードも考えてみる必要がある．分子の対称性と群論を，分子の赤外（およびラマン）活性な伸縮モードの予測数を算出するために利用できる．しかし，これはこの本の範囲を超えているので，ここでは群論的アプローチの結果だけを用いることにする．カルボニル化合物の赤外スペクトルにおけるC—O伸縮ピークの数を予想するには，その分子のM—CO部分の形のみを考え，表22・4を参照すればよい．

表22・4 赤外スペクトルにおけるC—O伸縮バンドの数

M—COでつくられる形	点 群	バンドの数
直線形	$D_{\infty h}$	1
屈曲形	C_{2v}	2
三角形	D_{3h}	2
三方錐形	C_{3v}	2
四面体形	T_d	1
平面四角形	D_{4h}	1
三方両錐形	D_{3h}	2
四方錐形	C_{4v}	2
八面体形	O_h	1

たとえば，$W(CO)_6$ は点群 O_h の正八面体形である．表22・4は1個の伸縮モードだけが赤外活性であることを示すが，実際に $W(CO)_6$ の赤外スペクトルではピークが1本観測される．もし1個のCO基をハライドに置換すると（図22・19），分子全体はまだ八面体形だが，M—COでつ

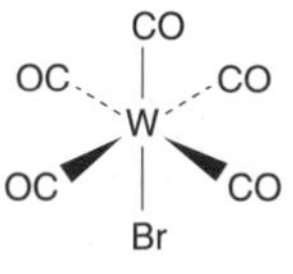

図22・19 $W(CO)_5Br$ の構造

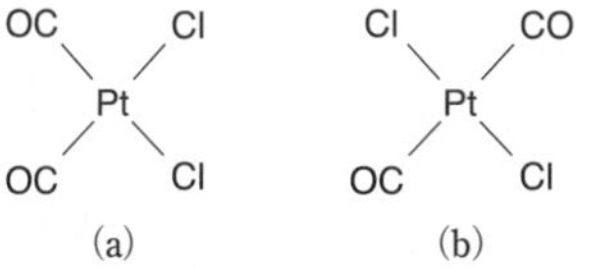

くられる形は点群 C_{4v} の四方錐である．表22・4では，赤外活性な伸縮モードが2個あり，赤外スペクトルで2本のピークが観測されることが示されている．赤外分光法は異性体を区別するのにも利用できる．たとえば，平面四角形の $Pt(CO)_2Cl_2$（図22・20）の cis と trans 異性体を考えよ

図22・20 (a) cis-$Pt(CO)_2Cl_2$ と (b) trans-$Pt(CO)_2Cl_2$ の構造

う．この cis 異性体では M—CO 結合は屈曲形配置をとり，赤外活性な伸縮モードは2個ある．そして赤外スペクトルにおいて2個のピークが現れる．trans 異性体は直線形配置をとり，赤外活性な伸縮モードは1個で，1本のピークが現れる．

22・6・4 カルボニル配位子のタイプ

§22・1で述べたように，カルボニル配位子の遷移金属中心への結合にはいくつかのやり方がある．$M(CO)_6$ のような単純な錯体においては末端配位子であり，2電子供与体として働く．このグループにおけるカルボニルの赤外伸縮振動数は，一般に 2010〜1850 cm^{-1} の範囲にある．

カルボニル配位子が2個またはそれ以上の金属中心を架橋する場合もある（図22・2を見よ）．2個の場合は，カルボニル赤外伸縮振動数は 1850〜1750 cm^{-1} の範囲にある．2個の金属原子を架橋するカルボニルは接頭辞 μ か，もっと正確には μ^2 によって特定され，それぞれの金属種に1個ずつ電子を供与する．架橋カルボニル基をもつ錯体の例は，$Co_2(CO)_8$ である（§22・7を見よ）．

カルボニル配位子が3個の金属中心を架橋するとき，カルボニル赤外伸縮振動数は 1675〜1600 cm^{-1} の範囲にある．これらは接頭辞 μ^3 で表され，最もよくみられるのは $Rh_6(CO)_6$ のような "クラスター" 化合物である．

22・7 単純な金属カルボニル錯体（カルボニル配位子しかもたない錯体）の合成と性質

22・7・1 4族元素のカルボニル錯体

チタンは d^4 電子配置をもつ．18電子則からは安定なカルボニル化合物が $Ti(CO)_7$ であろうと予測されるが，この化合物を生成するにはチタンの電子密度が不足している．しかし，置換カルボニル化合物が知られている．たとえば $(\eta^5\text{-}C_5H_5)_2Ti(CO)_3$ は赤色の18電子化合物で塩化チタン(IV)から合成される．

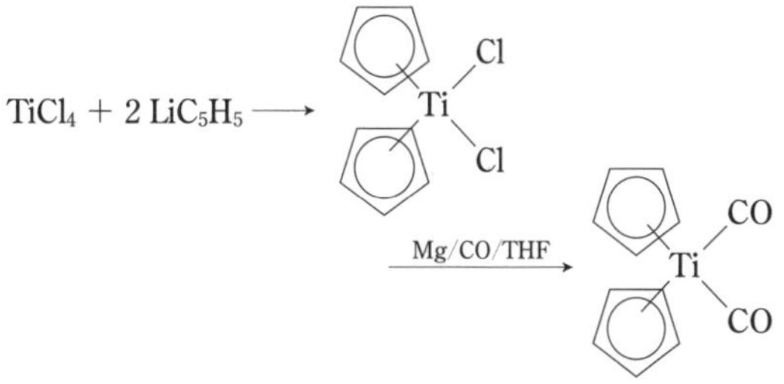

$$TiCl_4 + 2\,LiC_5H_5 \longrightarrow (Cp)_2TiCl_2 \xrightarrow{Mg/CO/THF} (Cp)_2Ti(CO)_2$$

22・7・2 5族元素のカルボニル錯体

ヘキサカルボニルバナジウム(0) $V(CO)_6$ は暗緑色の常磁性固体である．これは17電子化学種で，70℃で分解する．ジグリム[a]（一般名，ジエチレングリコールジメチ

---

a) diglyme

エーテル[a]）と略されるメトキシメチルエーテルを溶媒に用いて，塩化バナジウム(III)から18電子の陰イオンの中間体を経由して合成できる（図22・21）．

$$VCl_3 + 4Na + CO \xrightarrow{ジグリム} [Na(diglyme)_2]^+[V(CO)_6]^- \xrightarrow{H^+} V(CO)_6$$

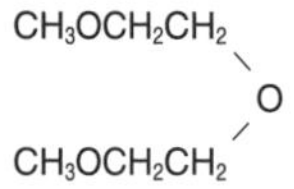

CH₃OCH₂CH₂\
　　　　　　O\
CH₃OCH₂CH₂

図22・21　ジグリムの構造

22・7・3　6族元素のカルボニル錯体

ヘキサカルボニルクロム(0) $Cr(CO)_6$ は安定な18電子の正八面体形分子である．それは $V(CO)_6$ と同様な方法で合成される．3種の6族ヘキサカルボニル，$Cr(CO)_6$，$Mo(CO)_6$，$W(CO)_6$ はすべて白色結晶で，真空下で昇華する．それらは最安定な二元カルボニル化合物であり，反応させるには熱が必要である．

22・7・4　7族元素のカルボニル錯体

マンガンは17電子のペンタカルボニルマンガン(0) $Mn(CO)_5$ を形成する．それは§22・5で述べたように，容易に二量化して18電子の黄色結晶 $Mn_2(CO)_{10}$ を生成する（図22・22）．

Mn—Mn結合は長く弱く，簡単に切断される．たとえば，ナトリウムアマルガムとの反応でMn—Mn結合は切断され，マンガンはマンガン(−I)へ還元される．

$$Mn_2(CO)_{10} + 2Na \longrightarrow 2Na[Mn(CO)_5]$$

ハロゲンとの反応では，Mn—Mn結合が切れ，マンガンはマンガン(I)へ酸化される．

$$Mn_2(CO)_{10} + Br_2 \longrightarrow 2Mn(CO)_5Br$$

この族の下方の元素の対応するカルボニル化合物 $Tc_2(CO)_{10}$ と $Re_2(CO)_{10}$ は，ともに白色結晶である．

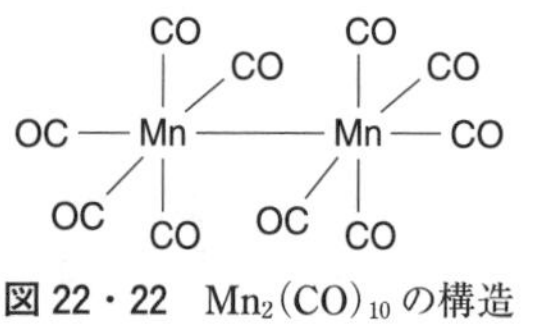

図22・22　$Mn_2(CO)_{10}$ の構造

22・7・5　8族元素のカルボニル錯体

ペンタカルボニル鉄(0) $Fe(CO)_5$ は毒性の黄色液体で，磁石や鉄フィルムをつくるのに用いられる．微粉化した鉄を一酸化炭素と加熱して合成できる．$Fe(CO)_5$ は光化学的に反応して黄色の二量体 $Fe_2(CO)_9$ を生成する．加熱すると暗緑色固体 $Fe_3(CO)_{12}$ が生成する．

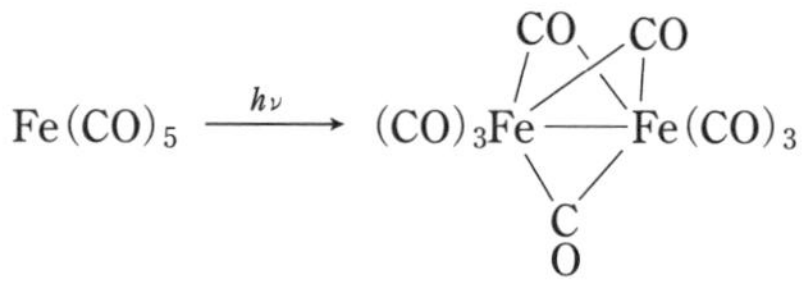

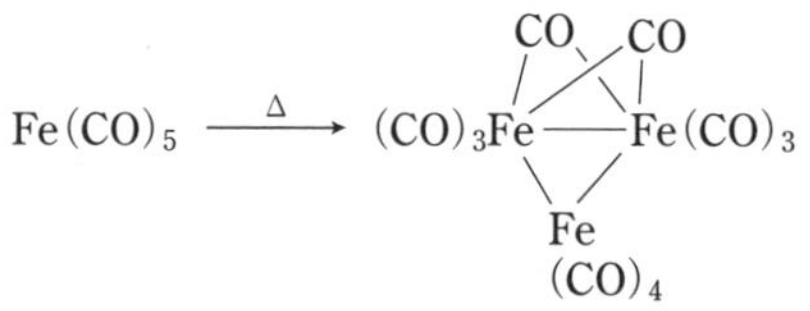

$$Fe(CO)_5 \xrightarrow{h\nu} (CO)_3Fe-Fe(CO)_3 \text{ (架橋CO)}$$

$$Fe(CO)_5 \xrightarrow{\Delta} (CO)_3Fe-Fe(CO)_3-Fe(CO)_4$$

ルテニウムとオスミウムはそれぞれ $Ru(CO)_5$ と $Os(CO)_5$ を形成し，両者とも無色液体である．それらは対応するクラスター化合物 $Ru_3(CO)_{12}$ と $Os_3(CO)_{12}$ をつくるが，それらの構造は $Fe_3(CO)_{12}$ とは異なる．$Os_3(CO)_{12}$ の構造を図22・23に示す．

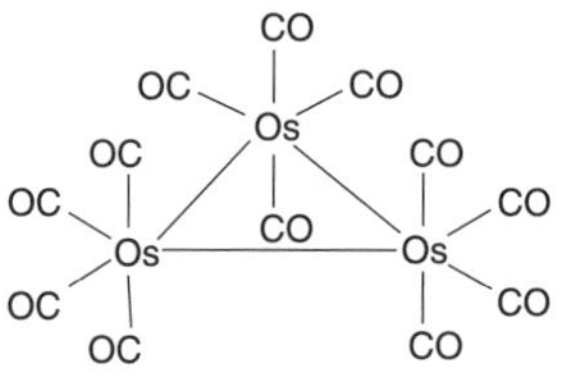

図22・23　$Os_3(CO)_{12}$ の構造

22・7・6　9族元素のカルボニル錯体

コバルトは奇数個の電子をもつので，カルボニル化合物 $Co(CO)_4$ は17電子であり，二量化して橙色，低融点固体の $Co_2(CO)_8$ を生じる．この化合物には2種の異性体が存在するので興味深い．固体は金属−金属結合と架橋カルボニル基を含む構造である．それをヘキサンに溶解すると，赤外スペクトルにおける架橋カルボニルの伸縮バンドは消失し，ねじれ形[b] 構造が生成する．それらの2種の間のエネルギー差はわずか約 $5 kJ \cdot mol^{-1}$ であり，相互変換は容易に起こりうる．このような分子内再構成は有機金属化学では一般的である．

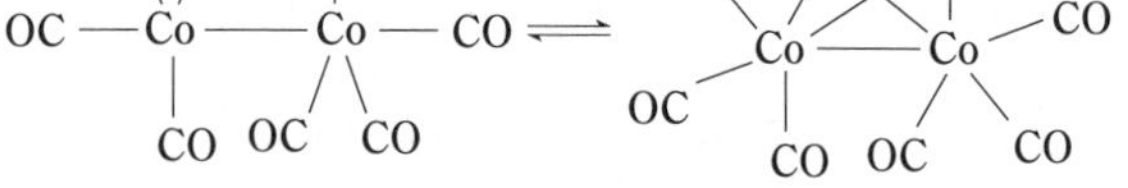

---

a) diethyleneglycol dimethyl ether　　b) staggered

コバルトは，クラスター化合物 $Co_4(CO)_{12}$ と $Co_6(CO)_{16}$ を形成するが，両方とも黒色固体である．ロジウムとイリジウムも同じ化学式のクラスター化合物を形成し，それらの構造はコバルト化合物と同様である．$Ir_6(CO)_{16}$ には赤色と黒色の異性体がある．

22・7・7 10族元素のカルボニル錯体

テトラカルボニルニッケル(0) $Ni(CO)_4$ は毒性の無色液体で，一酸化炭素と微粉化した金属との直接反応で合成される．この反応は大気圧，室温より少し高い温度で起こり，ニッケルの抽出と精製に用いられるモンド法[a]の基本である（§20・8を見よ）．

$$Ni + 4\,CO \longrightarrow Ni(CO)_4$$

22・7・8 11族元素のカルボニル錯体

銅は，非常に電子密度が高く，空のd軌道をもたない．いくつかの置換カルボニル化合物が知られているが，いずれも非常に不安定である．

22・8 遷移金属カルボニル錯体の反応

金属カルボニル錯体の最も重要な反応は，置換反応である．カルボニル配位子はホスフィンや不飽和炭化水素のような他の配位子に置換される．この置換は，熱や光で活性化される場合があり，その生成物も通常18電子則に従う．たとえば $Cr(CO)_6$ のような八面体形錯体において，別の配位子との反応は3置換カルボニル錯体になることがある．

ひき続いて起こる侵入配位子の付加は，常にもとの配位子に対してシスの位置で起こる．この理由は，カルボニルより強いσ供与体だが弱いπ受容体の配位子の置換は，侵入配位子のトランス位にあるカルボニル配位子と金属の間の逆結合を増加させるからである．この置換反応は，金属上の電子密度が大きくなりすぎるのを拒むので，$M(CO)_3L_3$ より先に進むことはめったにない．

これらの18電子錯体の置換反応は**解離機構**[b]に従い，配位不飽和な化学種が中間体として生じる．一方，**会合機構**[c]では18電子を超えた錯体である7配位中間体が生成する．

$$M(CO)_6 \longrightarrow M(CO)_5 \longrightarrow M(CO)_5L$$
$$18\,e^- \qquad 16\,e^- \qquad 18\,e^-$$

第5周期金属の錯体は第6周期金属の錯体よりずっと迅速に反応する．これはこの章の後方で述べるように，ルテニウム，ロジウム，パラジウムのような第5周期元素が第6周期元素よりずっと広範に触媒に用いられていることと関係している．いくつかの典型的な置換反応をつぎに示す．

$$Cr(CO)_6 + 3\,MeCN \longrightarrow Cr(CO)_3(NCMe)_3 + 3\,CO$$
$$Ni(CO)_4 + 2\,PF_3 \longrightarrow Ni(CO)_2(PF_3)_2 + 2\,CO$$
$$Mo(CO)_6 + C_6H_6 \longrightarrow Mo(CO)_3(\eta^6\text{-}C_6H_6) + 3\,CO$$
$$Mo(CO)_6 + CH_2=CHCH=CH_2 \longrightarrow (CO)_4Mo{-}\!\!\!\rangle + 2\,CO$$

つぎに重要な金属カルボニル錯体の反応のタイプは，還元剤やアルカリ金属との反応によるカルボニレートアニオンの生成である．この陰イオンを最も容易に生成する化学種は奇数電子種（特に17電子種）と二量体である．生成する化学種は18電子錯体である．たとえば，

$$Fe(CO)_5 + 3\,NaOH \longrightarrow Na[HFe(CO)_4] + Na_2CO_3 + H_2O$$
$$Co_2(CO)_8 + 2\,Na/Hg \xrightarrow{THF} 2\,Na[Co(CO)_4]$$

これと関連する二量体の反応は，ハロゲンとの反応と金属–金属結合の開裂によるハロゲン化物の生成である．

$$Mn_2(CO)_{10} + Br_2 \longrightarrow 2\,Mn(CO)_5Br$$

22・9 他のカルボニル錯体

22・9・1 金属カルボニルアニオン

すでに述べたように，金属カルボニルの還元は反応性に富む陰イオン性化学種を生成する．実際には，アルカリ金属や水素化ホウ素ナトリウムとカルボニル化合物との反応が最もよく用いられる．

$$Cr(CO)_6 \xrightarrow{NaBH_4} Na_2[Cr_2(CO)_{10}]$$
$$Mn_2(CO)_{10} \xrightarrow{Li} Li[Mn(CO)_5]$$

これらの化合物の中には，酸性にしたとき $HMn(CO)_5$ のような水素化物を生成するものがある．マンガン，鉄，コバルトのカルボニル水素化物は無色か黄色の液体である．

---

[a] Mond process　[b] dissociative mechanism　[c] associative mechanism

HMn(CO)₅ と H₂Fe(CO)₄ 化合物は水溶液中ではかなりの酸性を示す．コバルト化合物 HCo(CO)₄ は水には不溶だが，メタノール中で強酸である．

22・9・2 金属カルボニル水素化物

金属カルボニル水素化物は反応性が高く，ほとんどの反応が M—H 結合への別の化学種の挿入を含む．金属水素化物のいくつかの典型的な反応をつぎに示す．

$$(CO)_5MnH + CH_2=CH_2 \longrightarrow (CO)_5MnCH_2CH_3$$
$$(CO)_5MnH + CO_2 \longrightarrow (CO)_5MnCO_2H$$
$$(CO)_5MnH + CH_2N_2 \longrightarrow (CO)_5MnCH_3 + N_2$$

22・9・3 金属カルボニルハロゲン化物

安定なカルボニル錯体を形成するほとんどの金属はカルボニルハロゲン化物も生成する．それらの構造はカルボニル単核錯体と同様である．二量体では常に，カルボニルで架橋されるよりむしろ，ハロゲン化物イオンを通して架橋されている．それらは一般に白色か黄色の固体でハロゲンと金属カルボニル錯体との高温高圧下での反応で合成される．たとえば，

$$Fe(CO)_5 + I_2 \longrightarrow Fe(CO)_4I_2 + CO$$

それらは有機溶媒に可溶だが，水中では分解する．カルボニルハロゲン化物のほとんどは 18 電子則に従う．最もよく知られている例外はヴァスカ錯体[a] *trans*-(Ph₃P)₂Ir(CO)Cl である．この化合物は広範な付加反応を行い，その反応で金属原子は原子価殻に 18 電子を達成する．反応中に平面四角形化合物は八面体形に変化し，イリジウムは電荷 2 個分だけ酸化される．このタイプの反応は**酸化的付加**[b]とよばれる．ヴァスカ錯体の水素による酸化的付加反応のスキームをつぎに示す．三中心中間体が金属と H₂ 分子間に生じることに注目しよう．

酸化的付加は有機金属化合物の一般的な反応であり，多くの触媒反応の鍵となっている．酸化的付加反応が起こるためには，侵入配位子の配位のために 2 個の空きサイトがなくてはならず，金属は 2 だけ異なる 2 種の酸化状態で安定に存在できなければならない．この反応中に，2 個の配位子が金属に付加し，同時に金属の化数が 2 だけ増える．この反応の逆は（驚くことではないが）**還元的脱離**[c]とよばれる．

22・10 ホスフィン配位子の錯体

既述したように，金属カルボニル錯体はトリフェニルホスフィンや三塩化リンのような配位子と反応する場合がある．ホスフィン配位子は非常に重要で，一節として取上げる価値がある．

ホスフィンは P—C（反結合）σ* 軌道を通した逆結合によって，電子密度をいくらか受容する能力をもつ．この逆結合の程度は配位子の性質に依存する．たとえば，P(CH₃)₃ のようなアルキルホスフィン類は，アルキル基の誘起効果に基づき，強い電子供与体であり，かなり弱い電子受容体である．逆にハロゲン化ホスフィンはハロゲン原子の電子求引性によって，弱い供与体だが，強い電子受容体である．**π酸性度**[d]とは，軌道間のπタイプの重なりを通して電子密度を受容する化学種の能力を記述するのに用いられる用語である．π酸性度はつぎの順序で増加する．

$$P(^tBu)_3 < P(Me)_3 < P(OMe)_3 < PCl_3 < CO$$

そのため，ホスフィン含有錯体の安定性はホスフィンの電子的性質によって左右される．ホスフィン配位子の安定性と構造を決定するのに重要なさらなる因子は配位子の形状とサイズ，立体的かさ高さである．配位子の"かさ高さ[e]"は**トールマン円錐角**[f]で規定される．これを図 22・24 に示す．

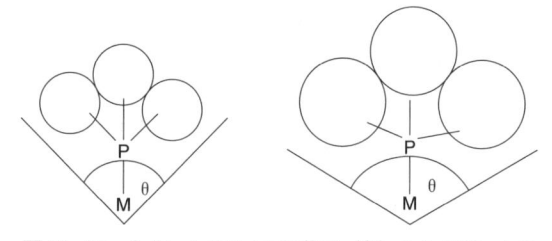

図 22・24 小さいホスフィン配位子（左）とかさ高いホスフィン配位子（右）のトールマン円錐角

小さくまとまった置換配位子のトールマン円錐角は小さいが，大きくかさ高い置換ホスフィンの円錐角は大きい．いくつかの例を表 22・5 に記す．

かさ高い配位子によって生じる込み合いによって，配位子が追出される場合があるのは不思議ではない．たとえ

表 22・5 ホスフィン配位子のトールマン円錐角

配位子	θ/度	配位子	θ/度
PH₃	87	PMePh₂	136
PF₃	104	PPh₃	145
PMe₃	118	P^{t}Bu₃	183
PMe₂Ph	122		

---

a) Vaska's compound   b) oxidative addition   c) reductive elimination   d) π-acidity   e) bulkiness   f) Tolman cone angle

ば，テトラキス(トリフェニルホスフィン)白金(0) Pt(PPh$_3$)$_4$ は容易に配位子を失ってトリス(トリフェニルホスフィン)白金(0) Pt(PPh$_3$)$_3$ を生成する．上記の二つの因子，すなわち金属上の電子密度の量と配位子のかさ高さは，錯体の反応性と配位数を支配する．

22・11 アルキル，アルケン，およびアルキン配位子の錯体

M—C結合の形成や切断は，有機金属化学において重要な役割を果たしており，触媒への応用の中心に位置する．アルカン，アルケン，アルキンを生成したり，重合したり，機能化したりするときにはいつも，金属-アルキル中間体が含まれている．化学工業によって生産される全製品の約75％がどこかの段階で，有機金属触媒を含む触媒反応サイクルを経由して製造されている．

遷移金属は単純なアルキル化合物をつくるが，亜鉛と水銀の化合物を除いて，それらは不安定である．安定な有機金属化合物の多くはアルケン，アルキン，および不飽和環化合物をもっている．初めてつくられた真の有機金属化合物は，1830年に合成された黄色結晶のツァイゼ塩[a] K-[PtCl$_3$(C$_2$H$_4$)] である．

金属-アルキル結合をもつ遷移金属有機金属化合物は σ と π の両方の相互作用をもつことが知られている．一般に，σ結合性しかもたないアルキル基の錯体を除くほとんどの化合物が18電子則に従う．なかには上述したツァイゼ塩のように，16電子しかもたないものもある．それらは平面四角形で**配位不飽和**[b]とよばれ，他の配位子を受入れて最大で6配位をとれることを意味する．そのような配位不飽和は遷移金属均一触媒のきわめて重要な特徴である．単純なσ結合性アルキル類は金属ハロゲン化物や金属水素化物と同じように理解できる．すなわち，メチル配位子は形式電荷が -1 で金属に2電子を供与すると考える．

他の配位子をもたないアルキル金属類は非常に不安定である．たとえば，Ti(CH$_3$)$_4$ は -50℃で分解するが，Ti(bipy)(CH$_3$)$_4$ (bipyはビピリジン[c]の略記，図 22・25) は 30℃まで上げても分解しない．アルキル化合物は2,2′-ビピリジン，カルボニル，トリフェニルホスフィンのようなπ結合性配位子が共存すると安定になる．それらのπ結合性配位子は，金属から電子密度を取去るので安定性が増す．

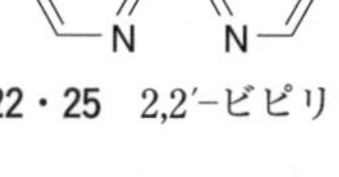

図 22・25 2,2′-ビピリジン

22・11・1 遷移金属アルキル化合物の合成

遷移金属アルキル化合物の合成に最も広く利用される方法はアルキル化であり，グリニャール試薬かアルキルリチウム化合物が用いられることが多い．

(C$_5$H$_5$)$_2$MoCl$_2$ + 2 CH$_3$Li ⟶
　　　　　　　　　　　　(C$_5$H$_5$)$_2$Mo(CH$_3$)$_2$ + 2 LiCl

(R$_3$P)$_2$PtCl$_2$ + LiCH$_2$CH$_2$CH$_2$CH$_2$Li
⟶ R$_3$P–Pt(シクロペンタン環) + 2 LiCl

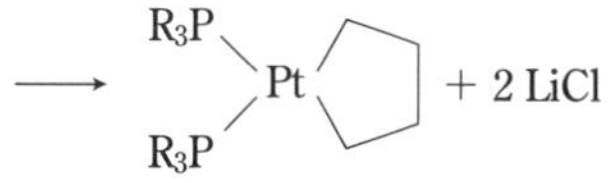

低原子価錯体，特にホスフィンで安定化された Ir^I, Ni^0, Pd^0 および Pt^0 の化合物はハロゲン化アルキルの酸化的付加によって合成できる．この場合，置換活性な配位子を含む配位不飽和の平面四角形錯体が同時に酸化されて配位数を6に増加する．最終生成物がシスとトランスのどちらになるかは溶媒によって左右される．たとえば，ヴァスカ錯体へのヨウ化メチルの付加はシス付加である．

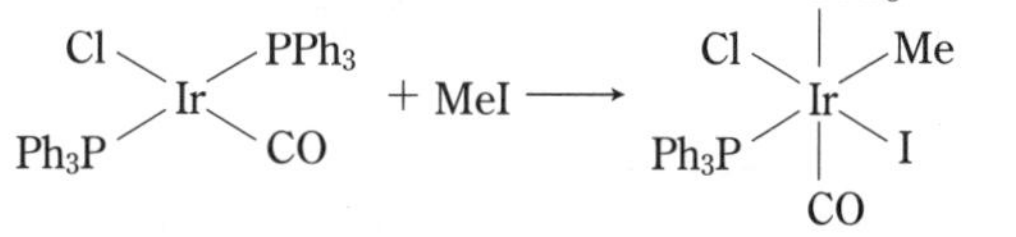

Cl–Ir(PPh$_3$)(CO)(Ph$_3$P) + MeI ⟶ Cl–Ir(PPh$_3$)(Me)(I)(CO)(Ph$_3$P)

アルケン，アルキンおよび多重共役系の錯体は，他の配位子（カルボニル配位子など）を置換して合成される．それぞれのπ結合が別の配位子から供与された非共有電子対を置換できるので，生成物の化学式を予測するのに18電子則を用いることができる．

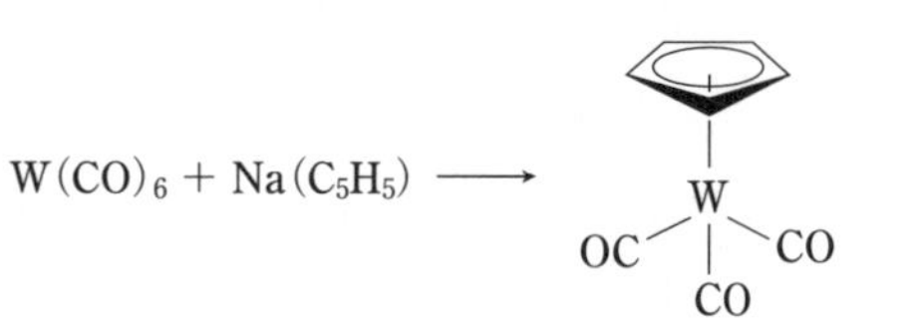

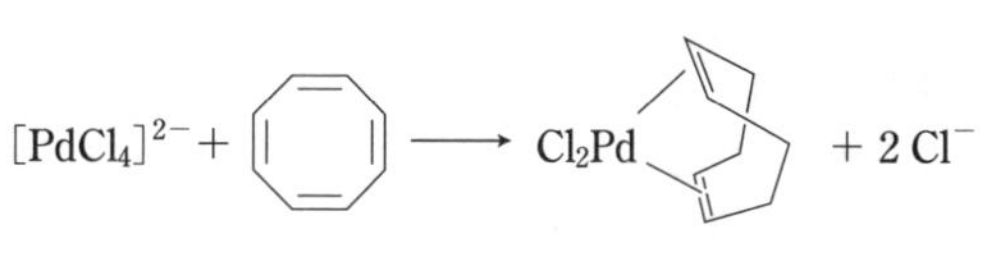

W(CO)$_6$ + Na(C$_5$H$_5$) ⟶ (η^5-C$_5$H$_5$)W(CO)$_3$

[PdCl$_4$]$^{2-}$ + (シクロオクタジエン) ⟶ Cl$_2$Pd(COD) + 2 Cl$^-$

別の一般的合成法はある分子を M—H 結合に挿入することである．たとえば，

PtCl(PPh$_3$)$_2$H + C$_2$H$_4$ ⟶ PtCl(PPh$_3$)$_2$C$_2$H$_5$

---

a) Zeise's salt　b) coordinatively unsaturated　c) bipyridine

$(CO)_4CoH + \text{CH}_2=\text{CHCH}_2\text{CH}_2\text{CH}_2\text{CH}_3 \longrightarrow$
$(CO)_4Co\text{-CH}_2\text{CH}_2\text{CH}_2\text{CH}_2\text{CH}_2\text{CH}_3 + (CO)_4Co\text{-CH}(\text{CH}_3)\text{CH}_2\text{CH}_2\text{CH}_2\text{CH}_3$

極性をもつ不飽和配位子（たとえばカルボニル）は求核攻撃を受けやすい.

求核剤[a]とは"核を好む"試薬であり，電子対を電子欠乏サイトに供与することによって結合形成ができる電子豊富な箇所をもっている．求核剤は常にではないが，負の電荷をもつことが多い．その逆は**求電子剤**[b]で，電子対を受容する電子欠乏種であり，正の電荷をもつ場合もある．この1対の定義は，なじみやすい（§7・6を見よ）．ルイス塩基は電子供与体で通常求核剤として働く．一方ルイス酸は電子受容体で通常求電子剤として働く．主たる差異は求核剤と求電子剤という用語がふつう，炭素との結合を扱うところで用いられることである．つぎの反応に示すように，エチルアニオン$C_2H_5^-$は求核剤で，カルボニルの炭素は求電子剤である．

$Fe(CO)_5 + LiC_2H_5 \longrightarrow Li^+[(CO)_4FeCC_2H_5]^-$ (with O double bond on C)

カルボニル錯体と同様に，遷移金属アルキル錯体の多くは18電子則に従うか（図22・26），16電子で平面四角形d^8系をとる．

図22・26 18電子化合物, $(\eta^5\text{-}C_5H_5)\text{Mo}(CO)_3(CH_3)$ の構造

一方，安定性が18電子則では説明できない錯体も数多く存在する．これらの化学種では非常に電子数が少ないため，十分な立体的かさ高さをもつ配位子によって得られた速度論的安定性に基づいて，存在できている場合が多い．これらの配位子はしばしばかさ高すぎて，侵入配位子から金属を守るのに有効な"傘"をつくるので，金属がもっと電子数を増やすために必要な供与性配位子と結合することを妨げる．それらの例はおもに前周期遷移金属で見いだされる（図22・27）．

金属アルキル，アルケンおよびアルキン化合物は反応性が高い．その反応は一般にM—C結合切断反応と挿入反応を含む．ハロゲンや水素のような単純な二原子分子は結合切断反応を促進し，ハロゲン化物や水素化物を生成する．

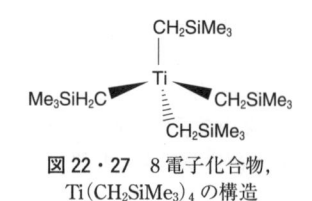

$[\text{PtCl}_3\text{C}_2\text{H}_5]^{2-} + \text{Cl}_2 \longrightarrow [\text{PtCl}_4]^{2-} + \text{C}_2\text{H}_5\text{Cl}$

図22・27 8電子化合物, $\text{Ti}(CH_2SiMe_3)_4$ の構造

別のよくありふれた反応は，一酸化炭素の金属–炭素結合への挿入による金属–アシル誘導体の生成反応である．この反応は工業的に非常に重要である．

$C_2H_5Mn(CO)_5 + CO \longrightarrow C_2H_5COMn(CO)_5$

この反応の機構は見かけほど単純ではない．挿入したカルボニル基は，実際にはもともと金属に配位していたものの一つである．この反応は分子内求核攻撃によって起こり，その後アルキル移動が起こる．

アルケンとアルキンも金属–炭素結合に挿入することがある．

$(C_5H_5)(CH_2CH_2)\text{NiR} \xrightarrow[50\text{ bar}]{\text{CH}_2\text{CH}_2} (C_5H_5)(CH_2CH_2)\text{NiCH}_2\text{CH}_2\text{R}$

工業的にきわめて重要なこの反応の例は，アルケン重合に用いられるチーグラー・ナッタ触媒[c]である（§22・17を見よ）．

22・12 アリル配位子と1,3-ブタジエン配位子の錯体

プロペニル種は，末端炭素を通してか，もっとふつうには非局在化したアリル系を通して遷移金属と結合し，η^3錯体を形成できる（図22・28）．

η^3-アリル基を含む分子は，σ結合η^1-中間体を経由し，それに続くもう一つの配位子（一酸化炭素であることが多

---
a) nucleophile　b) electrophile　c) Ziegler–Natta catalyst

本の保存

新聞紙のような最も安価な紙は，脱色し，紙中の繊維内で酸を生成する反応で腐る．アーキビスト（記録保管人）たちにとって，貴重な本，文献，古新聞の腐敗と崩壊は憂うべき問題である．最近，紙やインクにダメージを与えないように，かつ低コストで大量のアーカイブを保存する方法の探索が行われている．

最も有望な解決法は，1849年に初めてフランクランド[a]によって合成されたジエチル亜鉛 $Zn(C_2H_5)_2$ の利用である．国会図書館（Library of Congress）における保存法では，まず室内に9000冊もの本を配置する．室内の空気をポンプで汲み出したのち，低圧の純窒素ガスで満たす．この過程で酸素ガスをすべて室内から取除くことは，ジエチル亜鉛が非常に発火性なので必須である．

$$Zn(C_2H_5)_2(g) + 7 O_2(g) \longrightarrow ZnO(s) + 4 CO_2(g) + 5 H_2O(l)$$

つぎに，ジエチル亜鉛蒸気を室内に流し入れ，本のページの隙間に浸透させる．そこでこの分子はすべての水素イオンと反応して亜鉛イオンとエタンガスを生成する．

$$Zn(C_2H_5)_2(g) + 2 H^+(aq) \longrightarrow Zn^{2+}(aq) + 2 C_2H_6(g)$$

この化合物はまた本の中のすべての湿気とも反応して酸化亜鉛を生成する．

$$Zn(C_2H_5)_2(g) + H_2O(l) \longrightarrow ZnO(s) + 2 C_2H_6(g)$$

酸化亜鉛は塩基性酸化物なので，紙が腐敗することによってさらに酸が生成しても，アルカリ性を保持できる．

過剰のジエチル亜鉛との反応で生じたエタンをポンプで抜取り，室内を窒素ガス，ひき続いて空気で満たし，その後に本を取出す．この方法は一回の本の処理に3～5日を要する時間のかかるやり方だが，そのおかげで多くの貴重な書籍を保存できるようになった．

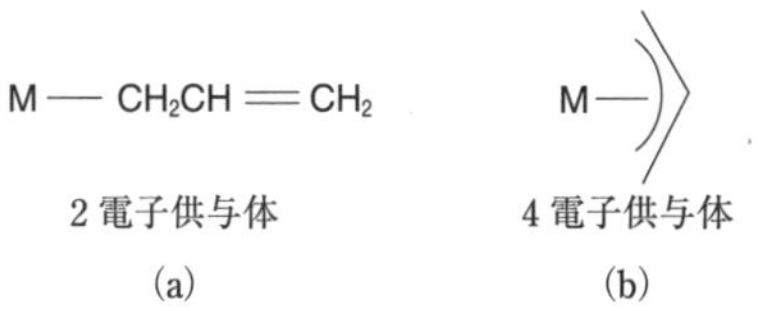

図 22・28 (a) 末端炭素原子と (b) 非局在化したアリル系を経由したプロペニル種の結合

い）の脱離によって生成できる．たとえば，

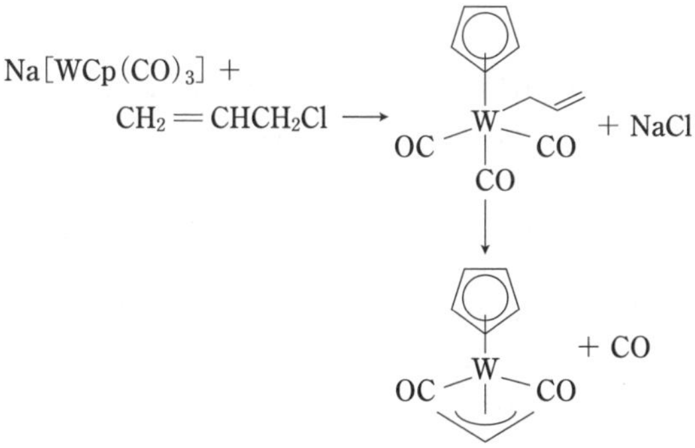

η^3-錯体はさまざまな方法で合成できる．たとえば，つぎに示すような配位したプロペン配位子の脱プロトン化や配位した1,3-ブタジエン配位子のプロトン化などである．

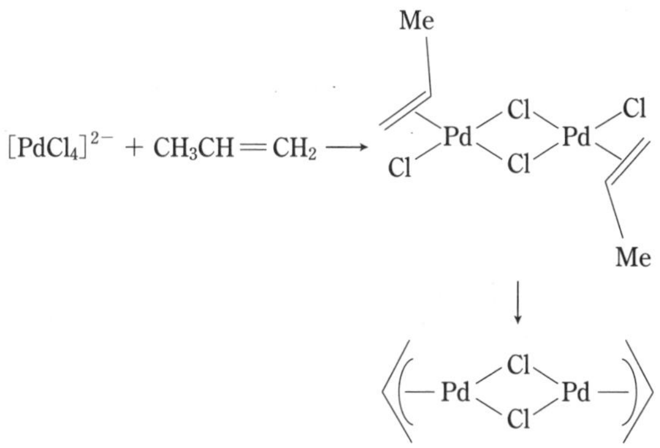

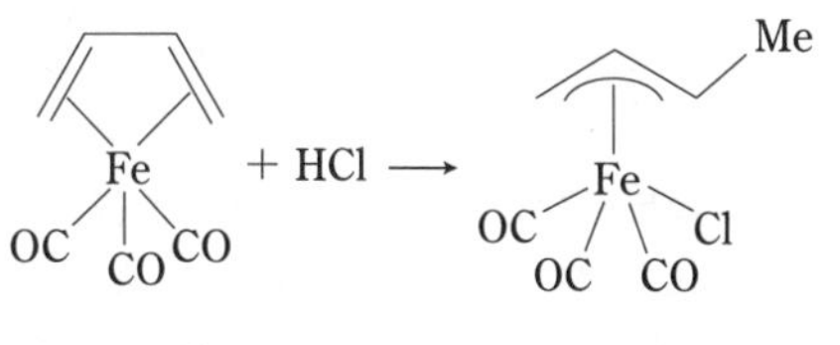

1,3-ブタジエン配位子は遷移金属に一つまたは両方のπ結合で配位し，それぞれ2個または4個の電子を供与する．したがって配位している他の配位子の数は減る．これらの化合物の中で最重要なものは鉄カルボニル誘導体である（図 22・29，次ページ）．

鉄トリカルボニル-1,3-ジエン誘導体は有機合成におい

---

[a] Edward Frankland

て重要である．配位したジエンは水素化するのが難しく，1,3-ジエンに典型的である古典的な有機の**ディールズ・アルダー反応**[a]は起こさない．Fe(CO)$_3$ グループはジエンの

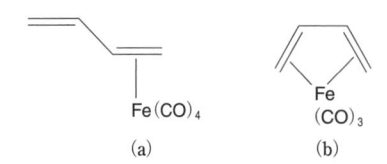

図 22・29 (a) Fe(CO)$_4$(η^2-CH$_2$CHCHCH$_2$) と (b) Fe(CO)$_3$(η^4-CH$_2$CHCHCH$_2$) の構造

保護基として働き，二重結合への付加を防ぎ，同分子内の他の部分での反応を起こすのを促す．例示しているように，鉄トリカルボニルは2個のC＝C結合を水素化から保護するが，3個目のC＝C結合のところで容易に水素化が起こる．

22・13 メタロセン

メタロセンは**サンドイッチ化合物**[b]で，2個のπ結合した η^5-シクロペンタジエニル環の間に中心金属が挟まれている．これまでで最重要なのはフェロセン (η^5-C$_5$H$_5$)$_2$Fe である．この構造を図22・3に示す．1951年のケアリー[c]とポーソン[d]によるフェロセンの合成は20世紀の化学の最大の発見の一つであり，有機金属化学の興味を大いに増加した．

フェロセンは反磁性の橙色固体で融点は 174 ℃ である．非常に安定な化合物で 400 ℃ まで加熱しても分解しない．気相では，2個のシクロペンタジエニル環は重なり形[e]だが，固相では環どうしの配置が異なる何種もの構造が存在する．しかし固体状態 25 ℃ でも環の回転が起こるので，すべての水素原子は等価にみえる．フェロセンは商品として購入でき，多くの誘導体を合成できる．シクロペンタジエン環は芳香性で，多くの方法で誘導体をつくることができる（すなわち環の置換反応ができる）．代表的反応をつぎに示す．

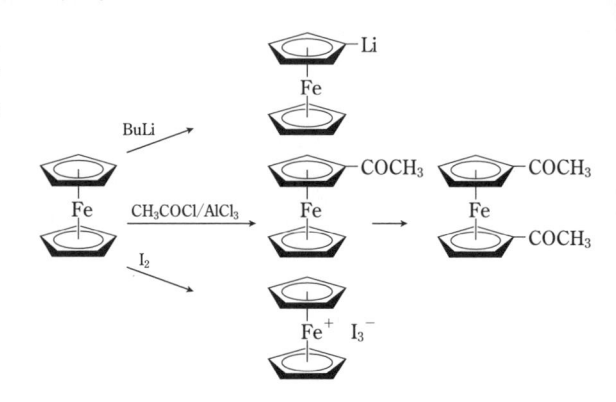

22・13・1 フェロセンの用途

フェロセンおよびその関連化合物は，鉄が興味深い酸化還元特性を示すこと，フェロセンが芳香性化合物として働くこと，およびシクロペンタジエニル環が誘導化できることから，幅広い応用に用いられる．

フェロセンは燃料添加物として利用される．ディーゼルのようなさまざまな燃料への添加は煙の低減と燃料の経済性増加につながる．アンチノック剤であるテトラエチル鉛の代替化合物の一つとして高品質無鉛ガソリンの製造にも用いられる．添加物はこれらの燃料のパフォーマンスを改善する．フェロセンの燃焼によって生成した鉄イオンが酸素と反応して鉄酸化物になり，炭化水素の燃焼反応を促進するからである．

フェロセン化合物は特別な磁性および導電性を示す化合物を合成するための電子移動触媒として開発されてきた．この応用を可能にしているのはフェロセンの酸化還元特性である．酸化還元特性に由来するもう一つの応用はフェロセン誘導体を分子スイッチとして用いることである．

フェロセン誘導体はバイオセンサーとしても用いられる．その一例はアクリルアミドモノマーで架橋したビニルフェロセンが導電性高分子ゲルをつくることを利用している．そのゲル中に酵素がトラップされるので，溶液中の酵素量を決定するセンサーに利用される．

22・13・2 他のメタロセン類

第一列遷移金属のバナジウム(Ⅱ)，クロム(Ⅱ)，マンガン(Ⅱ)，コバルト(Ⅱ)，ニッケル(Ⅱ) のメタロセンが知られている．バナジウムは出発物質が塩化バナジウム(Ⅲ)だが，他はつぎの反応で合成できる．

$$MCl_2 + 2 Na[C_5H_5] \longrightarrow (\eta^5\text{-}C_5H_5)_2M + 2 NaCl$$

フェロセン以外のメタロセンの多くは18電子系ではないので，空気中で不安定か自然発火性である．

・バナドセン (η^5-C$_5$H$_5$)$_2$V は空気に不安定なスミレ色固体である．

---

a) Diels–Alder reaction　b) sandwich compound　c) T. J. Kealy　d) P. L. Pauson　e) eclipsed

- クロモセン（η^5-C_5H_5)$_2$Crは空気に不安定な赤色固体である．
- マンガノセン（η^5-C_5H_5)$_2$Mnは自然発火性の褐色固体である．マンガノセンは室温では重合体だが，高温ではフェロセンと同様な構造になる．
- コバルトセン（η^5-C_5H_5)$_2$Coは空気に不安定な黒色固体であり，19電子をもつので容易に酸化されて[(η^5-C_5H_5)$_2$Co]$^+$になる．
- ニッケロセン（η^5-C_5H_5)$_2$Niは緑色固体で20電子をもつ．ニッケロセンの反応では18電子種を生じる．

22・14　η^6-アレーン配位子の錯体

ベンゼンやトルエンのような化学種は6電子供与体として働く．これらの配位子を含む錯体はカルボニル金属錯体または置換カルボニル錯体から合成できる．

$$Cr(CO)_6 + C_6H_6 \longrightarrow (\eta^6\text{-}C_6H_6)Cr(CO)_3 + 3\,CO$$

このタイプの化合物は，環を一つだけもつので**ハーフサンドイッチ化合物**[a]ともよばれる．そのアレーン環を**リチオ化**[b]（リチウム原子で水素原子を置換すること）して，多くの反応に用いることができる．アレーン環は，カルボニルグループの電子求引性によって，配位していないときよりずっと反応性に富む．

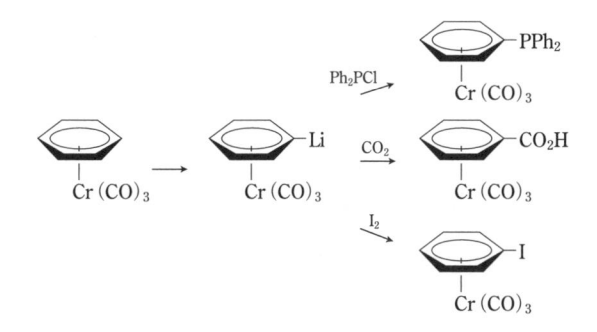

カルボニル配位子は，ホスフィンのような他の配位子に置換されやすい．

$$(\eta^6\text{-}C_6H_6)Cr(CO)_3 + PPh_3 \longrightarrow$$
$$(\eta^6\text{-}C_6H_6)Cr(CO)_2PPh_3 + CO$$

サンドイッチ化合物も存在する．それらは金属とアレーン分子の蒸気の共凝縮によって合成できる．

$$Cr + 2\,C_6H_6 \longrightarrow (\eta^6\text{-}C_6H_6)_2Cr$$

クロム，モリブデン，およびタングステンは空気に安定な18電子錯体を形成する．固体状態では，2個のベンゼン環は重なり形でそのC—C結合はベンゼンよりわずかに長い（図22・30）．

22・15　シクロヘプタトリエンとシクロオクタトリエン配位子の錯体

シクロヘプタトリエンをヘキサカルボニルクロム(0) Cr-(CO)$_6$と反応させると，3個のカルボニル配位子と置換し，3個のπ結合を通した6電子供与体として金属と結合するだろう．その場合，金属から遠い方を向いたCH$_2$基部分で屈曲した分子から成る古典的η^6トリエンとして結合する．ある条件下では，シクロヘプタトリエンからトロピリウムまたはシクロヘプタトリエニリウムカチオンとよばれる$C_7H_7^+$が生じるが，それは芳香性で7個すべての炭素原子を通して金属と結合する．この場合配位子はシクロヘプタトリエンと同様に6電子供与体だが，平面でη^7配位子として結合し，すべてのC—C結合長は等しくシクロヘプタトリエンとは異なる．別の条件下では，シクロヘプタトリエンからプロトンが取去られてシクロヘプタトリエニルアニオン$C_7H_7^-$を生じ，8電子供与体として働くことができる（図22・31）．

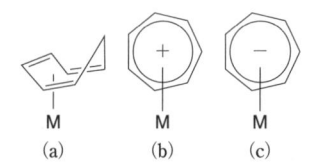

図22・31　配位子，(a) η^6-シクロヘプタトリエンC_7H_7，(b) η^7-シクロヘプタトリエニリウム$C_7H_7^+$，および (c) η^7-シクロヘプタトリエニル$C_7H_7^-$

シクロオクタトリエン（図22・32）は大きな配位子でη^2，η^4，η^6，η^8化学種として結合できる．η^2，η^4，η^6の場合は環が屈曲している．η^8化学種においては，環は平面で$C_8H_8^{2-}$基として存在するとみなすのが最も妥当である．シクロオクタトリエン錯体の合成には，カルボニル化合物の光化学反応が最もよく用いられる．

図22・32　シクロオクタトリエン C_8H_8

$$Fe(CO)_5 + C_8H_8 \longrightarrow (\eta^8\text{-}C_8H_8)Fe(CO)_3 + 2\,CO$$

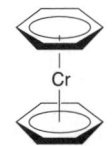

図22・30　サンドイッチ化合物，ジベンゼンクロム(0)（η^6-C_6H_6)$_2$Cr

---

a) half-sandwich compound　　b) lithiation

22・16 フラクショナリティー

環状ポリエン配位子をもつ多くの錯体の驚くべき特徴の一つは,構造的な柔軟性である.たとえば,フェロセン中の2個の環は相対的に速く回転する.このフラクショナリティー[a]の様式は内部回転とよばれる.

さらに興味深いことは,ポリエン配位子がそのすべての炭素原子ではなく一部の炭素原子で金属に結合したときに観察されるフラクショナリティーである.その現象の中には,金属−炭素相互作用が環上を飛び回る場合がある.これはリングウィジング[b]とよばれている.この過程の証拠は ^1H NMR 分光法によって得られる.たとえば,$(\eta^4\text{-}C_8H_8)Ru(CO)_3$ の NMR スペクトルは,室温では1本の鋭いピークを示し,C_8H_8 配位子が8個すべての炭素で結合していることを示唆する.しかし温度を下げるとシグナルはブロードになり,ピークは4本になる.それらは η^4-結合配位における異なる4種のプロトン環境に起因するものと予想される.室温でこの環境を NMR 観測するにはリングウィジングが速すぎる.その結果,平均化したシグナルが得られる.しかし低温では環の動きが遅くなるので,それぞれの水素原子環境を NMR 測定で"見る"ことができる.

22・17 工業用触媒に用いられる有機金属化合物

触媒は,それ自身が反応で消費されることなく,反応の速度や(ときには)選択性を上げる.触媒は広く自然界に存在するとともに工業的にも用いられており,世界の莫大な化学品の多くが触媒を用いて製造されている.触媒は有機化学品や石油化学製品の製造に重要な役割を果たし,よりクリーンな技術をつくり出せる.触媒反応は重要な経済的および環境的役割を果たすのに加えて,常識的な反応過程が決して確かではないことを示し,さらなる研究への展望を与えてくれるからである.有機金属化合物は非常に重要な多くの触媒過程に不可欠である.いくつかの例をつぎに述べる.

22・17・1 酢酸合成: モンサント法

酢酸を製造する昔ながらの方法はビネガー製造用のエタノールの発酵によるものだった.しかし,この方法は工業用の濃酢酸を製造するには非効率である.モンサント社はメタノールのカルボニル化による酢酸製造の触媒法を開発した.この方法はロジウム錯体を用いるが,非常に優れているので世界中で利用されている.百万トンを超える酢酸が毎年,モンサント法[c]によって製造されている.この反応は非常に高選択性で高収率であり,さらに非常に速い.

$$CH_3OH + CO \xrightarrow{Rh触媒} CH_3COOH$$

モンサント法における触媒サイクルを図22・33に示す.

触媒は4配位の $[RhI_2(CO)_2]^-$ であり,16電子種で配位不飽和である.反応の第一段階はヨードメタンの酸化的付加であり,18電子の6配位種を生じる.この配位不飽和種への酸化的付加は触媒サイクルにおいて非常によくみられる過程である.

つづいてカルボニル基へのメチル基の移動が起こり,新たな16電子種ができる.それにカルボニル配位子が結合すると18電子種が形成される.この化学種は,よくみられる触媒サイクルの反応ステップの一つである還元的脱離によってヨウ化アセチル CH_3COI を失う.この最終段階では触媒が再生し,酢酸はヨウ化アセチルの加水分解によって生成する.

$$CH_3COI + H_2O \longrightarrow CH_3COOH + HI$$

モンサント法には二つの課題がある.第一はロジウムが高

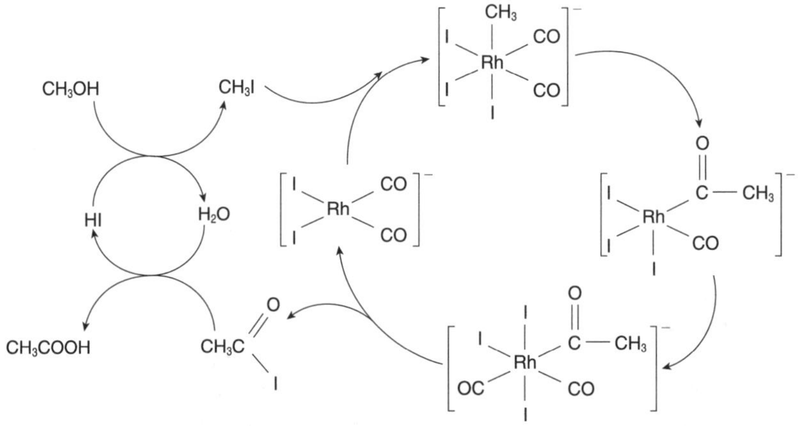

図22・33 モンサント法における触媒サイクル

---

a) fluxionality b) ring whizzing c) Monsanto process

価な触媒であること，第二はヨウ素は安価だが非常に腐食性が強いことである．他のハロゲンやハロゲン代替物はそれほどうまく働かない．

22・17・2　アルケン重合：チーグラー・ナッタ触媒

アルケンの重合によるポリエチレン類の合成は商業的に非常に重要である．最も有用なポリエチレンは立体選択的重合で生成する硬くて高密度なものである．これらの高分子は**イソタクチック**[a] と記述される．なぜならすべての側鎖が高分子主鎖に対して同じ側にあるからである．この構造により，密に充塡し高く配列した結晶性の高分子になる．

ドイツ人化学者のチーグラー[b] は，トリエチルアルミニウムを塩化チタン(Ⅳ)と炭化水素溶媒中で混合すると褐色の懸濁液になり，それが室温，大気圧でエテン（古い名前はエチレン）を重合してポリエテン（ポリエチレン）を生成することを発見した．この高密度高分子は，それまでの伝統的方法だった高温高圧で製造される低密度ポリエチレンに比べて多様な用途を生んだ．チーグラーと，この触媒をプロペンの立体選択的重合に利用したイタリア人化学者のナッタ[c] は，この有機アルミニウム触媒（**チーグラー・ナッタ触媒**[d]）の開発に対して1963年にノーベル賞を受賞した．この触媒を用いて，現在，年間約 5×10^7 トンのポリアルケン類が製造されている．

この触媒は固体の塊を生成するので，触媒系は不均一である．反応は，配位不飽和なチタン中心で進行する．正確な機構はまだ完全には解明されていないが，**コジー・アルマン機構**[e] が可能性の高い機構として広く受入れられている．それを図22・34に示す．

トリエチルアルミニウム $Al(CH_2CH_3)_3$ は，チタン種を先にアルキル化し，その後にアルケン分子が侵入してチタン上の隣の空きサイトに配位する．そしてアルケンは Al—C 結合へ挿入し，サイトを空きにしてつぎのアルケン分子の配位を可能にする．この挿入過程を繰返して高分子鎖が形成される．高分子は最終的に触媒から β 水素脱離[f] 反応によって脱離する．β 水素脱離とはアルキル基から金属への β 水素原子の移動である．実際には触媒の一部が高分子中に残るが，重合反応がきわめて高効率なのでその量は無視できるほど少ない．

22・17・3　アルケンの水素添加：ウィルキンソン触媒

触媒プロセスによるアルケンの水素添加反応は，工業的重要性が莫大である．マーガリン，医薬品および石油化学製品のような広範な製品の製造に用いられている．

これらの水素化反応用に最も詳細に研究されている触媒系は**ウィルキンソン触媒**[g] とよばれている $[RhCl(PPh_3)_3]$ である．この名前はその発見者で1973年にノーベル化学賞を受賞したウィルキンソン卿[h] にちなんで命名された．この触媒は広範なアルケン類を大気圧もしくはそれ以下の圧力で水素化する．その触媒サイクルでは，16電子ロジウム(Ⅰ)化学種への水素分子の酸化的付加によって18電子ロジウム(Ⅲ)種が生成する．そしてホスフィン配位子が失われて配位不飽和分子となり，アルケンと相互作用する．ロジウムからアルケンへの水素移動に続いて，アルカンの還元的脱離が起こる（図22・35，次ページ）．

これらの触媒は**エナンチオ選択的反応**[i] に用いることができる．エナンチオ選択的反応は**キラル**[j] な化学品を製造する．有機化学においては，キラル化合物はその分子中の炭素に結合している4個の置換基が異なる化合物である．キラル化合物は**光学活性**[k] で，光の偏光面を回転するという性質をもつ．キラル化合物には鏡像異性体[l] とよばれる2個の異性体が存在する．（これに関係する配位異性

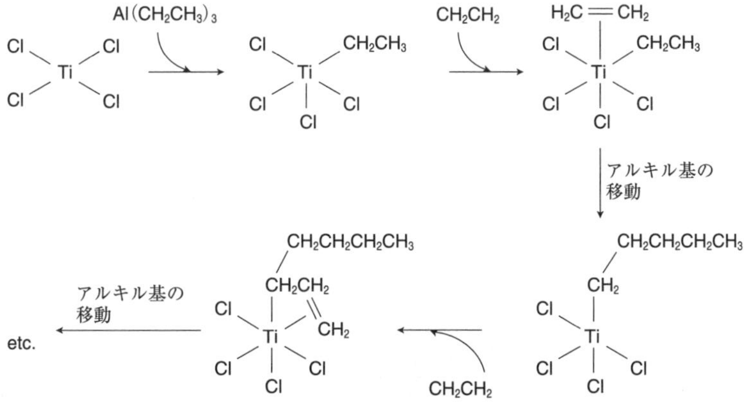

図22・34　エタンのチーグラー・ナッタ重合における触媒サイクルの機構

a) isotactic　b) K. Ziegler　c) G. Natta　d) Ziegler–Natta catalyst　e) Cosee–Arlmann mechanism
f) β-hydrogen elimination　g) Wilkinson's catalyst　h) Sir Geoffrey Wilkinson　i) enantioselective reaction　j) chiral
k) optically active　l) enantiomer

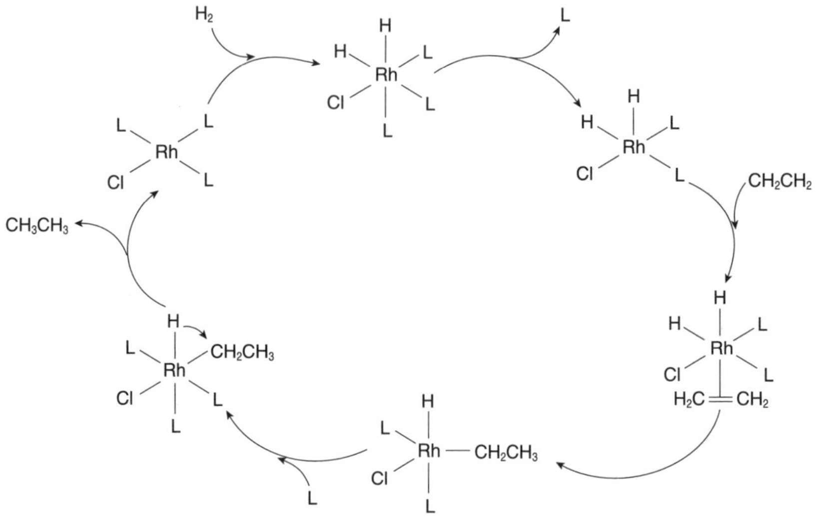

図 22・35 ウィルキンソン触媒を用いるエテンの水素化の触媒サイクル

体について§19・4で述べた.）生物化学においては，どちらの鏡像異性体が用いられているかというのは非常に重要である．なぜなら異性体の一方が有益で，他方は無益か有害だからである．この重要な例はモンサント社によるL-ドーパのエナンチオ選択的な合成である．L-ドーパ（図22・36）はパーキンソン病の治療に用いられる．

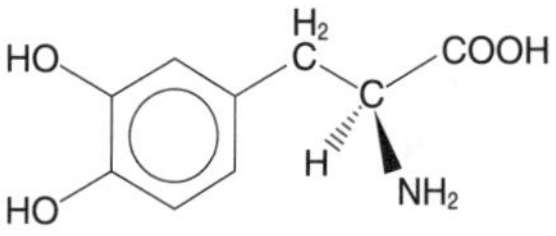

図 22・36 L-ドーパ

22・17・4 ヒドロホルミル化

ヒドロホルミル化反応[a]においては，ロジウムまたはコバルト触媒上でアルケンが一酸化炭素および水素と反応して，もとのアルケンより炭素を1個多く含むアルデヒドを生成する．

$$RCH=CH_2 + CO + H_2 \xrightarrow{触媒} RCH_2CH_2CHO$$

生成したアルデヒドはアルコールに転換されることが多く，溶媒，可塑化剤，洗剤を含む広範な製品に用いられる．この反応は毎年，何百万トンもの製品を製造する．

ヒドロホルミル化反応の触媒サイクルは，1961年に

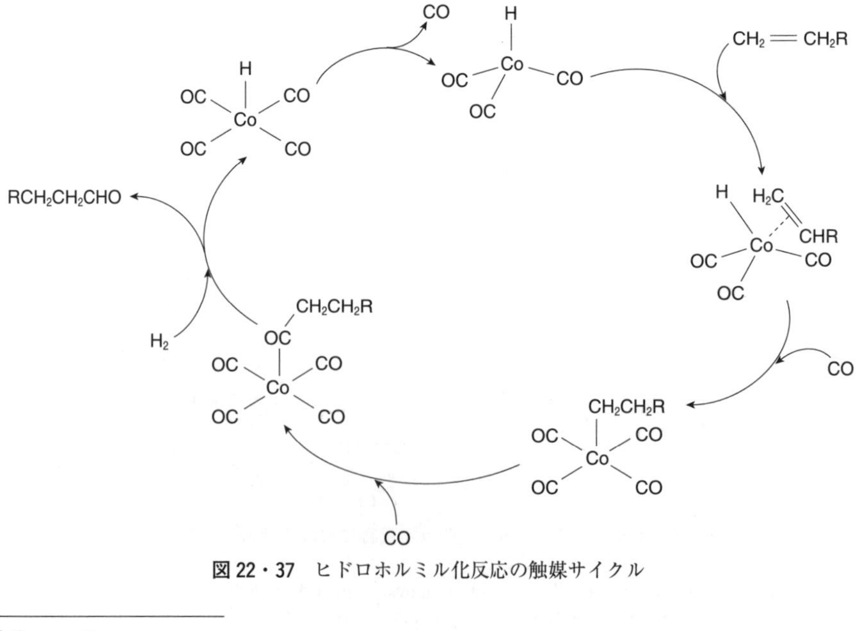

図 22・37 ヒドロホルミル化反応の触媒サイクル

---

a) hydroformylation reaction

ヘック[a]とブレスロー[b]によってはじめて提案された．前ページの図22・37に示す彼らのサイクルは，今日でもまだ用いられているが，他の多くの触媒プロセスと同様に，実験的に証明するのは難しい．

用いられる触媒は[$Co_2(CO)_8$]のタイプであり，つぎに示すように，最初に水素と反応してCo—Co結合が切れ，ヒドリド錯体を生成する．

$$Co_2(CO)_8 + H_2 \longrightarrow 2\,HCo(CO)_4$$

そしてこの生成物は一酸化炭素を失って，[$HCo(CO)_3$]を生成し，アルケンの配位が可能になる．コバルトに結合している水素がアルケンに挿入して，配位状態のアルカンを生じる．高圧の一酸化炭素雰囲気下では，カルボニルは金属-アルカン結合に挿入する．最終的に，水素の攻撃によってアルデヒドが生成し，触媒が再生される．

要　点

- 有機金属化学種の電子数を数えることは安定性を予測するのに有用である．
- いくつかの主族有機金属化合物の構造は，水素化合物の構造と類似している．
- 安定な有機金属化合物の多くは18電子種である．
- 遷移金属カルボニル類における結合はπ逆結合を含む．
- 赤外分光法はカルボニル化合物の構造を解明するのに有用である．
- メタロセンは2個のシクロペンタジエン環の間に金属が位置する構造から成るサンドイッチ化合物である．
- 有機金属化合物は多くの工業プロセスにおいて重要な触媒である．

基本問題

22・1 つぎの化合物のどれが有機金属化合物の範疇に入るかを示しなさい．
(a) $B(CH_3)_3$　(e) CH_3COONa
(b) $B(OCH_3)_3$　(f) $Si(CH_3)_4$
(c) $Na_4(CH_3)_4$　(g) $SiH(C_2H_5)_3$
(d) $N(CH_3)_3$

22・2 問題22・1の化合物をそれぞれ命名しなさい．

22・3 つぎの化学種の化学式を書きなさい．可能な場合は，その水素化合物に基づいた別名も書きなさい．
(a) メチルビスマス
(b) テトラフェニルケイ素
(c) テトラフェニルホウ素カリウム
(d) メチルリチウム
(e) エチルマグネシウムクロリド

22・4 つぎの化合物の構造を図示しなさい．
(a) $Li_4(CH_3)_4$　(d) $(CH_3)_3SnF$
(b) $Be(CH_3)_2$　(e) $(CH_3)_3PbCl$
(c) $B(C_2H_5)_3$

22・5 2種のグリニャール化合物 C_2H_5MgBr と [2,4,6-$(CH_3)_3C_6H_2$]$MgBr$ の構造の間にどのような違いがあるか考察しなさい．

22・6 主族有機金属化合物の構造に，どのようにアルキルグループの立体的特徴が影響を与えるかについて考察しなさい．

22・7 トランスメタレーション反応の例をあげなさい．

22・8 ハロゲン交換反応の例をあげなさい．

22・9 つぎの反応の生成物を予測しなさい．
(a) $CH_3Br + 2\,Li \longrightarrow$
(b) $MgCl_2 + LiC_2H_5 \longrightarrow$
(c) $Mg + (C_2H_5)_2Hg \longrightarrow$
(d) $C_2H_5Li + C_6H_6 \longrightarrow$
(e) $Mg + C_2H_5HgCl \longrightarrow$
(f) $B_2H_6 + CH_3CH=CH_2 \longrightarrow$
(g) $SnCl_4 + C_2H_5MgCl \longrightarrow$

22・10 アルミニウム化合物 Al_2Cl_6, $Al_2(CH_3)_6$, $Al_2(CH_3)_4(\mu\text{-}Cl)_2$ における結合の性質を比較しなさい．

22・11 つぎの化学種の名前をつけなさい．
(a) $Cr(CO)_6$　(d) $(\eta^5\text{-}C_5H_5)W(CO)_3$
(b) $(\eta^5\text{-}C_5H_5)Fe$　(e) $Mn(CO)_5Br$
(c) $(\eta^6\text{-}C_6H_6)Mo(CO)_3$

22・12 つぎの化合物について，遷移金属の形式酸化状態とそれに対応するd電子数を決定しなさい．それぞれの化合物が，その性質を調べられるほど安定そうか否かを述べなさい．
(a) $Re(CO)_5$　(f) [$IrCl(PPh_3)_3$]
(b) [$HFe(CO)_4$]$^-$　(g) $Mo(CO)_3(PPh_3)_3$
(c) $(\eta^5\text{-}C_5H_5)_2Fe$　(h) $Fe(CO)_4(C_2H_4)$
(d) $(\eta^6\text{-}C_6H_6)_2Cr$　(i) [$W(CO)_5Cl$]$^-$
(e) $(\eta^5\text{-}C_5H_5)ZrCl(OCH_3)$　(j) $Ni(CO)_4$

22・13 最も単純なクロム，鉄，ニッケルのカルボニル

---

[a] Richard F. Heck　[b] David S. Breslow

化合物の可能な構造を予測しなさい．その際，電子数をどのように数えたかを述べなさい．

22・14 クロムは2種のよくみられるカルボニル錯体陰イオン $Cr(CO)_5^{n-}$ と $Cr(CO)_4^{m-}$ を形成する．可能なイオンの電荷 n と m を予測しなさい．

22・15 なぜ $V(CO)_6$ は容易に還元されて $V(CO)_6^-$ になるのかについて考察しなさい．

22・16 18電子則を用いて，カルボニル配位子の数 n を以下のそれぞれの化合物について予測しなさい．
(a) $Cr(CO)_n$
(b) $Fe(CO)_n(PPh_3)_2$
(c) $Mo(CO)_n(PMe_3)_3$
(d) $W(CO)_n(\eta^6\text{-}C_6H_6)$

22・17 つぎの化合物のいずれもが18電子則に従うと仮定して，金属-金属結合の数を決めなさい．それぞれの場合に可能な構造を図示しなさい．
(a) $Mn_2(CO)_{10}$
(b) $[(\eta^5\text{-}C_5H_5)Mn(CO)_2]_2$
(c) $\mu\text{-}CO\text{-}[(\eta^4\text{-}C_4H_4)Fe(CO)_2]_2$
(d) $(\mu\text{-}Br)_2\text{-}[Mn(CO)_4]_2$

22・18 一対のカルボニル錯体について考えよう．それぞれの場合に，どちらの方が赤外スペクトルにおけるCO伸縮振動がより低波数だろうか？ 選択した理由を説明しなさい．
(a) $Fe(CO)_5$ と $Fe(CO)_4Cl$
(b) $Mo(CO)_6$ と $Mo(CO)_4(PPh_3)_2$
(c) $Mo(CO)_4(PPh_3)_2$ と $Mo(CO)_4(PMe_3)_2$

22・19 つぎの反応における生成物を予測しなさい．
(a) $Cr(CO)_6 + CH_3CN \longrightarrow$
(b) $Mn_2(CO)_{10} + H_2 \longrightarrow$
(c) $Mo(CO)_6 + (CH_3)_2PCH_2CH_2P(Ph)CH_2CH_2P(CH_3)_2 \longrightarrow$
(d) $Fe(CO)_5 + 1,3\text{-シクロヘキサジエン} \longrightarrow$
(e) $NaMn(CO)_5 + CH_2=CHCH_2Cl \longrightarrow$
(f) $Cr(CO)_6 + C_6H_6 \longrightarrow$
(g) $PtCl_2(PMe_3)_2 + LiCH_2CH_2CH_2CH_2Li \longrightarrow$
(h) $Ni(CO)_4 + PF_3 \longrightarrow$
(i) $Mn_2(CO)_{10} + Br_2 \longrightarrow$
(j) $HMn(CO)_5 + CO_2 \longrightarrow$

22・20 ヴァスカ錯体 $IrCl(CO)(PPh_3)_2$ は酸化的付加反応の過程を研究するのに用いられる．この化合物中のイリジウムの形式酸化数はいくつか？

22・21 イリジウムは化合物 $[Ir(C_5H_5)(H_3)(PPh_3)]^+$ を形成する．その可能な構造が二つ提案されている．一つは離れた水素化物イオンをもち，もう一つは珍しい三水素配位子 H_3 をもつ．
(a) 3個の水素化物イオンをもつ化合物ではイリジウムの酸化数はいくつだろうか？
(b) 1個の H_3 配位子をもち，イリジウムがヴァスカ錯体（問題 22・20）と同じ酸化状態をもつ場合，H_3 ユニット上の電荷はいくつだろうか？ ジボランとの比較によって，なぜこの三水素イオンが実際に存在できるかを考察しなさい．

22・22 つぎの分子がヴァスカ錯体 $trans\text{-}IrCl(CO)(PPh_3)_2$ に酸化的付加してできる生成物を予測しなさい．
(a) 二水素（水素分子）
(b) 二窒素（窒素分子）
(c) 塩化水素
(d) 二酸素（酸素分子）

応用問題

22・23 ニッケロセン $(\eta^5\text{-}C_5H_5)_2Ni$ とテトラカルボニルニッケル $Ni(CO)_4$ をモル比 1:1 で一緒にベンゼン中で還流すると，生成物は赤紫色の結晶性化合物である．この化合物の実験式は C_6H_5ONi，相対分子質量は302である．この化合物の可能な構造を考察しなさい．

22・24 ヘキサカルボニルモリブデンを過剰のアセトニトリル CH_3CN と反応させると，薄黄色の生成物 A を与える．
化合物 A をベンゼン中で加熱還流すると，薄黄色の生成物 B が得られる．その分子式は $C_9H_6O_3Mo$ であり，^1H NMR スペクトルで 5.5 ppm に鋭い1本のピークを示す．
化合物 A を 1,3,5,7-シクロヘキサトリエンとヘキサン中で加熱還流すると，化合物 C が生成し，分子式は $C_{11}H_8O_3Mo$ である．
以上の情報を用いて，化合物 A, B, C を同定し，それぞれに名前をつけなさい．

22・25 トリカルボニル$(\eta^5$-シクロペンタジエニル)タングステン(0)は，3-クロロプロペンと反応して分子式 $(C_3H_5)(C_5H_5)(CO)_3W$ の固体 A を与える．この化合物は光照射下では一酸化炭素を失い，分子式 $(C_3H_6)(C_5H_5)(CO)_3W$ の化合物 B を生成する．化合物 A を塩化水素，つづいてヘキサフルオロリン酸カリウム $K^+PF_6^-$ と処理すると，塩 C が生成する．化合物 C の分子式は $[(C_3H_6)(C_5H_5)(CO)_3W]PF_6$ であり，この化合物をしばらく放置していると炭化水素が生成する．
この情報と18電子則を用いて，化合物 A, B, C を同定しなさい．それぞれの場合に，どのように炭化水素が

金属と相互作用するかを示しなさい．それぞれの化合物を命名し，生成する炭化水素を同定しなさい．

22・26 プロペンのチーグラー・ナッタ重合の触媒サイクルを描きなさい．この反応で生成する高分子について知っていることを述べなさい．

22・27 二硫化炭素がチーグラー・ナッタ触媒のチタン種と相互作用したとき，生成物は何かを予測しなさい．

(ヒント：二硫化炭素の構造 S=C=S を考えなさい．)

22・28 ウィルキンソン触媒によるいくつかのアルケンの水素化の速度の傾向はつぎのとおりである．

シクロヘキセン＞ヘキセン＞ cis-4-メチル-2-ペンテン＞1-メチルシクロヘキセン

この傾向を考察し，触媒サイクルでもっとも影響を受ける反応段階はどこかを判断しなさい．

23 希土類元素およびアクチノイド元素

これらのグループ中の元素は化学の講義ではほとんど言及されないが，その特性は非常に興味深い．超アクチノイド元素は，周期表の区分では第7周期の遷移金属だが，アクチノイド元素と同様に核反応によって合成されるので，この章で考察する．

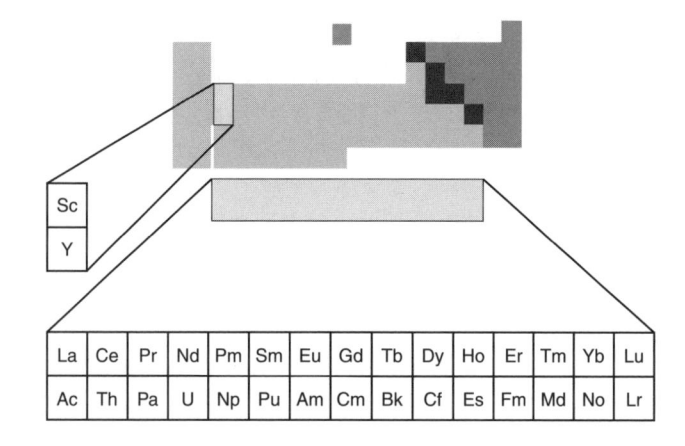

ランタノイド元素とアクチノイド元素（以前は，ランタニドとアクチニドとよばれていた）は，われわれの化学に関する知識に大きな影響をもたらした．最初のメンデレーエフの周期表にはそれらを収容する場所を提供できなかったため，原子質量 140〜175 g·mol^{-1} の範囲の金属元素の集団の発見は，20世紀初頭の化学者の主要な関心事だった．英国の化学者クルックス卿[a]は1902年にその状況を以下のように要約している．

> 希土類はわれわれの研究を混乱させ，われわれの推測を当惑させ，まさに夢の中にまで出没してくる．われわれの前に未知の大海のように広がっており，われわれを当惑させ，煙に巻きながら，奇妙な意外なる新事実と可能性をささやきかけてくる．

解決策は，この"孤児"である14個の元素のセットを周期表本体の下方に配置することだった．唯一，電子構造モデルの発展によって，これらの元素は4f軌道が充填されていく過程に対応していることが判明した．

1940年代までに，原子番号92番元素までの近代的周期表の大部分の元素が知られていた．しかし，90番から92番の元素（トリウム，プロトアクチニウム，ウラン）は遷移金属だと考えられていた（§9·9で述べたように，ある種の化学的類似性は存在する）．1940年代の間に，2種の新元素，ネプツニウムとプルトニウムが原子炉中で合成された．これらの元素も第7周期の遷移元素の一員（図23·1）だと考えられていたが，垂直方向の隣人，レニウムおよびオスミウムとは何も共通するところがなかった．実際，化学的には水平方向の隣人であるウラン，プロトアクチニウム，トリウムと類似している．

図23·1 1941年の周期表．43番，61番，85番，87番の元素はまだ発見されておらず，元素記号 A がアルゴンに，元素記号 Cb（columbium）がニオブに対して用いられていた．ランタンとアクチニウムはともに遷移金属と考えられていた．

新しい元素のシリーズすべてを含む周期表の改訂版のデザイン（図23·2）を最初に提案したのはシーボーグ[b]である．シーボーグは当時の著名な無機化学者二人に，改訂版の周期表を示した．彼らは，すでに確立された周期表をみだりに変更することによってシーボーグの専門家として

図23·2 1944年にシーボーグがデザインした周期表

---
a) Sir William Crookes b) Glenn Seaborg

の評判が台無しになると考えたので，それを公表しないようにと警告した．シーボーグは，後に"私は科学的な評判は何ら受けていなかったので，とにかく公表した"と述べている．もちろん，今では89～102番の元素が5f軌道の充塡過程に対応していることが受入れられており，シーボーグが提案した順番と実際に一致している．

23・1 希土類元素の特性

57番から70番の元素のグループにおける最初の問題は用語だった．ランタンからイッテルビウムまでの元素はランタノイド[a]とよばれており，これらの元素は4f軌道が充塡されていく過程に対応している．しかし，化学的挙動がランタノイドと似ている3族元素（スカンジウム，イットリウム，ルテチウム）も同じ組の一部だとみなされる場合が多い．そこで，ランタノイドと3族元素をひとまとめにしてよぶために，**希土類金属**[b]という言葉が用いられる．しかし，この元素の多くはきわめてありふれているので，"希土類"という言葉それ自体は誤解を招く表現である．たとえば，セリウムは銅と同じくらい豊富に存在する．

どの族の元素が実際にランタノイドを構成しているのかについて，化学者は意見を異にしている．ある化学者は，セリウムからルテチウムまでだと主張するが，他の化学者はランタンからイッテルビウムまでだと論じる．電子配置（表23・1）を見ると，この問題ははっきりする．周期表のもっとも伝統的なデザインではルテチウムはランタノイドとして示されるが，実際の電子配置は第三遷移金属系列のパターン $[Xe]6s^24f^{14}5d^n$（ここでは n は1である）と一致している．しかし，ランタンからルテチウムにいたる15の元素すべてが，共通した一般的な化学的特徴をもつので，それらを同一のグループだと考えることには多くの意義がある．たとえば，これらの元素がもつ唯一の一般的なイオンの電荷はいずれも3+ であり，このイオンの電子配置は4f軌道に0個から14個まで順に電子が充塡されていくだけという単純な配列になっている．

金属それ自体は，すべて軟らかく中程度の密度（約 7 g·cm^{-3}）をもつ．融点は1000 °C 近くであり，沸点は3000 °C 近くである．化学的には，これらの金属はアルカリ金属と同程度の反応性を示す．たとえば，すべてのランタノイド金属は水と反応して金属水酸化物と水素ガスを生じる．

$$2 \text{M}(s) + 6 \text{H}_2\text{O}(l) \longrightarrow 2 \text{M(OH)}_3(s) + 3 \text{H}_2(g)$$

これらの元素間の類似性の一因は，4f軌道電子の化学結合へのかかわりの欠如である．すなわち，周期表の横方向に沿って4f軌道が順次充塡されていっても，元素の化学には何の影響もない．前述のように，これらすべての元素の一般的な酸化状態は +3 であり，たとえば，すべて M_2O_3 という形式の酸化物（M は金属イオンを表す）を形成する．§9・10で二つの例外（+2 の酸化状態をとろうとするユウロピウムと，+4 の酸化状態をとろうとするセリウム）について述べた．

3+ イオンのイオン半径は，117 pm のランタンから100 pm のルテチウムまでなだらかに減少する．f軌道は外側の5s軌道と5p軌道の電子を有効に遮蔽しないので，核電荷が増加するとイオンサイズは減少する．サイズの大きなイオンは，大きな配位数をもつ．たとえば，水和ランタンイオンは九水和物 $[\text{La(OH}_2)_9]^{3+}$ である．

ランタノイドの3価陽イオンの多くは有色であり，緑色，ピンク色，黄色がよくみられる．これらの色はf軌道間の電子遷移に基づく．遷移金属イオンのスペクトルとは違い，ランタノイドイオンのスペクトルは配位子が変わっても大きな変化はみられない．さらに，遷移金属イオンの幅広い吸収帯と異なり，吸収は鋭く，非常に狭い波長範囲になる．ネオジムとプラセオジムの混合酸化物は黄色の範囲の光を多く吸収する．われわれの眼は光のスペクトルの黄色部分に最も敏感なので，このピンク色を帯びた黄褐色の混合酸化物は，サングラス用フィルターとして用いられることがある．

前述したように，スカンジウムとイットリウムもランタノイドに関する議論に含まれることが多い．この両元素はランタノイドと同様に +3 の酸化状態をとる軟らかく反応性の高い金属である．イットリウムはランタノイドを含む

表23・1 57番から71番の元素の基底状態の電子配置

元　素	原子の電子配置	3+イオンの電子配置
ランタン	$[Xe]6s^24f^05d^1$	$[Xe]4f^0$
セリウム	$[Xe]6s^24f^15d^1$	$[Xe]4f^1$
プラセオジム	$[Xe]6s^24f^3$	$[Xe]4f^2$
ネオジム	$[Xe]6s^24f^4$	$[Xe]4f^3$
プロメチウム	$[Xe]6s^24f^5$	$[Xe]4f^4$
サマリウム	$[Xe]6s^24f^6$	$[Xe]4f^5$
ユウロピウム	$[Xe]6s^24f^7$	$[Xe]4f^6$
ガドリニウム	$[Xe]6s^24f^75d^1$	$[Xe]4f^7$
テルビウム	$[Xe]6s^24f^9$	$[Xe]4f^8$
ジスプロシウム	$[Xe]6s^24f^{10}$	$[Xe]4f^9$
ホルミウム	$[Xe]6s^24f^{11}$	$[Xe]4f^{10}$
エルビウム	$[Xe]6s^24f^{12}$	$[Xe]4f^{11}$
ツリウム	$[Xe]6s^24f^{13}$	$[Xe]4f^{12}$
イッテルビウム	$[Xe]6s^24f^{14}$	$[Xe]4f^{13}$
ルテチウム	$[Xe]6s^24f^{14}5d^1$	$[Xe]4f^{14}$

---

[a] lanthanoid [b] rare earth metal

超 伝 導

1911年に，ある金属を絶対零度近くまで冷却すると，電気抵抗を完全に失い，**超伝導体**[a]になることが発見された．その後，**マイスナー効果**[b]とよばれる外部磁場を打消す現象が多くの超伝導物質で見いだされた．超伝導[c]を示す最初の化合物は1950年代に発見されたが，超伝導に達するには絶対零度近くまで冷却する必要があった．ブレークスルーは1985年にスイスで起こった．ベドノルツ[d]とミュラー[e]は，ランタンイオン，バリウムイオン，銅(Ⅱ)イオンを含む酸化物を合成したが，この化合物は35Kで超伝導を示した．ベドノルツとミュラーはこの仕事によって，ノーベル物理学賞を受賞した．

1年後に，ヒューストン大学のチューとアラバマ大学ハンツヴィル校のウーは，液体窒素の沸点である77Kより高い温度で超伝導となる化合物$YBa_2Cu_3O_7$を合成した．そのとき以来，かなり高い温度で超伝導体となる他の混合金属酸化物が合成されてきた．

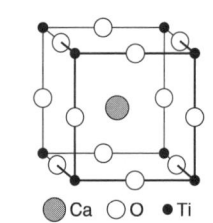

図23・3 ペロブスカイト$CaTiO_3$の構造

他の超伝導化合物と同様に，$YBa_2Cu_3O_7$はペロブスカイト由来の構造をとる．図23・3にペロブスカイト自体($CaTiO_3$)の構造を示す．大きなカルシウムイオンが単位格子の中心に，小さなチタン(Ⅳ)イオンが単位格子の頂点に存在する．超伝導体を構築するには，ペロブスカイトの単位格子を三つ積み上げ，チタン(Ⅳ)イオンを銅(Ⅱ)イオンに，上と下のカルシウムイオンをバリウムイオンに，真ん中のカルシウムイオンをイットリウムイオンに置き換える（図23・4a）．こうすると，陰イオンが過剰に存在するので誤った化学式"$YBa_2Cu_3O_9$"になる．よって，実際の化学式$YBa_2Cu_3O_7$となるように，8個の稜共有されている酸素原子（全体としてはイオン2個分になる）を取除くと，図23・4(b)の構造が得られる．

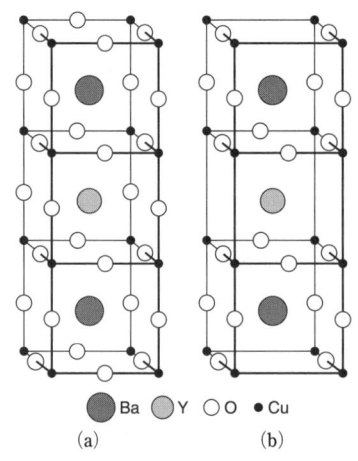

図23・4 (a) 理論的な$YBa_2Cu_3O_9$のペロブスカイト類似構造，(b) 超伝導体$YBa_2Cu_3O_7$と関連した構造

ほとんどの超伝導化合物には共通する特徴がつぎのように三つある．(i) その構造はペロブスカイト結晶格子に関連している．(ii) 含まれる酸素原子数は化学量論で要求されるよりも常に少し少ない．(iii) 通常は，金属イオンの一つとして銅を含む．どうして超伝導がこれほど興味を引くのだろうか？ いろいろな方法により，高温超伝導体がわれわれの生活を変えるからである．たとえば，電線の抵抗によりひき起こされる電気エネルギーから熱エネルギーへの変換の結果，発生させた電力の多くが伝送ケーブル中で失われている．超伝導の電線は，われわれのエネルギー消費を最大限有効なものにするだろう．

同じ鉱石中でみつけられる．希土類鉱物が最初に発見されたのは，スウェーデンにあるイッテルビー(Ytterby：ヴァスクホルム郊外にある村)の市街地近郊だった．そのために，希土類元素のいくつかの名称（イットリウム[f]，テルビウム[g]，エルビウム[h]，イッテルビウム[i]）がこの村の名前に由来している[†]．スカンジウムとイットリウムは，とりうる酸化状態がd^0の電子配置のみという点で，同周期の他の遷移金属とは異なる．よってこれらの二元素は，複数の酸化状態をもつという遷移金属全体でみられる特性を示さない．

a) superconductor b) Meissner effect c) superconductivity d) George Bednorz e) Alex Müller f) yttrium
g) terbium h) erbium i) ytterbium
† 人名にちなんで命名された最初の元素はガドリニウムであり，1880年にフィンランドの化学者ガドリン(Johan Gadolin)にちなんで命名された．

希土類金属そのものにはほとんど用途がないが，年間生産量は約2万トンに達する．金属の大部分は特殊鋼の添加剤として用いられている．しかし，ランタノイド化合物の別の用途として，ほとんどの家庭にあるカラーテレビのブラウン管中の発光体がある．ある比率で混合したランタノイド化合物に電子で衝撃を与えると，狭い波長範囲の可視光が放射される．カラーの像を構築する3種の色を生じさせるために，カラーテレビのブラウン管およびCRT[a]（コンピュータのカラーモニタのブラウン管）の内側の表面は組成の異なる3種類のランタノイド化合物の小さな断片で覆われている．たとえば，ユウロピウムとイットリウムの混合酸化物 $(Eu,Y)_2O_3$ を高エネルギーの電子で衝撃を与えると，非常に濃い赤色を発する．

23・2 アクチノイドの性質

ランタンをランタノイド系列の一員だと考えたように，アクチニウムをアクチノイド[b]とみなそう．この考え方を支えるのは，再び，物理学的および化学的な類似性である．

アクチノイドはすべて放射性である．トリウムとウラン[†]の同位体の半減期は，これらの同位体が地球上の岩石中にかなりの量存在しうるくらい長い．各アクチノイドの同位体で最長の寿命をもつ同位体について，質量数とその半減期を表23・2に示す．いくらかの不規則性がみられるが，原子番号の増加に伴い同位体の半減期が劇的に短くなっていく傾向を示している．

当然のことながら，最も詳細に研究されてきたのは寿命の長い元素（トリウム，プロトアクチニウム，ウラン，ネプツニウム，プルトニウム，アメリシウム）である．これらの金属は密度が大きく（約15〜20 $g\cdot cm^{-3}$），高沸点（約1000℃），高融点（約3000℃）をもつ．アクチノイドはランタノイドほど反応性が高くない．たとえば，アクチノイドは熱水とは反応して水酸化物と水素ガスを生じるが，冷水とは反応しない．その化合物がさまざまな酸化数をとるという点でも，ランタノイドとは異なっている．アクチノイドの最も一般的な酸化数を図23・5に示す．

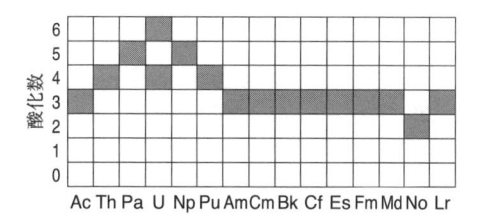

図23・5 アクチノイドの最も一般的な酸化数

軽アクチノイドの前半の元素の一般的な最高酸化数のパターンはすべての外殻電子を失うことに対応しており，ランタノイドのパターンよりは遷移金属のパターンにより類似している（表23・3）．たとえば，ウランの電子配置は $[Rn]7s^25f^36d^1$ である．よって，ウランの一般的な酸化状態 +6 の形成は $[Rn]$ の電子配置に対応する．ランタノイドと同様に，3+ イオンの形成は f 軌道の電子を失う前に，s 軌道と d 軌道の電子を失ったことに対応している．§9・9で述べたように，軽アクチノイド[c]と同族の重遷移金属の間には酸化状態の類似性が存在する．

軽アクチノイドが容易に 5f 電子を失うということは，5f 軌道と 7s および 6d 軌道の間のエネルギー差の方が，

表23・2 各アクチノイド元素で最も寿命の長い同位体の半減期

元素−同位体	半減期
アクチニウム−227	22年
トリウム−232	1.4×10^{10} 年
プロトアクチニウム−231	3.3×10^4 年
ウラン−238	4.5×10^9 年
ネプツニウム−237	2.2×10^6 年
プルトニウム−244	8.2×10^7 年
アメリシウム−243	7.4×10^3 年
キュリウム−247	1.6×10^7 年
バークリウム−247	1.4×10^3 年
カリホルニウム−251	9.0×10^2 年
アインスタイニウム−252	1.3年
フェルミウム−257	100日
メンデレビウム−258	51.5日
ノーベリウム−259	58分
ローレンシウム−257	3.6時間

表23・3 89番から103番元素の基底状態の電子配置

元素	原子の電子配置	3+ イオンの電子配置
アクチニウム	$[Rn]7s^25f^06d^1$	$[Rn]5f^0$
トリウム	$[Rn]7s^25f^06d^2$	$[Rn]5f^1$
プロトアクチニウム	$[Rn]7s^25f^26d^1$	$[Rn]5f^2$
ウラン	$[Rn]7s^25f^36d^1$	$[Rn]5f^3$
ネプツニウム	$[Rn]7s^25f^46d^1$	$[Rn]5f^4$
プルトニウム	$[Rn]7s^25f^6$	$[Rn]5f^5$
アメリシウム	$[Rn]7s^25f^7$	$[Rn]5f^6$
キュリウム	$[Rn]7s^25f^76d^1$	$[Rn]5f^7$
バークリウム	$[Rn]7s^25f^9$	$[Rn]5f^8$
カリホルニウム	$[Rn]7s^25f^{10}$	$[Rn]5f^9$
アインスタイニウム	$[Rn]7s^25f^{11}$	$[Rn]5f^{10}$
フェルミウム	$[Rn]7s^25f^{12}$	$[Rn]5f^{11}$
メンデレビウム	$[Rn]7s^25f^{13}$	$[Rn]5f^{12}$
ノーベリウム	$[Rn]7s^25f^{14}$	$[Rn]5f^{13}$
ローレンシウム	$[Rn]7s^25f^{14}6d^1$	$[Rn]5f^{14}$

---

a) cathode-ray tube b) actinoid c) early actinoids

† ウランは，1789年にクラプロート（Martin Heinrich Klaproth）によって発見された最初のアクチノイドである．

ランタノイドにおける 4f 軌道と 6s および 5d 軌道の間のエネルギー差よりも小さいことを示している．この違いに関する説明は，いわゆる不活性電子対効果のところで議論した相対論的効果に見いだすことができる．7s 電子の質量が相対論的に増加する結果，7s 軌道は収縮する．5f と 6d 軌道の電子は，7s 電子によって核からの引力が部分的に遮蔽されているので，これらの軌道は膨張する．その結果，5f，6d，7s 三つの軌道は非常にエネルギーが近くなる．実際，中アクチノイド[a]さえしばしば +4 の酸化状態（二つ目の 5f 電子が失われたに違いない）を示す．

トリウムの化学は +4 の酸化状態に支配されており，この酸化状態は希ガス（Rn）の電子配置をとる．その結果，その挙動は対応するランタノイド元素であるセリウムと関連性を示す．これも周期性パターンの一例である（§9・10 参照）．

天然に存在するトリウムとウランの同位体の半減期がかなり長いので，これらの単体と化合物からの放射能はほとんど無視できることを認識しておくことは重要である．したがって，これらの元素が日常的に身近で使用されている．たとえば，1 % の酸化セリウム(Ⅳ)を混合した酸化トリウム(Ⅳ) ThO_2 は，天然ガスまたはプロパンの燃焼による熱エネルギーを強烈な光に変換する．白熱電球が発明される前は，主要な屋内照明源として，この混合酸化物を吸着させた網袋（ガスマントル）がガスの炎のまわりに置かれた．今日でも，このガスマントルはキャンピングライト用としてかなりの需要がある．また酸化トリウム(Ⅳ) のセラミックスは 3300 ℃ までの温度に耐えるので，高温反応用るつぼに用いられている．

ほとんどの家庭でみられる唯一のアクチノイド元素は，アメリシウム-241 である．アメリシウム-241 は半減期が非常に短く，天然で生じることがないので，原子炉の放射性廃棄物から得ている．この同位体は，一般的な煙探知機すべての心臓部に使われている＊．アメリシウムの役割は，崩壊する際に出る α 線によって検出部分の小室内の空気をイオン化することであり，イオン化した空気の流れにより電流（イオン電流）が生じる．煙粒子はこのイオン化した空気の流れを遮断し，イオン電流の低下をひき起こす．するとアラームが鳴り出すという仕組みである．機能しなくなった煙探知機の処分についての懸念が，特に廃棄物を焼却処分している地域で高まっている．アメリシウム-241 を再利用するために望ましいのは，古い装置一式の送付先を知る製造会社に連絡することである．また，煙探知機には決まった寿命（探知機が機能するために必要なレベル以下に放射線のレベルが衰退するまでの期間）があることを，ほとんど誰も理解していない．通常は装置の内側に小さくこの日付が印刷してある．典型的な検知器の寿命は約 10 年である．

放射性元素を分離するために，化学者たちは，しばしば同形置換の概念（§9・6 参照）を用いる．たとえば，ウラン鉱は極少量のラジウムを含む．ラジウムを分離するために，アルカリ土類金属の Ra^{2+} イオンと不溶性化合物を形成するが，ウランや他のアクチノイドとは可溶性化合物を形成する陰イオンをみつけ出す．硫酸イオンはこの条件に合う陰イオンである（硫酸バリウムは非常に難溶性であることを思い出そう）．硫酸ラジウムだけを沈殿させようとしても，（溶解度積の値を超えるのに十分であったとしても）ほんの少しの量しか沈殿しないだろうから，沈殿を集めることは非常に困難である．沈殿形成を行う前にバリウムイオンを混合すると，（二つの硫酸塩は同形であるので）硫酸バリウムとともに硫酸ラジウムが沈殿する．この過程は，**共沈**[b] として知られている．ラジウムを他の放射性元素から分離したので，バリウム-ラジウム硫酸塩を沪別して乾燥することができる．その後，ラジウムは（ウラン鉱のもとの大きな体積に比べると）少ない量のバリウムから分離することができる．

23・3 ウランの採取

ウランは，原子炉で用いられるため，大きな需要がある唯一のアクチノイドである．ウランは世界中の鉱床に存在している．さらに，海水に約 3 ppb 含まれている．それほど多くは思えないかもしれないが，すべての海洋中の総量としては約 5×10^9 トンにもなる．現在，最も安価な採取法は，一般的に閃ウラン鉱（ピッチブレンド[c]）とよばれる酸化ウラン(Ⅳ) UO_2 を用いている．鉱山大気中の（ウランの放射性崩壊によって放出される）ラドン濃度が安全基準を超えることがないように，ウラン鉱山の縦坑は大量の新鮮な空気で喚気しなくてはならない．

ほとんどの金属の抽出と同様に，いくつかの抽出方法が用いられている．以下に示す方法は，化学的に最も興味深いものである．酸化ウラン(Ⅳ)を含む鉱石を，最初に鉄(Ⅲ)イオンのような酸化剤で処理して，酸化ウラン(Ⅵ) UO_3 に変える．

$$UO_2(s) + H_2O(l) \longrightarrow UO_3(s) + 2H^+(aq) + 2e^-$$
$$Fe^{3+}(aq) + e^- \longrightarrow Fe^{2+}(aq)$$

硫酸を加えると，ウラニルイオン UO_2^{2+} を含む硫酸ウラニル溶液になる．

$$UO_3(s) + H_2SO_4(aq) \longrightarrow UO_2SO_4(aq) + H_2O(l)$$

不純物を除いた後に，溶液にアンモニアを加えると二ウラ

---

a) middle actinoids   b) coprecipitation   c) pitchblende
＊[訳注] 日本の一般家庭の煙探知機は光電式のものが多く，このイオン化式煙探知機はオフィス用である．

> ### 天然の原子炉
>
> われわれが用いている元素の原子量は，同位体の存在比が常に一定であると仮定している．しかし，このことは常に真実ではない．たとえば，鉛の原子量の値には変動があり，その源が異なると原子量の値が異なる．このことから，英国の化学者ソディー卿[a]ははじめて同位体の存在を推論した．もっと最近の例では，あるウラン鉱石のサンプルにおいてウラン-235の存在率はほんの0.296 % しかなく，"通常"値の0.720 % よりかなり低かった．
>
> この差異はほとんど興味を引かないように思えるかもしれないが，この差異のおかげで，1972年，西アフリカのガボン共和国のオクロ鉱床に世界中から科学者を招来することになった．われわれは，U-235同位体が自発的に核分裂を起こし，エネルギーとさまざまな核分裂生成物を与えることを知っている．核化学者と核物理学者が鉱石の化学組成を調べたところ，15種の一般的な核分裂生成物を確認した．言い換えると，過去のある時点でオクロは核反応を起こしていた場所である．
>
> この埋蔵された核反応の存在は，文明が生まれる前に宇宙からの訪問者があったというしるしではなかった．この惑星，地球の初期のウラン組成の結果だった．ウラン-235の半減期はウラン-238よりもはるかに短いので，ウラン-235の存在比はどんどん減少していく．約20億年前にオクロで核反応が起こったとき（その核反応は20万年から100万年続いた），オクロの岩の中にはウラン-235が約3 % 存在していた．雨水が鉱穴にウランの塩を浸出し，ウランが濃縮されたために，そこで核分裂連鎖反応が開始できたのだと信じられている．またもう一つの重要なことは，水が減速材として振舞い，放射された中性子を減速することにより，隣接する原子核を核分裂させて連鎖反応の継続が可能となったことである*．この古代の反応の発見は，たとえタブロイド版の新聞でアピールされなくても，科学者にとっては興味深い出来事だった．

ン酸アンモニウム $(NH_4)_2U_2O_7$ の鮮黄色の沈殿が生じる．

$$2\,UO_2SO_4(aq) + 6\,NH_3(aq) + 3\,H_2O(l) \longrightarrow (NH_4)_2U_2O_7(s) + 2\,(NH_4)_2SO_4(aq)$$

しばしば"イエローケーキ**"とよばれるこの沈殿はウランの市場向けの一般的な形態である．

ほぼすべてのタイプの原子炉での利用および原爆製造のためには，ウランの一般的な二つの同位体U-235とU-238を分離しなくてはならない．通常は，気体のフッ化ウラン(VI) UF_6 を薄膜を通して拡散させることによって分離を行っている．U-235を含む質量の小さい分子の方が，一般的により速く透過するからである．このフッ化ウラン(VI)の製造においても，いくつかの方法がある．一つの方法は，イエローケーキを加熱して混合酸化物である酸化ウラン(IV)ウラン(VI) U_3O_8 にする．

$$9\,(NH_4)_2U_2O_7(s) \xrightarrow{\Delta} 6\,U_3O_8(s) + 14\,NH_3(g) + 15\,H_2O(g) + N_2(g)$$

その後，ウランの混合酸化物を水素で還元して酸化ウラン(IV)にする．

$$U_3O_8(s) + 2\,H_2(g) \longrightarrow 3\,UO_2(s) + 2\,H_2O(g)$$

酸化ウラン(IV)をフッ化水素で処理して，フッ化ウラン(IV) UF_4 にする．

$$UO_2(s) + 4\,HF(g) \longrightarrow UF_4(s) + 2\,H_2O(l)$$

最後に，その作業場で合成したフッ素ガスを用いて，緑色固体のフッ化ウラン(IV)を必要な気体のフッ化ウラン(VI) UF_6 に酸化する．

$$UF_4(s) + F_2(g) \longrightarrow UF_6(g)$$

フッ化ウラン(VI)の沸点が低いことが，ウラン精製と同位体分離に重要である．フッ化ウラン(VI)とフッ化ウラン(IV)を比較すると，物理的性質の差異が明白である．たとえば，フッ化ウラン(IV)は960 ℃で融解するが，フッ化ウラン(VI)は56 ℃で昇華する．この違いは，ウラン(IV)イオン（140 $C \cdot mm^{-3}$）とウラン(VI)イオン（348 $C \cdot mm^{-3}$）の電荷密度の観点から解釈できる．この値から考えると，後者の（理論的な）6+イオンは，共有結合的な挙動を示すのに十分なほど分極しているであろう．

23・4 濃縮ウランと劣化ウラン（減損ウラン）

天然ウランは表23・4に示すように，同位体の混合物で構成されている．ほとんどの原子炉や核兵器で使用するために必要な同位体は，この中のU-234とU-235である．同位体を分離する一つの方法は，気体のフッ化ウラン(VI)

---

[a] Sir Frederick Soddy
*[訳注] 放射された中性子は非常に高速であるため隣接する原子核に効率よく吸収させることができない．連鎖反応を持続させるためには中性子の速度を落とす必要がある．
**[訳注] ウラン精鉱ともよばれる．

を何層もの薄膜を通して拡散させることである．質量数の小さいウラン同位体を含む気体分子の方が，ほんの少しだけ速く薄膜を通抜ける（これは噴散の法則[a]の応用である）．気体をたくさんの膜を通して循環させていくと，かなり濃縮することができる．ほとんどの原子炉において，U-234 約 0.03 %，U-235 約 3.5 %，U-238 約 96.5 % まで濃縮すれば十分である．この同位体混合物は**濃縮ウラン**[b]とよばれる．

表 23・4 ウランの天然に発生する同位体

	存在率 (%)	半減期〔年〕
U-234	0.0053	2×10^5
U-235	0.71	7×10^8
U-238	99.28	4×10^9

U-234 と U-235 が濃縮ウランの中に選択的に濃縮されたとすると，残りの部分はこの 2 種の同位体が明らかに欠乏しているはずである．これは**劣化ウラン**または**減損ウラン**[c]（DU）として知られている*．米国内だけで，50 万トン以上の劣化ウランが備蓄されていると推測される．

劣化ウランの商業市場における唯一の主要な用途は，鉛の 2 倍にあたる 19.3 g·cm^{-3} という高密度によるものである．そのため，ウランは航空機の重たいドアのカウンターウェイトとして用いられる．γ線放射の遮蔽材としてもときどき用いられる．非常に小さな用途としては，自然な歯がもつ蛍光を模倣するために，入れ歯用の磁器調合製品へ混入させることである．またウランの塩はいくつかの上薬として用いられている．

劣化ウランの主要な用途を見いだされたのは軍需である．コストの点は明らかに利点である．というのは，政府は備蓄金属すべての用途を見いだしたいと望んでいるから，劣化ウランは低価格で入手できる**．もっと重要なのは，ウランは他の金属よりも特殊な技術的優位性をもつ点である．タンクのような装甲された目標に大砲の砲弾を発射する場合の目的は，装甲に穴を開けて装甲車の内部まで貫通し，破壊することである．貫通力は砲弾に用いる金属の密度にも依存する．密度が大きくなるほど発射体の運動エネルギーが大きくなるからである．タングステンはウランと同じ密度であり，以前は砲弾として用いられていた．しかしその 2 種の金属は，砲弾の典型的な衝突速度である音速の 5 倍で表面に衝突するときには異なった挙動を示す．ウランはガラスのように砕け散るが，タングステンはパテのように流れていく***．

チタン合金化して硬度を上げたウランは，事実上無傷で，さらに容易に金属標的物を貫通するだろう．ウランは，2 番目の，そして同じくらい重要な自燃性という軍事的利点をもつ．自燃性金属とは，空気中で細粒が燃える金属である．たとえば，鉄でできたものを研磨や機械加工するときに，鉄の細粒が燃えて"火花"のように見える．ウランの自燃性は非常に高い．ウランは 1130 ℃ という比較的低い融点をもつので，熱いウラン粒子の一部は溶融して，装甲車内部で激しく燃焼して U_3O_8 のような酸化ウランの粉塵を生じる．

DU 弾（劣化ウラン弾）は 1991 年の湾岸戦争ではじめて使用された．地上車両によって発射された大口径砲弾が約 14,000 発，航空機から発射された小口径砲弾は約 940,000 発であり，使用されたウランの総量は約 300 トンであった．それ以来，DU 弾は米軍が関与するすべての主要な紛争で用いられた．米海軍はプエルトリコのヴィエケス島の軍事演習で，間違って何百発もの DS 弾を発射してしまった．同様の事件が日本でも起こった．米国と英国の双方は劣化ウラン兵器を配備しており，米国の武器商人は世界の 16 カ国に劣化ウランを販売している．

多くの人々が気づいているように，劣化ウランによる，特に戦闘時に生じた酸化ウランの粉塵にさらされることによる，健康のリスクに関する懸念がある．酸化ウランの粉塵は環境中に残存し，土壌を汚染するだろうから，その近隣の戦闘員および民間人の両方がリスクの対象になる．そこには二つの潜在的な危険（放射性および化学的な危険）がある．その解明には多くの研究が必要だが，放射性の危険の方がリスクが小さいというのが一般的な合意事項となっている．ウランの劣化により，高い放射性をもつ同位体の濃度は減少している．半減期の平均値が何十億年になるので，体全体での被曝という点では，ウランの α 崩壊による健康上のリスクは取るに足らないものでしかない．しかし，粉塵は肺の表面に吸収されるので，そこにとどまり長期的な危険をひき起こす可能性がある．

重金属は化学的に毒性であり，酸化ウランの粒子にさらされることによる何らかの健康上のリスクも，化学的な毒性に由来するというのが最もありそうなことである．食物から摂取した場合，ウランは水溶性のウラニルイオン UO_2^{2+} に代謝される．このイオンは血流中に吸収されうる．イオンの大部分（約 90 %）は尿により排泄されるが，ウラニルイオンはリン脂質や核酸のリン酸エステル，タンパク質

---

a) law of effusion　b) enriched uranium　c) depleted uranium
＊〔訳注〕ともに U-235 の含量が天然ウランよりも小さいものをさすが，劣化ウランは天然に産出したものも含めている．減損ウランは通常は使用済み核燃料に対して使われることが多い．
＊＊〔訳注〕劣化ウランの材料費はタングステンよりも安いが，劣化ウラン弾そのものはタングステン弾と同等の価格である．
＊＊＊〔訳注〕ウランは装甲を貫通するときに結晶構造が破壊され，ガラスの破片が鋭い刃物になるように，セルフシャーピング現象によって先端部が先鋭化していく．そのため，タングステンよりも優れた貫通力をもつ．

中のシステインのメルカプト基（—SH）のように，多くの生体分子と反応できる．ウランの摂取による疾病は，タンパク質の機能の破壊によって生じるという可能性が最も高いだろう．

23・5　超アクチノイド元素（超重元素）

アクチノイド系列を超えた元素は**超アクチノイド元素**[a]または超重元素として知られている．今までのところ確実に知られている超アクチノイド元素はすべて遷移金属だが，ほとんどのアクチノイド元素と同様に核反応でしかつくり出すことができないので，この章で検討する方が教育的であろう．実際，原子番号100以上の短寿命元素（アクチノイド元素の後半と超アクチノイド元素）は，**超フェルミウム元素**[b]とよばれることがある．現在までに，確実につくり出されている超アクチノイド元素は19種である．

大きな論争が，これらの元素の命名に関して発生した．元素名の選択権はその発見者が所有する．超アクチノイド元素の場合，バークレー（カリフォルニア），デュブナ（ロシア），ダルムシュタット（ドイツ）の三つの核施設が，これらの元素を最初につくり出そうと競争していた．不幸なことに，どの国が最も正当な権利をもつかを確認することが困難な状況がたびたび起こった．たとえば，104番元素はバークレーのグループとデュブナのグループの両方が最初に発見したと主張していたが，バークレーは"ラザホージウム[c]"，デュブナは"クルチャトビウム[d]"と命名した．優先権を得ようと競い合う各グループが，独自の名前を元素に与えていったために混乱は続いた（表23・5）．別の異議が106番元素の名称で起こった．伝統的に，元素名はまだ生きている科学者の名前にちなんでつけられることはない，という理由に基づいて米国が提唱したシーボーギウムという名称は，最初は却下された．この原則は，現在では覆されており，シーボーギウムという名称が採用された．

国際純正・応用化学連合[e]（IUPAC）は，互いの相容れない要求を解決していく間，新しく発見されたすべての元素に暫定的な名称と元素記号を与える，ラテン語とギリシャ語を混成した数字表記法を考案した．元素に名前をつけるために，原子番号を1桁ごとの数字に分割する．すなわち，116番元素は1–1–6と分割する．その後，各数字をラテン語とギリシャ語を混成した接頭語（表23・6）に置き換える（1–1–6 は un-un-hex となる）．それから末尾に -ium をつけ加えて，ununhexium となる．元素記号は，全体の名前を構成する各パーツの最初の文字を並べる．すなわち，原子番号116の元素記号は Uuh となる*．

表23・6　新しく発見された元素の暫定的な名前のためのラテン語とギリシャ語を混成した接頭語

0	nil	4	quad	7	sept
1	un	5	pent	8	oct
2	bi	6	hex	9	enn
3	tri				

超アクチノイド元素の寿命の短さは，その化学を研究することを非常に困難にしている．実際，112番元素の唯一知られている同位体の半減期は 2.8×10^{-4} 秒（表23・7）である．

表23・7　各超アクチノイド元素の最も寿命の長い同位体の半減期

元素-同位体	半減期
ラザホージウム-263	10 分
ドブニウム-262	30 秒
シーボーギウム-266	20 秒
ボーリウム-264	0.44 秒
ハッシウム-269	9.3 秒
マイトネリウム-268	0.70 秒
ダームスタチウム-269	0.27 ミリ秒

表23・5　新しく発見された元素の提案された名称と合意された名称

元素	提案された名称	合意された名称	元素	提案された名称	合意された名称
104	クルチャトビウム kurchatovium (Ku) ドブニウム dubnium (Db)	ラザホージウム rutherfordium (Rf)	110	——	ダームスタチウム darmstadtium (Da)
			111	——	レントゲニウム roentgenium (Rg)
105	ニールスボーリウム nielsbohrium (Ns) ハーニウム hahnium (Ha) ジョリオチウム joliotium (Jl)	ドブニウム dubnium (Db)	112	——	コペルニシウム copernicium (Cn)
			113	——	ニホニウム nihonium (Nh)
			114	——	フレロビウム flerovium (Fl)
106	ラザホージウム rutherfordium (Rf)	シーボーギウム seaborgium (Sg)	115	——	モスコビウム moscovium (Mc)
107	ニールスボーリウム nielsbohrium (Ns)	ボーリウム bohrium (Bh)	116	——	リバモリウム livermorium (Lv)
108	ハーニウム hahnium (Hn)	ハッシウム hassium (Hs)	117	——	テネシン tennessine (Ts)
109	——	マイトネリウム meitnerium (Mt)	118	——	オガネソン oganesson (Og)

---

a) postactinoid element　　b) transfermium element　　c) rutherfordium　　d) kurchatovium
e) International Union of Pure and Applied Chemistry
＊[訳注] 116番元素は2011年にリバモリウム livermorium (Lv) という名称が採用された．

第四遷移金属系列の化学的挙動が対応する第二および第三遷移金属系列と似ているにしても、核電荷が大きくなり、原子サイズが大きくなるに従って相対論的効果の重要性が増すので、化学者は超アクチノイド元素の発見を熱望している。これまでのところ、類似性は保たれているようである。たとえば、ラザホージウムは塩化物 $RfCl_4$ を形成し、4族元素のジルコニウムとハフニウムの酸化状態 +4 の塩化物と似ているようである。そして、ドブニウム[a] の化学は5族の遷移金属元素であるニオブ(V)とアクチノイド元素であるプロトアクチニウム(V)と類似性を示す。

新元素をつくり出そうとする努力は続いている。それは、一つの元素を標的として他の元素の原子核をぶつけることによって成し遂げられている。入射される原子核は、高い速度まで加速できるような質量の小さな核であり、2個の正に帯電した原子核間の反発に打ち勝つのに十分な大きさの運動エネルギーが与えられる。物理学者たちは、多くの衝突が原子核分裂をひき起こす間に、いくつかの原子核が結合して探し求めている超重原子核を形成することを期待する[†]。

非常に多数の陽子をもつ原子核を安定化するには、中性子と陽子の比がかなり高い必要がある。衝撃用に用いられる軽元素は、通常は十分な数の中性子をもっていない。選択された方法の一つは、§2・3で論じた原子核の殻模型の"魔法数[b]"の概念を利用するものである。カルシウムの安定同位体一つであるカルシウム-48は、中性子数と陽子数がともに魔法数である"二重魔法数"原子核であり、異常に高い中性子と陽子の比をもつ。この同位体のイオンが、アメリシウム-243 同位体を衝撃するために用いられており、その結果、115番元素の原子が得られたといういくつかの有力な証拠がある。

$$^{243}_{95}Am + ^{48}_{20}Ca \longrightarrow ^{288}_{115}Mc + 3\,^{1}_{0}n$$

この短寿命の原子核は崩壊して、最初に他の新しい元素(113番元素)になる。

$$^{288}_{115}Mc \longrightarrow ^{284}_{113}Nh + ^{4}_{2}He$$

カルシウム-48 は、この本を執筆している時点で原子番号最大の元素である 116 番元素を生成するための衝撃粒子としても用いられている*。

要　点

- 3族元素とランタノイドは、+3の酸化状態をとるように類似した化学的挙動をもつ。
- 軽アクチノイドは対応する族の重遷移金属と化学的に類似している。
- 超アクチノイド(超フェルミウム)元素の化学については、半減期が非常に短いため、ほとんど知られていない。

基本問題

23・1 つぎの反応の化学反応式を記しなさい。(a) ユウロピウムと水, (b) 酸化ウラン(VI)と硫酸。

23・2 +3が希土類元素の一般的な酸化状態であるが、ユウロピウムとイッテルビウムは +2 の電荷をもつイオンを形成できる。このことを説明しなさい。テルビウムは +3 以外に他の酸化状態をとるだろうか?

23・3 ユウロピウムの2+のイオンはストロンチウムイオンとほとんどサイズが同じである。単純なユウロピウムの塩は水に可溶か不溶か、どちらだと予想するか?

23・4 スカンジウムとイットリウムをランタノイドに含めることに、賛成する理由と反対する理由について論じなさい。

23・5 セシウム(IV)イオンの水溶液は酸性である。このことを説明する反応式を記しなさい。

23・6 下の反応のエンタルピー変化を計算しなさい。

$$UX_6(s) \longrightarrow UX_4(s) + X_2(g)$$

X = F または Cl である。核物質の標準生成エンタルピーは以下のとおりである。

$\Delta H_f^\circ(UF_6(s)) = -2197\,kJ\cdot mol^{-1}$, $\Delta H_f^\circ(UF_4(s)) = -1509\,kJ\cdot mol^{-1}$, $\Delta H_f^\circ(UCl_6(s)) = -1092\,kJ\cdot mol^{-1}$, $\Delta H_f^\circ(UCl_4(s)) = -1019\,kJ\cdot mol^{-1}$.

フッ素と塩素の計算結果の違いについて説明しなさい。

23・7 アクチニウムとプロトアクチニウムの最も寿命の長い同位体の方が、トリウムとウランの最も寿命の長い同位体に比べて、寿命が短い。その理由を示しなさい。

---

a) dubnium　b) magic number
† 新しい元素の発見に関する最近の情報については、http://www.webelements.com/index.html を参照すること。
*[訳注] 2016年10月現在、原子番号が最大の元素は118番元素 (Og) である。

23・8 ノーベリウムは +2 の酸化数が一般的である唯一のアクチノイドである．その理由を示しなさい．

23・9 軽アクチノイドは遷移金属と適合することが，説得力のある化学的理由による示唆している．最も重要な理由の一つを示し，特に，その議論の中で二ウラン酸イオンについて述べなさい．

応 用 問 題

23・10 セリウムは三フッ化物と四フッ化物の両方を形成するのに，ランタンは三フッ化物しか形成しない．4種の可能な塩（LaF_3, LaF_4, CeF_3, CeF_4）のそれぞれについてボルン・ハーバーサイクルに基づいた計算の差異から，その理由を同定しなさい．ただし，MX_3 の格子エネルギーは $-5000 \text{ kJ·mol}^{-1}$，$MX_4$ の格子エネルギーは $-8400 \text{ kJ·mol}^{-1}$ であるとする．また，その他の必要な値は，適当な付録のデータ表から得ること．

23・11 つぎのフロスト図を用いて，ウランの酸化還元の化学について述べなさい．

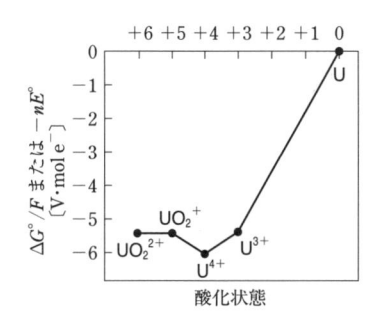

23・12 $PuO_2^{2+}(aq)/PuO_2^+(aq)$ の半電池反応における標準電位は $+1.02$ V であるが，$PuO_2^+(aq)/Pu^{4+}(aq)$ の半電池反応の標準電位は $+1.04$ V である．$PuO_2^+(aq)$ イオンの不均化反応の平衡定数を計算しなさい．どのような pH 条件のときに，不均化が最小となるか？

23・13 マイトネリウム[a] Mt（原子番号 109）の予想される電子配置を記しなさい．

23・14 シーボーギウム Sg の酸化物を合成したとして，その予想される化学式を記しなさい．その理由を説明しなさい．

23・15 武器用の弾丸に用いるために，ウランはチタン合金にされる．なぜ，この金属の組合わせが目的を満足させる合金となるのかを説明しなさい．

23・16 112 番元素コペルニシウム[b] Cn の同位体は鉛-208 と亜鉛-70 の核反応によって形成される．他の生成物が中性子であるとすると，Uub のどの同位体が形成されるか？ どうして，他の亜鉛の一般的な同位体ではなく亜鉛-70 が衝撃粒子として選ばれたのか？

23・17 111 番元素レントゲニウム[c] Rg の同位体はビスマス-209 とニッケル-64 の核反応によって形成される．他の生成物が中性子であるとすると，Rg のどの同位体が形成されるか？

---

[a] meitnerium　[b] copernicium　[c] roentgenium

付録 1
代表的な無機化合物の熱力学的性質

熱力学的データは実験的に求められたものなので，文献ごとに差がある．ここでは，つぎの本にまとめられた一貫性のあるデータセットを用いる．G. Aylward, T. Findlay, "SI Chemical Data", 3rd Ed., Wiley, New York (1994).

化合物名	化学式	$\Delta H_f°$ [kJ·mol^{-1}]	$S°$ [J·mol^{-1}·K^{-1}]	$\Delta G°$ [kJ·mol^{-1}]
アルミニウム	Al(s)	0	+28	0
	Al(g)	+330	+165	+290
アルミニウムイオン	Al^{3+}(aq)	−538	−325	−492
アルミン酸イオン	Al(OH)$_4^-$(aq)	−1502	+103	−1305
臭化アルミニウム	AlBr$_3$(s)	−511	+180	−489
炭化アルミニウム	Al$_4$C$_3$(s)	−209	+89	−196
塩化アルミニウム	AlCl$_3$(s)	−704	+111	−629
塩化アルミニウム六水和物	AlCl$_3$·6H$_2$O(s)	−2692	+318	−2261
フッ化アルミニウム	AlF$_3$(s)	−1510	+66	−1431
ヨウ化アルミニウム	AlI$_3$(s)	−314	+159	−301
窒化アルミニウム	AlN(s)	−318	+20	−287
酸化アルミニウム	Al$_2$O$_3$(s)	−1676	+51	−1582
リン酸アルミニウム	AlPO$_4$(s)	−1734	+91	−1618
硫酸アルミニウム	Al$_2$(SO$_4$)$_3$(s)	−3441	+239	−3100
アンモニウムイオン	NH$_4^+$(aq)	−133	+111	−79
臭化アンモニウム	NH$_4$Br(s)	−271	+113	−175
塩化アンモニウム	NH$_4$Cl(s)	−314	+95	−203
フッ化アンモニウム	NH$_4$F(s)	−464	+72	−349
ヨウ化アンモニウム	NH$_4$I(s)	−201	+117	−113
硝酸アンモニウム	NH$_4$NO$_3$(s)	−366	+151	−184
硫酸アンモニウム	(NH$_4$)$_2$SO$_4$(s)	−1181	+220	−902
バナジン酸アンモニウム	NH$_4$VO$_3$(s)	−1053	+141	−888
アンチモン	Sb(s)	0	+46	0
	Sb(g)	+262	+180	+222
五塩化アンチモン	SbCl$_5$(l)	−440	+301	−350
五酸化アンチモン	Sb$_2$O$_5$(s)	−972	+125	−829
三臭化アンチモン	SbBr$_3$(s)	−259	+207	−239
三塩化アンチモン	SbCl$_3$(s)	−382	+184	−324
三水素化アンチモン	SbH$_3$(g)	+145	+233	+148
三ヨウ化アンチモン	SbI$_3$(s)	−100	215	−99
三酸化アンチモン	Sb$_2$O$_3$(s)	−720	+110	−634
三硫化アンチモン	Sb$_2$S$_3$(s)	−175	+182	−174
ヒ 素	As(s)(灰色)	0	+35	0
	As(g)	+302	+174	+261
五フッ化ヒ素	AsF$_5$(g)	−1237	+317	−1170
五酸化ヒ素	As$_2$O$_5$(s)	−925	+105	−782
三臭化ヒ素	AsBr$_3$(s)	−130	+364	−159
三塩化ヒ素	AsCl$_3$(l)	−305	+216	−259
三フッ化ヒ素	AsF$_3$(l)	−786	+289	−771
三水素化ヒ素（アルシン）	AsH$_3$(g)	+66	+223	+69
三ヨウ化ヒ素	AsI$_3$(s)	−58	+213	−59
三酸化ヒ素	As$_2$O$_3$(s)	−657	+107	−576
三硫化ヒ素	As$_2$S$_3$(s)	−169	+164	−169

(つづく)

付録1　代表的な無機化合物の熱力学的性質

化合物名	化学式	$\Delta H_f°$ [kJ·mol^{-1}]	$S°$ [J·mol^{-1}·K^{-1}]	$\Delta G°$ [kJ·mol^{-1}]
バリウム	Ba(s)	0	+63	0
	Ba(g)	+180	+170	+146
バリウムイオン	Ba^{2+}(aq)	−538	+10	−561
臭化バリウム	BaBr$_2$(s)	−757	+146	−737
炭酸バリウム	BaCO$_3$(s)	−1216	+112	−1138
塩化バリウム	BaCl$_2$(s)	−859	+124	−810
塩化バリウム二水和物	BaCl$_2$·2H$_2$O(s)	−1460	+203	−1296
フッ化バリウム	BaF$_2$(s)	−1207	+96	−1157
水酸化バリウム	Ba(OH)$_2$(s)	−945	+101	−856
水酸化バリウム八水和物	Ba(OH)$_2$·8H$_2$O(s)	−3342	+427	−2793
ヨウ化バリウム	BaI$_2$(s)	−605	+165	−601
硝酸バリウム	Ba(NO$_3$)$_2$(s)	−992	+214	−797
窒化バリウム	Ba$_3$N$_2$(s)	−363	+152	−292
酸化バリウム	BaO(s)	−554	+70	−525
過酸化バリウム	BaO$_2$(s)	−634		
硫酸バリウム	BaSO$_4$(s)	−1473	+132	−1362
硫化バリウム	BaS(s)	−460	+78	−456
ベリリウム	Be(s)	0	+9	0
	Be(g)	+324	+136	+287
ベリリウムイオン	Be^{2+}(aq)	−383	−130	−380
臭化ベリリウム	BeBr$_2$(s)	−356	+100	−337
塩化ベリリウム	BeCl$_2$(s)	−490	+83	−445
フッ化ベリリウム	BeF$_2$(s)	−1027	+53	−979
水酸化ベリリウム	Be(OH)$_2$(s)	−903	+52	−815
ヨウ化ベリリウム	BeI$_2$(s)	−189	+120	−187
酸化ベリリウム	BeO(s)	−609	+14	−580
ビスマス	Bi(s)	0	+57	0
塩化ビスマス	BiCl$_3$(s)	−379	+177	−315
酸化ビスマス	Bi$_2$O$_3$(s)	−574	+151	−494
塩化酸化ビスマス	BiOCl(s)	−367	+120	−322
硫化ビスマス	Bi$_2$S$_3$(s)	−143	+200	−141
ホウ素	B(s)	0	0	6
	B(g)	+565	+153	+521
ホウ酸	H$_3$BO$_3$(s)	−1095	+90	−970
炭化ホウ素	B$_4$C(s)	−71	+27	−71
デカボラン(14)	B$_{10}$H$_{14}$(g)	+32	+353	+216
ジボラン	B$_2$H$_6$(g)	+36	+232	+87
窒化ホウ素	BN(s)	−254	+15	−228
ペンタボラン(9)	B$_5$H$_9$(l)	+43	+184	+172
三臭化ホウ素	BBr$_3$(l)	−240	+230	−238
三塩化ホウ素	BCl$_3$(g)	−404	+290	−389
三フッ化ホウ素	BF$_3$(g)	−1136	+254	−1119
三酸化二ホウ素	B$_2$O$_3$(s)	−1273	+54	−1194
三硫化二ホウ素	B$_2$S$_3$(s)	−252	+92	−248
臭素	Br$_2$(l)	0	+152	0
	Br$_2$(g)	+31	+245	+3
	Br(g)	+112	+175	+82
臭化物イオン	Br$^-$(aq)	−121	+83	−104
臭素酸イオン	BrO$_3^-$(aq)	−67	+162	+19
次亜臭素酸イオン	BrO$^-$(aq)	−94	+42	−33
一塩化臭素	BrCl(g)	+15	+240	−1
一フッ化臭素	BrF(g)	−94	+229	−109
五フッ化臭素	BrF$_5$(g)	−429	+320	−351
三フッ化臭素	BrF$_3$(g)	−256	+293	−229

付録1 代表的な無機化合物の熱力学的性質

化合物名	化学式	$\Delta H_f°$ [kJ·mol^{-1}]	$S°$ [J·mol^{-1}·K^{-1}]	$\Delta G°$ [kJ·mol^{-1}]
カドミウム	Cd(s)	0	+52	0
	Cd(g)	+112	+168	+77
カドミウムイオン	Cd^{2+}(aq)	−76	−73	−78
臭化カドミウム	CdBr$_2$(s)	−316	+137	−296
炭酸カドミウム	CdCO$_3$(s)	−751	+92	−669
塩化カドミウム	CdCl$_2$(s)	−391	+115	−344
フッ化カドミウム	CdF$_2$(s)	−700	+77	−648
水酸化カドミウム	Cd(OH)$_2$(s)	−561	+96	−474
ヨウ化カドミウム	CdI$_2$(s)	−203	+161	−201
硝酸カドミウム	Cd(NO$_3$)$_2$(s)	−456		
酸化カドミウム	CdO(s)	−258	+55	−228
硫酸カドミウム	CdSO$_4$(s)	−933	+123	−823
硫化カドミウム	CdS(s)	−162	+65	−156
カルシウム	Ca(s)	0	+42	0
	Ca(g)	+178	+155	+144
カルシウムイオン	Ca^{2+}(aq)	−543	−56	−553
臭化カルシウム	CaBr$_2$(s)	−683	+130	−664
炭化カルシウム	CaC$_2$(s)	−60	+70	−65
炭酸カルシウム	CaCO$_3$(s)（方解石）	−1207	+93	−1129
塩化カルシウム	CaCl$_2$(s)	−796	+105	−748
フッ化カルシウム	CaF$_2$(s)	−1220	+69	−1167
水素化カルシウム	CaH$_2$(s)	−186	+42	−147
水酸化カルシウム	Ca(OH)$_2$(s)	−986	+83	−898
ヨウ化カルシウム	CaI$_2$(s)	−533	+142	−529
硝酸カルシウム	Ca(NO$_3$)$_2$(s)	−938	+193	−743
酸化カルシウム	CaO(s)	−635	+38	−603
リン酸カルシウム	Ca$_3$(PO$_4$)$_2$(s)	−4121	+236	−3885
ケイ酸カルシウム	CaSiO$_3$(s)	−1567	+82	−1499
硫酸カルシウム	CaSO$_4$(s)	−1434	+107	−1332
硫酸カルシウム半水和物	CaSO$_4$·$\frac{1}{2}$H$_2$O(s)	−1577	+131	−1437
硫酸カルシウム二水和物	CaSO$_4$·2H$_2$O(s)	−2023	+194	−1797
硫化カルシウム	CaS(s)	−482	+56	−477
炭 素	C(s)（黒鉛）	0	+6	0
	C(s)（ダイヤモンド）	+2	+2	+3
	C(g)	+717	+158	+671
炭酸イオン	CO$_3^{2-}$(aq)	−675	−50	−528
塩化カルボニル（ホスゲン）	COCl$_2$(g)	−219	+284	−205
シアン化物イオン	CN$^-$(aq)	+151	+94	+172
二酸化炭素	CO$_2$(g)	−394	+214	−394
二酸化炭素	CO$_2$(aq)	−413	+119	−386
二硫化炭素	CS$_2$(l)	+90	+151	+65
エタン	C$_2$H$_6$(g)	−85	+230	−33
炭酸水素イオン	HCO$_3^-$(aq)	−690	+98	−587
メタン	CH$_4$(g)	−75	+186	−51
一酸化炭素	CO(g)	−111	+198	−137
四臭化炭素	CBr$_4$(s)	+19	+213	+48
四塩化炭素	CCl$_4$(l)	−135	+216	−65
四フッ化炭素	CF$_4$(g)	−933	+262	−888
チオシアン酸イオン	NCS$^-$(aq)	+76	+144	+93
セシウム	Cs(s)	0	+85	0
	Cs(g)	+76	+176	+49
セシウムイオン	Cs$^+$(aq)	−258	+132	−291
臭化セシウム	CsBr(s)	−406	+113	−391
炭酸セシウム	Cs$_2$CO$_3$(s)	−1140	+204	−1054
塩化セシウム	CsCl(s)	−443	+101	−415

(つづく)

付 録 1　代表的な無機化合物の熱力学的性質

化 合 物 名	化 学 式	$\Delta H_f°$ [kJ·mol^{-1}]	$S°$ [J·mol^{-1}·K^{-1}]	$\Delta G°$ [kJ·mol^{-1}]
セシウム（つづき）				
フッ化セシウム	CsF(s)	−554	+93	−526
ヨウ化セシウム	CsI(s)	−347	+123	−341
硝酸セシウム	CsNO$_3$(s)	−506	+155	−407
硫酸セシウム	Cs$_2$SO$_4$(s)	−1443	+212	−1324
塩　素	Cl$_2$(g)	0	+223	0
	Cl$_2$(aq)	−23	+121	+7
	Cl(g)	+121	+165	+105
塩化物イオン	Cl$^-$(aq)	−167	+57	−131
塩素酸イオン	ClO$_3^-$(aq)	−104	+162	−8
二酸化塩素	ClO$_2$(g)	+102	+257	+120
次亜塩素酸イオン	ClO$^-$(aq)	−107	+42	−37
一フッ化塩素	ClF(g)	−54	+218	−56
酸化二塩素	Cl$_2$O(g)	+80	+266	+98
過塩素酸イオン	ClO$_4^-$(aq)	−128	+184	−8
三フッ化塩素	ClF$_3$(g)	−163	+282	−123
クロム	Cr(s)	0	+24	0
	Cr(g)	+397	+175	+352
クロム(II)イオン	Cr^{2+}(aq)	−139		−165
クロム(III)イオン	Cr^{3+}(aq)	−256		−205
塩化クロム(II)	CrCl$_2$(s)	−395	+115	−356
塩化クロム(III)	CrCl^3(s)	−556	+123	−486
クロム酸イオン	CrO$_4^-$(aq)	−881	+50	−728
二クロム酸イオン	Cr$_2$O$_7^{2-}$(aq)	−1490	+262	−1301
酸化クロム(III)	Cr$_2$O$_3$(s)	−1140	+81	−1058
酸化クロム(VI)	CrO$_3$(s)	−580	+72	−513
硫酸クロム(III)	Cr$_2$(SO$_4$)$_3$(s)	−2911	+259	−2578
コバルト	Co(s)	0	+30	0
	Co(g)	+425	+180	+380
コバルト(II)イオン	Co^{2+}(aq)	−58	−113	−54
コバルト(III)イオン	Co^{3+}(aq)	+92	−305	+134
炭酸コバルト(II)	CoCO$_3$(s)	−713	+89	−637
塩化コバルト(II)	CoCl$_2$(s)	−313	+109	−270
塩化コバルト(II)六水和物	CoCl$_2$·6H$_2$O(s)	−2115	+343	−1725
水酸化コバルト(II)	Co(OH)$_2$(s)（桃色）	−540	+79	−454
酸化コバルト(II)	CoO(s)	−238	+53	−214
硫酸コバルト(II)	CoSO$_4$(s)	−888	+118	−782
硫酸コバルト(II)七水和物	CoSO$_4$·7H$_2$O(s)	−2980	+406	−2474
銅	Cu(s)	0	+33	0
	Cu(g)	+337	+166	+298
銅(I)イオン	Cu$^+$(aq)	+72	+41	+50
銅(II)イオン	Cu^{2+}(aq)	+65	−98	+65
塩化銅(I)	CuCl(s)	−137	+86	−120
塩化銅(II)	CuCl$_2$(s)	−220	+108	−176
塩化銅(II)二水和物	CuCl$_2$·2H$_2$O(s)	−821	+167	−656
水酸化銅(II)	Cu(OH)$_2$(s)	−450	+108	−373
酸化銅(I)	Cu$_2$O(s)	−169	+93	−146
酸化銅(II)	CuO(s)	−157	+43	−130
硫酸銅(II)	CuSO$_4$(s)	−771	+109	−662
硫酸銅(II)五水和物	CuSO$_4$·5H$_2$O(s)	−2280	+300	−1880
硫化銅(I)	Cu$_2$S(s)	−80	+121	−86
硫化銅(II)	CuS(s)	−53	+67	−54
フッ素	F$_2$(g)	0	+203	0
	F(g)	+79	+159	+62
フッ化物イオン	F$^-$(aq)	−335	−14	−281

付録1 代表的な無機化合物の熱力学的性質

化合物名	化学式	$\Delta H_f°$ [kJ·mol^{-1}]	$S°$ [J·mol^{-1}·K^{-1}]	$\Delta G°$ [kJ·mol^{-1}]
ガリウム	Ga(s)	0	+41	0
	Ga(g)	+277	+169	+239
ガリウムイオン	Ga^{3+}(aq)	−212	−331	−159
臭化ガリウム	GaBr$_3$(s)	−387	+180	−360
塩化ガリウム	GaCl$_3$(s)	−525	+142	−455
フッ化ガリウム	GaF$_3$(s)	−1163	+84	−1085
ヨウ化ガリウム	GaI$_3$(s)	−239	+204	−236
酸化ガリウム	Ga$_2$O$_3$(s)	−1089	+85	−998
ゲルマニウム	Ge(s)	0	+31	0
	Ge(g)	+372	+168	+331
一酸化ゲルマニウム	GeO(s)	−262	+50	−237
四塩化ゲルマニウム	GeCl$_4$(g)	−496	+348	−457
二酸化ゲルマニウム	GeO$_2$(s)	−580	+40	−521
水素	H$_2$(g)	0	+131	0
	H(g)	+218	+115	+203
水素イオン	H$^+$(aq)	0	0	0
臭化水素	HBr(g)	−36	+199	−53
塩化水素	HCl(g)	−92	+187	−95
フッ化水素	HF(g)	−273	+174	−275
臭化水素酸	HBr(aq)	−122	+82	−104
塩酸	HCl(aq)	−167	+56	−131
フッ化水素酸	HF(aq)	−333	−14	−279
ヨウ化水素酸	HI(aq)	−55	+111	−52
ヨウ化水素	HI(g)	+26	+207	+2
酸化水素(水)	H$_2$O(l)	−286	+70	−237
	H$_2$O(g)	−242	+189	−229
水酸化物イオン	OH$^-$(aq)	−230	−11	−157
過酸化水素	H$_2$O$_2$(l)	−188	+110	−120
セレン化水素	H$_2$Se(g)	+30	+219	+16
硫化水素	H$_2$S(g)	−21	+206	−34
テルル化水素	H$_2$Te(g)	+100	+229	+85
インジウム	In(s)	0	+58	0
	In(g)	+243	+174	+209
インジウム(Ⅲ)イオン	In^{3+}(aq)	−105	−151	−98
塩化インジウム(Ⅰ)	InCl(s)	−186	+95	−164
塩化インジウム(Ⅲ)	InCl$_3$(s)	−537	+141	−462
酸化インジウム	In$_2$O$_3$(s)	−926	+104	−831
ヨウ素	I$_2$(s)	0	+116	0
	I$_2$(g)	+62	+261	+19
	I(g)	+107	+181	+70
ヨウ化物イオン	I$^-$(aq)	−55	+106	−52
ヨウ素酸イオン	IO$_3^-$(aq)	−221	+118	−128
七フッ化ヨウ素	IF$_7$(g)	−944	+346	−818
一塩化ヨウ素	ICl(g)	+18	+248	−5
三ヨウ化物イオン	I$_3^-$(aq)	−51	+239	−51
鉄	Fe(s)	0	+27	0
	Fe(g)	+416	+180	+371
鉄(Ⅱ)イオン	Fe^{2+}(aq)	−89	−138	−79
鉄(Ⅲ)イオン	Fe^{3+}(aq)	−49	−316	−5
炭酸鉄(Ⅱ)	FeCO$_3$(s)	−741	+93	−667
塩化鉄(Ⅱ)	FeCl$_2$(s)	−342	+118	−302
塩化鉄(Ⅲ)	FeCl$_3$(s)	−399	+142	−334
硫化鉄(Ⅱ)	FeS$_2$(s) (黄鉄鉱)	−178	+53	−167
水酸化鉄(Ⅱ)	Fe(OH)$_2$(s)	−569	+88	−487

(つづく)

付録1 代表的な無機化合物の熱力学的性質

化合物名	化学式	$\Delta H_f°$ [kJ·mol^{-1}]	$S°$ [J·mol^{-1}·K^{-1}]	$\Delta G°$ [kJ·mol^{-1}]
鉄 (つづき)				
水酸化鉄(Ⅲ)	Fe(OH)$_3$(s)	−823	+107	−697
酸化鉄(Ⅱ)	FeO(s)	−272	+61	−251
酸化二鉄(Ⅱ)鉄(Ⅲ)	Fe$_3$O$_4$(s)	−1118	+146	−1015
酸化鉄(Ⅲ)	Fe$_2$O$_3$(s)	−824	+87	−742
硫酸鉄(Ⅱ)	FeSO$_4$(s)	−928	+108	−821
硫酸鉄(Ⅱ)七水和物	FeSO$_4$·7H$_2$O(s)	−3015	+409	−2510
硫酸鉄(Ⅲ)	Fe$_2$(SO$_4$)$_3$(s)	−2582	+308	−2262
硫化鉄(Ⅱ)	FeS(s)	−100	+60	−100
鉛	Pb(s)	0	+65	0
	Pb(g)	+196		
鉛(Ⅱ)イオン	Pb^{2+}(aq)	+1	+18	−24
炭酸鉛(Ⅱ)	PbCO$_3$(s)	−699	+131	−626
塩化鉛(Ⅱ)	PbCl$_2$(s)	−359	+136	−314
塩化鉛(Ⅳ)	PbCl$_4$(g)	−552	+382	−492
酸化鉛(Ⅱ)	PbO(s)	−217	+69	−188
酸化鉛(Ⅳ)	PbO$_2$(s)	−277	+69	+217
硫酸鉛(Ⅱ)	PbSO$_4$(s)	−920	+149	−813
硫化鉛(Ⅱ)	PbS(s)	−100	+91	−99
リチウム	Li(s)	0	+29	0
	Li(g)	+159	+139	+127
リチウムイオン	Li$^+$(aq)	−278	+12	−293
臭化リチウム	LiBr(s)	−351	+74	−342
炭酸リチウム	Li$_2$CO$_3$(s)	−1216	+90	−1132
塩化リチウム	LiCl(s)	−409	+59	−384
フッ化リチウム	LiF(s)	−616	+36	−588
水素化リチウム	LiH(s)	−91	+20	−68
水酸化リチウム	LiOH(s)	−479	+43	−439
ヨウ化リチウム	LiI(s)	−270	+87	−270
硝酸リチウム	LiNO$_3$(s)	−483	+90	−381
窒化リチウム	Li$_3$N(s)	−164	+63	−128
酸化リチウム	Li$_2$O(s)	−598	+38	−561
硫酸リチウム	Li$_2$SO$_4$(s)	−1436	+115	−1322
硫化リチウム	Li$_2$S(s)	−441	+61	−433
水素化アルミニウムリチウム	LiAlH$_4$(s)	−116	+79	−45
マグネシウム	Mg(s)	0	+33	0
	Mg(g)	+147	+149	+112
マグネシウムイオン	Mg^{2+}(aq)	−467	−137	−455
臭化マグネシウム	MgBr$_2$(s)	−524	+117	−504
炭酸マグネシウム	MgCO$_3$(s)	−1096	+66	−1012
塩化マグネシウム	MgCl$_2$(s)	−641	+90	−592
塩化マグネシウム六水和物	MgCl$_2$·6H$_2$O(s)	−2499	+366	−2115
フッ化マグネシウム	MgF$_2$(s)	−1124	+57	−1071
水素化マグネシウム	MgH$_2$(s)	−75	+31	−36
水酸化マグネシウム	Mg(OH)$_2$(s)	−925	+63	−834
ヨウ化マグネシウム	MgI$_2$(s)	−364	+130	−358
硝酸マグネシウム	Mg(NO$_3$)$_2$(s)	−791	+164	−589
硝酸マグネシウム六水和物	Mg(NO$_3$)$_2$·6H$_2$O(s)	−2613	+452	−2080
窒化マグネシウム	Mg$_3$N$_2$(s)	−461	+88	−401
酸化マグネシウム	MgO(s)	−602	+27	−569
硫酸マグネシウム	MgSO$_4$(s)	−1285	+92	−1171
硫酸マグネシウム七水和物	MgSO$_4$·7H$_2$O(s)	−3389	+372	−2872
硫化マグネシウム	MgS(s)	−346	+50	−342

付録1　代表的な無機化合物の熱力学的性質

化合物名	化学式	ΔH_f°[kJ·mol^{-1}]	S°[J·mol^{-1}·K^{-1}]	ΔG°[kJ·mol^{-1}]
マンガン	Mn(s)	0	+32	0
	Mn(g)	+281	+174	+238
マンガン(II)イオン	Mn^{2+}(aq)	−221	−74	−228
炭酸マンガン(II)	MnCO$_3$(s)	−894	+86	−817
塩化マンガン(II)	MnCl$_2$(s)	−481	+118	−441
フッ化マンガン(II)	MnF$_2$(s)	−803	+92	−761
フッ化マンガン(III)	MnF$_3$(s)	−1004	+105	−935
水酸化マンガン(II)	Mn(OH)$_2$(s)	−695	+99	−615
酸化マンガン(II)	MnO(s)	−385	+60	−363
酸化マンガン(III)	Mn$_2$O$_3$(s)	−959	+110	−881
酸化マンガン(IV)	MnO$_2$(s)	−520	+53	−465
過マンガン酸イオン	MnO$_4^-$(aq)	−541	+191	−447
硫酸マンガン(II)	MnSO$_4$(s)	−1065	+112	−957
硫化マンガン(II)	MnS(s)	−214	+78	−218
水銀	Hg(l)	0	+76	0
	Hg(g)	+61	+175	+32
水銀(I)イオン	Hg$_2^{2+}$(aq)	+167	+66	+154
水銀(II)イオン	Hg^{2+}(aq)	+170	−36	+165
塩化水銀(I)	Hg$_2$Cl$_2$(s)	−265	+192	−211
塩化水銀(II)	HgCl$_2$(s)	−224	+146	−179
酸化水銀(II)	HgO(s)	−91	+70	−59
硫酸水銀(I)	Hg$_2$SO$_4$(s)	−743	+201	−626
硫酸水銀(II)	HgSO$_4$(s)	−708	+140	−595
ニッケル	Ni(s)	0	+30	0
	Ni(g)	+430	+182	+385
ニッケル(II)イオン	Ni^{2+}(aq)	−54	−129	−46
臭化ニッケル(II)	NiBr$_2$(s)	−212	+136	−198
炭酸ニッケル(II)	NiCO$_3$(s)	−681	+118	−613
塩化ニッケル(II)	NiCl$_2$(s)	−305	+98	−259
塩化ニッケル(II)六水和物	NiCl$_2$·6H$_2$O(s)	−2103	+344	−1714
フッ化ニッケル(II)	NiF$_2$(s)	−651	+74	−604
水酸化ニッケル(II)	Ni(OH)$_2$(s)	−530	+88	−447
ヨウ化ニッケル(II)	NiI$_2$(s)	−78	+154	−81
酸化ニッケル(II)	NiO(s)	−240	+38	−212
硫酸ニッケル(II)	NiSO$_4$(s)	−873	+92	−760
硫酸ニッケル(II)七水和物	NiSO$_4$·7H$_2$O(s)	−2976	+379	−2462
硫化ニッケル(II)	NiS(s)	−82	+53	−80
テトラカルボニルニッケル(0)	Ni(CO)$_4$(l)	−633	+313	−588
窒素	N$_2$(g)	0	+192	0
	N(g)	+473	+153	+456
アンモニア	NH$_3$(g)	−46	+193	−16
アジ化物イオン	N$_3^-$(aq)	+275	+108	+348
酸化二窒素	N$_2$O(g)	+82	+220	+104
五酸化二窒素	N$_2$O$_5$(g)	+11	+356	+115
四酸化二窒素	N$_2$O$_4$(g)	+9	+304	+98
三酸化二窒素	N$_2$O$_3$(g)	+84	+312	+139
ヒドラジン	N$_2$H$_4$(l)	+51	+121	+149
アジ化水素	HN$_3$(l)	+264	+141	+327
硝酸	HNO$_3$(l)	−174	+156	−81
硝酸イオン	NO$_3^-$(aq)	−207	+147	−111
亜硝酸イオン	NO$_2^-$(aq)	−105	+123	−32
二酸化窒素	NO$_2$(g)	+33	+240	+51
一酸化窒素	NO(g)	+90	+211	+87

(つづく)

付録1　代表的な無機化合物の熱力学的性質

化合物名	化学式	$\Delta H_f°$ [kJ·mol^{-1}]	$S°$ [J·mol^{-1}·K^{-1}]	$\Delta G°$ [kJ·mol^{-1}]
酸素	$O_2(g)$	0	+205	0
オゾン	$O_3(g)$	+143	+239	+163
	$O(g)$	+249	+161	+232
	$O^-(g)$	+102	+158	+92
二フッ化酸素	$OF_2(g)$	+25	+247	+42
リン	$P_4(s)$(黄リン)	0	+41	0
	$P(s)$(赤リン)	−18	+23	−12
	$P_4(g)$	+59	+280	+24
	$P(g)$	+317	+163	+278
リン酸	$H_3PO_4(s)$	−1279	+110	−1119
五塩化リン	$PCl_5(g)$	−375	+365	−305
五フッ化リン	$PF_5(g)$	−1594	+301	−1521
リン酸イオン	$PO_4^{3-}(aq)$	−1277	−220	−1019
塩化ホスホリル	$POCl_3(l)$	−597	+222	−521
十酸化四リン	$P_4O_{10}(s)$	−2984	+229	−2700
三塩化リン	$PCl_3(l)$	−320	+217	−272
三フッ化リン	$PF_3(g)$	−919	+273	−898
三水素化リン（ホスフィン）	$PH_3(g)$	+5	+210	+13
カリウム	$K(s)$	0	+65	0
	$K(g)$	+89	+160	+61
カリウムイオン	$K^+(aq)$	−252	+101	−284
臭化カリウム	$KBr(s)$	−394	+96	−381
炭酸カリウム	$K_2CO_3(s)$	−1151	+156	−1064
塩素酸カリウム	$KClO_3(s)$	−398	+143	−296
塩化カリウム	$KCl(s)$	−437	+83	−409
クロム酸カリウム	$K_2CrO_4(s)$	−1404	+200	−1296
シアン化カリウム	$KCN(s)$	−113	+128	−102
二クロム酸カリウム	$K_2Cr_2O_7(s)$	−2062	+291	−1882
過酸化カリウム	$K_2O_2(s)$	−494	+102	−425
超酸化カリウム	$KO_2(s)$	−285	+117	−239
フッ化カリウム	$KF(s)$	−567	+67	−538
水素化カリウム	$KH(s)$	−58	+50	−53
炭酸水素カリウム	$KHCO_3(s)$	−963	+116	−864
硫酸水素カリウム	$KHSO_4(s)$	−1161	+138	−1031
水酸化カリウム	$KOH(s)$	−425	+79	−379
ヨウ化カリウム	$KI(s)$	−328	+106	−325
硝酸カリウム	$KNO_3(s)$	−495	+133	−395
亜硝酸カリウム	$KNO_2(s)$	−370	+152	−307
酸化カリウム	$K_2O(s)$	−363	+94	−322
過塩素酸カリウム	$KClO_4(s)$	−433	+151	−303
過マンガン酸カリウム	$KMnO_4(s)$	−837	+172	−738
ペルオキソ二硫酸カリウム	$K_2S_2O_8(s)$	−1916	+279	−1697
ピロ硫酸カリウム	$K_2S_2O_7(s)$	−1987	+225	−1792
硫酸カリウム	$K_2SO_4(s)$	−1438	+176	−1321
硫化カリウム	$K_2S(s)$	−376	+115	−363
テトラフルオロホウ酸カリウム	$KBF_4(s)$	−1882	+152	−1786
ルビジウム	$Rb(s)$	0	+77	0
	$Rb(g)$	+81	+170	+53
ルビジウムイオン	$Rb^+(aq)$	−251	+122	−284
臭化ルビジウム	$RbBr(s)$	−395	+110	−382
炭酸ルビジウム	$Rb_2CO_3(s)$	−1179	+186	−1096
塩化ルビジウム	$RbCl(s)$	−435	+96	−408
フッ化ルビジウム	$RbF(s)$	−558	+75	−521
ヨウ化ルビジウム	$RbI(s)$	−334	+118	−329

付録1 代表的な無機化合物の熱力学的性質

化合物名	化学式	$\Delta H_f°$ [kJ·mol^{-1}]	$S°$ [J·mol^{-1}·K^{-1}]	$\Delta G°$ [kJ·mol^{-1}]
ルビジウム (つづき)				
硝酸ルビジウム	RbNO$_3$(s)	-495	$+147$	-396
硫酸ルビジウム	Rb$_2$SO$_4$(s)	-1436	$+197$	-1317
セレン	Se(s)(灰色)	0	$+42$	0
	Se(g)	$+227$	$+177$	$+187$
六フッ化セレン	SeF$_6$(g)	-1117	$+314$	-1017
セレン酸イオン	SeO$_4^{2-}$(aq)	-599	$+54$	-441
四塩化セレン	SeCl$_4$(s)	-183	$+195$	-95
ケイ素	Si(s)	0	$+19$	0
	Si(g)	$+450$	$+168$	$+406$
炭化ケイ素	SiC(s)	-65	$+17$	-63
二酸化ケイ素(水晶)	SiO$_2$(s)	-911	$+41$	-856
四塩化ケイ素	SiCl$_4$(l)	-687	$+240$	-620
四フッ化ケイ素	SiF$_4$(g)	-1615	$+283$	-1573
四水素化ケイ素(シラン)	SiH$_4$(g)	$+34$	$+205$	$+57$
銀	Ag(s)	0	$+43$	0
	Ag(g)	$+285$	$+173$	$+246$
銀イオン	Ag$^+$(aq)	$+106$	$+73$	$+77$
臭化銀	AgBr(s)	-100	$+107$	-97
炭酸銀	Ag$_2$CO$_3$(s)	-506	$+167$	-437
塩化銀	AgCl(s)	-127	$+96$	-110
クロム酸銀	Ag$_2$CrO$_4$(s)	-732	$+218$	-642
シアン化銀	AgCN(s)	$+146$	$+107$	$+157$
フッ化銀	AgF(s)	-205	$+84$	-187
ヨウ化銀	AgI(s)	-62	$+115$	-66
硝酸銀	AgNO$_3$(s)	-124	$+141$	-33
酸化銀	Ag$_2$O(s)	-31	$+121$	-11
硫酸銀	Ag$_2$SO$_4$(s)	-716	$+200$	-618
硫化銀	Ag$_2$S(s)	-33	$+144$	-41
ナトリウム	Na(s)	0	$+51$	0
	Na(g)	$+107$	$+154$	$+77$
ナトリウムイオン	Na$^+$(aq)	-240	$+58$	-262
アジ化ナトリウム	NaN$_3$(s)	$+22$	$+97$	$+94$
臭化ナトリウム	NaBr(s)	-361	$+87$	-349
炭酸ナトリウム	Na$_2$CO$_3$(s)	-1131	$+135$	-1044
炭酸ナトリウム一水和物	Na$_2$CO$_3$·H$_2$O(s)	-1431	$+168$	-1285
炭酸ナトリウム十水和物	Na$_2$CO$_3$·10H$_2$O(s)	-4081	$+563$	-3428
塩素酸ナトリウム	NaClO$_3$(s)	-366	$+123$	-262
塩化ナトリウム	NaCl(s)	-411	$+72$	-384
シアン化ナトリウム	NaCN(s)	-87	$+116$	-76
リン酸二水素ナトリウム	NaH$_2$PO$_4$(s)	-1537	$+127$	-1386
過酸化ナトリウム	Na$_2$O$_2$(s)	-511	$+95$	-448
フッ化ナトリウム	NaF(s)	-574	$+51$	-544
水素化ナトリウム	NaH(s)	-56	$+40$	-33
炭酸水素ナトリウム	NaHCO$_3$(s)	-951	$+102$	-851
リン酸水素二ナトリウム	Na$_2$HPO$_4$(s)	-1748	$+150$	-1608
硫酸水素ナトリウム	NaHSO$_4$(s)	-1126	$+113$	-993
水酸化ナトリウム	NaOH(s)	-425	$+64$	-379
ヨウ化ナトリウム	NaI(s)	-288	$+99$	-286
硝酸ナトリウム	NaNO$_3$(s)	-468	$+117$	-367
亜硝酸ナトリウム	NaNO$_2$(s)	-359	$+104$	-285
酸化ナトリウム	Na$_2$O(s)	-414	$+75$	-375
過塩素酸ナトリウム	NaClO$_4$(s)	-383	$+142$	-255
リン酸ナトリウム	Na$_3$PO$_4$(s)	-1917	$+174$	-1789

(つづく)

付録1　代表的な無機化合物の熱力学的性質

化合物名	化学式	$\Delta H_f°$ [kJ·mol^{-1}]	$S°$ [J·mol^{-1}·K^{-1}]	$\Delta G°$ [kJ·mol^{-1}]
ナトリウム (つづき)				
ケイ酸ナトリウム	Na$_2$SiO$_3$(s)	-1555	$+114$	-1463
硫酸ナトリウム	Na$_2$SO$_4$(s)	-1387	$+150$	-1270
硫化ナトリウム	Na$_2$S(s)	-365	$+84$	-350
亜硫酸ナトリウム	Na$_2$SO$_3$(s)	-1101	$+146$	-1012
テトラヒドロホウ酸ナトリウム	NaBH$_4$(s)	-189	$+101$	-124
チオ硫酸ナトリウム	Na$_2$S$_2$O$_3$(s)	-1123	$+155$	-1028
チオ硫酸ナトリウム五水和物	Na$_2$S$_2$O$_3$·5H$_2$O(s)	-2608	$+372$	-2230
ストロンチウム	Sr(s)	0	$+52$	0
	Sr(g)	$+164$	$+165$	$+131$
ストロンチウムイオン	Sr^{2+}(aq)	-546	-33	-559
炭酸ストロンチウム	SrCO$_3$(s)	-1220	$+97$	-1140
塩化ストロンチウム	SrCl$_2$(s)	-829	$+115$	-781
酸化ストロンチウム	SrO(s)	-592	$+54$	-562
硫酸ストロンチウム	SrSO$_4$(s)	-1453	$+117$	-1341
硫　黄	S$_8$(s)(斜方)	0	$+32$	0
	S$_8$(s)(単斜)	$+0.3$	$+33$	$+0.1$
	S$_8$(g)	$+102$	$+431$	$+50$
	S(g)	$+227$	$+168$	$+236$
二塩化硫黄	SCl$_2$(l)	-50	$+184$	-28
二塩化二硫黄	S$_2$Cl$_2$(l)	-58	$+224$	-39
二酸化硫黄	SO$_2$(g)	-297	$+248$	-300
六フッ化硫黄	SF$_6$(g)	-1209	$+292$	-1105
硫　酸	H$_2$SO$_4$(l)	-814	$+157$	-690
硫化水素イオン	HS$^-$(aq)	-16	$+67$	$+12$
ペルオキソ二硫酸イオン	S$_2$O$_8^{2-}$(aq)	-1345	$+244$	-1115
硫酸イオン	SO$_4^{2-}$(aq)	-909	$+19$	-744
硫化物イオン	S^{2-}(aq)	$+33$	-15	$+86$
亜硫酸イオン	SO$_3^{2-}$(aq)	-635	-29	-487
チオ硫酸イオン	S$_2$O$_3^{2-}$(aq)	-652	$+67$	-522
三酸化硫黄	SO$_3$(g)	-396	$+257$	-371
タリウム	Tl(s)	0	$+64$	0
	Tl(g)	$+182$	$+181$	$+147$
タリウム(I)イオン	Tl$^+$(aq)	$+5$	$+125$	-32
タリウム(Ⅲ)イオン	Tl^{3+}(aq)	$+197$	-192	$+215$
塩化タリウム(I)	TlCl(s)	-204	$+111$	-185
塩化タリウム(Ⅲ)	TlCl$_3$(s)	-315	$+152$	-242
ス　ズ	Sn(s)(白色)	0	$+51$	0
	Sn(s)(灰色)	-2	$+44$	$+0.1$
	Sn(g)	$+301$	$+168$	$+266$
塩化スズ(Ⅱ)	SnCl$_2$(s)	-331	$+132$	-289
塩化スズ(Ⅳ)	SnCl$_4$(l)	-551	$+259$	-440
水素化スズ	SnH$_4$(g)	$+163$	$+228$	$+188$
水酸化スズ(Ⅱ)	Sn(OH)$_2$(s)	-561	$+155$	-492
酸化スズ(Ⅱ)	SnO(s)	-281	$+57$	-252
酸化スズ(Ⅳ)	SnO$_2$(s)	-578	$+49$	-516
硫化スズ(Ⅱ)	SnS(s)	-100	$+77$	-98
硫化スズ(Ⅳ)	SnS$_2$(s)	-154	$+87$	-145
チタン	Ti(s)	0	$+31$	0
	Ti(g)	$+473$	$+180$	$+428$
塩化チタン(Ⅱ)	TiCl$_2$(s)	-514	$+87$	-464
塩化チタン(Ⅲ)	TiCl$_3$(s)	-721	$+140$	-654
塩化チタン(Ⅳ)	TiCl$_4$(l)	-804	$+252$	-737
酸化チタン(Ⅳ)	TiO$_2$(s)(ルチル)	-944	$+51$	-890

付録1　代表的な無機化合物の熱力学的性質

化合物名	化学式	ΔH_f° [kJ·mol^{-1}]	S° [J·mol^{-1}·K^{-1}]	ΔG° [kJ·mol^{-1}]
バナジウム	V(s)	0	+29	0
	V(g)	+514	+182	+469
塩化バナジウム(II)	VCl$_2$(s)	−452	+97	−406
塩化バナジウム(III)	VCl$_3$(s)	−581	+131	−511
塩化バナジウム(IV)	VCl$_4$(l)	−569	+255	−504
酸化バナジウム(II)	VO(s)	−432	+39	−404
酸化バナジウム(III)	V$_2$O$_3$(s)	−1219	+98	−1139
酸化バナジウム(IV)	VO$_2$(s)	−713	+51	−659
酸化バナジウム(V)	V$_2$O$_5$(s)	−1551	+131	−1420
キセノン	Xe(g)	0	+170	0
二フッ化キセノン	XeF$_2$(g)	−130	+260	−96
四フッ化キセノン	XeF$_4$(g)	−215	+316	−138
三酸化キセノン	XeO$_3$(g)	+502	+287	+561
亜　鉛	Zn(s)	0	+42	0
	Zn(g)	+130	+161	+94
亜鉛イオン	Zn^{2+}(aq)	−153	−110	−147
炭酸亜鉛	ZnCO$_3$(s)	−813	+82	−732
塩化亜鉛	ZnCl$_2$(s)	−415	+111	−369
水酸化亜鉛	Zn(OH)$_2$(s)	−642	+81	−554
窒化亜鉛	Zn$_3$N$_2$(s)	−23	+140	+30
酸化亜鉛	ZnO(s)	−350	+44	−320
硫酸亜鉛	ZnSO$_4$(s)	−983	+110	−872
硫酸亜鉛七水和物	ZnSO$_4$·7H$_2$O(s)	−3078	+389	−2563
硫化亜鉛	ZnS(s)(ウルツ鉱)	−193	+68	−191
硫化亜鉛	ZnS(s)(閃亜鉛鉱)	−206	+58	−201

付録 2
代表的なイオンの電荷密度

電荷密度（C·mm^{-3}）は次式を用いて計算される． $\dfrac{ne}{(4/3)\pi r^3}$

ここで，イオン半径 r はシャノン・プレウィット値で単位は mm であり（*Acta Cryst.*, **A32**, 751 (1976)），e は電子の電荷（1.60×10^{-19} C），n はイオンの電荷を表す．ここでの半径は，(T)と書かれた4配位四面体形イオンを除いて，すべて6配位イオンの値である．(HS)と(LS)は遷移金属イオンのそれぞれ高スピンと低スピンのイオン半径を表している．

陽イオン	電荷密度	陽イオン	電荷密度	陽イオン	電荷密度	陽イオン	電荷密度
Ac^{3+}	57	Cr^{6+}	1175	Mn^{4+}	508	Sb^{5+}	471
Ag^{+}	15	Cs^{+}	6	Mn^{7+}	1238	Sc^{3+}	163
Ag^{2+}	60	Cu^{+}	51	Mo^{3+}	200	Se^{4+}	583
Ag^{3+}	163	Cu^{2+}	116	Mo^{6+}	589	Se^{6+}	1305
Al^{3+}	770 (T)	Dy^{2+}	43	NH_4^{+}	11	Si^{4+}	970
Al^{3+}	364	Dy^{3+}	99	Na^{+}	24	Sm^{3+}	86
Am^{3+}	82	Er^{3+}	105	Nb^{3+}	180	Sn^{2+}	54
As^{3+}	307	Eu^{2+}	34	Nb^{5+}	402	Sn^{4+}	267
As^{5+}	884	Eu^{3+}	88	Nd^{3+}	82	Sr^{2+}	33
At^{7+}	609	F^{7+}	25 110	Ni^{2+}	134	Ta^{3+}	180
Au^{+}	11	Fe^{2+}	181 (LS)	No^{2+}	40	Ta^{5+}	402
Au^{3+}	118	Fe^{2+}	98 (HS)	Np^{5+}	271	Tb^{3+}	96
B^{3+}	7334 (T)	Fe^{3+}	349 (LS)	Os^{4+}	335	Tc^{4+}	310
B^{3+}	1663	Fe^{3+}	232 (HS)	Os^{6+}	698	Tc^{7+}	780
Ba^{2+}	23	Fe^{6+}	3864	Os^{8+}	2053	Te^{4+}	112
Be^{2+}	1108 (T)	Fr^{+}	5	P^{3+}	587	Te^{6+}	668
Bi^{3+}	72	Ga^{3+}	261	P^{5+}	1358	Th^{4+}	121
Bi^{5+}	262	Gd^{3+}	91	Pa^{5+}	245	Ti^{2+}	76
Bk^{3+}	86	Ge^{2+}	116	Pb^{2+}	32	Ti^{3+}	216
Br^{7+}	1796	Ge^{4+}	508	Pb^{4+}	196	Ti^{4+}	362
C^{4+}	6265 (T)	Hf^{4+}	409	Pd^{2+}	76	Tl^{+}	9
Ca^{2+}	52	Hg^{+}	16	Pd^{4+}	348	Tl^{3+}	105
Cd^{2+}	59	Hg^{2+}	49	Pm^{3+}	84	Tm^{2+}	48
Ce^{3+}	75	Ho^{3+}	102	Po^{4+}	121	Tm^{3+}	108
Ce^{4+}	148	I^{7+}	889	Po^{6+}	431	U^{4+}	140
Cf^{3+}	88	In^{3+}	138	Pr^{3+}	79	U^{6+}	348
Cl^{7+}	3880	Ir^{3+}	208	Pr^{4+}	157	V^{2+}	95
Cm^{3+}	84	Ir^{5+}	534	Pt^{2+}	92	V^{3+}	241
Co^{2+}	155 (LS)	K^{+}	11	Pt^{4+}	335	V^{4+}	409
Co^{2+}	108 (HS)	La^{3+}	72	Pu^{4+}	153	V^{5+}	607
Co^{3+}	349 (LS)	Li^{+}	98 (T)	Ra^{2+}	18	W^{4+}	298
Co^{3+}	272 (HS)	Li^{+}	52	Rb^{+}	8	W^{6+}	566
Co^{4+}	508 (HS)	Lu^{3+}	115	Re^{7+}	889	Y^{3+}	102
Cr^{2+}	116 (LS)	Mg^{2+}	120	Rh^{3+}	224	Yb^{3+}	111
Cr^{2+}	92 (HS)	Mn^{2+}	114 (LS)	Ru^{3+}	208	Zn^{2+}	112
Cr^{3+}	261	Mn^{2+}	84 (HS)	S^{4+}	1152	Zr^{4+}	240
Cr^{4+}	465	Mn^{3+}	307 (LS)	S^{6+}	2883		
Cr^{5+}	764	Mn^{3+}	232 (HS)	Sb^{3+}	157		

HS：高スピン，LS：低スピン，T：4配位四面体形イオン

陰イオン	電荷密度	陰イオン	電荷密度	陰イオン	電荷密度	陰イオン	電荷密度
As^{3-}	12	F^{-}	24	O^{2-}	40	SO_4^{2-}	5
Br^{-}	6	I^{-}	4	O_2^{-}	13	Se^{2-}	12
CN^{-}	7	MnO_4^{-}	4	O_2^{2-}	19	Te^{2-}	9
CO_3^{2-}	17	N^{3-}	50	OH^{-}	23		
Cl^{-}	8	N_3^{-}	6	P^{3-}	14		
ClO_4^{-}	3	NO_3^{-}	9	S^{2-}	16		

付録 3
代表的な結合エネルギー

二水素のような等核二原子分子について結合エネルギーの精密な測定値を記載する．異核結合の大部分については，平均値だけを示すが，これらの値はもとの文献によって異なっている．単位は $kJ \cdot mol^{-1}$．

水 素					窒 素（つづき）			
H—H	432	H—S	363		N≡N	942	N—F	278
H—B	389	H—F	565				N—Cl	192
H—C	411	H—Cl	428		**リ ン**			
H—N	386	H—Br	362		P—P	200	P—F	490
H—O	459	H—I	295		P≡P	481	P—Cl	326
13 族					P—O	335	P—Br	264
ホ ウ 素							P—I	184
B—C	372	B—F	613		**16 族**			
B—O	536	B—Cl	456		酸 素			
B=O	636	B—Br	377		O—O	142	O—F	190
14 族					O=O	494	O—Cl	218
炭 素					O—S	523	O—Br	201
C—C	346	C—O	358		O—Xe	84	O—I	201
C=C	602	C=O	799		硫 黄			
C≡C	835	C≡O	1072		S—S	268	S—F	327
C—N	305	C—F	485		S=S	425	S—Cl	271
C=N	615	C—Cl	327		**17 族**			
C≡N	887	C—Br	285		フ ッ 素			
C—P	264	C—I	213		F—F	155	F—Cl	249
ケ イ 素					F—Kr	50	F—Br	250
Si—Si	222	Si—F	565		F—Xe	133	F—I	278
Si—O	452	Si—Cl	381		塩 素			
Si—O	565	Si—Br	310		Cl—Cl	240	Cl—Br	216
		Si—I	234				Cl—I	208
15 族					臭 素			
窒 素					Br—Br	190	Br—I	175
N—N	247	N—O	201		ヨ ウ 素			
N=N	418	N=O	607		I—I	149		

付録 4
代表的な金属のイオン化エネルギー

これらのイオン化エネルギーは $MJ \cdot mol^{-1}$ の単位であり，つぎの本にまとめられている：G. Aylward, T. Findlay, "SI Chemical Data", 3rd Ed., Wiley, New York (1994). 最外殻電子（価電子）の代表的なイオン化エネルギーのみを記載する．

第一イオン化エネルギーは，つぎのプロセスに必要なエネルギーを表す．

$M(g) \longrightarrow M^+(g) + e^-$

一方，第二イオン化エネルギーはつぎのプロセスの値であり，

$M^+(g) \longrightarrow M^{2+}(g) + e^-$

同様に，連続的にさらなるイオン化エネルギーを1電子過程として定義する．

元 素	イオン化エネルギー				
	第 一	第 二	第 三	第 四	第 五
リチウム	0.526				
ベリリウム	0.906	1.763			
ナトリウム	0.502				
マグネシウム	0.744	1.457			
アルミニウム	0.584	1.823	2.751		
カリウム	0.425				
カルシウム	0.596	1.152			
スカンジウム	0.637	1.241	2.395		
チタン	0.664	1.316	2.659	4.181	
バナジウム	0.656	1.420	2.834	4.513	6.300
クロム	0.659	1.598	2.993		
マンガン	0.724	1.515	3.255		
鉄	0.766	1.567	2.964		
コバルト	0.765	1.652	3.238		
ニッケル	0.743	1.759			
銅	0.752	1.964			
亜 鉛	0.913	1.740			
鉛	0.722	1.457			

付録 5
代表的な水和エンタルピー値

これらの水和エンタルピーは，つぎの文献から引用したものであり，単位は $kJ \cdot mol^{-1}$ である：J.G. Stark, H.G. Wallace, "Chemistry Data Book", John Murray, London (1990).

元 素	$\Delta H_f^\circ [kJ \cdot mol^{-1}]$	元 素	$\Delta H_f^\circ [kJ \cdot mol^{-1}]$	元 素	$\Delta H_f^\circ [kJ \cdot mol^{-1}]$
リチウム	−519	マグネシウム	−1920	銀	−464
ナトリウム	−406	カルシウム	−1650	フッ素	−506
カリウム	−322	ストロンチウム	−1480	塩 素	−364
ルビジウム	−301	バリウム	−1360	臭 素	−335
セシウム	−276	アルミニウム	−4690	ヨウ素	−293

付録 6 代表的な非金属の電子親和力

これらのイオン化エネルギーはつぎの文献から引用したものであり，単位は $kJ \cdot mol^{-1}$ である：J.E. Huuhey *et al.*, "Inorganic Chemistry", 4th Ed., HarperCollins, New York (1993).

第一電子親和力はつぎのプロセスに必要なエネルギーを表す．

$$X(g) + e^- \longrightarrow X^-(g)$$

一方，第二電子親和力はつぎのプロセスの値であり，

$$X^-(g) + e^- \longrightarrow X^{2-}(g)$$

第三電子親和力はつぎのプロセスの値である．

$$X^{2-}(g) + e^- \longrightarrow X^{3-}(g)$$

元 素	電子親和力			元 素	電子親和力		
	第 一	第 二	第 三		第 一	第 二	第 三
窒 素	−7	+673	+1070	塩 素	−349		
酸 素	−141	+744		水 素	−79		
フッ素	−328			ホウ素	−331		
リ ン	−72	+468	+886	ヨウ素	−301		
硫 黄	−200	+456					

付録 7 代表的な格子エネルギー値

これらの格子エネルギーはボルン・ハーバーサイクルから計算された値であり，単位は $kJ \cdot mol^{-1}$ である．これらの値は，つぎの文献から引用している．G. Aylward, T. Findlay, "SI Chemical Data", 3rd Ed., Wiley, New York (1994).

イオン	フッ化物	塩化物	臭化物	ヨウ化物	酸化物	硫化物
リチウム	1047	862	818	759	2806	2471
ナトリウム	928	788	751	700	2488	2199
カリウム	826	718	689	645	2245	1986
ルビジウム	793	693	666	627	2170	1936
セシウム	756	668	645	608	—	1899
マグネシウム	2961	2523	2434	2318	3800	3323
カルシウム	2634	2255	2170	2065	3419	3043
ストロンチウム	2496	2153	2070	1955	3222	2879
バリウム	2357	2053	1980	1869	3034	2716

付録 8 代表的なイオン半径値

これらのイオン半径の値は，(T) と書かれた 4 配位四面体形イオンを除いて，すべて 6 配位イオンのシャノン・プレウィット値で単位は pm である (*Acta Cryst.*, **A32**, 751 (1976))．(HS) と (LS) は遷移金属イオンのそれぞれ高スピンと低スピンのイオン半径を表している．多原子イオンの値は，Jenkins と Thakur の文献 (*J. Chem. Educ.*, **56**, 576 (1979)) から引用した．

イオン	イオン半径	イオン	イオン半径	イオン	イオン半径	イオン	イオン半径	イオン	イオン半径
Li^+ (T)	73	Ca^{2+}	114	Fe^{3+} (LS)	69	Zn^{2+} (T)	88	CO_3^{2-}	164
Na^+	116	Sr^{2+}	132	Co^{2+} (HS)	88	F^-	117	NO_3^-	165
K^+	152	Ba^{2+}	149	Co^{3+} (LS)	68	Cl^-	167	OH^-	119
Rb^+	166	Al^{3+}	68	Ni^{2+}	83	Br^-	182	SO_4^{2-}	244
Cs^+	181	Fe^{2+}	92	Cu^+	91	I^-	206	O^{2-}	126
Mg^{2+}	86	Fe^{3+} (HS)	78	Cu^{2+}	87	NH_4^+	151	S^{2-}	170

付録 9
代表的な元素の標準半電池電極電位

データはすべて標準状態の値で，単位はボルト（V）である．つぎの本から引用した：D.F. Schriver, P. Atkins, C.H. Langford, "Inorganic Chemistry", 2nd Ed., Freeman, New York (1994).

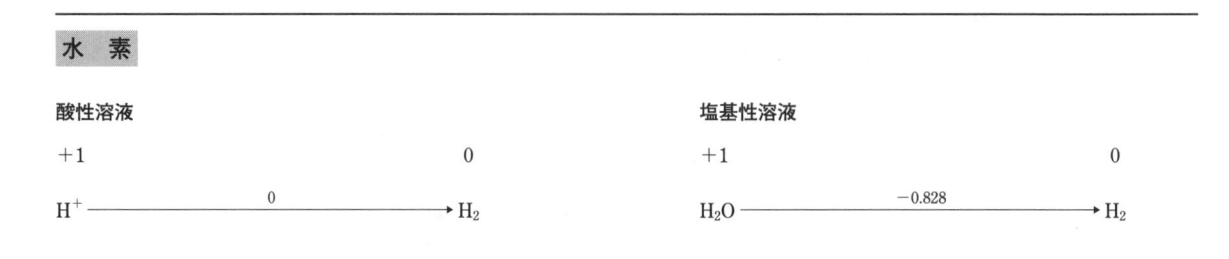

水 素

酸性溶液

+1　　　　　　　　　　　　　0

H^+ ——— 0 ——→ H_2

塩基性溶液

+1　　　　　　　　　　　　　0

H_2O ——— −0.828 ——→ H_2

1族：アルカリ金属

酸性溶液

+1　　　　　　　　　　　　　0

Li^+ ——— −3.040 ——→ Li
Na^+ ——— −2.714 ——→ Na
K^+ ——— −2.936 ——→ K
Rb^+ ——— −2.923 ——→ Rb
Cs^+ ——— −3.026 ——→ Cs

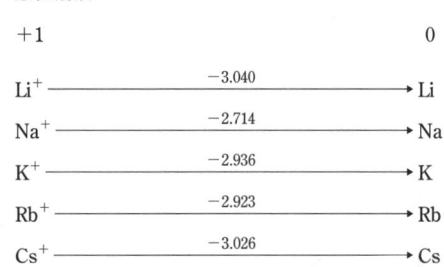

2族：アルカリ土類金属

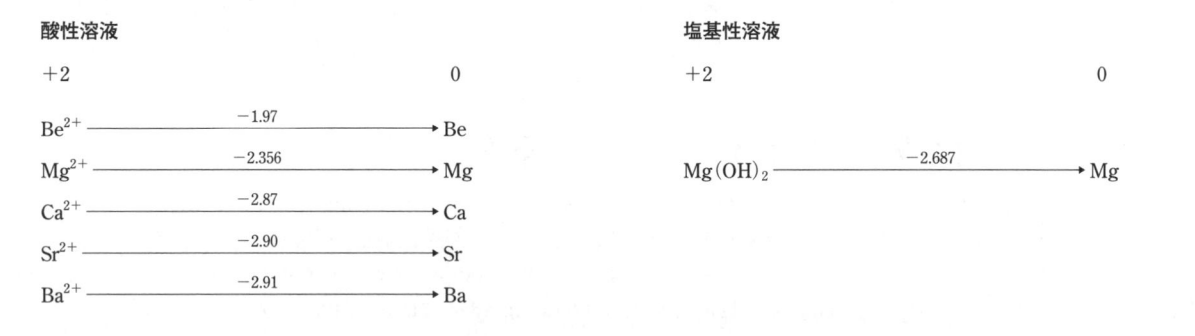

酸性溶液

+2　　　　　　　　　　　　　0

Be^{2+} ——— −1.97 ——→ Be
Mg^{2+} ——— −2.356 ——→ Mg
Ca^{2+} ——— −2.87 ——→ Ca
Sr^{2+} ——— −2.90 ——→ Sr
Ba^{2+} ——— −2.91 ——→ Ba

塩基性溶液

+2　　　　　　　　　　　　　0

$Mg(OH)_2$ ——— −2.687 ——→ Mg

13 族

酸性溶液

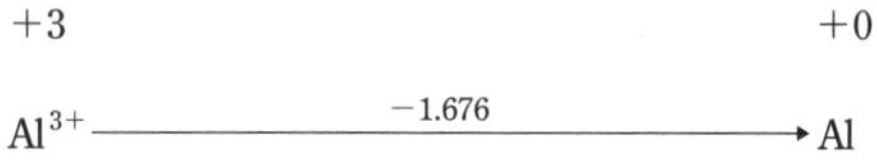

$$\overset{+3}{Al^{3+}} \xrightarrow{-1.676} \overset{+0}{Al}$$

$$\overset{+3}{Tl^{3+}} \xrightarrow{1.25} \overset{+1}{Tl^+} \xrightarrow{-0.336} \overset{0}{Tl}$$
$$Tl^{3+} \xrightarrow{0.72} Tl$$

塩基性溶液

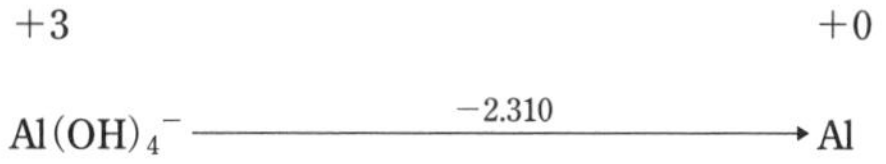

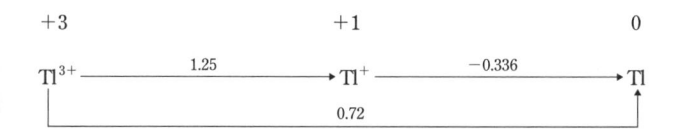

$$\overset{+3}{Al(OH)_4^-} \xrightarrow{-2.310} \overset{+0}{Al}$$

14 族

酸性溶液

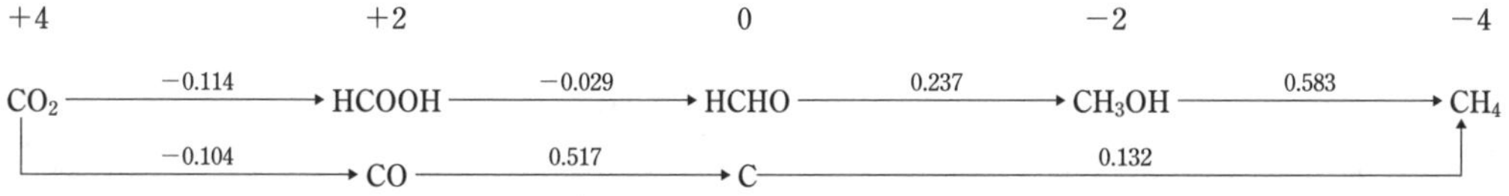

$$\overset{+4}{CO_2} \xrightarrow{-0.114} \overset{+2}{HCOOH} \xrightarrow{-0.029} \overset{0}{HCHO} \xrightarrow{0.237} \overset{-2}{CH_3OH} \xrightarrow{0.583} \overset{-4}{CH_4}$$
$$CO_2 \xrightarrow{-0.104} CO \xrightarrow{0.517} C \xrightarrow{0.132} CH_4$$

塩基性溶液

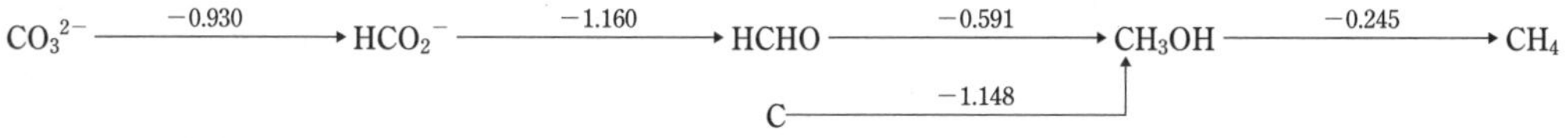

$$\overset{+4}{CO_3^{2-}} \xrightarrow{-0.930} \overset{+2}{HCO_2^-} \xrightarrow{-1.160} \overset{0}{HCHO} \xrightarrow{-0.591} \overset{-2}{CH_3OH} \xrightarrow{-0.245} \overset{-4}{CH_4}$$
$$C \xrightarrow{-1.148} CH_3OH$$

酸性溶液

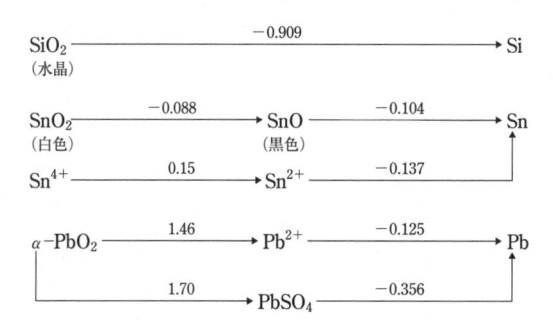

$$\overset{+4}{SiO_2} \xrightarrow{-0.909} \overset{0}{Si}$$
(水晶)

$$\overset{+4}{SnO_2} \xrightarrow{-0.088} \overset{+2}{SnO} \xrightarrow{-0.104} \overset{0}{Sn}$$
(白色) (黒色)
$$Sn^{4+} \xrightarrow{0.15} Sn^{2+} \xrightarrow{-0.137} Sn$$

$$\overset{+4}{\alpha\text{-}PbO_2} \xrightarrow{1.46} \overset{+2}{Pb^{2+}} \xrightarrow{-0.125} \overset{0}{Pb}$$
$$\alpha\text{-}PbO_2 \xrightarrow{1.70} PbSO_4 \xrightarrow{-0.356} Pb$$

塩基性溶液

$$\overset{+4}{SiO_3^{2-}} \xrightarrow{-1.69} \overset{0}{Si}$$

$$\overset{+4}{Sn(OH)_6^{2-}} \xrightarrow{(-0.93)} \overset{+2}{SnOOH^-} \xrightarrow{(-0.91)} \overset{0}{Sn}$$
(赤色)

$$\overset{+4}{PbO_2} \xrightarrow{0.254} \overset{+2}{PbO} \xrightarrow{-0.578} \overset{0}{Pb}$$
(赤色)

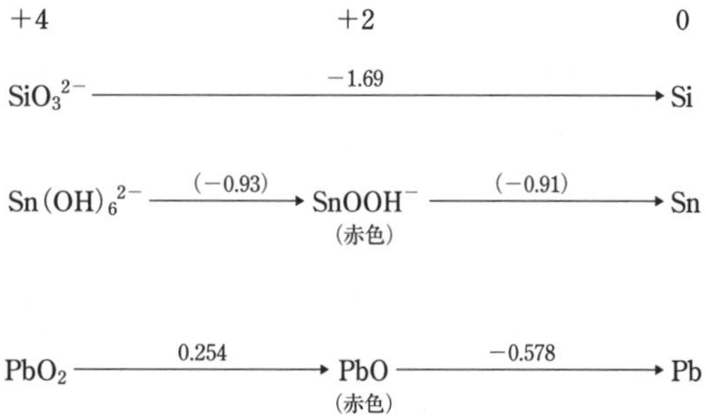

15 族

酸性溶液

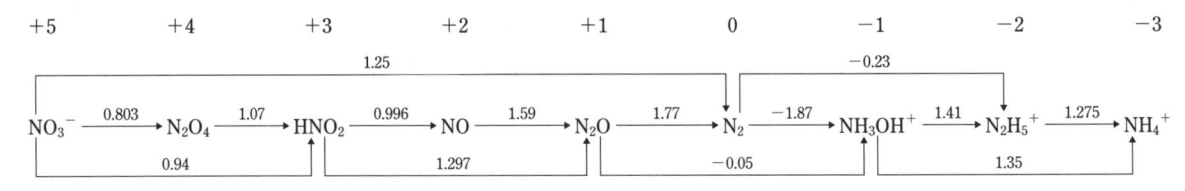

$$NO_3^- \xrightarrow{0.803} N_2O_4 \xrightarrow{1.07} HNO_2 \xrightarrow{0.996} NO \xrightarrow{1.59} N_2O \xrightarrow{1.77} N_2 \xrightarrow{-1.87} NH_3OH^+ \xrightarrow{1.41} N_2H_5^+ \xrightarrow{1.275} NH_4^+$$

上段: +5→+3 (1.25), 0→−1 (−0.23)
下段: +5→+4 (0.94), +4→+3 (経由), +3→+2 (1.297), +2→+1, +1→0 (−0.05), 0→−2, −1→−3 (1.35)

塩基性溶液

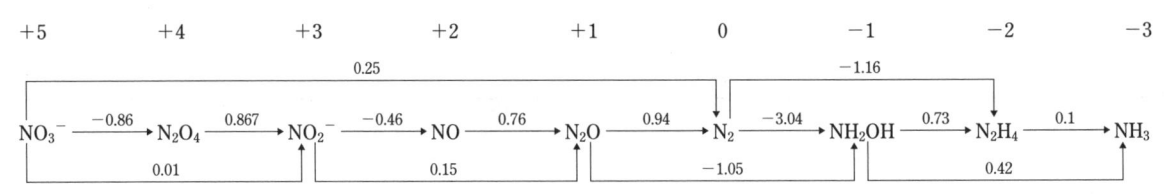

$$NO_3^- \xrightarrow{-0.86} N_2O_4 \xrightarrow{0.867} NO_2^- \xrightarrow{-0.46} NO \xrightarrow{0.76} N_2O \xrightarrow{0.94} N_2 \xrightarrow{-3.04} NH_2OH \xrightarrow{0.73} N_2H_4 \xrightarrow{0.1} NH_3$$

上段: +5→+3 (0.25), 0→−1 (−1.16)
下段: +4→+3 (0.01), +3→+2 (0.15), +1→0 (−1.05), −1→−3 (0.42)

酸性溶液

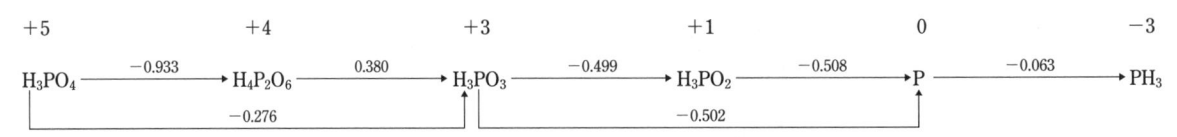

$$H_3PO_4 \xrightarrow{-0.933} H_4P_2O_6 \xrightarrow{0.380} H_3PO_3 \xrightarrow{-0.499} H_3PO_2 \xrightarrow{-0.508} P \xrightarrow{-0.063} PH_3$$

下段: +5→+3 (−0.276), +3→+1 (−0.502)

塩基性溶液

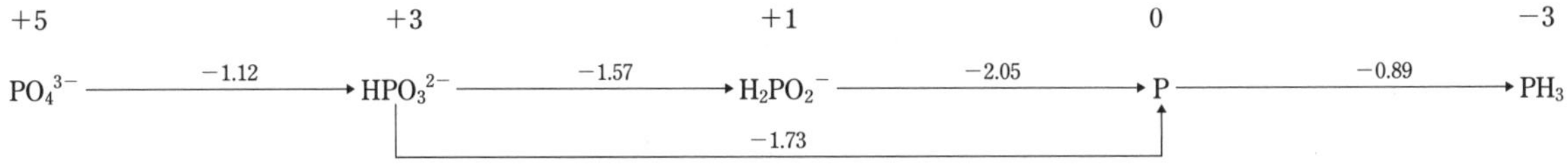

$$PO_4^{3-} \xrightarrow{-1.12} HPO_3^{2-} \xrightarrow{-1.57} H_2PO_2^- \xrightarrow{-2.05} P \xrightarrow{-0.89} PH_3$$

下段: +3→+1 (−1.73)

16 族

酸性溶液

$$O_2 \xrightarrow{0.695} H_2O_2 \xrightarrow{1.763} H_2O$$

上段: $O_2 \xrightarrow{-0.125} HO_2 \xrightarrow{1.51} H_2O_2$
下段: 0→−2 (1.229)

$$HSO_4^- \xrightarrow{-0.253} S_2O_6^{2-} \xrightarrow{0.569} H_2SO_3 \xrightarrow{0.400} S_2O_3^{2-} \xrightarrow{0.600} S \xrightarrow{0.144} H_2S$$

下段: +6→+4 (0.158), +4→+2 (0.500)

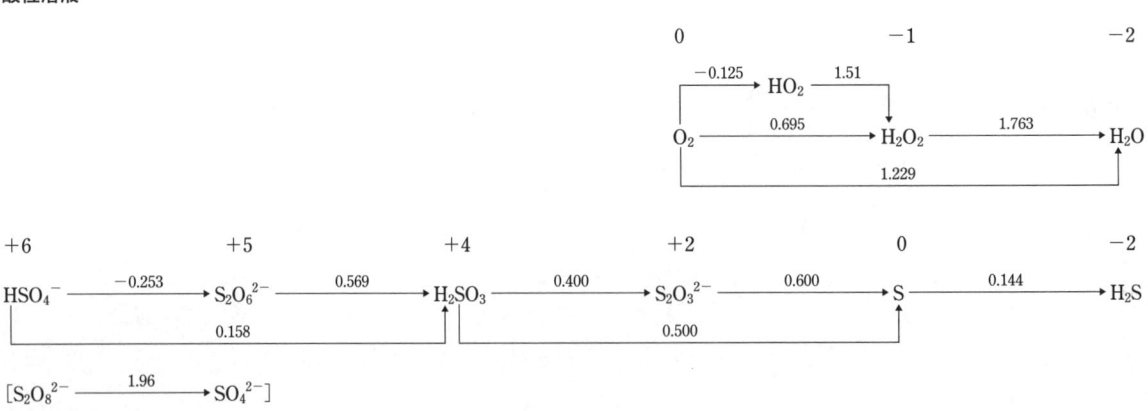

$$[S_2O_8^{2-} \xrightarrow{1.96} SO_4^{2-}]$$

塩基性溶液

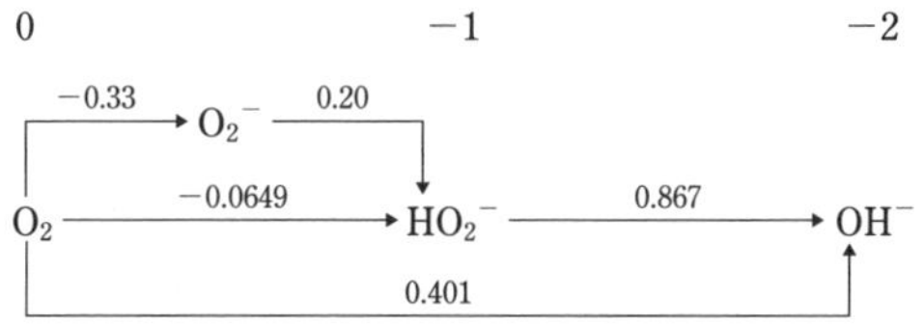
0
−1
−2
−0.33
O₂⁻
0.20
O₂
−0.0649
HO₂⁻
0.867
OH⁻
0.401

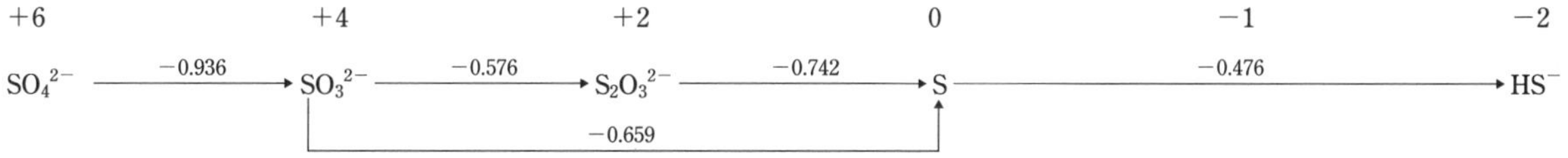
+6
+4
+2
0
−1
−2
SO₄²⁻
−0.936
SO₃²⁻
−0.576
S₂O₃²⁻
−0.742
S
−0.476
HS⁻
−0.659

17 族

酸性溶液

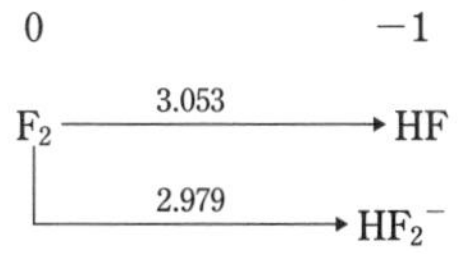
0
−1
F₂
3.053
HF
2.979
HF₂⁻

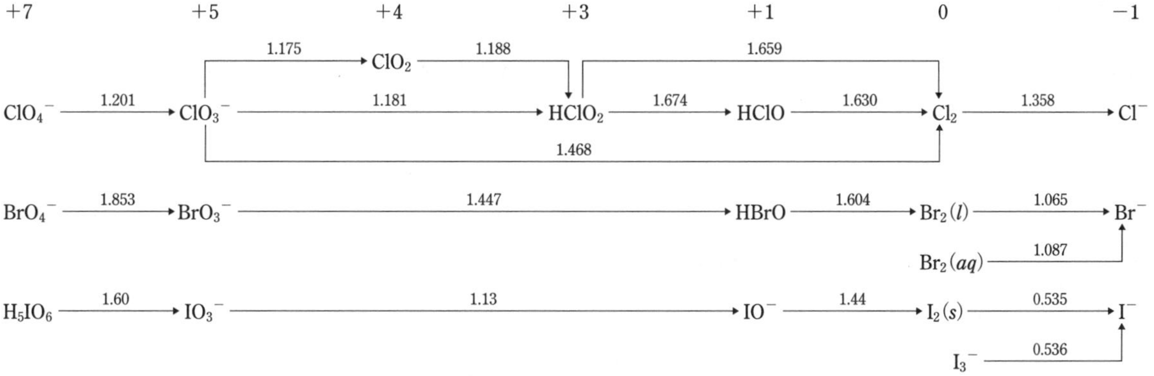
+7
+5
+4
+3
+1
0
−1
1.175
ClO₂
1.188
1.659
ClO₄⁻
1.201
ClO₃⁻
1.181
HClO₂
1.674
HClO
1.630
Cl₂
1.358
Cl⁻
1.468
BrO₄⁻
1.853
BrO₃⁻
1.447
HBrO
1.604
Br₂(l)
1.065
Br⁻
Br₂(aq)
1.087
H₅IO₆
1.60
IO₃⁻
1.13
IO⁻
1.44
I₂(s)
0.535
I⁻
I₃⁻
0.536

塩基性溶液（つづき）

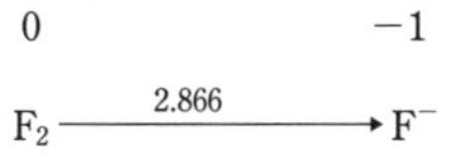
0
−1
F₂
2.866
F⁻

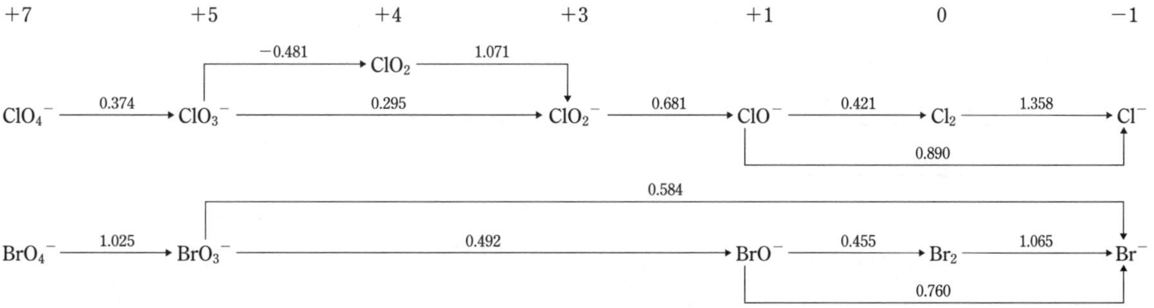
+7
+5
+4
+3
+1
0
−1
−0.481
ClO₂
1.071
ClO₄⁻
0.374
ClO₃⁻
0.295
ClO₂⁻
0.681
ClO⁻
0.421
Cl₂
1.358
Cl⁻
0.890
0.584
BrO₄⁻
1.025
BrO₃⁻
0.492
BrO⁻
0.455
Br₂
1.065
Br⁻
0.760

塩基性溶液（つづき）

$$H_3IO_6^{2-} \xrightarrow{0.65} IO_3^- \xrightarrow{0.15} IO^- \xrightarrow{0.42} I_2 \xrightarrow{0.535} I^-$$

（$IO_3^- \xrightarrow{0.26} I^-$、$IO^- \xrightarrow{0.48} I^-$）

18 族：貴ガス

酸性溶液

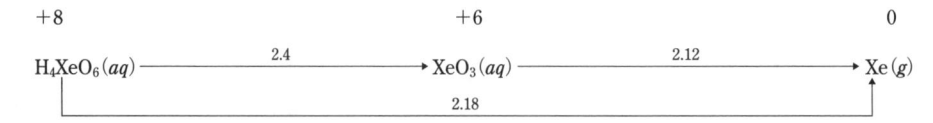

$$\underset{+8}{H_4XeO_6(aq)} \xrightarrow{2.4} \underset{+6}{XeO_3(aq)} \xrightarrow{2.12} \underset{0}{Xe(g)}$$

（$H_4XeO_6 \xrightarrow{2.18} Xe$）

塩基性溶液

$$HXeO_8^{3-} \xrightarrow{0.99} HXeO_4^- \xrightarrow{1.24} Xe(g)$$

遷移金属

酸性溶液

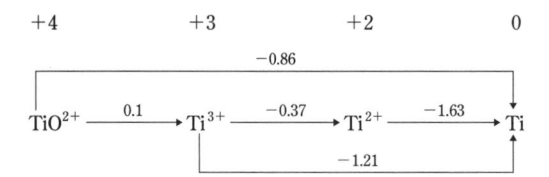

$$\underset{+4}{TiO^{2+}} \xrightarrow{0.1} \underset{+3}{Ti^{3+}} \xrightarrow{-0.37} \underset{+2}{Ti^{2+}} \xrightarrow{-1.63} \underset{0}{Ti}$$

（$TiO^{2+} \xrightarrow{-0.86} Ti$、$Ti^{3+} \xrightarrow{-1.21} Ti$）

塩基性溶液

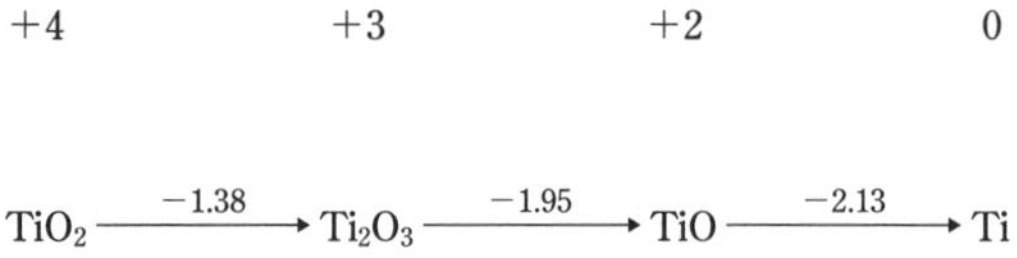

$$\underset{+4}{TiO_2} \xrightarrow{-1.38} \underset{+3}{Ti_2O_3} \xrightarrow{-1.95} \underset{+2}{TiO} \xrightarrow{-2.13} \underset{0}{Ti}$$

酸性溶液

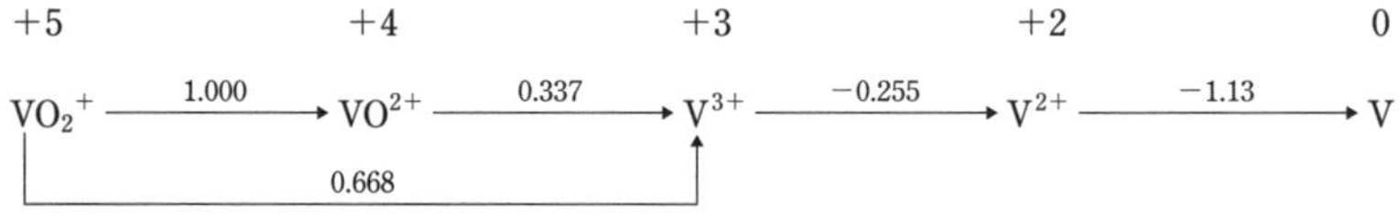

$$\underset{+5}{VO_2^+} \xrightarrow{1.000} \underset{+4}{VO^{2+}} \xrightarrow{0.337} \underset{+3}{V^{3+}} \xrightarrow{-0.255} \underset{+2}{V^{2+}} \xrightarrow{-1.13} \underset{0}{V}$$

（$VO^{2+} \xrightarrow{0.668} V^{3+}$）

塩基性溶液

$$VO_4^{3-} \xrightarrow{2.19} HV_2O_5^- \xrightarrow{0.542} V_2O_3 \xrightarrow{-0.486} VO \xrightarrow{-0.820} V$$

（$VO_4^{3-} \xrightarrow{0.120} V$、$HV_2O_5^- \xrightarrow{1.366} V_2O_3$、$VO_4^{3-} \xrightarrow{0.749} V_2O_3$）

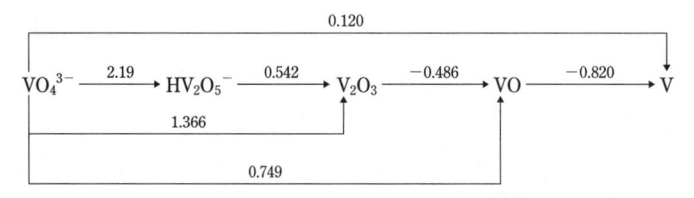

付録 9　代表的な元素の標準半電池電極電位

酸性溶液

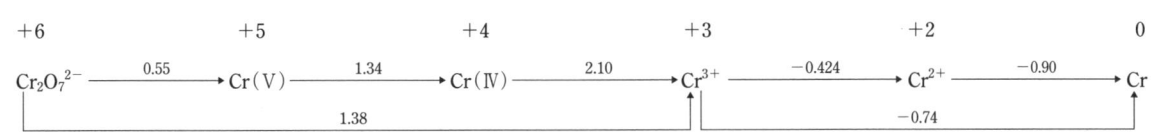

$$Cr_2O_7^{2-} \xrightarrow{0.55} Cr(V) \xrightarrow{1.34} Cr(IV) \xrightarrow{2.10} Cr^{3+} \xrightarrow{-0.424} Cr^{2+} \xrightarrow{-0.90} Cr$$

$Cr_2O_7^{2-} \xrightarrow{1.38} Cr(IV)$

$Cr^{3+} \xrightarrow{-0.74} Cr$

塩基性溶液

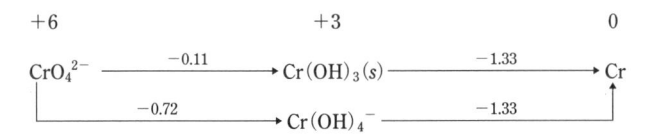

$$CrO_4^{2-} \xrightarrow{-0.11} Cr(OH)_3(s) \xrightarrow{-1.33} Cr$$

$CrO_4^{2-} \xrightarrow{-0.72} Cr(OH)_4^{-} \xrightarrow{-1.33}$

酸性溶液

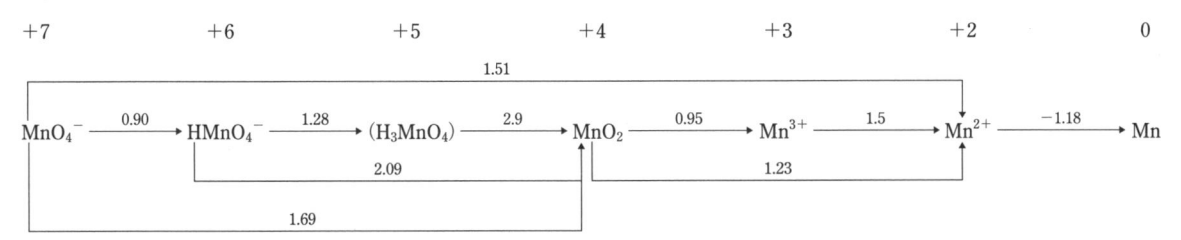

$$MnO_4^- \xrightarrow{0.90} HMnO_4^- \xrightarrow{1.28} (H_3MnO_4) \xrightarrow{2.9} MnO_2 \xrightarrow{0.95} Mn^{3+} \xrightarrow{1.5} Mn^{2+} \xrightarrow{-1.18} Mn$$

$MnO_4^- \xrightarrow{1.51} Mn^{2+}$

$HMnO_4^- \xrightarrow{2.09} MnO_2$

$HMnO_4^- \xrightarrow{1.69} Mn^{2+}$

$MnO_2 \xrightarrow{1.23} Mn^{2+}$

塩基性溶液

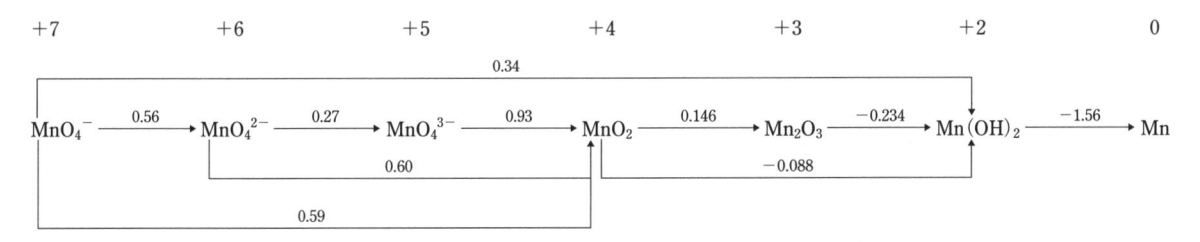

$$MnO_4^- \xrightarrow{0.56} MnO_4^{2-} \xrightarrow{0.27} MnO_4^{3-} \xrightarrow{0.93} MnO_2 \xrightarrow{0.146} Mn_2O_3 \xrightarrow{-0.234} Mn(OH)_2 \xrightarrow{-1.56} Mn$$

$MnO_4^- \xrightarrow{0.34} MnO_2$

$MnO_4^{2-} \xrightarrow{0.60} MnO_2$

$MnO_4^{2-} \xrightarrow{0.59} MnO_2$

$Mn_2O_3 \xrightarrow{-0.088} Mn(OH)_2$

酸性溶液

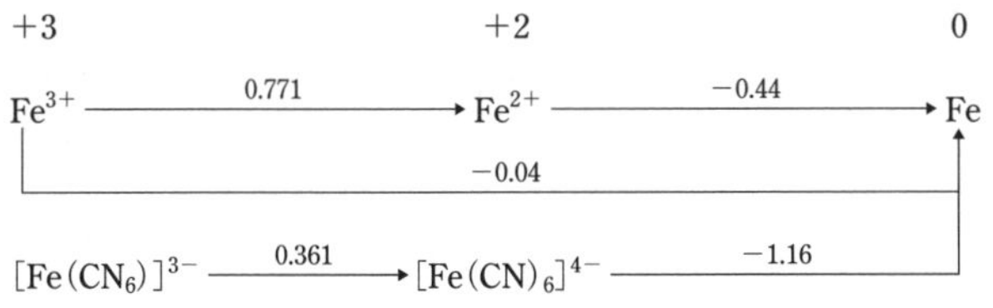

$$Fe^{3+} \xrightarrow{0.771} Fe^{2+} \xrightarrow{-0.44} Fe$$

$Fe^{3+} \xrightarrow{-0.04} Fe$

$$[Fe(CN)_6]^{3-} \xrightarrow{0.361} [Fe(CN)_6]^{4-} \xrightarrow{-1.16} Fe$$

塩基性溶液

$$FeO_4^{2-} \xrightarrow{0.81} Fe_2O_3 \xrightarrow{-0.86} Fe(OH)_2 \xrightarrow{-0.89} Fe$$

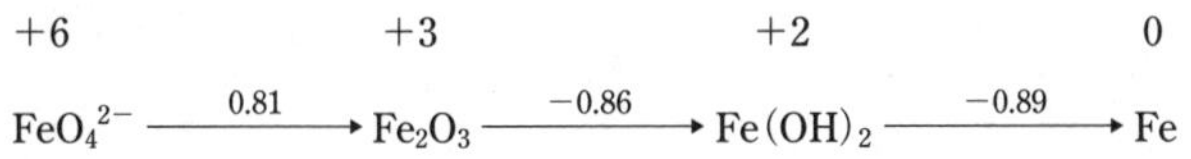

酸性溶液

$$\overset{+4}{CoO_2} \xrightarrow{1.4} \overset{+3}{Co^{3+}} \xrightarrow{1.92} \overset{+2}{Co^{2+}} \xrightarrow{-0.282} \overset{0}{Co}$$

中性溶液

$$\overset{+3}{[Co(NH_3)_6]^{3+}} \xrightarrow{0.058} \overset{+2}{[Co(NH_3)_6]^{2+}}$$

塩基性溶液

$$\overset{+4}{CoO_2} \xrightarrow{0.7} \overset{+3}{Co(OH)_3} \xrightarrow{0.42} \overset{+2}{Co(OH)_2} \xrightarrow{-0.733} \overset{0}{Co}$$

酸性溶液

$$\overset{+4}{NiO_2} \xrightarrow{1.5} \overset{+2}{Ni^{2+}} \xrightarrow{-0.257} \overset{0}{Ni}$$

塩基性溶液

$$NiO_2 \xrightarrow{0.7} NiOOH \xrightarrow{0.52} Ni(OH)_2 \xrightarrow{-0.72} Ni$$

酸性溶液

$$\overset{+2}{Cu^{2+}} \xrightarrow{0.159} \overset{+1}{Cu^{+}} \xrightarrow{0.520} \overset{0}{Cu}$$

$$Cu^{2+} \xrightarrow{0.340} Cu$$

$$[Cu(NH_3)_4]^{2+} \xrightarrow{0.10} [Cu(NH_3)_2]^{+} \xrightarrow{-0.10} Cu$$

$$Cu^{2+} \xrightarrow{1.12} [Cu(CN)_2]^{-} \xrightarrow{-0.44} Cu$$

塩基性溶液

$$Cu(OH)_2 \xrightarrow{0.14} Cu_2O \xrightarrow{-1.36} Cu$$

酸性溶液

$$\overset{+3}{Ag_2O_3} \xrightarrow{1.715} \overset{+2}{AgO} \xrightarrow{1.802} \overset{+1}{Ag^{+}} \xrightarrow{0.799} \overset{0}{Ag}$$

$$Ag_2O_3 \xrightarrow{1.756} Ag^{+}$$

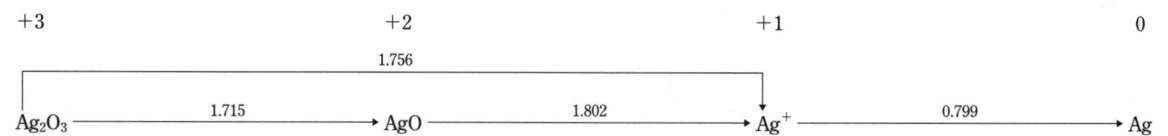

塩基性溶液

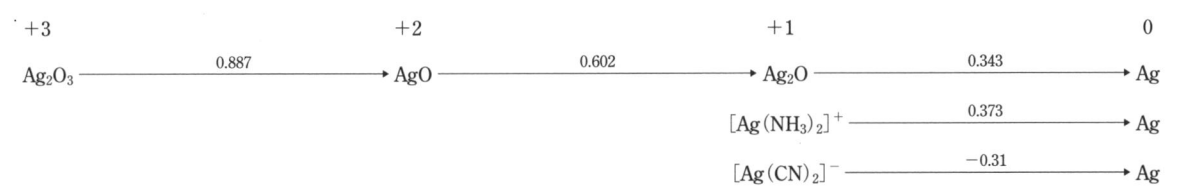

$$Ag_2O_3 \xrightarrow{0.887} AgO \xrightarrow{0.602} Ag_2O \xrightarrow{0.343} Ag$$

$$[Ag(NH_3)_2]^+ \xrightarrow{0.373} Ag$$

$$[Ag(CN)_2]^- \xrightarrow{-0.31} Ag$$

12 族

酸性溶液

$$Zn^{2+} \xrightarrow{-0.762} Zn$$

塩基性溶液

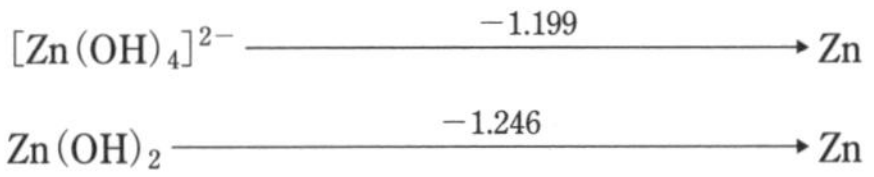

$$[Zn(OH)_4]^{2-} \xrightarrow{-1.199} Zn$$

$$Zn(OH)_2 \xrightarrow{-1.246} Zn$$

酸性溶液

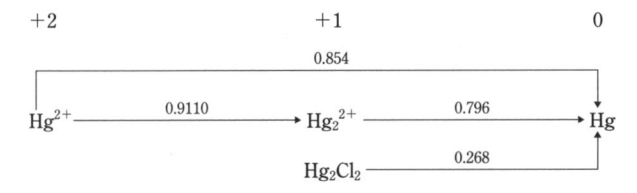

$$Hg^{2+} \xrightarrow{0.9110} Hg_2^{2+} \xrightarrow{0.796} Hg$$

(Hg^{2+} → Hg: 0.854)

$$Hg_2Cl_2 \xrightarrow{0.268} Hg$$

塩基性溶液

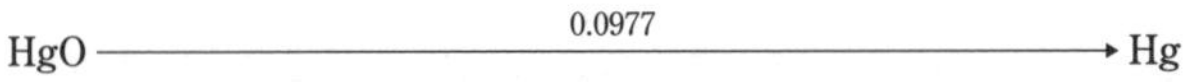

$$HgO \xrightarrow{0.0977} Hg$$

ランタノイドとアクチノイド

酸性溶液

$$Ce^{4+} \xrightarrow{1.76} Ce^{3+} \xrightarrow{-2.34} Ce$$

塩基性溶液

$$UO_2^{2+} \xrightarrow{0.17} UO_2^+ \xrightarrow{0.38} U^{4+} \xrightarrow{-0.52} U^{3+} \xrightarrow{-4.7} U^{2+} \xrightarrow{-0.1} U$$

(UO$_2^{2+}$ → U^{4+}: 0.27; U^{3+} → U: −1.66; U^{4+} → U: −1.38)

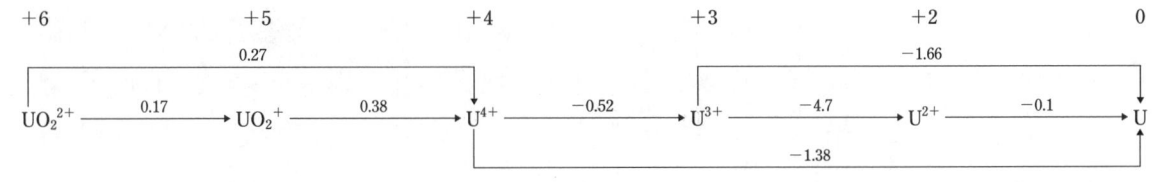

付録10 各元素の電子配置

第1周期元素	1s										
水素	1										
ヘリウム	2										
第2周期元素	1s	2s	2p								
リチウム	2	1									
ベリリウム	2	2									
ホウ素	2	2	1								
炭素	2	2	2								
窒素	2	2	3								
酸素	2	2	4								
フッ素	2	2	5								
ネオン	2	2	6								
第3周期元素	1s	2s	2p	3s	3p						
ナトリウム	2	2	6	1							
マグネシウム	2	2	6	2							
アルミニウム	2	2	6	2	1						
ケイ素	2	2	6	2	2						
リン	2	2	6	2	3						
硫黄	2	2	6	2	4						
塩素	2	2	6	2	5						
アルゴン	2	2	6	2	6						
第4周期元素	1s	2s	2p	3s	3p	3d	4s	4p			
カリウム	2	2	6	2	6		1				
カルシウム	2	2	6	2	6		2				
スカンジウム	2	2	6	2	6	1	2				
チタン	2	2	6	2	6	2	2				
バナジウム	2	2	6	2	6	3	2				
クロム	2	2	6	2	6	5	1				
マンガン	2	2	6	2	6	5	2				
鉄	2	2	6	2	6	6	2				
コバルト	2	2	6	2	6	7	2				
ニッケル	2	2	6	2	6	8	2				
銅	2	2	6	2	6	10	1				
亜鉛	2	2	6	2	6	10	2				
ガリウム	2	2	6	2	6	10	2	1			
ゲルマニウム	2	2	6	2	6	10	2	2			
ヒ素	2	2	6	2	6	10	2	3			
セレン	2	2	6	2	6	10	2	4			
臭素	2	2	6	2	6	10	2	5			
クリプトン	2	2	6	2	6	10	2	6			
第5周期元素	1s	2s	2p	3s	3p	3d	4s	4p	4d	4f	5s	5p
ルビジウム	2	2	6	2	6	10	2	6			1	
ストロンチウム	2	2	6	2	6	10	2	6			2	
イットリウム	2	2	6	2	6	10	2	6	1		2	
ジルコニウム	2	2	6	2	6	10	2	6	2		2	
ニオブ	2	2	6	2	6	10	2	6	4		1	
モリブデン	2	2	6	2	6	10	2	6	5		1	
テクネチウム	2	2	6	2	6	10	2	6	5		2	
ルテニウム	2	2	6	2	6	10	2	6	7		1	
ロジウム	2	2	6	2	6	10	2	6	8		1	
パラジウム	2	2	6	2	6	10	2	6	10		0	
銀	2	2	6	2	6	10	2	6	10		1	
カドミウム	2	2	6	2	6	10	2	6	10		2	
インジウム	2	2	6	2	6	10	2	6	10		2	1

付録10 各元素の電子配置

第5周期元素	1s	2s	2p	3s	3p	3d	4s	4p	4d	4f	5s	5p
スズ	2	2	6	2	6	10	2	6	10		2	2
アンチモン	2	2	6	2	6	10	2	6	10		2	3
テルル	2	2	6	2	6	10	2	6	10		2	4
ヨウ素	2	2	6	2	6	10	2	6	10		2	5
キセノン	2	2	6	2	6	10	2	6	10		2	6

第6周期元素	1s	2s	2p	3s	3p	3d	4s	4p	4d	4f	5s	5p	5d	5f	6s	6p
セシウム	2	2	6	2	6	10	2	6	10		2	6			1	
バリウム	2	2	6	2	6	10	2	6	10		2	6			2	
ランタン	2	2	6	2	6	10	2	6	10		2	6	1		2	
セリウム	2	2	6	2	6	10	2	6	10	1	2	6	1		2	
プラセオジム	2	2	6	2	6	10	2	6	10	3	2	6			2	
ネオジム	2	2	6	2	6	10	2	6	10	4	2	6			2	
プロメチウム	2	2	6	2	6	10	2	6	10	5	2	6			2	
サマリウム	2	2	6	2	6	10	2	6	10	6	2	6			2	
ユウロピウム	2	2	6	2	6	10	2	6	10	7	2	6			2	
ガドリニウム	2	2	6	2	6	10	2	6	10	7	2	6	1		2	
テルビウム	2	2	6	2	6	10	2	6	10	9	2	6			2	
ジスプロシウム	2	2	6	2	6	10	2	6	10	10	2	6			2	
ホルミウム	2	2	6	2	6	10	2	6	10	11	2	6			2	
エルビウム	2	2	6	2	6	10	2	6	10	12	2	6			2	
ツリウム	2	2	6	2	6	10	2	6	10	13	2	6			2	
イッテルビウム	2	2	6	2	6	10	2	6	10	14	2	6			2	
ルテチウム	2	2	6	2	6	10	2	6	10	14	2	6	1		2	
ハフニウム	2	2	6	2	6	10	2	6	10	14	2	6	2		2	
タンタル	2	2	6	2	6	10	2	6	10	14	2	6	3		2	
タングステン	2	2	6	2	6	10	2	6	10	14	2	6	4		2	
レニウム	2	2	6	2	6	10	2	6	10	14	2	6	5		2	
オスミウム	2	2	6	2	6	10	2	6	10	14	2	6	6		2	
イリジウム	2	2	6	2	6	10	2	6	10	14	2	6	7		2	
白金	2	2	6	2	6	10	2	6	10	14	2	6	9		1	
金	2	2	6	2	6	10	2	6	10	14	2	6	10		1	
水銀	2	2	6	2	6	10	2	6	10	14	2	6	10		2	
タリウム	2	2	6	2	6	10	2	6	10	14	2	6	10		2	1
鉛	2	2	6	2	6	10	2	6	10	14	2	6	10		2	2
ビスマス	2	2	6	2	6	10	2	6	10	14	2	6	10		2	3
ポロニウム	2	2	6	2	6	10	2	6	10	14	2	6	10		2	4
アスタチン	2	2	6	2	6	10	2	6	10	14	2	6	10		2	5
ラドン	2	2	6	2	6	10	2	6	10	14	2	6	10		2	6

第7周期元素	1s	2s	2p	3s	3p	3d	4s	4p	4d	4f	5s	5p	5d	5f	6s	6p	6d	7s
フランシウム	2	2	6	2	6	10	2	6	10	14	2	6	10		2	6		1
ラジウム	2	2	6	2	6	10	2	6	10	14	2	6	10		2	6		2
アクチニウム	2	2	6	2	6	10	2	6	10	14	2	6	10		2	6	1	2
トリウム	2	2	6	2	6	10	2	6	10	14	2	6	10		2	6	2	2
プロトアクチニウム	2	2	6	2	6	10	2	6	10	14	2	6	10	2	2	6	1	2
ウラン	2	2	6	2	6	10	2	6	10	14	2	6	10	3	2	6	1	2
ネプツニウム	2	2	6	2	6	10	2	6	10	14	2	6	10	4	2	6	1	2
プルトニウム	2	2	6	2	6	10	2	6	10	14	2	6	10	6	2	6		2
アメリシウム	2	2	6	2	6	10	2	6	10	14	2	6	10	7	2	6		2
キュリウム	2	2	6	2	6	10	2	6	10	14	2	6	10	7	2	6	1	2
バークリウム	2	2	6	2	6	10	2	6	10	14	2	6	10	9	2	6		2
カリホルニウム	2	2	6	2	6	10	2	6	10	14	2	6	10	10	2	6		2
アインスタイニウム	2	2	6	2	6	10	2	6	10	14	2	6	10	11	2	6		2
フェルミウム	2	2	6	2	6	10	2	6	10	14	2	6	10	12	2	6		2
メンデレビウム	2	2	6	2	6	10	2	6	10	14	2	6	10	13	2	6		2
ノーベリウム	2	2	6	2	6	10	2	6	10	14	2	6	10	14	2	6		2
ローレンシウム	2	2	6	2	6	10	2	6	10	14	2	6	10	14	2	6	1	2

和文索引

あ

IUPAC 411
アウフバウの原理（構成原理）
　　　　　　　　　　　5, 28

亜鉛　131, 371
亜鉛アマルガム　373
亜鉛欠乏症　374
亜鉛酵素　374
亜鉛めっき　372
青石綿　221
アキシアル　35
灰汁　167
アクチニド　404
アクチノイド　13, 137, 404, 407
亜クロム酸イオン　270
亜クロム酸鉄　342
亜酸化窒素　245
アジ化水素　243
アジ化ナトリウム　244
アジ化鉛(II)　244
アジ化物イオン　243
アジド　324
亜硝酸　249
亜硝酸イオン　34, 249, 269, 321
亜硝酸塩　249
亜硝酸還元　365
亜硝酸レダクターゼ　345
アスタチン　292
アスベスト　221, 230
アセチリド　324
アセチレン　182
アダクト　382
アチソンプロセス　205
アチソン炉　210
亜鉄酸イオン　352
アデニン　155
アパタイト　258
亜ヒ酸水素銅(II)　259
アマルガム　373, 375
亜マンガン酸イオン　347
アミドイオン　88
アメリシウム　408
アモルファスカーボン　205
アラクノクラスター　190
アラン　239
亜硫酸　279
亜硫酸塩　280
亜硫酸オキシダーゼ　345
亜硫酸ナトリウム　280
η^3-アリル基　394
アリールリチウム　380
亜臨界水　153
RNA　155, 258
アルカセルツァー　213
アルカリ金属　13, 123, 131, 380
　　──の密度　158

アルカリ金属アニオン　23
アルカリ金属塩　160
アルカリ電池　348
アルカリ土類金属　13, 173, 381
アルカリ病　287
アルギナーゼ　349
アルキル移動　394
アルキルカドミウム化合物　384
アルキル水銀化合物　385
アルキルスズ化合物　384
アルキル配位子　393
アルキルリチウム　380
アルキン配位子　393
アルケン
　　──の水素添加　399
アルケン重合　394, 398
アルケン配位子　393
アルコール　400
アルコール検出　341
アルゴン　125
アルシン　237
アルデヒド　400
アルミニウム　129, 134, 186, 193
　　──の毒性　199
アルミニウムイオン　95
アルミニウム-マグネシウム合金
　　　　　　　　　　　　177
アルミノケイ酸塩　222
アルミン酸イオン　194
アレニウス　59, 87
η^6-アレーン配位子　397
安全マッチ　235
アンチノック剤　164, 383
アンチモン　124, 235
安定領域図　116
アンバー　355
アンミン　323
アンモニア　35, 45, 169, 240, 320
アンモニアソーダ法　168
アンモニウムイオン　140, 244

い

飯島澄男　207
イーウェンス　324
イーウェンス・バセットの表記法
　　　　　　　　　　　324
EAN 則　324
en　320, 322
イエローケーキ　409
硫　黄　125, 265, 286
硫黄(VI)　130
硫黄塩化物　285
硫黄酸化物　279
硫黄-窒素化合物　285
硫黄ハロゲン化物　284

イオン　8
イオン液体　88, 89
イオン化　89
イオン化異性　321
イオン化異性体　321
イオン化エネルギー　21
イオン間ミスマッチ　66
イオン結合　59, 78
イオン結晶　62
イオン交換体　222
イオン格子図　63
イオンサイズ　161
イオン性化合物　59, 76
イオン性水素化物　149
イオン性炭化物　209
イオン性窒化物　237
イオン選択性酵素　170
イオン-双極子相互作用　78
イオン的手法　379
イオン半径　60
異核二原子分子　31, 387
石　綿　221
異　性　321
異性体　320
イソタクチック　399
η　378
イタイイタイ病　375
一塩化ヨウ素　304
一時双極子　39
一次標準　342
一重項酸素　268
I　属
　　系統分析の──　100
胃腸病　260
一酸化硫黄　276
一酸化塩素　300
一酸化炭素　31, 211, 320, 333, 350, 387
一酸化炭素デヒドロゲナーゼ
　　　　　　　　　　　345
一酸化窒素　245, 269
イッテルビウム　406
イットリウム　405, 406
井戸水　259
イノシトールリン酸　258
イリジウム　358
インジウム　186
インターカレーション　163

う

ヴァスカ錯体　386, 392
ウィス試薬　305
ウィルキンソン触媒　324, 399
ウェーラー　186
ウェルナー　318

宇宙化学　276
裏張り　350
ウラン　408
ウラン鉱石　311
ウルツ鉱　65
ウルトラマリン　134

え

エアバッグ　244
エアロゲル　219
永久磁石　355
永久双極子　40
AED　164
AAC　69, 180
エカケイ素　11
液体アンモニア　88, 169
液体金　364
液体ヘリウム　312
液体リチウム　162
エクアトリアル　35
s 軌道　4, 6
SWNT　207
sp　37
sp^3　37
sp^2　37
エタノールアミン　276
エチルガソリン　229
エチレンジアミン　320, 322
エチン　182
X 線吸収　175
X 線透過性　175
h.s.　327
HSAB 則　98, 318, 333
HOMO　139
HCFC　216
エッチング　219
ADN　238
ATP　258
ATPアーゼ　170
エナンチオ選択的反応　399
エナンチオマー　321
NMR　146, 385
n と $n+10$ の関係　371
エネルギーサイクル　160
エネルギー収支バランス　77
エネルギー変化
　　溶解過程における──　79
FeCoNi-3 金属　349
f 軌道　5
MRI　117, 146
MSDS　385
M-C 結合切断反応　394
MWNT　207
エラストマー　225
LED　140
l.s.　327
LCAO 理論　27

和文索引

エルビウム 406
LUMO 139
塩化亜鉛 372
塩化アルミニウム 197
塩化アンモニウム 240
塩化カリウム 167
塩化カルシウム 180
塩化カルボニル 211
塩化銀 364
塩化金(Ⅲ) 364
塩化クロミル 342
塩化クロム(Ⅲ) 343
塩化クロム(Ⅲ)六水和物 318
塩化ジルコニウム 340
塩化水銀(Ⅰ) 374
塩化水銀(Ⅱ) 373
塩化水素 31,298
塩化スズ(Ⅳ) 300
塩化セシウム 63,66
塩化チオニル 163
塩化チタン(Ⅳ) 297,398
塩化鉄(Ⅲ) 297,352
塩化銅(Ⅰ) 362
塩化銅(Ⅱ) 361
塩化ナトリウム 64,66,167
塩化バナジウム(Ⅳ) 294
塩化ハフニウム 340
塩化物 255
　硫黄── 285
　リンの── 255
塩化物イオン 299,333
塩化ベリリウム 34
塩化ベンゼンジアゾニウム 363
塩化ホスホリル 255
塩基性酸化物 96
塩基性酸素製鋼法 351
塩基性炭酸塩 372
塩基性炭酸鉛 230
塩基性度
　オキソアニオンの── 95
　非金属陰イオンの── 95
塩　酸 298
炎　色 159
延　性 17
塩　素 292,297
塩素(Ⅶ) 130
塩素化合物 255
塩素ガス 159,269
塩素原子 269
塩素酸イオン 302
塩素酸化物 300
塩素酸カリウム 303
塩素酸ナトリウム 303
エンタルピー 72,332
エンタルピー駆動 148
エンタルピー項 174
鉛　丹 227
鉛　糖 203
エントロピー 75,332
エントロピー項 174
エントロピー変化 160
鉛　白 339
鉛　筆 206

お

黄　鉛 343
黄色金属 360
王　水 349
黄鉄鉱 277
黄　銅 56
黄銅鉱 278,360
OXOプロセス 212
オキシ塩化リン 255
オキシヘモグロビン 356
オキソアニオン 301
　──の塩基性度 95
オキソアニオン塩 271
オキソ酸 91,328
　塩素の── 301
　リンの── 255
オキソニウムイオン 270,272,
　　　　　　　　281,283
オクタン価 164,228
オクテット 26,32
　──の超過 33
オクテット則 236,385
オークル 355
オクロ鉱床 409
オーステナイト相 57
オストワルト法 250
オスミウム 270,349,355
オスミル(Ⅷ) 130
オゾン 82,248,268,274
オゾン酸 324
オゾン層の大破壊 216
オゾン破壊物質 306
オゾン分解 269
オゾンホール 300
オートクレーブ養生気泡コンクリート 69,180
オーブンクリーナー 167
オーラノフィン 365
(オルト)ケイ酸ナトリウム 220
オルトリン酸 256
オルブライト 235
オールレッド・ロコー 41
オールレッド・ロコーの電気陰性度 67
温室効果 46
温室効果ガス 154,216,284

か

回映軸 43
回映操作 43
会合機構 391
カイザー 329
海　水 167
灰長石 222
海底火山 111
回転軸 42
回転操作 42
解　離 89
解離機構 391
過塩素酸 293,303
過塩素酸アンモニウム 303
過塩素酸イオン 303
過塩素酸カリウム 303
化学結合連続体 67
化学合成 111
化学シフト 146
化学的な弱金属 17
化学トポロジー 132
化学療法 259
科学倫理 241
過キセノン酸イオン 118,268
過キセノン酸塩 315
可逆反応 76
架橋高分子 383
架橋水素原子 191
核酸塩基 155
核　子 15
核磁気共鳴 146,385
角閃石 221
核電子捕獲 313
角度関数 4
隔膜法 166
花崗岩 98,222
過酸化水素 108,115,166,238,273
過酸化バリウム 177
過酸化物 271,324
火山反応 245,342
カーシャン病 287
過臭素酸 293
過臭素酸イオン 304
加水分解 94
ガスハイドレート 153
ガスマントル 408
化石燃料 47
画像診断 117
ガソリンエンジン 238
硬い酸塩基 98,318,333
カタラーゼ 114,355
可鍛性 349,360
褐色環反応試験 251,354
活性化エネルギー 82,239
活性炭 208
滑　石 222
褐鉄鉱 350
カテネーション 203,266
　硫黄の── 209
　炭素の── 275
価電子帯 54
カドミウム 371,375
カーナライト 176
カフェイン 213
カプスチンスキーの式 75
貨幣鋳造金属 13,131,359
カーボンナノチューブ 81,207
カーボンブラック 207
過マンガン酸イオン 110,346
過マンガン酸カリウム 347
過ヨウ素酸 293
ガラス 169,220
ガラス状セラミックス 224
カラベラス鉱 364
カ　リ 167
カリウム 136,164,186
　──の工業的採取 165
カリウム-40 312
カリミョウバン 197
加硫化 285
過硫酸 283
カルコゲン 13,265
カルシウム 173,177
カルシウムカーバイド 181,209
カルボニル 323,378
カルボニル化合物 387
カルボニル錯体 387
　──の反応 391
カルボニル配位子 389
環境汚染 250
環境破壊 94
間　隙
　イオン結晶の── 62
還　元 107
還元的脱離 392,399
還元電位 112
還元電位図 113
感光性 225
寒　剤 180
乾式製錬 360
鹹　水 166
乾燥剤 358
がん治療 322
含銅硝酸レダクターゼ 365
貫　入 30
含ヘム硝酸レダクターゼ 365
γ　線 117
カンラン石 331

き

擬アルカリ金属イオン 140
輝安鉱 278
貴液体 371
幾何異性体 321
希ガス 13,311
希ガス化合物 313
貴金属 355
擬元素 140
ギ　酸 211
キサンチンオキシダーゼ 345
ギ酸デヒドロゲナーゼ 345
奇数電子錯体 386
犠牲陽極 372
キセノン 311
キセノン(Ⅷ) 130
キセノン酸化物 315
キセノンフッ化物 314
輝線スペクトル 53
気体の分離 222
気付け薬 244
基底状態 1,159
軌道図 4
軌道の混成 37,269
希土類金属 137,405
希土類元素 13,404
起爆装置 244
擬ハロゲン化物イオン 140,244
ギブズ 72
逆結合 388
逆スピネル 198,330,355
逆対称な伸縮 45
逆蛍石構造 64
求核剤 98,394
九酸化三硫黄 280
9族元素 356,390
吸着剤 222
求電子剤 98,394
キューブレット 198
キュリー温度 9
キュリー夫人 173
鏡映面 43
境界線上の塩基 99
境界線上の酸 99
強　酸 90

和文索引

強磁性 9, 349
狭心症 246
共生 333
鏡像異性体 321
共沈 408
協同効果 286
強配位子場 327
共鳴 33
共役塩基 88
共役酸 88
共有結合 26
共有結合性 61
共有結合性化合物 80
共有結合性酸素化合物 269
共有結合性水素化物 150
共有結合性炭化物 210
共有結合的手法 379
共有結合のネットワーク 39, 65
共有結合半径 18
強誘電性 271
極性プロトン性溶媒 87
キラル 400
キラル化合物 322
キレート 320
キレート効果 332
キレート剤 365
キレート配位子 332
金 359
銀 359, 363
銀(I) 136
均化 364
銀化合物 363
金酸 323
銀酸 323
金属 17
金属-アシル誘導体 394
金属イオンの酸性度 93
金属イオン半径 161
金属カルボニル 212
金属カルボニルアニオン 391
金属カルボニル水素化物 392
金属カルボニルハロゲン化物 392
金属-金属結合 386
金属クラスター化合物 338
金属結合 52
金属結合半径 19
金属光沢 52
金属錯体 319
金属性水素化物 81, 151
金属性炭化物 210
金属硫化物 277, 279
近臨界 153

く

空格子点 62
クエン酸ビスマス 260
屈折率 339
暗い太陽のパラドックス 47
クラウジウス 72
クラウス法 276
クラスター 186, 356
クラスター化合物 391
クラスレート 153, 214
グラファイト 82, 125, 138, 163, 205

クラフト法 280
クリソタイル 221
グリニャール試薬 176, 381
クリプトン 311
クリンカー 69, 179
グリーンケミストリー 153
グリーンボックス 343
クルックス卿 404
グレグ鉱 355
クレッチマー 208
クレブス回路 305
クロシドライト 221
クロソクラスター 189
クロトー 208
クロム 340
クロム(VI) 130
クロムイエロー 343
クロム混酸 343
クロム酸 270, 341
クロム酸イオン 341
クロム酸銀(I) 341
クロム酸水素イオン 341
クロム酸鉛(II) 341, 343
クロモセン 396
クロリン環 334
クロール法 339
クロロ 323
クロロアミン類 302
クロロフィル 182, 334
クロロフルオロカーボン 216
クロロベンゼン 363

け

軽アクチノイド 407
ケイ酸塩 96, 220
ケイ酸塩岩 98
形式電荷 33, 109
ケイ砂 169
形状記憶合金 57
軽水 145
軽水素 145
ケイ素 125, 134, 217
ケイ素(IV) 130
ケイ藻類 229
ケギン型構造 344
ゲスト 153
頁岩 179
結合異性 321, 334
結合異性体 357
結合エネルギー 41, 73, 236, 252
結合エンタルピー 73
結合次数 28, 33, 243
結合性軌道 27
結合の三角図 68, 125
結合の四面体図 69
結晶格子 54
結晶場安定化エネルギー (CFSE) 326, 329
結晶場分裂 327, 329
結晶場理論 325, 328
煙探知機 408
限界半径比 63
嫌気性細菌 119
原子 1
原子化エネルギー 75

原子化エンタルピー 75, 158, 173
原子価殻電子対反発 (VSEPR) 則 27, 34
原子価結合法 37, 325
原子軌道 3
原子吸光スペクトル 2
原子状酸素 269, 274
原始大気 266
原子対 186
原子半径 18
原子炉 409
原子論者 59
減損ウラン 409

こ

高圧縮型内燃機関 246
高温古細菌 345
光化学スモッグ 248
光学異性 322
光学活性 399
工業触媒 223
好極限状態細菌 155
合金 56
合金化合物 56
航空宇宙用合金 161
高血圧 168
光合成 111, 147, 182
抗酸化機能 365
格子エネルギー 73, 78, 92, 159, 160, 175
格子エンタルピー → 格子エネルギー
甲状腺 117, 306
高スピン 327
構成原理 5, 28
抗生物質 170, 286
構造異性 321
構造異性体 320
高層圏 269
恒等操作 42
光分解 248
五塩化リン 255, 297
五角両錐 37
黒鉛 204, 205
国際純正・応用化学連合 411
コークス 207, 350
黒リン 257
五座配位子 320
五酸化二窒素 247, 270
五酸化リン 300
コジー・アルマン機構 399
V 属
 系統分析の—— 100
固体脂肪 148
固体電解質 198
五窒素陽イオン 244
コバルト 356
コバルト(II)化合物 357
コバルト(III)化合物 356
コバルトセン 397
五フッ化アンチモン 97
五フッ化ヨウ素 36

五フッ化リン 35
固溶体 56
コラーゲン 181
孤立電子対 → 非共有電子対
ゴールドシュミット 101
コンクリート 69
混合金属酸化物 271
混合鉄酸化物 330
混合のエントロピー変化 89
混合マグネシウム-鉄ケイ酸塩 271
混成 190
混成軌道 37, 325
"コンボ" 元素 138
根粒 118
根粒菌 258

さ

最外殻軌道 19
最高被占軌道 139
再生利用プロセス 230
最低空軌道 139
細胞内浸透圧 169
錯形成 98, 319
酢酸クロム(II) 343
酢酸合成 398
酢酸鉛(II) 203, 277
殺菌剤 268, 373
サバ 203
差別化溶媒 90
サーメット 224
サーモクロミズム 130, 373
サワーガス 276
酸洗い 298
三塩化窒素 83, 240, 248
三塩化ホウ素 193, 380
三塩化ヨウ素 304
三塩化リン 255, 300
酸塩基挙動 87
酸化 107
酸化亜鉛 372
酸化アルミニウム 193
酸化ウラン(IV) 408
酸化オスミウム(VIII) 338, 355
酸化カルシウム 177, 274, 350
酸化還元合成 118
酸化還元滴定 283
酸化還元反応 107, 332
酸化還元反応式 110
酸化銀 364
酸化金(I) 364
三角両錐形構造 35
酸化クロム(III) 270, 272, 343
酸化クロム(VI) 270, 343
酸化剤 239, 347
酸化三フッ化窒素 248
酸化状態 107
酸化状態図 114, 347
酸化ジルコニウム 340
酸化水銀(II) 374
酸化水酸化コバルト(III) 358
酸化水酸化鉄(III) 350, 352, 354
酸化水酸化ニッケル(III) 373
酸化水酸化マンガン(III) 347
酸化数 107

和文索引

酸化スズ(IV) 227
酸化チタン(IV) 272, 339
酸化的付加 392, 399
酸化鉄(II) 350, 354
酸化鉄(II, III) 350, 354
酸化鉄(III) 272, 350, 354
酸化銅(I) 360
酸化銅(II) 274, 362
酸化鉛(II) 226
酸化鉛(IV) 227
酸化二塩素 269
酸化二窒素 33, 245
酸化バナジウム(V) 282
酸化物 96, 126, 128, 270
 アルカリ金属の―― 165
 アルカリ土類金属の―― 177
 硫黄―― 279
 塩素―― 300
 キセノン―― 315
 スズと鉛の―― 226
 窒素―― 245
 鉄―― 354
 リンの―― 254
酸化物イオン 320
酸化マンガン(II) 270
酸化マンガン(II, III) 348, 349
酸化マンガン(IV) 347, 348
酸化マンガン(VII) 348
サングラス用フィルター 405
三元元素 11
サンゴ礁 94
三座配位子 320
三酸化硫黄 270, 280
三酸化キセノン 315
三酸化窒素 248
三酸化二窒素 246
三酸化物(1−) 324
三酸素(オゾンも見よ) 268
三酸素(1−)イオン 271
三次元電気伝導性 52
三重項酸素 268
三重水素 145
三水素イオン 149
酸性雨 178
酸性化湖沼 199
酸性酸化物 96
酸性土 199
酸性度
 金属イオンの―― 93
酸素 114, 265
酸素-18 267
酸素化 365
 III 属
 系統分析の―― 100
酸素担体 365
酸素同位体 267
酸素分子(二酸素も見よ) 286
酸素輸送 365
三大必須要素 168
三窒化物 324
三中心結合 190
三中心二電子結合 381
サンドイッチ化合物 396
ザンドマイヤー反応 363
酸の強さ 90
三フッ化塩素 305
三フッ化臭素 36, 89
三フッ化窒素 80, 248
三フッ化ホウ素 34, 38, 42, 191

し

三方両錐形 255, 319
三ヨウ化物イオン 305
三ヨウ化ルビジウム 299
三硫化二アンチモン 278

ジ 323
C_{60} 206
次亜塩素酸 297, 301
次亜塩素酸イオン 293, 301
次亜塩素酸カルシウム 302
次亜塩素酸ナトリウム 302
ジアゾニウム塩 249
シアナミドイオン 182
シアノ 323
シアノ錯体 320
1,2-ジアミノエタン 320, 322
ジアミン銀(I)イオン 364
CRT 407
シアン化水素 108, 217
シアン化銅(I) 362
シアン化物 217
シアン化物イオン 94, 140, 320, 333
ジエチル亜鉛 395
CFSE 326, 357, 359
四塩化炭素 215
四塩化ヨウ素酸イオン 305
塩 167, 168
ジオキソ架橋構造 284
C―O 伸縮振動 388
C―O 伸縮バンド 389
ジオデシック・ドーム 206
紫外光電子分光法 31
四角錐 319
ジカコジル 378
歯科用アマルガム 373, 375
磁気共鳴映像法 117, 146
磁気的性質 328
磁気量子数 3
磁区 9
σ 27
σ 供与体 388
σ 結合 29
σ 受容体 388
σ* 27
ジグリム 389
シクロオクタトリエン配位子 397
シクロヘプタトリエニリウムカチオン 397
シクロヘプタトリエン配位子 397
シクロペンタジエニル 378
シクロペンタジエン 380
ジクロロ銅(I)酸イオン 362
trans-ジクロロビス(1,2-ジアミノエタン)コバルト(III)塩化物 357
自己イオン化 152
次サリチル酸ビスマス 260
四酸化キセノン 315
四酸化二窒素 247
ジシアノ銀(I)酸イオン 363
シス (cis) 321
シス異性体 322
システイン 102, 286

シスプラチン 322
ジスルフィド架橋 259
ジスルフィド結合 278, 286
磁性材料 355
自然金 364
自然発火性 266, 378, 382
四窒化四硫黄 285
湿式製錬 360
質量数 13
磁鉄鉱 350
自動イオン化 88
自動車の触媒コンバーター 238
自動体外式除細動器 164
ジニトラミド酸アンモニウム 238
ジニトロフェニルヒドラジン 243
自発的な反応 72
ジハプト 378
四ハロゲン化炭素 215
CBS 260
ジフェニルアミンスルホン酸バリウム 342
四フッ化硫黄 35, 284
四フッ化キセノン 36
四フッ化ケイ素 253
シフト 146
ジベンゼンクロム(0) 397
シーボーグ 404
ジボラン 189
ジメチルグリオキシム 359
ジメチル水銀 358, 380, 385
ジメチルセレン 287
ジメチルヒドラジン 243
ジメチルベリリウム 381
四面体形 319, 321
四面体形錯体 327
四面体孔 64
弱金属 17, 19
弱酸 90
弱配位子場 327
写真 363
シャノン・プリウィットのイオン半径値 59
遮蔽定数 20
蛇紋石 331
11 族元素 359, 391
自由エネルギー 76, 113
臭化アルミニウム 197
臭化銀 364
臭化銅(I) 362
臭化物イオン 299
臭化メチル問題 306
周期 123
周期性 123
周期的傾向 109
周期表 7, 11, 123, 404
15 族元素 235, 384
十酸化四リン 252, 254
13 族元素 186, 382
重水 145, 277
重水素 145
臭素 292
重曹 92
10 族元素 358, 391
重炭酸塩 169
ジュウテリウム 145

充填規則の例外 65
自由電子 53
充填率 55
17 族元素 292
cyclo-十二硫黄 275
十二指腸潰瘍 260
12 族元素 319, 371, 384
18 金 56
18 族元素 311
18 電子則 324, 385, 394
14 族元素 203, 383
16 電子化学種 386
縮退 6
主軸 42
主族元素 13
シュタール 107
腫瘍 117, 192
主量子数 3
シュレーディンガー 2
シュレーディンガー波動関数 2
潤滑剤 205
瞬間温パック 180
昇華エンタルピー 75
消火器 176
笑気 245
焼結 52, 224
硝酸 239, 249, 274
硝酸アンモニウム 250
硝酸アンモニウム-炭化水素混合物 251
硝酸イオン 33, 46, 248
硝酸塩 250
硝酸銀 363
硝酸水銀(I) 374
硝酸水銀(II) 373
硝酸製造工場 250
硝酸ナトリウム 241
硝酸ペルオキシアセチル 248
硝酸ラジカル 245, 248
硝酸レダクターゼ 345
常磁性 9, 26, 267, 324, 328
常磁性酸素 268
消石灰 178
状態図 151
鍾乳石 178
鍾乳洞 178
食肉用防腐剤 249
触媒 355, 398
触媒毒 242
シラン 218
シリカ 219
シリカゲル 219
シリコーン 224, 225, 383
シリコーンゴム 224
ジルコニウム 339
シルバニア鉱 364
ジレスピー 337
白石綿 221
シロキサン 383
新型インフルエンザ 287
親気 101
ジンクフェライト 198
辰砂 278
浸出 342
真性半導体 54
親石 101
真鍮 361
親鉄 101
親銅 101

和文索引

振動スペクトル 45
振動分光法 46
ジントル 139
ジントル則 139
侵入型炭化物 211

す

水銀 371, 373
水銀(II)イオン検出法 374
水銀(I)化合物 374
水銀(II)化合物 373
水銀中毒 376
水銀電池 374
水酸化亜鉛 372
水酸化アンモニウム 240
水酸化カドミウム 373
水酸化カルシウム 178, 274
水酸化コバルト(II) 358
水酸化鉄(II) 354
水酸化銅(II) 274, 362
水酸化ナトリウム 166, 273
水酸化ニッケル(II) 359, 373
水酸化物 273
　　アルカリ金属の—— 166
水酸化物イオン 95, 272
水酸化マンガン(II) 347, 348
水酸化リチウム 159, 166
水蒸気改質プロセス 148, 242
水性ガスシフト反応 242
水素 145
　　——の供給源 81
　　——の性質 147
　　——の製造 148
　　——の貯蔵 81
水素化チタン 151
水素化物 127, 149
　　窒素の—— 240
水素化物イオン 149
水素化ホウ素ナトリウム 191
水素吸蔵合金 151
水素経済 81
水素結合 41, 127, 150, 155, 240, 293
水素原子 269
水素爆弾 146
水素分子 28
垂直鏡映面 43
水平化溶媒 90
水平鏡映面 43
水溶性マンガン(II) 270
水和 159
水和アルミノケイ酸塩 230
水和異性 321
水和エネルギー 79, 159, 160
水和塩 62
水和エンタルピー 79, 159, 174, 329
水和圏 79
水和酸化鉄(III) 354
水和数 79, 174
水和物 62
スウィートガス 276
スカンジウム 129, 319, 405
スズ 226
スズ(IV) 130
スズの毒性 230

スズペスト 226
スチビン 237
ステンレス鋼 56, 351
ストック 324
ストック表記法 324
ストロンチウム 141, 173
スーパーオキシドジスムターゼ 365
スピネル 198, 271
スピネル構造 330
スピン禁制遷移 331, 348
スピン量子数 3
スモーリー 208
スラグ 253, 350
スルファト 323
スルファニルアミド 286
スルホン化剤 281
スルホン酸 281
スレーター則 20
スレーターの遮蔽定数 20

せ

制汗剤 194, 199
制酸剤 92, 178, 194
正四面体形 64
正四面体構造 35
正四面体の孔 198
青色顔料 353
青色銅タンパク質 365
正スピネル 330
正スピネル構造 349
生成エンタルピー 72
生石灰 177
生体湿式製錬 360
生体必須元素 358
正長石 222
静電的プロセス 167
青銅 52, 361
正二十面体 186
正八面体形 64
正八面体形構造 36
正八面体の孔 198
生物化学的酸素要求量 267
生物濃縮 89
生物無機化学 23
西洋医学 260
ゼオライト 222
ゼオライト触媒 223
石英 219
石英ガラス 220
赤外分光法 46, 388
石筍 178
石炭紀 47
赤泥 195
赤鉄鉱 350, 354
石綿 221
石綿症 230
赤リン 235, 252
セシウム 124, 158
セスキ炭酸ナトリウム 168
絶縁ガス 284
絶縁体 54
石灰華の塔 162
石灰岩 178
石灰水試験 213
石灰石 350

セッコウ 69, 180, 274
接触法 282
ZSM-5 223
節面 4
セノフ 239
セファロスポリン 286
ゼーマン効果 2
セメンタイト 211, 351
セメント 69, 179
ゼラチン状 274
セラミックス 223
セリウム(IV) 138
セレノメチオニン 287
セレン 265, 285, 287
セレン化カドミウム 285
セレン化水素 278
セレン酸 266
セレン酸イオン 287
セレン酸水素イオン 287
セレン中毒 287
ゼログラフィ 285
閃亜鉛鉱 64, 278, 372
閃亜鉛鉱型イオン結晶構造 204
遷移金属 13, 318, 337
遷移金属アルキル錯体 394
遷移金属錯体の色 328
遷移金属錯体命名法 323
遷移金属の密度 337
閃ウラン鉱 408
旋回病 287
潜函病 237
線形結合 27
線スペクトル 1
洗濯ソーダ 168
染料 197

そ

層間化合物 163, 205
双極子力 41
双極性障害 135
双極性非プロトン性溶媒 87, 89
相乗結合 388
双子葉植物 199
相対論的効果 136, 360
挿入反応 394
属（定性分析の） 100
族（周期表の） 123
速度論的因子 82, 331
ソーダガラス 187
ソーダ石灰ガラス 220
ソディー 145, 409
"ソフト" フェライト 355
ソルベー法 168
ゾーン精製法 218

た

第一イオン化エネルギー 21, 77
第一溶媒和圏 93
耐火化合物 177
大気汚染物質 246
対称性
　分子の—— 42
　カルボニル化合物の—— 388

対称操作 42
対称中心 43
対称的な伸縮 45
対称要素 42, 44
体心立方格子 54
台所用洗浄液 257
第二イオン化エネルギー 22, 77
ダイバー 237
タイヤ 208
ダイヤモンド 39, 82, 204
ダイヤモンドフィルム 204
太陽風 149
第4周期遷移金属 338
大理石 178
対流圏 274
ダウンズ電解槽 177
ダウンズ法 164
多塩基酸 91
多形 275
多原子イオン 66
多重結合形成能 209
多層ナノチューブ 207
脱水剤 281
脱水症 273
多電子原子 5
タリウム 186
タリウム(I) 136, 142
タリウム中毒 142
タリウムの毒性 199
タルク 222
単位格子 55, 66
炭化カルシウム 181
炭化ケイ素 210
炭化水素 150
炭化タングステン 211
炭化物 209, 324
炭化ホウ素 188, 210
タングステン 340, 344
タングステン鋼 351
タングステン酵素 345
タングステン酸イオン 344
タングステン酸ナトリウム 344
タングステン-ハロゲンランプ 344
タングステンブロンズ 344
12-タングストケイ酸 345
単座 320
炭酸塩 214, 282
炭酸カルシウム 178, 215, 274, 279, 350
炭酸水酸化銅(II) 361
炭酸水素イオン 66
炭酸水素塩 214
炭酸水素カルシウム 215
炭酸水素ナトリウム 92, 169, 257
炭酸ナトリウム 168
炭酸鉛(II) 272
短周期型周期表 12
単純立方充塡 54
炭素 204
炭素-14 208
鍛造 349
単層ナノチューブ 207
炭素供与配位子 333
炭素循環 228
炭素繊維 189
タンタル 340
タンパク質 155
ターンブルブルー 354

和文索引

ち

チアミン 286
チオアセトアミド 279
チオグリコレートイオン 278
チオシアン酸イオン 321, 334
チオ硫酸イオン 109, 283
チオ硫酸塩 283
チオ硫酸ナトリウム 275, 280
チオ硫酸ナトリウム五水和物 283
チオール基 102
置換活性 331
置換カルボニル錯体 388, 397
置換不活性 332
置換ホスフィン 253
地球化学 98, 101
チーグラー・ナッタ触媒 394, 399
地質学 267
チタン 339, 389
チタン(Ⅳ) 130
チタン酸イオン 271
チタン酸カルシウム 271
窒化ホウ素 138, 225
窒化リチウム 237
窒素 124, 235, 236
窒素イオン 243
窒素ガス 174
窒素固定 345
窒素酸化物 245
窒素循環 258
窒素-窒素三重結合 236
窒素肥料源 251
窒素分子 30, 237
窒素分子化合物 239
チミン 155
中アクチノイド 408
中性酸化物 96
中性子捕獲断面積 339
中皮腫 230
超アクチノイド 319, 411
超塩基 97
超塩基性岩 98
潮解 166
潮解性 180
超金属 159
超原子価化合物 236
超高純度ケイ素 218
超高純度単結晶 218
超酸 97
超酸化物 324
長周期型周期表 12, 123
超重元素 411
長石 222
超伝導 406
超伝導体 285
超フェルミウム元素 411
超臨界水 153
超臨界二酸化炭素 213
超臨界流体 213
直接還元鉄 351
直線形構造 34
チリ硝石 241
チロキシン 306
チロシナーゼ 365

つ、て

ツァイゼ塩 324, 386, 393
DRI 351
TEL 164, 228, 229
デイヴィー 158, 292
TSP 257
THMs 306
DNA 155, 258
DMGH 359
DO 267
d 軌道 5, 7
d 軌道エネルギーの分裂 326
低スピン 327
定性分析 100
DDT 306
d^1 電子配置 329
低ナトリウム血症 273
TBP 255
d-ブロック元素 318
DU（劣化ウラン） 410
DU弾 410
ディールズ・アルダー反応 396
デグサ法 217
テクネチウム 117, 346
鉄 349
——の酸化 354
——の酸化状態 113
——の製造 350
——の定量分析 347
鉄(Ⅲ) 131
鉄-硫黄タンパク質 355
鉄(Ⅱ)イオン 110
鉄(Ⅱ)化合物 353
鉄(Ⅲ)化合物 352
鉄(Ⅵ)化合物 352
鉄含有タンパク質 355
鉄(Ⅱ)クロム(Ⅲ)酸化物 342
鉄合金 351
鉄鉱石 350
鉄-コバルト-ニッケル三元系 349
鉄酸 323
鉄酸イオン 113
鉄酸化物 354
鉄硫化細菌 360
テトラ 323
テトラアクア銀(Ⅱ)イオン 364
テトラアクアジヒドロキソアルミニウムイオン 194
テトラアクアベリリウムイオン 175
テトラアリールケイ素 383
テトラアルキルケイ素 383
テトラアンミン亜鉛(Ⅱ)イオン 372
テトラアンミン銅(Ⅱ)イオン 361, 362
テトラエチル鉛 164, 228, 383
テトラオキソマンガン(Ⅴ)酸イオン 347
テトラオキソマンガン(Ⅵ)酸イオン 346
テトラオキソマンガン(Ⅶ)酸イオン 346
テトラカルボニルニッケル(0) 358, 386, 391
テトラキス 323
テトラクロロ金(Ⅲ)酸イオン 364
テトラクロロコバルト(Ⅱ)酸イオン 358
テトラクロロ鉄(Ⅲ)酸イオン 353
テトラクロロ銅(Ⅱ)酸イオン 361
テトラクロロニッケル(Ⅱ)酸イオン 359
テトラシアノ亜鉛酸イオン 363
テトラシアノニッケル(Ⅱ)酸イオン 359
テトラチオネートイオン 283
テトラチオン酸イオン 353
テトラハプト 378
テトラハロニッケル(Ⅱ)酸イオン 359
テトラヒドロキソ亜鉛酸イオン 274
テトラヒドロキソアルミン酸イオン 194
テトラヒドロキソコバルト(Ⅱ)酸イオン 358
テトラヒドロキソ銅(Ⅱ)酸イオン 362
テトラヒドロキソベリリウム酸イオン 176
テトラヒドロホウ酸イオン 191
テトラヒドロホウ酸ナトリウム 191
テトラフェニルホウ酸イオン 165, 382
テトラフルオロメタン 196
テトラメチルスズ 385
デバルダ合金 251
デルタ多面体 189
テルビウム 406
テルル 265, 285
テルル酸 266
電位差 170
電位-pH図 116
電解 361, 363
電解還元法 195
電荷移動電子遷移 347
電解法 118, 358
電荷密度 61
電気陰性度 40, 108
　オールレッド・ロコーの—— 67
　ポーリングの—— 40
電気四極子モーメント 223
電気伝導性 205
電気伝導度 344
電極電位 112
点群 44
電子 1
電子移動 365
電子移動触媒 396
電子間反発 330
電子親和力 22
電子スペクトル 330
電子対形成エネルギー 6, 327
電子の海 52
電子配置 8, 405, 408
電子密度 4

と

銅 359
同位体 14
　水素の—— 145, 147
　炭素の—— 208
ドヴィユ 195
銅(Ⅰ)化合物 362
銅(Ⅱ)化合物 361
同形 129
同形置換 408
同形的置換の原理 131
動径密度分布 4
銅鉱石 360
銅 酸 323
同素体 265
　硫黄の—— 275
　リンの—— 252
等電子 127
等電子化合物 269
糖尿病 345
毒 102
毒ガス 241
毒性金属 102
L-ドーパ 400
トバモライトゲル 179
ドビエルヌ 173
ドープ 54, 218
トムソン 59
ドライアイス 212
トランス（trans） 321
トランス異性体 322
トランスフェリン 355
トランスメタレーション 380
トリ 323
トリウム 408
トリウム(Ⅳ) 138
トリエチルアルミニウム 382, 398
トリス 323
トリス(1,2-ジアミノエタン)コバルト(Ⅲ)イオン 357
トリチウム 145
トリハロメタン類 306
トリフェニルアルミニウム 383
トリフェニルホスフィン 253, 378
トリポリリン酸 256
トリメチルアミン N-オキシドレダクターゼ 345
トリメチルアルシン 259
トリメチルアルミニウム 382
トリメチルホウ素 379
トリメチルボラン 379
トリヨードチロニン 306
トルコ石 360
トールマン円錐角 392
トレーサー 146
ドレブレ 265
トロナ 168
トロピリウムカチオン 397
ドロマイト 176, 179
トンプソン 72

和 文 索 引

な

"ナイトの動き(桂馬飛び)"の関係　135, 371
ナイホルム　337
ナウル共和国　252, 254
ナトリウム　124, 158
　——の工業的採取　164
ナトリウムアニオン　23
ナトリウムアマルガム　373
ナトリウム-硫黄系　278
Na$^+$, K$^+$-アデノシントリホスファターゼ　170
ナトリウムナフタリド　379
ナトリウム-β-アルミナ　198
7族元素　346, 390
七フッ化ヨウ素　304
斜めの関係　133
ナポレオン　259
鉛　226
　——の毒性　230
鉛ガラス　220
鉛中毒　203, 231
鉛-硫酸蓄電池　227
軟化　169
軟泥　256
難燃剤　257

に

二硫黄分子　276
二塩化硫黄　284
二塩化二硫黄　284
二塩化ポリ硫黄　275
二塩化ヨウ素イオン　305
二塩化四硫黄　275
ニオブ　340
二クロム酸　341
二クロム酸アンモニウム　245
二クロム酸イオン　279, 333, 341
二原子分子　28
ニコル・プリズム　178
二座配位子　320
二酸化硫黄　270, 277, 279
二酸化硫黄リチウム電池　164
二酸化塩素　301
二酸化ケイ素　39, 219, 350
二酸化炭素　34, 38, 47, 119, 212, 247, 274
二酸化炭素クラスレート　154
二酸化窒素　247, 270, 274
二酸化物　324
二酸化物(1−)　165
二酸化物(1−)イオン　165
二酸化物(2−)イオン　165
二酸素　26, 266, 286
二酸素(1−)イオン　271
二酸素(2−)イオン　271
二重に満たされた魔法の核　15
二重魔法数　412
二成分酸　91
II 属
　系統分析の——　100
二炭化物(2−)　324

ニチノール　57
ニッカド電池　373, 375
ニッケル　358
ニッケル(II)化合物　358
ニッケル-カドミウム(ニッカド)電池　373, 375
ニッケル-水素電池　151
ニッケル超集積性植物　359
ニッケルめっき　358
ニッケロセン　397
ニドクラスター　189
ニトリト　323
ニトリル　254
ニトロイルイオン　35, 248, 249
ニトロ化　249
ニトロゲナーゼ　258, 345, 356
ニトロシルイオン　246
ニトロソアミン　249
ニュートン　1
尿　235
二硫化セレン　278
二硫化炭素　215
二硫化鉄(II)　277
二硫化物(2−)イオン　279
二量体分子　197

ね，の

ネオン　311
熱含量　72
熱帯魚　94
熱貯蔵システム　283
熱伝導性　52, 204, 312, 361
熱分解　245
熱膨張係数　373
熱力学関数　112
熱力学的因子　82, 331
熱力学的範囲　242
熱ルミネセンス　178
ネール温度　9
ネルンストの式　112
粘度　275
燃料添加物　396
濃塩酸　275
濃縮ウラン　409
ノッキング　228

は

配位化合物の合成　332
配位圏異性　321
配位子　319, 320
配位子交換反応　332
配位子場理論　325
配位数　54, 63, 319
配位不飽和　393
バイオセンサー　396
バイオミネラリゼーション　181
π共役系　193
π供与体　388

π結合　29, 247
π結合性　193
敗血症性ショック　246
π酸性度　392
π受容体　388
焙焼　360, 372
梅毒　259
ハイドレート　153
ハイポ　283
パイレックス　187
パウリの排他原理　5
パウル・エールリッヒ　259
パーキンソン病　400
白色筋肉病　287
爆薬　238, 241, 251
白リン　235, 252
波数　329
バセット　324
cyclo-八硫黄　275
VIII 族　349
8族元素　349, 390
八面体形構造　320
八面体形錯体　326
八面体孔　64
八硫化二水素　275
発煙硝酸　250
発がん性　345
白金　358, 359
白金錯体　322
白金触媒　240
白金族　349
バックミンスター・フラー　206
バックミンスターフラーレン　206, 208
発光体　407
発光ダイオード　140
バッデリー石　339
波動関数　2
"ハード"フェライト　355
バートランド則　24, 102
バートレット　313
バナジウム　340
バナジウム(V)　130
バナジウム鋼　340
バナジルイオン　340
バナジン酸イオン　340
バナジン酸二水素イオン　340
バナドセン　396
バナナ結合　190
ハーバー　241
ハーバー・ボッシュ法　241
ハーフサンドイッチ化合物　397
ハプティシティ　378
ハフニウム　339
ハフマン　208
パーマロイ　351
パラジウム　358, 359
バリウム　173, 177
バリウムフェライト　352
バリセンター　326
バリノマイシン　170
ハロゲン　13, 124, 292
ハロゲン化銀　363
ハロゲン化水素酸　91
ハロゲン化炭素　215
ハロゲン化窒素　248
ハロゲン化物　227, 298
　硫黄——　284
　スズと鉛の——　227

ハロゲン化物イオン　320
ハロゲン間化合物　303
ハロゲン交換　381
バーン　192
反強磁性　9
半金属　17
半径比　63
反結合性軌道　27, 245
半減期　407
反磁性　9, 246, 327, 328
反磁性酸素　268
反すう動物　217
ハンダ　56, 372
反転操作　43
半電池電位　112
反転中心　43
半導体　53, 139
バンドギャップ　54
バンド理論　52
反応の駆動力　76
反応の自発性　76
半反応　110, 112
ハンフリー　318
半分満たされた　22

ひ

ピアソン　98
ピアソンのHSAB則　98
BSS　260
BSH　192
pH　112, 115
BNCT　192
[bmim]$^+$　89
ビオチン　286
BOD　267
非化学量論的　151
光ファイバー　207
p 軌道　4, 6
p 軌道性　248
非共有電子対　32
非金属　17
非結合性分子軌道　31
飛散灰　180
非自発的反応　76
PCB　306
非晶質　220
ビス　323
ビス(ジメチルグリオキシマト)ニッケル(II)　359
ビス(チオスルファト)鉄(III)酸イオン　353
ビス(チオ硫酸)鉄(III)イオン　284
ビスマス　124, 235, 260
ビスマス酸イオン　348
ビスムチルイオン　260
ヒ素　124, 235, 258
ヒ素中毒　259
ビタミン B$_1$　286
ビタミン B$_{12}$　358
必須元素　374
ピッチブレンド　408
被毒　242
ヒドラジン　118, 236, 238, 243
ヒドリド錯体　401
ヒドリド性架橋　191

447

ヒドリド性水素　150
ヒドロキシアパタイト　141, 181
ヒドロキシリン酸カルシウム　181
ヒドロキシルアミン　240
ヒドロキシルラジカル　81, 269, 274, 279
ヒドロキソ　323
ヒドロクロロフルオロカーボン　216
ヒドロゲナーゼ　359
ヒドロホルミル化　400
ヒドロホウ素化　191, 382
ヒドロラーゼ　374
非濡れ性　224
ppm　146
ビピリジン　393
氷州石　178
標準状態　16
標準電位　112
氷晶石　195
漂　白　248
漂白剤　280
肥　料　168
ピロケイ酸イオン　221
ピロ硫酸　282
ピロ硫酸ナトリウム　283
ピロリン酸　256
ヒンデンブルグ号　312

ふ

fac-　322
ファヤンス　60
ファヤンスの規則　61, 98
ファラデー定数　112
ファンアーケル・ケテラーの三角図　68
不安定励起種　206
ファンデルワールス半径　19, 42
ファン・ブレック　324
VSEPR則　34, 284, 285
風　解　168
富栄養化　257
フェライト　198, 355
フェリ磁性　9
フェリチン　355
フェレドキシン　355
フェロセン　379, 396
フェロ流体　9
フォンアントロポフ　313
不活性電子対効果　136, 226
付加物　382
不均化　110, 115, 240, 249, 338, 362, 364, 374
複　塩　353
複合型ベーキングパウダー　257
腐　食　194, 354
1,3-ブタジエン配位子　395
t-ブチルベリリウム　381
1-ブチル-3-メチルイミダゾリウムイオン　89
ブチルリチウム　163, 380
不対電子　27
フッ化アルミニウム　197
フッ化ウラン　409
フッ化ウラン(Ⅳ)　295
フッ化カルシウム　293
フッ化銀　293, 363
フッ化水素　148, 284, 296
フッ化水素ガス　196
フッ化水素酸　91, 219, 296
フッ化鉄(Ⅲ)　294
フッ化バナジウム(Ⅴ)　294
フッ化物　126
フッ化物イオン　95, 294, 298, 320, 333
フッ化マグネシウム　77
物質安全データシート　385
フッ素　293, 294
フッ素化　315
フッ素添加水　295
沸　点　152
ブテリン　345
不飽和脂肪酸　148
フライアッシュ　180
ブラウン管　407
フラクショナリティー　398
プラスチック硫黄　275
フラッシュ　176
フラッシュ法　276
フラーレン　206
プランク定数　2
フランシウム　158
ブランド　235
プリーストリ　265, 374
フリーデル・クラフツ反応　131, 197
フルオロアパタイト　253
フルオロエタン　285
フルオロカーボン　196
フルオロケイ酸　196
フルオロ酢酸イオン　305
フルオロスルホン酸　281
フルオロ硫酸　97
プルシアンブルー　353
プールベ　116, 286
プールベ図　115
　銅の――　363
ブルーレイディスク　140
フレオン　216
ブレンステッド　87
ブレンステッド酸　277
ブレンステッド・ローリー塩基　93
ブレンステッド・ローリー酸　90, 291
ブレンステッド・ローリー理論　87
フロギストン　107, 265
フロスト図　114, 239, 338, 346
プロチウム　145
プロトン性架橋　150, 191
プロペン　398
フロンティア軌道　29
分解反応　333
分　極　60
分極した共有結合　67
分光化学系列　327
分散力　39
分子間引力　75
分子間力　39
分子軌道　26, 150
分子軌道法　27, 325
噴射剤　238
ブンゼン　1
フント則　6, 28

へ

閉殻構造　32
平均結合次数　280
平均ボルン指数　74
並進エネルギー　53
平面三角形構造　34
平面四角形錯体　319, 321, 328, 386
ヘキサ　323
ヘキサアクア亜鉛(Ⅱ)イオン　372
ヘキサアクアアルミニウムイオン　187
ヘキサアクアクロム(Ⅲ)イオン　341
ヘキサアクアコバルト(Ⅱ)イオン　357
ヘキサアクア鉄(Ⅱ)イオン　353
ヘキサアクア鉄(Ⅲ)イオン　352, 353
ヘキサアクア鉄(Ⅱ)塩化物　353
ヘキサアクア銅(Ⅱ)イオン　361
ヘキサアクアニッケル(Ⅱ)イオン　272, 358
ヘキサアクアバナジウム(Ⅱ)イオン　340
ヘキサアクアバナジウム(Ⅲ)イオン　340
ヘキサアンミンコバルト(Ⅱ)イオン　356
ヘキサアンミンコバルト(Ⅲ)イオン　356
ヘキサアンミンニッケル(Ⅱ)イオン　359
ヘキサカルボニルクロム(0)　387, 390
ヘキサカルボニルバナジウム(0)　389
ヘキサシアノコバルト(Ⅲ)酸イオン　356
ヘキサシアノ鉄(Ⅱ)酸イオン　353
ヘキサシアノ鉄(Ⅱ)酸鉄(Ⅲ)　353
ヘキサニトロコバルト(Ⅲ)酸イオン　165
ヘキサハプト　378
ヘキサフルオロアルミン酸ナトリウム　195
ヘキサフルオロエタン　196
ヘキサフルオロケイ酸イオン　296
ヘキサフルオロケイ酸ナトリウム　253
ベーキングパウダー　169
β水素脱離　399
ベーテ　324
ヘテロポリタングステン酸　344
ヘテロポリブルー　345
ヘテロポリモリブデン酸　344
ベドノルツ　406
ペニシリン　286
ヘマタイト　350, 354
ヘモグロビン　211, 249, 286, 334, 355, 365, 387
ヘモシアニン　365
ヘモシデリン　355
ヘリウム　311, 312
ヘリコバクター・ピロリ菌　260
ベリリウム　125, 134, 175
ベリリウム中毒症　175
ペルオキシダーゼ類　365
ペルオキソ二硫酸　283
ペルオキソ二硫酸アンモニウム　284
ペルオキソ二硫酸塩　284
ペルオキソ二硫酸カリウム　284
ペルオキソホウ酸ナトリウム　188, 273
ペルシャ青　354
ペルシャ赤　355
ベルトランダイト　175
ペロブスカイト　133, 271, 272, 406
ペロブスカイト構造　331, 344
変角振動　45
ペンタ　323
ペンタアクアチオシアナト鉄(Ⅲ)イオン　353
ペンタアクアニトロシル鉄(Ⅱ)イオン　354
ペンタアクアヒドロキソアルミニウムイオン　194
ペンタアンミンアクアコバルト(Ⅲ)イオン　357
ペンタアンミンクロロコバルト(Ⅲ)イオン　357
ペンタカルボニルマンガン(0)　390
ペンタカルボニル鉄(0)　386, 390
ベント則　270

ほ

ボーアモデル　1
方位量子数　3
方鉛鉱　278
方解石　178
ホウ化チタン　188
ホウ化物　188
ホウ化マグネシウム　188
ホウケイ酸ガラス　187, 220
ホウ酸イオン　187
ホウ砂　187
放射性医薬品　117
放射性元素　319
放射線　315
放射捕獲　46
包接化合物　153
ホウ素　125, 134, 186, 187, 199
ホウ素繊維　189
ホウ素-窒素ポリマー　225
ホウ素中性子捕捉療法　192
防腐剤　280
ボーキサイト　195
補酵素　286
ホスゲン　211
ホスフィン　237, 253
ホスフィン酸　255
ホスフィン配位子　392
ホスホニウムイオン　253
ホスホン酸　255, 300

和文索引

蛍石構造　63
ボッシュ　241
ホッペ　313
ボツリヌス菌　249
骨　181, 258
HOMO　139
ホヤ　340
ボラジン　139
ボラゾン　138
ボラン類　188
ポリエチレン　398
ポリ塩化ビニル　306
ポリゲルマン　225
ポリシラン　225
ポリシロキサン　224, 225
ポリスタンナン　225
ポリチアジル　285
ポリハロゲン化物イオン　303
ポリフッ化ヨウ素陰イオン　314
ポリホスファゼン　225
ポリ硫化水素　275
ポリ硫化二塩素　275
ポリ硫化二水素　275
ポリ硫化物　279
ポーリング　26, 40, 313, 324
ポーリングの電気陰性度　40
ホール・エルー法　195
ポルトランドセメント　69, 179
ポルフィリン　355, 387
ポルフィリン型錯体　359
ポルフィリン環　334
ボルン指数　74
ボルン・ハーバーサイクル　77
ボルン・ランデの式　74
ポロニウム　265

ま

マイクロプロセッサチップ　205
マイスナー効果　406
マグナス緑塩　324
マグネシア乳　92
マグネシウム　131, 133, 173
　――の工業的採取　176
マグネタイト　350
マジック酸　97
マーシュ試験　259
麻酔　245
マスタードガス　285
マッチ　235
マーデルング定数　74
魔法数　412
マメ科植物　345
マルテンサイト相　57
マンガノセン　397
マンガン　115, 116, 346
マンガン(Ⅱ)　348
マンガン(Ⅶ)　130
マンガン鋼　351
マンガン酸イオン　346, 347
マントル　331

み

ミオグロビン　286, 355

ミジリー　216, 228
水　89, 151, 153, 271
水しっくい　274
水分子　35
満たされた核子　15
密度
　遷移金属の――　337
水俣病　376
μ　378
ミュラー　406
ミョウバン　131, 197

む

無機繊維　189
無機熱力学　72
無機ポリマー　225
無極性　40
無極性溶媒　88, 89
無水塩化アルミニウム　197
無水塩化クロム(Ⅲ)　343
無水塩化鉄(Ⅱ)　353
無秩序性　75
無定形炭素　205
ムライト　223

め

メシチル化合物　383
メスバウアー分光法　4
メタセシス　381, 384
メタナール　274
メタロイド　17
メタロセン　396
メタン　35, 154, 217, 274
メタンクラスレート　154
メタン酸　211
メタンハイドレート　154
メチルクロロシラン　383
メチルコバラミン　358
メチル水銀(Ⅱ)　358
メチル水銀中毒　376
メチル水銀陽イオン　376
メチルナトリウム　380
メチルヒドロペルオキシド　274
メチルベリリウム　381
メチルリチウム　378
mer-　322
面冠三角柱　37
面冠八面体　37
面心立方格子　55
メンタルヘルス　135
メンデレーエフ　11, 404

も

モアッサナイト　210
モアッサン電解法　294
木材防腐剤　373
モーズリー　xix, 12
モノハプト　378
モリブデン　340
モリブデン酵素　345

モリブデン酸イオン　344
モルヴォー　265
モール塩　353
モルタル　179
モール法　341
モレキュラーシーブ　222
モンサント法　398
モンド法　358
モントリオール議定書　216

や, ゆ

焼きセッコウ　180
軟らかい酸塩基　98, 318, 333
ヤーン・テラー効果　362
有鉛ガソリン　229
雄黄　278
有機亜鉛化合物　384
有機アミド　254
有機塩素化合物　269
有機金属化学　378
有機金属化合物　378
　――の命名法　378
有機金属触媒　378
有機質肥料　241
有機水銀化合物　373, 376
有機スズ化合物　383
誘起双極子　39
有機ホウ素化合物　380
有機リチウム化合物　380
有効核電荷　19, 20, 78
有効原子番号則　324
有効捕獲断面積　192
融点
　――の傾向　60
　アルカリ金属の――　158
　アルカリ土類金属の――　173
　状態図における――　152
　遷移金属の――　337
　タングステンの――　344
誘電率　87
UV-PES　31
ユーリー　145

よ

陽イオン系統分析　100
ヨウ化アルミニウム　197
溶解過程　78
溶解化学
溶解性
　アルカリ金属塩の――　160
　水への――　62
溶解度
　アルカリ土類金属塩の――　174
　ハロゲン化ナトリウムの――　160
ヨウ化銀　364
ヨウ化タングステン(Ⅱ)　344
ヨウ化銅(Ⅰ)　362
ヨウ化物イオン　299
陽極酸化　194
溶鉱炉　350

ヨウ素　283, 292
ヨウ素酸イオン　299
ヨウ素-デンプン紙　299
溶存酸素　267
溶存酸素濃度　119
溶媒　87, 89
ヨード　323
ヨードメタン　398
四座配位子　320
Ⅳ属
　系統分析の――　100
4族元素　339
四窒化四硫黄　285
四フッ化硫黄　35, 284
四フッ化キセノン　36, 314
四フッ化ケイ素　253
四量体分子　252

ら

雷管　244
ライニング　350
ラカーパラメーター　325
ラジウム　173, 408
ラジオ波　146
ラジカル的手法　379
ラックス・フラッド理論　96
ラティマー図　113
ラドン　311, 315, 408
ラドン-222　315
ラピスラズリ　134
ラボアジェ　107, 265
ラマン活性
ラマン分光法　46
ラムゼー卿　311
ラムフォード伯爵　72
ランタニド　404
ランタノイド　13, 137, 404, 405
ランタノイド収縮　338
ランタン　405

り

リゾビウム　258
リチウム　124, 133, 135, 158, 161
リチウムイオン電池　163
リチウムグリース　163
リチウム電池　163
立体異性　321
立体異性体　320
立体化学　319
立体選択的重合　398
立方格子　63
立方最密充填　55, 64
立方体モデル　26
リビー　209
リモナイト　350
硫化亜鉛　372
硫化カドミウム　272, 278, 373
硫化カルボニル　211, 215
硫化銀(Ⅰ)　277, 363
硫化水銀(Ⅱ)　373
硫化水素　111, 119, 274, 275, 277
硫化炭素　215
硫化銅(Ⅰ)　360

硫化銅(I)鉄(III)　360
硫化ナトリウム　278, 283
硫化鉛(II)　226, 277
硫化物　278
硫化物イオン　100, 275
硫化物鉱石　278
硫化モリブデン(IV)　278, 344
硫酸　266, 277, 280, 281
硫酸アンモニア肥料　282
硫酸アンモニウム　243
硫酸塩　282
硫酸カルシウム　180, 256, 279
硫酸水素イオン　281
硫酸水素塩　282, 283
硫酸水素ナトリウム　283
硫酸鉄(II)　282
硫酸鉄(III)　282
硫酸鉄(II)アンモニウム六水和物　353
硫酸鉄(II)七水和物　353
硫酸銅　361
硫酸トリス(1,2-ジアミノエタン)鉄(II)　353
硫酸ナトリウム　283
硫酸鉛(II)　282
硫酸バリウム　282
硫酸ヘキサアクア鉄(II)アンモニウム　353
リュードベリ定数　1
両座配位子　99

量子準位　15
量子数　1, 2
両　性　91, 176, 265
両性金属　194
両性酸化物　96
両性水酸化物　274
緑柱石　127
リン　124, 125, 235, 251
リン(V)　130
リン灰岩　252
リングウィジング　398
リン光　252
リン鉱石　252
リン酸　255
リン酸アンモニウム　243
リン酸イオン　93
リン酸イオンの定性および定量分析　345
リン酸一水素塩　256
リン酸エステル　258
リン酸カルシウム　252, 254, 282
リン酸系殺虫剤　253
リン酸三ナトリウム　257
リン酸水素二アンモニウム　257
リン酸水素二ナトリウム　257
リン酸トリブチル　255
リン酸ナトリウム　273
リン酸二水素塩　256
リン酸二水素カルシウム　257, 282

リン脂質　258
リン循環　258
リン鉄　253
リントランスフェラーゼ　349
リンモリブデン酸イオン　344

る

ルイス　26, 87
ルイス塩基　98, 240, 270, 272, 319, 324, 325
ルイス酸　98, 192, 270, 319, 324, 325, 382
ルイス理論　32, 98
ルシャトリエの法則　152, 241
ルチル　64, 339
ルテチウム　405
ルテニウム　349, 355
ルビジウム　124
LUMO　139

れ

励起状態　1, 159
冷却材　158
冷却パック　250

レイン　69
劣化ウラン　409
劣化ウラン弾　410
レドックスタンパク質　356
レドックス電位　332
レドックス反応　332
レニウム　346
錬金術　371

ろ

$cyclo$-六硫黄　275
六座配位子　320
六酸化四リン　254
緑青　361
6族元素　340, 390
六フッ化硫黄　177, 284, 294
六フッ化キセノン　314
ロケット推進　238
ロコー法　383
ロジウム　356, 358
ローゼンベルグ　322
ロータリーキルン　195
六方最密充塡　55, 64
ロープ　4
ローリー　87
ロンスデライト　204
ロンドン力　39

欧文索引

A

AAC 69, 180
acetylene 182
Acheson furnace 210
Acheson process 205
actinoid 13, 123, 407
activated carbon 208
activation energy 82
Adams, John 265
ADN 238
AED 164
aerogel 219
aggregate 179
alabaster 180
Albright, Arthur 235
ALC 69
alkali disease 287
alkali metal 13, 123, 158
alkaline earth metal 13, 173
alkane 150
alkene 150
alkyne 150
allotrope 275
alloy 56
Allred, A. L. 68
Allred-Rochow scale 41, 68
alum 131, 197
aluminosilicate 222
aluminosilicate ion 144
aluminum 193
aluminum phosphide 68
amalgam 373
Amanita muscaria 340
ambidentate 321
ambidentate ligand 99
ammonium dichromate 245
ammonium dinitramide 238
ammonium hydroxide 240
ammonium nitrate 245
ammonium nitrite 237, 245
amorphous carbon 205
amphibole 221
amphiprotic 91
amphoteric 265
anaerobic 119
Andrussow process 217
angular function 4
angular momentum quantum number 3
aniline 249
anode 149, 151, 163
anodization 194
anorthite 222
antacid 92, 194

antibonding orbital 27
antiferromagnetism 9
antifluorite structure 64
antimony 235
antimony(III) sulfate 124
Antropoff, Andreas von 313
apatite 258
Appleman, E. H. 304
aqua regia 349
aqueous ammonia 240
aqueous chlorine 299
arachno 190
aragonite 178
archaea 346
arginase 349
argon 311
aromatic hydrocarbon 150
Arrhenius, Svante 59, 87
arsenate 124
arsenic 235
arsenide 95
arsine 237
asbesto 189, 221
asbestosis 230
associative mechanism 391
astatine 292
astatinide ion 71
atmophile 101
atmophile 101
ATP (adenosine triphosphate) 258
Aufbau (building-up) principle 5, 28
auranofin 365
austenite 57
autoclaved aerated concrete 69, 180
autoclaved light-weight concrete 69
autoionization 88, 152
autoionizing 272
automated external defibrillator 164
axial 35, 328
axis of highest molecular symmetry 43
azide ion 243

B

β-hydrogen elimination 399
back bonding 388
bacterium *Helicobacter pylori* 260
baddeleyite 339
banana bond 190
band gap 54
band theory 52

Barbier, Phillipe 381
baricenter 326
barite 181
barium 173
barium diphenylamine sulfonate 342
Bartlett, Neil 313
basalt 98
basic oxygen process 351
Bassett, H. 324
bauxite 195
bauxite ore 131
Béchamps, Antoine 259
Bednorz, George 406
Beer's law 2
Beinert, Trudy 293
bend 237
Bent, Henry A. 270
Bent rule 270
bertrandite 175
Bertrand's rule 24, 102, 135
beryl 127, 175
berylliosis 175
beryllium 173
Bethe, Hans 324
bicarbonate 169
bidentate 320
Bigeleisen-Mayer formulation 147
binary acid 91
bioaccumulation 89
biohydrometallurgy 360
bioinorganic chemistry 23
biological oxygen demand 267
biomineral 181
biomineralization 181
bipy 393
bipyridine 393
bismuth 235, 260
bismuth(III) nitrate 124
bismuth sub-citrate 260
bismuth sub-salicylate 260
bismuthyl ion 260
blast furnace 350
blind stagger 287
blue asbesto 221
[bmin]⁺ 89
BNCT 192
BOD 267
body-centered cubic lattice 54
Bohr model 1
Bohr, Niels 1
bond energy 73
bond triangle 68, 125
bonding continuum 67
bonding orbital 27
boranes 188
borate ion 187

borax 187
borazine 139
borazon 138
borderline acid 99
borderline base 99, 321
boric acid 191
boride 188
Born exponent 74
Born-Haber cycle 77, 136
Born-Landé equation 74
boron 187
boron carbide 188
boron hydride 188
boron neutron capture therapy 192
borosilicate glass 187, 220
Bosch, Carl 241
branched-chain 223
Brand, Hennig 235
Breslow, David S. 401
brine 166, 297
Broken Hill 337
bromomethane 306
Brønsted, Johannes 87
Brønsted-Lowry acid 223, 281
brown ring test 251
BSH 192
BSS 260
buckminsterfullerene 206
building-up principle 5
bulkiness 392
Bunsen, Robert 1
n-butyllithium 97

C

Cade, J. 135
Cadet, L. C. 378
cadmium 373
calaverite 364
calcite 178
calcium 173
calcium cyanamide 182
capped octahedron 37, 314
capped trigonal prism 37, 314
capture cross section 339
carbide 209
carbocation 197, 223
carbon 204
carbon dioxide 212
carbon dioxide clathrate 154
carbon disulfide 215
carbon fiber 189
carbon monoxide 211
carbon monoxide dehydrogenage 345

carbon steel 211
carbon tetrachloride 215
carbon tetrahalide 215
carbonate 214
carbonic acid 214
Carboniferous era 229
Carboniferous period 47
carbonyl chloride 211
carbonyl sulfide 211, 215
carnallite 176
catalase 114
catenation 203, 209
cathode 149, 151
cathode-ray tube (CRT) 220, 407
CBS 260
celestite 181
cementite 211
center of inversion 43
center of symmetry 43
ceramics 223
cermet 224
cesium chloride 63
CFSE (crystal field stabilization energy) 326, 359
chalcogen 13, 265
chalcophile 101
chalcopyrite 278, 360
chalk 169
charge density 61
charge transfer 341
chelate 320
chelate effect 332
chemically weak metal 17
chemical shift 146
chemical topology 132
chemotherapy 259
Chile saltpeter 241
Chinese medicine 260
chiral 400
chiral compound 322
chlor-alkali electrolysis 375
chlorophyll 182
chromate 341
chrome yellow 343
chromic acid 343
chromium 340
chronic poisoning 287
chrysotile 221
cinnabar 278, 373
cis 321
cisplatin 322
class a ligand 99
class a metal ion 99
class b ligand 99
class b metal ion 99
clathrate 153
Clausius, Rudolf 72
Claus process 276, 288
Clementi, E. 20
clinical deficiency 287
clinker 69, 179
Clorox® 301
closo 189
Clostridium botulinum 249
cluster 124
cobalt 349
coinage metal 13, 359
Coindet, J. F. 292
coke 207

collagen 181
combo 304
completed nucleon 15
completed quantum level 15
comproportionation 364
concrete 69
conjugate acid 88
conjugate base 88
contact process 282
Coolidge, Calvin 297
cooperative effect 286, 288
coordination number 54, 319
coordination-sphere isomerism 321
coordinatively unsaturated 393
copernicium 413
copper 359
copper(Ⅱ) hydrogen arsenite 259
copper pyrite 360
coprecipitation 408
core 59
corrosion 194
corundum 350
Cosee-Arlmann mechanism 399
covalent convention 379
covalent radius 18
Coxsackie virus 287
Cretaceous period 178
crocidolite 221
Crookes, Sir William 404
cross-link 221
cross-linked polymer 383
CRT (cathode-ray tube) 407
cryolite 195
Cryptolestes ferrugineus 212
crystal field stabilization energy (CFSE) 326, 359
crystal field theory 325
crystal lattice 54
cubic close-packed 55, 64
cubic zirconia 210
Curie, Marie 173
Curie temperature 9
cyanamide ion 182
cyanide 140, 217
cyanogen 140, 309
cyclo-dodecasulfur 275
cyclo-hexasulfur 275
cyclo-octasulfur 275
cyclotriazine 264
cysteine 286
cytochrome oxidase 94

D

Dann, Sandra 134
Davy, Humphry 158, 205, 292
d-block element 318
DDT 305
Debierne, André 173
de Broglie, Louis 2
Degussa process 217
dehydration 273
deliquescence 166
deltahedron 189
dendrimer diagram 132

dephlogisticated air 265
dephlogisticated muriatic acid 292
depleted uranium 410
desiccant 219
detonator 251
deuterium 145
Devarda's alloy 251
Deville, Henri Sainte-Claire 195
diagonal relationship 133
diamagnetism 9
1,2-diaminoethane 320
diamminedichloroplatinum(Ⅱ) 322
diamminetetrachloroplatinum(Ⅳ) 322
diamond 204
diatom 229
diazonium salt 249
diborane 127, 150
dicacodyl 378
dichloroiodine ion 305
dichromate 333, 341
dielectric constant 87
Diels-Alder reaction 396
dietary supplement 287
diethyleneglycol dimethyl ether 390
differentiating solvent 90
digesting 195
diglyme 389
dihydrogen phosphate 256
dimethyl sulfide 215
dinitrogen 236
dinitrogen oxide 245
dinitrogen tetroxide 247
dinitrogen trioxide 246
dinitrophenylhydrazine 243
dioxide(1−) 165
dioxide(2−) ion 165
dioxygen 266
dipolar aprotic solvent 87
dipole-dipole attraction 41
Dirac, P. A. M. 3
direct reduction iron 351
dispersion force 39, 124
disproportionation 364
disproportionation reaction 110
dissociation 89
dissociative mechanism 391
dissolved oxygen 267
disulfide bridge 259
DMGH (dimethylglyoxime) 359
DNA 258
DO 267
Döbereiner, Johann 11, 292
dolomite 176
doped 218
doping 54
doubly magic nucleus 15
Downs process 164
Drebble, Cornelius 265
DRI 351
drying agent 219
DU 410
dubnium 412
ductility 17
Dumas, John Baptiste Andre 136
Dye, James 23

E

early actinoids 407
EAN 324
eclipsed 396
effective atomic number rule 324
effective cross-sectional area 192
effective nuclear charge 19
efflorescence 168, 353
eka-silicon 11
elastomer 225
electrical conductivity 124
electron affinity 22
electron-deficient 150
electron density 4
electronegativity 40
18-electron rule 324, 385
electrophile 98, 394
Emperor Napoleon Ⅲ 186
en (ethylenediamine) 320, 322
enantiomer 321
enantioselective reaction 399
endothermic 22
energy of atomization 75
enriched uranium 410
enthalpy 72
entropy 75
$E°$-pH diagram 116
Epsom salt 176
equatorial 35
equilibrium mixture 124
erbium 13, 406
Erhlich, Paul 259
ethylenediamine 320
ethylenediaminetetraacetate ion 336
ethyne 182
eutectic 180
eutrophication 257
Ewens-Bassett nomenclature system 324
Ewens, R. 324
excited state 1, 159
exothermic 22
explosive 238

F

fac- 322
face-centered cubic 55
face-centered cubic structure 186
faint young Sun paradox 47
Fajans, Kasimir 26, 60
Fajans' rule 98
Faraday constant 112
Faraday, Michael 26
FeCoNi triad 349
feedstock 242
feldspar 222
ferrate ion 113
ferredoxin 355
ferrimagnetism 9
ferrite 198, 355
ferritin 355

ferrocene 379
ferroelectric 271
ferrofluid 9
ferromagnetism 9
ferrophosphorus 253
fiberglass 189
filled band 54
first ionization energy 21
flame color 159
fluoride 125
fluorite 296
fluorite structure 63, 138
fluoroapatite 253
fluorosulfuric acid 97
fluorspar 296
fluxionality 398
fly ash 69, 180
formal charge 33
formate dehydrogenase 345
Frankland, Edward 395
Frasch, Herman 276
Frasch process 276
Fraunhofer, Josef von 2
free energy of formation 126
freon 216
Friedel–Crafts reaction 131, 197
frontier orbital 29
Frost diagram 114, 203, 336
Fuller, R. Buckminster 206
fullerene 206
fulvic acid 306
fuming nitric acid 250

G

galena 226, 278
gallium 186
galvanizing 372
gas hydrate 153
gelatinous 274
gemstone 132
geodesic dome 206
germane 150
Gibbs free energy 72
Gibbs, J. Willard 72
Gillespie, Ronald 337
glassy ceramics 224
glue 69
glycoprotein 181
goethite 181
gold 359
Goldschmidt, V. M. 101
granite 98, 222
graphite 125, 205
greenbacks 343
green chemistry 153
greenhouse effect 46
greigite 355
Grignard reagent 133, 176
Grignard, Victor 381
ground state 1, 159
group 123
group theory 42
Guillain-Barré syndrome 142
Guyton de Morveau, Louis-
 Bernard 107
gypsum cast 180

H

Habashi, Fathi 129
Haber–Bosch process 241
Haber, Fritz 241
hafnium 339
half-filled 22
half-reaction 110
half-sandwich compound 397
Hall, Charles 195
Hall–Héroult process 195
halogen 13, 123, 292
halogen exchange 381
hapticity 378
hard acid 99
hard base 99
hard–soft acid–base principle 99
hard water 222
Heck, Richard F. 401
hematite 350
hemihydrate 180
hemocyanin 365
hemoglobin 249, 355
herbal remedy 260
Héroult, Paul 195
hexaamminenickel(II) ion 332
hexaaquanickel(II) ion 332
heteropoly-blue 345
hexaamminecobalt(III) ion 332
hexaaquacobalt(II) ion 331
hexaaquairon(II) ion 325, 327,
 331
hexaaquamanganese(II) ion 331
hexaaquatitanium(III) ion 328
hexaaquavanadium(II) ion 340
hexaaquavanadium(III) ion 330,
 340
hexachlorotitanate(III) ion 329
hexacyanoferrate(II) 325, 354
hexacyanoferrate(III) 354
hexadentate 320
hexafluoroarsenate(V) anion
 244
hexafluorocobaltate(IV) ion 320
hexagonal close-packed 55, 64
highest fluoride 126
highest occupied molecular orbital
 139
highest oxide 126
high-spin 327
Hindenburg 312
hole 62, 218
HOMO 139
Hoppe, Rudolf 313
horizontal mirror plane 43
h.s. (high-spin) 327
HSAB principle 99
humic acid 306
Humphrey, Edith 318
Hund's rule 6, 28
hybrid orbital 37
hydrate 62, 153
hydrated metal ion 153
hydration 159
hydration energy 159
hydration isomerism 321

hydration number 79
hydrazine 236
hydrazoic acid 264
hydride 125, 149
hydride ion 149
hydridic hydrogen 150
hydroboration 191, 382
hydrocarbon 150
hydrochloric acid 292
hydrochlorofluorocarbon 216
hydroformylation reaction 400
hydrogenase 359
hydrogen azide 240, 243
hydrogen bond 41
hydrogen carbonate 214
hydrogen economy 81
hydrogen peroxide 273
hydrogen phosphate 256
hydrogen sulfate ion 91
hydrolase 375
hydrolysis 94
hydrometallugy 360
hydrophobic 224
hydroxide 166
hydroxyapatite 141, 181
hydroxylamine 239
hydroxylammonium ion 240
hypervalent compound 236
hypo 283
hypochlorite 188, 332
hypochlorous acid 248
hyponatremia 273
hyponitrous acid 264
hypophosphorous acid 255

I

icosahedron 186
immiscible 372
IMPase 135
improper axis of rotation 43
indium 186
inductive effect 388
inert 332
inert-pair effect 136
infrared absorption spectrum 147
infrared spectroscopy 46
inorganic fiber 189
inorganic polymer 225
inositol monophosphatase 135
inositol phosphate 258
insulator 54
intercalation 163
intercalation compound 163
intermolecular force 126
International Union of Pure and
 Applied Chemistry 411
interstice 62
interstitial carbide 211
intrinsic semiconductor 54
inverse spinel 198
Io 276
iodate ion 299
iodine number 305
ionic convention 379
ionic lattice diagram 63
ionic liquid 88

ionic solvent 88
ionization 89
ionization constant 90
ionization isomerism 321
iridium 349
iron 349
iron(III) oxide hydroxide 354
isoelectronic 127
isoelectronic series 8
isomorphous 129
isostructural 143
isotactic 399
isotone 15
IUPAC 411

J, K

Jahn–Teller effect 362
Javex® 301
Jensen, Hans 15

Kapustinskii equation 75
Karlik, Berta 293
Kashan disease 287
Kayzer 329
Kealy, T. J. 396
Keggin, J. F. 344
Keggin structure 344
kernite 187
"knight's move" relationship 135
Kolbe, Adolph 35
Kraft process 280
Krebs cycle 305
Kroll process 339
Kroto, Harold 208
kurchatovium 411

L

labile 331, 380
Laing bond tetrahedron 69
Laing, Michael 69, 135
lanthanoid 13, 123, 405
lanthanoid contraction 338
lapis lazuli 134
Latimer diagram 113, 336
lattice energy 73, 159
laughing gas 245
Lavoisier, Antoine 107, 265, 292
law of effusion 410
LCAO theory 27
leaching 342
lead 226
lead(II) ethanoate 203
lead glass 220
Le Châtelier principle 152, 281
LED 140
lepidocrocite 181
leveling solvent 90
Lewis acid 192
Lewis, Gilbert N. 26, 87
Libby, W. F. 209
ligand 319
ligand field theory 325
light-emitting diode 140

lime 184
Limerick Nuclear Generating Station 316
limestone 169
limewater test 213
limonite 350
linear combination of atomic orbital theory 27
line spectrum 1, 53
linkage isomerism 321
litharge 226
lithiation 397
lithium 161
lithium nitride 237
lithophile 101
litmus paper 251
lobe 4
lodestone 355
lone pair 32
lonsdaleite 204
Lonsdale, Kathleen 204
lowest unoccupied molecular orbital 139
Lowry, Thomas 87
low-spin 327
l.s. (low-spin) 327
Lugan, Léonie 292
LUMO 139
Lux-Flood theory 96

M

MAC 94
Madelung constant 74
magic acid 97
magic number 412
magnesium 173
magnetic domain 9
magnetic quantum number 3
magnetic resonance imaging 117, 146
magnetite 181, 198, 350, 355
Magnus's green salt 324
main group element 13
malleability 17
manganese 346
manic depression 135
manure 241
marble 178
Marsh test 259
martensite 57
massicot 226
mass number 13
material safety data sheets 385
Mayer, Maria Goeppert 15, 147
Meissner effect 406
meitnerium 413
Mendeleev, Dmitrii Ivanovich 11, 129
mer- 322
mercury 373
mesothelioma 230
metal cluster compound 338
metal complex 319
metallic 123
metallic radius 19
metalloid 17

methane 217
methane clathrate 154
methane hydrate 154
metathesis 381
methyl bromide 306
methyllithium 378
Meyer, Lothar 11
middle actinoids 408
Midgley, Jr., Thomas 216
Midgley, Thomas 228
milk of magnesia 92, 184
mirror plane 43
mixed metal oxide 288
Mohr method 341
Mohr's salt 353
Moissan electrochemical method 294
Moissan, Henri 210, 292
moissanite 210
moisture/density gauge 144
molecular orbital theory 150
molecular sieve 222
molybdate 328
molybdenum 341
monazite 133
Mond process 358, 391
monodentate 320
monohapto 378
Monsanto process 398
Morveau, Guyton de 265
Moseley, Henry 12
Mössbauer spectroscopy 4
MRI 117, 146
MSDS 385
mucopolysaccharide 181
Müller, Alex 406
mullite 223
multiwalled nanotube 207
muriatic acid 298
mustard gas 285
MWNT 207

N

Na^+/K^+-adenosine triphosphatase 170
nanotube 207
Natta, G. 399
near-critical 153
Néel temperature 9
Nernst equation 112, 354
network covalent bonding 39
neurotransmitter 135
Newlands, John 11
Newton, Issac 1
Newton's third law of motion 238
NiCad battery 373
nickel 349
Nicol prism 178
nido 189
nitinol 57
nitramide 264
nitrate 124
nitrate radical 245, 248
nitrate reductase 345
nitration 249
nitric acid 249

nitric oxide 245
nitric oxide synthase 246
nitride 95
nitrite ion 321
nitroamide 264
nitrogen 235
nitrogenase 258, 345
nitrogen dioxide 247
nitrogen monoxide 245
nitrogen oxide trifluoride 248
nitrogen trichloride 248
nitrogen trifluoride 248
nitrosamine 249
nitrosyl chloride 262
nitrosyl ion 246
nitrous oxide 245
NMR (nuclear magnetic resonance) 146, 385
noble gas 13, 355
noble liquid 371
noble metal 355
nodal surface 4
nodule 119, 258
nonbonding molecular orbital 31
nonmetallic 123
nonpolar 40
nonpolar solvent 88
nonporous 224
nonstoichiometric 151
nonstoichiometric compound 354
NOS 246
nuclear magnetic resonance (NMR) 146, 385
nucleon 15
nucleophile 98, 394
Nyholm, Ronald 337

O

octahedral hole 64
octahedron 189
octane rating 228
octet 32
octet rule 193
ODS 306
Olah, George 97
olivine 98, 133, 331
optically active 400
orbital diagram 4
orbital hybridization 37
orpiment 278
orthoclase 222
orthosilicate ion 96
osmium 349
Ostwald process 250
oxalate ion 320
oxidation 107
oxidation number 107
oxidation state 107
oxidative addition 392
oxide 125, 165
oxo-anion 124
oxyacid 91
oxygen 265
oxysulfide 215
ozone 266

ozone-depleting substance 306
ozone hole 300

P

π-acidity 392
packing arrangement 62
pairing energy 6
palladium 349
PAN 248
paramagnetic 26, 245
paramagnetism 9
Pauli exclusion rule 5
Pauling, Linus 26, 141, 304, 313, 324
Pauson, P. L. 396
PCB 305
pea and bean family 345
Peason, R. G. 99
penetration 30
pentaamminecobalt(III) 321
pentaamminethiocyanato-cobalt(III) ion 334
pentacarbonyliron(0) 333
pentachlorocuprate(II) ion 319
pentacyanothiocyanatocobal-tate(III) ion 334
pentadentate 320
pentagonal bipyramid 37, 304, 314
pentahaptocyclopentadienyltricar-bonylmanganese(I) 379
pentanitrogen ion 243
Perey, Marguerite 158
periodic table 123
permanent dipole 40
permanganate ion 110
permittivity 74
perovskite 271
peroxide ion 165
peroxodisulfate ion 118
peroxo group 188
peroxyacetyl nitrate 248
pertechnate ion 117
perxenate ion 118
phase diagram 152
phlogiston 107, 265
phlogopite 201
phosgene 211
phosphate 124, 256
phosphate rock 252
phosphide 95
phosphine 127, 150, 237, 253
phosphinic acid 255
phospholipid 258
phosphonic acid 255
phosphonitride ion 144
phosphorescent 252
phosphoric acid 255
phosphorous acid 255
phosphorus 235, 252
phosphorus oxychloride 255
phosphorus pentachloride 255
phosphorus trichloride 255
phosphoryl chloride 255
phossy jaw 235
photochemical smog 248

photolysis 248
photon 2
photosensitive 225
pickling 298
pitchblende 408
Planck constant 2
plaster cast 180
plaster of Paris 180
plastic sulfur 275
platinum 349
platinum metals 349
plume 220
point group 44
poisoned 242
polarization 60
polar protic solvent 87
polonium 265
polycarbonmonofluoride 163
polygermane 225
polyhedron 189
polyiminoborane 225
polymorph 275, 288
polyphosphazene 225
polyprotic acid 91
polysilane 225
polysiloxane 224
polystannane 225
polythiazyl 285
Portland cement 179
positive 4
postactinoid 319
postactinoid element 411
potash 167
potassium 164
potassium chloride 167, 168
potential 304
Pourbaix diagram 116, 201, 286, 336
Pourbaix, Marcel 116
predominance-area diagram 116
Priestley, Joseph 265, 374
primary hydration sphere 79
primitive cubic packing 54
principal axis 42
principal quantum number 3
propellant 238
protium 145
protonic bridge 150
Prussian blue 353
pseudo-element 140
pterin 345
Pyrex 187
pyrite 278
pyrometallugy 360
pyrophoric 266, 288, 378
pyrophosphoric acid 256
pyrosilicate ion 221
Pythagorean theorem 63

Q

quadrupole moment 223
quantum number 1
quartz 218
quartz glass 220
quick lime 177

R

Racah parameter 325
radiation trapping 46
radical convention 379
radiolaria 229
radium 173
radius ratio 63
Raimondi, D. L. 20
Raman, C. V. 46
Raman spectroscopy 46
Ramsey, Sir William 311
rare earth element 13
rare earth metal 137, 405
rare gas 355
red mud 195
redox 107
redox reaction 332
reduction 107
reductive elimination 392
refractory compound 177
resonance 33
Restrepo, Guillermo 132
rhenium 346
Rhizobium 258
rhodium 349
ring whizzing 398
RNA 258
roasting 360, 372
Rochow, E. G. 68
Rochow process 383
roentgenium 413
Rosenberg, Barnett 322
rotatory reflection axis 43
rusting 354
rusty grain beetle 212
ruthenium 349
rutherfordium 411
rutile 64, 339
Rydberg constant 1

S

σ antibonding 191
σ bonding 191
σ nonbonding 191
Sandmeyer reaction 363
sandwich compound 396
Saniflush® 283
sapa 203
Scheele 292
Schrödinger, Erwin 2
sea squirt 340
Seaborg, Glenn 404
second ionization energy 22
selenium 265
selenosis 102
semiconductor 53
semimetal 17
semimetallic 123
serendipity 135
serpentine 331
settling tank 196
shale 69, 179

Shannon-Prewitt 60
siderophile 101
silane 127, 150, 218
silica 219
silica gel 219
silicate 96, 220
silicon 217
silicon dioxide 219
silicone 224
silicosis 230
silt 254
silver 359
simple cubic 63
simple cubic packing 54
single-walled nanotube 207
sinter 52
sintering 224
slag 253
slaked lime 178
Slater, J. C. 20
Slater's rules 20
Slater's screening constant 20
slime 256
Smalley, Richard 208
smelling salt 244
soccerane 206
soda glass 187
soda-lime glass 220
sodalite 134
Soddy, Frederick 145, 409
sodium 164
sodium-β-alumina 198
sodium aluminate 97
sodium carbonate 168
sodium chloride 64, 167
sodium dioxide(2-) 165
sodium hexafluorosilicate 253
sodium hydrogen carbonate 169
sodium metabisulfate 291
sodium naphthalide 379
sodium (ortho) silicate 220
sodium peroxide 165
sodium peroxoborate 188
sodium sesquicarbonate 168
soft acid 99
soft base 99
soft water 222
solar wind 149
solid-phase electrolyte 198
solid solution 56
Solvay process 168
solvent 89
sour gas 276
space-filling 63
specialty steel 253
spectrochemical series 327
sphalerite 65, 278
spinel 198, 271, 330
spin-forbidden transition 331
spin quantum number 3
spontaneous reaction 72
staggered 390
Stahl, Georg 107
stalactite 178
stalagmite 178
standard ambient temperature and pressure 16, 52, 154
stannane 150
stannite ion 226

steam reforming process 148, 242
stereoisomer 320
sterrite 143
stibine 237
stibnite 278
Stock, Alfred 324
stress 187
strong field 327
strontium 173
structural isomer 321
subcritical water 153
sucrose 228
sugar of lead 203
sulfide 215
sulfite oxidase 345
sulfur 265
superacid 97
superbase 97
superchlorination 302
superconductivity 406
superconductor 406
supercritical fluid 213
supercritical water 153
super-elastic property 57
superheated water 111
supermetal 159
superoxide 165
sweetener 352
sweet gas 276
SWNT 207
sylvanite 364
symbiosis 333
symbiotic relationship 258
symmetry element 42
symmetry operation 42
synergistic bonding 388
synthesis gas 212
syphilis 259

T

talc 222
technetium 346
TEL 164, 228
tellurium 265
temporary dipole 39
terbium 13, 406
terminal 190
tetrachloroaluminate ion 197
tetrachlorocobaltate(II) ion 328, 331
tetrachloroiodate ion 305
tetrachloronickelate(II) ion 325
tetracyanonickelate(II) ion 328
tetradentate 320
tetraethyllead 164, 228
tetrahalomethane 215
tetrahedral hole 64
tetrahydroborate ion 191
tetraiodoplumbate(II) ion 227
tetraoxoferrate(IV) ion 320
tetraoxomanganate(V) ion 347
tetraoxomanganate(VI) ion 346
tetraoxomolybdate(IV) ion 328
tetraphosphorus decaoxide 254

tetraphosphorus hexaoxide 254
tetrathionate 283
tetraoxomanganate(Ⅶ) ion 346
thallium 186
The Marine Aquarium Council 94
thermal conductivity 124
thermal expansivity 187
thermal shock 187
thermochromism 130, 373
thermoluminescence 178
Thiobacillus ferrooxidans 361
thiocyanate ion 99, 143, 334
thiosulfate ion 109
thiroxine 306
THMs 305
Thompson, Benjamin 72
Thomson, J. J. 59
three-center bond 190
thyroid gland 117
tin 226
tin plague 226
titanium 339
titanium boride 188
tobermorite 69
tobermorite gel 179
Tolman cone angle 392
trans 321
transfer 381
transfermium element 411
transition metal 13, 318
translational energy 53
transmetallation reaction 380
triad 11
tri-*n*-butyl phosphate 255
tridentate 320

trigonal bipyramid 35, 255
trigonal pyramid 35
trihalomethanes 306
trihydrogen ion 149
triiodide ion 299
trimethylamine *N*-oxide reductase 345
trimethylarsenic 259
trimethylboron 379
trioxygen 248, 266
triphenylphosphine 253
tripolyphosphoric acid 256
tris(1,2-diaminoethane)nickel(Ⅱ) 332
trisodium phosphate 257
tritium 145
trona 168
TSP 257
tube worm 111
tungsten 341
tungsten bronze 344
12-tungstosilicic acid 345
tunicate 340
Turnbull's blue 354
turquoise 360
Tyrannosaurus rex 294

U, V

ultraviolet photoelectron spectroscopy 31
unit cell 55, 74
Urey, Harold C. 145

UV-PES 31

valence-bond theory 324
valence shell 137
valence shell electron pair repulsion theory 34
vanadate ion 118, 340
vanadium 340
vanadyl ion 340
Van Arkel–Ketelaar triangle 68
van der Waals radius 19, 42, 205
van't Hoff, Jacobus 35
Van Vleck, Johannes 324
Vaska's compound 386, 392
vaterite 178
verdigris 361
vertical mirror plane 43
vibrational spectroscopy 46
viscose rayon 215
volcano reaction 245
VSEPR theory 34
vulcanization 285, 288

W

water gas shift process 242
water glass 220
wave number 329
weak field 327
weak metal 19
weddelite 181
Weller, Mark 134
Werner, Alfred 318

Western medicine 260
Wetterhahn, Karen 385
whewellite 181
white lead 339
white muscle disease 287
whitewash 274, 289
Wijs reagent 305
Wilkinson's catalyst 324, 399
Wilkinson, Sir Geoffrey 399
Willson, Thomas "Carbide" 181
Wilson's disease 365
Wöhler, Emilie 186
Wöhler, Friedrich 186
wurtzite 65

X~Z

xanthine oxidase 345
xerography 285

ytterbium 13, 406
Ytterby 13, 406
yttrium 13, 406

Zeeman effect 2
Zeize's salt 324, 386, 393
zeolite 222
Ziegler, K. 399
Ziegler–Natta catalyst 394, 399
zinc 371
Zintl principle 139
zirconium 339
zone refining 218
ZSM-5 223

西原　寛
にし　はら　ひろし

1955 年　鹿児島県に生まれる
1977 年　東京大学理学部 卒
現 東京理科大学研究推進機構総合研究院 教授
東京大学名誉教授
専攻 無機化学
理学博士

高木　繁
たか　ぎ　しげる

1956 年　熊本県に生まれる
1979 年　東京大学理学部 卒
名古屋工業大学名誉教授
専攻 無機化学
理学博士

森山　広思
もり　やま　ひろし

1951 年　長野県に生まれる
1974 年　東京大学理学部 卒
元 東邦大学理学部 教授
専攻 物性化学
理学博士

第1版 第1刷 2009年3月19日 発行
第4刷 2022年3月16日 発行

レイナーキャナム 無機化学（原著第4版）

© 2009

訳　者　　西　原　　寛
　　　　　高　木　　繁
　　　　　森　山　広　思

発行者　　住　田　六　連

発　行　　株式会社 東京化学同人
東京都 文京区 千石3丁目36-7（〒112-0011）
電 話 (03) 3946-5311・FAX (03) 3946-5317
URL: http://www.tkd-pbl.com/

印 刷　株式会社 シ ナ ノ
製 本　株式会社 松 岳 社

ISBN 978-4-8079-0684-0
Printed in Japan
無断転載および複製物（コピー，電子データなど）の無断配布，配信を禁じます．